Die Erdzeitalter

Wüstenlandschaft der Buntsandsteinzeit (untere Trias), im Hintergrund das zeitweise hereintretende Flachmeer
(Nach Schwarzweißbild von E. Fraas, abgeändert und gemalt von Erik Jaeger)

Die Erdzeitalter

von

Edgar Dacqué

Mit 396 Abbildungen im Text

und einer farbigen Tafel

München und Berlin 1930

Verlag von R. Oldenbourg

Druck von R. Oldenbourg, München

Vorwort

Das vorliegende Werk soll zwar ein gemeinverständliches, aber keineswegs populäres Studien- und Lesebuch sein, das Naturanschauung vermittelt und durch sie zum Denken anregt. Es hält sich, soweit solches möglich ist, frei von schulmäßiger Festlegung auf bestimmte Theorien oder Forschungsmaximen und gibt den Stoff möglichst zwanglos, sowie es dem natürlichen Gedankengang entspricht. Es ist didaktisch aufgebaut und will den Leser Schritt um Schritt zu den die Erdgeschichtsforschung beschäftigenden Fragen hinführen. Dies soll ausschließlich durch immer weiter fortschreitende Anschauung des Naturgegenstandes selbst erreicht werden. Lediglich danach ist der Stoff eingeteilt und dargeboten. Von systematischer Vollständigkeit im quantitativen Sinn ist keine Rede, sondern die Fülle der herandrängenden Erscheinungen ist an ausgewählten Beispielen so geordnet, daß Grundsätzliches daraus hervorgeht; alles Theoretische gelangt stets am Gegenständlichen zu lebendiger Anschauung.

Form und Anordnung der Darlegungen beruht zum Teil auf Vorlesungen oder wissenschaftlichen Vorträgen, die der Verfasser im Laufe der Jahre zu halten Gelegenheit hatte, und wobei ihm oft der Wunsch nach einer solchen Zusammenfassung der erd- und lebensgeschichtlichen Tatsachen und Probleme geäußert wurde. Teilweise bildet die vorliegende Arbeit auch einen naturhistorischen Unterbau zu dem in weitere Kreise gedrungenen Werk „Urwelt, Sage und Menschheit“, wo der geologisch-historische Stoff nur skizzenhaft behandelt werden konnte. Endlich dient das Buch auch der Darstellung einiger Gedankenzusammenhänge, von denen der Verfasser meint, daß sie auf das eine und andere erdgeschichtliche Problem, wenn auch nur heuristisch, klärend wirken könnten.

Obwohl Naturwissenschaft ohne bewußte metaphysische Durchdringung zuletzt nur leere Hülse bleiben würde und obwohl jede Wissenschaft durchaus auf metaphysischen Voraussetzungen ruht, wurde hier doch mit Absicht nur die äußere Erscheinungsseite und die einfach kausale Logik der betrachteten Naturzusammenhänge dargestellt. Eine Ausnahme hiervon macht der Schlußabschnitt. Dort wird begründet, inwieweit das, was heutige Naturwissenschaft Ursachenforschung nennt und dafür hält, sich doch nur im äußerlichen Verknüpfen und Beschreiben erschöpft, aber nicht in den wahren Zusammenhang der Geschehnisse vordringt.

Es kam ferner nicht darauf an, sogenannte gesicherte Lösungen der erd- und lebensgeschichtlichen Fragen zu geben, wohl aber soll man den gedanklichen Umfang und die materielle Begründung der Probleme einigermaßen kennenlernen. Manches wurde daher wesentlich einfacher dargestellt, als es sich naturgemäß dem Auge des Spezialforschers darstellt; auch durfte der Umfang des Buches nicht allzusehr anschwellen. Unbedingt notwendig sind lehrreiche Abbildungen, an denen alles Gesagte anschaulich wird und die ihrerseits wieder den Stoff so darbieten, wie er auch dem Forscher entgegentritt. Für diese Art Ausstattung des Buches, bei der es stets darauf ankam, im Einzelbild Typisches zu zeigen, nicht bloß das Naturobjekt zu reproduzieren, hat der Verlag alles getan, was dem Ziel einer solchen Darstellung entspricht. Manches wertvolle Bild wurde auch von befreundeten Fachgenossen zur Verfügung gestellt. Im übrigen konnten die reichen Schätze des Münchener Museums weitgehend benützt werden, wie es der altbewährten freien Arbeitsweise an dieser einzigartigen, wenn auch äußerlich in schalem Gewand dastehenden Sammlung entspricht.

Von einer Hereinziehung oder Verarbeitung sämtlicher einschlägigen wissenschaftlichen Literatur konnte keine Rede sein. Es werden nur, soweit es sich in diesem Rahmen als notwendig erwies, jene Bücher angeführt, welche dem allenfalls stärker interessierten Nichtfachmann eine gründlichere Verfolgung der behandelten Fragen und des Stoffes ermöglichen; dort findet sich auch einige Spezialliteratur angegeben.

Dankbar gedenkt der Verfasser der Hilfe seiner Münchener Fachgenossen, mit denen er bei teilweise nunmehr 25jähriger täglicher Berufsarbeit in Gedankenaustausch steht und die ihn — unbeschadet der oft tiefgehenden Gegensätzlichkeit in naturphilosophischen Grundanschauungen — auch hier wieder, wie schon so oft, mit ihrem Wissen, mit Literatur und Bildmaterial unterstützten. Eine Quelle der Anregung und Ermunterung zu dieser wie zu früheren Arbeiten aber bot ihm auch der über mehrere Jahre sich erstreckende freundschaftliche Verkehr mit Herrn Dr. M. Schröter, dessen lebendiges Interesse ihm immer wieder ein Ansporn zu neuer Arbeit geworden ist.

München, Frühjahr 1930

Inhalt

Einleitung

Mechanistische Vorstellungen über den Anfang des Planetensystems und der Erde

Es ist das Ziel der erdgeschichtlichen Forschung, den Aufbau des Erdinnern und insbesondere der Erdrinde zu erkennen, um daraus das Werden des Planeten zu verstehen. Soweit wir aber auch in der Geschichte der Erde zurückgehen, finden wir nie einen Urzustand, der unserer Vorstellung vom Anfang und von der Entstehung des Planeten genügen würde. Immer wieder können wir uns auf Grund physikalischer Voraussetzungen noch etwas Früheres denken. Erweitern wir unsere Vorstellung aber hinaus in den Weltraum und fragen wir nach dem Urzustand des ganzen Planeten- oder Sonnensystems, ja schließlich des ganzen Weltalles mit seinen zahllosen hellen und gewiß ebenso zahllosen dunkeln Sternen, so werden wir auch hier nie an einen unseren Geist befriedigenden Anfangspunkt gelangen. Ist es doch gerade das Wesen der Naturwissenschaft, zu zeigen, wie jeder Zustand auch notwendig einen anderen Zustand wieder voraussetzt. Und so heißt Natur, von außen besehen: endloser Wechsel der Form und des Stoffes, aber in der Zeit weder ein Anfang noch ein Ende.

Etwas anderes ist die tiefere philosophische Auffassung der Natur als einer Darstellung, einer Manifestation des Geistes. Da kann man nicht von Anfang und Ende in der Zeit sprechen, sondern nur von Ewigkeit und Allgegenwärtigkeit. Das aber ist von Grund aus etwas anderes als die wissenschaftliche Betrachtung der Natur unter dem für unser kausales Denken einzig möglichen Begriff von Zeit und Raum. Hier jedoch wollen wir uns nur mit jener naturwissenschaftlichen Betrachtung der Erde und ihrer Geschichte befassen und auf die tiefere philosophische Erwägung vorerst verzichten.

Seit es Menschen gibt, haben sie nachgedacht, wie die Länder und das Meer, wie die Sonne und die Sterne entstanden sein mögen. Die Mythen erzählen uns von Urgewalten, die aus dem Chaos den Kosmos schufen; die klassischen Naturphilosophen versuchten dies darzutun aus der Betrachtung der Naturkräfte, die sie als Haß und Liebe empfanden, aus dem Kampf der Elemente, die sie Feuer, Wasser, Luft und Erde nannten. Ebensolche Lehren gibt es über die Entstehung der Erde selbst. Zuerst schien sie eine im Unendlichen wurzelnde Masse, umgeben vom Ozean, darüber das Himmelsgewölbe als Wohnung der Götter. Dann schien sie eine Scheibe zu sein, über der sich in vielen Sphären die Sterne bewegten. Dann hielt man sie für eine Kugel im Mittelpunkt des Weltalls; und uns gilt sie als kleiner Himmelskörper, der sich mit vielen anderen seinesgleichen um das Muttergestirn, die Sonne, dreht. Aber alle diese Lehren galten und gelten nur unter gewissen Voraussetzungen, nur auf Grund bestimmter Beobachtungen, nur auf Grund eines bestimmten metaphysischen Weltgefühls; und wir erleben vielleicht die Zeit, da auch unsere derzeit gültige Lehre wieder verlassen sein wird.

Es war gewiß kein Mensch dabei, als das Himmelsgewölbe, als die Planeten, als die Erde wurde. Aber alles Gewordene trägt die Spuren und Merkmale seines Werdens an sich, und der Menschengeist ist fähig, solche zu deuten und daraus das Werden und Gewordensein der Umwelt abzulesen. So können wir aus allgemeinen physikalischen Erwägungen, durch die wir das vor unseren Augen Liegende sinnvoll verbinden, uns auch ein gewisses Bild machen von der Entstehung des Planetensystems und des Erdkörpers selbst.

Gegen Ende des 18. Jahrhunderts begann man auf Grund der inzwischen durch die Erfindung des Fernrohres möglich gewordenen Durchforschung der Sternenwelt sowie des Newtonschen Schwerkraftprinzips und der Keplerschen Gesetze der Plantenbewegungen eine mechanische Theorie von der Entstehung unseres Sonnensystems zu geben. Man ging von der Vorstellung aus, daß die gesamte Materie, die heute im Sonnenkörper, den Planten und Monden verdichtet und in wenige Körper zusammengeballt ist, ehedem in feinverteiltem Zustand einen größeren Raum als heute erfüllte. Durch allerlei Zwischenstufen der Verdichtung und Bewegung habe sie sich schließlich so angeordnet, wie sie sich heute als Planetensystem darstellt. Man war sich freilich über den dabei obwaltenden Mechanismus sowie über die thermischen, elektrischen und chemisch-physikalischen Stoffzustände noch nicht klar, wußte auch nichts vom Strahlungsdruck im freien Weltraum, der sich so stark geltend machen kann, daß er Körper von 15^0 C und einem Durchmesser von 3,4 cm, mit einem das Wasser 5,5mal übertreffenden Gewicht, auseinanderzuhalten vermag. Man wußte auch nichts von dem Unterschied zwischen einem an sich kalten, aber dennoch wie glühend leuchtenden Weltnebel, nichts von den darin wirkenden Kapillarkräften, nichts von der Aufspeicherung der aus heißen Sonnen in kalte Nebel eingestrahlten Energie, so daß man zunächst nicht über allgemeine Spekulationen hinauskam. Es fehlten eben noch zu viele Voraussetzungen, die erst in den letzten Jahrzehnten durch die kosmische Physik errungen werden konnten.

Wie verwickelt die Energieumsetzungen sein können, mag folgendes Beispiel lehren. Nach Arrhenius bestehen die Weltgasnebel aus den Elementen Wasserstoff, Helium und Nebulium. Helium ist einatomig, Wasserstoff und wahrscheinlich auch Nebulium sind zweiatomig. Strahlen solche Gase Wärme aus, so werden sie nicht kühler, sondern wärmer, weil sie sich zusammenziehen; führt man ihnen dagegen Wärme zu, so werden sie kühler, weil sie sich ausdehnen. Gerade dies aber gilt von der Gasatmosphäre der glühenden Sterne. Strahlen nun diese ihre Wärme auf die Nebel hin, so kühlen sich die Nebel ab, die Glutsterne aber werden zunächst heißer, und statt eines Ausgleichs der Temperaturen wird der Gegensatz nur um so größer. Wieder ein anderer, dem gewöhnlichen Denken zuwiderlaufender Fall ist der, daß ein kühleres Gas die Temperatur eines wärmeren noch erhöhen kann, weil die Gase innere Molekularschwingungen haben, die beim Auftreffen andere, selbst wenn diese schon wärmer sind, selbst in größere innere Schwingungen versetzen können, mithin deren Temperatur noch weiter erhöhen. Erst durch solche und andere Erkenntnisse ist eine zureichende Vorstellung von kosmischen Wandlungen zu gewinnen.

Während man zuerst nur allgemein von einem ungeordneten Chaos feinster Weltmaterie sprach, die durch irgendeinen Anlaß in wirbelnde Bewegung geraten und so allmählich zum Planetensystem geworden sei, war der nächste Schritt sinngemäß der, zu überlegen, weshalb die Planten alle in derselben Idealebene um den Sonnenäquator herumlaufen. Fände man gerade dafür eine Erklärung, so würde dies zugleich einen Aufschluß über die Entstehung der Planetenbahnen und damit vielleicht der Planeten selbst bedeuten. Denn eine solche Ordnung konnte ja kaum aus einem zufälligen Umwirbeln der Urmasse hervorgegangen sein, denn aus einem solchen Urzustand würde sich eine ziemlich ungeordnete Masse großer und kleiner Körper von allen möglichen Umlaufsrichtungen ergeben haben. Das Newtonsche Schwerkraftprinzip konnte den Wegweiser abgeben. Kant stellte die Theorie auf, daß durch Störungen im Urweltnebel zunächst Zusammenballungen entstanden, die mehr und mehr alle übrige Materie an sich zogen, wodurch es zu einer Drehbewegung dichter Kerne — den zukünftigen Planeten — um einen zentralen Hauptkern kam.

Eine gewisse Bestätigung dieser Annahme lag in den mittlerweile erfolgten Entdeckungen von Nebelflecken im Weltraum, wo sich um einen dichten zentralen Kern einzelne äußere Zusammenballungen, kleinere Kerne und Sternhaufen zeigen, um die sich die übrige, dazwischen verteilte Feinmaterie besonders schart (Abb. 1). Da zudem auch Spiralnebel entdeckt wurden, die den Eindruck machen, als ob sich die dichteren Kerne um die Zentralmasse drehten, so konnte nun die Theorie dahin erweitert werden, daß schon der Urnebel unseres Sonnensystems aus irgendeiner vorausgegangenen Ursache sich in Drehbewegung befand, und daß es allmählich zwischen der angeblich glühenden Materie und der die künftige Sonne bildenden Kernmasse zu einem Ausgleich zwischen Anziehung und durch das Umlaufen erzeugter Zentrifugalkraft kam. Nun aber zog sich durch Abkühlung der gesamte Weltnebel mitsamt seinen Verdichtungsstellen zusammen, sein Durchmesser wurde kleiner, dabei aber die Rotation des Kernes selbst rascher.

Als so ein ziemlich geschlossener Ball entstanden war, bildete sich infolge der immer stärker werdenden Drehung um die Äquatorialebene ein Ring. Den Vorgang der Ringablösung hat Laplace mechanisch dargetan, der entgegen Kant nicht von einem allgemeinen Urzustand ausgeht, sondern einen schon ungleich dichten, rotierenden Weltnebel seiner Betrachtung zugrunde legte. Die Massenanziehung bewirkt eine Verdichtung des Weltnebels, dessen Masse dadurch heißer wird, und zwar zunehmend von außen nach innen, weil durch den Druck die jeweils tieferen Zonen auch stärker erhitzt werden. Bei dieser Verdichtung vermehrt sich die Umdrehungsgeschwindigkeit, weil nach einem bestimmten mechanischen Gesetz eine sonst unbeeinflußte Masse, die in bestimmter Drehungsgeschwindigkeit sich befindet, um so schneller rotiert, je geringer ihre Ausdehnung wird. Eben dadurch aber plattet sich der Körper infolge der erhöhten Zentrifugalkraft ab, und die Außenmassen werden nach auswärts getrieben. Sie kühlen sich rascher ab, und wo sie dichter sind, entstehen Ansammlungen, die schließlich zur Zerreißung führen und unter Abschleuderung nun zu neuen, den Zentralkörper umkreisenden Ballungen werden. Dieser Vorgang wiederholte sich, aber da sich inzwischen der zentrale Sonnenkern mehr und mehr verdichtet hatte, so mußte jede spätere Abschleuderung im allgemeinen aus etwas dichteren Stoffmassen bestehen, zum Teil auch an Menge geringer sein. Die aus der Ringabschleuderung auf solche Weise hervorgegangenen Planetenmassen entließen nun abermals den einen und anderen Ring, da sie sich während ihrer Zusammenballung gleichfalls rascher und rascher um sich selber drehten. So wären die Monde entstanden, von denen einige Planeten heute begleitet werden. Notwendig liefen alle abgeschleuderten Planeten mit ihren Begleitern in der Äquatorialebene des Ursonnenkörpers um, die sie nun infolge der Kreiselbewegung des ganzen Systems ohne gewaltigen äußeren Eingriff nie verlassen könnten.

Abb. 1. Spiralnebel im Großen Bären, mit einem dichten zentralen Kern, das Ganze in Rotation. (Nach Chamberlin u. Salisbury 1906.)

Nach neuerer Auffassung soll die Sonnenmasse ursprünglich ein weit über den heutigen Planetenraum hinausreichender Körper gewesen sein, der sich nach den Gesetzen der Massenzusammenziehung verdichtete und erst hierdurch zunehmend heißer wurde, bis diese Temperatur auf etwa 7000^0 angestiegen war; dennoch betrug auch damals ihre Ausdehnung noch das Fünffache ihrer heutigen Größe. Als sie über 9000^0 erreicht hatte, nahm die Temperatur wieder stetig ab bis heute, wo sie eine Oberflächentemperatur von etwa 6000^0 hat. Alle solche Berechnungen, wie auch die älteren allgemeinen Theorien beruhen aber immer auf der doch wohl kaum mehr haltbaren Voraussetzung, daß solche Weltkörper während ihres ganzen Daseins gewissermaßen isoliert für sich dastehen, und man übersieht, daß auch nach der individuellen Gestaltungszeit, wie zuvor, immerfort Massenzufuhr und -abströmung aus und in den Weltraum vor sich geht. Vor allem ist anzunehmen, daß schon von Anfang an eine aus früheren, zerstörten Weltsystemen hervorgegangene Nebelmasse mit ihrem Kern oder ihren verschiedenen Kernen durchaus unregelmäßig war. Der in Abb. 2 dargestellte Weltnebel, der ein Beispiel für die Entstehung eines Planetensystems abgeben kann, zeigt ganz verschiedenartige Verdichtungsknoten, die keineswegs aus dem zentralen Kern abgeschleudert erscheinen und auch nirgends Andeutungen geben, daß sie abgeschleuderte Ringe wären, sondern die eher den Eindruck machen, als seien in eine Urnebelmasse Fremdkörper eingedrungen und hätten vielleicht unter eigener, teilweise vor sich gegangener Auflösung die jetzt vorhandenen, weit ausgedehnten, um den Kern liegenden Nebelmassen an sich gezogen. Vielleicht war der innere Kern eines solchen Spiralnebels Rest und Hauptmasse einer Sonne, in die ein anderer Riesenstern eingedrungen, mit der er zusammengestoßen war, so daß eine ungeheure Entladung erfolgte, die in ihnen gebundene Energie frei ward und nun die ganze Materie explosionsartig in den Weltraum hinaus sich verteilte, wobei vielleicht ein dichterer Kern zurückblieb und den neuen Ursonnenball begründete. Wir sehen also, daß gewisse astrophysikalische Erwägungen, wie auch der Bau und die innere Anordnung heute beobachtbarer Weltnebel eine Modifikation jener älteren Schemata notwendig machen, und daß auch mit dem Eindringen fremder Weltkörper in ein solches Ursystem immerhin gerechnet werden kann. Der vollständig aufgelöste Ursonnenkern verbreitete nun um sich herum Nebelstoffmassen, wie die in Abb. 3 dargebotenen, und es drangen dann entweder neue Fremd-

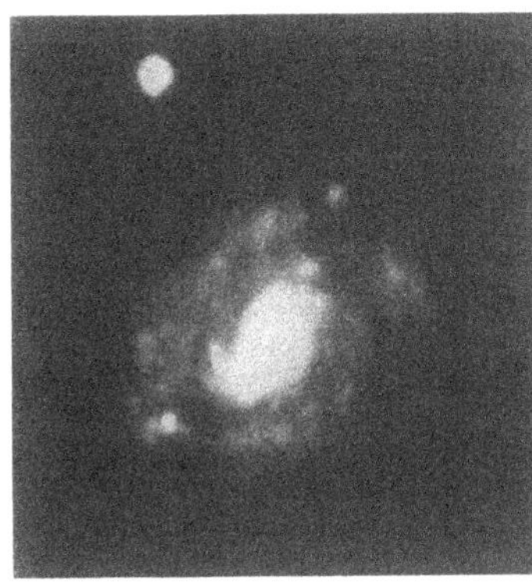

Abb. 2. Kleiner geballter Nebel mit Kern und einzelnen Verdichtungsknoten, die von Fremdkörpern bewirkt sein können. (Phot. Lick Observatorium.)

körper ein, oder ursprünglich mit herausgeschleuderte gröbere Massen ballten sich zusammen, um so die jetzt sichtbaren, außerhalb liegenden Verdichtungszentren zu bilden. Wenn die äußeren Ballungen in Abb. 2 von eingedrungenen Fremdkörpern bewirkt sind, so müssen sie keineswegs in den Zentralkern hineinstürzen, sondern können, ja müssen ihn in einer Spiralbahn umkreisen.

Im Weltraum bewegen sich keineswegs nur leuchtende Sonnen und Nebel, wie wir sie am Fixsternhimmel unmittelbar sehen; es gibt auch dunkle Nebel, die nur auf der photographischen Platte sichtbar werden, weil sie ultraviolettes Licht ausstrahlen, das zwar chemisch auf das Bromsilber wirkt, aber dem menschlichen Auge nicht sichtbar wird (Abb. 4). Aber außerdem gibt es gewiß auch zahllose große und kleine dunkle Sterne, die nicht nur wie die bekannten Begleiter leuchtender Fixsterne mit diesen eng verbunden umlaufen, sondern auch solche, die alle erdenklichen Bahnen ziehen, sei es einzeln, sei es in Massen, und die nun auch in unseren Planetenraum hereingeraten können, und wohl meistens in die Sonne stürzen als in den am stärksten sie anziehenden Körper. Geschieht dies im großen, bei Fixsternsonnen, so kann es Anlaß zur Entstehung von neu aufleuchtenden Sternen oder von Nebelwolken geben.

Abb. 3. Großer Andromeda-Nebel mit stark entwickelter Zentralmasse und geringer Nebelmasse. Linsenförmige Gestalt. (Ebendaher.)

So konnte nun der schwedische Physiker Arrhenius unter Anlehnung an jene älteren Vorstellungen, aber vertieft und verbessert, etwa auch folgende Möglichkeit erwägen. Zuerst muß ein Urnebel bestanden haben von einer tausendfach über die heutige Neptunbahn hinausreichenden Ausdehnung. Es ist wahrscheinlich, daß sich jenseits dieses bis jetzt äußersten Planeten noch andere befinden, welche der Anziehungskraft der Sonne so weit entrückt sind, daß sie durchaus unregelmäßige Bahnen durchlaufen. Das heutige Planetensystem hat also wahrscheinlich bedeutend größere Ausdehnung, als wir jetzt wissen, und jener ursprüngliche Weltnebel, aus dem unser Planetensystem hervorging, würde auch weit darüber hinausgereicht haben. In einem solchen feinverteilten und in sich vielleicht spiralig bewegten Weltgebilde herrschte keine merkliche Anziehung, zumal nicht in seinen äußersten Teilen, die aus den leichtesten Gasen, Helium und

Wasserstoff, bestehen mußten. Sie allein sandten Licht nach außen, hervorgerufen durch elektrische Entladungen. Verdichtete sich allmählich das Innere des Nebels, so mußte der nun entstehende Strahlungsdruck erst recht die äußeren leichtesten Massen nach außen treiben. Sie entfernten sich mehr und mehr von der Mitte und kühlten sich stark ab.

Trotz der geringen Anziehung innerhalb dieses gesamten Gebildes mußte die darin vorhandene Ungleichheit in unendlich langen Zeiten da und dort Zusammenballungen bewirken. Traten nun von außen Fremdkörper herein, etwa Kometen, so mußten sie die Materie rasch und in großer Menge an sich ziehen. So entstanden die Keimlinge individualisierter Planetenkörper, zwischen denen sich dann keine Materie mehr oder höchstens noch leichte Gase befanden. Denn auch dichte, große Weltkörper, wie die Erde, vermögen heute, trotz ihrer starken Anziehungskraft, diese Gase nicht festzuhalten, weil deren Expansionsfähigkeit größer ist als die Schwerewirkung auf sie; so entströmen sie in den Weltraum. Nach jenem ersten Verdichtungsstadium mußten die neugebildeten Kerne immer noch dichter und dichter werden; sie bewegten sich gegeneinander, umkreisten sich, stürzten wohl auch vielfach ineinander, teils durch unmittelbaren Aufprall, teils durch langsames Heranschrauben, weil die zwischen ihnen noch schwebende feinverteilte Materie allmählich durch Reibung ihren Lauf hemmte.

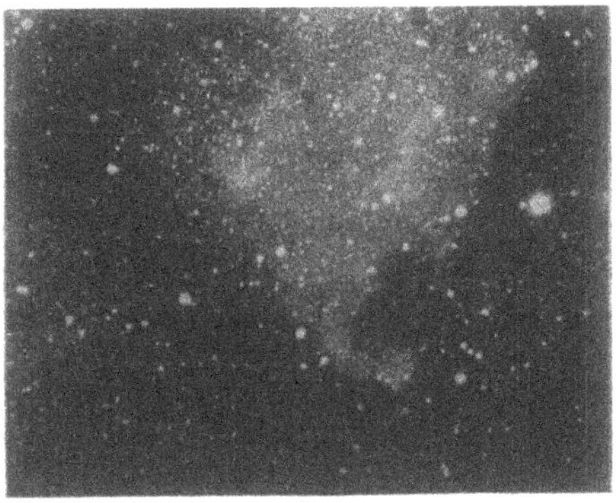

Abb. 4. Ultravioletter Nebel im Schwan. Nicht dem Auge leuchtend, nur für die photographische Platte chemisch wirksam. (Aus Meyer 1908.)

Hatte die Urnebelmaterie von Anfang an eine gewisse drehende oder spiralige Bewegung in sich selbst, so wurden die ersten Eindringlinge, nachdem sie gebremst waren, langsam darin mitgeführt. Die von ihnen veranlaßten Zusammenballungen mußten aber mit ihrer zunehmenden Verdichtung diese Drehbewegung steigern, umliefen rascher den Kern und erzeugten so eine größere Zentrifugalkraft im ganzen System. Es entstand nun eine flache Weltlinse, wie sie im Weltraum oftmals zu sehen ist. Durch die inzwischen immer gründlicher erfolgte Reinigung des zwischen den Ballungen liegenden Raumes mußte aber schließlich ein gewisses Gleichgewicht zwischen auseinandertreibender Zentrifugalkraft und innerer Anziehung des Systems eintreten, wobei gleichzeitig durch das Einfangen der übriggebliebenen Materie und vieler kleinerer Zusammenballungen zuletzt eine beschränkte Zahl größerer Körper übrigblieb, die nun um die innere größte Masse kreisten, die sich mitdrehte. Die Planeten wären demnach nicht nacheinander von einem Muttergestirn abgeschleuderte Kinder, sondern wesentlich gleich alte selbständige Wesen, während der zentrale Sonnenkern die einfach verdichtete Urmasse darstellen würde.

Durch die geschilderten anfänglichen Zusammenballungen vergrößerten sich die Urplanetenkörper nicht nur in ihrer Masse, sondern sie wurden durch die Verdichtung auch heißer und heißer, bis sie endlich, zu isolierten Ballen geworden, sich von außen her abzukühlen begannen. Nun konnte sich allmählich die Kruste bilden und die eigentliche „geologische" Geschichte eines Planeten beginnen, wie wir sie für die Erde und ihre ältesten Stadien voraussetzen dürfen und sie im Kap. 6 beschreiben.

Dem Sinne nach geht mit jener zuvor entwickelten neueren Nebularverdichtungstheorie eine andere einig, die den Namen Planetesimaltheorie führt. Danach bestand der Urnebel, hervorgegangen aus dem Vorübergang zweier Sonnen, wobei mächtige Ausbrüche von Materie stattfanden, aus einer Unzahl kleiner und größerer, fester oder glutflüssiger Zusammenballungen, den Planetesimalen, die sehr exzentrisch um eine zentrale gasförmige Masse kreisten (Abb. 5). Indem sie sich nach bestimmten Gesetzen allmählich vereinigten, ging ihre Bahn, zuvor exzentrisch, allmählich in eine Kreisform über. Dichte und Masse der zusammengeschweißten Teile änderte sich, damit die Rotation und die Umlaufszeit und -geschwindigkeit. Auf solche Weise sei aus dem ursprünglichen Planetesimalsystem endgültig ein Planetensystem geworden.

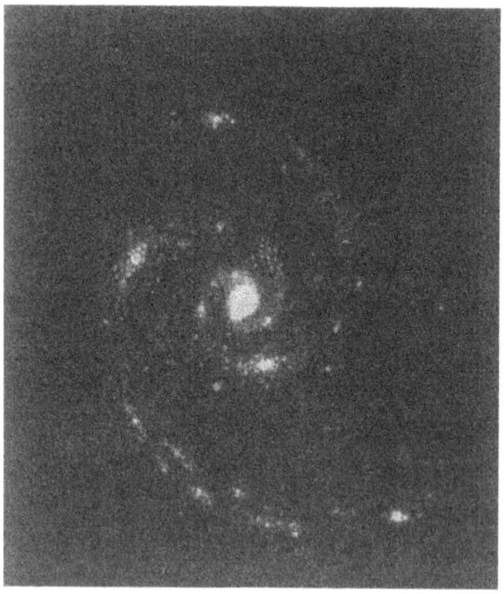

Abb. 5. Schema des ursprünglichen Zustandes unseres Sonnensystems mit Zentralsonne und Planetenkernen, die nach und nach die kleineren Planetisimalen an sich ziehen. (Aus Chamberlin und Salisbury 1906.)

Dieser ganze Komplex von Anschauungen, der sich anfänglich an die Namen von Kant und Laplace, aber nicht nur an diese, knüpfte, kann sich aber doch nur auf den ersten Urzustand, nämlich auf das Stadium des Weltnebels, beziehen. Das jetzige Planetensystem hat wohl in der Urzeit, nachdem es schon lange als solches bestand und auch die meisten Planeten längst abgekühlt und nicht mehr selbstleuchtend waren, noch entscheidende Änderungen durchgemacht. Wichtiger als die allgemeine Entstehungsfrage vom Urnebelstadium her ist daher für den Erdgeschichtsforscher das Problem der Stabilität des derzeitigen Systems und seine vermutlichen Veränderungen in erdgeschichtlich übersehbaren Epochen. Denn daß auch in den vielen Jahrmillionen der „historisch-geologischen" Zeit unbedingt eine Veränderung oder viele Veränderungen statthaben mußten, liegt in der Natur der Sache selbst, ganz zu schweigen von noch älteren Epochen, welche der Geologe archäisch nennt, in denen zwar längst eine feste Kruste bestand, längst Meere und Gebirge wechselten, längst ein Kreislauf des Wassers sich vollzog und klimatisch durchaus festumschriebene Zustände herrschten, die wir aber doch nicht näher kennen. Was wir mit heutigen astronomischen Darstellungen und Berechnungen erfassen können, reicht ja kaum über eine Zeitdauer einer einzigen geologischen Zeitphase hin. Die Planetenbahnen schrumpfen notwendig im Verlauf von Jahrmillionen zusammen und nähern sich der Sonne; die Monde mußten unbedingt zu ihren Planeten in anderen Umlaufsverhältnissen gestanden haben, einerlei, wie man ihre Entstehung auch erklärt. Aus dem Weltraum mußten Kometen und vielleicht andere Fremdkörper hereingekommen sein, die sich entweder mit den Planeten oder der Sonne vereinigten oder sonstwie Störungen anrichteten. Im Planetenraum selbst treiben sich kleinere, runde oder eckige Trümmer und Sternsplitter, oft von nur ein paar Kilometer Durchmesser herum, die entweder von einem zersprengten Schwesterplaneten der Erde herkommen — es fehlt ein solcher im System zwischen Erde und Mars — oder andere, die noch aus der Urzeit stammen und vielleicht übriggebliebene oder zertrümmerte Planetesimalen sind; nach anderer Lehre aber Eiskörper sein sollen, die aus dem transplanetaren Weltraum, aus dem inneren Milchstraßenring herkämen, von den Planeten eingefangen würden, deren Wasser vermehrend; oder als Meteore nur durch deren Atmosphäre streifen; oder von der Sonne eingefangen werden und, wenn sie besonders groß sind, dort die Flecken und Protuberanzen durch ihre Explosion erzeugen. Kurz, wir müssen aus allen diesen und ähnlichen Erwägungen mit ehemals ganz anderen Zuständen im schon fertigen Planetensystem rechnen und dies auch für die weitere Zukunft wohl tun (vgl. Kap. 10).

Alle die Tatsachen, welche nun zum Verlassen der älteren Theorien über die Entstehung des Planetensystems führten, sowie die soeben nur ganz allgemein angedeuteten Möglichkeiten sind in einer neuen umfassenden physikalischen Weltentstehungslehre, der vielumkämpften Welteislehre oder Glazialkosmogonie zu einer überraschenden Darstellung gelangt, die auch auf unsere Frage nach der möglichen Veränderung des bereits stabilisierten oder wenigstens scheinbar stabilisierten Planetensystems in erdgeschichtlicher Zeit, nicht nur in einer frühesten nebelhaften Urzeit, Antwort geben will.

Der Kernpunkt der neuen Lehre ist der Zustand des Systems Mond—Erde. Nach der bisherigen Auffassung ist der Mond eine durch die ursprünglich rasche Rotation des sich zusammenballenden glutflüssigen Erdkörpers abgeschleuderte Masse. Nach dem geringen Gewicht des Mondes sollte diese Abschleuderung erst geschehen sein, als sich in dem urplanetarischen Erdball schon die Stoffe wesentlich nach ihrer Schwere gesondert hatten, also ein dichter Metallkern bereits wie jetzt das Innerste der Erde gebildet hatte. Es waren schon die Kugelschalen wie sie uns die Erdbebenkunde (s. unten) kennen lehrt, voneinander gesondert und der Mondkörper würde den äußeren Lagen entsprechen. Der pazifische Ozean sollte die Narbe sein, wo die Mondmasse den Erdkörper ehedem verließ. Wurde der Mond einmal abgeschleudert, so mußte er wohl auf einer immer mehr sich erweiternden Spiralbahn die Erde verlassen haben, und auch heute könnte dieser Vorgang noch nicht beendet sein. Der Mond läuft in derselben Richtung, wie sich die Erde dreht, in seiner Bahn. Da er aber zu langsam umläuft, so bleibt er nicht immer demselben Punkt des Erdäquators gegenüber, hält mit der Erddrehung nicht gleichen Schritt, sondern bleibt stetig zurück. Daher scheint es, als ob er im Osten auf und im Westen untergehe, während er in Wirklichkeit gleichsinnig mitläuft, aber für jeden Punkt auf der Erde jeden Tag etwa eine Stunde später erscheint. Es ist also vergleichsweise so, als ob bei einem umschwingenden Rad der Radkranz sich langsamer drehe als die Nabe.

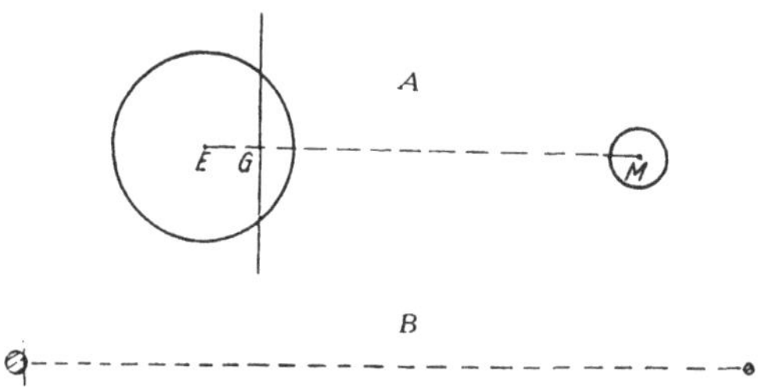

Abb. 6. A. Schema des gemeinsamen Schweresystems Mond-Erde. Der Schwerpunkt liegt in a, die Linie deutet die gemeinsame Drehungsachse an. B. Richtiges Größenverhältnis. (Aus Darwin-Pockels 1911.)

Der Mond nun erzeugt die Gezeiten des Meeres, Ebbe und Flut. Er hebt durch seine Anziehung das Weltmeer, aber indem er stetig vorüber läuft, hebt er es nicht immer an ein und derselben Stelle, sondern theoretisch stets dort, wo er gerade steht. Darum wandert dieser Zenitflutberg von Osten nach Westen und läuft in 24 Stunden um die Erde. Aber auch auf der entgegengesetzten Seite des Erdballs entsteht ein Flutberg, der ebenso umwandert. Wie der antipodische Berg zustandekommt, ist vielfach strittig. Wahrscheinlich ist dieser Nadirflutberg das Ergebnis eines exzentrischen Umschwungs. Denn das System Erde—Mond ist astronomisch eine Einheit, und bei der geringen Entfernung des kleinen Trabanten von der größeren Erde hat dieses System seinen gemeinsamen Schwerpunkt noch innerhalb des Erdkörpers selbst (Abb. 6). Darum entsteht nicht nur auf der jeweils dem Monde zugekehrten Seite der Erde, sondern infolge des exzentrischen Umschwungs auch auf der entgegengesetzten Erdseite die Flutwelle.

Da sich nun die Erde rascher dreht als der Mond umläuft, so wird in Wirklichkeit der Flutberg immerfort etwas vorausgerissen, und der Mond bleibt gegenüber dem von ihm selbst hervorgerufenen Flutberg stetig zurück (Abb. 7). Bei dieser Betrachtung kann der entgegengesetzte Nadirflutberg unberücksichtigt bleiben, weil seine Wirkung zu gering ist. Jede Wirkung hat ihre Gegenwirkung. Zieht der Mond das Weltmeer zu sich herauf und wird diese Anschwellung stetig vorwärtsgerissen, so bremst er zugleich durch seinen nach rückwärts gerichteten Zug auf die Anschwellung den Umschwung der Erde; umgekehrt zieht der Flutberg den Mond nach vorwärts und beschleunigt um ein weniges dessen Lauf. Das heißt praktisch: der Mond wird zentrifugal mehr und mehr von der Erde abgetrieben, seine Bahn wird langsam spiralförmig weiter. Diese Beschleunigung des Mondes, die Erweiterung seiner Bahn und die Bremsung der Erde gehen so lange weiter, bis ein Umlauf des Mondes gleich einer Umdrehung der Erde geworden sein wird. Dann wird der Tag einem Monat und der Monat gleich einem Tag sein. Obwohl also der Mond nach dieser Theorie immer rascher läuft, wird doch seine Umlaufszeit um die Erde infolge der Bahnerweiterung immer länger. Das Verhältnis von Tag- und Monatslänge ändert sich stetig dahin, daß schließlich eine Umdrehung der Erde, also ein zukünftiger Tag = 55 der jetzigen Tage und ein Mondumlauf gleichfalls die 55fache Zeit einer jetzigen Tageslänge erreicht haben wird. Ist dann der Tag gleich dem Monat, so bedeutet es, daß der Mond immer derselben Stelle der Erde gegenübersteht und mit ihr so umschwingt, als seien beide wie durch eine steife Latte verbunden. Es dreht sich dann, um auf unser oben gebrauchtes Bild zurückzukommen, das System Mond—Erde nicht mehr wie ein Rad, dessen Radkranz frei zur Nabe beweglich ist, sondern wie ein gewöhnliches starres Rad. Dies wäre dann zugleich der Endzustand in jenem hypothetischen Vorgang, den man sich zurechtgelegt unter der Voraussetzung, daß einmal der Mond die Erde verlassen habe. Denn rollt man den Prozeß nun nach rückwärts ab in die Urzeit des Planetensystems, so käme der Mond immer näher an die Erde heran und deshalb ergebe sich aus dieser den jetzigen Verhältnissen entnommenen und aus ihr abgeleiteten Berechnung, daß der Mond einmal die Erde verlassen habe. In dem Augenblick als dies geschah, d. h. seine Masse irgendwie von der Erde sich abtrennte und sich zusammenballte, hätte der damals noch einen Augenblick einheitliche Erd-Mondkörper Birnform gehabt. In dem Augenblick, wo sich die kleinere Hälfte der Birne ablöste, der Mondball sich also individualisierte, mußte die Flutwirkung auf den gesamten Erdball, also auch auf das glutflüssige Erdinnere — Meere gab es damals noch nicht — so stark gewesen sein, daß die abtreibende Wirkung, wie wir sie für die Jetztzeit schilderten, unendlich viel größer war. Darum entfernte sich der Mond ungeheuer rasch von der Erde, wie auch die Erde ungeheuer rasch gebremst wurde. Damals hätte ein Erdentag, also eine Erdumdrehung, nur etwa 5—6 Stunden heutiger Dauer entsprochen. Erst allmählich nahm dieser Mechanismus die ruhigere Form des heutigen Zustandes während der erdgeschichtlichen Zeitalter an.

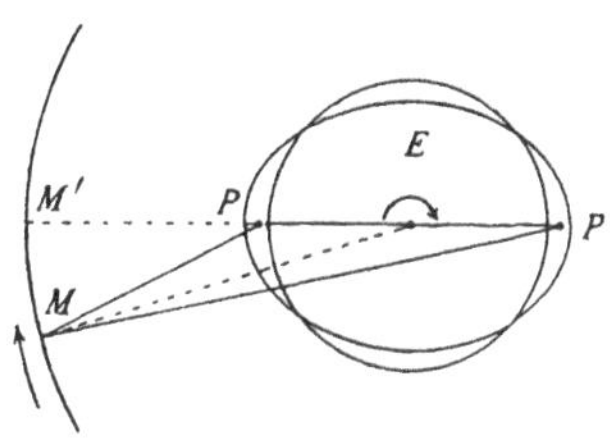

Abb. 7. Schema der Rotationsverzögerung der Erde durch den Mond. Der den Flutberg p erzeugende Mond M' bleibt in Wirklichkeit zurück als M, d. h. der Flutberg p wird vorausgerissen. Er zieht den Mond M nach, beschleunigt also dessen Lauf in der Richtung des Pfeils. Zugleich wird durch Rückwärtsziehung des Flutberges p die Drehung der Erde verlangsamt. Der Nadirflutberg p' bleibt als unwesentlich hier außer Betracht. (Ebendaher.)

Grundsätzlich anders nun ist die Auffassung der neuen Welteislehre. Nach ihr ist es ausgeschlossen, daß ein Weltkörper, wie der Mond, durch die Birnform hindurch abgeschleudert werden kann. Vielmehr sei der Mond ein eingefangener Schwesterplanet der Erde, der ehemals zwischen ihr und Mars umlief. Alle Körper eines Planetensystems unterliegen einer Schrumpfung ihrer Bahn, und endlich müssen sich alle Planeten unter stetiger Umlaufverengerung in die Sonne hineinschrauben. Da alle Planetenbahnen etwas exzentrisch sind, so kommen immer wieder Konstellationen vor, bei denen sich einzelne Nachbarplaneten einander besonders nähern. Schließlich muß der jeweils kleinere der Anziehungskraft des größeren unterliegen und so von ihm in eine Trabantenbahn hineinge-

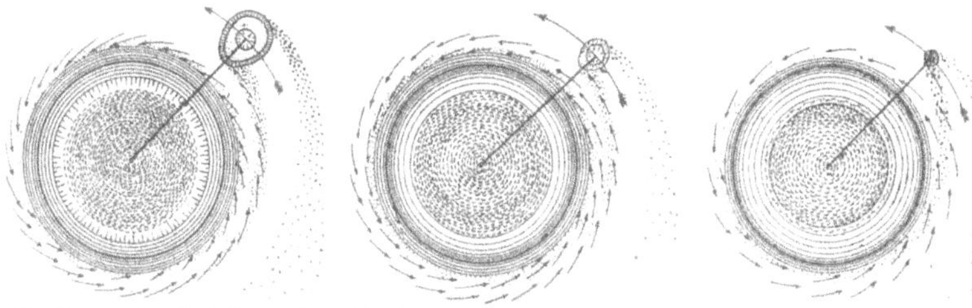

Abb. 8. Schema der Auflösung eines Mondes und seiner Vereinigung mit dem Planeten. Der zur Eiform ausgezogene Trabant verliert zuerst seinen äußeren Eismantel, der als Wasserflut (Sintflut) niedergeht; danach folgt der Steinmantel, zuletzt der Metallkern. (Nach Voigt 1928.)

zwungen werden. Dieses Schicksal habe den Mond schon ereilt, der ursprünglich seinen eigenen Weg zwischen Erde und Mars lief, aber schließlich bei einer letzten Annäherung nicht mehr an der Erde vorbeikam, sondern von ihr eingefangen worden sei. Im Grunde laufe der Mond noch immer in seiner alten Bahn, aber diese sei nun an die Erde gekettet.

Da der Schwerpunkt des Mond-Erdesystems, wie schon erwähnt, im Erdkörper selbst liege, so müsse allmählich der Mond an die Erde sich heranschrauben. Dabei komme es auch endlich zu einem Zustand, worin der Mond stets derselben Stelle der Erde gegenüberstehe. Aber dabei könne es nicht bleiben. Es trete keine Stabilität in diesem Verhältnis ein, sondern es komme nun zu einer Auflösung des Mondkörpers. Je näher seine Bahn an die Erde heranschrumpfe, um so stärker werde er angezogen und bei seiner einseitig der Erde zugewandten Lage zunächst zu einem eiförmigen Körper ausgezogen. Schon jetzt zeigt ja der Mond schwach diese Eiform, wobei die spitzere Seite der Erde zugekehrt ist; der Schwerpunkt des Mondes liegt schon nicht mehr genau in seinem Mittelpunkt, sondern mehr der Erde zugekehrt. Auch dabei bleibe es nicht. Allmählich werde die Mondmasse zu einem Spiralschweif ausgezogen (Abb. 8). Zuerst das Mondmeer. Denn die Mondaußenseite sei kein vulkanisches Glas, wie man gewöhnlich annimmt, sondern ein ewig gefrorenes, viele Kilometer dickes Eismeer. Darunter folgt ein Steinmantel und im Innersten ein kleiner Metallkern. Die geschilderte künftige Auflösung des Mondes würde also zunächst in einem ungeheuren sintflutartigen Wassererguß auf die Erde, und zwar wesentlich auf die Äquatorialzone bestehen, dann in einem Herabkommen von Gesteinsmaterial, grob und staubförmig, dazwischen ein ungeheurer Schlammregen; und zuletzt würden die Metallbrocken folgen. Das aber wären zugleich grundlegende geologische Katastrophen, zumal auch schon lange vor seiner endgültigen Auflösung der Mond so nahegekommen wäre, daß er eine ungeheure äquatoriale Gürtelhochflut erzeuge, die Wassermassen der Erde gegen den Äquator ziehe, um sie nach mannigfachen Hin- und Herbewegungen nach seiner Auflösung wieder stürmisch nach den nördlichen und südlichen Breiten zu entlassen. Schon mehrmals sollen Monde von der Erde eingefangen und in früheren erdgeschichtlichen Zeiten mit ihr auf derartige Weise vereinigt worden sein.

Wir lassen zunächst die Erörterung dieser Lehre noch dahingestellt, um im Kapitel 10 zusammenfassend auf sie zurückzukommen. Doch sei auf folgendes hingewiesen. Es ist wohl eine für die gewaltigen vorweltlichen Zeiträume unmögliche Annahme der Schulgeologie, das Planetensystem habe sich stets in wesentlich demselben Zustand befunden wie heute. Vor allem muß sich der Sonnenkörper verändert haben. Seine Ausstrahlungen, seine inneren Umsetzungen, also auch sein Umfang und seine Dichte müssen im Lauf der Jahrmillionen gewechselt haben. Unbedingt muß auch die Stellung des Mondes zur Erde eine andere gewesen sein, sei es, daß man nun der alten Abschleuderungstheorie zustimmt oder der neuen, soeben vorgetragenen Lehre. Es müssen auch kosmische Körper in das Planetensystem hereingekommen, wie auch Planetoiden, die sich im Planetensystem herumtreiben, eingefangen worden sein. Zudem wissen wir jetzt, daß es auch bei verschiedenen Planeten ganz anders umlaufende Trabanten gibt. So haben Jupiter und Mars mehrere Monde, bei Jupiter liegen sie nicht alle in der Äquatorialebene, und einige Planeten haben sogar rückläufige Monde. Das deutet immerhin an, daß es mit der einfachen Abschleuderungsidee nicht durchgehends seine Richtigkeit haben kann, und daß solche Körper eingefangen sein dürften. Endlich läßt sich der Wahrscheinlichkeitsbeweis führen — wir werden dies im 9. Kapitel tun —, daß sich zweimal um eine bestimmte Zeitwende der Erdgeschichte das Meereswasser beträchtlich vermehrt haben muß, was auf eine rasche kosmische Wasserzufuhr, also vielleicht auf das Einfangen eines Eiskörpers oder Eistrabanten hindeuten würde. Und eben diese Frage des Eiszuflusses aus dem Weltraum in unser Planetensystem herein und damit die Vermehrung des Wassers auf den einzelnen Planeten bedeutet nun einen weiteren sehr wesentlichen Teil des Inhaltes der Glazialkosmogonie, welcher sich auf die Gesamtentstehung unseres Sonnensystems erstreckt und uns eine neue Antwort auf die Frage nach der Entstehung des Planetensystems geben kann.

In eine weißglühende Riesensonne stürzte einmal ein wasserhaltiger dunkler Weltkörper hinein. Sein Wassergehalt braucht nicht in Form freien

Wassers in ihm enthalten gewesen, sondern kann chemisch im Gestein gebunden gewesen sein, so wie ja auch Gesteine unserer Erde chemisch Wasser gebunden halten. Der Fremdkörper drang bis zu einer gewissen Tiefe in die Sonnenmaterie ein, wurde aber zunächst weder verbrannt noch aufgelöst. Bringt man nämlich ein Stück Eis in den Glutfluß eines Hochofens, so wird es nicht einfach aufgelöst, sondern es bildet sich sofort durch das Aufschmelzen seiner Oberfläche eine dichte isolierende Schlackenkruste ringsherum, und diese schließt den Eiskörper ein. Wie in einer Sprengbombe wird er nun verhältnismäßig langsam aufgelöst, in Dampf umgesetzt, der Dampf wird überhitzt; endlich, bei der geringsten Druckstörung von außen, zerplatzt die Bombe und schießt durch die glutflüssige Gesteins- und Metallmasse heraus. So auch hatte sich der wasserhaltige Weltkörper im Sonnenmutterkörper selbstisoliert, stand zunächst unter ungeheurem Druck. Bei diesem Vorgang mußten, nach den Erfahrungen der Hüttenchemie, große Mengen Sauerstoff gebunden werden. Sobald das System explodierte, riß es einen Strahl von Sonnenkörpermaterie in den Weltraum hinaus, die Schwerkraft des Mutterkörpers überwindend. Bei dieser Druckentlastung wurde der reichlich gebundene Sauerstoff frei, konstituierte sich mit dem in jeder Sonnenatmosphäre gleichfalls reichlich vorhandenen Wasserstoffgas zu Wasser, und dieses wurde in Dampfform mit in den Weltraum hinausgerissen.

Beim Abschuß eines Geschützes eilen die Gase voraus; das Geschoß folgt nach und holt sehr rasch die Gase ein, weil diese an der Luft den stärksten hemmenden Widerstand finden. Nicht so bei dem Weltgeschoß. Denn im Weltraum ist kaum eine Reibung vorhanden, und die darin feinverteilte Gasmaterie konnte in diesem Fall zunächst noch keine hemmende Wirkung ausüben. So eilte die Materie als neue Weltmasse im Urzustande in den Raum hinaus, weit voraus aber der Dampf. Da die Masse von Anfang an ungleichmäßig war, auch wohl von der Eigendrehung des Mutterkörpers her schon eine umschwingende Bewegung mitbekam, so geriet sie in Rotation. Es entstanden Spiralbewegungen, es ballten sich dichtere Komplexe zusammen und umliefen die kernhafte Hauptmasse, während sich das Ganze in der Ausschußrichtung geradlinig fortbewegte. Auch die Wassergasmasse rotierte mit, wurde aber eben durch diese Rotation noch stärker nach außen abgetrieben. Zudem wirkte der ungeheure Strahlungsdruck auf sie ein und erteilte ihr eine der Lichtgeschwindigkeit allmählich gleichkommende Eile. So geriet sie nicht nur an den Rand des ganzen, mittlerweile linsenförmig gewordenen Systems, sondern bald schon unendlich weit hinaus, in Fernen, zu denen das eigentliche Massensystem des Weltgeschoßbündels bei aller seiner Geschwindigkeit nicht mehr folgen konnte. Dort draußen aber erstarrte der Wasserdampf zu einer rotierenden Spirale von Feineis, Eisstaub, Eiskörpern und Eisballungen. Es bildete sich eine Eismilchstraße. Durch dieses infolge Strahlungsdruckes erzielte, unendlich weite Abwandern war aber der Milchstraßenring der

Anziehungskraft sowohl der Muttersonne, wie des eigenen Weltsystems nun entzogen. Aber schließlich büßte er durch die nun verhältnismäßig stark gewordene Reibung an dem feinverteilten Gasstoff im Weltraum seine Drehung und Bewegung ein; er blieb stehen. Mittlerweile hatten sich die zurückgebliebenen dichteren Materiemassen zu einem Sonnensystem geordnet, ähnlich, wie wir es zuvor schon nach anderen theoretischen Anschauungen beschrieben haben.

Wenn unser Sonnensystem, das durch den Weltraum eilt, so entstanden ist, dann muß es dementsprechend gebaut sein: ein Hauptzentrum als Sonne, mit Planeten als Wandelsternen; weit draußen die galaktische, also nicht die in Sterne auflösbare nebulare Milchstraße, die in keinem unmittelbaren Anziehungsverhältnis mehr zu unserem Sonnensystem steht; endlich eine geradlinige Bewegung des ganzen Sonnensystems nach einem bestimmten Punkt des Fixsternhimmels. Gerade in letzterer Hinsicht bedeutet die Glazialkosmogonie einen besonderen Fortschritt in der Auffassung der ursprünglichen Ursache zur Entstehung eines Sonnensystems. Denn die merkwürdige Erscheinung, daß viele, vielleicht alle Fixsterne, die ja selbst Sonnen sind, wie auch die Tatsache, daß unsere Sonne mitsamt ihren Planeten sich mit einer Geschwindigkeit von 20 km pro Sekunde auf das Sternbild des Herkules hinbewegt, war stets dahin gedeutet worden, daß sich auch diese Fixsterne ihrerseits wieder um eine unendlich große Zentralsonne bewegen, von der sie durch die Schwerkraft festgehalten werden sollten. Aber das Newtonsche Schwerkraftprinzip gilt praktisch nicht in diesem Umfang durch den ganzen Weltraum; vielmehr ist es ein nur aus den engen Räumen unseres Planetensystems entnommenes Gesetz und hier nur gültig. Aber auf die unausdenkbar großen Erstreckungen des Raumes zwischen zwei Fixsternen gilt es praktisch nicht mehr. Wo sollte also die riesenhafte Zentralsonne im Weltraum sein, um die sich auch unsere Sonne drehte und viele Fixsterne der Nachbarschaft? Aber die Frage wird klar, wenn wir in der Bewegung solcher Sonnen, also auch der unseren, noch die Fortwirkung der Schwungkraft sehen, mit der die Masse seinerzeit aus ihrem Muttersonnenkörper in den Weltraum hinausgeworfen und deren Anziehung entzogen worden ist. Und diese Bewegung, die sie mitsamt den Planeten noch hat, und zugleich jene, welche in der Richtung auf einen bestimmten Punkt des Eisringes der Milchstraße geht, bringt nun Erscheinungen hervor, welche auch für die Ermittelung etwaiger Veränderungen in der Planetenwelt selbst sowie ihrer Oberflächen, also auch für die Geschichte der Erde, von höchster Bedeutung sind.

Der innere Rand der Eismilchstraße ist nicht scharf begrenzt, sondern die größeren und kleineren Eiskörper und Eisschleiermassen verteilen sich auch im Randgebiete auf große Distanzen. Allmählich nun nähert sich bei seinem geradlinigen Flug innerhalb des Milchstraßenringes unser Sonnensystem dem Innenrand an einer bestimmten Stelle. Es kommen Eismassen in sein Anziehungsbereich und eilen auf uns zu; große und kleine

Eiskörper. Die meisten werden von der Sonne eingefangen, dringen ein, werden als Sprengbomben eingeschmolzen, explodieren und bilden Sonnenflecken und Protuberanzen. Zugleich wird uns, und auch den übrigen Planeten, der aus der Vereinigung des dabei frei gewordenen Sauerstoffes mit dem Wasserstoff der Sonnenatmosphäre gebildete Wasserdampf in Form von Eisstaub zugeblasen. Das gibt neue Gesichtspunkte für die Erklärung der Wetterbildung, der Zirruswolken, der Niederschläge auf der Erde und der mit den Sonnenfleckenperioden zusammenfallenden klimatischen Veränderungen; letzten Endes vielleicht auch gewisser vorweltlicher Klimaänderungen. Aber auch von den Planeten werden hereinkommende Eiskörper abgefangen. Sie zerbersten in deren Atmosphäre, werden durch Reibung und Hitzewirkung aufgelöst und vermehren das Wasser auf deren Oberfläche. Viele Planeten stehen tief unter Wasser, wie der Mars, während die Erde durch eine besonders günstige Lage verhältnismäßig wenig von diesen Eiskörperzuflüssen erhält. Das wäre auch die Quelle, aus welcher der Mond seine nunmehr gefrorene, die ganze Außenseite bedeckende Wassermasse bekam. So kann es auch sein, daß solche Eiskörper, wenn sie besonders groß sind, von den Planeten eingefangen werden und, statt sogleich in sie hineinzustürzen, nun zu einem Trabantenumlauf gezwungen werden, also zu Monden werden, um sich erst dann allmählich mit dem Planeten zu vereinigen, ähnlich wie wir es oben für den Mondeinfang und die darauffolgende Auflösung schon beschrieben haben.

Die Glazialkosmogonie gibt diese Verhältnisse, im einzelnen aufs genaueste ausgeführt und begründet, wieder. Für uns hier mögen diese kurzen Andeutungen genügen, um zu zeigen, daß wir in erdgeschichtlicher Zeit wohl mit großen Veränderungen des Planetensystems und der Trabantenwelt, sowie mit allerhand Katastrophen werden rechnen dürfen. Bedenkt man noch, daß wir als altgewohnte Erscheinung die kosmischen Meteorfälle haben, also Zustrom von Körpern aus reinem Nickeleisen, gelegentlich auch von Steincharakter; daß heute noch etwa 100 Millionen Meteore im Gesamtgewicht von 100 Tonnen täglich zur Erde niedergehen, ferner auch gelegentlich kosmischer Staub, und daß man diese Materialien schon als die Trümmer eines zersprengten Planeten bezeichnet hat, während man vor noch nicht 200 Jahren von Seiten der Wissenschaft das Vorhandensein und Niedergehen solcher Meteore überhaupt für baren Unsinn erklärt hat, so können wir wohl erwarten, daß sich auch Gedanken wie die der Glazialkosmogonie, wenn auch in noch mannigfach veränderter Gestalt, allmählich durchsetzen und in der Forschung bewähren werden. Vor allem die Mondfrage scheint mir vom Standpunkt des Erdgeschichtsforschers dabei am vordringlichsten zu sein. Wenn wir auch in unserer wissenschaftlichen Erfahrung bisher keinen Grund finden konnten, das von der Welteislehre entworfene System mehrfacher Mondeinfänge und Mondabstürze seit der erdgeschichtlich überblickbaren Zeit zu rechtfertigen, sondern, falls so etwas sich ereignete, dies in eine weit frühere Zeit im Dasein unseres Planeten ansetzen müßten (vgl. S. 22), so will es uns doch nach sonstigen Erfahrungen wahrscheinlich dünken, daß im Lauf der „historischen" geologischen Zeit kleinere Trabanten eingefangen wurden und sich mit der Erde vereinigen mußten, wie auch Eis-, also Wasserzufluß aus dem Weltraum wohl eine unbedingt notwendige Annahme ist, um gewisse, bisher ganz undurchdringliche erd- und klimageschichtliche Fragen zu lösen. In diesem Sinne eröffnen Gedankengänge, wie sie die Welteislehre zum erstenmal in geschlossener Darstellung bietet, auch neue bedeutende Ausblicke für den Erdgeschichtsforscher, auch wenn er mit der von dieser Theorie bisher gegebenen Darstellung historisch-geologischer Geschehnisse nicht einverstanden sein kann.

Das Erdinnere selbst könnte vielleicht einen Aufschluß über die Entstehung des Planeten geben. Lange Zeit war man sich über dessen Aufbau durchaus im Unklaren. Was man wußte oder zu wissen glaubte, beruhte auf zwei wichtigen Erkenntnissen der Geophysik. Zuerst hatte man beobachtet, daß mit je 33 m Tiefenzunahme die Temperatur um etwa 1° C stieg; in tiefen Bergwerksschachten, Tunnelen hatten sich diese Beobachtungen anstellen lassen. So errechnete man eine in etwa 20 km Tiefe schon bestehende Schmelztemperatur für sämtliche Gesteine und war überzeugt, daß das nächste Erdinnere schlechthin „glühend" sei, aber im tieferen Innern durch den ungeheuren Druck in einem ganz eigenartigen Zustand, der möglicherweise gasförmig wäre, aber derart zusammengepreßt, daß dieses Gas sich wie ein starr-elastischer Körper, also etwa wie Eisen oder Stahl, verhalte. Zwischen Kruste und innerstem Kern sollten alle erdenklichen physikalischen Übergangszustände herrschen. Bald erkannte man, da man aus astronomischen Daten das Gesamtgewicht des Erdkörpers berechnen konnte, daß der Erdkörper unmöglich als Ganzes zusammengesetzt sei wie die Erdrinde und die darunterliegende vulkanische Magmengesteinszone; denn diese war nur etwa dreimal so schwer, wie Wasser, während der Gesamterdkörper sich als 5,6 mal so schwer herausstellte. Es mußten also im Innern schwerere, wesentlich metallische Massen vorhanden sein.

Dieser errechnete Metallkern der Erde fand alsbald eine unerwartete Bestätigung durch die rasch sich entwickelnde Erdbebenkunde. Nachdem überall in den Kulturländern und auf ozeanischen Inseln planmäßig registrierende Erdbebenstationen eingerichtet worden waren, erfuhr man für jedes größere Erdbeben den genauen Zeitpunkt seines Entstehens und seines Eintreffens an den verschiedenen Stationen und konnte nun exakterweise die Art der Fortpflanzung von Erdbebenwellen erkennen. Daraus ergab sich ein Dreifaches. Die von einem Tiefenpunkt (Abb. 9) unterhalb der Erdkruste (Hypozentrum) ausgehenden elementaren Erdbebenstöße erschüttern zunächst, weil es das kürzeste Stück Weges ist, die unmittelbar darüberliegende Stelle der Erdoberfläche (Epizentrum). Hier wird das Beben zeitlich zuerst gespürt. Nun strahlen die Erschütterungen in Wellenform über den ganzen Erdkörper aus, theoretisch wenigstens; praktisch nur dann, wenn der Stoß stark genug ist, um nicht vorher schon zu verebben. Es gibt dreierlei Weg, den sie einschlagen können: quer durch die Erde und an der Erdoberfläche auf dem kürzesten Weg und auf dem entgegengesetzten längeren Weg zur nächsten Station. Infolgedessen besteht jede typische, aus größerer Entfernung vom Erdbebenherd aufgenommene Bebenkurve aus drei Elementen: dem Vorbeben, dem Hauptbeben und dem Nachbeben. Aus den Zeitberechnungen ergibt sich, daß die Vorläufer, also die erstankommenden Wellen jene sind, die den kürzesten Weg genommen haben, nämlich mitten durch das Erdinnere. Es sind Wellen

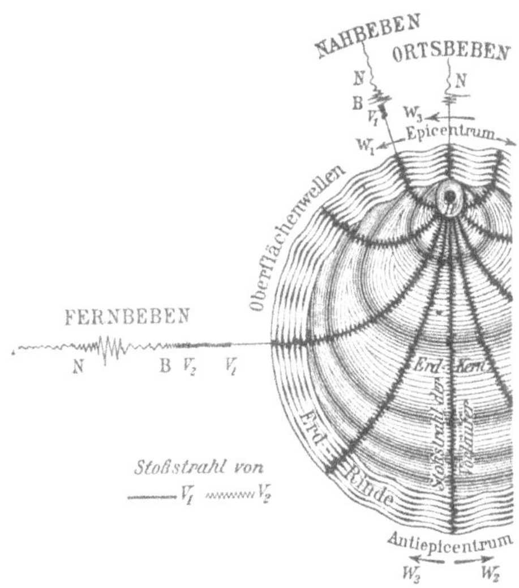

Abb. 9. Fortpflanzungsart der Erdbebenwellen durch den Erdkörper und die Form ihrer Aufzeichnung am Seismographen. (Aus Sieberg 1926.) Epizentrum-Ort der Erdoberfläche, unmittelbar über dem Erdbebenherd. V Vorläufer, B Hauptbeben, N Nachbeben.

besonderer Art gegenüber denen, die nun das Hauptbeben anzeigen. Diese pflanzten sich in longitudinalen Schwingungen auf dem kürzesten Wege längs der Erdoberfläche fort und wirken auch am stärksten. Das Nachbeben aber ist bezeichnet durch die auf dem entgegengesetzten Weg um die Erdoberfläche herumgelaufenen Wellen.

Je tiefer nun ein Erdbebenstoß vom ursprünglichen Herd aus in den Erdkörper eindringt, in um so größerer Entfernung vom Erdbebenherd kommt er wieder hervor; im Grenzfall also genau antipodisch. Bei der Fortpflanzung der Erdbebenstrahlen im Erdinnern entstehen nun Brechungen und daher sowohl Ablenkungen, wie auch Verzögerungen. Kennt man also die genaue Entfernung einer Aufnahmestation vom Entstehungszentrum des Bebens, so kann man aus der Verzögerung und dem Winkel des Eintreffens der Strahlen eine sogenannte Laufzeitkurve errechnen. Indem man nun die so erhaltenen Strahlengänge verschiedenster Stationen in allen möglichen Herdentfernungen miteinander vergleicht, ergibt sich die Zahl und Tiefenlage besonderer Unstetigkeitsflächen und Kugelschalen im Erdinnern. Da die Art der Fortpflanzung auch abhängig ist von dem Stoff, durch den die Erschütterungen durchlaufen — Stein, Metall, starres oder weiches Material — und da gewisse Wellenarten, wie die an der Oberfläche hinlaufenden Longitudinalwellen, nur möglich sind, wenn eine Gesteinskruste auf einer weicheren Unterlage ruht, so konnte man allmählich ein zuverlässigeres Bild über den Aufbau des Erdkörpers gewinnen, das wir nebenstehend sehr vereinfacht wiedergeben (Abb. 10). Wir finden im Innern einen umfangreichen reinen Metallkern von hohem Raumgewicht und finden darin zugleich ein Analogon zu den vermutlichen Planetentrümmern, die uns als Nickeleisenmeteoriten aus dem Weltraum oftmals zufliegen.

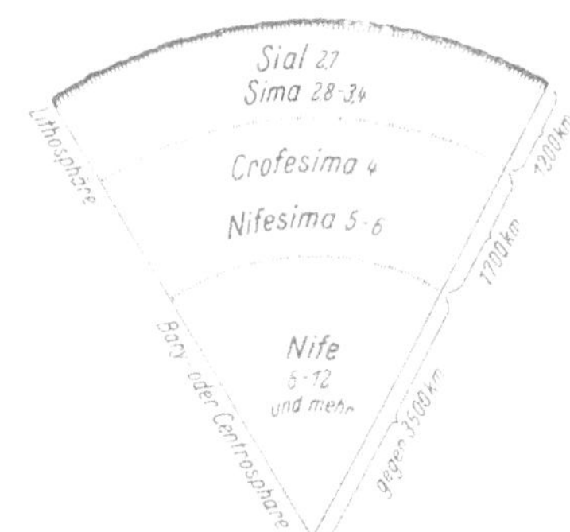

Abb. 10. Idealer und vereinfachter Durchschnitt durch das Erdinnere auf Grund der Erdbebenforschung. (Aus Kayser 1921.) Sial- und Sima-Steinmantel; Crofesima- und Nifesima-gemischte Zone; Nife-reine Metallzone.

Man kann daraus auf die Entstehung der Erde schließen. Es ist zweierlei möglich. Entweder war der Erdkörper ursprünglich eine sofort und endgültig zusammengeballte Masse in sehr flüssigem Zustand; dann mußten die sich bildenden Stoffe auch nach ihrer Schwere sich sondern, und sinngemäß würde das Innerste ein Metallkern sein; nach außen weniger schwere, ganz außen die leichtesten Gesteinsstoffe, wie es tatsächlich zutrifft. Indessen scheint diese Vorstellung noch allzu einfach und unwirklich zu sein. Sobald nämlich eine solche planetare Stoffzusammenballung, wie sie die Erde darstellt, besteht, preßt sie sich unbedingt zu einem kugeligen Weltkörper zusammen. Kleinere Massen im Weltraum, wie etwa Asteroiden (Kap. 10), können sehr wohl eckig sein und bleiben. Nicht aber ein Weltkörper von der Größe der Erde. Selbst wenn die Erde aus sprödestem, einer Formänderung zunächst unbedingt widerstehendem Material bestünde, etwa aus Basalt oder aus Metall vom Charakter des Stahls oder Nickels, würde sich durch die innere Zusammenziehung infolge der Schwere alsbald eine reine Kugel herstellen. Das tiefe Innere und Innerste würde derart hart in sich zusammenhalten, daß Fließbewegungen und Strömungen nicht mehr denkbar wären. Solche könnten an der Oberfläche und in geringer magmatischer Tiefe unter der Kruste vor sich gehen, sind auch sicher während der ganzen Erdgeschichte vor sich gegangen. Aber die unter ganz unvorstellbarem planetarem Pressungsdruck infolge der Schwere stehenden Kernzonen konnten nicht derart sich bewegen oder gar ein stoffliches Fließen erlauben, wie es nötig gewesen wäre, wenn sich in der jungen Planetenmasse erst noch Absetzungen des Metallstoffes nach innen gegen leichtere Stoffe nach außen hätten vollziehen sollen. Derartiges kann in einer Retorte oder im Meerwasser als Sedimentierung oder in der höheren Glutflüssigkeitszone unmittelbar unter der festen Erdrinde vor sich gehen, nicht aber im Innersten des Planetenkörpers.

Es liegt also nahe, ja es ist gefordert, die übrigens sehr viel reichlichere Zonen- und Schalengliederung des Erdinnern, als sie Abb. 10 angibt, auf Vorgänge zurückzuführen, die mit dem ersten, frühesten Werden des Erdballs und damit des übrigen Planetensystems zusammenhängen. Und da werden wir an die Gedankengänge erinnert, wie wir sie oben kennenlernten: der Erdball ist nicht auf einmal entstanden, indem seine ganze Masse etwa von der Sonne abgeschleudert wurde; sondern ist nach und nach dadurch geworden, daß sich um einen anfänglichen Planetenkern die interplanetaren Materieballungen und ihre Reste oder Planetesimalen im Laufe längerer Zeiträume erst ansammelten oder in Form von Urtrabanten eingefangen wurden. Und zwar werden es immer leichtere Materialien gewesen sein, die so herankamen. Denn je schwerer sie waren, um so früher mußten sie mit solchen Planetenkernen vereinigt werden, je leichter, um so später. So wäre sinnentsprechend der innere Aufbau des Erdkörpers eben das Abbild jener Vorgänge seines frühesten Werdens.

1. TEIL

Gestaltung der Erdoberfläche in der Vorwelt

A) DIE GEOLOGISCHEN ANSCHAUUNGSGRUNDLAGEN

1. Verwitterung · Wasserkreislauf · Abtragung Aufschüttung · Hebungen · Senkungen

Soweit unser Blick hinschweift über die Oberfläche der Länder, bemerken wir einen mannigfachen Wechsel von Höhen und Tiefen, Ebenen und Gebirgen, Hügeln und schroffen Wänden, Flußtälern, Schluchten und Seen, steilen und flachen Meeresküsten, breiten Kontinenten und schmalen Landzungen, Halbinseln und Inseln. Dieses wechselnde Relief nennen wir die Formen der Erdoberfläche. Über den größeren Teil der Erde dehnt sich Meer und Ozean aus, worin Inseln oder Inselketten, größere und kleinere Länder aufsteigen. Auch der Boden der Meere und Ozeane ist in ähnlicher Weise gegliedert wie das über dem Meeresspiegel liegende Land. Auch dort steigen schroffe und weiche Formen wechselnd empor, wenn auch vielleicht die Formenunterschiede bei der großen Flächenausdehnung im ganzen milder und auf kurze Entfernung hin im einzelnen nicht ganz so reich gegliedert sein mögen, wie oben auf dem Festland.

Aber es gibt noch etwas außer diesen Formen. Wir gehen in irgendeinen Steinbruch oder in eine Sand- und Kiesgrube, an ein Flußbett mit steilen Rändern, in ein Felsengebirge. Da finden wir den Boden, die Hänge, Hügel und Berge zusammengesetzt aus dem verschiedensten Material aus Sand, Kies, Ton, Mergel, Kalkstein, Sandstein, Gips, Kohlen, Ton- und Kalkschiefer, Granit, Basalt, Porphyr und aus vielen anderen Materialien. Und wir erkennen, daß das Relief der Erde nicht nur aus wechselnden Formen, sondern auch aus wechselndem Material besteht. Alles das, was den Boden natürlicherweise aufbaut, also auch loser Sand und Kohle, nennt der Geologe Gestein. Wir kennen also jetzt zweierlei: Form und Gestein.

Wie verhält sich beides zueinander? Gehören sie irgendwie notwendig zusammen? Oder treffen sie nur zufällig aufeinander? Eine einfache Überlegung zeigt, daß Formen ohne Material undenkbar sind. Denn die Formen bedeuten nichts anderes als die Oberfläche des Materials und sind ohne dieses undenkbar. Aber den gleichen Oberflächenformen kann verschiedenstes Material zugrundeliegen; ein und dieselbe Bergform etwa kann den verschiedensten Materialien zugeteilt sein; ein Berg aus Granit kann aussehen wie einer aus Kalk. Im ganzen, so können wir sagen, herrscht steter Gesteinswechsel unter steter Änderung der Form; es kann sich aber auch das Gestein wiederholen, während die Form wechselt. So sind also die Formen in das Material nur äußerlich hineingeschnitten, sind ihm wie zufällig übergezogen, bilden seine zufällige jeweilige Begrenzung. Dem widerspricht nicht, daß das Gestein in sich Struktur hat, welche eine Ausbildung bestimmter Oberflächenformen begünstigt.

Haben wir nun alles gesehen, was uns die Erdoberfläche bietet? Es fehlt noch etwas: der innere Aufbau des Gesteins und sein innerer Wechsel, die Art, wie das Material sich gibt und wie es lagert. Denn an der einen Stelle ist es wagrecht geschichtet, Kalkbänke etwa folgen übereinander oder es zeigt sich ein mehr oder weniger regelmäßiger Wechsel von Tonmergeln und Kalk, um nur eines zu nennen (Abb. 11); anderswo

Abb. 11. Geschichtete Gesteinsbildung. Keuperformation Württemberg. Sandstein und Tonmergel abwechselnd. Ablagerung aus teilweise ausgesüßtem Flachmeer. (Phot. v. d. Trappen.)

sind dagegen die Gesteinsmassen klotzig, anderswo blätterig und schieferig, und alles dies sowohl in horizontaler, wie in vertikaler Richtung wechselnd oder in vielfacher Kombination miteinander stehend. Sande und Kiese sind meistens dicht gepackt und schräg kreuzweise geschichtet; in den Basaltbergen steht das Material häufig in Säulen (Abb. 12), in den Porphyrlagern erscheinen Platten und Klötze abwechselnd. Oft sind die Schichten auch stark geneigt, ja gebogen und gefaltet (Abb. 13) oder an einem Sprung aneinander verschoben; im Hochgebirge sehen wir sie an den Bergwänden häufig auf- und niedersteigen (Kap. 5). So kommen wir also zu der Erkenntnis, daß die Erdrinde, wo wir auch hingehen, immer und überall dieses Dreifache zeigt: Formrelief, Gesteinsmaterial und Struktur oder Lagerung des Materials.

Ist das alles nun gleich wesentlich? Können wir uns irgend etwas davon wegdenken, ohne daß das Übrige gestört wäre? Steigen wir hinunter in ein Bergwerk, fernab von der Tagesoberfläche, weg von den Hügeln, Tälern, Bergen und Flüssen und Seen, so werden wir dort unten in den kilometerlangen Schachten und Stollen an sich gar nicht wissen, ob wir gerade unter einem Hügel oder einem tiefen Tal oder sonstwo sind. Und doch ist es möglich, daß das nämliche Gestein, worin wir uns jetzt in der Tiefe bewegen, auch droben die Oberfläche bildet, in langen Bänken und Falten hinauf und hinuntersteigt oder als mächtige breite Masse oben

Abb. 12. Von der Meeresbrandung zerfressene und ausgehöhlte Basaltmasse der Fingalsgrotte in Schottland. Absonderungsform aus erstarrtem Schmelzfluß, teils säulenförmig, teils unregelmäßig. Zufällige äußere Form, unabhängig von der inneren Gesteinsstruktur. (Nach Phot.)

und in der Tiefe ein und dasselbe ist. Wir sind also mitten in dem Gestein, das wir kennen, aber Oberflächenformen gibt es hier nicht. Für den Bau und die Zusammensetzung der Erdkruste sind also die Oberflächenformen unwesentlich. Und wenn wir nach der Entstehung der Erdrinde fragen, so dürfen wir von den Oberflächenformen zunächst absehen und uns nur an das Material und seine Lagerung halten.

Wie sind nun die Materialien und ihre Lagerung zustande gekommen? Haben sie sich bei der frühesten Abkühlung der Erde etwa aus glutflüssigem Urgesteinsbrei ausgeschieden? Und warum sind sie so verschiedenartig? Warum liegt zwischen Sandsteinbänken ein Tonschiefer oder Lehm? Warum zwischen Mergelschichten Bänder von Kohlen? Warum durchsetzt dort ein Erzgang die übrigen Gesteinslagen? Warum steigen die Schichten auf und nieder? Oder könnte das, was an der Oberfläche liegt, auch einmal in der Tiefe gelegen haben und das Tiefengestein einmal Oberfläche gewesen sein? Gab es einmal Erdbewegungen, die das Oberste zu unterst kehrten und umgekehrt? Bewegungen, welche die Krustenteile zerbrachen, verschoben, verstürzten und verfalteten? Oder lagerte sich einmal auf zuvor Dagewesenes von außen her Neues, Späteres darauf? Oder brach es aus

Abb. 13. Durcheinandergefaltete Schichtmassen. Dolomitischer Kalk, ehemalige Meeresablagerung. Hochvogel, Allgäu. (Origphot.)

Abb. 14. Schutthalden an Berghängen, aus der Zerbröckelung und Herabspülung des Gesteins hervorgegangen. Bayerische Alpen. (Origphot.)

dem Erdinnern aus als glutflüssiger Gesteinsbrei, der erstarrte und so aus der Tiefe aufragende gleichartige Gesteinsstöcke bildete? Wir machen geradezu den kühnen Versuch, eine urweltliche Geschichte der Erdaußenseite und der Erdrinde zu schreiben, wenn wir die Entstehung der Gesteine und ihrer Lagerung und der ihnen heute übergezogenen äußeren Formbegrenzung zu ermitteln suchen. Wir bekommen eine allgemeine Geschichte, wenn wir die Vorgänge und Kräfte klären, welche das alles schufen; und wir bekommen eine spezielle Geschichte, wenn wir dann im einzelnen das

Abb. 15. Auffüllungsfläche eines Sees. Engadin. Durch Einschüttung der vom Flusse beigebrachten Materialien entsteht ein Delta und bringt im Laufe der Zeit den See zum Verschwinden. (Nach Phot.)

Werden aller bestimmten Formen, aller bestimmten Materialien und Lagerungsarten an bestimmten Stellen der Erde dartun können, zumal wenn es uns gelingen sollte, dies auch in eine richtige zeitliche Reihenfolge zu bringen.

Gehen wir vom Einfachsten, Alltäglichsten aus, was jeder kennt und schon beobachtet hat; es genügt, um das Grundsätzliche klarzumachen. Wenn an einem Hang oder im Gebirge nach den winterlichen Frösten, unterstützt von der Verwitterung und den Regengüssen, Jahr um Jahr im Lauf der Zeit die Erde und die Gesteinstrümmer abgeschwemmt werden oder von selbst herunterfallen, kleine und große, oder wenn gelegentlich ein Murbruch oder Bergrutsch hinzukommt und das alles sich allmählich unten zu einer Schutthalde aufhäuft (Abb. 14), so hat sich damit schon eine Veränderung der Oberflächenform, des Gesteinsmaterials und seiner Lagerung vollzogen. Denn zuvor war der Hang oder Berg steiler; nun hat er Runsen, ist flacher geworden, sein Gestein liegt teilweise unten und hat eine ganz andere Gestalt, Verteilung, Lagerung, ja durch die Verwitterung auch eine andere Stoffmischung angenommen. Oder ein Fluß verfrachtet tagaus, tagein vom Gebirge her Kies und Sand und Schlamm. Auf seinem Lauf nagt er an seinen Ufern, bohrt sich ein, reißt Land weg und dazu Sträucher und Bäume. Und das nicht nur bei Hochwasser, sondern jeder kräftige Fluß, besonders die aus dem Hochgebirge kommenden, arbei-

Abb. 16. Steinbruchwand als Geländeanschnitt. Über dem festen Kalkstein die lose Verwitterungserde. Lothringen. (Origphot.)

ten auf solche Weise stetig. Was an Gesteinsmaterial herausgeschafft wird, wird zertrümmert, gerollt, abgeschliffen, wird zu Kies und Sand und Schlamm verkleinert. Und irgendwo, wenn das Gefälle vorübergehend oder dauernd abnimmt, wird dies alles abgelagert, sei es auf weiten Flächen oder in großen Mündungsgebieten oder im Meer und in Seen. Viele Seen sind auf diese Art schon teilweise oder ganz ausgefüllt worden. Unser Voralpenseen haben alle ein flaches Einmündungsgebiet (Abb. 15), oft viele Kilometer lang und breit, durch das der zutragende Fluß läuft. Das ist der seit Jahrtausenden aufgefüllte und trockengelegte Teil des ehemaligen Sees. Es ist berechnet worden, daß die Reuß vom Gotthard bis zum Vierwaldstättersee täglich soviel Gesteinsmasse bewegt, als tausend zweispännige Fuhrwerke daneben auf einer glatten Straße verfrachten könnten. Nach denselben Berechnungen wird der Genfersee in 48000 Jahren ausgefüllt sein. In China verlegt der riesenhafte Hoangho sein Mündungsgebiet seit einigen Jahrhunderten um Flächen so groß wie Deutschland und Österreich zusammen und schüttet ungeheure Sand- und Schlammassen darüber aus. Was sich an den genannten Beispielen im großen zeigt, geht im kleinen täglich und stündlich überall in irgendeiner Form vor sich.

Was wir soeben kurz angedeutet haben, ist sozusagen die Zusammenfassung unendlich vielseitiger und mannigfaltiger Vorgänge, welche einerseits von den Atmosphärilien, anderseits von den Gesteinsarten sowie von

Abb. 17. Klüftung der Gesteine im sächsischen Elbsandsteingebirge. Die Verwitterung verläuft nach den Schicht- und Klüftungsfugen besonders stark. Im Hintergrund die Umrisse der tafelförmigen Zeugenberge, als Überreste der Gesamtmasse, aus der die Felspartien herausgeschnitten sind. (Aus Geistbeck 1928.)

dem gerade gegebenen Relief der Erdoberfläche selbst bedingt sind. Dazu tritt die Tätigkeit von Organismen.

Der einfachste Vorgang ist die gewöhnliche **Verwitterung** der Gesteine, wie sie uns überall in normal feuchten Ländern erscheint. Jeder weiß es, wie durch Frost und Wetter die Häuser zerfallen, nicht anders wie jeder Stein, jede Felswand, jeder Hartboden im Lauf der Zeit zerfällt. Graben wir einen Waldboden oder Ackerboden auf, so werden wir durch die Humusschicht hindurchgelangen auf das feste Gestein, aus dessen Verwitterung der Boden entstand (Abb. 16). Durch Frost, durch das kohlensäurebeladene Regenwasser, durch die säureausscheidende Tätigkeit der

Bodenbakterien verwittert alles Gestein und wandelt sich, wenn es nicht sofort weggespült wird, zu Humusboden um. Eine dichte, wasserbehaltende Pflanzendecke befördert die Humusbildung durch ihre vermodernden Massen. Es geht also eine chemische, wie eine physikalische Veränderung und Umwandlung des vorhandenen Gesteins vor sich. Dabei ist es keineswegs entscheidend, ob ein Gestein im gewöhnlichen Sinne besonders hart oder weich ist; vielmehr können die anscheinend härtesten Gesteine, wie Granit, rasch verwittern, während die weicheren Kalksteine unendlich lange jeder Witterung zu widerstehen vermögen. Es ist dabei zunächst das innere

Abb. 18. Karrenfeld. Zerrissene Kalklandschaft, vom Regenwasser geschaffen. Wetterstein bei Garmisch. (Origphot.)

Gefüge maßgebend, das etwa beim Granit aus einer Mischung verschiedener kristallinischer Mineralarten besteht, von denen der Feldspat besonders rasch zerfällt und zu Porzellanerde wird, so daß sich die übrigen Teile voneinander lösen und die darin enthaltenen Quarzkörner rasch zu grobem oder feinerem Sand werden. Sodann ist für den rascheren oder langsameren Zerfall auch die Lagerung, die Schichtungs- und Klüftungsart maßgebend (Abb. 17), welche den Atmosphärilien leichter oder weniger leicht den Angriff gestattet. Je nach den Klimazuständen, also wechselnden Temperaturen, Sonnenbestrahlungen, Frösten, Regenreichtum und Vegetationsarten, bilden sich dann verschiedene Bodenarten, kurzweg **Böden** genannt, die nun für die einzelnen Länder bzw. Klimate besonders charakteristisch sind. So ist eine eigene Verwitterungserde des trockenen, alles Wasser sofort in seinen Spalten und Spältchen verschluckenden, nur aus Kalkgestein aufgebauten Karstgebietes um die Adria herum eine rote Verwitterungserde, die Terra rossa; in unseren Gegenden entsteht der braune Humus; in den Tropen eine andere Art roten bis rotbraunen Bodens, wobei gleichfalls bestimmte Niederschlagsverhältnisse mitsprechen, der Laterit. Bei vielen Verwitterungsvorgängen im sogenannten kristallinen Urgestein und in vulkanischen jüngeren Gesteinen wird Wasser chemisch gebunden. Wenn dieser Prozeß endlos lange geologische Zeit sich fortsetzen könnte, ohne daß neues Wasser, sei es durch Austreten aus dem glühenden und dann erstarren-

Abb. 19. Der Bergsturz von Goldau am Vierwaldstättersee 1883. Oben das Abrutschgebiet, unten noch ein Teil der Trümmermassen. Der neue Ort steht hoch über dem begrabenen alten Dorf. (Origphot.)

den Gestein der Erdtiefen oder aus dem Weltraum hinzukäme, so würde das Wasser der Erdoberfläche schließlich aufgesaugt, d. h. in der Erdrinde chemisch gebunden und die Erdoberfläche würde praktisch wasserlos geworden sein.

Durch die Verwitterung können nun mannigfache Oberflächenformen entstehen, deren extremste und auffallendste etwa Gebilde wie Pilzfelsen, Felsnadeln, Steintische als Einzelformen sind, während im größeren Ausmaß Felsenmeere, blätterige oder spitze Berggrate, Runsen, Talungen und Löcher entstehen und als Gegenspiel eben die Verwitterungsmassen, Erden, Schuttlager und Schutthalden sich aufhäufen. Bei allen solchen Vorgängen aber spielt stets in verschiedenem Maße die Tätigkeit des fließenden oder rinnenden Wassers mit, und je nachdem ändert sich der Mechanismus dieses Geschehens und es kommen immer wieder andere Formen, wie auch andersartige Materialablagerungen zustande.

Ein schönes Beispiel hierfür sind die in den Alpen gelegentlich auftretenden Erdpyramiden, steingespickte und steingedeckte Pfeiler aus weichen, kiesig-sandigen Gehängen herausgeschnitten. Da solche Berghänge weich sind, so kommt es gar nicht zu einer ausgiebigen Verwitterung, sondern jeder Regenguß nimmt reichlich Material mit nach abwärts. So bilden sich unregelmäßige Rinnen und Talsträhnen. Überall aber, wo ein größerer Steinblock steckt, schützt dieser die senkrecht unter ihm liegende weichere Masse, und so bleibt diese stehen, während ringsherum alles rasch weggeführt wird. Schließlich brechen diese weichen Säulen aber zusammen oder der Stein fällt herab, beraubt den Pfeiler seines Schutzes und dann verschwindet er rasch. Aber auch hartes Gestein, vor allem Kalkfelsen, werden vom rinnenden Wasser zuweilen ausgefressen, besonders wenn geneigte Flächen da sind. Es entstehen dann die Karrenfelder (Abb. 18). Unterwäscht und unterhöhlt das Wasser gewisse Gesteinspartien, etwa an alpinen Berghängen, so kommen darüberliegende Massen, ihres Haltes beraubt, zuweilen ins Rutschen und verursachen Bergstürze (Abb. 19). Oder weiches Gelände wird so von Wasser durchsetzt, daß es örtlich zu einer Art Gesteinsbrei umgewandelt wird; dann kommt es ins Gleiten und schiebt sich als Murbruch talabwärts. Auf alle diese beschriebenen Weisen sieht man die vielerlei Berg- und Gebirgsformen zustandekommen, seien das nun Hochgebirgsformen oder solche der Mittelgebirge oder des hügeligen Flachlandes.

Aber das in größerer Menge strömende und fließende Wasser, das sich nun in mehr oder weniger bestimmten Rinnsalen, Bächen und Flüssen gesammelt hat, verfolgt sozusagen seine eigenen Gesetze. Es arbeitet und nagt ununterbrochen in seinem Lauf von der Höhe zur Tiefe; seine Niveauunterschiede, sein Gefälle, sowie seine Masse ist hierbei maßgebend, denn beides bestimmt seine Kraft. Dazu kommt wieder der Unterschied zwischen hartem und weichem, zwischen kompaktem oder klüftigem und geschichtetem Gestein, sowie dessen Lagerungsart, d. h. ob das Gestein dem Angriff des Wassers widerstandsfähigere Flächen oder weniger widerstandsfähige Spalten und gebankte Schichtseiten bietet. Der junge Gebirgsbach reißt Schluchten, unterwühlt die steilen Hänge, reißt alles ihm zugebrachte Gesteinsmaterial mit sich, im Frühjahr beim Anschwellen mehr als im Herbst nach der trockenen Sommerzeit. Er sucht möglichst geradewegs talabwärts zu gelangen und durchbricht bald seine Hindernisse. Zu Tal gekommen fließt er langsamer, aber er nagt immer und immerzu noch das Gelände aus. Wo der Fluß einer Biegung folgen muß, stößt er an und schafft an der Außenseite der Kehre einen scharfen Steilhang, verlegt sich durch sein Ausnagen immer mehr in dieser Richtung, während an der gegenüberliegenden Seite dieses stets erneuerten Steil- oder Prallhanges ein flacher Boden entstanden ist, der verlassene Teil des Flußbettes (Abb. 20). Wo ein Flußgefälle nicht mehr bemerkenswert ist, geht das Wasser, statt zu bohren, jedem Hindernis aus dem Wege, und nun windet sich der Fluß träge dahin und dorthin, bildet weite und unregelmäßige Schlingen, die Mäander. Es ist klar, daß die vom fließenden Wasser geschaffenen Talbildungen um so schroffere Wände haben, je härter das Gestein ist, das es durchschneidet; um so breiter und unbestimmter, je weicher es ist und je weniger daher der Fluß eingeengt bleiben kann. Auch stürzen weiche Gehänge rasch nach, ihr Böschungswinkel kann nicht die Schroffheit und Dauerhaftigkeit haben, wie hartes Felsgestein. Infolgedessen ist die charakteristische Talform in dem letzteren das enge, nach unten spitz zulaufende V-Tal (Abb. 21).

Wenn das fließende Wasser an ein Hindernis gerät, das es zunächst nicht überwinden, aber auch nicht umlaufen kann, so staut es sich dahinter

Abb. 20. Steilhang oder Prallhang eines Flusses an einer Kurve. Gegenüber die hierdurch entstandene Kiesfläche, im Hintergrund schon bewachsen, wo sie vom Fluß längst verlassen ist, weil er sich immer mehr in den Prallhang einschneidet. (Phot. Dr. Knauer.)

zu einem S e e auf. Das Hindernis kann ein dauerndes sein, wie etwa Bergzüge oder gestreckte Felsrippen; es kann auch ein plötzliches sein, wenn etwa ein Bergsturz niedergeht und in dem überschütteten Tal den durchlaufenden Gebirgsbach aufstaut. Der wird aber rasch die losen Massen durchfressen oder durchbrechen und dann sich mit seinen Wassermassen verheerend talabwärts ergießen, zugleich ungeheuere Schuttmassen in seinem ungebändigten Lauf mitreißen und über das Vorland ausstreuen. Der dauernde Wasserstau aber, den wir See nennen, wird vom fließenden Wasser zuletzt ebenso überwunden und beseitigt, nur geschieht dies nicht katastrophal, weil der Vorgang sich auf eine lange Zeit verteilt. Jeder Seespiegel steht so hoch, als es die vorgelagerte Schwelle gestattet. Dort tritt das Wasser an der jeweils niedersten Stelle aus und stürzt jenseits als Wasserfall herunter. Dabei nagt es sich in sein Hindernis ein, in hartem Gestein langsam, in weichem Gestein rascher. Hat es den Riegel tiefer und tiefer durchnagt, so ist eine Schlucht entstanden, der Seespiegel ist Hand in Hand damit niedriger geworden, und nun ist der See verschwunden und der Fluß fließt im Tal durch die Felswand oder Bergwand hindurch und bildet eine Klamm. Auf dieselbe Weise kann eine Schlucht entstehen, wenn ein Wasserlauf über eine Geländestufe herunterfällt. Das klassische Beispiel dafür ist der Niagara (Abb. 85), der sich im Lauf von Jahrtausenden solcherweise in eine Kalkplatte eingeschnitten hat. Der herabstürzende Strom hat seine große 22 km lange Schlucht vom Fall abwärts bis zu dem Platz, wo heute Lewiston steht, in etwa 10—12000 Jahren geschaffen, und der jetzige Wasserfall wird vielleicht, wenn er sich im selben Maße rückwärts frißt, in 50000 Jahren am Eriesee angelangt sein. Da die tieferen Schichten weicher sind, als die oberen, über die er derzeit herunterstürzt, so nagt die starke Wirbelung des Sturzwassers die tieferen Lagen rascher aus, die höheren stürzen nach, und infolgedessen schreitet der Fall rascher rückwärts, als er es in reinem Kalkgestein tun würde. Besonders bei den engen Klammen im Hochgebirge entstehen bei solcher oft höchst gewaltsamen Aushöhlungstätigkeit des Wassers runde Auskolkungen und Aushöhlungen der Wände, kleine und größere Nischen, welche den Hergang der Ausnagung jeweils in vielen, zeitlich oft viele Jahrtausende zurückliegenden Stadien verfolgen lassen.

Auch unterirdische Flußläufe gibt es, wenn das oberirdisch laufende Wasser versickert und in die Tiefe dringt. Das ist vor allem in Karstgebieten der Fall, deren Gesteinsmassen klüftig sind. Da verschwinden oftmals ganze Flußläufe und laufen unterirdisch weiter, dabei die Klüfte und Spalten benützend, die nach und nach ebenso wie die Täler an der Oberfläche erweitert, ausgenagt werden, dann wohl auch stellenweise oder auf ganze Strecken hin einstürzen. Dadurch entstehen an der Oberfläche Einsturztrichter, Dolinen genannt, in denen allein sich mit der Zeit etwas fruchtbare Verwitterungserde sammelt (Abb. 22), die den Bewohnern der Karsthochfläche spärliche Anpflanzungsflecken bieten. Im Innern der Höhlen werden durch die Bergfeuchtigkeit und das dabei tropfenweise herabrinnende Wasser die kalkigen Stalaktiten (Adelsberger Grotte) aufgebaut. Ein kleinzügigeres Beispiel haben wir in unserer Gegend durch die Donauversickerung bei Immendingen. Das Wasser verschwindet dort im Flußbett plötzlich und kommt südwärts bei der in den Bodensee fließenden Ach im Hegau wieder zum Vorschein, nachdem sie unterirdisch eine etwa 12 km lange Strecke zurückgelegt hat. Die Menge des versickerten Wassers hat in den letzten Jahrzehnten immer zugenommen, so daß man heute im Donaubett bis gegen Möhringen gehen kann. Die jetzige Donauschlucht vor Kelheim aber, in der das Kloster Weltenburg liegt, ist ein ehemaliger unterirdischer Wasserlauf im Kalkgebirge des Jura gewesen, der eingestürzt ist und deshalb heute die offene breite Schlucht (Abb. 23) bildet.

Diese unterirdischen Wasserläufe sind nicht schlechtweg dem, was man Grundwasser nennt, gleichzusetzen. Grundwasser kann überall sich bilden und bildet sich überall, wo soviel Niederschläge fallen, daß die Feuchtigkeit nicht in den obersten Bodenlagen hängen bleibt und rasch wieder verdunstet oder von den Pflanzen aufgenommen wird. Da der Boden überall aus wasserdurchlässigen und -undurchlässigen Schichtungen besteht, auch

Abb. 21. V-förmiges Erosionstal vom stark fließenden Wasser in hartes Gestein geschnitten. Saalachtal bei Salzburg. (Aus Geistbeck 1928.)

Klüfte, Risse und Sprünge hat, gelangt das Wasser je nach dieser Bodenbeschaffenheit verschieden tief hinunter, um irgendwo aufgestaut zu werden. Es bildet sich ein Grundwasserspiegel oder je nachdem auch ein Grundwasserbecken. Infolge der Unregelmäßigkeiten des Bodens, der wechselnden Schichtneigungen und der Klüfte ist der Grundwasserspiegel oft zerteilt, bildet auch Strömungen und Adern, die indessen keineswegs immer den Boden ausnagen, sondern oft wie durch einen Schwamm hindurchsickern und sich dabei nur in einer der Lösungsfähigkeit des Wassers entsprechenden Menge Mineralstoffen beladen. Wird der Grundwasserspiegel mit seinen Adern irgendwo angeschnitten, sei es natürlich durch einen Hang oder künstlich durch Erbohrungen oder Grabungen, so kommt das Wasser in Form von Quellen zum Austritt. Die Tiefe des Grundwassers ist nach den einzelnen Gegenden und den genannten Bedingungen sehr verschieden. Es gibt allerdings verschiedene Arten von Quellen, normal temperierte und warme oder sogar heiße Quellen (Thermen). Je tiefer man in den Boden hinabkommt, um so wärmer wird es im allgemeinen; die Temperaturzunahme beträgt etwa 1° auf je 33 m. Dringt also das Tageswasser sehr tief hinab, was stets dann zutrifft, wenn die undurchlässigen Schichten erst in großer Tiefe folgen oder wenn Klüfte und Sprünge (Verwerfungen) sehr tief hinabführen, so kommt bei raschem unaufhalt-

Abb. 22. Karstlandschaft mit Einsturztrichter infolge unterirdischer Unterwaschung (Doline). In dem Trichter sammelt sich spärlicher Humus. Nördl. Triest. (Aus Geistbeck 1928.)

samem Emporstieg das Wasser wohl sehr warm an der Erdoberfläche an. Gewöhnlich hat es dann viel gelöstes Gestein, auch Salze in sich. Etwas anderes sind heiße Quellen in Vulkangebieten, auch erloschenen, wo das Wasser durch die im Untergrund vorhandenen heißen Herde kochend wird und wohl auch emporsteigt. Artesische Quellen aber entstehen dann, wenn bei schräge zur Oberfläche steigenden Schichten das darin verlaufende Grundwasser aus einem unter Druck stehenden oder höher gelegenen natürlichen Reservoir kommt. Durch derartige Beobachtungen kann der Geologe auch die Stellen finden, wo artesische Brunnen zu erbohren sind.

Eine andere Form der Tätigkeit des fließenden Wassers sind die Gletscher, die aus der Ansammlung des im Winter wie im Sommer oberhalb der natürlichen Schneegrenze fallenden Firnschnees zu Tale kommen. Das durch seine Masse talabwärts drückende und sich im großen plastisch verhaltende Eis kommt in die Abschmelzungszone herunter, bleibt aber eben durch seinen Druck ein einheitlicher Eisstrom, der beim Herunterstürzen über Geländestufen zerbricht, sich aber unterhalb wieder zusammenschließt und weiterrückt. Von den Seiten seines Bettes wie von den über ihm gelegenen eisfreien Bergen geht Verwitterungsschutt auf ihn nieder; ebenso wie er selbst an loserem oder mit seinen Schichtklüften ihm entgegen-

Abb. 23. Donauschlucht bei Kelheim in Bayern, alter, unterirdischer Karstflußlauf, in jüngster geologischer Zeit durch Einstürzen und Abtragung des Deckgebirges freigelegt. (Origphot.)

stehenden Gestein immerzu reißt und absprengt. Die Schuttmassen, zwischen denen haushohe Felsblöcke sein können, bleiben entweder auf dem Rücken des Gletschers liegen oder fallen durch die unzähligen Risse und Klüfte in ihn hinein und werden bei der immerwährenden Umknetung des Eises nun in dem Gletscherkörper überallhin verteilt, kommen auch an die Unter- und Seitenfläche und werden zerrieben, gerundet, geglättet und geschrammt. Zugleich glättet und schleift das Eis, so mit Gestein gespickt, die Felswände und den Boden, über den es geht. Es entstehen auf ebenen Flächen Gletscherschliffe, auf unruhigem Fels Rundhöcker (Abb. 24) und die Täler werden U-förmig ausgehobelt (Abb. 25). Schmilzt das Eis an den Seiten und am Gletscherende ab, so werden diese Schutt- und Rolltrümmer, große und kleine, abgesetzt und es entstehen ringsum Schuttlager. Sie haben eine meist eisenbahndammartige Form, wenn der Abschmelzungsrand stationär bleibt, d. h. wenn etwa ebensoviel Eis jährlich nachkommt als abschmilzt. Man nennt sie Moränen, und sie begleiten jedes Gletscherbett und umsäumen es seitlich und vorne (Abb. 26). Kommt weniger Eis nach, so sagt man, der Gletscher gehe zurück. In Wirklichkeit macht das Eis selbst niemals eine Rückwärtsbewegung, sondern stets rückt es vor bis zu seinen Abschmelzungsrändern; das Zurückgehen bedeutet nur, daß der Gletscher als Ganzes kleiner und kürzer geworden ist. Im Falle solchen Zurückgehens wird das Schuttmaterial über den jeweils freiwerdenden seitlichen und vorderen Raum ausgebreitet, die Moränen bekommen un-

Abb. 24. Gletscherstrom, sehr zurückgegangen. Auf seinem ehemaligen Boden die angeschliffenen Rundhöcker. (Origphot.)

bestimmtere Gestalt. Dringt er vor, so überfährt er das früher vielleicht schon niedergelegte Material, nimmt es teilweise auf und schiebt es weiter oder geht darüber hinweg und lagert darauf neues Material ab.

Schon während der Gletscher in die Abschmelzungszone gelangt, bildet das in ihm schmelzende Eis teils auf seinem Rücken, teils herabstürzend durch die Spalten und Risse am Grund Wasserströme, die sich unten gegen das Ende am tiefsten Punkt vereinigen, den hier austretenden Gletscherbach bilden und an der Austrittsstelle durch besonders rasches Abschmelzen und Erosion im Eise das Gletschertor bilden (Abb. 27). Die Schmelzwasser ergreifen einen großen Teil des Schutt- und Moränenmaterials und transportieren es talabwärts oder breiten es im Vorland vor dem Gletscher als Schottermassen aus. Hierbei verliert es seine Glät-

Abb. 25. U-förmig ausgearbeitetes, typisches Gletschertal. Karwendel, Bayer. Alpen. (Phot. Dr. Knauer.)

Abb. 26. Gletscherfirn und Gletscherstrom, seitwärts vorne eine wallförmige Schuttmoräne absetzend. (Phot. Dr. Schröder.)

tung und Politur und wird wie ein gewöhnliches Flußgerölle mattiert. Von diesem Augenblick ab ist auch die Tätigkeit des Gletschers als solchen erloschen und es verhält sich sein Wasser in allem so wie sonst das fließende Wasser.

Eine ganz andere Art von Abtragungs- und Formbildungsgebiet sind die **Wüsten**. Darunter versteht man jene etwa ein Zehntel des ge-

Abb. 27. Gletschertor, durch das die Schmelzwasser größtenteils heraustreten. Im Vordergrund die Schutt- und Schottermassen, die talabwärts transportiert werden. Der Rücken des Gletschers voller Schutt. (Origphot.)

samten Festlandes ausmachenden klimatischen Flächen, in denen wenig Niederschläge fallen oder, wenn heftig fallend, doch so selten sind, daß ein gedeihlicher Pflanzenwuchs nicht aufkommt. Infolgedessen liegt der Boden so da, wie er eben als nacktes Gestein und mit rein physikalischer Materialaufhäufung, also ohne Humus, erscheinen muß. Trotzdem ist auch die Wüste einer beständigen Verwitterung und Formveränderung, wie auch einer immerwährenden Materialumlagerung ausgesetzt. Denn während in den übrigen Oberflächengebieten der Erde Wasser und Feuchtigkeit unter Mitwirkung der Bakterien und Pflanzen die Verwitterung und Abtragung und ebenso die Aufschüttung des umgesetzten Materials besorgen, sind es in den Wüsten wesentlich die Temperaturunterschiede und der Wind, selten unterstützt durch periodische Regengüsse. Wir sehen in der Wüste bei Tag die Sonne glühen und die Gesteine erhitzen; bei Nacht die Kälte einbrechen oder einen plötzlichen Regenguß abkühlend darauf stürzen. Durch die oft riesigen Temperaturunterschiede lockert sich das feste Gestein, es springt in Schalen und Brocken ab, die Trümmer zerspringen wieder

Abb. 28. Trockental und Blockansammlung bei Luxor (Ägypten). Wüste in ehemals wasserreichem Gebiet. (Origphot. Prof. Stromer.)

und zerfallen in Grus und Sand (Abb. 28). Der Windsturm ergreift den Sand und die kleineren Trümmer, bläst sie dahin und dorthin, schleift, von ihnen beladen, wie ein mächtiges Sandgebläse die Felsen ab, frißt sie aus, schafft solcherweise Furchen, ja Talschluchten, und häuft sie, wo er an ein Hindernis stößt oder erlahmt, zu großen und kleinen Sanddünen (Abb. 29) auf, wie man es übrigens auch am Meer, an den Sandküsten, beobachtet. Dann führt er sie wieder weiter und arbeitet an der Umgestaltung der Erdoberfläche, wie es in feuchten Gebieten eben das Wasser tut. Auch in der Wüste entstehen charakteristische Verwitterungserscheinungen; so werden die Gesteine und Gesteinstrümmer durch die beschriebene Einwirkung von Sonnenhitze und gelegentlicher Luftfeuchtigkeit mit braunen eisen- und manganhaltigen Verwitterungsrinden überzogen.

In gewissem Sinne sind öde Hochgebirgsflächen auch „Wüsten", und gelegentlich gibt es auch in normal feuchten Gebieten einzelne Stellen, in welchen Pflanzen aus anderen Gründen nicht gedeihen können und dann ein nackter Felsboden entsteht, der etwas Wüstenartiges hat. So liegt in Schottland eine Kalkhochfläche, die wüstenartig leer erscheint, wie ja auch der oben schon besprochene Karst infolge Wassermangels, der auf dem sofortigen Versickern der Niederschläge beruht, stellenweise wüstenartig

Abb. 29. Sanddünenbildung in der Libyschen Wüste. Im Vorderfeld die ausgeblasenen und sandverwehten Gesteinsbrocken. (Phot. Prof. Stromer.)

erscheint. Aber in allen diesen Fällen kommen nicht die oben beschriebenen typischen Wüstenwirkungen zustande.

Vergleichsweise darf man hier auch die Dünenbildungen an sandigen flachen Meeresküsten erinnern, wo der Wind die ausgetrockneten Sandmassen vom Strand her aufnimmt und sie zu verschieden hohen Hügelzügen aufhäuft. Kann man ihnen nicht durch Bepflanzung mit Dünengras und ähnlichen, die Trockenheit liebenden Pflanzen beikommen, so wandern sie im Lauf der Zeit dahin und dorthin, decken ähnlich wie winterliches Schneetreiben wohl auch gelegentlich menschliche Ansiedelungen zu, wovon in den meernahen Ostseegebieten manches berichtet wird. So begann im Anfang des 19. Jahrhunderts eine Wanderdüne auf der Kurischen Nehrung das Dorf Kunzen zu überwachsen, deckte es nach und nach völlig zu und verließ es erst nach dem Jahre 1869 wieder, eine Ruinenstätte zurücklassend.

Endlich erscheint noch eine dritte Art der Zerstörung, aber auch der Ablagerung: die Tätigkeit des Meeres. Die Wasserbewegung des Meeres selbst arbeitet an dem festen Land, seine Form verändernd. An den Steilküsten nagt die Brandung und sprengt im Verein mit dem Frost Trümmer ab. Wie wir bei der Tätigkeit eines Wasserfalles oben geschildert haben, so werden ähnlich auch die Steilküsten unterhöhlt (Abb. 30), besonders rasch, wenn sie aus wechselnd hartem und weichem Gestein bestehen oder der

Abb. 30. Normannische Küste bei Ebbe am Kanal. Felsnadel und Felsentor als vorübergehende Zeugen der Felszerstörung durch die Brandung. (Nach Phot.)

Brandung ihre Klüfte und Schichtfugen als Angriffspunkte darbieten. Es bildet sich zunächst innerhalb des Niveauwechsels von Ebbe und Flut eine Hohlkehle, der Steilrand wird durch Abbrechen immer weiter rückwärts gedrängt und davor entsteht ein mit Geröll, Trümmern und Sand belegter Flachstrand oder eine glatt abradierte Felsenplatte (Abb. 31). Je nach der Strömung, den jährlichen Sturmzügen oder der Beschaffenheit der Küste selbst bleiben gelegentlich auch Felspartien stehen, entweder hohe Türme und Nadeln, die allmählich weiter zerfallen und dann als kleine Klippen draußen vor dem derzeitigen Küstenrand übrig bleiben, wofür etwa die Needles am englischen Kanal oder der Mönch von Helgoland ein Beispiel

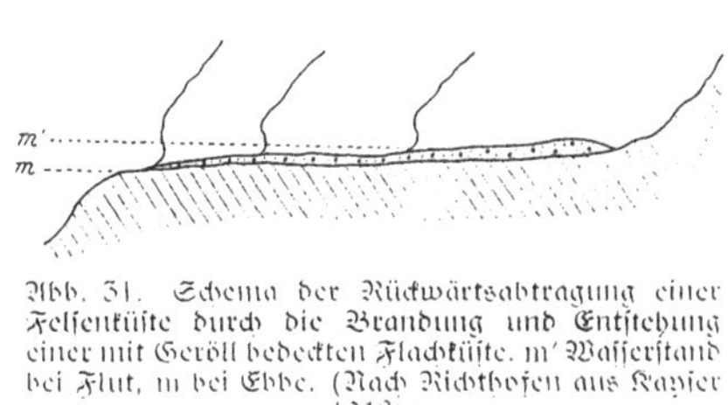

Abb. 31. Schema der Rückwärtsabtragung einer Felsenküste durch die Brandung und Entstehung einer mit Geröll bedeckten Flachküste. m' Wasserstand bei Flut, m bei Ebbe. (Nach Richthofen aus Kayser 1918).)

sind. Bei Helgoland sieht man auch zur Ebbezeit vorzüglich die untermeerische Abrasionsterrasse, soweit sie aus früheren Zeiten noch erhalten ist. Zuweilen bilden sich auch Felsentore, deren Deckenwölbung schließlich einstürzt, worauf der Außenpfeiler zum Turm oder zur Nadel wird. Sind die gegen das Meer vorstehenden Gesteinsformationen ungleich hart oder in steilgestellten, dicken Gesteinsbänken aufgerichtet und von weicheren Teilen unterbrochen, so können scharf ein- und ausspringende Winkel entstehen, besonders wenn in ihnen schon Tal- und Schluchtenbildung vorhanden ist, wie sie etwa Irland und teilweise Kleinasien zeigen, wobei allerdings auch Senkungen des Landes mit im Spiele sind. Vor allem

Abb. 32. Norwegisches Fjord als ein im Meer ertrunkenes Gebirgstal, infolge Senkung des Festlandes bzw. Ansteigen des Meeresspiegels. (Phot. Dr. Meyer.)

damit das Meer durch Abrasion einer Steilküste immer weiter landeinwärts dringen kann, ist ein gewisses fortschreitendes Absinken des Landes oft notwendig.

Senkungen des Landes sind nun nichts Ungewöhnliches, sondern sind an vielen Küsten der Erde leicht nachweisbar. An der englischen Küste liegen Waldböden heute unter dem Meere, die ehemals landeinwärts lagen. Diese Waldbodenreste können nicht im Meere entstanden sein und können auch nicht infolge Abrasion des Meeres jetzt unter dem Wasserspiegel liegen, denn sonst müßten sie zerstört sein. Das stetige Sinken der friesischen und holländischen Küste ist seit Jahrhunderten bekannt; in Holland kann man nur durch ausgedehnte Deichbauten das Land vor der Überschwemmung durch das Meer schützen. Bosporus und Dardanellen sind ein versunkenes Flußtal. Überhaupt ist das mittelländische Küstengebiet seit dem frühen Altertum so verändert, daß man die geographischen und urgeschichtlichen Angaben der Alten nicht an Hand einer heutigen Landkarte beurteilen darf. Die Fjorde Korsikas, Schottlands und Westskandinaviens (Abb. 32) sind „ertrunkene" Flußtäler in Hochgebirgsländern, vergleichbar etwa einem Zustand, der einträte, wenn unser Alpengebiet teilweise unter das Meer sänke und dieses in die tiefsten Stellen hereinträte. An der adriatischen Ostküste ist dies so; sie ist ein versunkenes Gebirgsland. Ebenso liegen an der Ostküste der Vereinigten Staaten große ertrunkene Flußtäler: die Hudsonbay in Nordamerika, die Delaware- und Chasepeakebay südlich von New York ebenso, am pazifischen Rand die Bucht von San Franzisko, in Südamerika die Inseln des Feuerlandes. Der Inselarchipel von Niederländisch Indien sowie viele der polynesischen Inseln im Pazifik, der japanische Inselbogen, die Kapverden und Kanarischen Inseln im Atlantik bei Westafrika sind herausragende Reste ertrunkener gebirgiger Länder. Eine ungeheure Senkung der Küste zeigt wohl die Kongofurche in Westafrika an (Abb. 33) mit ihrer Fortsetzung auf dem Meeresboden bis in die große Tiefe von 2000 m. Verfolgt man das Flußtal von der Mündung ab in die Tiefe, so zeigt es sich, daß es sich am Meeresboden noch etwa 180 km westwärts fortsetzt. Der Fluß kann diese Rinne natürlich nicht im Meere selbst ausgefurcht, sondern nur im Zusammenhang mit seinem jetzigen obermeerischen Tal ausgearbeitet haben, als ehemals jenes nun versunkene Küstenstück noch über dem Meeresspiegel lag. Genaue Untersuchungen sind indessen noch nicht angestellt, und man hat diese am Meeresboden sich hinziehende Furche bis jetzt nur ausgelotet. Es wäre denkbar, daß sie eine große geotektonische Rinne, eine sogen. Grabensenkung wäre, die aus dem Kontinent heraus sich in den Ozeanboden fortsetzt, und daß diese Senke über dem Meeresspiegel von dem Fluß zu seinem Lauf benützt wird, ohne daß er sie aber selbst besonders ausgefurcht hätte. Immerhin wäre sie dann das Beispiel einer bedeutenden Krustenabsenkung der Erde, wie wir sie auch innerhalb der Länder selbst und nicht nur an den Meeresküsten haben. So liegt der sibirische Baikalsee in einer 1 km tiefen Einbruchsfurche, und gleich gewaltig ist der große ostafrikanische Grabenbruch, der sich von Portugiesisch-Ostafrika bis nach Palästina heraufzieht, ein eingebrochenes Stück Erdkruste, in dem die ganzen ostafrikanischen Seen nun liegen und der sich über Ostabessinien zum Roten Meer zieht, das dem Hereindringen des Ozeanwassers

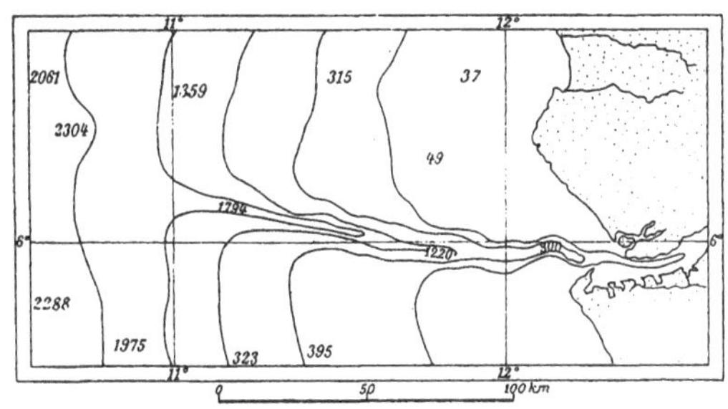

Abb. 33. Tiefenkurven des Meeresbodens an der Kongomündung in Westafrika als Beweis für Landabsenkung. Punktiert: das afrikanische Festland. (Aus Schott nach Kayser 1921.)

in diesen Grabenbruch seine Entstehung verdankt. Das Jordantal und das Tote Meer bilden den Nordausläufer, und es ist sozusagen nur einem Zufall zu danken, daß in diese tiefe Senke nicht auch das Meer eindrang. Denn der Wasserspiegel des Toten Meeres liegt 394 m unter dem Niveau des Mittelländischen Meeres und die Tiefe des Toten Meeres beträgt 400 m, so daß wir hier eine Niveauverschiebung von etwa 800 m sehen.

Im Gegensatz zu allen diesen Erscheinungen wissen wir aber auch von Hebungen des Landes. Obwohl Westskandinavien, wie erwähnt, in seinen Fjorden ertrunkene Täler zeigt, so sind doch an deren Rändern deut-

Abb. 34. Über den Meeresspiegel gehobene Strandterrasse in Nordspanien, ehemals durch Rückwärtsverlegung einer Steilküste entstanden. (Phot. Dr. Schulze.)

liche Anzeichen dafür da, daß diese Gesamtsenkung einer viel früheren Zeit angehören muß und daß längst wieder eine Hebung des Landes im Gange ist. Die Anzeichen sind folgende. Oben (S. 45) wurde die Erosionstätigkeit der Meeresbrandung an Steilküsten beschrieben, wobei die Steilwand abgefressen, gleichsam zurückgedrängt und vor ihr ein mit Geröll, Sand und Schalen bedeckter Streifen, ein Flachstrand geschaffen wird. Stellt man sich nun vor, ein solcher Küstenstreifen würde gehoben, oder was praktisch dasselbe ist, es senke sich der Meeresspiegel, dann läuft über dem Meeresniveau in entsprechender Höhe eine Terrasse hin (Abb. 34). Nun beginne tiefer, unterhalb derselben von neuem die Erosionstätigkeit der Brandung; so wird ein neuer, tiefer gelegener Flachstrand erscheinen. Würde dieser abermals gehoben, so müßten nun in verschiedenem Niveau über dem derzeitigen Meeresspiegel zwei Terrassenbänder sich hinziehen. Und eben dies ist auch an der atlantischen Seite Skandinaviens der Fall. Gehobene Küstenterrassen laufen über dem Meere hin, sind stellenweise mit Brandungsgeröll und Muscheln bedeckt und beweisen klar, daß jenes ehedem ertrunkene Gebirgsland sich längst wieder hebt, und zwar, wie eingeschlagene Marken ergaben, im Jahrhundert um einige Dezimeter. Das beistehende Bild (Abb. 35) zeigt einen kleinasiatischen Küstenort, der in einer Bucht liegt, in der im Altertum noch der Meeresspiegel stand; das Kastell beherrschte den Eingang zum Hafen.

Abb. 35. Küstenort an der kleinasiatischen Küste. An Stelle der Häuser lag im Altertum eine Meeresbucht mit dem Hafen. (Phot. Prof. Blieninger.)

Durch die im Vorstehenden mitgeteilten Merkmale von Hebungen oder Senkungen ist es nun allgemein möglich, an den Küsten der Länder Verschiebungen, sei es des Landes, sei es des Meeresspiegels festzustellen und zu erkennen, ob das eine oder andere jeweils stattfindet. So hebt sich Nordamerika jetzt im Norden; von Halifax ab südwärts senkt es sich. Im mexikanischen Meerbusen und in den Antillen herrscht Hebung des Landes; im pazifischen Nordamerika und Mexiko Senkung. In Südamerika hebt sich die Westküste im allgemeinen; aber an der peruanischen herrscht Senkung. Von der westafrikanischen Senkung am Kongo haben wir oben gesprochen. Dagegen hebt sich Ostafrika längs des großen Grabenbruches derzeit wieder, weil im Küstenstreifen oberhalb des Meeresspiegels mächtige Austernriffe trocken liegen. Im pazifischen Inselgebiet sinken einige Gruppen; andere heben sich.

Machen diese bisher beschriebenen Hebungen und Senkungen, mit Ausnahme der Kongofurche, im allgemeinen nur verhältnismäßig kleinere Beträge aus, bis zu ein paar hundert Metern, so bietet uns der freie Ozean auch sonst noch das Beispiel von Senkung und Hebung, die über das gewöhnliche Maß hinaus reicht. Es sind die Koralleninseln. Die riffbauenden Korallentiere (Kap. II/1) können im allgemeinen nur in lichtdurchströmter Tiefe bis etwa 50 m hinunter leben. Senkt sich nun der Meeresgrund, auf dem solche Riffe stehen, langsam hinunter, so wachsen die Kolonien entsprechend empor (Abb. 36); ihre tieferen Teile sterben ab und darüber

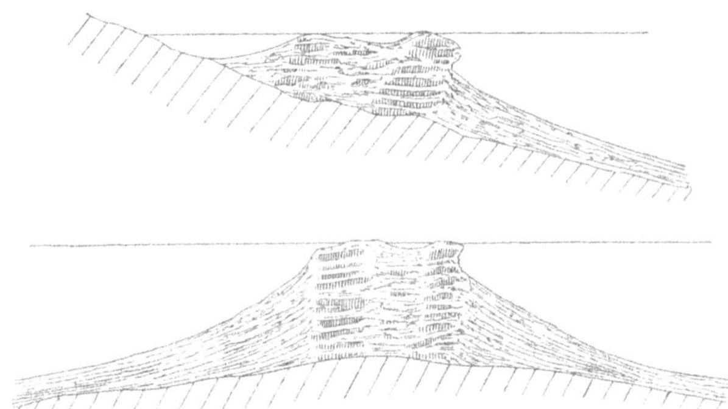

Abb. 36. Schema eines sich immer mehr senkenden Küstenkorallenriffs, durch entsprechendes Emporbauen wachsend. (Aus Kayser 1921 nach v. Richthofen.)

schichten sich ununterbrochen neue Bauten. Nun hat man auf dem Südseeriff Funafuti eine Tiefbohrung hinabgetrieben und ist mit 4—500 m noch nicht auf den ursprünglichen Felsenuntergrund gekommen, sondern nur im Korallenkalk geblieben, und sieht das als einen Beweis an, daß sich im Laufe der Zeit diese ehemalige Flachmeerzone um einen mindestens so hohen und wahrscheinlich weit höheren Betrag gesenkt haben muß. Aber solche Riffe können durch die Aufwärtsbewegung des Meeresgrundes sich auch wieder heben und dann über das Meer herausragende Inseln bilden, wie etwa die Bermudas im Atlantischen Ozean und viele Inselgruppen im Indischen und Stillen Ozean.

Es gibt also — wenn man es zunächst in dem beschränkten Kreis der Vorgänge ansieht, die sich derzeit auf der Erdoberfläche abspielen — zwei Arten der Formänderung: die durch die Atmospärilien bewirkte Abtragung und Aufschüttung, und die Eigenbewegungen der Erdrinde selbst. Wir werden sehen, daß diese, wie gesagt, augenblicklich sehr geringfügigen Kräftewirkungen sich in der Vorzeit in ganz anderen Stärken zeitweise geltend machten. Dabei war bald der eine, bald der andere Vorgang besonders betont, so daß es Zeiten gab, in denen die Abtragung und Aufschüttung, also letzten Endes der Ausgleich der Formen vorherrschte, während in anderen Epochen wieder die Bewegungen der Erdrinde große Ausschläge zeigten und ihrerseits nun das Relief neu fügten, neue große

Niveaudifferenzen schufen, durch die umgekehrt wieder die erodierenden und abtragenden Gewalten neue Gelegenheit zum Angriff bekamen, zu neuen starken Zerschneidungen und Abtragungen, wie auch zu Aufschüttungen.

Stellt man es sich schematisch vor, so kann man ein soeben geschaffenes neues Relief mit großen Niveau-Unterschieden eine *junge Landschaft* nennen. An ihr setzt die Erosion und Denudation ein, die Höhen werden zerschnitten, lebhafte Formen sind das nächste Ergebnis. Dort, wo die Wassertätigkeit endet, also etwa am Meeresspiegel, liegt die Erosions-

Abb. 37. Alte Abflachungsebene (Peneplain) des Rheinischen Schiefergebirges, vom Rhein durchschnitten. (Aus Wagner 1929.)

basis. Jede Abtragung durch das fließende Wasser strebt zur Einnivellierung der Höhen bis auf die Niveaufläche der Erosionsbasis. Schließlich sind die Höhen ausgeglichen, abgetragen, ihr Material ist in den tiefsten Niveauflächen hingelegt. Jede Hebung oder Senkung der Erdrinde im Bereich des so betrachteten Abtragungsgebietes ändert örtlich oder allgemein den normalen Ablauf eines solchen Abtragungs- und Ablagerungszyklus. Praktisch ist die Erdrinde immer in Bewegung, heute wenig, früher oftmals sehr stark, und so ist niemals eine Abtragung und Einnivellierung wirklich überall auf der Erde erzielt worden. Wohl aber kann und konnte dies in einzelnen begrenzten Gebieten so sein. Es entstanden dann ziemlich ebene oder flachhügelige Landschaften, in denen praktisch die Abtragung erloschen war. Solche Gebiete nennt man **Fastebenen** (Peneplain), die man stets dort findet, wo entweder innerhalb eines bestimmten Abtragungsgebietes überhaupt jede erodierende und abtragende Tätigkeit erloschen ist, oder wo der Boden durch Jahrhunderttausende so langsam als Ganzes gehoben wurde, daß die abtragenden Kräfte immer Zeit genug fanden, sofort jede Heraushebung schon während ihrer Entstehung zu bewältigen. Beispiele im großen Maßstab hierfür sind etwa Nordkanada und Sibirien, im kleinen das Rheinische Schiefergebirge, Thüringen und die Bretagne, die aber schon wieder neuerdings zerschnitten sind (Abb. 37). Eine solche Fastebene, in speziellen Fällen auch **Rumpffläche** genannt, kann aber nicht nur durch die Abtragung als deren Endergebnis entstehen, sondern auch dadurch, daß sich rasch ein mit Sedimenten bedeckter flacher Meeresboden heraushebt und dann als Trockenland daliegt, bis er dann durch Erosion zerschnitten wird und das Spiel aufs neue beginnt. Immer aber ist das Ergebnis aller dieser Vorgänge die Entstehung von Ablagerungen, von Aufschichtungen und zugleich die Zerstörung schon vorhandener älterer Gesteine, die auch auf dieselbe Weise ehemals entstanden und abgelagert worden waren.

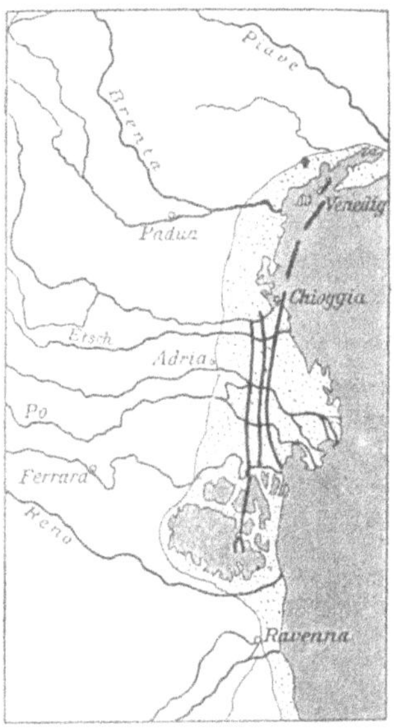

Abb. 38. Podelta in geschichtlicher Zeit entstanden, das Land vergrößernd. Zuwachs punktiert. (Nach Reyer, aus Kayser 1921.)

Die gesamten Transportmassen des fließenden Wassers werden durch die Verfrachtung und Reibung immerfort zersprengt, abgerollt, verkleinert und zu Sand, Grus und Schlamm verarbeitet. Wo der Lauf des Wassers mehr oder weniger erlahmt, wo also sein Gefälle abnimmt oder seine Menge schwindet, wird das Material abgesetzt und teilweise auch sortiert. Zuerst das schwerste, dann das leichtere. Feiner Schlamm hat Aussicht, am weitesten transportiert zu werden. So füllt das Wasser oftmals sein Bett oder umliegende Niederungen mit seinem Transportgestein aus, schafft es dann aber bei zunehmender Stärke wieder weg, wie das ja die Kies- und Sandbänke jedes größeren Flusses, insbesondere in der Nähe des Gebirges, alljährlich zeigen. Dauerndes Absetzen und Nichtmehrweitertragen erfolgt in Seebecken, vorausgesetzt, daß sie groß genug sind, um den Fluß zum Stillstand zu bringen und ihn am anderen Ende wieder geklärt abfließen zu lassen. Derart können, wie oben schon erwähnt, Seen ausgefüllt werden und verschwinden. Endlich gelangt das unterwegs noch nicht zur Ablagerung gekommene Material auch in das Meer und wird dort ebenso abgesetzt, wie in einem Landsee.

Es ist also klar, daß durch Abtragungsvorgänge zunächst lose Materialien geschaffen werden, die nun weiter zerlegt und zerrieben werden und wie auf dem Lande, so auch am Meeresboden zu Massenaufschüttungen Anlaß geben. Von den Flüssen des Landes wird, wie schon beschrieben, das mitgeführte Gestein hereingebracht. Dort vermischt sich alles, das Meer nimmt alles auf, und nun entstehen sowohl am Rande der Meere Deltaablagerungen, wie im Meere selbst Aufschichtungen von Geröll, Sand, Schlamm. Welche Massen durch Flüsse und Ströme hereingebracht werden können, zeigt der Mississippi oder die großen indischen Ströme, wie Ganges, und Brahmaputra, die jährlich ein Gesteinsmaterial von etwa 200 Millionen Kubikmetern auf einer Mündungsfläche so groß wie Deutschland ins Meer tragen. Man muß bedenken, daß dies nur an der Oberfläche gemessen ist, während in Wirklichkeit jedes in einen See oder in das Meer geschüttete Delta ein großer, oft sehr weit und flach ausgezogener Schuttkegel unter Wasser ist, von dem nur die obersten Teile herausragen. Die adriatische Küste in Oberitalien ist in geschichtlicher Zeit durch solchen Landzuwachs verbreitert worden (Abb. 38). Ravenna war zur Gotenzeit noch Hafen; heute liegt die alte Stadt 12 km landeinwärts. Auf der entgegengesetzten Seite des Landes ist es mit Pisa am Arno ebenso. Ägypten wurde schon von den Alten ein Geschenk des Nils genannt, und noch heute wächst das Delta ins Mittelländische Meer fort und fort, wie man auch seine Anfänge weit in urweltliche Zeit zurück bis nach Oberägypten verfolgen kann

Betrachten wir die Art der Ablagerung und Anhäufung des von den Flüssen in das Meer hereingebrachten und von den Küsten abgefressenen Materials. Die gröberen, nicht in Schwebe bleibenden Gesteinsstücke und -teile werden rings um die Küste herum, also in nächster Nähe des Landes, abgelagert. Sand und Geröll, grob und fein, bezeichnen den Küstengürtel. In der Flachsee liegt bei Ebbe der sandige oder tonige Meeresboden frei da. Es entstehen darauf beim Zurücktreten des Wasserspiegels Trockenrisse; oder das seicht darüberstehende, vom Wind ins Vibrieren gebrachte Wasser schafft kleinste Bodenwellungen (Rippelmarken); oder darüber laufende Tiere hinterlassen ihre Fußspuren, während Würmer den Boden durchwühlen und Sandröhren bauen. Feiner Sand wird auch von der Strömung weggeführt und weiter draußen abgesetzt; am weitesten im allgemeinen der Tonschlamm. Doch darf man dies alles nicht zu schematisch nehmen, da im einzelnen die Bewegung und Strömung des Wassers und die Gestaltung der Flach- und Steilküsten, wie die Tiefe des Meeres mitspricht. Auch der Wind kann Sandmassen ins Meer hinauswehen. Ja von den Riesenströmen werden oft Landteile abgerissen und mit Pflanzenmassen und Treibholz weit hinaus befördert, wo sie dann allmählich zu Boden sinken. Man stelle es sich so mannigfaltig wie möglich vor. Es gibt auch an den Rändern von Flachländern Küstengebiete, welche durch Abschnürung oder Aufschüttung teilweise versumpfen und eine Mischung von Süß- und Salzwasser, das Brackwasser, enthalten. Es sind die

Meeresästuare, die sich auch in Mündungsniederungen bilden, wobei dann ein Gemisch von Süßwasser- und Meeresablagerungen entsteht, und darin ebenso ein Gemisch von Landpflanzen und -tieren, wie von marinen Organismenresten sich ansammelt.

Das Absetzen von Schichtungen am Meeresboden ist, ähnlich wie auf dem Lande, abhängig von den bedingenden Vorgängen und Zuständen der Umwelt, sei es der näheren, sei es der ferneren, soweit eben die Ursachen des Zustromes von Wasser, Wind und Materialien reicht. Dann auch von der Beschaffenheit des Ablagerungsgebietes selbst, seiner Tiefe, seinen Wasserströmungen, seinem Klima. Also zunächst abhängig von dem, was die Flüsse vom Lande hereinbringen oder was von der Küste herabkommt. Dies hinwiderum hängt ab von dem Aufbau und den Gesteinsmaterialien des liefernden Landes; sodann von der Zahl der Ströme selbst und ihrer Wassermenge oder ihrer Tragkraft, also auch von den Gefällsverhältnissen des Landes sowie von der Menge der Niederschläge, also der Art des Klimas und seines Wechsels; sodann von der Bewegtheit des Meerwassers, den Meeresströmungen; von der Steilheit oder Flachheit des Meeresbodens, von der Tiefe und der Wasserwärme; und endlich von der mit allem diesem in unmittelbarem Zusammenhang stehenden Art des Pflanzen- und Tierlebens. Je nach dem Wechsel einzelner oder aller dieser Faktoren — sei es nach Gegenden oder, in derselben Gegend, nach Jahreszeiten und sonstigen Periodizitäten — wechseln, ebenso wie auf dem Lande, auch im Meer die Materialablagerungen. Der Wechsel aber bedeutet Änderung des Materials selbst, wie auch der Schichtungsart. Material, Lagerung und Struktur des Materials ändert sich oder bleibt sich gleich, je nachdem. Es wechselt unregelmäßig, wenn die genannten Faktoren ungleich sich ändern; es wechselt regelmäßig und alternierend, wenn diese Faktoren oder einzelne von ihnen periodisch abändern.

Überall, im Meer wie auf dem Lande, im Flachmeer wie in der Tiefsee, lebt teils am Boden, teils schwimmend und schwebend unzähliges Getier und niedere Pflanzen: Muscheln, Schnecken, Seeigel, Krebse und andere Lebewesen mit und ohne Schale und Skelett. Korallen oder kalkausscheidende Algen, auch gelegentlich Schwämme bilden Riffe und Rasen und Schalenkrusten. Nicht zu reden von den zahllosen Würmern und sonstigen Tierformen, welche teils Kalkröhren bauen, teils im Grunde ihre Bohrgänge anlegen oder sich einwühlen. Von höheren Tieren gibt es Fische, Robben, Wale usw. Nach ihrem Absterben verwesen die Weichteile; Aasfresser unter den niederen und höheren Tieren sorgen für die Zerstörung der Leichen und Reste. Schalen und Skelette zerfallen, werden zerrieben oder vom Wasser aufgelöst; oder sie werden als Niederschlag, als mechanisches Zerreibsel und Kalksand zum Aufbau der Ablagerungsschichtungen mitverwendet. Viele von ihnen geraten aber auch unzerstört in die Ablagerungen mit hinein, werden eingedeckt und bleiben erhalten. So bilden sich am Meeresboden also nicht nur Niederschläge von Gesteinsmaterialien, sondern in ihnen werden teilweise auch Schalen und Skelette von Tieren und Pflanzen, oft zusammen mit den Einschwemmungen von Tierleichen, Holz und Blättern vom Lande her eingebettet. Zuweilen ist das schalentragende Tierleben örtlich so stark entwickelt, daß nur Schalenablagerungen allein entstehen, besonders wenn gleichzeitig wenig oder kein sonstiges sedimentäres Gesteinsmaterial sich niederschlägt. Es entstehen dann Muschelschichten, Muschelkalke, passiv aufgehäuft, während die schon oben erwähnten Korallenbauten (S. 50) und auch Austernriffe und Kalkalgen aktiv am Schichtenaufbau beteiligt sind.

Durch die Tiefsee-Expeditionen ist festgestellt worden, daß die vom Lande selbst herrührenden, durch Flüsse, Winde und Brandungstätigkeit ins Meer gebrachten Ablagerungen oder Sedimente sich im allgemeinen in dem landnahen Flachmeer niederschlagen, zumal sich auch der feine, schwebende Ton infolge elektrolytischer Wirkung des Salzwassers rascher niedersetzt als im Süßwasser. Je weiter hinaus, um so weniger macht sich eine von der Landzufuhr beeinflußte (terrigene) Sedimentation noch bemerkbar. Am Abfall zur Tiefsee, also jenseits einer das Land umgebenden Flachmeerzone von durchschnittlich 200 m Tiefe, lagern sich nur noch feine Tonschlicke und feinste Sande ab, wenn der Flachmeergürtel nicht sehr breit ist (Kap. 5). Wenn die von 1000 bis über 9000 m etwa hinabgehende Tiefsee nicht allzu nahe an den Flachmeergürtel herantritt, bleibt sie unbeeinflußt von terrigenen Sedimenten. Es werden dann die Niederschläge am Ozeanboden fast ausschließlich von den Milliarden und Abermilliarden Schälchen mikroskopischer Tierchen bestritten, die in allen Zonen des Ozeans, besonders an der Oberfläche leben und nach ihrem Tode wie ein beständiger Regen niedergehen. Es sind die einzelligen, eine Kalk- oder Kieselschale ausscheidenden Foraminiferen und Radiolarien, zu denen sich noch ebensolche kleinste Algen mit Kieselskeletten gesellen, die Diatomeen, zuweilen auch kleinste geradegestreckte Schneckenschalen (Pteropoden). Sie häufen sich am Boden der Ozeane zu schleimigen Schlickmassen auf. Außerdem leben dort unten in der ewigen Dunkelheit auch andere Tiere, niedere sowohl wie Fische und Krebse. Da nun die tiefsten Wasserschichten unter ungeheurem hydrostatischem Druck stehen und auch infolgedessen viel Kohlensäure enthalten, so werden die Kalkschälchen und sonstigen kalkigen Tierreste vielfach aufgelöst, und es bildet sich aus dem Rückstand ein für die Tiefsee neben jenen Kalk- und Kieselschlicken bezeichnendes Sediment: der rote Tiefseeton. Auch vulkanische untermeerische Ausbrüche können Material zu den Tiefseeschichtungen liefern; auch dieses wird darin meistens aufgelöst. Endlich können sich durch chemische Ausfällungen aus der gelösten Kieselsubstanz reine Kieselsandkörner bilden und zusammen mit den nicht ganz zersetzten vulkanischen Materialien die Tiefseesande liefern. Auch kosmischer Staub und Meteoriten tragen ihr Teil bei.

Blicken wir nun noch einmal auf alles zurück, so fragt es sich, was denn bei jenen Vorgängen der Formänderung, der Materialänderung und der

Lagerungsänderung grundsätzlich geschehen ist? Wir können sagen: die den Wasserflächen der Erde entstiegenen Wasserdämpfe verteilen sich in der Atmosphäre und schlagen sich nieder. Es bilden sich Bäche, Flüsse, Gletscher. Es ist das fließende Wasser, das nun seinen ober- und unterirdischen Lauf beginnt und an der Umwandlung der Erdrinde auf die mannigfaltigste Weise arbeitet. Verwitterung durch Frost, chemische Lösungskraft des Wassers, Bakterien und Pflanzeneinwirkung zerstören die feste Kruste, soweit es das fließende, nagende Wasser nicht unmittelbar tut. Gestein wird zersprengt, aufgelöst, transportiert, umgelagert. Winde und Temperaturwechsel tun das ihre in anderer Form. Das Meer arbeitet mit an der Umgestaltung des Landes. Durch Abtragung und Aufschüttung, durch mechanische und chemische Umsetzung und Mischung werden Form, Material und Lagerung ununterbrochen zerstört und neu geschaffen. Die Abtragung durch Verwitterung und Wasser nennen wir Denudation, d. h. Entblößung; die Ausnagung durch das fließende Wasser Erosion, d. h. Ausnagung; die Abschleifung durch den Wind Deflation, d. h. Abblasung. Und mit diesen Erscheinungen sind nun wesentliche Kräfte dargelegt und unserem Verständnis zugänglich geworden, welche zu allen Zeiten der Erdgeschichte wirksam waren. Oftmals mögen sich einzelne von ihnen oder alle miteinander besonders gesteigert haben; anderes mag zeitweise hinzugetreten sein, das wir in den heute beobachtbaren Zusammenhängen vielleicht noch nicht kennen oder nur als unwesentlich ansehen. Aber immer sind diese Vorgänge mit entscheidend für die Gestaltung des Erdreliefs gewesen. Und so haben wir mit ihrer Erkennung zugleich ein erstes Wissen erlangt über die Umgestaltung der Erdoberfläche in früheren Epochen.

2. Oberflächenformen, Ablagerungen und Fossilien als Zeugen der Urwelt

Die Reliefformen und Aufschichtungen an der Erdoberfläche sind keineswegs nur aus den derzeit beobachtbaren Bewegungen und Umsetzungen allein hervorgegangen. Sehr häufig, wenn wir etwa in unseren Gegenden Flußtäler in ihrer ganzen Weite betrachten, bemerken wir zu unserer Verwunderung, daß diese Täler viel zu groß sind für den Fluß, der sie durchläuft, und für das wenige Wasser, das dieser führt (Abb. 39). Man kann nicht verstehen, wie das träge dahingehende Wasser diese ausnagende Wirkung gehabt haben soll. Zudem lassen sich an den meisten Tälern, seitwärts und ihnen parallel laufende, in verschiedener Höhe treppenförmig übereinanderliegende, meistens mit Flußgeröllen überdeckte Terrassenbänder beobachten (Abb. 40, 41), welche die alten Niveaulagen des Flußwassers bezeichnen und erkennen lassen, daß dieses Wasser nicht nur ehemals in ganz anderer Höhe, sondern offenbar auch mit ganz anderer

Kraft und größerer Wassermasse geflossen sein muß und nur so dieses breite und tiefe Tal rasch oder allmählich ausnagen konnte. Die meisten unserer heutigen Flußtäler sind viel zu groß für ihre jetzigen Wasseradern, und so müssen wohl in einer vorausgehenden Zeit hier ganz andere, kräftigere Wirkungen sich vollzogen haben.

Doch nicht nur das. Wir erkennen etwa an den hoch hinaufsteigenden, ein weites Tal begleitenden Flußterrassen und in dem darin und darauf aufgehäuften Flußgeröll in heute wasserlosen Tälern, daß auch sie ehedem von einem stärkeren Flußlauf durchzogen waren. So trat die Donau ehe-

Abb. 39. Das Obermaintal bei Bamberg. Ehemals von einem wasserreichen Strom, dem Urmain, ausgeschnitten, heute nur von dem schwachen Fluß durchzogen. (Aus Geistbeck 1929.)

mals bei Neuburg in das heute wasserleere Wellheimer Trockental, durchfloß dann das heutige Altmühltal, um endlich bei Kelheim erst ihr heutiges Bett wieder zu gewinnen. Es hängt dies teilweise mit Niveauverschiebungen im Juravorlande zusammen, wodurch die Donau in ihr heutiges Bett am Rande des fränkischen Jura erst abgelenkt wurde. Bei vielen, vielleicht darf man sagen: bei allen Strömen ist solches zu beobachten. Durch eine ähnliche Veränderung im Niveau, wie bei der Donau, kommt etwa heute der Inn bei seinem Austritt aus dem Gebirge von Kufstein her gegen Rosenheim gelaufen, während in früheren Zeiten der Ausgang des Tales aus den Alpen verriegelt war und deshalb von Kufstein aus westwärts über Walch- und Chiemsee ins Vorland hinausfloß. In den Alpen haben wir viele derartige Flußverlegungen und finden Täler, die verlassen wurden. Nicht immer sind es Niveauverschiebungen im vorgelagerten Gelände, welche dies veranlaßten, sondern es hängt mit ehemaligen Seenbildungen zusammen, durch die der Wasserspiegel ein höheres Niveau hatte und der Fluß bei seinem Austritt aus dem See an ganz anderen Stellen abfließen konnte. Das ging so lange, bis der vorgelagerte Seeriegel durchgefressen war. Abläufe, die vorher bestanden hatten, konnten deshalb auf die Dauer nicht bestehen, und als der See erloschen war, blieb nur eine einzige Flußader übrig, die nun heute allein herrscht, während die von den anderen Abläufen durcheilten Täler nun trockenliegen. So war früher das Isartal von Mittenwald bis Fall ein See, und das Wasser trat bei Fall über einen Felsenriegel hinüber. Unterdessen floß die Hauptmasse des Seewassers durch das Obernacher Tal nach dem Walchensee hinüber, der damals noch nicht als solcher existierte, und ging in dem Tal längs dessen jetzigem Südende durch die Jachenau hinaus nach dem Isartal bei Lenggries. Dort war wieder ein See, der durch den Felsriegel am Kalvarienberg bei Tölz gestaut war. Allmählich wurde sowohl dieser, wie auch jener zuerst genannte bei Fall durchgefressen, und von da ab floß die Isar durch die nun seenleer gewordenen Täler ihres heutigen Laufes. Um den Salzsee von Utah, heute etwa so groß wie die Rheinpfalz, ziehen sich in weitester Umgebung Randterrassen herum und beweisen eine ehemalige Ausdehnung, die etwa Bayern gleichkommt. Der Seespiegel ist immer mehr gesunken, das Wasser immer mehr verschwunden und was man jetzt Salzsee von Utah nennt, ist ein Überbleibsel einer ehemals wasserreicheren Zeit.

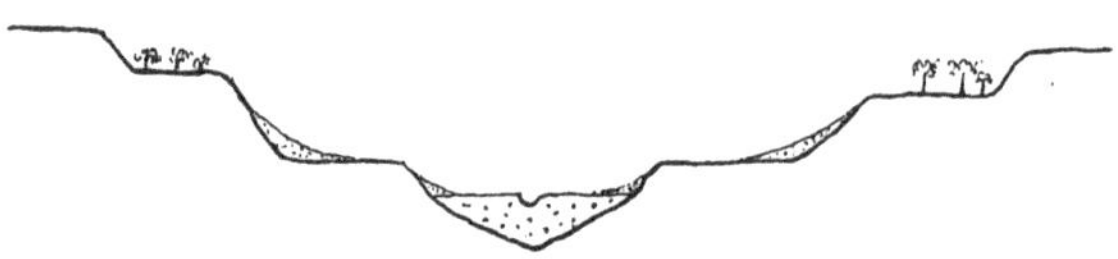

Abb. 40. Schema der beiderseitigen Talterrassen, erzeugt durch Einschneiden eines ehemals stärker laufenden, wasserreicheren Flusses. Punktiert: die heute aufgeschüttete Kiesmasse. (Orig.)

Zuweilen zapft ein benachbarter Fluß auch einen anderen an und lenkt schließlich dessen Wasser in sein Bett. Nicht immer ist es der stärkere Fluß, der dies tut, sondern es kann ein kleiner unabhängiger Seitenfluß sein. So floß die Mosel früher von Toul aus westwärts in die Maas (Abb. 42a), während das zwischen Nancy und Metz liegende Moselstück zur Meurthe gehörte. Ein aus der Côte Lorraine kommender, also von West nach Ost laufender Nebenfluß der Meurthe, schnitt durch seitliches Eingreifen den alten Mosel—Maaslauf bei Toul an und zwang das Moselwasser, in scharfer Umbiegung westwärts gegen Nancy hin zu fließen. Der Bodensee war früher durch einen Aufstau, der nun am Westende durchnagt ist, so hoch, daß sich sein Wasser noch in das Vorderrheintal bis Sargans und Chur erstreckte (Abb. 43). Damals floß die Hauptwassermasse des Rheins über den heutigen Walensee zum Züricher See hinüber und traf erst durch den jetzigen Unterlauf der Aare gegenüber Waldshut auf sein heutiges Bett. Die Beispiele lassen sich ins Endlose vermehren. Im weitesten Maße und sozusagen gehäuft, kennen wir solche Flußverlegungen und Trockenlegung von Tälern aus der norddeutsch-polnischen Tiefebene. Die beifolgende Karte (Abb. 44) gibt einen Überblick über das ganze System der vorzeitlichen Abänderungen, als deren Ergebnis die heutigen Flußrichtungen anzusehen sind. So floß u. a. die Weichsel ursprünglich nicht von ihrem derzeitigen Knick zwischen Thorn und Bromberg nordwärts, sondern unmittelbar westwärts. Das älteste Elbtal ging früher von Breslau her, wo heute die Oder fließt, über Liegnitz nach Dessau

Abb. 41. Flußterrassen, die übereinanderliegenden alten Niveauflächen des Flußlaufes anzeigend. Isartal bei Bad Tölz. (Phot. Dr. Gisser.)

herüber — freilich in einer Zeit, wo der Kulturmensch diese Gegenden noch nicht besiedelt hatte. So stehen wir also oftmals gänzlich veränderten Verhältnissen gegenüber und finden entweder Täler, für die der Fluß, der sie durchläuft, zu klein ist, um ihm die Ausnagung zuschreiben zu können, oder Täler, die überhaupt keinen Fluß haben, so daß man sich fragen muß, wie sie denn entstanden sind. Durch solche Flußverlegungen kommen auch die merkwürdigen Umlaufberge zustande, die oft mitten in einem Tal auftreten, um die herum es sich gabelt und wieder zusammenschließt. Da floß früher das Wasser nur auf einer Seite vorbei, verlegte sich dann entweder infolge seitlicher Einnagung oder durch Angezapftwerden von einem Seitenflusse her, oder es durchbrach quer eine Mäanderschlinge, wenn eine Epoche stärkerer Wasserführung oder heftiger Erosion kam; und so entstand ein Berg, auf dessen einer Flanke ein Trockental, auf dessen anderer Flanke der derzeitig wasserführende Fluß liegt.

Noch merkwürdiger sind Flußtäler, ja Schluchten, welche mitten durch Gebirgsrücken hindurchbrechen. Das aus dem Flachland kommende

Wasser geht geradewegs auf den Gebirgsrücken zu und statt ihm auszuweichen, wie es nach den derzeitigen Höhenunterschieden eine physikalische Notwendigkeit wäre, durchbricht es den Gebirgsrücken und tritt auf der anderen Seite wieder ins Flachland aus. Es ist nun ganz undenkbar, daß eine solche Flußschlucht ebenso entstanden wäre, wie die auf S. 36 beschriebenen alpinen Klamme, nämlich so, daß zuerst dahinter ein See aufgestaut gewesen wäre, der überlief und den Bergriegel durchnagt hätte. Denn nirgends in der Umgegend ist irgendeine Erhebung zu sehen, die genügt hätte, einen See von solcher Höhe zu schaffen. Des

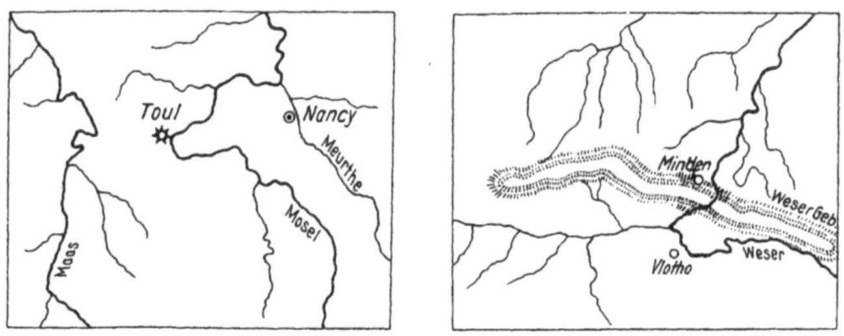

a b

Abb. 42. Skizzen von Flußverlegungen. a Ablenkung der Mosel bei Toul gegen die Meurthe. Das ehemalige Verbindungsstück zur Maas liegt heute als Trockental westl. von Toul. b Durchbrechung des Wesergebirges bei Minden durch die Weser, die, in scharfem Knick von Osten kommend, südwärts die Gebirgsgegend durchfurcht. Ehemals lag das ganze Flußnetz höher und konnte sich deshalb von oben einschneiden. (Aus Kayser 1912.)

Rätsels Lösung liegt in einem ganz anderen Geschehen. Ursprünglich war das Bergland noch nicht so hoch; der Strom konnte darüber hinwegfließen, ehe es sich aus seinem Umland herausgehoben hatte. Durch sehr langsame und stetige Erhebung dieses begrenzten Stückes Erdrinde hatte das Wasser Zeit genug, die geringen, wenn auch stetig wachsenden Niveauunterschiede zu überwinden, zu durchnagen, ohne dahinter wesentlich angestaut oder abgelenkt zu werden. Indem sich nun der Gebirgsstreifen immer mehr emporhob, ward er im selben Maße gleichzeitig eingenagt, und so war endlich eine mitten durch das Gebirge gehende, tiefe Schlucht entstanden, auf die heute der Fluß wie auf ein „Sesam, öffne dich!" zufließt und Einlaß und Durchlaß findet. Auch rückwärts kann ein Fluß schließlich durch einen Gebirgshang ein so tiefes Tal einschneiden, daß ein jenseits und parallel dem Gebirgsrücken hinlaufendes Wasser nun in die neue Schlucht hereingezogen wird. So bricht die Weser an der Porta Westfalica bei Minden mitten durch das Gebirge und biegt zu diesem Zweck bei Vlotho aus der Ostwestrichtung senkrecht in die Nordsüdrichtung der Schlucht ab (Abb. 42b). Freilich sind bei allen diesen Vorgängen oft sehr verwickelte Bodenbewegungen, nicht nur an der einen Stelle, mit im Spiel, wie überhaupt das ganze erdgeschichtliche Geschehen stets aus einem Komplex von vielfach miteinander verknüpften Ursachenfäden besteht, die zudem nicht einmal alle gleichzeitig sich geltend zu machen brauchen. Dies festzustellen ist aber Aufgabe örtlicher Einzeluntersuchungen, während es uns hier nur auf das Grundsätzliche aller solcher Vorgänge und Enderscheinungen ankommen kann.

Sind solche Bilder des sich wandelnden Erdreliefs noch unmittelbar verständlich, weil sie sich unter Verhältnissen zeigen, die wir nur sinngemäß nach den heutigen, sich unter unseren Augen abspielenden Erosionsvorgängen zu vergrößern brauchen, um sie zu durchschauen, so stehen wir zuweilen auch der Ausbildung von Oberflächenformen gegenüber, für die sich eine so einfache Darstellung ihres Werdens nicht geben läßt. Wir

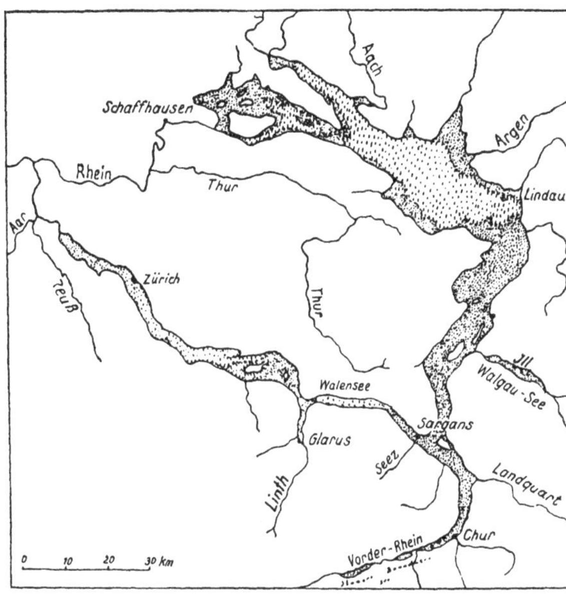

Abb. 43. Skizze des verschwundenen Rheintalsees bis Chur und des damit ehemals in Verbindung stehenden Walen-Zürichsees in nacheiszeitlicher Periode. (Aus Levy 1920.)

sahen im vorigen Kapitel, auf welche Weise in den Wüsten die Verwitterung, Ausnagung und Abtragung vor sich geht. Wenn auch auf diese Weise Täler, Schluchten, Zeugenberge, Plateauabstürze entstehen, so sind diese Gebilde, soweit Wind und Ausblasung sie verursachen, doch stets sehr unregelmäßig und wechseln auf kurze Strecken hin ihren Charakter, ihre Form und Richtung. So etwas wie ein langgezogenes Flußtal und regelmäßig dieses begleitende Terrassen in beiderseits paralleler Folge übereinander und in beiderseits dauernd gleichem Niveau kann auf solche Art nicht zustande kommen. Trotzdem sehen wir auch in manchen Wüsten, besonders in der Sahara, Bodenformen, die eben wegen dieser Beschaffenheit nicht den in einer Wüste erodierenden Kräften zugeschrieben werden können. Das sind die Wadis, mehr oder weniger breite Täler, die rück-

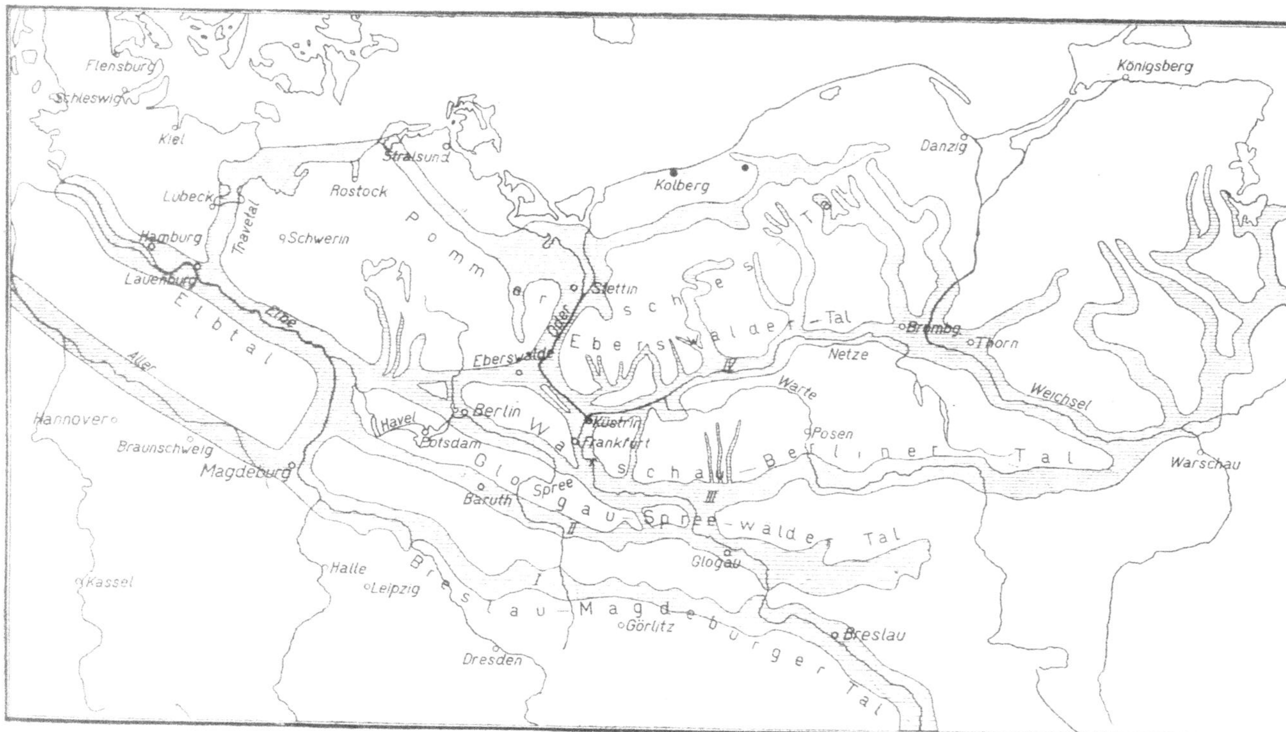

Abb. 44. Die Urstromtäler Norddeutschlands (schraffiert) unmittelbar nach der Eiszeit, mit größerem Wasserreichtum. (Nach Wahnschaffe 1913.)

wärts oftmals durch einen Steilabfall abgeschlossen sind (Abb. 28). Steigt man an diesem empor, so kommt man in ein zweites Tal, das in unmittelbarer Fortsetzung des ersten liegt und weiterläuft. Es kann gar keinem Zweifel unterliegen, daß in solchen Gegenden ehemals kein Wüstenklima herrschte, sondern daß sie ein normales niederschlagsreiches Land gewesen sind und daß auch hier Flußläufe ihre Täler ausfurchten, wie in unserer vegetationsbedeckten Klimazone. In solchen Treppenwadis lief einmal ein ausnagender Fluß, der kaskadenartig über eine oder mehrere hintereinanderliegende Geländetreppen herabstürzte, und wir begegnen nun statt einer Trockenwüste im Geiste wieder jenem anderen Bild, das uns aus den wasserreicheren Gegenden der Erde vertraut geworden ist. Hier hat es also große

Abb. 45. Lauterbrunnertal im Berner Oberland. Beispiel eines U-förmigen alten Gletschertales, in ein ehemaliges flaches Hochtal eingeschnitten und nacheiszeitlich teilweise wieder aufgefüllt. (Nach Penck-Brückner 1909.)

Veränderungen gegeben, sie deuten auf einen ganz bedeutenden Klimawechsel, dessen Umfang und Art wir alsbald kennenlernen werden.

Denn auch in unseren Gegenden, insbesondere in den Alpen, treffen wir auf Berg- und Talformen, die sich aus der jetztzeitlichen Erosions- und Denudationsweise nicht erklären lassen. Ein prächtiges Beispiel bietet das Lauterbrunnertal im Berner Oberland (Abb. 45). Die tieferen Steilwände bezeichnen ein typisches U-Tal, wie es die Gletscher überall aushobeln. Wäre es von einem stark angeschwollenen Fluß auserodiert worden, so könnte es nicht die steilen Wände und nicht den wannenförmigen Querschnitt haben, sondern die Wände würden nach unten gegeneinander konvergieren und das Tal müßte V-Form haben, selbst wenn es mit Schutt ausgefüllt wäre. Es ist kein Zweifel möglich, daß hier einmal ein mächtiger Gletscher durchging und das Tal ausgeschliffen hat. Steigen wir aber in die Höhe, so gelangen wir beiderseits auf eine Hochfläche, terrassenförmig angelegt. Verbindet man nun in Gedanken diese beiden Hochflächen quer über das Tal herüber, so erhält man ein weites, flaches Tal in höherem Niveau, das rechts und links wiederum von je einem Anstieg flankiert ist. In dieses weite, hochgelegene Urtal ist das jüngere Gletschertal eingeschnitten, und wir haben hier also die weit in die Urzeit zurückreichenden Stadien der Formbildung: zu unterst den heutigen Flußlauf, der verhältnismäßig schwach ist und ein solches Tal niemals hätte ausarbeiten können; es ist anzunehmen, daß die Erstanlage des unteren Teiles geschah, als das Wasser unendlich viel stärker lief, vielleicht ehe der Gletscher vordrang, der das Tal ausfüllte und die U-Form ihm erteilte. Zuvor aber, als das

Abb. 46. Endmoränenwall eines Eiszeitgletschers auf der bayerischen Hochebene südl. München. (Origphot.)

obere ganz weite Tal bestand, müssen ganz andere Verhältnisse geherrscht haben, die wir vorläufig nicht ermitteln können, die uns aber im allgemeinen noch klar werden sollen.

Mit dieser Erörterung sind wir an einen unserer Jetztzeit vorausgehenden klimatisch-geologischen Zustand herangetreten, der sich in umfassender Weise auf der ganzen Erde ehedem irgendwie geltend machte und den wir in den Alpen, wie im Alpenvorland verfolgen können: die Diluvial- oder Eiszeit.

Die ganze oberbayerische Hochebene ist von mächtigen Kiesmassen bedeckt. Lech, Isar, Inn führen Gebirgsgesteine, zu Kies und Sand zerrieben, jahraus, jahrein mit sich. Und wenn wir an den Rändern dieser Flüsse hinaufsteigen ins weite Land, finden wir ringsum denselben Kies aufgeschichtet, auch dort, wo die Flüsse nicht hingreifen können. Es müssen also auch da wohl überall einmal Flußwasser gelaufen sein, und zwar so umfassend, daß wir gar nicht mehr von einzelnen Flußläufen sprechen können. Vielmehr müssen es ganz ausgedehnte Wasser gewesen sein, welche so mächtige und ausgebreitete Kiesmassen und Sandmassen im ganzen Gebirgsvorland einmal aufgeschüttet haben. Weiterhin beobachten wir auch Hügel und dammartige Hügelzüge auf der Ebene (Abb. 46) besonders gegen den Alpenrand hin. Sie bestehen aus denselben Gebirgskiesmassen. Während aber die zuvor beschriebenen Kies- und Sandschotter alle mattiert sind, wie es eben echten Flußgeröllen und von fließendem Wasser transportierten Gesteinen zukommt, sind die Gesteinsmassen vieler solcher Hügel blank poliert und mit Schrammen und Kritzern bedeckt (Abb. 47); auch liegen dazwischen oft riesengroße Blöcke von Gestein, wie es nur in den Zentralalpen vorkommt. Es gibt nur ein einziges Vergleichsobjekt zu diesen merkwürdigen Schottern: die Materialien der Gletschermoränen heutigen Tages. Und es trifft auf unsere Materialien alles zu, was wir von solchem Gletscherschutt schon oben sagen konnten, der talab transportiert, dabei zusammengebacken, geschliffen, gekritzt wird, wie die Bergwände und der Felsboden selbst, über den der Eisstrom sich langsam hinschiebt, wobei er noch haushohe, von den Bergwänden herabgestürzte Blöcke mitnimmt, die er beim Abschmelzen als ortsfremde Masse, als erratische Blöcke (Abb. 48) ablegt. Alles dies, mitsamt den Felsschliffen finden wir im weiten Alpenvorland, und nur die Gletscher selbst fehlen weit und breit und im ganzen vorgelagerten Gebirge. Aber in dessen Tälern und an den Bergen entlang sind überall die bezeichnenden Spuren einer ehemaligen großen Eisbedeckung zu finden: die Moränen, die großen erratischen Blöcke und die Rundschliffe mitsamt den U-förmigen Tälern. So haben wir also in Südbayern — und es gilt dies für das gesamte Alpengebiet und sein Vorland — den vollgültigen Beweis, daß dereinst aus den Alpentälern einmal Gletscher und deren Schmelzwasser hervorkamen und alles mit mächtigen Schottermassen ausfüllten. Allmählich nahmen die Gletscher und ihre Schmelzwasser ab, es individualisierten sich einzelne Flüsse, die zuerst noch etwas unregelmäßig dahinflossen, dann aber ein bestimmteres Bett gewannen und sich nun ihre Täler einschnitten. Hinter den Moränenwällen der ehemaligen Gletscher sammelten sich Seen an, die im Lauf der Zeit ausgefüllt wurden oder vermoorten, wenn sie klein waren. Die größeren bestehen heute noch, soweit ihre vorgelagerten Schuttdämme nicht inzwischen der nagenden Tätigkeit des ausfließenden Baches weichen mußten. In diesem Falle sind die Seen verschwunden; die übrigen, wie etwa der Starnberger- und

Abb. 47. Poliertes, geschrammtes Geschiebestück eines Eiszeitgletschers. Moräne südl. München. (Orig., verkl.)

Ammersee, sind bereits auf ein Drittel oder Viertel ihrer ehemaligen Länge von der Einmündungsstelle her zugeschüttet. Alles dies und was oben über die norddeutschen Flußläufe, über die anderen, ehemals von stärkeren Flüssen durchlaufenen Täler oder vom großen Salzsee gesagt wurde, hat seine Erklärung in den ehemals stärkeren Niederschlägen und dem größeren Wasserreichtum jener diluvialen Eis- oder Gletscherzeit.

Bleiben wir im Gebiet der bayerischen Hochebene und forschen wir weiter nach dem, was unter jenen mächtigen Kies- und Schottermassen liegt (Abb. 49). Es ist ein meist feiner, toniger oder reiner Sand, teilweise

Abb. 48. Großer Findling (erratischer Block) eiszeitlich aus den Kalkalpen in das Vorland verfrachtet. Allgäu. (Phot. Dr. Knauer.)

mit eingelagerten Kiesschnüren. Wenn wir nordwärts gehen, kommt er unter den schwindenden Eiszeitschottern hervor und bildet dort die Bodenoberfläche eines Gebietes, wo die Gletscher und ihre Schmelzwasser nicht mehr hinreichten und daher auch keine Schotter mehr auflagern konnten. Dort reichert sich der Sand an, die Kiesschnüre werden gröber, und wenn man die Gerölle darin untersucht, so erkennt man, daß sie aus Quarzgestein bestehen, wie solches zwar nicht die Alpen, wohl aber den böhmisch-bayerischen Wald aufbauen hilft. Die Sande und Kiese sind kreuzgeschichtet, genau so wie alles von Flüssen aufgeschichtete oder von ihnen in Seebecken abgelagerte Material. Auch wird es gegen das bayerisch-böhmische Gebirge hin im allgemeinen gröber, die Rollstücke werden größer, gerade als ob von dort Flüsse gekommen wären, die es mitbrachten und eine stärkere Transportkraft hatten als weiter draußen in der Niederung. Aber noch etwas kommt dazu. In den feineren Sanden und Kiesen, wie in den tonigen Lagen sind zuweilen Schalenansammlungen von Süßwassermuscheln und -schnecken, teilweise auch von Landschnecken, sodann

Abb. 49. Profil aus der Umgebung von München. Oben eiszeitliche Schottermassen, aufgelagert einem grünlichen tonigen Sand (Flinz) mit deutlicher Kreuzschichtung. (Orig. Dr. Knauer.)

verkohlte Holzreste oder Blattabdrücke von Lorbeerarten, Nußbäumen, Erle, Ahorn enthalten. Was aber das Überraschendste ist, sind Knochen und Zähne von Rhinozeroten, Elefantiden (Abb. 50), asiatischen Hirschen und Flußschildkröten, also lauter Formen, die ein südlicheres, wärmeres Klima bezeichnen. Und nun ist die Deutung nicht mehr schwierig. Es dehnte sich vor der Gletscherzeit ein großer See in Südbayern aus, der allmählich durch Tonschlamm, Sand und Kies vom böhmisch-bayerischen Grenzgebirge her ausgefüllt wurde. In dem See lebten Teichmuscheln, auf den verlandeten Stücken und an den Rändern standen Wälder, teilweise mit immergrünen Bäumen, in denen sich Geweihträger und Dickhäuterherden tummelten, die zuweilen an den, wie andere Funde ausweisen, mit Schilf bestandenen Rändern ins Wasser gerieten und darin verendeten und deren Knochen teilweise eingebettet oder noch von den Flußwassern weitertransportiert wurden. Es war die Tertiärzeit. Nach dieser Epoche kam allmählich die Gletscherzeit, furchte die Verlandung jenes alten Sees wieder mit ihren Schmelzwassern aus, so daß heute die untersten Lagen der Eis-

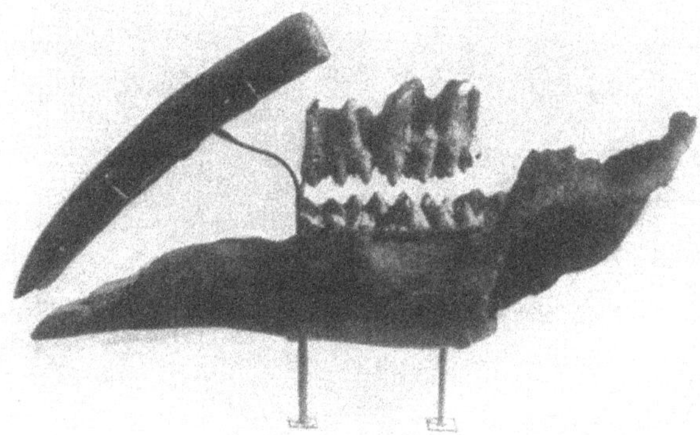

Abb. 50. Elefantidenkiefer und -stoßzähne aus dem Flinz bei München. (Orig.) Verf.

zeitschotter in Senken und Talrinnen jener alten Fläche lagern; dann schütteten sie, wie beschrieben, ihre Kiese und Moränen darüber aus.

So haben wir durch einfache Beobachtungen von Schichtungen und entsprechenden Vergleichen mit jetztzeitlichen Ablagerungen die Entstehung des Bodens einer Gegend ermittelt und seine Urgeschichte schon bis in weite Vergangenheit zurück aufgeschlossen. Zugleich ist uns klar geworden, daß durchaus andere Zustände herrschten und daß, um auf das Prinzipielle zu kommen, jedes Stückchen Erdkruste, so wie wir es derzeit vor uns haben, immer nur ein Augenblicksbild bietet, in seiner Beschaffenheit etwas Vorübergehendes ist. Auch hier erweist sich, daß Formbildung und Material zusammengehören, wenn auch dasselbe Material die verschiedensten äußeren Formbildungen durchmachen kann, und umgekehrt die äußeren Formbildungen nicht durchweg vom Material abhängig sind. Durch planmäßiges Verfolgen der Formbildungen und des Materialaufbaues in einzelnen Gebieten wird uns daher die Urzeit selbst erhellt. Entsprechend ausgewählte Beispiele werden uns daher noch weiterführen.

Im vorigen Kapitel sind die Transportwirkungen der Flüsse und großen Ströme geschildert worden, das Hinausbauen ihrer Deltas in das Meer und die hierdurch verursachte gelegentliche Erweiterung des Landes. Ägypten galt den Alten schon in diesem Sinne als „Geschenk des Nils“. Dieses ägyptische Land von der Küste bis hinauf in die Landschaft des Fajûm zeigt uns sozusagen einen äonenlangen Kampf des Flußgebietes gegen das Meer, welch letzterem immer mehr Raum abgewonnen wurde durch die Sand-, Geröll- und Schlammassen, die schon seit früher erdgeschichtlicher Zeit der Urnil aus Süden herbeibrachte, ein Vorgang, der bis heute noch währt. Zur Tertiärzeit, als sich bei uns der Flinz ablagerte, war dort bis ins Fajûm das Meer gestanden und lagerte Seichtwasserkalke ab, in denen

Abb. 51. Kieselholzstämme (versteinerter Wald) am Wüstenrand beim Niltal herausgewittert. (Phot. Prof. Stromer.)

sich jetzt die Schalenreste einer reichen Tierwelt (Seeigel, Muscheln, Schnecken, Krebse, Urwalfische) finden, die nun in erhärtetem Zustand am Mokattam bei Kairo als Bausteine gebrochen werden. Auf diesen marinen Kalksteinen liegen mächtige Flußablagerungen mit Geröllen und Sanden und Tonen, zwischen denen sich dann gelegentlich wieder Schichten mit rein marinen Tierresten einschalten. In diesen Sanden und Tonen eingelagerte Gipsbildungen zeigen, daß die durch erneutes Eindringen des Meeres entstandenen salzigen Lagunen in heißem Klima allmählich wieder verdampften und solche Salzbildungen aus ihrem zur Sole werdenden Wasser erzeugten. Die unterdessen unbeirrt weiterschreitende Deltabildung des Urniles wird dann in darüberfolgenden Schichtungen weiter erkennbar durch das Vorkommen eingeschwemmter Baumstämme, denen die Äste fehlen, die also seinerzeit als Treibholz mit dem Fluß herunterkamen. Jetzt sind sie verkieselt (Abb. 51) und mit ihnen finden sich Knochen von Schildkröten und Krokodilen. An ihrer Lagerungsart erkennt man, daß die Treibholzstämme bei vermindertem Wasserlauf liegen geblieben waren und dann wie Sperrbarren wirkten, hinter denen sich Geröll und Knochen häuften. Auch Landsäugetiere sind mit eingeschwemmt. Wiederum folgt darüber eine geschichtete Serie von Tonen, Sanden und Geröllen, die durch ihre Konchylien wieder das vom Meer beeinflußte Brackwasser andeuten. Abermals kommt ein Süßwassersediment mit Landschnecken und Baumresten, bis dann ein neuer und für einige Zeit entscheidend vorherrschender Meereseinbruch sich vollzog und nun über den zuvor genannten Schichtungen Kalkbänke mit marinen Tierschalen ablagerte, eine Gesteinsbildung, die nun die ganze, zuvor beschriebene Schichtserie des dortigen Landes krönt. Dazwischen aber schaltet sich noch eine Basaltdecke ein, die sich als Ausfluß eines in nächster Nähe entstandenen Vulkanes zu erkennen gibt. Wir lesen auf diese Weise aus den jüngeren Gesteinsbildungen Ägyptens die Entstehungsgeschichte jenes Landes als eines uralten Riesendeltas ab und erblicken in ihnen, wie bei den zuvor gegebenen Beispielen, die völlig veränderte Lage in früheren Zeiten und die Perioden, in denen dieses Gebiet sich bis zu seiner jetzigen Gestalt hindurchgearbeitet hat.

Während der Eiszeit, als in der oben beschriebenen voralpinen Gegend und sonst aus den Hochgebirgen der Erde die Gletscher in das Vorland hinaustraten und auch aus dem arktischen Gebiet Inlandeismassen über Skandinavien und die Nord- und Ostsee herunterkamen und ihre Schottermassen und Moränenwälle aufschütteten und erratische Blöcke aus skandinavischem Gestein ablagerten, gab es mehrere periodische Rückzüge und erneute Vorstöße des Eises. Man erkennt diese Zwischeneiszeiten, die ebenso auch im Voralpengebiet festgestellt sind, an der wechselnden Überlagerung von Gletschermoränen und Flußschottern oder Seeschichtungen. Zuweilen schalten sich in Norddeutschland marine Schichten dazwischen oder liegen darüber, deren Charakter an den darin eingeschlossenen Fossilien, arktischen Muscheln, Seehunds- und Narwalknochen erkennbar sind. Zum Teil führen solche Ablagerungen auch Reste von wärmeliebenden Typen, so daß man auf eine wesentliche Erwärmung in den Zwischeneiszeiten teilweise schließen kann. Die Zwischeneiszeiten als Perioden des Eisrückganges, worauf wieder neue Vorstöße folgten, sind auch im Alpengebiet nachgewiesen, wo u. a. der mächtige, wohl tausend Meter dicke Inntalgletscher in der letzten Zwischeneiszeit so zurückschmolz, daß bei Innsbruck Schichten mit Blattabdrücken von Ahorn, Ulme, Taxus, Buchs entstehen konnten, bis das Eis erneut wieder vorstieß und den vorherigen Umfang erreichte. Als zuletzt die Gletschermassen im Norden endgültig abschmolzen, die Eiszeit also ursächlich zu Ende war, kam eine aus nordischen Arten (Polarweide, Zwergbirke, Silberwurz, Steinbrech, Gräsern) bestehende Flora, die sogenannte Dryasflora, zur Ansiedlung, während sich gleichzeitig im Gebiet von Finnland, Schweden und Norwegen die Umrandung der

Ostsee derartig senkte, daß dieses Binnenmeer über Dänemark weg mit der Nordsee in offene Verbindung trat und auch nordostwärts über die finnisch-russische Seenplatte mit dem weißen Meer zusammenfloß. Überall auf den genannten, damals überfluteten Landflächen finden sich Meeresablagerungen mit nordischen Konchylien, nach deren bezeichnendster Art, Yoldia arctica, man dieses Meer als Yoldiameer und damit die Zeit als Yoldiazeit bezeichnet. Den Schichten dieser Meeresepoche entsprechen also im Alter die auf den damaligen Landflächen sich bildenden Schichten mit der Dryasflora. Das abschmelzende Eis lag noch auf einer großen Fläche

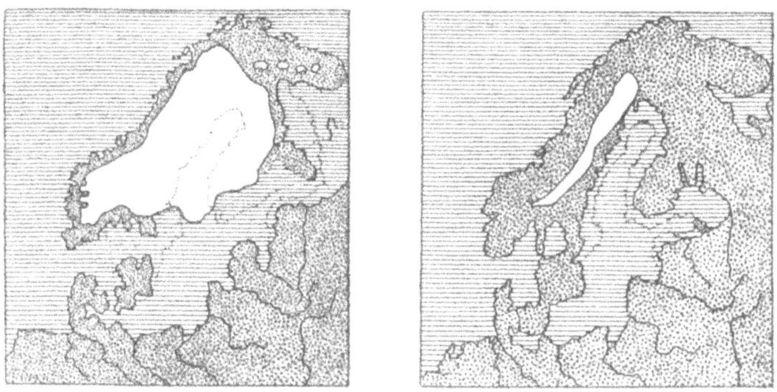

a b

Abb. 52. Skizze der eiszeitlichen und nacheiszeitlichen Veränderungen des Ostseegebietes. a offenes Yoldia-Meer; b geschlossener Ancylus-See. Weiße Flächen: Eisreste der Diluvialzeit. (Aus Kayser 1924 nach de Geer.)

Skandinaviens (Abb. 52a). Als es aber abschmolz und offenbar eine Gewichtserleichterung eintrat, hob sich das ganze skandinavisch-finnische und das übrige Ostseegebiet wieder. Die Folge war eine Trockenlegung der bisher überfluteten Gebiete, so daß nun Norddeutschland—Dänemark mit Südschweden in Landverbindung kam, die Ostsee aber ein abgeschnürtes, rasch sich aussüßendes Binnenmeer wurde (Abb. 52b). In diesem See nun bildeten sich Ablagerungen, worin Konchylien, die auf Süßwasser deuten, enthalten sind. Nach einer dafür bezeichnenden kleinen Schnecke (Ancylus) heißt sie Ancylussee und die Epoche zugleich Ancyluszeit. Durch diese Tieferlegung des Ostseespiegels bzw. die erfolgte Hebung des umliegenden Landes war nun auch die Erosionsbasis (S. 51) der deutsch-polnischen Ströme tiefergelegt, sie bekamen stärkeres Gefälle zum Mündungsgebiet und konnten energischer fließen, also heftiger sich einschneiden. Das ist der Grund, weshalb die alten, oben beschriebenen Urstromtäler (Abb. 44) verlassen wurden und beispielsweise die Weichsel nun von Thorn aus unmittelbar nordwärts floß.

Nun gab es neuerdings einen Durchbruch des Ostseewassers über Dänemark, und es konnte das Nordseewasser wieder hereinströmen. Die daraufhin im Ostseegebiet neuerdings zum Absatz kommenden Schichten führen typische Brackwasserkonchylien. Während der Landzeit aber hatte sich der nacheiszeitliche Mensch auf den gehobenen Landflächen angesiedelt, und so zeigt sich das merkwürdige Schauspiel, daß in Norddeutschland zuweilen dessen Niederlassungen von jüngeren Meeressedimenten bedeckt sind. Man nennt dieses Stadium die Litorinazeit, nach einer wiederum bezeichnenden, damals auftretenden Meeresschnecke. Man hat mit dieser erneuten Meereszeit gleichalte Landablagerungen, insbesondere Torfmoore in Skandinavien entdeckt, welche durch ihre Flora, sowie durch die gleichzeitig beobachtete wesentlich höher gelegene obere Baumgrenze auf eine besondere Erwärmung in der Nacheiszeit deuten, einen klimatischen Zustand, der heute schon wieder verschlechtert ist, so daß man erwogen hat, ob die Eiszeit wirklich schon beendet sei oder ob wir auch bisher bloß in einer wärmeren Zwischeneiszeit gelebt haben. Eine langsame Hebung des Landgebietes bzw. ein Sinken des Meeresspiegels brachte nach der Litorinaphase wieder eine Verengerung des Zuganges von der Nordsee zur Ostsee, und seitdem erhielt diese jenen Binnenmeercharakter mit geringsalzigem Brackwasser, den sie bis zur Stunde noch hat. Nun wanderte eine charakteristische, im Sand- und Schlammboden sich eingrabende Muschel (Mya) ein, nach der man diesen letzten erdgeschichtlichen Abschnitt des Ostseegebietes die Mya-Zeit nennt.

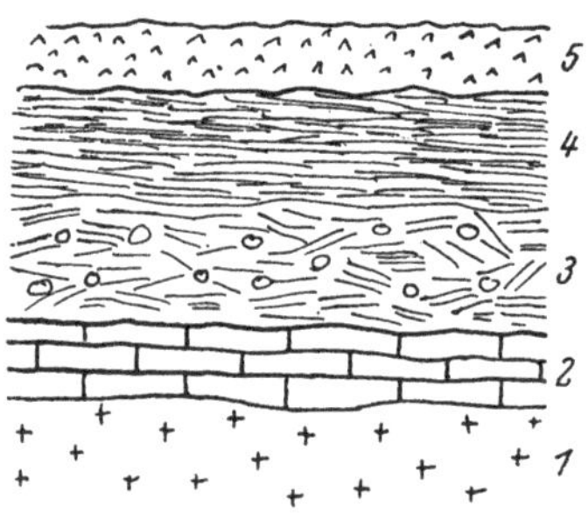

Abb. 53. Hypothetisches Profil des Untergrundes der Ostsee nach angenommener Verdrängung des heutigen Meeres. 1 tiefer Untergrund, Gneisformation; 2 Kalkschichten mit Meermuscheln; 3 Eiszeitschutt; 4 Mergel und Tone der Yoldia-Myazeit; 5 spätere Verwitterungsschichten des Trockenen. (Orig.)

Jetzt haben wir an mehreren Beispielen das Wesen der erdgeschichtlichen Forschung uns klarzumachen gesucht und wollen einen Schritt weiter gehen. Hierzu brauchen wir eine Konstruktion. Stellen wir uns vor, was wir sehen müßten, wenn heute die gesamte Ostsee verdrängt, der Boden durchaus gehoben würde und sich eine einheitliche Landfläche zwischen dem ganzen Baltikum, Norddeutschland und Skandinavien-Dänemark herstellen würde. Vor allem müßten die großen norddeutsch-polnischen Ströme gestaut werden. Es würden sich Landseen bilden, zunächst den Flußtälern entlang und sonst die tiefsten Stellen ausfüllend. Zugleich hätten wir nun ein Land, dessen Bodenunterlage, wie wir schon sahen, zusammengesetzt wäre aus einer Schichtenfolge, welche Stufe um Stufe die ganze soeben vorgetragene Urgeschichte des Ostseegebietes seit dem Beginn der Eiszeit erzählen würde. Es würde sich also, wenn wir davon einen schematischen Durchschnitt entwerfen wollen (Abb. 53), zu unterst irgendein sehr altes Bodenprofil zeigen, über diesem voreiszeitliche Ostseeschichten, wahrscheinlich mit Meeresmuscheln eines wärmeren Klimas. Dann kämen Serien von Gletscherablagerungen, teils Moränen, teils Schotter, den wechselnden Phasen der Eiszeit entsprechend. Dann kämen die Serien der im vorstehenden behandelten Ablagerungen aus der Dryas-, Yoldia-, Ancylus-, Litorina- und Myazeit, und darüber würde sich entweder eine neueste, jüngste Verwitterungsschicht mit neuzeitlichen Menschenansiedlungen bilden oder, wenn die gedachten Landseen sich ausbreiteten, wiederum Seeablagerungen sich niederschlagen.

Was aber käme zustande, wenn umgekehrt alles das künftig unter das Meer sinken würde und die Nordsee weit bis in das Baltikum über das heutige Norddeutschland und Polen hereindrängte? Dann würden beim allmählichen Eindringen der Brandungszone von Jahrhundert zu Jahrhundert, Jahrtausend zu Jahrtausend alle Höhen abgehobelt, eine Übertrittsfläche (Transgressionsfläche) des Meeres geschaffen werden, also ein Meeresgrund entstehen, auf dem Schutt, Sand, Geröll und alles das läge, was beim Hereindringen durch die Brandung aufgearbeitet und zerrieben wurde. Zugleich würden, wenn eine gewisse Stabilität dieser erneuten Meeresbedeckung erreicht wäre, aus den südlicheren Mittelgebirgen der umliegenden Landgebiete die Flüsse allerhand Geröll, Sand, Schlamm, Treibholz hereinbringen; Deltabildungen würden sich am Meeresgrunde ausbreiten und daraus emporwachsen, das Land würde also allmählich wieder etwas zunehmen. Je nach den Jahreszeiten oder sonstigen periodischen Veränderungen müßten auch diese Schichtungen nach ihrem Material und ihrer Dicke wechseln. Schalen und Knochen von Meerestieren würden darin fossil werden oder sich gelegentlich zu ganzen Schalenlagern häufen. Und wenn zuletzt auch dieses alles wieder emporkäme, das Meer sich neuerdings weit zurückzöge, so könnten wir abermals ein Land betreten, das über dem zuvor gegebenen Profil noch ein weiteres zeigen müßte, worin wir eben diese letzte Geschichte jenes Stückes Erdrinde nun deutlich wiedergespiegelt fänden.

Jetzt ist uns klar geworden, weshalb Schichtungen und Ablagerungen sowohl des Landes wie des Meeres die erdgeschichtlichen Vorgänge und Änderungen abzulesen erlauben; wie sie entstehen und wie sie mit dem Wechsel der Umwelt in unmittelbarem Zusammenhang sich bilden, so daß sie also sichere *Dokumente* für den Verlauf *erdgeschichtlichen Geschehens* sind.

Wenn wir so mit voller Deutlichkeit Umschichtungen auf der Erdoberfläche vor sich gehen sehen, die weit in eine Urzeit hineinreichen und wenn wir zugleich an die im vorigen Kapitel geschilderten Tatsachen der Hebung und Senkung von Meeres- und Landgebieten denken, so liegt die Vermutung nicht sehr fern, daß überhaupt gehobene Meeresböden im weiteren Ausmaß heute zum Areal der Festländer gehören, und daß umgekehrt ehemalige Festlandflächen unter dem Meere liegen, und auch dies in viel ausgedehnterem Maße als es die im vorigen Kapitel (S. 48) genannten Küstenbeispiele bewiesen. Es ist nun eine grundlegende Tatsache, daß viele Gesteine der Kontinente das unverkennbare Bild von echten Meeresablagerungen bieten, daß sie sich einwandfrei als Niederschläge an ehemaligen

Meeresböden erweisen, und daß darum solche Landkomplexe selbst gehobene vorweltliche Meeresgebiete sind.

Doch nicht nur etwa in Flachländern oder an die jetzigen Meereszonen angrenzenden Landgebieten sind solche alte Meeresböden vorhanden, wie wir es eben bei Besprechung der Ostsee in der Nacheiszeit darlegen konnten; sondern auch weit vom derzeitigen Meere entfernte Länder, auch Mittelgebirge, ja Hochgebirge erweisen sich von dieser Art der Zusammensetzung und Lagerung ihres Gesteins. Auf den höchsten Höhen der Alpen, des Himalaya, der Anden bieten sich unserem verwunderten Auge Schichtungen mit echten Meeresversteinerungen, Korallenriffe u. a. dar und liefern uns so den untrüglichen Beweis allergrößter Umsetzungen von Land und Meer. In den oft wechselnden, oft sich verdrängenden, oft auch in großer Mächtigkeit sich gleichbleibenden oder sehr regelmäßig sich wiederholenden Schichtverbänden aller möglichen Gesteinsarten finden sich dann auch zu einem unbedingten Beweis ihrer Herkunft die mineralisierten Reste von Meerestieren (Abbildung 54), Schalen- und Knochenansammlungen, Riffbauten, zuweilen auch Brackwassertiere oder Einschwemmungen von Landhölzern und gelegentlich Landtieren. Solche organischen mineralisierten Einbettungen nennt man Versteinerungen oder Fossilien, gleichgültig, ob sie in Meeres- oder Süßwasser- oder Flußschwemmschichten liegen.

Abb. 54. Abdrücke und Steinausfüllungen von Ammonshörnern, gekammerten Kalkgehäusen urzeitlicher Meeresmollusken. Juraformation Franken. (Origphot.) Verkl.

Wie heute jeder Raum der Erdoberfläche, so hatte auch in der Vorzeit jedes Gebiet, jede räumliche Lebensmöglichkeit ihre Bewohner, Tiere und Pflanzen, die mit ihrem Dasein, ihrer Formgestaltung, ihrer Lebensbetätigung diese Räume und ihre Bedingungen wiederspiegeln. Nur die Gestalt und Erscheinung der Gattungen und Arten hat sich im Laufe der Zeiten immerfort geändert, ebenso wie sich Land und Meer, Klima und Umwelt immerfort geändert haben. Immer wieder sind es neue Gattungen und Arten, die kamen und gingen; immerfort haben sich ihre Lebensbezirke räumlich verschoben, erhöht oder vertieft, sind enger oder weiter, trockener oder feuchter, wärmer oder kälter geworden. Wenn also ein Wechsel des Lebensraumes und der Lebensumstände eintrat, so gingen auch im Lebensreich Veränderungen vor sich. Und wenn wir darum in den vorweltlichen Ablagerungen die Reste der Tiere und Pflanzen finden, so werden wir eben daraus auch auf den Charakter der Umwelt unsere bestimmten Schlüsse ziehen können, vorausgesetzt, daß wir in der heutigen Umwelt uns genügend umgesehen und hier die entsprechenden Erscheinungen auf unmittelbarer, sicherer Beobachtungsbasis festgestellt haben. Dies übertragen wir dann sinnentsprechend auf die vorweltlichen Funde. Indem wir die fossilen Organismen bestimmen, d. h. ihre Identität oder Verschiedenheit mit lebenden feststellen, sind wir zunächst imstande, aus solchen Artvorkommen auch den Lebensraum zu ermitteln, worin eine bestimmte sie einschließende Schichtung ehedem abgelagert wurde. Doch ist bei solchen Schlüssen insoweit Vorsicht geboten, als eine Anzahl Gattungen im Laufe der Zeiten sich andere Wohnräume, andere Lebensbedingungen ausgesucht haben. Es gibt Gattungen, die sich aus dem lichten Meerwasser und der Wärme in dunklere Tiefen und in die kalte Tiefsee zurückgezogen haben. Die früheren Arten lebten also oft unter anderen Umständen. Im Kap. II/1 wird ein Schwammriff geschildert, das im Flachmeer der „Juraepoche" wucherte. Dieselben Gattungen oder sehr ähnliche leben heute in ruhigem, tiefem, dunklem Meerwasser. Die früher andersartige Lebensweise aber kann hinwiederum festgestellt werden dadurch, daß ganze Gesellschaften von Tieren und Pflanzen in den Schichtungen fossil gefunden werden, so daß die Schlüsse auf den Lebensraum nicht jeweils aus einer einzigen Form, sondern aus vielen gewonnen werden. Dadurch ist eine gewisse Kontrolle gegeben, auch wenn einzelne Gattungen aus solchen früheren Vergesellschaftungen ihren Lebensbezirk geändert haben.

Wir haben in der Erdkruste viele Formationen und Schichtungen, deren ehemaligen Ablagerungsraum wir nicht mit Sicherheit charakterisieren können. Denn es müssen doch vielfach, besonders in älteren erdgeschichtlichen Zeiten, von den heutigen Oberflächen- und Klimazuständen sehr verschiedene Verhältnisse geherrscht haben. Aber aus allen Zeitaltern kennen wir auch andererseits viele Schichtsysteme, deren Ablagerungsraum sowohl aus dem Gestein selbst, wie aus dem Fossilinhalt durchaus verständlich wird.

Am schwierigsten und seltensten sind wohl ehemalige Küstenlinien genau festzustellen, weil eine Küste, d. h. der Übergang vom Wasser zum Trockenen, nichts Stabiles ist. Schon Ebbe und Flut — vielleicht ehemals weit stärker und ausgreifender als heute — bewirkt in wenigen Stunden eine oft weite Verschiebung der Küstenlinien. Sodann wissen wir ja, daß sich auch säkulär die Land- und Meeresgrenzen immerfort verlegen, und besonders bei Flachküsten macht jede Meeresspiegelschwankung von einigen Metern Höhe sehr viel aus; man denke an unsere Ost- und Nordsee mit ihren flachen Ufern und vergleiche, was ausführlich darüber gesagt wurde (S. 71 ff.). So gelingt es bei vorweltlichen Ablagerungen fast nie, einen Küstenrand mit geographischer Kartengenauigkeit anzugeben, sondern meistens müssen wir uns mit einem allgemeinen Hinweis auf die „Nähe" des Uferrandes begnügen. Selten ist ein Vorkommen so gut erhalten, wie es die beistehende Abb. 55 zeigt. Sie stellt eine alte Klippe aus Triassandstein dar, an die im Pfälzer Haardtrand zur Tertiärzeit das flache, die Rheinebene damals erfüllende Meer anbrandete und vor der es seine Konglomerate niederlegte. Aber es handelt sich stattdessen meistens um Feststellung einer mehr oder weniger weiten Zone, innerhalb deren sich im Laufe einer bestimmten geologischen Zeitspanne der Küstenstreifen beim Eindringen des Meeres in ein vorheriges Landgebiet oder beim Rückzug aus einem solchen bewegt hat. Eigentliche Küstenablagerungen werden daher im geologischen Schichtprofil auch meistens mit anderen

Abb. 55. Buntsandsteinklippe vom Rand des Tertiärmeeres am Hardtgebirge bei Dürkheim. In dem Sandsteinfels Bohrmuschellöcher. (Aus Reis 1915.)

Flachmeerablagerungen verknüpft erscheinen, sei es in vertikaler Wechsellagerung, sei es seitlich anschließend.

Eine solche, aus Flachmeerablagerungen erkennbare Küstenzone bieten etwa die tieferen Schichten des Juragebirges in Ostbayern. Dieses Gebiet ist im Erdmittelalter zur „Jurazeit“, meerbedeckt gewesen und das den Jura zusammensetzende Gestein besteht aus übereinandergeschichteten Ablagerungen jener Zeit. Die Formation beginnt dort mit Konglomeraten und groben Sandsteinen der Brandungszone, die über eine abgetragene ältere Landfläche hereintrat (Abb. 56). Diese Übergriffsfläche trägt zunächst eine dünne Lage von Verwitterungsmaterial, das sich kurz vor dem Hereintreten des Jurameeres noch gebildet hatte. Allmählich nahm das Meer an Tiefe zu, denn die nun folgenden Schichtstufen (Abb. 57) bestehen aus Mergelkalken und Tonschiefern des ruhigen Flachmeeres ohne Wellenschlag und führen auch Versteinerungen, die solches andeuten. In der Gegend von Regensburg und nördlich davon in der Oberpfalz sind die nun weiter darüberliegenden Schichten wieder sandig, enthalten auch aus dem Lande hereingeschwemmtes Holz, während gleichalte Schichten nordwestwärts aus tonigen Schiefern bestehen, also in dieser Region das offene küstenferne Flachmeer anzeigen. Nach jener erneuten Flachmeerzeit mit Küstennähe und sandigen, vom Lande her stark beeinflußten Ablagerungen vertieft sich wieder das Meer sehr rasch. Es schlagen sich im ganzen Gebiet Tone, Tonmergel und Kalkmergel nieder, mit einer Flachmeertierwelt, die auf eine Meerestiefe bis 100 m deutet, dem heutigen freien nördlichen Nordseebecken vergleichbar, während die vorhergehende Sandablagerung etwa dem jetzigen Nordseeflachstrand und Wattenmeer vergleichbar sein dürfte.

Abb. 56. Aufschluß in der Trias-Juraformation bei Ellingen in Franken. Unten Sandsteine, in der Mitte Mergel und Tone der Triasformation. Oben aufgelagert: übergreifende Meeresschichten der Unterjurazeit (Lias), aus feinem Konglomerat bestehend. Die beiden oberen Personen stehen an der durch den Helligkeitswechsel kenntlichen Übertrittsfläche des Liasmeeres. (Origphot.)

Dies hält an bis in den Anfang des mittleren Teiles der Jurazeit, und nun erfolgte alsbald eine ganz Bayern umfassende Heraufhebung des Meeresbodens. Sie ist gekennzeichnet durch mächtige eisenschüssige Sandsteine, die uns ein außerordentlich weites, bald unter, bald über Wasser liegendes Strand- und Flachmeergebiet beweisen, worin der Übergang des einen in das andere immerfort wechselnd sich vollzog. Stellenweise muß der Wind vom Lande her trockenen Sand eingeweht und zugleich den schon vorhandenen ergriffen, umgelagert und zu Dünen aufgeschichtet haben. Dann kam dazwischen immer wieder das Meerwasser und arbeitet diese Dünenbildungen ganz oder teilweise wieder auf, oder nahm die gleichzeitig eingewehten Sande in sich auf und setzte sie als marine Schichten ab. Überall ist daher in jenem Eisensandstein die für solche Ablagerungsverhältnisse bezeichnende Kreuzschichtung (Abb. 58) zu erkennen, während die vorausgehenden, ein ruhiges Tiefenwasser anzeigenden Ton- und Kalkmergel horizontal geschichtet sind, wie es einem freieren, küstenferneren Meere entspricht. Stellenweise bemerkt man im Eisensandstein auch Lagen und Streifen von Geröllen, die auf Flußtransport aus dem nahen böhmisch-bayerischen Wald hinweisen, der damals als große Festlandsinsel aus dem Meere aufragte und die Küstenzone bildete. Vielleicht herrschte auf diesem Lande, an das sich auch südwärts, etwa im Gebiet der heutigen bayerisch-schwäbischen Hochebene ein Festlandsrücken anschloß und das tiefe alpine

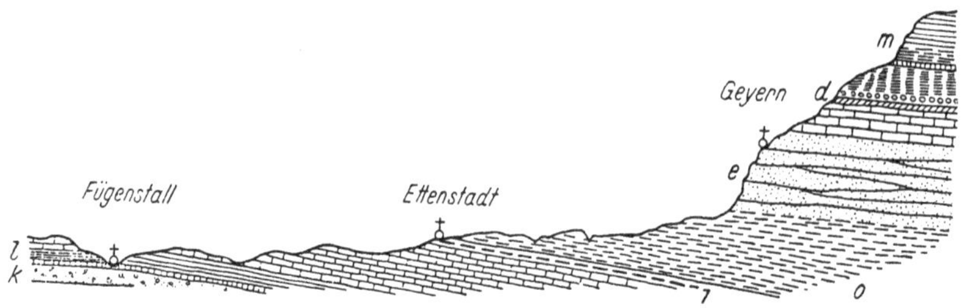

Abb. 57. Profilschnitt durch die Schichten der Juraformation am Nordrand der Frankenalb. k Obere Trias (Keuper); l Lias; o Unterer Dogger; e Eisensandstein, kreuzgeschichtet, d mittl. und ob. Dogger; m Weißjura (Malm). (Nach Gümbel 1891.)

Meer vom nördlicheren trennte, der „vindelizische Rücken" — ein verhältnismäßig trockenes Klima, das wohl auch eine buschartige Vegetation trug.

In den vorweltlichen Formationen ist das offene tiefe Meer im allgemeinen nicht durch grobe Sande oder Kalke vertreten, sondern mehr durch Kieselkalke, Hornsteine und feinkörnige Schiefer, die dann auch im Gegensatz zu den küstennahen Flachwasserablagerungen Fossilien von zartem Bau und dünnschalige Konchylien führen. So finden wir im unteren Teil einer sehr alten Bildung, der Steinkohlenformation im rheinischen Schiefergebirge und auch in Belgien, stellenweise Kalke aus Schalenzerreibsel von Seelilien und anderen Fossilien eines ehemaligen bewegteren marinen Flachwassers, sodann Korallenkalke mit derben, auf bewegtes Wasser hinweisenden Molluskenschalen entwickelt. Teils darüber, teils an anderen Stellen liegen statt dessen Kieselkalke und Schiefer mit wenig Konchylien, die dann stets dünnschalig sind und voller mikroskopischer Kieselgerüste von kleinen einzelligen Urtierchen (Abb. 171). Die Ablagerung kann bis 300 m mächtig werden, und dies nun ist die echte Tiefenzone eines freien, von Küsten- und Landzufuhr unabhängigen Meeres damaliger Zeit, das vielleicht bis 500 m tief war. Allmählich folgen über dieser, auf große Erstreckung entwickelten Gesteinsformation nach oben wieder feinsandige Schiefer und feinste Sandsteine (Grauwacken) oder anderwärts auch dunkle Plattenkalke, die nun wieder Schalenreste von Meerestieren einer etwas weniger tiefen, wenn auch immer noch freien landfernen Meereszone führen.

Wir sind mit diesen Betrachtungen in die Geographie der Vorwelt eingedrungen. Zugleich haben uns Einzelheiten der vorgebrachten Beispiele auch schon erkennen lassen, inwiefern die Materialien der Ablagerungen bezeichnend sind für die Räume sowohl, in denen sie sich ehedem niederschlugen, wie auch für die speziellen klimatischen Umstände und damit die biologischen Umstände, die seinerzeit in dem Erdraum herrschten, wo sie einmal entstanden.

Jede Gesteinsbildung und -lagerung hängt von vielen Bedingungen ab, die gleichzeitig ineinander spielen; und deren Ergebnis kommt eben in

Abb. 58. Kreuzschichtung im Eisensandstein der mittleren Juraformation bei Regensburg. Beweis für Küstenbildung, Dünen und marine Sedimentation. (Phot. Dr. Gisser.)

einer Ablagerung mehr oder weniger deutlich zum Ausdruck. So sind eine der Hauptbedingungen zur Entstehung eines Sedimentes die Niederschläge und Temperaturen, allgemein gesagt, das Klima, das nicht nur dort herrschte, wo sich eine Ablagerung zuletzt niederschlug, sondern vor allem auch dort, von wo der Zustrom des Materials herkam. Denken wir zunächst an Meeresschichtung, so wird etwa eine Flachmeerablagerung um so mächtiger, aber auch um so grobkörniger sein, je stärker die zubringenden Wasserläufe auf dem Lande sind. Dies wieder regelt sich sowohl nach dem Gefälle, also nach der Gestaltung des Landes, wie auch nach der Menge der Niederschläge, nach der Menge des in den Höhen erodierbaren Gesteins, nach den Verwitterungsmassen, nach der Härte und dem Charakter der abgetragenen und nun zu einem neuen Sediment aufzuschichtenden Gesteine usw. Studiert man die Wirkungen aller dieser Verhältnisse auf die Ausbildung von Schichtgesteinen an der heutigen Erdoberfläche, so gewinnt man Anhaltspunkte, um aus den vorweltlichen Ablagerungen und den Fossilien auf entsprechende Umweltsverhältnisse zu schließen.

Nur kurz einige Beispiele. So ist es, wie im vorigen Kapitel (S. 33) auseinandergesetzt wurde, das Charakteristikum trockenen oder tropischen Klimas, daß sich besondere Böden, Erden bilden, wie in unseren Gegenden sich der braune Humus bildet. Farbige, besonders rote und rotbraune Erden bilden sich gerne in tropischem Klima. Werden solche Erden von Flüssen ins Meer gebracht, so müssen auch die Meeressedimente solche Rotfärbung annehmen. Zuweilen findet man im Gerüst der Erdrinde einzelne Schichtserien oder ganze Formationsmassen, welche in allen Abwechslungen bunt und meistens gerade rot sind. Man hat daraus auf Einschwemmungen aus trockenen oder karstartigen Landgebieten oder Tropengebieten geschlossen. Rote Verwitterungsböden würden also die umliegenden Landgebiete ausgezeichnet haben, aus denen die Materialien zu jenen Sedimenten stammten. Beispiele hierfür sind unter vorweltlichen Meeresformationen etwa die alpinen Dachsteinkalke, teilweise aufgebaut aus Korallenriffen, teilweise aus Kalksedimenten. Dazwischen eingeschaltet sind immer wieder Lagen und Strähnen von roten Kalken und erdigen Massen, die man als Terra rossa deutet, entstanden auf den während ihrer Bildung häufig über den Meeresspiegel herausgehobenen und dann karstartig verwitternden Kalkmassen, die dann nach solchen Perioden immer wieder vom Meere bedeckt wurden. Auch mächtige Kalkmassen der Südalpen, weniger der Nordalpen, der Jurazeit angehörend, sind durch und durch rot, oft sogar erdig rot, sind aber echte Meersedimente und stecken voller Ammonshörner, den bezeichnendsten kalkschaligen Meerestieren der Jurazeit (Ammonitico rosso).

Wenn solche Rotfärbungen der Sedimente in ehemaligen Meer- und Landablagerungen auftreten, so kommt es entweder daher, daß schon ältere Gesteine von roter Farbe damals verwitterten und nun das Material zu neuen späteren Ablagerungen lieferten; es fehlten dann eben bestimmte organische Substanzen, welche durch ihre Verwesung Humus bildeten und die rote Farbe entfernten. Oder die Rotbodenbildung ist ein primärer Verwitterungsvorgang, wie wir es oben für den Laterit der Tropen kennzeichneten. Dazu gehört immer ein trockenes und sehr heißes Klima, oft unter völliger Abwesenheit organischer Verwesungssubstanzen oder wenigstens unter Verhältnissen, bei denen die organische Substanz keine Gelegenheit findet, entfärbend zu wirken. Oder ein anderes Beispiel. Für trockenstes Wüstenklima ist die Entstehung von schwarzbraunen Verwitterungskrusten bezeichnend, wie auch von Windschliffen und Windkantern. In solchen Trockengebieten (aride Verwitterung) überwiegt die Aufhäufung, weil dort eben nicht so viele Niederschläge fallen, daß aller Schutt, der durch

Zerfall und Verwitterung entsteht, abtransportiert werden könnte. Es werden sich daher in ariden Gegenden jeweils mächtige Sedimente auch ohne Zutritt von allzuviel Wasser aufhäufen, und viele vorweltliche wüstenartige Landformationen (s. Farbenbild) zeigen uns dies. So haben wir aus dem Erdaltertum und Erdmittelalter verschiedene solcher Schichtsysteme, die man als Urwüstenbildungen bezeichnet, weil damals die Pflanzenwelt überhaupt noch nicht das Land in dem Maße erobert hatte, daß sie entscheidend sich an der Verwitterung hätte beteiligen können. Zudem wurde durch den Mangel an Vegetation auf den damaligen Ländern aller Erosionsschutt stets rasch ins Meer befördert, konnte nicht verwittern und bildete deshalb in den älteren Zeiten der Erdgeschichte die vielen Grauwacken, die später nicht mehr erscheinen, weil dann die Pflanzenwelt sich über die Länder gebreitet hatte.

Abb. 59. Schema zur Erläuterung der Entstehung von Salzlagern. Das freie Meerwasser tritt über die Barre ein, verdunstet ↑↑ und bildet eine konzentrierte Lauge, bis sich Salz (gestrichelt) niederschlägt. (Orig.)

Sehr bezeichnend für arides Klima ist auch die Gips- und Salzbildung. Sie geht vor sich entweder durch Verdampfen des Wassers in größeren Wasserlagunen in Wüstengebieten, sog. Salzpfannen, oder dadurch, daß ein Meeresarm vom Hauptmeer abgeschnürt wird, so daß nur eine ganz seichte oberflächliche schmale Verbindung übrig bleibt (Abb. 59). In dem abgeschnürten Becken verdunstet unter großer umgebender Trockenheit das salzige Meerwasser, und stets fließt von außen wieder Salzwasser nach. So bildet sich allmählich eine immer konzentriertere Sole, bis endlich zuerst Gips, dann Steinsalz, dann womöglich Kalisalz sich niederschlägt. Auf diese Weise sind in sehr alter Zeit (Silurepoche) mächtige Salzlager in Nordamerika, und in einer etwas späteren Epoche, der Dyaszeit, die deutschen Steinsalz- und Kalisalzlager entstanden, die sich in einer Dicke von stellenweise 900 m unter dem Boden Norddeutschlands hinziehen. Nachdem sie entstanden waren, wehte der Wind in dem damals herrschenden Trockenklima viel Staub und Sand darüber, und so konnten sie trotz ihrer leichten Löslichkeit dennoch durch die späteren Zeiten des Erdmittelalters und der Tertiärepoche bis heute größtenteils erhalten bleiben.

Auch die Herkunft eines sedimentierten Gesteins läßt sich so zuweilen feststellen. Ein Beispiel wurde oben im Kap. 2 (S. 64) schon bei der Schilderung der eiszeitlichen Ablagerungen und der ihnen vorausgehenden tertiärzeitlichen gegeben, wo wir die unterschiedliche Herkunft der ersteren aus den Alpen, der letzteren aus dem bayerisch-böhmischen Grenzgebirge nachweisen konnten. Oftmals sind auch in Konglomeratformationen aufgearbeitete Rollsteine vorhanden, deren Vergleich mit älteren Formationen ergibt, daß diese irgendwo in der Gegend einmal vorhanden gewesen sein müssen, aber da sie jetzt fehlen, eben abgetragen und in eine solche Konglomeratschicht mithineingearbeitet wurden.

Wenn wir also die heutige Erdoberfläche vergleichen, so können wir auch für die Vorwelt etwa folgendes Schema aufstellen, das uns zeigt, aus welchen Gebietsarten wir überhaupt Ablagerungen in der Erdrinde erwarten dürfen:

a) Meer: Küstengebiet der Brandungszone, Flachmeergebiete, Tiefenzone des Flachmeergebietes; ozeanische Tiefsee.

b) Land: Flachland, Steppenland, Flußgebiete, Seen, Wüsten, Gebirge.

c) Grenzzone zwischen Meer und Land: Deltagebiete, Lagunen, Ästuare.

d) Vulkangebiete sowohl auf dem Lande wie im Meere.

Zu allen Zeiten der Erdgeschichte haben diese Arten von Räumen auf der Oberfläche unseres Planeten nebeneinander bestanden, wie auch heute noch. Ihren Charakter und ihre Verteilung für alle Zeitalter darzustellen, ist das äußere Ziel der erdgeschichtlichen Forschung.

3. Die vulkanischen Erscheinungen

Noch haben wir einen Vorgang unbeachtet gelassen, der vor unseren Augen in stärkerem Maß zur Umbildung der Erdoberfläche beiträgt und sowohl Formveränderungen, wie auch Materialaufbereitungen schafft: den Vulkanismus. Ganz allgemein ausgedrückt beruht er, wenigstens an der Erdoberfläche, darauf, daß glühender Gesteinsbrei von über 1000° Hitze aus dem Erdinnern in Kanälen oder auf Spalten herausdringt. Zutage gekommen, fließt der Glutbrei entweder in ruhigem Ausquellen hervor, verbreitet sich über größere oder kleinere Flächen, eine bestimmte Gefällsrichtung einhaltend; oder es kommt zu heftigen Explosionen und Paroxysmen, wobei ein großer Teil des Gesteinsbreies in die Lüfte geworfen wird und im Erkalten in Form von Blöcken, Bomben, Steinhagel und Aschen niedergeht. Häufig ist beides vereinigt.

Tief unten, wo die aufdringenden geschmolzenen Gesteinsmassen, Magma genannt, eine bestimmte Entlastung erreicht haben, entringen sich ihnen die darin eingespannten Gase und treiben nun die flüssige Masse oft stoßweise und explosiv empor. An der Oberfläche kommt dann jenes Vielerlei der Erscheinungen zutage, das sowohl im Ausschleudern des Magmas, wie im Ausfließen besteht. Infolgedessen schichtet sich allmählich ein Vulkanberg (Abb. 60) auf, der aus einem Gemisch von Brocken, Steinen, Aschen und größeren oder kleineren Lavaergüssen besteht, je nachdem die austreibenden Gase herausschießen oder die Lava mehr emporbrücken. Zuweilen öffnet sich ein solcher Vulkanberg seitwärts, weil er dem

Drängen und Gewicht der Magmamassen nicht überall widersteht. Dann bilden sich Spalten, an denen die Lava ausfließt, während an anderen Stellen des Berges Explosionen weiterhin sich vollziehen.

Zuweilen entstehen wohl auch reihenförmig angeordnete Krater und Aufschüttungsberge, wobei sich der Ausbruchsherd verlegte oder wobei von Anfang an mehrere Herde da waren. Oft überwächst auch ein Berg den anderen. Und wenn sich das wiederholt oder die Austrittstellen sich verschieben, so kann ein ganzes Gemisch, eine Verschachtelung von solchen entstehen. Das sind die Vulkanlandschaften (Abb. 61). Man muß sich solche und ähnliche Vorgänge mannigfach miteinander verwoben denken. Bei jedem neuen Ausbruch — es können Stunden, Tage, Jahre, Jahrhunderte inzwischen vergehen — wird die Form eines Vulkanberges oder Berggebietes verändert. Manchmal wird vornehmlich aufgeschichtet und es ergießt sich zugleich Lava, die in breiten Strömen herabrinnt; da wächst der Berg höher und höher empor. Manchmal wird, besonders nach einer längeren Ruhezeit, durch eine erneute, besonders heftige Explosion, der ganze Gipfel in die Luft geblasen und ein neuer Zyklus der Aufschichtung beginnt. Je nachdem nun mehr Staub und feines Gesteinsmaterial oder mehr Lava auskommt, schwankt auch die Steilheit solcher Berge oder Berggruppen. Der Kegel kann wohl sehr steil werden, bis zu 45°, wenn die Auswürflinge noch weich herunterfallen, sich dabei zusammenbacken und so im Erkalten eine feste Masse bilden.

Abb. 60. Schema eines Vulkanberges. Aus dem gewachsenen Untergrund dringen die Schmelzmassen (schwarz) auf. Oben Explosionskrater in dem durch Aufschüttung entstandenen Berg. Vesuvtypus, Explosionsvulkan. (Aus Wagner 1926.)

In Zeiten der Ruhe kann der Kraterboden eines Vulkans völlig erkalten. Die innere Ausbruchsröhre verschließt sich mit erstarrtem Magma, der Berg kann bewachsen, es kann sich im Krater auch ein See bilden. Bei einer neuen Explosion wird alles wieder eine Stätte der Verwüstung. Und gerade dabei entstehen oft die allergrößten Veränderungen, sowohl in der Form des Berggebietes, wie im Verhalten und der Art des Ausbruchswesens. So war der Vesuv zur Römerzeit ein durchaus erloschener Vulkan, dessen Höhen bewachsen waren und an dessen Fuß sich Ansiedelungen hinzogen. Kein Mensch wußte irgend etwas davon, daß dieser Berg vulkanischer Natur sei, denn offenbar war seit Jahrtausenden dort alles in Ruhe geblieben. Nur Strabo, der griechische Geograph, hatte ihn nach seiner Form und seinem Aufbau für einen ehemaligen Vulkan erklärt. Dann kam unvorhergesehen jener geschichtlich denkwürdige Ausbruch im Jahre 79 nach Chr., der Pompeji begrub, das aber nicht durch einen Lavastrom, sondern nur durch Aschenfall und Schlammregen zugrunde ging. Seitdem ist, mit Unterbrechung von Jahrhunderten, die Tätigkeit nicht mehr erloschen. Aber das Wesen des Herdes hatte sich geändert. Denn zuvor war der Vesuv ein breiter Berg mit weitem tiefem Krater, dessen letzter Rest die heutige halbkreisförmige Außenmauer (Monte Somma) ist. Diese wurde halb in die Luft gesprengt und nun bildete sich der zentrale Eruptionsherd, welcher durch den späteren und heutigen Kegel bezeichnet ist. Durch die Niederlegung der einen Hälfte haben heute die oben austretenden Lavaströme nur einen einseitigen Abfluß. Wahrscheinlich war der Urvesuv nur durch einen einmaligen Ausbruch entstanden und dann sofort wieder

Abb. 61. Vulkanlandschaft der Auvergne in Südfrankreich, aus hintereinanderliegenden, jetzt bewachsenen Staukuppen bestehend. (Aus Geistbeck 1929.)

erloschen. Derart ist der Monte Nuovo bei Pozzuoli im 16. Jahrhundert entstanden. Es ist ein kleiner runder Berg (Abb. 62) mit einem weiten tiefen Krater, so wie der Vesuv ehemals aussah. Nach mehrtägigem Ausbruch war er aufgeschichtet und ist seitdem erloschen. Innen und außen ist er bewachsen; im Krater selbst strömt eine Wasserdampfquelle mit Schwefeldämpfen aus, die Solfatara, welche noch an den heißen vulkanischen Untergrund gemahnt. Es wäre daher möglich, daß sich der Monte Nuovo in Zukunft nocheinmal zum Vesuvtypus umbilden könnte. Solche einmalig entstandenen kleinen Vulkane bergen die Phlegräischen Felder bei Neapel in größerer Zahl; es sind stets kleine Erhebungen von breiter Form mit flachem Krater.

Kommt es bei einer derartigen Explosion nicht zur Aufschüttung, sondern nur zu einem Durchschlagen des Bodens, so werden Röhren ausgesprengt, in die alle ausgeworfenen und ausgeblasenen Materialien, gröbere und feine, sofort wieder zurückstürzen; aber dazu auch die Gesteinsmassen der durchschlagenen Schichten, während die Ränder des Durchbruches oft aufgerissen und mehr oder weniger ringförmig mit einem

Schuttkranz aus zertrümmertem Gestein ausgestaltet werden. Alsdann erlischt die Kraft, es kommt zu keiner neuen Explosion mehr, und es entstehen **Maare**, kreisrunde Trichter (Abb. 69), die sich mit Wasser füllen und Seen bilden können. Bei einem derartigen, in Japan vor einigen Jahrzehnten entstandenen Krater wurde ohne jedes Nachdringen von Asche oder Lava lediglich durch eine ungeheuere Dampfexplosion ein Trichter von 200 m Durchmesser geschaffen. Die **Diamantminen** im Kimberleydistrikt in Südafrika bieten dasselbe Bild, nur mit dem Unterschied, daß hier die Sprengschlote gefüllt sind mit vulkanischem Tuff, der

Abb. 62. Der Monte Nuovo am Golf von Neapel, entstanden durch einmaligen Ausbruch im Jahre 1538. (Nach Origphot.)

offenbar längere Zeit hindurch nachgeblasen wurde und dabei die Explosionsröhren glättete (Abb. 63). Von diesem Tuff sind sie bis zur Tiefe erfüllt, und darin haben sich dann die Diamanten auskristallisiert.

Der Typus der explosiven Vulkane ist wohl der verbreitetste auf Erden. Was wir in Europa davon sehen, ist allerdings gering gegen das, was andere Länder in dieser Hinsicht bieten. Tätige und ruhende, erloschene und noch lebendige Vulkane liegen da oft reihenweise oder gruppenförmig weitverbreitet nebeneinander. Eines der vulkanreichsten Länder ist die Insel Java, die in ihrer Längenerstreckung von etwa 1000 km eine Vulkangruppe nach der anderen, reihenförmig angeordnet, aufweist und etwa hundert erloschene und vielleicht zwanzig noch tätige Essen trägt. Ebenso ist Mexiko von Südosten nach Nordwest von etwa zwanzig besonders großen Vulkanbergen durchzogen, von den Nebenvulkanen ganz zu schweigen. Die Polynesischen Inseln sind reich an Vulkanen, tätigen wie erloschenen; die Anden in Südamerika ebenso. Japan ist ein sehr vulkanreiches Land, und in unserer Nähe, auf Island stehen sie in Menge beisammen.

Dort in Island treffen wir nun auf einen anderen Vulkantyp, den reinen Lavavulkan, auch **Schildvulkan** genannt, weil ohne jede bemerk-

Abb. 63. Diamantmine von Kimberley, Südafrika. Die explosiv ausgesprengte Kraterröhre mit geglätteten Wänden enthält in einer nun entfernten Tuffüllung die Diamantkristalle. (Origphot. Dr. Schröder.)

bare Explosionstätigkeit die flüssige, meist basaltische Magmamasse aus Spalten herausdringt, und dies oft so lebendig, daß sie mit beträchtlicher Schnelligkeit sich ergießt, den Unebenheiten des Bodens weithin folgend. Dabei stürzt sie auch an Abhängen herab und bildet feurige Kaskaden. Dieser Vulkantypus ist am großartigsten auf den Hawai-Inseln im mittleren Stillen Ozean entwickelt. Die Inseln sind aus der Meerestiefe heraus aufgeschüttet und tragen einige gewaltige Kratervulkane, auf der Hauptinsel den Mauna Loa und Kilauea, (Abb. 64) in deren weitem rundem

Kraterbecken die glühende Lava wie Brei in einem Kochtopf brodelt, zuweilen aufsteigt, dann wieder sich absenkt oder gelegentlich überfließt und nun die leichtflüssigen Lavaströme am Berghang bis zum Meere hinuntersendet. Oft verkrustet die im Krater stehende Lava wie eintrocknendes Brot, aber dabei ist sie stets von einem Netz von Rissen durchzogen, zwischen denen die Glut hervorleuchtet.

Während bei einfachen Ausflußvulkanen isländischen Typus ein sehr leichtflüssiger Gesteinsbrei ausfließt, entstehen Quellkuppen durch das Herausdringen besonders dickflüssiger Lava. Wie wenn man aus einer Tube dicke Ölfarbe herauspreßt, so dringt der zähe Brei hervor, wälzt sich bogen- und kugelförmig übereinander und bildet runde domförmige Vulkanköpfe

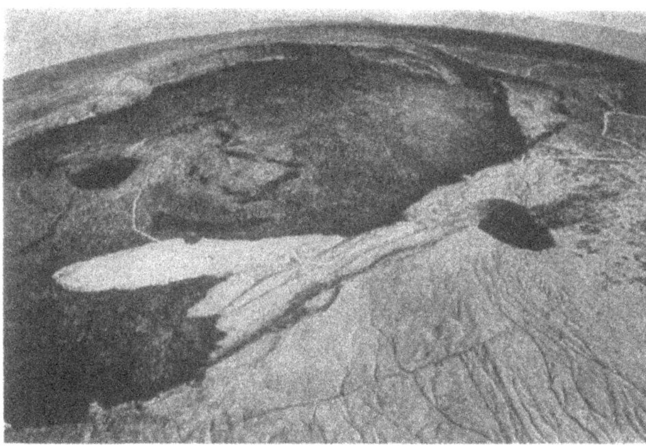

Abb. 64. Gesamtansicht des Kilanea (Modell). Zeigt den kuppenförmigen Gesamtaufbau des Vulkans, auf dessen First der flache Krater mit der stets flüssigen Lava liegt, die zuweilen übertritt. (Aus Daly 1926.)

(Abb. 61). Ein Beispiel sind die Puys, welche dem ganzen Landschaftsbild der südfranzösischen Auvergne ihren Charakter aufprägen.

Es besteht kein grundsätzlicher Unterschied zwischen den Vulkanen des Landes und denen des Meeres. Es scheinen auch am Meeresgrunde in derselben Weise explosive und einfach ausfließende Ergüsse stattzufinden, nur freilich mit dem Unterschied, daß kleinere Ausbrüche in ihrer Wirkung durch das Wasser rasch abgeschwächt und ausgelöscht werden können und sich vielfach gar nicht an der Meeresoberfläche bemerkbar machen. Sind sie aber heftiger in Tätigkeit und ausgiebig in der Förderung von Material, so bauen sie vom Meeresgrunde her Vulkane oder eine Gruppe von Vulkanen ebenso auf wie auf dem Lande. Dann entstehen Inseln und Inselgruppen, die immer mehr emporwachsen können und sich schließlich zu großen Inselkomplexen auswachsen, wie die vorstehend genannten Hawai-Inseln. Im kleinen hat man solches auch schon im Mittelländischen Meer vor sich gehen sehen, nur daß dort wegen ihrer geringfügigen Tätigkeit solche Vulkangebilde rasch wieder vergehen. So entstand im Jahre 1831 nördlich von Sizilien die kleine Insel Ferdinandea, war aber nach ihrer Besetzung durch die Engländer nach einigen Monaten durch die Tätigkeit der Meeresbrandung schon wieder verschwunden, und heute ist an ihrer Stelle eine beträchtliche Tiefe vorhanden, ein Beweis, daß aus dem submarinen Krater niemals mehr ein Nachschub kam, und daß wir es bei diesem Ausbruch wohl mit einem vom Meere rasch wieder zerstörten, aus losem Material aufgeschütteten Krater vom Monte-Nuovo-Typus zu tun haben.

Abb. 65. Ein Teil der Inselgruppe Santorin im Ägäischen Meer um die Jahrhundertwende. Herausragende Teile eines großen untermeerischen Vulkans. (Phot. Prof. Plieninger.)

Gerade in dieser Gegend des Tyrrhenischen Meeres kommen häufig untermeerische Ausbrüche vor.

Zuweilen sieht man auch den Krater als solchen aus dem Meere aufragen. Er bildet dann etwa einen Ring, der auch zerbrechen kann und sich in eine Anzahl Inselchen in kreisförmiger Anordnung zerlegt. Derartig gebaut ist die Inselgruppe Santorin im Jonischen Meer (Abb. 65). Erfolgen dann weitere Ausbrüche, so verändern sie solche Inselgruppen weitgehend. Auf Santorin müssen schon vorgeschichtliche Ausbrüche stattgefunden haben, denn in mehreren übereinanderfolgenden Lagen hat man dort Steinbauten einer Uransiedelung entdeckt (Abb. 66), die jedesmal von neuen Aschen- und Schuttmassen überdeckt worden sind. Diese menschlichen Wohnstätten müssen also einigemal den Ausbrüchen zum Opfer gefallen, danach aber immer wieder neu angelegt worden sein. Auch die kleine Insel Stromboli, nördlich der Straße von Messina, ist ein derartig aus dem Meere gewachsener Vulkanberg, bemerkenswert durch die außerordentlich regelmäßige Aufeinanderfolge seiner Eruptionen, die man zeitweise mit der Uhr in der Hand erwarten kann.

Die Anordnung und das Einzelauftreten von Vulkanen oder Ausflußstellen des innerirdischen Magmas ist nun nichts Willkürliches, sondern ist an ganz bestimmte Linien, und zwar Spalten oder Bruchstellen der Erdrinde gebunden. Sowohl im großen auf weite Erstreckungen und durch ganze Länder hin, wie auch im kleinen auf kurze Erstreckungen läßt sich dies beobachten. Die oben erwähnten Vulkanmengen auf Java, ebenso wie die von Mexiko und Japan, liegen auf großen Bruchsystemen der Erdrinde.

Abb. 66. Vorgeschichtliche Mauerreste auf der Insel Santorin, wiederholt von Aschenmassen überdeckt und darüber wieder neu angelegt. (Phot. Prof. Plieninger.)

Die großartigste Verbreitung der Vulkane ist die rings um die Ränder des Pazifischen Ozeans; und gerade diese Randzone ist begleitet von den gewaltigsten Bruchschollen der kontinentalen Kruste. Auch die starke Vulkanzone in Ostafrika ist an einen gewaltigen Abbruch der Erdrinde (s. S. 47) gebunden. Nächstdem ist es die Mittelmeerzone und, senkrecht dazu gerichtet, der Atlantische Ozean vom Äquator bis Island hinauf, wo man Anhäufungen von Vulkangebieten, meist ziemlich linienförmig, erkennt.

Es ist klar, daß an solchen Unstetigkeitsflächen der von Sprüngen und Verwerfungen durchsetzten Erdrinde die glutflüssigen Massen am leichtesten sich einen Weg nach oben bahnen können und dann entweder ruhig ausfließen oder durch Druckentlastung explosiv werden, wobei sie dann zuletzt auch die allenfalls nicht von Spalten durchsetzten überdeckenden Gesteinsmassen zu durchschlagen vermögen. Durch diese Verschiedenartigkeit des Verhaltens im letzten Stadium vor dem Austreten ist der Streit darüber entstanden, ob zum Zustandekommen des vulkanischen Geschehens Spalten nötig seien oder nicht. Wir beantworten die Frage dahin, daß in sehr großer Tiefe, wo die Urgründe des Vulkanismus liegen, solche

Spalten nicht nötig sind, weil dort die Glutmassen das gewachsene feste Gestein aufschmelzen und sich so ihren Weg bahnen, ähnlich wie ein glühender Stahl, den man gegen einen Bleiklotz drücken würde; aber mit dem Unterschied, daß sich die aufgeschmolzenen Gesteine mit dem Magma vereinigen, das dadurch seine Konsistenz ändert. In den mittleren Tiefen dagegen, wo sich die einzelnen Magmakissen bilden, aus denen die Oberflächenvulkane gespeist werden, sind Spalten ein unbedingtes Erfordernis zum Emporkommen des Magmas. Endlich in der alleroberſten Zone bevorzugen die vulkanischen Ausbrüche die gegebenen Spalten, können aber diese letzte Gesteinsdecke schußartig durchschlagen. Und hiermit sind wir nun zugleich an die Frage nach der Tiefengliederung des ganzen vulkanischen Geschehens gelangt.

Um dieses zu verstehen, muß man sich vor allem klar machen, daß jeglicher oberirdisch sichtbare, noch aktiv vulkanische Vorgang sozusagen nur der spärliche Ausläufer des Gesamtvulkanischen der tieferen Zonen unter der äußeren Erdkrustenschale ist. In der Tiefe von 50—60 km unter der Erdrinde liegt eine unter großer Erwärmung bis über 1100° stehende bewegliche Zone, worin sich neben einem latent-plastischen Zustand des gesamten Gesteinsmantels auch einzelne Magmanester befinden, welche nach oben ihre Ausläufer erstrecken und in der höheren festen Bruchzone wiederum einzelne sogenannte äußere Magmaherde speisen können. Von da aus dringt nun, vornehmlich auf Spalten, das glutflüssige Magma auf, während das, was uns als Oberflächenvulkanismus erscheint, wie erwähnt, nur die letzten geringfügigen Endeffekte sind. Man versteht nach dieser Tatsache nun auch, weshalb Vulkane, und seien ihre Auswurfsmassen und ihre Lavalieferung noch so heftig, oftmals rasch wieder erlöschen und längere Zeiten hindurch oder auch für immer absterben können. Und zugleich wird daran klar, weshalb nahe beieinander liegende Essen zu ganz verschiedener Zeit tätig sein können; und endlich, weshalb sie auch, je nach der Verschiedenheit und Trennung ihrer inneren Herde, oft ganz verschiedenartiges Gesteinsmaterial liefern. Und man versteht auch, weshalb die submarinen Vulkane sich denselben Gesetzen fügen, wie die, des Landes; denn sie haben ja mit dem Meere als solchem nichts zu tun. Auch die frühere Meinung, daß die vulkanischen Explosionen durch das Eindringen des Meerwassers in die tieferen Glutherde entstünden, hat sich nicht bewahrheitet, da die vulkanischen Dämpfe und Materialien gerade keine Meeresalze enthalten; außerdem gibt es auch weit landeinwärts liegende Herde.

Wenn nun der Vulkanismus einer Gegend im Erlöschen ist, so treten verschiedene Erscheinungen auf. Beim Einzelvulkan verhärtet das noch in der Zuflußröhre oder im Zuflußspalt stehende Magma. Die Röhre oder der Spalt wird ausgefüllt von erkaltetem Gestein und so mit einem festen Pfropf verschlossen. Oft kommt es vor, daß dieser Abschluß so fest ist, daß bei einer erneuten Tätigkeit die wieder empordringende jüngere Lava nicht mehr ihren Ausfluß auf der ehemaligen Bahn findet, sondern sich seitwärts neue Wege, sei es auf anderen Spalten oder explosiv suchen muß. Ein derartiges Beispiel bot die schwere Vulkankatastrophe des Mont Pelée auf Trinidad in Südamerika, wo im Jahre 1902 die Stadt St. Pierre in ein paar Minuten zerstört wurde. Der Berg war lange Zeit über untätig gewesen, der Kraterschlund und seine Zuflußröhre verstopft. Als ein neuer Paroxysmus erfolgen wollte, konnte er seinen Ausweg nicht nach oben finden, der Berg riß seitwärts auf, und statt daß die Entladung der Dämpfe

Abb. 67. Heißer Springquell (Geysir) im Yellowstonepark, Nordamerika. Periodischer Ausbruch des überhitzten Wassers und Dampfes. (Aus Wagner 1926.)

und Aschen- und Steinmassen nach oben gegangen wäre, erfolgte sie seitwärts und schoß wie aus einem riesigen Geschütz die ganze Ladungsmasse über die Stadt hin. Zugleich aber war der harte Gesteinspfropf doch etwas nach oben getrieben worden und ragte danach als spitze Nadel über den Gipfel des Berges empor.

Eine andere Erscheinung der ausklingenden vulkanischen Tätigkeit einer Gegend sind die Dampfquellen, wie eine solche im Krater des Monte Nuovo noch unter Zischen und Pfeifen schwefelhaltigen Wasserdampf entläßt (S. 84). Auch kohlensäurehaltige Quellen, kalte und besonders warme oder heiße Quellen, die Thermen, sind solche Endvorgänge, die beweisen, daß unterhalb des Bodens noch große Hitze herrscht.

Man darf aber solche vulkanisch geheizten Thermen nicht verwechseln mit heißen Quellen, die aus so großer Tiefe kommen, daß die natürliche normal nach innen zunehmende Erdwärme sie erhitzt hat. So wurde bei Briey in Lothringen eine Bohrung auf Eisenerz vorgenommen und in einigen hundert Metern Tiefe eine nun artesisch heraufsteigende, fast kochend heiße Quelle erbohrt, schwer beladen mit Gips und Salz, weil sie in der Tiefe solche Formationen durchläuft und rasch sich mit diesen Materialien sättigt. Dagegen kommen die heißen Springquellen oder Geysire von vulkanischem Untergrund. Es sind kochende Wassermassen, die in einem Spalt oft,

Abb. 68. Der Mosenberg in der Eifel. Erloschener Vulkankrater mit See. (Phot. v. d. Trappen.)

mit außerordentlicher Pünktlichkeit in kürzeren oder längeren Zeitzwischenräumen aufkochen, unter Zischen und Wasserdampfentwicklung emporschießen (Abb. 67) und dann ein leeres Spaltenloch zurücklassen, das sich im Verlauf einer gewissen Zeit wieder füllt, worauf der Ausbruch sich wiederholt. Dies geschieht vermutlich dadurch, daß in einer solchen Röhre von unten her das eindringende Quellwasser erhitzt wird. Es wird schließlich überhitzt, weil der Druck der darüberstehenden Wassersäule dies ermöglicht; nach oben bleibt die Wassersäule wesentlich kühler. Ist eine gewisse Spannung in der Tiefe erreicht, so entstehen Wallungen durch Dampfentwicklung. In diesem Augenblick wird unmittelbar bei der überhitzten Wassermasse der darauf lastende Druck etwas erleichtert, und nun erfolgt eine Explosion, welche die darüberliegenden Wassermassen unter Dampfentwicklung emporschleudert. Erst allmählich füllt sich die Röhre wieder und das Spiel kann von neuem beginnen.

Es ist auffallend, wie kurzlebig die vulkanischen Erscheinungen der einzelnen Gegenden sind, wenn man sie erdgeschichtlich betrachtet. Es dauert niemals lange, und die Tätigkeit bestimmter Vulkanherde ist erloschen. Man nahm früher einmal an, daß sich nach der Entstehung einer ersten Abkühlungsrinde ungeheuere magmatische Ausflüsse über die Erde in vielfacher Wiederholung, immer wieder unterbrochen von neuen Erstarrungen, ergossen. Diese weltweiten Massenergüsse hätten mit der Zeit eine dicke Panzerdecke geschaffen, die allmählich gewachsen sei und heute etwa 2000 km Dicke besitze. Von den früheren ungeheueren, allmählich jedoch

Abb. 69. Gemündener Maar in der Eifel. Mit Wasser ausgefüllter, einmaliger Durchschlagskrater. (Aus Wagner 1929.)

mehr und mehr sich beschränkenden Ausbrüchen seien in dieser Panzerdecke größere und kleinere Feuerkissen zurückgeblieben, und diese seien es, aus denen in geologisch-historischer Zeit und heute noch die Vulkane gespeist worden seien. Dies erkläre, weshalb die Vulkane so sehr verschiedenes Material förderten, zuweilen nur kurze Lebensdauer hätten und ganz verschiedene Ausbruchszeiten und Erlöschung, selbst wenn sie ganz nahe beieinander stünden. Doch ist diese Theorie nicht anerkannt, weil das Erdinnere, wie neuere Forschungen dartun, nicht derart aufgebaut sein kann (Einl. S. 21).

Auch in unseren Gegenden haben wir nicht nur Spuren, sondern stellenweise die vollgültigen, noch in alter Größe und Deutlichkeit erhaltenen Beweise eines ehemals bedeutenden Vulkanismus. So in Deutschland vor allem in der Eifel und am Vogelsberg, in Frankreich in der Auvergne.

Die Eifel bietet uns eine Musterkarte verschiedener vulkanischer Objekte samt allen Arten der Aufschüttungen und Lavaströme, welche an den Vulkanen und in deren Umkreis auch sonst erscheinen können. Auch Reihenvulkane sind sichtbar und solche, in deren Krater oben ein See liegt. So stehen bei Bertrich mehrere Vulkankegel hintereinander. Der Mosenberg bei Manderscheid ist ein isolierter breiter Vulkankegel (Abb. 68), der einen See trägt. Derartige Kraterseen sind nicht zu verwechseln mit den Maaren (Abb. 69), deren es mehrere in der Eifel gibt und die, wie oben auseinandergesetzt wurde, einer einmaligen Sprengexplosion ihre Entstehung verdanken.

Abb. 70. Vulkanische Tuffschichten mit gleichzeitig hereingeworfener Bombe. Eifel. (Origphot. d. Geol. Instit. Bonn.)

Überall in der Umgegend jener Vulkanzentren liegen mächtige Tuffmassen von wechselnd feinen Aschen und Gesteinstrümmern bis zu Brocken- und Brockenanhäufungen, in denen man noch die beim Emporschleudern in die Luft ehemals in ihrem weichen Zustand rundgedrehten Bomben findet, wie sie heute jeder tätige Vulkan produziert (Abb. 70). Lavaströme, verschiedentlich auch übereinandergeschichtet, begleiten die Ausbruchszentren und strahlen von ihnen aus.

Aber noch eine andere großartige und merkwürdige vulkanische Landschaft haben wir in unserer Gegend: das Nördlinger Ries. In einer weiter zurückliegenden Epoche, der Tertiärzeit (Tabelle S. 116) ereignete sich dort eine gewaltige, wahrscheinlich einmalige Explosion, welche einen Sprengtrichter von etwa 20 km Durchmesser in die Platte des bayrisch-schwäbischen Juragebirges schlug. Ungeheuere Massen des durchschlagenen Gesteins wurden herausgeworfen, die wieder zurückstürzten und zusammen mit den aufgedrungenen und meistens zersprazten Lavatuffen, Aschen und Bomben den Krater wieder ausfüllten, ohne daß nennenswerte Mengen glühender Lava selbst nachgedrungen wären. Die Ränder aber wurden durch den gewaltigen Stoßdruck zerrüttet, teilweise übereinandergeschoben und mit herausgeworfenen ungeheueren Brocken des durchschlagenen Gesteins bedeckt. Dann bildete sich ein Süßwassersee, in dem sich Kalke ablagerten. Ein Parallelstück im kleinen ist das westlich davon gelegene Steinheimer Becken, das als Beispiel eines tertiärzeitlichen Lebensraumes im Kap. II/2 näher beschrieben ist.

Abb. 71. Der Jusi bei Kirchheim in Württemberg. Herausgewitterte Ausfüllung eines Vulkanschlotes am Rand der Schwäbischen Alb. (Origphot.)

Zu gleicher Zeit, als das Ries und sein Abbild entstunden, durchbrachen kleinere Explosionsröhren, aber in größerer Menge beisammenliegend, weiter westlich in der Uracher Gegend die Platte des schwäbischen Jura und füllten diese ihre Sprengtrichter mit den Brocken des durchschlagenen Juragebirges und mit ihren Auswurfstuffen an; teilweise drang auch basaltischer Glutfluß nach. Heute wittern sie am Albrand aus und bilden infolge der größeren Widerstandskraft des Füllungsmateriales oft Bergkegel, wie den Jusi bei Kirchheim (Abb. 71). Es sind diese Berge also keine ursprünglichen Vulkane selbst, wie die der Eifel, sondern der Verwitterung etwas länger als die Umgebung widerstehende Explosionsröhrenfüllungen (Abb. 72) jener Epoche. Daß dort heute noch im tieferen Untergrund vulkanische Herde vorhanden sind, beweist die große Wärmezunahme im Boden, die durch Bohrungen und Temperaturmessungen in der Umgegend von Urach dargetan werden konnte. Auch die zuvor genannten Vulkangebiete Westdeutschlands und Frankreichs dürften wohl in der Tiefe noch lebendige vulkanische Herde haben, zumal die letzten Eifelausbrüche einer der jetzigen erdgeschichtlichen Zeit erst kurz vorausgehenden Phase angehören.

Wenn nun im Laufe des erdgeschichtlichen Zeitenwandels Vulkanberge, die erloschen sind, abgetragen werden, so kommt das Innere und

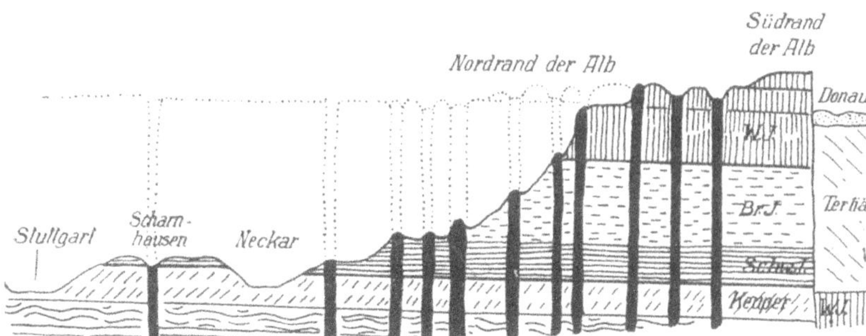

Abb. 72. Schema der mit verhärtetem Tuff und Jurabrocken gefüllten und teilweise abgetragenen Durchschlagsröhren am Rand der Schwäbischen Alb. (Aus Wagner 1926.)

es kommen auch die tieferen Untergrundszonen zum Vorschein. Ja bei den beständigen, während Jahrmillionen vor sich gegangenen Umsetzungen und Bruch- oder Faltungsbewegungen der Erdkruste sind oftmals auch ganz tiefe Teile solcher vulkanischen Zentren freigelegt worden, so daß wir heute an der Erdoberfläche zum Teil Gesteinsmassen daliegen, ja berg- und gebirgsförmig herausragen sehen, die ehemals den tiefen und vielleicht tiefsten Untergrund eines ganzen vulkanischen Systems bildeten.

In Süddeutschland haben wir eines der schönsten Beispiele für solche Vulkanreste: das Hegau in Südbaden. Dort ragen aus vulkanischem Gestein bestehende Bergkegel, Hohentwiel, Hohenhöwen und andere, heraus (Abb. 73). Es sind die freigelegten erhärteten Ausfüllungen ehemaliger Vulkane der Tertiärzeit, welche ringsum etwas abgetragen und deren innere erstarrte Zuflußkanäle freigelegt sind, wenn auch nicht sehr tief. Denn rings um diese harten Phonolithmassen lagert sich stellenweise noch Tuff, also Aschen und Auswürflinge von den seinerzeitigen Aufschichtungskegeln (Abb. 74). Freigelegte tiefere vulkanische Ganggesteine nennt man Lakkolithe und findet sie überall in der Welt. Denn es gibt kein Land, das nicht einmal vorübergehend vulkanisch gewesen wäre, und sei es auch schon in sehr alter Zeit. Zuweilen sind sie massig, breit, umfangreich, oft auch langgestreckt, denn es gibt natürlich alle Übergänge zu richtigen Spaltausfüllungen, die man dann vulkanische Gänge nennt, und die ebenfalls auf die beschriebene Weise freigelegt sein können. So ist im Bayerischen

Wald ein 150 km langer Quarzrücken, der Pfahl, freigelegt, ein vulkanisches Ganggestein, ehedem in großer Tiefe aus dem Glutfluß verfestigt, jetzt aber über die leichter verwitterten und abgetragenen übrigen Gesteinsmassen herausragend und wie eine Bergrippe durch die Landschaft ziehend. Zuweilen können solche Lakkolithe gerundet sein, sei es, daß sie ursprünglich schon diese Form bei der Erstarrung angenommen hatten, sei es, daß ihnen diese Form durch die Verwitterung übergelegt worden ist. Diesen Eindruck machen viele Basaltkuppen der Rhön. Sie unterscheiden sich in der äußeren Form oft kaum von richtigen Vulkanbergen.

Abb. 73. Der Hohentwiel bei Singen, eine herausgewitterte erhärtete Vulkankraterfüllung. (Aus Wagner 1926.)

Ist aber noch Tieferes freigelegt, dann gelangen wir an die sogenannten Batholithen, also an jene die vulkanischen Einzelgänge ursprünglich nährenden Magmakissen, welche die Tiefenzone eines einzelnen Vulkangebietes bezeichnen (Abb. 75). Meistens treffen wir sie nur in Gegenden, die schon seit sehr alter erdgeschichtlicher Zeit der Abtragung ausgesetzt gewesen und daher bis tief in ihr Inneres freigelegt worden sind. Da die hierzu notwendige Voraussetzung nicht nur eine fortlaufend durch Jahrmillionen sich erstreckende Denudation und Erosion der ehemals darübergebreiteten mächtigen Schichtungsdecken ist, sondern auch zugleich eine immer wieder nachrückende Hebung des betreffenden Erdkrustenstückes, so begegnen sie uns gewöhnlich nur in uralten Faltengebirgen, die einstmals beträchtliche Höhe hatten, dann abgetragen und dabei oder später abermals, vielleicht mehrmals von neuem wieder gehoben und so bis in ihr innerstes Mark hinein bloßgelegt wurden (Abb. 113). In alten Rumpfgebirgen, mit solcher Vergangenheit wie Schwarzwald, Harz, Riesengebirge, um nur diese wenigen zu nennen, treten die Batholithe als Granitmassen heute hervor (Abb. 76). In jungzeitlichen Erhebungsgebieten aber, wie den Alpen, sind sie seltener. Hier mag das Adamellomassiv in Norditalien oder der Granit des Bergell in Graubünden wohl das großartigste Beispiel sein.

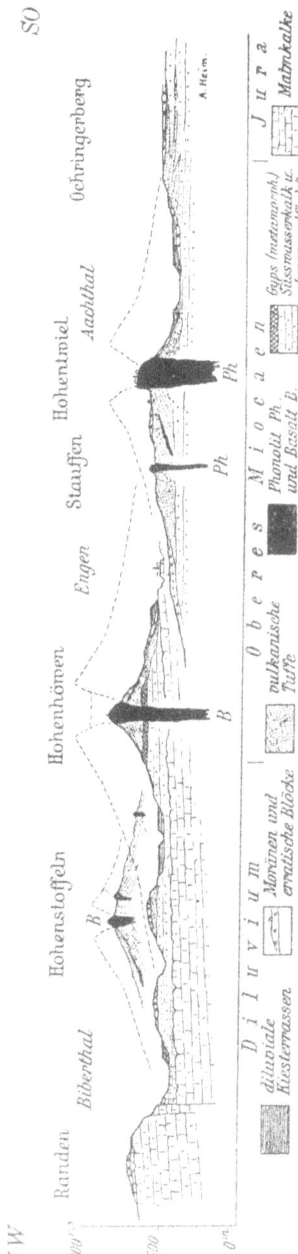

Abb. 74. Schema der Hegau-Vulkane, die seit der Tertiärzeit teilweise abgewittert sind und als erhärtete Phonolit- und Basaltkerne hervortreten. (Aus Kayser 1918 nach A. Heim.)

Der Vulkanismus steht mit Bewegungen der Erdrinde, in erster Linie mit Hebungen und Senkungen in Zusammenhang. Vor allem deshalb, weil die tieferen batholithischen Magmamassen in einem labilen und unverfestigten Zustand sind. Sobald sie sich in Bewegung setzen, sich ausdehnen oder beim Erkalten zusammenziehen oder durch ihr allmähliches Ausfließen nach oben an ihrem ehemaligen Platze Hohlräume schaffen, müssen notwendig bei dem inneren Druck und der überall herrschenden Schwere Krustenverschiebungen eintreten, die sich an der Erdoberfläche als Hebungen und Senkungen gewisser Landschaftsteile geltend machen. Das hat man auch in vielen vulkanischen Gebieten bemerkt. Zudem liegen ja auch, wie oben (S. 89) schon dargestellt, die meisten Vulkanzentren auf Spalten und Verwerfungen der Erdrinde, die dort schon ihre vorgebildeten Bewegungsflächen hat, die sich nun bei den im Lauf der geologischen Zeit sehr beträchtlichen Massenausflüssen oder innerkrustalen magmatischen Massenverlagerungen leicht als Bewegungsfelder wieder beleben. Zudem kann der Ausdehnungsdruck der tieferen Magmamassen, sei es durch rein mechanisches Drängen, sei es durch innermagmatische Stoffumsetzungen, Umkristallisierungen und Volumenänderungen vielleicht hebend auf die darüberliegende Erdrinde und damit umgestaltend auf die Niveaulagen an der Oberfläche einwirken.

Die Ursachen des Magmaaufsteigens selbst mögen ebenso vielartig sein: entweder Umsetzungen und Volumenausdehnungen in den Batholithen; oder allmähliche Abtragung der oberen Krustenteile, damit Druckentlastung und so Neigung zur Explosion im Magma hervorrufend; oder einfache geotektonische Verschiebungen, Spaltenaufreißen, wodurch dem eingeschlossenen Magma der Weg freigegeben wird. Vielleicht sind es auch

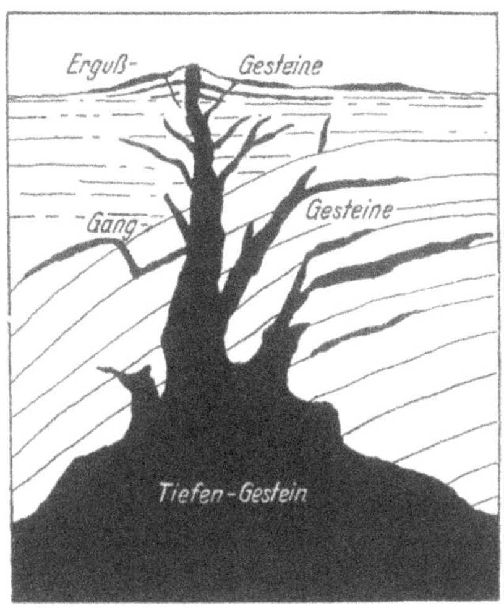

Abb. 75. Schema eines vollständigen vulkanischen Systems. Oben die vulkanischen Ausflüsse (Ergußgesteine); tiefer unten die inneren Ganggesteine, von denen ein Teil unter Boden erstarrt und erst nach Abtragung des Darüberliegenden hervorkommt; unten der Kern des Tiefengesteins. Wird alles abgetragen, so kommen die Ganggesteine als Lakkolithe, die tiefsten Kerngesteine als Batholithe zum Vorschein. (Aus Kayser 1921.)

weiterherkommende Ursachen, wie die Polverlagerungen der Erde, wodurch sich die gesamte Erdrinde anders einstellen muß, Spannungen erzeugt oder ausgelöst werden. Vielleicht sprechen auch Anziehungsunterschiede bei der wechselnden Entfernung der Erde von der Sonne oder Mondeinflüsse mit, die gelegentlich beobachtet wurden, für deren sicheren Nachweis aber wohl kaum die gewöhnlichen Vulkane, sondern wohl eher die leichtflüssigen Spaltenergüsse von isländischem Charakter in Frage kommen dürften.

Wie oben schon dargelegt, stehen die Vulkanuntergründe stets mit Spalten in Zusammenhang, auch wenn die obersten speziellen Ausbruchszentren die Decke durchschlagen haben. Denn überall auf der Erde, wo wir es im großen verfolgen, ist dieser Zusammenhang unverkennbar. Betrachtet man beispielsweise die große Vulkanlinie von Alaska über die Aleuten herüber zu den asiatischen Kurilen und den japanischen Inseln, so liegt dort Vulkanbogen an Vulkanbogen, und eben dort sind auch die allergrößten Abbrüche der Kontinentaltafel zum Ozean gegeben. Die ganze Umrandung des Pazifischen Ozeans, die ausgiebigste Vulkanzone der Erde, ist durchweg gekennzeichnet von den bedeutendsten Abbrüchen. Die ostafrikanische Grabensenkung, das Mittelmeergebiet, der Atlantische Ozean zeigen eben dasselbe im kleineren Maßstab. Wo sich solche Bruchlinien aber kreuzen, wie im ersterwähnten Gebiet der Aleuten und Kurilen oder im Nieder-

Abb. 76. Batholithische Granitmasse, innerlich geklüftet und scheinbar geschichtet; ehedem in der Tiefe aus schmelzflüssigem Zustand erstarrt und nach den dabei auftretenden Spannungen und Pressungen zerlegt. Das mittlere Querband ist ein etwas später durch eine Kluft aufgedrungener, dann ebenfalls erstarrter magmatischer Gang. Malchen, Odenwald. (Phot. Prof. Kaiser.)

ländisch-Indischen Archipel, gerade da häufen sich nicht nur die Vulkane, sondern ihre Tätigkeit ist auch besonders lebhaft.

Es ist nun klar, daß mit diesem Zusammenhang zwischen Bruchklüften und Vulkanismus auch ein Zusammenhang zwischen Bodenbewegungen, Erdbeben und vulkanischer Tätigkeit gegeben ist. Der Zusammenhang ist aber, wie stets bei geologischen Vorgängen, nicht einfach der von Ursache und Wirkung, sondern ein in sich verschlungener, wobei ein und derselbe Vorgang das eine Mal Ursache, das andere Mal Wirkung sein kann. So können sich größere Erdkrustenschollen etwa aus allgemein geotektonischen Ursachen senken. Sie pressen dann auf die gerade unter ihnen befindlichen Magmakissen, und irgendwo wird sich dies als eine Belebung der vulkanischen Tätigkeit äußern. Zugleich bringen solche Verschiebungen aber auch Erdbeben leichteren Grades hervor. Denn abgesehen von den großen, einer tieferen Entstehungszone angehörigen Weltbeben (s. Einl.), gibt es auch örtliche Spezialbeben, die auf einer Verschiebung von Erdkrustenschollen beruhen. Während jene Weltbeben ihrerseits die Ursache zu Schollenverschiebungen sind, sind die örtlichen Kleinbeben umgekehrt wohl von Schollenverschiebungen verursacht. Solche Beben reichen niemals weit, sondern beschränken sich auf das erschütterte Schollengebiet. Das aber läßt sich in vulkanischen Gegenden beobachten. So zieht eine Bebenlinie

Abb. 77. Säulen des ehemaligen Serapistempels von Pozzuoli bei Neapel mit den von marinen Bohrmuscheln zerfressenen Schäften (dunkles Band unterhalb Mitte), zum Beweis einer vorübergegangenen Versenkung unter das Meer. (Phot. Dr. Knauer.)

von Sizilien durch das Tyrrhenische Meer gegen den Golf von Neapel hin, die zugleich eine vulkanische Linie ist. So kommt es, daß beide Phänomene, Beben und Bodenbewegung, dort im Zusammenhang mit dem Vulkanismus stehen.

Der Vorgang kann sich über Jahrhunderte erstrecken. Solcherart sind die Senkungen und Hebungen, die uns etwa am Golf von Neapel begegnen, wobei alte Bauten aus der Römerzeit nun teilweise versenkt unter dem Meeresspiegel liegen. Das klassische Beispiel sind die drei noch stehenden Säulen des Tempels von Pozzuoli (Abb. 77), welche in der oberen Hälfte von einem merkwürdigen Band mariner Bohrmuschellöcher umgeben sind. Ursprünglich natürlich über dem Meeresniveau erbaut und sogar etwas vom Meeresrande entfernt, wurde er bei einem Aschenausbruch offenbar eingedrückt und bis an den Unterrand der Bänder mit Asche zugedeckt. Dann sank er mit der ganzen Umgebung unter den Meeresspiegel und wurde nun bis an den Oberrand der Bänder mit Wasser bedeckt. Jetzt konnten sich die Bohrmuscheln in das Säulengestein einfressen, wie sie es überall an der mittelländischen Meeresküste tun. Später wurden die zerstörten Reste wieder gehoben, die Aschenlagen wurden entfernt, und so stehen diese drei mit dem Bohrmuschelband besetzten Säulen als Zeugen der wechselnden Hebung und Senkung des vulkanischen Bodens da. Man muß aber solche Bodenbewegungen in vulkanischem Gebiet unterscheiden von jenen weitgreifenden Hebungen und Senkungen des Landes und Meeresspiegels, wie sie uns im Kapitel 1 beschäftigt haben; diese umfassenderen Bewegungen gehen wohl auf ganz andere Ursachen zurück.

Auch das Meer kann durch vulkanische Ausbrüche, wie auch durch die dabei entstehenden Massenverlagerungen in Bewegung gesetzt werden. So ist die Krakatau-Insel im Sunda-Archipel in den achtziger Jahren einem Ausbruch des damals lange in Ruhe gewesenen Vulkans zum Opfer gefallen. Sie war ein alter Krater, der nun zersprengt wurde, wobei die eine Hälfte vollständig in den Ozean stürzte, diesen aufwühlte, so daß eine Woge entstand, die zweimal um die Erde lief und zum Teil in der nächsten Umgebung des Indischen Meeres furchtbare Verheerungen anrichtete. Es blieb eine Hälfte stehen und gestattete nach Erkalten des Vulkans einen wundervollen Einblick in seinen inneren Aufbau. Die von ihm ausgeworfene Asche verbreitete sich auf eine Fläche von ungefähr 20000 Quadratmeilen, und Steine von Kegelkugelgröße wurden 20—30 km weit durch die Luft geschleudert. Zu etwa gleicher Zeit brach in Neuseeland der Tarawera aus, unter Öffnung einer 14 km langen und $1^1/_2$ km breiten Spalte, auf der mehrere Ausbruchzentren entstanden. Es sollen damals etwa anderthalb Kubikkilometer Aschen- und Gesteinsmaterial ausgeworfen worden sein.

So wundert es uns nicht, wenn wir in früherer erdgeschichtlicher Zeit, wo der Vulkanismus zeitweise stärker herrschte als heute, auch teilweise stärkere Wirkungen von ihm sehen, die sowohl in der Aufhäufung von Gesteinsmassen, Aschen und Magmen, als auch im Aussprengen eines Trichters wie das Nördlinger Ries bestehen. Es gibt in der Vorzeit Ausflüsse, die zum Teil ungeheuerlich sind. So liegen im indischen Dekkangebiet basaltische Ergüsse und Tuffe in einer Mächtigkeit von mehreren hundert Metern über ein Gebiet hin etwa so groß wie Deutschland; in Nordamerika sind durch den ganzen Westen hindurch mindestens gleich mächtige Basaltergüsse über ein der Größe des außerrussischen Europa entsprechendes Gebiet verteilt, und zwar aus verschiedenen Zeitaltern.

Charakteristische Gesteine vorweltlicher vulkanischer Herkunft sind Granit, Syenit, Andesit, Gabbro, Porphyr, Diabas, Melaphyr, Basalt. Sie gehören im großen Ganzen verschiedenen Erdepochen an. Die Mannigfaltigkeit im einzelnen ist unendlich und erfordert ein Studium für sich, mit dem sich die Gesteinskunde oder Petrographie befaßt. Alle diese ursprünglich magmatischen Gesteine, die teils erstarrte Tiefengesteine, teils Oberflächenausflüsse sind, können auch durch die bei ihrem Austreten vor sich gegangenen Explosionen zu Tuffen aufgeschichtet sein, auch grobe und feine Konglomerate bilden, wobei sie oftmals sedimentiert werden, weil die vulkanischen Ausbrüche vielfach von starken Wasserdampfexhalationen begleitet sind, die sich in der Luft zu Sturzregen verdichten und nun das Aschenmaterial in Form verheerender Schlammregen herabführen können. In diesem Falle führen sie dann auch gelegentlich Tier- und Pflanzenreste, wenn die Tuff- und Aschenregen, seien sie trocken oder naß, über vegetations- und tierreiche Gegenden dahingegangen sind. Hierfür ist aus

Abb. 78. Wasserstrom eines Vulkans auf Java. Nach den Ascheneruptionen werden die von Wolkenbrüchen ergriffenen Massen talabwärts transportiert. Solche Aschen und Konglomerate aus früherer Zeit, teilweise umgelagert, bergen neben einer reichen fossilen Tier- und Pflanzenwelt auch die Reste des fraglichen Diluvialmenschen Pithecanthropus. (Aus Selenka u. Blanckenhorn 1911.)

historischer Zeit der Untergang von Pompeji beim Vesuvausbruch im Altertum ein allbekanntes Beispiel, das aber in anderem Sinne auch in der Vorwelt, wo solches meistens die nichtmenschliche Lebewelt betraf, seine Parallelen hat.

Die berühmte Fundstelle des Pithecanthropus, jener Skelettreste aus Java, die man seinerzeit als Mittelform zwischen Mensch und Menschaffen angesprochen hat und in denen man einen Vertreter des „Urmenschen" hat sehen wollen, liegen mit anderen vorweltlichen Säugetierskeletten und Trümmern von solchen in graugrünen Vulkanaschen. Zuunterst eine mächtige Konglomeratschicht, entstanden aus einem gewaltigen Schlammtuffstrom, der zur Eiszeit aus einem jetzt verschwundenen, mit einem See angefüllten Riesenkrater hervorbrach. Es war dies offenbar ein lange erloschen gewesener Vulkan, der nun eine neue große Ausbruchsphase erlebte und dann weiterhin periodische Explosionen hatte. Bei diesen Eruptionen wurde lose vulkanische Asche und Steinmaterial unter gleichzeitigem Auftreten von wolkenbruchartigen Regengüssen in die Umgebung herabgeschwemmt und in diesen Strömen das zuvor abgelagerte Konglomerat noch einmal teilweise aufgearbeitet. Bei diesen Aschenfällen waren alle möglichen Vierfüßler, wie Hirsche und Elefanten in den Wäldern und Steppen herdenweise umgekommen, von Asche erstickt und in den Schlammströmen ertränkt worden. Dort verwesten sie, aber die Skelette wurden durch wolkenbruchartige Tropenregen ausgewaschen, auf kurze Entfernungen wegtransportiert und in die tieferen Sammel- und Staubecken der dortigen unebenen Landfläche zusammengehäuft. Auf diese Weise kamen auch die Skeletteile des Pithecanthropus an ihre Fundstelle in dem Flußbett beim Orte Trinil (Abb. 78).

B) DAS ZEIT- UND RAUMBILD DER ERDEPOCHEN

4. Zeiten und Zeitfolgen im Aufbau der Erdkruste

Gehen wir nun daran, methodisch und im einzelnen nach den Mitteln zu forschen, durch die wir eine geordnetere Einsicht in die Wandlung des Erdantlitzes vor der heutigen Epoche bis in möglichst ferne Urzeit hinein erlangen können, so sind es nicht nur die anorganischen Gesteinsmaterialien schlechthin und deren Lagerungsart, sondern es ist vor allem ihr Inhalt an versteinerten organischen Resten, an Versteinerungen oder Fossilien, was uns die wichtigsten Hinweise geben wird, was uns über die Verteilung der Länder und Meere, die Art und Ausgestaltung dieser Lebensräume, was uns ferner über die klimatischen Zustände entscheidend aufklären wird und was uns vor allem auch eine sichere zeitliche Ordnung in das ganze ehemalige Geschehen zu bringen erlaubt. Wie es für einen Prähistoriker nicht genügt, nur alte Ruinenstätten auszugraben und sich der entdeckten Kunstwerke zu freuen, sondern wie er diese Funde auswerten und sie benützen muß zu einer Geschichte der Völker, der Kulturen, der Baukunst, und wie er hierzu suchen muß nach eindeutigen Kennzeichen für das Alter und die zeitliche Aufeinanderfolge der Perioden und dessen, was sich darin zutrug und gestaltete, so kann es auch dem Erdgeschichtsforscher nicht genügen, aus den Schichtungen der Gesteine bloß festzustellen, daß es irgendwann einmal anders war, daß irgendwann einmal Meere die Länder überfluteten oder daß irgendwann einmal andere Gebirge da waren, irgendwann einmal andere Klimazustände herrschten, andere Arten und Gattungen von Lebewesen einmal die Erdoberfläche besiedelten; sondern er wird danach trachten, eine möglichst zuverlässig geordnete zeitliche Reihenfolge für alle die vielen Geschehnisse zu finden, weil er nur so allein hoffen kann, die tieferen Gesetzmäßigkeiten alles Geschehens zu finden und schließlich so dem wahren Ursachenzusammenhang auf die Spur zu kommen.

Wie stellen wir fest, welches Gestein, welche Schichtung, welcher Teil der Erdkruste und Erdoberfläche älter, also früher entstanden ist, als ein anderer? Hierzu stellen wir uns einen Berg mit geneigten Gesteinslagen vor (Abb. 79). Er verwittert im Lauf der Zeit, Geröll und Schutt kommt herab, zuweilen auch ein größerer Bergsturz; es bildet sich im Tal aus der Geröll- und Trümmermasse des Berghanges ein Schuttkegel. Dadurch wird der Talboden wesentlich erhöht und der das Tal bisher durchlaufende Fluß entweder gezwungen, sich in die Schuttmasse einzuschneiden oder, wenn sie sich rascher aufhäuft, als die Arbeit des Flußes nachfolgen kann, wird er sich zu einem See aufstauen. In dem See bilden sich durch die Flußeinschwemmungen allerlei Schichten, etwa aus Sand und Schlamm; es werden Seemuscheln und aus den Bergen eingeschwemmtes Holz hineingeraten. Nun denken wir uns einen Klimawechsel, der See vermoort in Jahrhunderten, im Moor stehen Birken, zuweilen verenden Hirsche darin, deren Knochen im Torf ebenso erhalten bleiben, wie die Hölzer des Baumbestandes. Wir bekommen also ein Schichtsystem mit den Hauptlagen a, b, c und können aus ihm über die Geschichte der Gegend in richtiger zeitlicher Reihenfolge alles das aussagen, was soeben beschrieben wurde. Aber es

Abb. 79. Schutthalde im Inntal, veranschaulicht den Vorgang der Zerstörung eines Bergmassivs und seiner Zerlegung. Unten häuft sich das Gestein an, als neue Ablagerungen. (Origphot.)

kommt uns auch zum Bewußtsein, daß das Gesteinsmaterial des Schuttkegels und der Berge eine ganz verschiedene Zeit repräsentieren, obwohl auch das herabgefallene und im See aufgeschichtete Material in der Umgebung dieselben festen Berge aufbaute, ehe es hierhergebracht wurde. Ein und dasselbe Material kann also im Lauf der Entwicklung zu neuen Zeitabschnitten verwendet werden. Als es noch Bergeshöhe war, vertrat es mitsamt dem noch stehenden Berggestein, zu dem es gehörte, irgendeine frühe Urzeit, in der eben jenes Bergmaterial entstand. Jetzt, nach seiner Umlagerung und Veränderung, vertritt es die jüngste Spätzeit, welche in unserem Profil als letztes Ereignis zum Ausdruck kommt.

Hier sind wir nun an eine grundsätzliche, für alles Folgende festzuhaltende Vorstellung gekommen: daß es sich bei dem erdgeschichtlichen

Zeitbegriff, den wir aus der Übereinanderlagerung von Gesteinen und den darin eingeschlossenen Fossilien gewinnen, an und für sich nicht um den Charakter des Gesteins handelt, sondern nur um die bestimmte Reihenfolge; daß aber auch zunächst gar nichts über ein absolutes Alter von Jahrtausenden oder Jahrmillionen gesagt werden soll, sondern daß es sich um das relative Alter, d. h. das gegenseitige Zeitfolgeverhältnis der Schichtungen handelt. In unserem Fall ist demnach eine Schuttschicht a älter als die Schicht b, obwohl die Berge, von denen beide nacheinander herabkamen, gleichalt gewesen sind, d. h. zur gleichen Urzeitepoche entstanden waren. Wir brauchen bloß auf die im vorigen Kapitel (S. 71) schon gegebenen Profile zu verweisen, um auch dort die relative Altersfolge der Gesteine mit den darin eingeschlossenen Fossilien zu erkennen; auch dabei war es für die Bestimmung des relativen Altersverhältnisses an sich ganz gleichgültig, woher jene Gesteine kamen und was sie früher in anderem Zusammenhang bedeuteten. So sahen wir die Eiszeitablagerungen im bayerischen Voralpengebiet aus Gesteinsmaterialien zusammengebracht, die zuvor alpine Höhen bildeten, also in einem ganz anderen Verband mit noch früher entstandenen Formelelementen der Erdkruste, in diesem Fall also den Alpen oder dem bayerischen Grenzgebirge, standen. Innerhalb der Profile repräsentieren sie aber jetzt nur einen ganz bestimmten einmaligen Zeitraum.

Soviel nun in einem Schichtensystem an Material festliegt, um soviel sind die zuvor bestehenden Formelelemente, denen dieses Material ehedem angehörte, dezimiert worden. Auch wenn sich etwa ein Vulkangebirge aufschichtet und das Material ausschließlich aus dem Erdinnern kommt, so ist auch dieses Erdinnere um den entsprechenden Betrag geschwunden und es muß sich dies irgendwie auch mittelbar oder unmittelbar an der Erdoberfläche, vielleicht durch Senkung einer Meeresküste oder sonstwie, geltend machen. Wenn einem Hochgebirge jahraus jahrein vom Kreislauf des Wassers Material entzogen wird, das sich dann anderswo als jüngere Schichtung auf Älteres auflegt, so ändert sich gleichzeitig auch die Form und Höhe des Gebirges. So vertritt also jede Schichtung, jedes Gestein der Erdrinde notwendig auch eine während seiner Ablagerung vor sich gegangene Formänderung irgendwo auf der Erde. Es bildet also jede Schicht irgend eines Profils nicht nur innerhalb desselben eine relative Zeitstufe, sondern bedeutet zugleich auch ein ehemaliges, unbedingt gleichzeitiges, am Ort der jetzigen Schichtlagerung ganz unsichtbares Geschehen anderwärts, also einen Hinweis auf eine damalig-gleichzeitige Änderung von Formen der Erdoberfläche. Es muß daher grundsätzlich möglich sein, jede Schichtbildung durch Vergleich und richtiges zeitliches Aneinanderreihen auf Änderungen jener Krustenkomplexe zu beziehen, denen das Material ursprünglich angehört hat.

Aber noch ein weiteres. Wir sehen es in der Jetztzeit unmittelbar vor Augen, daß in den verschiedensten Erdräumen gleichzeitig ganz verschiedenes Gesteinsmaterial abgelagert wird (S. 82). Im selben Zeitaugenblick wird im Meer da Sand, dort Ton, anderswo Schalenschlick abgesetzt; gleichzeitig entsteht in einem Landsee Geröll und Schlamm, in einem Moor Torf; anderswo schüttet ein Vulkan gerade seine Aschen aus und ein Lavastrom fließt dazwischen; in der Wüste häufen sich zu gleicher Zeit Dünen auf, und durch Abblasen wird eine sandbedeckte Felsmasse blank gescheuert; zur gleichen Stunde bauen im Ozean Korallentierchen eine neue Lage auf ihr altes Riff oder eine Brandung nimmt ein Stück Küste weg. Alle diese, in einem bestimmten Zeitabschnitt geschehenen Ablagerungen und Abtragungen, also Materialbildungen und Flächenbildungen, sind daher in ihrem erdgeschichtlichen Alter als „gleichzeitig" zu bezeichnen. Wir kommen somit zu dem Ergebnis, daß nicht nur Materialschichtungen in einzelnen Profilen auf größere Entfernung hin miteinander zeitlich in Parallele gesetzt werden können, sondern daß auch einer positiven Schichtbildung in einem Profil anderwärts ein Ausfall, eine Wegnahme, ein Fehlen von Material, eine Abtragungsfläche entsprechen kann, auch wenn sich später über einer solchen Abtragungs- oder Fehlfläche wiederum neues Material aufgeschichtet haben wird.

So hätten wir also in der unserem Blick zugänglichen Erdkruste das Buch der Erdgeschichte vor uns und brauchten nur die Blätter umzuschlagen, um darin fortlaufend den Text zu lesen. Aber da entsteht ein großes Hindernis. Die Erdkruste und ihre Gesteinsschichtungen liegen nur in wenigen Gegenden so ungestört, daß man sie in Gedanken bloß von oben nach unten abheben muß, um die zusammenhängende Geschichte zu bekommen; vielmehr ist seit den ältesten Zeiten bis heute die Erdrinde ununterbrochen in Bewegung gewesen. Meere und Länder haben ihren Platz gewechselt, Gebirge sind aufgefaltet und wieder abgetragen worden oder unter das Meer gesunken, aus dem einstmals schon ihre Schichten emporgestiegen waren; Brüche und Absenkungen haben die Länder verschoben, das Kontinentalgestein verworfen, haben ursprünglich zusammenhängende Gesteinssysteme auseinandergerissen oder durcheinandergestürzt. Am ausgiebigsten ist dies durch wiederholte alpine Faltengebirgsbildung geschehen, von der wir im folgenden Kapitel sehen werden, in welch unglaublicher Weise sie auf die Struktur der Erdrinde gewirkt hat. Dazu kommt die ewige Abtragung und Erosion, die Denudation und Deflation, wodurch ehedem Vorhandenes weggeführt und zu neuen, späteren Aufschichtungen verwendet wurde. Es fehlen also in dem großen Buch der Erdgeschichte grundsätzlich von allen Blättern einzelne Teile, oft mitten herausgeschnitten; außerdem sind die übriggebliebenen Blätter oftmals auseinandergerissen oder ineinandergeschoben, zerknittert und miteinander verfaltet. Und da gilt es, erst Ordnung zu schaffen, das Verknäuelte auseinanderzulegen, die zerrissenen Teile der einzelnen Abschnitte richtig wieder aneinanderzufügen, das Fehlende aus Nachbarblättern oder dem laufenden Text sinnvoll zu ergänzen und zuletzt alles mit Hilfe von Seitenzahlen wieder zu einem möglichst lesbaren Gesamtgeschichtsbuch zu machen.

Hierzu dienen, und zwar einzig und allein — denn ein anderes Mittel haben wir bisher noch nicht — die Versteinerungen, die fossilen Tier- und Pflanzenreste. Sie sind die Marken, sind die Seitenzahlen, um in das verwüstete und andernfalls unentzifferbare Buch vorweltlichen Geschehens Ordnung für unseren beschauenden Geist zu bringen. Diese praktische Bedeutung erlangen sie durch ihre von Schichtenstufe zu Schichtenstufe wechselnde Mannigfaltigkeit und ihre von Epoche zu Epoche stets veränderte Gestalt, gerade wie der Prähistoriker von Zeitraum zu Zeitraum immer wieder andere Bauweisen, andere Gefäße, andere Schmuck- und Handwerkszeuge findet und danach seine Epochen charakterisieren kann. Der in allem Dasein bewährte Satz, was war, kommt nicht wieder, gilt auch hier. Schon unsere in dem Kapitel 2 (S. 71) gegebenen Profile haben uns den Wechsel der Fossilien in den einzelnen Zeitstufen kennengelehrt, und ebenso hat man, wo mächtigere Schichtserien ungestört lagern und durch Steinbrüche oder Bergwände und Flußtäler dem Auge erschlossen sind, stets beobachtet, daß ein Wechsel der fossilen Tier- und Pflanzenarten von unten nach oben überall durch die Schichtmassen auf der ganzen Erde sich in gleicher Weise vollzieht. Überall dort, wo die Gesteinsbänke — von vulkanischen Gesteinen sehen wir vorläufig ganz ab, denn sie enthalten naturgemäß keine versteinerten Organismenreste — aus der Zeit ihres Entstehens noch unverworfen und ungestört lagern, wiederholt sich im ganzen dieselbe Folge von ausgestorbenen Tier- und Pflanzengeschlechtern. Im einzelnen ist dies regional freilich verschieden und wir werden die Gründe hierfür noch einsehen; aber doch treten, bei großer Verschiedenheit im einzelnen, grundsätzlich dieselben Geschlechterfolgen überall auf. Wenn wir also durch genauen Vergleich der fossilen Organismenarten und deren Beschreibung in vielen einander überlagernden Schichtbildungen der Erde die genaue Ordnungsfolge festgelegt haben, so ist ein erster entscheidender Schritt zum Einzeichnen der Seitenzahlen auf gewisse Blätterpakete unseres Erdgeschichtsbuches geschehen.

Zu diesem Zweck werden in Gegenden mit ungestörter Schichtenlage, wo man sicher sein kann, daß nichts umgestürzt, also das zu unterst Liegende auch das ältere, das darüber Liegende das jüngere ist, die fossilen Arten ermittelt. Man vergleiche hierzu nocheinmal die alten Ostseeprofile im vorigen Kapitel. Nun ist aber, wie schon gezeigt (S. 107/08), nirgends auf der Erde ein gleichmäßig durchlaufendes Schichtpaket vom Ältesten bis zum Jüngsten vorhanden. Überall sind Unterbrechungen, Abtragungen, plötzliche Beendigungen der Ablagerung erfolgt, weil ja Meer und Land, Seen und Wüstengebiete, Abtragung und Aufschüttung zu allen Zeiten und in allen Gegenden, bald langsam, bald rasch, wechselten. Wir finden also von ungestörten Schichtserien und damit Zeitfolgen in jeder Gegend nur begrenzte Teile; begrenzt sowohl nach der Seite, wie von unten nach oben. Da gilt es nun, möglichst viele Gegenden zu erforschen und von jeder Gegend ganz unbefangen das Profil darzustellen. Man wird dabei finden, daß an der einen Stelle (Abb. 80) etwa eine Schichtenfolge a—b aufgeschlossen ist, in jeder Stufe ganz bestimmte und bezeichnende Fossilien darin; in einem anderen Gebiet dagegen werden wir die tieferen Stufen vielleicht nicht finden, wohl aber die mittleren und noch höhere, also etwa b—d usw. Und das kann und muß man, soweit nur irgend möglich, fortsetzen, was die Aufgabe einer systematischen geologischen Forschung ist.

Man hat nun im Lauf des letzten anderthalb Jahrhunderts diese Arbeit geleistet; sie ist bis zur Stunde noch nicht abgeschlossen. Man hat über die ganze Erde hin nicht nur die Gesteinsschichtungen als solche, sondern auch ihren Inhalt an fossilen Organismenresten eingehend verglichen; man hat alle zum Vorschein gekommenen Fossilien auch mit den heute lebenden Arten verglichen und ihre Gleichheit oder Verschiedenheit genau festgelegt. Und das Ergebnis war, daß jene Zeugen vorweltlichen Lebens durchschnittlich den Arten der heutigen Tier- und Pflanzenwelt um so ähnlicher sind, je näher eine Schicht, worin sie liegen, zeitlich an die Jetztzeit heranrückt, d. h. je später sie im Laufe der Erdgeschichte abgelagert worden ist.

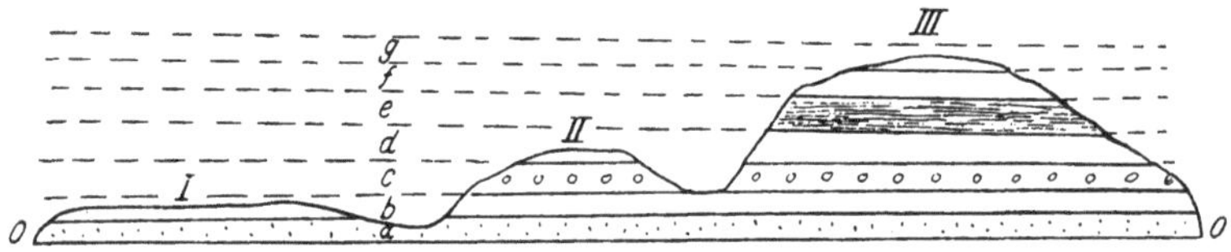

Abb. 80. Zusammenhängende Schichtenserie der Altersfolge a—g, von denen je ein Teil an verschiedenen Orten sichtbar ist und die in ihrer ursprünglichen Zusammenstellung das Gesamtsystem vertreten, ergänzt durch Strichelung. 0—0 derzeitige Landschaftsoberfläche. (Orig.)

Man hat weiter gefunden, daß sich über die ganze Erde hin — abgesehen von der Mannigfaltigkeit im einzelnen und gewissen Artverschiedenheiten in einzelnen Regionen — eine gleichsinnige Umwandlung des Tier- und Pflanzenlebens vollzog; daß sich also die Arten aller durch die Schichtlagen repräsentierten Zeitstufen überall durch gleichsinnige Abwandlung von den jeweils vorhergehenden und den jeweils nachfolgenden unterschieden haben (vgl. Hauptabschnitt II, Kap. 8). Doch darf man hier nicht allzu schematisch denken. Es wechseln nicht von Zeitstufe zu Zeitstufe unbedingt alle Arten, sondern je nach den Gruppen und Typen des Tier- und Pflanzenreiches ist dies verschieden gewesen. Manche Gattungen gehen durch viele Zeithorizonte unverändert hindurch, während andere in kürzesten Phasen sich verändern. Sodann gibt es Perioden, wo sich das gesamte Lebensbild sehr schnell änderte, oder andere, wo sich nur einzelne Typen schnell änderten; dann gibt es wieder Perioden, wo dies alles rasch oder langsam geschieht. Und auch dabei verhalten sich immer wieder einzelne Zweige verschieden.

So wäre also, streng genommen, jede Zeitepoche nur dann vollständig und zureichend charakterisiert, wenn man möglichst das gesamte Tier- und Pflanzenleben von ihr kennen würde; wie ja auch vergleichsweise eine menschengeschichtliche Zeitepoche nur dann vollständig dargestellt wäre, wenn man alle gleichzeitigen Kulturäußerungen aller Völker und die Art ihrer Lebensräume anschaulich zu machen verstünde. Indessen ist dort, wo es sich nur um eine Festlegung bestimmter Zeitvorgänge handelt, eine solche Vollständigkeit nicht einmal nötig, wenn man kurze Bezeichnungen für die Epochen und ihre Zeitphasen haben will. Wir sprechen in der Menschengeschichte etwa von einem Zeitalter Cäsars oder Alexanders des Großen, und der Wissende versteht mit dieser kurzen Andeutung durch eine markante Gestalt schon genug, um sich in der Zeitfolge zurechtzufinden. Wie man etwa von der Römerzeit spricht und damit außer dem, was sich im Mittelmeergebiet zutrug, überhaupt eine bestimmte Zeit der Weltgeschichte meinen kann, in der es neben dem römischen Geschehen auch noch ein anderes reiches Völkerleben auf der Erde gab, und wie man daher auch

a b c

Abb. 81. Trilobitenkrebse als charakteristische Leitfossilien für das Erdaltertum (Paläozoikum). a Conocoryphe, Kambrische Zeit; b Illaenus, Silurzeit; c Phacops, Devonzeit. (Orig. Münchener Mus.)

bei Betrachtung der chinesischen Entwicklung sagen kann, „zur Römerzeit" geschah dort dies und das, oder wie wir von einem chinesischen Tempel aus der Zeit um Christi Geburt sagen können, er stamme aus der „Römerzeit", so können wir auch die erdgeschichtlichen Zeiten mit einer oder wenigen markanten Tier- und Pflanzenarten für die ganze Welt bezeichnen. Man nennt solche Typen Leitfossilien, weil sie uns beim Auffinden in den Schichten sofort angeben, in welche Stufe der gesamten erdgeschichtlichen Zeitskala das betreffende Gestein und somit alle übrigen, in ihm zum Vorschein kommenden Tier- und Pflanzenarten zu stellen sind.

So sind unter den niederen Meerestieren gewisse Krebsformen, die Trilobitenkrebse (Abb. 81) als Gesamttypus bezeichnend für sehr alte, in der Zeitskala tiefliegende Schichtungen, und wo wir Gesteine mit solchen Arten antreffen, wissen wir immer, daß wir es mit jenen sehr alten Stufen zu tun haben, auch wenn diese Gesteine ganz oben an der Erdoberfläche liegen. Denn es ist ja klar und für das Verständnis des Zeitschemas, das wir im folgenden geben werden, von grundlegender Wichtigkeit, daß bei den unausgesetzten Störungen der Erdrinde sogar die ältesten Schichtungen heute an der Oberfläche liegen, die jüngeren aber tief unten im Erdboden versenkt sein können. Da helfen uns nun die Leitfossilien trefflich, ein solches gelegentliches Durcheinander zu entwirren. So sind andere Gruppen charakteristisch für viel jüngere Zeitabschnitte, wie etwa die Ammonshörner (Abb. 82) für die mehr mittelalterlichen Erdschichten;

Abb. 82. Ammonshörner (Ammoniten) als charakteristische Leitformen für das spätere Erdaltertum und das Erdmittelalter. a Goniatites, Devonzeit; b Ceratites, Triaszeit; c Parkinsonia, Jurazeit; d Crioceras, Kreidezeit. (Orig. Münchener Mus.)

oder die Schneckenhäuser mit lang ausgezogener röhrenförmiger Mündung (Abb. 83) charakteristisch für noch jüngere, erdneuzeitliche Schichten. Begegnen wir also in einem Lande einer Gesteinsformation, in der wir von unten nach oben in den Gesteinen nicht die natürliche Reihenfolge Trilobitenkrebs—Ammonshorn—Röhrenschnecke finden, sondern das Umgekehrte, so wissen wir nach den Erfahrungen mit anderwärts normal lagernden Schichtfolgen, daß hier die ganze Serie auf den Kopf gestellt ist. Es liefern uns damit die Fossilien zugleich den Beweis für eine ehemalige geotektonische Störung und Umkehrung eines Teiles der Erdrinde.

Wie nun ein solcher ganzer Typus bezeichnend ist für einen längeren, durch vielerlei Gestein repräsentierten erdgeschichtlichen Zeitraum, so sind es nun die einzelnen speziellen Arten wieder für spezielle kürzere Zeitphasen. Kennt man also nicht nur ganz allgemein den Typus Trilobitenkrebs, sondern seine einzelnen Abwandlungen, so kann man erfahrungsgemäß ebenso mit diesen nun engere Zeitgrenzen innerhalb jenes größeren Gesamtzeitraumes markieren. Dies ist der Nutzen, den man aus einer nicht nur allgemeinen, sondern bis ins einzelne reichenden Unterscheidung fossiler Arten erzielt. So bezeichnen die beistehend abgebildeten einzelnen Trilobitenarten drei verschiedene, nacheinander folgende engere Zeitperioden innerhalb jener großen umfangreichen Altzeit. Man gibt jenen engeren Zeitperioden auch Namen; in unserem Fall heißen sie Kambrium, Silur

a b c

Abb. 83. Schneckengehäuse mit ausgezogener Mündung, charakteristisch für die Tertiärzeit, die jüngste erdgeschichtliche Hauptepoche. a Fusus, Alttertiärzeit; b Tudicla, Miozänzeit; c Cassis, Pliozänzeit. (Orig. Münchener Mus.)

und Devon. Die Namen sind an sich bedeutungslos. Sie wurden nur gewählt, weil gerade in den Gegenden der alten Kambrier und Silurer, die zur Römerzeit Südengland bewohnten, diese Gesteins- bzw. Zeitstufen zum erstenmal entdeckt und beschrieben wurden; Devon kommt von der Landschaft Devonshire aus dem gleichen Grunde. Wo wir nun auf der Welt Gesteine mit diesen bezeichnenden Trilobitenkrebsen antreffen, wissen wir, daß diese Schichten — einerlei, ob es Kalke, Tonschiefer, Sandsteine oder andere Gesteinsarten sind — in die Zeit des Kambriums, des Silur oder Devon gehören und erdgeschichtlich gleich alt mit jenen zuerst in England entdeckten Ablagerungen sind. Treten aber die genannten Krebsarten irgendwo in umgekehrter Reihenfolge in den Schichtungen auf, so erkennen wir daran, daß die Gesteinslagen geotektonisch umgestürzt worden sein müssen.

Man wählt daher als Leitfossilien möglichst solche Typen und deren Arten aus, welche erfahrungsgemäß eine möglichst weltweite horizontale

Zeitverbreitung hatten; und zur Unterscheidung engster Zeitstufen wählt man zugleich auch solche, welche sehr kurzlebig waren. Denn je rascher sie von anderen ersetzt wurden, um so enger umschrieben ist die Zeitdauer, welche sie nun fossil in den Schichtungen bezeichnen. So bilden die Ammonshörner ein außerordentlich günstiges Material, um durch feinere Artunterscheidungen engste Zeitfolgen der mittelalterlichen Gesteine in der Erdgeschichte zu kennzeichnen. So gibt es im Erdmittelalter eine große Epoche, die Jurazeit, so genannt, weil ihre Gesteine im süddeutsch-schweizerischen Juragebirge zuerst auffällig waren und dort erforscht und zeitgegliedert wurden. Es hat sich herausgestellt, daß hier das Ammonshorn so zahlreich und von Stufe zu Stufe so wechselnd und mannigfaltig erscheint, daß man mit seinen Arten nicht weniger als 18 klar begrenzte einzelne Zeitphasen innerhalb jener Epoche zu unterscheiden vermag.

Da man derartige Verhältnisse und Erscheinungen überall, wo man auf der Erde Nachforschungen anstellte, immer wieder bestätigt fand und da man sah, daß überall in gleichsinniger Weise die Typen und ihre Arten in den normal lagernden Schichtungen aufeinander folgen, so konnte man schließen, daß Schichten mit gleichen Fossilien auch ehemals im gleichen Zeitalter entstanden, also in der gleichen Zeit abgelagert worden sein mußten. Bei den ungeheueren Zeiträumen, die aber für die Ausbildung der Schichtsysteme der Erdkruste anzusetzen sind, ist diese Gleichzeitigkeit nicht in einem absoluten Sinn zu verstehen, so, als ob es sich da um eine Koinzidenz von Jahren oder auch Jahrhunderten handle; vielmehr heißt im erdgeschichtlichen Sinn „gleichzeitig" nichts anderes als nur dies: die durch Fossilien als gleichalt gekennzeichneten Gesteine haben sich innerhalb der Gesamtfolge des Lebens in einer bestimmten Phase der Zeitskala abgelagert. Wenn wir also einen silurischen Meereskalk in England und einen silurischen Sandstein in China mit derselben fossilen Trilobitenform belegt finden, so heißt das nicht, daß diese beiden Sedimente sich im selben Jahrhundert oder Jahrtausend absetzten, sondern es heißt nur, daß sie beide früher abgelagert wurden als alle Kalke oder Sandsteine der Erde, welche den späteren devonischen Trilobitenkrebstypus führen; daß sie aber später entstanden als alle Gesteine der Erde, welche die kambrische Krebsform fossil enthalten. Man sagt, die durch gleiche Fossilien bezeichneten Schichten sind nicht synchron, sondern nur homotax, nicht absolut gleichzeitig, sondern nur relativ innerhalb der großen Zeitskala und ihrer Zeitstufen.

Man kann freilich über den Wert und die Zuverlässigkeit solcher Altersgleichsetzungen weltweit getrennter Schichtungen, welche dieselben Tierformen enthalten, geteilter Meinung sein, und wie man sie bewertet, hängt wieder davon ab, welche Stellung man zu anderen Fragen der Biologie einnimmt. In der empirischen Wissenschaft ist nichts eindeutig und immer kommt es darauf an, in welchen Zusammenhang man die Tatsachen stellt, also wie man sie deutet. So kann man sich vorstellen, daß die einzelnen

Tiertypen, seien es Meeres-, seien es Landtiere, an irgendeinem beschränkten Platz der Erde entstehen. Sind sie dann schließlich weltweit verbreitet, so könnte das heißen: sie haben Wanderungen gemacht, bis sie endlich diese weltweite Verbreitung gefunden hatten. Umgekehrt können sie dann, nachdem sie einige Zeit weltweit verbreitet waren, auch in vielen Gebieten wieder aussterben, oder können sich in einem enger begrenzten Gebiet noch längere Zeit halten. In diesem letzteren geraten sie dann immer noch in Schichtungen, zu einer Zeit, wo sie anderwärts gar nicht mehr existieren und wo vielleicht anderwärts nun schon neue Typen entstanden sind, die später auch weltweit verbreitet sind. Wir würden dann an einer Stelle der Erde jüngere Schichtungen haben, die noch eine ältere Tierwelt einschließen; an einer anderen Stelle würden gleichzeitig schon Schichten entstehen mit fossilen Typen, die später erst weltweit verbreitet wären und dann eine spätere Zeit bezeichneten.

Zur Entscheidung dieser Frage kommt alles darauf an, wie man sich zur Frage der Wanderungen bzw. zur Raschheit der Wanderungen stellt. Zugleich aber ist auch die Frage zu entscheiden, ob nicht dieselben Formen gleichzeitig an den verschiedensten Stellen der Erde entstehen konnten? Wir werden diese Frage im Kap. II, 8 behandeln und wollen hier nur soviel bemerken, daß bisher sich kein Anhaltspunkt ergeben hat, wonach man genötigt wäre, unser allgemeines Zeitschema zu bezweifeln. Denn wenn das Bedenken gegen die relative Gleichzeitigkeit richtig wäre, so müßte man zuweilen in fremden Gegenden eine umgekehrte Zeitenfolge finden gegenüber unseren Gebieten. Wenn Tiertypen lange Zeit zum Umwandern der Erde benötigt hätten, und sozusagen in den Ablagerungen an einem entfernten Ort in der Zeittabelle Verspätung erlitten hätten, die sich über mehr als eine sehr engbegrenzte Zeitstufe erstreckte, so müßten unterdessen auch aus dieser Verspätungsgegend neue Typen nach unseren Gebieten ausgewandert und hier ebenfalls ihrerseits nun verspätet angekommen sein. Dann ergäbe sich aber an beiden Orten vergleichsweise eine umgekehrte Folge der Fossilstufen und damit der Zeitstufen, was noch nie beobachtet worden ist. In der ganzen Welt und in allen Formationen folgen die Tier- und Pflanzengeschlechter stets gleichsinnig aufeinander.

Die Formations- und Stufennamen auf der Zeittabelle bedeuten alle nur den Zeitabschnitt als solchen. Für die einzelnen Zeitbezeichnungen gebraucht man auch Adjektive; man spricht etwa von jurassischen oder triassischen Schichten, kreidezeitlichen oder kretazeischen Schichten u. dgl. Ist jede Zeit auch materiell repräsentiert durch Schichten, aus denen allein sie ermittelt wurde, so bedeuten doch Ausdrücke wie „Muschelkalk", „Buntsandstein", „Kreide" in der Tabelle nicht etwa die Gesteine dieses Namens. Denn wie heute sich an verschiedenen Stellen der Erde gleichzeitig verschiedenstes Gesteinsmaterial zersetzt und wieder ablagert, so auch in der Vorwelt. Die „Kreidezeit" ist nur an einer einzigen Stelle der Erde durch „Kreide" charakterisiert: in Nordwesteuropa. Überall sonst ist sie vertreten durch Sand-

ERDGESCHICHTLICHE ZEITTABELLE

Formationstabelle

Weltalter (Ära)	Epoche oder Periode		Stufe
Känozoikum (Erdneuzeit)	Quartär-Formation		Alluvium
			Diluvium (Pleistozän)
	Tertiär-Formation	Jungtertiär	Pliozän
			Miozän
		Alttertiär	Oligozän
			Eozän
			Paleozän
Mesozoikum (Erdmittelalter)	Kreide-Formation		Obere Kreide
			Untere Kreide
	Jura-Formation		Oberer (weißer) Jura, Malm
			Mittlerer (brauner) Jura, Dogger
			Unterer (schwarzer) Jura, Lias
	Trias-Formation		Obere Trias (Keuper)
			Mittlere Trias (Muschelkalk)
			Untere Trias (Buntsandstein)
Paläozoikum (Erdaltertum)	Perm-Formation = Dyas		Zechstein
			Rotliegendes
	Steinkohlen-Formation = Karbon		Oberkarbon
			Unterkarbon
	Devon-Formation		Ober-Devon
			Mittel-Devon
			Unter-Devon
	Silur-Formation		Ober-Silur
			Unter-Silur
	Kambrische Formation (Kambrium)		Ober-Kambrium
			Mittel-Kambrium
			Unter-Kambrium
Erdurzeit			Archäozoikum, Eozoikum, Präkambrium, Proterozoikum, Algonkium
			Archäikum, Urgebirge

steine, Kieselschiefer, Massenkalke und vieles andere. Ebenso die übrigen genannten Zeitstufen. Sie haben ihren Namen bloß daher, daß man sie zuerst in jenen spezifischen Gesteinsbildungen erkannte und gründlicher studierte. Wieder andere Namen stammen von Landschaften, in denen sie zuerst aufgefunden und erforscht wurden; so Devon, Perm, Jura. Auch die Namen uralter Einwohner solcher Landschaften wurden verwendet: Rhätier, Kambrier, Silurer. Trias bedeutet dreigeteilte Formation, Dyas zweigeteilte. Tertiärzeit stand früher einer Sekundärzeit (Erdmittelalter) und einer Primärzeit (Erdaltertum) gegenüber. Die Stufen des Tertiärs sind griechische Wortbildungen (z. B. eo—kainos = früh—neu). Lias ist eine Verbalhornung des engl. layers, Schichten; Keuper ist ein thüringischer Lokalausdruck, der bunte Schichten bedeutet usw.

Alle diese Erwägungen und der immer weiter getriebene Einblick in die feinsten Stufenfolgen der Schichtsysteme haben es also erlaubt, die ideale Zeitskala für die Geschehnisse der Vorwelt aufzustellen (Tabelle S. 116). Sie ist durch die wirklichen Schichten und Schichtserien (Formationen) der Erdrinde repräsentiert. Man sieht bei der Aufstellung und Handhabung dieser Zeittabelle ganz ab vom Gesteinscharakter der Schichten selbst und nimmt sie trotz der darin gebrauchten Gesteins- oder Landschaftsnamen rein nur als abstrakte Zeitepochen, in denen sich Gesteine verschiedenster Art ablagerten. Die Epochen und Perioden sind also ausschließlich festgelegt auf Grund des Tier- und Pflanzenlebens, das in seiner oben geschilderten Mannigfaltigkeit und seinem ununterbrochenen Wechsel sozusagen durch alle Gesteine der Erdrinde hindurchgeht. In Wirklichkeit sind die geologischen, in der Tabelle bezeichneten Stufen also Etappen in der Entwicklung des Lebens, welches, wie gezeigt, durch die Gesetzmäßigkeit seiner Entwicklung erst die Zeiten unterscheiden läßt und, wie der Zeiger an der Uhr, die Stunde angibt. Hätten wir an der Uhr keinen Zeiger, so würden auch die Stundenziffern und Minutenstriche uns über die jeweilige Zeit nichts sagen. So würden uns auch die Gesteine der Erdrinde im allgemeinen über die Erdzeit nichts sagen, wenn nicht der Zeiger des Lebens mit seiner immer fortschreitenden Bewegung hindurchgehen würde. Die ideale Zeitskala ist so zwar repräsentiert durch die Gesteinsarten und Gesteinsformationen der Erdrinde, aber die Erkennung der Stellung irgendeiner Schicht, irgendeines Gesteins in der erdgeschichtlichen Zeit ist doch nur auf Grund des organischen Fossilinhaltes, der Versteinerungen möglich.

Denn wie in der Jetztzeit in den verschiedenen Regionen ganz verschiedenes Gestein abgelagert wird, im Meer anderes als auf dem Lande und innerhalb von Meer und Land je nach den Räumen wiederum Verschiedenes zu gleicher Zeit; oder wie sich an einer bestimmten Stelle etwas ablagern kann, was ganz gleichartig ebenso anderswo in einer etwas früheren Zeit sich absetzte, so war es auch stets in den Zeiten der Vorwelt. Und umgekehrt kann sich in verschiedenen Zeitstufen auch teilweise dieselbe Gesteinsart gebildet haben. Denn stets gab es Meere mit Brandung oder mit ruhigen Tiefen; stets gab es Länder mit Seen, Flüssen oder Wüsten; stets gab es Vulkane — und sie alle brachten zu verschiedenen Zeiten ebenso ein gleiches Gestein zur Ablagerung, wie auch in ihren Räumen gleichzeitig ein verschiedenes. Aber stets herrschte infolge der ununterbrochenen Weiterentwicklung und Wandlung des Lebens von Epoche zu Epoche, von Zeitstufe zu Zeitstufe ein verändertes Leben, erschienen neben alten und ausdauernden auch neue Arten — und so kommt es, daß sich im System der Gesteinsformationen immerfort gleichartige oder ähnliche Gesteinsbildungen wiederholen, in horizontaler oder vertikaler Wechsellagerung, und daß doch darin nach Maßgabe der fortgeschrittenen „Zeit" immer neue Gattungen und Arten von Pflanzen und Tieren erscheinen.

So spricht man also etwa von „Jurazeit" und meint damit eine bestimmte Epoche, in der das Leben einen ganz bestimmten Entwicklungszustand mit ganz bestimmten Tier- und Pflanzengattungen im Meere, im Süßwasser, auf dem trockenen Lande und in der Luft erreicht hatte. Jurazeit heißt diese Epoche, wie schon vorher erwähnt deshalb, weil man von Schichtungen aus jener Zeit im Juragebirge zuerst Kenntnis nahm, die Formation hier eingehend in ihre Hauptstufen und feinsten Abschnitten gliederte und so eine Zeitepoche erkannte, welche, wie sich später durch Vergleiche der Fossilien herausstellte, auch in anderen Ländern der Erde mächtige Ablagerungen verschiedensten Gesteinscharakters aus Meeren, Süßwasserseen und trockenen Landstrichen hinterlessen hat und die alle einzig und allein mittels des Fossilinhaltes als gleichalterig mit den reinen Meeresschichten des süddeutsch-schweizerischen Jura erkannt worden sind. Denn als in unserem europäischen Jurameer die das Juragebirge aufbauenden Mergel und Kalke und Tonschiefer sich niederschlugen mitsamt den bestimmten Versteinerungen, war beispielsweise in Vorderindien ein Festland mit Seen und Flüssen, wo sich Sandsteinschichten und Tonschiefer mit Landpflanzen bildeten, und gleichzeitig schlugen sich in Kalifornien in einem flachen Meeresbecken Sandsteine und Tone nieder, zwischen die sich Tuffe und Rollstücke von gleichzeitigen vulkanischen Eruptionen einschalteten.

Auch wenn in unserer Zeittabelle Epochenbezeichnungen wie „Kreidezeit", „Steinkohlenzeit" oder Unterepochen wie Buntsandstein- und Muschelkalkzeit (oder kurzweg Buntsandstein, Muschelkalk) aufgezeichnet sind, bedeutet dies nicht etwa, daß damals nur Kreidegestein oder nur Steinkohle oder nur Muschelkalk sich niederschlug; sondern es hat der Name auch hier grundsätzlich nur den Sinn, daß er eine generelle Zeitbezeichnung für alle gleichalterigen sonstigen Gesteine der Erde sein soll und nur gewählt wurde, weil diese Zeit gerade in unseren europäischen Kreideschichten oder Steinkohlen oder dem Buntsandstein und dem darüberliegenden Muschelkalk Mitteldeutschlands erkannt wurde. Da nun die Zeittabelle auf den wirklich gegebenen Schichtfolgen, den sogenannten Formationen beruht, aus denen wir die Fossilien entnehmen, so tritt im Sprachgebrauch zuweilen der Begriff **Formation** auch an Stelle des Begriffes Zeit, und wir sprechen etwa von Juraformation, auch wenn wir Jurazeit meinen.

Unser erdgeschichtliches Zeitschema ist in erster Linie den vorweltlichen Flachmeerablagerungen entnommen, teils deshalb, weil die Geologie von Europa ausging und gerade hier von allen Zeitaltern vornehmlich Flachmeerablagerungen entwickelt sind; sodann deshalb, weil gerade die Flachmeerablagerungen im ganzen die allerreichste Fossilführung aufweisen. Denn damit überhaupt Fossilien erhalten blieben, war Voraussetzung, daß die abgestorbenen Tiere oder Pflanzen sehr rasch eingebettet wurden und die Schichten auch rasch erhärteten. Daß aber dieses Zeitschema trotzdem nicht nur bloß europäische Gültigkeit hat, sondern ein Abbild der Zeitenfolge für die gesamte Erdoberfläche ist, erwies sich dadurch, daß man bisher alle irgendwo auf Erden beobachteten Gesteine immer in diese „europäische" Zeittabelle einfügen konnte, ohne daß man die Rubriken vermehren oder gar in eine andere Reihenfolge hätte bringen müssen.

Da nun aber die Tabelle und die Leitfossilien allergrößtenteils den Meeressedimenten entnommen sind, so haben sich zuweilen Schwierigkeiten ergeben, um reine Festlandsablagerungen, besonders solche fremder Länder, richtig einzugliedern. Denn was fangen wir an, wenn wir im oben erwähnten Fall etwa in Vorderindien ein Schichtsystem mit fremdartigen Landpflanzenresten finden und in unserer europäischen Skala nur Meeresstufen kennen mit bestimmten Meeresfossilien, aber keine gleichalten Landschichten? In allen solchen Fällen verfährt man folgendermaßen. Es wird untersucht, **über** welchen, in ihrer Altersstellung schon bekannten Meeresschichten eine solche fremdartige Landformation liegt. Ist eine solche unterlagernde Meeresstufe festgestellt, so muß sinngemäß die darüberliegende Landformation erdgeschichtlich jünger sein; sonst könnte sie bei normaler Lagerung nicht darüber liegen. Sodann sucht man oben, um vielleicht darüber wieder irgendeine Meeresschichtung zu finden. Gelingt dies nicht, so sucht man seitwärts, bis man irgendwo, vielleicht in einem anderen Land, solches antrifft. Man bestimmt nun auch deren Alter und hat so eine untere und obere marine Zeitgrenze für jene Landformation gefunden; sie muß also auch in der Zeitskala zwischen diese beiden Stufen gelegt werden. Es kann aber sein, daß der Spielraum zu weit noch ist, daß also etwa eine solche Landformation zwischen zwei Meeresstufen liegt, welche selbst wieder zeitlich sehr weit getrennt sind. Dann muß man weiterforschen oder warten, bis irgendwo eine Schichtenentwicklung angetroffen wird, welche vielleicht seitwärts in diese Landformation übergeht, sich also gleichalterig mit ihr erweist. Kennt man nun aus den Fossilien das Alter dieser Meeresschicht, so kennt man damit auch das Alter der Landformation. Nun beschreibt man genau die Pflanzen, die man aus ihr hervorgezogen hat, und wenn man dann irgendwo auf der Erde wiederum Landschichten findet, wenn auch von ganz anderem Gesteinscharakter, in denen dieselben fossilen Pflanzenreste vorkommen, so kann man auch diese Landformationen nun mit der ersteren zeitlich gleichsetzen und kennt von da ab also die genaue Altersstellung solcher Landschichten innerhalb der allgemeinen, nur auf Meeresablagerungen gegründeten Skala.

Eine größere Schwierigkeit bereitet endlich noch die Eingliederung vulkanischer Gesteine in das marine Zeitschema. Denn die vulkanischen Massen folgen ja ganz anderen Entstehungsgesetzen als alle sonstigen Ablagerungsgesteine der Erdoberfläche. Durch ihr Aufdringen von innen her können sie ihre Ausläufer in jedes Stockwerk der Erdrinde hineinsenden und dort sich zwischen den Schichten lager- und deckenartig ausbreiten (Abb. 75). So kommt es, daß man in den Schichtungsprofilen oftmals vulkanische Lagen, Stöcke und Gänge findet, dennoch aber aus dieser Zwischenlagerung nicht schließen darf, daß das Alter dieser vulkanischen Lagen nun etwa zwischen die Altersstufe des darüber und die des darunterliegenden Gesteins gehöre. Die beifolgende Abbildung zeigt einen solchen Fall. Um das richtige Alter festzustellen, gibt es nur den einen Weg: zu suchen, ob irgendwo sich eine Stelle findet, wo die darüberliegenden Schichten noch alle erhalten, also nicht abradiert sind. Trifft man eine solche (Abb. 84), dann ergibt sich ohne weiteres, daß der vulkanische Ausbruch jedenfalls später erfolgte, als die Ablagerung der von ihm noch durchbrochenen Sedimentärschichten; dagegen früher als die der darüberliegenden undurchbrochenen Sedimente. Denn wären die durchbrochenen Sedimente nicht schon dagewesen, so hätten die Vulkanstöcke sie nicht durchbrechen können; und umgekehrt, sie hätten die oberen Schichten auch durchbrochen, wenn diese schon dagewesen wären. Man kann auf diese Weise also vulkanische Perioden und Gesteinsentstehungen erdgeschichtlich datieren. Erleichtert wird die Datierung, wenn gleichzeitig vulkanische Aschen oder Aschenregen über ein Land oder über das Meer niedergehen, dabei die Materialien sofort sedimentiert werden und Pflanzenbestände oder Tiere begraben und somit bei einer gleichzeitigen Wassersedimentation genau wie gewöhnliche Sedimente Fossilien mit einschließen. So erfolgten zur Triaszeit im heutigen Alpengebiet, das damals mariner Boden war, mehrere Ausbrüche, und Aschen wurden ins Meer gestreut. Sie erstickten einen großen Teil der damals dort angesiedelten, sehr reichen Meerestierwelt und haben uns infolge der raschen Einbettung und Erhärtung nicht nur die Schalen selbst in vorzüglicher Erhaltung, sondern teilweise auch, was eine große Seltenheit bei Fossilien ist, die Schalenfärbung mit überliefert. Zur Tertiärzeit dagegen erfolgten in Nordamerika ungeheuere Vulkanausbrüche und schütteten über

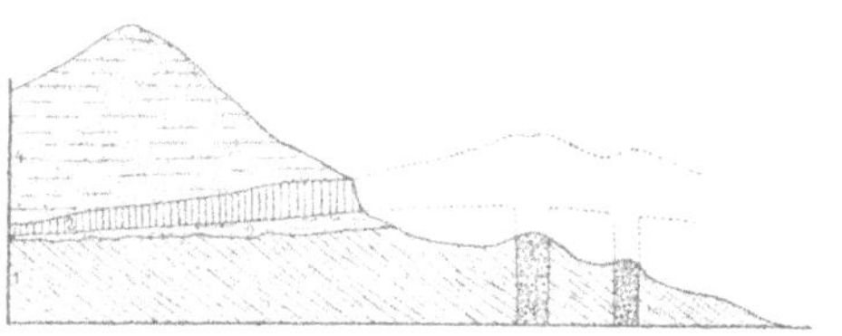

Abb. 84. Rekonstruktion eines ehemaligen Vulkans der Devonzeit (Schottland), aus den noch vorhandenen Ablagerungen und Durchgängen ergänzt. Der Vulkan muß nach Ablagerung der von ihm durchdrungenen Schichten bestanden haben, aber vor Ablagerung der obersten, wagrecht gestrichelten Sandsteine. (Aus Geikie 1897.)

ein weites Seengebiet Aschenregen aus, die eine reiche Landtierwelt in sich begruben und so eine Fundstelle schufen, aus der man einen großen Reichtum an vorweltlichen Säugetierformen gewinnen konnte.

Wir haben also bisher kein anderes Mittel, die Gleichzeitigkeit oder Ungleichzeitigkeit von Formationsbildungen über die Erde hin zu verfolgen, als die Fossilien. Es war freilich von jeher das Streben der Erdgeschichtsforschung, sich von diesem in mancher Hinsicht unsicheren Faktor in der Rechnung unabhängig zu machen und irgendein Kriterium zu gewinnen, wonach man eine absolute Zeiteinteilung und exakte Parallelisierung des Entfernten durchführen könnte. Ein Weg dazu wäre aufgetan, wenn es gelänge, die weltweiten Veränderungen im Stand der Meere oder die in den erdgeschichtlichen Epochen wechselnden Gebirgsfaltungen (Kap. 7) irgendwie mit kosmischen Vorgängen, die sich vielleicht berechnen ließen, in Zusammenhang zu bringen. So hat man erwogen, ob nicht der Wechsel in der Stellung der Erdachse zu ihrer Bahn (Kap. 10) oder die in sehr langfristigen Perioden wechselnde Exzentrizität der Erdbahn (Kap. 10) größere Meeresbewegungen oder Krustenbewegungen, wie sie die Erdgeschichte von Zeit zu Zeit bietet, erklären könnte. Wäre dies der Fall, so bekäme man für diese sich wiederholenden Ereignisse eine astronomische Zeitbegrenzung und würde dann sowohl die Gleichzeitigkeit gewisser Ereignisse unmittelbar und ohne Zuhilfenahme der Fossilien erkennen, wie man auch ein absolutes Zeitmaß für die Dauer geologischer Epochen damit hätte.

Die verschiedenen Versuche hierzu sind bisher praktisch ergebnislos geblieben. Vor allem wohl deshalb, weil die Bewegungen der Erdrinde doch von manchen Ursachen abhängig sind, die nicht nur im Weltraum liegen, sondern auch innerirdischer Herkunft sind. Aber selbst wenn die innerirdischen, die Erdrinde umgestaltenden Vorgänge ihrerseits wieder von kosmischen Vorgängen und Periodizitäten bestimmt wären, was immerhin wahrscheinlich ist, so würde doch deren Auswirkung kaum mit solch mathematischer Genauigkeit vor sich gehen können oder gegangen sein, daß man auf dem angedeuteten Wege zu befriedigenden Ergebnissen in der Zeitberechnung kommen würde.

Auch eine annähernde Schätzung der wahren absoluten Zeitdauer der Epochen und einzelnen Zeitstufen, also eine Schätzung auch der Zeitlänge, welche die Gesamtheit der Formationen oder einzelne Schichtsysteme zu ihrer ehemaligen Ablagerung brauchten und woraus sich dann die Dauer der uns bekannten Formationsfolgen und damit der Erdgeschichte ergäbe, läßt sich bis heute nicht mit irgendeiner Sicherheit anstellen. Zwar hat man verschiedene Versuche gemacht und Methoden hierfür ausgearbeitet, ist aber dabei nur gelegentlich vielleicht für Einzelerscheinungen zu irgendeinem einigermaßen brauchbaren Ergebnis gekommen. Man kann derartige Versuche in mehrerlei Richtungen anstellen. Entweder zunächst nur Vorgänge berechnen, die sich auf kleinstem Raum jetzt vor unseren Augen abspielen, noch mitten im Werden sind und bereits in diesem Sinne ihre übersehbare Wirkung teilweise hinter sich haben; oder man kann mehr ins Große gehen und aus gewißen, an hervorragenden Beispielen gewonnenen Zahlen nun ganze erdgeschichtliche Formationen oder wenigstens Sedimentkomplexe danach zeitlich abschätzen.

Das erstere erstreckt sich auf die Beobachtung von Flußerosionen und Seezuschüttungen. So wurde in Nordamerika versucht, aus dem Grad der Abbröckelung und Rückwärtsverlegung des Niagarafalles (Abb. 85) sowohl die Dauer für die Entstehung der Schlucht, wie auch die künftige Dauer bis zur völligen Rückverlegung an den Eriesee zu ermessen. Damit wäre ein Maß zugleich für die seit der letzten Eiszeit dort verstrichene Zeit gewonnen, weil der Fall seitdem sich entwickeln konnte. Aber die Ergebnisse schwanken zwischen 7000 und 35000 Jahren. Zahlen für die Dauer der

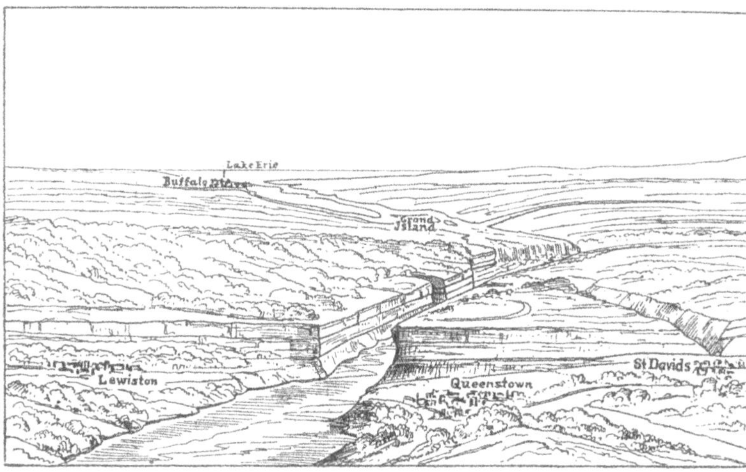

Abb. 85. Niagarafall aus der Höhe gesehen, mit der 12 km langen, seit Jahrtausenden ausgefressenen Schlucht. Zuerst lag der Fall an der vorderenn Steilkante. (Nach Lyell aus Kayser 1918.)

Ausfüllung von Schweizer Seen wurden schon oben (S. 30) angegeben. Aber schon diese einfachen Berechnungen kranken daran, daß wir noch nicht die Spur exakter Unterlagen für einen Klimawechsel und für die Beurteilung der Niederschlagsmengen seit so langen Jahrtausenden haben. Wenn, wie es für die Eiszeit und Nacheiszeit wahrscheinlich ist, allein schon durch die Abschmelzungsvorgänge der Eismassen ganz andere Wassergewalten anzusetzen sind, oder wenn es langfristige Wetterperioden gibt, in denen die Niederschlagsmengen ganz anders sind als heute, so fallen solche Berechnungen sofort dahin. Wir wissen z. B., daß ganz andere klimatische Bedingungen auch lange nach der Eiszeit in weiten Gebieten herrschten. Ob in geschichtlicher Zeit sich hierin Veränderungen ergaben und in welcher Richtung, ist noch durchaus ungewiß. Kurz man steht selbst mit so engfristigen, am leicht beobachtbaren Objekt gemachten Berechnungen noch auf durchaus unsicherem Boden.

Nicht anders ist es mit der Berechnung von Sedimentmächtigkeiten. So wollte man aus der Dicke der paläozoischen Formationen in Nordamerika, nach einem Vergleich mit heutigen Sedimentanhäufungen, einen Ablagerungszeitraum von etwa 18 Millionen Jahren berechnen und für die ganze erdgeschichtliche Zeit seit dem Paläozoikumsanfang etwa 27 Millionen Jahre. Hier läuft man völlig im Dunkeln. Denn wer wollte alles das in Ansatz bringen können, was an mannigfachen Bodenbewegungen, Gebirgsfaltungen, Klimaänderungen, kosmischen Einflüssen in heute vielleicht noch nicht einmal geahnten Richtungen mitgesprochen haben dürfte?

Als in Südschweden das Eis der Eiszeit abschmolz und aus ihm Flüsse entströmten, bildeten sich tonige Schichtungen (Abb. 86), welche jeweils im Sommerhalbjahr durch das vermehrt ablaufende Wasser abgelagert wurden. Immer ging von Jahr zu Jahr das Eis mehr zurück, und so wanderten die Tonschichten landeinwärts und liegen nun auf ungeheueren Erstreckungen dachziegelartig übereinander. Die ältesten treten daher nur ganz im Süden zutage und führen dort auch Fossileinschlüsse, welche auf eine ältere Zeit deuten als die mehr und mehr nordwärts sich anschließenden, mit Fossileinschlüssen einer jüngeren Zeit. So wagte man es, durch genaue Verfolgung der Schichtbänder, die man zum Teil, wo sie nicht sichtbar waren, durch künstliche Grabungen anschnitt, Stück um Stück zu zählen und will so 12000 Jahre seit dem Abschmelzungsbeginn des Eises ermittelt haben.

Abb. 86. Aufschluß in den nacheiszeitlichen Bändertonen bei Upsala, die regelmäßige Sommer- und Wintersedimentierung durch das ehemals abschmelzende Inlandeis zeigend. (Nach K. Troll 1925.)

Wo man bisher versucht hat, die absolute Zeitdauer bestimmter Ablagerungen zu berechnen, also nicht nach allgemeinen Gesichtspunkten und deduktiv ins Weite schweifte, sondern das unmittelbar Gegebene, die gegenständlich vorliegende Schichtbildung auf den Zeitablauf hin zu prüfen, worin sie entstand, haben sich auffallend geringe Zahlen ergeben. So hat Rothpletz für die im Maximum 25 m mächtigen fränkischen lithographischen Kalkschiefer (Abb. 87) äußerstenfalls einen Ablagerungszeitraum von

500 Jahren errechnet. In diesen Kalkschiefern sind oftmals Horizonte mit sehr hinfälligen Organismenabdrücken erhalten, z. B. Quallen, die an der Luft sofort zerfallen und solche ausgezeichneten Körperabdrücke nicht hätten liefern können, wenn sie nicht rasch überdeckt worden wären (Abb. 217). Es haben also einzelne Kalkbänke von mindestens 5 cm Mächtigkeit sich außerordentlich rasch niedergeschlagen. Faßt man die einzelnen Lagen in dieser 25 m mächtigen Serie auch bloß als Jahresbetrag der jeweiligen Aufschüttung auf, was außerordentlich wenig wäre, und multipliziert man dieses Durchschnittsminimum mit jenem Mächtigkeitsbetrag der ganzen Schichtenstufe, so ergibt sich ein Maximum von 500 Jahren, das

Abb. 87. Steinbruch in den lithographischen Kalkschiefern der oberen Juraformation von Solnhofen in Franken. Gleichmäßiges Aufeinanderfolgen dünner Plattenkalkbänke. (Phot. Dr. Knauer.)

vielleicht sogar halbiert werden darf, in dem sich die ganze Kalkschiefermasse abgesetzt hat.

Mächtiger sind andere Stufen der Juraformation. Im höheren Teil, im weißen Jura Schwabens, haben wir einen ziemlich regelmäßigen Wechsel von Kalkbänken und Tonlagen. Zu unterst bilden die Kalkbänke nur Zwischenlagen in den mächtigeren Tonlagen; allmählich reichern sich die ersteren an, die letzteren werden enger, und zuletzt sind es eng geschichtete Kalkbänke mit feinen tonigen Zwischenlagen. Pompecki hat nun folgende Überlegung angestellt: Der Wechsel der Sedimentlagen entspricht einer wechselnden Zufuhr vom Lande her. Diese muß rhythmisch gewesen sein, denn sie spiegelt sich im Rhythmus der regelmäßig wechselnden Sedimentbänke wieder. Es ist der wechselnde Wasserzufluß, der den wechselnden Materialzufluß bedingt, und so erscheint der Rhythmus in der Schichtenbildung als letzthin bedingt durch klimatische Rhythmen. Jahreszeitenwechsel kommt hierfür nicht in Betracht, sondern sicher größere Klimaperioden. Nach unserer Erfahrung über die Einbettung der Fossilien können diese Intervallen der Schichtenbildung nicht allzu groß gewesen sein, sonst würden uns die Fossilien nicht so zahlreich und gut erhalten in jenen Sedimenten vorliegen. Denn wenn es auch, wie im vorhergehenden Fall bei den Lithographenkalken, keine Weichkörperabdrücke sind, denen wir in den tieferen Stufen begegnen, so sind es doch zarte Kalkschalen vornehmlich von Ammonshörnern, die gleichfalls nicht erhalten geblieben wären, wenn sie nicht verhältnismäßig rasch eingebettet worden wären. Die regelmäßig wechselnde Schichtung kam vielleicht von klimatischen Wellen, wie etwa die 35jährigen Brücknerschen Perioden, und so errechnet man unter Zugrundelegung dieser Zahl für die Aufhäufung der rund 30 m mächtigen Gesteinsbänke einer bestimmten Weißjurastufe nur einen Zeitraum von 3000 Jahren. Und selbst wenn man längere Klimaperioden annimmt, bliebe die Ablagerungsdauer erstaunlich kurz.

Die Schlußfolgerung ist, wie auch die Voraussetzung der Rechnung freilich reichlich unsicher. Denn wie darf man erwarten, daß solche Rhythmen gerade jetzigen Wetterperioden entsprächen und daß zu damaliger Zeit die in den letzten Jahrzehnten beobachteten und höchstens für die Nacheiszeit gültigen Periodizitäten bestanden — vor Jahrmillionen, wo wir doch wissen, daß damals auch ganz grundlegend andere allgemeine Klimazustände auf der Erde herrschten und von einer Zonenbildung wie heute überhaupt keine Rede war. An allen solchen Erwägungen kranken von vorneherein alle absoluten Zeitberechnungen, wenn auch eine andere, wie die von Wagner für das Muschelkalkmeer gegebene, mehr den wirklichen Verhältnissen Rechnung tragen dürfte. Im Muschelkalkmeer gab es Austernriffe. Eine Generation über der anderen, eine Lage über der anderen, jede Schale noch nicht 1 mm dick und etwa 1 cm Durchmesser. Etwa 20—30 solcher Schälchen bilden oft kaum 1 cm vertikaler Riffmasse. Nehmen wir für das Wachstum solcher Muscheln zwei Jahre an, so wäre ein kopfgroßes Riff schon 2000 Jahre lang gewachsen. Nun wissen wir aber von derartigen Muschelriffen, daß sie unbedingt rascher wachsen, als die Sedimente ringsum sich aufhäufen. Ist also rechnungsgemäß ein Riff von 2 m Höhe 10000 Jahre alt, so hätte auch eine Sedimentlage von 1 m Dicke dieselbe Ablagerungsdauer. Nach der Mächtigkeit der in Betracht gezogenen Gesamtschichtfolge des Muschelkalkes wäre er in rd. 1200000 Jahren abgelagert worden. So geistreich diese Überlegung ist, so fehlen auch hier wieder alle Sicherheiten des Rechnungsansatzes. Denn wer sagt denn, daß die Austernriffbildung mit der übrigen Sedimentbildung verglichen werden kann? Es können sich zeitweise ungeheuer rasch mächtig geschichtete Sedimente ablagern, und dann kann in Ruheperioden sich wieder eine Austernbank bilden, bis die Sedimentation von neuem angeht und rasch sich das Schichtmaterial aufhäuft. Ja viele Tatsachen der Fossilerhaltung sprechen in allen Formationen dafür, daß die periodisch gehäuften Schichtbildungen rasch vor sich gingen und daß gerade Austern- und sonstige Riffe einen momentanen Stillstand der Sedimentation bedeuten.

Das Bedenkliche bei allen solchen, aus Schichtrhythmen angestellten Berechnungen ist stets, daß man nicht weiß, ob denn die Ablagerungsbedingungen für Sedimente früherer Epochen stets die gleichen waren. Wir werden (Kap. 10) noch Gründe finden, daran zu zweifeln. So haben wir aus den heutigen Meeren bisher nicht ein einziges Beispiel finden können für eine rhythmische Sedimentation von solcher Ausdehnung und Mächtigkeit, wie sie die meisten früheren Formationen bieten. Die Klimaverhältnisse haben, wie wir bestimmt wissen, einschneidend gewechselt; die Erdrinde hat Epochen stärkster Beunruhigung und Bewegung gehabt, die heute so gut wie völlig schweigen. Da mußten oft in kürzester Zeit ungeheuere Sedimentationen vor sich gehen, zumal in den älteren Epochen, als noch kein ausgiebiger oder überhaupt noch kein Pflanzenwuchs die Länder besiedelte und alles verwitterte Material, wie auch weiche Schichtmassen dann bei besonderen Wetterkatastrophen in kürzester Zeit ins Meer verfrachtet werden konnten. Sodann ist es gar nicht ausgeschlossen, daß im Lauf der geologischen Epochen auch kosmisches Gesteinsmaterial und kosmisches Wasser der Erde in größeren oder geringeren Mengen zugeführt wurde, was, wenn es sich irgendwie bestätigen sollte (Kap. 10) ebenfalls zu einer anderen Auffassung über die Zeitdauer selbst mächtiger vorweltlicher Ablagerungen führen würde.

Auch aus dem Zerfall radioaktiver Mineralien in andere Stoffe in Helium und Blei, ist ein Berechnungsversuch für geologische Zeiten gemacht worden. Man kann messen, wieviel Helium in einer bestimmten Zeit aus dem Zerfall radiumhaltigen Urans hervorgeht; leichter ist dies mit dem Blei durchzuführen, das sich als Zerfallsprodukt durch ganz verschiedenes Atomgewicht vom gewöhnlichen Blei unterscheidet, in solchem Vorkommen also sehr gut von den zufälligen Bleibeimischungen unterscheiden läßt. Ermittelt man nun in einem solchen, dem Boden frisch entnommenen Mineral die darin vorhandenen Mengen von Zerfallstoffen, so läßt sich theoretisch daraus das erdgeschichtliche Alter des Minerals feststellen. So bestechend und scheinbar exakt auch diese Methode ist, so haftet auch ihr der Nachteil an, daß sie mit viel zu dürftigen Voraussetzungen arbeitet. Man weiß weder, in welchem Zustand und unter welchen Umständen solche Mineralien geworden sind; man weiß nicht, woher sie ihren Radiumgehalt haben und wann er sich gebildet hat; man weiß nicht, was für Vorgänge im Innern der Kruste sich in geologischen Zeiten abspielten, die auf die Bildung des Radiums, wie auf den Zerfall von entscheidendem Einfluß gewesen sind. Es ist also eine laboratoriumshafte, die Natur durchaus vergessende Weise, die sich in ihrem Unwert zur rechten Beurteilung erdgeschichtlicher Geschehnisse in nichts unterscheidet von älteren Berechnungen, welche etwa aus dem Erstarren eines glühenden Schmelzflusses oder der Abkühlung einer glühenden Kugel das Alter der Erde, ja das der Sonne vergleichsweise berechnen wollten und damit zu so wenig naturechten Vorstellungen, wie der Kontraktion des Erdkörpers und seiner schließlichen Endabkühlung (Kap. 9) gekommen sind. Mathematik und Berechnungen haben der Natur gegenüber nur dort Wert und Sinn, wo man alle wesentlichen Voraussetzungen des Geschehens kennt; andernfalls täuschen sie dem Forscher, der sie benützt, eine Exaktheit vor, die zwar für die Rechnung als solche, nicht aber für die Erkenntnis des Geschehens in der Natur gilt.

Neuerdings hat man es von verschiedenen Seiten her unternommen, die von Astronomen nachgewiesene Periodizität der Sonnenstrahlung mit Intervallen eiszeitlicher und nacheiszeitlicher Ablagerungen und Abtragungsflächen in Zusammenhang zu bringen und mit der Dauer der Eiszeitphasen auch die der ganzen Diluvialepoche zu berechnen. Unter der Voraussetzung, daß die erst seit wenigen Jahrzehnten angestellten Beobachtungen über Strahlungsschwankungen des Zentralgestirns langfristige Bedeutung haben, daß sie nicht selbst nur augenblickliche Wellen ganz andersartiger Periodizitäten sind, konnte man durch Anwendung dieser Methode immerhin zu vorläufig befriedigenden Zahlen kommen, deren Wert dadurch gestärkt wird, daß verschiedene Forscher, unabhängig voneinander und an verschiedenen Objekten sich versuchend, zu wesentlich gleichen Ergebnissen gelangten. Die ganze Eiszeit würde beispielsweise nach den Untersuchungen von Soergel in Mitteleuropa etwa 600000 Jahre betragen haben; seit dem letzten Eishochstand wären etwa 26000 Jahr vergangen. Dies stimmt wiederum einigermaßen mit den oben erwähnten Zahlen der Niagara-Erosion zusammen, wenn man deren Durchschnitt mit 20000 Jahren ansetzt, die seit dem Ende der Gletschervorstöße in dortiger Gegend verflossen wären, als der Fluß damals in sein jetziges Bett hineingelenkt wurde und die ausarbeitende Wirkung seines Wassers am Schluchteingang bei Lewiston begann.

Wie schon vorhin angedeutet, ist das Grundübel aller solcher geologischen Zeitberechnungen die Ungewißheit, in der wir uns über die Stärke der meteorologischen und den Charakter auch der astronomischen Vorgänge, selbst in der eben erst verflossenen letzten erdgeschichtlichen Phase befinden. Vollends über die Abtragungs- und Niederschlagsverhältnisse in älteren Epochen ist uns noch nichts unbedingt Zuverlässiges bekannt, das sich als Grundlage solcher Berechnungen verwenden ließe. Zwar steht die Erdgeschichtsforschung methodisch auf dem Standpunkt, es seien die heutigen Zustände und Veränderungen maßgebend für die Beurteilung der Vergangenheit und alles frühere erdgeschichtliche Geschehen sei lediglich eine Häufung und Steigerung des jetzigen. Aber damit hat man wohl eine viel zu schmale Basis für das ungeheuere Gebäude vorweltlicher Gegebenheiten. Denn wir wissen und sehen es deutlich, daß es in den Zeitaltern der

Vorwelt Zustände gab, wofür die heutigen irdischen und kosmischen, gerade vorübergehend etwas stabilisiert erscheinenden Zustände kein maßgebendes Vorbild sein können. Ist doch nicht zu verkennen, daß beispielsweise die jetzigen, wie die eiszeitlichen Klimazustände — um nur dieses Eine zu erwähnen — besondere Extreme sind, denen gegenüber es durch unendlich lange Epochen der Vorzeit über die ganze Erde hin, auch in den Polarzonen warm oder wenigstens für ein ausgebreitetes Tier- und Pflanzenleben durchaus erträglich war, wofür wir in den heutigen Gegebenheiten keine Erklärungsmöglichkeit sehen, wir können drehen und deuten, wie wir wollen.

Mit dem Begriff „Zeit" aber und der versuchten Abmessung erdgeschichtlichen Geschehens nach „Jahren" denken wir stets an den derzeitigen Umlauf der Erde um die Sonne, meinen darin einen objektiven Maßstab des Zeitablaufes zu haben. Doch dies auf vorweltliche Epochen ohne weiteres zu übertragen, bringt abermals ein falsches Element in alle Berechnungen, weil es ausgeschlossen ist, daß sich zu früheren Zeiten das Planetensystem, also der Zustand der Sonne, die Umläufe der Planeten, die Monde alle im gleichen Verhältnis befanden wie heute, und daß etwa die schicht- und gesteinsbildenden Faktoren in gleicher Art wirkten wie unter den derzeitigen astronomischen und meteorologischen Bedingungen.

Fassen wir die Ergebnisse kurz zusammen, so können wir immerhin mit Walcott sagen, daß die geologisch-historische Zeit zwar lang, aber nicht von undefinierbarer Länge ist; sie kann mit Zehnern von Jahrmillionen, aber nicht mit Hunderten oder gar Tausendern gemessen werden, wie es vielfach phantastisch wohl ausgesprochen wurde. So eigentümlich es klingt, kommt es doch für die Gesamtdauer auf einige Millionen von Jahren in der Berechnung nicht an, weil es schon ein großer Fortschritt ist, zu wissen, in welchen Maximalgrenzen sich ungefähr die künftigen Ergebnisse bewegen werden. Nimmt man — was aber immer noch ein durchaus unsicheres Ergebnis bleibt — vergleichsweise die Mächtigkeit der großen Formationen als ein Maß für ihre gegenseitige Zeitdauer, so läßt sich sagen, vielleicht mit einigem Recht, daß sich die Tertiär- und Quartärzeit zu den drei Epochen Kreide, Jura und Trias etwa verhält wie 1:5. Nach derselben Schätzung würden sich die drei letztgenannten Alter zu dem darunterliegenden Perm bis mit Kambrium wie 5:12 verhalten. Setzt man nach ziemlich übereinstimmenden und auf verschiedenen Wegen versuchten Berechnungen für den Abschnitt der Erdneuzeit etwa 5 Millionen Jahre an, so betrüge die Spanne Kreide—Triaszeit 25 Millionen, die Spanne Perm—Kambrische Zeit 60 Millionen, die ganze Zeitspanne vom Beginn des Erdaltertums bis heute also etwa 90 Millionen Jahre. Nach der oben erwähnten Methode mit den radioaktiven Substanzen käme man für denselben Gesamtzeitraum auf etwa 700 Millionen Jahre.

Nach der bisher üblichen Einteilung umfaßt das Erdaltertum die Formationen vom Kambrium bis mit Perm, das Erdmittelalter die Formationen Trias, Jura und Kreide; die Erdneuzeit Tertiär und Quartär. Es sind dies zufällige Grenzen, die sich durch die geschichtliche Entwicklung der Formationsuntersuchungen in Europa seit Ende des 18. Jahrhunderts so ergeben haben. Wenn man die Entwicklung der Pflanzenwelt, statt die der Tierwelt zugrunde legt, so kann man von einem Paläo-, Meso- und Känophytikum sprechen, muß dann aber die Grenzen anders ziehen, wie unsere Tabelle S. 383 anzeigt. Da nun die Natur kein Schema kennt, so wird man mit jeder solchen rein konventionellen Einteilung irgendwo nicht zufrieden sein. Ebenso läßt sich natürlich vielfach streiten, ob man die eine und andere Formation so oder anders begrenzen soll. Denn oftmals gibt es Übergangsschichten zwischen zwei größeren Zeitaltern. Da ja, wie schon oben erwähnt, das Zeitschema auf europäischem Boden entstanden ist, und zwar in außeralpinen Gebieten, so gibt es teils in den Alpen, teils anderwärts auch Schichtserien, die einen kontinuierlichen Übergang aus der einen in die andere Formation bilden. So kann man vielerorts etwa Jura und Kreide oder Karbon und Perm nicht trennen. Es ist aber dilettantenhaft, einerseits zu meinen, die Formationen bzw. Zeitalter seien absolute Zeiteingrenzungen, andererseits sich in Gelehrtenstreit zu begeben, um die Grenzen der Formationen gegenseitig zu verschieben.

5. Aufbau und Lagerung der Schichtsysteme

Jede Schicht, sei sie dick oder dünn, und jede Schichtfläche, die wir im Verband der viele tausend Meter mächtigen Formationen der Erdrinde finden, war irgendwann einmal, in irgendeinem erdgeschichtlichen Augenblick auch Erdoberfläche; damals nämlich, als sie entstand, sei es unter Wasser, sei es auf dem Lande, sei es durch Aufschüttung, sei es durch Abtragung vorher gebildeter Niedersetzungen. Dies gilt jedoch ausschließlich von den Sedimentgesteinen, also den durch die Atmosphärilien, Regen, Wind, Wasser, unter der freien Luft oder unter Wasser abgesetzten Materialien (Abb. 88). Es gilt indessen nicht von den vulkanischen Lagern. Denn das vulkanische Gestein, auch wenn es gebankt und geschichtet oder in Platten, Quadern und Säulen abgesondert ist, ist als Ganzes erstarrt und seine Flächen und Klüfte sind niemals Oberfläche gewesen, sondern entstanden aus Spannungsdrucken und Kristallisationsvorgängen oder geotektonischer Verschiebung in den erstarrenden und erstarrten Massen (Abb. 76). Freilich gibt es auch vulkanisches Gestein, das „Oberfläche" war, etwa die Außenseite eines erkaltenden Lavastromes oder die Außenseite eines Vulkans. Insoweit solche Flächen in den Gesteinsformationen der Erdrinde erhalten sind, zählen sie ebenfalls zu jenen Bildungen, die einmal Oberfläche, wenn auch nur für einen kurzen Augenblick gewesen sind. Wir sprechen hier nur von den Schichtungsflächen der Ablagerungsgesteine.

Ihr Material wurde ja wirklich nach und nach hingebreitet, und wenn es dabei auch einst nur für allerkürzeste Zeit freilag und sofort wieder bedeckt wurde, so war es doch eben einmal Erdoberfläche. Es ist nun der Sinn der paläogeographischen Forschung, auf Grund der Gesteinsmaterialien, ihrer Lagerung, ihrer Ablagerungsform, wie ihres Inhaltes ein Bild der jeweiligen vorweltlichen Erdoberfläche und der zahlreichen Stadien ihrer Umwandlung zu geben. Das aber heißt nichts anderes, als den Versuch machen, zu zeigen, welche Schichten und Schichtflächen jeweils gleichzeitig Oberfläche der Erde miteinander bildeten. Hierzu bedarf es der Erkenntnis, in welchen Räumen sich die einzelnen Gesteine gebildet haben,

Abb. 88. Gewöhnliche Schichtflächenbildung in marinem Sedimentgestein. Die Schichten sind nachträglich aufgerichtet. Jede dieser ehemals wagrecht lagernden Flächen war einmal vorübergehend ein Stück Meeresboden. Molassesandstein. Tertiärformation. Allgäu. (Phot. Dr. Knauer.)

ob im Meer, oder im Süßwasser, in Flachsee oder Tiefsee, in Wüsten oder Feuchtgebieten, wofür die vorhergehenden Kapital ja Beispiele gezeigt haben. Das alles aber muß aus dem Gesteinscharakter, der ursprünglichen Lagerungsart, dem Inhalt an fossilen Pflanzen oder Tieren entnommen werden, wird entsprechend auf eine Jetztweltkarte eingetragen (vgl. Abb. 128, 136 u. a.) und so erhält man eine genauere Übersicht von der Verteilung der Länder und Meere, der Seen, Wüsten, Eisbedeckungen oder Gebirge früherer Epochen, sei es der ganzen Erdoberfläche, sei es einzelner Länder. Für alles dies aber ist Voraussetzung eine genaue Zeitbestimmung und Zeitparallelisierung der einzelnen Schichtungen und Gesteinsarten, wie es uns das vorige Kapitel gelehrt hat.

Wo wir also die Erdrinde auch durchforschen, immer treffen wir wechselnde Schichtungsarten, und zwar nicht nur übereinander sondern auch immerfort in der Horizontalen immer wechselndes Gesteinsmaterial. Und dies stellt uns die ehemaligen, aneinander abgegrenzten Lebens- und Ablagerungsräume dar, deren Art und Wesen wiederzuerkennen sind, um daraus die Gestaltung und die Ablagerungsbedingungen vorweltlicher Zeiten wiedererstehen zu lassen, also eine „Paläogeographie" zu gewinnen.

Das, was ein Gestein nach seiner physikalisch-petrographischen Zusammensetzung wie auch nach seinem Inhalt an fossilen Tieren und Pflan-

Abb. 89. Küstenrand auf Rügen, die Geröllmassen des Flachstrandes zeigend. (Origphot.)

zen über die bestimmten ehemaligen Ablagerungsbedingungen und die damaligen Lebensverhältnisse erzählt, also das, wozu es sich sozusagen vor uns bekennt, ist sein Angesicht, mit einem Fachausdruck: seine Fazies. Und so sprechen wir bei den Gesteinsbildungen der Erdrinde von mariner oder terrestrischer Fazies, von Küsten-, Flachmeer- oder Tiefseefazies; und dementsprechend von allem anderen, sei es auf dem Lande oder im Meere abgelagert oder durch vulkanische Ausbrüche entstanden.

Von allen Gesteinsarten müssen wir also die Fazies kennen, ehe wir daraus Schlüsse auf die ehemaligen Niederschlagsbedingungen, also auf den ehemaligen Lebensraum auch der darin enthaltenen Lebewesen, überhaupt auf die damaligen erdgeschichtlichen Zustände ziehen können. Wir stellen uns etwa ein an ein Landgebiet unmittelbar angrenzendes Meeresbecken vor, das seine Sedimente durch die zerstörende Abtragungswirkung der Wogen bezieht. Durch diesen Vorgang wird die Küste, wie S. 45 dargestellt, gleichzeitig rückwärts, landeinwärts verlegt. In unmittelbarer Landnähe bilden sich daher im allgemeinen grobe Konglomerate und Sande (Abb. 89), weiter draußen, wo die Wogenkraft erlischt, machen sie allmählich reinen feineren Sanden Platz. Noch weiter von der Küste weg oder auch in ihrer Nähe in der ruhigen Wasserzone werden reine Tone oder Kalkschlammschichten niedergeschlagen, teilweise aus der feinsten Trübe des Wassers, teilweise aus chemisch sich niederschlagenden Kalksalzen, teilweise aus dem Zerreibsel von Organismenschalen. So beginnt sich ein System von verschiedenartigen und verschieden weit ausgedehnten Schichtungen zu entwickeln (Abb. 90), die nach etwaiger Hebung des ganzen Gebietes und nun erfolgendem Rückzug des Meeres teils nebeneinander, teils übereinandergeschichtet daliegen und nun den Boden des neu aufgetauchten Landes zusammensetzen. Stellt man sich vor, man würde ein Querprofil durch dieses Land legen, so bekäme man an der einen Stelle eine Folge von Konglomerat, Sand, Ton, darüber wieder Sand und Ton oder Kalk; an einer anderen Stelle nur eine Konglomerat- und Sandfolge. Trotz der Verschiedenheit beider Profile würden sie aber dennoch im ganzen ein und dieselbe Zeitspanne umfassen — und so erkennen wir, wie im Felsgerüst der Erde zwei ganz verschiedene Gesteins- oder Faziesentwicklungen dieselbe Zeit bedeuten können.

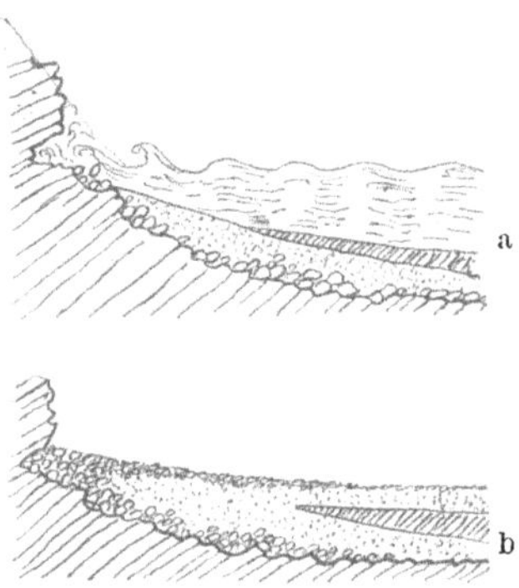

Abb. 90. Schema eines durch Zerstörung der Küste in ein Land eindringenden und über der abgetragenen Fläche seine Schichtungen aufhäufenden Meeres (Transgression). a Die Geröllzone an der augenblicklichen Küste wird nachfolgend von Sand und dann von dem weiter draußen abgesetzten Tonschlamm überdeckt. b Beim Rückzug des Meeres oder bei Hebung des Landes (Regression) breitet sich wieder Sand und wenig Geröll über der zuvor abgelagerten Schichtenserie aus. Das Ganze ist ein abgeschlossener Sedimentationszyklus.
(Abgeändert nach Rutot und v. d. Broeck 1883.)

Die beistehenden Abbildungen gaben dies nur recht einfach wieder. In Wirklichkeit ist aber alles viel verwickelter, denn die Mannigfaltigkeit der Niederschlagsbedingungen ist ja überall sehr verschieden. Man braucht sich nur vorzustellen, daß etwa in der Nähe einer Küste noch Korallenriffe wachsen; dann werden sich die Ablagerungsbedingungen selbst vermannigfachen. Denn auch wenn sie weiter draußen im eigentlich stillen Wasser liegen, bilden sie ihrerseits wieder eine Art von Untiefe oder Küste, an denen sich die Wogen brechen und nun zu andersartiger Sedimentbildung Anlaß geben. Wo solche Riffe hohe submarine Schwellen sind, also nicht nur flache Rasen bilden, werden sie durch die Brandung und sonstigen Zerfall immerfort zerstört. Es entsteht aus den abgebrochenen Ästchen und Stöcken, sowie aus den zu Tausenden daliegenden Schalen und Schalentrümmern abgestorbener Mitbewohner der Riffe (Kap. II, 2) ein splitteriger und grober Kalksand, der sich schuttkegelartig wie ein Mantel um das Riff herumlegt und sich schräge aufschichtet, dabei auch rutscht oder sich in seinen Lagen vielfach infolge des bewegten Wassers überschneidet. Solche Übergußschichtung finden wir an vorweltlichen Korallenriffen stets typisch entwickelt (Abb. 91). Weiter draußen aber ist alles wieder mehr horizontal geschichtet. Man sieht wie eine Gesteinsart und eine Schichtungsart in wagrechter Richtung in die andere übergehen kann. Nicht nur von unten nach oben wechselt das Bild, sondern auch seitwärts.

Abb. 91. Korallenriffkalk der oberen Juraformation. Kelheim, Bayern. Rechts von den massigen Kalkklötzen des alten Riffes die schräg nach abwärts gehende Übergußschichtung. (Phot. R. Haefner.)

Nun ziehen wir das Land mit in Betracht, das neben einem solchen Meeresgebiet liegt. Während sich hier die Serien niederschlugen, liegt auf dem Land vielleicht ein Süßwassersee, worin sich etwa ein Tonschlamm mit Pflanzenresten absetzt. Zugleich wird in dem küstennäheren Gebiet durch den Wind vielleicht ein System von Sanddünen aufgehäuft und anderwärts ein Delta. Stellen wir uns vor, daß dies alles in unserer späteren erdgeschichtlichen Zeit teilweise abgetragen, teilweise auch von jüngeren Schichtungsmassen irgendwelcher Art überdeckt sei und ein bewachsenes Land bilde, in dem nur wenig natürliche Bodenaufschlüsse oder Steinbrüche und Sandgruben sind, so können wir bestenfalls an einigen voneinander entfernten Stellen Vertikalprofile aufnehmen, die nun in ihrer Schichtenfolge allerlei Wechsel zeigen. Ist es uns gelungen, die Gleichalterigkeit der Schichten zu erweisen, so haben wir einen seitlichen Schicht- und Gesteinswechsel (Abb. 92), wobei das eine „auskeilt“, um dem anderen Platz zu machen. Das aber heißt nichts anderes, als daß die richtige Ausdeutung dieses seitlichen Wechsels gleichalter Ablagerungen es uns ermöglicht, die ehemaligen Ablagerungsräume in ihrer seitlichen Aneinanderreihung wieder herzustellen.

Dieses **Auskeilen** von Schichtmassen bzw. ihr seitwärtiges Übergehen in andere gleichalte Ablagerungen ist nun eines der wichtigsten Hilfsmittel für den Paläogeographen, um die Verschiedenartigkeit der aneinandergrenzenden ehemaligen Ablagerungsgebiete zu erkennen. Denn wie auf der heutigen Erdoberfläche gleichzeitig alle möglichen Abtragungs- und Auflagerungsräume nebeneinander bestehen, so auch früher. Während sich vielleicht in einer Flachmeerzone ein Kalk mit derbschaligen Konchylien niederschlug, entstand gleichzeitig daneben ein Kieselkalk mit Tonschiefern und Tieren der Tiefenzone. Dort aber, wo beide Gebiete aneinanderstießen und ineinander übergingen, mußte das eine Sediment zugunsten des anderen rasch oder allmählich verschwinden. Und das eben bedeutet im Profil das Auskeilen.

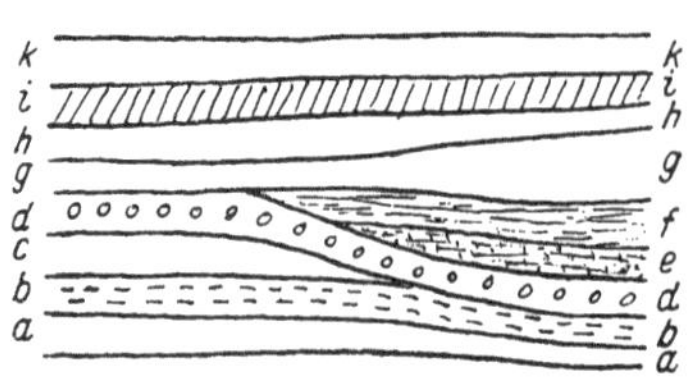

Abb. 92. Schema einer normalen Schichtung mit Fazieswechsel. Auskeilen von Schichten bzw. Sedimentarten. Schicht c links entwickelt, rechts zwischen b und d verschwindend; Übergreifen von d. Schicht e und f rechts mächtiges System von Tonschiefer und Konglomerat, links nur als Schichtfuge und Schichtlücke entwickelt; h—k beiderseits fast gleichartig. (Orig.)

Grundsätzlich hat jedes Gestein, das sich in der Erdrinde findet, seine gleichzeitigen andersartig oder auch gleichartig entwickelten Äquivalente, und wenn man in der Lage ist, die gleichalterigen Schichtungen seitwärts zu verfolgen, wird man stets auf dieses gegenseitige Auskeilen stoßen. Denn kein Ablagerungsraum war jemals unbegrenzt, so wenig er es heute ist, und darum hat keine Art von Sediment oder Gestein unbegrenzte Verbreitung, wenn auch ein und dieselbe Gesteinsart in der ganzen Welt an den verschiedensten Stellen sich gleichartig gebildet haben kann, sei es zu gleicher, sei es zu verschiedener geologischer Zeit. So bestehen beispielsweise in Mitteleuropa die marinen Ablagerungen der Oberjurazeit aus grauen bis gelben Kalken wohlgeschichtet, und dieselbe Art tritt auch in Abessynien auf, wo sie auch dieselben fossilen Tiertypen führt; dazwischen aber liegt das Mediterrangebiet, wo die gleichalten Gesteine meistens in Form mächtiger grauer klotziger Kalke oder dünngebankter roter und rötlich-grauer Kalkschiefer, unter Wechsellagerung mit Hornsteinmassen und Kieselkalken vertreten sind und wenig Fossilien führen; in Zentralasien sind es mächtige Sandstein- und Tonschieferserien, im westlichen Nordamerika teilweise starke Vulkanaufschüttungen, welche dieselbe Alter repräsentieren.

Innerhalb der Fazies und der Faziesgebiete entwickelt sich das Gestein nun im allgemeinen in Schichtung. Selbst wenn man im einzelnen Profil oft nichts oder nicht viel von Schichtung wahrnimmt und das Gestein aus groben ungebankten Massen oder klotzigem Material besteht, wird man doch immer wieder da und dort auch die Merkmale einer Schichtung entdecken. Im kleinen und kleinsten ist es die gewöhnliche Wechselschichtung (Abb. 11), welche die Sedimente auszeichnet. Man könnte es auch einen immer sich wiederholenden raschen Fazieswechsel in vertikaler Richtung nennen, diese gewöhnliche grobe oder feinere Schichtung; aber man ge-

Abb. 93. Marine Schichtenfolge mit rhythmischem Wechsel von Kalkbänken und tonig-mergeligen Zwischenlagen. Nachträglich aufgerichtet. Kreideformation. Schliersee. (Phot. Dr. Knauer.)

braucht hier diesen Ausdruck nicht mehr, sondern beschränkt ihn auf die zuvor dargelegten seitlichen Gesteinsänderungen, die einen Wechsel des ganzen Ablagerungsraumes und seiner dauernden Verschiebung, nicht aber bloß einen Wechsel der Niederschlagsbedingungen und der Materialien in der Zeitvertikalen bedeuten.

Ein normaler Schichtwechsel, eine normale Schichtungsfolge ist es etwa, wenn eine Kalklage, dann eine Tonlage, dann wieder eine Kalklage, dann wieder eine Tonlage aufeinanderfolgen (Abb. 93). Das kann sich unzähligemal wiederholen und in diesem rhythmischen Wechsel Aufschichtungen von Hunderten von Metern erreichen. Oft kommt es vor, daß eine solche regelmäßige Wechsellagerung sich allmählich umändert, daß also etwa die Tonlagen geringer werden und die Kalkbänke immer näher zusammenrücken. Schließlich kann Kalkbank über Kalkbank folgen und die Tonlage ganz verschwunden oder auf ein dünnes Häutchen dazwischen reduziert sein. So können Sandsteine und Tonschiefer oder Kalksteine und Sandsteine wechseln, in jeglicher nur denkbaren Mannigfaltigkeit. Im allgemeinen sieht man die wagrechte Aufeinanderschichtung als das Normale an, und im einzelnen beschränkten Aufschluß erscheinen die Sedimentärschichten ja auch vielfach so gelagert. Indessen ist Horizontallagerung grundsätzlich nur denkbar, wenn die Niederschläge des ehemaligen Materials senkrecht von oben kamen. Das wird aber meistens nur bei chemischen Ausfällungen so sein, während sonst immer eine mehr oder weniger einseitige Materialzufuhr in die Meeresbecken und die Seen erfolgte. Deswegen wird sich auf größere Erstreckung niemals eine unbedingt wagrechte Lagerung der Schichtungen zeigen, selbst wenn sie noch völlig ungestört, also

Abb. 94. Durch Quellung und diagenetische Volumenänderung gefaltete Gipsschichten. Keuperformation bei Stuttgart. (Phot. v. d. Trappen.)

so, wie sie dereinst abgesetzt wurden, liegen. Ändert sich der Neigungswinkel der einzelnen Schichtbänke sehr rasch und auf kurze Entfernung gegeneinander, so entsteht die Kreuzschichtung. Sie verläuft entweder im selben gleichartigen Material oder bedeutet mit verschiedener Materialaufhäufung stets einen raschen Fazieswechsel auf kurze Erstreckung, auch niemals eine sehr mächtige oder ausgebreitete Horizontallagerung von Schichten, sondern ein rasches Hin und Her der Sedimentierung unter steter Änderung des Materials und des Einfallwinkels der Bänke. Diese deuten auf einseitige Materialzufuhr, und die Schichten bilden sich hierbei durch einseitig wirkende oder sehr schnell die Richtung wechselnde Ablagerung, also vor allem Deltabildungen, Flußablagerungen oder Windaufhäufungen, bei welch letzteren das Material stets gleichmäßig ist. So zeigt die Kreuzschichtung, wo wir sie auch finden, daß das ablagernde Element immerzu in seiner Stoßrichtung oder der Transportstärke wechselte, das soeben Abgelagerte immer wieder in anderer Richtung überfahrend oder teilweise abschneidend und weiterführend (Abb. 49, S. 67).

Außerdem können die ursprünglich mehr oder weniger wagrecht gelagerten Schichten auch später zusammenrutschen. Dies geschieht etwa, wenn ein vertikal sich niederschlagendes Sediment auf einem submarinen Abhang so große Mächtigkeit gewinnt, daß der Böschungswinkel zu steil für das Massengewicht wird. Dann kommen die weichen Materialien ins Gleiten und es bilden sich Überrutschungen, Überschiebungen und faltige Stauchungen. Zuweilen trifft man solche in den längst erhärteten Formationen an. Eine andere Art Faltung und Stauchung entsteht durch nachträgliche Quellung von Gesteinen, wie dies zuweilen in Gipslagern zu sehen ist. Durch Aufnahme von Wasser dehnen sich die Schichten aus und pressen mit großem molekularem Druck ihre Nachbargesteine zur Seite, sich selbst und diese dabei in Falten legend (Abb. 94). Man darf solche Erscheinungen nicht mit den Gesteinsfaltungen verwechseln, welche durch geotektonischen Druck in der Erdrinde bei der aus ganz anderen, gewaltigeren Ursachen entspringenden Gebirgsbildung erscheinen.

Jeder gewöhnliche wiederholte Schichtwechsel nun deutet an, daß sich ehedem die Niederschlagsbedingungen geändert, mit einem gewissen Rhythmus geändert haben. Es können beispielsweise durch jahreszeitliche Wetterperioden ehemals die Sedimente, welche Flüsse in ein Meer brachten, in der regenreichen Zeit gröber, in der regenarmen feiner gewesen sein; und ging dies Jahrtausende so fort, so bankte sich Schicht über Schicht, also etwa Sandsteine und Tonschiefer übereinander (Abb. 11, S. 26). Es kann aber auch die Bankung gleichartiger Schichten dadurch zustande gekommen sein, daß immer nach einer gewissen Zeit die Sedimentzufuhr eine Weile unterblieben war, so daß das zuvor Abgelagerte erhärtete, und daß sich dann nach einer bestimmten Pause wieder dasselbe Material darüberlagerte.

Im Grunde genommen ist jede regelmäßige Schichtenfolge ein kurzfristiger Zyklus, insbesondere dann, wenn es sich um eine einigermaßen regelmäßige Wechsellagerung zweier verschiedener Gesteinsarten handelt. Denn jede Schichtfuge in einem gebankten Sediment bedeutet eine Unterbrechung der bestehenden sedimentierenden Bedingungen, und wenn diese, durch die Schichtfuge ausgedrückte Unterbrechung vorbei ist, geht das alte Spiel wieder los, das nun abermals eine Schicht anhäuft.

Ein solcher Z y k l u s kann sich aber auch ausdehnen und mannigfaltiger werden. Dabei erscheinen in einem Profil Schichtbänke sehr verschiedener Art. Nach drei- oder vier- oder fünffachem Wechsel von immer andersartigem Material hört die Sedimentation für kurze Zeit auf, es erscheint eine besonders markierte Unstetigkeitsfläche, und nun beginnt die Folge von neuem in derselben Weise. Nach dem beistehenden Profil (Abb. 95) ist der mittlere Jura in Lothringen in einer beständig abwechselnden Folge von Kalken, Tonmergeln und Tonen entwickelt. Man nennt diesen regelmäßigen Wechsel der Fazies in seiner Wiederkehr einen Zyklus, weil sich darin zeigt, wie sich immer derselbe Ablagerungsprozeß seinerzeit abspielte, der vom

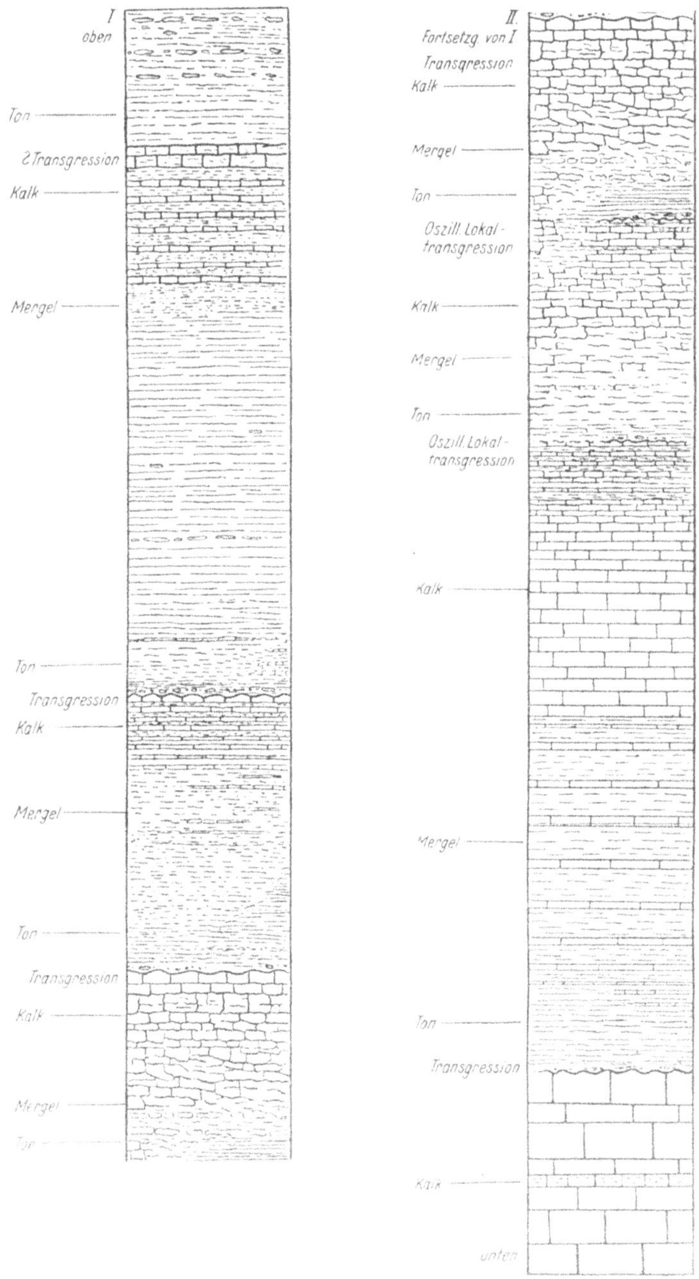

Abb. 95. Zyklische Wiederholung der Sedimentation in der marinen mittleren Juraformation (Dogger) in Lothringen. II. schließt unter der linken Säule an. (Aus Klüpfel 1916.)

Tiefenwasser zum Flachwasser verlief, dann mit einer kurzen Heraushebung endete und wieder von neuem anfing. Solche Zyklen, wie der hier dargestellte, gehören einer engeren geologischen Zeitstufe an, die in unserem Fall nicht einmal ganz der mittleren Jurazeit entspricht. Der Ablagerungsraum bleibt dabei trotz Wechsel und Unterbrechung der Sedimentation so, wie er ist; nur das Material ändert sich rhythmisch, und dann kommt immer der Augenblick, wo sich einige Zeit hindurch nichts ablagert und der bis dahin unter Wasser stehende Raum vielleicht trockengelegt wird. Dann erhärten entweder die zuvor gebildeten Sedimente oder sie bleiben weich. Es bohren, wenn sie wieder unter Wasser sinken, etwa Würmer ihre Gänge hinein, oder wenn sie erhärtet sind, bohren sich kalkfressende Muscheln hinein (Abb. 96). Lag die letztgebildete Schicht über Wasser, so kann sie auch

Abb. 96. Gesteinsstück von einer Trockenlegungs- und Transgressionsfläche des obigen Profils (Abb. 95). Die ehemals trockengelegte Sedimentfläche verhärtete, wurde dann vor Neubeginn der Sedimentation wieder wasserbedeckt, Bohrmuscheln zerfraßen sie und Austern siedelten sich darauf an. (Aus Klüpfel 1916.)

teilweise wieder abgetragen werden. Lagern sich beim Wiederabsinken und bei einem Fortgang der Sedimentation dann wieder neue Schichten unter sonst gleichen Verhältnissen wie früher ab, so entsteht ein fortlaufendes, scheinbar ganz ununterbrochenes, „konkordantes" Schichtsystem, in dem keine größere Zeitstufe fehlt und das trotzdem Lücken in sich birgt.

Jede Schicht repräsentiert, wie schon gesagt, mit ihrem körperhaften Dasein nun jenen Augenblick der Erdgeschichte, wo sie einmal „Oberfläche" war. Sie repräsentiert zugleich auch die Art des Lebensraumes, der in jenem Augenblick dort lag, wo sie heute liegt; vorausgesetzt, daß sie nicht nachträglich durch geotektonische Krustenbewegungen an einen anderen Ort, in eine andere räumliche Lage gebracht wurde. Ist dies letztere der Fall, so muß man weiter zu ermitteln suchen, wo sie ursprünglich normalerweise lag, also abgelagert wurde, und kann erst hiernach sagen, wo der

Lebensraum und Ablagerungsraum wirklich lag, in dem sie entstand. Wir dürfen uns also nicht nur mit normal lagernden Schichtungen befassen, sondern müssen auch die gestörten und ortsbewegten Schichtungen klären und sie in Gedanken in ihre ursprüngliche Lagerung zurückzubringen suchen.

Wird eine Schicht später zu irgendeiner Zeit, nachdem sie schon überdeckt war, wieder einmal durch Abtragung des darübergebreiteten jüngeren Gesteinsmaterials oder durch Emporfaltung freigelegt, so bezeichnet sie als solche zwar immer noch jenen früheren Zeitaugenblick ihrer Entstehung; aber ihre jetzt freiliegende Oberfläche ist natürlich nicht mehr jenes ehemalige Stück Erdoberfläche, das sie seinerzeit im Augenblick ihres Niederschlages bildete. Denn damals hatte das Land oder der Meeres- oder der Seeboden, worin sie abgelagert wurde, jene äußere Form, welche Schichtoberfläche zugleich war. Wir wollen hierzu zwei schematische Profile vergleichen. Das eine (Abb. 97a) zeigt uns die im Meer einmal abgelagerte Schichtserie 1—8. Hier waren nacheinander die Lagen einmal Oberfläche des

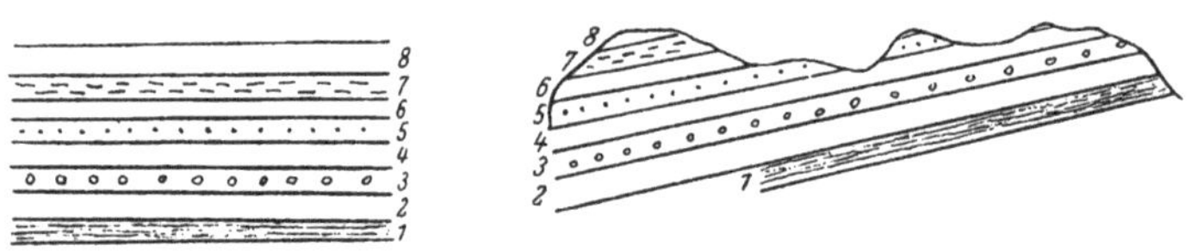

a b

Abb. 97. A. Schichtsystem, von dem jedes einzelne Glied nach dem anderen einmal Bodenoberfläche war, als es abgesetzt wurde. B. Dieselben Schichtmassen, gehoben, zu Festland geworden und zerschnitten, bilden nun in anderem Sinn wieder die Erdoberfläche. (Orig.)

Meeresbodens. Wir stellen uns vor, diese Schichtmasse werde einheitlich und ohne Störung des Schichtverbandes gehoben. Gleichzeitig werde dieselbe etwas schräggestellt (Abb. 97b). Es entsteht Land, die Erosion durch die Atmosphärilien setzt ein, die Schichten werden teilweise so abgetragen, daß die neue Abtragungsfläche streckenweise auch der einen und anderen Schichtfläche folgen kann. Nun sind diese, wie man sieht, abermals ganz oder teilweise „Erdoberfläche"; aber in einem ganz anderen Sinn, als ehedem, wo sie in der Zeitfolge 1—8 abgelagert wurden. Jetzt sind sie nicht als Ganzes, sondern jede nur ein Stück weit und alle gleichzeitig „Erdoberfläche". Sie bedeuten aber nun nicht die augenblickliche Jetztzeit, sondern bedeuten in ihrer Substanz immer noch jene alte Zeit, in der sie im Meere entstanden. Die augenblickliche Jetztzeit aber ist charakterisiert durch die Erosionsfläche, die sie quer schneidet, und durch allenfalls sich auf dieser Fläche bildende Schutt- oder Verwitterungslagen, welche nun die örtlichen Repräsentanten der „Jetztzeit" wären.

Nun stellen wir uns vor, es lagere sich in einheitlicher Folge im Meer ein Schichtsystem a—g (Abb. 98c) ab. So bekommen wir eine ununterbrochene Zeitfolge, die keinen Wechsel des Ablagerungsraumes verrät. Dies nennt man Konkordanz. Eine Diskordanz entsteht in den sich bildenden Ablagerungen stets dann, wenn in einem bestimmten Raum eine Störung oder Unterbrechung der bis dahin fortlaufend sich aufbauenden Schichtenbildung eintritt, wobei die bisher gebildeten Ablagerungen geotektonisch bewegt werden. Diese geotektonische Störung braucht sich keineswegs in einer starken örtlichen Verschiebung oder gar Faltung und Verwerfung der Schichtmassen zu äußern (Abb. 98 b, c), wie wir sie noch zu betrachten haben, sondern kann in der Aufwärtsbewegung eines ganzen Kontinentes bestehen und ebenso in der Abwärtsbewegung. Im ersteren Falle wirkt die Erosion, die Verwitterung und Abtragung; und sinkt das ganze Gebiet wieder unter das Meer, dann lagern sich neue marine Sedimente späterer Zeit über die älteren, zuvor gehobenen. Zwischen beiden Systemen besteht dann eine Unstetigkeitsfläche, eine Diskordanz, selbst wenn die Schichten örtlich scheinbar ununterbrochen, d. i. konkordant übereinanderfolgen. Es liegen also oftmals innerhalb einer einzigen Schichtfuge große Ablagerungs- und Zeitlücken. Eine derartige Fuge oder Unstetigkeitsfläche in einem auch scheinbar konkordanten Schichtsystem kann daher eine große Fülle von Vorgängen und Begebenheiten in sich bergen, die man dann aus allerhand kleinsten und vielleicht unscheinbarsten Anzeichen erst wahrnimmt. So liegen in der auf Abb. 56, (S. 77) gezeigten Hauptfuge allerhand Gesteinsbildungen, Verwitterungserde, chemische Ausscheidungen, Gerölle in kaum nennenswerter Mächtigkeit, die als Überbleibsel jener Zwischenereignisse von größter Bedeutung bei der Untersuchung sind, und im kleinen haben wir es schon bei den vorhin beschriebenen zyklischen Unterbrechungen gesehen (Abb. 95, S. 138).

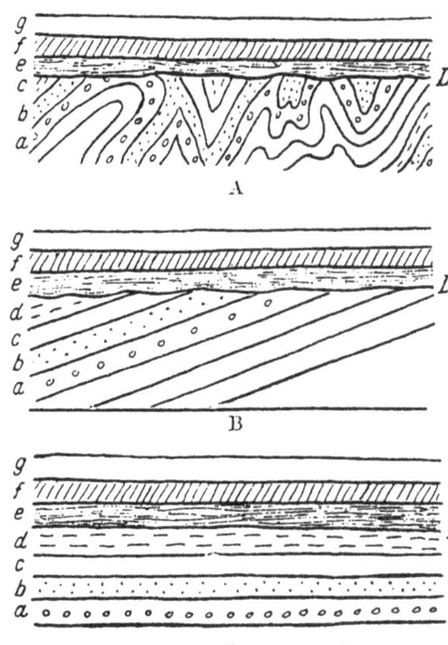

Abb. 98. Profilserie, worin die Grenzfläche D ganz Verschiedenes bedeutet. In C ist es eine normale Fuge; in B eine Diskordanz, während welcher das System a—d einseitig gehoben und abradiert wurde; in A bedeutet sie eine Faltengebirgsphase, nach der die Sedimentation weiterging, als die Falten schon abgetragen waren. (Orig.)

Oftmals werden solche Hin- und Rückbewegungen — man spricht von Transgressionen, wenn ein Meer eindringt und abhobelt; von Regressionen, wenn es sich zurückzieht — in den Formationen gekennzeichnet durch die Einschaltung von Konglomeraten, die ja stets entstehen, wenn ein Meer durch Eindringen in ein Land dieses abträgt (Abb. 31, S. 45), oder wenn eine Fläche einige Zeit Land war und nun die Verwitterung und die Flüsse oder Wüstenbildungen grobes Gestein aufhäuften. Bildete sich aber bei der inzwischen erfolgten Abtragung kein Verwitterungsschutt, auch kein Konglomerat, oder wurde es, wenn es sich gebildet hatte, wieder beim Zurücksinken des Systems unter das Meer abgewaschen, so haben wir auf der nunmehr blanken Schichtfläche eine scheinbar einheitliche und fortlaufend gebildete Serie liegen, und doch wird die Untersuchung lehren und ein Vergleich mit anderen gleichalten Schichtfolgen, daß hier mitten durch das Schichtsystem eine Diskordanz geht und daß dieser Diskordanz anderwärts vielleicht eine sehr mächtige Formation entspricht, welche ihrerseits in ununterbrochener Folge abgelagert wurde, ohne geotektonische Hebung, ohne Abtragung, ohne Diskordanz. Bis zu welchen gewaltigen Ausmaßen und mit welch bedeutenden Zeitlücken sich dies steigern kann, lehrt das nebenstehende Bild (Abb. 99), das scheinbar eine völlige Konkordanz der horizontal verlaufenden, also offenbar von jeher ungestört lagernden Schichten zeigt. Dennoch fehlt hier an der Fuge n die ganze Oberdevonzeit und darunter an der Fuge o das Unterdevon und oberste Silur, es fehlen also, wie man sieht, unverhältnismäßig große Zeiträume, innerhalb deren sich anderwärts mächtige Schichtsysteme zeigen. Es hat sich aber hier in unserem Profil während dieser Zeit nicht etwa nichts abgespielt, sondern auch hier sind wesentliche Änderungen vor sich gegangen, die teilweise durch Abrasionen bezeichnet sind, durch deren Wirken allerdings alle jene Erscheinungen entfernt wurden, die sich inzwischen da abspielten und auch ihrerseits Ablagerungen und Formbildungen geschaffen hatten.

Abb. 99. Scheinbar normal geschlossene, konkordante Übereinanderlagerung von Schichten. In Wirklichkeit aber bedeuten die Schichtfuge unterhalb des schwarzen Kalkes und die feine Horizontallinie etwas darunter große Zeitzwischenräume, also Ablagerungsunterbrechungen. Oben schwarz: Mittelkarbon; unten: Untersilur; dazwischen unmittelbar unter dem schwarzen Kalk: Mitteldevon. Marine Formationen. (Aus Schuchert 1910.)

Nichts ist lehrreicher und paläogeographisch anschaulicher, als das Studium solcher Unstetigkeits- und Diskordanzflächen. Die beistehende Abbildung (Abb. 100) zeigt uns die Überlagerung der Weißjurafelsmassen im Donautal, über denen sandig-kalkige Schichtbänke folgen. Steigt man vom Tal hinauf, so trifft man stellenweise die Oberfläche jenes „plumpen Felsenkalkes“ und sieht sie glatt abgeschnitten. Ehemals lagen über ihr noch bedeutende Kalkschichtungen, wahrscheinlich Korallenkalk und dünnbankige Kalkschiefer vom Ende der Jurazeit. Alles dieses war in dem mitteleuropäischen Jurameer einst abgelagert worden. Am Ende der Jurazeit hob sich der Boden heraus (Kap. 7) und in der Unterkreidezeit war dort Land.

Dieses Land verwitterte, war auch von Flüssen durchzogen und wurde zerschnitten. Dabei bildeten sich oft tiefe Schluchten, die nun wieder durch Verwitterungsschutt und Geröll ausgefüllt wurden. Sie treten uns jetzt als enge oder breite Taschen in dem harten Jurafelsen entgegen (Abb. 101) und sind, wie die übrige Kalkfläche, von den sandigen Kalkschichtungen des späteren Abschnittes der Kreidezeit bedeckt. Diese letzteren aber sind nichts anderes als die jüngeren marinen Ablagerungen, die sich am Boden des Kreidemeeres ablagerten, das nun nach jener Landzeit wieder ganz Europa bedeckte, als die ganze Landfläche wieder unter das Meer gesunken war.

Aus solchen Schichtbildern der Erdrinde nun Rückschlüsse auf die ehemalige Gestaltung der Erdoberfläche, insbesondere auf die Verteilung von

Abb. 100. Überlagerung der ehemals vom eindringenden Meer angehobelten Weißjurafläche (klotzige Kalke) durch marine Schichten der oberen Kreidezeit. Ausstrich der Transgressionsfläche deutlich horizontal durch die Landschaft streichend. Donautal bei Regensburg. (Phot. Dr. Knauer.)

Land und Meer zu ziehen, ist der nächste Schritt. Aber das hat immerhin seine großen Schwierigkeiten und erfordert besondere Methoden und Überlegungen, die nicht so unmittelbar zutage liegen.

Alles, was wir über die erdgeschichtliche Vergangenheit wissen, entnehmen wir dem Material der jetzigen kontinentalen Kruste und den wenigen Inseln der ozeanischen Meere. Die uns zugängliche Erdrinde beträgt aber ihrer Ausdehnung nach nur etwa ein Drittel der gesamten Erdoberfläche. Aus diesem Drittel müssen wir auf die übrigen Zweidrittel schließen. Dazu kommt, daß wir in den eigentlichen Gesteinsaufbau des Ozeanbodens bisher überhaupt keinen Einblick tun konnten, nicht einmal in Stichproben. Aber auch von dem kontinentalen und insularen Krustengebiet ist uns bei weitem noch nicht alles bekannt. Die Zusammensetzung, der Aufbau und die Formationsfolgen auf weiten Strecken der Erde sind noch nicht genügend erforscht, um auch nur für die jetzigen Kontinentalflächen eine klare Grenzziehung der Meeres- und Landränder in den einzelnen Epochen und Unterzeiten der Erdgeschichte zu gestatten. Wir müssen also Schlußfolgerungen aus dem Bekannten auf oft ganz Unbekanntes ziehen.

Aber selbst auf den jetzigen Kontinentalflächen, und seien sie noch so gut durchforscht, ist uns ja keineswegs alles überliefert, was in den einzelnen Erdzeitaltern an Ablagerungen des Meeres oder Landes oder an Abtragungsflächen einmal entstanden war. Zu allen Zeiten mußten auf dem Lande die bereits aus einer vorausgehenden Zeit bestehenden Sedimente und Vulkangesteine ihr Material wiederum zum Aufhäufen neuer, späterer Sedimente hergeben. Ganze Formationsglieder wurden stellen-

Abb. 101. Geöffneter Auswaschungstrichter im Weißjurakalk des obigen Profils (Abb. 100). Ausgefüllt mit Verwitterungsschutt der Unterkreidezeit, durch Landverwitterung entstanden, ehe das Meer zurückkam. Der Trichter ist jetzt nach oben abgeschlossen durch den etwas eingesunkenen marinen Grünsandstein der Oberkreidezeit. Donautal bei Regensburg. (Origphot.)

weise wieder abgetragen oder nur in Resten übriggelassen. Von den Blättern des Erdgeschichtsbuches fehlt also auch in den bestdurchforschten Krustenteilen sehr viel, und nur was der späteren Aufarbeitung oder Metamorphosierung entging, liegt uns noch unmittelbar als Dokument vor. Es sind also in jedem Fall immer nur Reste von Ablagerungen, durchaus verschieden an Umfang und Deutlichkeit.

Es kommt weiter hinzu, daß auch die in der Erdrinde eines bestimmten Gebietes noch vollständig vorhandenen früheren Formationen größtenteils vom Darüberliegenden verdeckt sind, also praktisch unsichtbar und unzugänglich bleiben, wenn nicht gerade Flußtäler, Schluchten, Bergwände, Steinbrüche oder Bergwerksstollen und Bohrlöcher einen Einblick erlauben. Wieviel ist zudem von dichter Vegetation, von Kulturland und Ansiedlungen bedeckt, so daß auch hier vielfach nur durch umständliche Methoden oder gelegentliche zufällige Aufschlüsse ein Urteil möglich wird.

Der deutlichste Beweis für die Grenzen von Land und Meer sind, wie schon im Kapitel 2 ausgeführt (S. 75), stets die unmittelbaren Auflagerungsflächen mariner Küstenablagerungen, besonders grobe Konglomerate auf einem älteren Formationskomplex. Derartige Auflagerungen können entweder eine scharfe Linie bzw. Fläche bilden, oder sie können sich durch Aufarbeitung der darunterliegenden, vielleicht ehemals noch weichen Formationen mit ihnen verbinden und sie aufarbeiten. Dann sieht es oft aus, als ob die Formationen einheitlich ineinander übergingen, und doch ist eine Diskordanzfläche dazwischen.

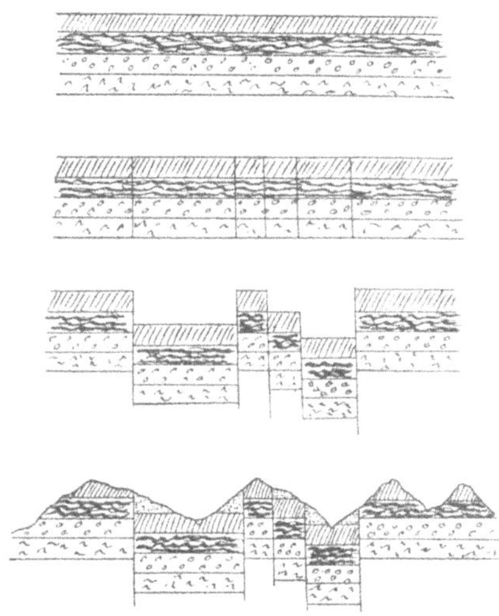

Abb. 102. Schemata von Verwerfungen an Bruchspalten, längs deren sich Gesteinsfolgen in verschiedener Höhenlage befinden. Die tiefstversenkten Teile heißen Graben, die inmitten stehengebliebenen Horst. Die Verwitterung gleicht allmählich die Unterschiede aus. (Orig.)

Die seitliche Aneinandergrenzung verschiedenartiger Gesteine gleichen Alters nannten wir einen Fazieswechsel. Verfolgt man also im Gelände die Formationsbildungen, so wird man immerzu in andere Ausbildungsweisen gleichalter Gesteinsarten gelangen, wie dies etwa in den Profilen Abb. 90 und 92 zum Ausdruck gelangt war. Zuweilen treffen wir aber auch in der Horizontalen auf andersartige Gesteine, die plötzlich an den bisherigen Sedimenten absetzen und doch nicht gleichalt mit ihnen sind. Das kann zweierlei Ursachen haben. Entweder handelt es sich um vulkanische Gesteine, welche eine Formation, ein Schichtsystem quer durchsetzen; oder es liegt eine geotektonische Störung vor, eine Kluft, an der sich die zuvor normal lagernden Sedimente verschoben haben.

Wie vulkanische Massen in schon vorhandene Schichtsysteme eindringen, wurde bereits oben (S. 99) dargelegt; die geotektonische Verschiebung oder Verwerfung der Sedimente aber ist eine überall, auch in verhältnismäßig ungestörten Schichttafeln immer wieder sich geltend machende Erscheinung. Es bilden sich durch die immerwährende Bewegung der Erdrinde Spalten, an denen sich die einzelnen Teile der Lagen auf- oder abwärts bewegen und dann in verschiedener Höhe nebeneinanderliegen (Abb. 102). Die hierbei zuweilen auftretende Schrägstellung der einzelnen Schichtpakete darf nicht mit jener oben behandelten primären Schrägstellung etwa bei Riffen oder Deltabildungen verwechselt werden.

Je nachdem eine Landschaft in bezug auf ihren Abtragungs- und Erosionszustand jung oder gealtert ist (S. 51), machen sich auch die Ver-

Abb. 103. Haardtrand bei Neustadt, Abbruchsstufe gegen das Rheintal. Die Anhöhen links sind abgesunkener Muschelkalk, der ursprünglich höher lag als die aus Buntsandstein bestehenden Berge. (Nach Phot.)

werfungen und geotektonischen Unregelmäßigkeiten im äußeren Relief geltend oder nicht. Ein derartig junges Gebiet ist das Rheintal. Hier finden wir zu beiden Seiten, hüben bei Schwarzwald und Odenwald, drüben bei Vogesen und Haardt viele aneinandergeschachtelte Treppenbrüche, an denen die Gebirgsmassenstufenweise tiefer und tiefer gesunken sind. Da dies erst in sehr junger Zeit geschah und die Abtragung bis heute noch nicht im entferntesten nachgekommen ist, um beiderseits die Gebirge abzutragen und eine einheitliche Fastebene (S. 52) herzustellen, obwohl das Rheintal heute schon Hunderte von Metern mit Kies- und Sandmassen ausgefüllt ist, so daß es bereits viel von seiner einstigen Tiefe eingebüßt hat, so sieht man die Bruchschollen beiderseits sich an den Gebirgshängen noch deutlich auch als Geländestufen darstellen (Abb. 103). Zuweilen ist aber die Einebnung schon so weit vorgeschritten, daß äußerlich die gewaltigen Niveauverschiebungen gar nicht mehr zu bemerken sind. Die Verwerfungen sind in diesem Falle ausgeglichen. So zeigt das beistehende Bild (Abb. 104) eine Ackerfläche, durch die eine Verwerfung von etwa 55 m Sprunghöhe hindurchzieht; um so viel ist rechts und links die Erdkruste vertikal verschoben. Dies ist auf ein kurzes Stück hin der Ausschnitt einer großen Verwerfung, die sich aus der Gegend von Metz südwärts durch die Woevre-Ebene in die Lothringer Gebirgshöhe

Abb. 104. Kurzes Stück der großen Lothringer Verwerfung südwestl. Metz. Die Verwerfungsspalte läuft, an dem unterschiedlichen Wiesen-Waldwuchs kenntlich (Spitze der Telegraphenstange), durch das vollständig eingeebnete Gelände. Längs dieser Linie sind die Schichten mit einer Niveaudifferenz von etwa 50 m ehedem aneinander quer durch das ganze Land hindurch verschoben worden. (Origphot.)

bis an die Maas hinzieht und an der durchschnittlich jene Sprunghöhe zu beobachten ist.

Ja, es können durch derartige Verwerfungen und die nachträgliche Abtragung, die natürlich keineswegs unbeeinflußt von der Art und Härte und sonstigen Lagerung der daran beteiligten Gesteine sein wird, sozusagen formal umgekehrte Verhältnisse Platz greifen. So teilt sich die soeben genannte große Verwerfung in der Woevre-Ebene in zwei Parallelverwerfungen und zwischen diesen ist der harte dicke Korallenkalk, welcher heute noch die Oberfläche des Lothringer Gebirgskammes bildet, in einem treppenartigen Grabenbruch ehemals mit abgesunken. Die Abbildung 105 zeigt nun schematisch, was sich da zutrug. Der harte Korallenkalk wider-

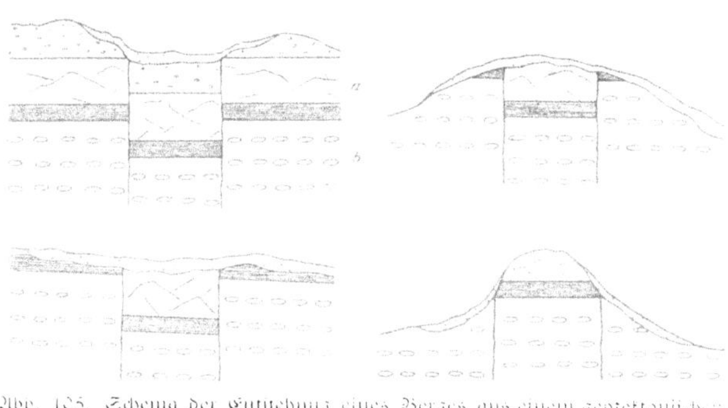

Abb. 105. Schema der Entstehung eines Berges aus einem geotektonischen Grabeneinbruch. Die eingesunkenen harten Kalke a schützen bei fortschreitender Abtragung die darunter folgenden weicheren Massen b, die währenddessen rechts und links abgespült worden sind. (Orig.)

stand in dem durch die Verwerfungen isolierten Grabenstück besonders lange der Abtragung, und so geschah es, daß etwa seit der Kreidezeit ununterbrochen das Umland abgetragen werden konnte, während das kleine versenkte Krustenteil erhalten blieb. Infolgedessen ragt der Graben jetzt als Berg über die Landschaft hinaus. Derartige Zeugenberge liegen oftmals vor abgetragenen Landschaftsrändern. Teilweise sind sie durch den Zufall der früheren Erosionsverhältnisse entstanden. Man sieht wieder, daß die äußere Oberflächenform und der innere Aufbau des Landes nicht ein und dasselbe sind.

Es gibt auch viele andere, oft weit durch das Gelände sich hinziehende Stufen, die keineswegs immer tektonisch, also durch Verwerfungen be-

Abb. 106. Der Hohenzollern in Württemberg. Zeugenberg als stehengebliebener Rest des zurückgewitterten Albrandes, von Verwerfungen umgrenzt. (Phot. v. d. Trappen 1912.)

dingt sein müssen. So ist etwa die Stufenlandschaft eine reine Erosionsbildung. Eine solche Stufenlandschaft ist vergleichbar einer großen Treppe mit Absätzen und geht entweder auf alte Talbildungen zurück oder auf Rückwitterungen von Höhen gemäß den Gesteinshärten. Es sei auch an die Flußterrassen erinnert (Kap. 2, S. 58), die gleichfalls reine Erosionserscheinungen sind. Aber zuweilen kombiniert sich beides und es entstehen vor den Gebirgstafeln Zeugenberge, wie etwa vor der Schwäbischen Alb, der Hohenzollern in Südwürttemberg (Abb. 106), isolierte und durch Verwerfungen abgegrenzte, aber auch durch Erosion hergestellte Reste des ehemals ausgedehnteren Gebirges.

Jetzt gehen wir einen Schritt weiter. Es könnte sein, daß in einem Gebiet die Diskordanz so einfach, wie es Abb. 98 B zeigt, verläuft; in einem anderen Gebiet dagegen die Bewegung kräftiger war und, statt zur

Schrägstellung, zur Faltung der Serie a—c führte (Abb. 98c). Nach Hebung wurden diese Falten abgehobelt durch Abtragung und Verwitterung. Die Stümpfe sanken danach wieder unter das Meer und neue Sedimente der späteren Zeitfolge e—g lagerten sich allmählich darüber. In einem dritten Gebiet C aber wäre möglicherweise gar keine Störung und noch weniger eine Faltung eingetreten, sondern es wäre das Meer geblieben, wie es war, und habe immerfort ohne Unterbrechung Schicht auf Schicht gehäuft. Ein Vergleich der drei Profilsäulen A, B, C würde also besagen: Während in C fortlaufend geotektonische Ruhe herrschte und wir eine der geschlossenen Zeittabelle entsprechende Schichtfolge finden, die in dem ununterbrochenen System a—g vertreten ist, war in B eine Unterbrechung nur für die Zeit d/e

Abb. 107. Gefaltete ältere Schichten, überlagert von jüngeren horizontalen Sedimenten. Saaletal, Thüringen. Andeutung eines abgetragenen, früheren Faltengebirges alpinen Charakters. (Aus Walther 1912.)

eingetreten; bei A aber entstand während der Zeitphase d ein Faltengebirge, wurde wieder abgetragen und sank rasch unter das Meer, um danach wieder an der Schichtbildung e—g teilzunehmen.

Einfach sind die Lagerungsverhältnisse der Schichtgesteine nur in wenigen Gebieten. Und wenn sie es auf größere Erstreckungen sind, wie etwa in den Badlands von Mittel- und Westnordamerika oder auf der großen russisch-sibirischen Landtafel oder, in kleinerem Umfang, im fränkisch-schwäbischen Jura, so kann man mit Sicherheit darauf rechnen, daß auch diese tafelförmigen Lagerungen, selbst bei großer Mächtigkeit, dennoch nach der Tiefe zu unterlagert sind von stark gestörten, ja gefalteten Gesteinen, die gleichfalls sedimentärer Entstehung sind und älteren Zeiten angehören als die jeweils ungestört darüberliegenden horizontalen Schichten. Wir brauchen nicht weit zu gehen, um überall auch in unseren Gegenden solche Schichtprofile anzutreffen. So liegen im Saaletal unter roten und hellen

Sandsteinen und Konglomeraten der Permzeit gefaltete ältere Schiefer und Grauwacken (Abb. 107); im Vorland des Harzes liegen unter den normalen Horizontalbänken der Kreideformation ebensolche Kalke, Tonschiefer und Grauwackensandsteine; in England und Frankreich und wo wir hinsehen, bieten sich uns solche Profile dar, wie sie Abb. 107 zeigt. Im Großen Cañon des Colorado sieht man unter den mächtigen Schichttafeln unten die stark gefalteten alten Gebirgsformationen liegen (Abb. 116, S. 163). Was bedeutet diese Erscheinung?

Wir haben nur ein einziges, allerdings gewaltiges Vergleichsstück in eben noch freiliegenden jungzeitlichen Oberflächengebilden der Erde, den Alpen. Auch sie zeigen uns in ihrem Aufbau die Schichtgesteine in

Abb. 108. Sattelfalte im Kreidekalk des Säntis. (Aus Heim 1905.)

durchaus gestörten, gefalteten, ja wirr durcheinander geworfenen Lagerungen und deuten uns damit einen erdgeschichtlichen Vorgang von größter Bedeutung an, dem wir, wie die genannten Profile zeigen, offenbar auch in sehr frühen Formationen begegnen. Die Alpen sind ein aufs stärkste gestörtes und aus seiner ursprünglichen Schichtungslage gebrachtes Stück Erdrinde.

Im einfachsten Fall begegnen uns Sättel (Abb. 108) und Mulden (Abb. 109). Teils sind sie klein, teils auch groß und riesengroß, indem sie sich nicht nur innerhalb der Berge und Bergzüge aneinanderreihen, sondern indem oft eine einzige Mulde, ein einziger Sattel von riesigem Ausmaß selbst einen ganzen Gebirgsstock bilden kann. Oft sind diese Falten, die sich in allen möglichen Formen aneinanderreihen und gegenseitig überfalten können, wild verquält (Abb. 13, S. 28), daß sie sich aneinander auspressen und dann im großen wie im kleinen zu schuppenartigen Massen übereinanderwalzen. Es hat sich gezeigt, daß besonders die Schweizer Alpen aus übereinandergefalteten Deckensystemen (Abb. 110) bestehen, und daß diese Überfaltungsdecken wiederum in sich ganze Serien von Formationen und Schichtfolgen enthalten, die wiederum in sich gefaltet sind. Ihre wahre ehemalige Ablagerungsfolge beweisen unter Umständen die darin enthaltenen Versteinerungen, die uns eine mehrmalige Wiederholung derselben Zeitfolge andeuten. Eben daraus lassen sich dann in einzelnen Fällen solche Lagerungsarten erkennen und in ihrem Mechanismus rekonstruieren.

Mit der gesamten Faltungsrekonstruktion befaßt sich nun die Erforschung des Alpenkörpers. Man versucht durch eingehende Studien in den einzelnen Gebirgsstöcken, wie in ganzen Gebirgszügen die Faltungen, Schuppungen und Übereinanderpressungen wieder in ihren ehemaligen Zustand in Gedanken zurückzuwickeln, im wörtlichsten Sinne, und so ein Bild über den Verlauf des Faltungsmechanismus zu gewinnen. Dabei haben sich nun die großartigsten Entdeckungen ergeben. Die Alpenschichten sind nicht mehr in ihrer ursprünglichen Masse erhalten, sondern längst durch die Abtragung des Gebirges in ihrem Bestand sehr vermindert. Sie liegen sozusagen nur noch in Ruinen da, und diese Ruinen sind zum ganzen Bild zu rekonstruieren. Es geschieht dies durch ideale Konstruktionsbilder, welche den wirklich vorhandenen Schichtkörper zur Grundlage haben und das, was verloren ging, nun durch Strichelung (Abb. 111), sogenannte Luftsättel und Luftmulden, ergänzt. So bekommt man ein Schema, aus dem sich der Hergang der Faltung erkennen und damit der Bau des Alpenkörpers oder einzelner Gebirgszüge darin verstehen läßt.

Abb. 109. Große Faltenmulde in Turkestan, in einem Wurf einen ganzen Gebirgsstock aufbauend. Man beachte, daß die äußere Form des Berges unabhängig ist von der geotektonischen Einmuldung. (Origphot. Mus. München.)

Die Alpen selbst sind, wie schon angedeutet, in ihrer Gesamtmasse nur noch Ruinen ihrer ehemaligen Größe. Aber man darf sich nicht vorstellen, daß sie seinerzeit, als sie emporgefaltet wurden, an und für sich etwa sehr viel höher als heute gewesen wären, d. h. höher über das umgebende Land hinausgeragt hätten. Vielmehr ging die Faltung wahrscheinlich unter

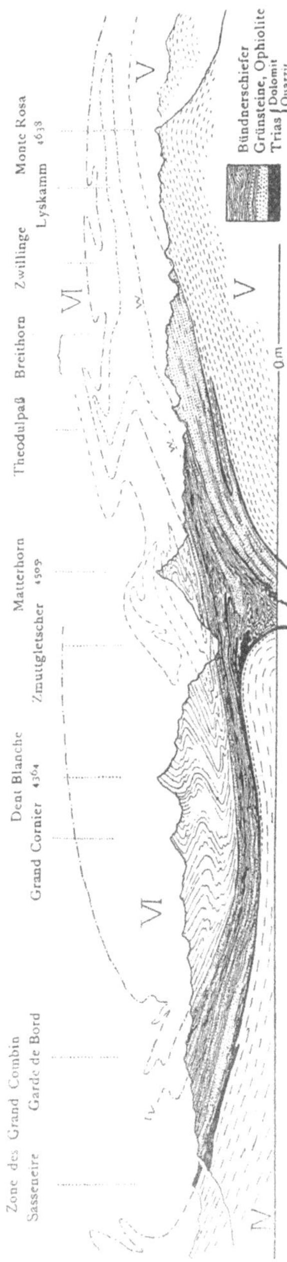

Abb. 110. Profil Dent Blanche—Matterhorn—Monte Rosa mit eingezeichneten Luftprofillinien, um den Charakter des Deckenbaues IV—VI darzutun. Man sieht die gewaltige Abtragung. (Nach Argand aus Seidlitz 1926.)

dem Meeresspiegel vor sich und erst danach wurde dieser Faltenkörper herausgehoben, wobei er sofort von den abtragenden Kräften (Kap. 1) erfaßt und zerstört wurde. Ja, es läßt sich vielmehr nachweisen, daß sie teilweise schon weniger schroff gewesen und schon ebener waren als heute. Dies war vor der Eiszeit der Fall. Danach aber senkte sich ihr Vorland, besonders im inneren, südwärts gelegenen Bogen, also das Mittelmeergebiet, wie wahrscheinlich auch etwas das nördliche Vorland. Dadurch konnte die Erosion wieder von neuem und stark einsetzen und nun das relativ höherliegende Gebirge zerschneiden. Man sieht an manchen Stellen sehr deutlich, daß die Berge sozusagen aus einem alten Plateau herausgeschnitten sind (Abb. 112). Jedoch ist dieser Bewegungsmechanismus nicht so einfach, wie es scheinen mag, sondern ein sowohl im Vorland, wie im Alpenkörper selbst höchst verschiedenartig verlaufener Prozeß.

Man kann sich nun vorstellen, daß ein solches Alpengebirge schließlich einmal abgetragen und eingeebnet werden könnte, und wenn diese abgehobelte Rumpffläche oder Fastebene danach unter das Meer sank, oder wenn das Meer selbst bei seinem Hereindringen ein solches, teilweise schon von der Landerosion und -denudation erniedrigtes Gebirge vollends abradierte, so mußten sich in späterer Zeit neue Sedimente darüberbreiten, die nun ihrerseits nicht mehr gefaltet wurden, selbst dann nicht, wenn noch später das ganze Gebiet wieder vertikal, also ohne Zusammenstauchung etwa aus dem Meere emporgehoben und wieder zu Festland wurde. Wohl aber konnte bei der Heraushebung dann das Ganze in Schollen zerbrechen. Zugleich mußte in diesem letzteren Falle nun von neuem die Erosion einsetzen, die alten gefalteten und mit jüngeren ungefaltete

Schichten überdeckten Stümpfe neuerdings anschneiden und auf solche Weise ein Profil aufdecken, wie es in der Abb. 113 gegeben ist.

Es gehört zu den überraschendsten Tatsachen der Geologie, daß nun auch viele Flachländer in ihrem Gesteinsgerüst eine der alpinen analoge Faltung und Knitterung zeigen, ohne daß äußerlich dabei alpine Höhen und ihre schroffen Formen zu sehen wären. Wer würde etwa glauben, daß das rheinische Schiefergebirge, Thüringen, Belgien, Frankreich, Südengland in ihrem Boden unter jüngeren Schichten des Erdmittelalters die Stümpfe uralter Faltengebirge von alpinem Charakter tragen? Eher würde man es schon von hohen Mittelgebirgen, wie Schwarzwald, Harz oder Riesengebirge glauben können. Des Rätsels Lösung liegt darin — und die Gesteinsprofile zeigen es aufs bündigste —, daß vor längst vergangenen Zeiten viele Teile der Erdrinde schon von Faltengebirgen alpinen

Abb. 111. Liegende Falte in den Französischen Südalpen, durch den gestrichelten Luftsattel kenntlich gemacht. (Aus Renevier 1890.)

Charakters besetzt waren. Diese wurden teils durch Verwitterung und Wasserkreislauf, durch Erosion und Denudation, teils auch durch erneute Absenkung und hereindringendes Meer abgetragen, abgeschliffen. Es breiteten sich in ihren Senken die Verwitterungs- und Erosionsmaterialien aus, das Meer ebnete alles ein und häufte neue Schichtungen über den abrasierten und geglätteten Stümpfen auf. Späterhin hob sich alles wieder durch entgegengesetzt wirkende Kräfte; es wurde wieder Festland. Der Kreislauf des Wassers furchte von neuem Täler aus, Einbrüche bildeten sich, so daß Niveauverschiebungen einzelner Teile hinzukamen. Oft wurden die über jene uralten Stümpfe geschichteten Sedimente nachträglich wieder ganz entfernt und blieben nur im Vorland erhalten, wo sie durch Versenkung vor der erneuten Abtragung geschützt waren (Abb. 113). Vulkanische Massengesteine drangen in glutflüssigem Zustand aus dem Erdinnern hervor, durchsetzten die älteren Teile und ergossen sich durch die Spalten und Brüche — und so haben wir jetzt Hügelländer oder sogar

Flachländer mit einem ehemals alpinen, nun bedeckten oder stellenweise wieder bloßgelegten und aufgerissenen inneren Aufbau. Ging die erneute Hebung sehr hoch, so entstanden in ihrer äußeren Form erneut Gebirge, die nun ihrer inneren Struktur nach wie junge alpine Gebirge aussehen, aber doch diese lange wechselvolle Geschichte hinter sich haben und nur neu gehobene und zernagte Wurzeln von solchen sind. Wir nennen sie Gebirgshorste im Gegensatz zu den jungen alpinen Hochalpen. Von dieser Art sind nicht nur bei uns die kleinen genannten Mittelgebirge, sondern auch die gesamten zentralasiatischen (nicht südasiatischen) Gebirge, in

Abb. 112. Blick von der Reiteralp bei Berchtesgaden. Die Hochfläche, über die umgebenden Gipfel ausgedehnt, zeigt die jetzigen Talungen darin eingeschnitten und läßt die Berge als stehengebliebene Reste einer alten Einebnung erkennen. (Phot. Dr. Knauer.)

deren Mitte die Mongolei als ungefaltetes Gebiet liegt. Ostaustralien, Afrika, Südamerika und Nordamerika bieten eben dasselbe.

Es ist klar, daß alle Umlagerungen, Verwerfungen und Faltungen, wie wir sie im vorhergehenden beschrieben, nicht nur die sedimentären, sondern auch die vulkanischen Gesteine mit betreffen müssen. Zunächst können im einfachsten Fall die empordringenden Massen selbst in geringem Maße auf überlagernde Schichtgesteine aufwölbend oder hebend wirken. Dies geschieht immer dann, wenn das Magma nicht explosiv wird, sondern nur empordrängt, sei es auf Spalten, sei es durch Einschmelzen der überliegenden Gesteine, und sich nun Hohlräume schafft, in die es sich einzwängt, um so die noch darüberliegende Gesteinsdecke aufzutreiben. Der andere Fall besteht darin, daß sich seitliche Zusammenpressung geltend macht, Tangentialfaltung, wobei die Sedimentschichten zusammengestaucht werden, sich in Falten legen, vielleicht auch aufgeblättert werden und wobei gleichzeitig das Magma mit eingepreßt wird und teilweise auch aktiv die Hohlräume und Unstetigkeitsflächen ausfüllt. Es ist die Injektivfaltung. Ist aber in einem Formationssystem schon von alters her erstarrtes Eruptivgestein eingelagert und wird nachher alles zerbrochen oder gefaltet, so verhalten sich die vulkanischen Gesteine durchaus passiv und kommen in den Verband des nun sich bildenden Bruch- oder Faltensystems mit hinein. Es kann endlich noch sein, daß die Faltung oder Zerbrechung eines Erdkrustenstreifens erst die magmatischen Tiefenmassen zur Bewegung bringt, die daraufhin aktiv werden und zum Ausfluß oder Ausbruch kommen. Derart sind die südamerikanischen Anden gebaut, bei denen in einem für Faltengebirge außergewöhnlich hohen Maße bei der hauptsächlich tertiärzeitlichen Auffaltung ungeheure Mengen vulkanischer Schmelzflüsse emporkamen, so daß sie stellenweise eher den Eindruck eines rein vulkanischen, denn eines Faltengebirges aus sedimentären Schichten machen. Im kleinen ist dies auch bei den europäischen Alpen zu beobachten, wo wir einzelne vulkanische Ergüsse haben, z. B. im Ötztal bei Innsbruck, während am mediterranen Südrande, wo starke Niederbrüche vor sich gingen, in jüngster Zeit die vizentinischen Euganeen als vulkanische Berge entstanden sind, im Alpenkörper selbst aber der Adamello und die Cima d'Asta in Oberitalien, wie schon auf S. 98 erwähnt, freigelegte und von Abbrüchen umgrenzte Batholithe sind, die bei der Alpenfaltung selbst mit emporkamen, aber doch noch unterirdisch erstarrten.

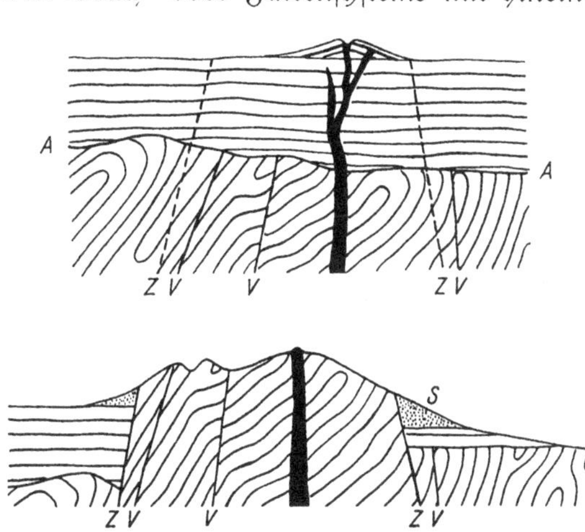

Abb. 113. Schematische Darstellung eines wieder zum Faltengebirge herausgehobenen Horstes. Oben: ein altes Faltengebirge war abgetragen und zur Fastebene geworden. Durch die Verwerfungen V war es zerstückelt. Nach Absenkung unter das Meer wurde auf der Transgressionsfläche A—A ein neues Schichtsystem späterer Zeit abgelagert. Danach drang ein vulkanisches Gestein (schwarz) auf. Durch erneute Hebung und Zerbrechen an den jungen Verwerfungen Z wurden die mittleren Teile der alten überdeckten Faltenmassen herausgehoben, die jüngeren darübergebreiteten Schichten mitsamt dem Vulkan abgetragen, dessen Tiefengestein jetzt oben als Lakkolithkuppe herausragt mitten aus dem wie ein junges Faltengebirge erscheinenden Horst. Durch die Absenkung konnten sich die späteren Schichten an den Außenrändern unter dem Schutt S erhalten. (Orig.)

Nach allen diesen Überlegungen kann man nun auch die kombinierten Baubilder der Erdrinde verstehen. Wir geben hier neben (Abb. 114) eine Übersicht über die Entstehung des Rheintalgrabens, wie er sich uns heute als Ergebnis vielfacher Umwandlungen, Faltungen, Zerbrechungen und Erodierungen im Laufe langer erdgeschichtlicher Epochen darstellt. Zuerst war gegen Ende des Erdaltertums ein Faltengebirge vorhanden, das ältere horizontale und von vulkanischen Ganggesteinen durchdrungene aufgefaltete Sedimentärschichten, durchsetzt von Brüchen, zeigt. Diese Uralpen, das „varistische Gebirge", ist weithin durch ganz Europa und in allen Ländern der Erde verbreitet gewesen (Kap. 6). Hier an unserer Stelle umfaßte es das Gebiet des heutigen Schwarzwaldes und der Vogesen, die natürlich in ihrer jetzigen Form noch nicht bestanden. Dieses altalpine Gesamtgebiet wurde gegen Ende des Erdaltertums abgetragen und erlebte nun vulkanische Ausbrüche, deren Gestein mitsamt dem Verwitterungsschutt sich aufhäufte. Als in der Trias- und Jurazeit fast ganz Mitteleuropa unter das Meer sank, legten sich spätere marine Schichtungen darüber. Dann aber wölbte sich das ganze Gebiet wieder heraus, und es scheint, daß gerade die heutige Rheingegend der höchste Punkt dieser Herauswölbung war. Es ist zu vermuten, daß tiefvulkanische Batholithmassen, damals noch glutflüssig, besonders unter diesem höchsten Teilgebiet empordrängten, ohne auszutreten, dann aber vielleicht wieder zurücksanken, und daß nun gerade dieser flache Gewölbescheitel einbrach. Zahllose Treppenbrüche umgeben heute von Vogesen und Schwarzwald her das breite Rheintal, wie gezeigt (S. 147), und in dessen Untergrund selbst liegen die Schollen hundertfach zerbrochen. Das geschah zur Tertiärzeit, wo dann als schwache Andeutung jener Tiefenglutflüsse einige Vulkane an die Oberfläche kamen und u. a. den Kaiserstuhl bei Freiburg schufen. Bei diesen Einbrüchen aber blieben die Randmassen der vorausgehenden

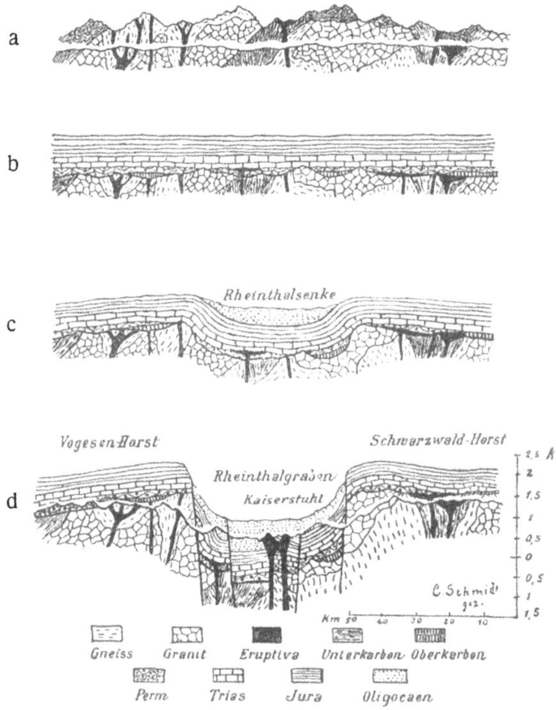

Abb. 114. Entstehung des Rheintalgrabens zwischen Schwarzwald und Vogesen, Odenwald und Haardt. a altes Faltengebirge der Steinkohlenzeit mit vulkanischen Durchbrüchen. Abtragung längs der hellen Unterbrechung. b Absenkung unter das Meer. Darüberbreitung von Trias- und Jurameeresschichten. c Aufwölbung der Schwarzwald- und Vogesenlängsachse und allmähliches Absinken des dazwischenliegenden Teiles. Ausfüllung durch Ablagerungen des eindringenden Meeres der Oligozänzeit. d Tiefersenkung, weitere Auffüllung. (Aus Kayser 1921.)

Aufwölbung stehen. Das sind heute Schwarzwald und Vogesen, freilich zum Teil schon wieder sehr stark abgetragen und ihrer Sedimentdecke aus Trias- und Jurazeit längst wieder beraubt. So liegen in Schwarzwald und Vogesen die alten Faltungsmassen der Karbonzeit wieder frei und bieten uns solcherweise zwei Rumpfgebirge mit gefalteten Schichten dar. Als in der Tertiärzeit so der Rheintalgraben entstanden war, drang überdies ein Meeresarm von Süden vom Alpenrand her bis nach Mainz hinauf ein, lagerte darin Meeresschichten ab, während Vogesen und Schwarzwald, wie auch die weiter nördlich daran anschließenden Höhenzüge der Haardt und des Odenwaldes über dem Meeresniveau blieben und daher nichts von diesen Schichtungen jüngerer Zeit abbekamen. Das Meer bespülte nur ihren Fuß (vgl. Abb. S. 76). Als sich das Meer zurückgezogen hatte, kam die Eiszeit mit den ungeheuren alpinen Gletscherbedeckungen, die nun bei ihrem Vordringen ihre Schmelzwasser herausschickten. Sie durchströmten auch das Rheintal und häuften dort die viele Hunderte von Metern mächtige Sand- und Kiesmassen auf, die heute das Rheintal ausfüllen und es in eine ebene Fläche verwandelt haben.

Wenn hier die alten Gebirgsrümpfe wenigstens teilweise wieder hervorgetreten sind, so gibt es aber auch Fälle, wo sie vollkommen eingeebnet und in den jüngeren, sich später bildenden Formationen verschwunden sind. Derart ist die Gegend in Connecticut in den Vereinigten Staaten gebaut. Heute ein ebenes, wenig hügeliges Land, enthält es in seinem Innern sowohl uralte gefaltete, wie auch jüngere sedimentäre, jedoch stark zerbrochene Schichten. Auch hier ist Gebirgsfaltung, Abtragung, Wiederauflagerung von Sedimenten, Vulkanismus und spätere Zerbrechung und endlich Eiswirkung an der Gestaltung beteiligt gewesen. Die Serie der Querschnitte in Abb. 115 stellt es schematisch dar. Zuerst ein altes Faltengebirge, zu den Appallachen gehörend, welche im Erdaltertum aufgefaltet wurden und teils ältere Sedimentschichten sehr früher Meere, teils Urgesteine von kristallinem Gefüge in sich bergen. Granitische Intrusionen in den Gebirgskörpern verraten die damalige starke vulkanische Tätigkeit, die sich stellenweise nach oben fortsetzte und Vulkanberge bildete, wie einer auf dem Querschnitt a zu sehen ist. Nachdem das Gebirge entstanden war, setzte die Abtragung ein, die Höhen mitsamt den Vulkanen verschwanden und es entstand ein Flachland. Zugleich brach ein Teil des Krustenstückes an einer gewaltigen Verwerfung ein, auch andere Parallelbrüche entstanden, und es senkte sich der eine Teil des Bodens so weit, daß eine Art Wanne entstand, in die nun Flüsse, periodische Regengüsse und Winde ein Sandsteinmaterial zusammentrugen. Zugleich scheinen durch die Bruchspalten hier oder in der weiteren Umgebung wiederum vulkanische Kräfte belebt worden zu sein, denn stufenweise treten zwischen den Sandsteinen basaltische Lagen auf, als Zeugen ausgeflossener Magmen. Schließlich war das Senkungsfeld durch diese verschiedenen Ablagerungen bis über 300 m dick aufgefüllt und es begann von neuem die Erosion. Zu-

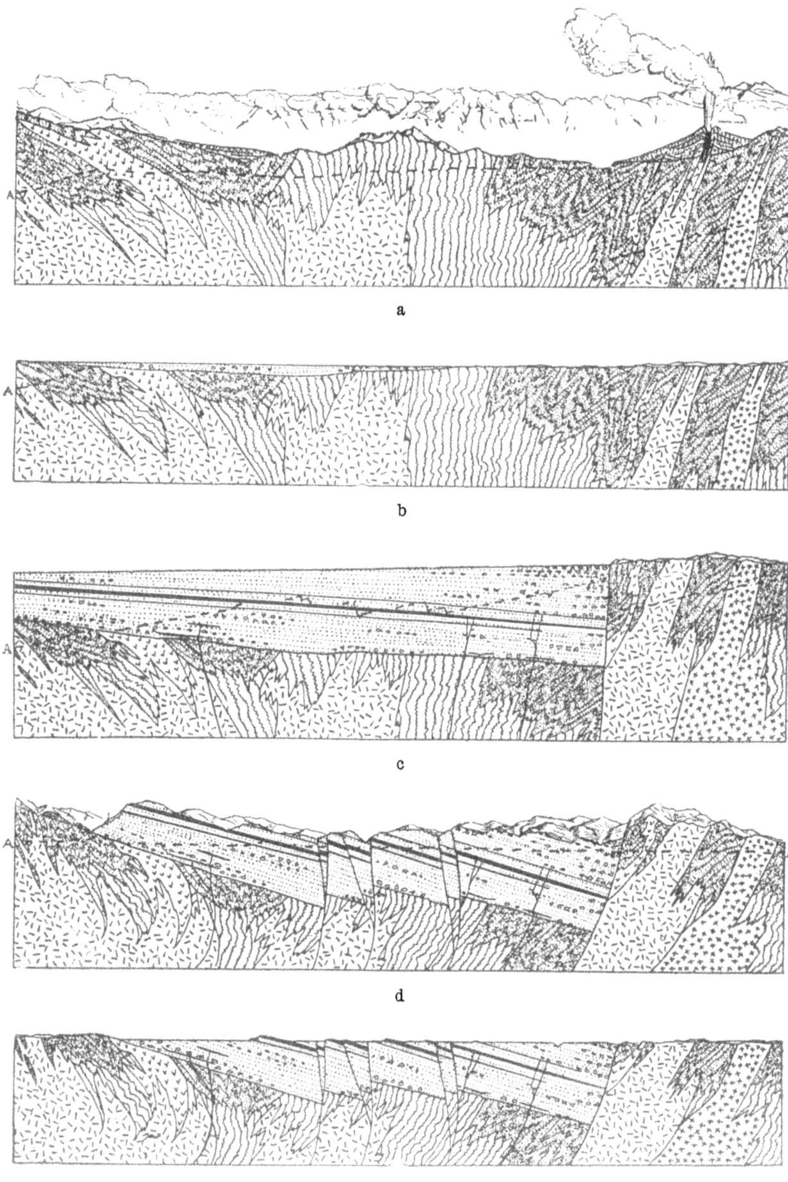

Abb. 115. Schema der Entstehung des Landes Connecticut; Nordamerika. a Paläozoische Alpenfaltung. Ältere Schichten und archaisch-präkambrische Formationen, metamorphosiert. Vulkanische Durchbrüche. b Abtragung des Gebirges, Erlöschen des Vulkanismus, Darüberbreitung triassischer Schichten. Fortschreitende Einsenkung eines Teilbeckens und c mächtige Anhäufung terrestrer triassischer Schichten. Gleichzeitiges Eindringen und Ausbreitung basaltischer Decken (schwarz) in die sich ablagernden Triasschichten. d Zerstückelung der Gesamtbildes durch starke Verwerfungen am Anfang der Jurazeit. Erneut unebenes Relief. e Dessen Abtragung zur Kreidezeit und Bereitung des Bodens der Tertiär- und Quartärzeit, wobei die harten Basaltschichten jetzt über die Landoberfläche hervorragen. (Nach Daly 1926.)

gleich vermehrten sich die Verwerfungen und zerbrachen das aufgeschichtete Gebiet mitsamt seinem Untergrund zu Schollen, so daß ein Schollengebirge entstand, das nun abermals im Laufe langer Zeiträume so abgetragen wurde, daß die Basaltaustritte als das härtere und schwerer verwitternde Gestein kleine Erhebungen bildeten. So stand es in der Tertiärzeit. Als mit deren Ende die Eiszeit einsetzte und sich die Inlandeismassen aus dem Norden herunter auch über dieses Gebiet schoben und eine Dicke von vielleicht 600 m erreichten, räumten sie allen inzwischen dort angesammelten Verwitterungsschutt und losen Boden hinweg, hobelten aber selbst kaum nennenswert die Fläche ab, so daß das heutige Aussehen im wesentlichen dem der Tertiärzeit entspricht.

Wir erkennen so in der Erdgeschichte einen immerwährenden Wechsel von Abtragung und Aufhäufung, wenn wir alles das, was dieses und die vorhergehenden Kapitel uns lehrten, zusammenfassend überblicken. Es müßte schließlich soweit kommen, daß alle Gebirge abgetragen, alle Länder eingeebnet, alle Vertiefungen auf ihnen ausgefüllt wären und alles Land fast bis auf die Höhe des Meeresspiegels abgetragen sein müßte. Aber das, was wir soeben uns begreiflich machen konnten, zeigt, daß dieser Zustand der Fastebene oder Peneplain praktisch niemals im ganzen erreicht worden ist und nicht erreicht werden wird, weil immer wieder die Erdrinde sich bewegt. Es entstehen Vulkane, es entstehen Verwerfungen, an denen die Teile der Erdkruste aneinander absinken oder sich heben; es entstehen Faltengebirge. Es ist wohl das Erdinnere, vielleicht auch uns unbekannte kosmische Kräfte, welche durch die Jahrmillionen der Erdgeschichte hin noch niemals die Erdrinde haben zur Ruhe kommen lassen. Zwar wird für einzelne engere Gebiete jeweils eine völlige Abtragung erreicht, wofür wir Beispiele geben konnten. Aber weder ist dieser Zustand von Dauer, noch betrifft er die ganze kontinentale Erdoberfläche jeweils auf einmal.

So offenbart sich uns eine immerwährende Umgestaltung von Oberflächenformen, Material und Lagerung des Materials im Laufe einer langen Erdgeschichte, als deren äußerliches Ergebnis nun der innere Aufbau der Erdkruste vor uns steht. Durch die fortwährenden Hebungen und Senkungen, die zeitweise Emporfaltung zu alpinen Höhen und die immerfort sich betätigende Abtragung, Umlagerung und Aufschüttung der transportierten und umgelagerten Materialien ergibt sich, ähnlich wie der ewige Kreislauf des Wassers, nun auch ein ewiger Kreislauf der Stoffe auf der Erde. Und so ist auch das, was augenblicklich in der Erdrinde aufgeschichtet ruht, sei es wagrecht oder zerbrochen oder gefaltet — es ist schon oftmals umgesetzt worden und bezeichnet durch sein jetziges Dasein, durch sein jetziges Lagern, durch seine jetzige Beschaffenheit die erdgeschichtlichen Zeiten.

6. Die Erdoberfläche in den ältesten Epochen

Wollen wir versuchen, eine erdgeschichtliche Darstellung mit den ältesten Zeiten zu beginnen, so zeigt sich alsbald, daß wir über diese fernen Epochen gar nichts wissen. Weder kennen wir die erste Verteilung der Länder und Meere, noch den Vulkanismus und die Gebirgsbildungen, noch den Wechsel der Klimate. Vollends die Zeiten der ersten Krustenbildung sind uns ganz verschlossen. Denn die erste Kruste des vermutlich ehemals glühenden Planeten besteht überhaupt nirgends mehr; so wie sie war, können wir sie als Gesteinsbildung in der jetzigen Erdrinde nicht mehr nachweisen. Selbst wenn sie einmal in irgendeiner Form existierte, so könnte sie heute gar nicht mehr vorhanden sein. Denn bei den gewaltigen Umsetzungen, welche das Material der Erdrinde seit uraltester Zeit immerfort durchlaufen mußte, ist die erste Kruste, wenn sie als solche einmal existierte, längst aufgearbeitet und ihr Material späteren Formationsbildungen nicht nur einmal, sondern oftmals wieder einverleibt worden. Andererseits hat sich „ursprüngliche" Kruste freilich auch zu allen Zeiten bilden müssen, wenn es wahr ist, daß das Erdinnere noch in magmatischem Zustande ist und sich umsetzt oder abkühlt. Denn dann entsteht, unabhängig von der Zeit, immerfort erste Kruste, wie etwa durch vulkanische Ergüsse oder Verhärtung von Batholithen (S. 97) Gesteine entstehen, die im Laufe der Zeiten durch Gebirgsfaltung oder Abrasion an die Erdoberfläche gelangen und freigelegt werden. Aber darum handelt es sich nicht, wenn wir nach den ältesten Zeiten, nach den ältesten Formationen fragen. Wir wissen nichts darüber und können uns daher nur aus allgemeinen astrophysikalischen Überlegungen ein höchst problematisches Bild vom ältesten Zustand der Erdoberfläche machen.

Zuerst mögen sich nur da und dort Ansätze zu einer schlackigen Haut bemerkbar gemacht haben, ähnlich wie auf einem glühenden Lavastrom. Immer wieder mögen durch Wallungen, Umsetzungen und aufsteigende Strömungen diese ersten Ansätze überflutet, aber auch von neuem eingeschmolzen worden sein. Die mittlerweile sich immer mehr konsolidierende dünne und rissige Haut wurde dann allmählich von Spalten durchsetzt, es entstanden größere Schollen, an Ausdehnung wie kleine Erdteile. Infolge ungleicher Abkühlung und gewissen, sich bald einstellenden Materialunterschieden waren sie verschieden dick, wie auch verschieden dicht und schwer. Sie begannen sich gegeneinander vertikal zu verschieben und bildeten so die ersten orographischen Gegensätze von höheren und tieferen Krustenteilen.

Die eine senkte sich, die andere hob sich, was auf einer noch undifferenzierten Magmaunterlage geschehen konnte. Die gesenkten schwereren Krustenteile wurden die Ozeanböden, die gehobenen leichteren wurden die

Kontinentalmassen. Das wären die ersten Grundlagen der heutigen und späteren Kontinente und Ozeane gewesen, die sich im einzelnen nun vielfach veränderten, sei es durch Hebung und Senkung, sei es durch Verfaltungen, sei es durch horizontale Auseinanderreißung und Vertriftung. Oder man argumentiert so: Als die erste Erstarrung eintrat, schied sich eine nicht unbedingt gleichmäßige Kruste ab; an der einen Stelle erhärteten die Schollen früher, an der anderen später. Auch die Stoffzusammensetzung war verschieden. Beides, die verschiedene Dicke, Härte und Stoffkonsistenz mußte zu verschiedenen Höhenlagen führen, und die Schollenoberflächen lagen also von Anfang an verschieden hoch, und diese Niveauunterschiede waren auch Massen- und Stoffunterschiede. Sobald und insoweit sie zusammengeschweißt waren und nun durch den Kreislauf des Wassers Abtragungen und Auflagerungen stattfanden, entstanden Spannungen und damit tektonische Bewegungen, Übereinanderpressungen und Wiederzerreissungen. Doch waren dies noch lange nicht die ersten Kontinente und künftigen Meeressenken; denn immer wieder machten überaus starke, auf den weiten Spalten aufdringende Magmenergüsse dieser Ordnung ein Ende.

Beim langsamen Erkalten des ursprünglich weithin sich ergießenden Gesteinsbreies, wie auch dieser universellen Spalteneruptionen kam es nun gleichzeitig zu starken Gasausscheidungen und es entstand wohl in der Hauptsache eine dichte Wasserdampfatmosphäre mit vielen Gas- und in Dampfform gelösten Stoffgemischen. Bei der Entstehung, wie dem fortschreitenden Abkühlen der Kruste kam es zu chemischen Umsetzungen des soeben sich bildenden Gesteins, auf das nun wiederum die Gase der Uratmosphäre im selben Sinne wirkten. So wurde sie langsam unter allerlei Gesteinsveränderungen und Gesteinsneubildungen dicker und in ihrem Relief reicher. Die Ausbrüche des glühenden Untergrundes wurden mehr und mehr eingeschränkt, aber doch blieb der Boden stark bewegt, stieg domförmig auf, riß und sank wieder nieder oder legte sich, durch die magmatischen Unterströmungen mitgenommen, in Falten. Schließlich nahm die Abkühlung von außen her zu, und es kam nun da und dort zu Wasserniederschlägen, die zuerst wieder stark chemisch wirkten und gewiß schwer salzig waren. Zugleich aber begann mit dem Wasserniederschlag auf den freiliegenden Teilen die Erosion, es kam zu Abtragungen und Aufschüttungen und dabei zu neuen, nun andersartigen Materialbildungen. Nun mußte eine Epoche äonenlanger Versetzungen der Kruste und der darauf niedergeschlagenen Urmeere folgen, welch letztere sich gegenüber den kontinentalen Flächen deutlicher zu individualisieren begannen — und damals vielleicht regte sich das e r s t e L e b e n in unbekannter und heute nicht mehr vorstellbarer Form.

Wir müssen annehmen, daß in jenen Urzeiten andere Verhältnisse im Planetensystem herrschten und die Erde beherrschten. Die Planetenentfernungen waren noch anders; die Monde — wenn man dieser Hypothese huldigen will — waren noch nicht abgeschleudert oder, wenn sie es waren, standen sie noch wesentlich näher. Oder vielleicht waren sie — nach einer anderen Theorie — noch gar nicht eingefangen. Vielleicht liefen sie und andere Körper oder Materiezusammenballungen noch im Raum des andersartig orientierten und dann oft gestörten Plantensystems herum, bis sie von der Erde und den Schwesterplaneten absorbiert waren. Man bedenke, welche Unterbrechungen und Ablenkungen der soeben geschilderte Entwicklungsprozeß immer wieder durch solche Umstände erfahren haben mag; welche Achsenschwankungen der Erde, welche Massenzunahme, welche vulkanischen Paroxysmen, welche Ebbe- und Flutbewegungen nicht nur des allenfalls bestehenden Weltmeeres, sondern auch der dünnen Kruste und der darunter wallenden Magmamassen sich dabei wohl ergaben.

Unvollkommen und durch Tatsachen unkontrollierbar, dürftig und unzureichend sind also noch unsere Vorstellungen von jener ältesten frühesten Geschichte der Erde und ihrer Oberfläche. Deshalb beschäftigt man sich auch wissenschaftlich nicht gern mit ihnen. Aber doch dürfen wir sinngemäß annehmen, daß schließlich die Kruste in einem Zustand war, und daß auch das Planetensystem so geordnet war, daß ein den späteren, historisch-geologischen Vorgängen ähnliches, jedoch keineswegs den heutigen Zuständen gleiches Getriebe auf den damaligen Landflächen, in den Meeren und in der Atmosphäre anheben konnte.

Aber damit sind wir noch nicht an der Schwelle jener Ära, die auf unserer Tabelle (S. 116) mit Archaikum bezeichnet ist. Denn es sind immer noch Millionen von Jahren anzusetzen nach der ersten Konsolidierung und Heranentwicklung auf diesen zuletzt erwähnten Zustand, ehe das sich ereignete, was in der Erdrinde durch die archäische Formation bezeichnet ist. Unendlich vieles war geschehen. Aber was war es, das diese Epochen ausfüllte? Es waren damals weder die späteren, noch gar die heutigen Kontinente da; weder die späteren, noch die heutigen Gebirge; weder die späteren, noch die heutigen Lebewesen. Wann kamen sie? Kam das alles gleichzeitig oder nacheinander und unter welchen Umständen? Was wurde aus dem früher Vorhandenen? In welcher Art und Weise, in welcher Reihenfolge bildete sich alles heraus? Bei solchen Fragen sehen wir, was uns alles an Wissen über die vorarchäische Zeit noch fehlt und fühlen für unsere Forschung immer stärker das Bedürfnis nach Tatsachen, die vielleicht nicht mehr so ganz ferne liegen, wie jene für die allerälteste Urzeit. Denn wir dürfen hoffen, nun allmählich uns einer Ära zu nähern, welche noch Gesteine in der Rinde zurückgelassen haben könnte, so daß wir eindeutige Tatsachen gewinnen könnten und mit diesen auch klare Zeitfolgen, um nicht länger mit der Stange im Nebel herumfahren zu müssen und unverbindliches Gedankenspiel zu treiben.

Die älteste, durch Materialien uns bekannte Epoche der Oberflächengestaltung ist die archäische Zeit, das Archaikum. Ihre Erkennung beruht

Abb. 116. Große Schlucht des Koloradoflusses in Nordamerika. Tiefste natürliche Entblößung wagrecht lagernder Schichten des Erdaltertums; darunter Hervortreten der ältesten erdgeschichtlichen Formationen (Algonkium und Archaikum). Zu unterst (Archean) die gefalteten und metamorphosierten Gesteine des Archaikums, diskordant überlagert vom Algonkium, das nach rechts auskeilt, wo dann die darüberliegende kambrische Formation unmittelbar über das Archaikum greift. Von da ab die Serie der paläozoischen Formationen, teilweise mit großen Zwischenlücken. Oben in der Höhe R marines Karbon. Höhe bis 1000 m. (Aus Walcott 1916.)

auf Gestein, das sozusagen als Unterlage aller übrigen geschichteten, gefalteten und ungefalteten Sedimente bezeichnet werden darf (Abb. 116). Teils liegt es tief unten verborgen und unzugänglich, teils ist es bis an die Oberfläche gehoben oder durch jahrmillionenlange Denudation freigelegt und bis in seine tiefste Lage aufgeschlossen (Abb. 117). In Kanada und Finnland besteht diese Formation vorwiegend aus Gesteinen, die, wie überhaupt alle archaischen Bildungen, stark metamorphosiert und daher kristallin geworden sind, so daß man ihre ursprünglich sedimentäre und vulkanische Herkunft meistens nicht mehr oder nur mit besonderen Methoden

Abb. 117. Zur Diluvialzeit vom Inlandeis abgeschliffene Rundhöckerlandschaft in den finnischen Schären. Hervortreten der ältesten, vorkambrischen Formationen des finnoskandinavischen Urgebietes (Schild). (Origphot.)

unterscheiden kann. Auch ist die Umwandlung so weit gegangen, daß jene Formationen nicht nur im groben stets gefaltet, sondern auch in ihrem feinsten Gefüge ganz verfältelt sind, was teils auf eine richtige Durchknetung der Gesteine durch geotektonischen Druck und unter Pressung der ehemals darüberlagernden mächtigen späteren Gesteinsmassen, teils auf interne molekulare Umsetzungen und Volumenänderungen zurückgeht. Denn man muß sich vergegenwärtigen, daß diese für uns bisher ältesten Gesteinskomplexe der Erdkruste seit ihrer Entstehung derartig vielen Beeinflussungen durch Druck, Verlagerung in die Tiefe und Erhitzung sowie ausgiebige Durchdringung mit später durchbrechenden vulkanischen Massen aller Epochen ausgesetzt waren, daß es uns nicht wundern kann, wenn in den Schichtungen dieser überaus mächtigen, bis zu ihrem Untergrund nirgends aufgeschlossenen archäischen Formation kaum irgendwo mehr klare Lagerungsbeziehungen und Gesteinscharaktere herrschen. Nicht nur in den genannten Gegenden, sondern auch sonst vielerorts treten die archäischen Gesteine in größeren oder kleineren Ausbissen unter den jüngeren Schichtungen zutage und sind besonders in manchen jüngeren Hochgebirgen, wie den Alpen, als innerster Kern mit herausgebracht und durch Abtragung freigelegt worden.

Indessen ist es ganz zweifelhaft, ob alle die als archäisch aufgefaßten Gesteinskomplexe nun auch wirklich gleich alt sind oder ob man nicht mit dem Namen Archaikum in der Formationstabelle ein Sammelbecken geschaffen hat, in das man notgedrungen alles hineinwirft, dessen zeitlichen Umfang man nicht ermessen und dessen zeitliche Anordnung man nicht richtig durchschauen kann. Das ist sogar im höchsten Grade wahrscheinlich. Abgesehen davon, daß es in Finnland und Nordamerika am besten gelungen ist, eine geologische Gliederung in diesen Gesteinskomplexen nachzuweisen und die dort anstehende Formation in wesentlich zwei Hauptgruppen zu teilen, zeigt sich immer wieder, daß jene Epoche, nach den großen Gesteinsmächtigkeiten zu schließen, wohl von so unerhört langer Dauer war, daß die Reihe aller übrigen Zeitalter zusammen hinter ihr bedeutend zurückbleibt (Abb. 125, S. 176). Dazu kommt, daß ungeheure Gesteinsmassen der ursprünglichen archäischen Gesamtformation im Laufe der nachfolgenden erdgeschichtlichen Zeiten wieder abgetragen wurden und größtenteils, wenn nicht ganz, das Material für deren Ablagerungen geliefert haben. Was wir daher heute irgendwo an archäischem Gestein wahrnehmen, und sei es noch so mächtig, kann oft nur tiefere, ältere Zone, vielleicht sogar nur innerster Kern sein, dessen jüngere Hüllen fehlen und deshalb in der Zeitfolge der Formationen ausgefallen sind. Daher mag es kommen, daß stets starke Diskordanzen zwischen den archäischen Formationen und den darüberliegenden jüngeren bestehen (vgl. Abb. 116). Außerdem ist es wahrscheinlich, daß manches von dem, was besonders in jüngeren Faltengebirgen, wie den Alpen, dem Himalaya, als archäisches Gestein angesprochen wird, nicht in das archäische Zeitalter gehört, d. h. wenigstens zeitlich nicht gleichgesetzt werden darf mit den kristallinen Gesteinen der uralten Landflächen in Kanada, Finnoskandinavien, Sibirien, Zentralafrika, Südamerika sowie im zirkumindischen Gebiet, die schon seit Äonen freiliegen, darum längst bis in die Wurzeln abgetragen und in ihren derzeitigen Resten eben ältestes Archaikum bedeuten. Vielmehr gehören die alpinen „archäischen" Gebirgskerne wohl alle zu einer viel späteren Epoche, sei es innerhalb der archäischen Zeit selbst, sei es zu nacharchäischen Zeiten. Es handelt sich vielleicht teilweise um Metamorphosen jüngerer Gesteine, welche in der den Alpengebirgsauffaltungen vorangehenden Zeit außerordentlich tief abgesenkt, dabei großem Druck, großer Hitzewirkung und vulkanischer Tiefenbeeinflussung ausgesetzt waren und deshalb bei der jüngsten Alpenbildung in metamorphosiertem Zustand heraufgebracht wurden, so daß sie nun den Charakter „archäischer“ Gesteine angenommen haben. Das ist um so wahrscheinlicher, als im alpinen Gebiet auch wirklich jüngere Schichtungen aus dem Erdmittelalter metamorphosiert sind und archäischen außerordentlich gleichen.

Alle diese Fragen wären bald gelöst gewesen oder hätten überhaupt nicht auftauchen können, wenn in der archäischen Formation Fossilien vorkämen, mit denen wir die Schichtkomplexe, wenigstens roh, zeitlich parallelisieren und das Ältere vom Jüngeren trotz der endlos gestörten Lagerung und Umwälzung unterscheiden könnten. Aber von solchen Resten vorweltlichen Lebens, auf denen allein eine sichere Zeitgliederung sich durchführen ließe (Kap. 4), finden wir nichts. Selbst jene archäischen Gesteinslagen, welche sicher nicht vulkanischen Ursprungs, sondern sedi-

Abb. 118. Nußgroßes kohliges, aber undeutbares Fossil (Corycium) aus archaischen Schiefern von Finnland. (Phot. Prof. Sederholm.)

mentäre Niederschläge aus Meeren, Süßwasserseen oder Flußläufen sind, bieten uns keine bestimmbaren oder zur Altersparallelisierung brauchbare Versteinerungen. Nur ganz allgemein sprechen Marmore, kristalline Kalke und kohlig-anthrazitische Lagen für die Existenz von Leben, weil solche Gesteine mindestens mittelbar durch Tiere oder Pflanzen entstehen mußten. Einige ganz unbestimmbare fossilartige Körper (Abb. 118) deuten das Gleiche an, aber dies ist auch alles, was wir kennen. Daher ist man nicht imstande, einen Zeitvergleich archäischer Schichten über die Erde hin mittels Leitfossilien (S. 111), wie in späteren Formationen, durchzuführen, und so wissen wir im einzelnen weder, welche archäischen Vorkommen miteinander gleich alt sind, noch welche Verteilung die Meere und Länder auf der Erdoberfläche in der archäischen Epoche hatten.

Aber wir können doch aus den Gesteinen allerhand Schlüsse ziehen. Vor allem dies, daß wir in jener Epoche schon unendlich weit entfernt sind von der Zeit, die wir oben als jene erdgeschichtliche Phase beschrieben haben, in der sich die ersten Meere niederschlugen, die erste normale Abtragung und Aufschüttung sich vollzog. Alles, was wir überhaupt als archäische Gesteine kennen, hat nichts mit solcher früheren Erdkrustenbildung zu tun gehabt, sondern gehört trotz seiner immer noch beträchtlichen Zeitenferne dennoch einer weit späteren Epoche der Erdentwicklung an. Wir wissen aus der archäischen Zeit von Meeren mit normalem Salzgehalt, denn die archäische Formation enthält mächtige sedimentäre Schichten, die, abgesehen von ihrer späteren Metamorphose, den Eindruck normaler

Abb. 119. Archäisches sedimentäres Konglomerat in Finnland. In der Mitte Kluftausfüllung späteren vulkanischen Gesteins. (Aus Sederholm 1899.)

Sedimente späterer Epochen machen. Wir wissen von Verlegungen der Festländer und Meere, denn die archäische Formation zeigt über ehemals gehobenen und verstellten Schichtmassen Abtragungsflächen mit späteren erneuten Schichtüberdeckungen, von denen manche sogar über gefaltete und danach abradierte Stümpfe von alten Gebirgen hingehen. Konglomerate (Abb. 119) deuten auf Wassertransport erodierter Gesteine, also auf Fluß- und Seeablagerungen oder Küstenzonen und Deltagebiete. Durchbrechungen des Liegenden mit Gängen vulkanischen Gesteins und daran sich anschließende Ergußdecken beweisen den Ausbruch alter Vulkane, und gerade sie mit ihren streng lokalisierten Ausbruchskanälen (Abb. 122) und den geregelt zwischen andersartigen Gesteinen sedimentärer Herkunft liegenden erhärteten Magmen beweisen aufs deutlichste, wie weit wir mit der uns sichtbaren archäischen Formation schon von jener alten voraufgehenden hypothetischen Urzeit und vielleicht auch schon weit von der Entstehungszeit des ersten unbekannten Lebens und erst recht der ersten Krustenbildung entfernt sind.

Daß in der archäischen Formation keine deutlichen Fossilien erhalten sind, kann verschiedene Gründe haben. Zunächst den, daß die Gesteine fast alle so metamorphosiert sind, daß mineralisierte Schalen und sonstige Skelette, selbst wenn sie ursprünglich darin gesteckt hätten, nicht kenntlich geblieben, sondern ebenso wie das Gestein, ihre Struktur verloren hätten. Andererseits ist es auch aus entwicklungsgeschichtlichen Gründen unwahrscheinlich, daß jene ältesten Tiere oder Pflanzen oder was es sonst für Geschöpfe waren, erhaltungsfähige Hartteile besaßen. Vielmehr werden wir ihnen, ähnlich wie heutigen niedersten Lebewesen, am ehesten eine durchaus nackte protoplasmatische und allenfalls von Zellulose umgebene Körpersubstanz zuschreiben müssen, und alleräußerstenfalls mögen einzellige Tiere mit Kalk- oder Kieselskeletten im Meere existiert haben. Diese allerdings wären fossil erhaltungsfähig gewesen; aber da sie wohl mikroskopisch klein gewesen sind und vielleicht größtenteils in den metamorphosierten Gesteinen stecken, so werden sie schwer einmal zu entdecken sein. Jedoch ermutigt zu solchen Erwartungen das Vorkommen von verschiedenen zweifellos organischen Resten, die man in archäischen Schichten schon ermittelt hat.

Mustert man die Einzelprofile, in denen man die archäische Formation von jüngeren Gesteinen bedeckt sieht, so bemerkt man an verschiedenen Stellen der Erde gewisse Analogien, aus denen man allgemeinere Schlüsse auf den Gesamtzustand der Erdoberfläche zu archäischer Zeit ziehen kann. Sowohl in Nordamerika, wie in Schottland und Finnland, wo die Formationen jener Urepochen am besten beobachtet sind, scheint der untere Teil wesentlich aus Sedimenten und eingedrungenen Vulkangesteinen zu bestehen. Es mag dies eine Periode normaler Abtragung auf Ländern und Aufschüttung der Abtragungsmaterialien in Meeren oder Seen- und Stromgebieten, verknüpft mit stärkerer vulkanischer Tätigkeit, gewesen sein. Dann aber kam eine Epoche der Unruhe, die „laurentische Revolution" genannt, weil sie am Lorenzstrom in Nordamerika zuerst erkannt wurde. Mächtige vulkanische Massengesteine drangen auf, die Erdrinde kam in Bewegung, und die Erdkruste legte sich, anscheinend weltweit, in Gebirgsfaltungen zurecht. Vielleicht entstanden wirkliche orographische Hochgebirge, d. h. nicht nur dem Faltenbau ihrer Gesteine nach, was ja auch innerhalb der Kruste oder unter dem Meere geschehen sein könnte, ohne daß diese Faltungen über das durchschnittliche Horizontalniveau besonders emporstiegen. Allerdings lassen sie sich — nach anderer, an späterer Stelle (S. 243) zu erörternder Annahme — nicht mit Alpen heutiger Art vergleichen, sondern waren jedenfalls sehr viel niedriger, dafür aber räumlich breiter und ausgedehnter. Vielleicht hat sich damals, in spätarchäischer Zeit, die ganze Erdkruste in solche Falten gelegt, denn die heute über der archäischen Formation sichtbaren Überdeckungen mit jüngeren Gesteinen liegen durchweg auf steilgestellten oder gefalteten Teilen jener alten Zeit. Diese Universalität aber unterscheidet die archäischen Alpengebilde von allen späteren, die immer streifenförmiger werden, je weiter wir an die Jetztzeit herankommen.

Nach diesen Faltungen setzte eine wohl sehr lange dauernde Abtragung ein, und dann kommen wir hinüber in die algonkische Epoche, welche sich an den bisher zugänglich gewordenen Stellen der Erde, wo man sie über der archäischen liegen sieht, diskordant über deren Revolutionsfalten erstreckt (Abb. 116).

Die nun folgende algonkische Formation hat ihren Namen vom Gebiet der Algonkinindianer an der Grenze von Kanada und den Vereinigten Staaten, wo die Gesteine dieses Weltalters zuerst erkannt und von den archäischen Massen als jünger unterschieden wurden. Der frühere Name Eozoikum ist nicht mehr sinngemäß, weil wir vom frühesten Leben jetzt schon aus der archäischen Formation wissen. Indessen genügen auch in der algonkischen Formation die Fossilreste noch nicht — sie sind noch zu vereinzelt und zudem schwer bestimmbar — um eine Einteilung der äußerst mächtigen, oft sehr gestörten algonkischen Gesteinskomplexe in richtiger Zeitfolge und über Länder hin durchzuführen. Infolgedessen wissen wir auch aus dieser Epoche, wie aus dem Archaikum, noch nichts Zusammenhängendes über die Verteilung der Länder und Meere und über die biologischen oder klimatischen Verhältnisse. Nur dies wissen wir, daß das algonkische Zeitalter von einer Länge war, welche der ganzen Dauer der darüber folgenden Epochen bis zum heutigen Tage etwa gleichkommt.

Immerhin scheint es, daß die algonkische Zeit im ganzen sehr niederschlagsreich gewesen ist; der Kreislauf des Wassers scheint sich wohl der Energie, nicht dem Prinzip nach, wesentlich von dem späterer Epochen unterschieden zu haben. Denn die algonkische Formation besteht aus einer Unmenge von Gesteinsarten und mächtigen Schichtungen, deren Herkunft aus dem Wasser unzweifelhaft ist. Da gibt es, ähnlich wie auch schon im Archaikum, Konglomerate aus Rollsteinen, es gibt Sandsteine grober und feiner Zusammensetzung, klastisches Material und Verwitterungsschutt, der wegen seiner geringeren Rundung rasch zusammengeschwemmt wurde und nicht allzulange den zersetzenden Einflüssen der Atmosphärilien ausgesetzt gewesen sein kann. Es sind die sogenannten Grauwacken, meistens feinkörnige Sandsteine, die von nun an in allen Epochen des Erdaltertums uns immer wieder begegnen. Marmor, Kalksteine, Dolomite, Kieselkalke deuten auf ein entwickeltes Wasserabsetzungsspiel hin, wenn es auch in den einzelnen Vorkommen nicht immer klar ist, ob man es mit Meer- oder Süßwasserbildungen zu tun hat. Dazu kommen mächtige vulkanische Massengesteine von Tausenden von Metern Gesamtdicke, und sie beweisen, daß vom archäischen Zeitalter her die vulkanische Tätigkeit nicht geringer geworden war, wie vielleicht erst in späteren Epochen. Doch sind es hier wie dort periodische Ergüsse, zwischen denen Zeiten der Ruhe liegen, in denen die normale Abtragung und gleichzeitige Sedimentation ablief. Auch Gebirgsbewegungen schalten sich ein, und mehrere große Diskordanzen, Abtragungsflächen über teilweise stark gestörten und gefalteten vorausgehenden Ablagerungen beweisen den Wechsel von Festländern und Meeren, Gebirgen und Tiefländern sowie von ruhigen Zeiten und Diastrophismen der damaligen Erdkruste.

Gewöhnlich hat der Nichtfachmann die Vorstellung, es müsse in alter erdgeschichtlicher Zeit das Klima besonders warm gewesen sein; teils weil damals die Sonne vielleicht noch heißer schien, teils weil auch die Erd-

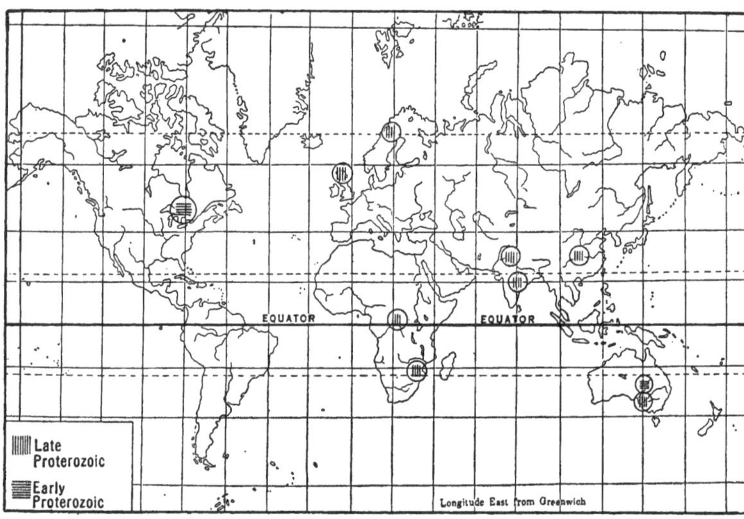

Abb. 120. Karte mit Angabe der algonkischen und vielleicht teilweise kambrischen Eisschotterspuren. Wagrecht gestrichelt: frühalgonkisch; senkrecht: spätalgonkisch und vielleicht noch kambrisch. (Aus Pirsson u. Schuchert 1924.)

rinde immerhin noch dünner gewesen sei und darum mehr Wärme aus der inneren glutflüssigen Zone durchgelassen habe. Das sind aber Vorstellungen, die heute nicht mehr haltbar sind. Denn war, wie oben (S. 167) gezeigt wurde, die Vermutung einer noch dünnen Kruste schon für die archäische Zeit hinfällig, weil wir auch schon damals einen durchaus normalen Land- und Meereswechsel, auch durchaus lokalisierte vulkanische Ausbruchsherde, aber nicht alles überflutende Ergüsse einer noch unkonsolidierten Kruste hatten, so gilt dasselbe erst recht für das algonkische Zeitalter. Der stärkste und entscheidenste Beweis aber, daß damals schon die Kruste so dick war, daß etwa von der inneren Erdwärme auf der Außenseite nichts mehr zu merken war und daß auch die Sonne im ganzen wohl nicht heißer strahlte, liegt in der überraschenden Entdeckung einer algonkischen, vielleicht sogar mehrmaligen Gletscherzeit.

Und zwar ist dies nicht nur eine örtliche Erscheinung gewesen, etwa im Norden oder auf hohen Gebirgen, wie man vielleicht meinen könnte; sondern die Moränen mit gekritzten Geschieben und darunter Gletscherschliffe in den Schichten der spätalgonkischen Formationsstufe am Huronsee in Kanada liegen nicht so, daß man ihr Vorkommen für einen ehemaligen Hochgebirgszug ansprechen könnte. Denn sonst müßten sie, weil die damaligen Gebirge alle abgetragen sind, selbst verschwunden sein. Mindestens rühren sie also von Gletschern her, die sich aus Gebirgen weit ins Flachland und Tiefland hinaus erstreckten. Das aber war nur möglich, wenn die Eiszeit gründlich und so umfassend war, wie die letztvergangene diluviale kurz vor unserer historischen Zeit. Auch die Verbreitung des Eises (Abb. 120) ist bemerkenswert. Denn nicht nur an der genannten Stelle in Nordamerika, sondern auch in Schottland, Norwegen, Afrika, Südasien und Australien zeigt die dort entblößte algonkische Formation solche Gesteinsbildungen ehemaliger Gletscher. Freilich ist es noch nicht für alle diese Vorkommen gelungen, ihre Altersstellung einwandfrei nachzuweisen, und ein Teil von ihnen (Norwegen), ebenso teilweise die großen glazialen Ablagerungen in Australien könnten auch dem nun unmittelbar folgenden Beginn des Erdaltertums angehören; doch würde auch das darauf hinweisen, daß am Ende der algonkischen Zeit sich das Klima in dieser Richtung entwickelte, zumal einwandfreie algonkische Eisablagerungen ja bestehen. In Nordamerika sind von typischer Eiseinwirkung gekritzte und facettierte Geschiebe (Abbildung 121) in sandigen Lagen eingebettet und im ganzen etwa 200 m mächtig. Man nennt solche glazialen Ablagerungen mit teils kleinen, teils sehr großen geschliffenen Geröllen und Blöcken Tillite, und solche sind in den bezeichneten Gegenden in der algonkischen Formation enthalten. Die meisten scheinen also gegen Ende des Algonkiums oder am Beginn des folgenden Erdaltertums abgelagert worden zu sein oder sich durchgehend aus dem einen Zeitalter in die Basis des nächsten, des kambrischen, zu erstrecken. Einige algonkische Tillite aber gehören unbedingt auch einer noch früheren Stufe jener Epoche an, so daß wir wohl mit einer mehrmaligen, durch sehr lange Zeiträume getrennten und vielleicht zu ganz verschiedenen Zeiten in sehr verschiedenen Gegenden stark gewordenen Vergletscherung rechnen dürfen.

Abb. 121. Fazettiertes, vom Eis geschliffenes und gekritztes Gesteinsstück aus vorkambrischem Tillit. Ontario, Nordamerika. (Aus Pirsson-Schuchert 1924.)

Vielleicht stecken in diesen noch nicht genügend datierbaren algonkischen Vereisungen überhaupt noch völlig unbekannte Rätselfragen. Colemann, der eine Zusammenfassung über die wirklichen und wahrscheinlichen Glazialerscheinungen aller Epochen gegeben hat, legt den präkambrischen Vereisungen eine weit über die bisherigen Vorstellungen hinausreichende Bedeutung bei. Danach wären sie in ganz verschiedenen Zeitstufen der algonkischen Epoche in starkem Maße wirksam gewesen, besonders in Nordamerika; aber auch in Afrika und vielleicht in Australien reichten sie ja in heute sehr warme Regionen hinein. „Wenn man", sagt er, „das Alter der präkambrischen Ablagerungen beachtet und alle die Möglichkeiten ihrer Zerstörung, der dauernden Überdeckung oder Heraushebung dieser Glazialschichten oder auch der vollständigen Metamorphosierung innerhalb der Schichten, dann ist der Umfang der glazialen Erscheinung wirklich überraschend. Es ist noch nicht lange her, daß man die alten Gneise und Schiefer als Überbleibsel der ersten Erdrinde ansah, entstanden bei dem frühesten Aufbau, wie ihn die Nebularhypothese fordert. Jetzt aber ist es wahrscheinlich, daß die präkambrische Periode die kälteste der Erdgeschichte war, mit Eisentwicklungen in jeder ihrer Hauptabteilungen, wenn uns auch manche Größenausdehnung deshalb so erscheint, weil wir die Zeitintervalle zwischen den verschiedenen Vorkommen noch nicht richtig abschätzen können. Aber die Auffindung dieser Tatsache so früher Vereisungen hat umstürzend auf unsere Vorstellungen von der Entstehung und der Geschichte der Erde gewirkt und hat jene Theorie unbrauchbar gemacht, welche von Seiten der Astronomen wie der Geologen eine Generation lang angenommen war und den Ausgangspunkt für unsere Auffassung von der Entwicklung des Planeten bildete."

Die Entdeckung dieser erdgeschichtlich so frühen Vereisungen, über größere Gebiete hin wechselnd, fügt sich nun sehr gut in die aus den zahlreichen klastischen Sedimenten der algonkischen Formation schon erschlossene Tatsache starker Niederschläge und Gebirgsbildung, so daß sich in den Höhen der damaligen Länder allmählich ungeheure schneeige Niederschläge, also Firn- und Gletschereis bilden mußte. Dieses stieß dann ins Flachland vor und hinterließ die Tillite. Zugleich aber mußten in den unvereisten Gegenden und an deren Rändern starke Wassermengen rasch erodieren, transportieren und ablagern und so klastische Schichtungen schaffen.

Wir haben Anhaltspunkte, daß zeitweise, wo kein Eis existierte, starke periodische Regengüsse vorübergehende Flußläufe von großem Ausmaß und rasch wieder austrocknende Ablagerungsbecken und Seengebiete schufen. Dieser Gedanke wird nahegelegt durch eine bestimmte Ausbildung der algonkischen Formation in Schottland. Dort liegt über abradierten archäischen Falten, jedoch auf einem belebten, nicht allzu flachen Bodenrelief und über abgeschnittenen vulkanischen Gängen (Abb. 122) eine sehr mächtige rote Sandsteinablagerung, wie sie uns auch im Verlauf der später folgenden geologischen Epochen noch bis in das Erdmittelalter hinein als „Buntsandsteinformation“ wiederholt begegnet (Kap. II, 2). Man hat diese Bildungen ursprünglich für reine Wüstenablagerungen, analog den heutigen asiatischen Sandwüsten oder auch den nord- und südafrikanischen Wüsten angesehen. Wenn aber eine heutige Wüste, wie im Kap. 1 (S. 42) dargelegt wurde, aus einem Mangel an Pflanzenwuchs entsteht, lediglich weil durch ungünstige Wetterbahnen oder vorgelagerte, alle Niederschläge abfangende Hochgebirge so gut wie kein Regen und jedenfalls nicht in genügender Menge fällt, um dauernden Pflanzenwuchs zu ermöglichen, so sind jene Urwüsten, in denen sich Sandsteinformationen vom Charakter des schottischen algonkischen Sandsteins bildeten, nicht einem dauernd trockenen Klima, sondern auch noch anderen Umständen zuzuschreiben.

Diese bestehen vor allem im biologischen Gesamtentwicklungszustand des Pflanzenreiches. Denn sowohl zu algonkischer Zeit, wo höhere Pflanzen überhaupt noch fehlten, wie später zu paläozoischer Zeit, war die Entwicklung der Floren noch nicht so weit vorgeschritten, daß auf dem Festland als solchem, abgesehen von seinen Niederschlagsverhältnissen, überhaupt eine Vegetation sich anzusiedeln vermochte. Damals lagen infolge der noch allzugroßen Wasserbedürftigkeit der Pflanzen auch Flächen vegetationslos da, die beim heutigen Stand der Florenentwicklung ohne weiteres besiedelt wären und üppige Wälder trügen. So war damals gegen die Abtragung keine schützende Pflanzendecke da. Infolge der rasch wechselnden Temperatur aber, die aus großer Wärme in Abkühlung durch periodische und anscheinend sehr heftige Niederschläge überging, konnte das unmittelbar zerfallende Gesteinsmaterial rasch überall hingebracht werden. Einerseits ergriffen es die Winde und wehten es zu Sandanhäufungen zusammen, bildeten Wanderdünen wie in den heutigen Wüsten (S. 43); andererseits kamen die periodischen Niederschläge, es bildeten sich mangels einer wasseraufspeichernden Pflanzendecke sofort reißende Bäche, die alles gelockerte Material in ungeheuren Mengen von den höhergelegenen Stellen in die Niederungen mitführten. Dort bildeten sich rasch breite regellose Ströme und wandernde Seengebiete,

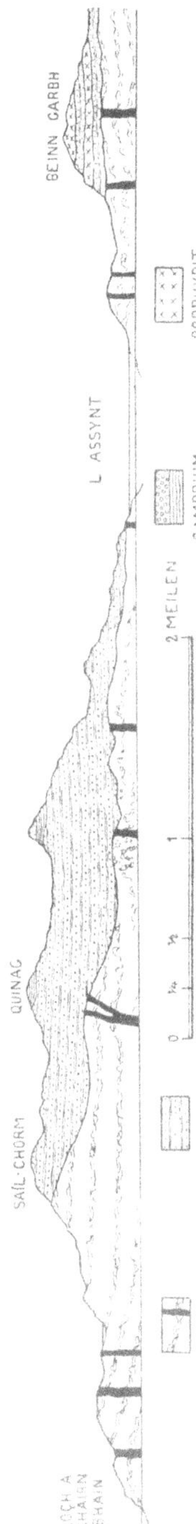

Abb. 122. Profil durch die liegende, von Eruptivgängen (schwarz) durchsetzte archäische Formation, unten. Ihre Oberfläche ist wellig abgetragen und darüber legt sich der algonkische Torridonsandstein. Ganz oben Reste von marinem Kambrium. Schottland. (Aus Peach u. Horne 1907.)

in denen sich während ihrer kurzfristigen Lebensdauer mächtige Geröllagen, Sandmassen und Tonschichten absetzten, teilweise auch die aufgehäuften Sanddünen wieder verschwemmten oder beim Nachlassen der Niederschläge und der wieder einsetzenden Trockenheit umgekehrt von neuen Dünenbildungen überdeckt wurden — und so kamen jene mächtigen, aber unregelmäßigen, kreuzgeschichteten Ablagerungen von durcheinandergemischten Sandsteinen, Konglomeraten und Tonschiefern zustande, wie sie das Profil des algonkischen Torridonsandsteins in Schottland zeigt, der sich in Mulden und Senken, wie über die Erhebungen der alten archäischen Land- oder Abtragungsfläche hinlagerte.

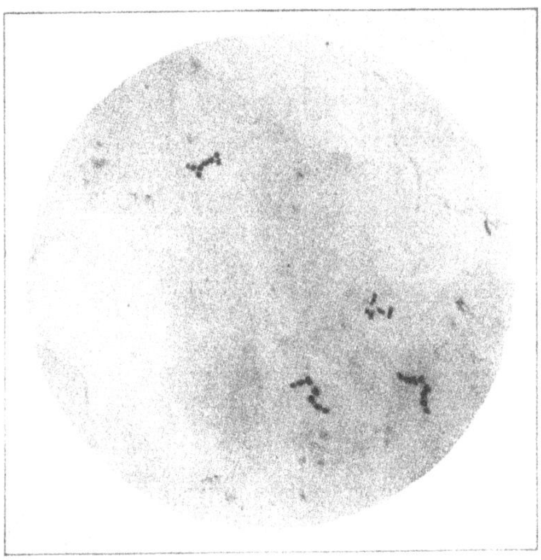

Abb. 123. Älteste Bakterien (Micrococcus) in algonkischem Kalkstein von Nordamerika. (Aus Walcott 1916.) Vergr. 1100 mal.

Die vorzugsweise rote Farbe des eisenhaltigen Gesteins rührt hier, wie auch in erdgeschichtlich späteren, aber gleichartigen Formationsstufen von besonderen geologischen Umständen her. Vielfach geht sie, wie schon auf S. 80 ausgeführt wurde, auf rote Gesteinsmaterialien zurück, wie gewisse Granite und Porphyre, die verwitterten und nun zum Aufbau der neuen Sedimente dienten. Es fehlten infolge der besonderen Klimazustände in den Gewässern Verwesungs- und Humusstoffe, welche heute in unserem Klima die Rotfärbung der verwitternden Gesteine beseitigen und sie grau oder braun werden lassen. Vielleicht hängt der Eisengehalt auch mit den damals ausgiebig aufdringenden Eruptivmassen zusammen, die sofort wieder auf die beschriebene Weise umsedimentiert wurden.

Deutet dies alles auf ein warmes, ja stellenweise heißes, aber auch von heftigsten Niederschlägen durchsetztes Klima hin, so spricht auch das Vorkommen von Kalksedimenten, wie sie teilweise auch die archäische Formation enthält (S. 166), gleichfalls für wärmeres Meerwasser; allerdings unter Voraussetzung der Anwesenheit von kalkabscheidenden Organismen, insoweit nicht Kalksedimente auch durch chemische Ausfällung gelöster mariner Kalksalze sich bilden. Solche kalkausscheidenden Organismen nun scheinen im Algonkium existiert zu haben. Einerseits glaubt man Bakterien erkannt zu haben (Abb. 123), andererseits sind Kalkschichten in Montana aufgebaut aus ring- bis kuchenförmigen, kleineren und größeren Gebilden, die aus ziemlich konzentrischen, durch kleine Querbälkchen und Kanäle verbundenen dünnen Kalklagen bestehen, und die man wohl am ehesten mit den krustenartigen Riffbauten niederster Meerespflanzen, den Kalkalgen der späteren und heutigen Gewässer vergleichen darf (Abb. 124). Sie müssen ungeheure lange Zeiträume hindurch Schicht um Schicht dort ihre Bauten aufgeführt haben, denn die 6—700 m mächtige Kalkserie ist ganz von ihnen durchzogen.

Ungeheure Zeitfolgen sind es, welche wir mit dem Archaikum und Algonkium nun flüchtig durchmessen haben. Ist nach unseren vorherigen Darlegungen die erdgeschichtliche Zeit von der unteren Schwelle des Erdaltertums, dem Beginn der kambrischen Epoche, mit ihren mindestens 80 Millionen Jahren immerhin schon ein für unser Vorstellungsvermögen unbegreiflicher Zeitraum, so scheint, nach der Gesteinsmächtigkeit zu schließen, das Algonkium mindestens der Gesamtdauer der drei kommenden geologisch-historischen Weltalter, Paläozoikum, Meso- und Känozoikum zu entsprechen. Das Archaikum seinerseits aber einschließlich des Algonkiums muß alle diese Epochen wiederum an Zeitdauer übertroffen haben (Abb. 125). Wie aber oben (S. 162) schon ausgeführt wurde, ist jenes Formationssystem, das wir nach den wirklich vorhandenen und bisher zugänglich gewordenen Gesteinen der sichtbaren Erdrinde im engeren Sinne Archaikum nennen, selbst wieder der Repräsentant einer späteren Zeit gegenüber Epochen, in denen eine feste Kruste entstand, sich konsolidierte und zu dem ausreifte, was uns die archäischen Gesteine an erdgeschichtlichen Vorgängen wirklich verraten. Von jener ersten, fertig gefestigten Kruste haben wir aber, wie eingangs dieses Kapitels ausgeführt wurde, keine einzige Gesteinsspur mehr. Ebensowenig haben wir noch irgendeinen Rest jener Sedimente, welche sich allenfalls in den ersten Meeren auf einer eben erst konsolidierten Kruste ablagerten. Wir müssen daher der durch Gesteine wirklich beobachteten, eigentlich archäischen Weltepoche eine andere, frühere, präarchäische vorausschicken, von der wir zwar nichts Unmittelbares wissen, in der sich aber notwendig alles das abgespielt haben wird, was wir unter wohl allzuengen materiellen Voraussetzungen am Anfang dieses Kapitels als Konsolidierungszeitalter der frühesten Kruste zu schildern versuchten. Da aber diese hypothetischen Zustände eines

Abb. 124. Newlandia, ein kalkalgenartiger Stock aus dem Präkambrium von Montana. (Aus Walcott 1914.) Nat. Gr.

Präarchaikums sozusagen erst die Nachkommen eines Glutzeitalters der Erdoberfläche waren, so ist vor das Präarchaikum auch noch ein weiteres Zeitalter der Glutflüssigkeit und der ersten Abkühlungskruste, also ein Pyrarchaikum, zu setzen.

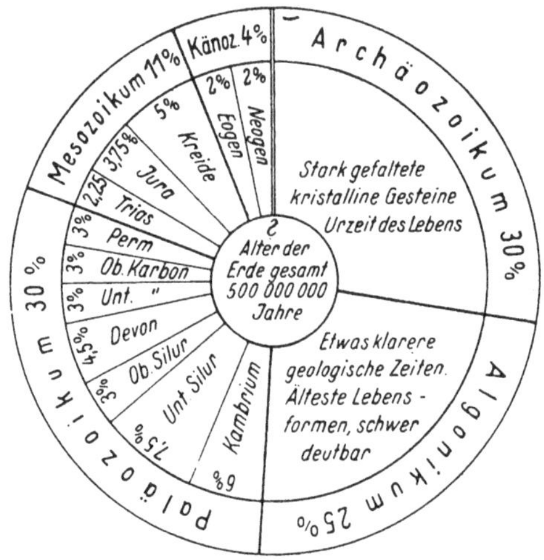

Abb. 125. Versuch zu einer geologischen Zeittabelle, die relative Dauer der Formationen darstellend, geschätzt auf Grund der Gesteinsmächtigkeiten. (Aus Pirsson und Schuchert 1924.)

Und angesichts aller dieser unendlichen Zeiträume der ganzen Erdgeschichte mutet uns der Beginn des nun zu behandelnden Erdaltertums und das erste Auftreten deutlich bestimmbarer fossiler Tierarten, trotz seines Zurückliegens in der Ferne von etwa 80—120 Millionen Jahren, an wie ein spätes Ereignis der Erdgeschichte.

7. Kontinente, Meere, Gebirge und Klimate seit dem Erdaltertum

Eine große Zeitlücke trennt in unserer Erkenntnis das algonkische Zeitalter vom Beginn des Erdaltertums. Zwar scheinen in manchen Gebieten der Erde, wie schon erwähnt (S. 171), glaziale Ablagerungen der algonkischen Zeit in solche der frühkambrischen Epoche überzugehen; aber eine eindeutige und zeitlich genau festzusetzende Serie von algonkischen in kambrische Schichten gibt es bisher offenbar nirgends und am wenigsten eine zusammenhängende marine Serie. Überall, wo wir an der Erdkruste an Stellen kommen, wo die beiden großen Weltalter formationsmäßig aneinanderstoßen, sehen wir die kambrischen Ablagerungen durch eine gewaltige Diskordanz, die von vorausgegangener umfassender Abtragung Zeugnis ablegt, getrennt. Dabei kann die kambrische Formation sowohl auf der algonkischen, wie auf der archäischen liegen (Abb. 116).

Hier liegt ein noch durchaus dunkles Problem der Forschung. Denn wenn es noch unklar ist, in welchem Zeitzusammenhang der Beginn der kambrischen Epoche mit der doch anscheinend unmittelbar vorausgehenden präkambrisch-algonkischen Epoche steht; wenn eine schichtmäßig geschlossene Übereinanderlagerung fehlt, so muß man sich fragen, was denn das für eine Zwischenzeit war, die dem großen Hiatus, der großen Diskordanz zwischen beiden Formationen auf der ganzen Erde entspricht. Dieser noch in unserem Zeitschema fehlenden Formation, auf deren gelegentliche Enthüllung wir noch warten, hat man den Namen Lipalium (griech leipein = fehlen) gegeben. Was hat sich da zugetragen? Was hat sich und wo hat sich etwas abgelagert? Wo war das Meer zuvor gewesen, das plötzlich mit der kambrischen Epoche auf allen heutigen Kontinentalflächen erschien?

Im Kapitel 5 wurde dargelegt, daß eine erdgeschichtliche Zeitstufe keineswegs überall durch positive Ablagerungsgesteine vertreten sein müsse, sondern daß jeder Ablagerung einer bestimmten Zeit anderswo notwendig und gleichzeitig eine Abtragung entsprechen müsse. Jeder Aufschichtungsmasse entspricht anderswo immer eine Abtragungsfläche; solches ist auch in allen Formationen vom Kambrium ab nachweisbar. Um so verwunderlicher ist es, wenn nun die Grenze zwischen algonkischer und kambrischer Zeit überall nur durch eine Abtragungsfläche — und zwar eine Diskordanz, die ganz beträchtliche Zeiträume einschließt — entwickelt erscheint. Es bestehen zu einer Erklärung, soweit man bis jetzt sieht, nur zwei Möglichkeiten. Entweder sind Schichten dieser Übergangszeit bisher von den Geologen im Felsgerüste der Erde noch nicht entdeckt oder erkannt worden, obwohl sie existieren; oder die damaligen Land- und Meeresgrenzen fielen so genau mit den jetzigen zusammen und die damaligen Länder wurden so ausschließlich durch intensivste Erosion und Denudation, vielleicht infolge gewaltiger anhaltender Regengüsse abgetragen, daß alles ins Meer geschafft wurde. Fielen daher die damaligen Meeresgrenzen mit den heutigen zusammen, so müssen wir auf unseren jetzigen Festländern nur eine algonkisch-kambrische Abtragungsfläche finden, und die damals abgelagerten Schichtungen liegen heute ausnahmslos unter den jetzigen Meeresbedekkungen, sind also für uns praktisch unsichtbar.

Da nun die Annahme, daß die damaligen Meeresgrenzen genau mit den heutigen zusammengefallen seien, unbedingt jeder geologischen Erfahrung widerspricht, wenn auch zeitweise (oberste Phase der Triaszeit) eine immerhin sehr große Übereinstimmung geherrscht zu haben scheint, so bleibt vorläufig nur übrig, anzunehmen, daß die spätesten algonkischen Meeresschichten als solche noch nicht erkannt und gefunden sind. Dafür könnte sprechen, daß an der Westseite des amerikanischen Felsengebirges eine Formationsbildung liegt, die sowohl präkambrische, wie darüber folgende kambrische Schichten in gleicher Ausbildung enthält. Auch hier ist noch nie eine vorkambrische Fossilführung beobachtet worden. Aber es wäre immerhin denkbar, daß sich dort einmal die Übergangsformation nachweisen ließe, welche in der übrigen Welt nur durch Diskordanzflächen zwischen Algonkium und Kambrium vertreten ist. Neuerdings will man solche Schichten mit Fossilien an der Basis der kambrischen Formation in Australien entdeckt haben.

Aber selbst wenn dies einmal zutreffen sollte, bliebe doch die bisher schon gesicherte Tatsache bestehen, daß fast auf allen sonstigen Kontinentalflächen jene Diskordanz besteht, daß also unbedingt mit Ende des Algonkiums und vor Anfang des Kambriums Zustände herrschten, welche sich in nichts mit denen der übrigen erdgeschichtlichen Zeiten vergleichen lassen und die dahin zu charakterisieren sind, daß vielleicht bis zum Beginn des Erdaltertums die Meere wesentlich beschränkter waren, daß also eine sehr große Wasservermehrung um jene Wendezeit eingetreten sein muß, und daß mit dieser Forderung auch die Tatsache weltweiter Abtragungsvorgänge zusammenhängt, die wir einer höchst intensiven Vermehrung der Niederschläge zuschreiben müssen. Wir haben hier zum erstenmal in der Erdgeschichte ein mögliches Anzeichen für kosmischen Wasserzufluß zur Erdoberfläche — ein Problem, dem wir im 10. Kapitel nochmal in anderem Zusammenhang unsere Aufmerksamkeit schenken wollen.

So erscheint uns diese älteste Phase paläozoischer Zeit als eine universale Neueroberung alter Kontinentalflächen durch das Weltmeer. Denn wie mit einem Schlag setzen über der besprochenen Diskordanz nun auf einmal Meeresablagerungen mit ausgebildeten, vorher in keiner Weise angedeuteten Lebensgemeinschaften, wenn auch nur wirbellosen Tieren ein. Es sind festumschriebene, typenhaft gefestigte und weltweit verbreitete Gattungen und Arten. Sie erlauben uns, als Leitfossilien die gleichalten Schichten über die ganze Erde hin nun zu parallelisieren, erlauben uns, die Verteilung von Land und Meer zur kambrischen Zeit festzustellen und ermöglichen es uns zum erstenmal, von jenem Zeitpunkt an eine P a l ä o g e o g r a p h i e auf sicherem Tatsachenboden zu entwerfen, wie wir es für die algonkische und archäische Zeit nicht haben. Wir bewegen uns daher mit dem Beginn der kambrischen Epoche im hellen Licht einer „historisch-geologischen", nicht mehr nur einer „prähistorisch-geologischen" Zeit, und wir verfolgen nun die erste deutliche und umfassende Transgression eines Meeres über vorheriges Festland.

Bei dem nun folgenden steten Wechsel der Land- und Meeresflächen*) in erdgeschichtlicher Zeit, wie er zum erstenmal in der kambrischen

*) Um solche paläogeographischen Karten richtig zu verstehen, muß man sich die grundsätzlichen Bedenken klar machen, die bei der Konstruktion solcher Bilder mitsprechen und wovon eines, und zwar ein sehr entscheidendes, der im Kap. 8 noch zu erörternde Zweifel an der Unverschiebbarkeit der kontinentalen Krustenteile ist. Aber auch wenn wir absehen von diesem Bedenken, bleibt genug noch übrig, um zu zeigen, wie problematisch solche

Epoche sich zeigt, wurden immerfort durch periodisches Eindringen der Meere Abtragungsflächen mit den dafür charakteristischen Ablagerungen geschaffen. Eine Abtragungsfläche auf dem trockenen Lande entsteht allerdings durch Verwitterung, durch Erosion, Denudation oder Deflation, wie es im Kapitel 2 geschildert wurde. Eine marine Abrasionsfläche aber entsteht, wenn ein Meer nicht allzurasch in ein Landgebiet eindringt, so langsam, daß es Zeit hat, die Küste immer weiter und weiter landeinwärts zu verlegen, wie es gleichfalls an der bezeichneten Stelle (S. 45) geschildert wurde. Dort sahen wir, daß eine Abrasionsterrasse entsteht (Abb. 31). Bleibt dabei das Land starr und verschiebt es sich weder nach aufwärts noch nach abwärts, so kommt diese küstenabtragende Tätigkeit des Meeres bald zur Ruhe: das Meer verbaut sich sozusagen selbst seine Arbeitsmöglichkeit, indem im Niveau der Höchstflut ein geröll- oder sandbedeckter Flachstrand geschaffen wird, über den die Brandung nicht mehr hinauskommt; dabei können sich auch noch längs der Küste Sanddünen aufhäufen, die ihrerseits noch der Flut das weitere Eindringen versperren. Sobald aber der Meeresspiegel anhaltend steigt oder die Küste sinkt, ist dem Meer keine Grenze mehr gesetzt. Es kann seine abtragende Tätigkeit immer weiter fortsetzen, es arbeitet sich landeinwärts weiter und weiter, und nun entsteht womöglich über ganze Kontinente hin eine Abrasion, und auf dieser Abrasionsfläche lagern sich zuerst Geröll und Schutt und grober Sand ab: ein Transgressionskonglomerat von gröbster bis feinerer Zusammensetzung. Je weiter

weltweit durchgeführten Rekonstruktionen sind. Außerdem ist man ja für die vorweltliche Darstellung an die jetzigen Erd- und Landkarten gebunden. Diese aber sind ein Widerspiel des Ergebnisses, das die Umsetzungen von Meer und Land in der Vorwelt gezeitigt haben. So falsch es etwa wäre, die Bevölkerung eines heutigen Gebietes darzustellen auf den Straßen und in den Städten vorausgegangener Jahrhunderte, so falsch ist es, etwa das alpine Meer des Erdmittelalters nur soweit einzuzeichnen, wie heute die alpinen mesozoischen Gesteine reichen. Denn wir wissen (S. 202), daß die Erdrinde zur Tertiärzeit dort eine starke Zusammenfaltung und Verlagerung erfuhr, daß also ehemals die alpinen Meere der Erde viel weiter ausgedehnt, viel breiter gewesen sind als der Raum, den heute ihre Schichtungen noch einnehmen. Und da es früher auch noch andere Faltungen gab, etwa die zur Steinkohlenzeit (S. 186), so werden die paläogeographischen Eintragungen auf den jetzigen Erdkarten um so unsicherer und um so verzerrter sein, je weiter wir in die Vergangenheit zurückgehen. Alles das ist zu berücksichtigen, wenn man paläogeographische Arbeiten oder wenn man die von der Fachwissenschaft gebotenen Kartenskizzen (Abb. 131) richtig lesen und ausdeuten will. Dazu kommt noch, daß wir Karten vom Charakter der in Fig. 128, 131 gegebenen, nicht als Augenblicksbilder, sozusagen gar nicht als Momentphotographien eines bestimmten ehemaligen Zustandes der Erdaußenseite nehmen dürfen, weil ja etwa in einer Karte der „Jurazeit" nicht ein erdgeschichtlich bestimmter Augenblick dargestellt ist, sondern eine Projektion von vielen wechselnden und vielleicht Jahrhunderttausende währenden, ganz verschiedenartigen Zuständen in der gegenseitigen Lage von Land und Meer. Es wird also gewissermaßen ein vielfacher Wechsel auf eine einzige Fläche projiziert, so daß solche Karten nur einen gewissen Durchschnitt geben und uns nur zeigen, wie im großen und ganzen Land und Meer in einer langen Epoche verteilt waren, und wo etwa die Hauptschwerpunkte in der Verteilung des einen und des anderen Elementes lagen.

das Meer so ein Neugebiet erobert, um so mehr rücken auch die Sedimentbildungen nach, wie es in den Schematen Abb. 90, S. 132 dargestellt ist.

So beginnt die kambrische Formation und also die kambrische Zeit überall mit großen Meerestransgressionen im Gebiete der heutigen Kontinente und demgemäß mit klastischen und grobklastischen Sedimenten und Konglomeraten. Ein charakteristisches Beispiel dafür ist das Unterkambrium in Wales, das mit groben Konglomeraten zu unterst anhebt, dann allmählich nach oben in Sandsteine übergeht und so ein hereinbrechendes, allmählich zur Herrschaft gelangendes flaches Meer verrät, dessen Sedimente mit Wellenfurchen und Trockenrissen durchsetzt sind und den Küstencharakter bzw. das zeitweilige Trockenliegen damit anzeigen. Mit ebensolchen Sandsteinen beginnt das Kambrium in Schweden und im baltisch-russischen Gebiet, und hier macht die Ablagerung einen lagunären Eindruck, denn es sind Einlagerungen von Kohlen darin. Erst weiter nach oben folgt ein dunkler blauer Ton, der eine zunehmende Meerestiefe anzeigt und geologisch dadurch besonders interessant ist, daß er eines der wenigen sehr alten Formationsglieder ist, dessen ursprüngliche Konsistenz sich kaum irgendwie diagenetisch verändert hat. In Böhmen beginnt die unterste Stufe des Kambriums mit Konglomeraten aus aufgearbeitetem algonkischem Gestein, was somit die gleichzeitige Abtragung einer unmittelbar benachbarten spätalgonkischen Landfläche durch die Brandung des eindringenden kambrischen Meeres beweist. Auch hier folgen nach oben allmählich sandige Schiefer und Grauwackensandsteine und zeigen, daß nun die Eroberung der alten Landfläche durch Abtragung der Küste vollendet war. Nicht minder deutlich ist das kambrische Meeresübergreifen in Nordamerika. Es ging über archäisches und algonkisches Gestein dahin, und wo das erstere der Fall ist, beweist es, daß dort schon zu algonkischer Zeit ein Festland aus freiliegendem archäischem Gestein bestand, auf dem vielleicht auch noch algonkische Schichten lagen, die demnach aber schon in algonkischer Zeit selbst wieder abgetragen waren, ehe das kambrische Meer hereinbrach. Das oben gegebene Profil aus dem großartigen Aufschluß des Grand Cañon (Abb. 116) läßt klar dieses durchgehende Übergreifen erkennen. Dies sind nur einige Beispiele, wie sie sich ähnlich in aller Welt wiederholen und die kambrische Epoche einleiten.

Von der kambrischen Zeit ab bestanden nun zunächst mehrere Kontinentalkomplexe. Auf der Südhalbkugel und teilweise den Äquator nach Norden noch überschreitend, ein großer südatlantisch-indisch-australischer Landzusammenhang. Sein Rückgrat bzw. seine zentralen Kerne sind drei südliche algonkische und archäische Gesteinskomplexe, Schilde genannt (Abb. 152), der südamerikanische, der äthiopische und der australische. Auf der Nordhalbkugel, ihnen gegenüber im selben Meridian, liegen der kanadische, der finnoskandinavische und der sibirische Schild. Indem nun um diese Schilde herum im Laufe der historisch-erdgeschichtlichen Zeit Land sich angliederte, gestalteten sich im Süden wie im Norden Kontinentalmassen, in ihrem Umriß und Umfang immerzu wechselnd, aber dennoch mit einer gewissen Konstanz sich haltend. Im Norden ist es der nordamerikanisch-skandinavische oder nordatlantische Kontinent, an den sich ostwärts der sibirische Angarakontinent anlegt. Die südliche Landmasse hat in ihrem von Südamerika bis Afrika reichenden Teil den

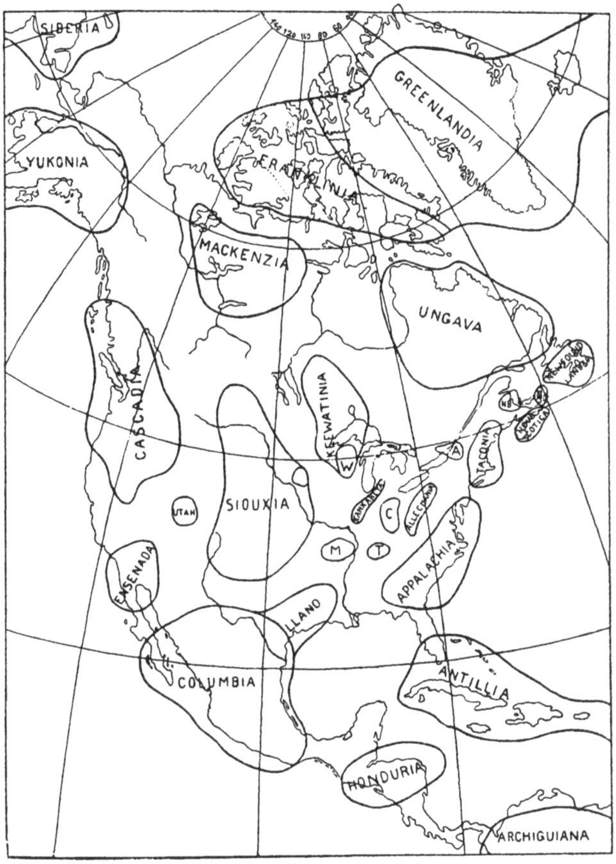

Abb. 126. Umrisse der positiven Elemente des Land- und Meereswechsels auf dem nordamerikanischen Kontinentalgebiet während der erdgeschichtlichen Zeit. Die mit Namen belegten Flächen zeichnen sich im allgemeinen durch die Neigung immer wiederkehrender oder aufrechterhaltener Erhebung über den jeweils eindringenden Meeresspiegel aus (vgl. die Karten Abb. 154). (Aus Schuchert 1910.)

Namen Südatlantis, im östlichen Teil heißt sie Gondwanaland. Auch viele andere Bezeichnungen für die zuweilen isoliert gewesenen Einzelteile hat man eingeführt; sie sind hier nicht von Belang. Ob ein pazifischer, besser südpazifischer Kontinent bestand, ist unsicher; sein Vorhandensein ist Gegenstand späterer Erörterung (Kap. 9). Erst allmählich im Laufe der Epochen stellten sich dann die heutigen Landumrisse und die besondere Art ihrer Verteilung und Ausgestaltung her.

Die genannten Kerne oder Schilde sind keine voneinander isolierten Krustenmassen, sondern hängen miteinander als tiefere archäisch-algonkische Formation unter der Decke jüngerer, in geologisch-historischer Zeit seit dem Erdaltertum darüber gebreiteter Sedimente und Vulkangesteine innerlich zusammen. Allerdings bestehen sie, wie S. 165 erwähnt, aus einem vielfach durcheinandergebrachten Gemisch ganz verschieden alter Gesteine jener Urformationen. Infolgedessen darf man sich nicht vorstellen, daß die genannten Ausbisse jenes ältesten festlandbildenden Gesteins, die wir nun Schilde nennen und wie sie die Karte Abb. 152 zeigt, etwa schlechthin alte große Inseln in den Meeren der kambrischen oder vorkambrischen Zeiten

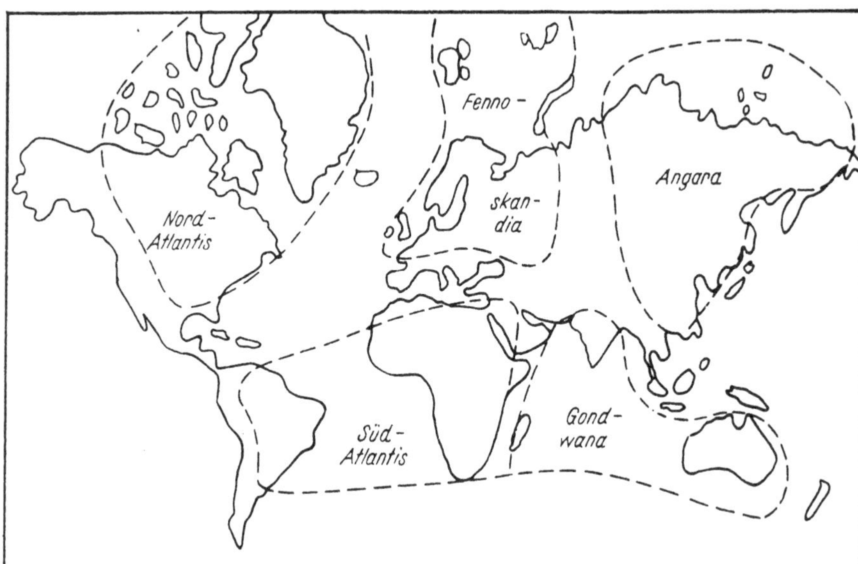

Abb. 127. Die Verteilung der Kontinente in ältester Zeit. Die Karte soll nur die allgemeine Lage der Hauptkomplexe in bezug auf die jetzigen Kontinente erläutern, ist aber nicht als eine richtige geographische Oberflächenkarte zu verstehen. Man bemerkt vor allem, das sich von Ost nach West zwischen den Kontinentalgebieten hinziehende Mittelmeer (Tethys). (Nach Arldt 1917 u. a. abgeändert.)

gewesen seien; wohl aber sind sie gewisse Stabilitätszentren für die äußerste Haut der Kruste gewesen und zeigten bei transgressiven Überflutungen immer wieder die Neigung zur Heraushebung. Solche, auch im kleinen vielfach zu beobachtenden Krustenteile zeigen, im Gegensatz zu danebenliegenden, während längerer erdgeschichtlicher Zeit immer wieder dieselbe Tendenz, sich herauszuheben und sich als Trockenland zu behaupten; man nennt sie positive Elemente. Nebenstehende Karte (Abb. 126) gibt solche Komplexe für Nordamerika wieder.

Was uns nun von vorneherein bei der allgemeinen Verteilung von Land und Meer im Erdaltertum auffällt, ist das zentrale, ostwestlich verlaufende Mittelmeer (Abb. 127), das durch die ganze historisch-geologische

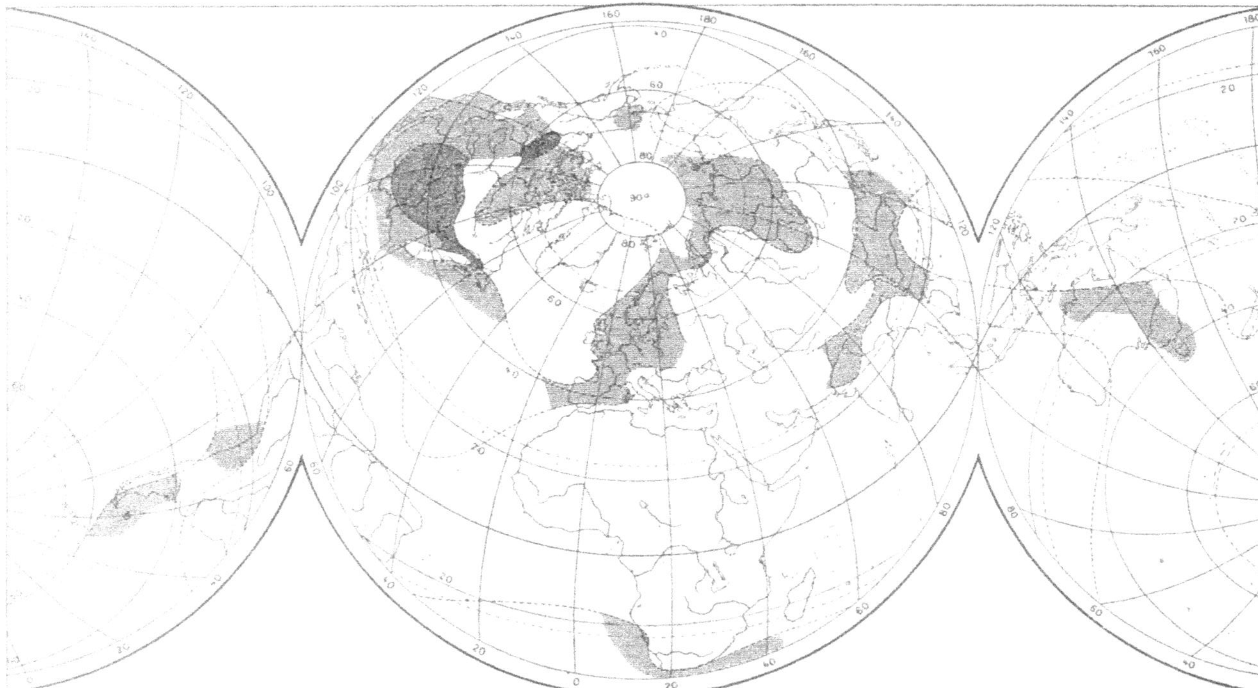

Abb. 128. Erdkarte der kambrischen Epoche (Azimutalprojektion). Grau schraffiert: das unterkambrische Meer; schwärzer: Ausdehnungszunahme während mittelkambrischer Zeit in Nordamerika. (Aus Lapparent 1906.)

Zeit bis in die neuesten Epochen hinein eine große Rolle spielte. Erst im Inselgebiet des südlichen Asien und bei Australien gabelte es sich einerseits nach Japan, andererseits nach Neuseeland hin in einen nordsüdlich verlaufenden Streifen, der sich entweder an einen fraglichen pazifischen Landkomplex — auf der Karte nicht eingezeichnet — anlegt oder in den auch damals vielleicht offenen Pazifischen Ozean übergeht. Im Westen dagegen, in Amerika, gabelt es sich ebenso in einen nordsüdlichen andinen Meeresstreifen, von dem dasselbe gilt. Vergleicht man dieses alte Mittelmeer, dem die Erdgeschichtsforschung den Namen Tethys gegeben hat, mit einer Karte, worauf der Verlauf der heutigen alpinen Faltengebirge angegeben ist (Abb. 147), so bemerkt man eine auffallende Übereinstimmung der Zonen, und dies hat, wie uns das Kapitel 19 zeigen wird, eine große Bedeutung für die Aufhellung des Mechanismus der Oberflächengestaltung in den erdgeschichtlichen Epochen.

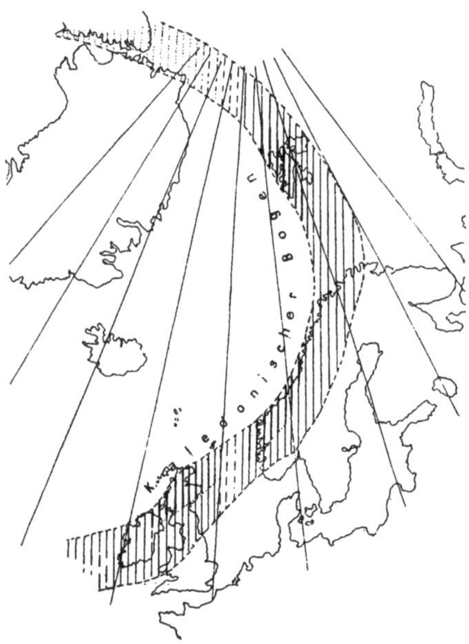

Abb. 129. Die Zone der kaledonischen Gebirgsfaltung zur Obersilurzeit (Gotlandium) in der nordatlantisch-arktischen Zone. (Nach Holtedahl aus Born-Salomon 1926.)

Mit der kambrischen Zeit begann also, wie oben dargelegt, eine Meeresüberflutung alter algonkischer Abtragungs- und Landflächen, und das Ergebnis dieser ersten Phase geographischer Veränderung bietet etwa die beistehende Karte (Abb. 128). Es sei noch erwähnt, daß nicht sofort mit dem Beginn des Frühaltertums der große Südkontinent konstituiert war, sondern daß er seine ganze Ausdehnung erst am Ende der kambrischen Epoche erlangte. Denn erst allmählich gewann das kambrische Meer größeren Raum auf den heutigen Kontinentalflächen. Im Mittelkambrium gewahrt man eine immer mehr um sich greifende Wasserbedeckung, die sich im Oberkambrium an vielen Stellen noch steigerte. Freilich gehen mit allen solchen Transgressionen in bestimmten Gegenden auch immer wieder gleichzeitig Regressionen anderswo Hand in Hand, aber im ganzen können wir von einer wachsenden Zunahme der Meeresbedeckung vom Beginn des Kambriums bis in die Silurzeit hinein sprechen. Zugleich wird nun schon wieder der auf Südamerika entfallende Teil des zusammenhängenden Südkontinentes stark beschnitten, und das steigert sich noch in der Frühdevonzeit. Ebenso ist seit dem starken Umsichgreifen des Meeres in der Untersilurzeit auch Ostaustralien und danach Südafrika vom Wasser bedeckt.

In der oberen Hälfte der Silurzeit spielt sich eine ziemlich weitausgreifende **Faltengebirgsbildung** ab, die kaledonische genannt, weil ihr Eintreten zuerst in Schottland nachgewiesen werden konnte (Abb. 129). Sie setzt sich auf dem Kontinent nach Nordfrankreich und in die Ardennen fort, ist auch im Polargebiet, schwächer im Baltikum, sodann in den nordamerikanischen Appallachen, in der Sahara, am Niger, im Kapland und in Brasilien verfolgt. Man nennt diese gleichalten silurzeitlichen Faltungen, denen wohl noch andere auf der Erde gleichzusetzen sein werden, daher **Kaledoniden**. Ob diese Faltungen orographisch zu richtigen Erhebungen von alpinen Gepräge führten oder ob es nur solche von Mittelgebirgscharakter waren, kann derzeit noch nicht entschieden werden. Die viel-

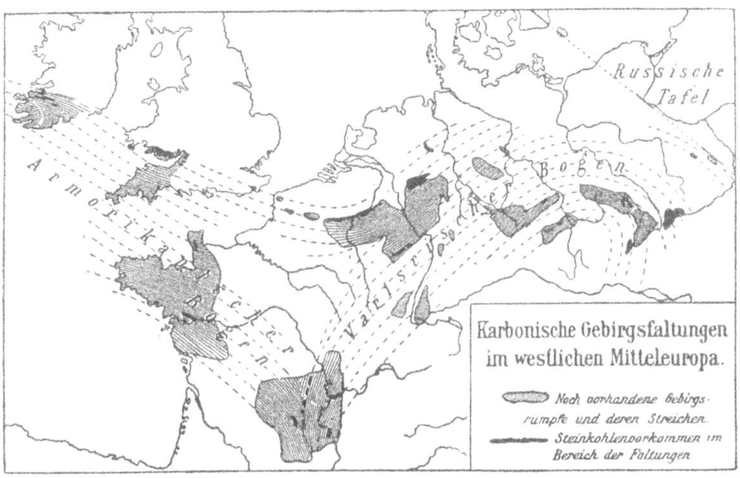

Abb. 130. Verlauf der alten karbonischen Gebirgsstreifen der Karbonzeit in Europa. Grau schraffiert: noch jetzt vorhandene oder wieder erhobene Gebirgsrümpfe; schwarz: Steinkohlenfelder im Bereich der Faltung. (Aus Bausenhardt-Huttenlocher 1929.)

fache regionale Zurückdrängung des Meeres durch die kaledonische Faltenbewegung wurde in der Devonzeit wieder abgelöst durch eine neue Transgression, der aber im arktischen Gebiet wiederum eine gleichzeitige Regression entsprach. Man sieht, daß in allen diesen Vorgängen eine Gesetzmäßigkeit oder etwa eine gegenseitige Kompensationsbewegung nicht unmittelbar zu erkennen ist. Der allenfalls darin liegende Rhythmus ist, wenn er existiert haben sollte, so verhüllt und von anderen Vorgängen so durchkreuzt gewesen, daß er praktisch bisher noch nicht bemerkbar wurde.

Die silurzeitliche Unruhe in der Kruste, durch welche jene kaledonische Faltung hervorgerufen ward und wovon auch der rasche regionale Meereswechsel in der Devonzeit mit bedingt sein wird, steigerte sich in der nun folgenden Karbon- oder Steinkohlenzeit derartig, daß um die Mitte dieser Epoche eine erneute, diesmal noch ausgiebigere Gebirgsfaltung die Länder ergriff. Europa, Uralgebiet, Armenien, Zentral- und Ostasien, Nordamerika werden auf der Nordhalbkugel in Mitleidenschaft gezogen, auf der Südhalbkugel dagegen Ostaustralien, Nordwest- und Südafrika sowie Südamerika in vielen Teilen. Die Auffaltung ist nicht überall ganz gleichzeitig, fällt aber überall in die Karbonzeit. In Europa trat sie wesentlich nach Ende der mittleren Karbonzeit ein. Man nennt die damals entstandenen Gebirgsfalten die Altaiden. In Europa können wir zwei Bogen (Abb. 130) unterscheiden: einen westlichen, der von Irland, Wales über Südengland bis zum französischen Zentralplateau strich; einen östlichen, der vom Zentralplateau seinen Ausgang nimmt, Südfrankreich, die Vogesen, den Schwarzwald, Thüringer Wald, Fichtelgebirge, Harz, Böhmen und die Sudeten durchzieht. Der erstere heißt das armorikanische, der letztere das variskische Gebirge. Wie es zu verstehen ist, daß heute manche seiner Züge noch als Gebirge dastehen, andere aber unter Flachland begraben sind, wurde im 5. Kapitel dargelegt.

Von da ab kommt es im Jungaltertum zu einem solchen Überwiegen des Landes gegen das Meer, daß es einen Augenblick lang scheint, als würden sich die Landflächen im Norden und Süden sozusagen das Gleichgewicht halten. Ja gegen Ende der Karbonzeit treten beide Landhemisphären, die südliche und die nördliche, so dicht zusammen, daß das permanente Mittelmeer, die Tethys, nahezu abgeriegelt wird (Abb. 131). Auch dies hängt mit der beschriebenen Gebirgsfaltung zusammen, weil auch im Gebiet der heutigen Alpen, das damals unter Meer lag, für kurze Zeit eine Emporfaltung stattfand. Dieser Vorgang brachte dann für die Permzeit, also für die Schlußphase des Erdaltertums, tatsächlich eine Landverbindung zwischen beiden Kontinentalkomplexen fertig. Aber doch nur für einen Augenblick. Denn jetzt, gegen Ende des Altertums, treten ganz neue Verhältnisse ein. Die Landmasse auf der Nordhalbkugel gewinnt von da ab allmählich die Vorhand. Der große Südkontinent wird besonders im Gebiet Hinterindiens und seines nach Australien hinüberziehenden Archipels unterbrochen, das Meer greift dort weithin um sich. Zugleich stellt sich das durchgehende Mittelmeer in alter Breite und Tiefe wieder her, weil im Gebiet der jetzigen mediterranen Faltengebirge die damalige erste Emporhebung nicht anhält, sondern alles in der Karbonzeit dort Heraufgestiegene alsbald wieder zurücksinkt und neuer Überflutung Platz macht.

In der ganzen Zeit des Erdaltertums bis an das Ende der Permzeit macht sich immer wieder ein bald stärkerer, bald schwächerer Vulkanismus geltend. In der von Gebirgsbildungen verschonten kambrischen Epoche ruht er fast. Örtliche Ausbrüche sind zwar auch hier, wie zu allen vulkanarmen Zeiten bemerkbar; aber sie bleiben, im ganzen betrachtet, recht bedeutungslos. Stärker entwickeln sich die Ausbrüche schon zur Silurzeit, und dies entspricht auch der sonstigen Unruhe des Bodens, welche die kaledonische Gebirgsfaltung erzeugte. Diese dauert streckenweise in die Devonzeit hinein noch fort, weil ja überhaupt alle Gebirgsbildungen nicht einmalige Geschehnisse mit scharf umschriebener Zeitgrenze sind, sondern

Abb. 131. Die große Ausdehnung der Kontinente zur oberen **Karbon- oder Steinkohlenzeit** und ihr nahes Zusammentreten im Mittelmeergebiet. (Aus Lapparent 1906.)

sich vielfach durch mehrere Perioden, mit wechselnder Heftigkeit und regional verschieden bemerkbar, erstrecken. So hat auch die alte kaledonische Bewegung noch im Devon ihr Nachspiel, und es macht den Eindruck, als ob die Abschwächung und Beendigung damit zusammenhinge, daß nun die unterirdischen hebenden und bewegenden Magma-Massen ihren Weg zur Oberfläche gefunden hätten; denn die Devonzeit ist eine Epoche heftigster vulkanischer Tätigkeit. In der Karbonzeit, wo wir dann die große universelle Gebirgserhebung der Altaiden auftreten sahen, drangen zugleich mit diesen Faltungen und in sie hinein wiederum Massen von magmatischen Gesteinen auf, besonders Granite, während in der vorausgehenden Devonzeit andersartige Magmen emporkamen. Ebenso ist auch die Permzeit eine sehr vulkanische Epoche; Porphyre spielen hier die Hauptrolle.

Gleich zu Beginn des Erdaltertums, am Anfang der kambrischen Zeit, finden sich, wie schon erwähnt (S. 171), aus der Übergangszeit vom Algonkium her, besonders in China und Australien die Andeutungen eines nicht eben warmen, sondern eines glazialen Klimas. Die niedere Tierwelt, damals nur aus wirbellosen Tieren bestehend, ist allergrößtenteils zuerst aus hornschaligen Tieren zusammengesetzt, soweit sie nicht überhaupt schalen- und skelettlos gewesen sind. Von Formen mit innerem Skelett begegnen uns hauptsächlich Kieselnadelschwämme, und nur ganz unbedeutend mischen sich eigentliche Kalkschaler gelegentlich darunter. Man darf aus dieser Tatsache auf ein anfänglich kühleres Meeresklima schließen. Das ändert sich im Verlauf der kambrischen Zeit zusehends. Es mehren sich die kalkschaligen Meerestiere, ein Beweis für zunehmende Wärme; es kommen auch Riffe von Kalkbildnern, die Archäozyathiden (S. 362), die stellenweise große Mächtigkeit erreichen, über die ganze Erde verbreitet sind, auch in den polaren Norden und Süden hinauf- und hinunterreichen. Daß das Klima im ganzen wärmer geworden sein muß, ergibt sich nicht nur hieraus, sondern auch aus dem gleichzeitigen Verschwinden jeder glazialen Ablagerung, sowie durch die Zunahme von roten Sandsteinen, die teils auf sehr trockenes wüstenartiges, dann aber wieder von starken Regengüssen heimgesuchtes Landgebiet deuten. Wir haben eine Wiederholung der beim Algonkium ausführlich gewürdigten Zustände, unter denen sich dort der schottische Torridonsandstein abgelagert hatte (S. 173). Salz- und Gipslager des Kambriums in Nordamerika und Sibirien ergänzen das Bild eines warmen, teilweise sehr trockenen Klimas, das im Verlauf der kambrischen Epoche auf die anfangs wohl kühler gewesene Phase folgte.

Das setzt sich in die Silurzeit hinein fort. Überall in den Meeren sieht man die Kalkschaler üppig gedeihen. Weltweit verbreitete Korallenriffe gehen bis in den höchsten Norden hinauf, Salzlager in Nordamerika weisen auf ein durchaus warmes Klima; die weltweite Verbreitung vieler Meerestierarten zeigt seine Ausgeglichenheit durch alle Zonen. Doch auch hier gibt es eine Unterbrechung. Gegen Ende der Silurzeit scheinen sich wiederum Glazialbildungen bemerkbar zu machen, und wahrscheinlich waren auch zur Untersilurzeit (Ordovicium) in Nordamerika solche entwickelt. Auch die im Untersilur vielfach erkennbaren Konglomerate und klastischen Gesteine legen die Annahme örtlicher Temperaturrückgänge in Nordeuropa und Ostnordamerika, also im nordatlantischen Gebiet, nahe. Immerhin ist es beim Vorhandensein der damals entstandenen kaledonischen Gebirgszüge sehr wohl möglich, daß in den Tiefländern und in den Meeren überall große Wärme herrschte, während stärkere Niederschläge auf den Gebirgshöhen sich zu Gletschereis ansammelten, das dann in die wärmeren Tiefländer vorstieß und dort abschmolz. Denn wenn es nicht im ganzen warm gewesen wäre, würden die Meeresablagerungen der damaligen Zeit nicht so überaus reiche Kalkschaler und Riffe enthalten.

Auch in der folgenden Devonzeit halten ähnlich günstige Lebens- und Klimaverhältnisse noch an, obwohl hier zuerst auch eine Periode mit sehr vielen Niederschlägen herrschte, wie die vielen Sandsteine und klastischen Sedimente besonders der unterdevonischen Zeit beweisen. Auch sind Glazialspuren in Südafrika bekannt aus der Anfangsphase der Devonzeit; fragliche auch aus dem östlichen Nordamerika. Erst im Mitteldevon machen sich wieder die Kalkbildungen umfassender geltend; Korallenriffe von großer Üppigkeit erscheinen und viele Meerestiere sind weltweit verbreitet, was also auf ein wärmeres, ausgeglichenes Klima deutet. Auch für das Devon, auch wenn es glaziale Spuren hinterlassen haben sollte, scheint im Prinzip das zu gelten, was für das Silur schon gesagt wurde: daß die Eisablagerungen sehr örtliche, vielleicht auf gebirgige Zonen beschränkte Erscheinungen waren, weil wir gleichzeitig die Kalkbildung im Meere weitergehen sehen und weil besonders auf der Nordhalbkugel damals in dem über das atlantische Gebiet bis nach Finnoskandinavien und Rußland hinein sich ausdehnenden nordatlantischen Kontinent wiederum rote und bunte Sandsteinbildungen herrschten (Old red sandstone), wie wir sie als bezeichnend für die Urwüsten schon mehrfach kennengelernt haben (vgl. S. 188). Man kann also annehmen, daß in der Devonzeit ein gegensätzlicheres und wechselndes Klima herrschte als in der Silurzeit, bis im Oberdevon die gleichmäßige Wärme wohl überall die Oberhand gewann und damit die extrem günstigen Klimazustände der folgenden Steinkohlenzeit einleitete.

Die Steinkohlenzeit war, wie schon berichtet, eine gewaltige Gebirgsbildungsepoche. Die fortwährende Bewegung der Erdrinde, das Heraustreten von Meeresböden, die fortwährende Verlegung von Land- und Meeresgrenzen brachte Bodenverhältnisse mit sich, die zur Bildung von ausgedehnten, wechselnd mit Meer- oder Süßwasser erfüllten Niederungen, Aestuaren und Sümpfen führten, in denen sich eine überaus üppige, wenn auch nur aus Farnen, bärlapp- und schachtelhalmartigen, im übrigen fremdartigen Gewächsen bestehende Flora ansiedelte, die nach ihrer Konstitution noch durchaus an durchwässerten Boden gebunden war. Sie bildete ausgedehnte Wald- und Sumpfwälder. Die immerfort absterbenden Massen häuften sich Jahrtausende lang unter Wasser, hielten auch das Wasser selbst wie ein Moorboden fest und verkohlten dabei. Von Zeit zu Zeit überschüttete das eindringende Meer die verkohlten Massen, legte Sedimente aus Tonschlamm und Sand darüber (vgl. Kap. $II/_1$). Das Klima war in jener Zeit durchweg mild, warm, vielleicht treibhausartig. Von Nordamerika bis in den Süden von Peru, von Kleinasien bis in den Polarkreis, von Asien über Europa nach Nordamerika und China erstreckte sich überall diese wesentlich gleichartige Steinkohlenflora in derselben Üppigkeit. Wo Meeresgebiete bestehen blieben, wie in Westeuropa, Belgien, Osteuropa, Rußland, Asien und im Westen von Nordamerika, finden wir viele mächtige Kalkbildungen mit Korallen von teilweise großer

Abb. 132. Gletscherablagerungen (Tillit) mit erratischen Blöcken der Permokarbonzeit. Von der großen Eisbedeckung des Südkontinents, Südafrika. (Aus Du Toit 1926.)

Mannigfaltigkeit. Auch niederste kalkbildende Meerestiere, die einzelligen Fusuliniden, welche für Einzeller zum Teil eine Riesengröße erreichten, sind eindeutige Beweise für die große Wärme, die zur Steinkohlenzeit überall herrschte. Damals erschienen auch die Amphibien und Reptilien und begannen in altertümlichen Typen sehr aufzublühen, was auch ein Hinweis auf sehr günstige klimatische Bedingungen sein mag.

Größere Klimagegensätze mitsamt einer ausgedehnten Eisbedeckung, fast ausschließlich dem großen Kontinent der Südhemisphäre angehörend, stellen sich am Ende der Steinkohlen- und mit Beginn der Dyas- oder Permzeit ein. Überall in den Südhälften unserer heutigen Festländer, damals ausgedehnt zusammenhängend, liegen viele mächtige Gletscherschuttmassen (Abb. 132), die wahrscheinlich von südlichen Hochländern herunterkamen und teilweise in die Meere vorstießen. Die großen karbonischen Gebirgsfaltungen waren ziemlich ausgeklungen, und hohe Gebirge bedeckten teilweise die Länder. Zugleich muß eine Epoche starker Niederschläge eingesetzt haben. Diese Niederschläge trugen auf der Nordhalbkugel die Gebirge sehr rasch ab, häuften ein ungeheures klastisches Material in den Senken auf und ebneten bald den Boden wieder ein. Auf der Südhalbkugel aber scheinen diese Niederschläge irgendwie zu großen Eisansammlungen geführt zu haben. Nach der räumlichen Verbreitung der noch übriggebliebenen Glazialschuttmassen und Schliffe (Abb. 133) in Südamerika, Afrika, Indien, Australien (Abb. 134) ist anzunehmen, daß das Hauptaus-

Abb. 133. Eisschliff auf paläozoischem Diabas als Zeuge der Eisbedeckung zur Permokarbonzeit. Barkly-West. Südafrika. (Phot. Dr. Schröder.)

gangsgebiet in einer großen, bis zum Südpol vielleicht sich ausdehnenden hochgelegenen Kontinentalfläche lag. Ohnehin war damals gerade eine Epoche besonderen Umfanges der Kontinente, auch auf der Nordhalbkugel, und zeitweise hingen, wie schon oben erwähnt, die nördlichen und südlichen Massen sogar zusammen. So konnten sich infolge dieser Ausdehnung und der damit gegebenen geringen Entwicklung klimaausgleichender Meeresarme, wie auch wegen der noch sehr abwechslungsreichen Orographie der Länder starke regionale Klimagegensätze einstellen.

Jener großen, die diluviale Eisbedeckung weit übertreffenden südländischen Glazialbedeckung entsprach auf der Nordhalbkugel ein urwüstenhaftes Trocken- und Hitzeklima, unterbrochen von periodischen und sehr kräftigen Niederschlägen. Vielleicht gab es auch in Nordamerika Stellen mit

Gletscherbildungen, aber sie treten ganz zurück gegen diese roten und bunten Sandsteinbildungen. Zudem entwickelten sich durch Verdunstung eines nordischen Binnenmeeres (Kap. II/2) im Gebiet des jetzigen Norddeutschlands mächtige Salz- und Kalisalzlager — alles Beweise für ein heißes Trockenklima, dessen Niederschläge wahrscheinlich mangels entsprechender Höhen, nicht wie auf der Südhalbkugel sich zu Eismassen ansammeln konnten. Daß es übrigens auch im Süden keineswegs kalt war, beweisen marine permische Ablagerungen in Niederländisch-Indien mit einer normalen kalkschaligen Meeresfauna, wenn auch die für wärmere Meere bezeichnenden Korallenriffe fehlen. In Neusüdwales sind den glazialen Moränen, die ins Meer vorstießen, sogar Kohlen zwischengelagert, was also auf immerhin nicht spärlichen Pflanzenwuchs deutet, und anderwärts wechseln die Eisablagerungen mit Meeresschichten, woraus hervorgeht, daß die Gletscher-

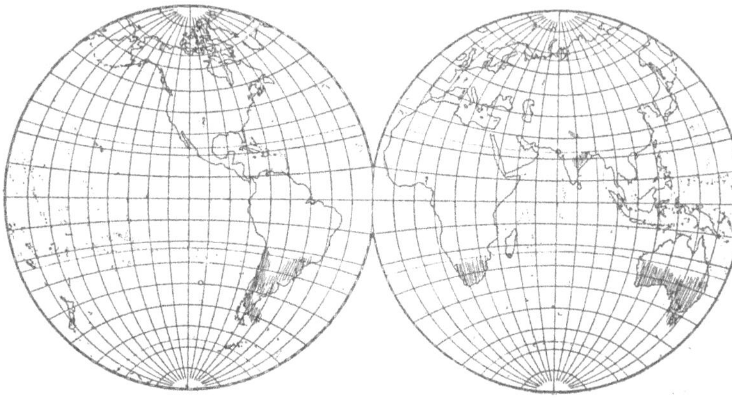

Abb. 134. Heute noch anstehende Reste der Eisablagerungen (schraffiert) auf dem großen Südkontinent zur Permokarbonzeit. (Aus Coleman 1926.)

massen zeitweise ins Meer vorstießen und dazwischen auch wieder zurückgingen.

Die Ausdehnung der Kontinentalflächen und die Verlandung oder teilweise auch nur das Seichtwerden des alpinen Mittelmeeres hält in der untersten Triasphase, der Buntsandsteinzeit, noch an.

Zur **Untertriaszeit** gab es nur in einigen engen Gebieten der Alpen und vielleicht in den jungalpinen Streifen Südasiens Meer; sonst waren mindestens alle heutigen Kontinentalgebiete ebenfalls Land — ein unerhörter Zustand für alle erdgeschichtlichen Epochen vorher und nachher. Aber dann kommt ein Zwischenzustand: es stellt sich rasch das ganze Mittelmeer wieder her, ja es vertieft und verbreitert sich außerordentlich. Ebenso erweitert und schließt sich wieder der zur Permzeit vorübergehend im Osten vom Meer durchbrochene große Südkontinent noch einmal. Wieder liegen sich dadurch zwei gleich große Kontinentalmassen auf der Nord- und Südhalbkugel gegenüber, jetzt, zur Triaszeit aber durch das wieder sich voll entwickelnde Mittelmeer, die Tethys, getrennt, das von nun ab das Sammelbecken für alle jene mächtigen Sedimente wird, die als mesozoische Gesteine heute die alpinen Hochgebirge von Südeuropa bis Südasien zusammensetzen. Dieser typische Zustand der beiden großen Kontinentalflächen mit dem scharf dazwischen einschneidenden Mittelmeer ist am deutlichsten in der letzten kurzen Phase der Triasepoche, der Rhätzeit, entwickelt (Abb. 135).

Das Ende der Triaszeit (Rhät) ist jene Epoche, wo die Ausdehnung des Kontinentalgebietes wesentlich mit der heutigen gleich gewesen zu sein scheint und wo hauptsächlich nur im alpinen Gebiet und in Europa Meeresbedeckung herrschte. Solche Epochen, in denen der geologische Befund den Anschein erweckt, als ob die damaligen Meeresgrenzen wesentlich mit den jetzigen zusammenfielen, also auch die Kontinentalgebiete dieselbe Ausdehnung wie heute gehabt hätten, nennt man *geokratische Epochen*, d. h. Zeiten der Landherrschaft; im Gegensatz dazu sind *thalattokratische Epochen* jene, in denen auch über den heutigen Kontinenten das Meer ausgedehnt lag. Die oberste Triaszeit ist eine solche geokratische Scheinepoche.

Es ist aber durchaus irrig, aus dem Nichtvorhandensein oder der sehr beschränkten Verbreitung des Meeres in einer früheren Zeit auf den jetzigen Kontinentalflächen zu schließen, daß die Verteilung von Land und Meer überhaupt, also auch die Grenzen von Land und Meer damals wesentlich mit den heutigen zusammenfielen. Denn alles, was heute Hochgebirge auf der Erde sind, war damals überhaupt noch nicht gefaltet. Diese Faltengebirgsstreifen waren wesentlich ausgedehntere Teile der Erdrinde, weil ja Faltung eben darin besteht, daß Erdrinde eng zusammengepreßt wird. Man hat berechnet, daß selbst bei vorsichtigster Schätzung unser jetziges europäisches Alpengebiet ehemals eine Querausdehnung von 1200 km hatte. Außerdem werden wir im Kap. 9 sehen, daß auch die heutigen Tiefseegebiete, die eigentlichen Ozeane, erst sehr spät in der Erdgeschichte, und zwar mit der tertiärzeitlichen alpinen Faltung, zu ihrer jetzigen Tiefe und damit in ihrer morphologischen Gegensätzlichkeit zu den Kontinentalgebieten herausgearbeitet worden sind. In anderen Gegenden lagen ebenfalls Kontinentalflächen (Indischer und Atlantischer Ozean), die am Ende der Triaszeit gewiß noch nicht versunken waren. War also die Rhätphase eine geokratische Zeit, so schließt diese Erkenntnis zugleich auch die andere mit ein, daß damals überhaupt wesentlich weniger Meerwasser auf der Erdoberfläche stand als in späteren Epochen oder in der heutigen Zeit.

Und so ergibt sich für das Ende der Triasepoche, an der Wende zur Jurazeit, eine ähnliche geologische Situation, wie wir sie schon für die Zeit zwischen Algonkium und Kambrium folgern mußten: es muß wiederum eine wesentliche Veränderung des Wasserbestandes auf der Erdoberfläche stattgefunden haben; es muß gegen Ende der Triaszeit Wasser in größerer Menge vom Erdkörper aufgesaugt worden sein, um sodann mit Anfang der Jurazeit und besonders in deren Mitte (Doggerzeit) wieder vermehrt

Abb. 135a. Weltkarte der Obertriaszeit. Die Strichelungen geben die etwaigen Umrisse der Kontinentalflächen an, die sich in ihrer Ausdehnung im Norden und Süden teilweise den Zuständen des frühen Erdaltertums wieder angleichen. Deutliche scharfe Abgrenzung des durchlaufenden Mittelmeeres (Tethys). Die Unterbrechung der Strichelung gibt die Unsicherheit der richtigen Grenzziehung wieder. (Orig.)

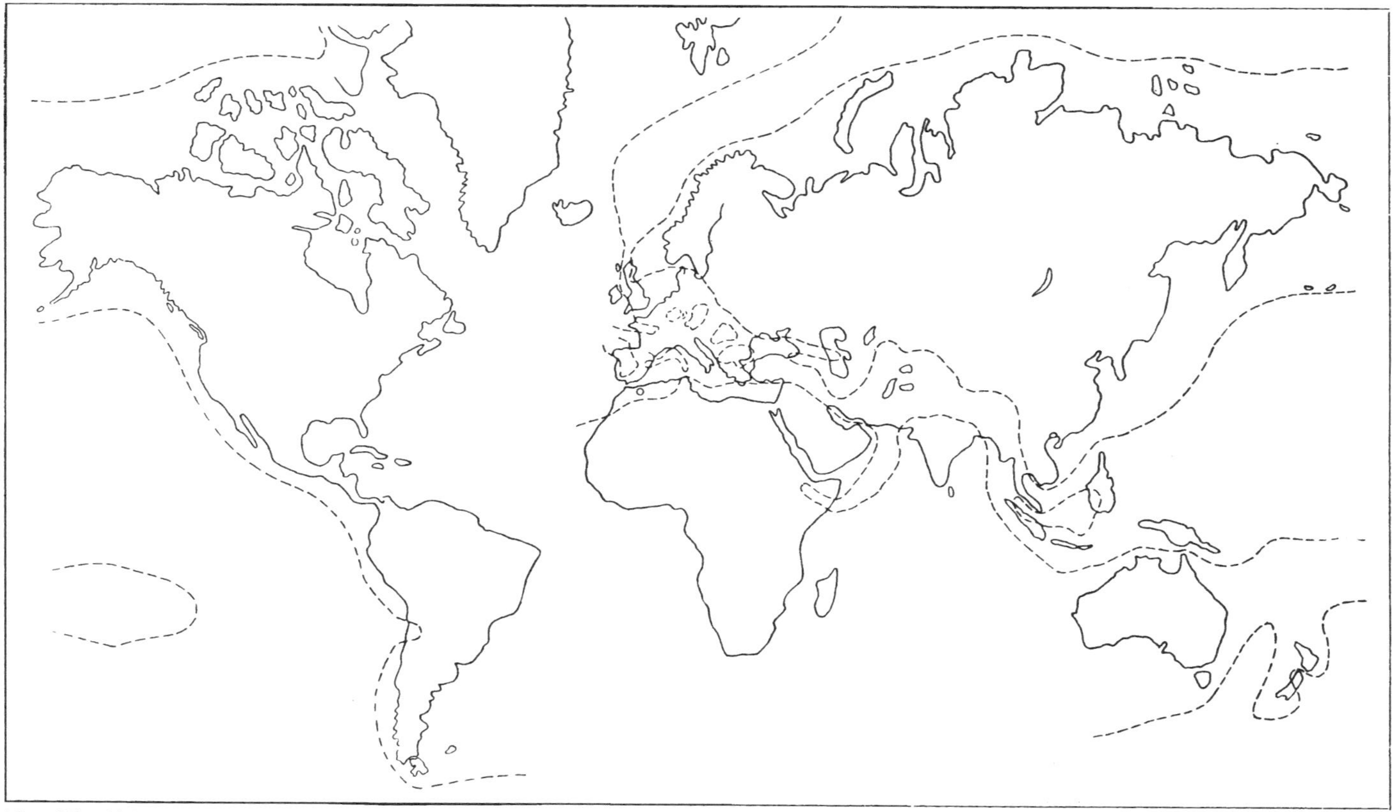

Abb. 135 b. Weltkarte der letzten Endphase der Triaszeit (Rhät). Erklärung der Zeichnung wie oben. Extremste Ausdehnung der Kontinentalflächen. Das Weltmittelmeer (Tethys) ist fast allein im Gebiet der heutigen Länder entwickelt. Typus einer geokratischen Epoche. (Orig.)

worden zu sein. Denn obwohl z. B. der große Südkontinent in der Jurazeit zusehends verschwand, also Platz zum Abströmen des Meerwassers von anderen Kontinenten weg geschaffen wurde, hat sich dennoch überall zur Doggerzeit eine weltweite Neuüberflutung jetziger Kontinentalflächen geltend gemacht, die schon in der Unterjurazeit (Liaszeit) ihren Anfang nahm und gegen die Verhältnisse in der Rhätphase ein allgemeines Umsichgreifen des Meeres, also vermutlich eine allgemeine Wasservermehrung bedeutete. Diese Wasservermehrung könnte eine scheinbare sein und so

A

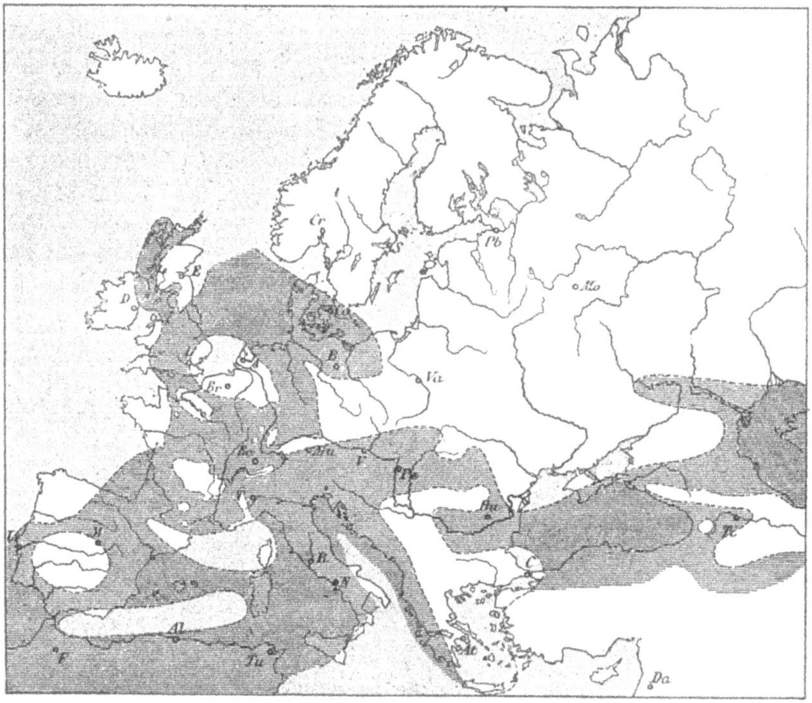

Abb. 156. Karten von Europa während der Liasepoche (A) und der mit gewaltiger Meeresausdehnung auftretenden Doggerzeit (B).

zustandegekommen sein, daß etwa allgemein auf der Erde die Ozeanböden etwa durch innere magmatische Hebung oder Aufblähung seichter wurden; dann mußte überall auf der Erde das Meerwasser auf vorheriges Landgebiet übertreten. Das kann aber nicht die Ursache des hier in Frage stehenden Falles gewesen sein. Denn gerade umgekehrt sehen wir nach der Rhätzeit die Meeresgebiete sich wieder vertiefen, und trotzdem traten neue Überflutungen ein; das kann nur von einer Wasservermehrung kommen.

Am Beginn der Jurazeit, im Lias, ist, außer Europa und Nordasien, das Meer noch wesentlich auf die heutigen Hochgebirgsstreifen beschränkt (Abb. 158). Dann setzt in der mittleren Jurazeit, im Dogger eine sehr weitausgedehnte Transgression des Meeres über bisherige Landgebiete ein, was für Europa beistehend dargestellt ist (Abb. 136). Auch im oberen Jura, im Malm, sind die Meere auf den heutigen Kontinentalgebieten recht ausgedehnt und teilweise am tiefsten in den alpinen Streifen. Nur Nordamerika hält sich größtenteils frei, ebenso Nordasien, Süd- und Westafrika und das außerandine Südamerika. Immer weiter greift zur mittleren Jurazeit das Meer auf den heutigen Kontinentalgebieten um sich. Es ist die große weltweite Transgression der Doggerzeit, die später in der Ober-

B

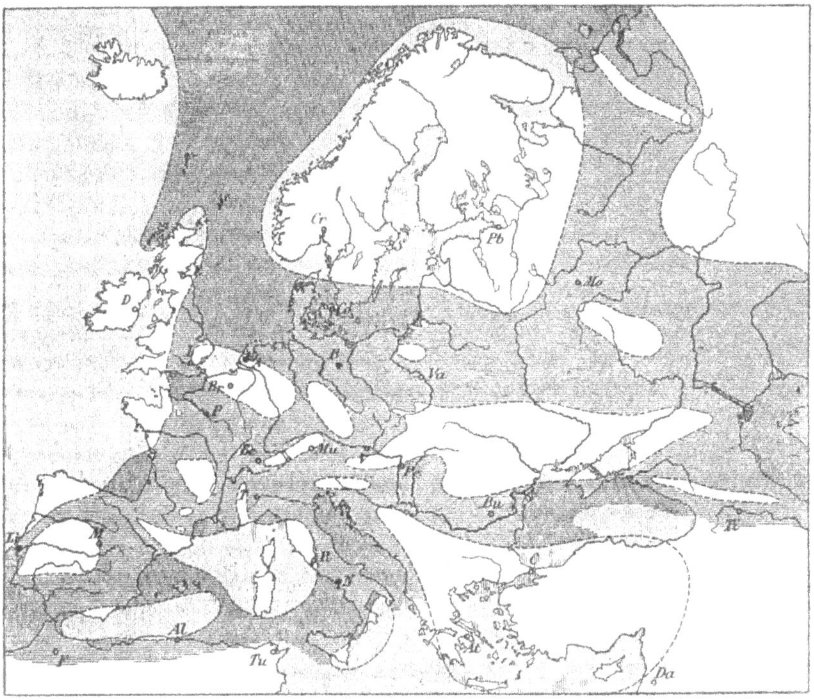

Die hier sichtbare Transgression hat sich auf der ganzen Welt zur mittleren Jurazeit bemerkbar gemacht. (Aus Lapparent.)

jurazeit, besonders gegen Ende der Jurazeit wieder sehr stark zurückgeht, so daß am Ende des Jura das ganze norddeutsche Meer zu Brack- und Süßwassergebiet umgewandelt wird (Purbeck- und Wealdenformation). So bleibt es teilweise noch in der Unterkreidezeit, und erst um die Mitte der Kreidezeit setzt abermals, besonders in Europa wiederum eine große rasche Transgression ein (Abb. 100, S. 143). Immer mehr zerfällt der Südkontinent bis zum Ende der Kreidezeit.

Ähnliche Verhältnisse, wie sie aus dem nördlichen Wüstengebiet mit seinen Niederschlägen für Nordamerika, England und Deutschland zur Dyas- oder Permzeit, besonders im unteren Teil, dem Rotliegenden, herrschten, setzen sich am Anfang der Triaszeit in den genannten Gebieten fort. Das Klima des Erdmittelalters war nach der Permzeit seiner Gegensätze entledigt. Es ist überall mild, ja stellenweise heiß gewesen. Vielleicht sind anfänglich, wohl von der Permzeit her, in Zentralafrika noch Gletscher vorhanden gewesen. Aber das hatte doch wohl nur örtlichen Umfang. Soweit wir es beurteilen können, dürften die damaligen Länder ohne schroffes Relief gewesen sein.

Überall, in Trias, Jura und Unterkreide finden wir wesentlich die gleiche Meerestierwelt oder wenigstens bei aller geographischen Verschiedenheit doch immer eine Zusammensetzung, welche auf ein überall, selbst bis in den höchsten Norden hinauf günstiges Klima deutet. Spitzbergen, die Bäreninsel und die Neusibirischen Inseln, Neuseeland, West-Nordamerika und die europäisch-südasiatischen Alpengebiete haben uns wesentlich dieselbe Meerestierwelt für die Triaszeit geliefert. Kalkalgenriffe und Korallenriffe durchziehen das Tethysmeer und sind auch bis Nordasien vorgestoßen. Zur Jurazeit gedeihen in unseren Gegenden bis Norddeutschland hinauf in den Meeren Korallenriffe. Wo wir auf den damaligen Landflächen Pflanzen finden, haben sie über die ganze Erde hin bis in das Südpolargebiet hinein denselben Charakter. Zur Triaszeit sind die Floren in Indien und im Norden bis Grönland wesentlich gleich. Eine etwas deutlichere Zonengliederung macht sich zur oberen Jurazeit bemerkbar, wo wir eine boreale, bis Rußland herunterreichende Meerestierwelt von einer mitteleuropäisch-mediterranen unterscheiden können, ohne daß dies jedoch scharfe Klimazonen bedeuten würde; ähnlich auch in der Unterkreidezeit. Aber erst in der das Erdmittelalter beschließenden oberen Kreidezeit steigert sich der zuvor nur schwach angedeutete zonare Gegensatz so sehr, daß wir dort zum erstenmal in der Erdgeschichte eine klare, wenn auch noch keineswegs so schroff umgrenzte und gegensätzliche Zonenbildung, wie die heutige verlaufend, verfolgen können. Es war jedenfalls im ganzen wärmer, als es heute in unseren Breiten ist. Es scheint, als ob damals zum erstenmal jene astronomische Stellung der Erde und ihrer Pole, jene Lage in der Bahn um die Sonne sich auszubilden begonnen hätte, die wir in der Tertiärzeit und heute haben (Kap. 10). Korallenriffe, die zur Jurazeit noch bis Mitteleuropa heraufreichten, und dicke, auf warmes Meerwasser weisende Muschelriffe gehen in der oberen Kreidezeit noch bis an den Nordrand des alpinen Meeresgebietes und laufen, ungefähr dem Äquator parallel und ihn nur in Europa nordwärts stark überschreitend und die warme Zone bezeichnend, um die ganze Erde herum (Abb. 163). Auf den Ländern lebten im Erdmittelalter zuerst großwüchsige Amphibien (Triaszeit), dann in der Jura- und Kreidezeit in Üppigkeit und Formenfülle eine, zum Teil ungeheuere Körpergröße erreichende Reptilwelt. Alles dies beweist ein außerordentlich warmes günstiges Klima für alle Teile der Erde, was selbst durch die Zonenbildung der oberen Kreidezeit nicht wesentlich beeinträchtigt worden sein dürfte.

Die Grenze von Kreide- und Tertiärzeit, also von Erdmittelalter und Erdneuzeit ist wiederum eine jener merkwürdigen kritischen Phasen, wie wir sie ähnlich schon zu Beginn des Erdaltertums und dann wieder am Ende der Triaszeit gefunden haben, wo irgend etwas Besonderes vor sich ging, das sich nicht in das Schema des sonstigen erdgeschichtlichen Entwicklungsganges fügt. Es scheint damals irgendeine plötzliche Umsetzung von Meer und Land, ebenso ein rascher klimatischer Wechsel und auch in der biologischen Entwicklung irgendetwas Unbekanntes sich zugetragen zu haben. Es gibt zwar auch in anderen Zeiten große Umsetzungen von Meer und Land; aber da können wir immer den Mechanismus und den Übergang vom einen in den anderen Zustand verfolgen. So bei der großen Transgression zur mittel- und oberkambrischen Zeit, bei der Trans- und Regression zur Jurazeit und dann bei der Transgression mitten in der Kreidezeit (S. 142); wir finden Übergangsformationen, die diese Vorgänge Schritt um Schritt zu verfolgen erlauben. Aber am Ende der Kreidezeit besteht wieder ein Hiatus, irgendeine Unterbrechung. Eine wirklich einwandfreie marine Übergangsstufe in die Tertiärformation ist mit Sicherheit noch nicht nachgewiesen, wenn auch manches schon dafür angesprochen wurde. Auch im Klima vollzieht sich für die ganze Erde ein Wechsel, aber nicht derart, daß man eine allmähliche Änderung und einen allmählichen Übergang des einen in den anderen Zustand wieder verfolgen könnte; sondern es ist auf einmal eine Unterbrechung da und unvermittelt stehen sich zwei Gesamtklimazustände gegenüber. Am Ende der Kreidezeit ist eine deutliche Zonengliederung entwickelt (S. 260), wenn auch nicht mit derselben Schroffheit wie heutzutage; und zwar war dort zum erstenmal die Zonenanordnung so geraten, daß sie der heutigen der Lage nach entspricht. Das wird mit der Tertiärzeit plötzlich wieder abgebrochen: es stellen sich auf der Erde sozusagen mesozoische Klimaverhältnisse, wie etwa zur Trias- und Jurazeit her, wo überall dieselben klimatischen Bedingungen sowohl für die Tierwelt, wie besonders für die Pflanzenwelt gegeben waren. Auch setzt unter den Tieren des Landes ein „großes Sterben“ ein; viele bis dahin weltweit verbreitete und zahlreich entwickelte Typen sterben aus. Im Meere sehen wir manche, zur erdmittelalterlichen Zeit das Flachmeer artenreich bewohnenden Typen verschwinden, und wir wissen, daß sie sich damals in die Tiefsee zurückgezogen haben, weil sie heute dort noch vom Schleppnetz heraufgeholt werden. Wir werden im Kapitel 9 noch Anhaltspunkte bekommen, daß auch der Gegensatz von Kontinentalgebiet und Tiefsee sich damals stark auszuprägen begann, kurz — die Grenze von Kreide- und Terziärzeit bietet eine, wenn auch sehr kurzfristige Epoche mit einem Rätsel, das wir mit den bekannten aktualistischen Forschungsprinzipien (S. 274) bisher nicht zu lösen imstande sind. Das Kapitel 10 wird darüber zusammenhängend Aufschluß geben.

Das Erdmittelalter war geotektonisch im ganzen eine sehr ruhige Zeit, sowohl in bezug auf die vulkanische Tätigkeit, wie auch in bezug auf Gebirgsfaltungen, die sich nur schwach und ganz untergeordnet regten. In der Trias- und Jurazeit sowie noch in der unteren Hälfte der Kreidezeit, herrschte zwar ein oftmals lebendiger Land- und Meereswechsel (Doggertransgression, Mittelkreidetransgression, Zerfall des Südkontinentes), aber dieser Wechsel stand offenbar nicht in unmittelbarer Beziehung zu gleichzeitigen Faltungen der Erdrinde, wie man das für solche Erscheinungen oft anzunehmen geneigt ist und wie es zeitweise auch zutreffen mag; er muß aber andere, noch ungeklärte Ursachen gehabt haben. Kleinere Krustenbewegungen bemerkt man allerdings auch im Erdmittelalter, aber sie besagen nichts gegen die silurischen oder gar karbonischen oder gegen die späteren jungtertiärzeitlichen Gebirgsbildungen. Nur zur oberen Kreidezeit macht sich im alpinen Gebiet Europas eine vorübergehende alpine Heraushebung örtlich bemerkbar, verschwindet aber noch einmal. In der Kreidezeit scheinen sich auch ganz vorübergehend vulkanische Ausbruchsherde gebildet zu haben; ebenso in der Jurazeit, wo in Westamerika zwischen marinen Schichten vulkanische Gesteinslager und Tuffe reichlich lagern.

Mit dem Ende der Kreidezeit und dem Beginn des Tertiärs stellen sich rascher und rascher die der heutigen Landverteilung nahekommenden Verhältnisse her. Der große Südkontinent ist ganz zerlegt und vielfach ist in die übrig gebliebenen, heute wieder festländischen Teile (z. B. Afrika) sogar Meer eingedrungen. Ebenso sind auch die Nordlandmassen, wenigstens im atlantischen Gebiet, sehr stark vom Meere überflutet. Schon in der letzten Hälfte der Kreidezeit hatte sich Westafrika von dem südamerikanischen Land merklich getrennt. Es blieb zwar atlantisch-ozeanisches Land zwischen der alten und neuen Welt noch bestehen (Atlantis), aber auch der amerikanische Kontinent wurde immer mehr isoliert, sozusagen der europäisch-afrikanischen Welt durch den immer mehr sich ausprägenden Atlantik fernergerückt. Nordamerika hebt sich immer sicherer heraus und erlebt nur noch selten und in kleinen Streifen an seinen Rändern das Eindringen des tertiärzeitlichen Meeres.

Zur Tertiärzeit ist Europa, Indien und Afrika stellenweise stark vom Meere bedeckt. Afrika hat sich schon individualisiert, hängt nicht mehr mit Indien und Australien unmittelbar zusammen. Der Indische Ozean entwickelt sich zusehends. Wohl aber ist von dem alten Gondwanakontinent (S. 181), der seinerzeit diese drei Länder mitsamt dem Areal des Indischen Ozeans umspannt hatte, noch ein großer Inselkontinent übrig geblieben, der Madagaskar mit Vorderindien verband, Lemuria genannt, weil heute eine ganz merkwürdige Säugergruppe, die Halbaffen oder Lemuren, auf jene Restinsel Madagaskar beschränkt sind. Australien hatte vielleicht noch engeren oder archipelartigen Zusammenhang mit den Polynesischen Inselmassen, die unter sich wohl auch noch größere Länder bildeten, wie möglicherweise auch im östlichsten Pazifik, im Gebiet um die heutige Osterinsel herum ein größeres, wenn auch nur inselhaftes Kontinentalgebiet von vielleicht australischem Ausmaße lag.

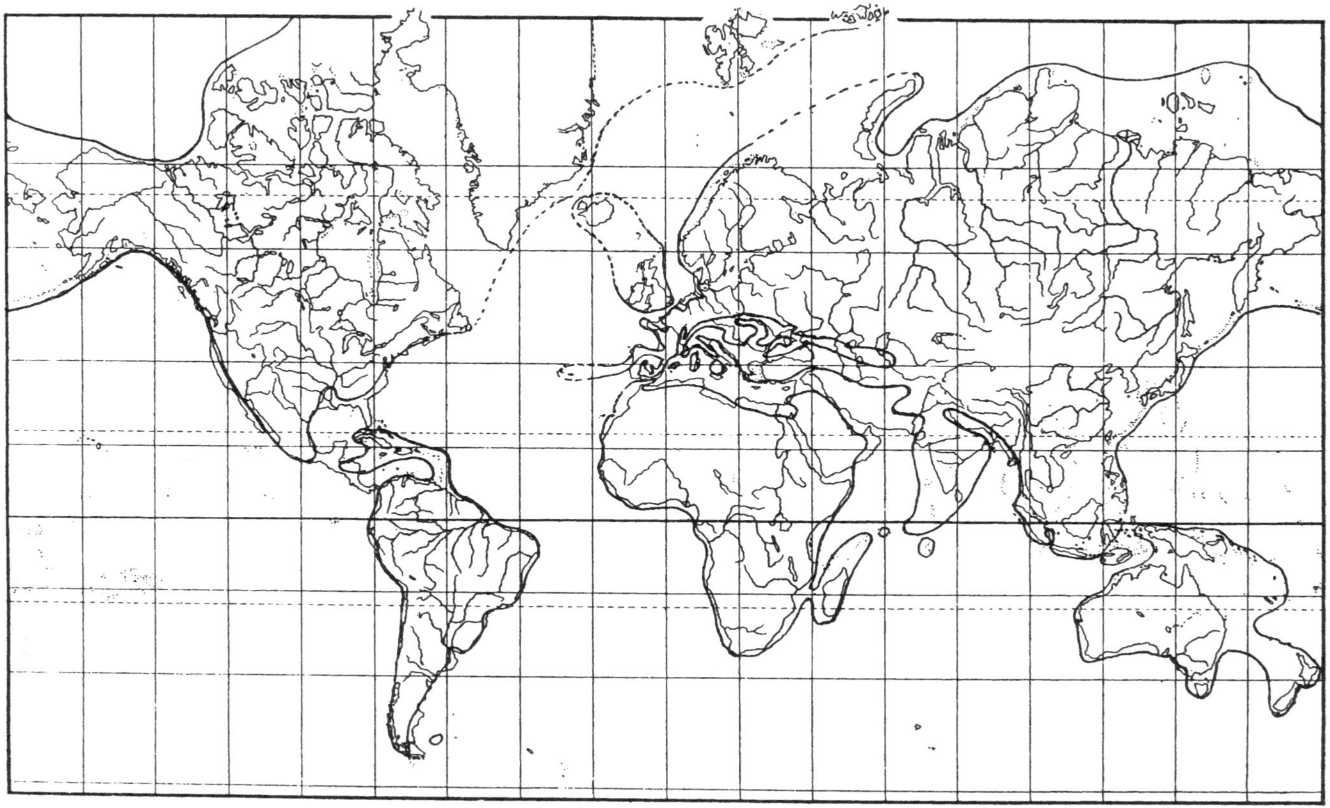

Abb. 137. Weltkarte gegen Ende der Miozänzeit. Die Umrisse des Landes nähern sich schon deutlich denen der heutigen Kontinente. (Aus Kayser 1924.)

Die endgültige — wenigstens bis heute endgültige — Anreicherung von trockenem Land auf der Nordhalbkugel mit einer gleichzeitig immer größeren Einschränkung des kontinentalen Elementes auf der Südhalbkugel wird im Jungtertiär, zur Miozänzeit, erreicht (Abb. 137), als sich die alpinen Gebirge der Erde auffalteten, also im wesentlichen unsere Alpen, die mediterranen Ketten einschließlich Atlas, die kleinasiatisch-südasiatischen Ketten, die neuseeländischen Alpen, das ostasiatische Inselrandgebiet und das ganze westamerikanische Andengebiet von Alaska bis ins Feuerland, wahrscheinlich auch das hohe Südpolargebiet. Manche ihrer Teile brachen inzwischen wieder ein, und so stellte sich als Rest der ehemaligen, nun erloschenen Tethys das heutige Mittelmeerbecken her, ferner der Golf von Mexiko. Die ostasiatischen Inselbögen und das gerade noch herausragende Neuseeland sowie das südindische und polynesische

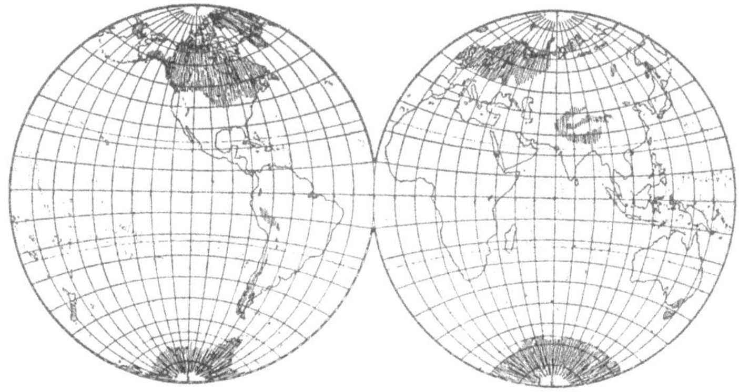

Abb. 138. Die Verbreitung der diluvialen Inlandeis- und Gletscherbedeckungen während der letzten Eiszeit. (Aus Coleman 1927.)

Inselgebiet sind solche alpinen Einbruchsreste. Damit ist im wesentlichen die heutige Land- und Meerverteilung erreicht und die quartärzeitliche, eiszeitliche Geschichte begann.

Waren am Ende der mesozoischen Epoche, wie geschildert, Zonen zu bemerken, die möglicherweise an den Polen eine größere Abkühlung brachten, so setzte mit dem Tertiärzeitalter von neuem eine universelle, an die des mittleren Mesozoikums noch einmal erinnernde Wärme ein, wie sie auch in früheren paläozoischen Zeiten bestand, wo wir auf der Erde zur Steinkohlenzeit einen so üppigen, zur Kohlenbildung führenden Pflanzenwuchs fanden. Auch die Tertiärzeit hat uns mächtige Kohlenbildungen, die Braunkohle, geliefert, wenn auch entstanden aus ganz anderen, nämlich der heutigen Flora gleichen Pflanzen (Kap. $II/_1$). In unseren Breiten gab es Wald- und Sumpfmoore zum Teil ohne, zum Teil mit Baumbestand. Merkwürdigerweise treffen wir im Alttertiär bis in die Polarzone hinauf südlichen Pflanzenwuchs, den man fossil in Schichten unter dem heutigen Grönlandeis wahrnimmt. In dem vom Meere überdeckten Pariser Becken gedieh eine tropische Konchylienfauna, die auch im alpinen Meer, solange dieses noch nicht durch die miozäne Auffaltung verdrängt war, herrschte. Korallenriffe wuchsen hier, und unglaublich groß werdende einzellige, kalkschalentragende Tiere, die Nummuliten, deuten auf einen Wärmegürtel (Abb. 163) von besonderer Stärke.

Ehe die alpinen Gebirge der Erde am Ende der Miozänzeit emporgefaltet waren und das Klima, wie auch die Land- und Meeresverteilung damit eine durchgreifende Veränderung erfahren hatten, drang die Tethys vielfach nordwärts und südwärts vor. Wenn auch, wie wir noch sehen werden (Kap. 10), die bis ans Ende der Miozänzeit allgemein günstigen klimatischen Zustände, ebenso wie die nachfolgende pliozäne und diluviale Verschlechterung auf kosmische Bedingungen als ihre Grundursache zurückgehen dürfte, so trug doch dieses Umsichgreifen des Meeres aus Süden über die heutigen nördlichen Festlandsareale sehr zu einer besonderen Ausgeglichenheit bei. Vielleicht ist dabei an ein ähnliches und nur ausgedehnter vorhanden gewesenes Bild zu denken, wie es heute der aus dem mexikanischen Meerbusen nach Norden vorstoßende warme Golfstrom zeigt, der eine so große Temperaturerhöhung dort oben hervorbringt, daß das polare Eis im Vergleich zum Südpol sehr zurückgedrängt ist.

Auch während der Tertiärzeit bis in die Miozänperiode herein machten sich neben diesem günstigen Allgemeinzustand doch hin und wieder einige Klimaschwankungen geltend, so besonders am Beginn des ganzen Zeitalters. Gegen Ende der Tertiärzeit bemerkt man auf einmal, wie angesichts der hohen Allgemeinwärme auch im Polargebiet sich die Wärmeformen des Meeres und auch die Pflanzen aus dem Norden zurückziehen und wie allmählich ein Zustand Platz greift, der endlich in der diluvialen Eiszeit gipfelt, deren Zeuge der „Steinzeitmensch“ gewesen ist. Das allmähliche Zurückgehen der Wärme ist, wie auf dem Lande an Pflanzen und Tieren, so auch in den europäischen Meeren in der Pliozänzeit zu verfolgen. An der Ostküste von England liegt eine teils marine, teils ästuarische Schichtfolge von gelben Sanden und Kalksanden, der Crag, zuunterst mit Meereskonchylien, die ihrer Artenzahl nach noch durchaus einem gemäßigt warmen Klima zugehören. Schritt um Schritt werden sie in den nach oben folgenden Schichten ersetzt durch Formen, die zuerst noch der heutigen gemäßigten Zone entsprechen, dann aber durch das rasche Eindringen heute nordischer Meeresmuscheln die Abkühlung deutlich zeigen. Zur selben Zeit tritt eine höchst charakteristische nordische Art, die Muschel Cyprina islandica, auch in den Pliozänablagerungen Italiens auf, ein Beweis, daß sie dort die ihr zusagende geringe Wassertemperatur fand. Dann kam die Abkühlung und der Reichtum an schneeigen Niederschlägen: die Eiszeit. Die Polarzonen überziehen sich mit Eis, das vom Südpol weit in die Südmeere vordringt und kalte Ströme heraufschickt, ebenso vom Nordpolargebiet her. Über den größten Teil von Nordamerika, bei uns über Skandinavien, Nord- und Ostsee in die niederdeutsche Ebene bis an den

Rand der Mittelgebirge dringt das polare Inlandeis vor. In Rußland dagegen ist es viel weiter nördlich schon begrenzt, Sibirien berührt es überhaupt nur im Norden (Abb. 138). Es sieht aus, als ob der Pol damals gegen Nordamerika herunter verschoben gewesen wäre (Kap. 10). Auch die alpinen Gebirge der Erde, eben am Ende der Tertiärzeit erst emporgestiegen, sind teilweise bis weit in ihr Vorland hinaus vergletschert.

Als dieses Klimaphänomen wieder zurückging, sind wir in unserer heutigen erdgeschichtlichen Phase, der Alluvialzeit, angelangt. Noch stehen wir unter den Nachwehen der Eiszeit. Noch sind die Polarzonen vereist oder für den Menschen so gut wie unbewohnbar. Noch haben wir eine schroffe Klimazonenbildung, so schroff, wie sie vielleicht in der Erdgeschichte mit Ausnahme des uralten algonkischen Weltalters niemals vorhanden war. Ob die Eiszeit endgültig abgeschlossen ist und ob wir wieder einer wärmeren „Tertiärzeit“ entgegengehen; oder ob wir nur in einer Zwischeneiszeit leben — das alles wissen wir nicht, weil wir weder vom Land- und Meereswechsel, noch von den Klimaänderungen die wahre Ursache kennen.

C) GEOTEKTONISCHE THEORIEN

8. Die großen Züge im Baubild der Erdkruste

Die Grenzen von Land und Meer, wie sie unsere Landkarten für die Jetztzeit zeigen, sind nicht die wahren Grenzen von Ozean und Kontinent. Es läuft vielmehr um alle Festländer herum eine mehr oder minder breite, durchschnittlich 200 m tiefe Flachmeerzone, und erst jenseits dieses Gesimses, Schelf genannt (Abb. 139), fällt die Kontinentalstufe rasch zu den großen, viele Tausend Meter betragenden Tiefen ab, die wir im eigentlichen Sinne Ozean nennen. Denkt man sich die Wasserhaut von der Erdoberfläche weggenommen, so wird man dieser beiden Haupthöhenlagen des Erdreliefs gewahr: des kontinentalen mitsamt dem Flachmeerschelf, und des ozeanischen.

Diesem Formunterschied entspricht wahrscheinlich ein Materialunterschied, also bestimmte Gesteinstypen, welche die Erdhaut als Ganzes zusammensetzen. Wäre die Erde eine einheitliche Kugel aus ein und demselben Material, so müßte ein und derselbe Gegenstand, auf den Ozean gebracht, weniger wiegen, als auf dem Kontinent; am schwersten müßte er über einem Hochgebirge sein. Denn die Schwere eines Körpers ist nach derzeitiger physikalischer Auffassung der Ausdruck für eine Massenanziehung, die zwischen ihm und dem Erdkörper besteht. Eine Masse zieht die andere um so stärker an, je mehr Masse sie beide sind oder je dichter ihre Substanz bei einer bestimmten körperlich-räumlichen Ausdehnung ist. Die Anziehung und also die Schwere wirkt linear. Die Tiefe eines Ozeans nun bedeutet, daß zwischen dem Erdkörper und einem darüber schwebenden Gegenstand weniger Masse liegt, als zwischen einem über dem Lande schwebenden Körper. Es müßte also ein und derselbe Gegenstand über einem Kontinent oder gar über einem Gebirge stärker angezogen werden, also schwerer sein, als über dem Flachmeer oder gar über dem Ozean. Da solches nun, wie feinste Pendelmessungen ergeben, nicht zutrifft, sondern jeder Körper — abgesehen von örtlichen Spezialfällen — über allen diesen Regionen gleich schwer bleibt und somit gleich stark vom Erdball angezogen wird, so bleibt nur der Schluß übrig, daß im ganzen der Ozeanboden aus dichterem, d. i. spezifisch schwererem*) Gesteinsmaterial besteht als der Kontinental-

*) Unter spezifischem Gewicht eines Körpers versteht man die Zahl, welche angibt, um wievielmal schwerer seine Masse ist als ein gleichgroßer und gleichgeformter Körper aus Wasser von 4° C. Eisen hat das spezifische Gewicht 7,8, der Mond als Ganzes 3,4, die Erde 5,6.

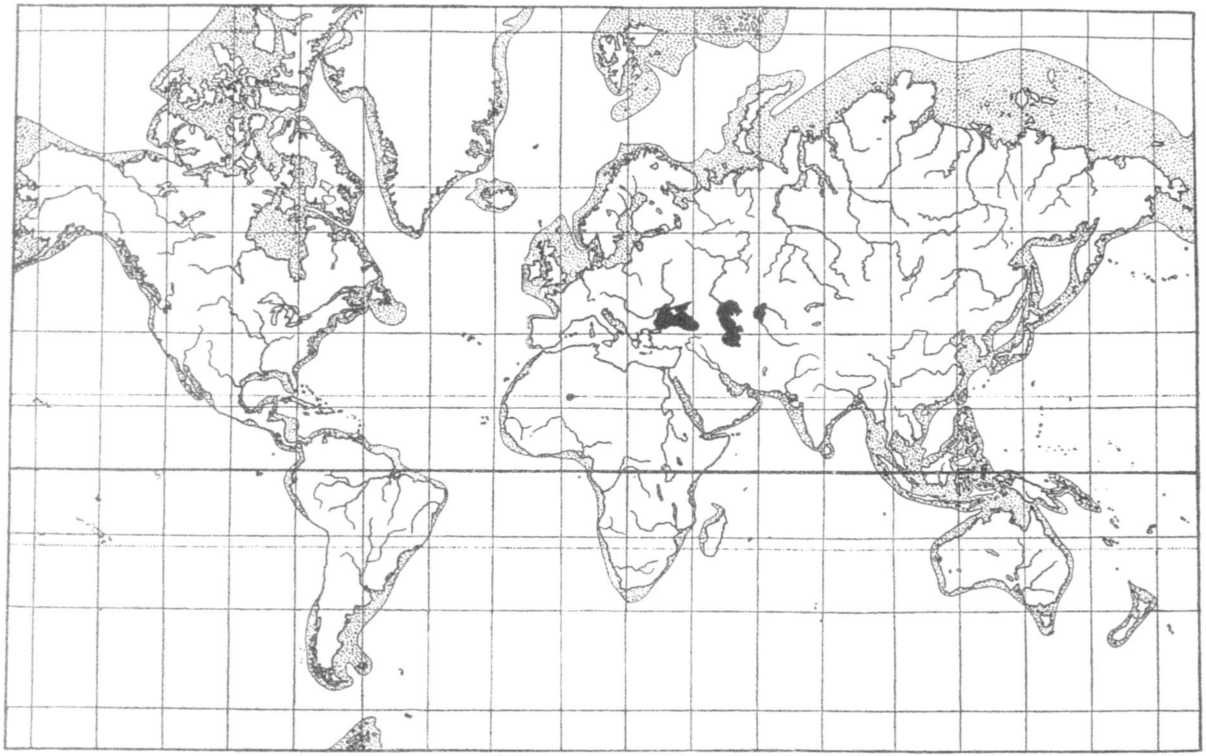

Abb. 139. Merkatorkarte der Schelfmeere an den Kontinentalrändern, punktiert. Schwarz: die Reliktenbecken aus dem Meeresgebiet der spättertiären Zeit: Schwarzes Meer, Kaspisee, Aralsee. (Aus Pirsson-Schuchert 1924.)

boden, und daß unter den Hochgebirgen noch mehr des leichteren Kontinentalgesteins liegt als unter den flacheren Teilen der Kontinente. Man nennt diesen Schwerezustand der Erdrinde isostatischen Ausgleich und hat damit einen präzisen Begriff der verschiedenen Höhenlagen des Erdreliefs, die sich so nicht nur als Formunterschiede, sondern auch als Materialunterschiede dartun. Schematisch ergibt sich etwa das beifolgende Bild (Abb. 140).

Extrem dargestellt verhalten sich die beiden unterschiedlichen Niveaulagen der Erdrinde, das kontinentale und das ozeanische, augenblicklich so, wie wenn man etwa über eine Metallkugel eine dichtere schwarze Kautschuckschale ringsherum gezogen denkt und über diese übermals eine weniger dichte rote Gummischale. Schneidet man nun die rote Oberschicht so aus, daß etwa $1/3$ ihrer Gesamtfläche unregelmäßig verteilt in ganzer Dicke, das Übrige nur als dünner Belag stehen bleibt, so erscheint darunter als tiefere Stufe die schwarze dichtere innere Umhüllung des Kernes. Wenn auch der Vergleich hinkt, so kommt er doch der Wirklichkeit näher als das beliebte Bild der runzeligen Schale eines vertrocknenden schrumpfenden Apfels, das man wohl für die Idee des sich durch Abkühlung zusammenziehenden Erdballes gelegentlich gebrauchen wollte. Richtiger wäre es, die ausgeschnittene rote Oberschicht je nach ihrer Dicke etwas eingesenkt oder eingedrückt in die untere schwarze Schicht, die vollständig bliebe, zu denken. Nach den Schwereberechnungen würde nun in dem Schema Abb. 140 die kontinentale Kruste im allgemeinen die spezifische Schwere von 2,6 haben, die ozeanische Unterlage dagegen 3,2. Es wäre dies etwa der Unterschied der Gesteine Gneis und Basalt. Da die Gesteine vom Gneischarakter wesentlich aus Kieselsäure (Silizium) und Tonerde (Aluminium) bestehen, die letzteren aber mehr aus Kieselsäure und Magnesium, so hat man nach den ersten Buchstaben dieser beiden Hauptelemente das erstere Gesteinsmaterial Sial, das letztere Sima genannt (Abb. 140). Dies ist zunächst eine rein theoretische Unterscheidung, um die Begriffe zu klären und das Grundsätzliche daran hervorzukehren. In Wirklichkeit freilich ist diese Trennung nicht überall mit solcher Schärfe vorhanden, wie es die Abbildung darstellt.

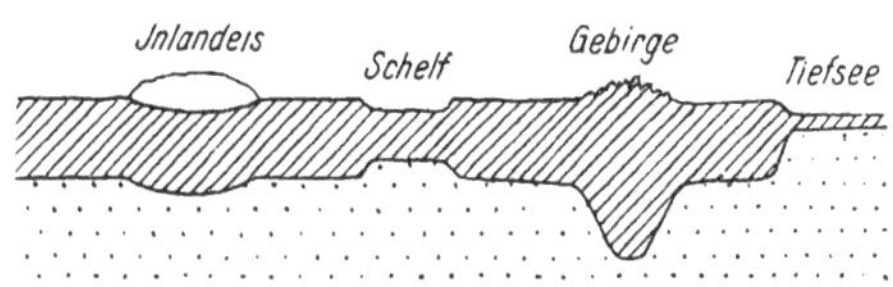

Abb. 140. Schema der Verteilung der simischen schwereren (punktiert) und sialischen leichteren (schraffiert) Gesteinsmassen in der Erdrinde. (Aus Wegener 1925.)

Trägt man nun die Höhen der Länder und die Tiefen der Meere ohne Rücksicht auf ihre regionale Verbreitung und nur nach dem Flächenraum, den sie einnehmen, auf einem Koordinatennetz ein (Abb. 141), so ergibt sich beistehende Verteilungskurve, welche abermals die beiden Hauptniveaus der Erdoberfläche, das ozeanische und das kontinentale, deutlich hervortreten läßt. Denn man sieht, wie sich zwischen dem herausragenden Trockenland und dem weiten Ozeanboden eine Steilstufe, der Kontinentalabfall oder Schelfrand, einschiebt und wie im unmittelbaren Anschluß an das Trockenland eine schmale kleine Flachmeerzone unter dem Wasserspiegel liegt, wovon vorhin die Rede war. Die äußerste Tiefe des Ozeans entspricht mit ihren 9—10000 m spiegelbildlich den äußersten Höhen des Landes mit ungefähr demselben Ausmaß.

Die Kurve, rein schematisch gemeint, darf aber nicht den Eindruck erwecken, als ob immer die tiefsten ozeanischen Meeressenken weitab vom Kontinentalrand lägen. Dies ist keineswegs so; vielmehr treten sehr oft ozeanische Tiefengräben (Abb.145, S.215) unmittelbar an das Festland oder an Inselgruppen heran, wie man es bei Japan, bei den Philippinen, bei Neukaledonien wahrnimmt; ja am Westrande der südamerikanischen Anden liegt ein solcher tiefster Ozeangraben unmittelbar am Kontinentalrand, wo das Hochgebirge emporsteigt; dort herrscht eine Höhendifferenz von 14 km. Während aber bei den Anden Gebirge und Ozean scharf getrennt sind, treten etwa beim Mittelmeer die Gebirgsketten selbst unmittelbar in das Meer hinein, ja das Mediterran selbst erscheint als Einbruch in den alpinen Körper, und viele Buchten und Inselzwischenräume sind nichts anderes als ertrunkene Alpentäler.

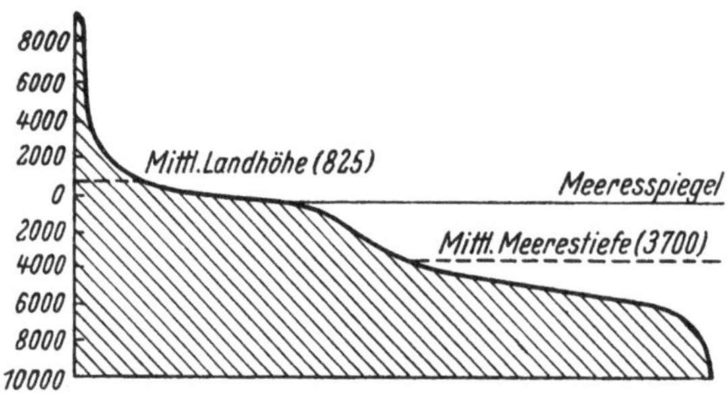

Abb. 141. Kurve der Höhen- und Tiefen der Festländer und Ozeane nach Maßgabe der von ihnen bedeckten Gesamtfläche. (Aus Krümmel 1907.)

Ähnlich ist es auch in Nordwestspanien, Schottland und Norwegen, wo die Fjorde sich als ertrunkene Alpentäler zu erkennen geben. Insofern ist also die Kurve kein unmittelbares Abbild der Gestalt der Erdoberfläche, sondern nur eine ziffernmäßige Darstellung der Art und Verbreitung der Niveaulagen.

Wir sind also imstande, uns einen klaren Begriff von dem Umfang und der Gestalt der Kontinentalflächen zu machen, unabhängig von der Wasserbedeckung der Erdoberfläche. Zugleich bemerken wir, daß ein Unterschied in den Meeren besteht, darin, daß es echt ozeanische Becken gibt, aber auch epikontinentale. Wie ein amerikanischer Forscher es ausdrückte: die Ozeane sind voll bis zum Rand, ja über ihren Rand hinausgetreten und haben teilweise die Kontinentalflächen überflutet. Sprechen wir also jetzt von Festland und Meer, so ist dies in einem tieferen Sinne aufzufassen als so, wie es uns die Landkarte äußerlich darbietet.

Richtig aufgefaßt sind die Ozeane keine Becken. Nimmt man die Gesamtgröße der Erdkugel ins Auge, so sind auch die Ozeane konvexe Teile der Kugelschale. Im Verhältnis zur Gesamtgröße der Erde sind sie kaum merkliche Narben, wie Blatternarben auf einem Gesicht, wie auch die

Kontinente kaum als flach aufgelegte Blätter erscheinen. Auch die höchsten Gebirge bilden, wie die größten Ozeantiefen, kaum merkliche Unebenheiten.

Land und Meer sind, wie ein Blick auf den Globus ergibt, sehr unregelmäßig verteilt. Im Norden herrscht das Land vor, im Süden verschmälern sich die Kontinente rasch, die Landflächen sind gering gegenüber den Ozeanflächen. Man kann deshalb eine nördliche Landhalbkugel und eine südliche Wasserhalbkugel unterscheiden. Ebenso sind eine pazifische Wasserhalbkugel, fast ausschließlich vom Stillen Ozean eingenommen, und eine asiatisch-atlantische Landhalbkugel in ostwestlicher Richtung zu unterscheiden (Abb. 142). Sind sie ursprünglich oder erst spätere Ergebnisse der erdgeschichtlichen Umwandlung?

Betrachten wir eine Karte der Vorweltkontinente des Erdaltertums (Abb. 127), so ist dort das Südland allerdings weiter ausgedehnt als heute, und wir konnten im Kap. 7 verfolgen, wie es unter mancherlei sonstigen Änderungen und Rückschlägen allmählich zerfiel und wie der heutige Zustand erst spät Platz griff. Doch zeigt der Vergleich*) auch, daß schon anfänglich die Nordkontinentalmassen räumlich durchaus jene zusammenhängende Südmasse

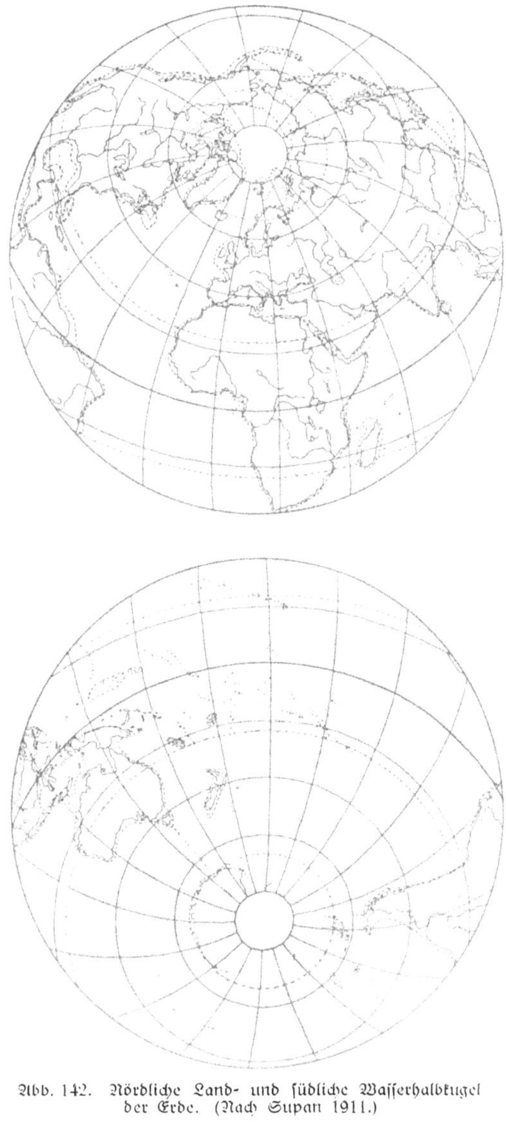

Abb. 142. Nördliche Land- und südliche Wasserhalbkugel der Erde. (Nach Supan 1911.)

*) Man betrachte bei diesen und den nachfolgenden Darlegungen besser einen Globus, als die gewöhnlichen planen Erdkarten in Mercators Projektion. Diese verzerren die Polargegenden zu sehr ins Weite, wie ein Vergleich zwischen Grönland und Afrika ergibt, die auf den Plankarten gleich groß erscheinen! Für die Nordgebiete ist sehr gut die Azimutalprojektion, wie sie unsere Karte Fig. 131, S. 187 zeigt.

überwogen, denn letztere ist nicht nur ostwestlich kürzer, sondern auch offenbar nordsüdlich schmäler gewesen. Der heutige Zustand mag also wohl nur ein Extrem sein von dem, was schon im Erdaltertum angebahnt war.

Mit dieser allmählichen Umlagerung des Kontinentalen auf die Nordhalbkugel und dem Verschwinden desselben auf der Südhalbkugel war sozusagen eine Höhenumlagerung verbunden. Betrachtet man etwa die Paläogeographie der Steinkohlenzeit (Abb. 131), so haben wir damals auf der Nordhalbkugel die tiefen Niederungen und Flachgebiete der Steinkohlenwälder, während das südliche Gondwanaland mit der Südatlantis wahrscheinlich ein Hochland war, auf dem sich die permokarbonen Inlandeismassen ansammeln konnten (S. 190). Dann setzte die variskische Alpenfaltung ein (S. 185) und nun begann allmählich die Nordhalbkugel, wo sich solche Gebirgsmassen gebildet hatten, höher zu werden, sich mehr zu konsolidieren.

Diese „Höhenlage" einer Kontinentaltafel darf man nicht mit der Höhe der Faltengebirge selbst verwechseln. Es ist sehr wohl möglich, daß sich Gebirgsfalten auch unter dem Meeresspiegel bilden, ja es ist wahrscheinlich, daß etwa unser Alpenkörper schon in der Hauptsache gefaltet war, ehe er stärker über den Meeresspiegel emporstieg. Eine durch Faltung sich verstärkende Kontinentalmasse braucht also noch keineswegs hervorzutreten, denn unter den besagten Umständen ist es denkbar, daß ein junges Faltengebirge schon fertig ist, während gleichzeitig noch alte abgetragene Kontinentalflächen höherliegen. So darf man auch jenes „Höherwerden" der Nordkontinente am Ende der paläozoischen Zeit nicht so verstehen, als ob sie nun von da ab immerfort über den Meeresspiegel herausgeragt hätten; vielmehr sehen wir das ganze Erdmittelalter hindurch (Kap. 7) immer wieder das Meer sie ganz oder teilweise überfluten. Dennoch waren sie durch die karbonzeitliche Faltung schon stärker konsolidiert worden, und damit war der entscheidende Schritt zu dem heutigen Zustand schon eingeleitet, auch wenn äußerlich noch das Meer über ihnen stand. Man wird gut tun, bei solchen geotektonischen Betrachtungen, wie wir sie im Nachfolgenden nun anstellen, stets unabhängig von der Vorstellung der äußerlichen Wasserbedeckung zu bleiben und nur die Erdrinde als solche ins Auge zu fassen.

Über Alter und Entstehung des Stillen Ozeans sind die Meinungen der Geologen sehr geteilt. Nach der einen Lehre ist er die Narbe der Wunde, welche die Mondmasse zurückließ, als sie sich, wie erwähnt, unter Ausbildung der Birnform von der Erde ablöste. Abgesehen von seinen jüngeren Randveränderungen wäre der Pazifik also permanent seit allerältester, präarchäischer Zeit. Nach anderer Anschauung aber hatte auch dieser Ozean früher, wenigstens im polynesischen Gebiet und in der Nähe von Südamerika, kontinentales Land. Dafür läßt sich u. a. anführen, daß eine Anzahl der pazifischen Inseln und Inselgruppen aus altem kristallinem Gestein besteht, und daß z. B. auf Neukaledonien gerade die kristalline Masse sich gegen die östliche Küste legt. Es ist ähnlich wie auf Madagaskar, von dessen ehemaligem Zusammenhang mit dem indischen und australischen Landmassiv jeder Geologe überzeugt ist.

Auch tiergeographische Erwägungen stützen verschiedentlich die Annahme ehemaligen pazifischen Landes, sei es größerer Landinseln oder sogar zusammenhängender Kontinentalflächen. So lebt heute eine Echsenart, die im Erdmittelalter auch im europäischen Landgebiet existierte und auf Neuseeland noch als Relikt übriggeblieben ist (Abb. 384, Kap. II/$_8$). Andere bizarre Echsenarten kommen dort gleichfalls vor, und analoge Formen leben in Südamerika. Ebenso gab es auf Neuseeland bis vor kurzem noch riesenhafte Laufvögel, die ebenso auch auf Madagaskar und in Südamerika vorkamen. Die Beuteltiere, einheimisch in Australien, haben heute noch einen Vertreter in Südamerika; im Erdmittelalter bewohnten sie auch die übrigen nördlichen Kontinente. Die Galapagosinseln, westlich von Mittelamerika, beherbergen eine Landschildkrötenart von riesigen Ausmaßen, die auf diesen Inseln nicht einheimisch wäre, wenn diese nicht ehemals größer gewesen, vielleicht auch mit einem pazifischen Kontinent zusammengehängt hätten. Alle diese Momente sprechen vielleicht für pazifische Landflächen, wenn wir uns auch über deren einstigen Umfang und etwaigen Zusammenhang noch keine Vorstellung machen können.

Wir betrachten weiter die Form und Verteilung der Kontinentalmassen. Nordamerika läuft in Südamerika, sich rasch verschmälernd, südwärts aus, Südafrika bildet die Südspitze des europäisch-afrikanischen Blockes; Australien mit Tasmanien die der asiatischen Masse. Im kleinen spitzen sich Grönland, Hinterindien, Florida, Kamtschatka, Spanien und Griechenland ebenfalls nach Süden zu. Weiter bemerken wir eine Formähnlichkeit zwischen den beiden, an den Stillen Ozean angrenzenden Kontinentalgebieten Amerika und Asioaustralien. Wie sich Südamerika zu Nordamerika verhält, so auch Australo-Tasmanien zu Asien. Südamerika ist nach Osten verschoben, Australo-Tasmanien ebenso. Zwischen den beiden Nord- und Südmassen zieht sich ein Inselarchipel hin: bei Amerika die Antillen, bei Asien der niederländisch-indische Archipel. Die hinterindische Halbinsel Malakka kann mit Mexiko bzw. Mittelamerika verglichen werden, und noch kurz vor der Eiszeit war auch die mittelamerikanische Landbrücke ebenso unterbrochen, wie es die des indischen Archipels jetzt ist. Sozusagen in Miniaturausgabe entspricht der Busen von Siam mit dem daranschließenden Land dem Busen von Mexiko mit Umgebung, ja die Analogie geht so weit, daß dort auch ein großer nordsüdlicher Strom mündet: in Hinderindien der Menam, in Amerika der Mississippi. Doch wenn wir uns hier vielleicht in zu weitgehende und scheinbar zufällige Einzelheiten verlieren sollten, so entspricht, um doch wieder das Gewicht solcher Vergleiche zu erhöhen, auch der Verlauf des inneren Baues dieser Regionen sich hüben und drüben. Der jungzeitliche Gebirgsbogen alpiner Entstehung läuft aus Hinterindien über den Archipel nach Neuseeland hinab; drüben in Amerika ebenso ein solcher aus Norden kommend, in den Antillen gleichfalls nach Osten ausbiegend und wieder in Südamerika zurückspringend.

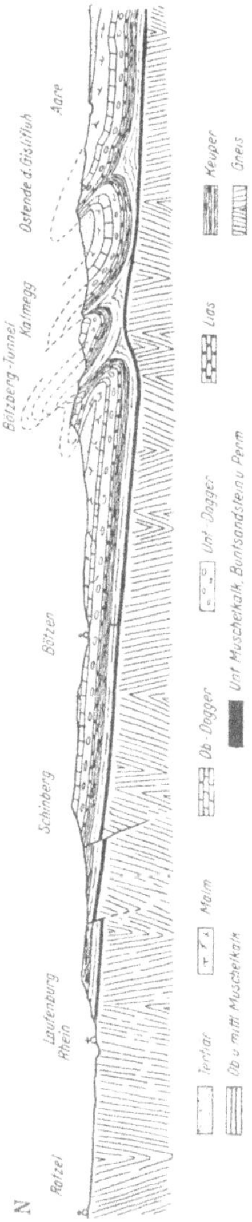

Abb. 143. Abscheerung des Schweizer Jura von seiner Unterlage durch den von den Alpen ausgeübten Faltungsdruck. (Aus Seydlitz 1926)

Ja auch der Busen von Kalifornien wird in Hinterindien etwas nachgeahmt durch den Busen von Martaban. Auffallend ist z. B. auch die große Ähnlichkeit von Italien und Neuseeland, die beide fast auf den Punkt genau antipodisch liegen, durch niedergebrochene alpine Schollen beide begrenzt sind und beide selbst zu jungen alpinen Bögen gehören. Oder man vergleiche die Formähnlichkeit des Gerüstes der drei malayschen Inseln Borneo, Celebes und Halmahera nach Entfernung des jungen Schwemmlandes von ersterer, und man weiß nicht, ob hier wie dort nur zufällige Übereinstimmungen herrschen oder ob solche gleichartigen Klein- und Großformen tieferen, allgemeinen Bildungsgesetzen der Erdrinde entspringen.

Faßt man nun die erwähnten Gleichheiten des Baues von Hinterindien—Neuseeland und Nord-—Südamerika ins Auge, so erscheint Neuseeland selbst, was es auch wirklich ist, wie der herausragende Rest eines alpinen Gebirges, das den südamerikanischen Anden entspricht. Der am Innenrand liegende alte australische Landschild wäre also ein Analogon einer westlich von Südamerika nicht mehr sichtbaren, daher im Pazifik versunkenen, allerdings entsprechend größeren Festlandsplatte. Nach derselben Analogie müßte östlich von Neuseeland, ebenfalls vom Meere bedeckt, ein versunkenes pazifisches Landstück gesucht werden, welches nun seinerseits dem noch vorhandenen, östlich der südamerikanischen Anden gelegenen brasilianischen Landgebiet entsprochen hätte. Auch dies ist einer der Gründe, die für ein ehemaliges Kontinentalgebiet im Stillen Ozean hüben und drüben sprechen.

Verfolgt man überhaupt den Verlauf der jungen Faltengebirge — bei den früheren ist dies wegen ihrer Zerstörung weniger möglich — und sucht man ihre Beziehung zu den umliegenden Erdkrustenflächen auf, so ergeben sich ebenfalls bestimmte homologe Erscheinungen.

Man nennt Außenseite eines Faltengebirgsbogens jene Richtung, nach der hin die Schichten wesentlich gefaltet sind. Bei den Alpen kam die Faltung aus Süden und war gegen Norden gerichtet; darum heißt der Nordrand die Außenseite, der Südrand die Innenseite. Dasselbe gilt von dem südasiatischen Gebirgsbogen, der sozusagen das große Format des alpinen ist. Der Atlas in Nordafrika dagegen ist nach Süden gefaltet, seine Außenseite liegt also südwärts. Die südamerikanischen Anden sind ostwärts gegen die brasilische Landmasse gefaltet, ebenso die nordamerikanischen Ketten ostwärts gegen die nordamerikanische Landplatte.

Für diese Bauelemente der Erdrinde ergeben sich nun gewisse Gesetzmäßigkeiten. Der Außenrand jedes Faltengebirges hat ein höher gelegenes Vorland, im Vergleich zur Innenseite, wo ein tieferes Senkungsland folgt. Nach dem höheren Vorland ist jeweils ein solches Gebirge hinübergefaltet: die Alpen gegen Mitteleuropa, der Himalaya gegen das tibetanische Hochland, der Atlas gegen die innerafrikanische Landplatte, die Anden gegen das amerikanische höhere Urland. An diesem ihrem gegen das höhere Vorland gerichteten Außenrand weichen die Faltungsketten den sich ihnen darbietenden Widerlagern aus. Am besten ist es bei den Alpen zu bemerken. Verfolgt man ihren Außenrand von Wien her gegen die Schweiz, so sieht man ihn an der böhmischen Landmasse — einem alten Schild — ausweichen und jenseits, im Bayerischen, wieder nordwärts vordringen. Zwischen Schwarzwald und Vogesen schaltet sich der Schweizer Jura ein, seiner sedimentären Entstehung nach die Fortsetzung des bayerisch-schwäbischen Jura. Die herangefalteten Alpen haben in Bayern diese Sedimentplatte nicht erreicht, sondern sind dort auf den alten „vindelizischen Rücken" (Kap. 2, S. 78), der ehedem zwischen das alpine und das mitteleuropäische Jurameer als trennende Barre trat, hinaufgeschoben worden. Wo aber die alpinen Faltungen gewissermaßen der Juraplatte zu nahe kamen, wurde diese letztere, wie in der Schweiz, von ihrem Untergrund abgehoben und durch den aus Süden kommenden, nordwärts gerichteten Druck selbst in leichte Falten gelegt. Der Untergrund aber blieb ungefaltet (Abb. 143). Dieser Druck setzte sich fort und spiegelt sich wieder am Südende des Rheintales zwischen Schwarzwald und Vogesen, wo die abgescherte Juramasse etwas nordwärts vorgedrängt wurde, weil dort die widerstehenden alten Massive unterbrochen sind (Abb. 144). Ähnlich, nur großartiger, wirkten die alpinen Stöße in Asien, wo die Vorlandzone in weiterem Maße davon ergriffen wurde.

Auf diese Weise also haben alle jungzeitlichen alpinen Faltengebirge ihre beiderseitigen Vorländer, von denen das äußere, wie gesagt, stets höher liegt als das entgegengesetzte innere Gebiet. Vergleichen wir die Hochgebirge kurz daraufhin. Als Innenzone unserer Alpen ist das Mediterrangebiet, also unmittelbar die Poebene, charakteristisch. Der Himalaya fällt zur Tiefebene von Hindostan ab; der Atlas hat als Innenrand, wie die Alpen, das Mediterrangebiet. Am großartigsten ist der Gegensatz ausgeprägt bei den nord-südamerikanischen Faltengebirgen, die unmittelbar mit ihrer Innenseite an den Stillen Ozean herantreten, der dort als ihr Innenland zu ungeheueren Tiefen hinabgeht; man vergleiche damit das amerikanische Vorland, und man hat einen Höhenunterschied beider Vorgebiete um viele tausend Meter.

Ein weiteres Merkmal der tieferen Innenseite der Faltengebirge ist das Auftreten von Vulkanen, die am Außenrand nur während der Auffaltung im Vorland erscheinen, dann aber dort erlöschen und nur im Innengebiet lebendig bleiben. Das Alpenvorland hatte zur Tertiärzeit starken Vulkanismus, heute nur im Mediterrangebiet. Auch in Nordamerika und Asien sind die tertiärzeitlichen Vulkane erloschen, die malayischen und pazifischen bestehen noch. Entweder erscheinen die vulkanischen Ausbrüche im Gebirgskörper selbst, wie es in großartigster Weise in den

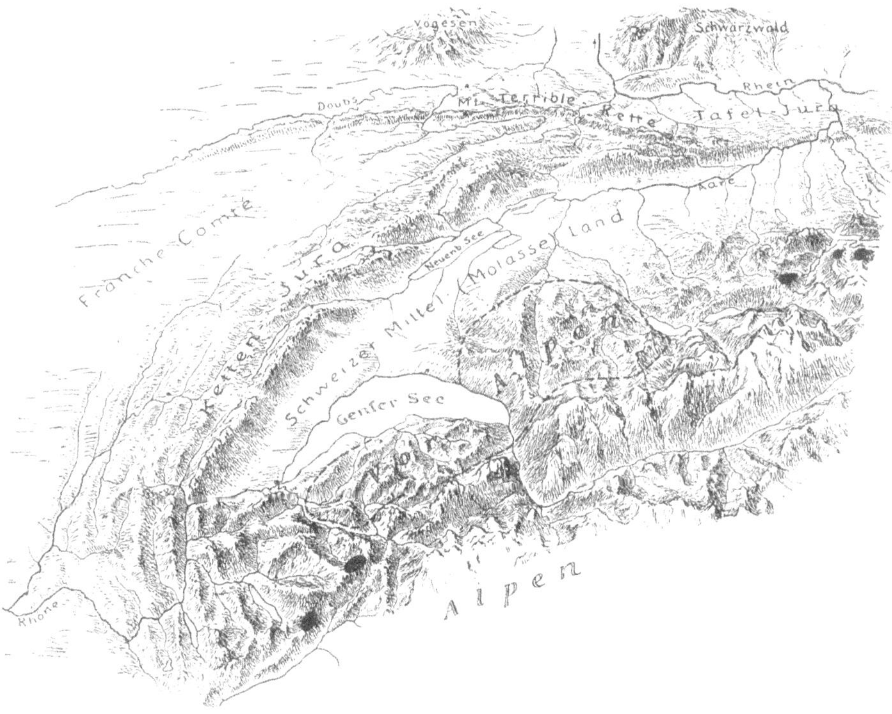

Abb. 144. Lagebild des nördlichen Alpenrandes gegen den Kettenjura. Die Mont-Terrible-Kette bringt gegen den Rheintalgraben vor und ist an den von Osten kommenden Tafeljura angefaltet. (Aus Steinmann 1906.)

südamerikanischen Anden zu sehen ist, oder im abgesenkten Innengebiet, wie es die oberitalienischen Euganeen vor dem Alpenrand in der lombardischen Tiefebene und weiterhin das mediterrane Vulkangebiet zeigt, das ja zugleich auch Innengebiet des Atlas ist. Wo nun der Vulkanismus mit Gebirgsfaltung in Zusammenhang steht, da ergeben sich wiederum bestimmte Beziehungen für die Oberflächengestaltung der Erde. Diese bestehen in der Ausbildung von T i e f s e e g r ä b e n.

Die Tiefseegräben sind im Vergleich zum Areal des Gesamtozeans verhältnismäßig kleine, meist gestreckte, seltener breit wannenförmige Einsenkungen allergrößter ozeanischer Tiefe. Dort treffen wir Absenkungen von 7—10000 m. Sie entsprechen auf der hypsographischen Kurve (Abb. 141, S. 208) dem an Flächenausdehnung geringsten Teil des Ozeangebietes und sind sozusagen ein Spiegelbild der höchsten Landerhebungen, der jungen Faltengebirge. Und gerade die allertiefsten kleinen, sehr schmalen Gräben des Ozeanbodens von 8—10000 m liegen fast alle unmittelbar an den jungzeitlichen Faltungsbögen. Und zwar jener Faltungsbögen, welche den stärksten Vulkanismus bei ihrer Entstehung oder heute noch aufzu-

Abb. 145. Darstellung des Malayischen Archipels mit Hinterindien und Australien, mit dem untermeerischen kontinentalen Gesimse (Schelf, gestrichelt) und den Tiefseegräben (punktiert). (Nach der ozeanograph. Karte des Instit. für Meereskunde.)

weisen haben. So vor allem die südamerikanischen Anden, bei denen das Vulkanische so sehr hervortritt, daß sie oft den Eindruck eines ausschließlich plutonischen, nicht eines sedimentären Faltengebirges machen, also sozusagen eine Überwucherung durch Vulkane vorstellen. Und dort tritt ein besonders tiefer Graben unmittelbar in nächste Nähe des Gebirges heran und zeitigt die merkwürdige Erscheinung, daß ein absoluter Höhenunterschied der Erdoberfläche etwa 12—14 km stattfindet. Der Pazifische Ozean zeigt dieses Bild noch öfters; gerade für dieses Gebiet ist die Umrandung durch jungzeitliche Faltungsketten typisch, ebenso wie das Randgebiet des Pazifik auch die lebendigste vulkanische Zone der Erde ist (Abb. 152). Auch das Mittelmeer, das die alpine Innenseite bildet, besteht aus stellenweise beträchtlichen grabenartigen Absenkungen; zugleich ist ein stärkerer Vulkanismus bemerkbar. Es ist dagegen bezeichnend, daß die große Südsee mit ihren wenigen Vulkanen auch keine Umrandung durch junge Faltengebirge hat. Nur an einer Stelle, wo solche an sie herantreten, im niederländisch-indischen Archipel, legt sich auch unmittelbar wieder ein tiefer Ozeangraben an (Abb. 145), und gerade in diesem Inselgebiet gibt es viele Vulkane. Im großen afrikanischen Graben aber, wo der Vulkanismus stärker auftritt, haben wir es mit einem auf Spalten liegenden, also nicht mit einem mit Faltungen zusammenhängenden Austritt zu tun. Betrachtet man den an diese Zone herantretenden benachbarten Ozean, so zeigt sich nun auch im Gegensatz zu Niederländisch-Indien keine Tiefseegrabenbildung.

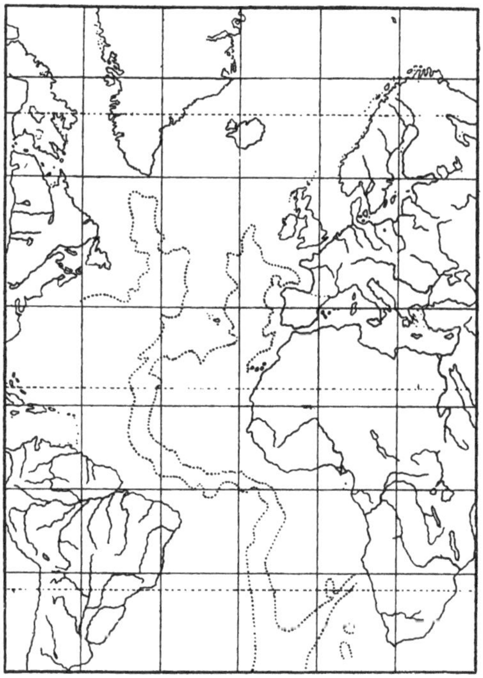
Abb. 146. Die große nordsüdliche S-förmige Schwellenerhebung im Atlantischen Ozean. (Aus Schott 1912.)

Diese Beobachtungen liefern immerhin einen Wahrscheinlichkeitsbeweis für einen unmittelbaren Zusammenhang zwischen Vulkanismus, Gebirgsbildung und ozeanischer Grabenbildung. Auf Grund dessen ergeben sich nun bestimmte Gesichtspunkte für das Verständnis des Atlantischen Ozeans, der wiederum ein besonderes Formproblem bietet. Denn seine Natur ist eine durchaus andere als die des Stillen Ozeans.

Mitten durch den Atlantik, von Norden nach Süden, zieht eine untermeerische Erhebung, die atlantische Schwelle (Abb. 146), auf der im Norden die Azoren, unter dem Äquator St. Paul und St. Helena und Aszension liegen. Im äußersten Süden, nördlich und östlich der Sandwich-Inseln wird sie breiter, und dort sind zum Teil so seichte Meerestiefen, wie etwa die der Nordsee. Alle diese Inseln sind vulkanischer Entstehung, auch die Bermudas, welche heute allerdings von jüngeren Korallenkalken überzogen sind. Entlang dieser atlantischen Schwelle gibt es einige Tiefseegräben; so unter dem 20. und 12. Breitegrad sowie unmittelbar südlich am Äquator; ihre Tiefe geht aber nicht über 7000 m hinab. Man hat nun gefragt, ob diese Schwelle vielleicht einem submarinen oder künftig auftauchenden Faltengebirge entspricht. Dies ist unwahrscheinlich, weil weder vor ihr noch hinter ihr ein den kontinentalen Faltengebirgen zukommender Bau herrscht und auch die Gräben sich nirgends so darstellen, wie wir es vorhin bei den pazifischen, den Falten vorgelagerten und angelagerten Gräben sahen. Dagegen liegen im Atlantik zweifellos versunkene Teile tertiärzeitlicher Falten, nämlich die Kapverden und Kanaren vor Westafrika. Auf den ersteren sind sogar alpine Gesteine nachgewiesen, und auch die ersteren dürften Fortsetzungen des dort in die Tiefe gebrochenen Atlasbogens sein, jetzt allerdings durchaus vulkanisch durchsetzt und überkleidet.

Solche kontinentalen Abbrüche zur Tiefsee sind nun ein weiteres Charakteristikum vieler Regionen der Erdoberfläche. In den ost-

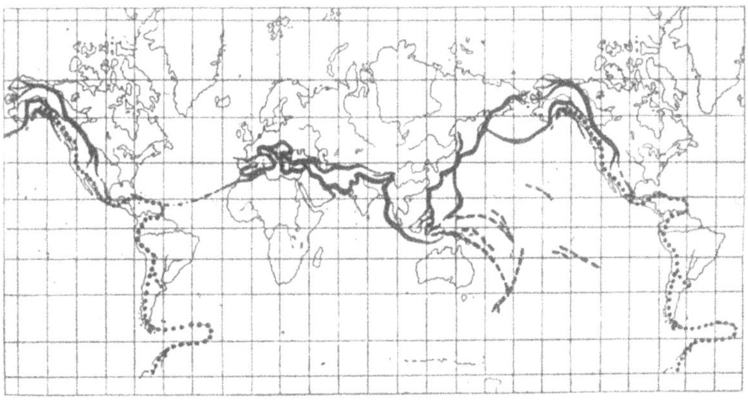

Abb. 147. Erdkarte mit dem Verlauf der jungen Faltengebirge. Sie umrahmen den Stillen Ozean und stoßen quer auf den Atlantischen Ozean. Ausgezogene Striche: alpiner Typus; punktiert: andiner Typus. (Aus Staub 1924.)

asiatischen Inselbögen ist der Abbruch längst angenommen und nachgewiesen. Für den hinterindischen Archipel gilt dasselbe, wenn auch mit der Einschränkung, daß eine noch ältere Landgrenze zwischen Celebes und Neu-Guinea hindurchgeht (Abb. 145), die wohl schon zur Tertiärzeit bestand und eine scharfe tiergeographische Grenze zwischen Asien und Australien bezeichnet. Um Neuseeland herum darf man annehmen, daß dort alpine Bögen versenkt wurden, ganz ähnlich, wie im Mittelländischen Meer. Auch für den Stillen Ozean im Gebiet der Polynesischen Inseln und ostwärts um die Osterinsel herum mag dies gelten; für den Indischen Ozean, d. h. für die Verbindung von Vorderindien, Madagaskar und Afrika ebenso. Viele von diesen Abbrüchen sind unmittelbar von Tiefseegräben begleitet, d. h. von besonders schroffen, meistens langgestreckten größten Tiefen des Ozeans.

Verfolgen wir weiter die jungen, also tertiärzeitlichen Faltengebirge der Erde (Abb. 147), so sehen wir den nördlichen Gebirgsbogen sowohl in Nordamerika wie in Asien nach Westen bzw. Osten ausbiegen und beide sich in Alaska und Kamtschatka bzw. dem zwischen beiden sich erstreckenden Inselarchipel schließen. Im Süden aber vereinigen sich diese Gebirgsbögen im Südpolarland, welches ebenso einen alten, wohl schon archäischen Landkern mit daran angelagerten jüngeren und ganz jungen Gebirgsbögen bildet. Der Pazifik ist also in seinem heutigen Zustand umrahmt von Faltengebirgen jüngeren Datums, und diese selben Faltenbögen umrahmen aber mit ihrer Gegenseite, wenn wir die Karte Abb. 147 vergleichen, auch jene älteste Südlandmasse, den ehemaligen südatlantisch-gondwanischen Kontinent, dessen Reste wir in Südamerika, Afrika und Australien, vielleicht auch in einem Teil des Südpolarlandes vor uns haben. Nordwärts aber ist er nun von dem ostwestlich streichenden jungen Gebirgsfaltenbogen begrenzt, auf dem die Antillen, der Atlas, die Alpen und die südasiatischen Gebirge liegen.

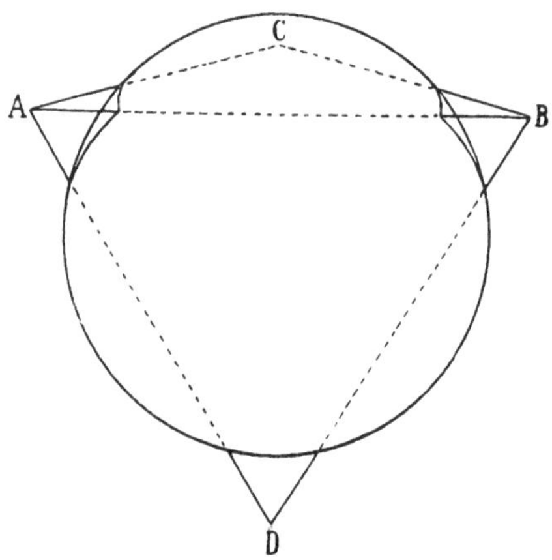

Abb. 148. Schema eines in eine Kugel eingezeichneten Tetraeders zur Veranschaulichung der antipodischen Lage der kontinentalen und ozeanischen Flächen sowie der Südzuspitzung der Kontinente. (Aus Dacqué 1915.)

So sind Pazifik und der Indische Ozean zwei analoge, aber doch in ihrer jetzigen Gestaltung wiederum in sich verschiedenartige Elemente der Erdoberfläche: im ersteren kein zusammenhängendes Land mehr zu sehen; im letzteren noch bedeutende Restlandmassen, bedeutend insbesondere dann, wenn wir die richtige Vorstellung von der Größe des dortigen Meeres haben. Ganz anders der Atlantische Ozean, wo ein Blick auf die Karte (Abb. 147) zeigt, daß die Hauptgebirgszone ihn nicht begleitet, sondern quer auf ihn stößt. Und dies gilt nicht nur für die jungzeitlichen Faltensysteme, sondern auch für die des Erdaltertums. Verfolgt man die Ränder des gesamten Atlantik, so fällt im Gegensatz zum Pazifik der beiderseits parallele Verlauf der Küstenlinie als Ganzes in die Augen. Denkt man sich nun die ganze amerikanische Landmasse mitsamt Grönland an Europa-Afrika herangeschoben, so kommen beide Länderhälften, die alte und die neue Welt, mit außerordentlicher Übereinstimmung zur Deckung.

Man hat auch noch andere merkwürdige Figuren im Erdkörper, angedeutet durch die Oberfläche, früher schon erkennen wollen. So sprach man von einer Tetraëdergestalt der Erde. Das Tetraëder oder die vierseitige Pyramide, in eine Kugel eingezeichnet, ergibt die in Abb. 148 dargestellten Linien. Wir bekommen eine ungleichmäßige Figur, wobei in der oberen Kugelhälfte drei Ecken heraustreten, von denen nach abwärts drei Kanten ausgehen, die ganz unten auf der Peripherie wieder zusammenlaufen. Die Ecken und Kanten bezeichnen die höchstgelegenen Stellen inbezug auf die Kugeloberfläche; die Tetraëderflächen aber die tiefstgelegenen im Verhältnis zur Kugeloberfläche. Vergleicht man das mit der Erde, so überrascht die Analogie in der Verteilung der hochgelegenen, nämlich kontinentalen, und der tiefgelegenen, nämlich ozeanischen Flächen. Es kommt weiterhin darin die antipodische Lage der Kontinente und Meere zum Ausdruck, und ebenso findet man die Südzuspitzung der Kontinente und die Querverbreitung im Norden noch darin gespiegelt. Die Erde wäre danach keine einfache Kugel, aus einer gleichmäßigen Ballung von Anfang an bestehend, sondern eine in die Tetraëderform übergeführte Kugel. Dies sollte erfolgt sein durch die allmähliche Schrumpfung des Erdinnern, wodurch die Erdhaut zu groß geworden wäre. Sie hätte sich nach bestimmten mechanischen Spannungsgesetzen in Tetraëderform gelegt. Denn diese ist die stereometrische Gestalt, welche bei denkbar kleinstem Inhalt die größte Oberfläche besitzt, während die Kugel jene Gestalt ist, bei der mit denkbar größtem Inhalt die kleinstmögliche Oberfläche verbunden ist. So sei es ein natürlicher Vorgang, daß eine im Inhalt schrumpfende Kugel jene Gestalt annehme, bei der die größte Oberfläche erzielt werde.

Abb. 149. Erdkarte zur Veranschaulichung der antipodischen Lage der Länder und Ozeane. Die entgegengesetzte Halbkugel ist in die diesseitige durch Schraffur von Amerika eingezeichnet. Oben links über Spanien liegt Neuseeland. (Aus Stielers Handatlas.)

In der Tat ist die Analogie überraschend. Die drei oberen Ecken des Tetraëders in Abb. 148 wären die drei alten, etwa in einem Winkel von je 120° voneinander entfernt stehenden nordischen Schilde; die vierte entspräche dem Südpolarland. Ihm liegt antipodisch das Nordpolarmeer als Tiefsee gegenüber. Die Kanten des Tetraëders wären die drei Nordsüdkontinente: Amerika, Eurafrika Asioaustralien. Sie laufen zusammen im Südpolarland, während im Norden durch die umlaufende Kante eine besondere Ansammlung der kontinentalen Massen sich ergäbe, die alle nach Süden untertauchen. Zeichnet man auf eine Erdhalbkugel (Abb. 149) die andere entgegengesetzte Halbkugel ein, so ergibt sich, daß die großen Weltmeere antipodisch zu den Kontinenten liegen; und eben das zeigt auch die zum Tetraëder gewordene Kugel, indem je einer Kante immer eine Fläche antipodisch gegenüberliegt.

So unverkennbar die Ähnlichkeit zwischen jenen geometrischen Gestalten und der Erde auch ist, so ist man doch mit dieser Idee bisher nicht ins Reine gekommen. Denn sehen wir aus dem jetzigen Erdzustand zurück in die Vergangenheit, so ist früher diese tetraëdrische Verteilung nicht recht zu bemerken. Man müßte also annehmen, daß sie sich erst in allerletzter erdgeschichtlicher Zeit herausgebildet hat. Eine weitere Schwierigkeit erwächst dieser Betrachtung dadurch, daß der tetraëdrische Linienverlauf in nordsüdlicher Richtung geknickt ist. Südamerika und Australien sind, wie schon vorhin erwähnt, nach Osten verschoben gegenüber den zugehörigen nördlichen Landmassen. Man hat erwogen, ob hier nicht eine ungleiche Verschiebung beider Erdhälften, der nördlichen und südlichen, vorliegt, zumal auch Afrika in seiner südlichen Hälfte diesen Eindruck, wenn auch weniger ausgesprochen, wiederholt. Beistehende Abb. 150 zeigt die zwischen den Kontinenten verlaufende Mittellinie dieser angeblichen Verschiebungs- oder Bruchzone. Eine Bruchzone anderer Art umrandet den Pazifischen Ozean. Entwirft man eine entsprechende Karte, welche als Mittelpunkt die Mitte desselben hat, so kann man seine Ränder ebenso mit einer Kurve umfahren, und man bemerkt, daß wir auf der Erde zwei senkrecht zueinander verlaufende derartige Hauptbruchfelder haben, und diese entsprechen den jungen Kettengebirgen, wie sie die Abbildungen auf S. 217 u. 225 zeigen. Zugleich fallen auf diese Linien und auf ihre Kreuzungsstelle im Stillen Ozean ungefähr die größten Tiefen, die Tiefseegräben, während in ihr Zentrum die Kontinentalmassen bzw. die ozeanischen Höhenlagen, also die pazifischen Inseln zu liegen kommen. Es tritt also zu den oben beschriebenen Unterschieden der beiden Weltozeane noch dieser hinzu. Der Atlantik wird quer von einem Hauptbruchstreifen und den mobilen Faltungszonen getroffen; der Pazifik wird davon umrandet. So sind sie ganz verschiedener Entstehung.

Abb. 150. Darstellung des Verlaufs der mit dem ehemaligen großen Weltmittelmeer etwa zusammenfallenden Bruchzone der Erde, längs deren möglicherweise eine Ostwestverschiebung der nördlichen und südlichen Landmassen stattfand. (Aus Kayser 1921.)

Aus den mit der Isostasielehre zusammenhängenden Möglichkeiten leitet sich nun die Theorie der Kontinentalverschiebungen ab, die uns vor allem eine Erklärung für die Entstehung des Atlantischen, aber auch des Indischen Ozeans geben will.

Sie stützt sich auf die oben erörterte Vorstellung einer in das schwerere Sima eingetauchten leichteren Kruste. Die Konsistenz des unterozeanischen Sima soll trotz seiner Härte so beschaffen sein, daß es lang anhaltendem Druck allmählich ausweiche, während das gneisartige Kontinentalgestein spröde sei und gegen lange andauernden Druck widerstandsfähig. Infolgedessen solle sich dieses in jenem langsam verschieben können. Der Gedanke wurde gefaßt, um die Homologien der beiderseitigen atlantischen Küsten zu erklären: die Neue Welt soll von der Alten abgetriftet sein, wofür nicht nur jene Übereinstimmung der Randlinien, sondern auch der aneinanderpassende geologische Bau und endlich gewisse Tierverbreitungen hüben und drüben sprächen (Abb. 164, S. 262). Auch Australien mit der Insel Neu-Guinea soll ursprünglich mit der indischen Halbinsel und dem Südpolarland ein zusammenhängendes Kontinentalgebiet gebildet haben — jenen großen Südkontinent im Erdaltertum — bis alle drei Teile auseinandertrifteten und nun, mit anderen Krustenteilen verschweißt, in ihrer heutigen Weise verteilt seien. Es würde das unter anderem die auffallend scharfe tiergeographische Grenze zwischen dem Malayischen Archipel erklären, die heute die asiatische von der australischen Tierwelt trennte. Das wäre nun, wenn es zuträfe, zugleich eine Erklärung für die Entblößung der Südhalbkugel von Land (Abb. 157), im Gegensatz zu den andersartigen Verhältnissen im Erdaltertum und teilweise noch im Erdmittelalter, wo wir den Südkontinent hatten.

Die Kompensierung der Schwere zwischen Kontinent und Ozean, wie sie oben schematisch geschildert wurde, läßt nun die Frage auftauchen, ob bei diesem nun einmal vorhandenen Ausgleichszustand denn jemals Ozeanboden Land, und Kontinentalboden jemals Ozean werden konnte? Man wollte dies verneinen. Man sagte, wenn in vorweltlicher Zeit jemals ein Austausch zwischen beiden Niveaus der Erdrinde stattgefunden hätte, so müßten wir in den Kontinenten wahllos neben Sialgesteinen auch ebenso viel Simagesteine finden. Die jetzigen großisostatischen Zustände und die tatsächliche Lagerungsart der Kontinente gegen das Ozeanische schließe aber jeden Gedanken daran aus, daß jemals in der Vorzeit Kontinent zu Ozeanboden und Ozeanboden zu Kontinent geworden sei; die eine Krustenlage könne sich nie in die andere verwandelt haben, da sie unterschiedlichen Gesteins- und Schwerezonen angehören. Es könne also nicht anders sein, als daß der ganze Land- und Meereswechsel der Vorzeit, wie ihn das 7. Kapitel geschildert hat, sich gar nicht so umfassend abspielte, sondern daß alles nur auf den sialischen Kontinentalflächen vor sich ging, daß aber niemals transozeanische Kontinentalflächen existierten, und daß umgekehrt auch niemals kontinentale Flächen zu ozeanischer Tiefe abgesunken seien, so wenig jemals früherer Ozeanboden heute Festland geworden sei. Freilich könnten geotektonische Abbrüche von geringem Umfang stattgefunden haben und ehemalige schmale Landbrücken, welche das Wandern der Tierwelt von Kontinent zu Kontinent erklärten, bestanden haben; das aber sei etwas ganz anderes als die großen transozeanischen Landkonstruktionen, wie sie die im vorigen Kapitel gegebenen Karten aufwiesen.

Sobald man die Sache so sieht, ergibt sich abermals eine bestimmte Fragestellung, die lautet: Gab es immer seit der kambrischen Epoche ozeanische Tiefsee? Oder: wie und wann entstand die heutige Tiefsee? Oder: lag die Tiefsee stets nur an denselben Stellen wie heute oder auch irgendwann einmal im Bereich heutiger Kontinente? Man kann die Frage weiter präzisieren und dann wird sie zu einer gegenständlichen Forschungsfrage: Haben wir auf den heutigen Kontinenten unbezweifelbare Ablagerungen aus ehemaliger Tiefsee, womit bewiesen wäre, daß einmal jetziger Kontinentalboden Tiefsee war? Sind die alpinen Gebirge verschiedener Zeiten, in denen Sedimente eines oft freien Meeres von einer Mächtigkeit nicht von hunderten, sondern von vielen tausendend Metern abgelagert wurden — sind diese Gebirge einem echt ozeanischen Boden entstiegen, der ehemals eben so tief war, als diese eingefüllten Sedimentgesteine heute mächtig sind, ungerechnet ihrer nachträglichen Zusammenfaltung? Und wenn ja, wie verhielt es sich damals mit dem für die heutige Erdkruste erkennbaren grundsätzlichen Gesteinsunterschied zwischen dem kontinentalen und ozeanischen Krustenniveau? War das noch nicht in der heutigen Weise ausgebildet und ist das, was das Schema Abb. 140 (S. 207) zeigt und was doch auf unmittelbarer jetztzeitlicher Beobachtung beruht, doch am Ende erst ein spät erreichter Zustand der Kruste, so daß früher alles anders war? Dies ist das große, die Erdgeschichtsforschung heute noch in zwei Lager teilende Problem der Permanenz der Kontinente und Ozeane.

Wie aber war wohl der älteste Zustand der Kontinente; wie ihre älteste Verteilung, ihr Relief im ganzen; wie ihre Umrisse? Wir meinen nicht mit dieser Frage die hypothetisch älteste Zeit bei Bildung der ersten Kruste, als die Erde noch in Glutflüssigkeit war; sondern wir meinen jenen Zustand, der etwa in die archäisch-algonkische Zeit fällt. Die Kontinente haben sich allmählich durch Anfaltungen verstärkt und, wie wir im nächsten Kapitel noch sehen werden, mehr und mehr konzentriert und gegen die ozeanischen Areale abgegrenzt. Es müssen also die ältesten Faltungskomplexe auch zugleich die ältesten Kontinentalmassen gewesen sein. Wo wir nun altes, archäisches Gestein auf der Erde treffen, ist es gefaltet. Die Gebirgsbildung, wenn auch früher nicht so schroff im einzelnen, war aber ein durchaus umfassender, alle Erdkrustenteile ergreifender Vorgang, und diese ältesten Faltungen müssen daher auch zugleich die ältesten Kontinentalmassen bedeuten. Sucht man alle Ausbisse dieser uralten Gesteine auf, so bemerkt man, daß sie überall gefaltet sind, nirgends mehr in einer normalen ursprünglichen Lagerung verharren. Wo sie von jüngeren Formationen bedeckt sind (Abb. 116), gehen sie niemals konkordant in solche über, sondern lassen zwischen sich und ihnen stets eine ausgesprochene Diskordanz bestehen. Geht man nun ihrer Faltungsrichtung nach, so lassen sich darin gewisse gleichgerichtete Leitlinien aufzeigen, welche in Abb. 151

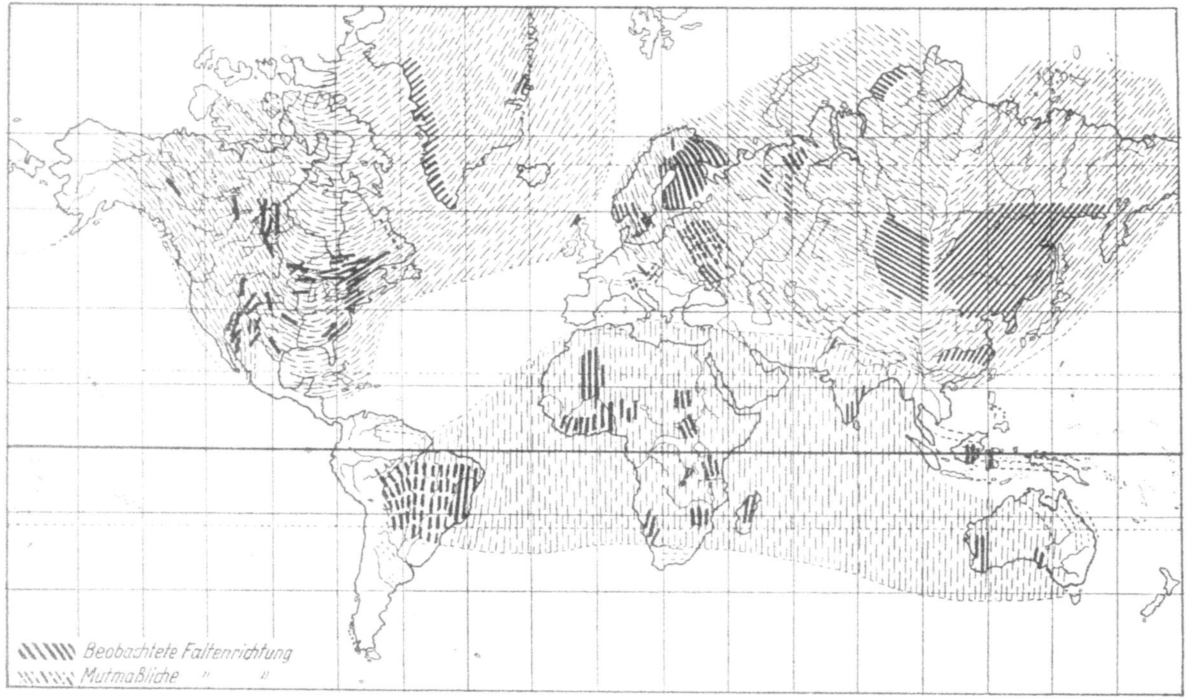

Abb. 151. Strukturkarte der alten ursprünglichen Kontinentalflächen, aus der Streichrichtung der archäischpräkambrischen Falten ermittelt. Dicke Striche: beobachtet; feine Striche: konstruiert. (Nach Ruedemann 1926.)

dargestellt sind. Verbindet man diese Leitlinien entsprechend, so ergeben sich größere Komplexe, welche man vielleicht als die ältesten kontinentalen Massen ansehen darf und die, wie ein Vergleich mit paläozoischen Erdkarten im 7. Kapitel dartut, wahrscheinlich die Grundlage für die Paläogeographie des Paläozoikums abgeben.

Mit dieser Konstruktion ist nun allerdings etwas noch nicht gegeben, was den Paläogeographen vor allem interessieren würde: die damalige Verteilung von Wasser und Land. Denn die so ermittelten Flächen bedeuten ja zunächst noch nichts anderes als die Darstellung von Gebieten, in denen zusammenhängende Faltungserscheinungen herrschen und die wir als Strukturlinien der äußersten Erdhaut im allgemeinen ansehen müssen, ohne daß wir sagen könnten, wie etwa Wasser und Land damals verteilt waren. Um dies zu können, müßten wir sowohl die Herkunft dieser längst metamorphosierten Gesteine kennen, wie auch sie in ihrer richtigen zeitlichen Reihenfolge datieren können. Daß beides nicht oder nur stellenweise möglich ist, wurde im Kapitel 6 (S. 166) auseinandergesetzt. Wir haben also in dieser Erdkarte lediglich eine Strukturkarte der Erdrinde zu algonkischer Zeit und müssen annehmen, daß sich zu dieser Zeit allmählich schon die späteren, im Kap. 7 geschilderten und bildlich dargestellten Umrisse von Land und Meer entwickelt haben.

Aber wir können doch noch etwas mehr auf Grund der Karte sagen. In der Gegend des heutigen Mittelasien bemerken wir das Aufeinandertreffen bzw. das Umbiegen zweier vorkambrischer Streichrichtungen. Dort liegt heute ein tiefer Grabeneinbruch der Erdrinde, der den Baikalsee einschließt (S. 47). Es ist merkwürdig, daß diese doch offenbar unstetige Stelle der Erdrinde sich schon für jene sehr alte Zeit so deutlich als etwas Besonderes abhebt. Dies zeigt uns, wie durchdauernd gewisse Linien im Antlitz der Erde durch alle Epochen sein können. Erinnern wir uns an die oben dargestellte Permanenz der großen mittelländischen Bruch- und Meereszone der Erde, so haben wir auch hier auf jener Karte schon entsprechende Andeutungen. Man könnte auch nach dem großen afrikanisch-palästinischen Grabenbruch noch fragen (S. 47). Für seine Erstanlage gibt uns aber die archäische Karte keinen ebensolchen Anhaltspunkt. Aber es macht doch den Eindruck, als ob dort zwei Richtungen aufeinanderstoßen, wenn man Madagaskar und Ostafrika vergleicht. Vielleicht würde man ihn finden, wenn dort entsprechende Beobachtungen schon vorlägen über die archäische Gesteinsausbildung und die Streichrichtung ihrer Falten.

Entwirft man eine Karte der jetzigen Erdoberfläche, auf der sowohl die alten Schilde, wie die jetzigen Faltengebirge jüngeren Datums und die Vulkanzonen sowie die derzeitigen Haupterdbebengebiete einträgt (Abb. 152), so bemerkt man zwischen den heraustretenden alten Schilden und den jetzigen Faltengebirgen weiße Flächen. Dies nun sind jene Zonen, welche im Erdaltertum den Schauplatz großer Meeresabsenkungen bildeten und die nachher durch Emporfaltung der in ihnen besonders mächtig aufgehäuften Sedimente zu kontinentalen Gebieten geworden sind. Im Erdmittelalter waren sie wechselweise überflutet und trockengelegt, wie die Karten (Abb. 127 und 136) im Kap. 7 (S. 182/96) zeigen. Daß aber auch hervorgetauchte Faltungszonen, wie die heutigen jungen Gürtel der Hochgebirge, immer noch eine gewisse Unruhe behalten, zeigt ein weiterer Blick auf unsere Karte; denn mit ihnen fallen die Streifen größter Erdbebenunruhe zusammen. Zugleich sind dies die oben dargestellten Hauptbruchzonen der Erde (Abb. 150).

Sobald einmal ein Stück Erdrinde gefaltet und endgültig den urkontinentalen Blöcken angeschweißt war, verhielt es sich von da ab im

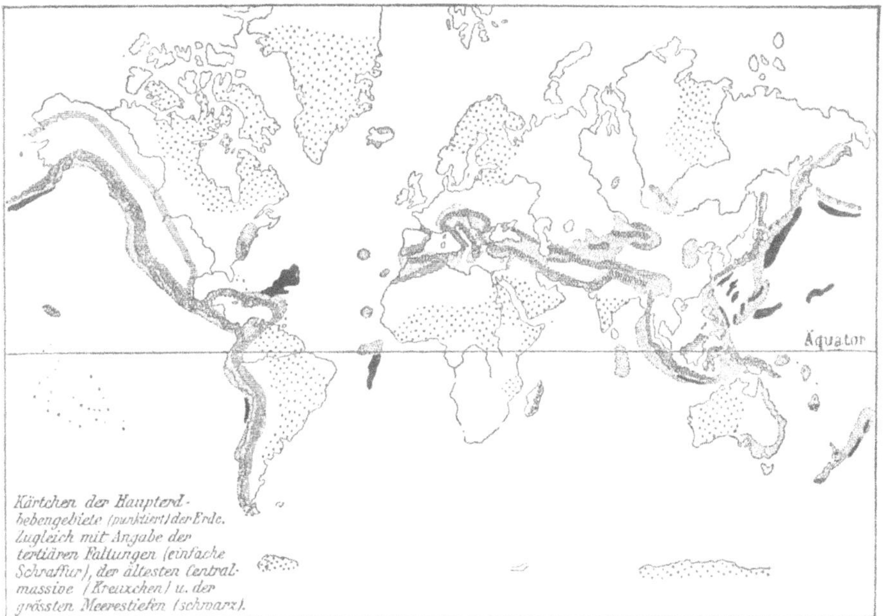

Abb. 152. Karte mit den archäischen Hauptschilden (Kreuzchen), den jungen tertiärzeitlichen Faltenbögen (einfache Schraffur), den Hauptertbebengebieten (punktiert) und den Hauptozeantiefen (schwarz). Die weißen Flächen sind von den Gebirgsfaltungen des Erdaltertums ausgefüllt, die sich unmittelbar den alten Schilden anschmiegten. (Aus Kayser 1921.)

wesentlichen wie jene Blöcke. Man nennt diesen Festigkeitszustand nach Kober **Kratogen**, d. h. stark oder starr Gewordenes (kratos), im Gegensatz zu den noch mobil gebliebenen und später erst durch Faltung starr werdenden Zonen künftiger Faltengebirgsbildung, dem **Orogen** (oros Berg, genos Werden). Sobald nun ein Orogenstreifen zu einem kratogenen geworden ist, verhält er sich von da ab als äußeres Vorland zu einer künftigen Gebirgsfaltung, wie es oben (S. 213) beschrieben wurde.

Die geotektonischen Bewegungen sind im Kratogen von dem Augenblick an, wo es stabilisiert ist, ganz andere wie solche alpiner Faltenbewegung. Es werden nicht mehr die Falten aus den Tiefenvorgängen heraus erzeugt, es wälzen sich nicht mehr Decken übereinander, sondern es kommt nur noch zu flachen Auf- oder Einbiegungen und Bruchverwerfungen, so wie wir es für die Entstehung des Rheintalgrabens geschildert haben, was schon das alleräußerste an Bewegungen im Kratogengebiet ist. Wie schwach und einfach gegen die Bilder alpiner Faltungen ist dies! Auch im Kratogengebiet kann es dann freilich noch zu lange dauernder Meeresbedeckung kommen, dann wieder zu Hebungen und sogar zu einer gewissen Art Schichtenstauchung; aber das sind Bewegungen ganz anderer Natur als die ehedem alpinen. Auch entstehen dabei gelegentlich kleine örtliche Faltungen, die aber nicht alpiner Natur sind, d. h. nicht aus der Tiefe eines Meeres kommen, sondern nur durch seitwärts drängende Bewegung alter Gebirgskerne, sogenannter Rahmen, oder tangentialen Druck absinkender Krustenteile schwach gebogen, um nicht zu sagen gefaltet werden. Von dieser Art sind in Norddeutschland gewisse Schichtverbiegungen, die sich zur Jurazeit und Kreidezeit geltend machten; auch an anderen Stellen der Erde machte sich diese „kimmerische“ und „saxonische“ Faltung geltend. In Süddeutschland hat neuerdings Leuchs gezeigt, daß die Trias-Juraplatte, eingespannt in den Rahmen der alten Urgebirge, solche nachträgliche Biegungen und Bewegungen zeigt. Diese Vorgänge im Kratogen haben aber, wie gesagt, grundsätzlich nichts mit alpinen subkrustalen Bodenbewegungen, die aus der Tiefenumsetzung und gewaltigen Unterströmungen der Erdkruste bestehen, zu tun.

Im Kratogen kann zwar durch eine erneute Absenkung und sonstige, außerhalb seines Gebietes liegende Ursachen das Meer ganz oder teilweise übertreten; aber diese Meeresüberflutungen sind nicht von Dauer, sie werden immer wieder von Trockenlegungen unterbrochen, die Formationsreihen können sich nicht durchgehend und lückenlos ablagern, wie zuvor. Das schönste Beispiel dafür haben wir in Europa selbst. Die paläozoischen Formationen, die im Gebiet des varistischen Faltenbogens vor der Karbonzeit abgelagert worden sind, als jener Streifen noch im Zustand des Dauermeeres war, sind vollständig und sind in der Fazies des freien, oft auch tiefen Meeres entwickelt. Nachdem das Meer zu den varistischen Alpen aufgefaltet war, erscheinen auf dem nun kratogen gewordenen europäischen Gebiet nur noch Formationen, die einen stets vorübergehenden Meeresbedeckung und vielfach dazwischen lange dauernde Landflächen verraten. So ist gleich auf die Entstehung des varistischen Landes die Dyas- oder Permzeit gefolgt, in der wir teils Wüste, teils nur das flache Zechsteinmeer (S. 351) in Europa haben. Dann kommt die wüstenartige Buntsandsteinzeit der unteren Trias (Farbtaf.) und darauf die Landformation des Keupers und zwischen hinein der Einbruch des seichten Muschelkalk- und noch seichteren Keupermeeres. Die Jurazeit bringt dann eine besonders ausgiebige Meeresbedeckung, die aber auch stellenweise von Hebungen unterbrochen wird, und am Ende der Jurazeit tritt der Meeresboden sogar sehr ausgiebig heraus. Die Unterkreidezeit zeigt nur wenig Meereseinbruch und erst die Oberkreidezeit erlaubt wieder einem Seichtmeer, sich über Europa zu verbreiten. Schon am Ende dieser Zeit kommt wieder ausgiebige Trockenlegung mit geringem Hin und Her während der Tertiärzeit, wo Meer nur in einzelnen flachen Wannen und Armen hereinreicht. Ganz anders im Alpengebiet, wo die soeben aufgezählten Formationen durch ausgiebige, mächtige, ununterbrochene Sedimentaufhäufungen gekennzeichnet sind und noch bis in den letzten Augenblick vor der endgültigen starken Heraushebung vollständige Formationsserien aufweisen, wenn auch zuletzt nur mehr am Rande des alpinen Beckens. Man darf sich nicht vorstellen, daß solche generell erkennbaren Gesetzmäßigkeiten sich stets rein und ungestört hätten darstellen müssen. Vielmehr sind immer regionale Verschiedenheiten im Bau der Rinde vorhanden und von alters her vorhanden gewesen, so daß nicht alles uhrwerksmäßig ablaufen konnte.

Endlich unterscheiden sich die Kratogengebiete auch durch ihren etwaigen Vulkanismus von den orogenen Gebieten. Man hat beobachtet, daß sich wesentlich zwei vulkanisch-magmatische Gesteinsausbildungen unterscheiden lassen: eine, die vorwiegend aus Alkaligestein besteht, und eine andere, worin hauptsächlich sich Alkali-Kalkgestein kundgibt. Die erstere heißt atlantische, die letztere pazifische Magmareihe; aber nicht etwa deshalb, weil sie nur da oder nur dort vorkämen, sondern deshalb, weil dort, wo sie wesentlich auftreten, im Pazifik, an den Randgürteln alpine Orogene liegen und eben erst entstanden sind, andererseits am atlantischen Rand größtenteils Kratogene liegen. Niemals ist im Gebiet eines zum Kratogen gewordenen Erdstreifens „pazifisches“ Magmagestein ausgetreten. Und dies gibt uns zugleich auch ein Unterscheidungsmerkmal für die Natur des Vulkanismus in beiden Gebietsarten. Der Vulkanismus während orogener Vorgänge ist die unmittelbare Auswirkung subkrustaler umfassender Magmabewegungen; der Vulkanismus im Kratogen ist jener aus oberflächlichen Lagern entspringende, sehr örtliche und meist sprengend explosive Vulkanismus, der nur alleräußerste Ausläuferspitzen darstellt. Darum findet man freigelegte Tiefengesteine nur in alten abgetragenen Faltenstreifen, die solange schon der Abtragung ausgesetzt waren, daß man das Tiefste an die Tagesoberfläche kommen sieht. Diese alten Batholithen aber verraten uns zugleich die „Ursache“ der Faltengebirgsbildung und damit die im Laufe der Erdgeschichte sich vollziehende Umwandlung weiter orogener Flächen zu kratogenen. Auf Kosten der ursprünglich sehr weiten Orogene haben also die ursprünglich sehr isolierten Kratogene immer mehr zugenommen, immer mehr Festigkeit erreicht, und daher kommt es, daß sich auch zuletzt die Kontinente von der ozeanischen Tiefsee immer stärker sonderten, wie wir es im nächsten Kapitel noch dartun werden.

Die Bildung der Kontinente, wie sie heute daliegen, ist nun, kurz ausgedrückt, das Ergebnis von Gebirgsfaltungen. Es gibt überhaupt kein Kontinentalgebiet, das nicht aus zusammengestauchten, also gebirgsgefalteten Gesteinen, und zwar hauptsächlich Meeressedimenten bestünde.

Selbst die ältesten Kontinentalflächen, die wir jetzt heraustreten sehen innerhalb der jüngeren Teile sind schon aus archäisch-algonkischen Gebirgsfaltungen hervorgegangen. Im einzelnen ist dies natürlich unendlich abwechslungsreich, und wie wir es darstellen, kann es nur einen schematischen Begriff vermitteln.

So gruppiert sich der Aufbau Europas (Abb. 152a) um einen archäischen Gesteinskomplex, welcher Rußland, Finnland und Schweden umfaßt. Der schon erwähnte finnoskandinavische Schild ist sein nordwestlichster Teil, das übrige liegt unter den jüngeren Sedimenten des weiten Rußland bedeckt. Über diesen Schild gingen im Erdaltertum und Erdmittelalter flache Meeresbedeckungen hinweg und hinterließen aus verschiedenen Zeiten Ablagerungen, die sehr lückenhaft sind und nie gefaltet wurden. Nordwestwärts legten sich an diesen alten Horst die Paläiden, das sind jene Gebirgsfaltungen silurischen Alters, deren jetzt noch sichtbare Teile Irland, England und Norwegen bilden. An sie schließen sich südwärts die Varisiden an, das sind die spätpaläozoischen Gebirgsfaltungen, das allersüdlichste England, fast ganz Spanien, Frankreich und Deutschland umfassend. Darauf folgen zur Kreide-Tertiärzeit die Alpiden. Sie umfassen Atlas, Sierra Nevada in Südspanien, Pyrenäen und das ganze mediterrane Alpen-, Karpathen- und kleinasiatische Kettensystem.

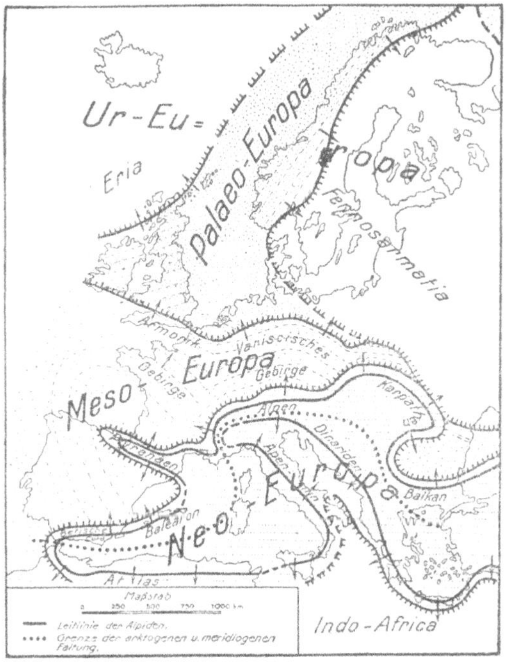

Abb. 152a. Der Aufbau Europas durch die aufeinanderfolgenden Gebirgsfaltungen. Kaledonische Faltung zur Silurzeit: Paläo-Europa; varistische Faltung zur Karbonzeit: Meso-Europa; alpine Faltung zur Tertiärzeit: Neo-Europa. (Aus Stille 1924.)

Die skandinavisch-russische archäische Masse selbst ist das Ergebnis vorkambrischer und wohl mehrfacher Faltungen gewesen, die sich hauptsächlich in archäischer Zeit abspielten. Wir haben im Kapitel 6 (S. 167) schon die gewaltigen Umsetzungen in archäischer Zeit besprochen, die mehrfache Gebirgsbildungsphasen bedeuten und sich heute in den archäischen Rümpfen, den Schilden Kanadas, Europas, Asiens, Südamerikas, Afrikas, Australiens als große Diskordanzen zu erkennen geben. Die Karte Abb. 152 (S. 225) zeigt uns diese alten Massen, und sie sind es, die sich auch in den übrigen Ländern so verhalten haben, wie die soeben besprochene europäische Schildmasse: sie sind die Widerlager geworden, um die sich die paläidischen, variskidischen und alpidischen Faltungen nacheinander herumlegten. In Afrika beispielsweise bedeutet der soeben erwähnte Atlas die letzte, tertiärzeitliche Anfaltung. Wir hörten oben schon, daß er südwärts gegen die afrikanische Urmasse hingefaltet sei. Südlich von ihm liegen die paläozoischen, den Variskiden Europas entsprechenden Faltenmassen, Sahariden genannt; sie umgeben die innerafrikanische archäische Masse auch im Süden, und wahrscheinlich schließen sich ganz im Süden wieder alpidische Faltungen an, die wir auch im Südpolargebiet treffen. Ebenso ist es ostwärts von Europa, in Asien; nur ist dort alles großzügiger, umgreifender gestaltet. So legt sich an die russische Masse ostwärts der Ural an, der in seiner heutigen Gestalt allerdings sehr zusammengeschrumpft erscheint, weil seine Falten ostwärts unter jungem Schwemmland liegen. Die ganzen zentralasiatischen Gebirge, wie Tianschan, u. a. sind paläozoischen Faltungsalters, während südlich sich unmittelbar der schon alpidische Pamir und dann die Himalayakette anschließt. Auch im Norden wiederholen sich sowohl für Europa, wie für Asien diese Folgen, denn auch der äußerste Norden scheint sich in das alpine System einbeziehen zu lassen (Nordsibirien, Spitzbergen).

Auch für Nord- und Südamerika gilt derselbe Bauplan. Um die kanadische Masse legen sich die paläozoischen Alleghannies (Appallachen), und zwischen diese und den archäischen grönländisch-kanadischen Block legen sich, wie in Nordwesteuropa gleichfalls Paläiden hinein. Die Rocky Mountains und die kalifornische Küstenkette ist das jüngste alpidische System, das sich südwärts als Antillenkette fortsetzt und in den Atlantik abbricht, wie jenseits des Ozeans es die Pyrenäen und der Atlas tun, im Norden Europas aber auch die älteren Variskiden. In Südamerika liegen ebenfalls ältere Faltensysteme des Paläozoikums um die brasilische Urmasse herum, westwärts schließen sich die Anden, nordwärts der Antillenbogen, ganz im Süden die feuerländisch-südpolaren Ketten alpidischen Alters an. Im einzelnen ist dies wieder in den verschiedenen Kontinenten noch einmal untergeteilt, die uns zeigt, daß auch andere Blöcke noch bestehen, auf die im Grunde derselbe Faltungsmechanismus während der genannten Hauptgebirgsbildungsphasen eingewirkt hat. Dadurch sind im einzelnen ungeheuer verwickelte Verhältnisse entstanden, deren Klärung eben Sache fortschreitender Forschung ist.

Man sieht, welche Rätsel das Antlitz der Erde in seinen wesentlichen Zügen uns aufgibt, wie aber auch die Züge selbst auf ihre Entstehung hinweisen, die es zu entziffern gilt. Fast könnte man von einem Bemühen um die Physiognomik der Erde sprechen. Es wäre sinnlos, sich hier auf irgendeine Hypothese, eine Theorie der Entstehung dieses Baubildes festlegen zu wollen. Die Forschung ist durchaus in einem Zustand, wo es sich lediglich um Erwägungen handelt. Immer bedeuten Theorien nichts anderes als die gelegentliche Bloßlegung eines Fadens des ganzen vielverschlungenen Gewebes, Bloßlegung eines Fadens stets nur eine kurze Strecke weit. Und fast scheint es, als ob mit jeder solchen Freilegung, je weiter man sie zu treiben imstande ist, um so mehr das Gewebe selbst gestört und in seinem Zusammenhang eben darum nicht klarer, sondern verwickelter werde. Dies aber ist das Los aller von außen an ihren Gegenstand herantretenden Forschung, und man muß dies wissen, wenn man auch die nachfolgenden Darlegungen richtig verstehen will.

9. Mechanismen der Erdumgestaltung und Entstehung der Tiefsee

Die landläufige Vorstellung vom Ursprung und der Entwicklung der Erde ist, daß sie einmal ein glühender Feuerball war, der sich im Lauf langer Zeiträume abkühlte und dadurch eine Kruste bekam. Auch heute noch soll wohl der Erdball im Innern „glühend" sein und sich angeblich immer mehr abkühlen. Durch diese langsame Abkühlung aber soll das Erdinnere allmählich schrumpfen, die Kruste soll zu groß werden für den schwindenden Glutkern, deshalb an vielen Stellen einsinken, brechen, sich in ihren Einzelteilen und bruchstückweise verschieben. Es entstünde so ein unregelmäßiger Gewölbedruck, die Schollen würden sich an schwachen Stellen aufpressen und Faltungen, ja Überschiebungen, also Hochgebirge bilden. Auch der stete Wechsel von Hebung und Senkung, die Verlagerung von Festland und Meer — kurz alles das, was den äußeren Ablauf der Erdgeschichte durch die Jahrmillionen hin ausmacht, sei auf diesen grundlegenden Vorgang der Abkühlung und Kontraktion der Erde zurückzuführen.

Das war eine plausible Theorie für alle diese Erscheinungen der Erdgeschichte, solange man wenig von den verwickelten Geschehnissen wußte, die bei der Umsetzung hochtemperierter Gesteinsschmelzmassen unter hohem Druck vor sich gehen. Abgesehen davon, daß wir allerdings kaum etwas über die Art und den physikalischen Zustand des Erdinnern wissen, haben Experimente über das Verhalten von Gesteinsschmelzen unter hohem Druck ergeben, daß die Abkühlung keineswegs nur als einfache Zusammenziehung sich äußert, sondern daß dabei auf verschiedenen Wärmestufen periodisch Umkristallisierungen eintreten, wobei nicht bloß Zusammenziehung, sondern periodisch auch Ausdehnung trotz der fortschreitenden Abkühlung stattfindet und wobei plötzliche Erschütterungen eintreten, die an Erdbebenstöße erinnern. Eine Zusammenziehung des Erdinnern im Lauf der Jahrmillionen würde aber, selbst wenn sie wirklich innerhalb der geologisch-historischen Zeiten stattgefunden hätte, bei dem Abschluß des Erdinnern durch die Kruste zugleich wieder soviel Wärme erzeugt haben und unter soviel wechselnden Unterbrechungen vor sich gegangen sein, und zudem würde die allenfalls durch die Kruste hindurch in den Weltraum erfolgende Ausstrahlung durch die radioaktiven Zerfallsvorgänge in der Tiefe so sehr konserviert worden sein, daß dies alles eine Abkühlung und Schrumpfung im Sinn der einfachen Kontraktion hintangehalten hätte. Ja es ist jetzt

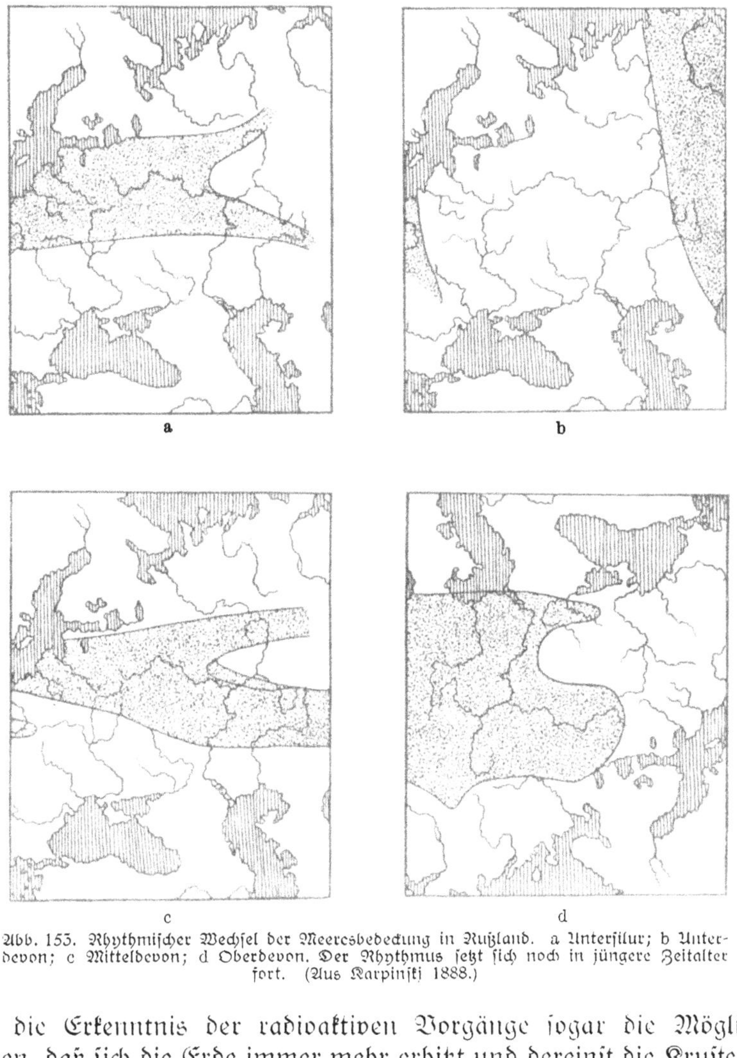

Abb. 153. Rhythmischer Wechsel der Meeresbedeckung in Rußland. a Untersilur; b Unterdevon; c Mitteldevon; d Oberdevon. Der Rhythmus setzt sich noch in jüngere Zeitalter fort. (Aus Karpinskj 1888.)

durch die Erkenntnis der radioaktiven Vorgänge sogar die Möglichkeit gegeben, daß sich die Erde immer mehr erhitzt und dereinst die Kruste selbst von innen her in Glutfluß auflösen könnte.

Selbst wenn man zugibt, daß die Abkühlung und damit die Schrumpfung überwogen hätte, würde auch das nicht in so kurzfristigen Perioden vor sich gegangen sein, wie es die vielen Gebirgsfaltungen der Erdrinde seit

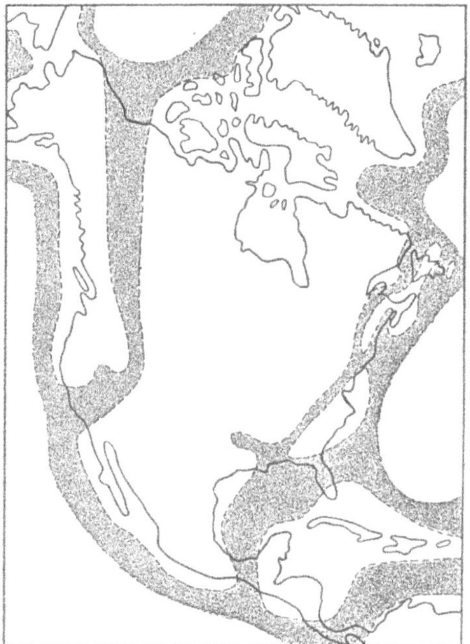

Abb. 154. Rhythmischer Wechsel der Meeresbedeckung in Nordamerika am Anfang des Erdaltertums. Eine Nord-Südrichtung stellt sich immer wieder unter Zerreißung der Ostwestrichtung ein. (Nach Schuchert 1910.) a Unterkambrium.

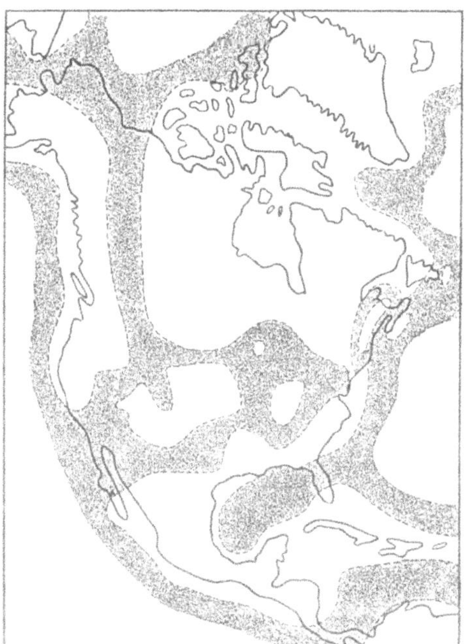

Abb. 154. b Mittelkambrium.

der archäischen Zeit erfordern. Es ist auch berechnet worden, daß schon seit kambrischer Zeit die Erde ein Mehrfaches ihres Umfanges eingebüßt haben müßte, wenn die Gebirgsfaltungen durch Schrumpfung und damit durch Zusammenpressung der Kruste erklärt würden. Zudem ist die Erdrinde nie und nirgends ein Gewölbe, könnte bei ihrer großen Ausdehnung und der planetarischen Schwerewirkung des Erdkörpers auch als solches gar nicht sich halten. Ferner zeigen die Gebirge, soweit sie Faltengebirge sind, zu sehr das Bild von Bewegungen und Strömungen der subkrustalen magmatischen Zone und verdanken wohl deren Empordrängen, also gerade dem Gegenteil einer Absenkung und Schrumpfung, ihre Emporwölbung. Auch zeigt sich, wenn man die Geschichte der alpinen Zonen der Erde in das Mittelalter und Altertum zurückverfolgt, stets ein inniger Zusammenhang zwischen anfänglicher Absenkung und späterer Aufwölbung und Faltung, so daß also die angebliche Kontraktion an ein und derselben Stelle stets Verschiedenes und Entgegengesetztes bewirkt hätte.

Endlich ist die hypsographische Kurve (Abb. 141) selbst ein deutlicher Beweis gegen die Ausbildung der Erdoberfläche durch Abkühlung und Kontraktion des Erdinnern. Wenn nämlich dieser Vorgang wirklich Ursache der Herausmo-

Abb. 154. c Oberkambrium;

Abb. 154. d Untersilur;

dellierung der heutigen Höhenunterschiede wäre, so könnte die Kurve gar nicht so aussehen, wie sie sich wirklich zeigt. Statt zweier nebeneinanderliegender Flachniveaus müßte sie ein sehr ausgedehntes mittleres Krustenniveau zeigen, also gerade das, was jetzt am wenigstens entwickelt ist. Denn wenn der Erdkörper einfach schrumpfte, so wäre selbstverständlich eine mittlere Höhe am ausgedehntesten, oberhalb deren die Landerhebung und unterhalb deren die Ozeantiefen einen wesentlich kleineren oder je einen großen extremen Flächenraum einnehmen würden. Statt dessen treten aber, wie zu sehen ist, zwei Hauptniveaus nebeneinander in besonders großer Erstreckung heraus, und jede Hälfte für sich sieht so aus, wie das Ganze aussehen müßte, wenn die Erdoberfläche letzten Endes das Ergebnis einer Zusammenziehung des Erdinnern wäre.

Es ist nicht ausgeschlossen, ja sogar wahrscheinlich, daß beim Aufstieg des Magmas selbst radioaktive Prozesse mitspielen, welche sehr verwickelte Umschmelzungen und Wiederverfestigungen im Gefolge haben und ein Aufwärtsdringen des Magmas selbst dann noch veranlassen, wenn es schon durch Wärmeabgabe nach oben stark zusammengeschrumpft ist.

Man wird es also auch mit sehr schwer verständlichen radioaktiven Vorgängen zu tun haben, welche nicht eine einfache Abkühlung, sondern überhaupt

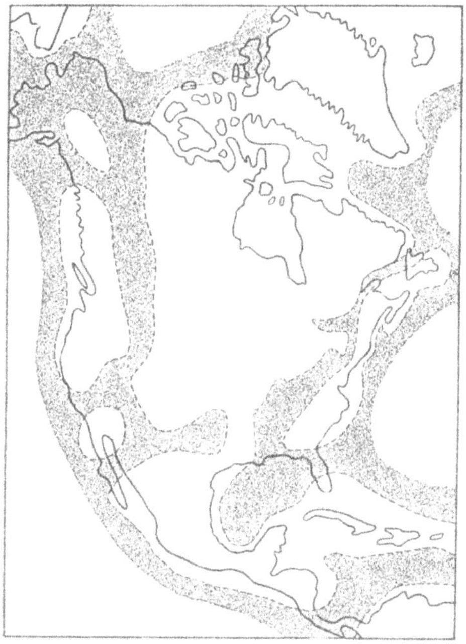

Abb. 154. e mittleres Untersilur 1;

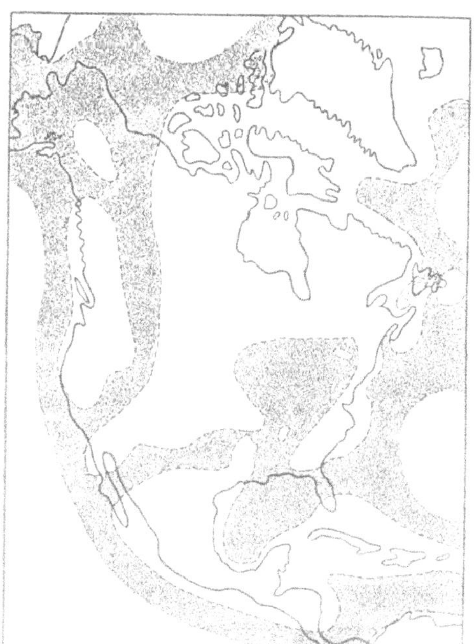

Abb. 154. f mittleres Untersilur 2.

grundlegende Umgestaltungen der tieferen magmatischen Zone der Erde durch die Jahrmillionen hindurch veranlassen und vielleicht sogar periodische Ausdehnungen und Zusammenziehungen, ja vielleicht sogar Erhöhung der Hitzegrade statt Abkühlung bewirken, denen dann Hebungen und Senkungen der Erdrinde entsprechen. Gerade die Periodizität der Erdkrustenbewegungen, welche einerseits in verhältnismäßig langfristigen einfachen Kontinentalbewegungen (epirogenetisch), andererseits in kürzeren episodischen Gebirgsauffaltungen (orogenetischen) bestehen, deutet auf Ursachen, die nicht in einer einfachen Abkühlung und Zusammenziehung des Erdkörpers bestehen. Außerdem ist die jeweilige Faltung um so stärker gewesen, je stärker vorher die Absenkung der Meere und damit die Aufhäufung der Schichtmassen in nachher emporgefalteten Erdstreifen gewesen ist. Dies deutet eher auf eine Periodizität der wirkenden Ursache, die nach oben, wie nach unten sich ausgleicht, wie es eben einer Wellenbewegung zukommt, die damit auf einen Rhythmus, also nicht auf einfache mechanische Zusammenziehung der Erde hinweist.

Solche Periodizitäten sind immerhin gelegentlich wahrzunehmen, die auffallend etwas Rhythmisches verraten. Es liegt ja ohnehin nahe, sich zu fragen, ob nicht überhaupt in der Gebirgsbildung und dem immerwährenden Land- und Meereswechsel der Vorwelt etwas Rhythmisches liege, und hat auch versucht, solche Veränderungen mit gewissen astronomischen Periodizitäten und Veränderungen der Erdstellung zur Sonne in Beziehung zu bringen, insbesondere um so zugleich auch vielleicht zu einer geordneten absoluten Zeitberechnung und Zeiteinteilung der Erdgeschichte zu gelangen. Es liegt ja nahe, solche Vermutungen anzustellen, wenn man bemerkt, wie die Gebirgsbildungszeiten in der Erde wieder mit ruhigen Perioden der Abtragung und Einebung wechselten. Es gibt auch sonst noch einige Erscheinungen, bei denen eine gewisse periodisch-rhythmische Folge nicht ganz zu verkennen ist, wenn sie auch nicht eindeutig heraustritt. Man muß sich aber klarmachen, daß kein derartiger Vorgang im Erdgerüst oder in der Atmosphäre, wie es etwa die Wiederkehr bestimmter geotektonischer Bildungen, der Land- und Meereswechsel oder die Klimaänderungen sind, jemals rein irgendeine Gesetzmäßigkeit zeigen kann. Denn, wie schon betont, ist das Getriebe der Natur und die Wandlung der Erde kein mechanisch ineinandergreifendes Räderwerk, sondern jede uns zu Gesicht kommende Einzelerscheinung ist immer bedingt von einem endlosen Zusammenstrahlen verschiedenster Vorgänge; jede Erscheinung, jedes Geschehen ist Ausdruck für unendlich viele Beziehungen in die Vergangenheit und in die Gegenwart. Dennoch wird man zuweilen Periodizitäten von einer gewissen Regelmäßigkeit gewahren, wenn man etwa den interessanten Versuch Karpinskjs betrachtet, der uns zeigt, daß in den aufeinanderfolgenden Erdperioden die Meereseinbrüche auf die russische Tafel einmal in südnördlicher, dann in ostwestlicher Richtung wechselnd erfolgten (Abb. 153). Da die russische Landtafel sehr alt und fest ist, so bemerkt man hier besonders gut einen solchen Wechsel, während in den allermeisten anderen Gebieten der Erde die kontinentalen Flächen so sehr tektonisch bewegt wurden und aus heterogenen Einzelteilen bestehen, daß dieser Wechsel nicht äußerlich zur Geltung kommt, selbst wenn er seiner Grundanlage nach vorhanden wäre. Auch die verhältnismäßig stabile nordamerikanische Landmasse läßt für die ersten Zeiten des Erdaltertums einen solchen periodischen Wechsel erkennen (Abb. 154). Die periodische Wiederkehr der Gebirgsbildung ist etwas Entsprechendes. Auch hier können wir nicht nach Jahren zählen; aber wir sehen doch auf Zeiten der geotektonischen Revolution wieder Zeiten der ruhigen Evolution kommen, in welch letzteren die Faltengebirgsbildung ganz erloschen ist oder sich nur in untergeordneten Wallungen kundgibt. Und ebenso ist es mit dem Klimawechsel, der auch seinerseits gewisse, wenn auch nicht regelmäßige Intervallen zeigt und auch einen Rhythmus offenbart, der sich aus weiten großen und dazwischen wieder kleineren Ausschlägen zusammensetzt.

Solche Beobachtungen, mögen ihre Ergebnisse bisher noch so dürftig sein, weil ja unsere ganzen paläogeographischen Rekonstruktionen noch unzulänglich sind (vgl. die Anm. S. 178), werden immerhin künftig noch dazu führen können, tiefer in die Ursachenfrage der erdgeschichtlichen Veränderungen einzudringen, als es bisher möglich gewesen ist. Woher kommen die letzten bestimmenden Kräfte und Impulse zu allem dem endlosen Wechsel des erdgeschichtlichen Geschehens? Darauf eine Antwort zu geben, verbietet sich heute noch, wenngleich auch eine Anzahl Zusammenhänge sich erkennbar machen, die alle eng miteinander verwoben sind.

So ist ein Kernpunkt vor allem die im vorigen Kapitel geschilderte Isostasie des Erdballs. Wir sahen dort, daß ein zwar niemals vollendeter, wohl aber weitgehender Ausgleich der Gewichte in den einzelnen Erdkrustenschollen vorhanden ist und dies sowohl durch den Charakter des Materials selbst, wie auch durch seine entsprechende Niveaulage. Nur deshalb ist es praktisch möglich, daß so große Höhenunterschiede wie die eines Hochgebirges und eines Tiefseegrabens nebeneinander bestehen können, ohne daß das Höhere zum Tieferen und umgekehrt zusammenfließt. Wäre dies nicht der Fall, so müßten die Kontinentalklötze allmählich in sich zusammensinken. Die — wie wir sehen werden — in der ganzen erdgeschichtlichen Zeit bestehende Tendenz zu immer stärkerer Herausarbeitung der Niveauunterschiede auf der Erdoberfläche, die heute ihren Höhepunkt einstweilen erreicht hat, würde gar nicht möglich gewesen sein, wenn sich immer wieder die Isostasie im Sinn einer Nivellierung des gesamten Oberflächenreliefs geltend gemacht hätte. Wo sie gestört ist, sei es durch innerirdische Umsetzungen, sei es durch Rotationsänderungen des Erdkörpers oder vielleicht durch kosmische Einwirkungen, stellt sie sich immer wieder rasch oder langsam von neuem her.

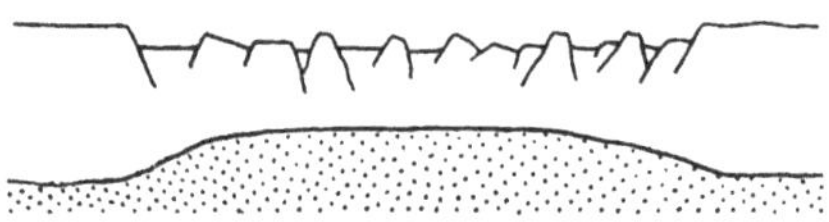

Abb. 155. Schema einer Bruchschollen- und Grabenbildung unter Wahrung der Isostasie. Das schwerere Tiefenmaterial (punktiert) steigt entsprechend empor als Folge oder als Ursache der Formveränderung. (Aus Wegener 1922.)

Beistehend ist eine Abbildung gegeben, welche diesen Vorgang in der einfachsten Weise veranschaulicht (Abb. 155). Senkt sich ein Kruststück ein, so wird die Schwere gestört. Infolgedessen kommt das Kruststück in eine zu tiefe Niveaulage. Zum Ausgleich hebt sich die schwerere Unterlage empor und damit ist der Ausgleich erreicht. Man kann es auch umgekehrt auffassen; aber der Zusammenhang wird so oder so ersichtlich. Jedoch verläuft diese Wiederherstellung des Gleichgewichts nicht immer in dieser einfachen Form des Höhenausgleichs, also eines schlechthin vertikalen Auf- und Absteigens der Krustenteile, sondern oft auch im Sinn einer Aufrechterhaltung der einmal erzeugten Höhendifferenzen und Verteilung der Schollen. Dann kommt es wohl zu seitlichen Pressungen oder Spannungen, Dehnungen und Zerrungen, und dies möge dann den Anlaß geben zu anderwärtigen Niveaustörungen, wodurch anderwärts Abbrüche oder Hebungen, Land- und Meereswechsel, ja auch seitliche Verschiebungen von Krustenteilen entstehen können. Vielleicht geht letzten Endes auch die Faltengebirgsbildung auf solche isostatischen Störungen im Untergrund der auftauchenden Gebirgsstreifen oder sonstwo in ihrer Umrandung zurück. Man kann sich auch denken, daß durch innerirdische Umsetzungen sowohl die großen Absenkungen der Ozeangräben, wie die Faltengebirgsbildung, wie auch die kontinentale Grabenentstehung veranlaßt wird, und daß dann magmatische Unterströmungen allmählich einen Schwereausgleich durch Beibringung von entsprechenden dichteren oder weniger dichten Materialien herbeiführen.

Die Erde ist infolge der Umdrehung um sich selbst und der hierdurch erzeugten Zentrifugalkraft keine vollkommene Kugel, sondern ist an den Polen etwas abgeplattet, am Äquator etwas ausgebaucht. Verlegt sich nun aus irgendwelchem, hier zunächst nicht zu untersuchenden Grunde die Drehungsachse der Erde, so wandert entsprechend die Abplattung beiderseits zur neuen Poldrehungsstelle ab, wie auch der Äquatorwulst sich entsprechend verschiebt. Die Erde ist nun, wie gesagt, starr und gibt nicht sofort, sondern allmählich erst nach, d. h. die Kruste stellt sich erst allmählich den neuen Formerfordernissen entsprechend ein. Nicht so das Meer. Das Wasser kann wegen seiner leichten Verschiebbarkeit unmittelbar folgen, es wird also, wenn sich der Pol im Sinne der Abb. 156 von Punkt 1 nach Punkt 2 verlegt, das Wasser zuerst äquatorwärts in der Pfeilrichtung abströmen, also das vorher polare Land verlassen. Auf der entgegengesetzten Seite strömt es nach und überflutet das polare Land. Auch das Entgegengesetzte kann eintreten durch Rückverlegung der Pole. Doch nicht nur hierdurch, sondern auch durch Änderungen der Erdbahnexzentrizität sind Möglichkeiten von Deformationen des Erdkörpers gegeben, bei denen sich das Wasser zuerst anders verhält, wie das Land. Wird die Erdbahn exzentrischer, so wächst damit auch der jährliche Gegensatz zwischen Sonnenferne und -Nähe, also auch der Grad der Anziehung. Dies kann bewirken, daß Spannungen, die sich in der Erdkruste angesammelt hatten, nun zur Auslösung gelangen, und daß auf diese Weise sehr rasch Verschiebungen von kontinentalen Flächen oder Meeresböden eintreten, die sofort zu einer Verlegung der Wassermassen regional oder universal führen. Der Vorgang kann aber noch viel verwickelter sein, weil auch die unmittelbar von der Außenanziehung erzeugten Flut- und Ebbebewegungen, die wesentlich dem Einfluß des Mondes zuzuschreiben sind (s. Einl.), aber auch von der Sonne mitbewirkt werden, sich bei Änderung der Exzentrizität wegen der variablen Sonnenanziehungskraft mit ändern müssen. Da aber auch die scheinbar feste Kruste solchen Gezeiteneinflüssen grundsätzlich unterliegt und, bloß weil sie starrer ist und nicht augenblicklich nachgibt, dies im allgemeinen praktisch nicht bemerkbar wird, so entstehen auch hierbei in er-

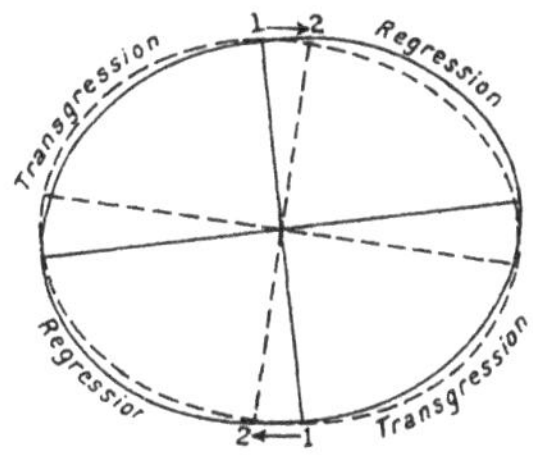

Abb. 156. Schema einer Polverschiebung unter Änderung der Lage der Rotationsachse. Durch das der Deformierung rascher als die Kruste folgende Meerwasser entsteht in der Verschiebungsrichtung vor dem Pol ein Abströmen, also eine Meeresregression, dahinter durch das Nachströmen eine Transgression. (Aus Wegener 1922.)

tremen Fällen besondere Bewegungen und machen den zuvor nur angedeuteten Vorgang höchst verwickelt.

Es ist selbstverständlich, daß alle diese im Lauf erdgeschichtlicher Zeiten immerfort vor sich gehenden Bewegungen und Massenverlagerungen auf und teilweise im Erdkörper unmöglich sich mit der Annahme einer gleichbleibenden Lage der Pole und des Äquators, also einer gleichbleibenden Lage der Erdachse und einer unveränderten Bahn um die Sonne vertragen. Selbst wenn wir von anderem absehen, ergibt allein schon die stete Massenverlegung und Formänderung der Erdkruste und des subkrustalen Inneren mit Notwendigkeit die Annahme von Pol- und Achsenverschiebungen. Es ist allerdings zunächst gar nicht zu sagen, ob Polverschiebungen etwa die Ursache solcher krustalen Massenbewegungen waren oder umgekehrt. Aber wir dürfen mit Gewißheit annehmen, daß überhaupt so einfach die Frage nicht liegt. Denn Polverlagerungen selbst wieder sind in doppeltem Sinn möglich: einmal als Verlegung der Rotationsachse des Erdkörpers selbst; sodann dadurch, daß andere Krustenteile sich unter den Pol und die bis dahin polaren sich in andere Regionen schieben. Nimmt man nun in dem eingangs beschriebenen Sinne an, die Rotationsachse der Erde könne sich verschieben, so ist es möglich, daß durch die neuen Rotationsverhältnisse isostatisch ein horizontales Gleiten einzelner Erdkrustenschollen oder Kontinentalgebiete erreicht wird, was dann gleichfalls gewisse Versetzungen der Meerwassermassen regional oder universell im Gefolge haben müßte. Dabei kann es sein, daß im einen Falle das, was Wirkung ist, auch als Ursache auftritt und umgekehrt. Denn wenn sich etwa wegen Polverlagerungen Meeresabströmung und -überströmung im Sinne der Abb. 156 ergibt, so werden zugleich die freigegebenen Landflächen entlastet, die neu überfluteten belastet. Und nun kann auch dies ein isostatisches Auf- bzw. Niedersteigen wieder mit sich bringen und so der anfangs geschilderte einfache Prozeß weiterhin durchkreuzt werden. Und dies kann wieder Veranlassung dazu sein, daß sich die als ursprünglich angenommene Achsenverlegung neu modifiziert.

Vergegenwärtigt man sich, daß die absoluten Höhenunterschiede an der Erdoberfläche im Verhältnis zur Gesamtgröße des Erdkörpers doch außerordentlich geringfügig sind, so müßte man sich eigentlich wundern, weshalb nicht immerfort weitgreifende Meeresumsetzungen stattfinden. Denn die geringste Niveauverschiebung müßte ja solches im Gefolge haben. Erdgeschichtlich betrachtet, ist ja auch der Land- und Meereswechsel ein ungeheuer rasch pulsierender Vorgang. Dennoch geht er nicht mit einer sozusagen anarchischen Stürmigkeit vor sich, weil der Planet als Ganzes gegen jede rasche Änderung seiner Form infolge der ungeheueren Massenzusammenziehung widerstandsfähiger als Stahl ist und aufgezwungenen Deformationen nur langsam nachgibt. Solche Deformationsimpulse können aus innerirdischen Stoffumsetzungen, sie können auch durch kosmische Veränderungen kommen, und beides greift wohl wechselseitig ineinander.

Man hat die Lehre von der Isostasie vielfach mißverstanden. Es kam daher, daß man nicht klar unterschied zwischen der allgemeinen, die Erde im großen betreffenden Tatsache eines Schwereausgleiches von Kontinent und Ozean und andererseits der Tatsache, daß sich bei Störungen dieses Gleichgewichtes in der Kruste, und vielleicht unter ihr, Umsetzungen und Umlagerungen einstellen. Die Isostasie ist also sowohl ein fertiger, ein im ganzen gegebener Zustand der Erdrinde, wie zugleich auch ein Gesetz, nach dem sich die Planetenrinde immer wieder nach Störungen ihres Gleichgewichtes durch Formänderungen und Materialverlagerungen in einen

Abb. 157. Darstellung des vermuteten Nordabwanderns (weiße Pfeile) der alten Reste des Gondwanalandes (schwarz) und Entblößung der Südhalbkugel von Land. Dicke gebogene Striche: die alpinen Ketten an Stelle des früheren Tethysmeeres, eingeklemmt zwischen die gondwanischen Massen und den eurasiatischen Kontinentalblock (vertikal schraffiert). Punktiert: Wirkungsbereich der alvinen Stöße in Europa. Wellenlinien im schraffierten südasiatischen Kontinentalblock: Gegenfaltungen. Weiße Striche im afrikanisch-syrischen Block: großer Grabenbruch. (Aus Staub 1924.)

neuen Gleichgewichtszustand einstellt. Dies vollzieht sich in einer Zone von etwa 120 km Dicke, so daß alle Vorgänge, die wir als Hebung und Senkung oder als Gebirgsbildung bezeichnen, ihre Wirksamkeit etwa bis zu dieser Tiefe erstrecken bzw. aus dieser Tiefe heraus bewirkt werden.

In der gleichen Unsicherheit befindet sich die Forschung auch über die Ursachenfrage der Entstehung von alpinen Faltengebirgen. Nachdem man diese Erscheinung zuerst auf die einfache Zusammenziehung des Erdkörpers und dabei auftretende Gewölbespannungen mit nachfolgenden seitlichen Pressungen zurückgeführt hatte, ist neuerdings von seiten berufener Alpengeologen der Gedanke ausgesprochen worden, der sich vom Atlantik bis Hinterindien durchziehende Faltengürtel sei mit der Tertiärzeit durch das Heranrücken der alten zerfallenden Südkontinentmassen gegen das stabilere nordische Kontinentalgebiet zusammengepreßt und das ehemalige Tethysmeer (S. 182) mitsamt seinen mesozoischen Ablagerungen so zu den jetzigen alpinen Streifen zusammengeschoben worden (Abb. 157). Für die nordsüdlich ziehenden westamerikanischen Anden wird dasselbe angenommen: durch ein Abwandern des nordamerikanischen Kontinentes nach Westen sei am Vorderrand der Bewegungsrichtung das Andengebiet zusammengestaucht worden.

Aber es scheint, daß man mit dieser Erklärung kaum durchdringen wird. Denn die Faltengebirgsbildung ist kein einmaliger Vorgang und verläuft auch nicht allmählich und gleichmäßig, sondern besteht aus entgegengesetzten Bewegungen, wenn man die Vorgeschichte mit zu Rate zieht. Denn alle Faltengebirge sind zu allen Zeiten aus marinen Gebieten aufgetaucht, die jedesmal zuvor eine ganz besonders tiefe Absenkung verrieten; es waren stets aktiv mobile Krustenstreifen, nicht passiv bewegte, wie es jene Idee erforderte. Und zudem machten sie auch mitten in jener frühesten Absenkungsperiode wieder kleinere intermediäre Aufwärtsbewegungen, wobei es sogar zu präludierenden, aber wieder erlöschenden Faltungen selbst kam. Es müßte also der kontinentale Zusammenschub zeitweise entgegengesetzt gewirkt haben, indem zuerst die Massen auseinandertraten, damit zwischen ihnen eine Absenkung entstand, später müßte durch das Zusammentreten eine Emporpressung dieser Zwischenzone erfolgt sein und mitten zwischen diesen zwei Epochen wechselnd in kleineren Phasen beides — womit sich die Theorie eben doch als unzureichend erweist und mindestens noch einer weitgehenden Ergänzung bedürfte. Außerdem sind die einzelnen Gebirgszonen auch oftmals verschiedenalterig. Der Ural beispielsweise hat ein jüngeres Alter als die übrigen paläozoischen Faltungen Europas (Kap. 8, S. 183), die Pyrenäen ein anderes als die Alpen. Die Ostalpen hatten schon zur Oberkreidezeit eine ausgiebige Auffaltung erlebt, während die Schweizer Alpen erst später auf einen Zug gefaltet wurden. Wie sollte hier der Zusammenschub so Verschiedenes bewirkt haben? Die Anden vollends machen den Eindruck, als ob starke vulkanische Kräfte bei der Emporhebung mit im Spiele gewesen wären; bei den Alpen und den südasiatischen Massen spielt dagegen das Vulkangestein eine sehr geringe Rolle.

Dies alles deutet auf andere Ursachen und Vorgänge bei der Faltengebirgsbildung. Ein bedeutender Alpengeologe hat mit Entschiedenheit die Anschauung denn auch vertreten, daß das Bewegungsbild der alpinen Faltungen auf Bewegungen des magmatischen Untergrundes selbst zurückgehe. Dies aber entspricht vorzüglich der Vorgeschichte alpiner Streifen, die, wie gesagt, Absenkungsmeere waren — man nennt sie Geosynklinalmeere — in denen sich stets große Lebendigkeit der Auf- und Abwärtsbewegungen zeigte und die als solche sehr mobile Streifen der Erdrinde durch lange Epochen hindurch eben auf isostatische und magmatische Bewegungen ihres Untergrundes hinweisen, aus dem heraus dann auch als extremster Ausschlag solcher Bewegungen endlich Alpen emportauchten. Wo nun in ehemaligen uralten Faltungsgebieten die eigentlichen Tiefenzonen solcher Gebirge durch Abtragung längst freiliegen, wie dies beispielsweise auf den nordischen Schilden (Kap. 9, Abb. 152) zutrifft, da sieht man, wie Sederholm sagt, an ihnen gewissermaßen in die tiefsten Kerne und Wurzeln solcher alten Faltungen hinein, und während etwa die Alpengeologie den Gebirgsbau durch Betrachtung der äußersten obersten Faltungszone zu enträtseln sucht, bieten die präkambrischen Gesteinsgebiete die untersten Tiefenvorgänge solcher Faltungen und beweisen, daß es die tiefen glutflüssigen Massen waren, welche bei der Gebirgsfaltung eine entscheidende Rolle spielten und sogar teilweise durch Aufschmelzungsvorgänge hierbei mitgewirkt, vielleicht entscheidend und aktiv mitgewirkt haben. Das Studium dieser Komplexe wird also erst entscheidend auch die Frage nach der allgemeinen Faltengebirgbildung klären können.

Die Gesteine der alpinen Gebirge, wenn man sie sich in ihrer richtigen Zeitfolge und ungefaltet übereinandergeschichtet denkt, sind mindestens 4—5000 m mächtig. Da sie sich in einem Meere abgelagert haben zu mesozoischer Zeit, so läge es nahe, anzunehmen, daß dieses Meer einmal 5000 m tief war und allmählich mit Sediment ausgefüllt wurde, die Schichten der jetzigen Kalkalpen. Wie aber müßten diese Gesteine beschaffen sein, wenn jene Vorstellung richtig wäre? Es müßten zu unterst Tiefseeschichten und nach oben immer deutlicher Flachwassergesteine folgen. Zuletzt wäre die Wanne ausgefüllt gewesen, dann wären unter diagenetischer Verhärtung die Schichten zusammengepreßt und zu einem Faltengebirge emporgehoben worden. Und so wäre früher in alpinen Meereszonen richtige Tiefsee gewesen, die später zu Flachsee, dann zu Land und schließlich zu Hochgebirge wurde.

Dieser Auffassung widersprechen nun grundsätzlich alle Einzelbefunde. Auch die ältesten Kalkalpenschichten sind ausgesprochene Flachwassergesteine, ja sogar gegenüber den späteren teilweise stark von der Landzufuhr beeinflußt. Auch die auf ein freieres Meer deutenden Gesteine der kalkalpinen Formationen sind entweder selbst Flachwasserschichtungen oder innig mit solchen verknüpft und alles deutet darauf hin, daß mit einigen, noch näher zu besprechenden Ausnahmen die kalkalpinen mesozoischen Gesteine aller jungen Hochgebirge der Erde durchschnittlich in Tiefen von 200 bis 300 m abgesetzt worden sind. Es ist allerdings eine verwunderliche Tatsache, daß auch innerhalb ein und desselben Schichtenkomplexes, der nur eine kurzfristige Zeitstufe etwa der Trias repräsentiert, dieser Flachwassercharakter gewahrt wird, auch wenn diese Gesteinsstufe 500—800 m mächtig ist. Ein Beispiel ist der Wettersteinkalk und die Dolomiten Südtirols, deren Gestein von der Sohle bis oben den gleichen Charakter des Flachmeergesteines, meistens Kalkalgenrasen und Korallen mit normalem Kalksediment wechsellagernd, beibehält (Kap. $II/_1$) und unbedingt noch in der lichtdurchflossenen oberen Meereszone, also nicht unter 200—250 m Tiefe abgelagert worden sein kann. Wäre also eine solche Sedimentmasse bloß die Ausfüllung eines ihrer Mächtigkeit entsprechenden ehemaligen tiefen Meerestroges oder Tiefseegrabens, so könnte sie nicht unten wie oben aussehen und auch nicht stets die gleichen fossilen Tiertypen führen, die ihrerseits nur auf ein Flachwasserleben deuten.

Man hat allerdings einige der kalkalpinen Sedimente der Trias- und Jurazeit früher für Sedimente eines sehr tiefen Meeres gehalten, teilweise sogar für echte Tiefseesedimente angesprochen, vergleichbar den heutigen Foraminiferen- und Radiolarienschlicken (S. 286). So die rötlichgrauen triassischen Hallstädter Kalke mit einer reichen Ammonitenfauna, die auf ein freies tiefes Meer hinzuweisen schienen; sodann vor allem die Radiolarite oder Hornsteine in den Jurakalken der Nord- und Südalpen, und endlich gewisse Foraminiferenmergel der Kreidezeit. Aber die Hallstädter Kalke sind Einlagerungen zwischen Korallenriffe des Dachsteinkalkes, der ebenso wie der Wettersteinkalk ein Flachwassermeer anzeigt; ebenso sind die erwähnten kreidezeitlichen Mergel voller Foraminiferen ganz analoge Bildungen, wie die weiße Schreibkreide in Nordeuropa (S. 285), die entgegen früheren Meinungen eine typische Flachmeerablagerung ist, nur daß jene nicht die weiße Farbe haben. Außerdem sind auch diese alpinen Schichten mit sonstigen typischen Flachmeersedimenten verknüpft.

Es können sich auch auf Flachmeerböden scheinbare Tiefseesedimente bilden, dann nämlich, wenn diese Flachsee keine Materialzufuhr vom Land erhält oder so uferentfernt liegt, daß die vom Lande her eingeschwemmten Materialien sie nicht mehr erreichen. Dann wird eben aus den im lichten Oberflächenwasser zu Milliarden lebenden Mikroorganismen sich allmählich ein Bodenschlick ansammeln, der nun völlig dem Charakter einer heutigen ozeanischen und vom Lande her unbeeinflußten Tiefseeablagerung entspricht. Und so war auch in dem erdmittelalterlichen alpinen Meer, das vor der Faltung viel breiter und freier war, als es dem heutigen, zusammengepreßten Raumstreifen entspricht, Gelegenheit genug gegeben zu einer Entwicklung von Sedimentationszyklen (S. 138), deren Beginn ein vom Lande beeinflußtes Flachwassersediment, deren Mitte eine unbeeinflußte Tiefen- nicht Tiefseeablagerung, und deren Oberende wiederum Flachwassersedimente sein konnten. Auf Trinidad, Barbados, Malta und Neuguinea finden sich aus jungtertiärer Zeit auch zwischen marinen Flachwasserschichten Tiefseeablagerungen, die aber keineswegs gehobenen Tiefseeboden bedeuten, sondern gleichfalls nur von Landzufuhr unbeeinflußt gebliebene Foraminiferenschlicke sind. So ist es sehr wahrscheinlich, daß wir es zwar mit Bildungen von „Tiefseecharakter" zu tun haben, daß sie aber trotzdem in einem Flachmeer abgelagert wurden, zumal gerade die mesozoischen alpinen Gesteine nach Norden in Uferbildungen übergehen.

Wir kommen somit endlich zu dem Schluß, daß das alpine Meer stets ein Flachmeer war mit seltenen und in ihrer Zufuhr vom Lande unbeeinflußt gebliebenen örtlichen Tiefenstreifen; daß ferner das alpine Meer niemals als Ganzes eine äußerlich-morphologisch tiefe Wanne war, sondern mit seinem Flachmeerboden auf- und abpendelte; daß es sich aber im Laufe des Erdmittelalters im ganzen allmählich um soviele tausend Meter absenkte, als Schichten in ihm abgelagert wurden. Denn sonst wäre es ja nicht möglich, daß diese Serien im ganzen viele tausend Meter dick wären und doch stets die Fazies von Flachmeerbildungen beibehielten.

Es gibt nun auf der Erde auch viel ältere vorweltliche Faltengebirge, die längst wieder verschwunden sind. Sie sind vom Wasserkreislauf abgetragen worden, teilweise schon unmittelbar nach ihrer Entstehung, dann bald wieder unter das Meer gesunken, dann wieder neu gehoben und zerschnitten worden, so daß wir heute nach dem Beispiel des Harz, Schwarzwaldes, Ardennen oder des Flachlandes Thüringen ihre alten Stümpfe sehen, die am großartigsten und höchsten in Zentralasien wieder als Gebirge dastehen (S. 154). Auch in den Falten aller dieser paläozoischen Alpen stecken rote und graue Kalke, Riffkalke, Kieselschiefer, Radiolarite, die den mesozoisch-alpinen Gesteinen oft aufs Haar gleichen. Und auch jene frühen Gebirge sind, ebenso wie die späteren alpinen, aus Geosynklinalmeeren hervorgegangen, die anderswo lagen als die mesozoischen, auch unbestimmter umgrenzt und vielfach breiter und weiter waren; deren Hebungen und Senkungen auch nicht so präzise waren. Zudem sind jene alten Gebirge wahrscheinlich orographisch nicht so hoch gewesen und nicht so schmal im Verhältnis zu ihrer Höhe, wie die heutigen Faltengebirge jüngeren Datums; die Erdrinde hat an Stabilität zugenommen.

So können wir also aus den Erfahrungen mit den Sedimentgesteinen der Vorwelt sagen, daß kein Beweis dafür vorliegt, daß jemals echter Tiefseeboden — so, wie wir heute den Begriff verstehen — zu Kontinentalgebiet wurde, und wir stehen nun vor dem merkwürdigen Ergebnis, daß also die ozeanischen Wassermassen stets an denselben Stellen der Erde gelegen haben müssen, wie heute. Wo aber waren sie zu jenen Zeiten, als sich über heutige Ozeanbereiche so große Kontinente ausdehnten, wie sie uns früher das Kapitel 7 zeigte? Über den damaligen Hauptmeeren konnten sie auch nicht gelagert haben, denn sonst müßten diese Tiefsee gewesen sein, wogegen die Sedimente nur allzu deutlich sprechen. Wir stehen also vor einem scheinbar unüberbrückbaren Dilemma.

Und hier konnte man zunächst zu der Kontinentalverschiebungslehre seine Zuflucht nehmen. Denn wenn die ehemaligen gewaltigen Altkontinente (Nord- und Südatlantis, Gondwana) nicht niedergebrochen sind, sondern lediglich auseinandertraten, so daß die heutigen Landumrisse ihre ehemaligen Nahtstellen sind, so zeigt sich damit in der Tat ein neuer Weg, wie man sich den Widerspruch erklären könnte, daß die alten breiten Zusammenhänge ehedem wirklich bestanden und dennoch derselbe Platz für das Ozeanwasser auf der Erdoberfläche da war — vorausgesetzt, daß man annimmt, die Wassermenge sei seit der kambrischen Zeit wesentlich gleichgeblieben. Man stelle sich vor, daß in einem engeren Seebecken zwei breite Fähren dicht aneinander liegen, also gewissermaßen wie zwei ehemalige Kontinente in ihrer ganzen Breite lückenlos miteinander verbunden sind. Würde man sie nun auseinanderschieben, so wäre zwischen ihnen tiefes Wasser, ihre Verbindung wäre gelöst, aber die Wassermenge im Becken wäre dieselbe geblieben, und der Spiegel wäre nicht gesenkt worden. So könnte man sich denken, daß jene Urkontinente, wie Gondwana oder Atlantis, in ihrer völligen Breite da waren, eben durch das vormalige Aneinanderliegen der jetzt getrennten Flächen; und dennoch hätten jene Urkontinente nicht mehr Raum eingenommen, also nicht mehr Ozeanwasser verdrängt als heute; nur hätte dieses anders gelegen.

Für diese Idee läßt sich sehr viel anführen, was sie fast zur Gewißheit erhebt; es stehen ihr ebenso viele Bedenken entgegen, die zeigen, daß hier ein Moment der Erdoberflächengestaltung berührt ist, das wahrscheinlich insoweit eine große Berechtigung hat, als im Lauf der Krustenumwandlung, im Zusammenhang mit den Gebirgsfaltungen und den steten Störungen und Wiederherstellungen des Gleichgewichtes, auch Krustenteile sich horizontal über der tieferen plastischen Zone des Erdinnern verschoben haben. Aber in der schematischen Form, wie es etwa beim Abschwimmen Amerikas von Europa und Afrika vor sich gegangen sein soll, so daß die heutigen Umrisse dieser Gebiete (S. 216) die wirkliche ehemalige Berührungsstelle wären, kann man die Theorie nicht aufrecht erhalten. Ohnehin könnte dies sich im Süden erst seit der oberen Kreidezeit ereignet haben. Zudem kann es für den Geologen gar keinem Zweifel unterliegen, daß große und ausgedehnte Niederbrüche von Land in den Epochen der Erdgeschichte stattgefunden haben, daß somit unbedingt die Frage auftaucht, was es für eine Bewandtnis mit dem ehemaligen Verbleib des heutigen Ozeanwassers hatte, wenn man wirklich voraussetzt, es sei damals in gleicher Menge vorhanden gewesen wie später und heute. Dann bleibt nur eine andere Erwägung noch übrig, über die nun abermals rein geologische Tatsachen zu entscheiden haben.

Die alpinen Streifen haben eine ganz eigene Geschichte, denn sie waren früher die ausdauerndsten Meere an der Erdoberfläche; es sei an das oben ausführlich besprochene Tethysmeer erinnert, aus dem besonders die Alpen und die jungen südasiatischen Hochgebirge emporgetaucht sind. Diese Meeresstreifen hatten noch eine andere merkwürdige Beziehung zu den sonstigen damaligen außeralpinen Meeresräumen und den Kontinentalgebieten. Jedesmal, wenn sich in ihnen eine Verflachung bemerkbar machte, erscheinen außerhalb neue Meeresvertiefungen und Transgressionen auf zuvor trockenliegenden Flächen; und ebenso umgekehrt. Die beifolgende Karte (Abb. 158) gibt schematisch dieses Komplementärverhältnis wieder. Es ist jedoch nicht durchweg so; sondern es wirkten natür-

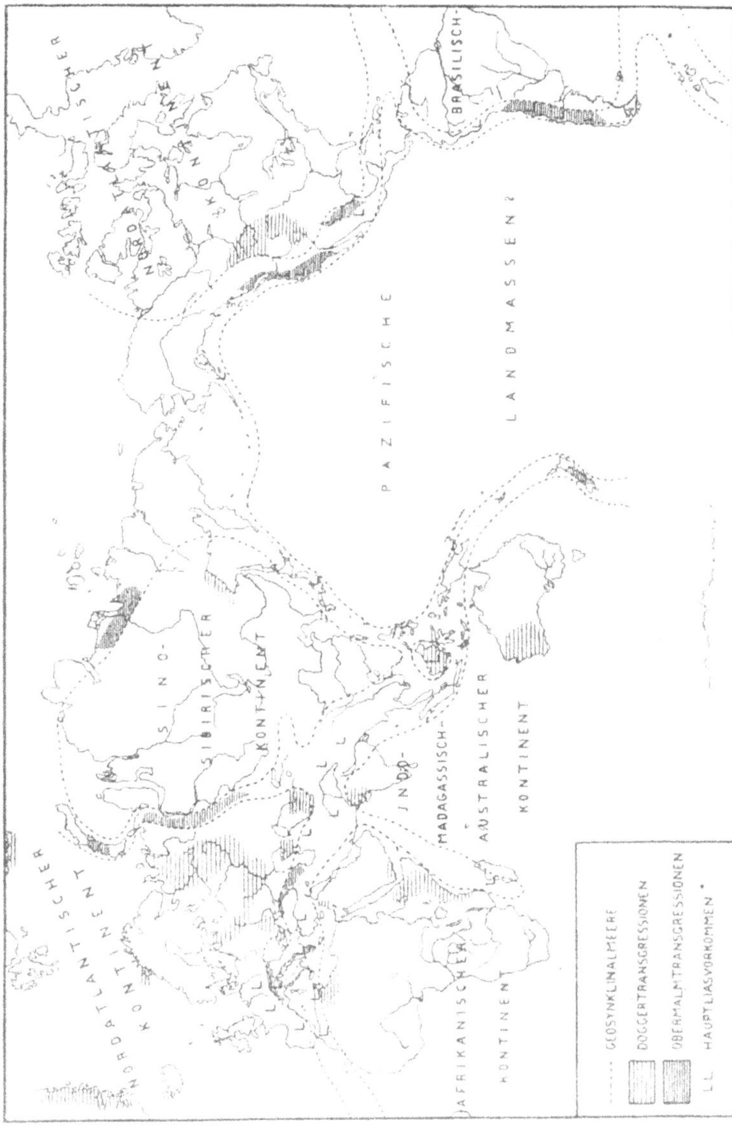

Abb. 158. Erdkarte mit den Geosynklinalmeeren des Erdmittelalters, zugleich die Verbreitung des Liasmeeres (eng schraffiert) und des Doggermeeres (weit schraffiert) darstellend. In den Geosynklinalzonen häuften sich ununterbrochen während des Erdmittelalters marine Sedimente an, außerhalb nur mit Unterbrechungen. (Aus Dacqué 1919 nach Haug, abgeändert.)

lich auch andere Mechanismen bei dem stetigen Land- und Meereswechsel mit; dennoch ist diese Beziehung unverkennbar mit im Spiele. Es kommt auch vor, daß das periodische Pulsieren der alpinen Geosynklinalmeere in einzelnen Regionen nicht gleichzeitig war; zuweilen hinkten einzelne Teile nach, wenn wieder nach einer Verflachung eine neue Vertiefung sich geltend machte. Die Erde ist in ihren Bewegungen kein Präzisionsuhrwerk, sondern alles ist mannigfaltig verflochten, von örtlichen Bedingungen abhängig.

So konnte sich dort, wo in einem Geosynklinalmeer schon von früher her festere Krustenkerne vorhanden waren, der Rhythmus nicht so frei und rein entfalten, wie dort, wo breite Streifen ohne Zwischenlager und ohne ältere Landkerne lagen.

Verfolgt man nun nach diesem gegensätzlichen Verhalten der Geosynklinalmeere des Erdmittelalters überhaupt die Meere der damaligen Zeit über die ganze Erde hin, so bemerkt man auch noch einige andere Meereszonen, wo heute keine alpinen Gebirge stehen, die sich aber dennoch damals mit den alpinen Geosynklinalmeeren gleichsinnig verhielten in ihrem Vertiefungs- und Verflachungsrhythmus. Solche Gebiete sind die Straße von Mozambique zwischen Madagaskar und Ostafrika, sowie der Nordrand von Asien. Die Straße von Mozambique reichte im Erdmittelalter, während der große alte Gondwanakontinent zerfiel, von der Gegend des heutigen Arabien bis nach Südafrika. Die jetzige Meerenge zwischen Madagaskar und Ostafrika ist der letzte Rest jenes Meeresstreifens, genau so, wie das Mittelmeer heute der letzte Rest der alten alpinen Tethys ist. In Nordsibirien aber ist auch kein Hochgebirge; aber auch dort gibt es im Boden junge (alpine?) Faltung, und hier, wie auf Madagaskar, kennen wir die Sedimente und können daraus das gleichsinnige Verhalten mit den echten alpinen Meeren damaliger Zeit ablesen. Dies zeigt, daß damals die Bewegung der alpinen Geosynklinalen nach abwärts und ihre interimistischen Schwankungen mehr oder weniger mitgemacht wurden. Als es aber sozusagen zur Entscheidung kam, was werden sollte, nämlich Hochgebirge, versagte der Mechanismus, ja es kam das Gegenteil zustande, nämlich ein extremer Ausschlag nach unten, wie ihn die Geosynklinalen im Mesozoikum nie gehabt hatten: es entstand teilweise echte Tiefsee. Denn solche liegt heute von Südafrika bis Arabien hinauf und auch in der Reststraße von Mozambique bei Madagaskar. Und ebenso im Mittelländischen Meer, das ganz zur alpinen mesozoischen Tethys gehörte, dann in vielen seiner Teile noch bis in die jüngste Zeit hinein abgebrochen ist und jetzt Tiefen bis zu 4400 m hat.

Abbrüche von verhältnismäßig großer Tiefe lernten wir ja schon früher (Kap. 1, S. 47) innerhalb der Kontinentalflächen kennen, wie den Baikalsee in Sibirien, das Tote Meer und das Rote Meer. Und gerade in den Randgebieten alpiner Faltungsbogen, sei es quer zu denselben, sei es ihnen parallel gehend, lassen sich die größten Abbrüche erkennen. Die Kapverden sind stehengebliebene Stücke eines solchen untermeerischen Gebirgsrestes, der Atlas setzt sich unter Abbrüchen in den Atlantik hinein fort. Drüben auf der anderen Seite ist es mit den Antillen ebenso, wohl auch mit Neuseeland. Für die japanischen Inseln gilt dasselbe, und hier scheinen noch in allerjüngster erdgeschichtlicher Zeit gewaltige Senkungen und Abbrüche stattgefunden zu haben, wie auch in Niederländisch-Indien, im malayischen Archipel. Am Ostrand von Südafrika brechen alte Formationen am Indischen Ozean ab, die drüben in Vorderindien ihre Fortsetzung haben, ohne daß man annehmen dürfte, sie hätten ursprünglich im Sinne der Kontinentalschublehre unmittelbar zusammengehängt; vielmehr hat man Anhaltspunkte, daß die dazwischen liegende Insel Madagaskar selbst wieder der stehengebliebene Rest eines ausgedehnten, jene mit umfassenden Festlandes war (Gondwanaland), wie auch die polynesischen Inseln, sowie Neukaledonien und die ferne Osterinsel im Stillen Ozean so gedeutet werden müssen. Auch zwischen Afrika und Südamerika bestehen ähnliche Beziehungen — es sei nur an die Absenkung der Kongofurche erinnert (Kap. 1, Abb. 35) — und schon aus diesen wenigen Gründen können die heutigen Kontinentalküsten nicht einfach die Nahtstellen ehemals abschwimmender Kontinentalteile sein. Drüben in Südamerika liegen auf den Inseln Trinidad und Barbados — übrigens auch auf Neu-Guinea im malayischen Archipel — aus der späten Tertiärzeit noch Meeressedimente aus offenbar größerer Tiefe und von einer den heutigen Tiefseeschlicken entsprechenden Zusammensetzung. Wenn dies auch kein Beweis dafür ist, daß dort jüngst noch echter Tiefseeboden Land geworden ist, so ist es doch ein weiterer Beweis dafür, daß auch dort die Küstenzone nicht einfach die Nahtlinie des ehemals auseinandergedrifteten afriko-amerikanischen Kontinentalgebietes sein kann, sondern daß eben hüben wie drüben auch gehobene und tief abgesenkte Erdkrustenstreifen liegen.

Viele von den aufgezählten Bruchgebieten sind also mesozoische Geosynklinalmeere gewesen, aus deren Schoß später Faltengebirge entstiegen, danach aber teilweise wieder tief abgesunken sind, so daß die genannten Inseln nur noch herausragende Gipfel blieben.

Wir haben im vorigen Kapitel den Begriff des Orogen kennengelernt. Nun sehen wir, daß er sich sehr erweitert, aus einem geotektonisch formalen zu einem historischen wird. Denn zum Orogen, also dem durch Faltenbildung geschaffenen Stück Erdrinde gehört nicht nur das vollendete Gebirge, sondern es können dazu auch ozeanische Senken und Abbrüche gehören, und es gehört vor allem dazu auch schon der ganze, längst vorausgegangene geosynklinale Meeresstreifen, in dem sich die Ablagerung der künftig gefalteten Schichten einmal vollzog.

Unsere oben gestellte Frage, ob die jetzigen unterschiedlichen Zustände zwischen Kontinenten und Tiefsee auch in vorweltlicher Zeit die gleichen waren, ist nun dahin zu beantworten, daß alpine Streifen niemals aus ozeanischer Tiefsee im heutigen morphologischen Sinn hervorgegangen sind, wohl aber, daß solche Streifen selbst zu Tiefsee geworden sind, nachdem die alpine Faltung eingetreten war. Es ist also nicht die einfache Kontraktion eines sich abkühlenden Planeten, welche zu dem Land- und Meereswechsel oder zur Faltengebirgsbildung während der Epochen der Erdgeschichte jeweils führte, sondern es sind isostatische Störungen des Untergrundes gewesen, welche schon in früher Zeit labile Streifen und Meeresbecken erzeugten, deren Kompensationsausgleich zu jenen Umsetzungen des Krustenreliefs führten, die sich schließlich als Faltengebirge kundgaben. Magmatische

Strömungen im Untergrund müssen dabei mitgewirkt haben, weil die Faltengebirge solche horizontalen Fließbewegungen in ihrem Deckfaltenbau allzu deutlich zeigen. Durch die isostatischen Absenkungen gelangten die Sedimentmassen in die erhitzte Tiefe. Dort wurden sie teilweise metamorphosiert, vulkanisch durchsetzt und vielleicht auch durch gleichzeitige ungeheuere Dampfpressungen bedrängt. Sie dehnten sich nach oben aus, quollen empor, legten durch Zusammenpressung ihre Schichten in Falten und wurden gleichzeitig nach unten wie nach oben verdickt und dadurch isostatisch kompensiert. Dadurch kommt es übrigens auch, daß alle richtigen, aus der Tiefe gefalteten alpinen Gebirge einen sichtbaren oder unsichtbaren magmatischen Gesteinskern haben. Vulkanische Tiefenmassen brauchen dabei gar nicht merklich an die Oberfläche mit heraufgedrungen zu sein; in den Ostalpen ist wenig davon zu bemerken; in den Anden dagegen ungeheuer viel; sie sind sozusagen eine vulkanisch durchsetzte Faltenmasse. Aus diesen, schon in früheren Epochen begonnenen und sich in der Labilität des Geosynklinalbodens stets geltend machenden innerirdischen Gleichgewichtsstörungen erklärt sich dann auch das unterschiedliche Verhalten einzelner Streifen, wie es oben geschildert wurde.

Aus alledem kann geschlossen werden, daß früher die Erdrinde weniger konsolidiert war; daß sie weniger gegensätzlich differenziert war; daß es statt der einfachen Angrenzung von Flachsee an Tiefsee einen anderen, weit verbreiteten Meerestypus gab: die Zwischenmeere. Sie waren im ganzen flach, wohl höchstens bis 500 m tief. Es gab ein leichteres Hin- und Herfluten der Wassermassen von diesen Zwischenmeeren zum Trockenland, und dieses Trockenland wurde selbst oftmals Zwischenmeer, wie auch umgekehrt. Das waren die in der Erdgeschichte immerfort zu bemerkenden großen Trans- und Regressionen der Meere, wie sie im Kapitel 7 geschildert wurden. Und dies waren nun eben auch die Flächen, auf denen sich die scheinbaren „Tiefseeablagerungen" bildeten, die in der Serie der geologischen Formationen als solche oftmals angesprochen wurden. Es sind dies also „Tiefseeablagerungen" nur in dem Sinn, daß sie den heutigen echt ozeanischen an Material gleichen und unbeeinflußt von Landzufuhr abgesetzt werden konnten. Aber sie sind nicht ein Beweis, daß damals Ozeantiefsee wie heute schon bestand oder gar im Gebiet jetziger Kontinentalflächen lag. Es hat sich also die Kurve erst allmählich zu ihrer heutigen Gegensätzlichkeit herausgebildet (Abb. 159).

Allmählich nahm die Erdrinde durch die immer mehr sich häufenden Gebirgsfaltungen festere Gestalt an und die Differenzierung in der Richtung auf das Bild der Kurve (Abb. 141) nahm zu. Mit der letzten Alpenfaltung, die in vielen Gegenden der Erde teilweise schon in der Kreidezeit einsetzte, steigerte sich dies noch mehr, und endlich am Ende der Tertiärzeit hatte sich mit den großen umfassenden Alpenfaltungen die Tiefsee im heutigen Sinn gegen das Kontinentalgebiet ganz scharf abgesetzt, so daß wir heute nur noch den Schelf (S. 205) als letzten Rest der ehemals so ausgedehnten und vorherrschenden Zwischenmeere übrig haben. So wurde am Ende dieser Prozeß der Herausarbeitung des jetzigen Erdreliefs vollendet und damit sowohl das gestaltliche, wie das isostatische Verhältnis zwischen Kontinent und Ozean hergestellt, wie es das Schema in Abb. 159 zeigt, als Ergebnis genauester Beobachtungen in der Jetztzeit. Ein großer Geologe hatte seinerzeit, auf der Kontraktionstheorie fußend, den Satz geprägt: Der Zusammenbruch des Erdballes ist es, dem wir in dem Wechsel der erdgeschichtlichen Zustände beiwohnen. Es ist aber, wie wir uns überzeugen konnten, nicht der Zusammenbruch der Kruste schlechthin, sondern die immer schärfere Heraushebung und Agglomeration des Kontinentalen gegenüber dem ozeanisch Tiefen.

Mit diesem unserem Ergebnis einer erst mit dem Ende der Kreidezeit einsetzenden endgültigen Werden der ozeanischen Tiefsee gegenüber den kontinentalen Flächen und Flachmeeren erklärt sich nun auch die eigentümliche Tierwelt, die wir jetzt dort unten im ewigen Dunkel finden. Es sind nämlich unter den niederen Tieren ausschließlich solche, die wir in der Kreidezeit verschwinden sehen und von da ab im Flachwasser der Meere nicht mehr finden. Man konnte sie für ausgestorben halten, bis sie in der Tiefsee wieder entdeckt worden sind. Es sind Seeigel, Seelilien, Glasschwämme und Krebse, die in der gleichen Gattung teilweise bis in die obere Kreide noch vorkamen. Die Fische der Tiefsee aber gleichen tertiärzeitlichen Arten, ein Beweis, daß sie etwas später aus den Flachmeeren den vorgenannten niederen Tierformen nachgewandert sind. Für das Ende der Kreide und den Anfang des Tertiär aber müssen wir, wie gezeigt, die rasche Ausbildung der Tiefsee annehmen.

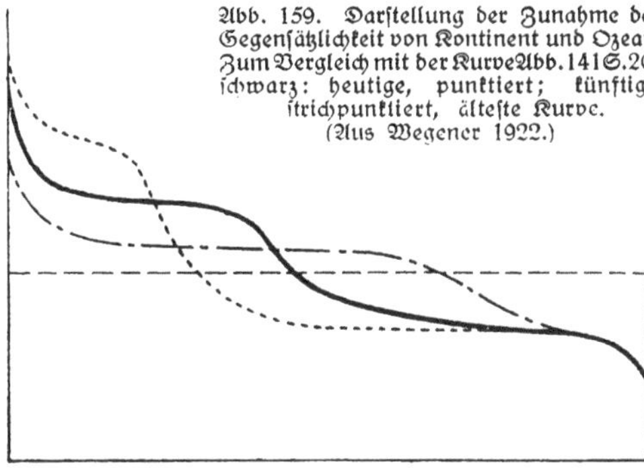

Abb. 159. Darstellung der Zunahme der Gegensätzlichkeit von Kontinent und Ozean. Zum Vergleich mit der Kurve Abb. 141 S. 208 schwarz: heutige, punktiert; künftige, strichpunktiert, älteste Kurve. (Aus Wegener 1922.)

Aber immer noch ist unser fragwürdiges Permanenzproblem damit nicht zur Entscheidung gebracht. Denn ist die Tiefsee erst so spät entstanden, wo war dann zuvor das heute in den Ozeanbecken liegende Wasser? Wir sahen ja: im Gebiet der Jetztkontinente konnte es nicht gelegen haben. Und von neuem starrt uns diese schwere Frage wie eine Sphinx an, deren Rätsel wir nicht lösen können. Und das nun führt uns zu einem letzten großen Gedankenschritt.

Denkt man sich mit A. Penck die Erdoberfläche, so wie sie heute ist, ohne Rücksicht auf die erwähnten isostatischen Gegensätze, rein formal einmal eingeebnet, also ein sogenanntes ideales Krustenniveau hergestellt, so würde das Ozeanwasser etwa 2600 m hoch gleichmäßig über dieser Oberfläche stehen. Die Erdaußenseite wäre also durchweg „Tiefsee". Nun wissen wir aber aus der Erdgeschichte, daß im Gebiet der heutigen Kontinente zu allen Zeiten nur Flachsee oder Land, beides jeweils gleichzeitig, aber verschieden verteilt, bestand. Wäre also die Wassermenge auf Erden stets ungefähr dieselbe seit den Tagen der kambrischen Epoche gewesen, so müßte stets ein über 3000 m tiefes ozeanisches Gebiet im Bereich der heutigen Ozeane gelegen haben, weil eben nur dort und nachweislich nicht über den jetzigen Kontinenten der Platz für diese Wassermengen gewesen wäre. Nehmen wir also ohne Rücksicht auf diese Erwägung, transozeanische Kontinente für das Erdaltertum und teilweise noch Erdmittelalter an, so befinden wir uns in einem vollkommenen Widerspruch zweier wissenschaftlicher Schlußfolgerungen: einerseits Dauerlage der Ozeanbecken fordern zu müssen, andererseits doch wieder Landzonen über ihrem heutigen Gebiet anzunehmen. Wofür soll man sich entscheiden? Sobald man sich zu den ehemaligen transozeanischen Landflächen bekennt, muß man auch anzugeben wissen, wo denn früher die Menge des Ozeanwassers geblieben war, das ja nicht über den jetzigen Kontinentalflächen gestanden haben kann, weil hier doch immer nur nachgewiesenermaßen Flachmeer oder Land selbst gelegen hat. Wenn man aber glaubt, daß es keine großen transozeanischen Kontinente, wie die Atlantis oder das Gondwanaland gab, dann gerät man neuerdings in Widerspruch mit bestimmten geologischen Tatsachen, Schichtbildungen, biogeographischen Beziehungen, die zwischen heute weltweit durch Ozeane getrennten Gebieten bestehen.

Stellt man sich aber, wiederum rein hypothetisch vor, durch die stete Zusammenfaltung der Erdrinde als Ganzes habe sich der Erddurchmesser seit der kambrischen Epoche um etwa 10% verkürzt, der gesamte Erdumfang also um etwa 4000 km verringert; oder das Wasser habe sich seit jener Zeit und zuletzt zusehends rasch um 10% vermehrt, so bliebe bei einer so verkürzten Erde oder einem so vermehrten Wasser immer noch über dem in Gedanken wiederhergestellten idealen Krustenniveau ein Universalmeer von 1800 m Tiefe; und da, wie schon gesagt, im Bereich der Jetztkontinente zu allen Zeiten nur Flachmeer und Land war, so bliebe für die Vorzeiten im Gebiet der heutigen Ozeane wiederum eine permanente Ozeantiefe gegen 3000 m bestehen. Wir wären also keinen Schritt einer Lösung des Widerspruches nähergekommen, zumal eine solche Verringerung des Erddurchmessers seit kambrischer Zeit an sich eine Unmöglichkeit ist.

Wenn wir daher einerseits sehen, daß es wirklich Abbrüche von Faltenland zur Tiefsee gab (S. 246), daß andererseits die Tiefsee erst spät in der Erdgeschichte sich zu ihrer heutigen Form entwickelte, dann bleibt angesichts solcher, zu keinem Ende führenden Überlegungen nichts übrig, als zu folgern, daß mit Ende der Kreide- und zu Beginn der Tertiärzeit eine große Menge Wassers hinzugekommen ist. Dies angenommen fügen sich alle beschriebenen Beobachtungen und Erwägungen Für und Wider mit der Erkenntnis einer damals entstandenen besonderen Tiefenzunahme der

Ozeane harmonisch zusammen. Und woher kam das Wasser in verhältnismäßig so kurzer Zeit? Wir können uns zwei Quellen denken: entweder aus dem Erdinnern durch Vergasung und Ausatmung aus den vulkanischen Magmen; oder aus dem Weltraum durch Aufnahme von Eiskörpern und Eisstaub, wie es die Welteislehre will. Liefern die Vulkane in kurzer Frist soviel Wasser, daß man annehmen darf, ein ehedem stärkerer Vulkanismus habe die erforderliche Menge zur Erdoberfläche heraufgebracht? Die jetztweltlichen Vulkane liefern etwa soviel Wasserdampf als bei der Verwitterung der Silikatgesteine an der Erdoberfläche wiederum chemisch gebunden wird, also aus dem Kreislauf verschwindet. Dabei ist aber noch gar nicht sicher, ob das von den Vulkanzentren exhalierte Wasser wirklich neu aus der Tiefe kommt (juvenil), oder ob es nur das von der Erdoberfläche her eingedrungene (vadose) und in der Vulkanglut wieder verdampfte Wasser ist. Aber nehmen wir an, es sei neu heraufgekommen, so mußte also zu der Zeit, da sich nach unserem Ermessen die Tiefsee rasch entwickelte, nämlich vom Ende der Kreidezeit ab, ein ungeheuerer Vulkanismus tätig sein, der in kürzester Frist soviel Wasser hergab. Wir kennen nun vulkanisch besonders rege Epochen in der Vorwelt, so im Devon, im Perm und im Miozän der Tertiärzeit; aber das sind doch so beschränkte Erscheinungen, daß sie nicht soviel Wasser geliefert haben; zudem ist gerade die Kreide- und Alttertiärzeit, wo die Hauptquantitäten neuen Wassers gekommen sein müssen, eben nicht besonders lebhaft vulkanisch gewesen.

Damit wendet sich unser Blick in den Weltraum. Es gibt nur die eine Möglichkeit, das widerspruchsvolle Permanenzproblem und die Frage nach der Entstehung der Tiefsee zu bereinigen, wenn wir nach den im 10. Kapitel gemachten Darlegungen eine besonders starke kosmische Wasserzufuhr für jene kritische Epoche annehmen. Es ist ein aus nicht zu umgehenden Tatsachen und Erwägungen uns aufgezwungener Schluß, der uns an die ältere Lehre der geologischen Wissenschaft von großen Katastrophen, ja an die alte Sintfluttheorie wieder denken läßt. Wir sind der darin liegenden Frage noch den Versuch einer Antwort schuldig.

10. Kosmische Veränderungen als geologische Wirkungsquellen

Die Temperatur und zuletzt die Klimazustände an der Erdoberfläche, die Winde und die Meeresströmungen sind grundsätzlich durch die Wärmezufuhr von der Sonne bedingt. Sie ist die Urquelle dafür. Würde nun die Wärmestrahlungsintensität der Sonne zunehmen, so würde quantitativ mehr Wärme zur Erde gelangen. Aber nun würden nicht einfach die einzelnen Zonen wärmer werden, etwa so, daß es am Äquator vielleicht unerträglich heiß, in der gemäßigten Zone aber sehr viel wärmer und an den

Polen gemäßigt wäre; sondern es würde eine viel stärkere Verdunstung des Meerwassers, eine raschere Umsetzung in Wasserdampf stattfinden und wahrscheinlich würde sich über der Erde ein feuchter Dunst, in der Äquatorialzone sogar eine dauernde Wolkendecke bilden, wie sie vielleicht über dem der Sonne mehr genäherten Planeten Venus steht. Diese Wolkendecke würde die unmittelbare Hitzeeinstrahlung in den Tropen mildern, in der gemäßigten Zone wäre es wesentlich wärmer als jetzt und die Polarzone bekäme von dieser Wärme reichlich ab. Es würde also auf dem größten Teil der Erdoberfläche vermutlich ein treibhausartiges Klima herrschen, und überall könnten vielleicht dieselben Tiere und Pflanzen gedeihen, wenn nicht immer noch die jahreszeitlichen Unterschiede und im äußersten Norden und Süden die Polarnacht jährlich herrschte. Daß die Sonnenstrahlungsintensität wechselt, wenn auch vorläufig nur in engen Grenzen beobachtet, ist eigentlich selbstverständlich angesichts des noch in voller Umsetzung und „Jugend“ befindlichen Sonnenkörpers und seiner gewaltigen Größe, aus dem ja unter anderem Protuberanzen herausgeschleudert werden, welche der Entfernung Mond-Erde entsprechen können und deshalb auch in unsere Nähe Hitzewirkungen bringen können. Noch wissen wir aber nichts über die Einwirkung radioaktiver Tiefenvorgänge in der Erde und auf der Sonne und des kosmischen Magnetismus auf das Klima.

Das Klima der Erde als Ganzes ist grundsätzlich ein Ergebnis der Sonneneinstrahlung auf eine Kugelfläche. Daher besteht an den Polen, weil dort die Luft kälter und daher schwerer ist, ein Überdruck in der Atmosphäre, im Gegensatz zur Äquatorialgegend, wo die Luft erwärmt und daher leichter wird. Infolgedessen gerät das Luftmeer primär in eine Zirkulation, indem die warme, in den Tropen aufgestiegene Luft beiderseits polwärts abfließt; die kalte polare Luft aber am Boden zurückströmt, den Tropen zu. Nun ist aber an den Polen ein und derselbe Punkt der Erdoberfläche in langsamerem Umschwung als am Äquator, wo er in der gleichen Zeit eine viel größere Strecke zurückzulegen hat; so wie bei einem drehenden Rad ein Punkt der Nabe weniger rasch sich dreht als ein Punkt des Radkranzes; beide Punkte haben, wie man sagt, verschiedene Winkelgeschwindigkeit. Da auch die Atmosphäre sich mit dem Erdball dreht, so hat die Luftmasse am Äquator größere Winkelgeschwindigkeit als an den Polen. Die Erde dreht von West nach Ost. Strömt also die Tropenluft mit ihrer größeren Winkelgeschwindigkeit zu den Polen ab, so hat sie dort eine im Verhältnis zu der dortigen Winkelgeschwindigkeit zu großen Vorwärtsschwung, drängt also rascher nach Ost; im Süden nach West. Das sind die Passatwinde.

In der Wirklichkeit sind hier im einzelnen außerordentlich viele Abänderungen vorhanden. Denn die Erdoberfläche ist ja nicht nur ein Meer oder eine einheitliche ungegliederte Landfläche, sondern vielfach in der Horizontalen und Vertikalen gegliedert. Infolgedessen werden nicht nur diese Strömungen abgelenkt, in ihrer Richtung verändert, umgebogen, geteilt, sondern die Sonnenbestrahlung während des Tages und während der Jahreszeiten wirkt sich auch in den einzelnen Gegenden ganz verschieden aus. Die Ozeane verschlucken viel von der sommerlichen Wärme und geben sie im Lauf des Winters langsam wieder zurück. Die Länder werden rasch erwärmt und strahlen ebenso rasch die erhaltene Wärme wieder aus. In der Wüste können am Tage unerträgliche Hitzegrade herrschen, in der Nacht kann Eiskälte einbrechen. Auch die beiden Halbkugeln, die nördliche und südliche, verhalten sich dabei verschieden. Auf der Südhalbkugel liegt vorwiegend Meer, auf der Nordhalbkugel vorwiegend Land. So entstehen örtliche und regionale Druckmaxima und Minima. Das in den Ozeanen verdunstende Wasser wird von den nun unterschiedlich wehenden Winden fortgetragen. Kommt der so verfrachtete Wasserdampf in kältere Gebiete, so wird er kondensiert und geht als Regen oder Schnee nieder. Werden diese regenbeladenen Winde etwa durch ein Gebirge abgefangen, dann entstehen dahinter Wüsten, wie etwa in Zentralasien. Die Sahara aber entsteht als Wüste dadurch, daß die feuchtigkeitsbeladenen Winde nicht von Westen herankommen, also Ozeanwasserdunst mitbringen, sondern andere Wege einschlagen und so dieses Gebiet, so groß wie Europa mit Rußland, trocken liegen lassen.

Durch die unterschiedlichen Temperaturen kommen nun auch Meeresströmungen zustande. Grundsätzlich ist es auch hier so, daß das kalte Polarwasser sich tropenwärts schiebt, und zwar am Grunde der Ozeane, das warme Tropenwasser aber süd- und nordwärts an der Oberfläche abfließt. Auch hier bedingt die unterschiedliche Konfiguration der Meere, sowohl an ihrem Boden, wie durch die aus- und einspringenden Landflächen, großen Buchten usw. eine durchaus unregelmäßige Anordnung der Strömungen. Dazu kommt noch das Gezeitenphänomen, die von Sonne und Mond erzeugte Ebbe und Flut. Praktisch macht sich gewöhnlich nur die Mondflut geltend, weil der Trabant auf das Weltmeer energischer anziehend wirkt, als die ferne Sonne. Aber auch diese wirkt mit. Stehen Sonne und Mond unmittelbar hintereinander zur Erde, so wird die Flut verstärkt; es entsteht Springflut; stehen sie in Quadratur zueinander, so wird die Mondflut geschwächt; Nippflut. Eine neuere Theorie meint nun, daß die Hauptursache der großen Meeresströmungen darin liege, daß der durch den Mondumlauf dauernd in der Äquatorialzone vorhandene Flutberg bei seinem westöstlichen Umlauf an die südnördlich streichenden Kontinentalküsten anstoße und deshalb einen Druck, ein Anströmen des Meerwassers süd- und nordwärts veranlasse. Nach anderer Anschauung sollen es die Passatwinde sein, welche zugleich durch ihr nord- und südwärts gerichtetes Strömen und Hinstreichen über die Meeresfläche das Wasser in Bewegung setzen. Es ist auch hier so, wie überall in der Natur, daß die betrachtete Einzelerscheinung nicht auf irgendeine Einzelursache zurückgeht, sondern in ihrer Auswirkung und tatsächlichen Gegebenheit der Knotenpunkt vieler Bedingungen ist.

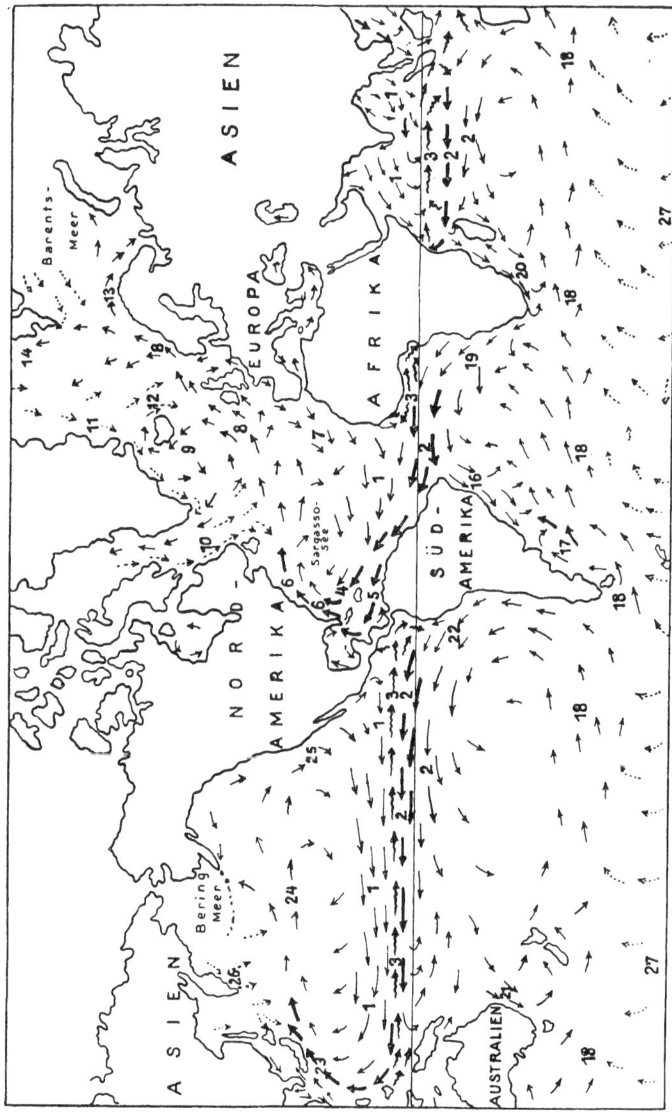

Abb. 160. Karte der Meeresströmungen an der Oberfläche während des nördlichen Winters. (Aus Supan-Ob 1927, abgeändert.)

Durch die Meeresströmungen (Abb. 160) wird das Klima auf der Erde in den einzelnen Zonen und Ländern stark beherrscht. Nicht nur, daß Länder in der Nähe des Ozeans oder im Ozean wegen der Wärmeaufspeicherung des Wassers mildere Sommer und mildere Winter haben; auch spezielle Meeresströmungen bringen Wärme bzw. Kälte in Länder oder wenigstens an Küsten hin, die ihrer allgemeinen geographischen Zonenlage nach vielleicht ein anderes Klima haben würden. So wird durch den aus dem Golf von Mexiko nach den Britischen Inseln herüberkommenden Golfstrom nicht nur zu diesen, sondern auch bis hoch in den Norden hinauf, nach Island und Norwegen, viel Wärme gebracht. Wäre Norwegen nicht dem Golfstrom ausgesetzt, so könnte es vielleicht bis nach Trondheim herunter unter polarem Eis liegen, auch im Sommer. Der Südpol, zu dem nicht in dieser Weise Wärme gebracht wird, ist entsprechend weit herab vereist. Im Osten von Japan geht ein kalter Strom herunter und läßt dieses Land wesentlich kühler sein, als es seiner zonaren Lage nach sonst wäre; denn es liegt auf den Breitegraden von Südfrankreich und Algerien.

Es bedeutet die Konfiguration der Länder auch viel für ihr Klima. Das Abfangen der Feuchtigkeit durch hohe Gebirge wurde schon erwähnt. Ist ein Land überhaupt sehr hoch, so gehen auch im Sommer womöglich die Niederschläge in Form von Schnee nieder. Ein solches Land kann vergletschern, sei es, daß es wie die Alpen einzelne Gletscherstränge jahraus jahrein behält, sei es, daß es eine Decke von Inlandeis bekommt. Die ungeheuere Fläche Nordasiens hat infolge der Meeresferne stets sehr schroff wechselndes Klima; im Sommer extrem warm, im Winter extrem kalt. Der Nordpol ist ein offenes Meer. Seine Vereisung beruht auf der geringen Sonneneinstrahlung, die auch im Sommer wegen des schrägen Auftreffens der Wärme- und Lichtstrahlen so gering ist, daß sie das erst recht im Winter sich bildende Eis nicht auftauen kann. Der Südpol ist kein Meer, sondern ein Land. Er ist zudem in einem großen Teil ein hochgebirgiges Land. Infolgedessen gehen dort alle Niederschläge als Schnee nieder. Das ganze Land ist nicht nur in seinen Meeresbuchten wegen der Kälte schlechthin vereist, wie der Nordpol, sondern auch durch Vergletscherung. Es gibt in jedem Hochgebirge eine untere Schneegrenze, d. h. eine Höhenlinie, oberhalb deren auch im Sommer jeder Niederschlag aus der Atmosphäre als Schnee herabkommt. Die Grenze ist verschieden hochgelegen, je nach der Jahreszeit und je nach der Himmelsrichtung der Gebirgsabdachung. Im Südpolargebiet gibt es aber auch eine obere Schneegrenze, jenseits deren überhaupt keine Niederschläge mehr fallen. Würde es nun aus irgendeiner Ursache in der Südpolarzone wärmer werden, so würde dort die obere Schneegrenze hinaufrücken, es würden in Höhen, wo jetzt nicht, Schnee fallen; es würden sich starke Vergletscherungen neu hinzubilden, und ehe das gewaltige tiefere Inlandeis abgeschmolzen wäre, würde durch den vermehrten Gletschereiszufluß sich im Umkreis des Südpolarlandes die Gesamteisdecke ausdehnen. So verwickelt sind die Klimaverhältnisse im einzelnen, daß sogar Erwärmung regional Eisvermehrung mit sich bringen kann. Und umgekehrt hat man erwogen, ob im Norden nicht vielleicht das Polareis zurückgehen würde, falls der Golfstrom abgesperrt werden könnte. Denn durch den Golfstrom kommt nach Norden nicht nur Wärme, sondern auch Feuchtigkeit und Niederschläge. Fielen diese weg, so würde sich das Eis nicht in gleicher Weise vermehren, und es wäre fraglich, ob durch die Wärmeverminderung soviel Eis mehr sich bilden würde als in Wegfall käme durch die verhinderten Schneeniederschläge.

Derartige schwierige Fragen sind im Auge zu behalten, wenn man an die Frage nach den Bedingungen der oft sehr extremen und in ihren Ursachen noch durchaus unverständlichen vorweltlichen Klimazustände und Klimaänderungen herantreten will. Das Nächste wäre also, die gesamten vorweltlichen Klimaänderungen auf den fortwährenden Wechsel von Land und Meeresbedeckung zu beziehen. Es ließe sich ja denken, daß in Epochen, wie etwa der Jurazeit, wo die Meeresbedeckung ziemlich um sich griff und die heute auf der Nordhalbkugel angesammelten Landflächen großenteils unter dem Meere lagen, während zugleich der große Südkontinent schon zerfallen war (S. 196, Kap. 7), ein ungehinderter Austausch der Meeresströmungen, also des kalten und warmen Wassers, aus den Tropen nach den Polen und zurück stattfinden konnte. Das müßte dann zu einem gewissen Ausgleich der Wärme und Kälte geführt haben, wie er heute auf demselben Wege nicht möglich ist. Zugleich waren damals die Länder wahrscheinlich nirgends mit höheren Gebirgen, wenigstens nicht mit solchen von alpinem Charakter besetzt und waren deshalb wohlgeeignet, den Winden und der Feuchtigkeit überallhin Zutritt zu gestatten. Lagen die Verhältnisse mit der Oberflächenkonfiguration umgekehrt, so müßten dann auch stärkere Klimagegensätze wieder eingetreten, ja die Polargebiete vereist sein.

Man kann diesen Überlegungen nicht ihre Berechtigung absprechen, wenn man bedenkt, daß tatsächlich immer Eiszeiten eintraten, wenn das Relief der Erdoberfläche besonders gegensätzlich war. So haben wir Grund zu der Annahme, daß die vorkambrische, bis in den Anfang des Kambriums hineinreichende Eiszeit auch mit damaligen Gebirgsfaltungen zusammenfiel. Die permische Eiszeit am Ende des Erdaltertums folgte unmittelbar auf die umfassende große Faltengebirgsbildung der Steinkohlenzeit; die quartäre Eiszeit unmittelbar auf die Emporfaltung der tertiärzeitlichen Alpen. Auch untergeordnetere Bewegungen der Erdrinde, die wohl nicht in gleichem Ausmaß zu Faltungen, aber doch gleichfalls zu einem wieder unruhigeren Relief führten, hatten gewisse bemerkbare Verschärfungen der Klimagegensätze im Gefolge. Beistehend ist eine durchaus schematische Kurve (Abb. 161 a) mitgeteilt, welche den für die ganze Erdoberfläche in den einzelnen Epochen vorhandenen Klimawechsel angibt, unter Außerachtlassung allenfalls spezieller örtlicher Klimagestaltungen. Vergleicht man damit die darunterstehende Kurve, welche ebenso schematisch die Epochen besonderer Gebirgsbewegungen darstellt, so erkennt man die Ähnlichkeit der Ausschläge. Sinngemäß schlägt die Klimaverschlechterung bzw. das Auftreten der Eiszeiten den Gebirgsbildungen etwas nach; denn es mußten ja zuerst die Gebirge da sein, ehe sich die Eismassen ausbreiten, ja bis in die weiten Vorlande vorstoßen konnten. Man muß bedenken, daß wir von den früheren vorquartären Vergletscherungen ohnehin nur jene Ablagerungen finden, welche im Vorland niedergesetzt wurden; in den ehemaligen Gebirgen selbst können wir sie nicht mehr entdecken, weil diese ja allesamt längst abgetragen sind. Was wir heute noch von uralten Gebirgszügen und -faltungen erkennen, sind nirgendsmehr die ehemaligen Konfigurationen und Oberflächenzustände, auf denen allein das Eis lag, sondern sind, wie im Kap. 5 ausführlich gezeigt wurde, nur die wiederherausgehobenen inneren Kerne.

Man könnte sich daher mit der Erklärung zufrieden geben, daß die extremen Klimaausschläge eben von der wechselnden Verteilung von Land

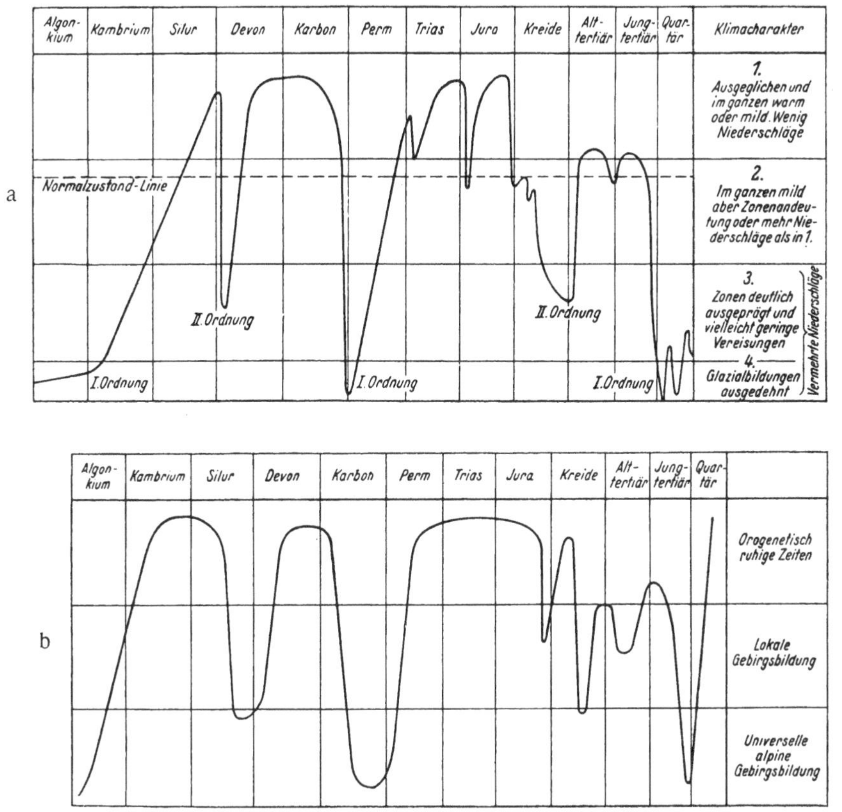

Abb. 161. Kurven der wechselnden allgemeinen Klimazustände während erdgeschichtlicher Zeit (oben) und der hauptsächlichsten Faltengebirgsbildungsphasen (unten). Für die älteren Formationen zu einfach gezeichnet. (Aus Dacqué 1915.)

und Meer, von der wechselnden Vertikalkonfiguration des Erdreliefs kämen. Aber dem steht zweierlei entgegen. Wären nämlich die Hochgebirge und Länderverteilungen die eigentliche Ursache und Quelle der Klimaverschlechterungen, so müßten wir heute noch in der quartären Eiszeit leben. Denn die hohen Gebirge bestehen noch genau so fort, wie zur Eiszeit, und die Landmassen sind, wenigstens für die Nordhalbkugel, denkbar ungünstig verteilt. Trotzdem ging nicht nur die Eismasse zusehends zurück, ja sie drang nicht einmal mehr vor, weder vom Pol her, noch in den Hochgebirgen, als nachgewiesenermaßen nach der wärmeren Phase am Ende der quartären Eiszeit im atlantischen Gebiet sogar eine Klimaverschlechterung gegen die Jetztzeit hin eintrat. Wären also vor allem die Gebirge die Ursache für Vermehrung des Eises, so müßten wir heute noch in der Eiszeit leben und außerdem könnten auch nicht während des Diluviums selbst warme Zwischeneiszeiten eingetreten sein. Wir erkennen daraus, daß wir mit der „terrestrischen" Erklärung der extremen Klimaentwicklung nicht die Ursache, sondern allenfalls nur eine Bedingung gefunden haben, die wohl hinzukommen muß, damit eine Eiszeit entsteht, die aber nicht Ursache und Quelle der Veränderung ist.

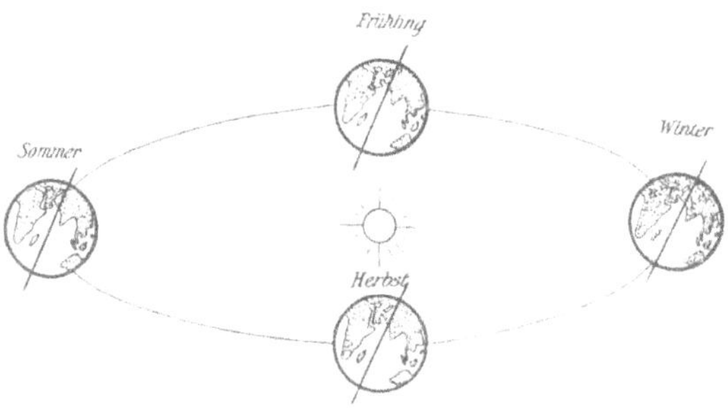

Abb. 162. Schema der Erdbahn. Die Sonne steht exzentrisch im einen Brennpunkt der Ellipse. Die Erdachse hat zur Bahn eine Neigung von 23° und bleibt während des Jahresumlaufs sich selbst parallel. Nach etwa 13000 Jahren steht sie entgegengesetzt. Das Maß der Exzentrizität der Bahn schwankt in Perioden von etwa 100000 Jahren. Die Nordhalbkugel hat ihren Winter in Sonnennähe (Perihel), ihren Sommer in Sonnenferne (Aphel). (Aus Newcomb 1920.)

Man hat auch astronomische Änderungsmöglichkeiten in der Achsenstellung und Bahnlänge der Erde zur Erklärung des vorweltlichen Klimawechsels und auch der Krustenbewegungen herangezogen. Da die Sonne nicht genau im Mittelpunkt der Bahnellipse steht, sondern etwas außerhalb desselben in einem Brennpunkt, so kommt die Erde während ihres Jahresumlaufes einmal in größere Sonnennähe, einmal in größere Sonnenferne. Die Sonnennähe heißt Perihel, die Sonnenferne Aphel (Abb. 162). Die durch solche verschiedene Jahresentfernung eintretende Verminderung oder Vermehrung der Wärmezustrahlung hat aber mit der Sommerwärme oder Winterkälte unmittelbar nichts zu tun. Denn im engen Kreis der Erdbahn bedingt nicht so sehr die Sonnennähe oder Sonnenferne den Sommer und den Winter, sondern vielmehr die Darbietung der Halbkugeln gegen längere oder verkürzte Sonnenbestrahlung. Augenblicklich, d. h. in unseren Jahrtausenden ist es so, daß der Erdball in Sonnenferne ist, wenn wir auf der Nordhalbkugel die Sommerstellung haben; zugleich ist dann auf der Südhalbkugel Winter.

Da die Umlaufsbahn der Erde wegen des etwas exzentrischen Standes der Sonne in dem Aphelbogen größer ist als in der Perihelhälfte, so braucht der Erdball demgemäß länger, um durch das Aphel, kürzer um durch das Perihel zu laufen. Die Folge ist, daß auf der Südhalbkugel die ins Aphel fallende Winterszeit länger dauert, bei uns der gleichzeitige Sommer kürzer und umgekehrt. Und zwar macht dies einige Tage aus.

Aber das Verhältnis bleibt nicht so. Denn die Erdachse bleibt nicht starr stehen, sondern beschreibt in etwa 26000 Jahren einen Doppelkegel. So kommt es, daß in etwa 13000 Jahren die Stellung der Erdhalbkugeln zur Sonne entgegengesetzt der in Abb. 162 gegebenen Darstellung ist und daß nun die Sommerzeit für die Nordhälfte ins Perihel fällt, die Winterszeit ins Aphel; wie auch umgekehrt. Dann ist unser Winter um einige Tage länger geworden und für die Südhalbkugel der Winter um einige Tage kürzer; umgekehrt ist es dann mit dem Sommer. Wie schon erwähnt, steigert sich auch periodisch die Exzentrizität der Erdbahn, und zwar innerhalb 100000 Jahren. Ist nun die Exzentrizität sehr groß, was besagen will: entfernt sich die Erde im Laufe eines Jahres besonders weit ins Aphel, so wird die Wärmezustrahlung geringer; und zwar jeweils besonders gering für jene Halbkugel, deren Winter gerade in die Aphelstellung fällt; aber in Sonnennähe nicht viel wärmer, weil hier der Umlauf schneller erfolgt.

Aus diesen Verhältnissen, besonders der Bahndehnung, hat man eine Erklärung für die Eiszeiten ableiten wollen. Jeweils jene Halbkugel, deren Sommer in Sonnenferne falle, behalte einen Überschuß an Polareis, der sich im Lauf der etwa 11000 Jahre währenden Periode aufhäufe und gegen die betreffende gemäßigte Zone vorstoße. Beim umgekehrten Status aber erhalte die entgegengesetzte Polarzone die größere polare Eismenge, und so wechselten alternierend die Eiszeiten für beide Halbkugeln ab. Da dies aber offensichtlich in der geologischen Geschichte nicht zutrifft, so erweiterte man die Theorie dahin, daß die jeweils erzeugte größere Polareiskappe ihrerseits, einmal vorhanden, nun weiterhin wärmeverschluckend, also für die ganze Erde abkühlend wirke und so auch zu Vergletscherungen der Hochländer bzw. Gebirge führe. Aber auch dieser Gedanke befriedigt nicht. Denn dann müßte immerfort Eiszeit sein, was offenkundig den geologischen Tatsachen widerspricht. So blieb die Zuflucht zu der großen Exzentrizitätsperiode der Erdbahn übrig, und nur bei großer Exzentrizität sollten sich die Eiszeitphänomene einstellen. Aber auch hierfür sprechen die erdgeschichtlichen Tatsachen nicht, denn höchstens kurzfristige Interglazialzeiten können vielleicht so versuchsweise in ihrer Periodizität erklärt werden, nicht aber die großen Eisphänomene des Diluviums, der Permokarbon und der kambrisch-algonkischen Zeit. Man erwog auch, ob nicht durch die größere Spannung und Entspannung, welcher die Erdkruste durch die periodische Annäherung und Wiederentfernung von dem Sonnenkörper jeweils unterliegt, geotektonische Bewegungen hervorgerufen würden und so die periodische Faltengebirgsbildung während der Erdgeschichte erklärlich würde. Da wir vorhin sahen, daß Eiszeiten von der Anwesenheit eines sehr mannigfaltigen, also durch junge Faltungen besetzten Oberflächenreliefs offenbar abhängen, so wäre es vielleicht möglich, die Eiszeitenwiederkehr mittelbar durch die so verursachte Gebirgsbildung mit jenen kosmischen Veränderungen in Zusammenhang zu bringen.

Was aber von solchen und ähnlichen, hier allerdings nur sehr flüchtig und unzureichend dargestellten Erklärungen der in Rede stehenden Erscheinungen abhält, ist die nicht weiter mehr zu verkennende Tatsache, daß es sich bei dem großen, allgemeinen und periodischen Klimawechsel in der Erdgeschichte, der sich stets auf den ganzen Planeten erstreckte und deshalb auch die von anderer Seite bestrittene Darstellung in der Klimakurve (Abb. 161 a) rechtfertigt, überhaupt nicht um einen einfachen Ausgleich der Temperaturen und um ein dann wieder einsetzendes Schrofferwerden der zonaren Gegensätze handelt, sondern um die merkwürdige Tatsache, daß zu be-

Abb. 163. Erdkarte mit der Verbreitung stark kalkausscheidender Meerestiere der Kreide- und Alttertiärzeit. Dicke Punkte: riffbildende Rudistenmuscheln; feine Punkte: dickschalige Nummuliten (s. Kap. II/1). Sie bedeuten die Wärmezone der Erde und zeigen einen den heutigen Zonen parallelen Verlauf. Wo sie nach Süden oder Norden vordringen, scheinen sie warmen Strömungen gefolgt zu sein. (Aus Diener 1925.)

stimmten Zeiten auf der ganzen Erde dasselbe Tier- und Pflanzenleben gedeihen konnte; es handelt sich weiter um die Tatsache, daß wir die großen Eisbedeckungen mit Ausnahme jener der Quartärzeit, durchaus einseitig auf der Erdoberfläche verteilt sehen; es handelt sich um die Frage, wo denn zu solchen uniformen Lebenszeiten die Pole lagen, die doch nach der Kugelgestalt der Erde unbedingt immer nicht nur geringe Wärme, sondern vor allem auch geringes Licht, wenigstens ein Halbjahr hindurch, bekamen und offenbar doch nicht vereist waren. Wo wir auch in den einzelnen älteren Epochen nachsuchen, nirgends finden wir jemals eindeutig die beiden Polargebiete. Nimmt man auch an, daß die Pole gewandert sind, so müßten sie doch irgendwo zu finden sein, einerlei wo. Aber das gelingt nie. Erst von der oberen Jurazeit ab und in der Kreidezeit machen sich, wenn auch noch unbestimmt und immer noch sehr ausgeglichen, gewisse Zonen im großen und lange nicht so ausgeprägt wie heute bemerkbar (Abb. 163); aber dann verschwinden sie wieder völlig in der Tertiärzeit und stellen sich erst in der Pliozänzeit so her, wie es etwa dem heutigen Zustand entspricht. Die Verteilung des diluvialen Eises auf der Nordhalbkugel (Abb. 138, S. 202) zeigt deutlich, daß damals der Kältepol und also wohl auch der geographische Pol gegen Nordamerika herunter verschoben gewesen sein muß, weil dort das Eis am weitesten herunterging, nämlich bis auf den Breitegrad, auf dem bei uns Neapel liegt; während es in dem als kalt verrufenen Sibirien überhaupt nur an dessen Nordrand noch stand. Rechnen wir also auch für die Erklärung des Vorweltklimas selbst mit Polverschiebungen, so sind wir immer noch nicht über die widerspruchsvolle Tatsache hinausgekommen, daß für manche Epochen überhaupt keine Zonengliederung in eine polare, gemäßigte und tropische sich auffinden läßt.

Es ist also auch hiermit für die Klimaerklärung nichts gewonnen. Zudem handelt es sich in der Erdgeschichte nicht um einen einfachen Ausgleich der Temperaturen, sondern auch um entschiedene Wärmevermehrung, wie umgekehrt bei den Eiszeiten — und dies besonders nachweisbar bei der diluvialen — um eine positive Vermehrung der Niederschläge auf der ganzen Erde. Dies auch in Gegenden, wohin die heutigen Wetterbahnen keine Niederschläge tragen, obwohl es fast dieselbe vertikale Konfiguration der Erdrinde ist, die heute wie damals herrschte. Endlich liegt das Problem der einheitlichen Tier- und Pflanzenbevölkerung und Bewachsung der Erdoberfläche während bestimmter Perioden der Erdgeschichte auch noch darin, daß an den Polen — mögen sie gelegen haben, wo immer — doch niemals dasselbe organische Leben gedeihen konnte wie in den tropischen Gegenden, weil ja immer die Polarnacht halbjährig herrschen mußte. Solange also die Erde so um die Sonne umlief, solange sie dieselbe Achsenstellung hatte, solange die Planeten ebenso umliefen und solange der Mond ebenso zur Erde stand, wie jetzt, und solange es nur diesen einen Trabanten gab, können unmöglich jene klimatischen Veränderungen erklärt werden, die wir in der Erdgeschichte tatsächlich vor uns haben.

Einen anderen Weg zur Darstellung und Erklärung der vorweltlichen Klimazustände schlagen Köppen und Wegener ein. Sie gehen von zwei Voraussetzungen aus: der Pol ist gewandert, und die Kontinentalflächen haben früher anders beisammen gelegen. Sie betonen, daß es immer Klimazonen gab, wenn auch in anderer Lage als heute, daß es aber niemals jene einheitlichen, die ganze Erde von den Polen bis zum Äquator umspannenden gleichmäßigen Klimazustände gegeben habe, wie sie entsprechend auch auf unserer Kurve zum Ausdruck gelangen. Da es immer Zonen gab, so müsse jeweils eine äquatoriale heiße und feuchte, nördlich und südlich von ihr stets eine regenreichere kühlere Zone bestanden haben, beide vom Äquatorialgürtel durch je eine mehr wüstenartige Zone getrennt. Stets hätten auch zwei Polarzonen mit größerer oder geringerer Eisansammlung bestanden. Wo wir in den Formationen Kohlen fänden, habe tropisches Klima geherrscht, dort sei für die betreffende Epoche der Äquator zu suchen; in den Trocken- und Wüstengebieten seien Sandsteine mit Gips und Salz abgelagert worden, in den Polarzonen Eisschutt und entsprechende Schotter. So wollen sie nachweisen, daß im Lauf der Epochen der Pol gewandert sei, und durch die sich schließende Beweiskette soll damit wiederum ein neuer Beleg für die Verschiebungstheorie gewonnen sein. Eine derartige Karte für die Jurazeit ist beigegeben (Abb. 164). Die Bedenken gegen diese Gedanken bestehen vor allem darin, daß in den früheren Perioden die Wüstenbildungen keineswegs nur als zonare Trockengebiete anzusehen sind, sondern

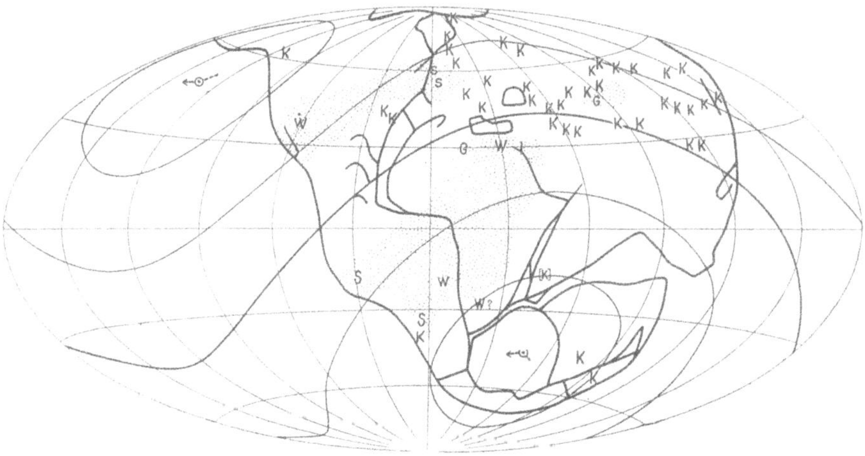

Abb. 164. Erdkarte der Jurazeit nach der Köppen-Wegenerschen Theorie eines ehemaligen Beisammenliegens heute getrennter Kontinentalschollen und -flächen (schwarze Umrißstriche). Mit Darstellung der damaligen vermutlichen Pollagen (Ring mit Punkt und Pfeil) und des Zonenverlaufes (Kurven), S Salz, G Gips, K Kohlen, W Wüstensandstein; punktiert: Trockengebiete. (Aus Köppen-Wegener 1924.)

auch unabhängig von der Zonenbildung im heutigen Sinn auftreten konnten; das geht ja auch aus der beigegebenen Karte, die das Gegenteil darstellen will, hervor. Auch weiß man in vielen Epochen nichts von Eis, und gerade Trias und Jura sprechen für sehr uniformes Klima. Sodann beweisen Kohlen nicht schlechthin tropisches Klima, möglicherweise sogar das Gegenteil, wenn man an die Torfmoore denkt, die zwar auch in den Tropen vorkommen können, aber keineswegs typisch hierfür sind. Diener endlich macht geltend, daß es einen trockenen Wüstengürtel im streng zonaren Sinn auch heute nicht gebe, weder nordwärts noch südwärts vom Äquator. Doch auch hier kann man nicht endgültig urteilen, sondern wird weitere Beobachtungstatsachen abwarten müssen.

Am besten erklärt immer noch die Annahme einer vermehrten Sonnenstrahlung, wie wir sie im Eingang dieses Kapitels darlegten, die Vereinheitlichung des Klimas zu gewissen Zeiten. Aber auch sie genügt nicht, um die tatsächlich gegebenen klimatischen Veränderungen der Vorwelt zu deuten. Denn auch in dem Falle, daß sich ein solcher Klimaausgleich vollzöge und die ganze Erde eine Art Treibhausklima, wie etwa der Planet Venus, dadurch zuweilen bekommen hätte, bliebe immer noch das Rätsel bestehen, wo denn die Pole lagen, als es alte Eiszeiten und gegensätzliche Klimazonen gab. Es hätten die Polarzonen dort zum Vorschein kommen müssen, wo wir sie heute haben. Aber es lagen gerade in den jetzigen Polarzonen — vom Norden wissen wir es für mehrere Perioden (Karbon, Jura, Tertiär) — zeitweise besonders warme Länder und Meere, und in den jetzigen warmen Ländern finden wir nicht die gesuchten Kältepole, sondern höchstens, wie zur Permzeit, auf einem großen Südkontinent eine große Eisbedeckung, ohne daß wir aus den übrigen gleichalten Fossilfunden sagen dürften, dies sei eine Polarzone im heutigen Sinn gewesen.

Nun wissen wir aber längst, daß die Sonnenflecken nicht ohne Einfluß auf das Wetter sind, wie auch die Periodizität derselben geradezu Klimaperioden hervorruft. Die Überzeugung, daß uns vom Sonnenkörper irgendwie noch Beeinflussungen zukommen von anderer Art als die bloße allgemeine Wärmestrahlung und ihre Regulierung durch die jeweilige jahreszeitliche Stellung der Erde zur Sonne, ist ja vielfach schon ausgesprochen und begründet worden. Das eine ist, daß die Sonnenfleckentätigkeit den Erdmagnetismus beeinflußt; wir wissen aber, daß die Luftelektrizität und die Jonisierung der Luft entscheidende Faktoren der Wetterbildung sind. Sodann ist nachgewiesen, daß die Intensität der Sonnenstrahlung periodisch wechselt, und es ist auch von Geologen und Geophysikern ausgesprochen worden, daß wir hier vielleicht einen Faktor der Eiszeitbildungen in der Erdgeschichte vor uns haben könnten, da die irdischen Erklärungen der Eiszeiten versagt haben.

Nun ist aber keine Möglichkeit zu ersehen, wie die einfache Vermehrung oder Verminderung der Sonnenwärme schlechthin etwa einerseits Eiszeiten, andererseits ausgeglichene Klimazonen hervorrufen sollte. Wohl aber ergibt sich ein befriedigender Ausblick auf eine Lösung der vorweltlichen Klimafrage, wie auch der Wetteranalyse, wenn wir mit der Welteislehre dem Gedanken nähertreten, daß die Sonne mit Eis „geheizt“ wird und daß uns durch die Sonnenfleckentätigkeit auch Wasser in Form von Feineis und Eisstaub zugeblasen werden kann. Wenn man so extreme Winter, wie etwa den von 1928-29 sieht, wo in der Polarzone mildere Witterung war, als bei uns in Europa und im Mittelmeergebiet Eis und Schneewetter monatelang herrschte, bis in das Frühjahr hinein sich wiederholend, so ist es unmöglich, solche Verschiebungen einfach auf die eingangs geschilderten primitiven Vorstellungen einer Wetterbildung zurückzuführen. Ja in etwas sehen wir in solchen Verhältnissen sich große vorweltliche Zustände wiederspiegeln, wenn die Polarzone warm und jetzige wärmere Gebiete eiskalt sind. Wäre es die einfache Wärmeeinstrahlung der Sonne allein, und der einfache Umlauf und die Achsenstellung der Erde, welche solches bedingten, so könnten nicht auf einmal solche umgekehrten Verhältnisse der Wetterbildung eintreten. Nehmen wir aber jene weitere Sonnentätigkeit an — die Gründe für sie sind in der Welteislehre eingehend dargelegt — so bekommen wir eine Erklärung für die magnetischen Gewitter, wir bekommen eine Erklärung für langfristige, mit der Fleckentätigkeit übereinstimmenden Wetterperioden und wir bekommen eine Erklärung für die ungleichmäßige und vertauschte Kälte und Wärme, sowie für die besonders starken Schneeniederschläge. Würde die Welteislehre dieser Frage nachgehen und versuchen, auch die Eiszeiten auf diesem Wege zu verstehen, so würde sie sich und der Erdgeschichtsforschung zu einem gewaltigen Fortschritt verhelfen, während ihre geologisch unhaltbaren Gedanken von Mondeinfängen, die alles bestimmt haben sollen, solchem Fortschreiten schaden. Es ist merkwürdig, daß auch die Welteislehre ihre Stärke dort sucht, wo sie geologisch unzureichend ist; und dort, wo sie Entscheidendes bringen könnte, nur eine Nebensache sieht.

Stellt man sich einmal auf den Boden der Annahme, daß die Sonnentätigkeit in dem angedeuteten erweiterten Sinn unser irdisches Klima, also auch das Wetter im weitesten Sinn verursacht, so würde auch verständlich werden, weshalb zur Ausbildung einer Eiszeitdecke, wie vorhin erwähnt, Hochgebirge auf der Erdoberfläche vorhanden sein müssen. Das Zuströmen von Staubeis aus der Sonne muß naturgemäß größtenteils das Wasser auf der Erdoberfläche vermehren. Bleibt auch lange der Schnee liegen, so wird er doch immer wieder zusammenschmelzen im jeweiligen Sommerhalbjahr, wenn keine Hochländer und Hochgebirge vorhanden sind. An den Polen mag der Schnee und das Eis dauernd bleiben, solange wir dieselben Bestrahlungsverhältnisse wie heute etwa voraussetzen dürfen. Sind aber Hochgebirge auf der Erde, dann werden sie vergletschern und werden in Perioden, wo viel Sonneneisstaub eintrifft, auch Inlandeismassen ins Vorland senden können. Sind aber einmal Eisflächen gebildet, die in den Sommern nicht abschmelzen, sondern mindestens gleichbleiben, weil vom Winter her Eisüberschuß besteht, so wirken solche polare und Gebirgseisflächen ihrerseits wieder abkühlend auf das Gesamtklima, denn sie absorbieren auch im Sommer viel Wärme. So steigert sich das Eiszeitklima innerhalb seiner selbst wieder um einen gewissen Betrag. Läßt der kosmisch-solare Eiszustrom endgültig nach, so geht die Eiszeiterscheinung zurück, ob Hochgebirge da sind oder nicht. Läßt der Eisstaubzustrom eine Zeit lang nach und kehrt er dann wieder, so haben wir eine Zwischeneiszeit. Ist diese besonders warm oder trocken, dann haben Eiszustrom und Fleckentätigkeit eben noch mehr nachgelassen, als es etwa in unseren Jahrtausenden der Fall ist. Wir sind damit heutzutage in einem ungünstigeren Zustand, als die atlantische Gegend unmittelbar nach der Eiszeit war. Damit hängt die auf S. 203 angedeutete Frage nach der endgültigen Beendigung der Eiszeit zusammen.

Die hier in aller Kürze vorgetragene Theorie würde also zunächst alles das erklären, was wir erfahrungsgemäß von den Eiszeiten wissen. Es wäre erklärt der Zusammenhang von Gebirgsbildung und Eiszeiten, der erdgeschichtlich ganz offenkundig ist; es wären erklärt die Interglazialzeiten; es wären erklärt die Anzeichen absolut vermehrter Niederschläge auf der Erde zur Eiszeit; es wäre erklärt die Einseitigkeit der Eisbedeckung in paläozoischen Zeiten.

Noch eine Möglichkeit besteht, aus der man bedeutende Klimaänderungen für die ganze Erde zu gewissen Zeiten ableiten kann. Wir sahen, daß eine stärkere Aufrichtung der Erdachse, also eine Annäherung der Ekliptik an die Erdbahnebene, eine größere Schroffheit der Klimazonen zur Folge haben müßte. Denkt man sich nun, daß die Stellung der Erdachse zur Bahn in kurzfristigen Perioden wechselte, so mußten ein fortwährend über die ganze Erde hin wechselndes Klima und eine immerwährende kurzfristige Verlegung der Wetterbahnen, also bald große Trockenheit, bald starke Niederschläge miteinander abwechseln. Das aber wäre das Bild, wie es etwa die Devonzeit oder die untere Triaszeit weltweit verbreitet bietet. Kann man annehmen, daß es so etwas wirklich gab?

Eine Parallelerscheinung haben wir am Mond. Dieser läuft nicht in einer einfachen Bahnfläche um die Erde, sondern geht in Wellenform längs seiner Idealbahn auf und nieder. Auch das deutet zweifellos auf eine ehemalige Störung, die sich nun in solchen Schwankungen ausbalanciert, oder auf den oben erwogenen Einfang, der sozusagen immer noch nicht zum Ausgleich gekommen ist. Stellt man sich vor, daß in ebensolcher Weise während eines Jahres die Erde in ihrer Bahn um die Sonne schwankte, als zu früheren Epochen irgendeine Störung eingetreten war, so würde dies bedeuten, daß während eines Jahres — unbeschadet des allgemeinen Jahreszeitenwechsels — immerfort ein wechselnder Höchststand und Tiefststand der Sonne am Himmel für alle Länder eintrat, so daß in allerschnellster Folge innerhalb eines Jahres ununterbrochen die sommerlichen und winterlichen Zustände wechselten. Was dies für die Gestaltung der Erdoberfläche, für die Sedimentation und Abtragung, für die Tier- und Pflanzenwelt bedeutete, das könnte man nicht besser schildern als dadurch, daß man gerade die wirklich vorliegenden Zustände zur Buntsandsteinzeit und der ihr analogen Gestaltungen zur Devonzeit und schon im Algonkium darstellte. Es würden derartige Störungen dann aber auch die viel raschere rhythmische Sedimentation teilweise mit erklären, wenn auch nicht für alle Formationen; denn es würde sich auch ein stetes kurzfristiges Schwanken des Meeresspiegels zugleich ergeben haben.

Wie man schon aus diesen wenigen Andeutungen erkennen mag — die Literatur und die Theorien über die Ursachen des vorweltlichen Klimawechsels sind sehr ausgedehnt — ist die Klimafrage eng verknüpft mit der gesamten Entwicklungsfrage der Erdoberfläche und daher auch vor allem mit der Frage nach den eigentlichen Ursachen des steten Land- und Meereswechsels, der Gebirgsbildung, bei der wir noch völlig vor Rätseln stehen. Aber wenn wir bedenken, daß die Drehung der Erde um sich selbst, die Lage der Erdachse zu ihrer Bahn, die Stellung der Pole, die Erwärmung und Zonenbildung durchaus in den Verhältnissen der kosmischen Umwelt verankert sind, liegt es nahe, mit dem Durchdenken dieser kosmischen Umwelt in bezug auf die Erdgeschichte einmal bis ins letzte Ernst zu machen und sich zu fragen, ob die vielen tellurischen Vorgänge, wie Hebung und Senkung der Meere und Länder, Polveränderungen, Klimazustände, endlich die Gebirgsbildung nicht in ihrer Gesamtheit verständlicher würden, wenn wir sie als Ausdruck kosmischer Gegebenheiten und Veränderungen während erdgeschichtlicher Zeit zu begreifen suchten.

Die allgemeine Anschauung der Geologen geht heute noch, trotz gewichtiger astronomischer Bedenken dahin, daß sich der Mond einmal von der Erde abgelöst habe; und man hat auch erwogen, ob nicht der Mond mit seinem Einfluß auf die Erde eine Rolle spielen könnte bei den großen Umsetzungen von Meer und Land, als deren äußerste Form die Faltengebirgsbildung erscheint, und damit auch des Klimas. Wir haben die zwei Möglichkeiten im Verhältnis Mond—Erde oben genau besprochen und auch den Einfluß des Mondes auf das Weltmeer gekennzeichnet. Dieser Einfluß erstreckt sich also nicht nur auf die Wasserhaut, sondern auch auf die Atmosphäre und sogar auf die Erdkruste und das in einem gewissen eigentümlich plastischen Zustand befindliche Erdinnere. Auch dort, wie in der Erdrinde, werden durch die Mondanziehung „Gezeiten" erzeugt. Die Meeresflut z. B. ist gar nicht das einfache Ergebnis der Anziehung des Ozeans durch den Mond — abgesehen überhaupt von der mitwirkenden Sonne — sondern ergibt sich erst als Differenz aus der viel stärkeren Meereshebung und der Erdkrustenhebung, die gleichzeitig mit hervorgerufen wird. Es scheint sogar, daß Erdbeben und Vulkanausbrüche mit der Mondeinwirkung zuweilen zusammenhängen, und darum liegt es nahe, nun sich mit dem Mondeinfluß auf großgeologische Erscheinungen zu befassen.

Es wäre zu erwägen, ob nicht durch die hypothetische Mondablösung und die doch lange Perioden hindurch nach dem oben bereits erörterten Prinzip wahrscheinliche Mondnähe die gewaltigen magmatischen Strömungen unterhalb der Erdkruste erzeugt worden sein könnten, die sowohl zu Hebungen und Senkungen der Kontinente, wie zu Verschiebungen der Kontinente, wie auch zu Verfaltungen der Erdkruste, somit zur Hochgebirgsbildung führten. Es könnten sich — ganz ähnlich, wie in der Atmosphäre durch die verschiedenartige Sonnenbestrahlung und Feuchtigkeitsmengen — Hochdruck- und Niederdruckgebiete im magmatischen Erdinnern bilden und nun zu Ausgleichsströmungen führen, welche alles dies bewirkt haben würden. Dem Einwand, daß dann nicht periodisch, sondern sozusagen ununterbrochen die Erdrinde in Bewegung gewesen sein müßte, als der Mond noch näherstand, ist sehr leicht damit zu begegnen, daß die Erde ihrerseits eine dem Stahl entsprechende Widerstandsfähigkeit gegen rasche Formveränderung hat, daß mithin sich die lunaren Einflüsse erst durch bestimmte Um- und Ausbildungen von innerirdischen Zuständen anhäufen mußten, um dann irgendwann einmal zu katastrophaler, d. h. plötzlich einsetzender größerer Auswirkung zu kommen. Hierbei könnte man noch die wechselnde Exzentrizität der Erdbahn und die hierbei fühlbar werdende Veränderung der Sonnenanziehung mit in Rechnung stellen, wie es früher schon von anderer Seite geschehen ist, um so wenigstens in den Grundzügen einstweilen eine Möglichkeit zu sehen, wie sich die großen erdgeschichtlichen Veränderungen wenigstens in einer Richtung kosmisch verstehen lassen und wie man auch ihren oft in verhältnismäßig kurzer Zeit sich vollziehenden Ablauf verstehen könnte.

Indessen ist die Mondabspaltung nach der älteren Lehre eine sehr fragliche Sache. Man kann nicht mehr so unbedingt überzeugt sein, daß der Mond überhaupt einmal die Erde verließ und daß der Pazifik die Narbe sei, aus der er kam. Allerdings verhält sich dieser sowohl vulkanisch, wie nach seinen Schwereverhältnissen, wie in seinen Erdbeben anders als die übrigen Meere der Erde, vor allem anders als der Atlantik; aber das beweist nicht, daß sich dort einmal die Mondmasse abgespalten habe, die zudem nach der älteren Theorie ja als Ring herausgedreht worden wäre, wenn man nicht die Birnform beider noch verbundenen Weltkörper anerkennen will. Der Mond kann ebensogut eingefangen worden sein, wie wir es oben schon darlegten. Für die Jupiter- und Saturnmonde ist diese Wahrscheinlichkeit größer als irgendeine andere Erklärung; und dies braucht vor noch gar nicht langer Zeit geschehen zu sein. Und so mag auch der Mond vor noch nicht allzulanger Zeit derart eingefangen worden sein. Das Einfangen von Fremdkörpern durch die Sonne, auch von solchen, die von außen in den Planetenraum hereingedrungen wären, ist ja in der Astronomie schon eingehend erwogen worden durch die Darstellungen des Amerikaners See. Ursprünglich habe die Sonnenatmosphäre bis über die Neptunbahn hinausgereicht, und so wurden etwa von außen eindringende Körper rasch abgebremst. Sie wurden in zunächst sehr exzentrische Bahn um die Sonne gezwungen, bis die Bahn rasch enger wurde und sich mehr und mehr der Kreisform näherte. Wenn ein herankommender Körper, ohne daß man jene ehemalige Sonnenausdehnung voraussetzt, lediglich in die Nähe eines die Sonne umkreisenden Planeten gerät, so wird er um beide Körper seine Bahn ziehen, die sich mehr und mehr im Zwischenraum einschnürt (Abb. 165), bis dort ein Umlaufswechsel eintritt, bei dem es sich alsbald entscheidet, ob der Körper den Planeten umkreist, also zum Mond wird, oder ob er, die Sonne umkreisend, zum Planeten wird. Hier ist also sogar der Gedanke entwickelt, daß auch die Planeten, wenigstens einzelne, nicht Kinder der Sonne, sondern, wie die Monde, eingefangene Fremdlinge

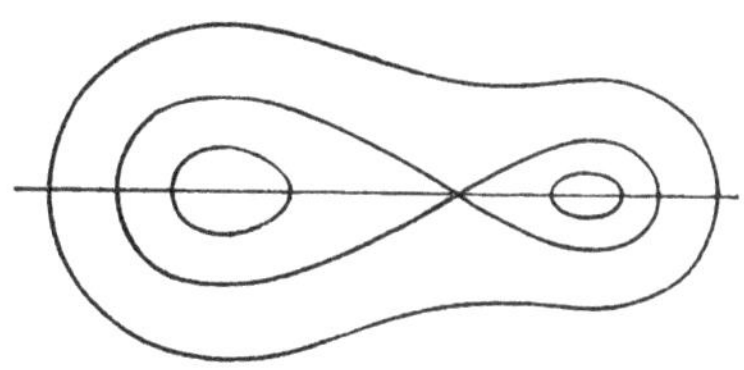

Abb. 165. Darstellung der Bahn eines eingefangenen Weltkörpers, der zwei Zentren (Sonne und Planet) umkreist und dessen Bahn sich infolge des Widerstandes allmählich so eindrückt, daß er zum Trabanten des einen werden muß. (Aus Knopf 1914.)

sein können. Zugleich wäre auf diese Weise auch die Rückläufigkeit mancher Monde erklärt.

Stellt man sich einmal vor, daß Planeten eingefangene Trabanten der Sonne sind, so wie die Monde eingefangene Trabanten ihrer Planeten, so versteht man auch Anordnungen im Planetensystem, die schließlich dazu führen müssen, Planeten an Planeten zu ketten. Beruft man sich bloß auf seine Schulweisheit, so wird man rasch bei der Hand sein, zu sagen, der Mond bewege sich um die Erde. In Wahrheit ist die Mondbahn ein sehr verwickeltes Gebilde, da sie sich in die Erdbahn guirlandenartig hineingeschlungen hat, aber dennoch eine eigentliche Planetenbahn um die Sonne bildet, der sie nur ihre konkave Seite zubiegt.

Unter diesem Gesichtspunkt wird nun auch der besonders von der Welteislehre so energisch verfochtene Mondeinfang bei der Erde verständlicher, er gewinnt an Wahrscheinlichkeit. Ehemals soll zwischen Erde und Mars der „Planet Luna“ umgelaufen sein. Sie hatten beide eine exzentrische Bahn um die Sonne und diese Bahnlinien näherten sich im Perihel, als sie bei ihren Jahresumläufen in Sonnennähe kamen, mehr einander an als im Aphel, im sonnenfernen Teil ihres Weges. So mußten sie sich zur Zeit ihrer Konjunktion immer etwas einander nähern, bis zuletzt der kleinere Planet Luna bei einem solchen Zusammentreffen nicht mehr an der Erde vorbeikam, sondern sachte an sie hergezogen wurde und von diesem Augenblick ab seine Bahn um die ihrige schlang. Als dies geschah — es würde dies in erkennbar späte erdgeschichtliche Zeit gefallen sein — mußte dieser Planet sich zunächst der Erde bedeutend nähern und dabei nicht nur zum erstenmal gegen den Äquator hin das Meerwasser zusammenziehen und einen Teil des Luftmeeres dahin absaugen, sondern auch große Erschütterungen der Kruste verursachen, vielleicht auch starken Vulkanismus, ja vielleicht Faltengebirgsbildung hervorrufen und vor allem von da ab die Gezeitenerscheinung, Ebbe und Flut, zuwege bringen. Die Erde soll schon früher Monde gehabt und diese mit sich vereinigt haben. Wie schon oben gezeigt, stürzt ein größerer Trabant, der sich mit seinem Hauptkörper vereinigt, nicht als Ganzes in ihn hinein, sondern wird zu einem Spiralschweif aufgelöst und kommt in Form von Wasser, Schlammregen, Steinhagel und Metallmeteoriten auf dessen Oberfläche nieder. Da hiermit seine Anziehung erlischt, setzt sich das Meer um, die Erdrinde verlagert sich, neue Wassermassen kommen hinzu, Schichtungen häufen sich auf. So soll es große Katastrophen und Neugestaltungen in der Erdgeschichte immer wieder gegeben haben.

So erklärt Hörbiger die Erdgeschichte. Man sieht, es ist ein großzügiges und gewaltiges Bild, das uns in bisher unerhörter Weise in den Kosmos blicken heißt, wenn wir uns nach zureichenden Erklärungen umsehen für die großen Veränderungen von Land und Meer, für die Auffaltung von Gebirgen, die Aufhäufung ungeheuerer Formationen über weite ozeanische Strecken hin, und für das Ausbrechen vulkanischer Massen in großen Perioden.

Doch wir wollen etwas vorsichtiger zu Werke gehen. Wir haben im Land- und Meereswechsel, in der Gebirgsbildung, im Klimawechsel, im Vulkanismus deutlich genug das Periodisch-Rhythmische, und es ist möglich und wahrscheinlich, daß allerlei kosmische Konstellationen wechselnd auf die Erdoberfläche eingewirkt haben; also etwa daß wir auch Fremdkörper in aufgelöstem Zustand, damit allerlei Gesteinsstoffe, auch Wasser aus dem Weltraum bekommen haben. Welche unmittelbar sichtbaren Möglichkeiten bestehen nun für störende kosmische Einwirkungen? Ist das Planetensystem wirklich so fest, wie man es immer meint, weil für den so überaus kurzfristigen Beobachtungsgang unserer derzeitigen Astronomie die Rechnungen der Bewegung stimmen, oder wenigstens leidlich stimmen? Daß es nicht so ist, daß große Veränderungen, ja Katastrophen naheliegen — dazu brauchen wir nicht die Phantasie zu Hilfe zu nehmen, sondern brauchen nur hinzuschauen, um das schon zu erblicken, was uns zu einem durchschlagenden Verständnis der Erdgeschichte bisher noch fehlt.

Zwischen Mars und Jupiter besteht eine Lücke, weil nach Analogie der Abstände der übrigen Planeten voneinander ein zu großer Zwischenraum herrscht. Allmählich hat man aber in diesem Feld bis gegen tausend kleine Körper entdeckt, die nicht einmal alle rund sind. Teilweise fügen sie sich in die Mars- und Jupiterbahn mit ihrem Umlauf um die Sonne ein, teilweise aber haben sie sehr exzentrische Bahnen. Ihre Gesamtbahn ist stark gegen die der Erde um die Sonne geneigt. Man kann für ihr Dasein zweierlei annehmen: entweder entsprechen sie einem ehemaligen Vollplaneten, der durch irgendein nicht weiter aufgeklärtes Ereignis zertrümmert wurde; oder sie sind von Anfang an dadurch dagewesen, daß bei der Verdichtung des Planetensystems sie als Reste übrigblieben. Das letztere nun ist sehr unwahrscheinlich, weil dann nicht einzusehen wäre, warum sie sich nicht, wie die übrigen Planetesimalen (S. 10), zu Planetenform zusammenschweißten und warum sie gerade an einem Zwischenraum übrig blieben, der sich so ausgezeichnet als Planetenbahnraum darstellt. Man macht geltend, daß sie nicht der Explosion eines ehemaligen Vollplaneten ihr Dasein verdanken könnten, weil ihre Umläufe sich über einen zu weiten Raum ausdehnen und teilweise über die Jupiterbahn hinausgehen; aber gerade das letztere spricht für gewaltsame Zertrümmerung von außen her. Ist einmal ein Fremdling in den Planetenraum geraten?

Ihre durchaus auf späte Störungen des Planetensystems deutenden Einzelbahnen prägen diesen Körpern den Charakter von ungeordneten, also gestörten Körpern auf. Sie müßten schon längst von den Nachbarplaneten eingefangen oder sich noch mehr verteilt haben, wenn dieser Zustand schon — erdgeschichtlich gesprochen — lange Zeit bestünde. Wir sehen daher in ihnen die Trümmer eines, wenn auch nicht explodierten, so vielleicht durch Hereinkunft eines anderen Körpers zerstörten Planeten.

Es liegt nun nahe, besonders die Jupitermonde, wenn auch nicht alle, von diesen Planetentrümmern abzuleiten. Jupiter hat eine ganze Anzahl in sehr verschiedenartigen Bahnen umlaufende Monde, die auch sehr verschiedene Umlaufsgeschwindigkeiten besitzen; die äußersten laufen zwischen 8 Erdenmonaten und 2,5 Jahren um, von den inneren einer in 12 Erdenstunden. Zum Teil haben sie sehr starke Exzentrizität und auch eine zum Jupiteräquator sehr stark geneigte Bahn. Der äußerste Jupitermond, wie der äußerste der zehn Saturnmonde, ist rückläufig. Es liegt geradezu auf der Hand, hier einen Zusammenhang zwischen den Planetentrümmern mit ihren so exzentrischen und die Jupiterbahn überschneidenden Umläufen und diesen Monden zu vermuten. Die ganze Art der Jupitertrabanten spricht unbedingt gegen jede Abschleuderungstheorie und weist geradezu auf einen zum Teil noch gar nicht so lange betätigten Einfang hin. Infolge der kurzen, seit diesem Einfangsdatum verstrichenen Zeit konnten diese Jupitersatelliten auch noch nicht in einen geordneten Umlauf um den Planeten gezwungen werden; das ganze System ist also noch mitten im Werden. Auch der Mars hat mehrere Monde, und der innerste macht an einem Marstag drei Umläufe um seinen Planeten. Die Bahnen der vier Uranusmonde stehen fast senkrecht zur Bahnebene ihres Planeten; einer ist rückläufig, wie der Neptunmond. Wie kann man angesichts solcher Verhältnisse überhaupt noch glauben, daß die Monde Abkömmlinge ihrer Planeten seien? Und selbst wenn sie das wären, so würden doch diese ganz ungeordneten Verhältnisse zeigen, daß vor nicht allzu langer Zeit ganz wesentliche Störungen das Planetensystem betroffen haben, mit denen vielleicht auch die Zersprengung des Mars-Jupiterplaneten in irgendeinem Zusammenhang stehen könnte.

Entweder mag also unser Mond, wie es Hörbiger will, der einst zwischen Mars und Erde umlaufende Planet Luna gewesen sein, dessen Bahn schließlich mit der Erdbahn verschlungen wurde; oder er kann möglicherweise die Hälfte eines anderen, auseinandergerissenen Planetenkörpers sein. Denn zwischen Mars und Erde befindet sich noch ein weiterer kleiner Planet, Eros, welcher der Erde gleichfalls periodisch sehr nahe kommt. Entweder ist dieser Eros überhaupt ein Fremdkörper, also im Planetenraum eingefangen, oder nach einer anderen Annahme könnte es eben sein, daß der größere Planet Luna einmal regelrecht in das System zwischen Mars und Erde eingegliedert war, dann entweder beim Einfang durch die Erde oder bei sonst einer bisher nicht erkennbaren Gelegenheit zerteilt wurde, eben damals vielleicht, als seine eine Hälfte sich zum Erdmond gestaltete. Dafür würde sprechen, daß der Erdmond gar kein vollkommen runder Körper ist. Vor allem aber spricht dafür, daß auch für Eros besondere Störungsverhältnisse vorliegen. Denn auch seine Bahn ist mit der Marsbahn so verschlungen, „wie die benachbarten Glieder einer Kette oder zwei ineinander hängende Drahtringe“.

Können wir also einerseits von der alten, nun fast zur Unwahrheit gewordenen Lehre, das Planetensystem sei in bester Ordnung, völlig absehen, wenn wir erdgeschichtliche Tatsachen erklären wollen, so haben wir andererseits mit der gebührenden Würdigung dieser Zustände nun den Weg vor uns, auf dem uns gänzlich veränderte kosmische Verhältnisse in unmittelbarster Nähe der Erde in die geologische Zeit hinab dargeboten werden, und wir dürfen einige Folgerungen, wenn auch hypothetischer Art, daraus wohl ziehen. So ist es vor allem möglich, daß der letzte Mondeinfang auf der Erdoberfläche wesentliche, d. h. katastrophale Veränderungen mit sich brachte. Es ist weiter wahrscheinlich, daß bei der Störung, auf welche die Abspaltung des Eros und vor allem die Zertrümmerungen des Transmarsplaneten in Asteroiden zurückzuführen ist — wir wissen ja nicht, ob dies alles gleichzeitig geschah — nun auch Trümmer gegen die Erdbahn hin gelangten und hier ebenso exzentrisch und verschiedenartig umliefen, wie sie es jetzt noch bei Jupiter in der entgegengesetzten Richtung tun. Die Erde hätte infolge ihrer größeren Dichtigkeit diese Trabanten rascher eingefangen und sich einverleibt als der wenig dichte Jupiter, dessen Dichte kaum 1/4 der Erde beträgt. Große Achsenschwankungen, Polverlagerungen, Land- und Meeresveränderungen, Gebirgsbildungen infolge Strömungserzeugungen in der innerirdischen Magmenzone und der Kruste wären die Folge solcher unliebsamen Vergesselligung mit Fremdkörpern gewesen.

Noch haben wir in der Erdgeschichte keine unmittelbaren Beweise für größere Schwankungen oder dauernde Umlagerung der Rotationsachse. Was man auch als Beweise anzuführen versucht hat, ist immer noch nicht schlüssig. Trotzdem ist jeder Geologe überzeugt, daß es Polverlagerungen in größerem Maße gegeben hat. Untergeordnete Schwankungen heutigen Tages können hierfür kein Beispiel sein, denn sie gehen auf geringfügige irdische Ursachen zurück, wie unterschiedliche Verteilung der Niederschläge, Schwankungen der Mondbahn. Aber eine starke Abdrehung der Rotationsachse aus ihrer Lage könnte nur durch einen von außen kommenden Stoß oder eine plötzliche Massenauflagerung von außen her, etwa durch einen hereinstürzenden Weltkörper oder durch eine starke Explosion und katastrophale Umlagerung des Erdinnern sich ereignen, und gerade für das letztere liegt aber auch gar kein Anhaltspunkt in der Erdgeschichte vor. Die Folge der genannten übrigen Geschehnisse aber würde eine starke Schwergewichtsverlagerung des im ganzen stets ausbalancierten Planeten sein und würde die Stellung der Rotationsachse dauernd ändern. Bis aber ein neuer Gleichgewichtszustand eingetreten wäre, würden Epochen besonderer Unruhe des Erdkörpers und der Kruste, also Verlagerungen der Meere vergangen sein. Aber auch die sonst für den Land- und Meereswechsel, wie für die Gebirgsbildung verantwortlich gemachten innerirdischen Umsetzungen sind auch nur denkbar in Zusammenwirkung oder Rückwirkung mit kosmischen Massenverlagerungen, Änderungen der Erdbewegung im planetarischen Zusammenhang.

Nun haben wir ja in der Erdgeschichte tatsächlich weitgehende Umsetzungen von Land und Meer, weitgehende Verlagerung von Krustenstreifen durch Gebirgsfaltungen zu allen Zeiten; wir haben Beweise, daß große Kontinentalstreifen, die einst zusammenhingen, heute durch Ozeantiefen und -breiten getrennt sind; wir wissen, daß heutige Polargebiete einst warmes Land gewesen sind und daß in heute tropischen Gegenden einst ungeheuere Eisbedeckungen herrschten, ohne zugleich Anhaltspunkte für die damalige Lage der Pole zu haben. Liegt es da nicht nahe, auch große Umlagerungen der Rotationsachse oder zeitweise beträchtliche Schwankungen derselben und dies in bestimmtem ursächlichem Zusammenhang mit jenem steten Wechsel des Angesichtes der Erdoberfläche anzunehmen, und eben deshalb als notwendig gemeinsamen Ausgangspunkt für alles dieses das Herankommen und das Hereinströmen kosmischer Massen und sonstige kosmische Einflüsse verantwortlich zu machen?

Also auch ein anderes Phänomen der Erdgeschichte würde so eine neue Beleuchtung erfahren: die Klimafrage. Denn wie schon früher dargelegt, ist es absolut unerfindlich, weshalb wir zeitweise über die ganze Erde hin, selbst in den Polarzonen, gleichmäßige Vegetation, gleichmäßiges Tierleben antreffen und gleichmäßige Wärme. Hat nun die Erde zeitweise andere Satelliten gehabt, die vielleicht selbst noch glühend waren oder aber das Sonnenlicht und damit die Wärme sehr stark reflektierten, und liefen diese Satelliten nicht äquatorial, sondern zur Erdbahn sehr geneigt, ja vielleicht, wie beim Uranus, mehr oder weniger senkrecht um, dann konnten sie lange Zeiträume hindurch auch den damaligen Polargegenden Licht und Wärme ununterbrochen zubringen und so manches sonst unlösbare Rätsel der Klimageschichte klären.

Ja, es ist sogar möglich, daß selbst bei stärkerer Sonnenbestrahlung und Erwärmung nördlicher Gegenden sich mitten in solchen Wärmezeiten, wie etwa zur Permokarbonzeit (Kap. 7, S. 192) irgendwo eine größere Eisdecke bilden konnte, wenn nämlich ein solcher Satellit dauernd so an die Erde herangezwungen war, daß er mit derselben Geschwindigkeit umlief, wie sie sich drehte — dies ist ja das von einigen Astronomen angenommene künftige Verhältnis des Mondes zur Erde (S. 13) — und so ununterbrochen einen Sonnenschatten auf ein Land, vielleicht auf ein hochgelegenes Land warf, das dadurch zur Vereisung kam. Dann konnte sogar in der Nähe des Äquators bei allgemeiner sonstiger Wärme und bei entsprechenden Wetterbahnen sich eine Eismasse bilden, und eben dies wäre das Bild, das uns die permokarbone Vereisung des südatlantisch-gondwanischen Kontinentes am Ende des Erdaltertums bietet, wo überall sonst ein wüstenartiges und gewiß nicht kühles Klima herrschte.

Sowohl solche Satelliteneinfänge, wie ihr vom jetzigen Mond durchaus verschiedenes Umlaufen mußte auch eine größere Unruhe sowohl in die Erdkruste, wie in die Wassermassen der Erde bringen. So kamen damit Zeiten besonders bewegter Umsetzung dieser beiden Oberflächenelemente; fortwährendes Bewegen und Gebirgsbilden von bald stärkerem bald schwächerem Ausmaß, das sogar eine gewisse Periodizität hatte, da sich nicht jede

Beeinflussung der Erdrinde sofort auswirkte, sondern sich auch zu Spannungen ansammeln und dann wieder rasch entladen konnte, zumal wenn solch ein Satellit größer war und dabei sehr exzentrisch umlief. Sodann aber würde sich auch eine sehr große meteorologische Unruhe bemerkbar gemacht haben. Es würden energische Wetterwechsel, lange Zeiten hindurch rasch aufeinanderfolgend, sich wiederholt und die Länder energisch abgespült haben, so daß viel Material abgeschwemmt und umgelagert wurde. Die Folge wären rasche und periodisch wechselnde Schichtaufhäufungen in den Meeresbecken gewesen. Mächtige rhythmisch geschichtete Formationen entstanden, wie wir sie unter heutigen Verhältnissen nicht mehr entstehen sehen; davon war im Kap. I, 5 (S. 135) die Rede. Wurden solche Satelliten dann endlich immer näher an die Erde herangeschraubt und lösten sie sich auf, so konnte sich, wenn sie einen Wassermantel hatten, dieser mit dem der Erde, ihn vermehrend, vereinigen; der Gesteinskern aber wurde, wie wir es oben (S. 14) für den theoretischen künftigen Mondeinfang nach der Vorstellung der Welteislehre schon bildlich andeuteten, aufgelöst, und dieses Material bildete dann ein weiteres Mehr zu den in gewissen Epochen sich mit geradezu riesenhafter Mächtigkeit anhäufenden Schichtmassen, für die wir auch nicht das entfernteste Analogon in den heutigen, quartärzeitlichen Verhältnissen auf der Erdoberfläche mehr finden.

Man wolle sich hier ins Gedächtnis zurückrufen, was in den früheren Abschnitten über die horizontale Schichtenlagerung als der primären und der in den vorweltlichen Formationen weitverbreiteten Lagerungs- und Aufschüttungsart dargelegt wurde, in welcher Form uns besonders die vorweltlichen Marinsedimente meistens überliefert sind. Solche langgestreckte horizontale Schichtenbildung ist aber nur dort möglich, wo das niedergehende Material von oben zu Boden sinkt, nicht von der Seite hereingebracht wird. Das ist sonst nur bei chemischen Ausfällungen unter Wasser, sei es im Meere oder in großen Landseen, sowie in der Tiefsee der Fall, in welch letzterem Gebiet alle Materialien von oben kommen. Im Flachmeer, auch im tieferen Flachmeer dagegen trifft dies weniger zu, weil dessen Sedimente, soweit sie nicht aus der Aufhäufung von zerfallenen Organismenschalen entstehen, stets durch die Zufuhr vom Lande, also durch seitliche Zufuhr hereinkommen. Eine Ausnahme machen höchstens vulkanische Materialien, die als Aschen und Steinregen etwa in das Meer niederfallen. Sonst aber wird einseitig aufgeschichtet. Wenn wir nun in der Vorwelt gerade aus Flachmeeren und tieferen Flachmeeren, aus den auf S. 248 beschriebenen weiten Zwischenmeeren die Hauptmasse der geschichteten Sedimente haben und hier oftmals gleichartige oder gleichsinnig wechselnde gebankte Massen von vielen hundert Metern Mächtigkeit über ganze Länder sich ausdehnen sehen, so liegt da eben eine Erscheinung vor, welche auf der heutigen Erdoberfläche nicht ihresgleichen hat und ein Rätsel der Vorweltforschung bildet. So, wie diese Formationsfolgen sich zeigen, muß man folgern, daß sie nicht durchweg veranlaßt waren durch einseitige Zufuhr von den Ländern her, sondern vielfach durch eine Zufuhr, die von oben kam. Da sich oftmals auch ein endloser, bis ins feinste gehender Rhythmus der Schichtbildung in ihnen kundgibt, so weisen diese Tatsachen auf periodische kosmische Stoffzufuhr hin, welche allein sie beide erfüllen konnte. Wir stehen also mit der regelmäßigen und oft sehr mächtigen und ausgedehnten horizontalen Schichtbildungen der Vorzeit vor einem Problem, das nicht aus den heutigen Verhältnissen erklärbar ist und auf kosmische Zufuhr hinzeigt.

Dazu kommt — und soweit scheint mir die Welteislehre geologisch durchaus etwas Richtiges zu sehen — auch eine mögliche Zufuhr von reinem Wasser aus dem Weltraum. Im Kap. 9 wurde schon dargelegt, woher allenfalls ein Zustrom von Eis in das Planetensystem und damit auch zur Erde gelangen kann, wo es dann durch die ungeheuere Reibung in der Atmosphäre zu Wasser aufgelöst wird. Das gäbe mit allem übrigen auch eine Erklärung für das merkwürdige lipalische Zeitalter, das unmittelbar der kambrischen Epoche voraufgegangen sein muß, wie im Kap. 7 eingehend dargelegt wurde, wo wir den Eindruck hatten, es müsse sich damals vielleicht das Wasser auf der Erdoberfläche sehr vermehrt haben. Wir bekämen weiter eine Erklärung für die allmähliche Abnahme der Landflächen in erdgeschichtlicher Zeit, wie es aus den im 7. Kapitel gegebenen Kartenfolgen hervorgeht. Was allerdings die Welteislehre für eine Herkunft solcher Wassermassen aus großen Mondeinfängen und damit auch über die Ausbildung der geologischen mehrfach wiederholten Formationen und die Einbettung oder den ursprünglichen Lebensraum der Fossilien aussagt, beruht unbedingt auf Mißverständnissen. Bleiben wir aber bei den oben dargelegten Tatsachen des derzeitigen höchst problematischen Aufbaues des Planetensystems und den sich darin sichtbar durch die verschiedenen Monde erweisenden Störungen des irrigerweise für stabil gehaltenen Mechanismus, und behalten wir im Auge, daß uns sowohl aus der Sonne in Form von Eisstaub Wasser zukommen kann, wie auch in größerer Menge aus dem Weltraum selbst — zwei wohl zu unterscheidende Quellen — so haben wir zum erstenmal wieder eine Möglichkeit, aus der allzu engen, Entscheidendes nicht mehr erklärenden, beruhigten aktualistischen Lehre herauszukommen und uns wieder älteren geologischen Vorstellungen von Katastrophen im Lauf der Erdgeschichte zu nähern.

Die Erde ist naturgemäß mit dem Weltall, den Körpern und den Vorgängen und Kräften darin verbunden. Allzulange hat die Geologie danach gar nicht gefragt, sondern die Erdvorgänge ganz isoliert betrachtet und nur durch Häufen des Gegenwärtigen die Erdgeschichte zu klären versucht. Es ist derselbe methodische Fehler, den man auch in anderen Wissenschaften, wie etwa in der Medizin, lange Jahrzehnte beging, indem man die einzelnen Organe gesondert für sich behandeln wollte und auf den Zusammenhang des Ganzen dabei vergaß. Charakteristisch für den Kosmos als Ganzes ist zweierlei: Rhythmus und Katastrophe. Der Rhythmus gewährleistet die fortgesetzten Geschehen, die Katastrophe bedeutet die rasche Steigerung oder Unterbrechung des Rhythmus, wenn sie sich im höheren Sinn auch wieder diesem eingliedert. Finden wir also in der Erdgeschichte die Kennzeichen für beides, so müssen wir damit auf den kosmischen Zusammenhang des erdgeschichtlichen Geschehens hingeleitet werden. Solche Kennzeichen hat man aber genug. Man überblicke nur den Land- und Meereswechsel, die Gebirgsbildung, den Klimawechsel und den Vulkanismus durch alle Epochen hindurch insgesamt. Daß der Rhythmus nicht rein, sozusagen nicht uhrwerksmäßig vorhanden ist, hat seine bestimmten Gründe, die oben (S. 235) schon dargelegt wurden. Gewiß ist an der alten Lehre soviel Richtiges, daß die geologischen Umsetzungen der Kruste unmittelbar auch durch die Umwandlung des Erdinnern mitbedingt sind. Die im Erdinnern vor sich gehenden Umsetzungen können sehr wohl auf den Wechsel von Festland und Meer auf die Faltengebirgsbildung und die vulkanischen Vorgänge eingewirkt haben; aber auch sie sind eben ins Ganze des Kosmos mit einbezogen und wiederum nicht isoliert für sich zu bewerten. So ist es ein endloses Netz allgemeiner und einzelner Bedingungen und Vorgänge, welche den Wechsel des Erdantlitzes von Anfang an bestimmten, deren Gewirre uns nur schwer das Rhythmisch-Gesetzmäßige erkennen läßt, das dem Erdball seine früheren und heutigen, stets wechselnden Züge aufprägte.

2. TEIL

Entwicklungsgeschichte des Lebens in der Vorwelt

A) DAS FOSSILMATERIAL UND SEINE DARSTELLUNG

1. Die Organismen im Gestein und als Gesteinsbildner

Aus dem bisher Geschilderten sieht man, auf welche Weise uns die Schichtungen und der Bau, wie auch das Material der Erdrinde zu Dokumenten für die ehemalige Gestaltung der Erdoberfläche werden können. Alle erdenklichen Zustände sind auf solche Art aus den Gesteinen ablesbar. Stets jedoch beruht die Möglichkeit, sichere Ergebnisse zu erzielen, nur auf einem Vergleich des Vorweltlichen mit dem Heutigen, also der vorweltlichen mit den heute sich bildenden Gesteinsarten, Lagerungsarten und deren Entstehungsräumen.

Bei solchen Studien ergibt sich aber eine große Schwierigkeit grundsätzlicher Art, weil kaum irgendein Gestein, das sich in vorweltlicher Zeit einmal bildete, in seinem ursprünglichen Charakter bis heute noch fortbesteht. Denn sobald ein Gestein, sei es ein vulkanisches, sei es ein sedimentäres, abgelagert ist, gehen in ihm allerlei Veränderungen vor, die seine chemische Beschaffenheit, wie seine Struktur und Härte verwandeln. Die Ursachen hierfür liegen teils im Gesteinsstoff selbst, teils in Einwirkungen von außen her. So wird ein im Meere abgelagerter Kalkschlamm alsbald zähe und erhärtet dann zu festem Kalk. Sande mit kieseliger Tonerde oder Kalk gemischt, erhärten zu Sandsteinen und Kalksandsteinen. In größerer Meerestiefe aufgehäufte Schlicke von Kieselradiolarien erhärten zu Hornsteinen, Jaspis und Kieselkalken. Vielfach schlagen sich aus dem Meerwasser gelatinöse flockige Mengen von Kieselsäure oder kohlensaurem Kalk nieder; auch diese werden alsbald außerordentlich hart. Nach der Ablagerung entstehen dann Durchwanderungen der unteren Schichten mit Lösungsstoffen aus den oberen. Dann verwandelt sich nicht nur die frühere Zusammensetzung solcher Schichten, so daß etwa aus reinen Kalklagen nun Kieselkalke werden können, sondern es bilden sich auch nachträglich Schichtungen aus, die zuvor gar nicht in dem Sediment vorhanden waren. Auch organogene Schichten, das sind solche, die vorherrschend oder ausschließlich aus den Körperresten von Tieren (Korallenkalke, Muschelkalke) oder Pflanzen (Kohlen, Bernstein) bestehen, können auf solche Weise ihren ursprünglichen Charakter völlig verlieren, so daß man in dem Gestein nur sehr schwer oder überhaupt nicht mehr die organische Herkunft erkennt.

Ist eine Ablagerung aus ihrem Niederschlagsmedium, also etwa ein Sediment aus dem Meere herausgehoben, nachdem es schon die beschriebenen Veränderungen durchgemacht hat, so kommen noch weitere

Einwirkungen hinzu, sei es durch eindringendes Tages- oder Tiefenwasser, sei es durch Druck und Erwärmung bei geotektonischen Verschiebungen, Verlagerungen des Gesteins in die Tiefe, Aufdringen vulkanischer Glutflüsse. Die zirkulierenden Tages- oder Tiefenwässer sind stets mit Mineralstoffen beladen. Diese setzen sich ab, und so entstehen neue chemische Verbindungen im durchzogenen Gestein; zugleich lösen sie vorhandene Stoffe auf und führen sie weg. Vorhandene Risse und feinste Sprünge im Gestein oder sogar ganz grobe Klüfte werden mit Mineraladern oder Erzbildungen angefüllt, welche das Wasser oder die aus der Tiefe aufdringenden vulkanischen Dämpfe absetzen. In vulkanischen Gebieten, wo infolge der heraufdringenden Glutmassen besonders in der Tiefe große Hitze entsteht, werden die durchbrochenen Gesteine in einem engeren oder weiteren Umkreis einer grundlegenden Stoff- und Strukturänderung unterworfen. Dies nennt man *Gesteinsmetamorphose*. Sie werden kristallinisch und oft scheiden sich dabei am Kontakt der Glutmassen mit dem anstehenden Gestein die wunderbarsten Mineralgänge oder Kristalldrusen aus. Dabei wird, wo das glühende Material selbst hingelangt, das vorhandene Gestein oft aufgeschmolzen und der aufdringende Gesteinsbrei selbst erhält eine ganz andere Mischung und verwandelt sich. Auch durch geotektonische Versenkung vorhandener Schichtungen in große Tiefe, etwa bei der Faltengebirgsbildung entstehen die Bedingungen zu einer ausgiebigen Metamorphose.

Es ist ein bei Tiefbohrungen oder in Bergwerken und bei Tunnelbauten beobachtetes Gesetz, daß auch in nichtvulkanischen Gegenden bei je 33 m Tiefenzunahme die Temperatur etwa um 1° C wächst, so daß in großer Tiefe eine gewaltige Hitze herrscht, auch ohne daß Vulkanherde in der Nähe sind. Daher erklären sich manche heißen Quellen auch in nichtvulkanischen Gegenden, und es erklärt sich daraus auch die Metamorphose tief versenkter, ehemals an der Oberfläche liegender Schichten. Die Umwandlung der Steinkohlen in Anthrazit ist ein leicht faßliches Beispiel hierfür, auch die Umwandlung reinen Kalkes in kristallinen Marmor (Carrara). Kommen dann in der Tiefe unter Hitze noch starke Beanspruchungen des Gesteins durch Druck und Pressung dazu, so wird es in einem gewissen Sinne knetbar und oftmals auf große Strecken hin durcheinandergearbeitet und dabei geschuppt, gefältelt und kristallinisch, so daß sich dann von selbst andersartige Mineralisationen ergeben. Dies besonders, wenn nun noch vulkanische Einwirkungen oder Dämpfe und Mineralwasser der Tiefe hinzukommen. In solcher Weise sind besonders die ältesten Formationen der Erdrinde durchaus umgewandelt, zu kristallinen schieferigen Gesteinen geworden, denen man vielfach nicht mehr ihre Herkunft und Entstehung ansieht (vgl. Kap. 6), so daß es jahrzehntelanger wissenschaftlicher Arbeit bedurfte, um über ihre einzelnen Arten einigermaßen ins Klare zu kommen. Wissen wir doch von manchen von ihnen heute noch nicht, ob sie Ablagerungen eines Meeres, eines Süßwassers oder ob sie vulkanischer Herkunft sind; so wie man am Ende des 18. Jahrhunderts beim ersten Aufblühen der

Geologie noch zweifelte, ob Basalt und Porphyr das eine oder das andere sei. Überall, wo Faltengebirge stehen, treffen wir besonders jene weitgehenden Gesteinsumwandlungen an, weil jene Gebiete ehedem bei der Sedimentation den allergrößten Absenkungen und danach gewaltigen Emporpressungen ausgesetzt waren (Kap. I/$_9$, S. 241). Man nennt die zuerst beschriebenen einfacheren Vorgänge der Gesteinsumwandlung Diagenese, während die eigentliche Metamorphose sich auf die zuletzt beschriebenen extremen Vorgänge unter Druck und Hitze bezieht. Abgesehen von ganz besonders schwierigen Fällen ist aber die Erkennung des Ablagerungsmediums von Schichtgesteinen aus der früheren Zeit heute doch schon so weit möglich, daß wir die ehemaligen Zustände der Erdoberfläche aus den Gesteinen schon mit großer Zuverlässigkeit, besonders für die jüngeren, uns zeitlich näherliegenden Epochen, zu rekonstruieren verstehen, besonders wenn sie Fossilien führen.

Ein Fossil ist ein mineralisierter, also nicht mehr ganz ursprünglicher Rest eines ehemaligen Lebewesens oder von ihm herrührende Teile oder Lebensäußerungen, so daß hierzu etwa auch Fußspuren, Bohrgänge u. dgl. gehören können. Gewöhnlich sind die eigentlichen Fossilreste nur ehemalige Hartteile vorweltlicher Organismen, selten hat man auch Abdrücke oder Mineralisierungen von Weichteilen oder sonstiger organischer Substanz, wie Zellulose und Chitin.

Was über die Umwandlung der Sedimente und sonstigen Gesteine der Erdrinde gesagt wurde: daß sie nur selten noch in ihrem ursprünglichen Zustand angetroffen werden und sich im Lauf der Zeiten, ja sofort bei und nach ihrer Ablagerung diagenetisch verändert haben und vielfach sogar ihrer Entstehung nach dabei ganz unkenntlich geworden sind, gilt in gleichem Maße auch von den fossilen Pflanzen- und Tierresten, den Versteinerungen. Auch hier können wir alle Stufen der Veränderung verfolgen, ausgehend von dem wie frisch erhaltenen Fossil bis hinüber zu organisch-anorganischen Massen und Stoffen, denen man eine Herkunft aus Organismen auf den ersten Blick kaum mehr ansieht.

Die Umwandlungen, welche mit der organischen Materie und den Formen der ehemaligen Lebewesen in den Erdschichten vor sich gegangen sind, stellen sich sowohl als chemische, wie als mechanische dar. Dies mag an einem auch für Späteres (Kap. II/$_2$) wichtigen Beispiel kurz erläutert werden. Teils wurden sie ersetzt durch Lösungsniederschläge, welche an Stelle des vorhandenen Gebildes, aber genau in gleicher räumlicher Form, eine andere Substanz beibrachten und nun eine getreue Nachbildung der ursprünglichen organischen Form verfertigten; teils wurden die Hartteile überhaupt ganz weggelöst und ein Hohlraum oder eine ehemalige Ausfüllung etwa eines Schneckengehäuses (Abb. 166) bleibt übrig, ein Steinkern. Es ist oft schwierig, sich bei solchen Steinkernen Rechenschaft über die ehemalige Schale zu geben, durch deren Ausfüllung und Umwandlung sie entstanden.

Sodann können mechanische oder chemische Verkittungen von Fossilhartteilen oder Trümmern von solchen zustandekommen und es entsteht dann eine Art Schalenkonglomerat, ebenso wie aus Rollsteinen oder Sandkörnern ein Gesteinskonglomerat entstehen kann. Schließlich können organische Fossilreste auch bis zur Unkenntlichkeit sowohl durch chemische Einwirkung, wie auch durch richtige Gesteinsmetamorphose verwischt werden; und das ist ja auch einer der Gründe, weshalb uns aus den ganz alten erdgeschichtlichen Formationen keine oder nur unsichere Andeutungen organischen Lebens erhalten geblieben sind. Endlich können Fossilien auch durch grob

Abb. 166. Schneckenkalk aus dem eozänen Meereskalk. Paris. a vollständige Gehäuse; b dieselbe Art als Steinkern erhalten. (Orig. Mus. München.)

mechanische Verzerrung oder Verdrückung unkenntlich oder schwer bestimmbar werden, was besonders in Gesteinen zutrifft, welche einer intensiven Gebirgsverfaltung oder sogar Verfältelung ausgesetzt waren (Abb. 167).

Die Einbettung der Organismen in die Schichtungen der Vorwelt geschah nun auf verschiedene Weise. An und für sich gehören zum Zustandekommen eines Fossils mehrere günstige Umstände, weil alle organischen Körper zerfallen; und auch die Hartteile sind meistens so mit organischer Substanz durchsetzt oder werden nach dem Tode des Trägers mürbe, daß sie bald verfallen oder an der Oberfläche verwittern. Im allgemeinen werden wir dort die zahlreichsten Fossilien finden, wo ehedem eine sehr rasche Sedimentation, also eine rasche Bedeckung, verbunden mit baldiger Verhärtung der Schichten eintrat. Einiges wurde schon früher (Kap. 2, S. 67 ff.) erwähnt, und wenn das Korn der Schichten sehr fein ist, können uns dann auch Abdrücke von Weichteilen und feinsten skelettlosen organischen Gestalten überliefert werden (vgl. Abb. 233).

Sobald ein Organismus derart eingebettet ist, daß er zum Fossil werden kann, ist er streng genommen selbst ein Gesteinsteil geworden; er baut von da ab das Gestein ebenso mit auf, wie etwa zusammengeschwemmte Kieselsteine oder Sandkörner. Ja es kommt vor, daß Organismen allein die Schichten zusammensetzen, wenn sie nach ihrem Tode und in großen Massen etwa am Grund des Meeres niedersanken. Auf diese Weise entstehen organische Ansammlungen, und wenn man nun die Steine bricht und zerschlägt, so sieht man die nach allen Seiten gelagerten Querschnitte von Organismenhartteilen darin. Aber immer treten uns die Fossilien, seien sie einzeln in das Gestein eingebettet oder seien sie selbst ganz oder teilweise gesteinsbildend — immer treten sie uns in diagenetisch veränderter Gestalt entgegen. Besonders günstig ist es, wenn Gesteine lange Zeit der Verwitterung ausgesetzt waren. Dann springen vielfach die Versteinerungen an ihren Unstetigkeitsflächen heraus oder liegen oft befreit vom Gestein da, wo man sie nur aufzulesen braucht, oder treten auf den Schichtflächen klar hervor. Es gibt in manchen hierfür geeigneten Formationen Verwitterungserden, etwa Äcker, über die man nur hinzugehen braucht, um Stück für Stück von Fossilien des darunter anstehenden und nun zu Ackerboden verfallenen Gesteins aufzulesen; auch in alten verlassenen Steinbrüchen ist dies gelegentlich noch möglich. Allerdings hat heutzutage das Interesse für Fossilien allerorts so zugenommen, daß man selten mehr an derartige Fundstellen geraten wird; sie sind meistens gründlich abgesucht. Will man aber planmäßig gewisse Vorkommen ausbeuten, so bleibt nichts übrig, als Grabungen oder Sprengungen vorzunehmen oder, wenn es sich um kleinere Arten handelt, geduldig tage- und wochenlang mit Hammer und Meißel an den Fundorten die Gesteine zu zerschlagen. Wenn die Fossilien brüchig sind, so wird man sie sogar an Ort und Stelle erst in Gips eingießen oder mit Leimwasser tränken und härten müssen, um sie unversehrt heimzubringen und sie dort erst sachgemäß herauszuarbeiten, sie zu präparieren. Und große Schwierigkeit hat es oft, sie aus dem Gestein so freizulegen, daß man ihre ursprüngliche Form oder Einzelheiten ihres Körperbaues genau genug erkennt, um sie bestimmen, d. h. um ihre Zugehörigkeit zu bestimmten Gattungen oder Arten des Tier- und Pflanzenreiches zu erkennen. Oft sind auch die Teile zerstreut, besonders Wirbeltierskelette werden meistens nur in einzelnen Stücken, selten in genügendem Zusammenhang gefunden. Sie müssen dann mit großer Sachkenntnis nach anderen bekannten Formen ergänzt oder mit großer Schwierigkeit und unter Zuhilfenahme besonderer technischer Verfahren herausgearbeitet werden.

Abb. 167. Platte mit verdrückten und verzerrten Ammoniten. Lias. Allgäu. (Orig. Mus. München.)

Der Geologe nennt alles ein Gestein, was natürlicherweise die Erdkruste mit zusammensetzt. Also nicht nur die Basalte und Granite, nicht nur die Sandsteine und Mergel, nicht nur die Kiese und Flugsande, sondern auch die rein organisch zusammengesetzten Stoffe, wie Torf, Kohle, insoweit sie auf natürlichem Wege entstanden und den übrigen Gesteinsbänken der Erde auch natürlich eingegliedert sind. Wir betrachten zunächst einige Beispiele von Gesteinen durch Schalenaufhäufungen.

Am Mokattam bei Kairo werden in großen Kalksteinbrüchen die Bausteine der Umgegend gebrochen, und dieselben Gesteinsschichten durchziehen auch die Sahara; in sie hinein oder aus ihnen heraus ist an Ort und Stelle auch die große Sphinx gehauen. In dieser verbreiteten Gesteinsformation sind mehrfach Lagen, die aus Hunderttausenden von linsen- bis markstückgroßen flachen Steinmünzen, den Nummuliten, bestehen. Manchmal wittern sie heraus, manchmal aber halten sie auch so dicht zusammen, daß es eine Art Kalkmarmor ist, auf dessen Flächen die Querschnitte dieser Nummuliten in allen Richtungen und Lagen sichtbar sind (Abb. 168). Bringt man diese Gebilde im Dünnschliff unter das Mikroskop, so erkennt man eine feine Spirale mit zahllosen Kämmerchen. Es sind Reste von tertiärzeitlichen Meerestieren, deren nächste Verwandte, die Foraminiferen, sowohl in den Meeren der Jetztzeit wie in denen der Vorwelt sehr zahlreich waren, aber gewöhnlich recht klein, oft nur stecknadelkopfgroß, blieben. Sie gehören zu jenen niedersten einzelligen Schleimtierchen, den Foraminiferen, welche heute besonders in der Hochsee zu Milliarden herumschweben, wobei der plasmatische Weichkörper weit über das mehrfach gekammerte kleine Schälchen hinaustreten und es tragen kann. Solche Foraminiferen finden sich in allen Formationen. Aber die hier in Frage stehenden Nummuliten waren schwer und lebten weltverbreitet am Boden der alttertiärzeitlichen Meere, wahrscheinlich in ebenso zahlreichen Massen, wie die leichten kleinen Formen in den höheren Wasserregionen. Da häuften sie sich nun an, ihre derben festen Schalen widerstanden gut der Zersetzung und bildeten die Nummulitenkalke.

Abb. 168. Nummulitenkalk aus der Libyschen Wüste. Marine Eozänschichten. a Kalkstück; b Einzelformen, links mit erhaltener Oberfläche, rechts angeätzt, die innere Spiralkammerung zeigend. (Orig. Mus. München.)

Verfolgt man die Verbreitung dieser Kalke über die Erde hin (Abb. 163, Kap. I$_{10}$), so zeigen sie zwar eine weltweite Ausdehnung; besieht man es aber genauer, so bemerkt man darin eine gewisse Gesetzmäßigkeit. Sie folgen im ganzen einem Gürtel um die Erde herum, der sich ungefähr der heutigen warmen Zone anschmiegt. Teilweise gehen sie aber auch noch bis nach Japan hinauf und an der Ostseite Afrikas weit herunter nach Süden. Dies läßt darauf schließen, daß dorthin noch warme Meeresströmungen reichten, welche diesen wärmeliebenden Tieren auch außerhalb jenes Gürtels noch eine üppige Existenz ermöglichten.

Schon bei Besprechung der vorweltlichen Klimazustände (Kap. 7, S. 188) war darauf hingewiesen worden, daß die üppige Kalkschalerbildung in den Meeren uns ein warmes Klima anzeigt, weil aus bestimmten physiologischen Gründen die reiche Ausscheidung von Kalk bei niederen Meerestieren eine gewisse Wärme des Wassers voraussetzt. Die Nummuliten sind hierfür das trefflichste Beispiel. Freilich kann ein dickes Kalksediment auch aus Formen sich anhäufen, die keineswegs nur an warmes Wasser gebunden waren. Denn auch im kühlen Meeresgebiet leben Kalkschaler, und wenn solche sich nur in genügender Zahl vorfinden und nach dem Tode ihre Gehäuse am Boden sich ansammeln, so kann auch dadurch eine mächtige Kalkablagerung entstehen. So ist die in Nordwesteuropa weitverbreitete weiße Schreibkreide am Ende des Erdmittelalters — daher Kreidezeit — entstanden. Ein Dünnschliff solchen Gesteins, unter das Mikroskop gebracht, belehrt uns, daß die weiße Kreide ein Schlick aus tieferem ruhigen Wasser eines Flachmeeres ist, der aus einer den Tiefseebildungen recht ähnlichen Anhäufung von Milliarden kleinster Foraminiferenschälchen besteht (Abb. 169). Darum hielt man dieses Gestein auch früher zuweilen für eine echte Tiefseeablagerung; doch ist sie dies nicht. Denn die sonst noch in der Schreibkreide vorhandenen gleichzeitigen Meerestiere sprechen in ihrem biologischen Charakter entschieden dagegen. Wir finden allerhand Muscheln, dann vor allem Seeigel, Seelilien, Tintenpolypen und andere Formen, welche uns das Flachmeerleben deutlich verraten, zumal auch die genannten Foraminiferen des Schlickes selbst nicht jene Arten sind, die heute Tiefseeschlicke bilden.

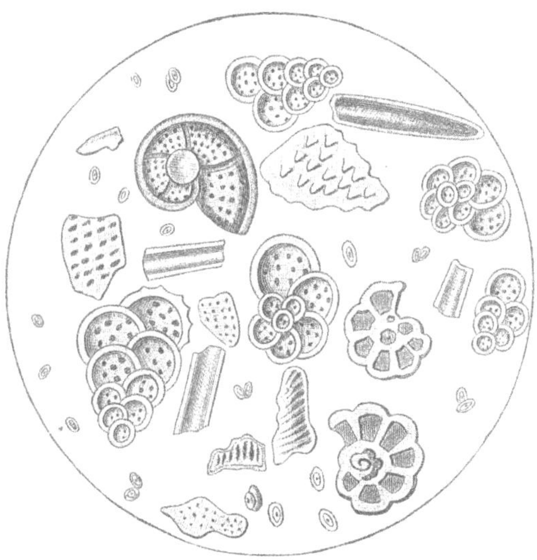

Abb. 169. Dünnschliff in 300facher Vergrößerung durch ein Stückchen weißer Schreibkreide mit Foraminiferen. (Aus Zittel-Broili 1924.)

Wie die an den jetzigen ozeanischen Oberflächenwassern lebenden kalkschaligen Foraminiferen milliardenweise fortwährend zum Boden der

Tiefsee hinabsinken, so auch ebensolche kleinste Gerüstträger, die Radiolarien, welche meistens in den kälteren Meeresströmungen existieren; ebenso kleinste mikroskopische Pflänzchen, die einzelligen Diatomeen (Abb. 170). Sie häufen sich am Boden der Tiefsee auf, bilden dort die auf S. 55 wieder erwähnten Schlicke. Aber nicht nur im hochozeanischen Gebiet, wo sie zur Tiefsee hinuntersinken, sondern auch im flachen Meer leben vielfach diese kleinen Gestalten und bilden dann ähnliche Sedimente. Im Kap. 9 (S. 242) war von dem Streit die Rede, der sich über gewisse, in alpinen Schichtfolgen und sonst vorkommende Radiolarite entspann. Dort wurde gesagt, daß diese sedimentären kieseligen Gesteine (Hornsteine) voller Radiolarien mit Kieselgerüstpanzern stecken und deshalb für echte Tiefseeablagerungen vorweltlicher Zeit angesprochen wurden. Sie können aber ebensogut in einem Flachmeer abgesetzt worden sein, weil es ja gleichgültig ist, ob das Meer tief oder flach ist, in dessen Wasser solche Lebewelten schweben (Planktontierwelt). Daß man heute solches Plankton größtenteils, jedoch keineswegs ausschließlich, in Ozeanen antrifft, beweist nichts dafür, daß jene alten Hornsteinschichten der Karbon- oder Juraformation in einer Tiefsee sich niedergeschlagen haben (Abb. 171); es ist dieselbe falsche Schlußfolgerung, wie man sie zuerst über die Schreibkreide gemacht hatte. Wenn man sich nur vorstellt, daß das alpine Tethysmeer seinerzeit vor der Zusammenfaltung seiner Sedimente so weit war, daß manche Teile gar nicht mehr von den Materialzufuhren des Landes berührt wurden, so konnte sich ein ganz reiner Schlick aus Planktontier

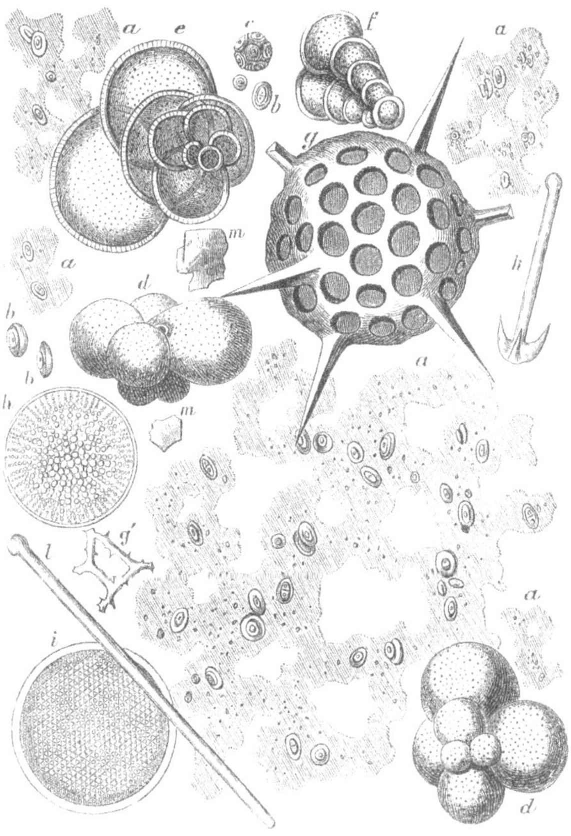

Abb. 170. 700fache Vergrößerung von jetzigem Tiefseeschlamm, zusammengesetzt aus kieseligen Radiolarien (g); kalkigen Foraminiferen (d, e); Kieselnadeln von Schwämmen (k, l); Kalkscheibchen von Infusorien (a, b, c) und Kieselgerüsten von Algenpflanzen (Diatomeen, h, i); m Mineraltrümmer. (Aus Zittel-Broili 1924.)

schälchen bilden, wie diese Radiolarite der Alpen, ohne daß es freie Tiefsee gewesen sein mußte.

In der Triaszeit durchzog ein seichter Meeresarm das Gebiet von Deutschland bis ins östliche Frankreich hinein und war durch eine vom Böhmerwald bis in die Schweiz reichende Landbarre, den „vindelizischen Rücken“ vom alpinen Meer abgetrennt. In diesem Flachwasser schlugen sich gebankte Kalke nieder, stellenweise schied sich auch durch die Tätigkeit von Schwefelbakterien in dem zuweilen abgeschnürten Wasserbecken Gips aus und es entstand noch allerhand anderes Gestein. Auf den

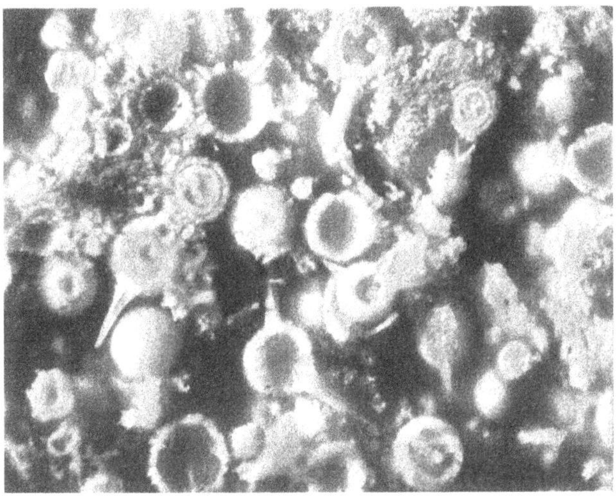

Abb. 171. Radiolariengehäuse, kieselig, aus marinen Karbonkieselschiefern Norddeutschlands. Angeätzt und auf diese Weise plastisch aus dem Gestein hervortretend. Stark vergrößert. (Orig. Dr. Schwarz.)

Flächen jener Kalkbänke, die als fränkischer Muschelkalk vielfach auch zu Bauten verwendet werden, gewahrt man oftmals Lagen von Muscheln und Ammonshörnern und dazwischen auch Reste von anderen Tieren, auch Knochen von Meereswirbeltieren. Dies stellt uns den ehemaligen Meeresboden dar, auf dem die Sedimentation von Kalk rhythmisch unterbrochen wurde; setzte sie rasch wieder ein, so überdeckte sie, wie dies in allen Formationen die Regel ist, jene gerade angesammelte Tierwelt und begrub sie zur Fossilisation in ihrem Schlamm. Zuweilen liegen nun zwischen den verhältnismäßig fossilleeren Kalkbänken andere, die erfüllt sind von kleinen runden, nur ein paar Millimeter im Durchmesser betragenden Körperchen (Abb. 172). Es sind die zerfallenen Glieder von Seelilien, einer Tiergruppe, die in den ältesten Zeiten der Erdgeschichte sehr häufig und artenreich entwickelt war und die in ähnlichen Arten, aber doch nur noch spärlich, heute vornehmlich in der Tiefsee noch vorkommt. Dieser Seelilienkörper besteht aus einer Kapsel, woran einige oder viele verzweigte Arme sitzen, während nach abwärts ein Stiel ihn an den Boden verankert. Alles an einem solchen Tier ist beweglich, nur die Kapsel ist fest; alles besteht aus einzelnen Plättchen und runden zylindrischen Körperchen, die durch organische Bindesubstanz aneinanderhalten. Eine bestimmte Art dieses Tiertypus hat nun zeitweise in zahllosen Individuen, einen lebendigen Rasen oder Kleinwald bildend, am Boden des Muschelkalkmeeres gelebt, und als nun Jahrhunderte lang Generation um Generation wuchs und wieder zerfiel, sammelten sich die aus dem Körperverband gelösten Kalkkörperchen am Boden an und bildeten jene „Trochitenschichten".

Abb. 172. a ein Stück Krinoidenkalk (Trochitenkalk) aus unzähligen Gliedern von zerfallenen Seelilien zusammengesetzt, vom Boden des Muschelkalkmeeres. Franken. b daneben eine unzerstörte Form, jedoch Stiel nicht in seiner ganzen Länge erhalten. Ebendaher. Verkl. (Orig. Mus. München.)

Die Beispiele ließen sich aus allen Meeren der Vorzeit ins Ungemessene vermehren. Aber auch die früheren Süßwasserablagerungen bergen solche Schalen- und Schälchenansammlungen häufig. So sind aus dem zur Tertiärzeit in Süddeutschland vielfach verbreiteten Süßwasserseen Gesteine bekannt, die ausschließlich aus den sehr kleinen Gehäusen von Schnecken oder schalentragenden Flohkrebsen bestehen. Aber noch häufiger als diese Kleintierwelten treten uns sowohl in den Meeres- wie in den Süßwasserablagerungen der Vorwelt Ansammlungen großer Schalen entgegen. Es sind besonders die zur fossilen Erhaltung so vorzüglich geeigneten Konchylienschalen, also Muscheln, Schnecken, Ammonshörner und Brachiopoden, die stellenweise ebenso gesteinsbildend gewirkt haben, wie die zuvor genannten Formen.

Aufhäufungen von Wirbeltierresten spielen besonders in früheren Landgebieten eine bedeutende Rolle und gehen entweder auf vulkanische Aschenfälle (S. 104) oder auf katastrophale Wetterstürze, Entstehung von Gießbächen und Überschwemmungen oder auf langsame Anhäufung von

Knochen in Höhlen und Spalten zurück. Gesteinsbildend werden solche Anhäufungen nur dort, wo das verbindende Sediment so zurücktritt, daß richtige Knochenbrekzien entstehen (Abb. 173). So liegt bei Pikermi in Attika und auf der Insel Euböa ein pliozänes Knochenlager voller verschiedenartigster Wirbeltiere, Giraffen, Hirsche, Pferde, Elefantiden, Rhinozeroten, Wildschweine und pferdeartiger, teilweise den jetzigen Gattungen gegenüber sehr fremdartiger Gestalten, dazwischen Affen und Raubtiere. Die Knochenmassen sind meistens zerbrochen, die Skelette zerstreut und alles wild durcheinandergeworfen. Hier haben wahrscheinlich Sturzbäche und

Abb. 173. Lagerstück von zusammengebackenen Skelettrümmern (Knochenbrekzie) aus einer fränkischen Höhle. Eiszeit. (Orig. Mus. München.) Sehr verkl.

Überschwemmungen ganze Tierherden überrascht und die Leichen zu Tausenden verschwemmt, zerrissen und begraben; oder es haben, nach anderer Auffassung, die größere Wahrscheinlichkeit für sich hat, Steppenbrände die Tiere an Steilabstürze von Seen und Flußufer hingetrieben, wo sie sich infolge ihrer endlos nachdrängenden Massen hinunterstürzten, zumal viele der Knochen Bruchharten aufweisen, wie sie durch hohen Absturz verursacht werden.

Andere Knochenbrekzien werden in Höhlen angetroffen. Unter den Höhlen lassen sich zweierlei Arten unterscheiden: die Spaltenhöhlen und die Hallenhöhlen. Zu den ersteren gehört die berühmte Gailenreuther Höhle in Franken. In derartigen Spalten sind die Knochen meistens vom Wasser zusammengeschwemmt oder die Tiere sind hineingestürzt. In den Hallenhöhlen dagegen haben die Tiere unmittelbar Unterschlupf gesucht oder sie bewohnt, wie der Urmensch auch. Durch die in solchen Höhlen fortwährend vor sich gehende Bildung von Tropfsteinen und Tropfsteinkrusten oder durch Zusammenschwemmung bei steigendem Wasserstand oft liegen sie in Flußtalwänden — wurden die Knochen mit Material bedeckt, das teils vom Wasser beigebracht ward und teils auch von der stetig fortschreitenden Verwitterung der Höhlenwände selbst stammt. Wie die von Schlosser so erfolgreich durchgeführte Aufdeckung der Tischoferhöhle im Kaisergebirge bei Kufstein zeigte, ist diese Eiszeithöhle nur von einer einzigen Tiergattung, dem großen Höhlenbären, beherrscht gewesen. Wir finden zahllose Skelette und ihre Reste, die nun merkwürdigerweise nur von Weibchen und von Jungen, sodann aber von ganz alten Männchen mit völlig abgekautem Gebiß herrühren. Diese Erscheinung und die weitere

Abb. 174. Ausgrabung in der eiszeitlichen Lehmschicht der Tischoferhöhle bei Kufstein (Tirol). In dem Bodenprofil die von verkohlten Algenmassen herrührenden schwarzen Zwischenlagen. (Aus Schlosser 1929.)

Tatsache, daß die übrigen darin beobachteten Tierreste nach Arten- und Individuenzahl äußerst gering gegenüber den Bärenresten der beschriebenen Art sind, deutet Schlosser nun dahin aus, daß die männlichen Bären stets abwesend waren, auf Raub aus waren, während die alten Männchen sich zum Sterben dahin zurückzogen. Die Weibchen aber gingen zum Werfen und zur Aufzucht ihrer Jungen hinein. Wenn sie die Jungen gebaren, so waren sie noch von der Generation des vorausgehenden Jahres begleitet. Wie aber die Schichtungen zeigen, war diese Höhle jeweils im Jahr nur von einem Weibchen mit seinen Jungen bewohnt. Die Schichtung in der Höhle selbst läßt ihre Historie erkennen (Abb. 174). Zu unterst liegt ein Höhlenlehm, auf die bezeichnete Weise durch die Verwitterung der Höhle entstanden. Zwischen eingeschaltet sind feine, kohlige Lagen, die von den die Höhlenwandungen immer wieder von neuem überziehenden Algenrasen, die nun im Sediment verkohlt liegen, stammen. Solche Algenpolster wachsen rasch, werden sehr dick, es sammelt sich hinter ihnen Wasser an und durch ihr eigenes Schwergewicht oder durch das Mürbewerden der Höhlenwand stürzen sie dann periodisch herab. Über dem Höhlenlehm, in dem die beschriebenen Bärenreste stecken, liegt ein grauer Letten, der entstand durch das Eindringen von Gletscherschmelzwasser der letzten Eiszeitphase, als ein Gletscher die Höhle abschloß und in ihr nun das Wasser sich staute. Darüber kommt eine Steinchenschicht, wiederum aus Verwitterung nach Verschwinden des vorgenannten Zustandes geworden; darüber endlich die Kulturschicht des Menschen mit seinen und seiner Haustiere Knochen, Kunstprodukten, Brandresten. Im einzelnen sind solche Schichtenfolgen natürlich sehr verschiedenartig, weil je nach dem Raum innerhalb der Höhle auf verschiedene Weise solche Ablagerungen eintreten.

Abb. 175. Bohnerzspalte in den Jurakalken von Solnhofen in der fränkischen Alb, ausgefüllt mit brauner Verwitterungserde der Tertiärzeit, Lager von Wirbeltierresten. (Origphot. Dr. Knauer.)

In Spaltenhöhlen wohnen die Tiere selten, sondern meistens stürzen sie hinein, und so sammeln sich ihre Gebeine lange Zeiträume hindurch darin an. Man muß jedoch immer bei solchen Knochenbrekzien, wenn man sie paläontologisch analysiert, unterscheiden zwischen Tieren, die auf solche Weise zugrundegingen, und anderen, deren Skelettreste zwar mit ihnen vermengt sind, die aber den Spalt bewohnten oder als Raubtiere oder Aasfresser absichtlich hineindrangen. Am Rande des französischen Zentralplateaus ist in Taschen des Jurakalkes, ähnlich wie im Karst, schon seit der Tertiärzeit ein Spalthöhlensystem entwickelt, in dem sich die typische Karstverwitterungserde, die Terra rossa (S. 33) angesammelt hat. In dem erdigen Gestein haben sich Phosphate ausgeschieden, was wohl auf die Zersetzung von Tierskeletten zurückzuführen ist. Denn in diesen Spaltausfüllungen finden sich fossile Reste von Landschnecken, Insekten, Asseln, Fröschen, Reptilien, Vögeln, Fledermäusen und großen wie kleinen Säugetieren. Ähnliches bieten auch die Bohnerzschlote der fränkisch-schwäbischen Jura-Alb (Abb. 175), worin unter denselben Umständen Knochenbrekzien sich finden, zwischen deren Einbettungssediment, einer rotbraunen, ockerartigen Erde, sich Eisenkügelchen, die sogenannten Bohnerze, ausgeschieden haben. Oftmals sind diese Erzkörperchen und die Knochen mitsamt dem Aufbewahrungsgestein durch die in den Spalten zirkulierenden Wasser schon zur Tertiärzeit wieder umgelagert worden.

Zur Tertiärzeit lagen im Gebiet von Wyoming in Nordamerika Seen- und Sumpfgebiete, mit Wäldern bedeckt, die vermoorten und in denen sich teilweise Braunkohlenlager bildeten. In den Wäldern lebten Säugetiere, die zu altertümlichen, heute nicht mehr existierenden Gattungen gehörten und in den Sümpfen und den Wassern Fische, Krokodile und Sumpfschildkröten. Im Umkreis gab es auch trockenere Landstriche von Buschsteppencharakter, deren Ablagerungen typische Steppensäugetiere, Urpferde und auch eine sehr große Landschildkröte uns hinterlassen haben. Nun erscheinen darüber plötzlich 500 m mächtige vulkanische Aschenlagen, zwischen denen sich öfters wieder Süßwasserschichten einschalten, die indessen räumlich nicht die Ausdehnung der vulkanischen Aschen haben. Zu unterst erscheint ein 60 m mächtiger Horizont mit Teichmuscheln, Fischen und Krokodilen. Darüber etwa 150 m dicke Aschenlager, in denen nun eine Menge wohlerhaltener Skelette von Säugetierherden stecken. Sie lebten in den Wäldern und an den Seen und wurden durch die gewaltige, damals im Gebiet von Wyoming, Colorado und Utah ausgebrochenen, auf 40—60 Quadratmeilen im Umkreis über die Gegend geschütteten Aschenregen begraben — ein urweltliches, eine blühende Tierwelt vernichtendes Pompeji. Mehrmals sehen wir in dieser Formation das Gleiche sich wiederholen; immer trat dazwischen eine Zeit der Wiederherstellung der alten Lebensverhältnisse ein, die mehrmals auf die gleiche Weise vernichtet wurden. Im ganzen schichtete sich dadurch eine Landformation von etwa 2000 m Mächtigkeit auf, welche uns die wertvollsten Einblicke in die altterziärzeitliche Säugetierwelt geliefert hat.

Eine besondere Art der Aufhäufung höherer Tiere, aber nicht nur ihrer Knochen, sondern des ganzen Körpers mit Haut und Haar sind die im Boden Nordsibiriens von der Späteiszeit her noch eingefrorenen Mammuthkadaver, die als natürliches Gefrierfleisch in ganzen Herden dort erhalten sind, und so gut, daß die Polarhunde ihr Fleisch verzehren können. Auch ist die im Laufe der Jahrhunderte über die Welt ergangene Elfenbeinlieferung aus jenen sibirischen Mammutlagern bestritten worden und nicht etwa von den lebenden afrikanischen oder indischen Elefanten, deren Stoßzähne zudem nicht jene Größe und Mächtigkeit haben, wie die der eiszeitlichen pelzüberkleideten Mammuthe.

Es gibt auch in marinen Schichten früherer Zeit zuweilen solche Knochenansammlungen, oftmals vermischt mit Fischresten und Koprolithen, den mineralisierten Kotballen von höheren Tieren. So ist an der Grenze von Muschelkalk und Obertrias sowie in der Rhätphase der obersten Triasformation und im Lias ein Knochenbett (Bonebed) festgestellt, von dem alten Paläontologen Quenstedt sehr drastisch die schwäbische Kloake genannt. Es waren nicht Stellen der Zusammenschwemmung, sondern wahrscheinlich Sterbe- und Leichenplätze, auf denen die Organismen zerfielen. Insbesondere bei dem seichten Zustand des Rhätmeeres sind die Meereslagunen zuweilen wohl ausgetrocknet. Dann kamen die Aasfresser und hielten Mahlzeit, worauf die in dem Bonebed liegenden Koprolithen hindeuten. Wäre das Material gerollt von den wiederkommenden

Abb. 176. Ausschnitt aus einer Tonmergelplatte mit Ansammlung von zerriebenen Knochen, Zähnchen, Schuppen meistens von Fischen (Bonebed). In der Mitte quer fossiler Kotballen (Koprolith) von einem wahrscheinlich in dem damaligen Strandgebiet aasfressenden Reptil. Oberste Trias (Rhät) in Württemberg. (Orig. Mus. München.)

Meereswogen, so hätten doch gerade diese hinfälligen Koprolithen zerfallen müssen (Abb. 176).

Massenanhäufungen von Wirbeltieren durch Massensterben gehen auch im Meere vor sich. Beispiele hierfür sind aus nahgeschichtlicher Zeit bekannt. So am Anfang des 19. Jahrhunderts an der dänischen Küste, wo durch eine Sturmflut eine halb ausgesüßte Brackwasserbucht überflutet wurde und der ganze ungeheure Fischreichtum dieser Bucht zugrunde ging, von Flugsand überdeckt wurde und wohl ein großes Fischlager zur zukünftigen Fossilisation gebildet hat. Häufig werden solche Tieransammlungen auch durch untermeerische Vulkanausbrüche bewirkt. Im Jahre 1902 konnten an der abessynischen Küste des Roten Meeres Massen tote Haifische ans Land gebracht werden, die alle wahrscheinlich infolge einer solchen unterseeischen Eruption ums Leben gekommen waren. In der südtiroler Triasformation gibt es eine Schicht, die ausschließlich aus vulkanischem Tuff besteht, der im Meerwasser sedimentiert ist und dadurch entstand, daß entweder am Land in der Nähe oder im Meere selbst ein Vulkanausbruch stattfand, seine Aschen in die Luft schleuderte, die sodann ins Meerwasser niedersanken und als marine Ablagerung sedimentiert wurden. Es sind die Pachykardientuffe, so benannt nach einer in ihnen massenhaft auftretenden Muschel, die mit zahlreichen anderen Arten von Konchylien diese Tuffe dicht erfüllt und uns zeigt, wie durch den Ausbruch ein un-

Abb. 177. Platte aus Molassesandstein, einer tertiärzeitlichen Süßwasserablagerung der bayerischen Voralpen, mit Anhäufung von Muschelschalen. (Orig. Mus. München.) Etwas verkl.

glaublich arten- und individuenreiches Leben am Boden jenes Meeres getötet und mit seinen Schalenresten zu einem Sedimentgestein verbacken wurde. Ebenso geht es auch mit Wirbeltieren. In Tuffen aus der Pliozänzeit am Rande des Kaspischen Meeres sind nach Abel zahlreiche Delphinskelette eingebacken, die einer gleichen Ursache ihre Fossilisation verdanken dürften.

Solchem Massensterben begegnen wir vielfach in der Erdgeschichte, und stets hat es seine Spuren in einer Ansammlung von oft wundervoll erhaltenen Tierresten hinterlassen, seien es höhere, seien es niedere Tiere. Es ist überhaupt fraglich, ob die Fossilisation von Organismen nicht stets oder wenigstens dann immer auf ein solches Massensterben zurückgeht, wenn die Formen zahlreich und gut erhalten auf den Schichtflächen liegen. Oft sind die Schichtplatten ganz übersät mit den Tierformen, und meistens liegen sie auch nur auf einer einzigen Schichtfläche. Kommt man im Profil gerade an diese Fläche hin, so kann man oft die Fossilien in zahllosen Exemplaren gewinnen, während das ganze übrige Gestein und die übrigen Schichtflächen der anderen Bänke ganz oder fast ganz fossilfrei sind. Nebenstehend ist eine Gesteinsplatte aus der tertiären Molasse wiedergegeben (Abb. 177), auf der die Süßwasserkonchylien dicht gehäuft nebeneinanderliegen; das ganze übrige Gestein ist leer oder enthält nur einzelne Stücke. Da unmittelbar darüber Kohlen folgen, so darf man daraus wohl schließen, daß zuerst reines Süßwasser da war, dann aber sich rasch Pflanzen an-

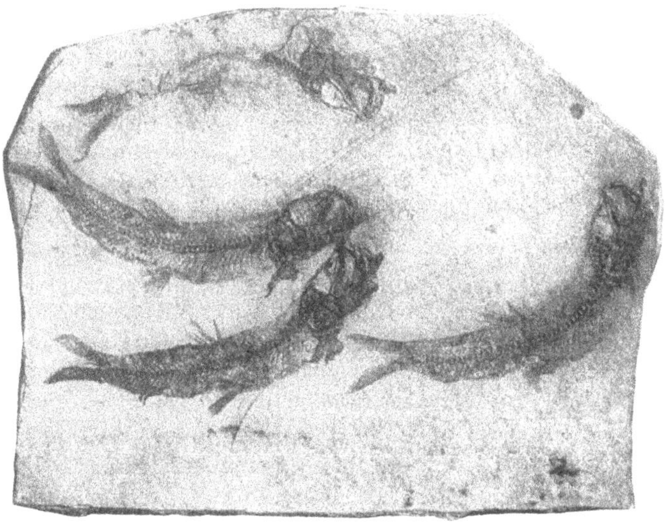

Abb. 178. Platte mit sprottenartigen Meeresfischen (Leptolepis) in den Lithographenschiefern der Oberjurazeit. Franken. (Orig. Mus. München.) Fast nat. Größe.

siedelten, vermoorten und nun den Konchylien die Lebensbedingungen genommen wurden, so daß sie rasch abstarben.

Wundervoll zeigen die deshalb so berühmten lithographischen Kalkschiefer von Solnhofen und Eichstätt das rasche Zugrundegehen von Meerestieren. Auf den Schichtflächen findet man oft Massen von kleinen Fischen (Abb. 178), die allesamt bei Sturmfluten in die damals bei verebbendem Jurameer in Franken sich bildenden Lagunen geschwemmt und von dem aufgewühlten Kalkschlamm, der sich zugleich dort absetzte, zugedeckt wurden. Die Fische, auch größere, die man darin findet, haben die typische Totenstarre, den eingekrümmten Rücken, der immer dann erscheint, wenn solche Tiere rasch erstickt wurden und sich nachher nicht mehr strecken konnten. Das beweist, daß sie rasch eingebettet wurden und so stark vom Druck der sich darüber häufenden Sedimente festgehalten wurden, daß die spätere Entspannung des Körpers nicht mehr eintreten konnte. Zuweilen fand sich ein Krebs, der auch heute noch vereinzelt im Meerwasser vorkommende

Molukkenkrebs (Abb. 179), der noch mühsam im Schlamm weiterkrabbelte und dabei Fußspuren hinterließ, bis er alsbald verendete. Immer müssen bei solchen Massenansammlungen oder solchen unmittelbar aus dem Leben gewaltsam gerissenen einzelnen Tieren katastrophale Überdeckungen mit Sediment oder sturzbachartiges Zusammenschwemmen vor sich gegangen sein. Im ersteren Fall sehen die Tiere sozusagen noch wie lebendig aus, es fehlt meistens kein Glied ihres Körpers, während die Zusammenschwemmungen stets nur Trümmer, wie die oben beschriebene Knochenbrekzie liefern. Beistehend ist eine wundervolle Platte des Stuttgarter Museums abgebildet, aus dem Keupersandstein Württembergs (Abb. 180). Die Tiere lagen in einer linsenförmigen Anschwellung einer Sandsteinbank, die teilweise von mehreren, aber sehr zerrissenen Resten dieser Echsenart durchzogen ist; an einer Stelle aber, wo die Anschwellung besonders stark ist, fand sich diese Massenansammlung. Das deutet darauf hin, daß hier plötzlich durch Flußtransport also vielleicht bei einem Sturzregen und rasch sich bildendem Wasserlauf, die Tiere massenhaft der Katastrophe zum Opfer fielen. Daß sie aber nicht sofort wieder überdeckt wurden, sondern noch kürzere Zeit freilagen, geht aus der teilweise ersichtlichen Zerfetzung der Körper hervor, vorausgesetzt, daß sie nicht schon bei dem Transport an diese Stelle derart zerstört wurden.

Abb. 179. Molukkenkrebs (Limulus) mit langem Schwanzstachel. Bei der plötzlichen Überdeckung mit Schlamm wanderte er vor dem Ersticken und hinterließ die Spuren seiner Füße und des nachschleifenden Stache's. Lithographenkalk. Oberer Jura, Franken. Stark verkl. (Orig. Museum München.)

Auf diese und ähnliche Arten können daher Skelette und Schalen von Organismen geradezu gesteinsbildend werden, Schichtungen oder Teile von ihnen bilden.

Was wir bis hierher vorführten, waren passive Ansammlungen von Organismenresten, wobei lebende oder tote Tiere zusammengeschwemmt wurden oder zu Boden sanken. Aber auch aktiv sind Organismen am Aufbau von Schichtungen und Gesteinen beteiligt. Hier wären im Meer vor allen Dingen die Bauten der Korallentiere zu nennen, deren Riffe in den warmen Regionen oft die Meeresböden besetzen und die Küsten begleiten (Abb. 181). Mit den Korallen vergesellschaftet bauen stets auch Hydrozoen und Kalkalgen. Die Korallen und Hydrozoen sind nieder organisierte Tiere, deren Körper noch wenig entwickelte Organe hat und hauptsächlich aus einer Leibeshöhle besteht; am Vorderrand haben sie kleine Fangarme. Während die Hydrozoen nur Röhren um ihren gestreckten Körper herum ausscheiden, bilden die Korallen innerlich fahnenartige Längslamellen, die nun auch an ihren Kelchen als Scheidewände (Septen) zu sehen sind. Beide Tierformen können sich sowohl durch abgetrennte Larven bzw. schwimmende Generationen vermehren, aber auch ebenso durch pflanzenartige Knospung. Dadurch bilden sie Stöcke mit Tausenden von Zellen und Zellröhren gleicher Art, die miteinander durch Weichkörper und entsprechende Kalkmasse verbunden bleiben und so die oft riesengroßen Stöcke bilden, welche charakteristisch für die Riffbauer sind und ihnen das Aufführen von ungeheuren, oft viele hundert Meter vom Meeresboden herauf bis an die Oberfläche ragenden Kalkklötzen erlauben. Solche Riffe sind im folgenden Kapitel als vorweltliche Lebensräume beschrieben. Sobald der Kalk ausgeschieden ist und die Generationen absterben, geht eine Umwandlung desselben vor sich, indem unter Hinzutritt von Magnesia der kohlensaure Kalk in Dolomit verwandelt wird. Dabei geht oftmals die ehemalige Korallenstruktur verloren. Derartige fossile Korallenkalke erscheinen dann massig ohne organogene Struktur. Da an den Riffen stets die Brandung arbeitet, so werden die Kalkbauten bald zerstört. Und da auch sonst unzählige Tiere, besonders Schalenträger, sich in dieser Zone tummeln, deren Gehäuse alsbald von der Brandung zerrieben werden; da ferner auch stets Krebse da sind, die mit ihren Scheren die Schalen lebender Tiere zerknacken, so entsteht rings um das Riff eine Übergußschichtung (Abb. 91, S. 133), in der nun alle jene Tierarten mitsamt Bruchstücken von Korallen liegen — richtige Fundgruben der mannigfaltigsten Fossilien.

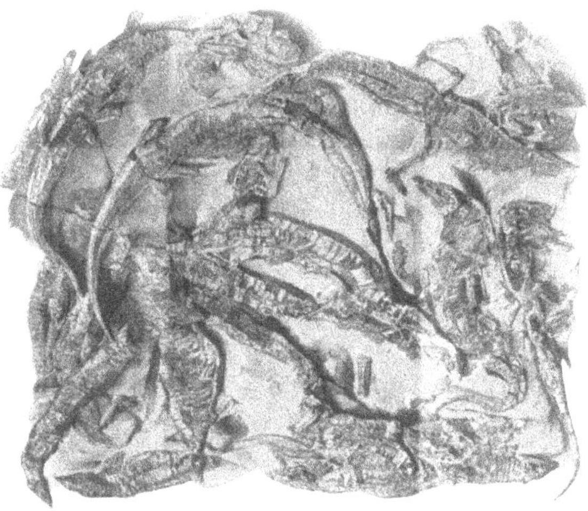

Abb. 180. Anhäufung der Panzerechse Aëtosaurus im Keupersandstein von Stuttgart. 24 Individuen. Originalgröße der Platte ca. 2 qm. (Nach O. Fraas 1897.)

Schon im frühen Erdaltertum, von der Silurzeit ab, bevölkerten diese Hydrozoen- und Korallenriffe, die stets gemeinsam mit den kalkabscheidenden Algen bauen, die Meere, sind in manchen Epochen weltweit bis in die Polarzonen verbreitet gewesen und deuten uns ebenfalls, ähnlich wie die oben beschriebenen Nummuliten, stets wärmeres Wasser an. Zeitweise herrschen sogar die Kalkalgenriffe vor, so besonders um die Wende von der paläozoischen zur mesozoischen Zeit. Damals trat eine Umstellung in der Korallentierwelt ein, indem die früher innerlich zweiseitig symmetrisch gebauten Formen (Abb. 295) nun durch radialsechsstrahlige ersetzt werden.

In dieser Zwischenzeit nun treten die eigentlichen Korallenriffe sehr zurück und werden ersetzt in der Triaszeit durch fast reine Kalkalgenriffe. In den heutigen Meeren, in geringer Tiefe und meistens in der Brandungszone leben ganz kleine, kalkabscheidende Algen, d. s. niedrigst organisierte Pflänzchen, deren oft geringelte oder aus Gliedern zusammengesetzte Stengel oder Stämmchen Poren tragen, aus denen Seitenästchen und wirtelartige Büschel heraustreten. Auch im Süßwasser kommen sie vor und bilden hier wie im Meere krustenartige Überzüge auf Felsen (Abb. 182) oder Konchylienschalen. Sie leben üppiger entwickelt vor allem in warmen Meeren,

Abb. 181. Koralleninsel vom großen Randriff in Australien, aus Hydrozoen (glatt) und Korallen (rauh) bestehend. (Aus Saville-Kent 1893.)

und solche Arten haben uns die gewaltigen Spuren ihrer Bautätigkeit sowohl in den Meeresablagerungen der Tertiärzeit wie in denen der Triaszeit hinterlassen (Abb. 183). Der Wettersteinkalk in den nördlichen Alpen wie er vornehmlich das Bergmassiv um Partenkirchen und Mittenwald und weiter ostwärts viele Bergzüge des Karwendel und jenseits des Inn das Kaisergebirge bei Kufstein zusammensetzt, ist ein solches Alpenriffgebilde der Triaszeit, an dessen Aufbau verhältnismäßig wenig die Korallentierwelt beteiligt ist. Ebenso die Südtiroler Dolomiten.

Man darf die heutige Form dieser Berge nicht mit dem ehemaligen Umfang solcher Riffe verwechseln. Im großen ganzen allerdings fällt ihre heutige Ausdehnung noch mit der ehemaligen zusammen, aber schon sind sie durch die Verwitterung und den Wasserkreislauf seit Emporfaltung der Alpen stark abgetragen und bilden zum Teil nur noch Ruinen ihrer ehemaligen Größe und Ausdehnung. Verfolgt man ihren Bau von unten her aus den älteren Horizonten, wo sich nur einfache Sedimente von Kalk und kalkigen Schiefern, teilweise auch Sandsteinen und vulkanischen Tuffen submariner Herkunft niederschlugen, so bemerkt man verschiedentlich ein Übergreifen der Fazies des Riffkalkes in die darunter und daneben liegenden Mergel und Kalkschiefer. Erst allmählich dehnt sich die Riffentwicklung seitwärts und in die Höhe aus; heute ist sie durch die alpine Faltung auf einen engeren Raum zusammengedrängt. Gerade die am Außenrande liegenden Kalkablagerungen stellen sich teilweise

Abb. 182. Helle Kruste von Kalkalgen am Ammersee in Oberbayern ,bei niederem Wasserstand freiliegend. (Phot. Dr. Knauer.)

wieder als Übergußschichtungen dar und führen reichlich Fossilien, während die Riffkalke selbst die diagenetische Veränderung in Dolomit durchgemacht haben, wobei so sehr die organische Struktur verloren ging, daß man sie lange Zeit für reine Korallenriffe hielt.

In der Dyas- oder Permzeit sind die Korallenriffe so gut wie verschwunden; es erfolgte eine vollkommene Umstellung und in dieser Zeit bemerken wir nichts von Riffbautätigkeit dieser gesteinsbildenden Tiere. Spärlich ersetzt sind sie durch die kleinen Bryozoenriffe, die wir im Zechstein Thüringens antreffen. Die Bryozoen oder Moostierchen sind entwicklungsgeschichtlich den Würmern verwandt, aber so umgebildet, daß sie zellentragende Stöckchen bilden nach Art der oben beschriebenen Hydrozoen (Abb. 184). In der thüringischen Zechsteinformation treffen wir nun ausgiebige Riffbauten dieser kleinen zarten Stockbildner an. Sie überzogen die vom Meeresgrund aufragenden oder an der Küste unter Wasser liegenden Felsen mit dicken Krusten, Generationen auf Generationen bauten übereinander.

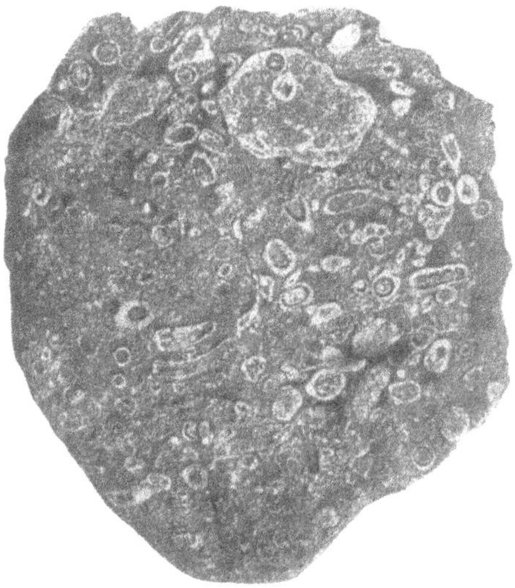

Abb. 183. Kleine Röhrchen von Kalkalgen (Gyroporella), den Wettersteinkalk aufbauend. Partenkirchen. (Orig. Mus. München.)

Die Bryozoenrasen sind schon einmal in der Untersilurzeit in Nordamerika und Norwegen sehr verbreitet gewesen (Abb. 185); sodann kommen sie abermals, wenn auch stets mit ganz anderen Typen, wieder in der Oberkreidezeit, in der weißen Schreibkreide; aber nie bilden sie Bauten, welche denen der Kalkalgen oder gar denen der Korallen und Hydrozoen irgendwie vergleichbar wären.

Was wir bisher von Riffbildungen besprochen haben, beruht auf der Bautätigkeit von Organismen, die durch Knospung und Verwachsung zeitlebens beisammen bleiben, Stöcke bilden und diese immer weiter ausdehnen können. Es gibt aber auch Riffbauer, bei denen sich lediglich Individuum an Individuum reiht, so etwa wie es die Austernbänke zeigen. Jede Einzel-

a b

Abb. 184. Bryozoenkalk der Thüringer Zechsteinformation. a) Blattartiger Stock. b) Bäumchenartiger Stock. Beides Bruchstücke. Verkl. (Orig. Mus. München.)

auster ist hervorgegangen aus einer eigenen individuellen Larve, die zuerst herumschwimmt, dann sich festsetzt, sei es in der Nähe oder dicht an den elterlichen Gehäusen, sei es in größerer oder geringerer Entfernung. Auch die Korallen sind ursprünglich so geartet gewesen. Die ältesten Korallen sind durchweg Einzelbecher gewesen, und wenn sie zusammenstanden und Rasen bildeten — von richtigen Riffen kann man bei diesen ältesten Formen noch nicht sprechen — so mußte Individuum nach Individuum sich ansetzen; knospen konnten sie nicht. Es ist klar, daß eine Riffbildung großen Stils so nicht möglich war und daß sie erst erscheinen konnte, als die Natur mit der organischen Formenbildung so weit fortgeschritten war, daß es zu hydrozoen- und korallen- und algenartiger Vermehrung und Stockbildung kam. Aber nicht durchweg wurde unter den verschiedenen, im Meere lebenden Typen solches erzielt. Sind die Korallen, Hydrozoen und Kalkalgen gewissermaßen

Abb. 185. Bryozoenriff in der Untersilurformation (Ordovicium) von Rochester, New York. Massiger, klotziger Kalk in geschichtetem Kalk. Länge des Riffs 5 m. (Aus Pirsson-Schuchert 1924.)

prädestiniert zu solcher Kolonien- und damit zu der eigentlichen vollendeten Riffbildung, so entstehen auch bei anderen Gruppen zuweilen festsitzende Formen, die normalerweise frei beweglich wären. Bei Muscheln besonders gibt es gelegentlich solche aus zweiter Hand erst festwachsende Gestalten; die vorhin erwähnte Auster ist ein Beispiel hierfür. Sie kommen zum erstenmal in der Triaszeit vor, können dort aber noch keine richtigen großen Bänke bilden. Dies erreichen sie erst in der Kreidezeit, wo wir die größten Austernriffe haben, während die heutigen schon wieder sehr abgemindert zu sein scheinen, auch gegenüber denen der älteren Tertiärzeit.

In der Kreidezeit bildet noch eine andere, höchst eigentümliche Gruppe von Muscheln ihre Riffe. Es sind die Rudisten (Abb. 186), so genannt wegen ihrer derben, rohen Schale. Diese ist an ihrer Spitze festgewachsen, streckt sich empor und trägt die andere Schale als Deckel oben auf. Wie die Austern standen sie jeweils in großen Massen beisammen, aber sie knospten nicht auseinander hervor, sondern jedes Individuum war für sich und aus

Larven entstanden. Je nach den Lebensbedingungen, die sie fanden, waren sie kleinwüchsig oder sehr groß; in Nordamerika und im Alpengebiet konnten sie 1 m hoch werden. Sie bauten grobklotzige Kalke auf. Beobachtet man ihre Verbreitung zur mittleren und oberen Kreidezeit, so zeigt sich wie bei den Nummuliten (S. 260) eine dem warmen Gürtel folgende Zone, die wie bei jenen Einzellern im allgemeinen dem großen Tethysmeer entspricht. Wo sie weiter nach Norden (Schweden, England) oder nach Süden (Ostafrika) um sich greifen, sind sie klein, ja verkrüppelt, was auf eine Temperaturabnahme in diesen Regionen deutet. Begleitet sind sie meistens von Korallen und dicken Schnecken.

Abb. 186. Röhren- und dütenförmige Rudistenmuscheln der Oberkreidezeit, zusammengewachsen, Riffe bildend. Ostalpen. (Orig. Mus. München.)

Außer solchen Formen, die nur als Einzelindividuum in Masse Riffe bauen und gewissermaßen erst sekundär festgewachsene Arten sonst freibeweglicher Klassen des Tierreiches bilden, gibt es auch Einzelformen, die aber sozusagen von Anfang an typenhaft für das Festgewachsensein geschaffen sind. Solche Typen sind die Schwämme oder Spongien. Ihr Skelett besteht aus losen oder verlöteten Glasnadeln, seltener Kalknadeln. Im Erdmittelalter waren sie sehr verbreitet und vielgestaltig und bauten damals richtige Riffe, denen der Korallen ähnlich. Im süddeutschen Oberjura besonders sind solche Schwammriffbauten häufig und am großartigsten wohl in Südwürttemberg entwickelt. Dort erhebt sich auf ehemaligem schlammigem Meeresboden, über dem sich allmählich ein klares Stillwasser gebildet hatte, eine verteilte Schwammsiedlung (Abb. 187). Wurde periodisch das Wasser wieder bewegter, dann zerstörte es wohl einen Teil der eben gebildeten Riffe. Man sieht neben den vielen sonstigen fossilen Tieren, wie Krebsen, Brachiopoden, Seeigeln, Ammoniten nun in den aufgearbeiteten Riffteilen häufig die umgeworfenen Becher der Schwämme liegen. Nach jeweiliger Wiederherstellung günstiger Wachstumsverhältnisse bauten die Tiere weiter, griffen nun räumlich um sich und überdeckten den Meeresboden teils mit größeren zusammenhängenden und mächtigen, teils mit kleineren, weniger dicken Riffkolonien. Von Zeitstufe zu Zeitstufe änderten sich die am Aufbau beteiligten Gattungen der Schwämme, wie auch die zahlreichen und mannigfaltigen, an den Riffen und ihren Höhlungen und Schlupfwinkeln hausenden Meerestiere. Es ist im Prinzip dasselbe Bild wie an den Korallenriffen, nur mit dem Unterschied, daß die Schwammriffe im tieferen Stillwasser gediehen und allein den Aufbau ihrer Klötze betätigten, während die Korallenriffe das bewegte Küstenwasser vorziehen und bei ihnen ebensosehr Kalkalgen beteiligt sind, wie die Korallenstöcke selbst. Demzufolge sind auch an den Korallenriffen die Mitbewohner, soweit sie nicht herumschwimmen sondern unbeweglich daliegen, träge lose Bodenbewohner oder festgewachsen sind, stets besonders dickschalig gewesen, während die Mitbewohner der Schwammriffe im allgemeinen kleiner und feinschaliger sind.

Was wir bisher betrachtet haben, ist gewissermaßen der Aufbau von Gesteinen durch Körper oder Körperrinden und Skelette, sei es, daß solche Gesteinsbildungen durch passive Ansammlung und Zusammenschwemmung, sei es, daß er durch aktive Bautätigkeit der Organismen selbst zustande kam. Eine ganz andere Art gesteinsaufbauender Tätigkeit üben nun die unsichtbaren Welten der Bakterien aus. Überall sind sie zu Hause, überall entfalten sie ihre zersetzende oder stoffaufbauende Tätigkeit. Sie zerlegen die toten organischen Substanzen, scheiden Kohlensäure aus und fällen mit dieser wieder den im Wasser gelösten Kalk aus; oder sie zersetzen die Gesteine an der freien Luft und bilden neben der mechanischen Verwitterung die Böden (Kap. 1, S. 31/32). Sie selbst sind äußerlich unsichtbar, aber allgemein verbreitet, auf dem Lande, wie im Meere, und zwar zu allen Zeiten der Erdgeschichte, auch im Archaikum, soweit wir rückwärts zu sehen vermögen. In allen erdenklichen Abarten bewohnen sie die Erdoberfläche und das Meer und beteiligen sich sowohl an der Zersetzung, wie an der Umlagerung der organischen und anorganischen Materialien. Wenn im Meere sich kohlensaurer, chemischer Kalk niederschlägt, so sind kalkabscheidende Bakterien mit im Spiel. Bei der Verwitterung, der Humusbildung, der Umsetzung organischer Stoffe im Boden, immer sind Bakterien verschiedenster Art, nitrifizierende oder schwefelausscheidende, die Verursacher. In Sümpfen, Torfmooren und auch sonst im Wasser, selbst in den Meeren, wenn in tieferen oder flacheren Regionen das Wasser einigermaßen stagniert, scheiden sie Schwefel und

Abb. 187. Schwammriff des Lochenberges bei Balingen. Obere Juraformation. An der linken Hälfte massiger Schwammkalk, rechts normal sedimentierter geschichteter Kalk. (Aus E. Fischer 1913.)

Eisen aus, welche uns in den vorweltlichen Schichtbildungen überall als Einlagerungen, Überzüge, Versteinerungsmittel und Konkretionen begegnen. Es liegt in der Natur der Sache, daß sie am intensivsten beteiligt sind an der Umsetzung rein organischer Ansammlungen, die uns besonders als Torf und Kohle, als Faulschlamm und Harze oder Bitumina, wie Petroleum und Asphalt, im Felsgerüste der Erdkruste als Umsetzungen vorweltlicher organischer Ansammlungen überkommen sind. Alle diese „Gesteine" gehen aber zugleich zurück auf die teils aktive Bautätigkeit, teils passive

Abb. 188. Anschnitt in einem Torfmoor. Stadium des Flachmoores. Icking bei München. (Origphot.)

Ansammlung sonstiger pflanzlicher oder tierischer Organismen und verdanken ihre Entstehung teilweise weit zurückliegenden Zeiten.

Die Moorbildung beruht darauf, daß ein See oder Sumpf allmählich von der Seite her zuwächst, wobei besonders Schilf, Gräser, Moose und Sumpfpflanzen beteiligt sind. Immer dichter wird die Pflanzendecke, und in dem Maße, als sie abstirbt und wieder sich erneuert, wird am Grund des Gewässers ein zu kohliger Masse vermodernder reiner Pflanzenhumus abgesetzt (Abb. 188). Hier sind bei der Umwandlung unter Wasser Bakterien beteiligt, welche nicht nur die organischen Pflanzenmassen zersetzen, sondern auch sonstige Ausscheidungen, wie etwa Raseneisenerz, Ocker, Schwefeleisen bewirken. Ist die Vertiefung mit dem so entstandenen Torf endlich ausgefüllt, so siedeln sich auch größere Pflanzen wie Birken,

Erlen und Kiefern an. Solche Moore können dann zu richtigen Waldmooren werden (Abb. 189).

Dies besonders in warmen Gegenden, ja sogar in den Tropen. Aus Sumatra kennt man ein etwa 12 km breites Moor mit einer Torfmächtigkeit gegen 9 m. Im ehemaligen Deutsch-Ostafrika sind solche Moore dicht bewaldet. Am bekanntesten sind die Moorwälder oder Swamps von Südkarolina, Virginia und Florida, teils am Meeresrand, teils im Mündungsgebiet des Mississippi liegend, die hauptsächlich von Sumpfzypressen, Magnolien, Wacholder, auch Ahornbäumen bestanden sind, deren Boden voller Wasser steht und tief hinunter aus einem kohlig-torfigen Humus zusammengesetzt ist. Infolge des Wassergehaltes würden die Wurzeln der Bäume wohl ersticken, und so treiben sie aus dem Boden hervor ihre astartigen Luftwurzeln, die teilweise senkrecht emporstehen und wie dünne Baumstümpfe aussehen.

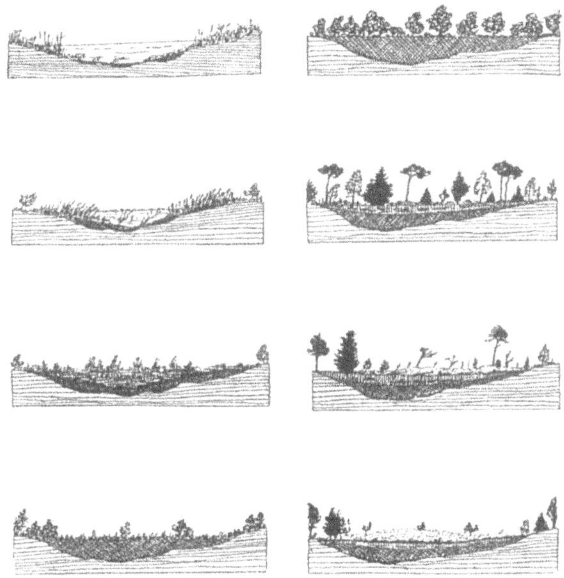

Abb. 189. Schema der Moorentstehung. Links: Seegebiet, allmählich vermoorend bis zu dem in Abb. 188 gegebenem Zustand. Rechts: Übergang aus dem Flachmoor in das Waldmoor; Aufhäufung von Torf nach oben, Absterben des Waldes, Übergang in das uhrglasförmige Hochmoor. (Aus Gümbel 1925.)

Sobald ein gewöhnliches Moor in der beschriebenen Weise aufgefüllt ist, muß die bisherige Flora wegen Wassermangels absterben, und nun herrscht vornehmlich die genannte Baumvegetation. Aber oftmals wirkt der moorige Untergrund wie ein Schwamm, saugt das Regenwasser ein und bildet so ein Wasserkissen, auf dem sich nun andere Moose, auch Heidekraut, ansiedeln. Diese Art Vegetation vertorft nun beim stetigen Absterben ebenfalls, das Wasser wird immer wieder festgehalten, und die Folge ist ein allmähliches Höherwachsen, ein uhrglasförmiges Emporkommen der Torfmasse und damit des Moores als solchen (Abb. 189). Es ist begreiflich, daß solche Hochmoore, wie sie deshalb heißen, zwar in feuchten und kühleren Gegenden, wie etwa in Bayern möglich sind, dagegen nicht in den Tropen. Manchmal sind in die Moore durch das frühere Umwachsen ganze Wasserkissen eingeschlossen, welche gelegentlich beim Anschneiden ausbrechen und Verheerungen anrichten können.

Aus der Vorwelt kennt man so gut wie keine Moorbildungen. Und wahrscheinlich deshalb nicht, weil diese stets an der Erdoberfläche liegenden Gebilde allzurasch sich völlig zersetzen, sobald das Wasser aus ihnen entfernt wird. Indessen haben wir aus der Tertiärzeit die Braunkohlen, und diese verdanken ihre Entstehung eben solchen Moor- und Sumpfwäldern, wie sie ähnlich in Nordamerika in den genannten Swamps uns vorliegen. Und das führt uns zu der großen Frage der Kohlenbildung in der Erdgeschichte. Denn Kohlenbildung und Kohlenbildung ist etwas durchaus Verschiedenartiges. Sie ist zu allen Zeiten der Erdgeschichte bald

Abb. 190. Bayerisches Braunkohlenlager Oberpfalz. Die schwarze Kohlenmasse von späteren Schichten überdeckt. (Origphot. Dr. Schröder.)

stärker, bald schwächer vor sich gegangen. Es gibt Braunkohle, Steinkohle, Anthrazit, alle mit immer steigendem reinerem Kohlengehalt. Es gibt aber auch andere Arten von Kohle, so die englische Boghead- oder Kännelkohle und das oft zu Schmuckstücken verarbeitete tiefschwarze Gagat. Während die ersteren unbedingt ihre Entstehung höheren Pflanzen verdanken, sind die letzteren aus Ansammlungen von niederen Pflanzen, meistens Algen, teilweise auch tierischen Substanzen entstanden. Außerdem sind manche Kohlenlager aus der Zusammenschwemmung von Holz, Treibholz und sonstigen Pflanzenmassen geworden, andere — und gerade die ausgiebigsten und auf große Strecken verbreiteten, sowie in regelmäßigem Wechsel übereinander wiederkehrenden Lager — durch eine an Ort und Stelle erfolgte Vermoorung und Verkohlung vorweltlicher Sumpfwälder bzw. Sumpfvegetationen.

Die großen deutschen Braunkohlenlager am Rhein, in Norddeutschland Schlesien, Böhmen und Bayern (Abb. 190) waren sämtlich zur Tertiärzeit flachmoorartige Sumpfgebiete, in denen sich wechselnd ganz verschiedene Floren ansiedelten, je nachdem durch deren Ansiedelung und die Anhäufung ihrer Reste sich die Lebensbedingungen in diesen Moorsümpfen selbst änderten. Immerfort mußte der Untergrund langsam absinken, damit allmählich die mächtigen kohligen Ansammlungen sich aus den immer erneuten Pflanzengenerationen bilden konnten. Sowohl die stete, zuweilen auch wieder ruhende Bodensenkung, wie auch die Aufhäufung der vermoderten Pflanzenmassen selbst, sodann der wechselnde, wohl auch mit kleineren Klimaschwankungen zusammenhängende Grundwasserstand riefen bald den einen, bald den anderen Vegetationsbestand hervor, bald Gräser, Heide und Schilf, bald wieder richtigen Sumpfwald (Abb. 191). Am auffallendsten, wenn auch zeitlich wohl am raschesten jeweils wieder vorübergehend in diesem Zyklus der Erscheinungen, waren Hochwaldbestände, in denen die Sumpfzypresse und andere Bäume der oben erwähnten nordamerikanischen Swamps häufig waren. Stellenweise trifft man noch die Stümpfe dieser Bäume beim Abbau der Kohlenlager (Abb. 192) aufrechtstehend und im Boden verwurzelt. Das finden wir nicht nur in den tertiären Braunkohlenlagern, sondern auch bei anderen Formationen, in denen sich gelegentlich Kohlen bildeten, z. B. am Ende der Jurazeit in Südengland (S. 339 ff.).

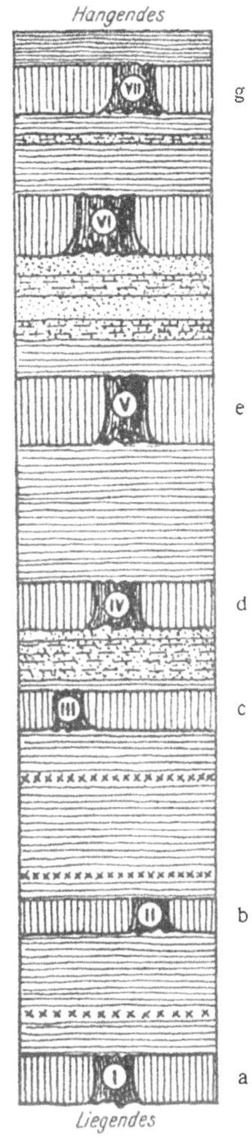

Abb. 191. Profil durch ein Braunkohlenlager bei Senftenberg (Schlesien). Gesamthöhe etwa 18 m. a—g Verlandende Wasserfläche, Waldvegetation mit Baumstämmen, zum Teil langsame Senkung. Dazwischen Perioden langfristiger Senkung mit reiner Flach- bis Waldmoorvegetation und teilweisem Überschuß an Pflanzenmasse. Schichten mit Holz ohne stehende Baumstümpfe. (Nach Theumer aus Pietzsch 1925.)

Jene Erscheinung ist teilweise das Kennzeichen, ob ein Kohlenlager allochthon oder autochthon entstanden ist, d. h. ob sein Material anderswoher beigebracht oder an Ort und Stelle gewachsen ist. Denn wenn das Holz beigeschwemmt wurde, so können höchstens ausnahmsweise Wurzelstümpfe aufrecht stehen, und auch wenn dies der Fall ist, sind dann die Nebenwurzeln und sonstigen Rhizomgebilde zerzaust, abgerissen, aber niemals mehr sind diese unterirdischen Organe regelrecht ausgebreitet, wie es einem an Ort und Stelle gewachsenen Baum entspricht. Dabei ist weiter charakteristisch, daß Sumpfmoorbäume nicht ein sehr tiefgehendes, sondern ein sehr ausgebreitetes Wurzelwerk haben, und auch dies trifft in den Braunkohlenlagern zu. In einem Trockengebiet dagegen werden die

Wurzeln sehr tief hinuntergesenkt, um die nötige Feuchtigkeit während des ganzen Jahres zu gewinnen; das aber haben die im Wasser stehenden Bäume nicht nötig, und so beweist die große Horizontalausbreitung der Wurzeln fossiler Kohlenbäume eben ihren ursprünglichen Lebenszustand. Ein weiteres Merkmal für die Autochthonie ist die Erhaltung ausgebreiteter Blätter und Blattwedel, die niemals unversehrt bleiben können, wenn sie durch fließendes Wasser transportiert worden sind.

Abb. 192. Aufrecht an Ort und Stelle seines ehemaligen Wachstums stehender Baumstumpf in einem rheinischen Braunkohlenlager. (Phot. Prof. Kaiser.)

Die Unversehrtheit ist besonders schön zu bemerken an den alten Steinkohlenlagern vom Ende des Erdaltertums. Auch diese gingen aus ungeheuer weit sich erstreckenden Sumpfwäldern verschiedenartigster Vegetationen hervor (Abb. 193), wenn auch ihre Flora noch eine ganz und gar andersartige war als die der Tertiärzeit. Denn damals gab es, abgesehen von den noch fast unbekannten strauchartigen, noch keine Laubbäume und Zypressen oder Nadelhölzer, sondern neben durchaus fremdartigen, in dem heutigen Pflanzensystem gar nicht unterzubringenden Typen, nur solche von Farnkraut, Schachtelhalm- und Bärlapptypus. Das Nähere über jene alte Pflanzenwelt ist im Kap. II/6 geschildert. Auch in diesen altzeitlichen Sumpfwaldböden, die heute als Steinkohlen- und Anthrazitlager ausgebeutet werden, finden sich oftmals aufrechtstehende Stämme (Abb. 194). Stellenweise sind noch sichtbare Steinkohlenwaldböden dieser Art aufgedeckt worden, und bei Glasgow in Irland ist eine solche Bodenfläche auch als Naturdenkmal geschützt worden. Alles, was vorhin für die Autochthonie der Braunkohlenlager der Tertiärzeit angeführt wurde, gilt für die Steinkohlenlager des Erdaltertums in besonderem Maße, weil die letzteren nicht so einheitlich aus Kohlenmasse aufgebaut sind, wie die Braunkohlenlager, sondern immer wieder wechselweise von Tonschiefer und sandigen Lagen unterbrochen sind. In diesen Schiefer- und Sandstein-

Abb. 193. Ideale Steinkohlenlandschaft. Links vorne: Schuppenbaum (Lepidodendron); rechts vorne: Siegelbäume (Sigillaria); Mittelgrund vorne: große Schachtelhalmbäume (Calamites); links Farne. (Nach Potonié-Gothan 1924.)

lagen aber sind sowohl die Blattabdrücke, wie die verkohlten Stämme jener teilweise riesenhaft gewachsenen Pflanzen und besonders auch ihre Wurzeln erhalten. Dort bildeten die schachtelhalmartigen Kalamarien (Abb. 341) ehemals eine Art mächtiges Röhricht, deren Wurzeln ebenso im Gestein stecken wie beim heutigen Schilf. Zylindrische, oft zugespitzte, allerdings durch den Gebirgsdruck platt gewordene größere Gebilde sind die Stigmarien (Abb. 195), unterirdische Wurzeln anderer Bäume. Von ihnen gehen Rhizome und Anhänge aus, welche noch die ursprünglich ungestörte Anordnung zeigen (Abb. 195).

Abb. 194. Stamm vom Siegelbaum (Sigillaria) aus dem Steinkohlenrevier von Zwickau. Aufrecht gefunden im anstehenden Schichtgestein. (Aus H. Potonié 1910.)

Wahrscheinlich gab es in jenen Karbonwäldern auch richtige Wasserpflanzen, deren Blätter auf der Wasserfläche lagen, während die Stengel tiefer hinabgriffen. Solchen Eindruck machen die Sphenophyllen, unter denen man, nach ihren Blüten zu schließen, Formen ganz verschiedenartiger entwicklungsgeschichtlicher Herkunft begreift, die aber wahrscheinlich alle im Zusammenhang mit derselben Lebensweise nun auch dieselbe Körperform, eben die des „Sphenophyllum" hatten. Das hinwiederum läßt, wie Deecke betonte, darauf schließen, daß neben den geschlossenen Vegetationsbeständen in den Steinkohlenwäldern auch offene freie Wasserflächen dalagen, in denen diese Wasserpflanzen, vergleichbar unseren Seerosen, gedeihen und ihre Blattflächen ausbreiten konnten (Abb. 196). Dagegen hat man auf fließendes Wasser, abgesehen von einer bestimmten, darauf hinweisenden Pflanzenart, aus dem Vorkommen von Früchteansammlungen geschlossen, weil solche Mengen zusammengeschwemmt sein müssen.

Das alles sind schlagende Beweise für die ursprüngliche Sumpfwaldvegetation, wenn auch hier, wie bei den Braunkohlen, natürlich nicht immer einerlei Vegetation herrschte, sondern wechselnd je nach den äußeren Umständen bald diese, bald jene Vegetationsbestände vorherrschten. Die wundervollen Blattabdrücke bzw. Verkohlungen von solchen, die man allenthalben in den die Kohlen begleitenden Schiefern findet (Abb. 197) konnten nur so erhalten bleiben, weil sie eingebettet wurden, während die zuvor gebildeten Kohlenlagen von Schlamm überschüttet wurden. In der Kohlenmasse selbst ist gewöhnlich nichts mehr von den Einzelheiten der Pflanzen zu sehen. Nur besondere Vorkommen und dabei die Anwendung besonderer Untersuchungsmethoden haben auch innerhalb der Kohlen selbst Struktur-

Abb. 195. Freigelegte Wurzeln (Stigmarien) eines Schuppenbaumes (Lepidodendron) aus dem Steinkohlenfeld von Yorkshire. Raumfläche etwa 9 m Durchm. (Nach Williamson aus Hirmer 1928.)

bilder geliefert, welche in vielen wichtigen Einzelheiten jene schönen Habitusfunde ergänzen, die ihrerseits nichts mehr von innerer Struktur und feiner Anatomie jener Gewächse zeigen.

Man sieht also an derartigen Merkmalen die torfmoorartige Entstehung sowohl der jüngeren Braunkohlen, wie der Steinkohlen jener sehr alten Zeit. In den Braunkohlenlagern stehen z. B. die Baumreste auch so, wie es der natürlichen Entfernung entspricht, welche lebendige Bäume zum Gedeihen nötig haben. Wie ferner in den jetzigen Swamps oft mehrere Waldgenerationen übereinander, gerade an den in den zwischengeschalteten Humus eingebetteten Baumstümpfen zu erkennen sind, so ist es auch bei den Braunkohlenlagern, besonders in der Niederlausitz, die hierfür das Paradebeispiel sind. Sind es bei den Swamps und Braunkohlenlagern vornehmlich rein terrestre und fluviatile Bedeckungen, welche zuweilen die Waldvegetation und damit die Kohlenbildung unterbrechen, so sind es bei den Steinkohlenlagern oftmals Einbrüche des Meeres, die immer wieder Unterbrechungen der Vegetation und Bedeckung durch Schlamm und Sand mit sich brachten, worauf immer wieder die Pflanzenansiedlungen von neuem begannen. Brach das Meer herein, dann brachte es außer Sand und Schlamm noch marine Konchylien mit, die nun in solchen,

Abb. 196. Blätter von Sphenophyllum, eine auf dem Wasser liegende Blattpflanze aus dem Steinkohlenwald. (Aus Hirmer 1927.) Nat. Gr.

meist wenig mächtigen Schichten zwischen den Kohlenvorkommen selbst liegen. Ein besonders charakteristisches Beispiel hierfür ist das Ruhrgebiet, wo die rein vegetabilischen Kohlenschichten, die Süßwasserschichten und die mit eingeschalteten Meeressedimente in ihrer Gesamtheit etwa 3000 m mächtig sind und einen steten Wechsel nicht nur der verschiedensten Kohlenarten selbst (Magerkohle, Fettkohle, Gaskohle, Anthrazit) zeigen, sondern innerhalb dieser Stufen auch die verschiedensten Wald- und Pflanzenbestände und dazwischen immer wieder marine Einschwemmungen mit den entsprechenden Fossilien, wie sie sonst in den rein marinen Schichtfolgen dieser Zeit außerhalb der Kohlengebiete selbst zu finden sind. Wie lange die Vegetation und Vertorfung bzw. Verkohlung aber in einer Phase andauern konnte, zeigen etwa die bis 10 m mächtig werdenden reinen Kohlenlagen in Oberschlesien.

Man wird an tropische Waldmoore erinnert, wenn man etwa nach einem jetztweltlichen Vergleich mit jenen Karbonwäldern sucht. Aber unbestritten ist diese Auffassung der Steinkohlenwälder als rein tropischer Waldmoore nicht. Bestimmend für diese Annahme war vor allem das Vorkommen von Baumfarnen, lianenartigen Kletterpflanzen, Blütenansatz an Stämmen und die Verwandtschaft einiger Karbonpflanzen mit heute tropischen Gewächsen gewesen. „Diese Erscheinungen", sagt der beste Kenner karbonischer Pflanzen, Gothan, „brauchen jedoch nicht zwingend für die Annahme eines gerade tropisch heißen Klimas zu sein. Eine viel größere Rolle als die eigentliche Temperatur spielte offenbar der ozeanische Charakter des Klimas, der heute Baumformen in Neuseeland üppig zu wachsen gestattet, obwohl in naher Entfernung Gletscher ihre Stirn haben ... Die subtropischen und warmtemperierten Regenwälder von heute erfüllen physiologisch alle Bedingungen, die wir für die Vegetation des Steinkohlenwaldes fordern können oder müssen. Hohe Luftfeuchtigkeit, geringere jährliche Klimaschwankungen, also eine warmfeuchte Atmosphäre können wir für sie annehmen, die sowohl ein dauerndes üppiges Pflanzenwachstum, als auch die Anhäufung von großen Humusmassen leicht gestattete."

Abb. 197. Noch unentfalteter junger Farnwedel aus Tonschiefer über einem Kohlenflöz, die wundervolle Erhaltungsart der Pflanzenreste außerhalb der Kohlen zeigend. Oberkarbon. Saargebiet. (Aus Hirmer 1927.) Nat. Gr.

Wir dürfen uns also davon überzeugt halten, daß die wichtigsten, ausgiebigsten und verbreitetsten Kohlenlager der Welt tatsächlich aus Sumpfwäldern mit teilweise ungeheuerer Vegetation entstanden sind, indem sich jahrtausende- und jahrhunderttausendelang die absterbenden Bäume und vor allem die vielen sonstigen Pflanzen aufhäuften. Wenn sich solche Kohlenreviere zusammenhängend über Hunderte von Quadratmeilen erstrecken und, wie das von Pittsburg in einer Flächenausdehnung so groß wie etwa Belgien, in einer durchschnittlichen Mächtigkeit von 2 m Kohle in fortwährend gleichmäßiger und reiner Beschaffenheit Steinkohle und Anthrazit führend, so kann keine Rede davon sein, daß hier Zusammenschwemmungen von Treibholz je stattfanden; es müssen autochthone Bildungen sein.

Wirklich allochthone Kohlenlager dagegen zeigen ganz andere Merkmale. So vor allem sind sie niemals in horizontaler Richtung sehr ausgedehnt. Ihre Kohlenmasse ist örtlich ungeheuer angereichert, aber nicht ausdauernd. Sie sind bald erschöpft. Zudem sind sie meistens stark verunreinigt, d. h. Sand, Schlamm und Kies ist dazwischen unregelmäßig eingeschaltet.

Niemals sind die Pflanzen gut und zusammenhängend erhalten, alles ist zerrissen, womöglich zu Häcksel zermalmt, und aufrechtstehende Bäume mit wohlgeordnetem Wurzelsystem sind nicht anzutreffen. Es gibt auf der jetzigen Erdoberfläche wundervolle Beispiele, woran man die Entstehung allochthoner vorweltlicher Kohlenlager studieren kann. Berühmt sind die natürlichen Treibholzansammlungen im Mississippidelta, wo oft bewaldete Uferpartien weggeführt werden. Auch im Meer und durch das Meer selbst kommt es zu solchen Treibholzansammlungen; so bringt der Golfstrom an die nordeuropäischen Küsten oft Massen von Treibhölzern und setzt sie dort ab. Alles das gehört im paläobotanischen Sinn zum Häcksel, woraus solche allochthonen Pflanzenmassen, seien es Bäume oder nur Laub und weiches Pflanzenmaterial, bestehen. Sinkt dann, vom Wasser vollgesogen, das Holz zum Meeresboden und wird es dort mit Sedimenten bedeckt, so entstehen eben die wenig ausgedehnten und durchaus unregelmäßigen Kohlenlager, wie sie uns in manchen Formationen begegnen. Auch Meerestang kann und konnte in der Vorzeit auf solche Weise zusammengebracht und an eine bestimmte Stelle von der Strömung verbracht werden. Es ist begreiflich, daß die allochthonen Kohlenlager, auch Tangkohlenlager, fast ausschließlich in rein marinen Sedimentformationen eingeschaltet liegen und schon daran meistens von vornherein als solche erkennbar sind, im Gegensatz zu den stets auf dem Lande oder an der Flachküste ehemals gelegenen, ergiebigen, ausgedehnten autochthonen Kohlenlagern.

Was nun die Umwandlung der vermoorten Pflanzenmassen in Braunkohle und Steinkohle betrifft, so ist dies eben wieder ein diagenetischer Prozeß, der im wesentlichen auf Druck und Wärme beruht, wobei wir die Tätigkeit der überall vorhandenen Bakterien außer acht lassen wollen. Diese wirken schon gleich beim Vermooren mit, indem sie die organische Substanz zersetzen und auch metallische und Schwefelausscheidungen herbeiführen, wie oben (S. 304) schon erwähnt wurde. Sobald ein Kohlenlager in der Vorzeit abgelagert war und von jüngeren marinen oder terrestren Sedimenten überdeckt wurde, kam es unter Gebirgsdruck. Dieser nahm zu, je mächtiger die nachmals darüber gebreiteten Sedimente wurden. Zugleich wurde es damit indirekt in die Tiefe versenkt oder es kam zu wirklichen Versenkungen durch geotektonische Bewegungen der Erdrinde. Damit wurde das Lager in eine bedeutendere Wärme verbracht, und nun begann der verwickelte chemisch-physikalische Prozeß, durch den sich aus dem Pflanzentorf und den vermoorten Holzmassen die Braunkohle, in älterer Zeit die Steinkohle entwickelte. Der extremste Fall war die Einfaltung solcher Kohlenlager in gebirgsbildende Krustenfaltungen, wobei Druck und Hitze so groß werden konnten, daß eine immer stärkere Austreibung aller übrigen Stoffe geschah, so daß zuletzt ein fast reiner Kohlenstoff übrig blieb. Das ist der Anthrazit. Daß die Gebirgsfaltung tatsächlich die Entwicklung der Steinkohle zum Anthrazit befördert, zeigt nicht nur das Vorkommen von Anthrazit in wirklich gefalteten Erdkrustenzonen, sondern zeigt sich auch besonders schön an einem nordamerikanischen paläozoischen Steinkohlenlager, das gerade dort, wo es von der Gebirgsfaltung nicht ergriffen wurde, gewöhnliche Steinkohle führt, dort, wo es eingefaltet wurde, aber in Anthrazit verwandelt ist. Indessen darf man nicht der vielfach verbreiteten irrigen Meinung huldigen, als ob grundsätzlich aus jeder Kohle, auch Braunkohle, durch die angegebenen Vorgänge reine Steinkohle, also auch Anthrazit, werden könnte. In den tertiärzeitlichen Braunkohlen sind nämlich reichlich harzführende Hölzer enthalten. Harzige Kohle aber kann nie zu Anthrazit werden. Die harzführenden Bäume treten in der Erdgeschichte erst seit der Jurazeit hervor. Infolgedessen haben die Kohlenlager des Erdaltertums wegen der Freiheit von harzigen Stoffen sich auch bis zum reinen Anthrazit entwickeln können. Die Dauer des Umwandlungsprozesses ist nicht groß. Man hat in dem oberen Teil der Steinkohlenformation Gerölle gefunden, die aus echter Steinkohle bestehen, welche kurz zuvor sich gebildet hatte; sie mußte also unmittelbar danach schon zu Steinkohle umgewandelt gewesen sein, sonst hätte sie bei der rasch danach erfolgenden erosiven Aufarbeitung keine derartigen Gerölle liefern können.

Man nennt alle jene Gesteine, welche aus verweslichen organischen Massen hervorgehen und ihren organischen Charakter beibehalten haben, weshalb wohl auch alle brennbar sind, Kaustobiolithe, wörtlich brennbare Steine aus Lebendigem. Das, was wir bisher von solchen Kaustobiolithen kennenlernten, war gewissermaßen eine Humusbildung. Würde die organische Anreicherung etwa in einem Torfmoor nicht Gelegenheit haben, sich rein und von Verwitterung und Gesteinseinschwemmung unbeeinflußt zu entwickeln, so würde statt des Torfes alsbald einfacher Humusboden entstehen. Die Torf- und Kohlenbildung ist also nur ein extremer Fall der gewöhnlichen Humusbildung (S. 32). Umgekehrt wird gerade durch Zersetzung der Pflanzenreste bei der gewöhnlichen Humusbildung auch Säure gebildet, die ihrerseits wieder zum Zerfall der am Humusaufbau beteiligten Gesteine der losen oder festen Gesteinsmaterialien beiträgt.

Ein anderer Weg der Bildung organischer Gesteine in der Erdrinde ist die Ansammlung von Faulschlamm (Sapropel). In Wassertümpeln, Seen mit stagnierendem Wasser, ebensolchen Meeresbuchten und Watten werden durch Tieransammlungen, meistens nur von niedersten Tieren, sowie niedersten Pflanzen und Sumpfpflanzen, Ölalgen und Fischen am Boden mulmige Fäulnismassen aufgehäuft, wobei die organische Materie unter Sauerstoffabschluß zersetzt wird. Wird in solche Becken langsam Sand oder Tonschlamm eingeschwemmt, so entsteht der Sapropelsand und -schlamm; ebenso, wenn in solchen Becken Massen von Kieseltierchen, wie etwa die oben (S. 286) genannten Diatomeen mit aufgehäuft werden, wodurch ein sandig-quarziger Sapropelit zustandekommt. Trocknet dieser dann später aus, verschwindet die Wassermasse, worin sich dies bildete, so wird er gallertig und erhärtet. Es entsteht dann die Sapropelkohle, die wir oben schon als Kännelkohle und Gagat bezeichnet haben.

Das Gagat ist eine Art Mittelding zwischen allochthoner Kohle aus Holz und Sapropel. Im Kapitel 2 ist das Vorkommen eines Kalk- und Tonschiefers im Jura beschrieben, worin uns merkwürdige Meeresverhältnisse des Erdmittelalters begegnen. Diese Sedimente wurden abgelagert in einem undurchlüfteten marinen Faulschlammbecken. Geriet nun in dieses abgeschnürte Meeresgebiet Treibholz vom Lande hinein, so wurde es von dem am Boden gebildeten Sapropel durchtränkt und bildete nun eine Art Sapropelkohle, aber auf der Grundlage von Holz. Alle fossilen Gesteine, welche mit Bitumen durchsetzt sind, gehen entweder unmittelbar auf solche Sapropelablagerungen zurück oder sie sind von den Umwandlungsprodukten desselben infiltriert. Und dies gilt besonders für das Vorkommen von **Petroleum**.

Abb. 198. In Bernstein erhaltenes Insekt. Oligozän. Samland. (Orig. Mus. München.)

Sobald Sapropelansammlungen, wie wir es auch zuvor für Kohlenmassen beschrieben haben, in das Erdinnere, also unter Druck und Wärme versetzt werden, beginnt eine Umwandlung, deren Endprodukt das Erdöl ist. Es ist ein natürliches Destillationsprodukt aus Faulschlamm vorweltlicher Zeit. Dabei scheiden sich allerhand Stoffe aus, zunächst Gase, dann die flüchtigen ätherischen Öle. So kommt es, daß vielfach dort, wo Petroleum erbohrt wird, zuerst reine Gasquellen auftreten, denen nach ihrer Erschöpfung der Petroleumausfluß selbst folgen kann. Das Petroleum im Erdinnern verhält sich ähnlich wie Grundwasser, d. h. es durchsickert die porösen und klüftigen Gesteine und wird von den undurchlässigen festgehalten. Kommt Erdöl aber in der Tiefe mit Grundwasser selbst zusammen, so schwimmt es auf diesem. Infolgedessen steht es auf den Firsten aufgewölbter Schichten und wird dort am besten erbohrt. Außerdem liegt es in den Spalten und auf Klüften. Verdunstet es, trocknet es also gewissermaßen ein, so entstehen asphaltige Massen und andere Organika, Asphalt und Ozokerit. Bei dem Erbohren oder dem selbständigen Austreten von solchen organogenen Produkten entstehen zuweilen Schlammquellen, ja richtige kleine Schlammvulkane, die jedoch nichts mit echtem Vulkanismus zu tun haben, sondern lediglich dem Gasdruck oder dem artesischen Aufstieg zuzuschreiben sind.

Abb. 199. Mumie eines jungen eiszeitlichen Rhinozeros aus dem Erdwachs in Galizien. Sehr verkl. (Aus Niezabitowski nach Zittel-Broili 1924.)

Man nennt solche Rückstandsbiolithe auch Liptobiolithe, wörtlich Zurückbleibungsgesteine. Sind Landpflanzen stark harzhaltig und vermodern sie, so können die für die Verwitterung kaum zugänglichen Harze zurückbleiben und sich im Laufe der Zeit so aufhäufen, daß richtige Harzlager entstehen. Berühmt ist der Bernstein, ein aus tertiärzeitlichen Tannen- und Kiefernwäldern hervorgegangenes Harz, das von bestimmten Baumarten in verhältnismäßig warmem Klima im Samland an der Ostsee ausgeschwitzt wurde. Infolge seiner Unverwüstlichkeit ist es in den tertiären Schichten in Massen erhalten geblieben und hat uns eine reiche Ausbeute von Pflanzenresten und Tieren, besonders Insekten (Abb. 198) aus jenen „Bernsteinwäldern" hinterlassen, die zu den merkwürdigsten Dokumenten fossiler Erhaltung vorweltlicher Tiere gehören. Übrigens können in solchen Biolithlagern, besonders wenn sie schon ölig geworden sind, geradezu die Leichen auch großer Tiere uns aus der Vorzeit überliefert werden, wie etwa die Rhinocerosleiche aus dem eiszeitlichen Erdwachs in Galizien (Abb. 199).

Erwähnen wir schließlich noch, daß auch Ansammlungen von Pollenstaub, sogenannter Schwefelregen, und Vogelmistansammlungen, unter dem Namen Guano bekannt, gelegentlich auch fossil untergeordnet vorkommen, so haben wir hiermit einen kurzen Überblick gewonnen über die Art und Weise, wie sich das organische Leben am Aufbau der Erdrinde, sei es aktiv, sei es passiv, beteiligt und daher selbst zur Gesteinsbildung beiträgt.

2. Erschließung und Darstellung vorweltlicher Lebensräume

Die durch Erforschung der Vorweltzustände erschlossenen Kontinente und Meere, ihre Ausgestaltung im einzelnen, das Werden der Tiefsee, das Auftauchen der Gebirge und ihr Wiederverschwinden, die wechselnden Klimazustände — das alles bedeutet Lebensräume, bedeutet Regionen der Umwelt, worin sich im Laufe der erdgeschichtlichen Epochen das Leben gestalten konnte. Freilich ist man trotz aller Forschung noch sehr unsicher darüber, ob wirklich so, wie wir es bisher erkennen, die Länder und Meere, die Klimate gestaltet, verteilt waren; wir wissen ja nicht, ob nicht vielleicht die Landmassen ehedem überhaupt anders lagerten, ob sie sich im Verhältnis zum Ganzen des Erdkörpers etwa verschoben haben, ob die Pole wanderten, ob sich das Wasser vermehrt oder zeitweise irgendwie vermindert hat. Will man also vorweltliche Lebensräume richtig verstehen, so muß man sich stets die grundsätzlichen Bedenken gegen solche Darstellungen gegenwärtig halten, wie wir sie schon im Kap. I, 7 bei Besprechung der großen Urkontinente geltend gemacht haben.

Wie wir nun für die Darstellung der vorweltlichen Lebensgemeinschaften oder der biogeographischen Provinzen der Kartenbilder bedürfen, so sind umgekehrt eben die Tier- und Pflanzenformen in ihrer Verteilung und ihrem biologischen Charakter hinwiederum eines der Mittel, um solche paläogeographische Rekonstruktionen zu machen. Beides spielt so ineinander hinein, daß es praktisch nicht getrennt werden kann. Es ist wie mit der Bestimmung von Zeitfolgen in der Erdgeschichte. Einerseits geben uns die ungestört übereinandergelagerten Formationen und Schichtpakete einen unmittelbaren Anhalt, was älter und was jünger ist; andererseits aber ist eine zeitliche Parallelisierung der Formationen an weit getrennten Stellen doch wieder nur möglich durch die Prüfung und Vergleichung des Fossilinhaltes; dies wurde im Kap. I, 4 ausführlich geschildert. Ebenso geht es mit den paläogeographischen Rekonstruktionen. Auch hier ist die Entwicklung der Formationen maßgebend zur Beurteilung, wo Meer, wo Land war zu einer bestimmten Zeit. Aber ebenso ist es nötig, die Fossilien in diesen Formationen zu Rate zu ziehen, um die Fazies der Schichtungen richtig zu würdigen; um zu erkennen, ob wir es mit Tiefsee- oder Flachseeablagerungen, mit Land- und Süßwasser- oder Meeresablagerungen zu tun haben usw. Es sind also letzten Endes doch immer wieder die fossilen Pflanzen oder Tiere, welche uns die Lebensräume und die äußeren Bedingungen ihres Daseins, also etwa auch das Klima erst richtig bestimmen lassen; die rein geologische, wie die rein biologische Methode müssen dauernd ineinandergreifen. Beispiele machen dies verständlich.

Wir denken an das europäische Jurameer. In Süddeutschland treten die teilweise hochmarinen Ablagerungen der Oberjurazeit zwischen dem bayerischen Grenzgebirge und Schwarzwald weithin zutage und überdecken die Triasformation, die erst in Nordbayern und in Württemberg gegen den Schwarzwald hin unter dem wegerodierten Jura erscheint (Abb. 200). Da wir kaum eine Spur von Küstenbildungen in jener Formation treffen, so nehmen wir folgerichtig eine vollständige Bedeckung Süddeutschlands vom einstigen Jurameer an. Nun dehnen wir die Untersuchung aus, denn wir wollen auch die Verbreitung jenes Meeres in den umliegenden Ländern kennenlernen, also beispielsweise in Frankreich. Auch dort ist die Juraformation an verschiedenen Stellen sichtbar und mit teilweise denselben Fossilien hochmarin entwickelt. So könnte man auf ein zusammenhängendes einheitliches süddeutsch-französisches Jurameer schließen, zumal auch durch die Nordschweiz hindurch, beide Teile verbindend, die Juraformation ebenso besteht. Aber zwischen Süddeutschland und Frankreich schieben sich noch ältere Gebirgsmassen ein, nämlich Schwarzwald und Vogesen, wo wir keine Spur von Juraschichten finden. Darf man daraus schließen, daß diese Kerne Inseln waren in jenem Jurameer oder sind die Schichten bloß abgetragen und ging auch über sie ehemals das Jurameer hinweg?

Um dies zu entscheiden, forscht man nach, ob die Juraschichten Süddeutschlands und Frankreichs an jenen alten Horsten wie an Küsten anlagern oder ob sie dort nur an Verwerfungen abschneiden. Im ersteren Falle müßten sie die für Meeresküstenablagerungen charakteristischen Merkmale zeigen, also etwa konglomeratig sein oder diskordant über das ältere archäische Gestein dieser Gebirge übergreifen; im letzteren Falle aber müßten sie im Umkreis jener Horste ihren freien marinen Charakter beibehalten. Denn waren jene Gebirgsklötze damals Inseln oder Land, so muß das Jurameer dort angebrandet sein und Schutt vom Lande her bekommen haben, was sich dann in der Ausbildung der Schichten zu erkennen geben würde. Aber nichts davon ist der Fall, wenigstens nicht am Schwarzwald und den Vogesen. Dagegen findet man sowohl am Schwarzwald- wie am Vogesenrand in den abgebrochenen Schollen des Rheintalgrabens (Kap. 5, S. 156) Reste der marinen Juraformation, die genau den Charakter der deutschen und französischen Vorkommen haben und damit zeigen, daß von einer Unterbrechung der gleichartigen Sedimentation bzw. des Meeres an jenen alten Gebirgsklötzen keine Rede sein kann, daß diese vielmehr damals überhaupt nicht herausragten, sondern Meeresboden waren. Erst mit Entstehung des Rheintalgrabens wurden sie ja zu den Horsten, als die sie jetzt herausragen. Die Gleichheit der durch den Fossilinhalt charakterisierten Jurafazies beiderseits der Vogesen und des Schwarzwaldes, sowie die eingeklemmten Schollen an deren Rändern lassen also einen einheitlichen marinen Lebensraum von Süddeutschland bis nach Frankreich hinein erkennen.

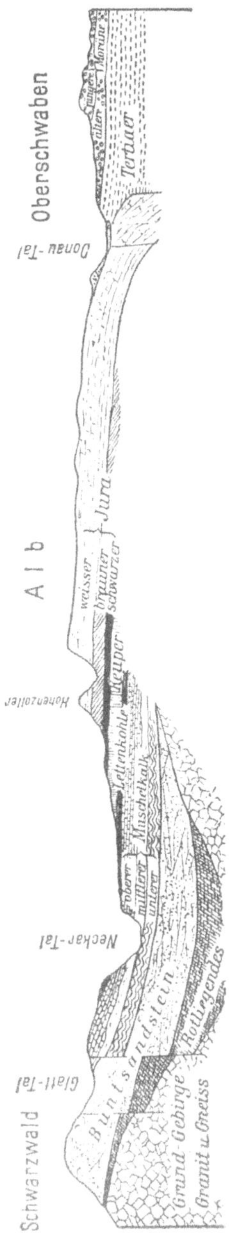

Abb. 200. Profil durch Württemberg. Am Schwarzwald stößt das mesozoische Schichtsystem durch Verwerfungen ab; die Juraformation ist bis an den Abbrand erodiert, bedeckte aber ehemals noch die ganze Triasformation und den Schwarzwald. (Aus E. Fraas 1910.)

Auch ohne daß sich beispielsweise Küstenkonglomerate gebildet haben, läßt sich zuweilen die Küstennähe dadurch feststellen, daß die freimarinen Ablagerungen normal lagernd auskeilen (Kap. 5, S. 134) oder stärkere terrigene Beeinflussung, unregelmäßige Lagerung oder auf Brackwasser deutende Fossilien zeigen, wie es etwa in lagunären und Delta-Gebieten zutrifft, ohne daß die Grenze zwischen Land und Meer, also die Küstenlinie, scharf markiert wäre. Das wurde oben bei Erörterung der Küstenbildungen (S. 75) eingehend dargelegt. Auch das örtlich starke Anschwellen rein mariner Sedimente deutet gelegentlich die Küste an, weil die eingeschwemmten Materialien, die durchaus fein schlammig sein können und keineswegs immer konglomeratig sein müssen, in der Nähe des Festlandes infolge des mehr oder weniger konzentrierten Flußtransportes besondere Mächtigkeit haben müssen. So schwillt der untere Teil der Juraformation (Lias) am Ardennenrande besonders an, zugleich aber bemerkt man dort, daß verschiedene Stufen der marinen Unterjuraformation ganz ungleichmäßig übergreifen über das ältere Ardennengestein, was also in seinem ganzen Zusammenhang beweist, daß dieser Gebirgskern zur Unterjurazeit vielfach über dem Meeresspiegel lag, also ein Landkomplex war.

Mit der Feststellung von Land- und Meeresgrenzen auf den heutigen Kontinenten ist es aber nicht getan. Die paläogeographischen Erdkarten zeigen auch teilweise Meeres- und Landverteilung in jetzigen Ozeangebieten, wo wir doch, wie schon gesagt, die Erdrinde nicht auf ihre geologische Vergangenheit hin untersuchen können. Was ist mit der Rekonstruktion solcher transozeanischer Landflächen oder Meeresarme?

Wenn wir an den Küstenrändern zweier Länder Formationen gleichen Alters abbrechen sehen, die hüben und drüben faziell gleichartig entwickelt sind, so ist damit unmittelbar die Tatsache gegeben, daß einst sich diese Formationen noch in den Ozean hinein fortsetzten und vielleicht miteinander verbunden waren. Bestehen derartige Schichtsysteme aus Landablagerungen, so spricht dies für einen damaligen Zusammenhang des Landes über ein jetziges Meeresgebiet hinweg; das heißt also, daß das damalige Land jetzt versunken unter dem Meere liegt, mithin dort in der Karte Land anzugeben ist, wo heute Meer liegt. Ein Beispiel sind die alten erdmittelalterlichen Landformationen Indiens, Südafrikas und Südamerikas, die durchaus gleichartig entwickelt sind als ein mächtiges Schichtensystem von Sandsteinen, Tonschiefern mit Pflanzen und Landtierresten. Diese brechen überall an den heutigen Küsten der genannten Kontinentalgebiete unvermittelt zum Meere ab, und ein bedeutender Geologe hat den vortrefflichen Vergleich gebraucht, daß sie von diesen Küsten aus wie Angesichte zueinander hinüberblicken. Man wird daher auf der Karte Abb. 131 die genannten Länder miteinander verbunden finden. Freilich ist dies ein nicht immer zureichendes Verfahren, besonders dann nicht, wenn es sich um so weite ozeanische Strecken handelt, die in solchem Falle überbrückt werden müßten.

Darum tritt zu dieser Methode noch eine biogeographische Erwägung hinzu. Wenn nämlich in solchen weit getrennten gleichen Formationen dieselbe fossile Tier- oder Pflanzenwelt sich findet, so wird dies als ein weiterer Wahrscheinlichkeitsbeweis dafür angesehen, daß ein einheitlich zusammenhängendes Lebensgebiet bestand. Wenn wir also beispielsweise in der Kreidezeit sowohl in Südafrika, wie in Südamerika in den dortigen gleichalten Marinschichten eine besondere Muschelfauna gleichen Charakters, womöglich mit denselben Arten antreffen, so deutet dieser Befund auf eine sich über die heutige Ozeantiefe hinüberziehende Küstenlinie oder wenigstens ein sehr flaches Meer, weil derartige Muscheltiere infolge ihres biologischen Charakters unmöglich ozeanische Tiefen von einer der jetzigen Erstreckung ähnlichen Breite überqueren konnten, auch nicht als Larven. Im Erdaltertum sind in den Flachmeerschichten Nordeuropas und des östlichen Nordamerika gleiche Tierwelten enthalten, ebenfalls Bodenbewohner, die weder als fertige Wesen noch als Larven einen Ozean überqueren konnten. Man schließt deshalb auf einen Küstenrand, der sich quer über den Atlantik herüberzog, und dieser Küstenrand bedeutet zugleich Land. Natürlich kann man aus einer einzigen derartigen Erscheinung allein noch nicht jene großen Konstruktionen wagen, sondern muß eben vieles in Betracht ziehen, muß sich in anderen vorausgehenden und nachfolgenden Zeitaltern nach den entsprechenden Verhältnissen umsehen und aus einem Gewebe von Tatsachen sinngemäß seine Erwägungen anstellen, die Rekonstruktionen machen.

Biogeographisch begründete Schlüsse können daher im einen Falle Richtiges, im anderen Unrichtiges ergeben, zumal das Auftreten zweier gleicher Formen in weitgetrennten Ländern auch daher kommen kann, daß ehemals von einem Zentrum aus, mit dem etwa beide Länder einzeln in Verbindung standen, die Besiedelung erfolgte. Auch ist es eine zu schematische, in der Natur keineswegs durchaus gültige Voraussetzung, daß dieselbe Form stets nur an einer bestimmten Stelle entstanden sein müsse und sich von hier verbreitet habe; vielmehr ist bei einmal vorhandener Organisation auch in weltweit getrennten Gebieten eine gleichsinnige Weiterbildung möglich und hat sich in der Vorwelt auch immerfort vollzogen. Es braucht also das Vorkommen gleicher Formen weder eine Wanderung, noch einen ehemaligen unmittelbaren Zusammenhang der Lebensgebiete zu beweisen. Zudem ist das gleichzeitige Vorkommen derselben Tier- oder Pflanzenform in zwei sehr weit und durch unübersteigliche Hindernisse getrennten Gebieten auch dadurch möglich, daß sie oder ihre unmittelbaren Ahnen in einem Zentralgebiet lebten, von da seitwärts nach mehreren Richtungen ausstrahlten und dann in Umrandungszonen übrig blieben, die nun voneinander weit getrennt sind, weil vielleicht das ehemalige Hauptzentrum längst verschwunden ist; wenn es ein Land war, also vielleicht unter das Meer sank. In solchen weit getrennten Gebieten können sich dann die Formen parallel weiterentwickelt haben, ohne daß ihre Gleichheit auf einen unmittelbaren Zusammenhang beider Wohngebiete weisen müßte. Man erkennt daran die Schwierigkeit paläogeographischer Land- oder Meeresrekonstruktionen, insbesondere wenn wir auch noch die Möglichkeit kontinentaler Verschiebungen in Erwägung ziehen.

Die Unterschiedlichkeit der fossilen Tierwelt in Formationen, die scheinbar über große Flächen hin zusammenhängen, gibt uns zuweilen Anhaltspunkte für andere paläogeographische Einzelheiten. So läßt sich ein zwischen zwei Meere sich einschiebender trennender *Landrücken* oder auch eine untermeerische trennende *Barre* erkennen, auch wenn man in den Schichtbildungen selbst nichts davon wahrnimmt. Etwa auf folgende Weise. Vorhin war die Rede gewesen von einem Meeresgebiet zu paläozoischer Zeit, das sich längs einer Küste von Nordeuropa bis an das östliche Nordamerika hinein erstreckte. Die Gleichartigkeit der aus jenem Meere übriggebliebenen Fossilien in beiden Jetztländern erwies uns diese Tatsache. Die Durchforschung gleichalter paläozoischer Meeresablagerungen dagegen im westlichen Nordamerika hat ergeben, daß sich deren Fossilien deutlich von denen des östlichen, ehemals mit Europa gleichartigen Faunengebietes unterscheiden. Es müssen demnach mitten durch den jetzigen nordamerikanischen Kontinent damals irgendwelche, einer gleichmäßigen Tierverbreitung ungünstige marine Verhältnisse geherrscht haben, am wahrscheinlichsten werden es also Landbarren sein, welche sich zwischen jene beiden großen Meeresräume einschoben (S. 321/22).

Solcherweise können auch Meeresströmungen trennend wirken, wenn der eine Strom kalt, der andere warm ist. In dem Kaltwassergebiet lebt natürlich eine andere Tierwelt als in dem Warmwassergebiet, und wo beide Temperaturen aneinandergrenzen, vollzieht sich ein schroffer Wechsel im Charakter der Tierwelt. Setzen sich also in einem solchen Meer Sedimente mit fossilen Tierformen ab und werden diese Sedimentformationen später herausgehoben, um dann Land zu bilden, so werden wir in einem scheinbar einheitlichen Schichtsystem plötzlich und unmittelbar nebeneinander verschiedene Tierwelten antreffen, so daß uns dies zu der Annahme verleiten könnte, es müsse zwischen beiden Fazies einer gleichalten Schichtenserie damals ein scharf trennender Landrücken gelegen haben. Aber alsbald wird uns die ununterbrochene Verbindung der Formationen belehren, daß von etwas Derartigem nicht die Rede sein kann, und so bleiben zur Erklärung nur Meeresströmungen mit stärkerer Temperaturdifferenz übrig. Ein Beispiel hierfür scheint die unterschiedliche faunistische Entwicklung des Juragebietes in Nord- und Süddeutschland zu sein. Beide standen die ganze Jurazeit über in unmittelbarer Verbindung, aber faunistisch hatten sie dauernd ihre Besonderheiten. So bemerkt man zur Doggerperiode einen nordfranzösischen und englischen Faunencharakter unter den niederen Meerestieren, und gegen den Weißjura hin ist auch ein östlicher und borealer Formeneinschlag unverkennbar. Daraus zu schließen, es müsse eine trennende Barre zwischen nord- und süddeutschem Jura gelegen haben, geht angesichts der Verbreitung der Juraformation und ihrem küstenfernen Charakter nicht wohl an. So ist der Schluß berechtigt, daß die Meeresströmungen, die sich im Norden hinzogen, auch das norddeutsche Jurameeresgebiet trafen, während das süddeutsche Gebiet unter südlichem Einfluß stand und sich an die alpine Zone anschloß, mit der es zur Oberjurazeit wohl unmittelbar zusammenhing. Für diese Auffassung spricht die weitere Tatsache, daß die nordische und russische Zone durch einen bestimmten, dort sehr verbreiteten und individuell großwüchsigen Muscheltypus (Abb. 381, S. 498) charakterisiert war, während derselbe Muscheltypus, wenn er überhaupt vorkommt, im süddeutschen Jura durchaus selten, körperlich fast stets sehr kleinwüchsig und im alpinen Meer überhaupt nicht vertreten ist.

Ist auf solche Weise die anorganische Umwelt, sozusagen der räumliche Platz bestimmt, auf dem das Leben sich abspielte, so gilt es weiterhin, nun auch, die an solchem Platz gefundenen fossilen Tier- und Pflanzengestalten zu befragen, was sie uns über ihre ehemalige Umwelt und den Charakter ihres Lebensortes zu sagen wissen.

Der Grundsatz, auf dem solche Untersuchungen fußen, ist der, daß kein Lebewesen jemals anders gestaltet war, als so, wie es dem natürlichen Lebensraum, zu dem es gehört, entsprach. Es ist undenkbar, daß etwa echte Meerestiere in einem Landgebiet oder im Süßwasser lebten; daß Sumpf- und Wasserpflanzen eine trockene Wüste bewohnten. Treffen wir also Pflanzen und Tiere, die wir nach Vergleich mit Lebenden als typisch für dieses oder jenes Element, diesen oder jenen Lebensraum ansehen müssen, so geben sie uns in ihrem fossilen Vorkommen einen Hinweis, daß die Schichten, in denen sie stecken, in entsprechenden Bedingungen abgelagert wurden. Voraussetzung ist natürlich, daß die Fossilien an ihrem ursprünglichen Lebensort, in den Sedimenten ihres ehemaligen Lebensraumes eingebettet liegen. Sind sie transportiert, so müssen andere Überlegungen Platz greifen, und das ist in jedem einzelnen Fall festzustellen.

Viele Formen sind auf den ersten Blick charakteristisch für bestimmte Räume. Es gibt ganze Tiergruppen, von denen niemals auch nur eine einzige Art außerhalb des Meeres lebte; die einzelligen, ein feines mikroskopisches Kieselgerüst ausscheidenden Radiolarien z. B. sind zu allen Zeiten nur Meeresbewohner gewesen; ebenso die Ammonshörner. Von anderen Gruppen, wie den Fischen, den Muscheln und Schnecken treffen wir viele Formen sowohl im Meerwasser, wie auf dem Lande oder im Süßwasser. Da aber alle Vorkommen aus einer Arten- und Typenmischung bestehen, so gilt es darum stets, Fossilfunde, die man für die Deutung ihrer Lebensräume auswerten will, in ihrer Gesamtheit daraufhin zu prüfen, welchem Element sie entstammen. Natürlich sind auch wieder innerhalb weiter Lebensräume spezielle Unterschiede zu machen. Das Meer hat flaches und tiefes Wasser; es hat unruhige wogenbewegte Brandungszone und stilles Flach- oder Tiefenwasser; auf dem Land ist etwa Trocken- und Feuchtgebiet zu unterscheiden. Alles dies drückt sich im Habitus jener Organismen aus, die wir in den Schichten aus solchen Lebensräumen finden.

Durch die Fossilien lassen sich also nicht nur die Umgrenzungen ehemaliger Lebensräume feststellen, sondern auch ihre Ausbildung in allgemein biologischer Hinsicht. Erstrecken sich biologisch gleichartige Verhältnisse in den Meeren der Vorzeit, wie auf den Landgebieten auf größere Räume, so wird man sowohl in den Gesteinsarten der Schichtungen, wie in deren Fossilinhalt gleichfalls auf größere Strecken hin die entsprechenden petrographischen und faunistischen Faziesausbildungen verfolgen können.

Dies tritt sehr deutlich in der Entwicklung des mittleren Teiles der Triasformation in Mitteleuropa, in den Alpen und in England hervor. Diese Epoche, die Muschelkalkzeit, wurde zuerst in Mitteleuropa erforscht.

Sie besteht aus einer Serie mariner Kalke, die oben in eine gipsführende Fazies übergehen, welche eine Abschnürung des vorherigen Muschelkalkmeeres und die Verdampfung des Wassers anzeigt, worauf die trockene heiße Keuperzeit mit ihren wüstenartigen Ablagerungen und schwachen Meeresästuaren sich einstellte. Die rein marinen Ablagerungen des Muschelkalkmeeres beherbergen u. a. jene Seelilienkalke, die im vorigen Abschnitt (S. 288) als Trochitenkalke beschrieben worden waren. Die damalige Meerestierwelt war verhältnismäßig eintönig: Muscheln und Schnecken, einige wenige Brachiopoden und die erwähnten Seelilien bildeten den

Abb. 201. Landschaft des Muschelkalkmeeres zur mittleren Triaszeit mit der halbwegs an das Leben im Wasser angepaßten großen Reptilform Nothosaurus. An den Zehen Schwimmhäute, als Beginn der Flossenform. (Vgl. Abb. 309.) (Aus E. Fraas 1906.)

Hauptbestand an Leitversteinerungen jener „germanischen" Muschelkalkschichten, dazu ein bestimmter Ammonitentypus, Ceratites, dessen Kammerscheidewände einfach gewellt sind (Abb. 82b, S. 112). Sonst aber lebten in jenem Meer auch höhere Tiere, wie die mit eigentümlichen Pflasterzähnen versehenen Plakodontier und halb an das Meeresleben, halb noch an das Leben auf der Küste angepaßten großen Nothosaurier (Abb. 201). Es war marines Flachwassergebiet, eingeklemmt einerseits gegen den landbildenden Norden Europas, anderseits gegen den südlichen „vindelizischen" Rücken (Abb. 202), der es vom freien alpinen Meer abtrennte, zu dem nur über Luneville nach Toulon und Korsika einerseits, in Schlesien anderseits eine Meeresstraße führte. Nach Wagner war das Gebiet des bayerisch-schwäbischen Rieses Land, ebenso ragten wahrscheinlich Südvogesen und Schwarzwald als flache Landrücken hervor. In einzelnen

Phasen der Muschelkalkzeit wechselten diese Zustände fortwährend. So dehnte sich das Meer zuerst noch östlich der Elbe aus, dann aber tauchte dort Land auf. Das Saargebiet, Neckar-, Main- und Wesergegend bildeten wahrscheinlich den dauerndsten und zentralsten Teil. Auch die östliche Verbindung mit dem Außenmeer über Schlesien erlosch in der oberen Hälfte der Muschelkalkzeit, als sich das Meer aus Ostelbien zurückzog. Innerhalb dieses Gesamtgebietes aber wechseln die Sedimentationsverhältnisse und die faunistischen Charaktere vielfach, so daß man wiederum eigene Einzelbecken unterscheiden kann (Abb. 203). So eine Fazies des Trigonodusdolo-

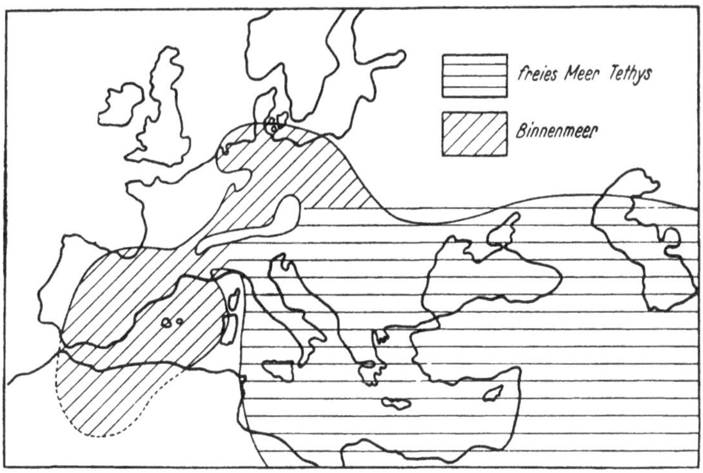

Abb. 202. Ausdehnung des Binnenmeeres (eng schraffiert) zur Muschelkalkzeit (mittl. Trias) in Europa. Der nördliche Teil (germanische Fazies) ist durch einen böhmisch-bayerischen und daran anschließenden, westwärts reichenden „vindelizischen" Landrücken (Insel) vom freien alpinen Weltmeer getrennt. Die germanische Binnenfazies setzt sich über Spanien, Sardinien vielleicht nach Afrika fort. Die Grenze beider Faziesbecken liegt einerseits in Schlesien, anderseits in der Dauphiné. (Nach Tornquist 1916.)

mit, so genannt von einer darin vorkommenden charakteristischen Tierform, deren Zähne gefunden werden; eine Uffenheimer Fazies mit Mergel, Mergelschiefer und Kalkmergeln mit Ammoniten und Brachiopoden, übergehend in die noch kalkreichere Kochendorfer Fazies, die dann alle nach außen in Küstenbildungen übergehen, wie solche bei Bayreuth und Kulmbach beobachtet sind, während nach dem Beckeninnern zu die rein tonige, auf die größte Tiefe und Landferne deutende Tonfazies liegt, mit wenig fossilen Schalen; wo sie mehr kalkig ist, führt sie gelegentlich Austernbänke, über deren Bedeutung als Zeitbestimmungsmittel im Kap. I/4 (S. 125) näheres mitgeteilt wurde.

Das alpine Muschelkalkmeer aber war frei und tief, weniger tief in den deutschen Nordalpen, dagegen tief in den Salzburger Alpen und im Balkan. Dort finden wir überall reine Kalke, meist fleischrot oder tiefrot oder hellgrau, teilweise voller reicher und mannigfaltiger Ammoniten und

Nautiliden in zahlreichen Arten, die in ihrem biologischen Charakter die freie Hochsee verraten, deren Boden so tief lag, daß jene Seelilienrasen dort gar nicht gedeihen konnten, die zu ihrer Existenz des flachen, das Licht bis an den Boden bringenden Muschelkalkwassers bedurften. In England dagegen ist die ganze Triasformation einschließlich ihres mittleren Teiles, der Muschelkalkstufe, rein als Sandstein mit zwischengelagerten Tonschiefern (New Red Sandstone) entwickelt und zeigt die durch die ganze Triaszeit hindurch fortbestehende Wüstenformation an, die bei uns nur in der untertriassischen Buntsandsteinzeit und teilweise in der obertriassischen Keuperzeit fortbestand.

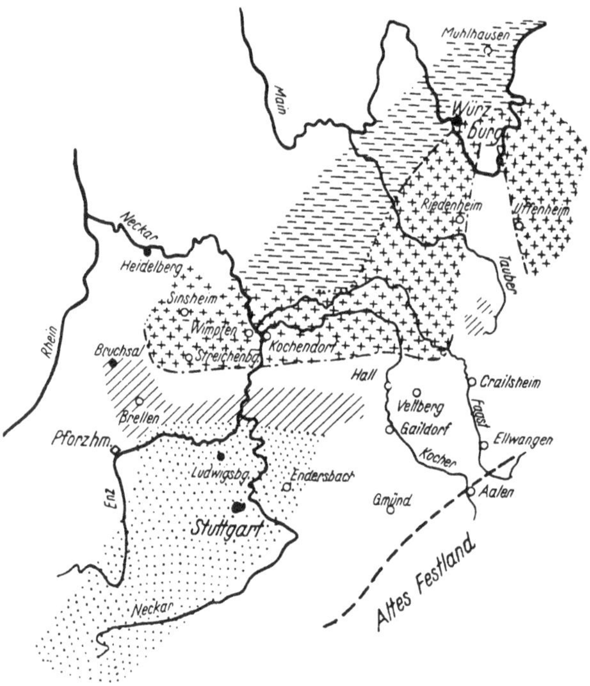

Abb. 203. Karte der Faziesverteilung im süddeutschen Muschelkalkmeer. Wagrechte Striche: Tonabsätze des tieferen Beckens; Kreuzchen: Kalkfazies mit Mergelzwischenlagen (Uffenheim-Kochendorfer Fazies); Punkte: dolomitische Kalkfazies; schräge Schraffur: Übergangszone von Kalk zu Dolomit. Rechts unten: altes Festland des vindelizischen Rückens (vgl. Abb. 202). (Nach G. Wagner 1913.)

Es ist klar, daß solche biologischen Rückschlüsse auf die Gestaltung der ehemaligen größeren oder engeren Lebensräume nur möglich sind, wenn wir entweder durch Arten, die heute noch leben, unmittelbar etwas über deren Lebensgewohnheiten und -bedürfnisse wissen; oder wenn wir aus der allgemeinen Körper- und Organbildung der vorliegenden Fossilien einen solchen Rückschluß machen können. Oft bleiben dabei genug Rätsel übrig, wie etwa bei der mitteltriassischen Meeresfauna von St. Cassian in Südtirol, die auf ein Flachmeerbecken deutet, worin teilweise niedere Rasen von Kalkschwämmen wuchsen. Das Merkwürdige ist, daß die allermeisten Konchylien, woran diese Fauna ungemein reich ist, ganz kleinwüchsig sind, Muscheln, Schnecken, Ammoniten, Seeigel und vieles andere, obwohl sie, nach ihrem Arten- und Individuenreichtum zu urteilen, doch außerordentlich günstige Lebensbedingungen dort gefunden haben mußten. Man hat keine Erklärung und kann höchstens annehmen, daß bei damaligen submarinen Vulkanausbrüchen und ihren nachträglichen Ausströmungen vielleicht dem Meerwasser geringe Salzmengen beigemischt waren, die in ihrer physiologischen Wirkung solchen Zwergwuchs veranlaßten, zumal es einige Fundstellen gibt, wo die Arten großwüchsiger sind. Oder man kann annehmen, daß sie den durch die Schwammrasen gebildeten zahllosen Schlupfwinkeln angepaßt waren, zwischen diesen leben mußten, statt auf freiem Meeresboden, und daß davon ihre Körperkleinheit bestimmt wurde, wie das ja unter anderen Lebensbedingungen, z. B. an Korallenriffen mit entsprechend anderen Gestaltungen der Riffbewohner gleichfalls geschieht. Oder man denke an den im vorigen Kapitel beschriebenen Steinkohlenwald. Der allgemeine Charakter der Bäume zeigt ganz zweifellos den wasserhaltigen Boden an. Andererseits aber sind heutzutage gerade die Farnbäume mehr in den trockenen Teilen der tropischen Gegenden zu finden. Außerdem kommen im Steinkohlenwald mehrere Pflanzentypen mit lederigen Blättern vor, was ebenfalls wieder auf trockenen Stand zeigt. Und dennoch kann kein Zweifel bestehen, daß die Steinkohlen unter Wasser waldmoorartig abgelagert worden sind. Es gibt also Räsel genug.

Im ganzen ist zu erwarten, daß unsere Schlüsse aus den Tier- und Pflanzengesellschaften auf die ehemalige Umwelt um so unsicherer werden, je weiter wir in die Zeitalter zurückgehen, weil dort die Gestalten immer fremdartiger werden. Zudem können auch verwandte Arten unter sehr verschiedenen Lebensumständen existieren oder es kann sich im Laufe der Zeit der Aufenthaltsort ganzer Gattungen und Gruppen verschieben. So werden wir im Kap. II,8 (S. 513) noch darzulegen haben, daß seit der Oberkreidezeit eine größere Anzahl niederer Meerestiere das Flachmeer verließen, um in die unter ganz anderen Druck-, Licht- und Nahrungszuständen stehende Tiefsee einzuwandern, ohne wesentlich ihre Form geändert zu haben. Vorsicht mit solchen Rückschlüssen ist also stets am Platze, und die zuvor gelegentlich erwähnten Schwierigkeiten paläogeographischer und -biologischer Rekonstruktion des Früheren werden daraus ersichtlich.

Am wenigsten wissen wir über die Lebensweise und die Lebensräume der Landtiere des Erdaltertums. Teils deshalb, weil wir überhaupt aus jener Weltära nur wenig Landtiere kennen, teils auch, weil die klimatischen Verhältnisse für jene Zeiten weit schwieriger zu beurteilen sind als etwa für das känozoische Zeitalter und das Ende des Erdmittelalters. Im Verhältnis zur Tertiärepoche ist übrigens auch über die Lebensräume und Lebensgewohnheiten der Landtierwelt des Mesozoikums noch nicht viel Licht verbreitet. Die mesozoische Landtierwelt bestand abgesehen von primitiven, wohl meistens beutlerartigen kleinen, selten größeren Säugern vorzugsweise aus Reptilien. So viele Formen wir von solchen aber auch schon kennen, so wenig wird es doch sein im Vergleich zu dem, was damals auf dem Trockenland lebte. Denn die Funde der mesozoischen Reptilwelt liegen meistens — abgesehen von den reinen Meeresechsen — in Süßwasser- und Sumpfablagerungen oder Ablagerungen, die in der Nähe des Meeres entstanden sind.

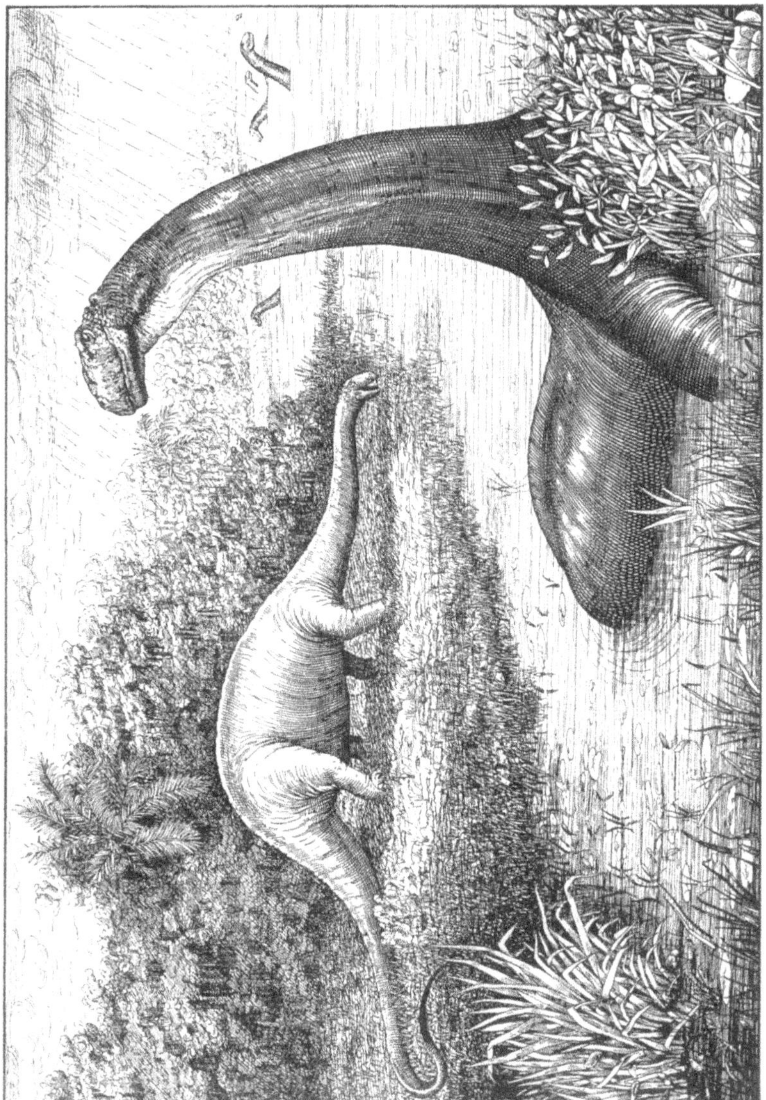

Abb. 204. [Sumpfbewohnender Riesensaurier (Brontosaurus) des mesozoischen Zeitalters (Unterkreide) von 4—6 m Rumpfhöhe und ca. 25 m Länge von der Schnauze bis zur Schwanzspitze. (Abgeändert aus Matthew 1915.)

Die hierbei entdeckten Skelette stammen daher größtenteils von Formen, die nur an das Süßwasser und Sümpfe angepaßt waren. Aber von den Formen aus höhergelegenen und trockenen Gebieten wissen wir selten etwas. Ein sehr bezeichnendes Beispiel bietet ein neuerer Fund im Buntsandstein des Schwarzwaldgebietes, wo man eine Anhäufung großer Amphibien fand, die wohl durch eine Wetterkatastrophe zusammengeschwemmt wurden. Da die Schädel fast alle rücklings lagen, so zeigt dies an, daß ehedem die Leichen bei der Zusammenschwemmung durch die sich in ihnen bildenden Verwesungsgase aufgetrieben waren und daher auf dem Rücken herumschwammen. Die Skelette selbst sind zerteilt, aber die einzelnen Knochen nie zertrümmert oder zerbissen. Das Lebensgebiet dieser Tiere lag also wahrscheinlich auf Höhen, von denen sie durch eine Wetterkatastrophe herabgerissen wurden, und nur durch einen günstigen Umstand erhalten blieben. Wo solche Zusammenschwemmungen und katastrophalen Einbettungen (vgl. Kap. II/1, S. 296) nicht zu Hilfe kommen, da wissen wir häufig gar nichts von den Tieren, die außerhalb der jeweiligen Sedimentationsgebiete lebten, und so mag es vornehmlich auch mit den großen Schrecksauriern des Erdmittelalters gewesen sein.

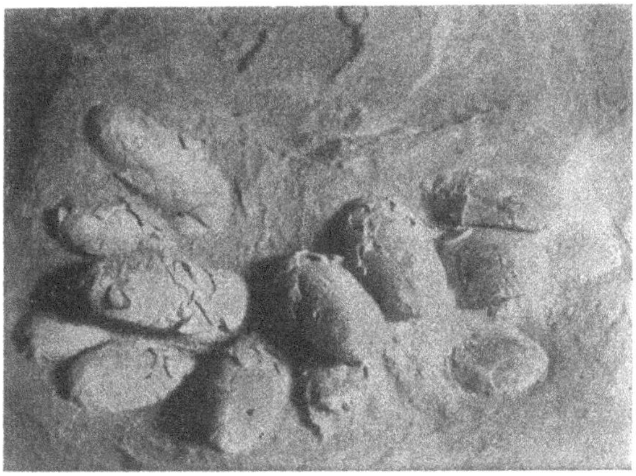

Abb. 205. Fossiler Ablageplatz von Dinosaurier-Eiern aus der Kreideformation der Mongolei, zu einer dem Triceratops (Abb. S. 420) verwandten Art gehörend. Länge des Eis etwa 30 cm. (Aus Gregory 1927.)

Diese Tiere entwickelten sich wahrscheinlich aus Formen, die ein Leben auf dem trockenen Lande führten. Allmählich trat eine Umwandlung in der Körperform und in der Einstellung auf das Leben im Wasser oder in Sümpfen ein. Dafür mag ein Beweis der Umstand sein, daß trotz der Anhäufung mancher sumpfbewohnenden Gattungen in den Jura- und Kreideschichten fast noch nie Jugendtiere zum Vorschein kamen. Es ist danach zu vermuten, daß die Jungen noch die Lebensweise ihrer Vorfahren beibehielten, und daß erst die größeren oder erwachsenen Individuen dauernd im Wasser und in den Sümpfen lebten (Abb. 204). Aus paläobiologischen Überlegungen muß man weiterhin annehmen, daß die erwachsenen Tiere zum Eierlegen die nassen Wohngebiete verließen.

Nopcsa hat die Vermutung ausgesprochen, daß die Knochenreste in kreidezeitlichen Dinosaurierschichten von Siebenbürgen die Freßplätze von Krokodiliern darstellen, weil deren Knochenreste mit jenen vermischt darin liegen. Die Knochen liegen sozusagen nesterweise beisammen, durcheinandergeworfen, und so hat man es wohl mit einem Landsee zu tun, in dem diese sumpfbewohnenden Dinosaurier hausten (Kap. II/5).

In sandig schieferigen Landablagerungen der Kreidezeit sind durch eine amerikanische Expedition vor einigen Jahren Nester von großen Dinosauriern gefunden worden, die voller Eier dieser Tiere steckten (Abb. 205).

Man hat die Eier geöffnet und in der Verkalkung der Knochen vorgeschrittene Embryonalskelette darin gefunden. Die Knochen ließen sich mit frei gefundenen Skeletten jugendlicher Formen einer bestimmten, in gleichen Schichten angetroffenen Art vergleichen. Die Eierschalen selbst wurden untersucht. Ihre Struktur, die nur wenige unverzweigte Luftkanäle zeigt, deutet darauf hin, daß sie keine weitere Umhüllung besaßen. Dies aber ist das Kennzeichen von Vogel- und Schildkröteneiern, die in sehr trockenen Gegenden vorkommen. Es geht also aus dieser Schalenbildung hervor, daß auch jene Dinosauriereier in sehr trockener, wüsten-

Abb. 206. Mumifizierte Leiche eines Riesendinosauriers (Corythosaurus) mit langen Hinterbeinen und kurzen Vorderbeinen, entenartigem, ehemals hornüberzogenem Schnabel und ebensolchem Kamm auf dem Schädel. Ehemals halb aufrecht gehend und im Sumpfwasser lebend. Alberta, Kanada. (Aus Brown 1916.)

artiger Gegend normalerweise abgelegt wurden, daß sie wahrscheinlich von der Sonne ausgebrütet wurden, daß die Tiere sehr lange darinblieben, bis sie soweit herangebildet waren, daß sie nach Zerbrechen der Schale sofort laufen und, da sie im Trockenen nicht leben konnten, sich ins Wasser oder wenigstens in Tümpel und Sümpfe begaben, wo ihre Eier unmöglich abgelegt worden sein konnten und wo sie selbst unmöglich hätten ausschlüpfen können. Auch die viel beschriebenen und vielbewunderten großen Dinosaurier Nordamerikas lebten solcherweise in Niederungen am Meer, wie das besonders aus Funden der oberen Kreideformation dort hervorgeht. Wahrscheinlich erstreckten sich, wie Abel sagt, damals weite Flußniederungen und Sümpfe, in denen die ausgewachsenen Tiere lebten, vom Meer ins Innere des damaligen Landes, und so kamen ihre Leichen zuweilen auch in die reinen Meeresschichten selbst. Man hat mumifizierte Reste von einigen solcher Gestalten (Abb. 206), an denen Sehnen und Haut noch erhalten ist, gefunden und man entdeckte bei einer Art noch Schwimmhäute zwischen den Zehen. Dies sowohl, wie das zahnlose breite Maul, das wohl, wie bei anderen Dinosauriern jener Zeit, mit entenartigen Hornscheiden überzogen war, deutet alles auf ein Leben im Wasser hin, wo sie nach Art der Entenvögel vielleicht aus dem Schlamm am Boden ihre Nahrung bezogen.

Alle Beobachtungen treffen also zusammen, um es wahrscheinlich zu machen, daß die Jungen dauernd außerhalb solcher Sedimentationsgebiete lebten, mithin auch die Ahnen. Und so werden auch andere Gattungen dauernd das nur trockene Wohngebiet innegehabt haben. Es ist infolgedessen kaum möglich, heute schon etwas über die Entstehung und die Wanderungen jener mesozoischen prominentesten Landbewohner auszusagen.

Erst die Tertiärzeit läßt uns hier etwas genauer sehen. Nicht nur deshalb, weil wir so zahlreiche und vielseitige Funde von Säugetieren haben; sodann auch, weil wir über die klimatischen und geographischen Zustände der Erdoberfläche nun Bestimmteres wissen als im Mesozoikum. Wir können hier wirklich mit einiger Sicherheit schon für manche Gruppen das Entstehungszentrum angeben und ihnen dann folgen, wie sie von Kontinent zu Kontinent wandern, teilweise unter Umbildung, sowohl im Entstehungsgebiet wie in den neu eroberten Wohnplätzen.

Viele Lebensräume, vor allem solche des Landes, mit Säugetieren und Pflanzen besetzt, sind aus der Tertiärzeit bekannt. Sie sind seitdem nicht mehr vom Meerwasser bedeckt worden, ja vielfach ist die äußere Form solcher Lebensräume noch mehr oder weniger deutlich bis heute erhalten geblieben. Einen solchen, wenn auch kleinen Ausschnitt bietet uns die Therme von Steinheim in Württemberg. Das ist ein alter, durch Explosion am Beginn der Miozänzeit entstandener vulkanischer Sprengtrichter in der Platte des Juragebirges, jetzt eine flache kreisrunde Senke von 2—3 km Durchmesser und etwa 80 m Randhöhe, rings umgeben von stark gestörten Juraschichten. Nach dem Durchbruch und sofortigen Zurückfallen der herausgeworfenen Massen sammelte sich in dem flachen Becken ein Süßwassersee, in dessen Mitte, wo jetzt Steinheim liegt, eine warme Quelle, viel gelösten Kalk enthaltend, austrat. Es bildeten sich mächtige, geschichtete Sprudelsteinfelsen, in denen zu Millionen kleine Schneckenschälchen stecken, deren Träger in dem warmen Wasser äußerst günstige Lebensbedingungen fanden. Im weiteren Umkreis des Kalksprudels aber gediehen andere Konchylien und kleine Schalenkrebschen, die sich in den übrigen Süßwasserablagerungen des Sees fossil finden, ebenso wie Fische und Schildkröten. An den Rändern und in der Umgebung des Sees herrschte reicher Pflanzenwuchs. Im Röhricht nisteten Vögel, deren Knochen und Eier gleichfalls fossil in den Süßwasserkalken stecken. Reiher, Ibis, Flamingo, Pelikan, Enten, Mäuse und Ratten wühlten im Boden. Im weiteren Umkreis tummelte sich eine ebenso wie die Vögel auf warmes Klima deutende Säugetierwelt (Abb. 207). Es waren dreizehige Pferde, Vorläufer des heutigen Pferdes, von Ponnygröße; ferner Rhinozeroten und Elefantiden, größere und kleinere Formen; Moschushirsche und ein dem Elch an Größe gleichender ungehörnter Hirsch, ein Gabelhirsch und Zwerghirsche. Auf sie jagten große, tigerartige Raubtiere und an den Seerändern hauste die Fischotter — fast lauter Formen, deren nächste Artverwandte heute in den Tropen leben. Kommt man mit diesem Wissen und der geologischen Kenntnis in jene Gegend, so kann man den Lebensraum sozusagen noch vor sich sehen.

Aber auch wo die ursprüngliche Oberflächenform zerstört ist und uns nur die Ablagerungen als solche noch erhalten geblieben sind, ist es vielfach sehr leicht, durch die petrographische und biologische Vergleichsmöglichkeit mit jetztweltlichen Zuständen auch den tertiärzeitlichen Lebensraum noch zu erkennen. Insbesondere in Nordamerika gibt es wunderbare derartige Vorkommen mit einzigartigen, ausgedehnten, unbedeckten Aufschlüssen, wie in den Flachgebieten und Wüsten der Badlands und Zentralnordamerikas (Nebraska, Dakota, Montana), während bei uns in Europa solche ungeheuren Aufschlüsse ganz und gar fehlen und es sich nur um unzuläng-

Abb. 207. Darstellung der miozänen Therme von Steinheim bei Ulm, mit einigen damals dort lebenden Tiertypen von tropischem Formcharakter. Sogen. Menageriebild (Abel), weil die Tiere nicht in ihrem natürlichen Zusammenleben, sondern mehr als Staffage in der Landschaft dargestellt sind. (Aus E. Fraas 1909.)

liche oder dem Kulturboden zum Opfer gefallene Vorkommen handelt. In Nordamerika hat man durch ganze Tertiärstufen hindurch zusammenhängend zugängliche Profile, die man zudem von vielen Seiten aus beobachten und durchforschen kann. So etwa die White-River-Serie, das Oligozän und Miozän umfassend (Abb. 208). Es sind etwa 100 m mächtige, wohlgeschichtete Folgen von feinen und groben Sandsteinen und Tonschiefern, gelegentlich mit Konglomeraten darin, die man zuerst für Absätze eines großen Süßwassersees ansah. Bald aber wurde man an dieser etwas summarischen Auffassung irre, weil man keine Spur von Fischresten oder Süßwassermolluskenschalen darin fand, wohl aber eine echte Landschnecke; auch die darin entdeckten Schildkröten waren Trockenlandbewohner. Heute weiß man, daß die ganze Serie im wesentlichen fluviatiler Herkunft ist, abgelagert in freien Landniederungen, die damals von großen, nicht reißenden Strömen, aus dem Westen von den Rocky Mountains kommend, durchzogen waren, nach Art der Niederungen der indischen und chinesischen Riesenströme. Dabei entstanden unter langfristiger Verlegung oft ausgedehnte Altwasser und bildeten bald wieder versumpfende und verlandende seenartige Flächen; dazwischen aber dehnten sich pflanzenbestandene Savannen aus.

Die genannten groben und feinen Sandsteine der White-River-Formation nun sind die von den Flußläufen selbst abgelagerten Sedimente; die tonig-sandigen Schichten dagegen solche aus den stehenden Gewässern, oft noch untermischt mit dem, was Landstürme an Staub und feinstem Trockensand herbrachten. Es ist bezeichnend, daß die erstgenannten Ablagerungen wesentlich Pflanzen und in Süßwasser lebende Organismen bergen, die letzteren dagegen Tiere der Steppen, also echte Landtiere und gute Läufer. In dem beigegebenen Profil (Abb. 208) liegen zu unterst Sandsteine mit solchen Landtieren, übergehend in Tone. Die ostwärts fließenden Wasseradern traten zu Überschwemmungszeiten weit über, griffen in

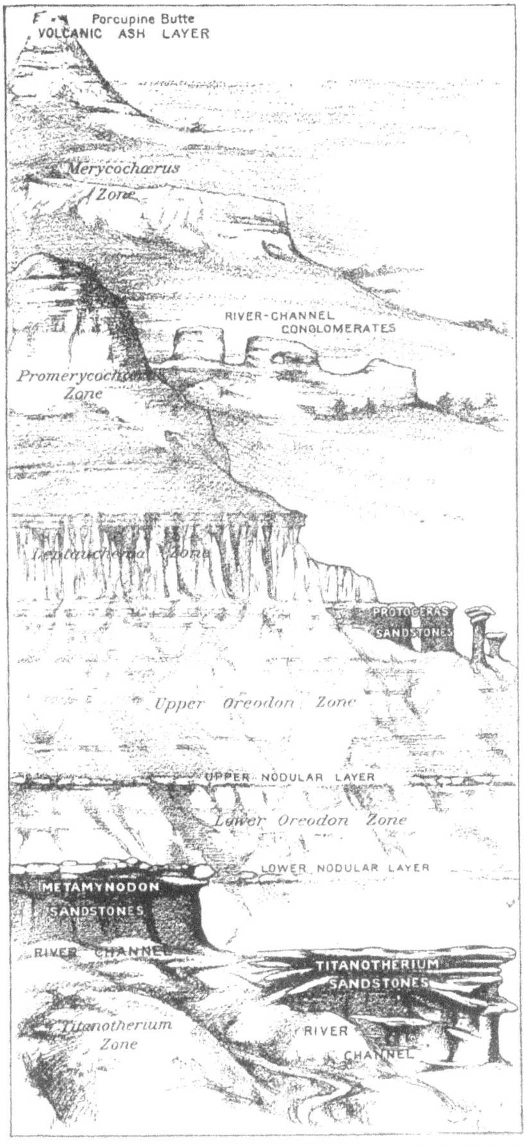

Abb. 208. Halb landschaftlich, halb profilmäßig dargestellte Schichtfolge der mitteltertiären White River-Formation in Dakota, Nordamerika, mit den aufeinanderfolgenden Horizonten und Nennung der hierfür jeweils bezeichnenden einzelnen Säugetierformen. (Aus Osborn 1910.)

die bis dahin trockenen Landbezirke ein, wie die Nilüberschwemmungen in Ägypten, schwemmten Landtierherden zusammen, deren Leichen in die Ablagerungen gerieten, und brachten zugleich auch krokodilartige Wassertiere mit, die nun gleichfalls darin fossil gefunden werden. Über diesen

Lagen folgen, örtlich begrenzt, dünne Vorkommen kalkigen Gesteins, und dies sind die Niederschläge in den mittlerweile entstandenen kleineren Seen. Die Kalke führen Krusten von Kalkalgen; Süßwassermollusken sind darin. Es müssen auch Wälder oder besser Savannenhaine dagestanden haben, denn vielfach sind aufrechtstehende Baumstümpfe noch erhalten geblieben. Landschildkröten tummelten sich in diesen Gebieten. Unter den Landsäugetieren finden sich allerhand Typen, die für die Urgeschichte dieser Tierklasse von höchstem Interesse sind. So vor allem Urpferde, ähnlich dem von Steinheim, ausgestorbene fremdartige Dickhäuterformen, sodann zwischen Hirsch und Giraffe stehende eigenartige Hornzapfenträger; aber dann auch Raubtiere, Urfleischfresser (S. 436/37), im Habitus vielfach heutigen großen Raubtieren ähnlich, aber einem anderen Stamm der Säugetierklasse angehörend. Besonders in den oberen Lagen stellen sich dann auch Nagetiere ein. Merkwürdige spiralige Bauten, sogenannte Teufelskorkzieher, ehemals in den Boden tiefer hinabgegrabene Gänge, weisen wohl auf biberartige Nager hin, die sie schufen, allerhand hineinschleppten, da sowohl Skelettreste dieser Gattung, wie auch anderes Material an Knochen u. dgl. darin gefunden wurden. In der Miozänzeit setzten sich diese Verhältnisse fort, und die in den Ablagerungen vorkommenden Landsäugetierformen sind die unmittelbaren Nachkommen der früheren des unteren Profils. Es wiederholte sich das gleiche Schauspiel, aber es kommen in dem oberen Teil des Schichtsystems nun Gestalten, die den jetzigen viel ähnlicher sind und vielfach schon zu den heutigen systematischen Gattungen gehören. Das Ganze ist gekrönt von vulkanischen Aschenlagern.

Lebensräume des Festlandes kennen wir aber nicht nur aus der Tertiärzeit, sondern auch aus dem Erdmittelalter und selten Erdaltertum; freilich herrschten dort teilweise ganz andere, unserem Verständnis noch immer nicht ganz zureichend deutbare klimatische und meteorologische Zustände und daher auch ganz besondere Sedimentbildungen. Wir erinnern uns des großen Nordlandes zu paläozoischer Zeit (Kap. I/7). Reste davon stehen noch in Skandinavien, Britannien und Nordamerika. Dort finden sich merkwürdige alte Schichtsysteme der Devonzeit, die O l d r e d - F o r m a t i o n. Das Old red-System, so genannt wegen seiner roten und bunten Sandsteine und Schiefer, zeigt sich an der Südküste von England noch marin, führt aber dort schon Fische, die der Binnenfazies des Systems entsprechen. Diese rein marine Stufe zieht sich durch Devon, Somerset und den Südosten England bis Südwales, wo nun die terrestre Old red-Bildung einsetzt. In Wales ist das oberste Silur schon old red-artig entwickelt, ein Beweis, wie allmählich diese Lebensbedingungen sich entwickelten. Sande, Konglomerate und rote Mergel verraten den Urwüstencharakter (S. 173) dieses sowohl trockenen, wie vielfach durch heftige Niederschläge, plötzliche Fluß- und Seenbildungen gekennzeichneten Landes. Selten sieht man, wie in Pembroke, auch marine Zwischenlagen, welche auf ein gelegentliches Eindringen des Meeres schließen lassen. Man kann auch zuweilen erkennen, woher das die Schichten aufhäufende Süßwasser gekommen ist, weil die sandigen Lager in der Nordwestrichtung anschwellen, also von Höhen in dieser Richtung beigebracht worden sein müssen. In den Cheviothügeln liegen über roten Konglomeraten und gelb-grünen Sandsteinen vulkanische Massen, ja im Midland Valley in Nordschottland sind diese Vulkanika 2—3000 m mächtig. Darüber geht die gewöhnliche sedimentäre Old red-Ausbildung weiter. In diesen, oftmals von Austrocknungsspuren wie Rippelmarken und Trocknungsrissen durchsetzten Schichten liegen nun allerhand sehr altertümliche fossile Tier- und Pflanzenreste, unter

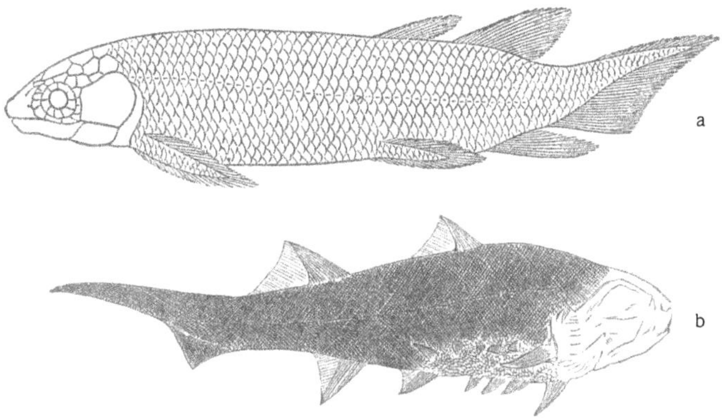

Abb. 209. Zwei altertümliche Fischtypen aus dem devonischen Old red-Gebiet in Schottland. a Lungenfisch; b Acanthodier mit Flossenstacheln. (Aus Traquair nach Zittel-Schlosser 1923.) Verkl.

denen die Fische wohl am interessantesten sind. Mit Flossen versehene Fischgestalten mit knorpeligem Innenskelett und mit kleinen pflasterartigen Ganoidschuppen bedecktem Körper repräsentieren schon die uns gewohnte Fischgestalt, ohne jedoch mit jetztlebenden Fischen, höchstens entfernt mit Haien, einige Ähnlichkeit zu haben. Auch Anklänge an echte Haie finden sich schon. Die merkwürdigsten Gestalten aber sind die Panzerfische, die Doppelatmer oder Lungenfische mit strahlenförmigen Zahnplatten, die Quastenflosser mit einfachen kegelförmigen, spitzen Zähnchen und die mit Flossenstacheln versehenen Akanthodier (Abb. 209).

Sowohl die mit Stelzbeinen versehenen Panzerfische, wie vor allem die Doppelatmer beweisen aufs deutlichste die Doppelnatur des Lebens im Old red-Gebiet. Denn die ersteren waren wahrscheinlich amphibischer Lebensweise zugetan, indem sie bald im Wasser, bald auf dem Trockenen herumspazierten, wobei ihnen vielleicht ihr harter Panzer nicht nur Schutz gegen Feinde, sondern auch gegen Austrocknen bot. Die Doppelatmer aber haben ihren Namen von der Fähigkeit, sowohl durch ihre Kiemen, wie auch durch eine zum Lungensack umgewandelte Schwimmblase zu atmen. Ersteres geschah, wenn sie im Wasser sich aufhielten; letzteres aber dann, wenn sie nach Austrocknung der Seen und Flüsse sich im Boden verkrochen und eine

Art Sommerschlaf bis zur Wiederkehr des Wassers hielten. Dies festzustellen gelingt dadurch, daß noch heute in den Südkontinenten einige wenige Arten jenes uralten Typus leben, an denen man solches beobachten kann.

Begleitet waren diese Fischformen von den alten Merostomen (Abb. 210), die hier 1—2 m lang werden können. Es ist bezeichnend, daß einige Fische im Silur in Meeresschichten angetroffen wurden, die hier im Old red als Brack- oder Süßwassertiere erscheinen. Sie konnten also vielleicht zum Laichen von einem Element in das andere übergehen. Mit den Merostomenkrebsen ist es ebenso gewesen, die wir im Kambrium und Silur in Meeresschichten, danach auch im Süßwasser, finden. Es ist sehr wohl möglich, daß der Old red teilweise Deltabildungen zugehört, in denen abwechselnd das Meerwasser und das Süßwasser herrschte und daß hier eine solche Anpassung jener Tierwelt gelang. In Nordamerika ist das Old red als Ablagerung in einem sehr seichten, lagunären Maringebiet und als richtige Deltabildung anzusprechen.

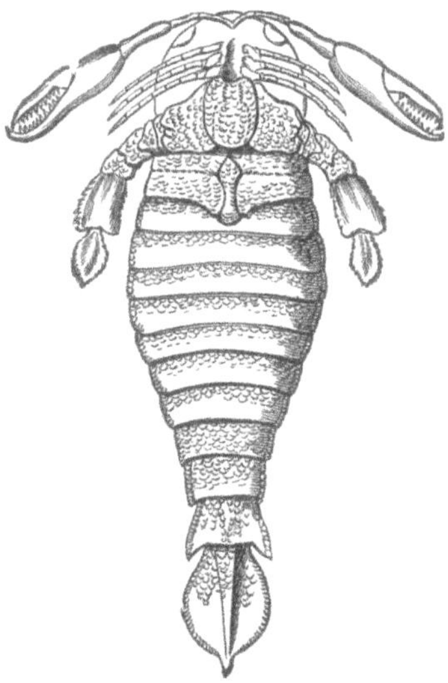

Abb. 210. Krebsartiges Gliedertier (Merostome) aus der Oldred-Formation von Schottland. Unterseite ohne zweites Fußpaar. (Aus Zittel-Broili 1924, nach Woodward.) Verkl.

Im schottischen Old red hat man auch torfmoorartige Bildungen gefunden. Es sind mulmige, kohlige Schichten, die entstanden waren in Sümpfen und teilweise stehenden Gewässern, in denen sich eine teils schilfartige, teils farnartige Flora angesiedelt hatte, aus deren Vertorfung die Lager hervorgingen. Die darin entdeckte Pflanzenwelt ist von einer ganz besonderen Art: es sind die ältesten sicheren und nunmehr einigermaßen bekannten Landpflanzen, die man kennt (S. 382).

Zur Perm- und Triaszeit wiederholen sich in mancher Hinsicht die soeben geschilderten Verhältnisse der Old red-Zeit des Devons. Im Rotliegenden ist eine große Trockenperiode mit Wüstenbildungen, Dünenaufhäufung, Gesteinsabschliffen, von heftigen Niederschlägen unterbrochen, nachweisbar. Schiefertone und meist rote Sandsteine sind in England, Nordamerika und Deutschland dafür bezeichnend und greifen auch in das damals stellenweise trockenliegende alpine Tethysmeer über. In Südafrika sind sofort nach dem Abschmelzen der dortigen Eisdecke (S. 192) ebenfalls rote Sandsteine und Tonschiefer abgelagert worden. Da sind es hauptsächlich Sand- und Staubstürme gewesen, die sich an der Schaffung der immer wieder von starken Wassergüssen mitbewirkten Sedimentbildung beteiligten. In Südafrika, im südlicheren Nordamerika und übergreifend auch in Rußland führen diese Schichtungen jene altertümliche Amphibien- und Reptiltierwelt, von der im nachfolgenden Kap. II/4 die Rede sein wird, und die ihrerseits auf ein heißes, wenn auch gewiß nicht durchweg wasserarmes Klima deutet. Im oberen Teil der Permzeit bricht dann bei uns im Norden das Salzmeer des Zechsteins herein (S. 350), gleichfalls die heißen Klimazustände wiederspiegelnd. Zuerst setzte dieses Meer noch Kalke ab, in denen eine spärliche, niedere Tierwelt gedieh und wo sich auch über anstehenden Felsen Riffe von Bryozoen, d. s. kalkausscheidende Moostierchen, ansiedelten; eine schwarze Schieferablagerung (Kupferschiefer) enthält rasch verendete und eingebettete schmelzschuppige Fische, die beim Eindringen vulkanischer Dämpfe oder Kupfersalzlösungen zugrundegegangen waren (S. 352). Jene ärmliche Meeresfauna der Zechsteinzeit bei uns steht in starkem Kontrast zu einer hochmarinen fossilreichen im alpinen, im nordamerikanischen und besonders im indischen Gebiet.

In England und Nordamerika geht diese rote Sandsteinbildung der Permepoche im ganzen als New red Sandstone in den Buntsandstein der unteren Triaszeit über. Diese Buntsandsteinformation ist bei uns in Deutschland sozusagen klassisch geworden, weil sie hier am vorzüglichsten und in höchst charakteristischer Weise entwickelt ist. Süßwasserseen und Flußläufe mit Konchylien lassen sich darin nachweisen. Gelegentlich brach auch das Meer herein und brachte Meerkonchylien mit, wenn es auch gegenüber jenen älteren devonischen Old red-Vorkommen auffallend ist, daß Fische fast völlig fehlen, während sie noch im permischen Rotliegenden stellenweise mit Tonschiefern eingeschaltet vorkommen. Solche Tonschiefer fehlen dem Buntsandstein wesentlich, und dies kennzeichnet ihn besonders. Fußspuren von größeren und kleineren Amphibien und Landreptilien (Farbtaf.) zeigen an, daß vielleicht in höhergelegenen und pflanzenbewachsenen Gegenden eine reiche Tierwelt lebte; oft liefen solche Tiere über die eben austrocknenden Sümpfe und Seeböden und hinterließen ihre Fußspuren in dem tonigen, zuweilen von Trockenrissen und vertrockneten aufgerollten Tonhäutchen bedeckten Boden, der alsbald wieder von Sandwehungen zugedeckt wurde und uns so jene geheimnisvollen Fährten erhielt. Eingeschwemmte Pflanzen von Nadelholzcharakter (Abb. 211) deuten auf einen nicht sehr entfernten, also wohl die Höhen bewaldenden Pflanzenwuchs, der sich in den eigentlichen tieferen wüstenartigen Lagen nicht oder nur vorübergehend ansiedeln konnte. Am Rande des Schwarzwaldes, der damals zeitweise eine Höhenlage gegenüber dem süddeutschen Buntsandsteingebiet einnahm, fand man jene oben beschriebene Stelle mit Skeletten und Skeletttrümmern von Reptilien, die ihr Lebensgebiet wohl auf jenen Höhen außerhalb der Wüstenregion gehabt hatten und offenbar einem katastrophalen Sturzregen und Wolkenbrüchen, die augenblicklich reißende Wildbäche bildeten, zum Opfer fielen und in die Buntsandsteinniederungen herabgerissen und begraben wurden.

Über die Flora des Buntsandsteins macht Deecke folgende Schilderung: Sie kann ebensogut als eine Salzflora auf Dünen am Meeresufer wie in Oasen eines Wüstengebietes aufgefaßt werden. So kommen bei den Pflanzen des höheren Buntstandsteins (Voltziensandsteins) nach Frentzen Blätter mit wenig Spaltöffnungen vor, dann solche mit winzigen Fiederblättchen und Haarbüscheln an deren Ansatzstelle. Die Voltzien (Abb. 211) haben kurze, gebogene, harte Nadeln, und anderes mehr — alles Merkmale, die auf eine heiße, trockene Luft, einen dürren, salzigen Boden oder auch heftige Winde deuten, so daß Eigenschaften der Umwelt sich alle ähnlich im Pflanzenwuchs äußern. Solcher Habitus der Pflanzenwelt kehrt immer wieder, auch in anderen Stufen der Triaszeit, im Keuper, sobald sich dieselben Bedingungen einstellen und die Grundformen der Pflanzen noch dieselben bleiben. Man kann nach Deecke annehmen, daß auf dem lockeren, dürren oder salzigen Boden der Buntsandsteinflächen, wie die Kiefern auf unseren jetzigen Dünengebieten am Meer, licht stehende Koniferen im Wechsel mit Zykadeen und Baumfarnen (Kap. 6) wuchsen. Schachtelhalme durchzogen mit ihren langen Wurzellagen den Sand, Bärlappgewächse dazwischen. Am Rande der etwas dichteren Baumbestände mögen dann kraut- oder buschartige Farne gestanden und zwischen derartig bewachsenen niedrigen Sandwällen würden Tümpel oder Wasserflächen mit Krebsen, Fischen, Sauriern und Amphibien gelegen haben. Ähnliche klimatische Verhältnisse wiederholten sich später gegen Ende der Triaszeit im süddeutschen Keuper wohl örtlich noch einmal, aber doch nicht mehr in der typischen Form der „Urwüste", weil mittlerweile die Pflanzenwelt auch die trockeneren Landgebiete erobert hatte (S. 173). Von da ab griffen ohnehin andere klimatische Verhältnisse auf der Erde um sich. Wüsten sind in Jura und Kreidezeit kaum mehr zu bemerken, wenigstens nicht in dem Umfang wie jene paläozoischen und frühmesozoischen Urwüsten ihn hatten und wie ihn auch die Wüsten der Jetztzeit zeigen, die erst mit der Endhälfte der Tertiärzeit entstanden zu sein scheinen, in der diluvialen Eiszeit aber wieder durch eine Periode vermehrter Niederschläge (Pluvialzeit des Südens) unterbrochen waren.

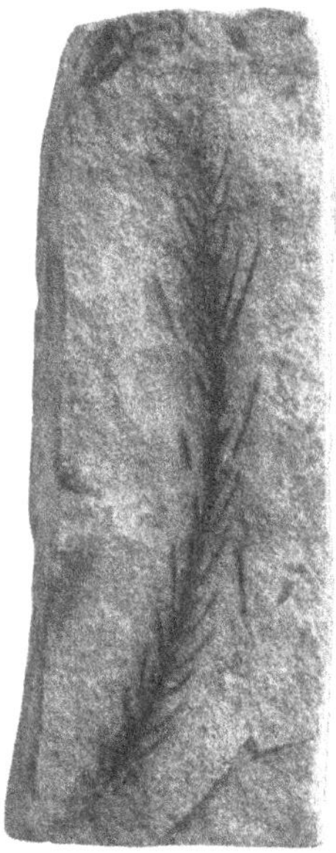

Abb. 211. Zweigrest eines frühen Nadelholzes (Voltzia) aus dem oberen Buntsandstein (Untertrias) von Pfalzburg, Lothringen. (Orig. Mus. München.) Etwas verkl.

Wir haben uns bis hierher vornehmlich mit Lebensräumen auf früherem Landgebiet befaßt. Diese sind im allgemeinen nicht so gut erkennbar und deutbar, wie die marinen Räume früherer Zeit, weil es uns gewöhnlich an Fossilien in solchen Schichtungen fehlt. Dagegen sind die Übergangszonen zwischen Land und Meer an solchen gewöhnlich reicher und oft sehr gut darzustellen.

Oben war beiläufig schon die Rede vom Zurücktreten des Meeres am Ende der Jurazeit in Süddeutschland, Nordwestdeutschland und England. Zuerst begann diese Erscheinung in Norddeutschland, dann folgte England, dann Süddeutschland. Während hier sich noch die auf S. 347 beschriebenen Korallenkalke ablagerten, wich aus Nordwestdeutschland das Meer und machte brackischen Niederungen Platz. Dort haben wir folgendes Profil:

Oben: Wealdenformation der Unter-Kreidezeit.

5. Purbeckformation: Mergel und Kalkmergel mit Süßwasserkrebsen und -schnecken. Ca. 50 m.
4. Serpulitkalk: teilweise Konglomerate führend, die von der Abtragung der Jura- und Triasschichten stammen. Durchsetzt von Röhrenwürmern und einer Mischung von rein marinen und Süßwasserkonchylien. 40—50 m.
3. Mündener Mergel: farbige salz- und gipsführende Mergel mit wenig Fossilien aus Süßwasser. 2—300 m.
2. Eimbeckhäuser Plattenkalk: geschieferte Kalkmergel und sandige Kalke mit Süßwassermuscheln 20 m.
1. Marine Kalke und Tonmergel mit Ammoniten, Muscheln u. a. echt marinen Tieren, nach abwärts in den hochmarinen Oberjura übergehend.

Die Deutung dieser Schichtenfolge ist einfach. Das Meer zieht sich zurück, es entstehen Süßwassertümpel und Seen, die vom Lande her ausgefüllt werden und die Plattenkalke ablagern (2). Wahrscheinlich war das emporgetauchte Land flach, von weiterher kamen Flüsse und süßten die Niederungen, die zuerst noch Meerwasser enthielten, aus. Allmählich versagte die starke Süßwasserzufuhr, es bildeten sich vom Meerwasser wieder etwas beeinflußte Mergelablagerungen (3) und zugleich konnte sich durch geringes, aber fortgesetztes Eindringen von Salzwasser Sole bilden, aus der sich Gips und Salz niederschlug. Ein stärkeres Hin und Her von Süßwasser zu Meerwasser und umgekehrt griff dann in der Serpulitphase Platz (4), so daß bald Ablagerungen mit marinen, bald solche mit brackischen und Süßwasserkonchylien vor sich gingen. Dieses stärkere Wiedereindringen des Meeres und andererseits der Transport aus dem Lande machen sich durch die im Serpulit auftretenden Konglomerate kenntlich. Endlich geht nach oben alles in den Zustand des Purbeck über, womit die Jurazeit abschließt, worauf die unterste Phase der Kreidezeit in eben derselben Süßwasser- und Landfazies folgt (Wealdenformation).

Das Purbeck nun enthält Kohlen. In Südengland tritt darin eine etwa 5 m mächtige moorig-kohlige Schichtmasse auf und darin stehen und liegen Baumstämme von Zykadeen und Koniferen. Zugleich offenbart sich mit ihren fossilen Resten die in jenen Wäldern lebende Tierwelt. Insekten sind gefunden worden, und als besonders merkwürdige, im Erdmittelalter sonst kaum bemerkbare Gestalten kleiner Säugetiere von Beuteltiercharakter (Abb. 212). Von diesen, nur etwa die Größe von Spitzmäusen erreichenden Gestalten sagt Abel, daß sie wohl ein scheues, zurückgezogenes Leben geführt haben. Für die Anwesenheit größerer Säugetiere dort fehle bisher jeder Anhaltspunkt. Solche im allgemeinen als Beuteltiere zu bezeichnende Formen sind in der Spättrias, im Jura und in der Kreide häufig und treten auch zahlreich im europäischen Gebiet auf, so daß kein Zweifel besteht, daß diese kleine mesozoische Säugetierwelt mitten in jenem Reptilzeitalter, als das sich das Mesozoikum in der vollendetsten Weise zu erkennen gibt, unscheinbar und klein und wohl sehr versteckt und verkrochen lebte, aber doch schon nach Zahl und Art reichlich vertreten war; ja sie lebte zum Teil jenen Reptilien sozusagen unter den Füßen und ist teilweise auch in denselben Lagen mit ihnen zusammen gefunden.

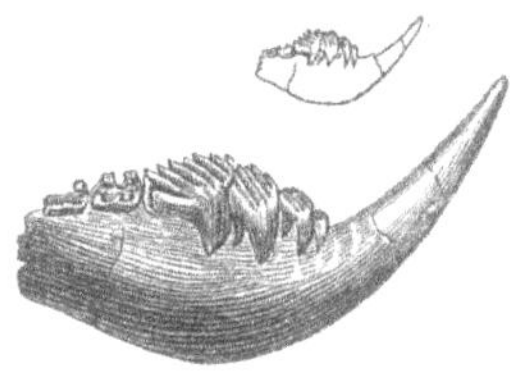

Abb. 212. Unterkieferchen eines niederstehenden Säugetieres (Plagiaulax) aus der Klasse der Beuteltiere (?). Nagerartige Form. Purbeckformation. Oberjura. England. (Nach Falconer aus Zittel-Schlosser 1923.) Unten sehr vergr.

Die unmittelbar dieser Waldmoorbildung folgenden Schichten aber führen wieder Süßwasserkonchylien. Das sind schon Absätze der Unterkreidezeit, das Wealden, welches eine Fortsetzung und Vermannigfachung jener vorbeschriebenen Verhältnisse anzeigt. In Nordwestdeutschland, Belgien und England herrscht nun diese, einen immerwährenden Wechsel von Süßwasserseen und Mooren anzeigende Fazies. Sandsteine, Tone, Tonschiefer mit eingeschalteten Kohlenlagern, darin eine üppige Pflanzenwelt, die teils auf den weniger kohlereichen Sandstein und Tonschieferschichten liegt, teils sich dann wieder zu dünneren Kohlenlagern ansammelt, zeigt die Üppigkeit jener Niederungen an. Es sind lauter Pflanzentypen, wie sie in der Jurazeit weltweit verbreitet sind. Süßwassermuscheln und -schnecken sind darin häufig, bieten aber nicht viel. Dagegen hat die höhere Tierwelt, Wirbeltiere, von jeher die Aufmerksamkeit der Forscher auf sich gezogen. Sie bietet eine richtige Sumpfweltfauna dar. Fische, Land- und Süßwasserschildkröten, Krokodile, aber dann vor allen Dingen die riesigen, halb aufrechtgehenden und springenden Schrecksaurier, deren Fährten man häufig auf den Schichtflächen findet (Abb. 213).

Abel gibt in seinen ausgezeichneten „Lebensbildern der Vorwelt" eine Darstellung der Ablagerungsräume und Lebensverhältnisse jener Sumpfwälder Nordeuropas zur Unterkreidezeit. Im Bückeburger Gebiet z. B. wechselten weite Wasserflächen mit Dschungeln ab; das ganze Gebiet bot wohl einen Anblick wie das Deltagebiet eines großen Stromes, der in das Meer seine Sand- und Schlammassen vorschob. Viele Bestände von vereinzelten Zykadofilizineen (z. B. Pterophyllum, Abb. 214a), fichtenartigen, hochstämmigen Bäumen, Zedern, Sequoien und Ginkgoazeen (Abb. 214b) auf den Inseln wechselten mit Farndickichten und toten Stromteilen ab. Eine tropische Sonne brütete über der von feuchter Treibhaustemperatur erfüllten Landschaft. Landeinwärts schlossen sich Pflanzenformationen an, die auf ein trockeneres Klima deuten; hier wird wohl der Standort der von den Strömen gegen die Ufersümpfe geschwemmten Koniferenbäume gewesen sein, während die Deltainseln vielleicht nur vereinzelten Baumwuchs zeigten.

Charakteristisch für die Kohlenlager ist, daß sie sowohl autochthonen, wie allochthonen Pflanzen ihre Entstehung verdanken. Oftmals wurden in den weiten Deltaniederungen die Waldbestände der zerstörten Inselgebiete und der inzwischen wieder bewachsenen Trockenflächen zusammengeschwemmt, während die an Ort und Stelle verkohlten Pflanzenmassen dabei von Sanden und Tonschlamm überdeckt wurden. Die an Ort und Stelle lebenden Tiere wurden dabei eingebettet und am Platz ihres Lebensaufenthaltes fossil. Aber ebenso wie die mitgerissenen Pflanzen wurden anderwärts auch Tiere einzeln und in Massen von den Flußverlegungen oder vielleicht gelegentlichen Sturzbächen erfaßt und anderswo zusammengeschwemmt.

Abb. 213. Fußeindrücke eines Riesendinosauriers der Unterkreidezeit auf einer mit Wellenfurchen überdeckten, einen trockenliegenden Sumpfboden darstellenden Schichtplatte in den Wealdensandsteinbrüchen bei Bückeburg. Natürl. Größe des Fußes längs der Mittelzehe ca. 1/2 m. (Origphot. durch Vermittlung v. Prof. Ballerstedt.)

Darauf deutet vor allem das Vorkommen der Riesensaurier bei Bernissaert, das von Abel folgendermaßen gedeutet wird (Abb. 215). Die Wealdenschichten liegen dort in einer Vertiefung des Steinkohlengebirges, also in Einschnitten älterer, damals die Erdoberfläche bildender Formationen, zu unterst bedeckt von scharfkantigen Trümmern und Blöcken, die nichts anderes sind, als die Verwitterungsbrocken, welche in die ehemalige Talschlucht aus dem damals anstehenden Gestein herabstürzten und liegen blieben. Wäre ein Bach durch dieses Tal gelaufen, so müßten die Blöcke teilweise gerundet sein und Spuren der Abwaschung oder des Transportes zeigen. Die darüber folgenden Tonschichten aber könnten nicht so homogen sein, sondern müßten eine Wechsellagerung und Kreuzschichtung von feinerem und gröberem Material zeigen; so aber liegen die groben Trümmer nur am Boden und an den Hängen jener Vertiefung. „Wenn wir“, sagt Abel, „uns nach analogen Verhältnissen in der Gegenwart umsehen, so werden wir an eine steilwandige Seitenschlucht eines Flusses mit geringem Gefälle denken müssen, der zu Zeiten, z. B. nach heftigen Gewitterregen, wie sie in den Tropen häufig eintreten, oder zur Zeit der Überschwemmungen in der Regenzeit Hochwasser führte und ungeheure Schlammassen vorwärts schob, wie der Nil oder der Amazonas. In solchen Flußbetten gibt es sehr häufig an Stellen, wo ein Seitental einmündet, tiefe Kolke und Strömungswirbel. In solchen Wirbeln treiben die von

Abb. 214 a. Pterophyllum, eine für das untere Mesozoikum charakteristische Zykadophyte.

Abb. 214 b. Baiera, eine für das mittlere Mesozoikum charakteristische Ginkgazee. Wealdenformation, Unterkreide. Nordwestdeutschland. (Aus Schenk 1871.)

dem großen Flusse stromabwärts getriebenen Leichen auf der Oberfläche des Wassers eine Zeitlang herum, solange sie noch von Verwesungsgasen getragen werden; später sinken sie zu Boden. Schlammschichten legen sich darüber; neue Hochwässer bringen neue Tierleichen, Pflanzenreste, wie Blätter und Zweige herab, die wieder in dem Wirbel seitab von der Hauptströmung treiben und wieder zu Boden sinken, immer neue Schichten von Schlamm mit Leichenteilen überstreuend.“

Die Iguanodontenskelette liegen nun in der Wealdenschlucht von Bernissaert alle unten über den Schutttrümmern, an der Basis des Tones. Eine der dort gefundenen Formen spreizt die Beine weit von sich. Es macht den Eindruck, als ob Verwesungsgase ihren Körper aufgetrieben hätten, als sie eingebettet wurde; andere zeigen schon ehemalige Verwesungsspuren und Zerteilung. Es war also die Fundstelle wohl ein altes Ufergebiet, das bei Hochwasser überschwemmt und wo auf die beschriebene Weise jene Skelette zusammengebracht und miteinander oder in geringen Zeitzwischenräumen eingebettet worden sind. Sie liegen alle auf einem verhältnismäßig kleinen Aufschluß von 34 m Höhe und 75 m größter Breite, die nach unten zu rasch abnahm, außer den verschiedenen Reptilienresten nicht weniger als 2000 Fischreste und 4000 Pflanzenreste, überdies noch eine sehr große Anzahl von Koprolithen (fossiler Kot), deren Herkunft noch nicht sicher ist.

Während sich die Purbeckformation und die darunterliegenden Brack- und Süßwasserschichten in Norddeutschland ablagerten, griffen in Bayern ganz merkwürdig geographisch-biologische Zustände um sich, die sich wesentlich von jenen unterscheiden. Wir erwähnten oben einmal, daß sich auch hier, wenngleich etwas später erst, das Jurameer zurückzog und nun ein flaches Land hinterließ, das wenig Höhenzüge gehabt haben dürfte, das

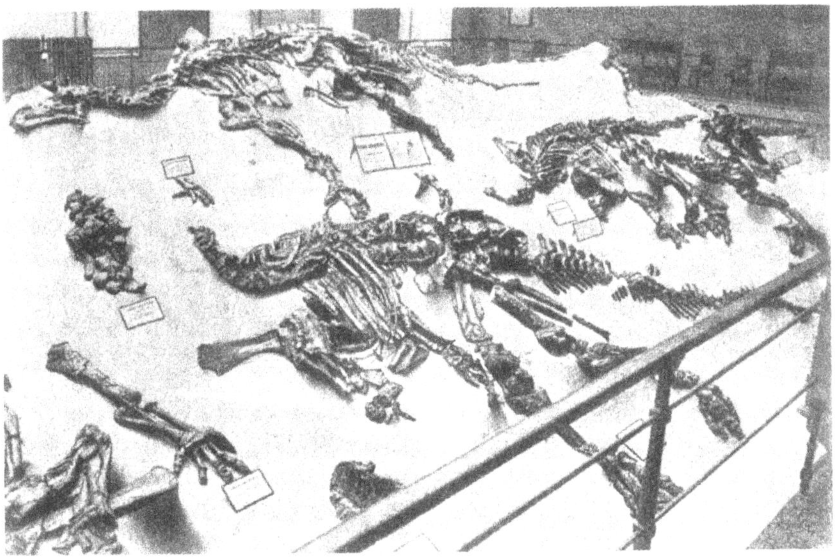

Abb. 215. Ansicht von Dinosaurierskeletten aus der Wealdenformation von Belgien, in ihrer natürlichen Fundlage. Naturhistor. Mus. Brüssel. (Aus Abel 1922.)

sich aber mit einer spärlichen Vegetation überzog, wobei vor allem zypressenartige Gewächse hervortraten. Zugleich muß das unter großer Wärme liegende Land vielen Stürmen ausgesetzt gewesen sein, die von den eben aufgetauchten Weißjuraschichten den Verwitterungsstaub herabbliesen. Flache Niederungen erlaubten immer noch periodisch dem Meer den Zutritt, und zwar scheinen Zeiten besonderen Hochwassers oder sogar Sturmfluten lange Zeit hindurch rasch aufeinander gefolgt zu sein. Wie sich rhythmisch Schicht um Schicht in diesen stets wieder vom Meerwasser heimgesuchten Lagunen niederschlug, wurde bei Besprechung der Zeitfolgen schon dargestellt (S. 124).

In diesen lithographischen Schiefern (Abb. 87, S. 124) findet sich nun eine merkwürdige Tierwelt beisammen. Formen des Landes mit denen des Meeres vermischt treten auf, zuweilen nach Schichten getrennt, zu-

Abb. 216. Ammonshorn im Lithographenkalk der oberen Jurazeit. Solnhofen. Vor Umlegen und Einbettung zuerst mit dem Rücken aufgestoßen, wovon oben der Rippenabdruck stammt. (Orig. v. Rothpletz 1912, Mus. München.)

weilen auch miteinander. Die Meerestiere deuten allesamt darauf hin, daß sie gewaltsam hereingebracht und teilweise sogar lebend noch eingebettet worden sind. Im vorigen Abschnitt (S. 296) wurde auf einen Meereskrebs hingewiesen, der noch Spuren hinterlassen hat. Gelegentlich findet man ein Ammonshorn, das infolge seiner Luftfüllung noch in den Wogen schwebte, aber wohl schon teilweise wassergefüllt war und nun im letzten Augenblick, ehe es eingebettet wurde, mit dem Rücken aufstieß, so daß dessen Abdruck neben dem fossilen Gehäuse selbst noch sichtbar ist (Abb. 216). Massen von kleinen schwimmenden Seelilien ohne Stiel finden sich oft über die Schichtflächen ausgebreitet, ebenso Quallen (Abb. 217), die in vielen Gattungen gefunden sind und durch die wunderbaren Abdrücke ihrer hinfälligen Körper gleichfalls die rasche Einbettung erweisen, die ihnen nicht mehr Zeit zum Zerfall ließ. Auch von den gewaltsam verendeten Fischmassen war schon zuvor (S. 295, Abb. 178) die Rede.

Zeigt uns alles dies die Tätigkeit der Wogen selbst, das stets sich wiederholende Hereindringen des Meerwassers, so liefern uns die vom Land hereingebrachten oder bei den Stürmen aus der Luft herabgestürzten Tiere noch weiteres Anschauungsmaterial zu jenem merkwürdigen Lebensraum. Da sehen wir vor allem Insekten in großer Mannigfaltigkeit, unter denen schöne, wohlerhaltene Libellen (Abb. 288) den ersten Platz einnehmen. Gelegentlich fand man auch ein solches Insekt, sehr klein, umgeben von einer Wellung

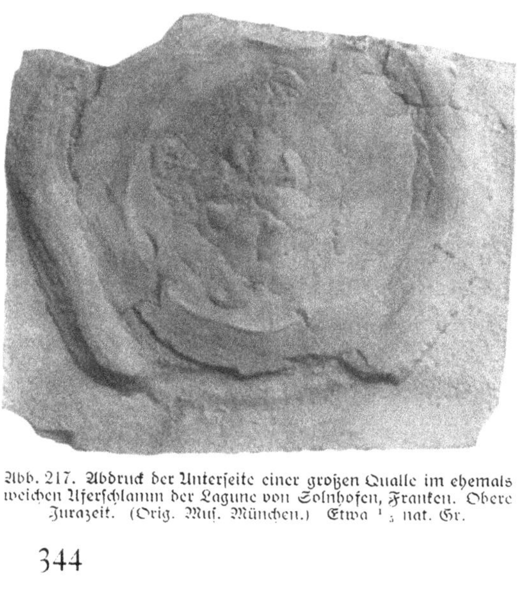

Abb. 217. Abdruck der Unterseite einer großen Qualle im ehemals weichen Uferschlamm der Lagune von Solnhofen, Franken. Obere Jurazeit. (Orig. Mus. München.) Etwa 1/3 nat. Gr.

des Kalkes, die beweist, daß es noch mit den Flügeln schlug, als es im Schlamm versank. Aber alles das wird übertroffen durch das Vorkommen höherer Landtiere, vogelartiger Reptilgestalten. Es sind die Flugechsen, meistens von Sperling- bis Taubengröße, an deren verlängertem viertem vorderem Extremitätenfinger eine lange Flughaut bis zu den Flanken und zum Hinterfuß sich ausspannte. Die einen hatten einen langen steifen, mit Steuer versehenen Schwanz, mittels dessen sie in wohlabgemessenen Flügen durch die Luft eilten oder über das Meer hinschossen. Die anderen hatten nur einen kleinen Schwanzstummel und flogen mehr den fledermausähnlichen Flatterflug (Abb. 218). Ebenso war ein unbeholfener Flieger da, der im Kap. 5 beschriebene Urvogel. Diese Gestalten, sowie die Insekten wurden zweifellos bei den Stürmen ins Meer getrieben und fielen der Sedimentation mit anheim, so daß ihre Gestalten in wunderbarer Erhaltung uns überliefert sind.

Abb. 218. Lebensbild einer amselgroßen Flugechse (Pterodactylus) über der Lagune von Solnhofen. Obere Jurazeit. (Aus Abel 1919.)

Wieder andere Formen rein mariner Art zeigen uns aber auch, daß selbständig Tiere in diese Lagunen eindrangen oder mit dem schwellenden Meerwasser zuweilen hereinkamen. Meerschildkröten (Abb. 364, S. 478), Fischsaurier von besonderer delphinartiger Größe, breite Rochen und sonstige große und kleinere Fische, dann Tintenfische mit ihren Sepiaschulpen und den Tintenbeuteln sind wohl gegenüber den oben genannten Marintieren selbständig eingedrungen und nicht bloß mitgerissen worden. Infolgedessen sind sie auch seltener und nie in solchen Massenanhäufungen auf den Schichtflächen zu sehen. Halb Wasser-, halb Landbewohner war die kleine Brückenechse, die nach Broilis Untersuchungen mehr in den gegen den Bayerischen Wald sich hinziehenden Uferregionen lebte und zum Beutefang, wie ihre heute in Neuseeland noch lebende nächste Verwandte, sich ins Wasser wagte. Ein sehr anschauliches Bild ihres Verendens bei solchen Sturmfluten gibt das beistehende Bild. Man sieht ein Holz, das offenbar im Meerwasser schwamm und auf das sie sich vielleicht hinaufgerettet hatte, bis sie dann im Sterben herunterfiel und daneben eingebettet wurde (Abb. 219).

Diese Lithographenkalke der oberen Jurazeit haben rein methodisch für den Erdgeschichtsforscher zugleich die Bedeutung, einen Lebensraum darzustellen, in dem sich allerhand Tiere und Pflanzen finden, die gar nicht in dem Gebiet gelebt haben, worin sich die Schichten ehemals ablagerten. Schon bei der Besprechung der Deltabildungen (Kap. 2, S. 69) konnte darauf hingewiesen werden, wie in den einzelnen Lagen, je nachdem, Meeresbewohner oder Landbewohner eingebettet werden. Es ist auch zu verstehen, daß von den Ländern her durch Stürme besonders Insekten, vielleicht auch Vögel in das Meer geweht werden und somit in reine Meeresablagerungen gelangen können. Ja, es ist umgekehrt nachgewiesen, daß sogar leere Seeigelschalen, die besonders leicht sind, wenn sie vom Meer an den Strand geworfen und vom Wind ergriffen werden, weit ins Land

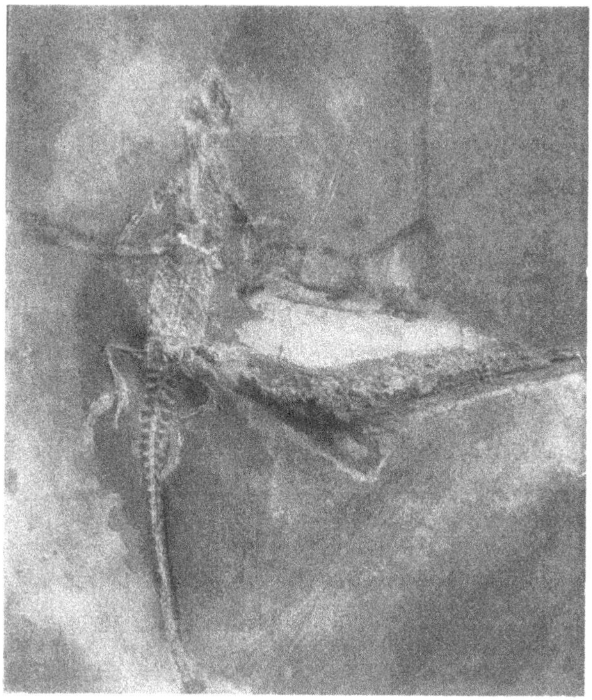

Abb. 219. Brückenechse (Homoeosaurus) im lithographischen Kalkschiefer von Kelheim (Bayern). Rechts quergestellt mineralisiertes Holzstück, auf dem das Tier in der Flut wohl Rettung suchte. (Orig. v. Broili, Mus. München.) Verkl.

hineingeblasen werden und dann in rein terrestrische Sedimente zu liegen kommen; mit leeren Schneckengehäusen soll dasselbe sich zutragen. Der Geologe muß also immer darauf gefaßt sein, in seinen marinen oder terrestren Schichtungen Formen zu finden, die keineswegs dem Lebensraume zugehörten, in denen sie nun fossil liegen.

Kurz vor dem Ende der Jurazeit war das mitteleuropäische Gebiet von Korallenriffen durchzogen (Abb. 220, 221), die mit den im vorigen Kapitel geschilderten Schwammriffen kamen. Wie an diesen, so herrschte auch an jenen Korallenriffen ein üppiges Tierleben. Überhaupt waren von jeher die Korallenriffe nicht nur in der Jurazeit, ein vielgestaltiger und, wo sie in den Formationen zutage treten, auch jeweils ein gut deutbarer Lebensraum; dies teils wegen ihrer Erbauer selbst, teils wegen der mannigfaltigen Lebewesen, die sich hier tummelten. Das Korallenriff heutigen Tages gehört ja auch zu dem Glanzvollsten und Anziehendsten, was uns vom Leben des Meeres geschildert wird. Kann man doch hier, wie nirgends sonst, sozusagen unmittelbar den Meeresboden in der freien Luft betreten und unmittelbar Einblick gewinnen in einen solchen, sonst dem Auge des Menschen verschlossenen Raum, teils weil das Wasser zwischen den Riffen oft flach und stets rein und klar ist, teils weil das Riff bei Ebbezeit mit seinem ganzen Reichtum an Gestalten wie eine Strandküste trocken liegt und so alles verrät, was an und in ihm sich birgt. Da tummeln sich Fische verschiedenster Form, Krebse kriechen zwischen den Stöcken hindurch und zerknacken mit ihren Scheren die Schaltiere, Muscheln und Schnecken und ähnliches Getier, von denen viele nur die gewöhnliche Größe haben, andere aber so riesengroß werden, daß in einer solchen Muschel ein kleines Kind Platz hätte. Seeigel und Seesterne liegen oder krabbeln in den Wasserräumen herum oder liegen in den großen und kleinen Höhlungen und Ritzen, Bohrmuscheln durchlöchern den abgestorbenen Korallenkalk — ganz zu schweigen von den zahllosen nackten Tieren aller Art.

Abb. 220. Landschaftliche Darstellung eines Korallenriffgebietes zur oberen Jurazeit in Süddeutschland. Zykadeenbäume, Meersaurier und Flugsaurier als charakteristische Elemente jenes Lebensraumes. (Aus Heer 1879.)

Genau eben dies alles treffen wir an den Korallenriffen der Vorwelt, angefangen vom Silur bis herauf in die jüngste Vergangenheit. An den Gotländer, den englischen und nordamerikanischen Silurriffen, an den Devonriffen der Eifel und des Harzes, an den Karbonriffen Belgiens und Rußlands, an denen der Trias- und Jurazeit Mitteleuropas oder an denen der Tertiärzeit Oberitaliens — um nur weniges zu nennen — sind Muscheln, Schnecken, Brachiopoden, Seeigel, Seesterne, Seelilien, Trilobiten,

Krebse, und was alles sonst noch, in stets wechselnden Gestalten zu finden, wie auch die bauenden Korallen- und Hydrozoentypen stets wieder neue Formen waren. Aber übereinstimmt der allgemeine Formcharakter dieses Lebensraumes und seiner Bewohner. Diese sind, soweit sie nicht rasch beweglichen Schwimmtieren oder unbeschalten Typen angehörten, immer derb und fest, oftmals auch groß gewesen, weil sie hier in dem stets warmen, ja tropischen Wasser zu allen Zeiten die besten Wohn- und Nährplätze und durch das stets bewegte Wasser, das im Innern der Riffe ruhig ist, die Gelegenheit zur Ausbildung jeder Körpergröße fanden. Besonders

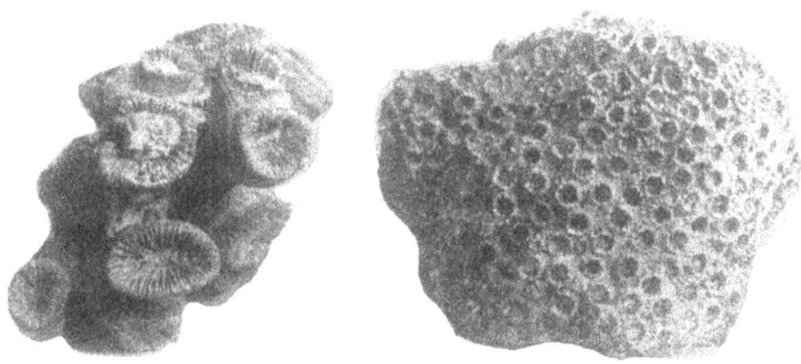

Abb. 221. Korallenstöcke von einem Riff der Oberjurazeit bei Nattheim in Württemberg. (Orig. Mus. München.) Etwas verkl.

die sedimentierten Ränder der Riffe mit ihrer Übergußschichtung (Kap. I,5 S. 133) sind stets die reichsten Fundstellen zahlloser und gut erhaltener Versteinerungen gewesen. Die heutigen Korallenriffe tauchen entweder, auf insulare Urgesteinsklötze aufgesetzt, frei aus dem Ozean auf, oder sie begleiten als Wall- und Barriereriffe die Küsten von Inseln und Ländern.

Zuweilen hat man an fossilen Korallenriffen dieselbe Wachstumsart und Verbreitungsweise wahrgenommen und so ein anschauliches Bild von ihnen, nicht nur in bezug auf ihre Lebewelt, sondern auch auf ihre Ausdehnung gewinnen können. Nach Wedekind bestand zur Devonzeit eine Siegerländer Insel, um die herum sich ein Randriff hinzog. Dieses Randriff ist selbst wieder nur ein Teil eines großen Riffesaumes gewesen, der sich damals um den Südrand des nordatlantischen Kontinentes schlang und auch durch Deutschland hindurch verfolgt werden kann. Die nördliche Linie ist bezeichnet durch die Städte Barmen, Iserlohn, Balve, Warstein und Brilon. Ein südlicher Zug dagegen führt von Weilburg über Wetzlar bis Gießen, der das Ostende und Südende des Taunus umgibt und zur Eifel hinüberzieht. Es ist das Analogon des australischen Riffes. Auch im kleinen ist zuweilen der dem heutigen Riff entsprechende typische Charakter solcher Urweltbauten festzustellen. So zeigen nach Berckhemer die Korallenriffe am Ende der Jurazeit in Schwaben oft bis in die Einzelheiten hinein gleiche Bauweise. Es kommt oft vor, daß Koralleninseln im Innern einen See haben und diesen wie einen Ringwall umgeben. Dieser See steht zuweilen mit dem Außenwasser in Verbindung. Berckhemer hat nun in dem von jurassischen Korallenbauten herrührenden Massenkalk der Nusplinger Gegend eine solche Kanalbildung nachzuweisen vermocht, die sich als eine Art ursprünglicher Schlucht durch diesen Kalk hindurchsetzt, an die sich die schieferigen Kalke der normalen Jurasedimentfazies anlegen. Es zeigt sich also, daß der Kanal eines Atollriffes den inneren Wasserraum mit dem Außenmeer verband.

Es war im vorigen Kapitel (S. 300) auch von den Bryozoenriffen die Rede, die sich im Zechsteinmeer der Dyaszeit ansiedelten, und zwar auf

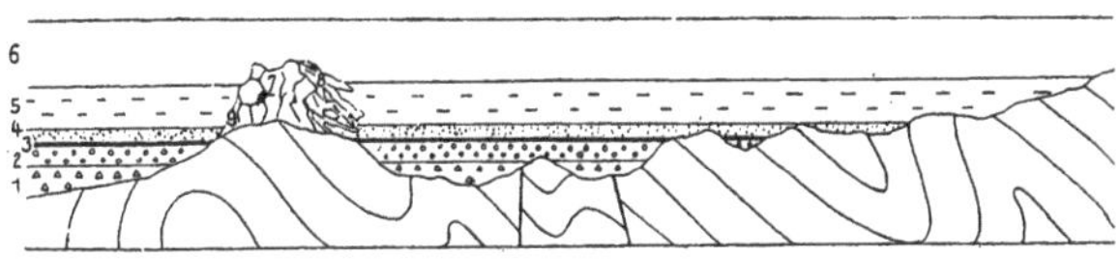

Abb. 222. Querschnitt durch den Lebensraum der Bryozoenriffe bei Gera zur Dyaszeit. Unten: abgetragenes karbonisches Faltengebirge. Darüber horizontale Schichtungen, nach Maßgabe der ehemaligen Tiefenverhältnisse abgelagert. Rechts Küste, links Wall mit Bryozoenriff. (Aus v. Freyberg 1921.)

Felskuppen, die sie überwuchsen, während im Umkreis sich der Kupferschiefer niederschlug, eine Sedimentbildung, der wir im Nachfolgenden als wiederum einem eigenartigen Lebensraum noch unsere Aufmerksamkeit schenken. Ein solches Bryozoenriff saß u. a. bei Gera auf, und zwar außerhalb vor der Küste (Abb. 222). Nach v. Freyberg liegen rings um das Riff Sedimente aus Schalen und organogenem Sand. „An dem ungeschichteten Riffgestein rieselten Schalentrümmer und organischer Sand herab und legten sich als dolomitisch-mergeliges Gestein fächerartig an (Vorriff). Küstenwärts entstand in den durch die Riffe abgeschlossenen ruhigeren Buchten über dem Zechsteinkonglomerat der Kupferschiefer und darüber der Zechsteinkalk.“ Je nach den Bodenverhältnissen (s. Profil) setzten sich an der seichteren Küste eben diesen entsprechende Gesteine ab. Allmählich wurde von den höheren Schichten, die sich durchgehend bildeten, das alte Teil des Riffes eingedeckt. „Wir müssen also“, fährt v. Freyberg fort, „im Riffgebiet des unteren Zechsteins einen äußeren Bildungsraum der Sedimente von einem inneren trennen. Der eine ist das weite Meeresbecken außerhalb des Kanalriffs; der andere die kleineren Lagunenbecken zwischen Kanalriff und Küste. Letztere standen mit ersterem durch Lücken im Riff in Verbindung.“

Zwischen solchen Riffinseln hatte sich bei der beschriebenen Sedimentbildung ein mulmiger Schlamm mit Metallsalzlösungen abgesetzt, der jetzige Kupferschiefer (S. 352). „So kommt es,“ schreibt Walther, „daß die Klippenzüge, welche den südlichen Harzrand und die ostthüringische Halbinsel von Köstritz über Pößneck-Saalfeld bis Eisenach und südlich von hier bis Liebenstein säumten, mit 40 bis 100 m hohen Kalkmänteln umkleidet und ungemein versteinerungsreich sind, während nahe dabei ein fast fossilleerer dunkler Stinkstein oder ein blauer Kalk mit Brachiopoden und Dolomite mit Muscheln verbreitet sind ... Der Riffkalk, der die Klippen überdeckte, ist oft sehr reich an Brachiopoden und Muscheln ... An manchen Stellen wuchsen zierliche Seelilien und in den Höhlungen des Riffgesteins verbargen sich erbsengroße Seeigel. Dazwischen wuchsen die zierlichen Äste und Becher von Mooskorallen (Abb. 184, S. 300), welche an manchen Riffwänden so häufig sind, daß man die Kalkberge als Bryozoenriffe bezeichnet hat."

In dieser Thüringer Zechsteinformation am Ende der Dyaszeit lassen sich sehr schön die teilweise nacheinander wechselnden, teilweise regional nebeneinander bestehenden Lebens- und Sedimentierungsbedingungen verfolgen. In außerordentlich anschaulicher Weise hat Walther eine Darstellung gegeben, die sich über die ganze Dyaszeit erstreckt und in kurzen Zügen jenen Wechsel der Lebensräume im deutschen Gebiet nahebringt. Wir folgen dieser Darstellung mit einigen Varianten.

Nachdem im früheren Teil des Erdaltertums Deutschland Meeresboden gewesen war, wurde seit der Mitte der Devonzeit und dann besonders durch die karbonische Gebirgsfaltung dieser Raum emporgehoben, und an Stelle des ehemaligen Meeresgebietes trat nun ein Gebirgsland, das in Belgien, in Schlesien und den heutigen Ostalpen vom Meer bespült wurde. Nordwärts bildeten sich die Steinkohlenwälder ebenso westwärts im Saargebiet und im Osten in Schlesien. Das Meer selbst drang zur Steinkohlenzeit teilweise in schmalen Buchten in das Land herein, wurde aber immer wieder verdrängt, die Tierwelt darin vernichtet. Als die Dyaszeit anbrach, war alles verlandet, es bildeten sich die vorhin geschilderten wüstenartigen Zustände der Rotliegendformation aus. Dann drang vom nördlichen Rußland her das Zechsteinmeer der oberen Dyaszeit herein. „Man stelle sich vor," sagt Walther, „daß Norddeutschland in einer Senkung begriffen wäre und gleichzeitig infolge einer Klimaänderung die Regenmenge sich sehr verminderte; dann würden Rhein, Weser und Elbe mit ihrem süßen Wasser nicht mehr dauernd bis zum Meere fließen, sondern ... in ihrem Unterlauf mehrere Jahre trocken liegen und nur in besonders regenreichen Zeiten für kurze Tage oder Wochen ‚abkommen'. Die Nordsee aber würde mit ihrer Fauna bis Bonn (47 m), Minden (45 m), Magdeburg (41 m) in die Flußrinnen gedrungen sein, während der größere Teil des dazwischenliegenden Landes noch als trockene Sandwüste daläge. Ähnliche klimatische Umstände veranlaßten, daß auch das nordische Zechsteinmeer Deutschland nicht etwa gleich anfangs in breiter Fläche überflutete, sondern nur im geröllreichen Bett einiger breiter Flußrinnen weit landeinwärts drang und darin das ‚Zechsteinkonglomerat' bildete."

Dieses Zechsteinkonglomerat bezeichnet überall das Liegende der Ablagerungen jenes Meeres. v. Freyberg hat das Eindringen dieses Zechsteinmeeres im einzelnen verfolgt. Noch bestanden die von der karbonzeitlichen variskischen Gebirgsfaltung her erhobenen Rücken, obwohl sie zur Rotliegendzeit sehr abgetragen und ihr Schutt in die dazwischenliegenden Senken hineingetragen worden war. Dennoch bestand ein reich gegliedertes Land, das noch keineswegs bis zum Meeresniveau abgetragen war. In die Senken drang auf die zuvor beschriebene Weise zungenartig das Zechsteinmeer ein, und die erwähnten Höhenzüge bildeten also Inseln und Klippen. Man kann nun Schritt für Schritt das immer weitere Übergreifen des Zechsteinkonglomerates verfolgen und so den sich immer mehr erweiternden Machtbereich jenes Meeres erkennen. Allmählich breitete

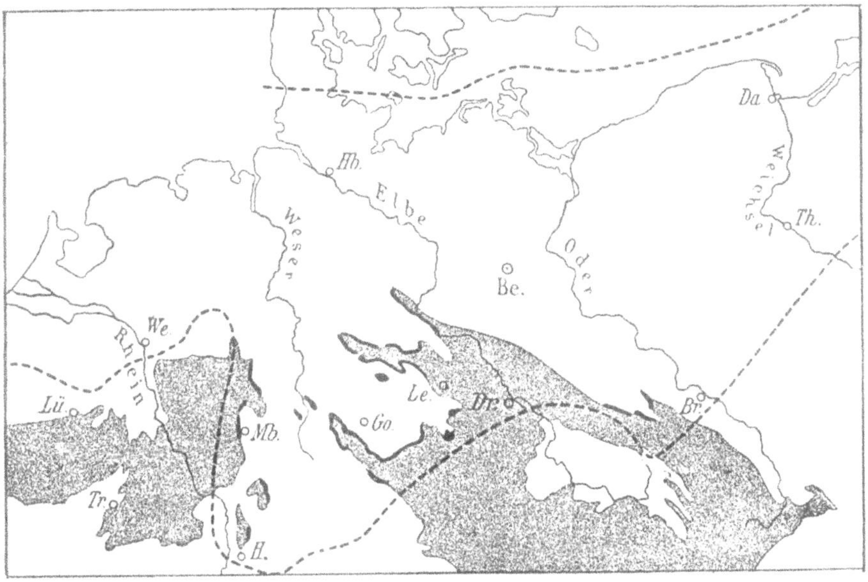

Abb. 223. Die mutmaßliche weiteste Verbreitung des Zechsteinmeeres (Umrisse gestrichelt) nach der Kupferschieferzeit. Grau: ältere Gebirgskerne, jetzt von den permisch-mesozoischen Schichten entblößt. Schwarz: ausstreichender Zechstein. (Aus Kayser 1915.)

es sich zwischen den noch stehengebliebenen Landmassen aus, und zwar zwischen der rheinischen Masse im Westen und der böhmisch-bayerischen Masse im Osten. Die Senkung des Landes begann im Nordosten und griff nach Südwesten über. So erfolgte die Transgression nach Südwesten immer später.

Dieses hereindringende Meer, fährt Walther fort, brachte nun seine besondere Tierwelt mit, Schaltiere, Muscheln und Brachiopoden. Sie bezeichnet die erste Phase der Einwanderung. Diese Tierwelt findet sich nur in der „Schiefergasse" bei Gera und nahe bei Eisenach. Aber diese Vorposten des herannahenden Meeres starben bald wieder aus, denn nun ändern sich die geographischen und damit die biologischen Verhältnisse bedeutend, bezeichnet durch das Aufkommen des Kupferschiefermeeres, bezeichnet durch die über den Kalkablagerungen der Frühfauna folgenden, an Kohlenstoff und Bitumen reichen Kupferschiefer. Nun ist das Meer breit geworden. Es greift weit über die ehemalige Landfazies des Rotliegenden und des ersten Zechsteinmeeres, breitet sich „wie ein großer dunkler Teppich“ über Mitteldeutschland aus, dringt zwischen rheinischem Schiefergebirge und Harz bis Fulda und den Spessart nach Nordbayern vor (Abb. 223). Er legt sich über die Schutt- und Dünenbildung des Rotliegenden überall dort, wo die erste Phase des Zechsteinmeeres nicht vorgedrungen war.

Wie erklärt sich dieser Wechsel? Walther nimmt an, daß nach dem ersten Eindringen jenes Meeres das deutsche Becken gegen das Nord-

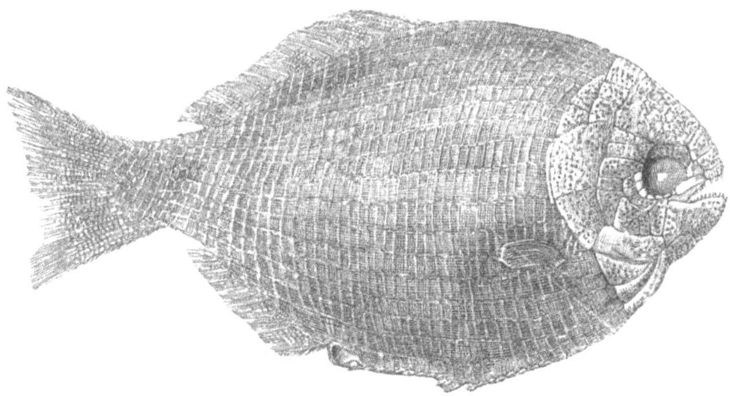

Abb. 224. Größerer, dickschmelzschuppiger Fisch, alle Kopfknochen klar erkennbar, vorzügliche Erhaltung in den schwarzen Liasschiefern von Württemberg. Typus eines erdmittelalterlichen Ganoidfisches. (Nach Quenstedt aus Zittel-Schlosser 1923.) Verkl.

meer wieder abgeschlossen wurde. Und nun gestaltete sich eine brackische Seenfläche aus, deren Spiegel das ganze alte Rotliegendgebiet mit seinen Höhenzügen und Sanddünen überstieg. In diesem Seebecken lebten dann die Schwärme schmelzschuppiger Fische, vergleichbar den Störscharen im jetzigen Kaspischen Meer. Der Wasserzufluß wurde vom Lande her geringer, das Wasser wurde nicht mehr erneuert, es bildete sich der Mulm und die Leichen wurden am Boden mit dem Kupfersalz infiltriert. Soweit Walthers Darstellung. Woher das Kupfer in den Schiefer kam, ist Gegenstand lebhafter Diskussion gewesen. Nach der einen Lehre ist er durch Auslaugung älterer Kupfervorkommen hereingebracht und gleichzeitig mit dem Sediment niedergeschlagen worden; nach der anderen seien die Lösungen erst später nach der Kupferschieferzeit auf Spalten hereingedrungen. Die erstere Auffassung, daß sofort mit der Schichtbildung das Kupfer ausgefällt wurde, ist durchaus die wahrscheinlichere, wenn auch damit nicht gesagt werden soll, woher es kam.

Durch den zuvor erwähnten Kupferschiefer sind wir auf ein anderes Sediment hingewiesen worden, das zu einer Gruppe von Bildungen der Vorweltmeere gehört, die wiederum ganz andersartige Lebensräume anzeigen, als die zuvor beschriebenen, dem hellen frischen Küstenwasser angehörenden Riffe. Das sind jene meistens schwarzen, oftmals bituminösen Kalkmergel und Tonschiefer, in denen nicht erst durch späteres Eindringen, sondern schon gleich während ihres Niederschlages Metallsalzlösungen oder Schwefelverbindungen und dann nach ihrer Ablagerung Bitumina sich bildeten.

Solch ein eigentümlicher, faunistisch höchst aufschlußreicher Lebensraum war in der Anfangszeit der Juraepoche, in der Liaszeit vorhanden und verrät sich durch schwarze Schiefer der beschriebenen Art, in denen von England über Norddeutschland bis nach Süddeutschland herunter vor allem

Abb. 225. Rekonstruktion und Lebensbild des Belemnitentieres im Liasmeer. Durch Ausstoßen von Wasser aus der unter dem Kopf sichtbaren Trichterröhre bewegte sich das Tier in der Richtung des spitzen Kalkstachels. (Aus Fraas 1906.) Ca. 1/6 nat. Gr.

viele Meerreptilien und Fische gefunden werden, und zwar in prächtigstem Erhaltungszustand (Abb. 224, 226). Zuerst war dieses Meeresgebiet mit Seegras bestanden. Aber durch Abschnürung und mangelnde Durchlüftung des Wassers bildete sich allmählich in der Tiefe eine Anreicherung von Verwesungsstoffen aus dem zahlreichen Tierleben, das zuerst noch am Boden, vor allem aber in den oberen Regionen lebte. Daraus entstand Faulschlamm, der sich zu bituminösen Tonschiefern im Laufe der Zeit umwandelte. Es fehlte in der Tiefe der Sauerstoff, Schwefelwasserstoff reicherte sich an. So ist es heute noch in der Tiefenzone des Schwarzen Meeres, das nur ungenügenden Zustrom hat, weil es durch den flachen Kanal des Bosporus und der Dardanellen vom offenen Meerwasser abgeschnürt ist; und hier bildet sich derselbe Faulschlamm, wie damals im Liasmeer. Nur war dieses flacher und weiter und ging im Süden in das offene alpine Meer, in Franken aber in eine sandige Flachküste über. An der durchlüfteten Oberfläche lebten vor allem Ammoniten und Tintenpolypen,

Abb. 226. Die Fischechse Ichthyosaurus mit vollständig erhaltenem Skelett und Hautbedeckung aus den schwarzen Liasschiefern von Württemberg. (Nach Orig.-Phot. von Dr. B. Hauff aus Zittel-Broili 1923.) Stark verkl.

Belemniten mit langen Kalkspitzen (Abb. 225), und es ist bezeichnend, daß dies alles Formen sind, deren Körpergestalt deutlich die Fähigkeit zum schnellen Schwimmen im freien Wasser, also nicht den Bodenbewohner verrät. Sie alle sind nach ihrem Tode eingebettet worden in den feinen Schlamm. Aber vor allem sind es nun die großen Meerreptilien mit ihren Fischgestalten (Abb. 226) oder sonstigen charakteristischen Schwimmtiermerkmalen, die lagenweise in jenen nun verhärteten Schlammschiefern flachgedrückt liegen. Wahrscheinlich drangen sie zuweilen in Schwärmen ein, gelangten in die Tiefe, wühlten den Schlamm und das erstickende Bodenwasser auf, um dann rasch zu verenden und so fossil zu werden. Manche trieben auch noch als Leichen an der Oberfläche umher, verwesten dabei und zerfielen, so daß man jetzt nur ihre zerfetzten Skelette findet. Wieder andere blieben, langsam verendend, im Schlamm noch am Leben, und wenn es trächtige Weibchen waren, so kam es zuweilen noch im Augenblick des Todes zu einer postmortalen Geburt. Daß diese großen Tiere und auch die Fische, besonders einige Haie, nicht dauernd hier lebten, sondern Bewohner des offenen Meeres außerhalb waren und sozusagen unbekannt mit den Verhältnissen eindrangen, beweist ein Haifischexemplar, in dessen Bauchsack ein Klumpen Belemnitenstacheln (Abb. 227) liegt. Offenbar ist das Tier mit seinesgleichen eingedrungen, hat sich an den ihm als

Nahrung sonst nicht zur Verfügung stehenden Tintenpolypen gütlich getan und ging an ihren unverdaulichen Kalkstacheln zugrunde. So haben wir hier, wie ein ausgezeichneter Paläontologe sagt, nicht ein Lebensbild, sondern ein Bild des Todes, ein großes Leichenfeld der Vergangenheit, vor uns.

In mehreren Formationen treffen wir auf derartige Ablagerungen, welche gleichen oder ähnlichen Zuständen ihre Entstehung verdanken und sowohl durch ihre Konsistenz, wie durch ihren Fossilinhalt dies kundgeben. So liegt in der oberen Permformation Thüringens jener soeben genannte Kupferschiefer, worin meistens schmelzschuppige Fische, aber höchst selten andere niedere Meerestiere vorkommen. Die Fischkörper (Abb. 228) selbst sind vielfach mit Kupfer überzogen, das auf dieselbe Weise entstand, wie das Schwefeleisen in jenem Liasmeer. Oft liegen die Fische auf einer Schichtfläche massenweise da. Man nahm früher an, irgendein naher Vulkanausbruch oder vulkanische Dämpfe — damals war der Vulkanismus auch in unseren Ländern sehr lebhaft — hätten die Fischfauna jenes Kupferschiefermeeres plötzlich getötet und diese sei so in der gedachten Weise fossil geworden. Aber die richtigere Lösung des Rätsels besteht doch zweifellos darin, in jenem Vorkommen dieselben Wirkungen zu sehen, wie jetzt im Schwarzen Meere. Nur ist es wahrscheinlich oder möglich, daß auch diese Kupferschieferfische nicht in jenem Thüringer Becken einheimisch waren, sondern zeitweise hereingedrungen und dort verendet sind, weil das Wasser die tötenden Salze und Gase enthielt. Daß sie aus dem Süßwasser

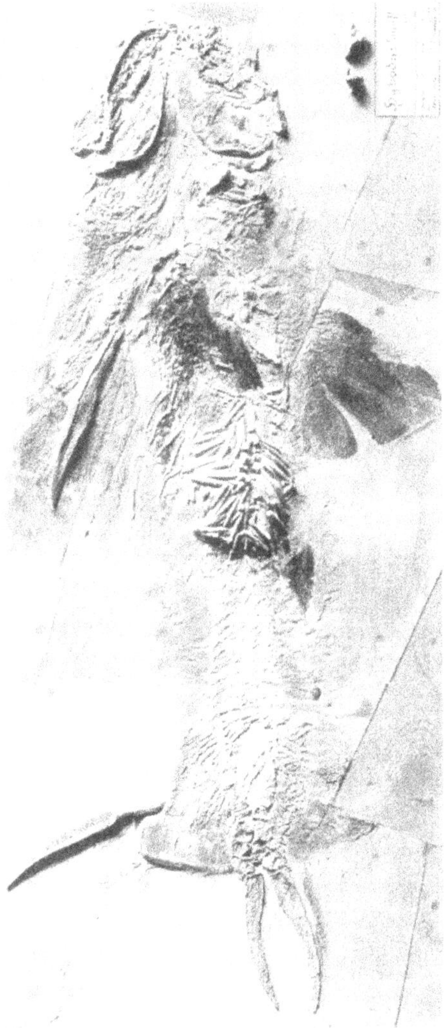

Abb. 227. Haifisch mit kalkigen Flossenstacheln zur Versteifung der Rückenflossen. Skelett größtenteils unverkalkt, daher undeutlich erhalten. An Stelle des Magens unverdaute Kalkstacheln von Tintenpolypen (Belemniten), an denen das Tier zugrunde ging. (Orig. Stuttgarter Museum.) Oertl.

des Landes kamen, ist aus allgemein entwicklungsgeschichtlichen Gründen weniger wahrscheinlich.

Man darf aber nicht allen schwarzen Schiefern mit derartig günstig erhaltenen Fossilien nun genau dieselbe Entstehungsweise zuschreiben. Oft waren die Meeresräume doch anders geartet, welche uns solche Ab-

Abb. 228. Schmelzschuppiger Fisch (Ganoide). Charakterform aus dem Kupferschiefer Thüringens. (Orig. Mus. München, verkleinert.)

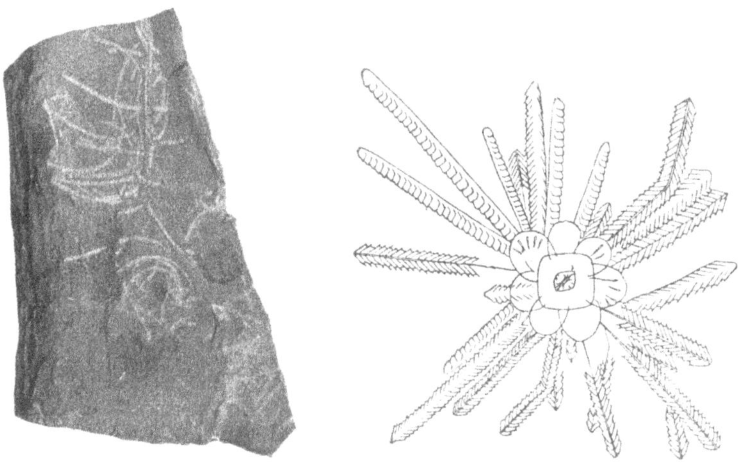

A B

Abb. 229. A Graptolithenschiefer des Untersilur mit den feinen Zellfäden der ehemaligen Kolonie. Verkl. B Rekonstruktion einer schwebenden Kolonien. Das Viereck in der Mitte ist die Schwimmblase, die den Stock trug, die runden Zellen daneben sind die Fortpflanzungsorgane, in denen kleine Stäbchen, die Anfangsformen der künftigen Kolonie, liegen. Die laubsägeblattartigen Strahlen sind die Träger der Polypenzellen, die dicht aneinanderliegen. Nat. Gr. (A Orig. Mus. München; B nach Ruedemann aus Zittel-Broili 1923.)

lagerungen hinterließen. Entscheidend ist das Vorhandensein oder Fehlen von Schwefelmetallanreicherungen. So gibt es in der Silurformation eine derartige Fazies, welche die Tiefenzone des Meeres im atlantischen Gebiet bezeichnet und die mit ihrem auf ein stilles, tiefes Wasser deutenden zarten Tierleben (Abb. 229) in deutlichem Gegensatz steht zu den im flachen Wasser abgelagerten Kalken und Grauwackensandsteinen und Schiefern oder gar den brandungsreichen Riffzonen. Die auf den schwarzen Schiefern wie feine Schriftzeichen liegenden, meist laubsägeblattähnlichen hornartigen Stäbchen und Gerüste stammen von zarten hydrozoenartigen, bäumchen- und rasenbildenden pflanzenähnlichen Tierkolonien, den Graptolithen, deren anatomisch-systematischer Charakter zwar nicht klargestellt ist, von denen man aber weiß, daß sie teils am Boden im stillen Wasser festsaßen, teils mit Schwimmblasen im Wasser frei schwebten, eben den Hydrozoen und Quallen heutiger Meere in vielem vergleichbar.

Die Räume, wo die Graptolithen vorzugsweise lebten — das Graptolithenmeer — kann vielleicht in mancher Hinsicht verglichen

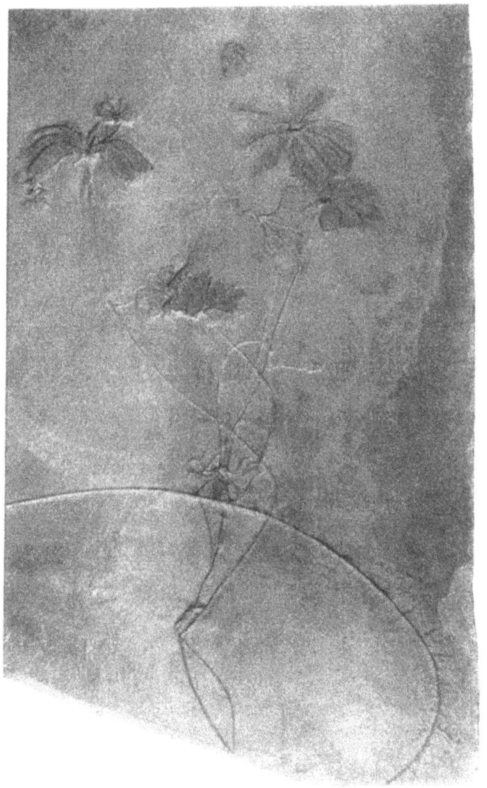

A

Abb. 230 A. Dachschieferplatte mit zarten Seelilienkörpern, Bewohner des stillen Tiefenwassers. Unterdevon Hunsrück. (Orig. Mus. München.) Sehr verkl.

B

Abb. 230 B. Derbe, gedrungene, starke Seelilie der Mitteldevonzeit aus bewegtem Küstenwasser. Eifel. (Orig. Mus. München.) Verkl.

werden mit dem jetzigen atlantischen Sargassomeer, wo ungeheure Massen von Wasseralgen frei schwimmen, zwischen denen andere Tiere und Tierkolonien leben, ja teilweise auf ihnen, wenn auch unter Wasser, ihren Standort haben. Es gab mehrere biologische Typen von Graptolithen: solche, die am Boden festsaßen und solche, die frei flottierten, entweder als Einzelstäbchen oder als Großkolonien. Nach Kraft waren sie möglicherweise durchsichtig, und das würde ein weiteres sehr bestimmtes Charakteristikum für ihr freies Schweben im Wasser bedeuten. Es waren also frei schwebende (planktonische) oder sich an Algenmassen anhängende und mit diesen nun schwebende (pseudoplanktonische) Organismen. Gerieten solche Großkolonien etwa beim Treiben in eine kältere Strömung, so starben sie ab. Der tote Schwarm konnte dann, wie Kraft ausführt, weit vom Todesort weggetrieben werden, um endlich in einer ruhigen Bucht oder sonstwo niederzusinken. Dort wurden sie am Boden — es war kein eigentlicher Tiefseeboden — ausgebreitet, und so kommt es, daß oftmals die einzelnen Schieferlagen nur die Formen einer einzigen Gattung oder Art bergen. Den Graptolithenschiefern sind oftmals reine Hornsteine zwischengelagert, die aus den gelatinösen Kieselsäureniederschlägen, wahrscheinlich veranlaßt durch massenweises Auftreten von mikroskopischen Radiolarien mit Kieselgerüsten, sich bildeten, und das spräche wieder für die schwebende Art des Lebens im Graptolithenmeer, weil auch dafür die Radiolarien typisch sind wie heute noch. Indessen ist das Graptolithenschieferproblem und die Frage nach dem Lebensraum und der Lebensweise jener Gestalten damit noch nicht gelöst. Denn es gab auch bäumchenartig festgewachsene und verzweigte Kolonien, die am Meeresgrund saßen. Ruedemann hat nachgewiesen, daß eine solche Kolonie in schwarzen Schiefern mitten in einem silurzeitlichen Korallenriff vorkommt, daß also in dem Riffgebiet ein weiter Kanal war, in dem sich schwarzer Schlamm ansammelte, wo im ruhigen Wasser diese Kolonien gediehen. Grabau meint, daß die weltweitverbreiteten Graptolithenschiefer in weiten, vom Meere zeitweise überschwemmten Flußniederungen, nach Art der Tiefebenen des Hoangho in China oder der großen Ströme Indiens, abgesetzt wurden. Bei solchen Meereseinbrüchen seien dann von den Wogen die planktonischen Kolonien mit hereingeführt und so in den sich mehrmals wiederholenden Fällen horizontweise abgelagert worden. Aber auch diese Theorie befriedigt nicht ganz, und neuerdings hat Kaiser in einem Vortrag darauf hingewiesen, daß wahrscheinlich das Material solcher schwarzen altpaläozoischen Schiefer in raschester Verwitterung sich auf dem Lande

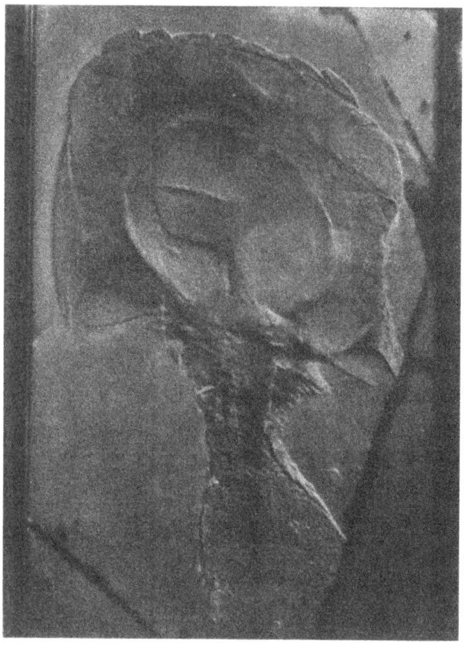

Abb. 231. Plattgedrückte Gestalt des Fisches Drepanaspis aus den unterdevonischen Dachschiefern des Hunsrück. Der Schwanz zur Seite gedreht. Am Übergang des Seitenrandes zum Vorderrand die Augen. (Orig. Mus. München.) Ca. 1/4 nat. Gr.

bildete und dann in die Meeressenken hineingeweht wurde, und alles dies auf eine Weise und unter Umständen, die sich mit heutigen klimatischen und sedimentbildenden Vorgängen nicht vergleichen lassen.

Solche schwarze Schiefer sind gewöhnlich die Stillwasserfazies gegenüber anderen bewegten Flachwasserbildungen, welche die Küstenzone repräsentieren. Dies gilt auch für die Dachschiefer der Unterdevonzeit. Es sind Tonschieferlagen des Hunsrück und Taunus, in denen besonders die zartgebauten Seelilien auffallen, die in ihrem körperlichen Habitus in starkem Gegensatz stehen zu anderen Seelilien aus den gleichalten küstennahen und in bewegtem Wasser abgelagerten Sandsteinen der Unterdevonzeit benachbarter Gebiete (Abb. 230). Diese Bundenbach-Gemündener Schieferfauna zeichnet sich durch wohlerhaltene Formen aus, unter denen die prächtigen, höchst altertümlichen Drepanaspiden ohne Gebiß, mit einem in einen Chagrinpanzer eingeschlossenen Vorderkörper auffallen (Abb. 231). Ihr Kopf ist nicht gegen den Rumpf abgesetzt, ihr vorderer Körperumriß scheint etwas Kofferförmiges gehabt zu haben, war also zwar breit, aber nicht sehr flach; die Augen lagen wahrscheinlich mehr auf der Seite. Das ganze Tier macht den Eindruck, als ob es auf dem weichen Schlammboden gelegen hätte und nur dann seinen Platz wechselte, wenn es etwas, das ihm zur Nahrung dienen konnte, in dem vielleicht ganz leicht fließenden Wasser auf sich zukommen sah oder wenn es seitwärts, wie es seiner Augenstellung entspräche, etwas beobachtete, worauf es entsprechend den Platz wechselte und dieses Beutestück auf sich zutreiben ließ. Es scheint sich rückwärts mit einer Art Sperrstachel in den Grund eingebohrt zu haben, was auch für eine derartige Stellung in leicht strömendem Wasser sprechen würde. Auch sonst enthalten die schwarzen Dachschiefer des Unterdevon noch Formen leichteren Baues. So finden sich geradegestreckte Orthozeren, jene Tintenpolypen mit gekammerter Schale, welche nie am Boden lebten, sondern in dem Wasser auf- und niederstiegen. Die Muschelschalen, die man gelegentlich antrifft, sind sehr dünnschalig, was wiederum

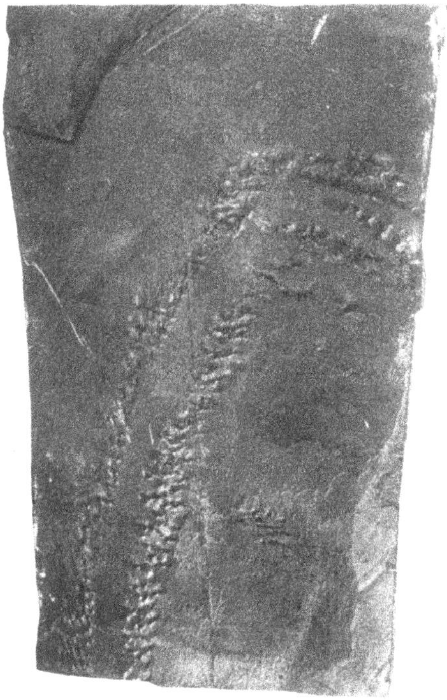

Abb. 232. Dachschieferplatte mit Fußspuren eines Trilobitenkrebses. Dachschiefer des Unterdevon. Hunsrück. (Orig. Mus. München.) Verkl.

für ruhiges Tiefenwasser spricht. Ammoniten und Trilobitenkrebse, dann aber vor allem die vielen prachtvollen Seesterne vervollständigen das Bild dieser durch die vielen Steinbruchbetriebe immer mehr und mehr bekannt werdenden schönen altertümlichen Meerestierwelt. Daß die Sedimentation nicht ununterbrochen vor sich ging, sondern eine zuvor gebildete Schlammlage auch fest oder wenigstens zähe werden konnte, ehe sich eine neue Lage darüberbreitete, das beweisen die gelegentlich vorkommenden Fußspuren von größeren Trilobitenkrebsen (Abb. 232).

Abb. 233 a. Trilobitenform (Marella), vermutlich nach der Häutung. Mittelkambrische Schiefer. Britisch-Kolumbia. (Aus Walcott 1912.) Verkl.

Das älteste derartige schwarze Schiefervorkommen, das sich nach seiner Tierwelt beurteilen läßt, sind die mittelkambrischen Schiefer am Burgeßpaß im Felsengebirge von Kanada, wo im Gegensatz zu den vorerwähnten Bildungen nun nicht nur Schalen- und Skelettiere vorkommen, sondern vor allem durchaus weichhäutige, skelettlose Formen, so daß durch diese Entdeckung unser Wissen gerade um die älteste sichere Meerestierwelt, die der kambrischen Zeit, ungeahnt bereichert worden ist. Es leben da Würmer, Holothurien, unbeschalte Krebse und andere, schwieriger zu deutende, mit feinen Schwebeschleiern versehene niedere Tiere, deren Körperbeschaffenheit wiederum auf ein außerordentlich ruhiges, reines, freies Wasser deutet (Abb. 233). Es ist auch sehr wahrscheinlich, daß diese Schiefer nicht aus einem solchen Faulschlamm hervorgingen, wie etwa die Liasschiefer Württembergs, sondern daß es ein sonstwie zugeführter reiner Tonschlamm war, der sich da absetzte.

Abb. 233 b. Borstenwurm aus dem mittelkambrischen Schiefer von Kanada. (Aus Walcott 1911.)

Abb. 233 c. Holothurie (Eldonia), pelagische Schwebeform aus den mittelkambrischen Schiefern von Britisch-Kolumbien. (Aus Walcott 1911.) Nat. Gr.

Die Art und Weise, wie uns sonst die Tiere des **kambrischen Zeitalters** entgegentreten und die Gestaltung, die sie aufweisen, deutet ausschließlich auf Meerestiere; keine Spur von Formen, die wir etwa als Brackwasser- oder gar Süßwasserbewohner ansprechen dürften. Indessen sind es nur niedere Tiere, Wirbellose, die uns da erscheinen, und keine Spur von Wirbeltieren. Sie fehlen noch ganz. Ob solche gelebt haben, wissen wir nicht. Aber nach den Erfahrungen, die man mit dem jeweils ersten Auftreten anderer Tierformen und deren erdgeschichtlichem Alter

Abb. 234. Darstellungsversuch eines Teiles des Tierlebens am Meeresboden zu kambrischer Zeit. Mitte oben und rechts oben Quallen, vor der rechten Flügelschnecken, vor der mittleren schwimmende Krebse. Im Vordergrund links kleine Trilobiten, Mitte hornschalige Brachiopoden, rechts auf dem Felsen Kalkbrachiopoden. Links zwischen den kleinen Trilobiten und den Hornbrachiopoden des Vordergrundes eine Wurmspur. Mittelgrund: Becher von Archäozyathiden (Weichtier unbekannt); daneben großer Trilobit, links von ihnen Kieselschwämme). Auf dem Felsen links oben mützenförmige Schneckenschale, darüber wieder Archäozythiden. (Zeichnung von Dr. Ehrlich nach Grundlage von Walther 1908.)

gemacht hat, werden wir doch vielleicht erwarten dürfen, daß sich auch die Erstlinge der Wirbeltiere durch günstige Funde einmal als mindestens spätkambrisch erweisen würden. Die bisher bekannt gewordenen kambrischen Meerestiere sind nieder organisierte Formen, sogenannte Wirbellose, und größtenteils hornschalig oder skelett- und schalenfrei gewesen. Richtige Kalkschaler mit massiven Gehäusen, wie die Muscheln und Schnecken heutiger Zeit, kommen erst allmählich im Laufe dieser Epoche und danach noch hinzu.

Im Boden des kambrischen Meeres (Abb. 234) lebten, soweit er weich, sandig oder schlammig war, Würmer, die sich Gänge bohrten und darin zeitlebens verharrten. So ist es in allen Formationen gewesen und in den

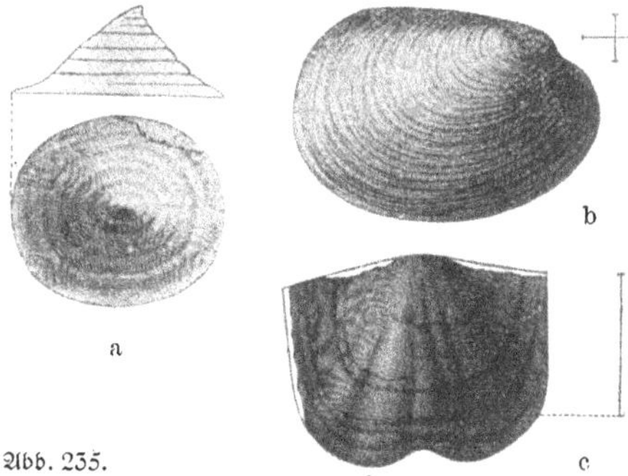

Abb. 235.

Unterkambrische Kalkschalenträger: a Schnecke, mützenförmig, Grundform der Schneckenschale; b wahrscheinlich Muschel, möglicherweise Schalenkrebs; c Brachiopode des fortgeschritteneren, nicht mehr rein hornschaligen Typus. Die natürliche Größe durch die beigefügten Striche angegeben. (Aus Walcott 1890.)

heutigen Flachmeeren ist es ebenso, nur daß sich mittlerweile die Zahl der im Boden grabenden Tiere sehr vermehrt hat und daß aus allen möglichen Gruppen einzelne Formen sich an diese Lebensweise angepaßt haben. Auf dem Boden selbst lagen flachschalige runde Molluskoiden (Abb. 243, S. 371), mit fleischigen Stielchen auf Steinen oder Schalentrümmern anderer Tiere festgewachsen. Von ihnen gruben sich in den Boden hinein mit ihrem fleischigen Fuß die Linguliden, als Nachbarn jener Würmer. Auf dem Boden selbst lagen oder schwammen stoßweise und stets sich bald wieder auf ihn niederlassend, kleine, dicke Schalenkrebschen; oder sie wimmelten, wenn sie zart und dünnschalig waren, zu Myriaden im höheren Wasser und an der Oberfläche herum. Dasselbe mag in dieser doppelten Hinsicht auch von kleinen Schnecken und schneckenartigen Tierchen (Abb. 235) gelten, die mit ihren, meist einer phrygischen Mütze gleichenden Schälchen auf Felsen herumkrochen, während andere mit spitzen feinen Schälchen im höheren Wasser umherschwärmten. Hierzu kamen auch kleine Kopffüßler mit winzigen, hornig-chitinösen, gekammerten und in den Kammern lufterfüllten Schälchen, mittels deren sie im Wasser frei schwammen, etwa wie die kleinen, soeben erwähnten Flügelschnecken. Allmählich werden alle diese Mollusken und Molluskoiden von kalkschaligen größeren Formen ersetzt. Es ist bemerkenswert, daß schnellschwimmende Tiere noch nicht darunter gewesen sind; auch diese Fähigkeit ist ebenso eine spätere Erwerbung der Tierwelt, wie das durch Kalkschalen meistens bedingte feste Liegen am Boden.

Abb. 236. Ein Bruchstück von Archaeocyathiden-Riffkalk aus dem Unterkambrium von Südaustralien. Vergr. (Aus Taylor 1910.) Links Längsschnitt durch einen Becher, rechts Querschnitt.

Das wichtigste Element der kambrischen Meeresbodenbewohner aber waren die Trilobitenkrebse (Abb. 244, 267). Unter ihnen gab es Typen, die neben ihren Krabbelfüßen auch Glieder mit Schwimmborsten hatten. Diese Organisation deutet sowohl auf ein Laufen am Boden wie auf ein rasches, sozusagen im Wasser krabbelndes Schwimmen, nach Art der lebenden Meerasseln, denen sie auch äußerlich ähnlich sehen. Sie waren also Bodentiere, die fortwährend unruhig auch über dem Boden schwimmend hin und her eilten. Frei im Wasser flottierten Quallen,

:rner würmerartige Gestalten und seegurkenartige Tiere sowie schalenlose, :ine, durchscheinende Krebse — alles skelettlose Tiere, die uns als große lusnahme einer besonders günstigen Fossilisation in den genannten Surgeß-Schiefern von Nordamerika überliefert sind. Zum Teil hatten e feine Hautschleier, mit denen sie schwammen. Sie belebten vor allem as lichtdurchflossene Wasser nahe der Oberfläche.

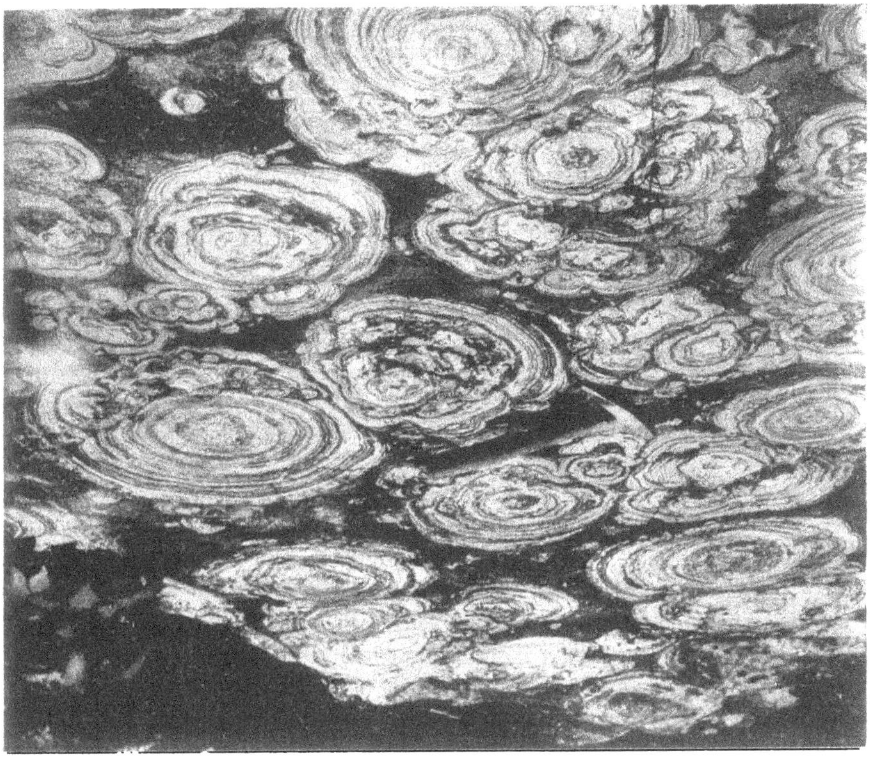

bb. 237. Cryptozoon-Riff in oberkambrischem Kalkstein, von Diluvialeis abgeschliffen. Saratoga, New York. (Aus Walcott 1906.)

Endlich zeigt uns das kambrische Meeresleben auch Riffbildungen.)b diese Riffe von Tieren oder Pflanzen stammen, ist noch nicht geklärt. s sind die Archäozyathiden, doppelwandige kleine Becher mit Poren nd Querbälkchen, deren Weichkörper wir nicht kennen und der sich auch us dem Skelett mangels jeden Vergleiches mit lebenden nicht rekonstruieren ißt und die man auch an die Schwämme (Spongien) anreihen wollte. ;ie waren, besonders von der mittelkambrischen Zeit ab, weltweit verreitet (Abb. 236). In Sardinien und Australien bauten sie mächtige Riffe, n denen allerhand sonstige Arten der oben beschriebenen Tierwelt lebten, wie es ja heute noch an den Korallenriffen zugeht. Eine andere Art Riffbildner sind die Kryptozoonstöcke (Abb. 237), bis 1/2 m im Durchmesser als Einzelstöcke erreichend und stets in Massen beisammenstehend und übereinander geschichtet. Sie sind aufgebaut aus Kalkrinden von Spaltalgen (?), die in Nordamerika gleichfalls mächtige Riffe bildeten und auch ähnlich schon im Algonkium lebten (S. 169). Endlich sind als Rasenbildner auch echte Kieselschwämme (Abb. 238) mit feinen einachsigen Glasnadeln nachgewiesen.

So sind uns also die in den Formationen begrabenen fossilen Organismen in ihrem Körperhabitus, in der Ausbildung bestimmter Eigentümlichkeiten und Organe ein unmittelbarer Beweis für ihre Lebensweise selbst. Aus dieser Lebensweise aber hinwiederum können wir den Charakter ihrer Lebensräume ableiten. Dieser wird aber zugleich auch angedeutet durch das Gestein, in dem die Formen der Vorwelt jeweils begraben liegen, vorausgesetzt, daß sie, wie oben gezeigt, nicht auf einer anderen Lagerstätte nun als Fossilien liegen, als auf jener, wo sie ihr Leben zubrachten. Dies ist im Einzelfall zu ermitteln. Wenn wir etwa richtige Luftbewohner, wie etwa große Flugreptilien der oberen Kreidezeit, nunmehr mit ihren Skelettresten in den rein marinen Schichten der Niobraraformation in Nordamerika antreffen, so werden wir diese Schichten nicht als Land- oder Süßwasserablagerungen deuten — dagegen sprechen schon die zahlreichen niederen und höheren Meerestiere, die wir vor allem darin finden; sondern wir werden daraus schließen, daß solche Formen in der Luft über dem Meere lebten, ihren natürlichen Zufluchts- und Ruheort auf dem Lande oder wenigstens an der Küste hatten, daß sie aber weit hinaus auf das Meer flogen, dort wohl, wie Abel in den „Lebensbildern“ dargelegt hat, sich nach Art des Albatrosvogels lange kreuzten, dabei sich ihre Nahrung aus dem Meere selbst fischten. Ähnliche Überlegungen haben uns ja oben (S. 346) auch die Tierwelt und damit den Lebensraum der Lagunen zur Zeit des oberen Jura in Franken schon klarstellen lassen. Das Studium der biologischen Anpassung an die Umwelt ist es, was uns zugleich auch die ehemalige Umwelt des Lebens erschließen läßt.

Abb. 238. Kieselschwamm mit einfachen Glasnadeln. Mittelkambrischer Burgeßschiefer. Britisch Kolumbien. (Aus Walcott 1920.) Nat. Gr.

B) DIE TIER- UND PFLANZENWELT IN DEN ERDZEITALTERN

3. Der organische Formcharakter in der Urzeit bis zum Ende des Erdaltertums

Während sich im Lauf der Epochen die Formen der Erdoberfläche, das Material und seine Lagerung, sowie das Klima immerzu änderten, Länder überflutet wurden und wieder auftauchten, Gebirge emporgefaltet und wieder abgetragen wurden, entfaltete sich in den Meeren und auf den Ländern das Tier- und Pflanzenreich. Teils sehen wir seine Gestaltung eng verwoben mit den äußeren Vorgängen und der Beschaffenheit der Lebensräume, teils folgt es einer Eigengesetzlichkeit und überrascht uns durch Wandlungen, für die wir vergeblich nach äußeren Anlässen suchen.

Von den ältesten, archäischen Zeiten — das haben wir gesehen — läßt sich kein Lebensbild, ja nicht einmal die zureichende Darstellung eines engeren Lebensraumes gewinnen. Treten wir aber hinüber in die vorkambrische algonkische Formation, so finden wir in der Bretagne einige Wechsellagerungen von Sandsteinen mit kohlehaltigen Schiefern, worin kleinste Radiolarienskelette und nadelartige Stäbchen, wie die Fasern von Kieselschwämmen, nachgewiesen sind (Abb. 242). Die ausgiebigste Andeutung von Leben, wenngleich die Reste allergrößtenteils unbestimmbar sind[1]), hat die oberalgonkische, wahrscheinlich im Süßwasser abgelagerte Beltserie in Montana geliefert. Wurmspuren, ausgefüllte Wurmbohrgänge, wie sie auch der oben erwähnte Torridonsandstein Schottlands gelegentlich zeigt, und dunkle chitinöse Panzerstückchen, wahrscheinlich von bestimmten, später im Erdaltertum deutlich und häufiger erscheinenden Krustern (Abb. 239), vielleicht auch kleinste geradegestreckte Schneckenschälchen sind noch die am ehesten deutbaren Reste. Auch will man in dem Kalkstein von Montana Bakterien vom Charakter der lebenden Mikrokokken und Grünalgen entdeckt haben (Abb. 240).

Können wir also auch zweifellos ein schon verhältnismäßig mannigfaltiges Leben im Algonkium bemerken, so fehlen doch noch vollständig alle

[1]) Eine bisher undeutbare, an Meerasseln oder sonstige den Gliedertieren vielleicht einmal anzuschließende Form hat man (Paläont. Zeitschrift Bd. 9 Berlin 1928) aus einem in einer Diluvialmoräne vorkommenden Quarzit beschrieben. Da das Alter des Quarzits — er soll kambrisch oder präkambrisch sein — ganz unbestimmt ist, so ist mit dieser rätselhaften Form vorerst nicht viel anzufangen. Es gibt auch in jüngeren Formationen Quarzite, und wenn man bedenkt, daß rätselhafte Formen auch in jenen immer wieder auftreten (Devonschiefer, Kulmschiefer), so ist es wohl möglich, daß auch jenes vermutlich alte Problematikum einmal noch in jüngeren, anstehenden Gesteinen seinesgleichen finden wird.

Tiere mit Kalkschalen und Kalkskeletten, wie Mollusken, Korallen und Stachelhäuter. Es sind also nur vertreten die einzelligen Pflanzen (Algen), die einzelligen niedersten Tiere (Protozoen), die nächst höhere Gruppe der Glasschwämme (Kieselspongien), die Würmer und die höchste Gruppe der niederen Tiere, die Krebse und einige andere Gebilde (Abb. 241). Weshalb bis jetzt gerade die später häufigsten fossilen Tiere, die Kalk-

Abb. 239. Merostomen-artiger Fossilrest aus der algonkischen Belt-Formation, wahrscheinlich Süßwasserablagerung, von Montana, Nordamerika. (Aus Walcott 1899.) Verkl.

Abb. 240. Algonkische Grünalgen aus der Beltformation von Montana. (Aus Walcott 1914.) Sehr vergr.

Abb. 241. Wulstige bis stockförmige Gebilde (Carelozoon) aus der präkambrischen Formation (Jatulium) in Finnland, wohl organischer Herkunft, aber undeutbar. (Aus Metzger 1924.) Etwas verkl.

schaler und kalkriffbildenden Tiere vom Charakter der Mollusken (Muscheln, Schnecken) oder Molluskoideen (Brachiopoden) nicht vertreten sind, läßt sich am einfachsten durch die Tatsache erklären, daß eben die Kalkschalen- und Kalkskelettbildung eine verhältnismäßig späte Errungenschaft der niederen Tierwelt ist. Wir finden in geologisch-historischer Zeit dasselbe bei den Wirbeltieren: auch unter diesen erscheinen die mit Knorpelskelett zuerst und erst viel später entwickeln sich kalkige Knochenskelette (S. 394ff. Kap. II/4). Es ist aber zu vermuten, daß angesichts der angedeuteten übrigen Gruppen die späteren Kalkschalertypen damals schon existierten, jedoch skelettlos waren und deshalb fossil nicht überliefert werden konnten. Es ist auch geltend gemacht worden, daß die algonkischen Meere vielleicht so reich an Kohlensäure gewesen seien, daß sich allenfalls vorhandene Kalkschalen nach dem Tode der Tiere rasch auflösten. Erst im Laufe der Zeit sei dem Meerwasser durch stärkere Zunahme der Kalkschaler eben diese Kohlensäure entzogen worden, es hätten sich immer mehr Kalksedimente am Boden der Meere ausscheiden können, und erst dadurch sei dann weiterhin auch die fossile Erhaltung von Kalkschalen und -skeletten möglich geworden. Daß aber das Fehlen von solchen Typen, wie man auch gemeint hat, vielleicht daher komme, daß das algonkische Meerwasser noch so wenig Kalk enthalten habe, daß solche Tiere kein Material zum Aufbau ihrer Gehäuse daraus entnehmen konnten und deshalb nackt bleiben mußten, ist schon deshalb kein stichhaltiger Grund, weil in der algonkischen Formation immerhin soviel Ton und übrigens auch Kalk enthalten ist, daß man daraus auf eine starke Verwitterung entsprechender vulkanischer Gesteine schließen darf, die Kalk genug geliefert haben müßten, um ein solches Tierleben zu ermöglichen, wenn es überhaupt schon entwickelt gewesen wäre. Das Wahrscheinlichste ist daher, daß eben die innere Entwicklung der Tierwelt noch nicht bis zu dem typischen Kalkschalertum mit Kalkskelett vorgeschritten war; daß aber zugleich auch viele algonkische Sedimente metamorphosiert und daher fossilleer sind, wie die vorbeschriebenen archäischen (S. 166); und endlich, daß gerade die reichhaltigsten fossilführenden Schichten jener Zeit wohl als Süßwasserablagerungen anzusprechen sind und daher aus einem Lebens- und Niederschlagsraum stammen, in dem auch heute noch gerade die kalkschalentragenden Tiere recht wenig vertreten sind.

Die geologischen Bedingungen, weshalb uns die vorkambrische Meerestierwelt entzogen bleibt und weshalb die unterkambrische so überraschend einsetzte, hat Steinmann sehr einleuchtend dargelegt. Wir haben, sagt er, auch in späteren Epochen zuweilen große Unterbrechungen in der Überlieferung der Meeresfaunen, und zwar stets dann, wenn sich das Meerwasser aus den jetzigen Kontinentalgebieten zurückgezogen hatte. So an der Grenze von Trias- und Juraepoche (S. 193), wo uns nur eine sehr spärliche Tierwelt in der rhätischen Stufe überliefert ist, weil damals das Meerwasser nur in einigen alpinen Streifen und mit einer ganz seichten Ingression in Mitteleuropa und Nordeuropa stand; die Rhätfauna macht daher einen artenarmen und dürftigen Eindruck, und das Liasmeer bringt verhältnismäßig plötzlich eine reiche Tierwelt mit sich, die größtenteils wie aus dem Ungefähr zu kommen scheint. Auch damals hatten wir weitverbreitete Festlandsablagerungen, und der Vergleich mit der algonkisch-kambrischen Zeit liegt nahe. Auch andere, längere Epochen sind fossilarm erschienen, bis nach und nach, da und dort, auch hochmarine Schichten entdeckt wurden, die uns dann die Lücken allmählich mehr ausfüllten und eine entwicklungsgeschichtliche Brücke schlugen zwischen Tierwelten, die sich zuvor fremd gegenüberzustehen schienen; ein solcher Fall ist die langsame Ausfüllung unserer Kenntnislücke zwischen Steinkohlen- und später Triaszeit. Da nun die kambrischen Meeresablagerungen größtenteils solche der eindringenden Flachsee sind, so deute dies auf eine der kambrischen Epoche vorausgehende geokratische Zeit, in der sich alles oder nahezu alles Meerwasser in Gebiete zurückgezogen hatte, die unserer unmittelbaren Erforschung unzugänglich bleiben: in die Regionen der heutigen Ozeane. In diesen mögen reichbevölkerte Wohnplätze einer vorkambrischen Meerestierwelt gelegen haben, die uns später zur unterkambrischen Zeit ihre spärlichen, sogar rückgebildeten Ausläufer gesandt habe, und die wir jetzt als plötzlich erscheinende altkambrische fossile Tierwelt finden. Dabei ist nicht ausgeschlossen, daß auch zwischen den so vielfach metamorphosierten und bisher noch scheinbar fossilleeren algonkischen Schichten einmal richtige präkambrische Meeresablagerungen entdeckt werden, und daß uns diese dann auch eine vorkambrische Meerestierwelt liefern werden.

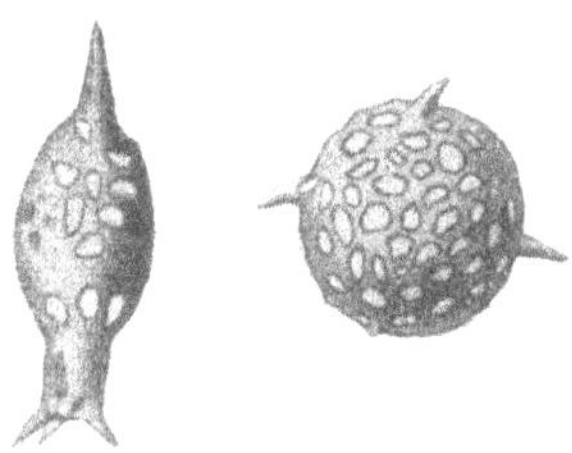
Abb. 242. Kieselradiolarien aus präkambrischen Schiefern der Bretagne. (Nach Cayeux aus Dacqué 1911.) Vergr. $^1/_{1550}$.

Hierfür sind ein Wahrscheinlichkeitsbeweis die im Präkambrium der Bretagne entdeckten Radiolarien, die man ohnehin als Meeresbewohner ansehen muß (Abb. 242). Es erscheinen uns ja auch die kambrischen Schichten, meistens sehr fossilarm, und doch wird niemand behaupten wollen, daß in der kambrischen Epoche überhaupt nur ein dürftiges Meeresleben existiert habe. Dagegen spricht, daß in den mittelkambrischen Schiefern des westamerikanischen Felsengebirges die zartesten, feinsten Abdrücke von nur weichhäutigen, skelettlosen Organismen entdeckt worden sind. Nur einem Zufall ist es zu danken, daß die Feinheit des Kornes bei jenem Gestein und offenbar die einstmalige überaus rasche Aufhäufung und rasche Erhärtung und Zusammenpressung uns Abdrücke von hinfälligsten, zartesten Meerestieren überlieferte. Solche Tiere hätten ja sofort verwesen müssen, ohne irgendwelche fossilen Spuren oder auch nur Abdrücke zu hinterlassen. Wären sie verkalkt oder stark verhornt gewesen, so würden sie auch ohne jenen überaus günstigen Zufall ohne weiteres fossil überliefert worden sein. So mag es nun auch mit den weichhäutigen vorkambrischen Lebewesen des Meeres sich abgespielt haben: irgendwo ist es möglich, daß auch sie uns einmal in solchen günstigen Schiefergebilden übermittelt werden als zarte Abdrücke; wären sie grobhornig oder verkalkt gewesen, so würden wir sie längst aus allen möglichen algonkischen Marinschichten kennen. Man wird es analog auf die zu erwartenden präkambrischen Fossilfunde einstweilen anwenden dürfen, wenn Kayser unter Hinweis auf die erst so allmählich entdeckten wundervollen kambrischen Fossilien vom Mt. Stephen sagt: „Wo wir aber ausnahmsweise einmal kambrische Absätze des tieferen Meeres vor uns haben, da sehen wir neben den gewöhnlich allein vertretenen Trilobiten und Brachiopoden eine Fülle von anderen, sonst kaum gekannten Formen, die uns eine Vorstellung vom Tierreichtum geben, der schon damals im offenen Meere, im Pazifischen Ozean geherrscht haben muß."

So wird man, um mit Steinmann zu reden, nach den Bruchstücken, die man einstweilen von der Erd- und Lebensgeschichte nur kennt, nicht das ganze An- und Abschwellen der vorzeitlichen Tier- und Pflanzenwelt ohne weiteres beurteilen und also auch das unvermittelte Einsetzen der kambrischen Fauna nicht für etwas entwicklungsgeschichtlich absolut Gegebenes ansehen wollen. Das hieße, Zufälligkeiten zu Gesetzmäßigkeiten erheben. Vielmehr muß man aus der Kenntnis aller Zeiten heraus, die erst in ihrer Gesamtheit ein einigermaßen vollständiges Bild enthüllen, den Zustand jedes einzelnen Zeitabschnittes zu verstehen und zu bewerten suchen.

Nach Daly gab es in den präkambrischen Meeren noch keine Raubtiere. Es sanken also alle absterbenden Tierleiber zu Boden. Diese ungeheueren Massen organischen Materials verfaulten dort. Dabei entstand in großer Menge Ammoniumkarbonat, das unmittelbar alles im Meerwasser gelöste Kalzium als Karbonat ausfällte, ebenso das danach leichter ausfallende Magnesium. Gab es im Archaikum noch keine Organismen im Meer, so konnte damals viel Kalk sich darin gelöst aufspeichern. Dieser wurde nun im Algonkium auf die beschriebene Weise ausgefällt und gab damit Anlaß zu den präkambrischen Kalkbildungen ohne Fossilreste. Dadurch blieb das algonkische Meerwasser praktisch so gut wie kalkfrei. Nun sei nachgewiesen, daß der größte Teil aller marinen Tiere auch in einem salzfreien Meerwasser leben kann. So würden damals, wenn überhaupt, dann nur chitinöse Schalen gebildet worden sein, die für eine fossile Erhaltung wohl ungeeignet waren. Als dann am Ende der präkambrischen Zeit überall Gebirgsbildungen einsetzten und damit sich viel Festland heraushob, verwitterten die zuvor gebildeten Gesteine, und auch die Kalkmassen wurden dem Meere zugeführt, das sich nun mit Kalksalzen wieder anreicherte. Damit wäre dem Tierleben ein Anreiz und eine materielle Möglichkeit zur Verkalkung seiner Körper gegeben worden. Die chitinösen kambrischen Tierpanzer bildeten nach Daly also den Übergang zwischen der präkambrischen Nacktheit und der später vorherrschenden Kalkschalerbildung.

Daß Dalys Theorie sich stützen läßt durch das Vorkommen mächtiger fossilleerer Kalke und Dolomite im Algonkium; daß seine Annahme eines reichen präkambrischen Meerestierlebens durch die Anwesenheit von Petroleum und Gasen in jenen Formationen gestützt wird, nimmt für sie ein. War aber später die zugeführte Menge des Kalkes ein äußerer Anreiz zur Schalenbildung, so könnte sie es zuvor auch gewesen sein. Andernfalls sind es eben rein innerlich entwicklungsgeschichtliche Gründe, daß die Tiere erst so spät Kalkpanzer bildeten. Damit wäre aber die ganze Frage auf das evolutionistische Gebiet verlegt.

Es läßt sich Dalys Beweisführung durch den Hinweis darauf ergänzen, daß starke Kalkschalenentwicklung in späteren Erdperioden und heute vorzugsweise an warmes Meerwasser gebunden ist. Wenn wir nun neuerdings viel Gründe zur Annahme haben, daß gerade am Ende der algonkischen Zeit ein kühles und schlechtes Klima herrschte, und daß somit auch die Meere im allgemeinen kühl gewesen sein dürften, so könnte dies viel eher die ausschließliche Hornschaligkeit ältester Meeresfaunen erklären, wie sie uns das Unterkambrium ja wesentlich noch zeigt (S. 361).

Einen andern Grund des Fehlens richtiger Fossilien im Präkambrium hat Brooks schon vor mehreren Jahrzehnten darin gesehen, daß die präkambrischen Tiere noch hochpelagische Nacktformen gewesen und erst spät in die Randmeere eingewandert seien. Dabei habe sich ein mächtiger Kampf ums Dasein entsponnen, und daraus habe sich eine rasche Entwicklung der Formen, also die Erwerbung von Schutzpanzern und Schalen ergeben. Überhaupt hätten sich anfänglich in den Meeren keine größeren Tiere mit dichteren Körpern entwickeln können, weil die damalige Armut des Meeres an Pflanzenstoffen eine volle Ernährung solcher Formen unmöglich gemacht haben würde. Dieses letztere Argument greift seinem Sinn nach viel weiter zurück als in eine unmittelbar vorkambrische Zeit und mag eher für archäische Verhältnisse zutreffen, nicht aber für unmittelbar präkambrische, wo es sicher schon marine Algen und protozoenartige Tiere zur Ernährung der übrigen gab.

Evans legte dar, daß die älteren vorkambrischen Organismen noch keine Panzer und keine Kalkschalen besaßen, und daß diese erst mit Beginn der kambrischen Zeit als Schutzanpassung gegen räuberische Feinde entstanden seien; mithin sei es auch kaum möglich gewesen, daß deutliche Fossilreste aus vorkambrischer Zeit überliefert worden seien. Man sieht aber nicht recht ab, was für Feinde das gewesen sein könnten. Denn wie Evans sebst sagt, können es Kephalopoden, diese späteren Meeresräuber, noch nicht gewesen sein, denn die gab es noch nicht. Auch die Trilobitenkrebse werden dafür nicht in Anspruch genommen werden können, weil sie selbst ja gerade zu den Gruppen gehören, welche nach dieser Theorie zu Beginn der kambrischen Epoche mit einem Schutzpanzer auftraten. Man müßte also zu einer weiteren Hilfshypothese greifen und behaupten, daß die unbekannten räuberischen Tiere vielleicht doch schon von höherer Organisation, also irgendwelche primitive fischartige Typen gewesen seien, die gleichfalls ohne Hartskelett waren und deshalb nicht fossil überliefert werden konnten. Dann aber dürfte man erwarten, daß sie wenigstens ein Gebiß hatten, und daß sie immerhin in so großer Zahl lebten, daß man diese Gebißreste als durchaus erhaltungsfähig fossil gefunden haben würde. Aber dies ist wieder sehr unwahrscheinlich, weil in der kambrischen Formation, wo doch die Entwicklung der Tierwelt sehr vorgeschritten ist, gerade Wirbeltierreste noch nicht gefunden sind; man wird sie um so weniger im Präkambrium erwarten dürfen.

Dort, wo uns die Lebensfülle zum erstenmal erkennbar entgegentritt — am Beginn des kambrischen Zeitalters — sind es Meerestiere aller Art, in wohlgefügten, klar geschiedenen Typen. Aber es sind nur die niederorganisierten Formen, also alles das, was der Biologe im Gegensatz zu den höheren, den Wirbeltieren mit ihrer Rückenachse, nun Wirbelfreie oder Wirbellose nennt. Ihr höchster Typus ist der Krebs, danach der Wurm. Zudem Mollusken mit Kalkschalen, von der Art der heutigen Schnecken und Muscheln; daneben ähnliche Gestalten, mit hornigen Schalen, die den Muscheln ähnlich sehen, aber ganz anderer innerer Organisation sind und in der Eigenentwicklung mancherlei den Würmern Verwandtes zeigen, obwohl sie äußerlich so gar nichts mit Würmern zu tun haben, die Armfüßler oder Brachiopoden (Abbildung 243).

Abb. 243. Hornschalige Brachiopoden der unterkambrischen Zeit, typische Vertreter der damaligen Tierwelt. Kanada. (Aus Walcott 1924.) Vergr.

Es ist ein Gesetz der organischen Entwicklung, daß die Mittel zum Erreichen einer höheren Organisation in einer gleichartigen Vermehrung derselben Körperteile, und zugleich in einer Konzentrierung und Vereinheitlichung des Gleichartig-Vielen zu einer neuen Einheit erfolgt. Der gewöhnliche Regenwurm kann uns ein Beispiel sein. Sein Körper besteht aus einer endlosen Zahl gleicher Ringe und in jedem Ring wiederholt sich die gleiche Organisation (Abb. 233b). Das Wirbeltier zeigt dasselbe. Seine Wirbelsäule ist eine ebenso endlose Wiederholung der gleichen Knochenelemente, wie beim Regenwurm die Ringe. Grundsätzlich gehört zu jedem Wirbel auch ein Rippenpaar. Aber diese sind teilweise reduziert auf die Zahl der Brustkorbrippen, wenn es auch noch Formen unter den Wirbeltieren gibt, die mehr Rippen, wenn auch sehr verkürzt, aufweisen. Im Grund ist auch Niere, Darm, Herz des Wirbeltieres ursprünglich aus mehreren gleichen Stücken zusammengesetzt; doch ist hier schon der Konzentrierungsvorgang soweit gediehen, daß diese Organe nur wie eine strenge Einheit erscheinen. So ist das Wirbeltier gegenüber dem Wurm das höhere Stadium der allgemeinen Organisation.

In diesem Zustand des Überganges aus der Vermehrung des Gleichen und der darauffolgenden Reduktion der Zahl finden wir einen Teil der

Tierwelt, gerade als sie uns zum erstenmal erkennbar und in wohlumgrenzten Typen entgegentritt, unten am Anfang des kambrischen Zeitalters. Der Trilobitenkrebs streckt sich in die Länge, baut Glied an Glied seines beweglichen vielsegmentierten Körpers (Abb. 244a). Zugleich aber sehen wir, wie von rückwärts her eine Konzentrierung erfolgt, indem die Endpartie sozusagen abgenommen wird und der zuerst mehr im Mittelgrund stehende Schwanzstachel ans äußerste Ende des Körpers rückt (Abb. 244b, c). Ein anderer Typus, der uns das gleiche zeigt, sind die gestreckten gekammerten Gehäuse der Orthozeratiden (Abb. 245a). Sie sind organisiert gewesen wie der heutige Nautilus (Abb. 245b), nur daß dieser ein vollkommen

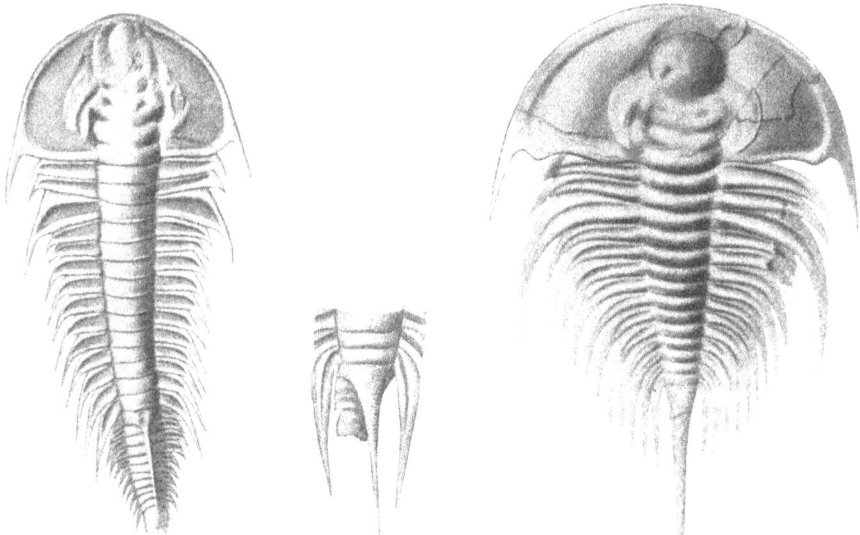

a b c

Abb. 244. Unterkambrische Trilobitenkrebs-Arten, die verschiedenen Stadien der nach starker Vermehrung der Panzerteile allmählich einsetzenden Rückbildung zeigend. Man vergleiche die Lage des Schwanzstachels bei a und c und das Zwischenstadium b. (Aus Walcott 1910.)

eingerolltes Gehäuse hat. Es wird Kammer um Kammer gebaut; alle Zellen enthalten Gas. In der vorderen, nach außen offenen sitzt das Weichtier, der Tintenpolyp, und kann mit dem gaserfüllten Gehäuse im Meer aufwärts steigen, kann auch wieder zu Boden sinken und dort herumkriechen. Das Tier aber, das in der geradegestreckten Orthozerasschale lebte, konnte nur frei im Wasser schweben und auf- oder niedersteigen, ohne den Boden mit der Schale zu berühren und streckte vielleicht seine Arme nach Beute dorthin aus. Denn das Gehäuse war äußerst fein und lief so spitz zu wie etwa ein Zimmermannsnagel. Das wäre gleich zerbrochen gewesen, wenn dieses Orthozerastier wie ein Nautilus hätte leben und seine Schale am Boden, ja zwischen Steinen herumtragen wollen. Die ältesten derartigen Formen am Beginn der kambrischen Zeit waren nun nicht kalkschalig, sondern nur chitinös-hornschalig und sehr klein (Abb. 246) und hatten ein ganz kleines, höchstens körnergroßes Gehäuse mit nur drei bis vier Luftkämmerchen. Alsbald aber sehen wir die Orthozerasschale kalkig geworden. Damit hatte sie eine größere Stabilität erlangt und konnte nun wachsen, konnte die Zellen vermehren und lang und kräftig werden.

Die ungeheuer reiche Entfaltung der Quallen, die in manchen kambrischen Schichten sehr zahlreich und vielgestaltig auftreten, legt den Gedanken nahe, daß auch sie für den Zeitzustand der Metamerie ein Beispiel seien. Denn der Entwicklungsgang dieser Tiere ist gleichfalls der einer vielfachen Abspaltung ein und desselben Formelementes, wie das beistehende Schema bei Lebenden zeigt (Abb. 247).

Ein anderes Charakteristikum ist nun die Zunahme der Verkalkung, die Zunahme der Kalkschaligkeit im niederen Tierreich. Die Hornschaligkeit ist zunächst das hervorstechendste Merkmal der Anfangsphase der kambrischen Zeit. Sowohl die wenigen unsicheren Spuren organischer Gebilde, die uns das vorausgehende Algonkium geliefert hatte (Abb. 239), wie auch die meisten Typen der unterkambrischen Zeitstufe sind hornschalig; wir konnten auf die Trilobitenkrebse, die muschelähnlichen Armfüßler, die kleinen Orthozeratiden verweisen (Abb. 246). Und nun mit der unter- bis mittelkambrischen Zeit nimmt die Kalkschaligkeit zu. Es geschieht in der Weise, daß sowohl die schon vorhandenen Typen — mit Ausnahme der Trilobitenkrebse — selbst statt ihrer Hornschalen nun Kalkschalen bekommen; es geschieht aber auch so, daß überhaupt neue Typen erscheinen, die nun Kalkschalen von Anfang an mitbringen. Die Gruppe der Armfüßler wird mehr und mehr ersetzt durch Kalkschalenträger; die Orthozeratiden nehmen an Zahl und Mannigfaltigkeit zu, nachdem sie, wie beschrieben, erst einmal verkalkt waren. Dieser Verkalkungsvorgang im organischen Reich macht sich auch bemerkbar durch die erste Riffbildung.

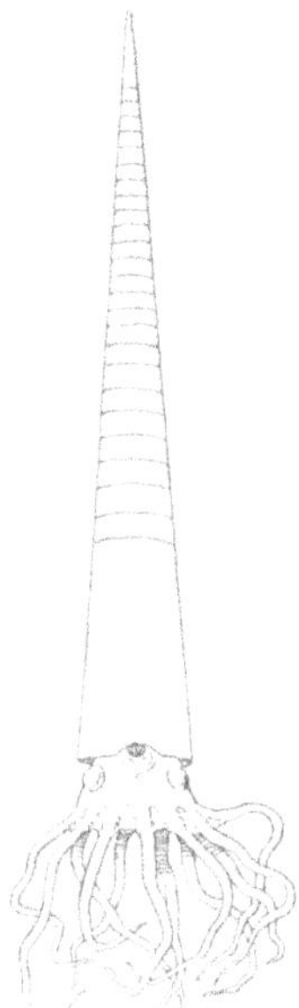
a

b

Abb. 245. a Schema eines freischwimmenden Tintenpolypen (Orthoceras) in natürlicher Stellung (abwärts). Kalkschale mit zahlreichen Luftkammern, die das Tier samt Gehäuse schweben lassen, soweit es nicht durch Eigenbewegungen die Schale dirigiert (Orig.). b der heutige Nautilus, spiral eingerollt, sonst gleicher Gehäusebau wie der vorige. (Orig. Mus. München.) Verkl.

In der kambrischen Zeit erscheint die marine Riffbildung zum erstenmal. Nur wissen wir nicht, ob es Pflanzen oder Tiere sind, die dies leisteten:

die Archäozyathiden (Abb. 236, S. 362). Es sind schlanke Becher mit zwei Wänden, die durch Querblätter versteift und in Kammern geteilt sind. Man hat vermutet, daß sie den Schwämmen oder Spongien verwandt seien; aber es ist wahrscheinlicher, daß sie Pflanzen zugehörten, die ähnlich wie Kalkalgen (Abb. 237, S. 363) ihre Riffe bauten. In der algonkischen Formation begegneten wir schon vermeintlichen Riffen und schrieben sie solchen Algen zu. Eben diese Art Riffe (Abb. 237) aber sind nun auch gleichzeitig mit den Archäozyathiden in der kambrischen Zeit noch dagewesen. So dürfte der Übergang aus dem Algonkium in das Kambrium und die kambrische Zeit selbst charakterisiert sein durch zunehmende Verkalkung.

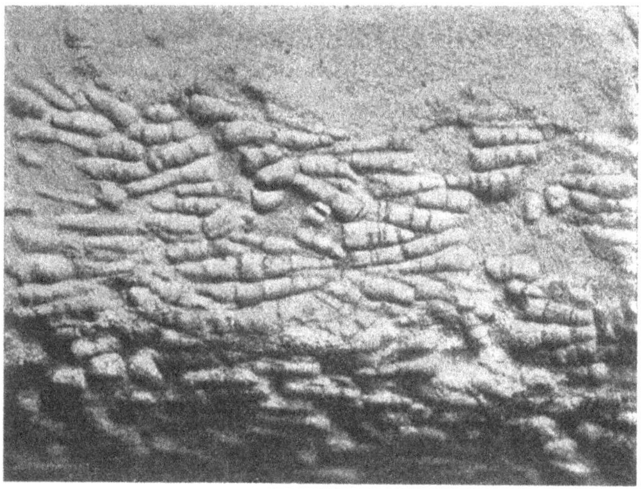

Abb. 246. Kleine chitinöse, noch nicht kalkige Gehäuse ältester kambrischer Orthozeren mit nur 3—4 Luftzellen. Unterkambrium. Reval. (Aus Karpinskj 1903.) Nat. Gr.

Und eben dies wäre nun auch der Grund, weshalb so rätselhaft erst mit Beginn der kambrischen Epoche uns eine fossile Meerestierwelt sichtbar wird. Vorher waren die Tiere noch nicht verkalkt. Sie hatten vielleicht höchstens weiche, chitinöse Panzer und Schalen, so etwa, wie es uns die Bilder aus dem Algonkium (Abb. 239) zeigen. Dann aber bekommen die Tiere harte hornige und schon mit Kalk etwas imprägnierte Panzer und Schalen. Die Folge war, daß sie nun in den sich niederschlagenden Schichten fossil werden, uns also nun als Versteinerungen sichtbar werden konnten. Stellen wir uns vor, daß zu algonkischer Zeit der Trilobit, der Armfüßler, das Mollusk, die Spongie u. a. nur einen weichen Körper ohne Schale, ohne Kalk- oder Kieselskelett hatten, so mußten sie spurlos verwesen, konnten nicht als mineralisierte Fossilien zu uns gelangen. Nachdem aber am Ende des algonkischen Zeitalters — vielleicht verhältnismäßig rasch — solche Panzer und Kalkskelette erworben waren, erscheint für uns wie plötzlich die marine Tierwelt der kambrischen Formation. Wir können also die algonkische Epoche zeitbiologisch vielleicht einstweilen charakterisieren als die Zeit der Weichhäutigkeit und schwach chitinösen Körperbildung unter den niederen Tieren; den Übergang zum Kambrium und die kambrische Zeit aber als die Herbeiführung der Hornpanzerzeit und beginnenden Verkalkung und Verkieselung der Skelette oder der Körperoberfläche; den Verlauf der kambrischen Zeit aber als zunehmende Vollendung der Verkalkung, also der Hartpanzerung und Hartskelettierung der niederen Tierwelt.

Das Tierleben wird schon mit dem Ende des Kambriums, dann aber mit der Silurzeit anders. Wie schon angegeben (S. 188), erscheint, durch ein zunehmend wärmeres Klima begünstigt, nun eine außerordentlich reiche Meerestierwelt, deren biologisches Hauptcharakteristikum die reiche Zunahme kalkschaliger Formen ist. Dies äußert sich nicht nur darin, daß die schon in kambrischer Zeit vorhandenen Typen sich vermehren und vermannigfaltigen, sondern auch darin, daß eine größere Anzahl neuer, stark kalkbildender Typen hinzukommt.

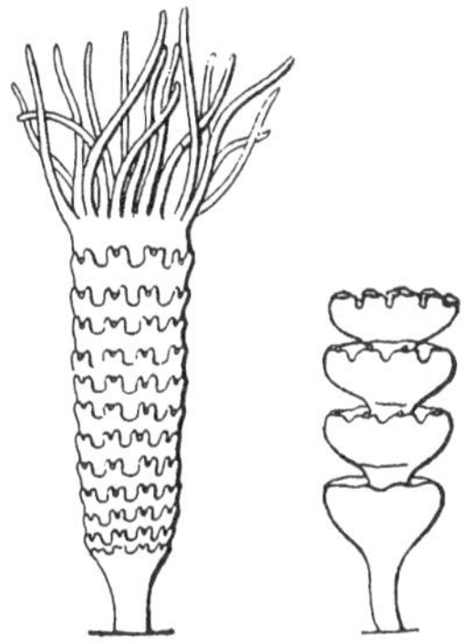

Abb. 247. Abgliederung des Hydrozoenkörpers und Erzeugung freilebender Medusentiere. a Herstellung einer gleichmäßigen Vielzahl derselben Körperteile (Metamerie), die mit ihrer schüsselförmigen Gestalt zuletzt frei werden und dann b sich umdrehend, als Einzelquallen abschwimmen. (Aus Fleischmann 1928.)

Vor allem sind es die riffbauenden Korallen, und zwar sowohl Einzelkelche, wie koloniebildende, Stöcke bauende Formen, die nun an Stelle der verschwundenen kambrischen Archäozythiden mächtige Riffe überall aufbauen. Im Kambrium waren es wohl nur Pflanzenriffe (Archäozythiden, Kryptozoen); nun werden es Tiere. Diese Korallentypen sind bei ihrer Bautätigkeit begleitet von anderen, biologisch sich ebenso verhaltenden Stockbildnern, den Tabulaten. Es sind Stöcke mit röhrenförmigen Zellen (Abb. 255), ausgestorbene Formen, von denen wir das Weichtier nicht kennen, das höchst wahrscheinlich von dem Korallentier nicht wesentlich verschieden gewesen sein wird. Zugleich kommen auch riffbildende Hydrozoen hinzu. Die Hydrozoen leben auch heute noch, teils als reine Weichtiere, teils Horn- und Kalkskelette ausscheidend. Unter einer Hydrozoe versteht man jene niederorganisierten Formen, deren Typus etwa die Süßwasserhydra ist, den vorhin beschriebenen Quallen nächstverwandt. Stehen sie in Massen beisammen und trennen sich die auseinanderknospenden Individuen nicht voneinander — es ist dasselbe Bild wie bei den Korallen und Tabulaten: es entstehen Stöcke. Diese nun sind in der Untersilurzeit und dann auch mehr und mehr in der Obersilurzeit, später in der Devonzeit die regelmäßigen und hauptsächlichen Miterbauer der Riffe, wie sie es auch heute noch bei den riesigen Korallenriffen der warmen Meere sind.

Auch diese Silurriffe sind der Tummelplatz vieler Arten der oben genannten Gruppen der niederen Tierwelt und daher heute, wo sie in den

Kalkfelsen anstehen, der Fundort zahlloser und prächtiger Versteinerungen. die Schwämme dagegen, auch im Silur schon zahlreich entwickelt, bilden ebensowenig wie im Kambrium echte Riffe; dies ist ihnen erst für spätere Epochen vorbehalten, wo sie ein festeres, gegen Brandung widerstandsfähigeres Skelett bekamen. Dennoch sind sie im Devonmeer schon zahlreich und bildeten Kolonien.

Von Pflanzen kennt man zur Silurzeit wiederum nur marine Kalkalgen. Landpflanzenreste sind ganz fraglich. Man hat einiges dafür ausgegeben, was aber wahrscheinlich karbonischen Alters ist; doch scheint in Gotland ein echter Landpflanzenrest im Silur gefunden zu sein.

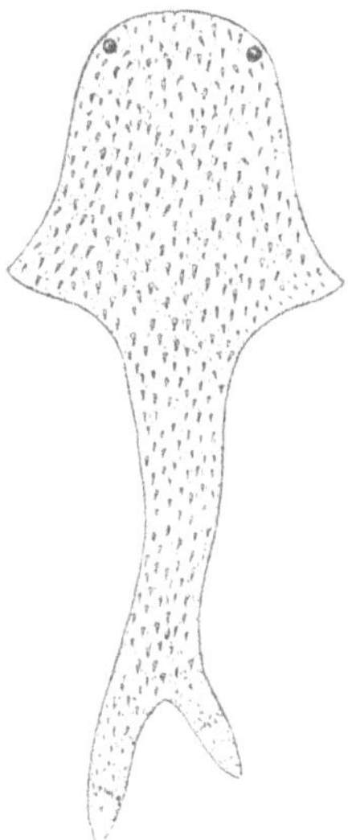

Abb. 248. Breiter, mit hohlen kleinen Dentinkegeln als Schuppen besetzter ursprünglicher Fisch aus Meeresablagerungen des Obersilur in Schottland. Der hintere Teil des Körpers schmal, hier auf der Abbildung des fossilen Stückes nach links zur Seite gedreht. Die Schwanzflosse stand aufrecht, der längere Lappen oben, der kürzere darunter. (Aus Traquair nach Zittel-Schlosser 1923.) Etwas verkl.

Die Kalkzunahme der Untersilurzeit in der lebendigen Welt erstreckt sich auf alle die vielen Mollusken, Armfüßler, Schnecken, Kopffüßler, Stachelhäuter, Seelilien, die im Kambrium schon angedeutet, aber doch noch wenig entwickelt waren.

Und dem entspricht auch das Hervorkommen des ersten Wirbeltieres. Es ist etwas Ähnliches, wie wir es für den Beginn der kambrischen Zeit schon annehmen mußten. Dort erscheint die erste mannigfaltige Meerestierwelt wohl deshalb so plötzlich, weil zu jenem Zeitpunkt die Ausbildung von festen Hornschalen, teilweise etwas kalkig imprägniert, als Gesamtentwicklungsstufe des Lebens erreicht war. Nun konnten sie fossil werden, können uns in den Schichtungen aus jener Zeit mit einem Male sichtbar werden. Dort, so sagten wir, konnte das Wirbeltier noch nicht erscheinen, weil es noch nicht verkalkt war, weder im Skelett noch allenfalls auf der Außenseite des Körpers durch Ausbildung eines hornigen oder kalkigen Hautüberzuges. Jetzt, in der Untersilurzeit, ist dieses Stadium der Verfestigung beim Wirbeltier erreicht, und nun wird es uns fossil sichtbar, als Zeuge der auch auf diesen Stamm nun übergreifenden Verkalkung. Es sind Fischgattungen verschiedener Zugehörigkeit: Formen mit Hautschuppen, teils blind, teils mit kleinen Augen, spindelförmig oder mit flachem Körper, ohne jegliches hartes Skelett (Abb. 248); andere mit gepanzertem Schädel und mit stärkeren Schuppen bedeckt. Höher entwickelt sich bis dahin die Tierwelt aber nicht.

Wie schon erwähnt, ist ein biologischer Charakterzug des Silurmeeres vor allem die mächtige Entwicklung echter Korallenriffe. Ihre Bedeutung als Kalkbildner ist soeben gewürdigt worden. Was sie aber zeitbiologisch bedeuten, ist das Erscheinen der Koloniebildung. Die Silurzeit ist die Epoche, wo koloniebildende, Zellstöcke und Verbände bildende Typen einsetzen. Sie vermehren sich durch Knospung und Sprossung, die Zellen bleiben beisammen im körperlichen Verband. Dies steht ganz im Gegensatz zu den Archäozyathiden des Kambriums, die in dieser Hinsicht biologisch durchaus den Einzelkorallenkelchen entsprechen und niemals Stöcke und Kolonien bildeten.

Dieses Charakteristikum der Koloniebildung zeigen zur Silurzeit auch die schon am Ende des Kambriums erscheinenden Graptolithen, die ihren Namen von den schwarzen Schiefern haben, auf denen ihre zarten, meist zerstreuten Ästchen wie Schriftzeichen liegen (Abb. 229). Ihr Körper war chitinös, zart bäumchen- oder büschelförmig und bestand aus einem oder mehreren Zellreihen, die an einer Schwimmblase hingen. Die ersteren waren ohne Schwimmblase und wohl am Boden festgewachsen; die mit Schwimmblase versehenen Einzelstöcke oder Kolonien schwammen frei im Meere herum. An jedem Ästchen befanden sich mehrere Zellen mit

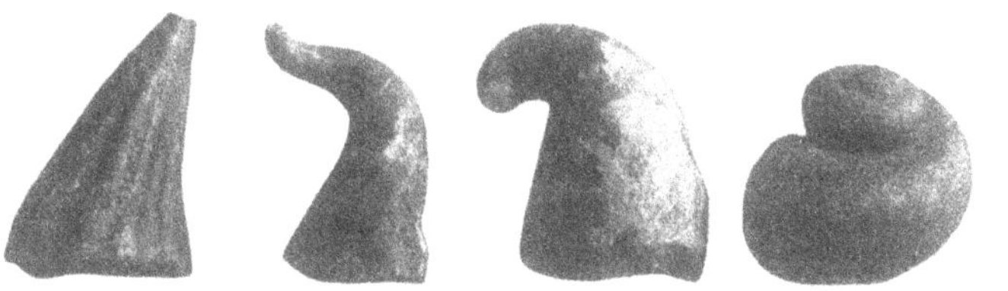

Abb. 249. Silurische Schneckengehäuse (Steinkerne), die den damaligen Übergang aus der einfach gestreckten, haubenförmigen Gestalt in die spiralig eingerollte dartun. Untersilur Böhmen. (Orig. Mus. München.) Verkl.

Polypen. Ob es Hydrozoen waren oder ob sie irgendwie in die Verwandtschaft der Würmer gehörten und als solche stark modifiziert sind, ist mangels jeder Vergleichsmöglichkeit mit lebenden Tieren nicht zu entscheiden. Sie lebten in oder über tiefem stillen Wasser.

Wirft man einen Gesamtblick auf die Mollusken, die hauptsächlichsten Kalkschalenträger unter den niederen Tieren, während der Untersilurzeit und dann weiterhin während der Obersilurzeit, so fällt ferner als Zeitcharakteristikum die Neigung zur Spiralschalenbildung besonders auf. Die Schnecken und Nautiloiden vor allem zeigen das. Während im Kambrium noch die haubenförmigen Schneckenschalen vorwiegen, treffen wir nun in der Silurzeit immerfort Übergänge von der mützen- zur spiralförmigen Schneckenschale (Abb. 249) und sehen zugleich die völlig spiralen ungeheuer mannigfaltig und zahlreich auftreten. Die ursprünglich geradegestreckten oder nur höchstens schwacheingebogenen Formen gehen nun rasch in stärker eingerollte über. Die gewöhnliche Schneckenschale ist ja turmförmig-konisch, d. h. einseitig aufgerollt; in der Untersilurzeit gibt es sehr viele Formen, die, wie die Nautiloiden, in einer Ebene aufgerollt sind (Abb. 250). Und auch bei den Nautiloiden gibt es alle möglichen Übergänge aus der nur eingekrümmten in die ganz involute Gestalt (Abb. 250). Zugleich kommen nun auch die Muscheln äußerst zahlreich und artenreich auf. Auch die Muschelschale bedeutet Einrollung: sie ist nicht eine einfache Haube, wie es vielleicht auf den ersten Blick scheinen mag, sondern ist eingekrümmt, was besonders am Kopfende, am Wirbel sichtbar wird.

Wahrscheinlich kommt zu diesen Mollusken nun die Erstlingsform eines Geschlechtes, das von da ab und dann besonders im Erdmittelalter sozusagen die vordringlichste Gestalt des Meeres unter den niederen Tieren ist: das Ammonshorn. Ebenfalls Kalkschalenträger, nimmt es vermutlich in der Silurepoche seinen Ursprung und gleicht zuerst so sehr noch den Nautiliden, daß man daraus auf eine „Abstammung“ aus dieser Gruppe schließen wollte. Es ist ein weiterer Beleg zu der Behauptung, daß die Silurepoche sozusagen unter dem Bestreben stand, die Kalkschaligkeit in jeder nur erdenklichen Weise zu variieren, die Kalkschaler zur vollen Entwicklung und zur Vermehrung der Spezialtypen gelangen zu lassen, wenn wir sehen, daß mit der Untersilurzeit auch jene Typen der kalkschaligen Brachiopoden hinzukommen, die das ganze Erdaltertum hindurch außerordentlich häufig sind und die besten Leitfossilien abgeben: die Spiriferiden, die ihren Namen von den inneren verkalkten Spiralarmen haben. Die beistehend abgebildete Art stammt aus der Karbonzeit; die Gattung tritt mit der Silurepoche erstmalig in Erscheinung. Hier treten zum erstenmal verkalkte und spirale innere Armgerüste auf (Abb. 251). Das Auffallende ist aber, daß auch eine ganz andere Gruppe von niederen Tieren von dieser Einrollungstendenz ergriffen wird, allerdings auf ganz eigene Weise: die Trilobitenkrebse. Während wir kambrische Trilobiten nie eingerollt finden, ist das bei den silurzeitlichen schon häufig (Abb. 252) und steigert sich noch in die Devonzeit hinein.

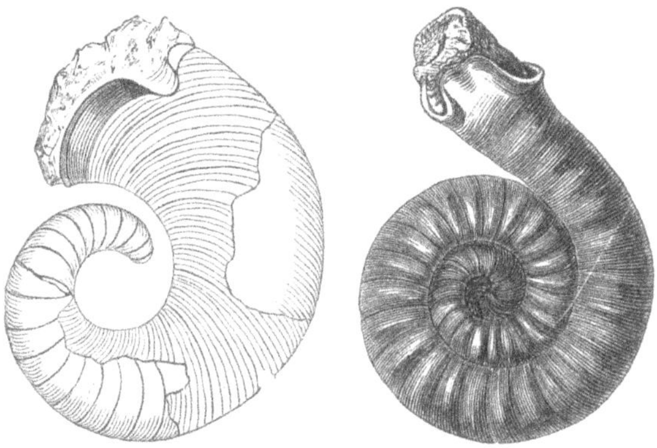

Abb. 250. Silurische Nautiliden, ein eingerollteres Stadium gegenüber den gestreckten kambrischen Formen (Orthoceras, Abb. 245) zeigend. Böhmen. (Aus Zittel-Broili 1924.)

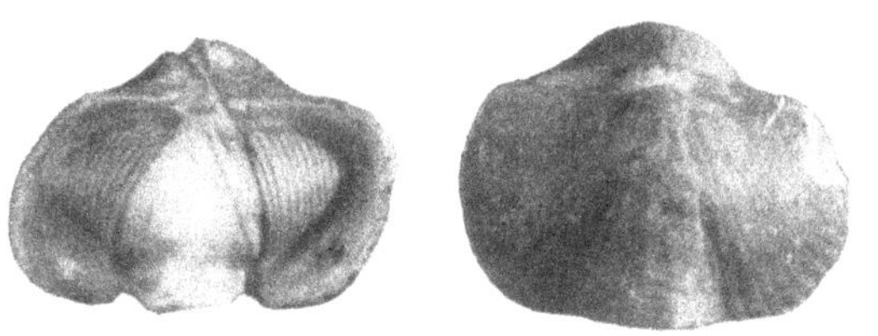

Abb. 251. Typus der kalkschaligen Brachiopodengattung Spirifer, mit innerem verkalktem spiraligem Armgerüst, erstmals im Untersilur auftretend. Nur linke Hälfte der Spirale gut erkennbar. Karbon. (Orig. Mus. München.) Nat. Gr.

Ist in dieser beschriebenen Formbildung eine gewisse Übereinstimmung bei verschiedenen niederen Schalenträgern zu beobachten, so unterscheidet sich die Obersilurzeit von der untersilurischen dann weiterhin dadurch, daß im großen und ganzen zur Obersilurzeit die zuerst noch einfacheren Formen mehr ins Extrem gehen, man möchte sagen, sich etwas ins Barocke zu spezialisieren beginnen. Die Trilobitenkrebse, im Untersilur vorzugsweise durch ziemlich einfache, noch im Umriß geschlossene Formen vertreten, werden im Obersilur viel häufiger zerschlitzt oder bekommen sonst absonderliche Gestalt. Es hängt dies übrigens mit der für solche Typen veränderten Lebensweise zusammen. Während die kambrischen und untersilurischen Trilobiten, soweit sie geschlossenen Körperumriß hatten und breit waren, am Boden lebten, sind die obersilurischen zerschlitzten und zuweilen mit langen Stacheln versehenen Formen frei im Wasser schwebende und schwimmende Arten gewesen (Abb. 253); die Vergrößerung der Körperoberfläche bedeutet eine größere Schwebefähigkeit. Es gibt heutzutage Krebse, deren Körper so zerteilt, so sehr in Strähnen aufgelöst ist, daß sie, zufällig auf die Oberseite des Wasserspiegels geworfen, nicht mehr untertauchen können und sozusagen auf dem Wasser an Trockenheit zugrunde gehen müssen.

Abb. 252. Eingerollter Trilobitenkrebs. Untersilur. Leningrad. (Orig. Mus. München.)

Waren schon diese Formen der Obersilurzeit teilweise bizarr, so tritt die Neigung zur Ausbildung extremer spezialisierter, ja übertrieben ausgestalteter Formen auch bei den Nautiloiden gegenüber der Untersilurzeit deutlich hervor. Wir treffen im Obersilur Gestalten, deren Wohnkammer maskiert ist, eingebogene Ränder hat, so daß für das Tier selbst — nach Abschluß des Wachstums — keine Möglichkeit mehr blieb, aus dem Gehäuse herauszutreten; es konnte wohl nur Polypenarme und den zur Fortbewegung dienenden Spritztrichter durch solche Ausschnitte hervorstrecken (Abb. 254).

Auch unter den Armfüßlern bemerken wir in der Obersilurzeit einige extrem spezialisierte Formen gegenüber der Untersilurzeit. Im Untersilur sind die Schalen einfach, sei es gewölbt, sei es flach; die beiden Schalenklappen sind auch, soweit dies überhaupt bei Brachiopoden zutrifft, ziemlich gleich im Umriß. Im Obersilur dagegen

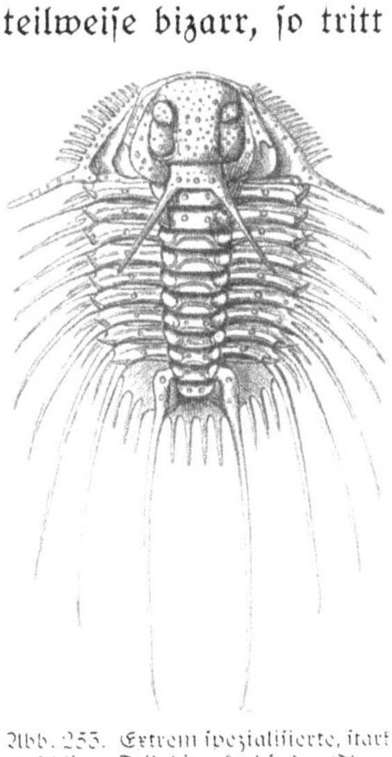

Abb. 253. Extrem spezialisierte, stark zerschlitzte Trilobitenkrebse der Obersilurzeit. Böhmen. (Aus Barrande 1852.) Diese Körpergestaltung dient zum Schweben in oberen Wasserregionen.

haben wir mehrere Formen, deren Klappen größere Verschiedenheit gegeneinander zeigen oder deren Gehäuse überhaupt extremer gestaltet ist. Und das gleiche gilt auch von den Becherkorallen, die nur aus einem einzigen Kelch bestehen, also nicht stockförmig zusammenstehen. Da liefert uns im Gegensatz zum Untersilur die Obersilurzeit gleichfalls die extremsten Gestalten.

Wenn wir so im Vorstehenden etwa von der Zunahme der Kalkschaligkeit, von der Zunahme barocker Spezialisation, von der Erscheinung starker Koloniebildung sprechen, so soll das nicht sagen, es sei nicht auch vorher schon ein Teil der lebendigen Formen in solche biologische Stilformenstadien eingetreten; wie es auch keine Widerlegung dieser Auffassung und Darstellungsweise ist, wenn eben alles dies nicht in einer scharf gefügten Frontlinie vormarschiert, sondern sich wie eine ausschwärmende Schützenlinie verhält. Im ganzen sind eben doch solche Gemeinsamkeiten da und im ganzen ist auch ein gewisser Schwerpunkt solcher Formenbildung zu erkennen. Die Natur stellt in bestimmten Zeiten einen neuen Typus heraus, aber gleichzeitig oder kurz vorher, wo er kommt oder kommen soll, macht sich die Tendenz zu ihm schon in anderen Gruppen bemerkbar, denen dieses Neue nicht ursprungshaft zukommt; die es also nachahmen oder vorwegnehmen wollen, ohne daß dies gelingt. Es wird so etwas Ähnliches, aber nicht das Gleiche. Und bezeichnend ist, daß es jedesmal ein niederer Typ ist, der solches macht und daß der nächst höhere in einer solchen Zeit oder kurz nach ihr rein und typenecht hervortritt.

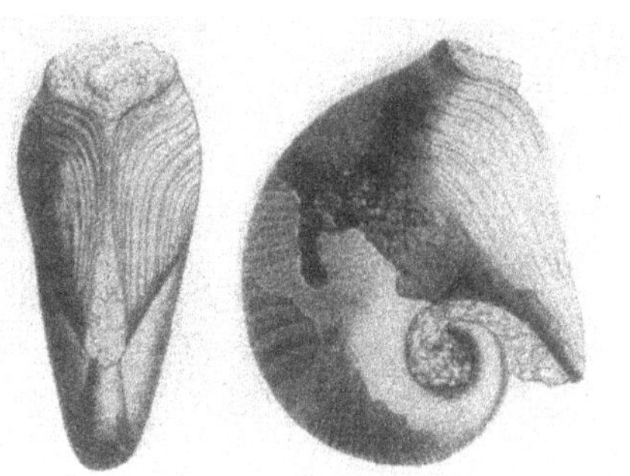

Abb. 254. Nautilide der Obersilurzeit. (Phragmoceras), schon weitgehend eingerollt im Vergleich zu Orthoceras. Obersilur Böhmen. (Aus Barrande 1878.) Verkl.

Diese Erscheinung habe ich an anderer Stelle schon als das Gesetz der biologischen Zeitsignaturen, auch der Zeitformenbildung und der biologischen Baustile genannt. Ganz allgemein formuliert besagt es, daß zu bestimmten Zeiten sich in der Tier- oder Pflanzenwelt auch gewisse, besonders in die Augen fallende Arten von Körper- und Organbildungen bemerkbar machen, die jeweils einige Gruppen ergreifen und hier Formähnlichkeiten hervorbringen, durch die uns eine nähere Formverwandtschaft solcher Wesen oft vorgetäuscht wird, auch wenn sie im streng genetisch-stammesgeschichtlichen Sinn nicht besteht. Doch ganz abgesehen hiervon bieten uns die einzelnen Erdzeitalter immer wieder solche Gestaltungen und lassen sich danach ebenso gut charakterisieren, wie man es mittels der einfachen Leitfossilien vornimmt (Kap. I,4). Wir haben das vorhin mit der kambrischen und silurischen Zeit versucht.

Im Grunde genommen, gibt es immer sehr viele zeitbiologische Charakteristika. Aber man kann nur das eine und andere deutlicher sehen und so am besten herausgreifen und zur Darstellung bringen. Auch ist es keineswegs so, daß nun von einem solchen Merkmal alle Gruppen ergriffen werden, sondern immer nur ein Teil, die dann eben die bezeichnenden biologischen Zeitcharaktere am besten zur Schau tragen. Nach allen Seiten verebbt ein solcher Charakter, wenn man die Tiergruppen einer bestimmten Zeit auf ein bestimmtes Zeitmerkmal hin mustert. Einige oder viele zeigen ihn in klassischer Vollendung; andere dagegen schwächer, bei anderen verliert er sich fast ganz und dafür nehmen sie dann an anderen solchen bio-

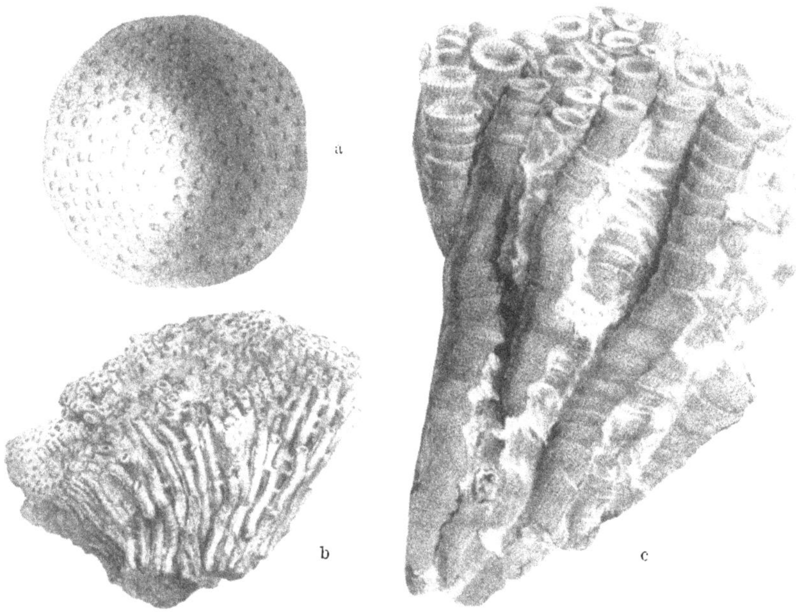

Abb. 255. Riffbildende Korallen der Silurzeit. a Oktokoralle; b Tabulate; c Tetrakoralle. Mariner Dudleykalk. England. (Aus Edwards u. Haime 1850.) Ca. nat. Gr.

logischen Ausbildungen teil. Die hier befolgte Art der Darstellung soll nur einige besonders bezeichnende Erscheinungen dieser Art Formenbildung in den verschiedenen Zeitaltern herausgreifen und statt der Aufzählung von Leitfossilien auf diese Weise den organischen Zeitcharakter für die verschiedenen Epochen kurz skizzieren.

Je früher nämlich eine Gruppe, ein Typus sich einer solchen biologischen Zeitformenbildung nähert, um so unvollkommener wird sie in ihm verwirklicht und dargestellt. Wenn wir vorher auf die mit der Untersilurzeit stark und typisch einsetzende Koloniebildung hinwiesen, so ist damit nicht gesagt, daß sie nicht schon im Kambrium da war. Aber was an Typen sie im Kambrium schon zeigt, zeigt sie unvollkommener, sozusagen nicht in solch klassisch vollendeter Form. Die Spongien oder Schwämme sind schon im Kambrium da. Wir sagten, eine Spongie sei in der Grundanlage eine nicht zur Reife gelangte, eine unterdrückte Koloniebildung zahlreicher Individuen. Zur kambrischen Epoche konnte sich eben sozusagen dieser biologische Habitus noch nicht voll zur Geltung bringen, und die Spongie ist deshalb dazu verurteilt, in der unvollkommenen Form weiterzubestehen. Die Signatur, welche ein Typus aus seiner „Zeit" mitbekommt, bleibt ihm durch alle späteren Epochen hindurch anhaften. Die Korallen, die erst in der Silurepoche — der eigentlichen, typischen Koloniezeit — auftreten, bekommen auch die Koloniebildung in typischer Vollendung mit. Ebenso ist es mit der Riffbildung. Diese ist erst mit dem koloniebildenden Korallenkörper in der typischen Form möglich (Abb. 255); die kambrischen Riffe, aufgebaut aus Kalkskelettformen, wie den Archäozyathiden, können solche Riffe noch nicht bauen. Ihre Riffe sind Ansammlungen von unendlich vielen Einzelindividuen, nicht von Kolonien und Stöcken, wie die Korallen- und Hydrozoenriffe späterer Zeit. Weit entfernt also, eine Widerlegung der Zeitformenbildung zu sein, bilden die unvollkommeneren, vorausgehenden Stadien eben gerade eine besonders anschauliche Illustration dieses Gesetzes der organisch bildenden Natur.

Was die niederen Tiere, die Wirbellosen betrifft, so bleiben sie, abgesehen von den von Stufe zu Stufe wechselnden Abwandlungen vorhandener Typen nun das ganze übrige Erdaltertum hindurch auf demselben Niveau stehen. Da und dort kommt etwas Neues hinzu und differenziert sich; anderes stirbt wieder aus, anderes bleibt unverändert bestehen. Mustert man die Fauna der **Devonzeit** im Meere, so ist u. a. ein wichtiger Typus seit der Silurzeit hinzugetreten: das Ammonshorn. Es ist gebaut wie die eingerollten Schalenkephalopoden (Abb. 250) der vorausgehenden Epoche und mit ihnen in der Form nächstverwandt, auch mit inneren gasgefüllten Kammern ausgestattet. Neben den Nautiliden, die sich seit dem Silur immer enger einrollten, bleibt es in der folgenden spätpaläozoischen Zeit gleichberechtigt stehen, um sich, besonders später im Mesozoikum, immer mehr zu entfalten, die Nautiliden zurückzudrängen und dort das charakteristischste Meerestier mit zahllosen Leitarten für fast alle Stufen zu werden.

Die Devonzeit bringt uns auch die erste sicher ermittelte **Landflora**, und zwar aus verschiedenen Weltgegenden. Man kann eine ältere, bis ins Mitteldevon reichende Psilophytenflora (Abb. 333) von einer jüngeren, oberdevonischen Archäopterisflora (Abb. 334) unterscheiden. Die erstere besteht aus primitiven Kräutern mit Blättern ohne Aderung; die letztere enthält mehr baumartige und verholzte Pflanzen, schachtelhalmartige Gewächse, sowie farnförmig und bärlappartige Gestalten. Durch die immerhin großen Unterschiede beider Zeitfloren nehmen die Paläobotaniker eine Epochengrenze in der Pflanzenentwicklung zwischen Mittel- und Oberdevon an (siehe Tabelle S. 383).

Nach den Tieren:	Erdgeschichtliche Zeittabelle, biologisch eingeteilt.				nach den Pflanzen:
Känozoikum	+ Jetztzeit, Diluvialzeit — Quartärzeit	Historische Menschenzeit, Steinzeiten, fossil — Keine wesentliche Änderung der Tier- und Pflanzenwelt	Hauptzeit der bedecktsamigen Pflanzen	Hauptzeit der Säugetiere	Neophytikum
	V △ Jung-, Alt- — Tertiärzeit	Zeitalter der Säugetierherrschaft und der Blütenpflanzen			
Mesozoikum (Sekundärzeit)	△ Kreidezeit	Erste Laubbäume und bedecktsamige Blütenpflanzen			
	Jurazeit	Erster Vogeltypus. Erscheinen der tannenartigen Nadelhölzer	Hauptzeit der Nadelhölzer	Hauptzeit der Reptilien	Mesophytikum
	Triaszeit	Sichere Spuren ältester Säugetiere			
Paläozoikum (Primärzeit)	+ V Dyas- od. Permzeit	Erste Nadelhölzer. Wahrscheinl. Entstehung d. Säugetiertypus		Hauptzeit der Amphibien	
	+ Steinkohlenzeit	Erste Amphibien und Reptilien (Landbewohner)	Hauptzeit der kryptogamen Pflanzen		
	V Devonzeit	Vermutlich erste Bildung von Vierfüßlern			Paläophytikum
	△ Silurzeit	Nur Fische und niedere Tiere		Panzerfischzeit	
	+ Kambrische Zeit	Älteste sicher deutbare Tierwelt, niedere Formen			
Eozoikum	+ V Präkambrische Zeit	Leben nur in Spuren nachgewiesen	Sehr lange Zeiträume im Vergleich zu den lebensgeschichtlichen oberen Epochen		Urzeit der Tiere und Pflanzen
Azoikum	+ V Archäische Zeit	Urzeit der festen Erdkruste. Leben nicht sicher nachgewiesen			

△ bedeutet starke Faltengebirgsbildungen + bedeutet Eiszeiten V bedeutet starken Vulkanismus

Die Fische sind es, die nun mit der Devonzeit unser Interesse als zeitbezeichnende Elemente in Anspruch nehmen. An sie geht gewissermaßen die Führung in der charakteristischen biologischen Formenbildung über, nachdem die niederen, die wirbellosen Tiere ihre Hauptgestaltungen begründet haben. Allerdings herrscht auch hier kein Schema. Auch die niederen Tiere bringen im Lauf der kommenden Epochen noch mancherlei hervor, was wir als auffallend und als zeitcharakteristisch zu betrachten haben werden, wenn wir gelegentlich darauf stoßen. Hier handelt es sich aber nur darum, die Entwicklung und Ausgestaltung der einzelnen Typen als solche zu verfolgen, darzustellen, wie die Zeit als solche, die Epoche als solche biologisch charakterisiert ist. Und so leiten uns vom Devon ab, wie gesagt, zunächst die Pflanzen und Fische, um später in der Dyas- oder Permzeit, gegen Ende des Erdaltertums, noch durch die Landtiere vervollständigt zu werden, die sich dann immer mehr in den Vordergrund drängen.

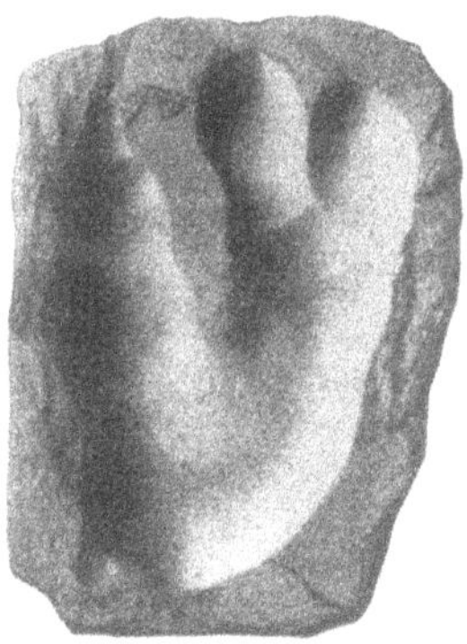

Abb. 256. Fußspur eines ältesten vierzehigen, wegen unzureichender Erhaltung nur dreizehig erscheinenden Landtieres, wohl eines Amphibiums. Oberdevon, Pennsylvanien. (Nach einem amerikan. Orig., aus Broili 1913.) Etwa 1/3 nat. Gr.

Die Devonzeit und dann die folgende Endphase des Erdaltertums, die Karbon- und Dyas- oder Permzeit, zeigen uns die Ausbildung des Wirbeltieres, des Fisches in vollem Fluß. Wir sahen, daß die Kalkschalenbildung und die Kalkskelettbildung für die Silurzeit die vordringliche biologische Signatur bedeutete. Von diesem Schwung wurde auch das zuvor wohl skelettlose Wirbeltier ergriffen und trat deshalb nun erstmals fossil in Erscheinung. Gemäß der Tendenz, die Körperaußenseite zu verkalken, die wir bei den Mollusken und sonstigen niederen Tieren der Silurzeit so stark zunehmen sahen, nahmen nun auch die ersten Wirbeltiere, die Fische, zunächst äußere Panzer an, sei es daß sie hornige, sei es daß sie sogar kalkige Panzerung und Schuppenbildung zeigen. Das Innenskelett allerdings verkalkt noch nicht; das ist erst Signatur einer späteren Zeit, des Mesozoikums. Wir begegnen gleichzeitig zwei biologischen Gruppen, den Schmelzschuppigen oder Ganoidfischen (Abb. 209) und den Plakodermen oder Panzerfischen (Abb. 257). Eine dritte Gruppe sind die ursprünglichen Vorläufer der Haie (Abb. 277), deren Haut zu einem Chagrinpanzer verdickt ist.

Die älteste Spur von Landwirbeltieren ist ein Fußabdruck, den man wohl einem Amphib — wenn man die heutigen Systembegriffe anwenden will — zuschreiben muß (Abb. 256). Es ist darum zeitbiologisch bezeichnend, daß in der Devonzeit, wo sich der Vierfüßler, also das auf dem Lande lebende Wirbeltier ankündigt, gleichzeitig damit auch solche Eigenschaften im Fischreich erscheinen; das ist bei zwei damaligen Fischtypen der Fall, bei den Panzerganoiden und bei den Lungenfischen.

Die ersteren haben, wie man auf Abb. 257 sieht, nicht wie typische Fische etwa vordere Flossen, sondern hartgepanzerte und am Körper wie Arme gelenkende vordere Stelzbeine. Daß diese nicht so sehr zum Schwimmen, als vielmehr zum Kriechen am Boden, ja zum Heraufstelzen auf das Trockene, wenn auch nur in allernächster Wassernähe dienten, ist aus ihrer Form ohne weiteres erkennbar. Dazu kommt, daß der kofferartige Panzer auf der Unterseite abgeplattet war, was gleichfalls auf das Liegen und Hinschleppen am Boden, sei es unter Wasser, sei es außerhalb, hinweist. Es wird also eine Art Gehversuch — ein Anklang an den typischen Vierfüßler — sozusagen unvollkommen gemacht und unzureichend vorweggenommen. Daß die Tiere vielleicht ans Land gehen konnten, erlaubte die dicke Panzerung der Haut, die ein rasches Austrocknen verhinderte. Vielleicht lagen die Tiere auch mit dem nichtgepanzerten Hinterteil stets im Wasser und krochen nur bis zur Hälfte daraus hervor, um sich sofort wieder hinein zurückziehen zu können, wenn es nottat. Für alles dies spricht die Gesamtkörperform. Das andere Beispiel ist der Lungenfisch. Er tritt damals zum erstenmal auf (Kap. II, 2, S. 335) und atmete durch die zum Lungensack umgebildete Schwimmblase, wenn er in die Trockenheit geriet. Dies ist wiederum, biologisch gesehen, die Vorwegnahme einer Eigenschaft, die typenhaft dem Vierfüßler, dem Landtier, dem höheren Wirbeltier zukommt.

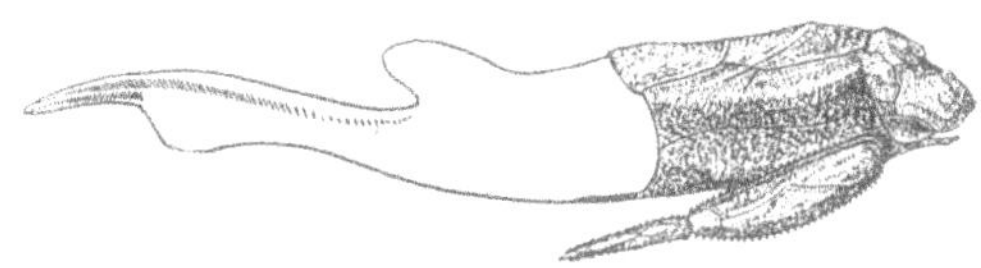

Abb. 257. Panzerfisch (Bothriolepis), sehr stark verkleinert, aus dem oberdevonischen Oldred-Sandstein in Kanada. Nur der Vorderteil des Körpers gepanzert, Innenskelett unverkalkt. (Aus Stromer v. Reichenbach 1912.)

Im Karbon folgt auf die so das Landtier in etwas vorausnehmende Devonzeit nun auch das „echte" Landwirbeltier, und zwar in Gestalt des Amphibiums. Alle Landtiere nun, die uns das Karbon, und ein großer Teil derer, die uns die nachfolgende Dyas- oder Permzeit geliefert hat, nehmen den amphibienhaften Habitus an, sowohl in der Lebensweise, wie in der Gestaltung. Die ganze Natur im Karbon, wo die Steinkohlenwälder die Erde bedecken (Kap. II, 1, S. 309), ist sozusagen auf das Amphib hin angelegt. Die feuchten, wasserreichen Niederungen, die dichten Sumpfwälder: sie sind der gegebene Lebens- und Entfaltungsplatz für das Amphib. Aber schon kündigt sich ein Umschwung an, der nun die rein amphibienhafte, so sehr an das Wasser gebundene Lebensweise nicht mehr in gleichem Maße begünstigen wird, sondern ein Landtier erfordert, das unabhängiger vom reinen Wasserleben ist: das Reptil. Hält sich das erstere in den Sumpfwaldniederungen der Karbon- und Dyaszeit, so finden wir das letztere in den Trockenlandgebieten des amerikanischen und des Gondwanakontinentes.

Schon mit Ende der Karbon- oder Steinkohlenzeit hat sich ja, wie im Kap. I, 7 geschildert, die Erde und mit ihr das Klima sehr verändert. Es waren die hohen Gebirge aufgestiegen, die Länder waren teilweise auf große Strecken hin trockengelegt worden, auf der Südhalbkugel und teilweise auch in der nordamerikanischen Region war eine Eisbedeckung entstanden, während mit der Perm- oder Dyaszeit in vielen sonstigen Ländern der Welt die trockene Wüste, oftmals von mächtigen Regengüssen unterbrochen, herrschte. So erscheint im Karbon das typische Reptil. Vielleicht war es schon im Devon mit vorgebildet. Aber man sieht es dort noch nicht, und wenn es da war, hielt es sich vielleicht in beschränkter Zahl und Art nur einstweilen bereit, um in der kommenden Karbonzeit sich stärker zu entwickeln und nun mit dem Ende der Karbonzeit dazustehen als jener Typ, der neue Lebensräume kraft seiner andersartigen Organisation zu erobern und dauernd einzunehmen berufen ist.

In den Meeren der Karbonzeit verschwinden einige der für frühere Epochen charakteristischen Typen. Die Trilobitenkrebse, früher so häufig und bezeichnend, sind nunmehr im Aussterben und kaum mehr vertreten. Dagegen beginnen die im Devon erst wenig entfalteten Ammonoideen nun sich auf eine weitere Entwicklung vorzubereiten, die sie später im Erdmittelalter auf den Höhepunkt ihrer Entfaltung führen soll. Sonst aber bieten die niederen Tiere des Meeres, wie schon oben gesagt, gegen die früheren Mollusken des Erdaltertums nichts besonders Neues. Korallenriffe sind in der Steinkohlenzeit in den überall warmen Meeren häufig, ebenso unter den gleichen Lebensbedingungen die gestreckten einzelligen Foraminiferengattungen der Fusuliniden (Abb. 258) und dann vor allem Seelilien in großer Mannigfaltigkeit.

Abb. 258. Starke Vergrößerung und Anschnitt einer länglich-walzenförmigen Fusulina. Gekammertes Urtier, nach Art der in Abb. 168 gegebenen tertiärzeitlichen Nummuliten, aber quer verbreitert. Spiralaufgerollt, mit zahlreichen inneren Zellen. Bezeichnend für gewisse Regionen des freien Meeres der Steinkohlenzeit. Wie Nummuliten dort gesteinsbildend gewesen. (Aus Zittel-Broili 1924.) Sehr stark vergr.

Man kann das Devon und besonders das Karbon als die Hauptzeit der Seelilien im weiteren Sinn (Pelmatozoa) bezeichnen. Zwar sind sie auch im Silur vorhanden, aber seltener. Zwei Untergruppen aber sind in ihrer Entwicklung besonders bemerkenswert. Die einen sind geschlossen, ihr Körper macht durchaus noch den Eindruck einer oftmals sogar drehrunden kugeligen Kapsel — daher der Name Zystoideen —, aus der nur minimale kleine Öffnungen an die Oberfläche führen (Abb. 259a); auch waren sie noch ohne verzweigte Arme oder nur mit geringen Ansätzen dazu (Abb. 259b). Dann aber im Karbon und Permokarbon öffnen sie sich nach außen, es treten Felder in Fünfzahl angeordnet auf den Schalen hervor (Abb. 259c), sie sehen nun aus wie die Knospen von Blüten — daher der Name Blastoideen. Die mit vollentwickelten Armen begabten Seelilien im engeren Sinn (Krinoiden) sind im Silur und Devon schon vorhanden, aber im Karbon dann am üppigsten und mannigfaltigsten entwickelt. (Abb. 260.)

Als Hauptkennzeichen der Karbonzeit mag aber die Flora gelten, die sich seit der Mitteldevonzeit, wo wir einen großen Änderungszustand der Pflanzenwelt treffen (S. 383) entwickelt hat. Es ist die typische Welt der Kryptogamen, also aller der Pflanzen, die sich mittels Sporen, nicht mittels befruchteter Samen fortpflanzen. Wir haben sie schon im Kap. II, 1 bei der Steinkohlenbildung erwähnt und das folgende Kapitel gibt die ältesten dieser Typen wieder. Diese in feuchten Sümpfen und im Wasser stehenden Karbonwälder waren noch von keinem Vogel belebt; wohl aber erscheinen nun die Insekten (Abb. 270/71), von denen wir aus vorkarbonischer Zeit noch keine Kunde haben. Netzflügler von teilweise altertümlichem Gepräge mit Schreitbeinen und nicht zusammenlegbaren Flügeln, Formen mit nur teilweise vor sich gehender Metamorphose, zum Teil von riesenhafter Größe, ferner Tausendfüßler und Spinnen, wie auch Skorpione treten auf.

Der Ausgang des Erdaltertums, die Dyas- oder Permzeit, ist wenig interessant durch die im Meere lebenden niederen Tiere als vielmehr durch die damals immer stärker einsetzenden schmelzschuppigen Ganoidfische (Abb. 228),

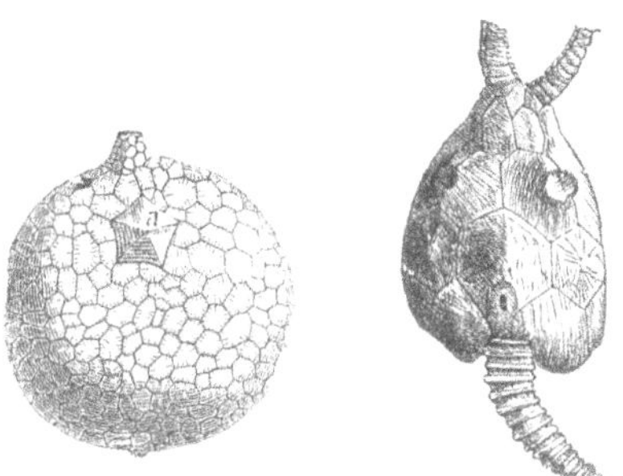

a b

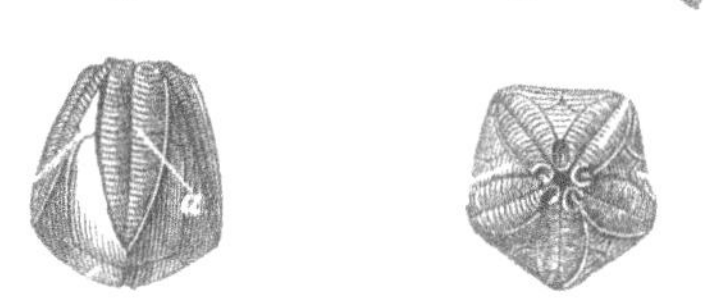

Abb. 259. a und b Pelmatozoen (seelilienartige Formen) der Silurzeit. Strenge Kapselform des Körpers, nach außen abgeschlossen. Arme kaum oder überhaupt nicht entwickelt (Cystoideen). c Blütenstrahler (Blastoideen) der Karbonzeit, die gestrichelten Streifen bedeuten den Austritt des inneren Wassergefäßsystems. Geöffneteres Stadium, nicht mehr reine Kapselform des Körpers. (Nach Billings, Eichwald und Römer, aus Zittel-Boili 1924.) Nat. Gr.

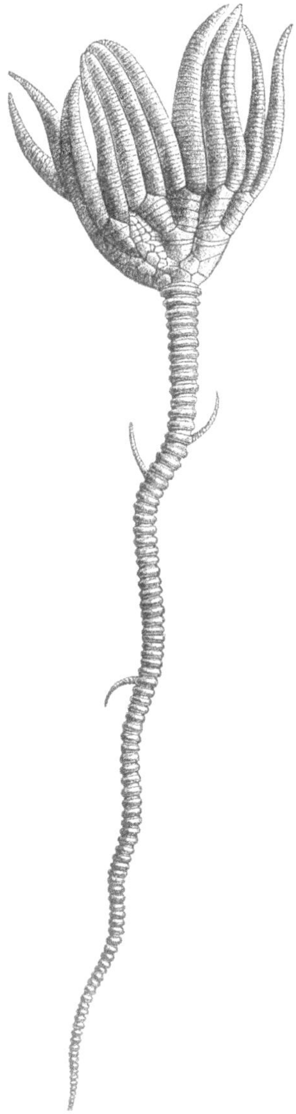

Abb. 260. Karbonische Seelilie mit langem Stiel und verzweigten Armen. (Aus Zittel-Broili 1924 nach Koninck.) Kohlenkalk Belgien.

die sowohl der Fischfauna dieser Zeit, wie auch der des Erdmittelalters noch bis in den Jura hinein ihr Hauptgepräge geben (Abb. 228). Auch die jetzt mit Macht einsetzende Landtierentwicklung, vertreten durch das Amphib, wie durch das Reptil kennzeichnet das Ende des Erdaltertums und den Beginn des Erdmittelalters, die man hierin kaum trennen kann. Bemerkenswert als Zeitsignatur ist der lurch- und molchartige Habitus sehr vieler damaliger Landbewohner, und zwar ähneln sich hierin Reptilien und Amphibien gleichermaßen. Auch kommt in beiden Gruppen ein bestimmtes Organ auf dem Schädeldach, das Scheitelauge (Abb. 279), zur Ausbildung, was ein typisch spätpaläozoisches Zeitformenmerkmal ist und was die damals entstandenen Reptil- und Amphibienstämme noch mit in das Erdmittelalter hinübernehmen. Die damaligen ältesten Formen sind im nächsten Kapitel beschrieben.

4. Älteste Formen der Haupttypen des Tierreiches im Altertum

Im vorigen Kapitel wurden gelegentlich schon älteste Formen einzelner Hauptgruppen des Tier- und Pflanzenreiches erwähnt. Die Spuren der algonkischen Zeit sind dort beschrieben, aber doch für uns undeutbar geblieben. Sodann wurde geschildert, wie mit der kambrischen Epoche mehrere Stämme der niederen Tierwelt einsetzen und fertig vor uns treten, was sich in der Untersilurzeit schon soweit vervollständigt hatte, daß wir von da ab, wenigstens im niederen Tierreich, nichts grundlegend Neues mehr hinzukommen sehen. Im einzelnen aber sind vielerlei Wandlungen vor sich gegangen.

Es ist nebenstehend (Abb. 261) eine Tabelle beigefügt, die einen schematischen Überblick gibt über das erste zeitliche Erscheinen der einzelnen Hauptgruppen des Tierreiches, ihre Dauer und ihre Entwicklungsstärke in einzelnen Zeitaltern. Mustern wir daraufhin die wirklich vorliegenden Gestalten ältesten Datums, so finden wir bei vielen niederen Tiergruppen schon zu kambrischer Zeit die Stufe erreicht, welche wir auch heute oder wenigstens in späteren Formationen ausgeprägt sehen. Teilweise dauern sie durch bis in die Jetztzeit, teilweise sterben sie schon im Erdmittelalter oder im Erdaltertum wieder aus.

Je höher ein Tiertypus in der allgemeinen Organisation steht, um so später kommt er durchschnittlich in der Folge der Zeiten. Zugleich sind die höherstehenden Typen jene, welche rascher sich entfalten und spezialisieren, aber auch um so rascher wieder von der Bildfläche verschwinden. Die einzelligen niedersten Tiere, also die Radiolarien, Foraminiferen, Schwämme sind wohl die durchdauerndsten Formen und die, welche sich am wenigsten im Lauf der Zeitentwicklung geändert haben; die Gliedertiere, als Trilo-

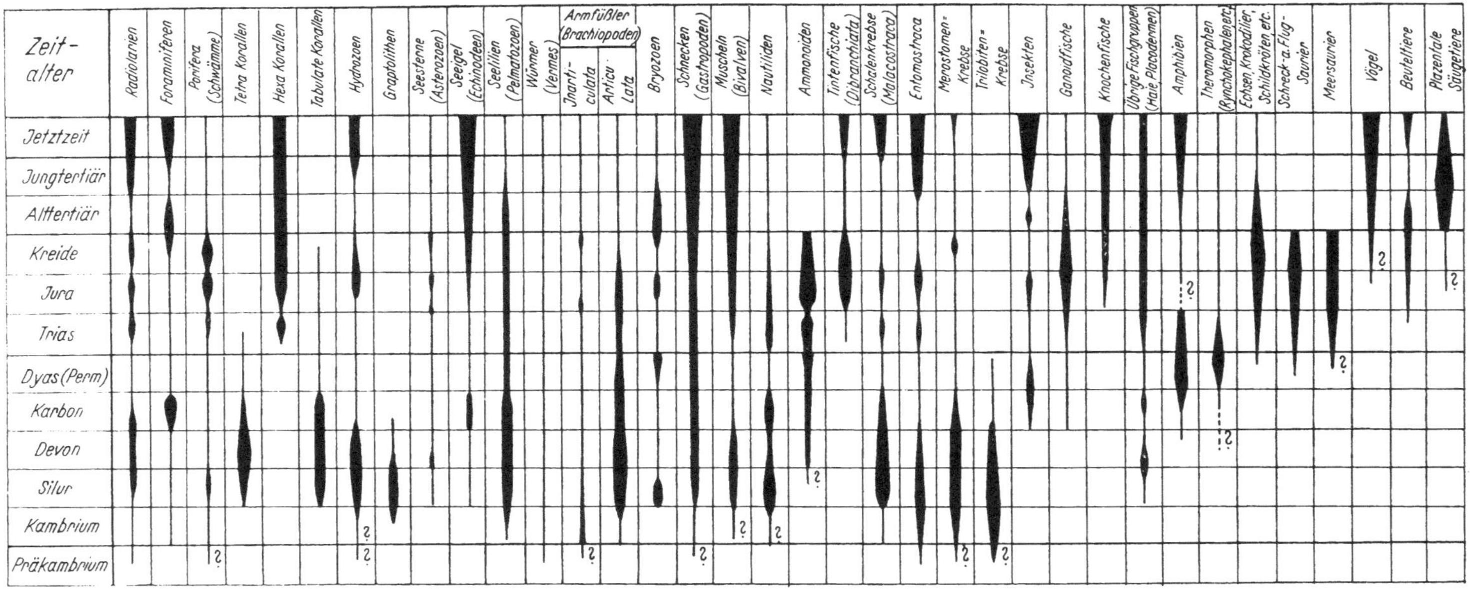

Abb. 261. Tabelle des zeitlichen Auftretens und Ausdauerns der einzelnen Tierordnungen. (Orig.)

biten und einige andere Typen auch schon kambrisch, also sehr alt, scheinen unter den niederen Tieren am meisten Wandlungen durchgemacht zu haben.

Die jetzigen Radiolarien mit ihren kieseligen Schälchen, mikroskopisch klein, sehen heute noch so aus, wie die algonkischen (Abb. 242, S. 368). Die ältesten Foraminiferen kennt man aus dem Unterkambrium. Sie sind noch einfache kugelige Gehäuse im Gegensatz zu denen späterer Formationen (Abb. 262). Ob die Poriferen oder Schwämme (Spongien) schon algonkisch sind, ist nicht ganz sicher. Dagegen haben wir sichere kambrische Glasschwämme. Die mit dem Untersilur kommenden Tetrakorallen unterscheiden sich nicht von den auch aus dem Obersilur (S. 381, Abb. 255) abgebildeten, nur waren es noch keine Riffbauer, sondern einfache konische Kelche, die durch ihr äußerliches Zusammenkleben (S. 382) Rasen gebildet haben dürften. Dasselbe gilt von den ältesten untersilurischen tabulaten Korallen (Abb. 255) und Bryozoen (Moostierchen, Abb. 263), die beide oft nicht voneinander zu unterscheiden sind. Älteste Stachelhäuter (Echinodermen) kennt man in Form von Zystoideen schon im Kambrium (Abb. 264), die ältesten Seesterne sind im Untersilur erschienen (Abb. 265). Die Würmer kennt man durch Spuren aus dem unteren Kambrium (Abb. 266), die ersten ganzen Exemplare aus den Burgeßschiefern des Mittelkambriums von Kanada (Abb. 233b, S. 360). Die ältesten Brachiopoden oder Armfüßler hat das Unterkambrium geliefert (Abb. 243), ebenso die frühesten Nautiloideen (S. 374), dagegen erscheint das älteste sichere Ammonshorn erst im Devon, ein ältestes Stadium der kambrischen mützenförmigen Schnecken ist S. 362 wiedergegeben. Ob die echten Muscheln schon unterkambrisch sind,

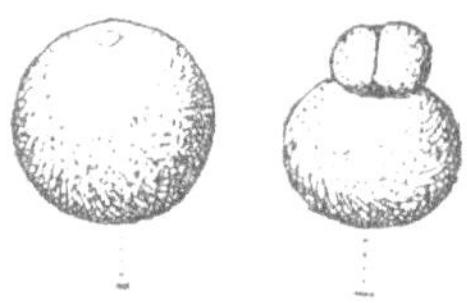

Abb. 262. Älteste Foraminiferen aus dem tiefsten Mittelkambrium von Neu-Braunschweig. Die Striche bedeuten die nat. Größe. (Aus G. F. Matthew 1895.) (Vgl. Abb. 169, S. 285.)

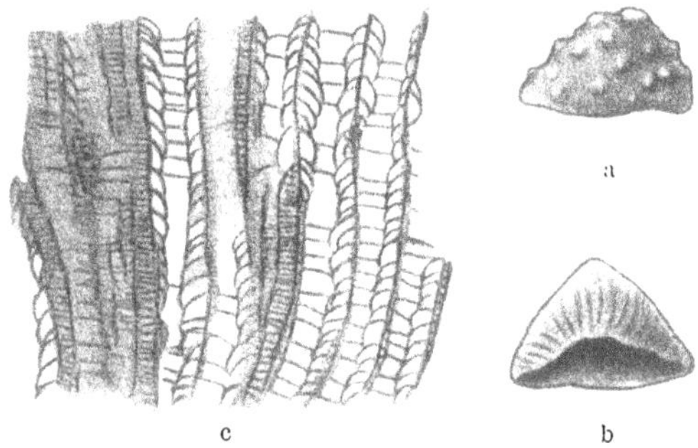

Abb. 263. Eine der ältesten Bryozoenkolonien (Prasopora). Untersilur Minnesota. a Stock in nat. Größe; b Durchschnitt; c Zellen vergrößert. (Aus Ulrich 1893.)

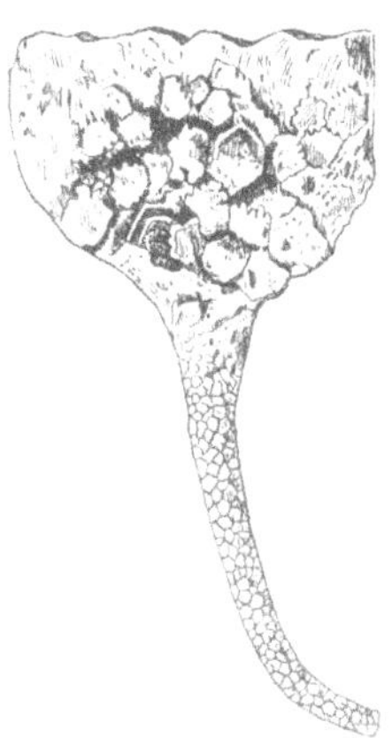

Abb. 264. Bruchstück eines Stachelhäuters (Kelchkapsel und Arme). Cystoidee, ausgestorbene Gruppe des Erdaltertums. Verkl. (Nach Walcott.)

ist fraglich; man kann sie auch mit Schalenkrebsen verwechseln (Abb. 235, S. 362).

Gewiß ist, daß der Stamm der Gliedertiere in seinen verschiedensten biologischen Typen schon im frühen Kambrium entwickelt ist. Nicht nur finden wir Trilobiten (Abb. 267) und Merostomen, sondern auch die eben erwähnten muschelartigen Krebse, sowie die Phyllopoden. Die ältesten Spinnentiere sind in Form des Skorpiones aus dem Obersilur bekannt geworden (Abb. 268), die älteste echte Spinne (Abb. 269) im Karbon. Dort erscheinen auch die ältesten Insekten. Sie sind in ihrer Eigenart von besonderem Interesse. Ihre frühesten Gestalten erscheinen im Oberkarbon und haben, weil es Vögel oder sonstige höhere Flugtiere damals noch nicht gab, allein die Atmosphäre der Steinkohlenwälder in vielen Arten durchschwirrt.

Abb. 265. Ältester Rest eines vollständigen Seesternes (Caractacaster) aus dem Untersilur von England. (Aus Spencer 1914.) Doppelte Größe.

Dort sind es vor allem die Paläodiktyopteren, im Habitus libellenartige Tiere, teilweise von besonderer Körpergröße, die besonders im mittleren Oberkarbon in vielen Formen reich vertreten sind, im oberen Oberkarbon aber schon wieder erlöschen. Ihre Flügel waren gleichartig, haben noch keine bemerkbare Spezialisation und waren, wie die Untersuchung der Gelenke ergibt, nur in vertikaler Richtung beweglich; deshalb auch nicht faltbar und nicht über den Hinterleib zurücklegbar. Das Geäder erscheint ganz primitiv, weil die Hauptlängsadern nie verschmolzen, nie gekreuzt, nie rückgebildet sind (Abb. 270); es ist auf ihnen auch nie ein eigenes Anal-

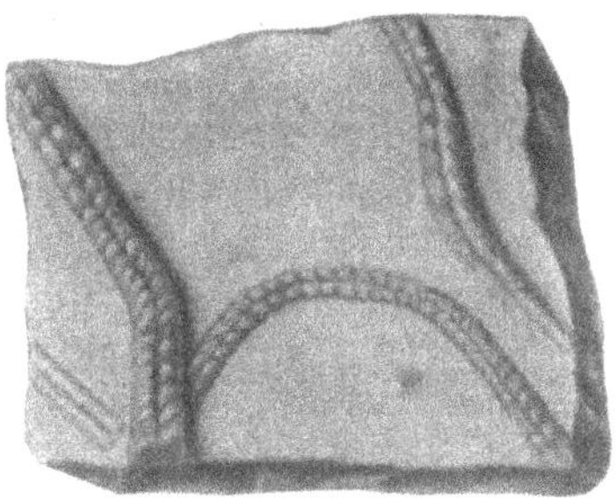

Abb. 266. Gangspuren von Würmern (Anneliden) aus dem Unterkambrium von Nevada. (Aus Walcott 1890.) Verkl.

Abb. 267. Der älteste Trilobitenkrebs (Nevadia) aus dem tiefsten Unterkambrium von Nevada U. S. (Aus Walcott 1910.) Ca. 1/2 n. Gr.

feld abgegrenzt. Der schlanke Körper war sehr regelmäßig segmentiert, die drei Beinpaare waren auffallend gleichmäßig, mit wenig Gliederung. Da bei vielen Paläodiktyopteren auf dem ersten Rumpfabschnitt ein Paar seitlicher flügelartiger Anhänge vorkommen, so hat man es, wie es Handlirsch auffaßt, wohl mit Rudimentärorganen zu tun, die es wahrscheinlich machen, daß jene Formen ebenso wenig die ursprünglichen Insekten ge-

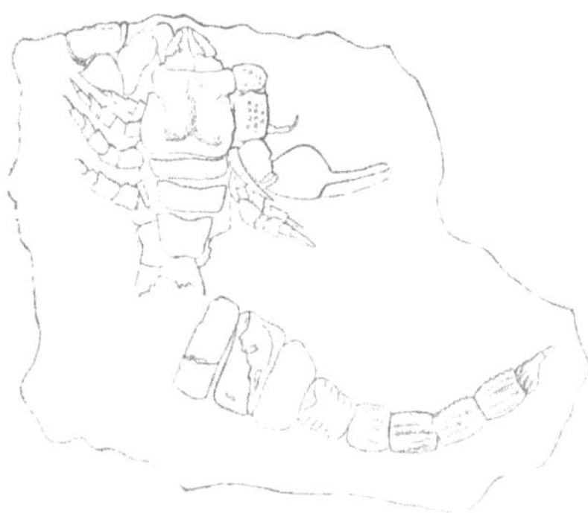

Abb. 268. Ältester Skorpion (Palaeophonus) aus marinem Obersilur von Gotland. Umrißzeichnung. (Nach Thorell aus Zittel-Broili 1924.) Nat. Gr.

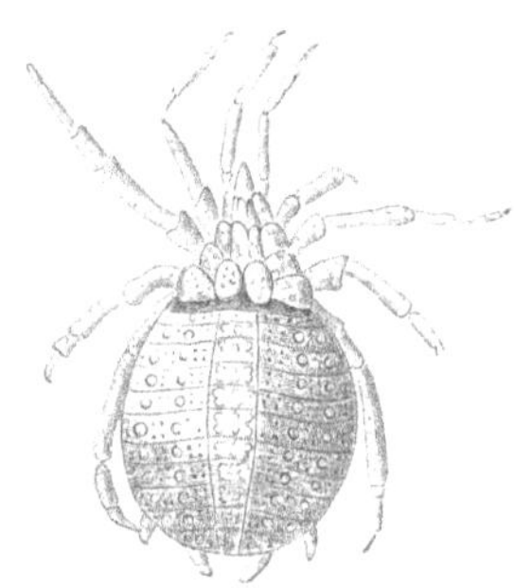

Abb. 269. Älteste vollständige Spinne aus der limnischen Steinkohlenformation von England (Nach Woodward, aus Zittel-Broili 1924.)

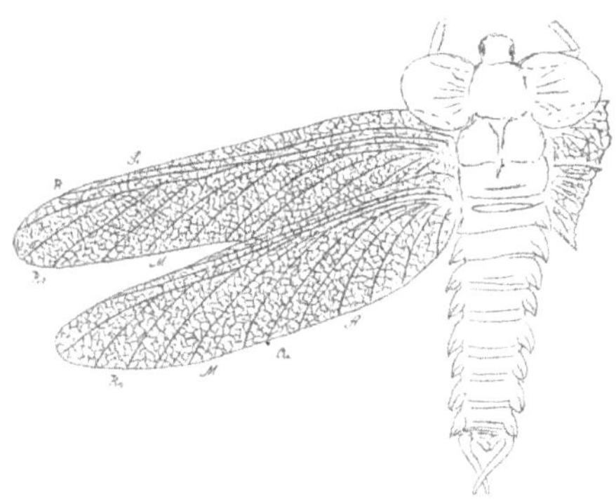

Abb. 270. Libellenartiges Urinsekt (Palaeodictyoptere) aus dem Oberkarbon von Frankreich. Vorne am ersten Körperabschnitt die Seitenlappen, wohl Hilfstragflächen, und die einfachen kurzen Beine. (Nach Brongniart aus Handlirsch 1906/08.)

wesen sein werden, wie jene Trilobiten des Unterkambriums die ersten Meereskrebsformen ihrer Art waren (S. 372). Auch die Unterleibsabschnitte besitzen bei manchen Arten noch Seitenlappen. Diese Anhänge möchte man jedoch eher als sekundäre Tragflächen für den unbeholfenen Flug deuten, nicht als rudimentäre Organe. Die Mundteile waren ein Kauapparat, die Augen komplex, die Fühler in ihren einzelnen Gliedern gleichartig und fadenförmig; lange hintere Anhänge als primitive Eigentümlichkeit waren vorhanden.

Man kennt auch Larven dieser Urinsekten (Abb. 270b) mit hinteren Extremitätenkiemen, ähnlich denen, die heute noch bei den ihnen im Habitus am ähnlichsten Ephemeroiden (Eintagsfliegen) bestehen. Das deutet auf amphibiotische Lebensweise. Die Metamorphose war unvollständig (hemimetabol). Denn einige Larven lassen erkennen, daß sich die Flügel allmählich entwickelten. Auch die Larven hatten komplexe Augen und seitlich vorragende Flügelscheiden.

Trotz vieler Ähnlichkeiten mit heute lebenden Formen stehen die Paläodiktyopteren als eigenartige alte Gruppe da. Nicht nur ihre primitiven Merkmale, sondern auch ihr frühes erdgeschichtliches Erscheinen und Wiederverschwinden lassen sie nach Handlirsch als „Stammgruppe" erscheinen, aus der man zwanglos eine Reihe höherer Formen im Oberkarbon ableiten könne, die ihrerseits schon modernere Typen repräsentierten; „Übergangsordnungen", die in manchen Merkmalen den Paläodictyopteren noch nahestehen und dennoch schon viel Spezialisierung ihnen gegenüber haben. So beginnt bei den Protorthopteren der Hinterflügel ein kleines Analfeld zu bekommen und sie haben Extremitäten, von denen die hinteren nicht mehr, wie bei den Altformen, Schreitbeine, sondern schon Sprungbeine sind. Ähnlich vermitteln die Protoblattoiden zwischen den Paläodiktyopteren einerseits und den Mantoideen und Blattoideen andererseits. Die Protephemeroiden waren in Körperbau und Lebensweise wohl unseren Eintagsfliegen ähnlich, hatten aber noch, wie die Altformen, gleiche Flügelpaare und einen ursprünglich gestalteten Kopf. Wahrscheinlich führten sie kein amphibiotisches Leben. Es ist möglich, daß alle diese und ähnliche, hier nicht genannten primitiveren und Übergangsformen, die dem Insektenleben der Steinkohlenzeit sein Gepräge gaben, nur Reste älterer, viel einfacherer und noch unbekannter Gruppen sind, worauf nicht nur die erwähnten rudimentären Organe der Paläodiktyopteren selbst, sondern auch die geringe Anzahl aller jener Formen gegenüber den damals schon lebenden vorgeschritteneren Blattoideen (Schaben) hinweist.

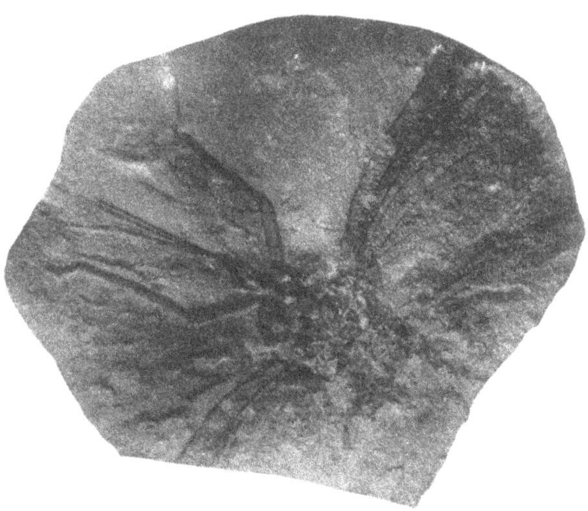

Abb. 271. Eugereon, eine Übergangsform aus älteren Stadien zu den Wanzen, mit schnabelartigen Mundgliedmaßen. Untere Dyaszeit. Birkenfeld. (Aus Handlirsch 1906/08.) Nat. Gr.

In der folgenden Permzeit, wo an den bisher bekannten Insektenfundpunkten teilweise gleiche Lebensbedingungen wie in der Karbonzeit herrschten, fehlt trotzdem jede Spur der alten Paläodiktyopteren. Hier ist nun der Zufall des Nichtfindens ausgeschlossen zur Erklärung. Sie haben im Perm wirklich nicht mehr gelebt, denn die genannten Übergangsgruppen zu jüngeren Sippen sind noch zahlreich da. Es kann also nicht an der fossilen Erhaltungsmöglichkeit liegen, daß sie fehlen. Hier im Perm erscheint in der

Gattung Eugereon (Abb. 271), ein „Schalttypus“ zwischen Paläodiktyopteren, den ausgestorbenen und den späteren Hemipteren (Wanzen). Seine Mundteile bilden den formalen Übergang zwischen dem ursprünglichen Kauapparat und dem Wanzenschnabel; seine Flügel sind noch fast die ursprünglich paläodiktyopterenartigen. Aber schon im oberen Perm finden sich nächstverwandte Formen, deren Flügel noch mehr mit denen der lebenden Wanzen übereinstimmen, ohne daß sich die Tiere genau in das System der lebenden einfügen ließen. Auch Mantoideen-ähnliche (Gottesanbeterin) Formen erscheinen im oberen Teil der Permzeit.

Über den Gesamtcharakter jener ältesten Insektenluftbewohner sagt zusammenfassend Handlirsch, dem dies alles entnommen ist: „Die Physiognomik der paläozoischen Insektenfauna muß unserem an die vorwiegend zierlichen, so überaus mannigfachen Formen der uns umgebenden Insektenwelt gewöhnten Auge ganz fremdartig erscheinen; denn die überwiegende Zahl der damaligen Arten übertrifft ihre Epigonen an Körpergröße um ein Vielfaches, und kleine Tierchen, die eben so erhaltungsfähig sind wie große, fehlen in den Schichten der primären Formation gänzlich. Die kleinsten Karboninsekten würde man heute als mittelgroß oder selbst groß bezeichnen. Um die Mitte des Oberkarbons bevölkerten fingerlange Schaben und armlange libellenähnliche und handlange eintagsfliegenähnliche Tiere die Waldmoore in unseren Breiten; plumpe Formen, mehr Flatter- als Flugtiere belebten die Ufer der Gewässer und die Lichtungen der Wälder ... Erst gegen das Ende des Karbon und im Perm treten mit dem Aussterben der Stammgruppe etwas höher organisierte Formen auf, und wir bemerken gleichzeitig auch eine Abnahme der Durchschnittsgröße.“

Abb. 272. Zähnchen, sehr stark vergrößert, vermutlich von einem marinen fischartigen Wirbeltier. Untersilur bei Leningrad. (Aus Rohon 1889.)

Ganz anders wird der Insektencharakter mit dem Mesozoikum. Die Grenze zwischen Paläozoikum und Mesozoikum ist nach Handlirsch ein wichtiger Wendepunkt in der Entwicklung des Insektenstammes. Kurz ausgedrückt besteht der Wechsel darin, daß statt der primitiven paläozoischen Formen nun die neuzeitlichen Formen erscheinen, und daß statt der heterometabolen die holometabolen Formen herrschen. Allerdings besteht auch eine gewisse Kluft insofern, als in der obersten Perm- und in der ganzen Triaszeit zu wenig Funde noch gemacht werden konnten, um klar den Übergang beider Lebensperioden im Insektendasein zu verfolgen, wenn auch der Wechsel als solcher nicht zu bestreiten ist. Das Weitere zu verfolgen, hat hier keinen Zweck, und wir wenden uns den höheren Formen des Tierreichs zu.

Älteste Spuren von Fischen und damit älteste Wirbeltierreste überhaupt sind im untersilurischen (?) Hardingsandstein von Colorado in Nordamerika in Form einzelner kleiner Panzerblättchen gefunden; vermutlich sind auch sie mariner Herkunft, nicht aus Süßwasser, so daß wir den Ursprung des Fisches also im Meer zu suchen hätten. Vielleicht sind sie devonisch, weil jener Hardingsandstein tektonisch stark gestört liegt. Ferner sind im marinen Untersilur des Baltikums kleine Zähnchen mit typischer Dentinstruktur gefunden (Abb. 272), die man ebenfalls Fischen zuschreibt, was aber deshalb zweifelhaft ist, weil die vollständig bekannten ältesten Fische keine Zähne besitzen, diese also wohl erst eine spätere Erwerbung bedeuten.

Die früheſten und in mancher Hinsicht auch primitivsten, sind die in der Silurzeit erscheinenden Formen, die man ganz allgemein als Schuppenhäuter (Plakodermen) bezeichnet, die sich schon bei ihrem ersten Auftreten sogleich in mehreren Typen darstellen, aber alle das gemeinsame Merkmal einer ziemlich harten Haut haben, die entweder aus länglichen oder rundlichen oder plattigen dentinartigen Schuppen besteht oder zu großen Platten zusammenschmelzen, wodurch ein geschlossener Panzer entstehen kann. Sie sind ohne jegliche Andeutung eines Innenskelettes. Da sind zunächst die Anaspiden (Abb. 273), Spindelformen ohne Kiefer, ohne Zähne, ohne

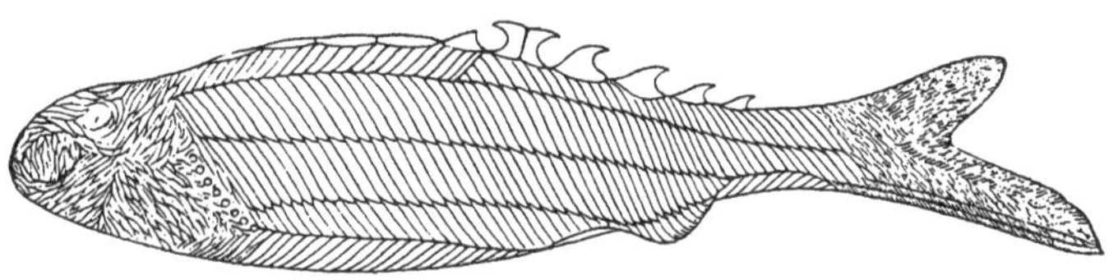

Abb. 273. Sehr altertümlicher spindelförmiger Fisch (Birkenia). Obersilur Norwegen. Rekonstruktion nach Traquair. Ober- und Unterseite noch fraglich, nebenstehende Stellung wahrscheinlich richtig. Körper mit Schuppenreihen bedeckt, lappige Rücken-(?)flosse. (Aus Zittel-Schlosser 1923.) Nat. Gr.

Extremitätengürtel, ohne Seitenflossen, nur auf dem Rücken (?) eine Art Flossenkamm. Sie hatten kein Innenskelett, höchstens ein ganz weichknorpeliges, das fossil nicht erhalten ist. Der ganze Körper ist eng belegt mit gestreckt rhombischen kleinen Chagrinschuppen ohne Dentinsubstanz; die Schuppen können sich auf die Oberseite allein beschränken, der übrige Körper nackt bleiben. Neben diesen Formen erscheinen nun schon gleichzeitig andere, mit breitem flachem Vorderkörper und langem schmälerem Schwanzteil. Die Wirbelsäule ist im Schwanz nach oben gebogen (heterozerk). Am Vorderrand des Körpers sitzen zwei weit auseinander stehende Augen. Auf der Kopfunterseite stand das große Maul; Kiemenöffnungen kennt man noch nicht. Die Haut aber ist geschuppt gewesen; oft sind die Schuppen zu Plättchen verschmolzen oder durch solche ersetzt, die jedoch nie richtig verknöchert sind.

Unter diesen Gesamtformen erscheinen mehrere Gattungen, die durchweg erst aus dem Obersilur bekannt sind und in die Devonzeit hinüberreichen. Sie unterscheiden sich voneinander meistenteils durch die Form ihrer Schuppen und Hautplättchen. Bei Thelodus aus dem Obersilur von Schottland (Abb. 274) bemerkt man rippenartige Gebilde, die wohl dem inneren Kiemengerüst entsprechen. Wie man an einer anderen naheverwandten Formengruppe sieht, können die Schuppen immer mehr durch ganz große Platten ersetzt werden, die Kopf und Rumpf einschließen und endlich auch zu je einer Rücken- und Bauchplatte verschmelzen. Die Platten sind aus zwei, durch mehr oder minder regelmäßige Querbälkchen verbundenen Lagen zusammengesetzt. Die äußere besteht aus Dentin, die innere aus Schichten phosphorsaueren Kalkes. Das Schnauzenende des Körpers verjüngt sich nach vorne; nach hinten läuft die den Vorderkörper deckende Rückenplatte in je einen steif damit verbundenen Stachel aus, der wahrscheinlich beim Liegen des Tieres zum Einhaken gegen die Strömung diente. Die Augen liegen wiederum am Vorderrand, aber seitlich. Der bewegliche Hinterleib war nur von kleinen Schüppchen bedeckt. Derartige Formen kommen vorzugsweise im Obersilur von Nordeuropa und Nordamerika vor.

Bei Tremataspis aus dem baltischen marinen Obersilur ist der Vorderkörper völlig gepanzert (Abb. 275) und gegen außen abgeschlossen. Auf der Unterseite vor dem Vorderende liegen einige Öffnungen, die man als Kiemenlöcher deuten kann. Auf der Oberseite des Kopfes aber liegen nächst der Medianlinie zwei dicht beisammenstehende Augen, getrennt durch ein loses, in die ehemaligen Weichteile mit eingebettetes Mittelstück. Es scheint anzudeuten, daß die Augen aus einer gemeinsamen Öffnung sich gegenseitig abdifferenziert haben. Davor und dahinter kommt je eine unpaare Öffnung, deren vordere als Paraphyse, deren hintere wieder als Epiphyse gedeutet werden kann. Was die am Außenrand liegenden vier Schlitze waren, ist ganz ungewiß. Allen solchen Formen fehlten offenbar noch richtige Kiefer. Die vorderen Kiemenbogen, die bei späteren Fischen zu Kieferstücken umgeschmolzen werden, sind nämlich hier noch vorhanden. Ebenso fehlen paarige Flossen, was gleichfalls ein primitives Merkmal ist.

Eine zweite große Klasse der Fische sind die Elasmobranchier, bei denen die Kiemen nach außen freiliegen. Sie haben ein knorpeliges Innenskelett im Gegensatz zur vorigen Gruppe, eine Bezahnung, die als modifizierte Hautschuppenbildung zu betrachten ist. Denn das Vorkommen von Zahnbein auf der Haut darauf beruht, daß die Zähne der Fische und aller Wirbeltiere entwicklungsgeschichtlich reine Hautgebilde sind, weil embryonal die Mundhöhle eine Einstülpung der Körperoberfläche ist, die Zähne mithin modifizierte Hautgebilde sind. Daher die Identität der Struktur und der Substanz beider. Um so auffallender ist es, daß die oben beschriebenen ältesten Fische trotz ausgezeichneter Hautpanzerung noch keine Zähne besaßen. Dies erklärt sich aus dem Fehlen von Kiefern, weil ihnen so jeder feste Ansatzpunkt gefehlt haben würde. Die Hautschuppen selbst sind meist rhombische Plättchen, sehr fein, flach oder mit Erhebungen, ja Spitzen analog den Zähnen versehen, sie haben ein ausgebildetes, wenn auch stets nur knorpeliges Schädelskelett. Ihre älteste Gruppe sind die Flossenstachler (Akanthodier), deren äußeres Hauptkennzeichen neben ihrer zähen Chagrinhaut die am Vorderende der Flossen stehenden und diese versteifenden Flossenstacheln sind (Abb. 209). Wahrscheinlich treten sie erstmals im Obersilur auf, wenigstens hat man dort schon einen solchen Flossenstachel (Onchus, Abb. 276) gefunden; sie bestehen ebenfalls aus Dentin. Während diesen Fischen die Zähne noch fehlen, bilden die den Haien nächstverwandten

Abb. 274. Breit gebauter, mit dentinartigen Schuppen bedeckter Fisch (Thelodus). Marines Obersilur. England. Augen ganz vorne als kleine Punkte, Mund auf der nicht sichtbaren Unterseite gelegen. (Aus Traquair, nach Zittel-Schlosser 1923.) Sehr verkl.

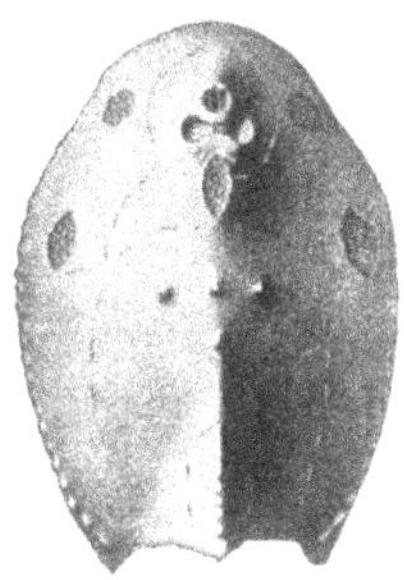

Abb. 275. Vorderkörper des Panzerfisches Tremataspis aus dem baltischen marinen Obersilur. Der Panzer rechts von Kiemenlöchern, oben von anderen Organen durchbrochen. Schwanz fehlt. (Nach Patten 1901.) Nat. Gr.

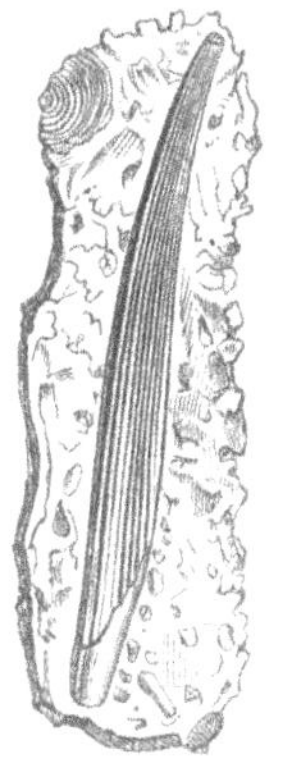

Abb. 276. Flossenstachel (Onchus) aus dem marinen Obersilur in England. Ältester Elasmobranchier-Rest. (Aus Zittel-Schlosser 1923.) Nat. Gr.

Proselachier (Abb. 277) vorausgehend) eine Gruppe mit Zähnen, bei denen nun auch der Mund ganz an die Vorderspitze des Körpers gerückt ist. Typische Formen liefert erst das Devon. Wann sie zuerst auftraten, ist nicht sicher; isolierte Zähne hat man schon im Devon und Karbon von Jowa (Abb. 278) gefunden. Auch die echten Haie haben noch ganz ähnlich wie die Akanthodier oftmals Flossenstacheln. Bei ihnen entwickeln sich die Zähne zu starken ein- oder mehrspitzigen Gebilden, ja zu ganzen Pflastern. Die Wirbelsäule, zwar nie verknöchert, zerlegt sich aber in deutliche, manchmal schwach kalkige und daher fossil erhaltungsfähige Wirbel; auch die Schnauze kann stark verlängert und durch kalkige Auswüchse grotesk entwickelt sein (Sägehai).

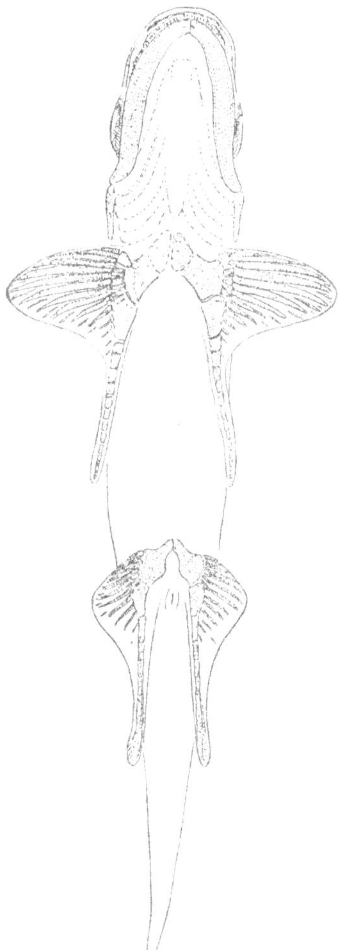

Abb. 277. Rekonstruktion von Cladoselache, einem ursprünglichen Proselachiertyp im Devon von Nordamerika. Verkl. (Nach Jaekel aus Zittel-Schlosser 1923.)

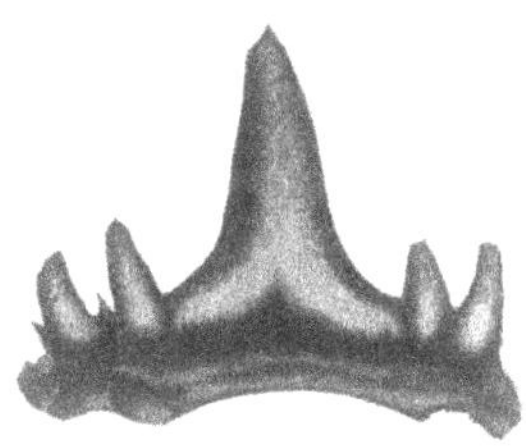

Abb. 278. Isolierter haifischartiger Zahn eines Proselachiers (Cladodus) aus dem Unterkarbon von Jowa. (Aus Newberry 1897.) Nat. Gr.

Die ältesten, im allgemeinen Habitus noch sehr an die Akanthodier erinnernden echten Haie sind devonisch und unterkarbonisch.

Den Elasmobranchiern am meisten verwandt ist eine andere sehr eigentümliche Fischgruppe, die Holokephalen oder Vollköpfigen, zu denen die bekannten Seekatzen gehören. Sie haben nur eine unvollkommen gegliederte Wirbelsäule, nur eine Kiemenspalte, eine nackte oder mit Chagrin überkleidete Haut und die Rückenflosse ist durch einen kräftigen Flossenstachel versteift; die Männchen haben auch einen Stirnstachel, wie überhaupt, ähnlich wie bei den Haien, die Neigung zur Stachelausbildung vorhanden ist; dagegen haben sie eine besondere Art von Zähnen. Über die ältesten Formen weiß man wiederum nichts Sicheres. Die ersten typischen Arten kommen im Lias, am Beginn der Jurazeit, aber die ältesten im Devon vermischen sich mit anderen Gruppen, wie das ja stets beim Auftreten neuer Typen, seien es Pflanzen, seien es Tiere zu sein pflegt; im Karbon z. B. gibt es Fische und Zähne und Stacheln von Formen, über die man zweifelhaft ist, ob man sie zu den Holokephalen oder Elasmobranchiern zählen soll.

Wenn wir nun zu den ältesten Landwirbeltierformen übergehen, so müssen wir die Methodik unserer Darstellung etwas ändern. Besieht man sich die ältesten Formen der niederen Tiere, der Wirbellosen, so hat man es meistens mit vollständigen Einzelstücken zu tun. Die Schalen der Mollusken und Brachiopoden, die Panzer der Trilobiten sind gewöhnlich als Ganzes erhalten und erlauben eine unmittelbare Beschreibung und Klassifizierung des Gesamttieres. Aber wie soeben bei den Fischen gezeigt, sahen wir uns teilweise bloß auf einzelne Teile, wie Zähne oder Flossenstachel angewiesen, und nun vollends bei den Landwirbeltieren haben wir es nur selten mit ganzen Skeletten zu tun. Gewöhnlich sind es nur einzelne Knochen, ja bloß Zähne, die wir als Zeugen für die Gattungen und Arten — nicht nur die ältesten — zur Verfügung haben. Das Skelett der Landwirbeltiere zerfällt nach dem Tode sehr rasch, sobald die Weichteile verwest sind; auch sind die Möglichkeiten der Einbettung und Fossilisation weitaus beschränkter als im Meer, so daß überhaupt viel weniger Landtiere uns überliefert worden sind, als Meerestiere. Wir befinden uns mit jenen also in einer ähnlichen Lage wie bei den fossilen Pflanzen, wo wir uns auch mit Teilstücken, Blättern, Stammfragmenten u. dgl. begnügen müssen. Es wird daher hier in diesem Abschnitt nicht so sehr unser Bestreben sein, die ältesten Formen speziell vorzuführen, sondern zugleich einen Überblick über die sich an sie anschließenden nächst jüngeren zu geben, wenn wir bei diesen genügend vollständige Skelette haben. Nur dort, wo auch die ältesten Formen durch gute Funde genügend charakterisiert erscheinen, können wir uns auf sie beschränken.

Beeinflußt von dem formalen Schematismus der älteren Deszendenzlehre, hat man früher erwartet, in den ältesten Formen der einzelnen Tier- oder Pflanzentypen auch zugleich Gestaltungen zu finden, die unseren allgemeinen Begriffen des anatomisch und biologisch Einfachen entsprechen müßten. Das ist keineswegs der Fall. Denn auch die frühesten und ältesten Gattungen eines jeden Typus sind immer nur durch Arten gebildet gewesen, die für ganz bestimmte Lebensumstände geschaffen waren und deshalb durchaus spezialisierte Körperbildungen zeigen. Nur ist es meistens so, daß bei den jeweiligen älteren Gattungen einer Gruppe gewisse Spezialisationen in geringerem Maße zu finden sind, als bei späteren desselben Typus; doch kommt es vor, daß sich die fortgeschrittenere Spezialisation nur auf das eine und andere Körpermerkmal erstreckt, aber nicht eine durchaus gleichsinnige Weiterbildung etwa aller Körpereigenschaften bedeutet. Wir dürfen deshalb nicht erwarten, unter den ältesten Vertretern bestimmter Typen immer nur anatomisch verallgemeinerte, sozusagen biologisch noch unausgesprochene Gestalten zu finden.

Beim Fischtypus mag die Primitivität unter anderem darin bestehen, daß das Innenskelett unverkalkt ist, daß eine Wirbelsäule überhaupt fehlt und nur der Rückenstrang (Chorda dorsalis), aus dem sich weiterhin alle Wirbelkörper entwickeln, vorhanden ist. Wir sahen, daß bei den Frühformen die Extremitäten zuweilen fehlen und daß überhaupt bei etwaiger Andeutung von Skeletteilen diese bestenfalls in knorpeligem Zustand verblieben. Aber dennoch waren die ältesten Fische nicht Ge-

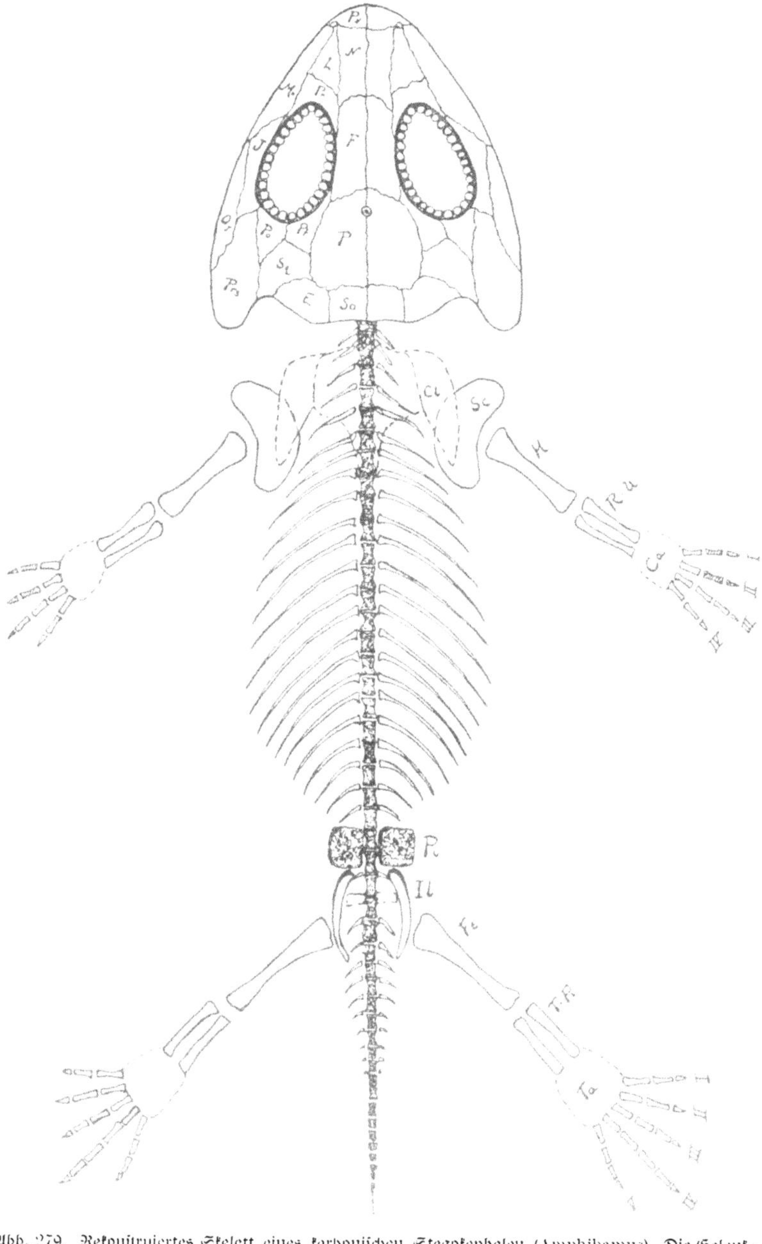

Abb. 279. Rekonstruiertes Skelett eines karbonischen Stegokephalen (Amphibamus). Die Gelenkköpfe der Extremitätenknochen und das Schambein waren verknorpelt, sind daher fossil nicht erhalten. Hand- und Fußwurzelknochen unbekannt; ebenso die Kehlbrustplatte nur im Umriß angedeutet. Obere Steinkohlenzeit. Nordamerika. (Aus Moodie 1909.) Nat. Gr.

stalten mit einem unausgesprochenen, einfach gestreckten, vielleicht äußerlich mehr wurmartigen Körper, sondern zeigten in ihrer Organbildung, in der Hautbedeckung und in anderer Hinsicht so viele Eigentümlichkeiten und Unterschiede, daß sie nichts mit irgendwelchen schemenhaften „Urformen" zu tun hatten. Nicht anders ist es mit den Vierfüßlern. Theoretisch müßte ein ältester landbewohnender amphibischer Vierfüßler vor allem einen Übergang aus dem Fisch in das Landtierstadium, also gewissermaßen eine Umwandlung aus dem Kiemen- in das Lungenstadium zeigen. Er müßte gleichfalls ein noch knorpeliges oder wenigstens sehr unvollkommen verknöchertes Innenskelett gehabt haben und Übergänge vom einen in das andere zeigen. Er müßte eine gleichmäßig ausgebildete, fünfzehige, möglicherweise sogar mehr als fünfzehige Vorder- und Hinterextremität gehabt haben. Das Gebiß müßte aus Reihen gleichmäßiger Kegelzähne bestehen; Schläfengruben und Augenhöhlen müßten in eins zusammenlaufen, der Schädel aus vielen Knochen zusammengesetzt sein, die wir beim höheren Wirbeltier nicht mehr finden oder verlagert und umgewandelt sehen; auf dem Scheitel wäre eine Öffnung; der Unterkiefer hätte dieselbe Länge wie die ganze Schädelbasis, die Rippen müßten doppelköpfig, der Schwanz lang sein, der Beckengürtel an nur einen Wirbel anlenken, und vieles andere mehr. Je nachdem solche Eigenschaften an einer fossilen Urweltgattung verwirklicht sind, können wir daran ermessen, ob sie primitiv oder vorgeschritten gewesen ist.

Die ältesten, vollständig bekannten Landwirbeltiere überhaupt sind sowohl Amphibien, wie Reptilien. In der Unterkarbonzeit treten in Schottland Formen auf, von denen man wesentlich nur den Schädel kennt und die zweifellos amphibischer Art waren, wenn sie auch Anklänge an Reptilien zeigen. Sie hatten einen aus Schuppen oder Stäbchen aufgebauten Bauchpanzer und gehören zu der großen Abteilung der Stegokephalen (mit Kopfdach versehen), so genannt, weil sie einen durch Belegknochen geschlossenen, völlig gedeckten Schädel haben (Abb. 279). Sie treten mit der Steinkohlenzeit auf, entwickeln sich in der Permzeit reich und endigen in der Triaszeit. Sie sind gleichmäßig vierbeinige amphibische Landtiere mit gleichartigen fünf-, vorne in der Regel vierzehigen Extremitäten; von meist gedrungener breitköpfiger Gestalt und durchschnittlich innerhalb Metergröße bleibend. Ihre Wirbelsäule weist verschiedene Grundarten und innerhalb derselben verschiedene Stadien der Verknöcherung auf, die, wenn auch zuweilen innerhalb einer Gattung etwas vermischt, so doch verschiedene Wege andeuten, auf denen aus einer ehemals unverknöcherten Chorda dorsalis des hypothetischen Urwirbeltieres eine verknöcherte Wirbelsäule allmählich werden konnte. Ideell dargestellt ist der Wirbeltierkörper eine gleichsinnige (metamere) Vermehrung der einzelnen Körpersegmente, analog denen des Wurmes. Diese Ursprünglichkeit der Segmentenbildung verrät sich gerade noch bei jenen Stegokephalen, die „embolomere" Wirbel besitzen, d. h. solche, deren zentraler Wirbelkörper doppelt vorhanden ist (Abb. 280a) und in dieser Doppeltheit dennoch nur einem an den Rippen gemessenen Körpersegment entspricht. Wenn solche Doppelstücke dann zu einem einzigen verschmelzen oder eines von ihnen durch Rückbildung unterdrückt wird, so entsteht ein Vollwirbel (Abb. 280b, c). Damit ist aber nach der anfänglichen zahlenmäßigen Vermehrung (Metamerie) eine Reduktion und Konzentration eingetreten. Sind die Wirbel zerlegt, was einer ungleich fortschreitenden Verknöcherung der ursprünglich knorpeligen Unterlage entspricht, so kommt der temnospondyle oder Schnittwirbel heraus (Abb. 280d). Die von verschiedenen Stellen her verknöcherten Stücke sind im lebenden Zustand durch Knorpel verbunden gewesen, der im fossilen Zustand verschwunden ist und deshalb den scheinbar nicht zusammenhängenden, aus isolierten Knochenteilchen bestehenden Wirbel hinterläßt.

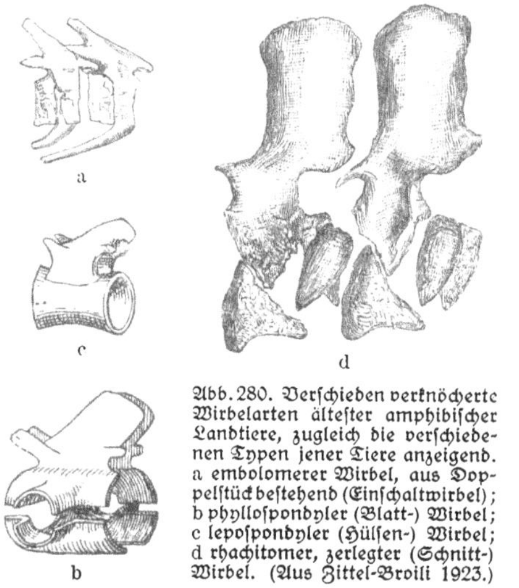

Abb. 280. Verschieden verknöcherte Wirbelarten ältester amphibischer Landtiere, zugleich die verschiedenen Typen jener Tiere anzeigend. a embolomerer Wirbel, aus Doppelstück bestehend (Einschaltwirbel); b phyllospondyler (Blatt-) Wirbel; c lepospondyler (Hülsen-) Wirbel; d rhachitomer, zerlegter (Schnitt-) Wirbel. (Aus Zittel-Broili 1923.)

Entsprechend ihren verschiedenen Wirbelarten, die den noch geringen Grad der Vollendung eines knöchernen Skelettes veranschaulichen, haben jene alten Formen nun auch bestimmte Unterschiede im Schädelbau. Oben vollkommen geschlossen, zeigt dieser vielfach deutlich angeordnet und vollentwickelt noch jene Knochenelemente, welche bei den höheren Wirbeltiergruppen sehr reduziert oder sehr verlagert sind. Meistens sind die Schädelknochen mit vielen Gruben bedeckt und daher rauh; häufig lassen sich auf dem Kopfdach noch Schleimkanäle beobachten, die einen lyraförmigen Verlauf nehmen können. Sie werden als besondere Sinnesorgane gedeutet und kommen gleicherweise auch bei manchen Fischen jener Altzeit vor. Auf dem Schädeldach liegt außer den meistens großen Augen und kleineren Nasenlöchern in der Regel zwischen den Scheitelhauptknochen eine kleinere Öffnung, das Foramen parietale oder Scheitelloch, das nach Analogie mit altertümlichen jetztzeitlichen Formen ein augenartiges Organ trug und mit der Zirbeldrüse (Epiphyse) in Zusammenhang stand. Während das Schädeldach stets verknöchert und vollständig geschlossen ist, im Gegensatz zu heutigen Amphibien, ist das Hinterhaupt sehr oft noch knorpelig gewesen. Die Unterseite des Schädels besteht nur aus wenigen Knochen und erscheint daher nicht geschlossen. Der Unterkiefer ist meistens so lang wie der ganze Schädel (Abb. 281). Die Zähne sind einfach konisch, nicht groß, stehen auf Ober- und Unterkiefer, können aber auch auf andere Knochen übergreifen, ja den ganzen Gaumen bedecken. Sie sind fast nie differenziert und zuweilen innen mit vielen Schmelzfalten versehen (labyrinthodont), weshalb die temnospondylen Formen, die solches zeigen, auch Labyrinthodonten heißen.

Ein besonderes Kennzeichen der Stegokephalen ist der Kehlbrustpanzer, der aus der Verschmelzung verschiedener Knochen des Brustgürtels entstand und wohl nur von einer dünnen Haut bedeckt und wie der Kopf skulptiert war. Der meistens nur an einen Lendenwirbel anlenkende Beckengürtel ist teilweise verknorpelt gewesen und darum selten gut erhalten. Verknorpelt waren auch die Enden der Extremitätenknochen. Die Vorderbeine trugen meistens nur vier, die Hinterbeine stets fünf Zehen. Abdrücke der Füße sind in verschiedenen Formationen nachgewiesen und teilweise unter dem Namen Chirotherium bekannt; zu den meisten kennt man das Tier selbst nicht, aber sie geben uns ein deutliches Bild nicht nur der äußeren Form, sondern auch der Art der Fortbewegung. Die ältesten

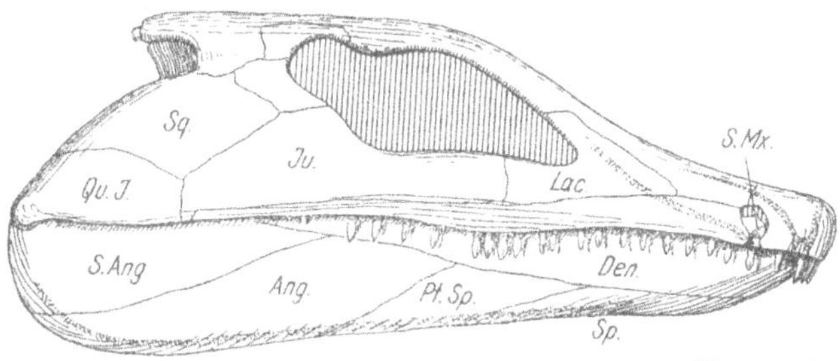

Abb. 281. Seitenansicht des Schädels eines karbonischen Altamphibiums (Orthosaurus). England. Unterkiefer von derselben Länge wie der ganze Schädel. (Aus Watson 1924.) Ca. $^{1}/_{2}$ nat. Gr.

derartigen Fußspuren sind schon in der Oberdevonformation in Nordamerika entdeckt worden (Abb. 256, S. 384).

Wohl die älteste Form ist Baphetes aus der oberen Oldredformation (Oberdevon) von Kanada (Abb. 282). Man kennt nur den Schädel, aber noch keine Wirbelsäule und Extremitäten, so daß wir auch für diese ältesten Formen wie so häufig nicht in der Lage sind, zu sagen, wie sie ausgesehen haben. Immerhin zeigt der Schädel, daß sie manches Gemeinsame mit den etwas späteren, den unterkarbonischen Gestalten schon gehabt haben müssen, die uns nun sofort wieder in mehrere Spezialtypen gespalten entgegentreten und deshalb wahrscheinlich auch im Devon schon als solche existierten.

Im Unterkarbon erscheinen sodann Arten mit der embolomeren Wirbelform (Abb. 280 d), deren Schädelunterseite reptilähnlich ist und das Bild der vorher genannten Gattung zeigt. Eine Reihe dichtgedrängter kleiner Zähne steht auf Ober- und Unterkiefer am Außenrand, aber dazu noch paarweise auf den weiter einwärts liegenden Gaumenknochen größere einfache konische Zähne (Abb. 282). Auch von diesen Formen hat man keine vollständigen Skelette. Ihnen gegenüber steht die ebenfalls karbonische Gattung Amphibamus (Abb. 279), ein Hülsenwirbler mit den sanduhrähnlichen Knochenhülsen als Wirbelkörper, in denen sich noch der starke ursprüngliche Wirbelstrang, die Chorda dorsalis, findet. Die oberen Bogen der Wirbel sind eng an den Wirbelkörper angelenkt oder fest damit verwachsen und zeigen so das fortgeschrittenere Stadium dieser frühen Amphibienform an. Der Schädel ist breit, die Augen sind sehr groß, das Scheitelloch klein, die Rippen einköpfig, also ebenfalls in fortgeschrittenerem Entwicklungsstadium, weil die älteste Rippenkopfform die zweiköpfige ist. Da der Schwanz kurz, der Körper plump ist, so ist hier der sonst bei Stegokephalen bemerkbare eidechsenartige Habitus ganz verdrängt. Von der Oberkarbonzeit ab lebte als dritter Typ der mit rhachitomen Wirbeln ausgestattete Eryops, mit längerem Schwanz, stark skulptiertem Kopf, dessen Scheitelloch im Alter zuwächst, mit starkem Bauchbrustpanzer nnd vierzehiger Vorder-, aber fünfzehiger Hinterextremität. Bei einem Vergleich aller der schon im Karbon so sehr differenzierten Formen zeigt sich, daß wir in allen diesen „ältesten Landtieren" keineswegs dem Anfang des Landtierlebens sehr nahestehen.

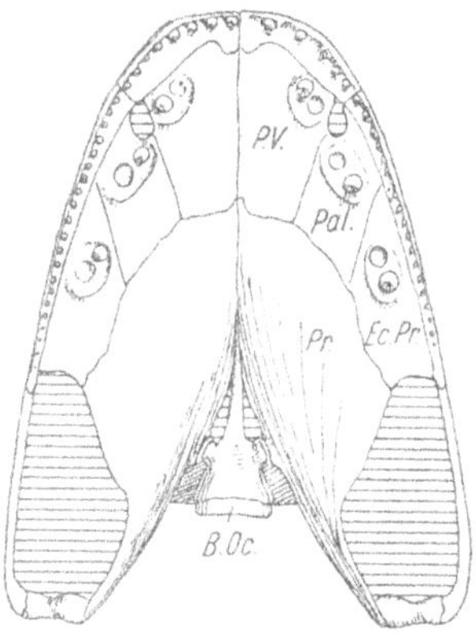

Abb. 282. Unterseite des Schädels eines ältesten, karbonischen stegokephalen Amphibs (Baphetes) mit dichtstehenden Zähnchen am Außenrand und paarweise angeordneten größeren Kegelzähnen auf den Gaumenknochen (PO., Pal., Ec., Pt.). Unterkarbon. (Aus Watson 1924.) Verkl.

Nicht nur durch die soeben beschriebenen Verschiedenheiten der einzelnen gleichalten Typen wird dies bestätigt, sondern auch durch die weitere Hauptgruppe, die der Blattwirbelträger (Phyllospondylen). Sie haben Wirbelkörper, die aus zwei dünnen, aneinanderstoßenden rücken- und bauchwärts gelagerten Knochenspangen bestehen, von denen die obere sich unmittelbar in die oberen Bogen fortsetzt. Beide Hälften umschließen die noch vollbestehende ursprüngliche Chorda dorsalis, den weichen Rückenmarksstrang. Die Tiere waren sehr klein gewesen, wie Salamander heutigen Tages, hatten breiten stumpfen Kopf, große Augenhöhlen und ein Scheitelloch auf dem Schädeldach. Die Vorderextremitäten sind vier-, die Hinterextremitäten fünfzehig. Sie sind nicht nur in dem ausgiebigen Fortbestehen der Rückenchorda, sondern auch durch das unverknöcherte Hinterhaupt, die unverknöcherten Fuß- und Armgelenke, Fußwurzelknochen und Beckenteile recht primitiv, dagegen in anderer Hinsicht, wie der vorderen Zehenzahl, schon vorgeschritten und einseitig entwickelt. Der Bauch ist mit einem feinen Schuppenpanzer (Abb. 283) versehen. Sehr viele obere und untere feine Zähnchen stehen in den Kiefern, doch gibt es auch Formen, wie Dawsonia aus dem Karbon von Böhmen, wo alle Gaumenknochen mit Zähnen besetzt sind. Stammesgeschichtlich bedeutsam ist, daß die Schädel der ältesten Formen aus dem englischen Oberkarbon mit denen der zuerst genannten Gruppe der Schnittwirbler sehr übereinstimmen. Es zeigt sich, daß auch diese sehr alten kleinen Amphibien sowohl durch diese, wie durch andere extremere Eigentümlichkeiten nichts weniger als stammesgeschichtlich einfach sind, sondern Glieder eines schon länger bestehenden Zweiges waren und sich von hypothetischen älteren Stegokephalen schon sehr frühe, vielleicht schon in der Devonzeit, mindestens aber mit Beginn der Steinkohlenzeit stammesgeschichtlich abgezweigt haben.

Ein charakteristisches Bild der Lebensweise und Umgebung jener ältesten amphibischen Formen gibt Broili, indem er ihre Körperform damit in Beziehung stellt. Sie durchliefen wahrscheinlich alle ein Larvenstadium

Abb. 283. Salamandergroße Amphibien der Dyaszeit, im Sumpfkohlenwäldern lebend. Fertig ausgewachsene größere Tiere oben, Andeutung kleiner, kiementragender Larven im Wasser unten. Gaskohle Böhmen. (Aus Walther 1908.) Etwa nat. Gr.

mit Kiemenatmung, dessen Reste uns in den häufig erhaltenen Kiemenbogenzähnchen jugendlicher Individuen vorliegen; einzelne Formen scheinen übrigens dauernd Kiemen besessen zu haben und schon deshalb an das Wasser gebunden gewesen zu sein. Als reife Tiere mögen kleinere Gattungen sich vielfach in Baumstämme eingenistet haben, denn nicht selten begegnen uns von ihnen Reste in den Stämmen von Sigillarien und Lepidodendren (Neuschottland). Sämtliche genauer bekannten Gattungen sind mehr oder weniger geschwänzt, die meisten vierbeinig, einige wenige fußlos, welch' letztere ähnlich wie die Blindwühlen eine unterirdische grabende Lebensweise geführt haben dürften. Aus ihrem Vorkommen in den petrographisch verschiedenartigsten Sedimenten ergibt sich, daß diese kleinen, salamandergleichen oder mittelgroßen, überwiegend plumpen und schwerfälligen Lurche teils die wasserreichen Waldgebiete der Steinkohlenzeit, die sumpfigen Niederungen der Permzeit und die ihnen ähnlichen Gebiete der kontinentalen Trias bevölkerten, teils aber in limnischen, brackischen Gewässern, schließlich selbst in marinen Flachseegebieten gelebt haben. Namentlich die größeren Vertreter machen einen ungemein unbehilflichen Eindruck; ihr langgestreckter Rumpf, den die Extremitäten als Nachschieber unterstützten, lag auf dem Boden und bedurfte infolgedessen eines kräftigen Schutzes in Gestalt des starken Kehlbrustpanzers und der verknöcherten Bauchschuppen; dazu kam noch bei etlichen Gattungen ein kräftiger Rückenpanzer. Die meist nach oben gerichteten Augenöffnungen fanden in einem Sklerotikaring einen Schutz gegen äußere Einwirkungen. Die größeren Stegokephalen waren meistens gefräßige Räuber, die sich von kleinen Amphibien, Reptilien, Fischen, Arthropoden und Mollusken nährten und die Nahrung wohl ähnlich wie Molche oder Eidechsen unzerkaut hinunterschluckten; die kleineren dürften sich mit kleineren Arthropoden, Mollusken und Würmern begnügt haben."

Abb. 284. Eine älteste Reptilgestalt (Seymouria) aus dem unteren Perm von Texas. (Aus Romer 1928.) Ca. 1/7 nat. Gr.

Ebenso wie schon zu frühkarbonischer Zeit die Amphibien erscheinen, treten im Laufe der Karbonzeit auch Reptilien fertig gestaltet auf, obwohl es Formen gibt, die mancher Eigenschaften teilhaftig sind, welche auch jenen Altamphibien zukommen. So vor allem eine primitive Form, Seymouria. Diese etwa ½ m lang werdende Gestalt (Abb. 284) gehört zu der alten Reptilgruppe Kotylosaurier, die manches mit den Stegokephalen gemeinsam haben, wie das vollkommen geschlossene Schädeldach ohne Schläfenöffnungen, gewisse Eigentümlichkeiten im Extremitätengürtel, den Bauchrippen. Die Augen liegen ebenso noch auf der Oberseite des Schädels, zwischen den Scheitelknochen wiederum die alte Öffnung des mit einem Auge besetzt gewesenen Scheitelloches, was alles an die Amphibien anklingt. Auf der Schädelunterseite aber finden sich Eigentümlichkeiten, durch die sich Seymouria von allen übrigen Vierfüßlern unterscheidet. Auch durch das Vorhandensein eines Kehlbrustpanzers und den labyrinthischen Schmelzfaltenbau ihrer Zähne gleicht sie noch den amphibischen Stegokephalen. In den Kiefern stehen, in einer Reihe angeordnet, viele einfache Kegelzähne, und zwei größere auch noch auf dem Gaumen. Alle Skeletteile zeigen nach Watson eine ausgezeichnete Mischung von amphibischen Temnospondylen- und Reptilmerkmalen. Anatomisch-ursprünglich ist die Gattung darin, daß nicht nur die Hinterbeine, sondern auch die vorderen vollständig fünfzehig sind; ebenso darin, daß die Wirbelkörper beiderseits tief ausgehöhlt und noch mit dem Chordastrang durchzogen sind; endlich darin, daß die Rippen noch zweiköpfig sind.

Bei diesem Formentypus besteht, wie gesagt, viel Übereinstimmendes mit Stegokephalen, und zwar mit den labyrinthodonten Temnospondylen. Die Halsregion nämlich entfernt sich von jener der Reptilien, ähnelt dagegen jener der Temnospondylen. In der Anlenkung der Rippen an die Wirbelkörper gleichen sie den rhachitomen Amphibien. Daß nur an einem Lendenwirbel das Becken ansitzt, ist ein vornehmlich den Stegokephalen zukommendes Merkmal, während andere Wirbelteile wieder reptilhaft sind. Daß die Schwanzrippen doppelköpfig sind, ist eine sonst bei Vierfüßlern überhaupt nicht wiederkehrende Eigenschaft. Weiter hat sich durch Studien an der Gehirnhöhle bei alten Amphibien und Reptilien ergeben, daß von allen Reptilien Seymouria darin am ähnlichsten den temnospon-

Abb. 285. Gestreckter Pelykosaurier (Varanosaurus) aus dem Perm von Texas. (Nach Modell im Münchener Museum nach Angaben von Prof. Broili.) Sehr verkl.

dylen Stegokephalen ist. Es ließe sich noch mehr derartiges aufzählen, und so ist Seymouria, wie Broili sagt, „eine wundervolle Mischung" von primitiveren amphibischen und fortgeschritteneren reptilhaften Merkmalen. Watson schließt daraus, daß die Reptilien aus den entsprechenden Amphibien hervorgegangen seien.

Eine andere, gleichfalls schon karbonzeitliche Gruppe ältester Reptilien sind die **Pelykosaurier**, im ganzen wesentlich fortgeschrittener als die Kotylosaurier. Das Schädeldach hat ein Paar seitlicher Schläfenöffnungen, was einen vollen Gegensatz zu den älteren, oft stegokephalenähnlichen Kotylosauriern bildet. Die Augen liegen aber mehr seitlich rückwärts, nicht mehr oben auf dem Schädeldach, wo noch die Scheitelöffnung besteht. Die Zähne sind im einzelnen mehr ausgearbeitet, wie auch das ganze Gebiß sich differenzierter zeigt als bei allen bisher beschriebenen Formen. Die Rippen sind allerdings teilweise noch zweiköpfig, die Wirbel beiderseits tief ausgehöhlt, jedoch schon ohne durchgehende Chorda. Vorder- und Hinterextremität sind vollständig fünfzehig. Im Habitus sind sie schlank, eidechsenartig. Ihre vorgeschrittene Entwicklung innerhalb des Reptilstammes kündigt sich auch durch äußere Fortsätze der Wirbelkörper an, die oft ungemein lang werden können (Abb. 393, S. 520) und durch den etwas erhöhten Gesichtsteil des Schädels (Abb. 393). Dies waren starke, bis 3 m lange Raubtiere.

Als Typus dieser Pelykosaurier-Altformen mag noch, abgesehen von ganz unzureichend bekannten älteren oder gleichalten Formen, Varanosaurus genannt sein. Er hat noch, was ursprünglich zu sein scheint, zwischen den Scheitelknochen einen Zwischenknochen, aber schon große seitliche Schläfenöffnungen, was ihn weit von amphibischen Frühformen entfernt. Über fünfzig gleichartige kleine Zähne stehen auf den Kiefern, darunter nur zwei etwas größere Greifzähne. Die Rippen sind schon einköpfig (Abb. 285).

Im Gegensatz zu solchen langschwänzigen, sehr schlanken Formen auch mit schlankem Schädel steht eine mindestens ebenso alte, wenn nicht vielleicht ältere Form, Ophiacodon, mit gedrungenerem Schädel und kleineren Schläfenöffnungen. Ein Vorwirbel als eingeschobener Mitträger des Hinterhauptes auf der Wirbelsäule ist als Primitivmerkmal vorhanden. Die Rippen haben zwei Gelenkflächen, sind aber nicht mehr zweiköpfig im eigentlichen Sinn. Auch bei ihm sind, wie bei allen Reptilien und den meisten Stegokephalen, Bauchrippen vorhanden, die aus Verknöcherung von sehnenartigen Bändern hervorgehen. Das Tier wurde, als besonders groß, gegen 2 m lang. Primitiv ist auch Casea. Scheitelöffnung und Augen sind sehr groß. Die wenigen Zähne sind sehr stark und stumpf konisch, der Gaumen mit vielen kleinen Zähnchen besetzt. Die Rippen sind noch zweiköpfig. Vorder- und Hinterextremität beide fünfzehig. Die Gestalt wurde etwa 1 m lang.

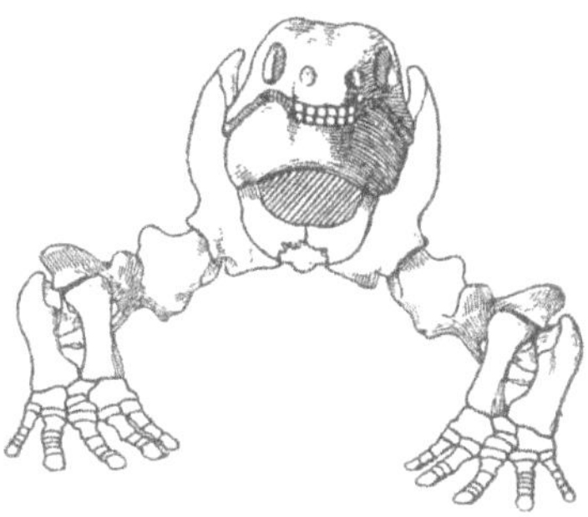

Abb. 286. Kotylosaurier (Diadectes) mit kurzem Oberarm und breit ausladenden, zum einfachen Graben gestalteten Extremitäten. Perm. Texas. (Aus Case 1911.) Ca. $^1/_6$ nat. Gr.

Eine der hervorstechendsten anatomischen Eigenschaften, woraus man auf die Lebensweise jener frühen Landtiere schließen kann, ist der Oberarmknochen (Humerus), der bei den meisten permischen Stegokephalen und Reptilien auffallend dem an das Graben angepaßter Säugetiere gleicht (Abb. 286). Vor allem die plumperen, kürzeren von ihnen waren in ihren Bewegungen sicher langsam und träge, und gerade sie waren es, die mit ihren stämmigen Vorderarmknochen zugleich auf grabende Lebensweise hindeuten, was noch durch Ausbildung von Krallen, Verkümmerung des Schwanzes und Neuanlage eines Vordaumens erhärtet wird. Das Charakteristische für den Oberarm des Grabtieres ist die gewaltige Verbreiterung am Unterende mit starken Muskelansatzstellen. Es ist aber nicht gesagt, daß die grabende Tätigkeit unter allen Umständen dahin führen mußte, daß diese Formen dabei im Boden verschwanden; sie konnten sich wie etwa ein Riesengürteltier der Pampasformation (S. 443), auch Eindellungen geschaffen haben, in denen sich leichter das Wasser sammeln und halten und ihnen damit für längere Zeit eine feuchte Wohngelegenheit geben konnte, als der umliegende Boden. Denn gerade die größeren Altreptilien lebten unter klimatischen Bedingungen, die sehr häufig zwar Regengüsse brachten, aber doch wieder von Trockenperioden unterbrochen waren. Wenn Abel Formen mit ungeheuer verlängerten Rückenfortsätzen von der grabenden Lebensweise eben deswegen ausschließt, obwohl auch bei ihnen dieselben aufs Eingraben deutenden Eigentümlichkeiten vorhanden sind, so findet auch dieser Widerspruch zwischen Körperbau und Deutung seine Lösung in der Annahme, daß sie sich nicht unterordisch eingruben, sondern nur in der eben bezeichneten gelinden Form es taten.

Über die Lebensweise und den Habitus jener ältesten Reptilformen sagt Broili: Die vor allem in Nordamerika, seltener in Mitteleuropa sich findenden Pelykosaurier sind teils schlanke, langgeschwänzte, an gewisse Eidechsen erinnernde, wahrscheinlich ziemlich behende Tiere, teils sehr spezialisierte, infolge ihrer Dornfortsätze bizarre und plumpe Geschöpfe. Wie die Kotylosaurier dürften sie in der Hauptsache Landtiere, vielfach Küsten- oder Sumpfbewohner gewesen sein. Sie haben sich von niederen Tieren oder Pflanzen genährt. Die erst beschriebenen Kotylosaurier waren kleine bis mittelgroße Formen, zumeist plumpe, niedrig gestellte Tiere mit schwerfälligen Bewegungen und scheinen in der Hauptsache Sumpfbewohner gewesen zu sein. Ihr Gebiß weist auf den Fang niederer Tiere als Nahrung hin, möglicherweise auch auf Pflanzennahrung. Broili erwägt auch, ob nicht die eigentümlichen, teilweise besonders verlängerten Zähne (Abb. 393) dazu dienten, daß diese Tiere damit kleinere Organismen etwa aus ihren Schlupflöchern hervorholten. Sumpfbewohner scheinen jedenfalls viele von ihnen gewesen zu sein, und auch ihre bekrallten Fingerglieder seien wohl eher als Fanggeräte, nicht aber als Waffen oder gar als reine Grabinstrumente zu deuten.

Wir stehen also auch mit den ältesten Vierfüßlern des Landes vor dem gleichen Ergebnis, wie bei den Fischen und, wie wir noch sehen werden, bei allen größeren Gruppen des Tier- und Pflanzenreichs: ihr erstes Auftreten, ihr fertiges Erscheinen ist durchaus in Dunkel gehüllt und neutrale „Urformen" sind nicht zu entdecken. Es sind, wenn man es entwicklungsgeschichtlich ausdrückt, bestimmt spezialisierte Formen, vom theoretischen Ausgangspunkt der Gruppe schon weit entfernt. So sind die ältesten Amphibien und Reptilien, auch dort, wo sie sich nur in Fußspuren alleraltester Zeit kundtun, in Wirklichkeit nicht die ältesten, sondern ihre Entwicklung muß schon im Oberdevon in dem Sinn fertig gewesen sein, daß der Typus Amphibium und der Typus Reptil in mancherlei differenzierten Formen dastand. Gerade die ältesten Fußspuren deuten auch auf ein ziemlich großes Tier, das 60—70 cm Länge erreicht haben muß. Das ist, sagt Broili, eine sehr auffallende Tatsache, denn unter all den Vierfüßlern, die uns als erste Luftatmer in der auf das Devon folgenden Karbonperiode aus den weitverbreiteten Steinkohlenwäldern und Sümpfen Nordamerikas entgegentreten, sind uns fast keine so stattlich erhaltenen Formen bekannt geworden. Es handelt sich allermeist um kleine, salamanderähnliche Tiere. Von Interesse ist es ferner, daß die ältesten Reste von Vierfüßlern aus Europa, die in dem unteren Karbon (Schottland) gefunden sind, gleichfalls auf recht ansehnliche Tiere schließen lassen. Es dürfte also der Schluß wohl gerechtfertigt sein, daß die Vierfüßler ein beträchtlich höheres Alter besitzen, als wir auf Grund der bisherigen Funde annehmen, und es ist zu erwarten, daß dereinst Funde aus den terrigenen Schichten des Devon, vielleicht auch des Silur, diese Vermutung bestätigen.

5. Der organische Formcharakter des Erdmittelalters und der Erdneuzeit

Die Meere der Triaszeit und weiterhin die der mesozoischen Epoche bieten in vielem gegen die Dyaszeit und vor allem noch gegen die frühere Steinkohlenzeit ein verändertes Bild. Ausgestorben sind die Trilobitenkrebse, deren letzter kümmerlicher Rest noch im Zechstein sich fand; aber auch im Karbonmeer waren sie schon recht spärlich geworden. Auch keiner der alten merostomen Krebse ist mehr zu sehen, nur Formen, wie der Molukkenkrebs mit verschmolzenem Panzer, sind da (Abb. 179). Statt der alten Typen kommen nun die jungzeitlichen Dekapodenkrebse vom Schlag unseres Flußkrebses und der Langusten zum Vorschein (Abb. 287). Auch bei den Insekten werden die modernen Gruppen nun zahlreicher, wenn auch erst das Tertiär sie vollzählig bringt. An Stelle der alten, im vorigen Kapitel beschriebenen Netzflügler erscheinen die neuen Gestalten (Abb. 288). Die vollständige Umwandlung des Insekts ist im Lias zum erstenmal erreicht. Sehr zurückgegangen sind auch die im Karbon auf dem

Abb. 287. Mesozoische Krebsgestalt nach Verschwinden der paläozoischen Trilobiten. Oberer Jura. Bayern. (Orig. Mus. München.) 1/2 nat. Gr.

Höhepunkt ihrer Entfaltung gewesenen Seelilien mit ihren Nächstverwandten (S. 387), dafür kommen seitdem die Seeigel mehr und mehr auf, während die Seelilien nur noch in wenigen Gattungen existieren und mit dem Tertiär fast ganz verschwinden werden. Die Seeigel geben für das Erdmittelalter und die Neuzeit gute Leitfossilien ab; es gehen radial gebaute und zweiseitig-symmetrisch gebaute neben einander her (Abb. 289). Ebenso wie die Seelilien sind die alten Brachiopodengeschlechter größtenteils verschwunden und nur wenige Gattungen, hauptsächlich vom Typus

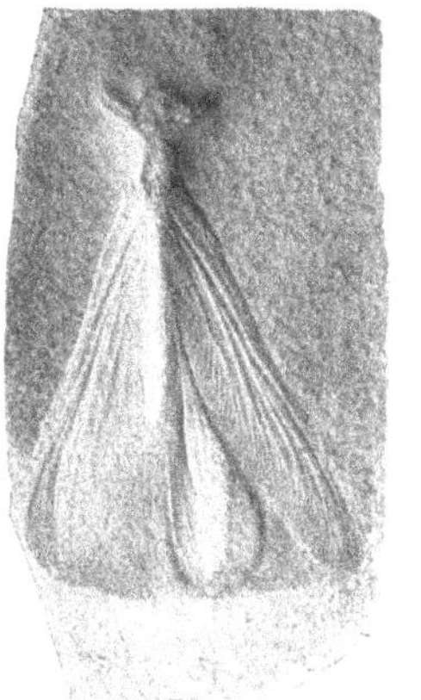

Abb. 288. Orthoptere aus den fränkischen lithographischen Kalkschiefern. (Orig.) Verkl.

a b

Abb. 289. Mesozoische Seeigelformen. a Cidaride, radiär gebaut. Oberer Jura Württemberg; b Spatangide, zweiseitig gebaut. Mittl. Jura. Frankreich. (Orig. Mus. München.) Verkl.

a b c

Abb. 290. Typische Molluskengehäuse des Erdmittelalters. a Diceras, mit dem linken Wirbel am Riffboden festwachsende Muschel; Oberer Jura. Lothringen; b Trigonia, stark verzierte Muschel des stillen Flachmeeres. Obere Kreide. Aachen; c Purpurina, riffbewohnende Schnecke. Oberer Jura. Ostfrankreich. (Orig. Mus. München.) Alle verkl.

der Terebrateln und Rhynchonellen (Abb. 378, S. 492), herrschen. In Trias und Lias treffen wir allerdings noch einige Brachiopoden von paläozoischem Habitus, teilweise mit innerem kalkigem Spiralgerüst ausgestattet, was ein Zeitkennzeichen der Brachiopoden des Erdaltertums gewesen war; dann aber in Jura und Kreide werden sie mit den erwähnten Formen ziemlich eintönig und während des Tertiärs verschwinden sie bis auf einige unbedeutende Reste bis heute. Unter den Muscheln fallen im Jura die schön skulptierten Trigonien (Abb. 290) auf; im höheren

Jura feste, dickschalige, mit dem einen Wirbel festgewachsene Riffbewohner, die Vorläufer der für die Kreidezeit so überaus charakteristischen riffebildenden Rudisten (S. 302, Abb. 186). Auch stark gefurchte Formen sind für die Kreidezeit bezeichnend, während im Tertiär wesentlich die heutigen Muschelarten in den Meeren wie im Süßwasser herrschen. Dasselbe ist für die Schnecken zu sagen. Für sie ist es während des Erdmittelalters bezeichnend, daß sie allmählich Ausgüsse an der Mündung des Gehäuses zeigen, einzelne verlängern die Mündung auch strahlenförmig, was dann in der Tertiärzeit zu den schon oben (Kap. I/4, S. 113) beschriebenen siphoniaten Gehäusen führt.

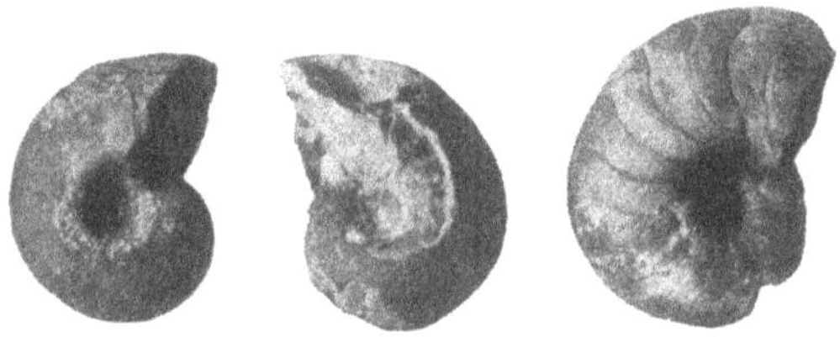

a b c

Abb. 291. a Gehäuse eines jurassischen Nautilus mit Schale; innen mit Steinmasse ausgefüllt; b c äußere Schalenwände weggelöst, in c die Gesteinsausfüllungen erhalten. Infolgedessen erscheinen die Stellen, wo ehemals die Innenwände an der inneren Fläche der Außenwand angewachsen waren, als geschwungene feine Rinnen.

Das Erdmittelalter ist in Hinsicht auf die niedere Meerestierwelt die typische Zeit der Tintenpolypen. Diese Molluskengruppe kennen wir schon als Ammonit, da solche schon im Erdaltertum erscheinen. Im Erdmittelalter erreichen sie den Höhepunkt ihrer Entfaltung. Neben dem Ammonit steht immer noch in verhältnismäßig reicher Formgestaltung der Nautilide (Abb. 291). Als charakteristische Leitform der mesozoischen Ablagerungen hat von ihnen allen aber der Ammonit zu gelten, das Ammonshorn (Abb. 292). Die alten paläozoischen Geschlechter mit den einfachen Scheidewänden sind verschwunden (Abb. 82a) und nun setzt eine ganz unerhörte, unglaublich schnellflüssige Entfaltung dieser Gruppe ein. Von Schicht zu Schicht, von Zeitphase zu Zeitphase wechseln sie ihre Gestalt und sind zugleich so zahlreich, daß sie zu den besten, verbreitetsten und sichersten Leitfossilien gehören, die man überhaupt in den Formationen antrifft.

Abb. 292. Steinkern eines Ammoniten des Erdmittelalters (Haploceras), Oberjura, Mähren. Schale ebenso wie in Abb. 291 c aufgelöst, wodurch der Nahtverlauf (Suturlinie) der inneren Scheidewände sichtbar wird, von denen nur eine auf dem Stück mit Tusche ausgezeichnet wurde. Die feine, bäumchenartige Verästelung bedeutet also die ehemalige Linie des Zusammenwachsens von innerer Scheidewand mit der Innenseite der verschwundenen Außenwand. (Orig. Mus. München.) Verkl.

Zuerst in der Triaszeit hat er noch verhältnismäßig einfache Scheidewände und auch wo diese zerschlitzt sind (Abb. 82b) ist doch der Verlauf im ganzen ziemlich gleichmäßig. Erst die Juraformen bekommen noch weiter differenzierte Suturen. In der Kreidezeit vor allem kommen nun auch merkwürdig abirrende Formen, indem sie die bis dahin seit dem Goniatitenstadium des Erdaltertums festgehaltene und nur selten in ein und der anderen Gattung einmal verlassene Einrollung aufgeben und gewissermaßen die Nautiliden des Erdaltertums wieder nachahmen und ihr Gehäuse ganz oder teilweise entrollen; ja auch schneckenförmig aufgerollte Ammoniten sehen wir da, was das Extrem bedeutet. Zugleich kommen auch einige Gestalten, die für die obere Kreidezeit als Leitfossilien bezeichnend sind und die wieder mehr die Suturlinien der Triasformen wiederholen. Begleitet sind seit der Jurazeit die Ammonshörner von einem anderen Zweig der Klasse der Kephalopoden, den Belemniten (Abb. 225) und Sepioideen (Abb. 294). Es sind wie die Nautiliden und Ammonoideen, Tintenpolypen, aber nicht, wie diese mit äußerer Schale, sondern mit einer inneren. Sie besteht wesentlich aus einem hornig-kalkigen Blatt, wie bei den lebenden und bis in den Jura zurückgehenden Formen, an das sich bei den Belemniten nach oben ein gekammerter konischer Teil ansetzt, der aber nach unten in einen dicken Stachel ausgezogen ist, und diesen Stachel findet man in mesozoischen, besonders jurassischen, seltener kreidezeitlichen Ablagerungen, und ihn nennt man Belemnit (auch Donnerkeil oder Teufelsfinger im Volksmund genannt). Zuweilen ist auf den Schulpen noch der Tintenbeutel mit dem verhärteten schwarzen Pulver (Sepia) zu finden, das im Leben gegen Verfolger ins Wasser gespritzt wird und eine schwarze Tintenwolke darin hervorruft. Die andere Gruppe der Kephalopoden, die Nautiloideen, bieten nach Vollendung ihrer Einrollung seit dem Erdaltertum und der Triaszeit nichts Neues mehr, kommen aber hin und wieder als Charakterform noch in mesozoischen Schichten vor.

Abb. 293. Darstellung eines Ammonshornes im Jurameer. (Aus E. Fraas 1919.)

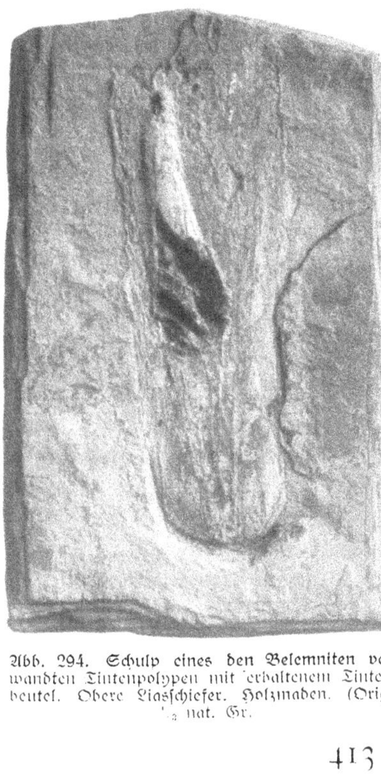

Abb. 294. Schulp eines den Belemniten verwandten Tintenpolypen mit erhaltenem Tintenbeutel. Obere Liasschiefer. Holzmaden. (Orig. 1/3 nat. Gr.)

Von den sonstigen Gruppen der wirbellosen Tiere treten die Spongien oder Schwämme nun in eine sehr starke Entwicklung ein. In der Triaszeit sind sie zwar noch spärlich und bilden gelegentlich nur kleine Rasen; aber in der Jurazeit, besonders in der oberen Jurazeit, werden sie auf einmal äußerst artenreich, werden auch körperlich sehr groß und stark, was mit der Verlötung ihrer inneren Skelettelemente zusammenhängt, die nun dem Schwammkörper eine größere Stabilität verleihen, so daß er großwüchsig werden und richtige Riffe bilden kann. Die „Schwammfazies" des oberen Jura ist eine der charakteristischsten Erscheinungen in den europäischen Juraprofilen (Abb. 187). Auch in der Kreide, besonders in der Oberkreide, sind die Schwämme ungemein zahl- und artenreich. Dann aber mit dem Tertiär verschwinden sie rasch, teils indem sie aussterben, teils indem sie sich in die Tiefsee zurückziehen (Kap. II,8, S. 513).

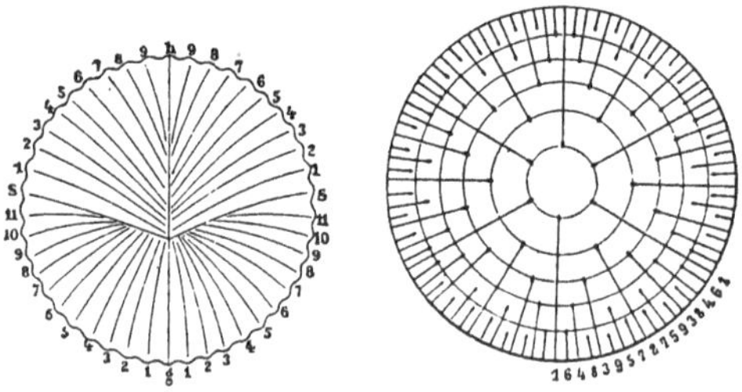

Abb. 295. Schematische Darstellung der Anordnung der inneren Scheidewände von Korallenkelchen: a zweiseitig symmetrische Fiederstellung der paläozoischen Tetrakorallen; b radiäre, nach dem Satz der Sechsstrahligkeit angeordnete Wände der späteren Hexakorallen. (Nach Neumayr 1895.)

Die Korallen sind größtenteils riffbildend schon von der Triaszeit ab, wo die großen alpinen Korallenriffe besonders in die Augen fallen. Es sind im Gegensatz zu den paläozoischen Riffkorallen (Abbildung 255c, S. 381) solche vom Typus der Sechsstrahligkeit (Abb. 295), was als Zeitcharakteristikum jener Vierstrahligkeit bzw. symmetrischen Anordnung der paläozoischen gegenübersteht. Zugleich mit ihnen treten riffbildend wieder die Hydrozoenstöcke auf, wie im Paläozoikum, aber in geringerem Maße und mit anderen Gattungen; dagegen sind die kalkabscheidenden Meeresalgen in der Triaszeit in einer vorher ungeahnten Weise entwickelt (Kap. II,1, S. 298). Was wir an alpinen Massenkalken sehen, wie etwa den Wettersteinkalk oder die Dolomiten sind vornehmlich Bauten von Kalkalgen, an denen sich nur untergeordnet Korallen beteiligen. Die sechsstrahligen Korallen spielen dann auch in der Tertiärzeit noch anfänglich eine große Rolle, bis sie allmählich sich auf die warmen Meere zurückziehen.

Kurz zusammengefaßt kann man wohl sagen, daß die niederen, wirbellosen Tiere seit der Triaszeit nichts typenhaft Neues mehr hervorbringen, sondern daß sie sich in den seit dem Erdaltertum gewonnenen Bahnen, wenn auch in großer Mannigfaltigkeit der Form vielfach weiterbewegen. Ihre Hauptprägung ist paläozoische Zeitsignatur. Ganz anders die höheren Tiere. Die Fische bilden eine Mittelstellung. Ihre Hauptstämme sind gleichfalls schon paläozoischer Herkunft; nur ein biologischer Typus, der Knochenfisch, kommt während mesozoischer Zeit neu hinzu. Und man kann sagen, daß die zunehmende Verknöcherung des Fisches eine Zeitformenbildung des Erdmittelalters ist. Im Erdaltertum, nach dem Verschwinden der Panzerfische, waren die Ganoidfische mit den dicken Schmelzschuppen (Abb. 224, S. 352) mehr und mehr in den Vordergrund getreten. Nun im Mesozoikum treten sie beherrschend auf und vom Lias ab erscheinen neben ihnen zugleich die Knochenfische. Während diese dann sich zunehmend vermehren und im Känozoikum dominieren, gehen vom Ende des Jura ab jene beständig zurück (vgl. die Tabelle der Typendauer S. 389). Den frühen silurisch-devonischen Fischen kann man als Ganzes eine andere

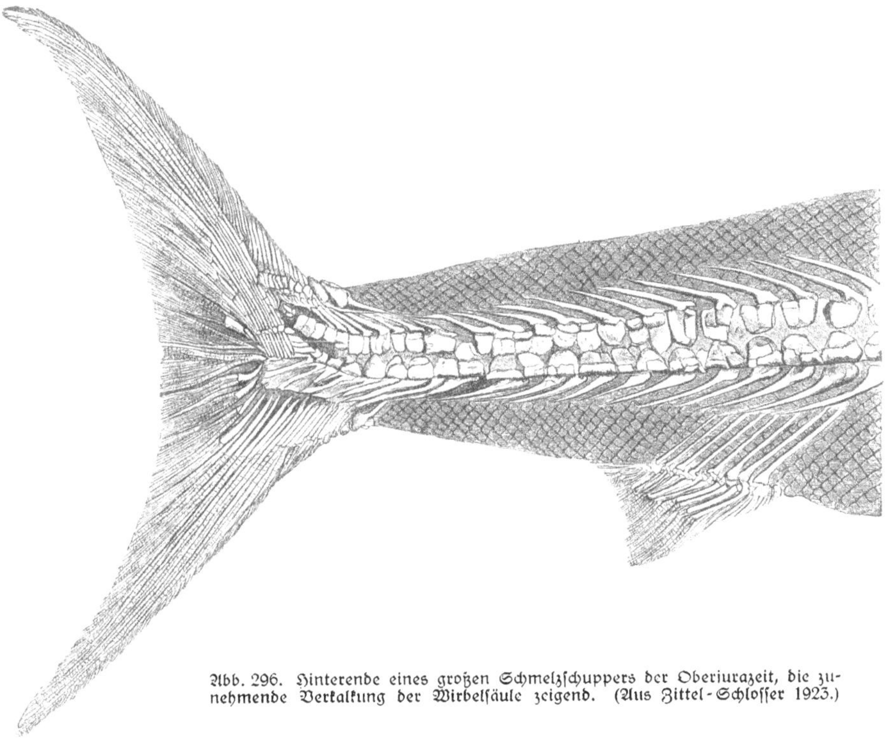

Abb. 296. Hinterende eines großen Schmelzschuppers der Oberjurazeit, die zunehmende Verkalkung der Wirbelsäule zeigend. (Aus Zittel-Schlosser 1923.)

Fischklasse gegenüberstellen, die als Teleostomen bezeichnet werden, d. h. Formen, deren Maul am Vorderende des Körpers steht, nicht wie bei den Haien und den ganz alten Formen unterhalb. Zu ihnen gehören die schon devonischen Quastenflosser, die Schmelzschupper und die Knochenfische. Und für diese Gesamtgruppe beginnt nun mit dem Erdmittelalter zugleich auch die Verkalkung des Innenskelettes. Denn als die echten Knochenfische erscheinen, ahmen sozusagen die beiden anderen wiederum diese Zeiteigentümlichkeit nach und zeigen auch ein zunehmend verkalktes, wenn auch nie ganz darin vollendetes Skelett (Abb. 296). Diese Beobachtung gilt nur für die genannten Teleostomen; was sonst aus dem Erdaltertum noch herüberkommt, die Haie und Lungenfische, nehmen daran nicht teil. Der älteste, im Skelett vollständig verknöcherte Fisch aber erscheint erst am Beginn der Jurazeit, im Lias; es ist eine Sprottenart (Abb. 297).

Ein weiteres, die Fische betreffendes Zeitmerkmal für das mesozoische Zeitalter ist die Gestaltung der Schwanzflosse. Auf S. 395 war angegeben worden, daß die Gestaltung der Schwanzflosse bei einem Großteil der paläozoischen Fische die heterozerke Form sei, bezeichnet durch die Aufwärtsbiegung der Wirbelsäule am Schwanzende, woran sich der untere Flossenlappen sozusagen anhängt. Man vergleiche hierzu die Abb. 209 (S. 335). Die Knochenfische, als der echt mesozoische Typ, haben nun die gleichmäßig symmetrische Schwanzflosse, indem die Wirbelsäule gerade endigt und die beiden Lappen der Schwanzflosse sich gleichmäßig anlegen. Betrachtet man daraufhin die Schwanzflossen der schon paläozoischen und dann mesozoischen Ganoidfische, so bemerkt man, daß sie im Paläozoikum an der ersteren Gestaltungsart teilnehmen, im Mesozoikum dagegen der zweiten mehr und mehr folgen. Das in Abb. 224 abgebildete Stück zeigt den Übergang sozusagen in seinem letzten Stadium.

Abb. 297. Ältester Knochenfischtypus (Leptolepis) aus dem Oberlias von Württemberg. (Aus Quenstedt 1858.) $^1/_1$.

Weit mannigfaltiger nun als die der Fische gestaltet sich im mesozoischen Erdzeitalter die Entwicklung des Landtieres. Es erobert sich nun die Welt. Im Gegensatz zu den niederen Tieren, auch teilweise zu den Fischen kommt hier wirklich Neues, und dies in großer Zahl und Mannigfaltigkeit. Man kann sagen: die typische Zeitsignatur des Erdmittelalters ist das Reptil, nachdem es schon am Ende des Erdaltertums sich sehr entfaltet hatte und dort das Landtier gleichmäßig sowohl als Reptil, wie als Amphib aufgetreten war (Kap. II,4).

Im Erdaltertum, wo wir die Altamphibien und Altreptilien schon in so großer Mannigfaltigkeit antrafen, erscheinen mit ihnen auch Formen, die man zwar eindeutig als Reptilien bezeichnen wird, denen aber Merkmale zukommen, die wir sonst nur aus der Säugetierwelt kennen. Solche Merkmale liegen vor allem in einem differenzierten Gebiß, das, wie wir sahen, bei den Pelyko- und Kotylosauriern nicht viel über einige Unterschiede in der Länge der Kegelzähne hinausgedieh, nun aber bei der Gruppe der Theriodontier und ähnlichen Typen, die noch nicht im Karbon, sondern erst im Perm angetroffen wird, sich zu einer säugetierartigen Ausgestaltung steigert. Das Überraschendste und doch für den, der die Gesetze der vergleichenden Anatomie kennt, Selbstverständliche aber ist, daß auch die gesamte äußere Gestalt solcher Gattungen gleichfalls die

Säugetiertracht nachahmt oder vielmehr vorwegnimmt. Die ganze Anordnung und Zusammensetzung der Knochen im Skelett läßt aber kaum einen Zweifel an der Reptilnatur dieser Gestalten aufkommen, vorausgesetzt, daß man Begriffen wie „Reptil“ und „Säugetier“ in jenen Altzeiten überhaupt denselben Sinn zuschreiben darf, wie sie ihn in der heutigen oder känozoisch-mesozoischen Zeit haben.

Bei den genannten Theriodontiern, die im Perm kommen und sich in Nordamerika, Südafrika, Rußland und vielleicht in Indien zeigen und in die Trias hinübergehen, um dort besonders sich zu entfalten und zu spezialisieren, finden wir Gestalten vom Reptil über die „Reptilratte“ zum „Reptilflußpferd“, so daß man begreiflicherweise oft verleitet wird zu glauben, hier habe man die Ahnen späterer entsprechender Säugetiergestalten vor sich. Raubtierartige Wesen und Pflanzenfresser, große und kleine Formen genannter Art begegnen uns, und zwar in großer Abwechselung, so daß man Gruppen unterscheiden kann. Die einen sind die raubtierartigen Gestalten mittlerer Größe, wesentlich nur durch ihren schmalen, hundeartigen Schädel bekannt (Abb. 298), an dem das Gebiß deutlich in Schneide-, große Eck- und Backenzähne, alle von Raubtiercharakter, differenziert ist. Diese jüngeren Formen sind mittelgroß bis zur Größe eines Tigers, repräsentiert durch Cynognathus (Abb. 299), der auch äußerlich einem katzen- bis hundeartigen Raubtier gleicht. Trotzdem sind unter ihnen auch Pflanzenfresser gewesen. Diese führen zu den plump gebauten Dinokephaliern hinüber, die fast etwas Elefantenartiges in ihren Schädeln haben, aber in ihrer Säugetierhaftigkeit noch übertroffen werden von den Dikynodontiern (Anomodontiern) mit etwas reduziertem, jedoch wieder durchaus säugetierähnlichen Gebiß und einem solide verknöcherten Schädel. Broili sagt von ihnen: Die Anomodontier sind pflanzenfressende, kleine bis mittelgroße, die Größe eines kleines Flußpferdes erreichende Reptilien, dem sie auch in bezug auf ihre schwerfällige Gestalt und teilweise in den Lebensgewohnheiten am meisten geähnelt haben dürften. An dem meist plumpen Kopf fehlt die Bezahnung entweder gänzlich oder sie ist auf kleine zahlreiche Molarzähnchen oder auf zwei mächtige Hauzähne reduziert, welche in einer langen, durch eine Anschwellung des Kiefers auch äußerlich sichtbaren Alveole ruhen. Der Schädel ist häufig sehr solid verknöchert, die Suturen infolgedessen verwischt; die Nasenlöcher liegen wie die Augen seitlich.

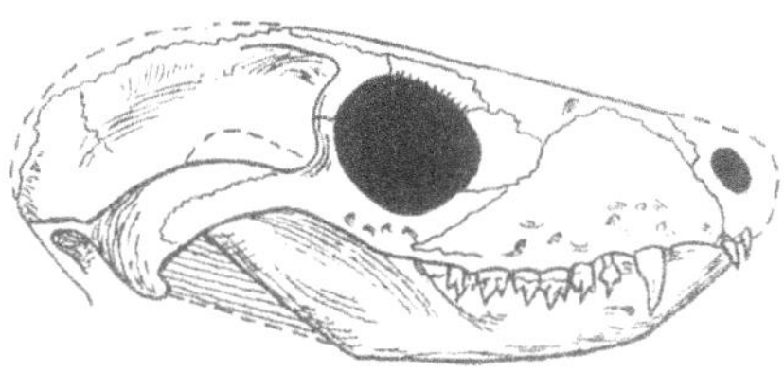
Abb. 298. Reptilschädel der Triasformation mit Säugetiergebiß. Südafrika. (Aus W. K. Gregory 1920.) Verkl.

Die genannten Formen haben durch die Umwandlung des seitlichen hinteren Schädelteils und die Art der Anlenkung des Kiefers an diesen einen auch mit der Gebißausgestaltung zusammenhängenden Säugetiercharakter; man vergleiche damit die Kieferlänge bei den anderen permischen Altreptilien (Abb. 281, S. 403). Aber bei allen ist trotz der weitgehenden Schädelumgestaltung noch das alte Scheitelloch besonders stark entwickelt worden. Wenn nun diese Formen auch gewiß selbst keine Stammväter von Säugetieren gewesen sind, sondern spezialisierte Gestalten waren, die seitab von der mesozoischen und tertiärzeitlichen Säugetierbahn liegen, so zeigen sie doch, daß damals, am Ende des Paläozoikums und im frühesten Beginn des Mesozoikums, die Formungstendenz und die Entwicklung von Merkmalen jener höchsten Gruppe der Wirbeltiere, des Säugetiers sich Bahn brach und damit dieses selbst wohl in irgendeiner uns noch unbekannten Form gleichzeitig schon bestand.

Nachdem nun mit dem Erdmittelalter das Landtier in den zwei Grundtypen, Amphib und Reptil, da ist und eine gewisse Spezialisation eingetreten ist, erfolgt ein Szenenwechsel. Das Amphib verschwindet, ebenso die mit ihm bisher gleichzeitig entwickelten älteren Reptilstämme.

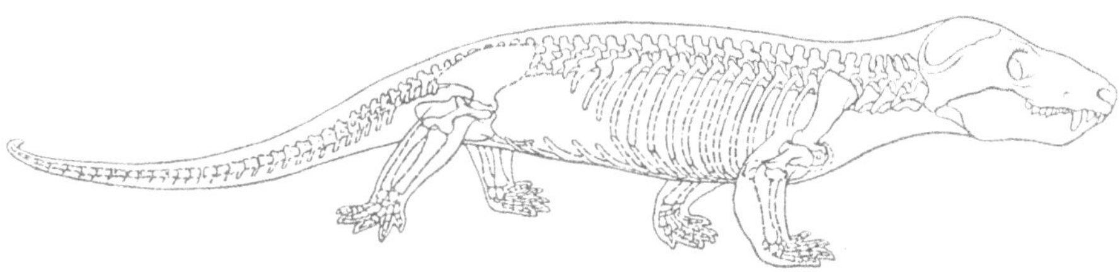

Abb. 299. Rekonstruktion des Skelettes und Körperumrisses von Cynognathus, einer säugetierähnlichen, raubtierartigen Reptilgestalt. Triaszeit. Südafrika. (Nach Gregory u. Kamp., aus Zittel-Broili 1923.) 1/9 nat. Gr.

Dafür setzt nun eine große Mannigfaltigkeit der Reptilienstämme in anderen Spezialformen sich fort. Echsen, Krokodilier, Schildkröten, Schreck- und Flußsaurier. War die Karbon- und Permzeit wesentlich das Zeitalter der Amphibien und der altertümlichsten Reptilien, so treten mit der Triaszeit fast ganz, mit der Jura- und Kreidezeit aber völlig und höchst mannigfaltig die Reptilien die Herrschaft an. Überall ist nun das Reptil in vielen Typen und Arten von Zeitphase zu Zeitphase rasch wechselnd der Herr der Länder und hat, wie schon gesagt, auch das Meer besiedelt. Ja es erobert sogar die Luft durch das Aufkommen des Typus der Flugechsen. Eine reptilartige Vogelgestalt erscheint zur Jurazeit daneben. Und seit der Triaszeit, das ganze Mesozoikum hindurch, kündigen sich immer wieder Spuren von beuteltierartigen und sonst fremdartig anmutenden kleinen Säugetieren niederster Art an.

In der oberen Hälfte der Jurazeit und in der unteren Kreidezeit verlandete, wie schon zuvor bei der Schilderung der süddeutschen Lagunen erwähnt wurde, der Boden Mittel- und Nordwesteuropas. Ebenso lagen in Nordamerika große Landflächen frei, teils trocken, teils von Flüssen, Seen und Sumpfgebieten durchzogen. Nordostafrika, Ostafrika und Innerasien waren ebenso geartet. In allen diesen Gebieten entwickelten sich die

Schrecksaurier (Dinosaurier), jene echsenartigen Reptilien, die in kleineren Formen schon am Beginn der Jurazeit vereinzelt erscheinen, auch im mittleren Jura vielfach sich zeigen, dann aber erst zur oberen Jurazeit sehr häufig und mannigfaltig werden, teilweise ungeheuere Größe erreichen und nun als Herren der Länder alle möglichen Lebensweisen zeigen. Es gab unter ihnen schlimme Raubtiere mit starkem Gebiß, harmlose Pflanzenfresser mit prismatischen, in Reihen stehenden Zahnkissen; amphibisch lebende Sumpftiere, die sich von Pflanzen und Fischen nährten (Abb. 204). Vielfach gehen sie auf ihren starken Hinterbeinen halb aufrecht und haben kurze Vorderbeine (Abb. 300); sind meistens dreizehig. Andere

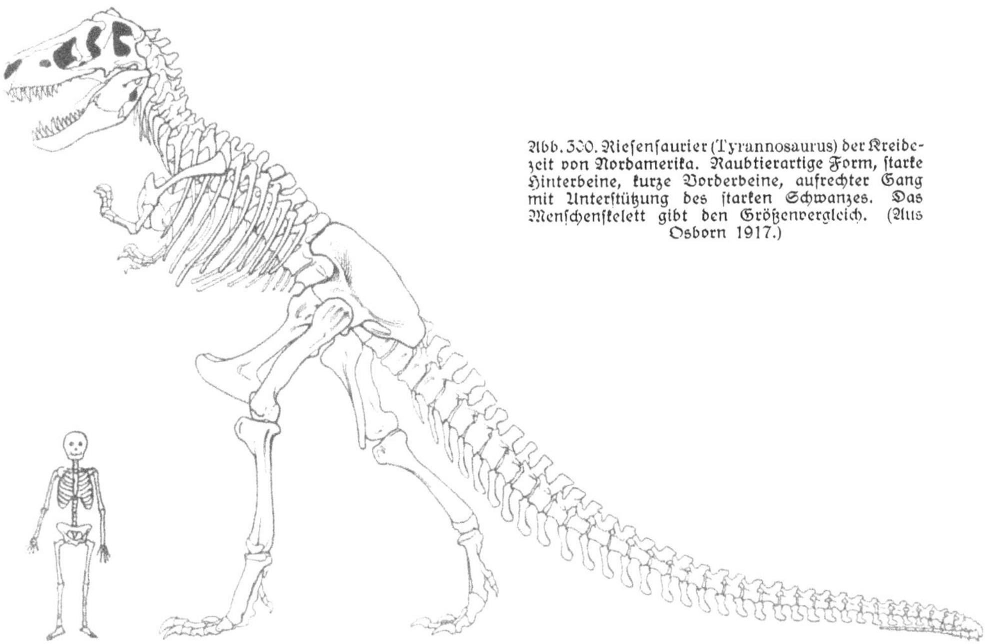

Abb. 300. Riesensaurier (Tyrannosaurus) der Kreidezeit von Nordamerika. Raubtierartige Form, starke Hinterbeine, kurze Vorderbeine, aufrechter Gang mit Unterstützung des starken Schwanzes. Das Menschenskelett gibt den Größenvergleich. (Aus Osborn 1917.)

wieder gehen auf allen Vieren, nach vorne abwärts geneigt (Abb. 301). In der oberen Kreidezeit kommen in Nordamerika wohl die extremsten Typen zum Vorschein, Sumpf- und Seenbewohner mit vogelartigen Hornkiefern nach Art der Enten und anderer Wasservögel. Manche haben starke Knochenaufsätze auf Rücken, Schwanz oder Schädel. Teilweise werden sie elefantengroß, teilweise aber auch erreichen sie, halbaufrechtgehend, eine Höhe von 15—20 m oder messen von der Schnauze bis zum Schwanzende sogar 30 m. Sie legten Eier (Abb. 205) die man an einem Legeplatz der Kreidezeit in der Mongolei neuerdings entdeckte, und in denen sich Embryonen fanden. In Belgien, wo solche Riesentiere zur Unterkreidezeit gelegentlich einer Wetterkatastrophe zum Opfer fielen, hat man ein ganzes Skelettlager aufgefunden (Abb. 215). Auch haben sie dort und in

Nordwestdeutschland vielfach auf den Schichtflächen der Seen- und Sumpfablagerungen ihre riesigen Fährten hinterlassen (Abb. 213).

Wir können nun innerhalb dieses großen Gesamtzuges der Entwicklung wieder einzelne spezielle Zeitformenbildungen verfolgen. Zunächst die Panzerbildung beim Reptil. In der Karbon- und Permzeit sahen wir die Panzerplattenbildung nur beim Amphib in wenig umfangreicher Form auftreten: bei den Stegokephalen (S. 401), von denen ein Typus noch in die Triaszeit hinübergeht und das alte Erbe der Kehlbrustplatte dort in starker Entwicklung zeigt (Abb. 302). Es ist freilich nach neueren Untersuchungen fraglich, ob diese Triasformen wirklich unmittelbar genetische Nachkommen jener älteren Stegokephalen sind; aber die biologische Formerscheinung derselben haben sie jedenfalls. Nun mit der

Abb. 301. Riesensaurier (Triceratops) vom Ende der Kreidezeit in Nordamerika, durch Gebrauch der kürzeren Vorderbeine vorwärtsgeneigt, das ursprüngliche Halbaufrechtgehen noch verratend. Etwa Rhinozerosgröße. (Nach Gilmore, etwas abgeändert 1920.)

Triaszeit sterben die alten Amphibiengestalten aus, und an ihre Stelle ist ausschließlich das Reptil getreten. Mit ihm setzt eine neue, vollständigere Art der Panzerbedeckung des Körpers ein, die sich in verschiedenen Gruppen bemerkbar macht. Da kommt vor allem der Schildkrötentypus auf, der gleichzeitig in einer anderen Reptilgruppe, die das Meer bewohnt, sozusagen nachgeahmt wird (Abb. 303) und nun denselben Habitus abgibt, ohne aber „Schildkröte" zu sein. Die ältesten Schildkröten sind nun besonders schwer, also das vollkommene Gegenstück gegen das frei sich erhebende Reptil; sie waren mit ihrer ganzen Schwerfälligkeit dicht an den Boden gedrückt. Zugleich trägt auch eine ganz andere, im Kapitel II,1 (S. 297, Abb. 180) schon beschriebene Reptilgruppe die Panzerbildung, und die Krokodilier zeigen sie schließlich, wenn auch schwächer, ebenso. So haben wir also hier eine, mehrere Gruppen des allgemeinen Reptilstammes ergreifende Zeitformenbildung vor uns, die durchaus frühmesozoischen Alters ist. Dieses typischste aller Panzertiere hat einen ähnlich gestalteten Vorläufer in einer anderen Gruppe der Permzeit schon gehabt (Abb. 304). Er zeigt uns gewissermaßen, wie der Rückenpanzer der Schildkröte entstanden ist. Die Rippen werden stark verbreitert, darüber liegen als schwache Hautverknöcherungen schon Knochenplättchen angedeutet, die aber noch nicht mit den Rippen verwachsen sind. Bei den echten, mit der Trias erscheinenden Schildkröten aber ist der Panzer eine Hautverknöcherung, die von sich aus mit den Rippen verwächst, ohne daß diese selbst sich verbreitern. Vergleicht man also die echte Schildkröte mit dem permischen Vorläufer, so sieht man, daß bei letzterem die Panzerbildung sozusagen ein Werk der Rippen ist, während umgekehrt bei jenen die Pan-

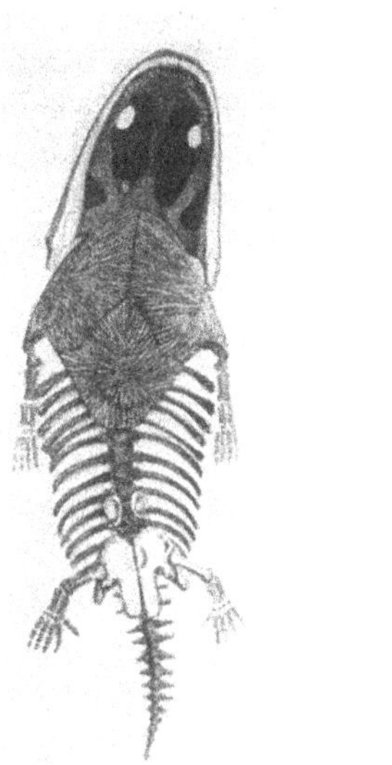

Abb. 302. Riesenlurch (Metopias) der Keuperformation von Württemberg. Letzter Vertreter des paläozoischen Stegokephalentypus der Amphibien, mit Kehlbrustpanzer. Nat. Größe etwa 3 m. (Aus Fraas 1910.)

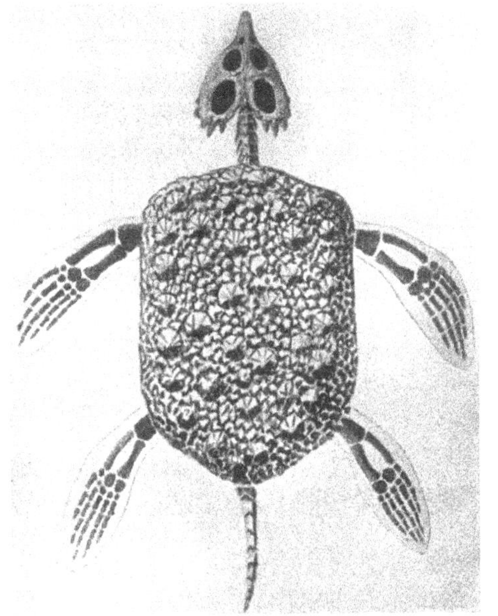

Abb. 303. Äußerlich schildkrötenartige marine Reptilform (Placochelys) mit Panzerbildung und Schwimmfüßen. Obere Triaszeit. Ostalpines Meer. (Nicht ganz zutreffende Rekonstruktion nach Jackel 1907.) Verkl.

zerung ein Werk der Körperhaut ist, und zwar der tieferen Schicht, und daß nur sekundär die Rippen zum Tragen dieses Panzers mit veranlaßt werden, sozusagen mit den Panzerplatten verwachsen, nicht aber selbst durch Verbreiterung solche hervorbringen. Es ist darum ausgeschlossen, daß jene permischen Altformen irgendwie der Ahne der Schildkröten wären, sondern sie bedeuten einen anderen, sozusagen einen Versuchsweg, ein Formbildungsproblem zu lösen, das in den Schildkröten ganz anders zum Ausdruck gekommen ist.

Aber noch eine andere merkwürdige Zeitsignatur macht sich beim Landtier geltend, damals zur „Schildkrötenzeit“ erst beginnend, dann aber rasch in der Jurazeit alsbald sich voll ausprägend: das vierfüßige Tier drängt zur Erhebung über den Boden. Dies äußert sich nun zunächst darin, daß von der Triaszeit ab immer mehr Formen sich bemerkbar machen, die stärkere Hinterbeine, schwächere Vorderbeine haben. Zuerst in der Triaszeit ist diese Erscheinung noch wenig ausgeprägt. Die oben beschriebenen Buntsandsteinfährten zeigen schon eine Gestalt, bei der dieser Entwicklungsprozeß deutlich wird. Dann aber in der Jurazeit steigert sich dies bald ins Extrem. Jetzt kommen alle jene Gestalten, die wie die Riesensaurier, aufrecht oder wenigstens, durch den starken Schwanz gestützt, halb aufrecht gehen. Sie sind im Kap. II,2 schon beschrieben worden. Ein Teil von ihnen geht auch umgekehrt wieder auf den kurzen Vorderbeinen vornübergebeugt (Abb. 301). Behält man die vorhin als Zeitsignatur erwähnte Tendenz im Auge, das Landtier möglichst vom Boden zu erheben, so kann man auch die ganz besondere Größe, welche den meisten dieser Tiertypen zukommt, als einen weiteren Ausdruck dieses Erhebens über die Bodenfläche deuten. Und so ist es nur die Vollendung dieses Naturzustandes, wenn wir in derselben Zeit nun das Flugreptil in mehreren Typen sich entwickeln sehen. In der Triaszeit beginnend, wird in der Jurazeit zugleich mit den fast aufrecht laufenden Dinosauriern sein Typus vollkommen herausgestellt. Dies währt bis gegen Ende der Kreidezeit, wo wir die letzten aufrechtgehenden Riesenechsen, wie auch die letzten gewaltigsten Flugechsen finden. Im Zusammenhang damit ist es wie selbstverständlich, daß nun auch der erste vogelartige Typus in der Jurazeit erscheint, die Gruppe der Saururen, die, halb Vogel, halb Reptil, uns nun eine Art stammesgeschichtlicher Übergangsform zwischen diesen beiden Gruppen vortäuschen.

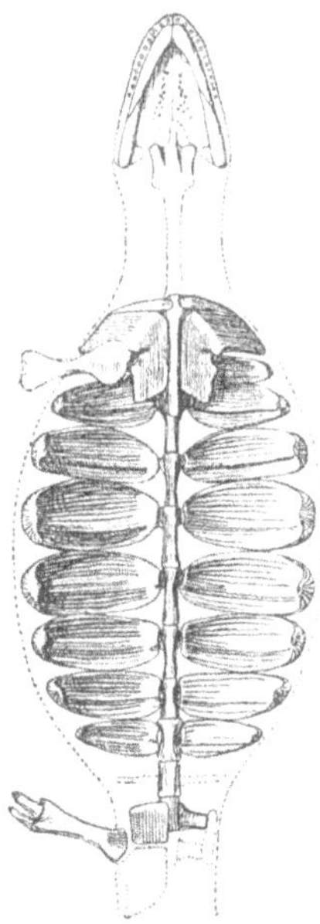

Abb. 304. Schildkrötenartige Gestalt der Permformation Südafrikas, mit verbreiterten Rippen einen Panzer herstellend. Rekonstruktion der Unterseite. (Nach Watson aus Zittel-Broili 1923.) Verkl.

Vor allem sind es die **Flugsaurier**, auch Flugeidechsen genannt, deren älteste allerdings sehr fragliche Spuren im Muschelkalk und in der obersten Triasformation (Rhät) vorkommen sollen (Abb. 305). Im Lias aber erst gewinnen sie für uns durch die Funde in den mit herrlichsten Fossilien mancherorts gespickten Psidonienschiefer von England und Süddeutschland feste Gestalt.

Das Wesentliche an diesen Flugsauriern ist ihre durchaus reptilhafte, und zwar ursprünglich am ehesten krokodilierartige Körpergrundlage. Ihre Vorderextremität ist zu einem mit Haut bespannten Flügelapparat umgewandelt, der an dem stark verlängerten vierten Finger, dem Ober- und Unterarm, sowie an der Flanke eine Flughaut trägt, ganz ähnlich wie die der Fledermäuse bei den Säugetieren, bei denen aber die ganze Hand dazu in Anspruch genommen wird. Die Flughaut verläuft von Arm und Flanke zu den Hinterextremitäten, soweit man sie bis jetzt bei einzelnen Gattungen kennt. Bei den einen ist der Schädel im Verhältnis zum Körper kurz, bei den anderen lang; der Schwanz ebenso kurz oder lang. Es gibt da verschiedene biologische Typen. Bei Dimorphodon im Oberlias ist der Schädel besonders groß und zur Gewichtserleichterung von riesigen Nasen-, Augen- und anderen Öffnungen durchbrochen (Abb. 306). Der Schwanz ist lang und hatte, nach späteren ähnlichen Formen zu schließen, vermutlich ein kurzes, breites, entweder vertikal oder horizontal stehendes Steuersegel aus Haut. Bei allen diesen Formen war der Schädel in der Weise bezahnt, daß mehrere spitze, längliche Kegelzähnchen diagonal gegeneinander gerichtet aus

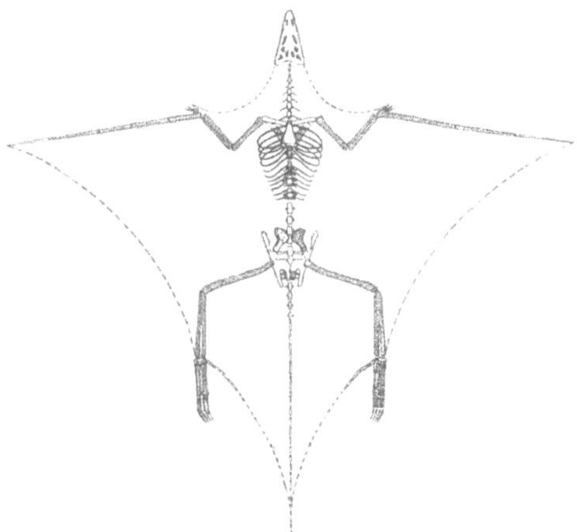

Abb. 305. Versuch einer Rekonstruktion des Skelettes eines triassischen Flugsauriers (Tribelesodon) mit Flughautumriß. (Aus v. Nopcsa 1922.) Verkl.

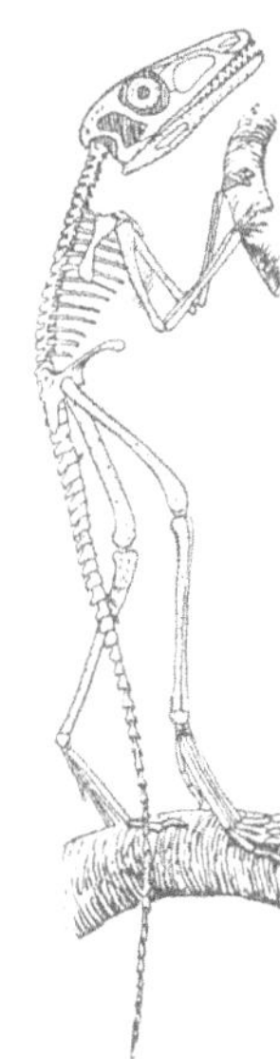

Abb. 306. Ein kleines baumbewohnendes, wahrscheinlich mit dehnbarer Haut versehenes Reptil (Scleromochlus) der Triaszeit mit langen Hinterbeinen und kurzen Vorderbeinen. Elgin. Schottland. (Rekonstruktion von Arthaber 1922). Verkl.

Ober- und Unterkiefer hervorstanden, im rückwärtigen Teil des Kiefers aber kleiner waren und einfach alternierend standen. Bei einigen ist auch der Unterkiefer an der Vorderspitze nach abwärts gebogen, weil die Tiere wohl in der Strandregion über das Meerwasser hinschossen und im Flug daraus ihre Beute erhaschten. Sie waren durchschnittlich von Taubengröße. Es bestanden zwei entgegengesetzte Anpassungstypen, die sich durch die ganze Juraepoche hindurch in verschiedenen Gattungen verfolgen lassen: die mit dem langen, steifen, mit Steuersegel versehenen Schwanz streiften unter scharfem, glattem und wohl sehr elegantem Flug durch die Luft, vielleicht über die Meeresoberfläche hin und fingen sich Kleingetier oder Algen aus dem Wasser, indem sie es mit dem Maul zwischen den reusenartig angeordneten Zähnen faßten, zwischen denen dann das Wasser ablief und die Nahrung zurückblieb. Der andere Typus war ganz kurzschwänzig und hatte wohl einen unruhigen fledermausartigen Flatterflug (Abb. 218, S. 345).

Die älteste Form nun, die man kennt, ist Tribelesodon aus der mittleren Triasformation Oberitaliens, die den Flugsaurier schon ziemlich entwickelt zeigt (Abb. 305), jedoch noch mit einigen Merkmalen behaftet, die, weit deutlicher als die Formen der Jurazeit, auf das ehemals quadrupede Bodentier hinweisen. Es ist eine kleine, etwa amselgroße Form gewesen. An der Art des Baues der Hinterextremitäten erkennt man noch die Möglichkeit des ehemaligen Laufens oder Hüpfens, was bei den vollendeten bzw. einseitiger spezialisierten Formen der Jurazeit schon ganz verloren gegangen ist, es sind noch zwei Knochen in der Unterschenkelregion vorhanden, der Fuß ist noch stark. Vergleicht man nun jene älteste Triasart, wie dies Nopcsa ausführlich getan hat, mit entsprechend ähnlichen gleichalten, laufenden Reptilien, so fällt eine ebenfalls sehr kleine, triassische Gattung, Scleromochlus auf, die ebenfalls sehr starke Hinterbeine und kurze Vorderbeine hatte und zu der in Dyas und Trias lebenden kleinen Echsengruppe der Pseudosuchier (Abb. 180, S. 297) gehört, die meistens gepanzert waren. Dieser Scleromochlus war wahrscheinlich ein Baumbewohner, wie v. Huene dargetan hat, war infolge Fehlens des Rücken- und Bauchpanzers sehr leicht und hatte wahrscheinlich weit dehnbare Körperhaut, die sich mit Hilfe der Extremitäten beim Absprung von den Bäumen zu einer Art Fallschirm ausbreiten konnte, wie wir dies ja bei heutigen Säugetieren gelegentlich auch noch bemerken. Derartige Formen (Abb. 506) mögen es gewesen sein, von denen, wenn wir es entwicklungsgeschichtlich sehen, die älteste Flugsauriergestalt nach Art von Tribelesodon ihren Ursprung genommen haben mag.

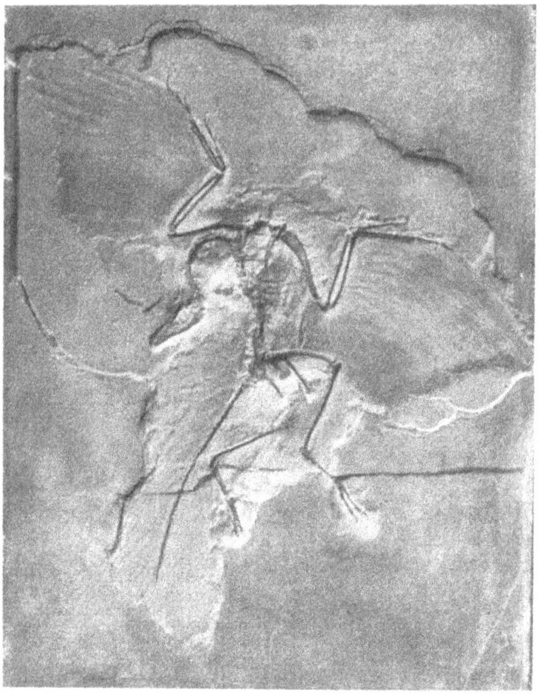

Abb. 307. Skelett und Federabdrücke des Urvogels (Archaeornis) aus den marinen lithographischen Plattenkalken von Franken. Obere Jurazeit. Teils Reptil-, teils Vogeleigenschaften tragend. (Aus Stromer v. Reichenbach 1912.) 1/4 nat. Gr.

In der oberen Juraformation, wo infolge überaus günstiger Erhaltungs- und Fundumstände die Flugsaurier mit allen ihren Einzelheiten und vollständigen Hautabdrücken uns überliefert sind, erscheint dann auch das erste älteste *vogelartige Wesen* (Abb. 307). Auch dieses ist außerordentlich reptilhaft; aber nun sind statt der Flughäute richtige Vogelfedern da, an den Armen, den Unterschenkeln und am Schwanz ausgebreitet. Der Schwanz besteht aber nicht aus Federn allein, wie bei späteren Vögeln, sondern aus einer langen reptilhaften Wirbelsäule. Reptilhaft ist auch der Bau und die Beweglichkeit der übrigen Wirbelsäule; ferner die Hand, die aus drei freien, nicht wie bei den späteren Vögeln umhüllten, und mit Krallen bewehrten Fingern bestand, die nach vorne gerichtet und zum Festhalten geeignet waren. Der zwar vogelartige Schädel mit seiner gerundeten Hirnkapsel hatte noch richtige Reptilzähne, eine geschlossene Knochenspange zwischen Augenhöhle und Präorbitalöffnung und einen Knochenplattenring um das Auge, was alles Reptilmerkmale sind. Federn, Schädelform, hohle Knochen und Bau der Hinterextremitäten waren dagegen vogelartig, und innerhalb des Vogeltypus bedeutet die noch lockere Verbindung der Rippen mit dem Brustbein, die Form der Rippen und die lockere Verbindung der Rückenwirbel und Beckenknochen einen primitiven Zustand. Die ganze Organisation dieses Urvogeltypus deutet auf ein schlechtes Flugvermögen.

Unter den heutigen Vögeln nun gibt es zwei konträre Typen: den Flugvogel und den Laufvogel. Die Laufvögel, als deren charakterischtischsten man den Strauß nennen kann, haben vollkommen rückgebildete Flügel. Ein Hauptmerkmal der Flugvögel aber ist der starke Brustkorb bzw. dessen Vergrößerung. Damit die starken Flugmuskeln eine breite, große Ansatzfläche finden, ist über dem Zusammenstoß der Rippen ein hoher Knochenkiel ausgebildet, der den Laufvögeln fehlt. Es macht nun den Eindruck, als ob schon damals in der Oberjurazeit bei den bisher gefundenen Gattungen des Urvogels — jede ist in nur einem Individuum bekannt — die Trennung in die beiden biologischen Typen, des Flugvogels und des Laufvogels, erkennbar wäre. Nach den Untersuchungen von Petronievics ist das Becken der einen, in London befindlichen Form (Archäopteryx) gebaut wie bei einem Laufvogel, während die andere, in Berlin liegende Form (Archäornis) das Becken eines Flugvogels zeigt. Nach dem Idealschema ist die erstere Gattung jedenfalls primitiver als die letztere, und das würde — stammesgeschichtlich ausgedrückt — heißen, daß sie noch dem ursprünglichen einfach vierbeinigen Bodentier näherstand, während natürlich die späteren, aus Rückbildung entstandenen Laufvögel, wie der Strauß, schon jenseits des Vogelstadiums stehen, das Archäopteryx damals noch gar nicht ganz würde erreicht haben. Immerhin scheint daraus hervorzugehen, daß jene biologische Zweiheit Laufvogel—Flugvogel schon von allem Anfang an bestand und wahrscheinlich mindestens zweimal im Laufe der Erdgeschichte sich entwickelt hat.

Die Lebensweise jener Urvogeltypen ist keineswegs die heutiger Vögel gewesen. Vielmehr konnten sie wahrscheinlich nicht ohne weiteres aufwärts fliegen, sondern krallten sich an Bäumen oder Felsen empor, von wo aus sie vielleicht in einer Art gleitendem Flatterflug niedergingen oder einem Insekt nach abwärts nachjagten, vielleicht aber sich auch von Beeren nährten. Es mag etwas Ähnliches gewesen sein wie mit den ältesten Flugsauriern, die aber nicht nur ihre Krallen zum Hinaufklettern an Bäumen benützten, sondern sich wahrscheinlich auch fledermausartig aufhängen konnten, besonders die kurzschwänzigen Formen (Abb. 218), die wohl in der Ruhestellung an ihren Hinterbeinen hingen.

Abb. 308. Schwimmvögel der Oberkreidezeit (Hesperomis) Nordamerika. Ohne Vorderextremitäten. Ca. 1 m lang inklusive Schnabel. (Nach Heilmann aus Abel 1922.)

Von richtigen Flugvögeln im späteren Sinne scheinen die Hühner- und Entenvögel, vielleicht auch die Krallen- und Sumpfvögel die ältesten zu sein, die sich jedoch erst in der unteren Hälfte der Tertiärzeit sicher einstellen. Dagegen lebten in der Kreidezeit schon bezahnte und unbezahnte, flugfähige und in ihrem Flugvermögen bereits wieder rückgebildete Lauf- und Schwimmvögel. Man könnte sie im Gegensatz zu den vorstehend beschriebenen jurassischen Gestalten wohl echte Vögel nennen, wenngleich ihr Zusammenhang mit diesen recht fraglich erscheint. Wichtig aber ist, daß auch sie uns wiederum in jenen beiden biologischen Gegensätzlichkeiten des Flug- und Laufvogels entgegentreten. Der eine Typus, repräsentiert durch Ichthyornis, war taubengroß, ein guter Flieger; der andere, Hesperornis, war nach seinem ganzen Skelettbau ein flugloses Wesen, aber an das Wasserleben, ähnlich den Pinguinen, angepaßt. Nur fehlten ihm die Vorderextremitäten völlig, und die Hinterextremitäten mögen durch Schwimmhäute sehr verbreitert gewesen sein und mitsamt dem schlanken Körper ein rasches Unterwasserschwimmen bei fortwährendem Wiederauftauchen ermöglicht haben (Abb. 308).

Bieten einerseits diese mannigfachen erdmittelalterlichen Typen den deutlichsten Beweis für das damals im Landtier vorherrschende biologische Prinzip der Erhebung über den Boden, so stellt sich zugleich, gewissermaßen als sein entgegengesetzter Pol, etwas anderes dar: das möglichste Andrücken des Wirbeltieres an den Boden und das Hinabgehen unter das Land, in das Meer. Der Erhebung auf den Hinterbeinen und dem Aufrechtschreiten (Abb. 300) entspricht in diesem entgegengesetzten Sinn das gepanzerte und damit an den Boden festgedrückte Reptil: der Schildkrötentypus; dem noch höher sich erhebenden Flugechsentyp aber das ins Meer hinabgehende Reptil.

Dieses immer tiefere Hinabgehen, also der Eintritt des ursprünglichen Land- und Bodentieres ins Meer wird am vollendetsten zu mesozoischer Zeit von den Meersauriern dargestellt. Immer wieder begegnen wir im

Abb. 309. Plesiosaurier im Liasmeer Schwabens. Typus des langhalsigen Meersauriers. Stark verkleinert. Vgl. Vorstadium Abb. 201, S. 324. Nicht mehr ganz zutreffende Rekonstruktion von E. Fraas 1926.)

Laufe des Erdmittelalters Gestalten, die wir zwar an landbewohnende Reptilien vergleichend-anatomisch anschließen können, die aber eben doch einseitig spezialisierte Meerestiere sind. Bei den Amphibien als dem grundsätzlich früheren, ursprünglicheren Landtiertypus ging sozusagen der Entwicklungsgang vom Schwimm- und Wassertier zum Landtier; aber bei allen übrigen Gruppen der höheren Wirbeltiere ist es grundsätzlich umgekehrt: hier wird aus dem Landtier das Wassertier, wenn wir uns einmal dieser entwicklungsgeschichtlichen Ausdrucksweise zur Veranschaulichung des Formverhältnisses bedienen wollen.

Es begegnet uns die erste Abzweigung des meerbewohnenden Vierfüßlers im Reptilstamm schon am Ende des paläozoischen Zeitalters. Es sind $^1/_2$ bis $^3/_4$ m groß werdende, sehr langschnäuzige Formen, deren dünner gestreckter Schädel mitsamt dem sehr langen Schwanz ihnen ein gestrecktes Aussehen verleiht, obwohl der Rumpf keineswegs diese Streckung mitmacht. Die Rippen sind zudem plump und schwer, erinnern an die der tertiären und heutigen Seekühe. Letztere sind Säugetiere, die äußerlich ähnlich wie Seelöwen aussehen, aber ungemein plumpe und schwere Skelettknochen haben und daher, statt zu schwimmen, vorzugsweise auf dem Meeresgrund liegen. Es ist anzunehmen, daß jene ältesten Schwimmreptilien noch wenig geeignet zum Schwimmen waren; dafür sprechen u. a. auch die dünnen Vorderbeine; wahrscheinlich trugen die Extremitäten Flossenhäute. Sie lebten auf dem Südkontinent in Flußniederungen.

Das Vollendetste an Schwimmreptilien des Meeres, was sich dann im Erdmittelalter entwickelt hat, sind die Fischsaurier der Jurazeit. Hier ist der Fischtypus derart vollkommen zur Schau gestellt, daß er seinesgleichen nur noch bei den Walen und Delphinen der Tertiär- und Jetztzeit findet. Es gibt unter den Meersauriern der Jurazeit zwei extreme Typen: die eigentlichen Fischsaurier (Ichthyosaurier) und die Rudersaurier (Sauropterygier). Die ersteren (Abb. 226, S. 354) sind versteift wie ein Torpedo, können nicht einmal den Kopf besonders bewegen und schießen als Ganzes durch das Wasser wie ein Fisch, dabei mit den Extremitäten steuernd und mit der Schwanzflosse wie durch einen Propeller sich fortbewegend. Demgemäß sind die vorderen Extremitäten viel kräftiger als die hinteren, die reduziert erscheinen. Die Sauropterygier (Abb. 309) dagegen ruderten mit den großen, zu ausladenden Schaufeln umgewandelten Extremitäten, hatten einen langen, sehr beweglichen Hals, mit dem sie, nach allen Seiten Beute fangend, im Wasser herumgriffen und sich mit dem ganzen Körper wohl dauernd herumwarfen, wie die jetzigen Seelöwen. Während bei diesen Sauropterygiern der Schwanz gestreckt, vielleicht auch sehr beweglich war, ist er bei den Ichthyosauriern wohl auch versteift gewesen und hatte eine fischartige Schwanzflosse. Dabei bemerkt man an Abb. 226 daß er nach abwärts geknickt ist, was bedeutet, daß durch die Schwanzbewegung ein stärkerer Druck auf den Unterlappen der Flosse erzeugt wurde, als auf den Oberlappen. Dies aber bedeutet, daß bei der Bewegung die Schwanzflosse den Vorderkörper bzw. die Schnauze stets nach aufwärts trieb, so lange das Tier nicht mit den Extremitäten eine andere Bewegung bewirkte. Dies hatte nach Abel den Vorteil, daß bei ruhiger Bewegung die Schnauze wegen der Lungenatmung naturgemäß über Wasser blieb.

Zu beiden Gruppen nun haben wir älteste triassische Formen, welche uns diesen gegensätzlichen mechanisch-biologischen Unterschied jener beiden Typen schon andeuten. Eine dem Ichthyosaurustyp entsprechende Gestalt ist etwa Cymbospondylus aus der mittleren Triasformation in Nevada. Dort sind die Extremitäten schon zu Ruderpaddeln umgebildet, aber der Schwanz ist noch kaum nach abwärts geknickt, trug deshalb auch wahrscheinlich noch kaum den Ansatz zu einer Propellerbildung. Die Fortbewegung muß daher ohne einen solchen Apparat noch vor sich gegangen sein, wahrscheinlich durch eine Art Schlängeln, wobei die Ruderpaddeln vornehmlich der Vorwärtsbewegung dienten, während sie bei dem jurassischen Ichthyosaurus wahrscheinlich, wie bemerkt, nur dem Steuern nach auf- oder abwärts und seitwärts dienten. Der Hals war auch schon bei diesen ältesten Formen kurz, der Schädel saß steif auf.

Ganz anders die Sauropterygier. Ihre Altformen in der Triaszeit haben langen Hals und plumpen, wenig gestreckten Rumpf und sehr große, weit abstehende Extremitäten, die wohl schon mit Schwimmhaut überzogen waren (Abb. 201, S. 324). Der Schwanz war einfach und wenig lang. Wir gaben oben eine sehr schöne Rekonstruktion eines triassischen derartigen Sauropterygiers, welche sozusagen den Ausgangspunkt landschaftlich und biologisch darstellt. Wir sehen das langhalsige Landreptil auf einer Felsenküste des Muschelkalkmeeres. Seine Füße sind mit entenvogelartigen Schwimmhäuten durchzogen, aber von einem richtigen Ruderorgan, wie es die späteren jurassischen haben, ist noch keine Rede. Weiter draußen im Meer gewahrt man dieselbe Art, wie sie nur den Hals zum Wasser herausstreckt. Beides miteinander deutet uns an, daß die Anpassung an das Meeresleben noch nicht so extrem vollzogen war, wie später etwa bei Plesiosaurus, sondern daß das Tier bald außerhalb, bald innerhalb des Wassers lebte.

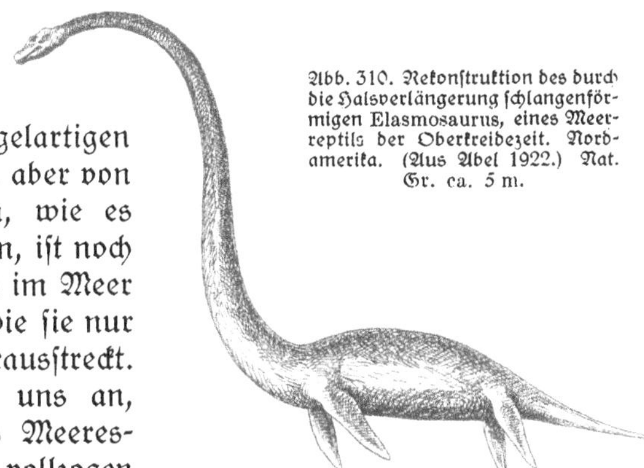

Abb. 310. Rekonstruktion des durch die Halsverlängerung schlangenförmigen Elasmosaurus, eines Meerreptils der Oberkreidezeit. Nordamerika. (Aus Abel 1922.) Nat. Gr. ca. 5 m.

Es ist nun auffallend: je weiter man mit der mesozoischen Epoche aufwärts geht, um so mehr erscheint neben diesen, so verschiedenen Abstammungskreisen angehörigen Schwimmformen des Reptils auch mehr der schlangenartige Charakter. Das ist aber nicht so, als ob die nun bald kommenden echten Schlangen aus diesen Formen etwa genetisch hervorgebrochen seien; sondern hier handelt es sich nur um eine rein morphologische Konvergenzbildung, erzielt durch die ungeheure Verlängerung des Halses (Abb. 310) oder Schwanzes (Abb. 311), nicht des ganzen Körpers als solchen, wobei aber die Extremitäten nicht nur erhalten bleiben, sondern als Schwimmapparate stark betont, verbreitert oder verlängert werden. Bei den echten Schlangen aber sind die Extremitäten rückgebildet, auch bei denen des Meeres, die uns als die ältesten entgegentreten. Eine solche erscheint in der Unterkreidezeit.

Niemals ist eine Zeitsignatur in ihrer Auswirkung so vorhanden oder so in Erscheinung getreten, daß sie einfach alles, was von ihr ergriffen war, gewissermaßen uniformiert hätte. Wir zeigten schon oben (S. 420, daß solche Zeitsignaturen typisch nur an den jeweils neu auftretenden Typen verwirklicht seien, während die bisherigen Typen solche Zeitformenbildung stärker oder schwächer mitmachen, manche eben noch berührt werden. Da es stets viele solcher Zeitsignaturen gibt, so werden die von einer solchen weniger ergriffenen dafür von einer anderen um so mehr ergriffen. Manche aber folgen beiden gleicherweise, und so kommen nicht nur die unzähligen Misch- und Übergangsformen zwischen einzelnen engeren Gruppen oder vielen Haupttypen zustande, die man als stammesgeschichtliche Übergänge in der Entwicklung angesehen hat, sondern auch biologische Mittel- und Übergangsformen. So entsteht also etwa bei den mesozoischen und känozoischen Landtieren und Vierfüßlern nicht nur die rein aufrechtgehende Saurierform (Abb. 300) oder die rein fischartige Meerform (Abb. 226) oder die rein fliegende Flugechsenform (Abb. 218), sondern es entstehen zwischen diesen auch Mischformen, die sowohl das eine, wie das andere nachahmen und infolgedessen eben beides in sich vereinigen und so eine wiederum eigentümliche Art und Weise darstellen.

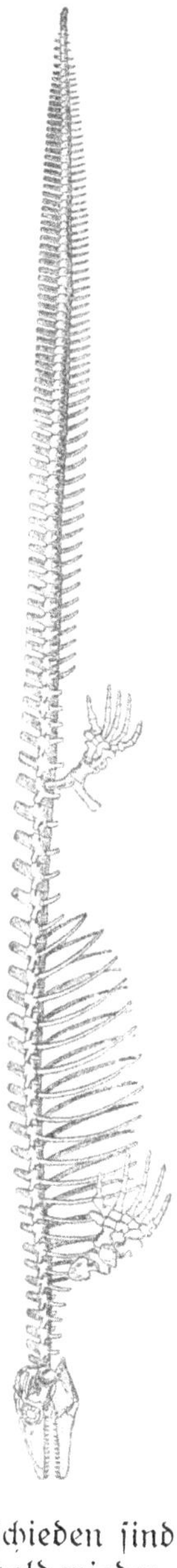

Abb. 311. Ergänztes Skelett von Platecarpus, einem großen gestreckten Meerreptil der Oberkreidezeit. Nordamerika. Starke Vermehrung der Wirbel, Streckung des Schwanzes, im Gegensatz zur Halsstreckung der vorigen Figur. Die Extremitäten waren breite Flossen, ähnlich dem obigen. (Nach Merriam aus Zittel-Broili 1924.) Nat. Länge ca. 5 m.

Es ist nicht so, wie es die Zeittabelle erscheinen lassen könnte, daß die Zeitalter der Erdgeschichte irgendwie durch plötzliche Unterbrechung alles Bestehenden voneinander abgetrennt wären. Alles geht ineinander über, und wenn auch auf der Erde sich in der Vorwelt große Katastrophen von Zeit zu Zeit eingestellt haben mögen, so ist doch der Zusammenhang des Geschehens, auch der Zusammenhang der organischen Entwicklung auf der Erde nie durchaus unterbrochen worden. Wenn wir also die Zeitalter oder einzelne ihrer Zeitstufen biologisch zu charakterisieren versuchen, wie wir es im Vorstehenden getan haben, so heißt dies nicht, daß nun die beschriebenen Erscheinungen sich auf eine streng abgegrenzte, bestimmte „Zeit" beziehen; sondern es heißt nur, daß das Schwergewicht dieser Stilformen in der und jener genannten Epoche liegt. Wie die Typen verschieden sind in jeder Zeit oder wie die einen von ihnen kurzlebig sind, bald wieder aussterben, die anderen langlebig, viele Epochen durchdauernd, so bereitet sich auch eine Zeitsignatur, eine Zeitformenbildung, ein organischer Baustil da und dort langsam vor; der eine Typus wird bald, der andere etwas später davon ergriffen. Es ist nicht anders als mit den Kunst- und Baustilen der Kulturepochen. Wer wollte sagen, an dieser Stelle beginne die Gotik und dort höre sie auf? Aber doch gibt es ein Zeitalter echter Gotik, wie es ein Zeitalter des echten Barock gibt, und niemand wird die innere und äußere Realität dieser Zeitstile und Zeitgefühle leugnen, nur deshalb, weil sich Beginn und Ende nicht ziffernmäßig festlegen lassen oder von anderen Formbildungsgesetzen und -möglichkeiten stets durchwoben sind.

Das Erdmittelalter bringt uns auch die ältesten Säugetiere. Freilich ist man über die Zugehörigkeit der ältesten Säugetierreste der Trias im Zweifel, ob man sie zu Beuteltieren oder vielleicht doch zu Reptilien zu stellen hätte; aber für uns, die wir hier keine systematischen und stammesgeschichtlichen Fragen nachgehen, sondern nur den Zeitcharakter in der Formbildung hervorheben wollen, ist es wichtig, daß in der Zeit des Kommens des Säugetiertypus auch die Reptilien teilweise so geartet sind, daß sie den Säugern gleichen, wie vielleicht auch deren älteste Formen ebenso wechselweise den Reptilien glichen. Man hat in verschiedenen Zeitstufen des Erdmittelalters Reste von Tieren gefunden, über die man sich teilweise noch kein klares Bild ihrer Zugehörigkeit machen kann. Vielfach von Säugetieraussehen, hat man sie großenteils jetzt als Reptilformen erkannt, was nur beweist, daß auch im Erdmittelalter, wenigstens zur Trias- und Jurazeit, aber wohl nicht mehr in der Kreidezeit, wieder diese merkwürdigen, uns so oft auch stammesgeschichtliche Übergangsformen vortäuschenden gleichartigen und wechselseitigen Gestaltungen bei den höheren Wirbeltieren auftraten und so in vielen Zweigen das Reptil dem Säugetier und das Säugetier dem Reptil anglichen.

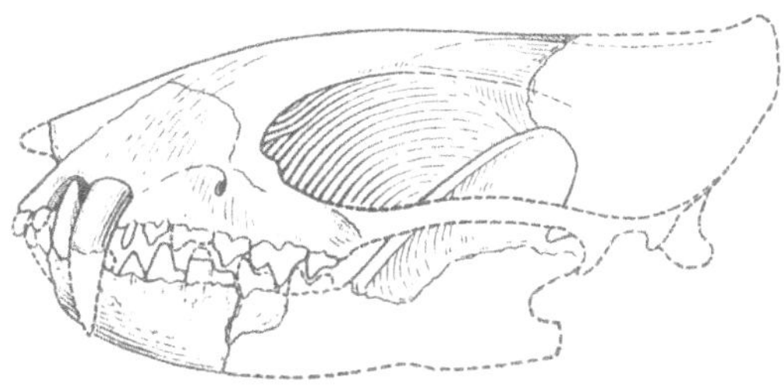

Abb. 312. Raubtier- bis insektenfresserähnlicher Schädel eines frühesten Plazentalsäugetieres (Deltatheridium) aus der oberen Kreide der Mongolei. Etwa Rattengröße. (Aus Gregory u. Simpson 1926.) Etwas verkl.

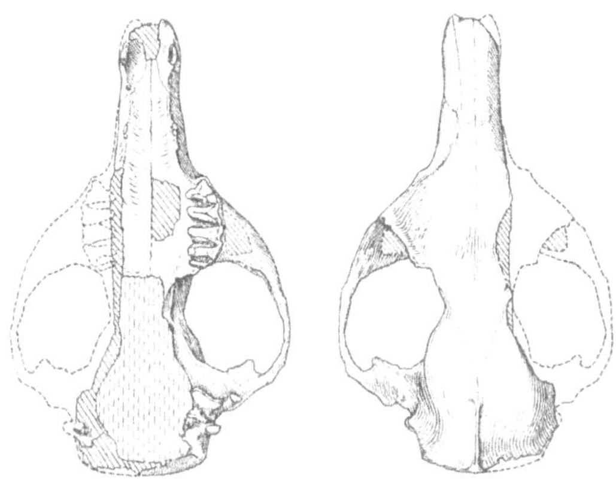

Abb. 313. Insektenfresserartiger Schädel eines ebenfalls sehr frühen Plazentalsäugetieres (Zalambdolestes) aus der Oberkreide der Mongolei. Stark reduziertes Gebiß. (Ebendaher.) Etwas verkl.

Es war eine große Überraschung und man erwartete daraus den Aufschluß über die Urgeschichte der plazentalen Säugetiere, als vor einigen

Jahren (1924—25) eine amerikanische Expedition in der Kreideformation der Mongolei echte plazentale Säugetierreste entdeckte. Langgestreckte, wenig differenzierte Schädelform mit einem Insektenfressergebiß, zudem kleine Gestalten und trotz ihres frühen Auftretens doch durchaus eigenartig, bestätigen sie uns von neuem die Tatsache, daß es Urformen eben nicht gibt, sondern daß alle Frühformen, welche zwischen späteren systematischen Gruppen mit manchen ihrer Eigenschaften vermitteln, dennoch eigene Formenkreise, eigene Stammlinien repräsentieren.

Die eine dieser Gestalten ist Deltatheridium (Abb. 312). Es hat etwa die Größe einer Hausratte, seine Bezahnung ist etwas raubtierähnlich, zumal die Eckzähne sehr verlängert sind, so daß es sich im allgemeinen den späteren eozänen Urraubtieren nähert. Die andere Form, Zalambdalestes, gleicht echten altertümlichen Insektenfressern der kommenden Frühtertiärzeit und hat ein dieser Säugetiergruppe ganz entsprechend ausgebildetes Gebiß (Abb. 313). Das Ergebnis dieser Funde in entwicklungsgeschichtlicher Hinsicht fassen Gregory und Simpson dahin zusammen: die späteren Insektivoren und ältesten Urraubtiere der Tertiärepoche sind lediglich Überreste einer sehr frühen, kreidezeitlichen insektivoren Raubtiergruppe, vertreten durch die beschriebenen mongolischen Formen. Da diese die ersten wirklich sichergestellten plazentalen Säuger sind, so gewinnt die Vermutung an Wahrscheinlichkeit, daß Zentralasien das Ausgangsland der Säugetierverbreitung war. Im ganzen stehen die mongolischen Säugetiere zwischen jurassischen Beuteltierformen (Abb. 339/40) und nachher zu beschreibenden alteozänen Plazentalsäugern, aber doch den letzteren näher als jenen. Auch über die theoretische Entwicklung des Gebisses geben sie vermittelnden Aufschluß.

Nun bricht mit dem Ende der Kreidezeit ein „großes Sterben“ herein und zugleich kommt ein faunistischer und kurz zuvor schon auch ein floristischer Szenenwechsel auf der Erde. Schon mit Abschluß der unteren Kreidezeit tritt ein Aussterben der jurassischen und damit mesozoischen Flora, der Flora mit der Herrschaft der Gymnospermen überhaupt, ein (Tab. S. 460). Die Neuzeit der Pflanzenwelt beginnt mit dem Auftreten und baldigen Vorherrschen der bedecktsamigen, höheren Blütenpflanzen der Angiospermen. Sie erscheinen gegen das Ende der unteren Kreidezeit, um sehr bald alles andere zurückzudrängen. Rätselhaft dabei ist nur „das plötzliche und zahlreiche Auftreten dieser Pflanzen“ an vielen Punkten der Welt zu gleicher Zeit. Auch die höheren, tannenartigen Koniferen erscheinen damals mit den Laubhölzern. Die Zykadophyten und Ginkgazeen bleiben nur noch in wenigen Resten und örtlich beschränkt erhalten.

In den Meeren der Tertiärzeit begegnen wir Muscheln, Schnekken, Seeigeln, Seesternen in Gestalten, wie sie die Kreidezeit auch schon kannte, nur daß diese Typen im Tertiär noch viel differenzierter sind. Einige mittelalterliche Muscheln und Schnecken sind in das Süßwasser eingewandert. Seelilien, Brachiopoden und Kieselschwämme und gewisse mesozoische Krebsformen haben sich in die tieferen Meeresregionen und in das Dunkel der wohl mit Ende der Kreidezeit entstandenen Tiefsee (Kap. II, 8) zurückgezogen. Es fehlen vollständig gegenüber dem Mesozoikum die Belemniten und Ammoniten; auch die Nautiliden sind im Verschwinden begriffen. Die Korallenriffe aber gedeihen unter allmählichem Zurückgehen nach Süden (Kap. II, 8) immer üppiger und erreichen bis heute zusehends solche Mächtigkeit daß man doch wohl annehmen muß, sie seien schon zur Tertiärzeit angelegt worden. Haie (Rochen) und Knochenfische herrschen im Meer. Die alten schmelzschuppigen Ganoidfische des Mesozoikums sind fast ausgestorben, ihre Reste haben sich im Süßwasser gehalten. Im Meere erscheinen analog den mesozoischen Fischechsen an das Wasserleben angepaßte Säugetiere: Wale, später Robben und Seekühe. Immer mehr gleicht sich das Tier- und Pflanzenleben dem heutigen an, sowohl artlich, wie geographisch.

Auf dem Lande sterben die bis zu unheimlicher Größe gediehenen Dinosaurier überall aus; keiner geht in das Tertiärzeitalter herüber. Ebenso verschwinden die Flugechsen, neben denen zuvor schon die echten Vögel erschienen waren. Jetzt, in dem nun beginnenden Tertiärzeitalter entwickeln sich die Vögel zu ihrer heutigen Mannigfaltigkeit. Die ersten Spuren der höheren, plazentalen Säugetiere hatte man, wie gezeigt, schon in der oberen Kreideformation Zentralasiens entdeckt. Nun mit der Tertiärzeit stehen viele Stämme der höheren Säugetiere auf einmal unvermittelt nebeneinander da und treten ihren in der Miozänzeit auf den Höhepunkt gelangenden Entwicklungsweg an. Viele heute schon wieder ausgestorbene Gruppen erscheinen und gehen wieder, in unglaublich kurzer Zeit sich vielfach spezialisierend. War das Erdmittelalter die Zeit der Reptilien, wo sie Land, Luft und Meer beherrschten, so stehen wir mit dem Tertiär im Zeitalter der Plazentalsäugetiere, von denen nun dasselbe gilt. Nur ihre die Luft durchmessenden wenigen Typen sind längst von den Vögeln überholt. Die niederen Säugetiere, die Beuteltiere, im Mesozoikum zwar schon anscheinend mehr als man durch Funde weiß, verbreitet, aber fossil aus jener älteren Epoche wenig bekannt und wahrscheinlich nur von kleinem Körperhabitus gewesen, werden im Tertiärzeitalter ebenfalls mannigfaltiger, auch größer; aber nachdem sie vorher wohl weltweit verbreitet waren, sind sie vom Jungtertiär ab auf Südamerika und besonders Australien zurückgegangen, wo sie heute noch ursprünglich existieren.

Mit dem Beginn der Terziärzeit treten mit einem Schlag mehrere Typen der Plazentalier hervor. Die ältesten sind die nordamerikanischen aus den Puercoschichten von Neumexiko. In Nordamerika hat man deutliche Übergangsprofile aus den terrestren kreidezeitlichen Laramieschichten voll der großen Dinosaurier, unmittelbar zu den darüberfolgenden saurierfreien Säugetierschichten. In Europa ist das Ende der Kreidezeit noch marin entwickelt und deshalb der Übergang nicht so deutlich. Daß in Nordamerika trotz der Reichhaltigkeit der dortigen Landkreideschichten und der außerordentlich gründlichen Erforschung, die sie schon erfuhren, nur erst Spuren von Plazentalsäugetieren gefunden wurden, scheint ein weiterer Beweis zu sein, daß der Ausgangspunkt für sie anderswo, vielleicht eben in Zentralisien oder sonstwo lag.

In den tiefsteozänen Puercoschichten Neumexikos sind noch ganz altertümliche, also mesozoisch aussehende multituberkulare niedere Säugetiere (Beutler?) vorhanden, die etwa Bibergröße hatten (Abb. 314). Mit ihnen zugleich aber erscheinen nun zwei Huftiergruppen primitivster Art: die Kondylarthren und die Amblypoden, die sich alsbald reichlicher entfalten und die man dort in ihrem ältesten Stadium teilweise noch einander sehr ähnlich findet.

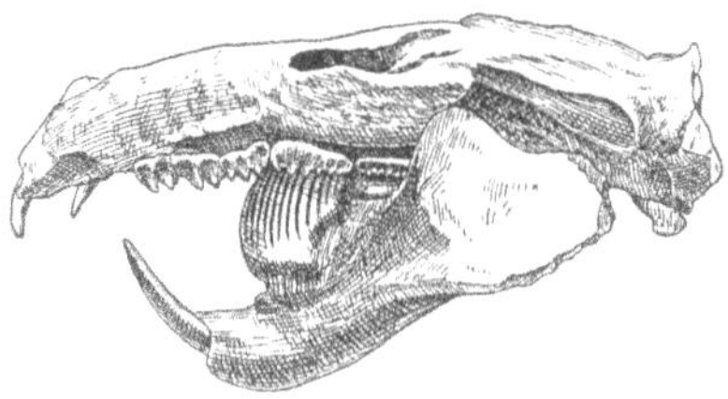

Abb. 314. Schädel eines alteozänen nagerartigen Beuteltieres (Ptilodus). Puercobeds. Nordamerika. 2/3 nat. Gr. (Nach Sibley, aus Zittel-Schlosser 1923.)

Die Kondylarthren (Abb. 315) sind kurzfüßige kleine Formen von Schafgröße mit fünfzehigen Extremitäten, Sohlengänger, primitiv tuberkulären Kronenspitzen ihrer Backenzähne, die eben erst beginnen, sich durch Schmelzbögen zu verbinden, was sich dann in gesteigertem Maße später bei den Huftieren vollendet, ebenso wie sich dort auch die Gebisse differenzieren und rückbilden, auch die Extremitäten. Die Kondylarthren sind in

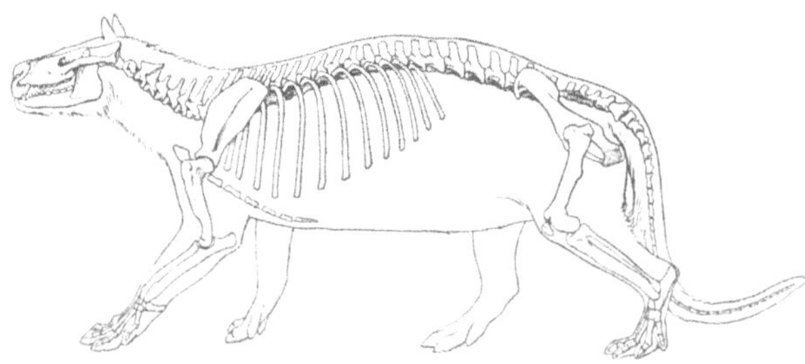

Abb. 315. Skelett und Körperumriß des ältesten primitivsten Huftieres Phenacodus (Gruppe der Condylarthren) mit vollständigem Gebiß, gestrecktem Schädel, fünfzehiger Extremität. Tiefstes Tertiär. Nordamerika. (Aus Scott 1913.) Etwa Größe eines Jagdhundes.

Gebiß und Skelett so gebaut, daß man sie einerseits formal an die nachher zu besprechenden Urfleischfresser des Alttertiärs annähern kann, andererseits nach Schlosser sowohl die späteren Einhufigen (Pferde) und Zweihufigen (Wiederkäuer) daraus ableiten kann. Ein primitives Merkmal bei ihnen ist der niedrige und gestreckte Schädel, wie wir ihn auch vorhin bei den ältesten kreidezeitlichen Plazentalsäugern schon fanden (Abb. 312); bei den Kondylarthren aber ist noch ein lückenloses Gebiß zu sehen und ein vollständiger Zahnwechsel nach Abwerfen des Milchgebisses. Das Gehirn ist noch klein, das Großhirn noch kaum gefurcht. Sie sind durchaus ursprünglicher als jene kreidezeitlichen Formen, und dies beweist, daß sie ganz anderer Herkunft sein müssen.

Erst in einer etwas höheren Stufe, den Torrejonschichten, kommen dann jene anderen Formen, die man als Amblypoda (Abb. 316) zusammenfaßt. Sie kommen und sterben schon wieder im untersten Teil der Tertiärzeit aus. Es sind zuerst kleine, dann große, sohlengängerige, fünfzehige

Abb. 316. Rekonstruktion eines hundegroßen fünfzehigen ursprünglichen Huftieres (Pantolambda) aus der Gruppe der Amblypoden. Torrejonbeds. Tiefstes Tertiär. Nordamerika. (Aus Scott 1913.)

Huftiere mit starken, raubtierartigen Eckzähnen, wodurch ein verhältnismäßig differenziertes Gebiß schon angezeigt wird, weil wegen der starken Eckzähne und ihrem Ineinandergreifen eine Lücke zwischen den vorderen Zähnen und den Backenzähnen entsteht (Abb. 317). Auch diese Formen müssen, wenn man es entwicklungsgeschichtlich auffaßt, schon in der Kreidezeit ihre Vorläufer gehabt haben, teils wegen des schon weitgetriebenen Gebisses, teils weil ihre Extremitäten (Abbildung 318) keineswegs echt sohlengängerig mehr waren, sondern schon erhoben, was gleichfalls ein höheres Stadium der Huftierentwicklung anzeigt. Insbesondere zeichnen sich darin die Koryphodonten aus (Abb. 373,

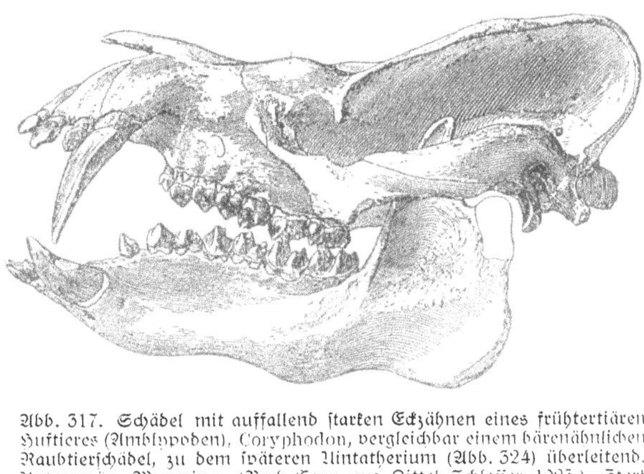

Abb. 317. Schädel mit auffallend starken Eckzähnen eines frühtertiären Huftieres (Amblypoden), Coryphodon, vergleichbar einem bärenähnlichen Raubtierschädel, zu dem späteren Uintatherium (Abb. 324) überleitend. Untereozän. Wyoming. (Nach Cope aus Zittel-Schlosser 1923.) Stark verkl. (Vgl. hierzu das Rekonstruktionsbild Abb. 373, S. 487.)

S. 487), die plump waren, im Vorderfuß schon auf den Zehenspitzen gingen, während der Hinterfuß noch mehr sohlenläufig war. Diese Tiere waren Allesfresser.

Zeitbiologisch ist an den genannten Gruppen interessant, daß sie teilweise besonders kurze Vorderbeine und längere Hinterbeine hatten und deshalb vornübergeneigt gingen. Ihr plötzliches Auftreten im frühesten Tertiär, wo sie so vollentwickelt und gegen andere gleichalte Gestalten immerhin deutlich unterschieden dastehen, legt daher im Zusammenhang mit jener auffallenden Eigenschaft den Gedanken nahe, daß sie sich schon in der Kreidezeit entwikkelt hatten, wo sie noch an jener Zeitformenbildung der kurzen Vorderbeine und starken Hinterbeine teilnehmen konnten.

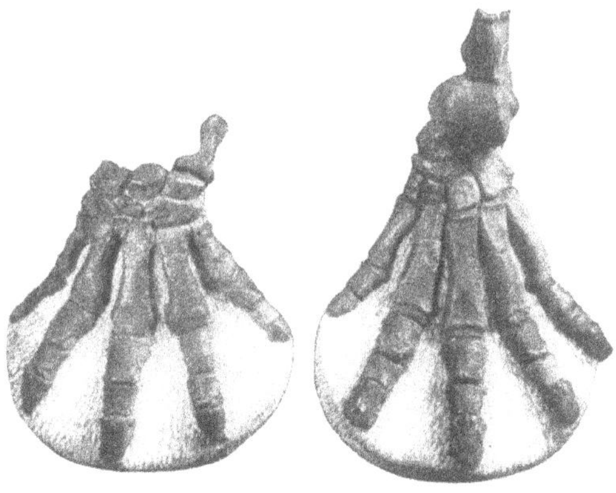

Abb. 318. Extremitäten eines alttertiären primitiven Huftieres der Amblypodengruppe (Pantolambda, vgl. Abb. 316). Vorder- und Hinterfuß, Zehen noch nicht reduziert. Tiefstes Eozän. Neu-Mexiko. (Orig. Mus. München.) Etwa 1/3 nat. Gr.

Mit solchen und den früher beschriebenen andersartigen Gattungen kommen nun im tiefsten Tertiär auch nagerartige Tiere zum Vorschein, die man ihrerseits wieder zu den späteren Faultieren (Edentaten) in Beziehung bringt, weil ihr Gebiß mehr aus zapfenartigen und prismatischen schmelzfreien Backenzähnen besteht; ihre ältesten Formen in den Puercoschichten, zusammengefaßt unter dem Sippennamen Ganodonta (Schmelzzähner) haben noch den Schmelz, aber die Schneidezähne sind schon rückentwickelt. Der Schädel und die massiven Extremitäten erinnern stark an die späteren plumpen Faultiere Südamerikas und auch ihr Gebiß kann man sich, nach der Meinung Schlossers, sehr gut in das der Faultiere umgewandelt denken. Soweit man sie kennt, gleichen sie andererseits auch wieder sehr den Tillodontiern, gleichalten Typen, die man den Insektivoren zuteilt, und die ihrerseits im Schädelbau auch wieder etwas Raubtier- und Bärenartiges haben.

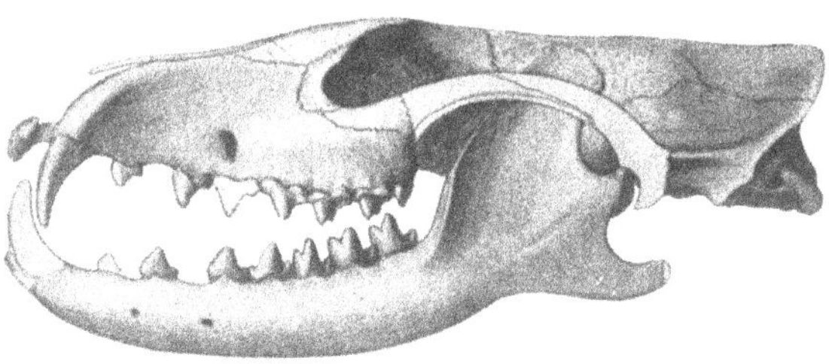

Abb. 319. Schädel eines Urfleischfressers (Sinopa) aus dem Untereozän von Nordamerika, mit gestrecktem Schädel und noch nicht ganz typisch raubtierartigem Gebiß. (Aus Wortman 1902.) Verkl.

Die Urraubtiere (Kreodontier, Abb. 319) nehmen in der auf die älteste Stufe folgenden Phase mehr Interesse für uns in Anspruch; sie sind reichlich vertreten, wenn auch, wie bei allen übrigen Säugetiergruppen, gerade bei diesen ältesten Formen starke Zweifel über ihren Zusammenhang mit anderen Spezialstämmen bestehen. Nach Osborn ist es bemerkenswert, daß kein vollentwickelter, echt raubtierhafter Sektorialzahn bei ihnen zu finden ist, sondern daß diese alten Ur-Fleischfresser teils mehr an ursprünglichste Huftierzustände erinnernde tuberkulare Backenzähne, teils nicht ganz scharf raubtierartig schneidende und hinwiederum mehr an Insektivoren erinnernde Gebisse hatten; mit anderen Worten: jene Kreodonten waren eben noch nicht vollentwickelte Raubtiere von der Art der späteren „echten" Raubtiere.

Es ist natürlich von vornherein zu erwarten, daß die Urfleischfresser und die Insektenfresser schon in der frühesten Phase der Tertiärzeit häufig gewesen sein müssen, weil wir, wie oben gezeigt, sie in der Kreidezeit schon so wohlentwickelt, ja differenziert finden. Diese Urfleischfresser sterben sogar im Alttertiär schon aus, während dort erst für die übrige Masse der plazentalen Säugetiere die Hauptentwicklung beginnt, um im Miozän ihren Höhepunkt zu erreichen. Die alttertiären Urfleischfresser aber haben immer noch die Merkwürdigkeit, daß sie teilweise vom Typus der Insektenfresser, wie zur Kreidezeit, nicht zu trennen sind. Andererseits sind jene Urraubtiere oder Kreodonten wohl im Zusammenhang mit ihren gleichen Lebensverhältnissen so ähnlich im Habitus den späteren tertiären und heutigen Raubtieren gewesen, daß man sie früher mit ihnen vereinigte, bis man ihre Herkunft und ihre Verschmelzung mit jenen anderen Altformen erkannte. Ja in den unteren Puercoschichten treten Gebißreste von ihnen auf, die einerseits an Insektivoren erinnern, andererseits aber erscheinen dort auch Insektivorenreste, die man als den Urhuftieren oder Kondylarthren verwandt ansehen muß (S. 434). So versagen diesen entwicklungsgeschichtlichen Frühzeiten gegenüber unsere Begriffe von Systemeinteilung, wie sie aus den Formzuständen der jetztlebenden Welt entnommen worden sind.

Wir haben immerfort solche Formüberkreuzungen oder auch Gestaltungen, bei denen wir nach den Merkmalen zweifeln müssen, nach welcher Richtung auf spätere Formen hin oder auch auf gleichzeitig lebende hin sie „verwandt" erscheinen. So vermitteln älteste Formen des Tertiär (Mesonychydae) formal zwischen Bären und Hunden, sind etwa bärenähnlich im Habitus, haben aber Extremitäten wie Hunde, womit sie behende laufen konnten. Dazu dienten ihnen die festgefügten Hand-Fußwurzelknochen, die tief ausgefurchte Gelenkrolle am Oberrand der Hinterfußwurzel gegen die Tibia des Unterschenkels; die erste Zehe fehlt, ebenfalls als Anpassung an das Springen, wobei die Füße aufgerichtet waren. Andere wieder vermitteln zwischen Hunden (im weitesten Sinn, als Gattung Canis gemeint, wozu u. a. auch der Fuchs gehört) und den Bären (Ursiden); oder im Obereozän Formen, die zwischen Hunden und Viverren (Zibetkatzen) vermitteln. In den auf jene früheste Tertiärzeit folgenden alttertiären

Stufen nimmt teils die Mannigfaltigkeit noch zu, teils verschwinden auch wieder viele Gestalten, die zuvor da waren. Immer noch erscheint der mesozoische Beuteltiertypus in vielen Formen dazwischen, ehemals weiter verbreitet als heute, wo er nur noch in Australien und mit einer einzigen Gattung in Südamerika übriggeblieben ist.

Die Entwicklung in Europa und Nordamerika scheint etwas zu differieren. Es fehlt nämlich in Europa die dem nordamerikanischen Basal-Eozän entsprechende Faunenstufe; erst die den Torrejonschichten parallele Stufe ist ausgebildet und durch Plazentalsäuger charakterisiert, also die der Pantolambdazone entsprechende Stufe. Es ist die Stufe von Cernay bei Reims. Auch in diesem „Cernaysien" erscheint zunächst noch ein mesozoisch anklingendes Urbeuteltier (Neoplagiaulax); ferner Kondylarthren und bärenähnliche Kreodonten (Arctocyon), wie sie auch in den Torrejonschichten drüben vorkommen. Vor allem aber nimmt das Interesse in Anspruch ein Halbaffe (Lemuroide), Nothodectes, den man neuerdings in gleichalten nordamerikanischen Schichten entdeckt hat. Diese hochstehende Form sowie die ganze Sippe, zu der sie gehört, ähnelt nun sehr den Insektivoren, so daß sie von Gregory und Matthew auch tatsächlich als solche angesprochen wurden. Man kann sie aber auch als ein Abbild der Wurzelform der Primaten überhaupt auffassen, d. h. als eine „der Wurzelform noch nahestehende Gattung". Teilhard dagegen will sie den Chiromyiden angeschlossen wissen, einer Halbaffensippe, die wiederum den Fledermäusen am nächsten steht, die gleichfalls schon im Eozän erscheinen und mitsamt den Insektivoren für eine schon aus mesozoischen Beutlern heraus entwickelte sehr alte Gruppe gelten. Eine ähnliche Form aus Nordamerika ist nebenstehend abgebildet (Abb. 320).

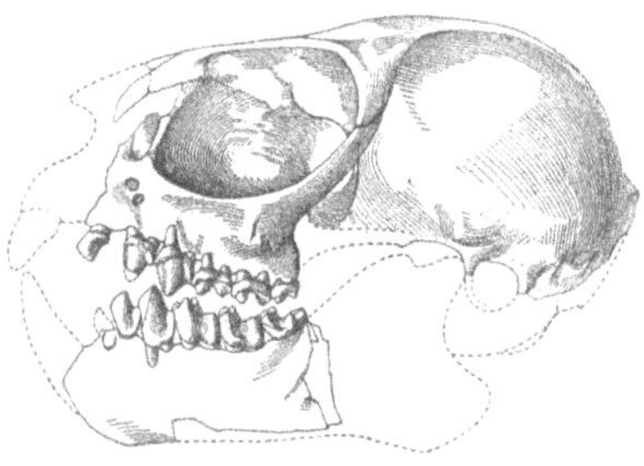

Abb. 320. Schädel eines Halbaffen (Tetonius) aus dem Untereozän von Nordamerika. (Aus Matthew-Granger 1915.) Vertl.

All das Vorstehende sind nur herausgegriffene Beispiele, an denen klar werden soll, wie schwierig und undurchdringlich die Erkenntnis jener alten Tierwelten noch ist, zumal ja die meisten Gattungen oft nur in einzelnen Gebiß- oder sonstigen Skeletteilen, Schädeln oder Extremitäten bekannt sind. Es ist unmöglich, selbst auf die Fülle der besterhaltenen Gestalten einzugehen, die schon damals am Beginn der Tertiärzeit uns begegnen. Auffallend ist nur das plötzliche Erscheinen der plazentalen Säugetierwelt in solcher Mannigfaltigkeit, das uns geradezu an das rasche Hervorkommen der kambrischen marinen Tierwelt (Kap. II/3) erinnert, und uns zugleich zeigt, wie sehr das Ende der Kreide- und die Grenze der Tertiärzeit noch geologische und biologische Rätsel enthält, die zu den noch keineswegs verständlichen Merkwürdigkeiten der erd- und lebensgeschichtlichen Forschung gehören.

Nach diesen und ähnlichen ältesten Stadien tritt das Säugetier in breiter Flut den Entwicklungsweg an, der in ungeheuer raschem Aufstieg zu einer unübersehbaren Fülle von Gestaltungen führt und in der Miozänzeit seinen Höhepunkt erreicht. Was im Erdmittelalter das Reptil war, ist nun das Säugetier auf der Erdoberfläche. Alle Räume werden von ihm besiedelt, und wie ehedem das Reptil auch das Meer und die Luft eroberte, so nun auch das Säugetier. Viele Entwicklungsreihen lassen sich verfolgen. Viele Gruppen, die wir jetzt als scharf getrennte und zugleich spärliche Überreste der tertiärzeitlichen Entwicklungsfülle noch haben, erscheinen miteinander verwoben. Nager, Insektenfresser, Raubtiere, Huftiere und Primaten gehen durch alle Stufen der Tertiärzeit hindurch; daneben er-

Abb. 321. Spezialisiertes dreizehiges Huftier (Macrauchenia) der südamerikanischen Gruppe Litopterna, vielleicht aus dem ursprünglichen nordamerikanischen Condylarthrentypus hervorgegangen. Quartäre Pampasformation. Brasilien. (Aus Scott 1913.) Etwa Lamagröße.

scheinen auch andere Formenkreise, auf kurze Zeit nur, und sterben rasch wieder aus.

Man kann biologisch gewissermaßen zwei Gruppen unterscheiden: solche, die aus der ältesten Tertiärzeit heraufkommen, sich Schritt um Schritt wandeln und so in einer zwar raschen, aber doch nicht überstürzten Entwicklung am Ende des Tertiär oder noch heute bestehen. Das folgende Kapitel wird dafür Beispiele bringen. Sodann eine andere Gruppe, die verhältnismäßig kurzfristig in die Erscheinung tritt, plötzlich fertig da ist und sofort wieder untergeht. Die oben besprochenen Kondylarthren und Amblypoden gehören zu den letzteren. Sie sind mit Beginn des Tertiär, wie gezeigt, da, verschwinden aber rasch wieder. Ähnlich verhalten sich auch die Litopternen, wenn sie auch in einigen ihrer Familien etwas mehr Ausdauer noch zeigen.

Sie sind auf Südamerika beschränkt gewesen, schließen sich formal an die Kondylarthren des frühesten Tertiär an. Es sind Huftiere mit wiederkäuerartigem, vollständigem Gebiß und einem drei- oder sogar pferdeartig-einzehigen Fuß (Abb. 396, S. 525). Sie gehen in einer ziemlich geschlossenen Entwicklungsreihe vom Obereozän ab bis etwa in die Eiszeit und ahmen Pferde (Abb. 327, S. 444) und andere Huftiere (Abb. 321) nach. Im selben Lebensraum, in Südamerika, treten auch die merkwürdigen Notoungulaten auf, am ehesten an die Klippschliefer und von da an die Elefantengruppen (Proboskidier) anzureihende huftierartige Gestalten (Abb. 322), auch teilweise den Nagern ähnlich, lassen sich aber nach ihren Extremitäten mehr mit Fleischfressern und Nagern, denn mit Huftieren vergleichen; das Gebiß

Abb. 322. Elefantidenähnliches Huftier der südamerikanischen Notoungulatengruppe (Toxodontia), eigentümliche Formen von etwa Tapirgröße. Miozäne Santa-Cruz-Formation. Patagonien. (Aus Scott 1913.)

ist meistens sehr vollständig. Die Extremitäten sind dreizehig, bei den älteren eben noch vierzehig. Ihre Zähne sind ganz von Schmelz umgeben und scheinen wie nagerartige Zähne gewachsen zu sein; manchmal erinnert deren Habitus geradezu wieder an Pferde (Abb. 323). Der gestreckte und daher primitiv erscheinende Schädel ist hinter der Ohrregion durch eine an Elefanten erinnernde hohle Auftreibung verbreitert — kurz man hat eine Gruppe vor sich, die in ihrem Habitus die Eigentümlichkeiten aller möglichen, sonst gar nicht zusammengehörig erscheinenden Säugetiersippen in sich spiegelt. Es ist dies ein typisches Beispiel für die Eigentümlichkeit mancher tertiärzeitlichen und wieder ausgestorbenen Gruppen, die sich nicht in das System der jetzt lebenden einreihen lassen. Was oben schon von den ältesten tertiären Säugern gesagt wurde, daß viele vermittelnde Gestalten da sind, die in manchen Merkmalen zwischen Gruppen des Systems der jetzt lebenden stehen, wiederholt sich immer wieder. Es gilt zwar für die gesamte Lebewelt zu allen Zeiten, aber bei der raschen und vielseitigen Entfaltung der Säugetiere in der Tertiärzeit fällt es besonders auf. So haben wir Formannäherung zwischen Dickhäutern und Pferden, zwischen Nashörnern und Flußpferden (Abb. 324) oder zwischen Giraffen, Kamelen (Abb. 325) und Geweihträgern, um nur wenige hier zu nennen.

Alle derartigen Formen kann man in Reihen verfolgen, die Formänderung ist unbeschreiblich. So lassen sich bis zu einem gewissen Grade aus den oben beschriebenen ältesten zwei Hauptgruppen, den Kondylarthren und den Amblypoden, wiederum zwei stärker differenzierte Typen ableiten. Aus den ersteren die Titanotherien, Huftiere von elefanten- bis rhinozerosartigem Habitus, ebenso groß als diese, wenn nicht noch größer. Es sind

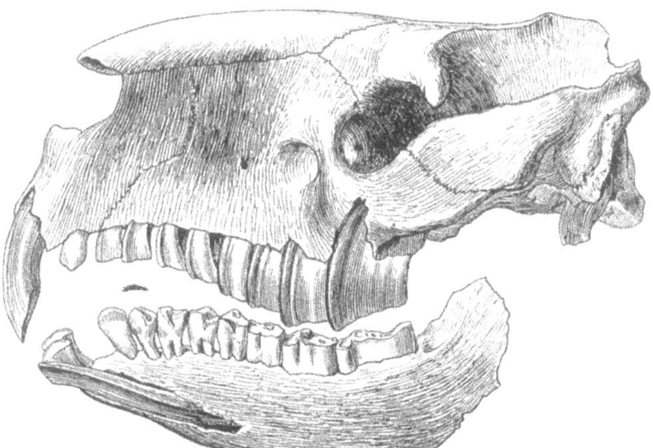

Abb. 323. Schädel der vorigen Gattung (Nesodon), mit nagerartigen, schmelzüberzogenen Zähnen. Miozäne Santa-Cruz-Formation. (Aus Zittel-Schlosser 1923.) $^1/_6$ nat. Gr.

auf den Zehen gehende Huftiere, hauptsächlich in Nordamerika verbreitet und schon im Oligozän entwickelt, und sterben da auch schon wieder aus. Die an die Amblypoden anzuschließenden Dinozeratiden sind fünfzehig, den Elefanten ebenfalls ähnlich. Sie gehören zu den „gewaltigsten und sonderbarsten Landsäugetieren", mit starken Aufsätzen auf der Nase, wie die Titanotherien sie ähnlich hatten, aber auch noch für Hörner vorhandene Zapfenanlagen. Sie gingen ebenfalls, wie die Titanotherien auf den Zehenspitzen, doch ihre Extremitäten waren noch regelrecht fünfzehig, also hierin primitiv, während das Gebiß starke obere Eckzähne hatte und den hierin auf S. 435 (Abb. 317) beschriebenen alten Koryphodonten gleicht, an die sie sich aufs engste anschließen. Sie sterben schon im unteren Miozän wieder aus.

Alle übrigen Huftiere, wie die Rhinozerotiden, die Pferde im weitesten Sinne, also unter Einbeziehung der frühen vier- und dreizehigen Formen, dann die Paarhufer, wie Schweine, Rinder, Kamele, Hirsche, also Zapfen- und

Geweihträger, mitsamt vielen ausgestorbenen Gattungen und Arten machen einen langsameren und man möchte sagen ausgiebigeren Ent-

Abb. 324. Rekonstruktion des amblypoden Huftieres Uintatherium, etwa von Elefantengröße. Habitus teils eines Flußpferdes, teils eines Rhinozeroten. Eozäne Bridgerbeds. Wyoming. (Aus Scott 1913.)

Abb. 325. Giraffen-Kamel (Alticamelus) aus dem Mittelmiozän von Kolorado. Eine Art Mittelform zwischen den heute getrennten Giraffiden und Kameliden. (Aus Scott 1913.)

wicklungsweg durch und liefern von den alttertiären Zeiten bis in die Jetztzeit hinein die schönsten Umbildungsreihen, wie sie das folgende Kapitel teilweise zur Darstellung bringt. Ebenso ist es mit den Elefantiden und ähnlich auch mit den Primaten, den Affen und Halbaffen (Lemuroiden).

Wo nun das Säugetier Alleinherrscher des Landes ist, wie im Erdmittelalter das Reptil, gehen auch mit ihm viele zeitbiologische Wandlungen vor sich. Wie die Reptilien des Erdmittelalters durch die einfachen Vierfüßler das am Boden laufende und kriechende Tier repräsentierten, worin der Alligator und die Schildkröte gewissermaßen das extreme Paradigma sind; wie sich grabende Formen fanden, die uns gewissermaßen das Hineingehen in den Boden oder das möglichst enge Anschmiegen an diesen veranschaulichen; wie dann aber auch die entgegengesetzte Absicht sich kundtut in der Erhebung des Vierfüßlers über den Boden, die Aufrichtung, ja endlich das Steigen in die Luft als Flugtier und wiederum entgegengesetzt das Anpassen an das Meeresleben in aller seiner Mannigfaltigkeit dort sich kundtat — ebenso zeigen es auch die nun alleinherrschenden Säugetiere in der Tertiärzeit.

Das normale am Boden gehende oder laufende Tier gibt uns wohl die Unzahl der Huftiere am besten wieder, besonders die der älteren Zeit. Das Raubtier ebenso. Aber es erfolgt auch ein engeres Anschmiegen an den Boden, ja ein Hinabgehen in denselben. Die Nager können für das letztere ganz allgemein in ihrer Mehrzahl genannt werden, wenn auch

Abb. 326. Riesengürteltier (Glyptodon), mit Extremitäten zum leichten Eingraben ausgestattet. Typus des an den Boden angepaßten Spätsäugetieres. Quartäre Pampasformation. Patagonien. (Nach Gaudry aus Zittel-Schlosser 1923.) Höhe etwa 1,30 m.

einzelne schließlich auf den Bäumen leben. Man könnte fast sagen, die reiche Entwicklung der Nagetiere bedeute, biologisch gesehen, eben dieses. Und das Extrem dieser Anschmiegung an den Boden begegnet uns im Gürteltier, das in der Jungtertiärzeit sogar Riesenformen hervorbringt (Abb. 326); es bedeutet nicht nur, wie die Schildkröte des Mesozoikums, ein dicht an den Boden geschmiegtes, schwerfälliges Wesen, sondern es hat auch Extremitäten, die zum Graben etwas geeignet erscheinen, also noch mehr das Hinabgehen zum Boden, ja das Hineingehen veranschaulichen. Denkt man sich aus, wie ein solches Tier sich eine Delle grub, sich dann in sie hineinschmiegte und von dem Rückenpanzer bedeckt war, so ist das Bild des „Bodenbewohners“ sozusagen in seiner ausgesprochensten, im Säugetier möglichen Form vollendet da. Umgekehrt bedeutet nun die Entwicklung der alten sohlengängerigen fünfzehigen Huftiere zu den springenden, ein- und zweizehigen, schließlich ihren Idealtypus erreichenden Läufern sozusagen eine Unabhängigmachung vom Boden. Die charakteristische Entwicklung besteht in der Reduktion der Zehen und in der gleichzeitigen Emporhebung des Fußes, der zuletzt nur auf den zweien oder der einen Huffspitze läuft. Damit ist das träge, auf weichem Boden laufende Waldtier zu einem Steppentier geworden. Den Paarhufern wird es sogar ermöglicht, in die kahlen Hochgebirge zu gehen (Gemsen, Steinböcke); die Rehe und Hirsche werden ungemein flüchtig; die Pferde sind eilende Läufer geworden (Abb. 327).

Die weitere Erhebung über den Boden, die wir im Erdmittelalter in den Flugreptilien verwirklicht sahen, wird unter den Säugetieren durch die mit Spannhäuten versehenen Formen, wie etwa die fliegenden Hunde,

Abb. 327. Übergangsstadium in der Pferdeentwicklung vom vierzehigen Sohlengänger zum einzehigen späten Pferd (Mesohippus). Mittelzustand, dreizehig, der mittlere Huf schon stark, das springende Tier schon anzeigend. Unteroligozän. Nordamerika. (Nach Knight aus Osborn 1910, umgezeichnet.) Etwa Ponnygröße.

dann aber in dem den Flugechsen am nächsten kommenden Fledermaustypus verwirklicht. Schon seit der Altterziärzeit sind sie da. Im Gegensatz zu den Flugeidechsen sind die Fledermausflughäute aber nicht längs des vierten Fingers, sondern über die ganze, stark vergrößerte Hand ausgespannt und reichen längs der Flanken bis zu den Hinterbeinen und -füßen hinab. In vieler Hinsicht erinnern die Fledermäuse an Kerbtierfresser (Insektivoren), besonders im Gebiß; andere unter ihnen werden aber eben wegen des Gebisses auch mit mesozoischen Beuteltieren in Beziehung gebracht. Alles deutet darauf hin, daß die Fledermausgruppe unter den Säugetieren eine verhältnismäßig erdgeschichtlich frühe Sippe sind und mit ihrer ersten Ausbildung wohl schon im Mesozoikum wurzeln dürfte. Das gilt vor allem von den „fliegenden Hunden“ (Paläochiropteren), deren Zähne es eben sind, die denen mancher mesozoischen Beuteltiere entsprechen (Multituberkulate) und nicht so spitzenbesetzt sind wie die der eigentlichen Fledermäuse (Mikrochiropteren), die den Insektivoren oder Kerbtierfressern gleichen. Sie alle treten vom Mitteleozän ab auf, zuerst in der tief mitteleozänen Braunkohle von Messel bei Darmstadt (Abb. 328), wo sich eine Form mit primitiveren Merkmalen als die übrigen tertiärzeitlichen sie besitzen, zeigt, indem sie auch noch ein normales Milchgebiß hatten.

Es macht den Eindruck, als ob mindestens die Fledermäuse überhaupt zu den ältesten plazentalen Säugetiertypen mit gehörten und schon in der Kreidezeit, wenn auch nicht voll ausgebildet, so doch schon vorgebildet dagewesen seien. Dies würde damit übereinstimmen, daß sie den Insektivoren nächstverwandt sind, und daß diese ja zu den schon kreidezeitlich entwickelten Säugertypen gehören (S. 431). Andererseits bestehen auch morphologische Beziehungen zu den Halbaffen. Die Halbaffen, wie endlich ebenso vollendet die Affen, sind ja gleichfalls der biologische Typus möglichster Erhebung über den Boden, da sie hauptsächlich auf Bäumen leben. Es wäre dies also eine etwas andersartige Verwirklichung desselben Strebens der Säugetiernatur, sich über den Boden zu erheben, wie es die Fledermaus als Flugtier zeigt. Die Zahl der sich in die Höhe begebenden Halbaffen und Affen, sowie der mit Spannhäuten oder mit Flügeln versehenen Säugetiere ist weit größer als es die der entsprechenden Reptilien des Erdmittelalters war. Bedenkt man, daß dort nur der Urvogel in der Jurazeit existierte, daß in der Kreidezeit bisher uns mehr von bodenbewohnenden Vögeln als von richtigen Fliegern bekannt geworden ist; daß die richtigen fliegenden Vögel wesentlich tertiärzeitlichen Alters sind und hier offenbar, ebenso wie die Plazentalsäugetiere, ihre Hauptentfaltung durchleben, so können wir das Tertiärzeitalter in dieser Hinsicht vielleicht besonders als die Zeitepoche der Erhebung des Wirbeltieres in die Luft bezeichnen, in vollendeterer Weise als es das Mesozoikum hervorgebracht hatte. Andererseits ist aber auch das Hinabgehen unter den Boden in ungleich mehr und besonders dafür geeigneten Typen verwirklicht, als es je in der Reptilwelt des Mesozoikums der Fall war.

Abb. 328. Die älteste Fledermaus (Archaeonycteris). Aus der mitteleozänen Braunkohle von Messel. (Aus Revilliod 1917.) _ Nat. Gr.

Und endlich wäre noch ein Wort über das Eintreten des Säugetieres in das Meer zu sagen. Hier ist die Mannigfaltigkeit wohl nicht größer, als sie unter den Reptilien des Erdmittelalters war. Aber es ist auffallend, daß gerade die das Meer durcheilenden Säugetiere schon sehr alte Typen sind. So die Pinnipedier (Seehunde) und die Zetazeen (Wale, Delphine). Die ersteren haben Eigentümlichkeiten, die sie unmittelbar an älteste raubtierartige Landtiere und Insektivoren von ähnlichem Habitus der Alttertiärzeit anreihen. Sie sind in ihrer typischen Vollendung erst im Miozän da. Dagegen ist die ungeheuer reiche und vielartige Gruppe der Wale und Delphine schon durch eine mitteleozäne Form vertreten in Nordamerika und Ägypten, und dort ist die Familie der Zeuglodontiden (Abb. 329) ein

Abb. 329. Darstellung der ältesten Walform (Zeuglodon) aus dem Mitteleozän von Alabama. (Nach Lucas-Knight aus Osborn 1911.) Nat. Größe etwa 4 m.

noch mit einem vollständigen Gebiß versehener Typus, während die Sippe der Bartenwale erst ein sehr spätes Stadium miozänen Alters darstellt. Sie alle sind vorzügliche Schwimmer, durcheilen das Wasser etwa wie die Ichthyosaurier, Plesiosaurier, Mosasaurier des Mesozoikums. Nur ein Typus, die Sirenen oder Seekühe, haben dicke, fast möchte man sagen, steinerne Knochen und sinken an den Meeresboden hinab, wo sie liegen. Während die Seehunde und Wale in ihrem anatomischen Bau durchaus auf ursprüngliche Landraubtiercharaktere hinweisen, sind die Seekühe, stammesgeschichtlich betrachtet, wohl Huftiere gewesen.

Die Umwandlung der Extremitäten aller dieser Seesäugetiere ist die, daß bei den Seehunden alle vier Extremitäten voll fünfzehig erhalten bleiben, aber Schwimmhaut um sich haben; die beiden Hinterextremitäten werden eng am Körperende zusammengenommen und bilden ein Steuer, während die vorderen rudern. Bei den Walen dagegen werden die Hinterextremitäten ganz rückgebildet, nur die vorderen bleiben, mit Schwimmhaut umgeben, stark. Am Schwanzende entsteht ein Propeller, der nach Abel nicht vertikal steht, wie bei der Fischechse des Mesozoikums, sondern horizontal, und als Propeller wirkt. Bei den Seekühen aber verkümmert die Hinterextremität (Abb. 330). Es ist nun sehr interessant zu sehen, daß wir

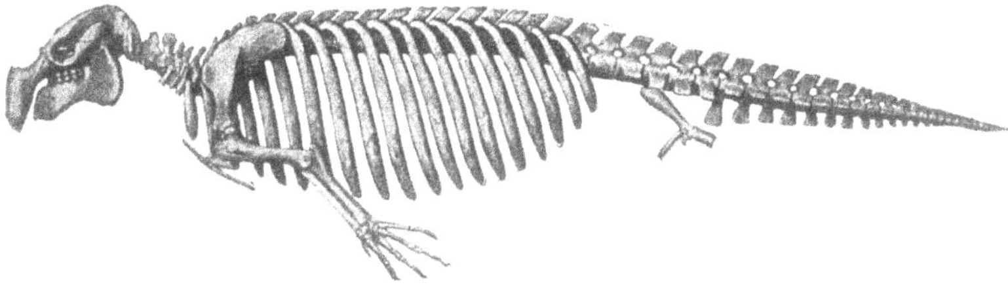

Abb. 330. Skelett der Seekuh (Halitherium) aus dem marinen Oligozän des Mainzer Beckens. (Aus Stromer v. Reichenbach 1912.) Nat. Länge ca. 3 m.

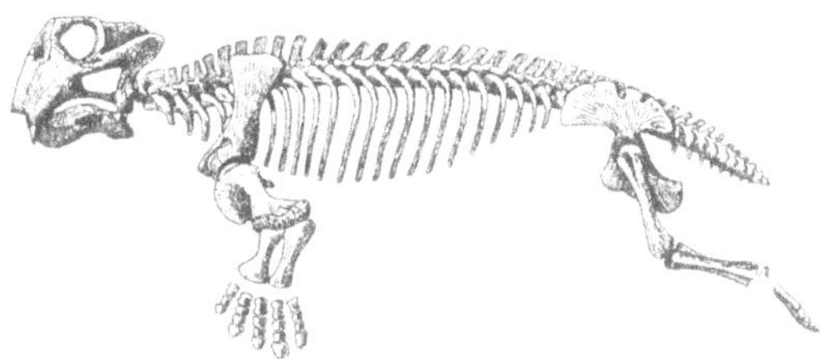

Abb. 331. Seekuhartiges Altreptil mit Säugetiercharakter (Lystrosaurus) aus der terrestren Triasformation Südafrikas. Süß- oder Brackwasserbewohner. (Aus Abel 1922, nach Watson.) Nat. Gr. etwa 2/3 der vorigen.

unter den allerältesten Reptilien der Grenzzeit zwischen Dyas und Trias, wo wir doch jene merkwürdigen säugetierförmigen Reptilien antreffen, zu eben der Zeit, als das erste echte Säugetierwerden beginnt (S. 416/17), nun auch schon eine seekuhartige Gestalt dort haben, ganz ähnlich mit rückgebildetem Gebiß wie bei der jetzigen Seekuh (Abb. 331), und mit stärkeren Vorderextremitäten.

So bildet die Natur immer wieder auf anderer Organisationsgrundlage durch alle Zeitalter ähnliche oder gleiche Anpassungsgestalten aus, wie sie auch in den einzelnen Zeiten selbst verschiedenartigen Grundformen das gleiche Zeitgewand überwirft.

6. Die ältesten Formen und das Erscheinen der Haupttypen des Pflanzenreiches

Wie bei der Tierwelt, so fehlt uns auch bei den Pflanzen der sichere Einblick in ihre wirklich ersten Anfänge, die wohl weit zurück in der archäischen Formation liegen, wo uns nichts mehr erhalten geblieben ist. Die frühesten Gewächse, die wir kennen, waren, abgesehen von den fraglichen Algen und Sporenpilzen (Abb. 240, S. 366), nieder organisierte Wasserpflanzen, während Landpflanzen erst vom Obersilur ab auftreten*). Bei den Pflanzen kommt noch als besondere Schwierigkeit hinzu, daß ihre Fundreste meistens nichts Ganzes bieten und daher in ihrer Zuweisung zu bestimmten systematischen Gattungen bzw. Familien problematisch bleiben.

Man teilt die Pflanzen ein in geologisch jüngste Bedecktsamer (Angiospermen), in die älteren Nacktsamer (Gymnospermen), in die nur ungeschlechtliche Sporen bildenden Farnpflanzen (Pteridophyten) und ihre engeren und weiteren Verwandten (Schachtelhalme, Bärlappe). Ihnen allen gemeinsam sind die wasserleitenden Gefäßbündel, sowie die deutliche Absetzung des Körpers in Sproß und Blätter. Den niederen Pflanzen, nämlich Moosen, Algen und Pilzen, fehlen diese letzteren beiden Eigenschaften in typischer Ausbildung. Man sollte erwarten, wenn die Abstammungslehre in ihrer älteren schematisierenden Form zurecht bestünde, daß das Auftreten der Pflanzentypen nach diesem Schema erfolgte. Nirgends aber kann man besser sehen als hier, daß die Gruppen und Ordnungen des sogenannten natürlichen Systems nicht wahre Stammkreise und Stammlinien zum Ausdruck bringen, sondern Zusammenfassungen von biologischen gemeinsamen Charakteren sind, die sich jeweils auf mehrere Grundtypen erstrecken.

Die ältesten Pflanzen waren, wie schon oben einmal ausgeführt wurde, jedenfalls an das Wasser gebunden und entwickelten sich erst sehr langsam zu Landpflanzen. Und dies auch wohl nur dadurch, daß sie zuerst noch an das Meeresufer und die den Meeresrand begleitenden Ästuare und Sümpfe gebunden waren (vgl. S. 173). So ist es begreiflich, daß sie oftmals auch Charaktere annahmen, die vielleicht später bei ähnlichen Gewächsen unter gleichen Lebensbedingungen wiederkehren und daß sie so zuweilen Ausbildungen vorwegnahmen, die später typisch erscheinen. Es können dadurch Formengleichheiten entstehen, durch die man sich leicht verleiten läßt, auf eine unmittelbare genetische Verwandtschaft zu schließen, die aber gar nicht besteht.

Die ältesten Pflanzen, die man kennt und welche den höheren Gruppen zuzuzählen sind, zeigen so etwas wie Mischeigenschaften von Moosen und Farnen. Aus einem fossilen Torfboden der terrestren Oldredformation des Devon in Schottland (S. 366) und auch anderwärts aus Nord- und Mitteleuropa stammen die besten Reste. Vor allem am erstgenannten Platz sind sie noch in ihrer ursprünglichen Lage, erlauben also auch die Bewurzelung und Gesamtstellung des krautartigen Körpers nachzuweisen. Feine, schlanke, gabelig zerteilte Achsen (Abb 332) tragen an ihrem äußersten

*) Ein ganz fragliches Vorkommen eines fossilen Holzes, Archäoxylon, ist aus dem Präkambrium von Böhmen beschrieben. Da dieses Vorkommen aber allem widerspricht, was wir von der Entwicklung des Pflanzenlebens wissen und da zudem die Schichten wegen der geotektonischen Verlagerung in ihrem Alter noch unsicher sind, so hat man es hier vielleicht mit einem verkannten paläozoischen Vorkommen zu tun. (Lotos. Bd. 72. Prag 1924. S. 31.)

Ende Sporenkapseln und scheinen so mit den Moosen nächstverwandt zu sein. Aber im Gegensatz zu diesen haben sie Gefäßbündel, was sonst nur höheren Pflanzen zukommt. Auch fehlen ihnen Blätter und richtige Wurzeln; es macht den Eindruck, als ob es Stengel wären, die unterirdisch verliefen und sich aus dem wässerigen Boden nach oben ausstreckten. Außerdem begegnen sie uns auch noch in Form heideartiger Dickichte. Äußerlich könnten sie am ehesten an Bärlappe erinnern. Die dicht mit kurzen, aber dornigen Blättchen besetzten schlanken Achsen mancher solcher Arten gehen aus verzweigten Wurzelkörpern (Rhizomen) hervor, die wohl frei unter

Abb. 332. Psylophytontypus der ältesten wasserständigen Landpflanzen. Mittl. Oldredsandstein. Unterdevon. Schottland. Stark verkl.

Abb. 333. Schilfartiger, dickichtbildender Psylophytentypus (Asteroxylon) aus dem mittl. Oldredsandstein. Unterdevon. Schottland. Sehr verkl. (Aus Kräusel 1926.)

Abb. 334. Farnartiges Gewächs (Archaeopteris) als Typus der späteren devonischen Flora. Unten Blätter, oben Sporenkapseln. Oberdevon. Irland. (Aus Potonié-Gothan 1921.)

Wasser lagen und nach oben teilweise wieder Büschel austrieben, an denen die Sporenkapseln saßen (Abb. 333).

Die in der Paläontologie durchgehend zu beobachtende Tatsache, daß schon beim ersten Auftreten von biologischen Typen diese sich zusammengesetzt erweisen aus mehreren Arten, die man nicht unmittelbar als verwandt ansehen kann, sondern die höchstens gewisse Anpassungsmerkmale an ihre Umwelt und Lebensweise gemeinsam haben, ergibt sich auch wieder bei diesen ältesten Pflanzen. Denn neben jenen einfachen, wenn auch in ihrer systematischen Stellung noch rätselhaften Pflanzen, die man nach einer charakteristischen Gattung, Psilophyton, als Psilophytenflora (Abb. 332) bezeichnet, steht ein anderer Formenkreis, die Archäpterisflora des höheren Devon (Abb. 334) gegenüber, die sich nicht unmittelbar aus jener ableiten läßt. Arehäopteris selbst hat schon durchaus farnartigen Habitus (Abb. 334): fiederige Wedel, zum Teil modifiziert zu Sporenträgern.

Schon eher baumähnlich, aber doch noch den kleinwüchsigen Bau beibehaltend, erscheint gemeinsam mit den Psilophyten, aber doch nicht

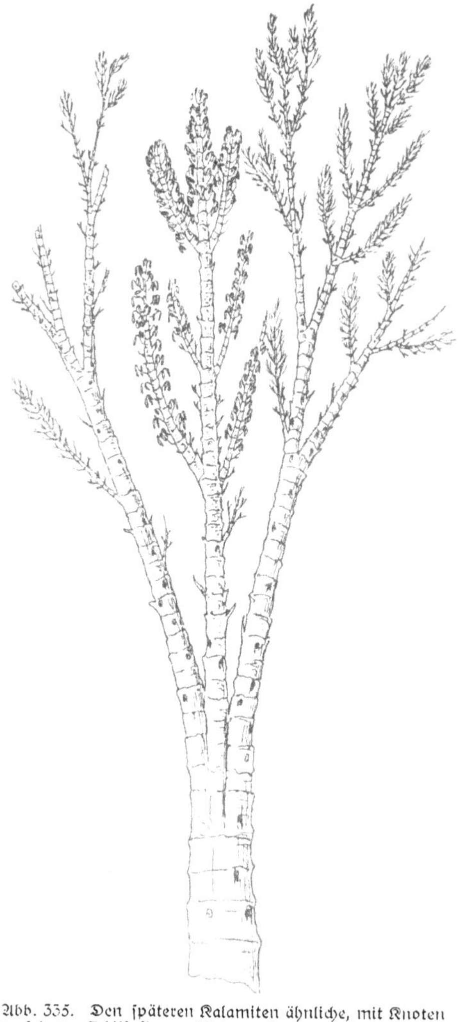

Abb. 335. Den späteren Kalamiten ähnliche, mit Knoten versehene Schilfpflanze (Calamophyton). Ober-Mitteldevon bei Elberfeld. Ca. 1/2 nat. Gr. (Nach Kräusel-Weyland aus Hirmer 1927.)

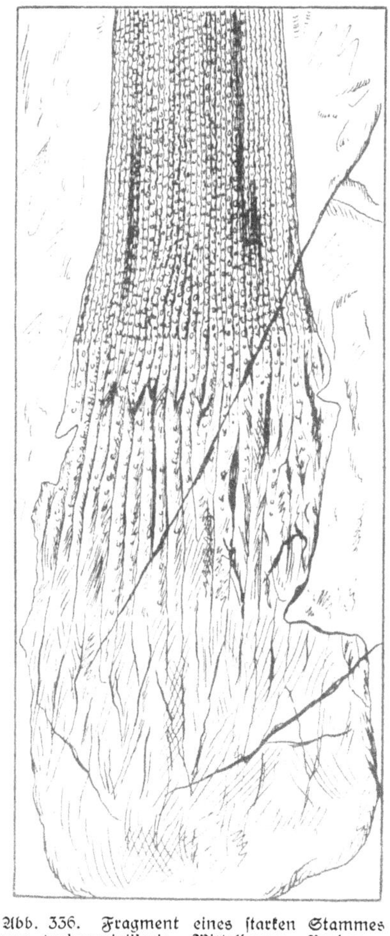

Abb. 336. Fragment eines starken Stammes von Archaeosigillaria. Mitteldevon. Nordamerika. Ca. 1/8 nat. Gr. (Aus White 1907.)

zu ihnen gehörend, eine Gruppe von Formen (Hyenia, Calamophyton, Abb. 335), mit gegliedertem, knotigem Stengel, mit vielfacher Verzweigung, wobei Stengelsprosse bis mehrere Zentimeter Dicke schon bekannt sind. Sie haben etwas Ähnliches an sich, wie die echt schilfartigen Kalamiten der Steinkohlenzeit (Abb. 341); an den Gliedern der feineren Zweige sitzen quirlig stehende, feine zerschlitzte Blättchen. Die Fruchtorgane sind schon zu Zapfen vereinigt.

Im Mitteldevon werden zum erstenmal großwüchsigere, baumförmige Typen bemerkbar. Es sind zunächst Formen, welche an die mit vieleckigen Blattnarben bedeckten und deshalb Siegelbäume (Sigillarien) genannten

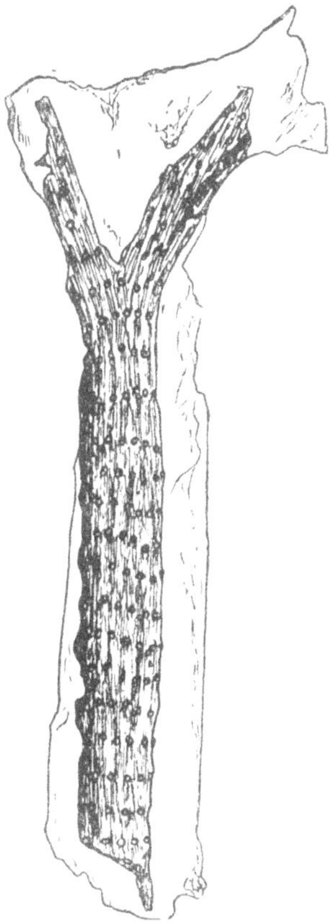

Abb. 337. Stammrest von Cyclostigma einer baumförmigen, bärlappartigen Pflanze. Oberdevon. (Aus Kayser 1923.)

Abb. 338. Echt baumartiges Gewächs (Aneurophyton), vergleichbar den späteren Baumfarnen. Oberes Mitteldevon. Elberfeld. (Aus Kräusel 1926.) Sehr verkl.

charakteristischen Gewächse der Steinkohlenzeit (Abb. 340) erinnern, wo sie ihre höchste Vollendung und Üppigkeit erleben. Äußerlich wohl sehr ähnlich, aber keineswegs in dieselbe natürlich-genetische Gruppe gehörend, ist der neben abgebildete Stammrest aus dem Mitteldevon (Abb. 336), oben mehr an die sogleich zu behandelnden Lepidophyten (Lepidodendron), unten mehr an die soeben erwähnte Gruppe der Sigillarien erinnernd. Auch hier wieder das Bild der ineinander überspielenden Formähnlichkeiten heterogener Arten. Im Oberdevon erst kommen dann die echten

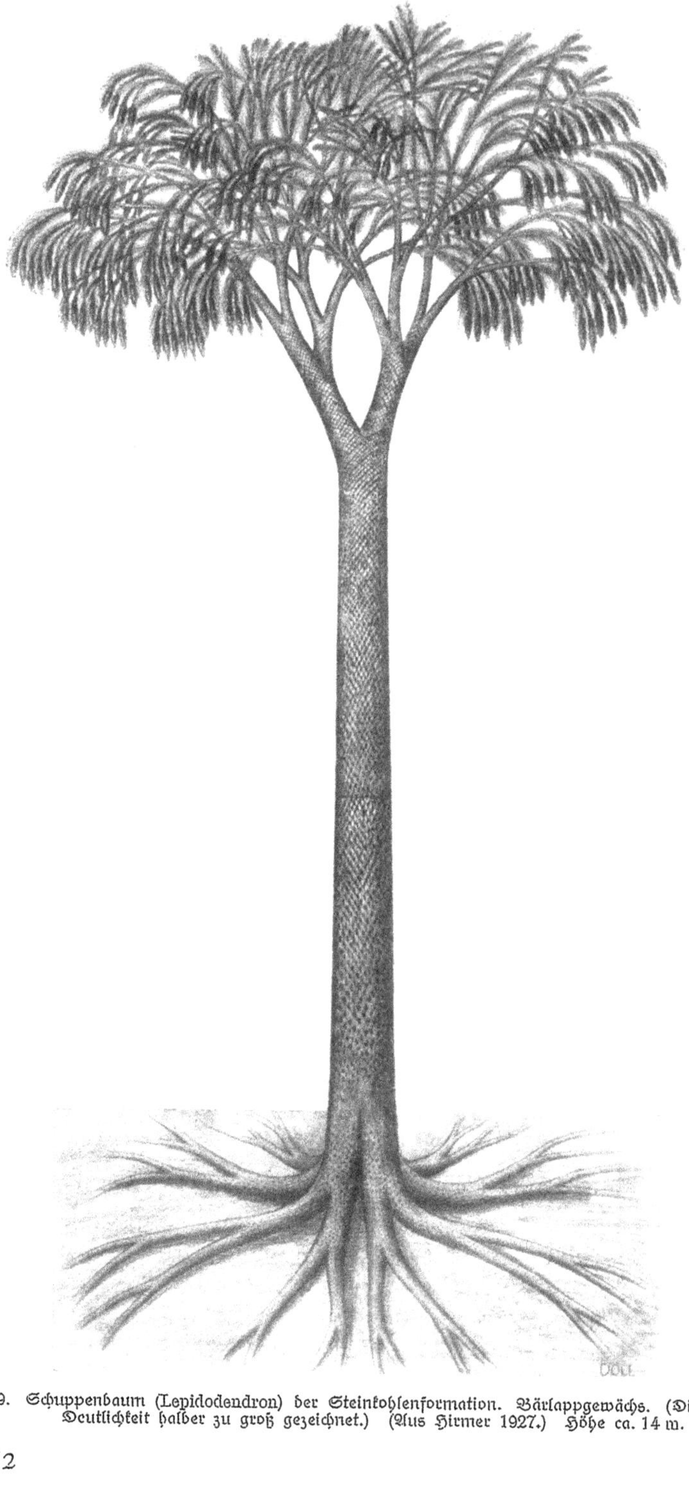

Abb. 339. Schuppenbaum (Lepidodendron) der Steinkohlenformation. Bärlappgewächs. (Die Blüten der Deutlichkeit halber zu groß gezeichnet.) (Aus Hirmer 1927.) Höhe ca. 14 m.

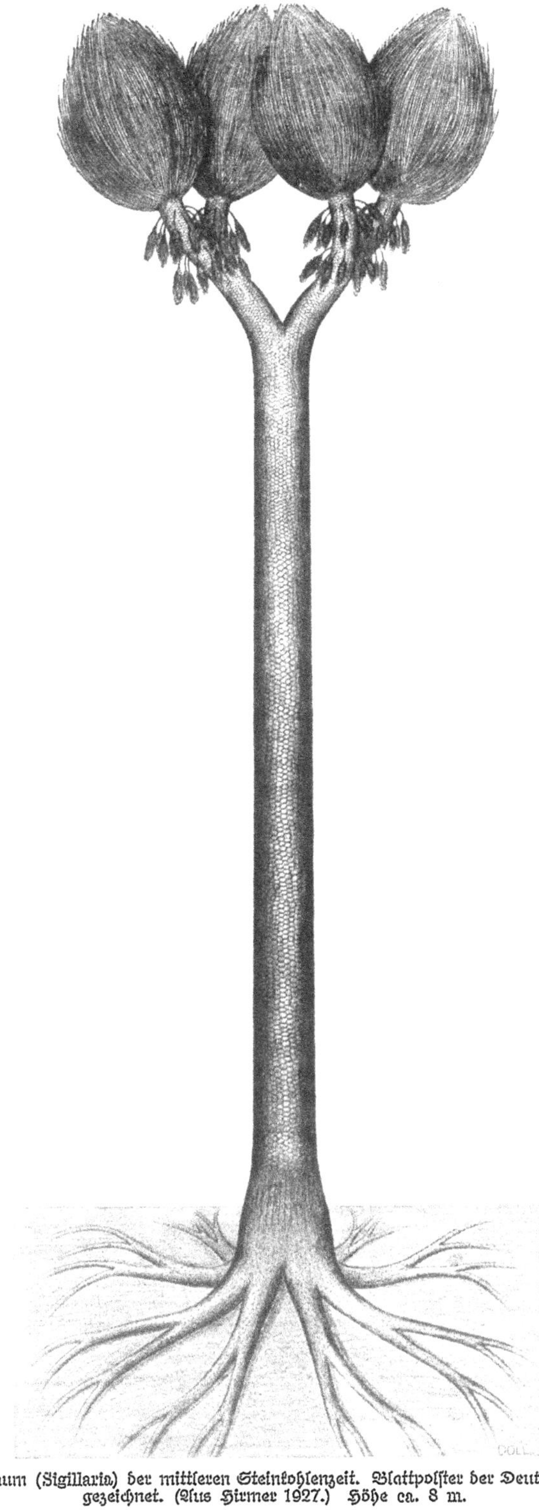

Abb. 340. Siegelbaum (Sigillaria) der mittleren Steinkohlenzeit. Blattpolster der Deutlichkeit halber zu groß gezeichnet. (Aus Hirmer 1927.) Höhe ca. 8 m.

Abb. 341. Spitze eines Schachtelhalmbaumes (Calamites) der Steinkohlenzeit. (Aus Hirmer 1927.) Höhe 8 m

Bärlappe, die gleichfalls in der folgenden Steinkohlenzeit ein so hervorragendes Element der Flora bilden sollten. Es sind die Zyklostigmen (Abb. 337).

Endlich findet sich im höheren Mitteldevon auch ein wirklicher Baum (Aneurophyton, Abb. 338), schlank, oben sehr große, mehrfach gefiederte Blätter tragend und wie ein Baumfarn aussehend. Trotz dieses Farnhabitus ist er in Wirklichkeit so etwas wie eine nacktsamige Blütenpflanze, nimmt also wiederum biologisch den Charakter dieses erst später typisch

Abb. 342. Typus eines im Habitus noch durchaus farnartigen Pterisospermen (Cycadofilices). Rekonstruktion eines Teiles von Lyginopteris, nach Art der im Urwald kletternden Lianen wachsend. Im unteren Teil des Bildes die fruchttragenden Wedel, im oberen Abschnitt derselben die männlichen, im unteren die weiblichen Frucht- bzw. Samenträger. Mittleres Oberkarbon. (Nach freundlicher Überlassung der Originalfigur durch Prof. Hirmer.) Nat. Dicke des Stämmchens etwa 5 cm.

erscheinenden Pflanzentypus vorweg. Er hatte schon einen richtigen Holzkörper, weshalb man ihn eben als Baum bezeichnen darf.

In der Steinkohlenzeit setzt sodann mit großer Üppigkeit die Pflanzenwelt der typischen Bärlappgewächse (Lykopodialen), der Schachtelhalme (Equisetalien) ein; die ersteren charakterisiert durch die Schuppenbäume (Lepidodendren Abb. 339) und Siegelbäume (Sigillarien Abb. 340), so genannt wegen ihrer charakteristischen Rinde. So, wie sie in der Unterkarbonzeit fast auf einmal kommen, so verschwinden sie, wenigstens in ihren baumförmigen Vertretern, danach auch fast mit einem Schlage mitten in der Dyaszeit, und an ihrer Stelle setzen später die nieder organisierten Freisamigen, die Ginkgophyten und Zykadeen neben anderen, fremdartigen Formen ein. Auch die echten Farnpflanzen erscheinen nun in der Karbonzeit in großer Mannigfaltigkeit und Üppigkeit des Wuchses, von denen wir schon im höheren Devon zweifelhafte Vorläufer kennenlernten.

Die Lepidodendren oder Schuppenbäume werden so bezeichnet wegen ihrer fischschuppenähnlichen äußeren Belegung, die spiralig und eng geschlossen am Stamm und den Ästen herum angeordnet ist, und deren jede Einzelschuppe Blattpolster trägt. Zu diesen Bärlappgewächsen gehören auch die den schon genannten Sigillarien im Habitus gleichen Kalamiten Unterkarbon erscheinend. Sie unterscheiden sich von den echten Schachtelhalmen durch ein sekundäres, holzartiges Dickenwachstum des Stammes und durch besondere Größe; denn sie haben, wie die Vorhergenannten, zur Karbonzeit in dem feuchtwarmen Klima üppige Bäume gebildet. Auch in der Art der Blüten unterscheiden sie sich von ihnen. Sonst aber haben sie äußerlich denselben Charakter mit der Knotung des Stammes (Abb. 341).

Alles, was sonst in der Steinkohlenzeit an Pflanzen erscheint, sind schon freisamige Gewächse (Gymnospermen), die nun in die Nähe der Zykadeen gehören, aber teilweise noch farnähnlich sind, dabei jedoch offene Fruchtstände und eine Art Dickenwachstum haben. Man nennt sie Cykadofilices oder Pteridospermen (Abb. 342) mit getrennten männlichen und weiblichen Fruchtständen. Sie sind zwar eine besondere farnähnliche Gesellschaft, aber nicht im echt genetischen Sinne Farne, sondern tragen nur deren Habitus; sie hatten Samen, die dem der echten Zykadeen sehr ähnlich sind. In diesem Zusammenhang ist es interessant, daß es unter den heutigen Zykadeen, die nur Reste der früheren, besonders mesozoischen sind, Formen gibt, deren Tracht hinwiederum farnartig ist, so daß wir auch hier in der Pflanzenwelt, ebenso wie in der Tierwelt, zu verschiedenen Zeiten Formannäherungen und -überschneidungen sehen. „Der Name Cycadofilices", sagt Gothan von jenen Formen, „ist daher durchaus treffend; die Verwandtschaft mit Zykadeen ist . . . enger als mit Farnen; man hat aber in den Cycadofilices eine Art Mittelgruppe zwischen Farnen und Samenpflanzen sehen wollen, was aber nur cum grano salis aufzufassen ist" — insofern eben solche Formähnlichkeiten keine wirklich genetische Verwandtschaft bedeuten, wie man früher stets glaubte. „Es ist jedoch nicht möglich, die Cycadofilices zu den Zykadophyten . . . zu rechnen, da sie im Äußern, in der Stamm- und Stengelanatomie und den Samen selber eine Reihe von Sondercharakteren zeigen."

Eine weitere Gruppe der Steinkohlen- oder Karbonzeit sind die Kordaiten, ebenfalls Nacktsamer (Gymnospermen). Es waren Bäume mit einer Art von Nadelholzstruktur, großen parallelaaderigen Blättern, deren Blüten zu ährenartigen Blütenständen vereinigt waren (Abb. 343). Alle diese zuvor genannten Formen geben, das Faunenbild mit beherrschend, in die Perm- oder Dyaszeit mit hinüber und sind am nächsten den im Perm folgenden echten Zykadophyten anzureihen.

In der Übergangszeit zwischen Karbon und Dyaszeit (Permokarbon) tritt auf dem großen Gondwanakontinent der Südhalbkugel, wo sich damals das oben (S. 192) beschriebene Phänomen einer umfassenden Gletscher- und Inlandeisbildung zeigte, eigentümliche, in ihren Blättern an Farne, vielleicht auch an Kordaiten oder Ginkgazeen etwas erinnernde baum- oder strauchartige Formen auf, die in mehreren Gattungen und Arten, jedoch nur unvollständig bekannt sind. Nach ihrem typischen Vertreter Glossopteris (Abb. 344) heißt die ganze Gruppe Glossopterisflora.

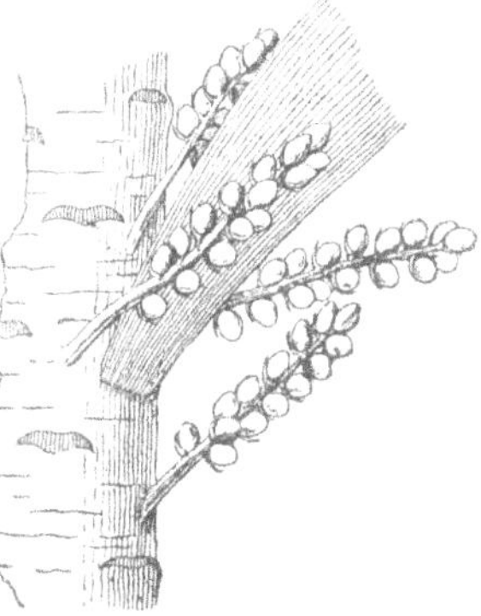

Abb. 343. Zweigstück von Cordaites mit Blatt und Blütenständen. Steinkohlenzeit. Rekonstruiert. (Nach Grand-Eury aus Potonié-Gothan 1921.) Ca. $^2/_3$ nat. Gr.

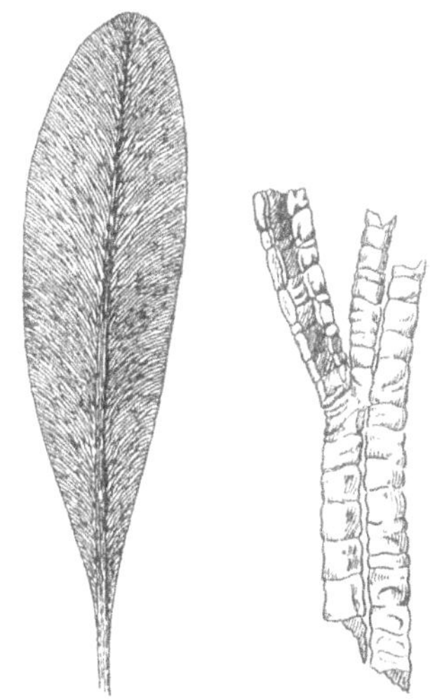

Abb. 344. Blatt und Stengel- bzw. Wurzelstück des Typus Glossopteris aus dem Permokarbon des Gondewanakontinentes. (Aus Potonié-Gothan 1921.) Etwas verkl.

Von ihr sagt Gothan: „Noch niemals hat man eine Art von Sporangien gefunden — oder es lagen irrtümliche Angaben vor. Arber hat eigentümlich schuppen- bis säckchenförmige Organe bekannt gemacht; diese hat er als Sporangienkapseln von Glossopteris gedeutet. Es ist jedoch nichts von dem Inhalt dieser Schuppen bekannt, auch nicht, ob man sich Homosporie oder Heterosporie bei Glossopteris vorzustellen hat. Ob Glossopteris überhaupt als Farn anzusehen ist, bleibt nach wie vor zweifelhaft; vielleicht ist es gar kein echter Farn gewesen mangels jeglicher Andeutung von Sporenständen auf den Blättern. Seward hat die Vermutung ausgesprochen, daß ein mit sekundärem Dickenwachstum versehenes Stämmchen aus dem Permokarbon von Neu-Südwales vielleicht den Stammtypus von Glossopteris repräsentieren könnte, und dann könnte man auch eine Zugehörigkeit zu den Pteridospermen in Frage ziehen ... Das Vorkommen der ganzen

Gruppe ist auf die Gondwanagebiete, und zwar vornehmlich auf die unteren Schichten dieser Flora, beschränkt, wiewohl stellenweise Residua sich bis zum Rhät-Jura verfolgen zu lassen scheinen."

Eine nach ihrem erdgeschichtlichen Alter lange Zeit sehr zweifelhaft gebliebene Gruppe niederster Pflanzen sind die Moose gewesen. Lange Zeit konnte man ihr erstes Auftreten nicht mit Sicherheit ermitteln, sie erschienen erst sehr spät, wo man doch erwarten mußte, daß sie nach der allgemeinen Gesetzmäßigkeit im Auftreten niederer und höherer Typen unbedingt sehr alt sein müßten. Jetzt kennt man sie mit Sicherheit aus dem Oberkarbon, aber es ist anzunehmen, daß sie sich schließlich noch als devonisch erweisen werden, zumal unter den vorbeschriebenen devonischen Formen auch solche sind, die gewisse Eigenschaften mit den Moospflanzen teilen. In der Karbonzeit kennt man jetzt die beiden Typen der Laubmoose und Lebermoose, und auch Polsterwuchs hat man an der Gattung Muscites (Abb. 345) erkannt.

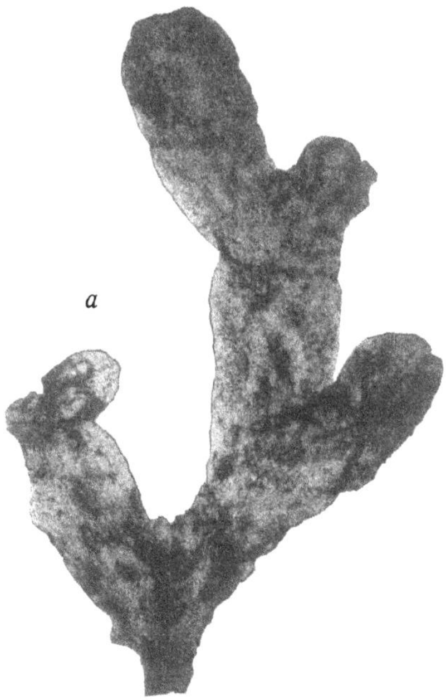

a

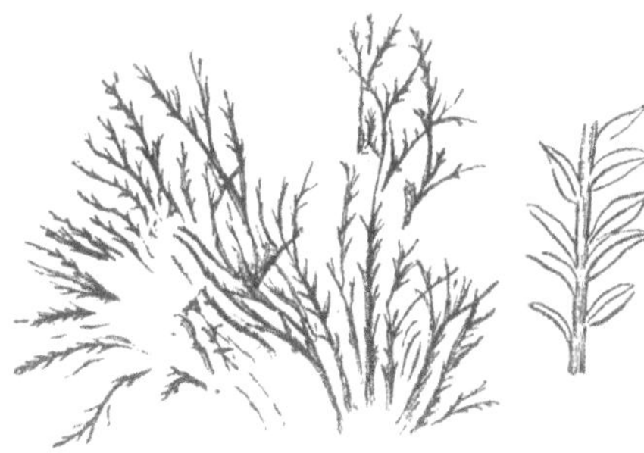

b

Abb. 345. a Thallus eines Lebermooses aus der Steinkohlenzeit. Kohlendolomit von England. 18fach vergr. (Aus Troll-Hirmer 1927.) b Sproßstück eines Laubmooses, rechts vergrößert, aus der oberen Steinkohlenformation von Commentry in Frankreich. Der Polsterwuchs noch erkennbar. (Ebendaher.)

Die paläozoische Pflanzenwelt beginnt sich mit Ende des Erdaltertums allmählich ihres paläozoischen Habitus zu entschlagen. Es herrschen zwar noch zuerst karbonische Typen, aber die im Karbon selbst schon schüchtern angedeuteten älteren Koniferen nehmen nun einen gewaltigen Aufschwung und verdrängen die frühere Kryptogamenflora zusehends. Dies geschieht in der Weise, daß zur unteren Permzeit (Rotliegendzeit) wesentlich noch die erstere herrscht, in der oberen Permzeit (Zechsteinstufe) dagegen die neuen Elemente da sind. Gemäß den damaligen Klimagegensätzen (S. 192) ist eine nordische von einer südlichen Flora unterscheidbar. Die südliche ist vornehmlich gekennzeichnet durch jenen den Zykadeen nahestehenden Typus Glossopteris und ihre Verwandten. Sie leiten damit zugleich die im Mesozoikum alsbald reichlich erscheinenden Ginkgazeen ein. Diese aus vielen Gattungen bestehende „Glossopterisflora“ greift teils nach Norden in das russische Gebiet über, teils breitet sie sich andererseits bis nach dem Südpol hinunter aus und beherrscht im übrigen den großen amerikanisch-australischen Südkontinent (Abbildung 127, S. 182). Im Norden dagegen kommen zu dem früheren karbonischen Bestand, soweit er nicht reduziert ist, Koniferen hinzu. „Will man die karbonische und rotliegende Flora kurz charakterisieren, so kann man sie als den Höhepunkt der Entwicklung der Pteridophytengruppen bezeichnen. Es sind dies im weitesten Sinn alle Farngewächse mit vielen ausgestorbenen

Abb. 346. Typus einer Zykadee mit gedrungenem Stamm. Männliche Blüten. (Nach Warming aus Gothan 1921.) Verkl.

Abb. 347. Pterophyllum blechnoides aus dem Rotliegenden des Schwarzwaldes. 1/2 nat. Gr. Ältester Zykadophytenwedel. (Aus Sandberger 1864.)

Typen“. Im Zechstein ist dann die Vorherrschaft der Koniferen und Ginkgophyten errichtet. Nach dem damaligen Pflanzencharakter der Erde und seinem Wechsel würde also mitten in die Permzeit hinein der zeitliche Trennungsstrich zwischen Paläophytikum und Mesophytikum zu legen sein (s. Tabelle S. 383). „Eine neue große Entwicklungsperiode der Pflanzenwelt ist mitten in der permischen Formation angebrochen, durch die Vorherrschaft der Gymnospermen charakterisiert. Die Gymnospermen aber sind die nackt- und unbedecktsamigen Pflanzen, heute durch die Koniferen repräsentiert, damals und im Erdmittelalter noch durch viele andere Gruppen und Familien.“

Mit der Dyas (Permzeit) kommen also drei neue Haupttypen zu der älteren Flora hinzu: die echten Zykadophyten, die Ginkgophyten und die Zapfenträger oder Nadelbäume (Koniferen). Die Zykadophyten, deren Typus die heute noch in spärlichen Resten lebenden, zuweilen auch als Sagopalmen bezeichneten Zykadeenbäume sind, haben gestreckte (Abb. 220, S. 347) oder ganz kurz faßförmige (Abb. 346) Körper, deren Früchte unterhalb der gesamten Wedelkrone stehen, die jeweils abgeworfen wird, wobei deren Stümpfe etagenförmig den Holzkörper bilden. Die Blätter

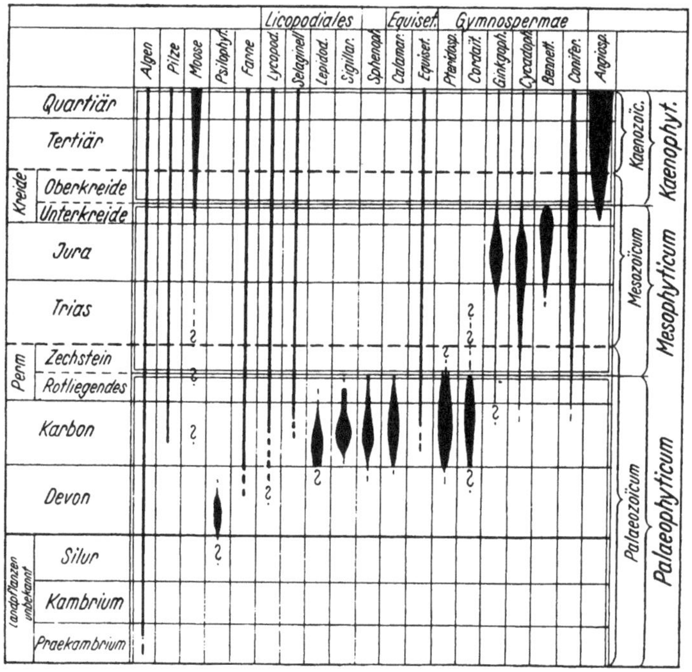

Abb. 348. Tabelle des Auftretens, der Entfaltung (Grad der Dicke der Striche) und des Durchdauerns der einzelnen Pflanzentypen. Man vergleiche mit der Tabelle Abb. 261 und beachte die unterschiedliche Einteilung der Epochen gegenüber der auf die Tierwelt gegründeten. (Aus Potonié-Gothan 1921.)

sind kurz, mit einer Mittelader oder lauter gleichen Längsadern durchzogen. Die Stämme selbst haben ein Dickenwachstum und zapfenartige Blütenstände. Die Blätter dieser wesentlich mesozoischen Pflanzengruppe sind u. a. als Podozamites, Otozamites und Pterophyllum in Trias und Jura besonders häufig und weltweit verbreitet gewesen. Einer ihrer ältesten Reste in der Dyaszeit ist das beistehend wiedergegebene Pterophyllum blechnoides (Abb. 347).

An diese Frühformen schließen sich im Mesozoikum noch die merkwürdigen, zunächst an die Zykadophyten anzureihenden Bennetitalen an. Sie erscheinen am Ende der Triasepoche, entwickeln sich stark im Jura und verschwinden in voller Entwicklungskraft in der Mitte der Kreidezeit, wo dann gleichzeitig mit diesem Verschwinden die bedecktsamigen Blütenpflanzen (Angiospermen) einsetzen (s. Tabelle Abb. 348). Als Charakterformen der Jurazeit, gleichfalls weltweit auftretend, möge Williamsonia genannt sein (Abb. 349), von der man eingeschlechtliche Blüten findet. Sie zeigen nach Gothan in der Ausbildung ihres Stammes und der Beblätterung Zykadeencharakter, während die Blüten ganz davon abweichen, aber ebensosehr auch von denen sonstiger gymnospermer Pflanzen, und wiederum an die Bedecktsamigen erinnern. Eine ähnliche Mischgruppe sind die gleichzeitigen Nilssonialen, mit langgestreckten Blättern, die sehr an die vorbeschriebenen Pterophyllen erinnern, aber dann auch wieder Formbeziehungen zu den sogleich zu besprechenden Ginkgophyten haben. Man kennt bisher nur weibliche Blüten; auch sind die Stämme unbekannt.

Abb. 349. Blüte einer Bennettitalen (Williamsonia) aus dem mittleren Jura von England. (Aus Nathorst 1909.) Nat. Gr.

Abb. 350. Blatt eines oberdevonischen Ginkgophyten (Psygmophyllum). Oldred-Formation. Spitzbergen. (Aus Arber 1912.) Nat. Gr.

Ob man die Benettitalen und Nilssonialen wegen ihrer Mischeigenschaften irgendwie als stammesgeschichtliche Verbindungswege zu höheren Pflanzen ansehen darf, ist durchaus unsicher. Vielleicht sind sie in ihrem, mit den Zykadophyten und Ginkgophyten in vielem übereinstimmenden Eigenschaften wiederum nur der Ausdruck für eine damals in der Pflanzenwelt herrschende Zeitcharakterbildung. Man kann, sagt Gothan sehr treffend, die Bedeutung der Benettitalen für die Pflanzensystematik ebenso einschätzen, wie die des Urvogels (S. 425) für die Tierwelt, von dem wir sahen, daß er formal zwar zwischen Reptil und Vogel vermittelt, aber keine Stammform ist, sondern ein Ausdruck für die damals durch das Reptilreich gehende Formbildung des sich vom Boden erhebenden zuletzt fliegenden Tieres.

Die zweite der oben genannten, mit der Dyaszeit neu heraufkommenden Gruppen, die Ginkgophyten, haben an ihrem Stamm Koniferenhabitus. Die fächerförmigen Laubblätter, die vergleichsweise ein auf kleinste Form zusammengezogener Farnwedel sind, sind strahlig geädert, oft breit, oft gelappt oder strahlenförmig. Eine älteste Form soll schon im Devon vorkommen (Abb. 350), doch ist ihr wahrer Charakter doch noch sehr zweifelhaft, wenn auch das Blatt dem der echten, mit dem Ende des Erdaltertums einsetzenden Ginkgophyten entspricht. Diese ältesten Blätter sind hinwiederum sehr ähnlich den triassisch-jurassischen Baiera-Blättern, die im Jura häufig sind, und die man als typische Ginkagazee ansieht. Sie hat sehr schmale, bei dieser Gruppe sonst gewöhnlich breitere Blätter. Solche sind schon im Rotliegenden bemerkbar. Baiera (Abb. 214b) ist eine stark spezialisierte Form der Ginkgazeen, was nicht nur aus ihrem Bau überhaupt hervorgeht, sondern auch aus der Tatsache, daß sie im Gegensatz zu anderen mesozoischen Ginkgazeen nur an sehr beschränkten Stellen auftritt, u. a. ist sie aus den fränkischen Lithographenkalken als Charaktergestalt bekannt. Sie fehlt aber in dem südlichen Gondwanagebiet zur Rhät- und Jurazeit.

Abb. 351. Koniferenzweig (Walchia) aus der Unterpermzeit (Rotliegendes) von Thüringen. Araukarienähnliche Form. (Orig. Mus. München.) Etwas verkl.

Als dritte Hauptgruppe erscheint wesentlich mit dem Ende des Erdaltertums die der Nadelbäume oder Koniferen. Unter ihnen ist die älteste und primitivste Gruppe die der Araukarien. Sie haben spiralig gestellte Laub- und Fruchtblätter und auf jedem Fruchtblatt nur eine Samenanlage. Als älteste sichere Gestalt mag Walchia (Abb. 351) gelten, welche, soweit beobachtet, Einsamigkeit der Zapfenschuppe zeigt. „Walchia“, sagt Gothan, „ist ein sehr wichtiges Leitfossil des Rotliegenden, sehr selten schon ein wenig tiefer vorkommend, und hatte weite, jedoch keineswegs allgemeine Verbreitung. Im europäischen Rotliegenden ist sie gemein, im (russisch?)-asiatischen fehlt sie bisher, taucht dann in den westlicheren und mittleren Vereinigten Staaten wieder auf, fehlt aber ganz in den östlichen; in den Gondwanagebieten fehlt sie ebenfalls. Bemerkenswert sind die Tylodendron-Funde im Perm des östlichen Kanada, wo Holz und Marksteinkerne gefunden wurden. Ein Zusammenhang mit Walchia ist hier zunächst weniger wahrscheinlich, da Walchien in dem östlichen Nordamerika, wie oben gesagt, noch nicht beobachtet sind. Tylodendron-Marksteinkerne werden ja auch mit anderen Koniferen in Zusammenhang gebracht, besonders mit Trias-Voltzien (Abb. 211, S. 338). Walchia-ähnliche oder sogar von ihr zum Teil kaum unterscheidbare Laubzweige gehören auch zu Gomphostrobus, einem isolierten Typus, der wegen der Einsamigkeit der Zapfenschuppen von manchen auch mit Araukarien in Verbindung gebracht wird.“ Diese Voltzien sind Vertreter der Taxodiazeen, deren lebende Vertreter seit dem Beginn des Tertiärs als Sumpfzypresse (Taxodium) (S. 307) bekannt ist. Die älteste fossile Form ist Voltzia, die im oberen Perm erscheint (Abb. 211).

Von unsicherer Stellung ist Ullmania, eine gleichfalls in dem Rotliegenden (Unterdyas) und besonders im Zechstein (höhere Dyas) sehr häufige Koniferenform (Abb. 352). Sie ist nach Gothan durch mehr oder minder kurzzungenförmige, bis lang parallelrandige, dicht gedrängte, spiralig stehende Blätter charakterisiert. Diese fossil häufigen Zweige sind

Abb. 352. Koniferenzweig von Ullmannia aus der unteren Permzeit (Rotliegendes), jedoch von zweifelhafter Zugehörigkeit. (Aus Potonié-Gothan 1921.) Nat. Gr.

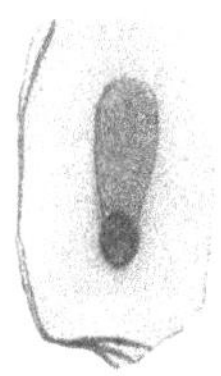

Abb. 353. Ältester Nadelholzsamen (Pinius?) aus dem Keuper (Ob. Trias) von Südschweden. (Aus Nathorst 1876.)

Abb. 354. Zapfen von einer Zeder aus der Unterkreide von Nordamerika. (Aus Maryland Geol. Rep. 1911.) Etwas verkl.

unter dem Namen „Frankenberger Kornähren“ im Thüringischen den Bergleuten bekannt. Obwohl das Holz einen araukarienartigen Bau hat, besagt dies doch nichts für die genetische Verwandtschaft mit diesen.

Die altmesozoische Pflanzenwelt besteht also seit der Triaszeit zunächst wesentlich aus Schachtelhalmen und Schilf von teilweise großem Ausmaß, Farnen, älteren Koniferen, Ginkgazeen und Zykadophyten. Das hält, unter stärkerer Betonung der drei letzteren, die ganze Jurazeit hindurch an. Wenn man, statt nach den Tieren, nach den Pflanzen die Hauptzeiträume einteilt, so müssen wir mit der Zechsteinperiode, also der mittleren Dyaszeit, das Mesophytikum beginnen. Auffallend ist der durchaus gleichmäßige Charakter, den die Pflanzenwelt zur Trias- und Jurazeit in allen Gegenden der Welt hat. Ob wir die Formen im Südpolarland oder im Nordpolarland, ob wir sie in Indien unter dem Äquator oder in Nordeuropa finden, überall sind es dieselben Gestalten. „In keiner geologischen Epoche“, sagt Gothan, „haben wir, soweit eine ausgedehntere

Kenntnis fossiler Floren von verschiedenen Fundpunkten vorhanden ist, eine gleichförmigere Flora auf der Erde gehabt, als zu dieser Zeit. Die entsprechenden Floren von Grönland, Yorkshire, Nordamerika, Sibirien, Japan und andererseits die der Antarktis von Grahamland zeigen bis auf einige Punkte eine verblüffende, oft bis in die Arten hinein gleichförmige Zusammensetzung, jedenfalls in ihren allgemeinen Zügen, so daß die . . . Juraflora von Grahamland allein nach ihrer Zusammensetzung auch von Yorkshire stammen könnte, wenn man es etwas übertrieben ausdrücken will; sie enthält aber ebensogut auch Berührungspunkte mit der jüngsten (Lias-) Flora der Gondwanagebiete. Es ist außerordentlich schwierig, eine so allgemeine Verbreitung eines und desselben Florenelementes zu verstehen.. wo Floren in den jetzigen kalten und nördlich gemäßigten Zonen mit solchen aus den jetzigen Tropen und wiederum der Antarktis ähnliche Vegetationsbedingungen und also wohl auch ähnliche Klimaverhältnisse gehabt haben müßten."

In der unteren Kreidezeit erscheinen die ersten, als solche sicher erkannten höheren Nadelhölzer, die Tannen (Abietineen) im weiteren Sinn. Wie die Glossopterisflora nur auf dem südlichen Gondwanakontinent heimisch war, so sind es diese Gewächse nur auf der Nordhalbkugel zu allen Zeiten gewesen. Schon im Rhät und Lias von Schonen in Südschweden gibt es eine Anzahl Schuppen und Samen, sowie Pollenkörner mit zwei Luftsäcken, die man zu Pinus zählen kann (Abb. 353). Die ältesten, sicher bestimmbaren Abietineen sind in der Unterkreide und Mittelkreide entdeckt worden, stehen aber den späteren und heutigen Arten etwas fern. Als sehr alte Form kann man die Zeder ansprechen. Nach Gothan treten schon in der unteren Kreide Hölzer mit einer der Zeder entsprechenden Holzstruktur auf und auch dahingehörige Zapfen sind aus der Unterkreide schon lange bekannt, wenngleich es noch nicht ganz sicher erwiesen ist, ob sie gerade zu dieser Gattung gehören; Fichten selbst waren wahrscheinlich schon am Ende der Triaszeit, im Rhät, sicher aber im oberen Jura vorhanden. Ein solcher Pinuszapfen aus dieser Zeit ist nebenstehend (Abb. 354), abgebildet. Gothan sagt darüber, daß die Kiefer heute die artenreichste Koniferengattung sei, daß ihr Holzbau die meiste Komplikation aufweise, und daß trotzdem der Typus, wenn man nach den Blatt- und Holzresten urteile, schon sehr alt, und sie nach den Zapfenresten sogar schon an der Grenze von Jura und Kreide in mehreren Grundarten aufgetreten sei und daß damals die Mannigfaltigkeit größer war als heute.

In der mittleren Kreidezeit endlich kamen, gleichzeitig mit diesen neuzeitlichen Nadelholztypen, nun auch die echten bedecktsamigen Blütenpflanzen (Angiospermen), unter denen man die Monokotylen mit parallel geaderten Blättern und aus einem einzigen Keimblatt hervorgehenden Formen (Gräser, Palmen) und die Dikotylen mit verzweigt geäderten Blättern und aus einem doppelten Keimblatt hervorgehenden Laubhölzer unterscheidet. Unter den letzteren erscheinen zuerst die Windblütler und später erst die Insektenblütler, und es ist biologisch von besonderem Interesse, daß mit diesen letzteren auch die Schmetterlinge erstmalig auftreten. Von den Dikotylen sind Salix, Myrica und Magnolia schon unterkreidezeitlich, Juglans kommt in der Mittelkreidezeit. Zugleich kommen Eichen und Platanen. Das alles entfaltet sich dann stark mit der Tertiärzeit. Besonders die Platanen waren nach Gothan über weite Gebiete von Nordamerika, Grönland, Spitzbergen, Island und Europa verbreitet, und erst während der Eiszeit wurden sie auf ihr heutiges begrenztes Gebiet eingeschränkt. In der Kreide ist besonders die Gattung Credneria charakteristisch (Abb. 355). Sie ist „in verschiedenen Formen aus der mittleren und oberen Kreide erhalten, wurde lange als Repräsentant einer ausgestorbenen Familie (Credneriaceae) betrachtet und zu verschiedenen jetztlebenden Familien in Beziehung gebracht; . . . sie gehört nach der Art der Nervenverteilung in den Blattspreiten höchst wahrscheinlich zu den Platanen und stellt eine primitive Platanenform dar."

Abb. 355. Blatt einer Platanenart (Credneria) aus Sandstein der oberen Kreidezeit. Norddeutschland. Älteste Laubhölzer. (Orig. Mus. München.) Etwas verkl.

Wie mit dem Abschluß des Unterdevon, sodann mit dem Abschluß der unteren Dyaszeit, so erfolgt auch mit dem Abschluß der unteren Kreidezeit ein allgemeiner Florenwechsel. Mit der oberen Kreide beginnt eine neue paläophytologische Epoche (Neophytikum s. Tabelle S. 460), bezeichnet durch das entschiedene Auftreten und das baldige Vorherrschen der Angiospermen. Freilich ist es auch hier wieder, wie stets bei derartigen biologischen Zeitwenden im Pflanzen- oder Tierreich, unbestimmt, wann wirklich die ersten Elemente der neuen Lebensgemeinschaften erschienen sind, wie an den vorbeschriebenen Resten gezeigt wurde. So stellen sich nach Gothan die ältesten Angiospermen als Formen dar, „die bestimmten Verwandtschaften nicht zugewiesen werden können; sehr bald aber erscheinen Anklänge an verschiedene Familien . . .; immerhin fehlt für die Flora der mittleren Kreide in der Hauptsache die Möglichkeit, ihre Formen sicher zu deuten, und damit auch die Möglichkeit, sie zur heutigen geographischen Pflanzenverbreitung in Beziehung zu bringen. Erst von der jüngeren Kreidezeit an lassen sich für die angiospermen Reste sichere Beziehungen zu lebenden Pflanzen nachweisen, und die Mehrzahl der bestimmbaren Tertiärpflanzen besitzt lebende Verwandte, aber sie beteiligten sich ehedem in anderer Weise an der Zusammensetzung der Gesamtvegetation."

Über die Gesamtentwicklung des Pflanzenreiches in den geologisch-historischen Epochen gibt Gothan etwa folgenden Überblick. Wie aus der Tabelle (S. 460) hervorgeht, fallen die größeren Abschnitte in der Umwandlung der Pflanzenwelt nicht ganz mit denen der Tierwelt zusammen, so daß ein Paläo-, Meso- und Känophytikum nicht mit den Grenzen von Paläo-, Meso- und Känozoikum zusammenfällt. Der erste Zeitabschnitt würde sich als die Epoche der Algen kurz bezeichnen lassen, umfassend die Formationen Präkambrium, Kambrium und Silur. Aus diesen Epochen sind keine sicheren Reste von Landpflanzen bekannt, was aber für die Silurzeit vielleicht doch nur auf ungünstige Erhaltungszustände zurückzuführen ist. Die ältesten Landpflanzen, die des älteren Teiles der Devonzeit haben wahrscheinlich alle den Charakter kleiner, mehr oder weniger krautartiger Gewächse, und nur Archäosigillaria im Mitteldevon zeigt schon einen mehr baumartigen Typus, der zunächst noch allein dasteht und erst im Oberdevon seinesgleichen findet (Cyclostigma, Abb. 337). Man darf also annehmen, daß etwaige silurische Landpflanzen auch erst klein und krautartig gewesen sein werden, so daß dieser biologische Habitus sozusagen die Zeitformenbildung jener ältesten Epochen gewesen sein mag. Die, wie schon erwähnt, schlechte Erhaltungsmöglichkeit ältester Landpflanzen läßt es immerhin denkbar erscheinen, daß bei späterer zunehmender genauerer Kenntnis jener Floren sich auch für die Landpflanzen noch eine ältere Epoche wird abtrennen lassen, die nun vorläufig mit der unterdevonischen noch als Paläophytikum zusammengefaßt bleiben kann. Sind die ältesten devonischen Landpflanzen hinsichtlich ihrer Einreihung in das System der heutigen und sonst bekannten fossilen Gewächse ganz unsicher, so können wir erst vom Mitteldevon ab sagen, daß sich hier der Farncharakter unzweifelhaft einstellt. Im Karbon treten dann die Gymnospermen deutlich hervor und zugleich auch schon fortgeschrittenere Gruppen (s. oben S. 456). Trotzdem kann man im wesentlichen die Steinkohlenzeit als die Epoche der Pteridophyten bezeichnen. Noch das Unterperm steht unter diesem Zeitcharakter, und erst die Zechsteinperiode zeigt durch das Verschwinden der karbonischen Pflanzenwelt und das starke Hinzukommen und Vorherrschen gymnospermer Pflanzen, wie Ginkgophyten und Koniferen, ein neues floristisches Gesicht und kündigt damit den Beginn des Mesophytikums an. Das bis zur Unterkreide nun reichende Mesophytikum ist charakterisiert durch das Vorherrschen der Koniferen, Zykadophyten, Ginkgophyten, Nilssonien, abgesehen von den übrigen mehr oder weniger im Habitus ähnlichen, aber in ihrer systematischen Zugehörigkeit unklaren Sippen. Man könnte noch einmal dieses Mesophytikum unterteilen und mit der obersten Trias, dem Rhät, eine neue Unterstufe beginnen, wo sich das Florenbild gegenüber dem Jura etwas ändert, was wir hier nicht weiter verfolgen können. Noch die Wealden-Neokom-Formation nach dem Jura, von den Geologen zur Unterkreide gezählt (S. 339), schließt sich an den floristischen Zeitcharakter der Juraepoche an. Aber dann ist ein scharfer Schnitt da: es beginnt die Neuzeit der Pflanzenwelt. Zuerst bis in die Oligozänzeit des Tertiärs ist die junge Flora trotz des Aufkommens der neuzeitlichen Typen noch etwas altertümlich; dann erst verschwinden die noch für unsere heutige Pflanzenwelt etwas fremdartigen Typen der Kreidezeit. Vom Oligozän ab können wir sagen, daß die heutige Flora auf der Erde existierte. Aber im Gegensatz zur Tierwelt steht der Eintritt dieses zeitbiologischen Zustandes. Denn gerade die höhere Tierwelt, die Plazentalsäugetiere, sehen wir damals im vollen Fluß ihrer Entwicklung, die im Miozän erst ihren Höhepunkt hat und im Pliozän meistens erst die jetztzeitlichen Gattungen hervorbringt.

„Es fragt sich," so schließt Gothan seine hier im Auszug gegebene Übersicht, „was es mit diesem jeweils bedeutend früheren Beginn der großen pflanzlichen Entwicklungsperioden auf sich hat. Am durchsichtigsten dürfte die Sache für den letzten Abschnitt sein. Allgemein kann zunächst gesagt werden, daß letzten Endes die Tierwelt von der Pflanzenwelt abhängig ist. Für die gegenwärtige Tierwelt, insbesondere der Säuger und Vögel, ist jedenfalls klar, daß sie ohne die Angiospermen nicht existenzfähig ist. So erscheint die Präexistenz einer Angiospermenflora für die Entwicklung dieser höheren Tiere naturnotwendig. Erst nachdem die entsprechende Pflanzenwelt da war, konnte sich eine Tierwelt dieser Art entwickeln und fortbestehen." Es wäre ein dankbares Thema, einmal das Auftreten der einzelnen Tiertypen in der Erdgeschichte zu verfolgen und zu sehen, inwieweit ihr Erscheinen jenem der Pflanzen voraufgeht oder gleichzeitig mit ihnen ist. Wenn man bedenkt, daß zwar eine Unzahl von Tieren, besonders Insekten, von den Blüten der Pflanzen abhängig sind, diese aber auch in ihrer Bestäubung teilweise von den Insekten, so wird man wohl nicht durchweg von einem Nachfolgen der tierischen Entwicklung sprechen dürfen, sondern wird erwarten müssen, daß sie — vorausgesetzt, daß man an eine allmähliche Umbildung und Entwicklung glaubt — sich in ihren Eigentümlichkeiten miteinander entwickelt haben, wie es beispielsweise bei den Bienen und Hummeln der Fall sein mag. Und dafür spricht die Tatsache, daß die Hymenopteren, zu denen die Genannten gehören, wie auch die Lepidopteren (Schmetterlinge) erstmalig im mittleren Jura erscheinen, also gerade etwa um die Zeit, wo wir auch ein Heraufkommen der höheren Blütenpflanzen entwicklungsgeschichtlich ansetzen müssen, bis sie dann in der Unterkreide vollendet uns entgegentreten. Deecke macht darauf aufmerksam, daß schon im Oberjura von Solnhofen eine Schmetterlingsform mit langem Rüssel auftritt, die also ausschließlich tiefe Blumenkelche aufsuchte. Das legt mindestens die Möglichkeit nahe, daß schon damals und nicht erst in der Kreidezeit solche Gewächse da waren, und so würde das Auftreten bestimmter Tierformen sogar unsere Auffassung vom erdgeschichtlichen Alter mancher biologischen Pflanzentypen stark beeinflussen können.

Die Pflanzen sind übrigens die ausgezeichnetsten Angeber der klimatisch-biologischen Zustände der Vorwelt und einzelner Regionen, aus denen wir sie fossil kennen. Wie aber schon oben (S. 313) einmal bei Besprechung der klimatischen Verhältnisse und des Charakters der Lebensräume erwähnt wurde, sind auch hier, wie bei den Tieren, die Schlüsse nicht immer so einfach, wie man annehmen möchte. Wie oft im Tierreich nahe verwandte Arten einen verschiedenen Standort haben, verschiedenen Lebensbedingungen unterworfen sind, ohne sich in ihrer biologischen Gestaltung äußerlich besonders voneinander zu unterscheiden, so ist dies auch mit den Pflanzen der Fall; und zwar werden wir um so schwieriger Rückschlüsse von ihnen auf ihre ehemalige Umwelt machen können, je älter und fremdartiger sie sind, vorausgesetzt, daß nicht ganz einseitig bestimmte biologische Merkmale an ihnen auftreten, die einen sicheren Rückschluß etwa auf den klimatischen Zustand ihrer Umwelt erlauben.

Es wurde diesbezüglich schon auf die Schwierigkeiten hingewiesen, welche die doch allgemein als wasserliebend angesehene karbonische Flora macht (S. 313). Man sollte meinen, daß hier nur Gewächse standen, die durchaus den Charakter des Feuchten widerspiegeln. Und doch finden sich unter ihnen auch Gattungen, denen man nach der Lederigkeit ihrer Blätter einen durchaus trockenen Standort zuschreiben möchte. Gothan sagt darüber: Manche Blattarten, wie die von Cordaites, Neuropteris, Callipteris, von denen man sogar Mazerationspräparate hat gewinnen können, müssen mehr oder weniger lederig gewesen sein; andere, wie die Lepidophyllen, weisen auf der Unterseite des Blattes Längsriefen auf, in denen versenkt die Spaltöffnungen lagen. Derartige Spaltöffnungen dienen zum Ausatmen und sind bei Pflanzen, die in der Trockenheit leben, unterdrückt oder verdeckt, so daß sie nicht zuviel Feuchtigkeit von sich geben. Diese Blätter waren wie Nadeln mit rhombischem Querschnitt und hatten eigentlich wenig Blattartiges an sich. Man bringt sie in Zusammenhang mit der ‚physiologischen Trockenheit‘ des Bodens, die durch einen schwachen Salzgehalt darin verursacht sein soll. Würde diese Erklärung selbst für die meernahen Lager mit marinen Zwischenlagen (S. 312) kaum befriedigen, so kann sie für die Binnenbecken, die sicher niemals mit Versalzung des Bodens zu tun hatten, gar nicht in Frage kommen. Die vergleichsweise ähnliche Flora des Karbons der Binnenbecken und meernahen Becken verlangt jedoch ähnliche Vegetationsbedingungen für beide. Man wird wohl über den Grund dieser xerophytischen (Trockenheit anzeigenden) Charaktere nicht ohne weiteres ins Klare kommen können. Daß sie jedoch weder für einen irgendwie trockenen Boden, noch für die trockene Luft beweisend ist, zeigt ein Blick in die Pflanzenwelt der tropischen und subtropischen Regenwälder, wo sich trotz der mehr als genügenden Luftfeuchtigkeit genug Pflanzen mit lederigen Blättern finden. „Dasselbe Bild erhält man in verstärktem Maße von den subtropischen Regenwäldern, wo gerade von solchen unter einem ausgesprochen ozeanischen Klima wachsenden Pflanzenformationen für die Bäume lederartige und derbe Blätter als die Regel angegeben werden, während gleichzeitig Farnbäume, Hymenophyllazeen als Unterflora existieren. Die Bäume solcher subtropischer Regenwälder (wie in Chile, Neuseeland, gewissen Inseln) werden geradezu als xeromorph (d. h. den Habitus der Trockenpflanzen besitzend) geschildert. Wir haben also in solchen subtropischen Regenwäldern mit ihrer Kombination von größeren ‚xeromorphen' Gewächsen und kleineren hygrophylen (d. h. den Habitus der feuchtigkeit-liebenden an sich tragend) geradezu ein Abbild der Verhältnisse der Steinkohlengewächse. Man darf also aus dem Vorkommen der xerophytischen Merkmale bei gewissen Karbonpflanzen im Rahmen der Gesamtverhältnisse gar nicht auf irgendwelche xerophytischen Wachstumsverhältnisse für diese Pflanzen, mögen sie nun im Boden oder in der Luftfeuchte liegen, schließen. Daß der Grund dafür so mangelhaft zu durchschauen ist, kann nicht wundernehmen, da man selbst über die Ursachen dieser Verhältnisse bei lebenden Pflanzen noch nicht Bescheid weiß."

Es ist sehr wohl möglich, daß solche Unterschiedlichkeiten durchaus auf den lokalen, und zwar allerengsten Standort der Pflanzen zurückzuführen sind. Oft liegt neben einer Vertiefung eine Erhöhung und je nach der Bodenbeschaffenheit oder Wasserzirkulation kommen eben auch die verschiedensten Standortsbedingungen und damit der verschiedene biologische Habitus zustande. Deecke macht beispielsweise darauf aufmerksam, daß man eben deshalb sehr vorsichtig mit Schlüssen auf die Klimagestaltung aus Pflanzen sein müsse. So ist eine bekannte geologische Auffassung der Nacheiszeit die, daß im atlantischen Gebiet ein Klimawechsel stattgefunden habe. Zuerst soll es nach der Eiszeit viel wärmer gewesen sein, denn in Skandinavien habe die Baumgrenze viel höher oben gelegen. Auch die nordischen Torfmoore zeigen zuerst eine Vegetation, die auf höhere Wärme deute als jene, die man in den jüngeren Teilen der Moore angetroffen habe. In Nordwestdeutschland soll im speziellen nach dem Rückzug des Eises eine trockene, kalte, aber keineswegs arktische Temperatur eingetreten sein; im Süden entsprach ihr eine Steppenbildung, im Norden eine Vegetation mit Dryas und kriechenden Weiden, Steinbrech (vgl. S. 70) also eine Tundrenflora. Dann aber ist nach Stoller eine Wärmesteigerung zu bemerken, es entsteht eine zusammenhängende Decke von Birken- und Kiefernwäldern mit Hochmooren. Es fällt diese Epoche etwa mit der im Kap. I/2 beschriebenen Yoldia- und dem Anfang der Ankyluszeit (S. 71) zusammen. Nach kleiner Schwankung, der oberen Ankylus- und Litorinazeit entsprechend, kam die Buche, die Erle wird „unumstrittener Bruchwaldbaum", aber die Moore wachsen weiter, ohne daß man eine Temperaturänderung aus den Pflanzen als solchen ableiten könnte. Da nun die früher beschriebenen Meeresspiegelschwankungen mit geotektonischen Wellungen, sogenannten Großfalten (nicht geotektonisch-alpiner Art) zusammenhängen, so sieht Deecke diese ganzen Änderungen der Pflanzengestaltung auch als eine Rückwirkung der Bodenverhältnisse, nicht des Klimas an. Wird also, so sagt Deecke, durch hohes Aufsteigen des Bodens „eine wärmeliebende Flora vernichtet, so erzeugen Senkungen das Umgekehrte, außerdem wird vor allem, was für die postdiluvialen Wälder Europas viel zu wenig beachtet wurde, durch Verschiebung des Grundwassers eine Änderung der Baumvegetation notwendig. Die Fichte gedeiht nicht bei hohem Grundwasserspiegel, wohl aber die Eiche; sobald der Boden zu sumpfig wird, stirbt auch sie ab und macht Birken, Erlen, Eschen, Weiden Platz, schließlich Torfmooren". Infolgedessen sind die Rückschlüsse auf die klimatische Umwelt der Pflanzengemeinschaften nicht so einseitig zu machen, daß man nur die Temperaturdurchschnitte für die Existenz der vorkommenden Arten zu nehmen brauchte, um den Schluß zu machen.

Infolgedessen wird nun auch das Problem über die Lebensumstände der älteren Pflanzengesellschaften umstrittener. Schon oben wurde erwähnt, daß die Jurafloren einen durchaus einheitlichen Charakter über die ganze Welt hin zeigen, wenn es auch einzelne Typen gab, die nicht überall auftraten. Auch die große Frage nach der angeblich hohen Wärme im polaren Gebiet zur Tertiärzeit, als dort Bäume und Sträucher gediehen, die wir heute nur noch in der gemäßigten Zone in solchen Beständen antreffen, wird dadurch wieder neu angeregt. Und man sieht, wie schwierig es ist, auch das Auftreten und damit die wahre biologische Bedeutung ältester, uns ganz fremd gegenüberstehender Pflanzen zu beurteilen, wie es etwa die alten Sträucher und Kräuter der Devonzeit und die dort sich andeutungsweise erstmals einstellenden Baumbildungen sind, die dann in der Steinkohlenzeit so großen Umfang gewinnen.

C) ENTWICKLUNGSGESCHICHTLICHE ERGEBNISSE

7. Entwicklungsgesetze · Formenreihen · Riesenformen

Überblickt man die Tier- und Pflanzengemeinschaften, wie sie in den verschiedenen Zeitaltern und den verschiedenen Lebensgebieten als Ganzes uns entgegentreten, so sehen wir sie immer wieder zusammengesetzt aus neuen Arten und Gattungen, oft nur unmerklich voneinander abweichend, oft auch sehr voneinander unterschieden. Oft unterscheiden sich die Gemeinschaften zweier aufeinanderfolgender Zeitalter in gleichen Faziesgebieten (Kap. I,5 S. 131) weniger voneinander als die gleichzeitigen Lebensgemeinschaften verschiedener Lebensbezirke oder Faziesgebiete. Eine Flachmeerfauna der Jura- und Kreidezeit zeigt weniger Formunterschiede als etwa eine Fauna des Juraflachmeeres und des Jurafestlandes, um ganz Extremes zu nennen. Immerfort aber wechseln, wie gesagt, die Arten oder Gattungen.

Trotz dieses Wechsels von Zeitstufe zu Zeitstufe auch in den gleichen Faziesgebieten kommt es, wie gezeigt, vor, daß sich im allgemeinen Habitus, in der allgemeinen Erscheinungsweise die zu verschiedenen Typen gehörenden Einzelformen so gleichen, daß sie zum Verwechseln ähnlich sind. Das kommt davon her, daß bei einer einmal gegebenen Grundorganisation die gleichen äußeren biologischen Verhältnisse eben auch gleiche Körperformen erfordern. Ein Brandungsgebiet des Meeres wird immer wieder dickschalige Gestalten hervorrufen, während das stille Tiefenwasser dünnschalige Mollusken erfordert. Ist also nur die allgemeine Organisation dieselbe, so werden zu verschiedenen Zeiten die Arten in den gleichen Faziesgebieten auch sehr gleichartig aussehen. Dies beruht auf konvergenter Anpassung an dieselben Lebensumstände. Man kann aus den verschiedensten und zeitlich weitgetrennten Formationen oftmals solche außerordentlich ähnliche Gestaltungen namhaft machen, darf sich aber durch solche Ähnlichkeiten nicht dazu verleiten lassen, derartige Formen nun unmittelbar für stammesgeschichtlich verwandt anzusprechen; sie können vielmehr heterogenen Zeugungskreisen angehören, da sie ja auch zu ganz verschiedener Zeit entstanden sind. Diese konvergente und sehr äußerliche Einzelformenbildung ist etwas durchaus Verschiedenes von der oben (S. 380) geschilderten Entwicklung gleicher Baustile in bestimmten Zeiten.

Das Tier- und Pflanzenreich ist, wie schon im Kapitel I, 4 bei Besprechung der Zeitbestimmung dargelegt wurde, in steter Umbildung gewesen. Doch nicht so, daß in jeder Zeitstufe immer nur Neues kam, immer nur neue Gattungen und Arten, sondern so, daß jede Tierwelt einer folgenden Zeit sich immer wieder aus alten Typen und Gattungen, zugleich auch neuen, zusammensetzt. Die einen sind sehr kurzfristig, die andern dauern länger, wieder andere gehen in ihrem Typus, manche auch in der Gattung durch alle oder fast alle Zeitalter hindurch. Wir können also rasch wechselnde und Dauerformen voneinander unterscheiden. Die rasch wechselnden lassen sich oftmals in Formenreihen verfolgen und geben uns so ein Bild der Formentwicklung durch die Zeiten. Man kann solche Formentwicklungen auffassen als Anpassungsbildungen an die Erfordernisse der Umwelt. Dementsprechend wären die Dauergestalten Formen, die bei einer einmal erlangten, ihnen günstigen Anpassung verharren und durch viele, ja vielleicht alle Zeitalter in der gleichen Gestalt hindurchgehen. Das sind die persistenten Gattungen. Man nimmt an, daß diese Formen irgendwie so an ihre Lebenserfordernisse angepaßt sind, daß sie dem immerwährenden Wechsel gewissermaßen mit Erfolg begegnen können, stets die ihnen zusagenden, wenn auch nicht immer unbedingt gleichen Lebensverhältnisse finden und infolgedessen von jeder weiteren Umwandlung verschont bleiben. Beispiele hierfür sind weniger unter den höheren als vielmehr unter den niederen Tieren zu finden (Abb. 356 und Abb. 268, S. 392).

Abb. 356. Durchdauernder Typus eines niederen Tieres (Lingula) seit altkambrischer Zeit. Den Würmern verwandtes, aber stark abgeändertes muschelartiges Tier mit Hornschale (Brachiopode), das im Meeresboden eingegraben lebt. Indischer Ozean. Verkl.

Daneben aber besteht die Hauptmasse der von Zeitalter zu Zeitalter erscheinenden Arten und Gattungen stets aus neuen, vorher nicht dagewesenen und auch verhältnismäßig rasch wieder verschwindenden oder sich wandelnden Formen. Als wir im Kap. I, 4 über die Möglichkeit einer erdgeschichtlichen Zeiteinteilung sprachen, waren uns eben diese stets wechselnden Formen die besten Leitfossilien zur Abgrenzung kürzerer Zeiträume (S. 112). So ist also jedes Faunen- und Florenbild in dem erdgeschichtlichen Wechsel ein Gewebe ganz verschieden alter und aus ganz verschiedenen Zeugungskreisen zusammengesetzter Formelemente, und das Ganze ist jeweils bestimmt aus schon vorhanden gewesenen unveränderten, sodann aus schon vorhanden gewesenen, aber abgeänderten und endlich aus neuen, zuvor nicht bekannten Formen. Und diese Veränderungen im Gesamtbild der Tier- und Pflanzengemeinschaften gehen daher auch auf die verschiedensten physiologischen Ursachen zurück: auf Beharrlichkeit der Formbildung, auf sekundäre Neuanpassung und auf das noch nicht aufgeklärte Entstehen neuer Typen.

Betrachtet man also objektiv die Art und Weise, wie sich uns das Leben durch die Zeitalter der Vorwelt hindurch darbietet, so können wir verschiedene allgemeine, oft klar hervortretende, dann wohl auch wieder verwischte Züge der Umgestaltung entdecken. Ein solcher ist die Zunahme der Spezialisation der Formbildung innerhalb einmal gegebener Typen und Grundorganisationen. Wenn einmal eine solche erschienen ist, so sehen wir gewöhnlich, daß die ältesten Arten primitiver, sozusagen allgemeiner gebaut sind, als die späteren und spätesten des gleichen Spezialstammes. Es ist nicht so, daß etwa die jeweils frühesten Formen eines Typus in ihrer Form nichtssagend, unbestimmt, schemenhaft gewesen wären; das gibt es in der Natur überhaupt nicht. Denn alle wirklichen Tier- oder Pflanzenarten, die wir kennen, sind stets insofern spezialisiert gewesen, als sie alle miteinander für das Leben in der wirklichen Welt tauglich waren und nicht bloß abstrakte, ideelle Formen sein konnten. Man kann sich zwar zur Veranschaulichung solche abstrakten Formbilder aus den wirklichen Lebewesen konstruieren und dann etwa von dem Säugetier schlechthin, von dem Krebs, dem Insekt, der Koralle an sich sprechen; aber sobald wir rein naturgeschichtlich die Dinge betrachten, gab es niemals solche schematisch-idealen Urformen, aus denen sich irgend etwas Späteres entwickelt hätte, sondern es gab immer nur angepaßte, auf ihre Lebensweise eingestellte, also immer irgendwie speziell ausgebildete Formen. Was wir also mit „primitiv" und „fortgeschritten" in der Organisation innerhalb bestimmter Grundtypen des Tier- oder Pflanzenreiches meinen, ist stets der höhere oder geringere Grad, in dem einzelne Arten gleichen Stammes an diese oder jene besondere Lebensweise oder besonderen Lebensraum, an diese oder jene besondere Verrichtung „angepaßt" erscheinen.

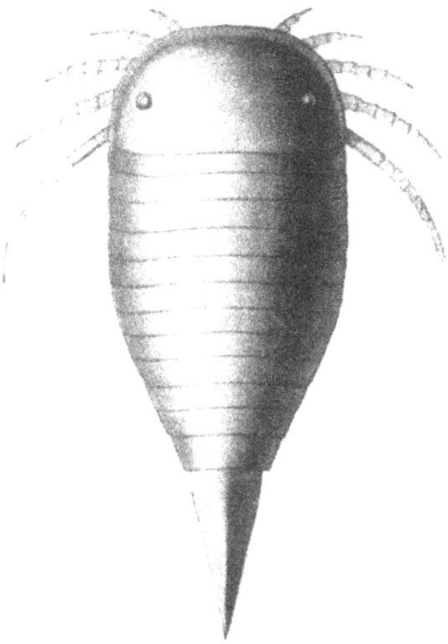

Abb. 357. Einfache Grundform eines merostomen Gliedertieres (Strabops) aus dem Oberkambrium von Nordamerika. Meeresbewohner. Einfache Extremitäten, kurzer, stämmiger Schwanzstachel. Lebte kriechend am Boden, wühlte sich vielleicht auch mit dem Schwanzstachel nach rückwärts in den weichen Meeresboden ein. (Aus Clarke-Ruedemann nach Zittel-Broili 1924.) $^1/_3$ nat. Gr.

Was aber primitiv und vorgeschritten, was einfach und was spezialisiert ist, können wir nicht aus allgemeinen philosophischen Begriffen ableiten, sondern müssen die wirklichen ehemaligen Lebensformen so betrachten, wie sie in der Zeit aufeinanderfolgten, müssen vergleichen, wie sie sich in diesem Anfangs- und in den fortgeschritteneren Zuständen voneinander unterscheiden. Mit anderen Worten: was primitiv oder vorgeschritten in der Formbildung eines Typus ist, das leitet sich lediglich aus dem Vergleich des Frühesten mit dem Späteren ab und darf nur aus dem Grad der darin sich kundgebenden biologischen Anpassung an bestimmte Lebensverhältnisse bestimmt werden.

Etwas ganz anderes als der Weg vom Primitiven zum Spezialisierten innerhalb gegebener Grundorganisation ist der ebenfalls in der Erdgeschichte zu beobachtende Aufstieg des Gesamtlebensreiches von niederen Organisationen zu höheren. Zuerst sehen wir im Erdaltertum nur wirbellose Tiere; dann kommen die Fische, dann die Amphibien und Reptilien, dann im Erdmittelalter die beuteltierartigen Säuger, dann die hochentwickelten Plazentalsäugetiere. Dieser allgemeine Aufstieg des Lebensreiches, der sich auch in der Entwicklung der Pflanzenwelt ebenso äußert, ist nun grundsätzlich etwas ganz anderes als die Zunahme der Spezialisation innerhalb von Typen. Bei dem letzteren ist das Vorgeschrittene, das Spezialisierte nicht „höher", sondern nur einseitiger. So ist die Spezialisierung innerhalb gegebener Typen keineswegs ein Zeichen allgemeiner Vervollkommnung, sondern kann geradezu das Gegenteil sein.

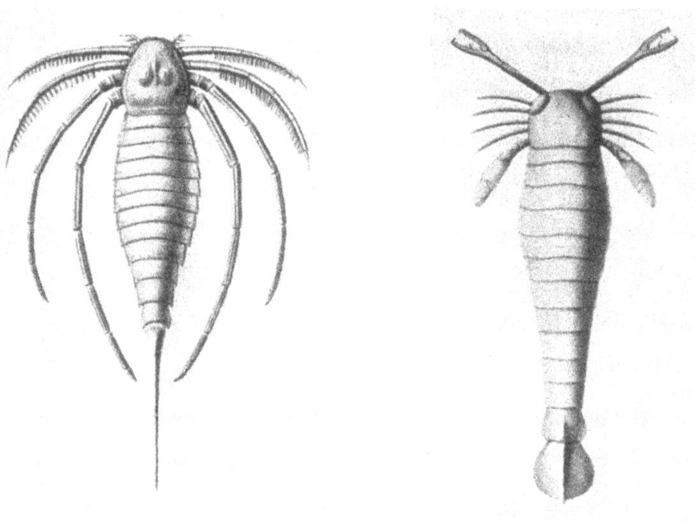

a b

Abb. 358. Silurisch-devonische, nicht mehr rein marine, sondern teilweise an das halbsalzige oder Süßwasser angepaßte Merostomen. a Stylonurus, extreme Bodenform mit stark verlängerten, dem Flachliegen auf dem weichen Untergrund dienenden Beinen und Schwanzstachel. Augenstellung dementsprechend oben auf der Kopfplatte. b Pterygotus, extreme Schwimmform mit Ruderfüßen und Schwanzsteuer, im Wasser auf und absteigend, mit langen Scheren zur Erjagung der Beute. (Rekonstruktionen aus Clarke-Ruedemann 1910.) Verschieden verkl.

Höher und niederer im Typenhaften heißt, daß ein Organismus als Vertreter eines Formtypus nicht nur eine größere Zahl Organe, nicht nur größere oder geringere Differenzierung seiner Gestaltung aufweist; sondern höher ist ein Organisationstyp dann, wenn die Differenzierung und Vermehrung der Organe zugleich auch wieder einheitlicher zusammengefaßt ist. Spezialisiert oder nichtspezialisiert kann aber innerhalb jedes beliebigen höheren oder niederen Typus die und jene Gattung sein. Um ein praktisches Beispiel zu bringen: Unter den beiden neben abgebildeten merostomen Krustern des frühen Erdaltertums ist die eine Form unspezialisiert (Abb. 357) gegenüber anderen des gleichen Stammes, die sehr einseitig spezialisiert, sehr einseitig an das Liegen auf dem Meeresboden, oder an das Schnellschwimmen im Wasser angepaßt sind (Abb. 358), während die erstere sowohl einigermaßen schwimmen, wie krabbeln konnte. Der einseitig ans Schwimmen angepaßte Typ ist schlanker, der Schwanz ist ein Schwimmsteuer, die Extremitäten differenziert, teils zu Rudern, teils zu Scheren geworden, mit denen das Tier rasch im Vorbeieilen nach Beute greifen konnte; die Augen liegen ganz vorne. Der andere extreme Typ dagegen hat weit ausladende Beine, mit denen er ausgebreitet auf dem Schlammboden lag und infolge der dadurch erzeugten Sperrfläche nicht versank; zugleich liegen die Augen mitten auf dem Kopfschild, schauen also nach oben, wie es für ein liegendes Tier sinngemäß ist, während bei der Schwimmform die beiden Augen vorne am Kopfrande liegen, ebenfalls der Lebensweise entsprechend nützlich. Vergleicht man nun die drei Formen, so stellt sich die erstere tatsächlich als die unspezialisierte, also

Abb. 359. Hinterfuß eines sehr primitiven Huftieres (Phenacodus) der Stammgruppe Condylarthra. Mitteleozän. Wyoming. Noch vollständig fünfzehig, wenn auch mit stärkerer Betonung der Mittelzehe und geringer Verkürzung der Seitenzehen. Ausgangsform für den Pferdefuß Abb. 361. (Nach Abguß im Mus. München.) Etwa 1/3 nat. Gr.

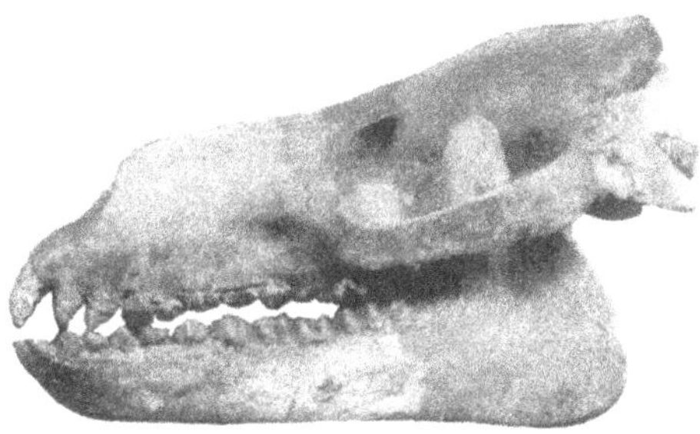

Abb. 360. Primitiver gestreckter, wenig ausgearbeiteter Schädel mit vollständigem lückenlosem Gebiß eines alttertiärzeitlichen kleinen Huftieres (Diplobune). Vorform der Paarhufer. Augenöffnung von den Schläfen noch nicht getrennt (vgl. Abb. 362). Oligozäne Bohnerzspalten. Jura bei Ulm. (Orig. Mus. München.) Etwa 1/4 nat. Gr.

primitivere dar, während die beiden anderen so erscheinen, als ob sie sich, jede nach ihrer bestimmten biologischen Richtung, von jener Ausgangsform wegspezialisiert hätten. Bedenkt man zudem, daß die Primitivform auch die zeitlich frühere ist, so kann man den Gedanken verfolgen, die beiden anderen hätten sich stammesgeschichtlich aus der Primitivform entwickelt. Das ist der Sinn der Entwicklungs- oder Abstammungslehre, soweit sie sich auf das Aufeinanderfolgen verschieden hochspezialisierter Gattungen eines Typus bezieht. Man sieht also, daß es unter einer bestimmten allgemeinen Organisationshöhe — hier der eines Gliedertieres — verschiedene Stufen der Spezialisierung geben kann; aber auch die Anfangsform ist durchaus an ihre Lebensweise angepaßt und eben für diese spezialisiert.

Bei den geologisch ältesten, frühtertiären Huftieren zeigen sich meistens noch fünf- und vierzehige sohlengängerige, wenig aufgerichtete Extremitäten (Abb. 359), ein vollständiges, mit 44 Zähnen besetztes Gebiß, sowie gestreckte Schädel (Abb. 360). Im vorgeschrittensten, also spezialisierten Stadium, gegen Ende der Tertiärzeit, ist bei den Pferden die Zehenzahl rückgebildet, der Fuß ist auf dem einen Huf ganz aufgerichtet (Abb. 361). Bei den Paarhufern sind zwei Zehen übrig geblieben, das Gebiß gleichfalls sehr rückgebildet, der Schädel heraufgedrängt (Abb. 362). Vergleicht man nun jene paläozoischen Krebsformen, deren jede eine eigene Spezialisation innerhalb ihres Typus darstellen, mit den tertiären Huftierformen, von denen dasselbe gilt, so erkennt man ohne weiteres, daß das Primitive, Unspezialisierte, sowie das Vorgeschrittene Spezialisierte nicht mit dem Höher oder Niederer der allgemeinen Grundorganisation der Tierwelt gleichzusetzen ist, sondern daß innerhalb eines jeden Typus sich die Wandlung vom Unspezialisierten zum Spezialisierten vollzieht.

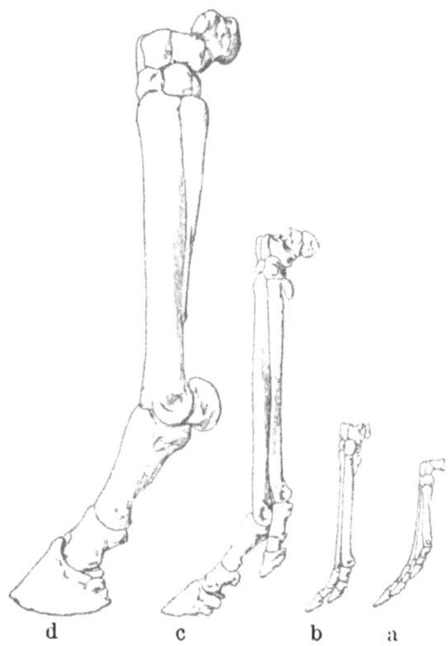

Abb. 361. Umwandlung des Pferdefußes während der Tertiärzeit aus der schon dreizehigen kleineren in die einzehige quartärzeitliche Form. Allgemeine Größenzunahme der Gestalt sichtbar. a Eohippus, Untereozän; b Mesohippus, Oligozän; c Meryhippus, Miozän; d Equus, Jetztzeit. (Zum Vergleich s. den Primitivfuß Abb. 359 und die Schädelreihe Abb. 372, S. 486). Reihe aus Nordamerika. (Aus W. D. Matthew 1926.) Alles sehr verkl.

Man kann solche Zunahmen der Spezialisation als Anpassung an bestimmte Lebensnotwendigkeiten verstehen. Wenn heute das Pferd einen einzehigen, steilgestellten Fuß hat, so erweist es sich damit als springendes Steppentier; wenn sein Vorfahre klein war und einen flachen, sohlengängerigen, vier- oder fünfzehigen Fuß hatte, so erweist er sich damit als Waldtier, das auf weichem Boden langsam trottete. Wenn jener Krebs in Abb. 358 b eine extreme Schwimmform darstellt, so kann man entwicklungsgeschichtlich die ideale Umwandlung seines Primitivvorfahren zu dem vollkommenen Schwimmkrebs als Anpassung an die rein schwimmende Lebensweise auffassen und darf in diesem Sinne von Entwicklung reden.

Nun gibt es keine Rückwärtsentwicklung derart, daß eine einmal erreichte Spezialisation wieder so zurücklaufen könnte, daß sie noch einmal die Ausgangsform hervorbrächte. Es ist erfahrungsgemäß undenkbar, daß aus einem einzehigen Pferd jemals wieder ein vierzehiges werden könnte, mag die erdgeschichtliche Zeit, in der dieses Pferd lebt, auch nach Jahrmillionen sich belaufen. Aus einem extrem modifizierten Wesen kann nicht wieder die Primitivform erscheinen. Es ist das Gesetz von der Nichtumkehrbarkeit der Entwicklung. Dieses von Dollo aufgestellte, von

Abel ausgebaute Gesetz besagt, daß ein Organ, ein Körperteil, der einmal durch Rückbildung verschwunden ist, nicht wieder in gleicher Weise, an der gleichen Körperstelle und mit dem gleichen örtlichen Bildungsmittel, hervorgebracht werden kann. So werden sich aus den reduzierten Huftierzehen nie wieder die alten Fünfzeher herstellen können. Würde irgendwie wieder das Erfordernis zu einem breiten sohlengängerigen Fuß in der Huftiergruppe auftreten, so würden sich nicht die fünf Zehen wiederherstellen, es würde nicht das Fußskelett wieder sohlengängerig werden, sondern es würden sich wahrscheinlich dicke Muskel- oder Hornballen bilden, die äußerlich jenes Bedürfnis erfüllten; aber das Gleiche würde nicht wiederkehren.

Abb. 362. Spezialisierter Schädel eines Paarhufers (Schaf) der Quartärzeit. Schädel hochgetrieben, Augenhöhle geschlossen, Gebiß reduziert, mit weiter Lücke zwischen Schneide- und Backenzähnen, erstere oben vollständig rückgebildet (vgl. Abb. 360). (Orig. Mus. München.) Verkl.

a b

Abb. 363. b Ammonit der Oberkreidezeit (Tissotia), dessen Kammerscheidewände (vgl. Abb. 291) wieder sehr einfach gestaltet sind und an die Ausbildungsweise bei den älteren Formen der Triaszeit (Ceratites) a erinnern. (Vgl. Abb. 82 b, S. 112). (Orig. Mus. München.) Etwas verkl.

Das Gesetz darf nicht dahin mißverstanden werden, daß jede Vereinfachung einer Formbildung schon eine Umkehr der Entwicklung sei. Es gibt beispielsweise in der Kreidezeit Ammonshörner, deren Kammerscheidewände (Suturlinien) wieder ähnlich einfach aussehen, wie die der triassischen Zeratiten (Abb. 363). Man wollte darin eine Umkehr, also eine Widerlegung des Nichtumkehrbarkeitsgesetzes sehen. Das ist irrtümlich; denn jene Ammonitenwände sind ja niemals verschwunden gewesen, sondern nur im

Zusammenhang mit bestimmten äußeren Umständen (Wasserdruck, Lebensweise, Schalengestalt) so vereinfacht worden, ohne daß die einzelnen, auch in den komplizierteren Ammonitensuturen erkennbaren Grundelemente der Linie (Abb. 292, S. 412) durchaus rückgebildet worden wären. Es geht nicht an, solche naturhistorischen Gesetze mit bloß äußerlich statistisch hergebrachten Einzelerscheinungen ihres wesentlichen Grundzuges berauben zu wollen.

Das vom Begründer des Gesetzes seinerzeit schon gegebene klassische Beispiel ist die Umwandlung der Schildkröten zu Meeresbewohnern. In der Triaszeit sind die Schildkröten Landbewohner, und als solche sind sie erstmalig erschienen. Im Jura (Abb. 364) finden wir sie teilweise schon an das Meeresleben angepaßt, der Panzer wird rückgebildet, also der Körper erleichtert, die Extremitäten werden Ruderfüße. In der Kreidezeit ist der Panzer verschwunden (Abb. 365). Nun erscheint in der Tertiärzeit und heute eine Meeresschildkröte, die erneut wieder einen Panzer zu besitzen scheint. Aber das ist eine Täuschung. Denn dieser Panzer der Lederschildkröte ist nur eine Verhärtung der äußeren Haut (Abb. 366), aber nicht eine Wiederherstellung des alten Panzers, dessen Restanlagen noch unter jener Haut rückgebildet liegen. Die Natur hat also, um einen dem ehemaligen gleichartigen Zustand wiederherstellen zu können, einen anderen Weg der Formbildung einschlagen müssen: sie nähte sozusagen den Schildkrötenkörper nun in einen dicken Ledersack ein. Das Gesetz der Nichtumkehrbarkeit ist also durchaus gewahrt.

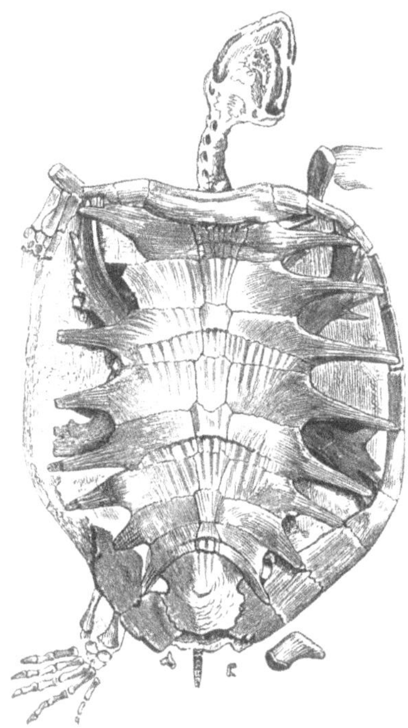

Abb. 364. Meeresschildkröte der späteren Jurazeit (Eurysternum). Das Meeresleben erfordert Erleichterung des Panzers, der stark durchbrochen erscheint. Extremitäten von Schwimmhaut überzogen. Lithograph. Kalkschiefer. Solnhofen. (Aus Zittel-Broili 1923.) Verkl.

Es gibt bei diesen durchgehenden Spezialisationsvorgängen auch solche, die einem Endzustand zuführen, der auch im engen Kreise keineswegs eine günstige biologische Anpassung bedeutet, sondern von Anfang an sich einer Umorganisation zu bewegt, welche schädlich ist. Dies kommt besonders dann zum Ausdruck, wenn gleichzeitig auf anderen Entwicklungslinien andere Spezialisierungen desselben Grundtypus eintreten, welche einen besseren Weg bedeuten und zu einem Endresultat führen, das ihren Trägern wesentlich nützlicher ist und die deshalb schließlich Gattungen hervorbringen, welche die weniger günstig spezialisierten verdrängen, sich im „Kampf ums Dasein“, im Kampf um den Lebens- und Nahrungsraum überlegen zeigen. Es sterben dann diese „fehlgeschlagenen Anpassungen“, wie Abel sie nennt, auch jeweils sehr rasch aus, während die günstigeren Spezialisierungen sehr lange durchdauern können. Zwei Beispiele, eines aus der Sippe der niederen vorweltlichen Tiere, das andere aus dem Reich der höheren Tiere, mögen dies veranschaulichen.

Es war schon oben (S. 372) von der günstigen Umwandlung die Rede, welche aus jenen paläozoischen geradegestreckten Nautilidengehäusen das eingewickelte der späteren und heutigen Nautiliden werden ließ. Die Einrollung war schon gegen das Ende des Erdaltertums hin erreicht, im Erdmittelalter war die vollkommen geschlossene Gehäuseform erreicht, und seitdem lebt der Nautilus, wenn auch allmählich in der Artenzahl vermindert, so doch noch heute fort. Damals, im Erdaltertum, als diese Umwandlung begann (Abb. 367), wählte ein Spezialzweig der geraden Nautiliden einen anderen Weg, um das langgestreckte Gehäuse loszuwerden. Oben an der Wohnkammer (Abb. 368a) wurden seitlich neue Luftkammern angesetzt und als diese gebildet waren, wurde der rückwärtige langgestreckte Kammernteil abgestoßen. Es ergab sich die Form Abb. 368b. Auch dies war eine Lösung der Umwandlungsfrage, aber wie man sieht, gegenüber der geschlossenen, mehr oder weniger kugelhaften Gehäuseform doch eine recht unbeholfene. Diese Art der Spezialisation starb auch sofort aus.

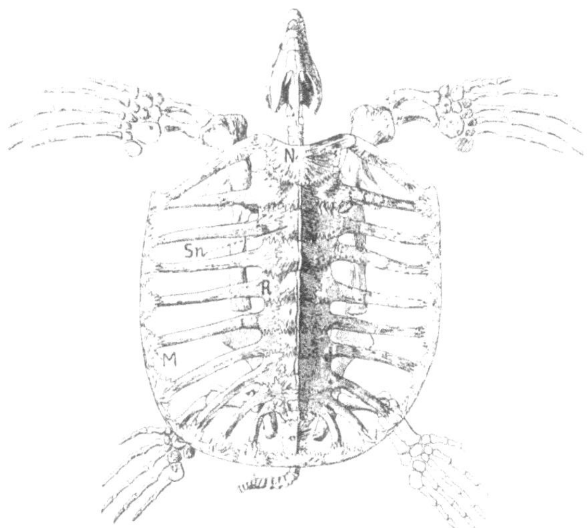

Abb. 365. Extrem vorgeschrittene Rückbildung des Panzers bei der oberkreidezeitlichen Meeresschildkröte Archelon. Nordamerika. Die schwimmende Meeresform ist vollendet, der Körper leicht, die Extremitäten sind zu großen Ruderfüßen mit Schwimmhaut umgewandelt. (Aus Abel 1911.) Verkl.

Bei der soeben schon erwähnten Umwandlung der tertiärzeitlichen Huftierformen aus dem fünf- und vierzehigen Entwicklungsstadium in die zweizehige der späteren Rinder und sonstigen Wiederkäuer wurden, wie oben gezeigt, die Seitenzehen allmählich verkürzt, verkleinert, abgestoßen, während die beiden Mittelzehen sich stärker hervorhoben und etwas verlängert wurden. Eine andere Gruppe aber suchte, wie Kowalewsky nachwies, diesem Erfordernis der Fußreduktion dadurch nachzukommen, daß die überflüssig werdenden Zehen und Zehenglieder nicht einfach schwanden und abgestoßen, sondern unter den nun schmäler werdenden, zweizehigen Fuß hinuntergedrängt wurden, aber als ein noch mit artikulierendes Rudiment (Abb. 369) erhalten blieben. Es ist offenbar, daß diese Lösung nicht günstig war, weil der Fuß dadurch nicht geeignet zum leichten Springen wurde, wie es in der vollendetsten Weise jetzt die Hirsche oder Gemsen zeigen. Und auch die mit der fehlgeschlagenen Spezialisation begabten Gattungen starben schon in der Tertiärzeit rasch aus.

Man darf natürlich mit solchen Begriffen die Natur nicht meistern wollen und darf nicht glauben, es seien solche „Fehlschläge" nun gewissermaßen Irrwege, die zur Verelendung der betreffenden Gattungen geführt hätten. So ist es keineswegs. Denn auch derartige Entwicklungsergebnisse hatten ihren natürlichen, biologischen Sinn und dienten wieder speziellen Anpassungen. So hat man bei einer der hier beschriebenen Formen Anhaltspunkte, daß ihre Füße zum Schwimmen im Wasser angepaßt waren, und daß sie wahrscheinlich Schwimmhäute besaßen. Es war also ihr nicht zum springenden Huftier gewordener Fuß dennoch sehr zweckvoll auf das Leben eingestellt, wenn auch die das doppelzehige Huftier schließlich erzielende Entwicklungsrichtung nicht eingehalten wurde und die Formen als zu früh und zu einseitig nach einer nicht im Sinne des Huftieres liegenden Formgestaltung abgedrängt wurden. Dasselbe mag mit dem zuvor beschriebenen Nautiliden zugetroffen sein. Auch dieser war nicht etwa lebensunfähig, sondern wir würden, wenn wir seine Lebensweise erspähen könnten, auch hier durchaus die biologische Zweckmäßigkeit seiner Schalenform und ihres Wechsels verstehen.

Abb. 366. Lederschildkröte (Dermochelys), eine jetztlebende und tertiärzeitliche Form. Neue, scheinbare Panzerbildung. Lederhaut, die verlorengegangenen Knochenplatten der ursprünglichen Form ersetzend. Schwimmform des Meeres ebenso wie Abb. 365. (Aus Abel 1911.) Verkl.

Es bedeutet, wie schon gesagt, die einseitig fortschreitende Spezialisierung stets auch eine einseitige Anpassung an bestimmte enger umschriebene Lebensverhältnisse. Die Primitivform hatte sozusagen noch jede Möglichkeit vor sich, soweit es ihre allgemeine typenhafte Grundorganisation erlaubte. Ist aber späterhin die Primitivform ersetzt durch lauter einseitig spezialisierte Arten, dann brauchen sich die ihnen zukommenden eng umschriebenen Lebensverhältnisse nur wesentlich zu ändern und die

Form kann dann durch Umbildung nicht mehr den neuen Erfordernissen gerecht werden, muß also ein elendes Kümmerdasein führen oder aussterben. So wenigstens sieht sich die Sache von außen betrachtet an. Formuliert man es umfassend, so kann man sagen: In jedem einmal gegebenen organischen Formtypus liegen die Möglichkeiten, je nach den Lebensverhältnissen und für die verschiedenen Lebensumstände Anpassungsformen hervorzutreiben und diese als spezialisierte, sogenannte fortgeschrittenere Formen an Stelle der primitiven, frühesten Vertreter zu schieben. Die äußeren Bedingungen sind gewissermaßen der Anreiz,

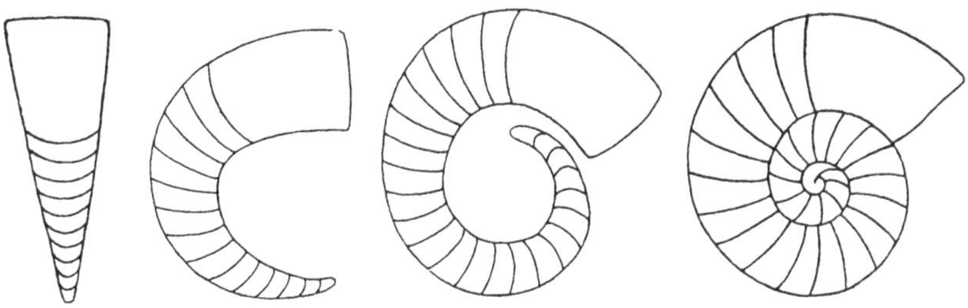

Abb. 367. Schematische Darstellung der allmählichen Einrollung des Nautilidengehäuses, beginnend mit dem geradegestreckten Orthoceras-Typ der Silurzeit bis zum eingerollten Typ der Karbonzeit, an dem sich die Umgänge noch nicht wie beim späteren und heutigen Nautiliden (vgl. Abb. 291 S. 412) umfassen. (Nach Dollo 1924.)

solche Formen entwicklungsgeschichtlich zu bilden, die Primitivform umzuwandeln. Damit gibt sich die Entwicklungsfähigkeit aus, es erschöpfen sich die inneren formbildenden Potenzen. Und das führt dann zu einem Stadium, wo entweder die extreme Form endlos in der gleichen Gestaltung weiterlebt, ohne je etwas Neues noch zu schaffen, solange die Lebensbedingungen günstig bleiben; sie erlischt aber, wenn neue Umbildungsanforderungen gestellt werden durch die Situation im Kampf ums Dasein. Zuweilen kommt es auch vor, daß in einem solchen Falle vor dem Aussterben noch einmal geradezu krampfhaft, ja grotesk der Versuch zu einem Neuen gemacht wird. Dann entstehen bizarre Formen, die aber keinen besonderen biologischen Wert mehr haben; das können dann auch Atavismen sein, indem Formzustände noch einmal aufgefrischt werden, die vielleicht am Anfang schon einmal da waren.

Aber zuweilen haben sie die Eigentümlichkeit, nun als Ganzes oder in ihren einzelnen Merkmalen wieder primitiv zu erscheinen, d. h. eine Primitivität vorzutäuschen, die auf der verausgabten Gestaltungskraft, nicht auf verborgen verhaltener Zukunftskraft beruht — eine Leere, die nun das Übertriebene gestalten möchte und gerade darin ihr Unvermögen zu Neuem zeigt. War also die ursprüngliche Primitivität lebensvoll, gestaltungskräftig, um Neues hervorzubringen, so ist diese Spätprimitivität lebensleer, unkräftig zu wirklich Neuem. Man könnte für das Menschen- und Völkerleben, soweit es Naturprozeß ist, daraus lernen, es regt jedenfalls zu Vergleichen an.

In diesem Sinne gilt nun zweifellos in der Natur das vielumstrittene darwinische Gesetz des Kampfes ums Dasein: das Passendste überlebt. Aber Darwin meinte, das Passendste entstehe selbst durch den Kampf ums Dasein und die dabei erfolgende Auslese des weniger Passenden. So ist es nicht, sondern die Grundorganisationen sind gegeben, Typen sind da oder sind nicht da. Sobald ein neuer Typus, d. h. eine durchaus neuartige Kombination von Organen in einem neuen Bauplan erscheint, besteht er in speziellen Arten oder in wenigstens einer einzigen Art. Diese Art oder Arten nennt man die Primitivform im oben erörterten Sinne.

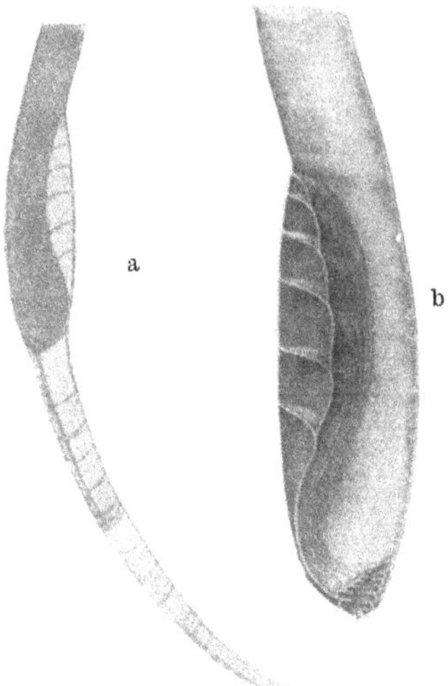

Abb. 368. Fehlgeschlagene Anpassung in dem in der vorigen Reihe (Abb. 367) dargestellten Entwicklungsvorgang. Das fast geradegestreckte Gehäuse a bekommt zuletzt neben der Wohnkammer gaserfüllte Seitenkammern; danach wird der gestreckte Kammerteil abgeworfen und es bleibt die Gestalt b übrig. Ebenfalls Verkürzung der Gehäuseform wie in Abb. 367, jedoch demgegenüber unvollkommen. (Aus Lindström 1890.) Verkl.

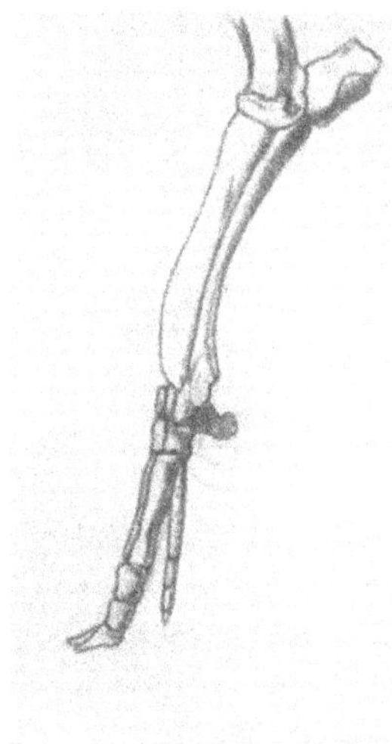

Abb. 369. Fehlgeschlagene Rückbildungsweise des Paarhuferfußes bei dem alttertiären Anthracotherium. Die Seitenzehen sind völlig geschwunden, aber die eine ist hinter den Fuß zurückgedrängt, im Gegensatz zu dem vollendet reduzierten typischen zweizehigen Paarhuferfuß. (Aus Kowalewski 1873.) Verkl.

Und nun bilden sich die Primitivform oder die Primitivformen um und werden ersetzt durch die immer spezieller angepaßten späteren Arten. Und je nachdem diese günstiger oder ungünstiger sind, überleben sie im Kampf ums Dasein oder sterben sie aus. Zuletzt stirbt alles Spezialisierte notwendig aus, weil die Entwicklung unumkehrbar ist. Und nicht die in der Spezialisation vorgeschrittenen Formen, sondern die jugendlichen, die primitiven überleben, wie Bather sagt, im Kampf ums Dasein und führen jeweils die Entwicklung des Ganzen weiter. Soweit gilt der biologische Begriff vom Überleben des Passendsten im Kampf ums Dasein, jedoch nicht als artenschaffendes Prinzip. Dies höchstens mittelbar, insofern die äußeren Erfordernisse, wonach neue Arten entstehen, sozusagen reaktionsmäßig das Neue hervorrufen; aber nicht notwendig und mechanisch zwangsläufig etwa durch Häufung kleinster oder größerer Abänderung auf dem Wege einer Vererbung erworbener Eigenschaften; sondern indem das Organische von sich aus nach seiner inneren typenhaften Bestimmtheit Gestaltungen schafft. Hier trifft die Überlegung mit dem zusammen, was wir oben als Zeitformenbildungen bezeichneten. Auch diese stehen im Zusammenhang mit den jeweiligen Erfordernissen der Umwelt; aber daß diese Bedingungen sozusagen durch organische Umgestaltung und Neugestaltungen beantwortet werden, ist ein Vorgang, der dem Organischen von innen her eigentümlich ist und dessen Verknüpfung mit der Außenwelt und den Lebensbedingungen eine viel tieferliegende Frage ist, auf die wir im Schlußkapitel noch eingehen werden.

Wir können also alle Spezialisationen, wie überhaupt alle Umwandlungen innerhalb gegebener Typen im ganzen Verlauf der Erdgeschichte und bei allen Organismen verstehen als Anpassung der Körperform und ihrer Funktionen an die Umwelt, an die Lebensbedürfnisse. Nehmen wir nun aus den aufeinanderfolgenden Stadien solcher Gruppen die einzelnen Arten heraus und reihen wir sie in ihrer richtigen zeitlichen Reihenfolge aneinander, so erhalten wir **Formenreihen**, welche uns sozusagen die „Entwicklung" von einem Primitivzustand zu einem vorgeschrittenen oder Extremzustand veranschaulichen (Abb. 361, S. 476, Abb. 360, 362). Wir erinnern uns etwa der in der Triaszeit erscheinenden Nothosaurier oder der Fischsaurier. Von beiden Formen aus können wir im weiteren Verlauf des Mesozoikums Reihen verfolgen, welche schließlich zu der extremen Spezialisation einerseits des Plesiosauriers (Abb. 309), andererseits des Ichthyosauriers (Abb. 226) hinführen (Kap. II,5 S. 428). Man hat früher in solchen Reihen richtige Stammreihen erblicken wollen, d. h. man glaubte, so seien die einander folgenden Gattungen zeugungsgemäß unter steter Umwandlung ihrer Körperform auseinander hervorgegangen. Heute weiß man, daß solche Formenreihen nur ideale Darstellungen bedeuten, welche gedanklich-formal den Weg andeuten, wie etwa eine Landtiergestalt allmählich in eine Wassertiergestalt übergeführt worden sein könnte. Es sind also, wie Abel es treffend bezeichnet, Anpassungsreihen, nicht Stammreihen, die wir durch solche Vergleiche gewinnen.

Und solche Anpassungsreihen können wir nun biologisch verstehen; oder anders ausgedrückt: wir können die Umwandlung und die Körperform überhaupt als Antwort auf Erfordernisse des Lebens gegenüber der Umwelt auffassen. Aber damit ist nichts weiter gesagt, als daß es Formzustände gibt, die bei einmal vorhandener Grundorganisation sich als Anpassung an die Umwelt verstehen lassen. Woher aber die Grundorganisation als solche kommt, woher höhere Typen kommen, woher es kommt, daß immer wieder neue Organisationsprinzipien in der organischen Welt verwirklicht waren, auf Grund deren erst solche Wandlungen, solche Spezialisationen, solche Anpassungen vor sich gehen konnten — das ist heute noch ein Rätsel.

Ein besonderer Fall des allgemeinen Spezialisationsgesetzes ist die mit dem Zeitablauf eintretende durchschnittliche **Größenzunahme** der Arten innerhalb gegebener Typen und damit das Herausstellen von Riesenformen. Wir sagen abermals ausdrücklich: innerhalb gegebener Typen, natürlicher Stammgruppen. Denn es handelt sich hier nicht um die absolute Größe vorweltlicher Tiere oder Pflanzen, sondern nur um eine Spezialisationserscheinung innerhalb einzelner Gruppen oder Ordnungen des Tier- und Pflanzenreiches. Es herrscht in Laienkreisen vielfach die irrige Meinung, als seien die vorweltlichen, die „vorsintflutlichen" Tiere von besonderer Riesenhaftigkeit gewesen. Nun ist es ja richtig, daß die absolut größten Formen der Gesamttierwelt — von den Pflanzen wissen wir es nicht — unter den Sauriern des Erdmittelalters zu finden sind.

Abb. 370. Absolute Riesenform links (Brachiosaurus), ein Schrecksaurier aus der Unterkreidezeit von Nordamerika. Zum Vergleich der heutige Elefant danebengestellt. (Aus W. D. Matthew 1925.)

Wenn man in solchem Zusammenhang die ungeheueren Dinosaurier der Jura- und Kreidezeit, die großen Seeschlangen und seeschlangenartigen Meerestiere derselben Epoche oder schließlich auch noch den Eiszeitelefanten, das Mammut, betrachtet und einige andere tertiärzeitlichen Säugetiere, so darf man wohl sagen, daß die absolut größten Tiere in der Vorwelt gelebt haben und daß Walfisch und Giraffe heutigen Tages dagegen kaum mehr zählen. Indessen liegt hier doch eine falsche Vorstellung zugrunde, die Stromer v. Reichenbach treffend dadurch erklärt, daß Funde vorweltlicher riesenhafter Knochen eben besonders auffallen, und daß man ohne planmäßiges wissenschaftliches Suchen auf kleine und kleinste Knochen nicht aufmerksam wird oder sie als unwesentlich nicht beachtet. Eben deshalb scheine es früher hauptsächlich Riesentiere gegeben zu haben.

Ebenso finden wir unter den niederen und niedersten Tieren der Vorwelt teilweise Riesenformen, die ihresgleichen heute nicht mehr haben, obwohl es auch heute in verschiedenen Gruppen der niederen Tierwelt Riesenformen gibt. Wenn wir also in solchem Gedankenzusammenhang die ungeheuren Schrecksaurier der Jura- und Kreidezeit (Abb. 370) oder schließlich das tertiärzeitliche Baluchitherium (Abb. 371) betrachten, so darf man wohl sagen, daß die absolut größten Landtiere in der Vorzeit gelebt haben und daß Walfische und Giraffen, Elefanten und Rhinozerosse heutigen Tages dagegen schon wieder einen Abstieg bedeuten. Die absolut größten Formen der Meerestiere scheinen dagegen erst im Känozoikum aufgetreten zu sein. Obwohl es zum Teil schon im Mesozoikum sehr große

Gestalten unter ihnen gab, wie etwa die schlangenartige Form des Kreidesauriers Elasmosaurus (Abb. 310) mit seinen 5 m Länge, so können sich solche Gestalten doch nicht mit den Walen unserer Meere messen. Und was die Fische betrifft, so sind die Haie zweifellos heute und in der unmittelbar vorausgehenden Zeit am allergrößten, und kein Fisch der früheren Zeit kommt ihnen gleich.

Will man aber den Begriff Riesenform als Ergebnis einer inneren, stammesgeschichtlichen Entwicklung bei den einzelnen Gruppen richtig fassen, so muß man eben beim Vergleich auch innerhalb der einzelnen Typenkreise und Entwicklungsbahnen bleiben, darf nicht nach einem willkürlich gewählten Größenmaßstab, also etwa unserer menschlichen Körpergröße, arbeiten. So ist der Hirschkäfer ein Riese seines Geschlechts und doch klein gegen eine Taube, eine Katze, ein Arbeitspferd unserer Tage, das seinerseits wieder ein Riese seines Geschlechts, seiner Stammbahn ist, die zur Tertiärzeit aus wesentlich kleineren Formen, anfangend bei der Größe eines Jagdhundes, bestand. Nebenstehend ist die Entwicklung des Schädels und der vergleichenden Schädelgröße (Abb. 372) gegeben, aus der die ständige Größenzunahme hervorgeht.

Abb. 371. Riesensäugetier Baluchitherium, ein hornloser Rhinozerotide aus dem Alttertiär Zentralasiens. Zum Vergleich daneben ein heutiges Nashorn. (Aus Osborn 1923.)

Am schönsten zeigen das Gesetz der Größenzunahme die tertiärzeitlichen Säugetiere, soweit sie eine langsame Entwicklung haben und nicht sofort ihre ganze Entwicklungsmöglichkeit erschöpfen. Es scheinen hier nämlich zwei grundsätzlich verschiedene Fälle vorzuliegen. Wir sahen im vorigen Kapitel II,5 (S. 433ff.), daß einige Gruppen sehr rasch wieder verschwanden. Während nun jene im Alttertiär auftretenden Sippen, deren Entwicklungsgang wir bis heute verfolgen können, sehr schön die Größenzunahme zeigen, gibt es daneben jene anderen, die kurzlebig sind und nun sofort in kleinen, wie auch in großen Formen erscheinen. Derart ist das bald wieder ausgestorbene Coryphodon der frühesten Tertiärphase (Abb. 373). Es macht daher dieses sofortige Präsentieren gegensätzlich großer und kleiner Formen innerhalb derselben Sippe gerade den Eindruck, als ob diese rasche Hinaufsteigerung zu großwüchsigen Formen auch ein rasches Aussterben mit sich bringe, eine kurze geologische Lebensdauer bedeute, während jene Gruppen, die mit nur kleinwüchsigen Gestalten beginnen und Schritt um Schritt ihre Größe steigern, auch die zeitlich ausdauerndsten seien. Aber eine andere Erscheinung ist das Herausstellen von Zwergrassen mitten in der gesamten Größenentwicklung einer Tiergruppe. So treten in der jüngsten Tertiärzeit auf den damals im Mittelmeer ausgedehnten Inselgruppen Zwergelefanten auf, während überall sonst die Elefantiden schon zu sehr großen Formen gediehen waren.

Bei den übrigen Wirbeltieren hat man infolge ihrer langsameren, sich wohl über größere Zeiträume hin erstreckenden Entwicklung nicht in gleichem

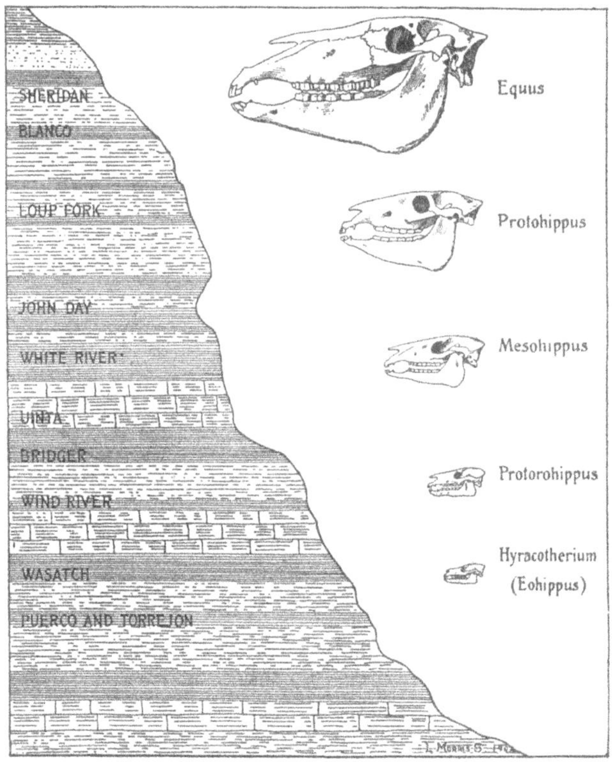

Abb. 372. Darstellung der Pferdeentwicklung in den Tertiärstufen von Nordamerika. Links die Formationsstufen mit den entsprechenden Formstadien, rechts dargestellt an den Schädelformen, unter allmählicher Größenzunahme. (Aus W. D. Matthew 1899.)

Maße solche Beispiele. Dennoch gilt das Gesetz im ganzen auch hier. Die größten Fische leben, wie schon vorhin gesagt, heute und in der jüngeren Terziärzeit. Unter den heute fast ganz ausgestorbenen seinerzeit aber einen Hauptbestandteil der Fischwelt bildenden Schmelzschuppern (Abb. 224), sind die Riesenformen im Erdmittelalter, in der Jurazeit da. Und von da an nehmen sie zusehends ab an Zahl und Mannigfaltigkeit. Die Knochenfische beginnen im Erdmittelalter mit durchweg kleinen Formen (Abb. 297, S. 416); heute leben die größten. So auch die Haie, welche ein sehr altes Geschlecht sind, im Jura schon bemerkenswerte Größe besitzen und heute

Riesenformen hervorbringen, aber auch im Aussterben sind. Die Amphibien, im Erdaltertum noch klein, werden in der Triaszeit besonders groß und sterben in ihren damals allein vorhandenen Stämmen völlig aus. Es ist sehr fraglich, ob das, was wir heute Amphibien nennen, irgend etwas mit jenen Uramphibien des Erdaltertums oder Erdmittelalters zu tun haben.

Die Echsen bzw. Reptilien zerfallen gleichfalls in viele Stämme, die teilweise wieder völlig verschwinden. Innerhalb dieser Spezialstämme entwickeln sie sich wiederum von kleinen zu großen Formen. So schon im Erdaltertum. Im Erdmittelalter, wo sie sozusagen die ganze Welt be-

Abb. 373. Zwei gleichartige Gestalten der tiefeozänen Huftiergruppe. Amblypoda in Nordamerika. In kurzer Entwicklungsreihe die Riesenform b (Coryphoden) neben der kleinen Anfangsform a (Poantlambda) hervorbringend. (Nach Osborn 1910.)

herrschen, treiben sie in den am Ende der Kreidezeit spurlos aussterbenden Dinosauriern, wie schon erwähnt, nicht nur unter ihresgleichen, sondern auch unter allen Tieren der Erde die absolut größten Formen hervor (S. 484). Sie entwickeln auch im Meere lebende Gestalten. Diese sind in der Dyas- und Triaszeit noch sehr klein, in der Jurazeit bedeutend größer, aber die längste Form ist erst in der Kreidezeit, wo sie alsbald aussterben, erschienen (S. 429). Die ältesten Flugreptilien am Anfang des Erdmittelalters sind klein; in der Jurazeit nehmen einige an Größe zu. Der größte, mit 7 m Flügelspannweite lebt gegen Ende der Kreidezeit, wo der Typus überhaupt ausstirbt. Von Vögeln wissen wir zu wenig, aber nirgends begegnen uns so große Flugvögel wie heute, und die absoluten Riesenformen unter den Vögeln, nämlich die Laufvögel, wie der ausgestorbene Moa von Neuseeland oder die lebenden Straußvögel, sind Riesen ihres Geschlechtes. Man faßt sie wohl als rückgebildete Flugvögel auf, deren Flugvermögen in einem langen, schon in die Alttertiärzeit zurückreichenden Entwicklungsweg verloren ging, wobei sich die ungeheure Größe ausbildete. Ein Laufvogel der Alttertiärzeit ist zwar auch gegenüber Flugvögeln sehr groß (2 m Höhe), aber doch klein gegen die genannten späten Laufvögel.

Mit der Sippe des Molukkenkrebses ist es ebenso. Nach Stromer von Reichenbach sind die ältesten Formen der Triaszeit klein, die jurassischen mittelgroß und die heutigen die größten. Die dekapoden Krebse aber, die wir heute als die eigentlichen Krebse gewöhnlich bezeichnen, beginnen, ebenso wie der Molukkenkrebstypus, mit dem Mesozoikum und haben gleichfalls heute ihre Riesenformen. Unter den Insekten schließlich weisen die Paläodiktyopteren der Karbonzeit (S. 392), jene äußerlich in vielem libellenartigen Urflügler, damals eine besondere Größe mit einer Flügelspannweite bis 70 cm auf und übertreffen damit jedes spätere und heutige Insekt. Aber auch diese Arthropodengruppe hatte ja damals schon den Höhepunkt ihrer Entwicklung erreicht oder schon überschritten; denn sie verschwinden schon wieder mit der Karbon- und unteren Dyaszeit.

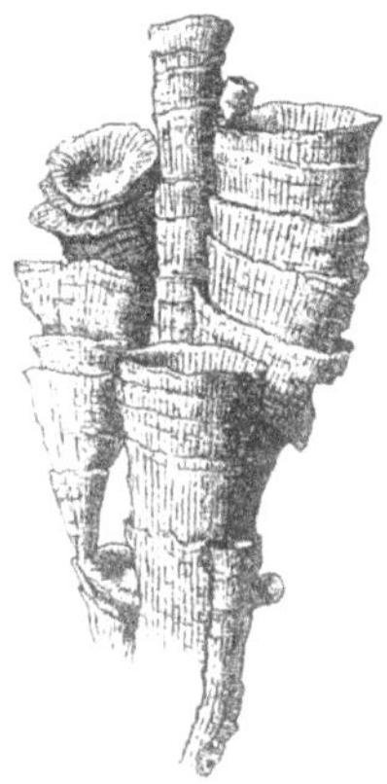

a

Abb. 374 a. Gegenseitige Verlötung und Verankerung von Einzelkorallen, die noch in losem, nicht stockbildendem Zusammenhang stehen. Schlechte Riffbauer. Untersilur. Nordamerika. (Aus Lambe 1901.) Etwas verkl.

b

Abb. 374 b. Einfache Stockbildung durch Knospung, mit gegenseitiger äußerer Stützung der orgelpfeifenartig gestreckten Kelche. Verband enger als in a, jedoch noch keine kompakten Riffbauer. Karbon. England. (Aus Edwards-Haime 1850.) Verkl.

Wo wir es am besten wissen und verfolgen können, wie bei den Huftieren, und wo sich das Gesetz unbehindert von äußeren störenden Einwirkungen darstellen kann, da treten auch die Riesengestalten stets dann auf, wenn die Gruppe auf dem Höhepunkt ihrer Entfaltung und Spezialisierung angelangt ist oder kurz vorher und nachher. Oft ist aber auch der Hergang der Sache noch in anderer Weise verhüllt und bedarf gewisser, den äußeren Augenschein durchdringender Überlegung, um zu erkennen, was vorgegangen ist. So läßt sich beispielsweise von den Korallen sehr schwer angeben, inwieweit sich das Gesetz bei ihnen im Lauf ihrer erdgeschichtlichen Entwicklung geltend macht. Denn gerade das Gedeihen der Korallen hängt außerordentlich von der jeweiligen Wasserwärme und Klarheit des Wassers ab, so daß bei ihnen oft ungeheuere Größenzüchtung plötzlich erreicht wird, wenn die genannten Umstände gerade besonders günstig für sie vorhanden sind. Immerhin läßt sich auch hier die allgemeine organische Entwicklungstendenz zu einer Größenzunahme in groben Zügen feststellen, aber nun in ganz anderer Weise. So sind die Korallen des Erdaltertums in einer überwiegenden Zahl nur Einzelkelche. Unter diesen sind die frühesten die kleinsten, die späteren durchschnittlich die größten. Aber nun tritt ein neues Moment hinzu. Ganz ausgreifende Größe kann ein Einzelkelch wohl aus statischen Gründen nie erreichen. Wenn er Riffe bildet (Abb. 374a), so geschieht es durch äußeres Aneinanderkleben der Individuen, so wie es die Austern und Rudistenmuscheln tun (vgl. S. 187). Nun aber begabte die Natur die Korallen mit einer anderen Vermehrungsart: sie ließ sie knospen wie Sträucher, und die ausgetriebenen Äste blieben alle mit dem Mutterstock verwachsen. Starb dieser und starben auch die älteren Knospen ab, so blieben die jüngeren am Leben, knospten wieder, und sofort. Damit war

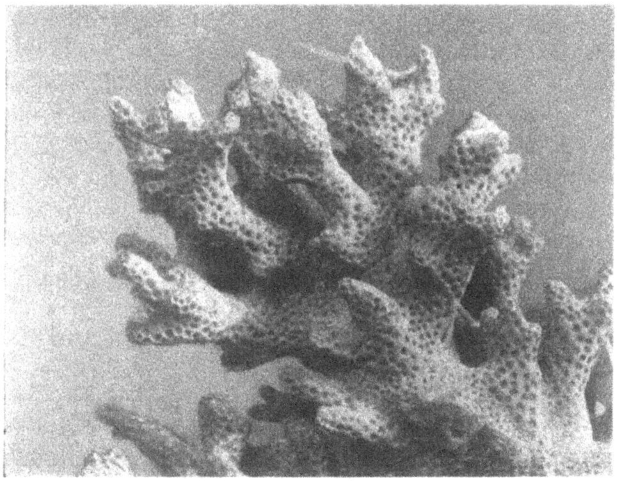

Abb. 375. Jetztlebende Madrepora. Typus des hervorragenden Riffbauers. Äußerster Grad der Verkleinerung der Einzelzellen und größte Vermehrung des Kalkmaterials. Höhepunkt der Riffbaukunst. (Orig. Mus. München.) Verkl.

die Möglichkeit zu einem neuen Größenwachstum gegeben, und nun konnte erst das entstehen, was man Korallenstöcke nennt. Anfänglich waren die Zellen weniger dicht beieinander und versteiften sich teilweise, um sich gegenseitig ihre Stabilität zu gewährleisten (Abb. 374b); dann wuchsen sie enger zusammen. Je mehr die Einzelkelchtypen verschwanden und ästigen und stockförmigen Korallenkolonien Platz machten, was wesentlich im Erdmittelalter geschah, um so mächtiger konnten die Riffe als Ganzes werden. So sind die Korallenbauten des Erdmittelalters denen des Erdaltertums schon an Größe überlegen. In der Tertiärzeit aber kommt eine neue Gruppe hinzu, die Gattung Madrepora (Abb. 375) mit besonders ästigen und massigen Stöcken, deren biologisches Hauptkennzeichen die ungemein rasche Kalkausscheidung und Stockausdehnung ist. Erst dadurch nun, da sie an den jüngeren und heutigen Riffen vorherrschend wurde, konnten jene Riesenbauten im Ozean entstehen, die wir oben (Kap. II, 1, S. 296) beschrieben haben und die an Mächtigkeit alles hinter sich lassen, was in erdgeschichtlicher Zeit von Korallen aufgebaut worden ist.

Es ist also hier gewissermaßen die Größenzunahme nicht am Individuum als solchem bemerkbar geworden; im Gegenteil: die frühesten Einzelkorallenkelche sind als Individuen oftmals unendlich größer als die Individuen in einem späteren und heutigen Korallenstock; aber durch deren Beisammenbleiben wurde eben die Größe des Stockes als solchen erst möglich, der so als Individuum höherer Ordnung mit besonders gearteter Größenzunahme erscheint. Und die jüngsten, so gewaltige Riffe bauenden Madreporarier haben sogar ganz besonders kleine Einzelzellen, also Einzelindividuen, aber eben eine ungeheuere Kalkproduktion, um ihre Zellen herum. So verlegt sich also aus dem Einzelindividuum gewissermaßen die Möglichkeit zur Größenzunahme in den Staat, und die Betrachtung der Individualgestalt muß der Betrachtung des Ganzen weichen, um auch hier den Sinn jenes biologischen Gesetzes richtig zu verstehen.

Abb. 376. Schieferplatte mit über 1 m hohen Seelilien, auf einem mit kleinen Austern besetzten, auf den Boden gesunkenen verkohlten Holz (Gagat) festgewachsen. Liasschiefer von Holzmaden. (Nach Orig. im Senckenbergmuseum in Frankfurt a. M.) Nat. Gr. 1½ m.

Die Echinodermen oder Stachelhäuter bieten gleichfalls im großen Beispiele für das Gesetz. Unter den Seeigeln sind jungtertiäre Gattungen, die an Größe alle früheren bedeutend überragen. Die größten Seelilien kommen im Lias (Abb. 376), also zu einer Zeit vor, wo die Hauptentfaltung dieser Tierklasse, die im Erdaltertum lag, schon beendet ist. Noch mehr Beispiele liefern die Mollusken. Muscheln und Schnecken haben ihre Riesenformen erst in der Kreide- und Tertiärzeit; die Ammonshörner haben ihre Riesenformen am Ende des Erdmittelalters, wo sie die ganze Fülle ihrer Formbildung soeben hinter sich haben und wo ihr Durchmesser über Mannsgröße erreicht; sie sind im Westfälischen in der Oberkreide gefunden. Die größten Tintenpolypen, deren Schulpe und Tintenbeutel schon im Jura auftreten (Abb. 294) und die den Belemniten verwandt sind, leben im heutigen Ozean; es gibt Formen von 3 m Länge, ohne die Arme gemessen (Abb. 377). Dann aber sterben sie rasch völlig aus. Dies ist alles sehr summarisch ausgedrückt. Nimmt man nämlich die einzelnen Stammlinien und engeren Typenkreise dieser genannten Gruppen her, so zeigt sich, daß sie alle wieder in sich ihre stetig zunehmende Größenentwicklung haben, und so kommt es, daß beispielsweise bei den Ammoniten auch schon im Jura bei mehreren Spezialstämmen innerhalb deren Entwicklungsablauf Riesenformen erscheinen, wenngleich es auch im ganzen bestehen bleibt, daß die absolut größten Formen der Gesamtgruppe am Ende des Gesamtlebens hervorkommen.

Man kann, wie schon oben angedeutet, sehr häufig gerade bei den schalentragenden niederen Meerestieren beobachten, wie die besonders günstigen Lebensumstände des Klimas und der Ernährung zur Heraus-

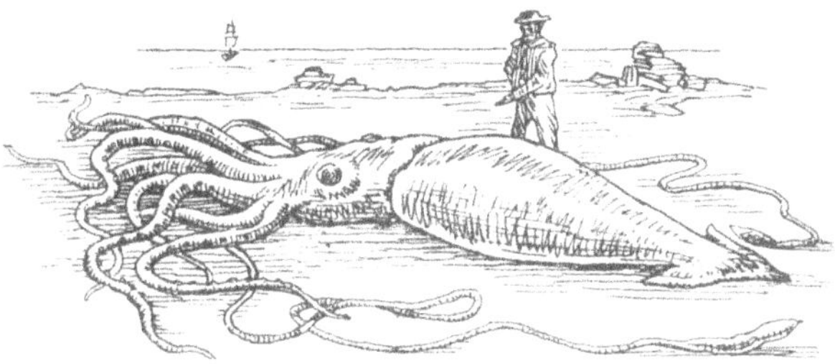

Abb. 377. Riesentintenpolyp aus Skandinavien von etwa 2,50 m Körperlänge, ohne Arme gemessen. (Aus Heck 1894.)

bildung individuell großer Formen und Riesenformen treiben, ohne daß diese Größenzunahme das entwicklungsmäßige Ergebnis jener inneren organischen Tendenz wäre. So finden sich gerade an den Korallenriffen aller Zeiten immer sehr starkschalige und großwüchsige Mollusken, weil eben an den Riffen starke Brandung herrscht, viel Nahrung zugebracht wird, und so in Anpassung an das bewegte Wasser und die große Nahrungszufuhr nun die Individuen als solche üppig gedeihen. Forscht man nach denselben Gattungen in gleichalterigen Schichtungen, welche außerhalb dieser Zone, etwa im Stillwasser, lebten, so erscheinen sie normal groß oder sogar klein (Abb. 378).

Nun gibt es natürlich verschiedene Bedingungen, unter denen kleine und große Formen aus äußerlichen Ursachen gleichzeitig und innerhalb der gleichen Gattung nebeneinander vorkommen können. So das wechselnde Klima. Es ist eine biologische Tatsache, daß warmes Meerwasser die Kalkschalenbildung der niederen Tiere sehr fördert, so daß unter sonst gleichen Umständen die im warmen Wasser lebenden die üppigeren und größeren sind. Angenommen nun, es herrsche im Entwicklungsgang der einzelnen Spezialgruppen der Organismen ein „Gesetz der Größenzunahme" aus inneren, d. h. konstitutionell-evolutionistischen Kräften, so würde sich dasselbe auswirken können, solange die Gruppe unter gleichen äußeren Bedingungen lebt; es würde dagegen in seiner äußeren Auswirkung durchbrochen oder vielmehr verdeckt, wenn Umstände einträten, auf die der Organismus durch besondere Größe oder Kleinheit reagieren müßte. Kommen also während ihrer Gesamtevolution etwa kalkschalenbildende

Meeresmollusken in besonders warme Meeresräume oder treten auf der Erde besonders günstige klimatische Verhältnisse allenthalben ein, wie es in der Erdgeschichte zeitweise wirklich der Fall war, so können sie gewissermaßen außerhalb des normalen Entwicklungsablaufes Gestalten von besonderer Größe hervorbringen, und dann scheint für den Statistiker das Gesetz durchbrochen. Umgekehrt kann die Evolution zu Großformen aufgehalten oder solche besonders klein entwickelt werden, wenn zuvor besonders günstige Umstände herrschten, welche die Riesenformbildung schon

a b

Abb. 378. Charakteristische Bewohner des Jurameeres. Brachiopoden. a Rhynchonella, b Terebratula. Der Größenvergleich gibt den Wachstumsunterschied am Korallenriff und im gewöhnlichen Flachwasser wieder; die Riffarten sind ungeheuer groß. (Orig. Mus. München.) Obere Jurazeit. Kelheim. (Vgl. das Riff. Abb. 91, S. 133.) Über 1/2 verkl.

früher beschleunigten, nun aber durch besonders ungünstige äußere Umstände Kleinheit hervorrufen.

Die richtige evolutionistische Auswirkung der Gesetzmäßigkeit, unter der von innen heraus die Größenentwicklung der Arten steht, kann sich daher streng genommen nur in Gruppen äußern, die während ihres ganzen erdgeschichtlichen Daseins unter gleichen Bedingungen lebten. Da es dies kaum je gab, so wird auch die allmähliche Entwicklung der Größenzunahme immerzu gestört worden und nur im großen Ganzen in Erscheinung getreten sein. Aber gerade darin, daß sie es tut, liegt der Beweis für ihre innere Wirksamkeit, und wo man eng begrenzte Gruppen unter gleichen Bedingungen trifft, tritt sie auch in Erscheinung.

Ausnahmen, ja dem Gesetz entgegengesetzte Erscheinungen, lassen sich also vielfach als Anpassung an bestimmte Lebensverhältnisse erklären, und man sieht daraus, daß man zur Erkenntnis solcher Gesetzmäßigkeiten nicht blindlings die statistische Methode anwenden darf. Es handelt sich immer darum, abzuwägen, und dies eben ist die Kunst der Betrachtung im Gegensatz zum mechanisch Handwerksmäßigen in einer Wissenschaft. So haben wir unter den den Ammonshörnern verwandten gekammerten Nautiliden (Abb. 245) einen scheinbaren Widerspruch gegen das Gesetz der Größenzunahme. Die heute und im Erdmittelalter eingerollten Nautiliden mit ihren Luftkammern waren im frühen Erdaltertum geradegestreckt. Wir haben alle Übergänge von jenen ursprünglich geraden zu den eingewickelten. Aber schon in der Silurzeit finden wir meterlange Schalenriesen der geradegestreckten Form. Die sind viel länger und „größer“ als die späteren eingerollten Nautiliden. Hier scheinen also die Riesenformen tatsächlich am Beginn der Entwicklung und nicht um das Ende herum zu stehen. Und doch ist dies eine Täuschung. Denn auch hier ist, ähnlich wie bei den Korallen, ein anderes Organisationsprinzip dazwischengetreten und hat die Sachlage verschoben. Denn aus den geradegestreckten wurden die eingerollten (Abb. 367). Damit war dem Größenbedürfnis ein neuer Ausweg geschaffen. Denn ein eingerolltes Gehäuse hat im Verhältnis zu seiner Oberfläche, also zu seiner Schalenmasse, einen ungleich größeren Kubikinhalt als ein geradegestrecktes. Und so bedeutete der stammesgeschichtliche Übergang des geraden in den eingerollten Nautiliden zugleich eine notwendige Verkleinerung, was die äußere Erstreckung der Schale anbelangt, aber zugleich eine relative Volumenvergrößerung. Und nun erzeugen diese eingerollten Nautiliden in der Triaszeit erst wieder besondere Riesenformen, sterben dann zusehends aus, bilden im Aussterben in der Kreidezeit noch einmal größere Formen. Heute lebt nur noch ein spärlicher mittelgroßer Rest. Und so ist in Wirklichkeit, nämlich auf das Schalenvolumen berechnet, dennoch der erdmittelalterliche Nautilide die eigentliche Riesenform gewesen, während die alten, ungeheuer langen, geradegestreckten eben doch nur für eine sehr äußerliche Betrachtung, nicht aber dem biologischen Sinne nach, Riesenformen waren.

Ob das Gesetz bei den Pflanzen gilt, wage ich selbst, mangels geeigneten Materials nicht zu entscheiden. Weist man auf die Riesenfarnbäume der Karbonzeit hin, denen spätere Epochen nichts mehr an die Seite zu stellen haben, obwohl es auch heute in den warmen Ländern noch riesige Farne gibt, so ist wiederum festzuhalten, daß die karbonischen Farne sicher nicht alle in die unmittelbare Stammlinie der heutigen gehören. Sicher ist aber, daß so gewaltige Bäume, wie die Palmen oder die gewöhnlichen Laubhölzer der Jetztzeit frühestens mit dem Känozoikum kommen und wohl von keiner mesozoischen oder älteren Flora in solcher Menge produziert worden sind, daß also auch hier eine Andeutung für das Gesamtgesetz vorliegt. Außerdem ist bei baumartigen Pflanzen zu bedenken, daß ihr individuelles Alter unter entsprechenden Bedingungen praktisch so unbegrenzt ist, daß sie immer weiterwachsen und zu ungeahnter Körpergröße gelangen können, während in der Tierwelt jedem Individuum, selbst unter den günstigsten Bedingungen, eine sehr eng umschriebene Lebensdauer nur beschieden ist.

Man kann sagen, daß diese Erscheinung der Größenzunahme ein Spezialfall des allgemeinen Gesetzes der zunehmenden Spezialisation ist. Wie diese auf mannigfache äußere Verhältnisse hin eintreten kann und manchmal sogar sehr rasch, wenn eben erst die Gruppe erschien, so auch hier, wo wir, wie gezeigt, so oft die Verwischung desselben sehen. So ist es darum bezeichnend, daß im allgemeinen die Riesenformen ebenso am Ende der Entwicklung auftreten, wie auch die extremste Spezialisation.

Diese letztere ist nun in keiner Weise ein steter Vorteil im äußeren Kampf ums Dasein. Vielmehr bedeutet sie zugleich ein Festgelegtwerden der Reihe auf eine ganz einseitige Lebensart. Ja es kommt vor, daß solche Verstiegenheiten der Formgebung erscheinen, daß endlich der ganze Sinn der eigentlichen Grundform verloren geht, ja verzerrt und in sein Gegenteil verkehrt wird. Am Ende des Erdmittelalters treten beispielsweise einige Ammonitenzweige so ins Extrem, daß sie sich schneckenartig aufrollen, ja schließlich festwachsen und nun statt der ursprünglich sinngemäß dem Schweben und Schwimmen im Wasser dienenden Schale einen unverständlichen Knäuel bilden. Bei solchen extremen Spezialisationen — sie sind durchaus zu unterscheiden von den oben berührten fehlgeschlagenen Anpassungen — verliert dann oft die Form sozusagen ihren Sinn. Ein Typus, der grundlegend auf eine bestimmte allgemeine Lebensweise eingestellt ist und in der Reihe seiner normalen Arten diese in mehr oder weniger veränderter Form immerfort darstellt, geht zu einer geradezu für ihn widersinnigen Lebensweise über, und dies äußert sich dann in der Hervorbringung merkwürdigster Gestalten. So ist das Ammonshorn grundsätzlich ein im Wasser frei auf- und niedersteigendes, schwimmendes, schwebendes, allenfalls am Boden leicht hinkriechendes Tier, dessen Gehäuse durchaus dem Auftrieb dient. In der Kreidezeit bemerkt man gewisse Asymmetrien der Schale, ja schließlich werden die Gehäuse turmförmig, also schneckenartig und schließlich so unregelmäßig, daß man sie für pathologisch verbildet hält (Abb. 379). Diese Umwandlung beruht wahrscheinlich darauf, daß das Tier sich dauernd an den Boden festklammerte, so daß sich das Gehäuse spitz nach oben windet und sogar solche Unregelmäßigkeiten erreicht, wie sie die ganz extreme Gestalt der Abb. 379b zeigt. Daß nach solchen Mißentwicklungen die Gruppen jeweils aussterben, ist nur natürlich; der „Fortschritt", welcher in der zu weit getriebenen Spezialisierung und Ausgestaltung lag, hat die Gattung zum Untergang geführt.

a b

Abb. 379. Am Ende des Erdmittelalters erscheinende, extrem spezialisierte Gehäuse des Ammonshornes. a Turmförmige, freilebende Gestalt, wahrscheinlich am Boden kriechendes Weichtier. Mittelkreide, Frankreich; b wirre Windungsanordnung, Gehäuse verbildet, wahrscheinlich weil das Weichtier am Boden verankert war. Oberkreide Japan. (Orig. Mus. München. b Photo eines Abgusses.) Verkl.

Wenn man solche Formbildungsgesetze in der Natur — auch für die anorganische Welt gilt dies — festzustellen sucht, so darf man nicht vergessen, daß keines derselben sozusagen eine unbeschränkte Herrschaft ausüben kann, sondern daß jede Formbildung von unzähligen Faktoren, äußeren und inneren Einflüssen, engeren und weiteren Zusammenhängen beherrscht ist, und daß es sich, wie schon einmal gesagt, immer nur darum handeln kann, solche Einzelfäden bloßzulegen, aber dabei nicht zu vergessen, daß sie mit ebensovielen anderen Fäden verbunden sind, die uns den einzelnen meistens verhüllen oder ihn kreuzen und ablenken. Wenn es ferner den Anschein hat, als ob das Gesetz der Größenzunahme sich bei niederen Tieren nicht so regelmäßig, nicht so unbehindert auswirken könne, wie bei den höheren und vor allem den Säugetieren, so mag dies daher kommen, daß die niederen Tiere viel rascher auf äußere Einflüsse mit der Umwandlung ihrer Körpergestalt antworten als die höheren, und daß bei ihnen deshalb die innerlich bestimmte, sozusagen streng entwicklungsmäßige Zunahme der Größe allzuleicht eben durch die äußeren Einwirkungen durchkreuzt wird. Daß hier aber auch höchst merkwürdige und undurchsichtige Beziehungen zwischen Umwelt und Körperform vorliegen, deren Aufhellung noch nicht gelungen ist, beweist die jedem Fischzüchter bekannte Tatsache, daß Brut derselben Art und Generation, in kleinen Teichen körperlich kleiner bleibt als in größeren. Daß dies nicht bloß mit einem „äußeren Einfluß“ erklärt werden kann, ebensowenig wie mit der Auslese im Kampf ums Dasein, ist in diesem drastischsten aller derartiger Fälle wohl klar. Der innere natürliche Sinn der Erscheinung kann aber doch wohl nur der sein, daß in einem engen Raum eben weniger Körper Platz haben, weil die Nahrung beschränkter ist. Dem begegnet die Natur aber nicht durch Verminderung der Individuenzahl, sondern durch Kleinwuchs. Denn die Verminderung der Individuenzahl würde hinwiederum den Bestand der Art, die Fortpflanzung, gefährden, so daß der sichere Weg eben die Aufrechterhaltung der Zahl unter Verminderung der Körpergröße ist. Mit solchen Überlegungen stehen wir aber überhaupt an der Schwelle jenes Problems, das sich um die Anpassung des Lebewesens an seine Umwelt dreht und das den Kernpunkt der ganzen natürlichen Entwicklungslehre bildet.

8. Die Verteilung und Herkunft des Lebens auf der Erdoberfläche

Die heutige Verteilung der Tier- und Pflanzenarten ist das Ergebnis der Vergangenheit. Es sind drei Hauptbedingungen, welche das Erscheinen des Lebens auf der Erdoberfläche bestimmen: das rätselhafte und unvermittelte Auftreten neuer Typen; das Vorhandensein oder die Veränderung geeigneter Lebensräume und die Anpassung vorhandener Typen in konkreten Formen an die äußeren Umstände des Lebensraumes. Die Tiere und Pflanzen treten uns niemals als ideale Typen entgegen, sondern ausschließlich in angepaßten, also in allen erdenklichen Richtungen mehr oder weniger spezialisierten Formen. Wir können sie betrachten als

Einzelerscheinung, als Lebensgemeinschaften, als Besiedler von Lebensräumen; aber stets erscheinen sie in einer der Umwelt angepaßten Form und Verteilung.

Zahllose Arten von Pflanzen und Tieren beleben ein Gebiet. Teils existieren sie „friedlich“ nebeneinander, keines nimmt sozusagen dem anderen Lebensraum und Nahrung hinweg; teils bekämpfen sie sich und verdrängen sich aktiv oder passiv, nehmen sich im Kampf ums Dasein Nahrung, Raum, Luft und Licht weg, wobei das jeweils Geeignetere überlebt. Dieser Kampf kann zwischen Arten verschiedenster Gestalt, auch zwischen Pflanzen und Tieren, vor sich gehen; selten wird er innerhalb der Art selbst sein. Tritt aber innerhalb der Arten eine zu große Vermehrung auf, die nicht dem Raum oder den jeweils zur Verfügung stehenden sonstigen Lebensmöglichkeiten entspricht, so beseitigen Krankheiten oder Nahrungsmangel die Überzähligkeit. Der Kampf ums Dasein kann aber auch, vom Standpunkt der Natur als solcher aus gesehen, gerade die Herstellung eines Gleichgewichtes zwischen den Arten einer räumlich größeren Lebensgemeinschaft sein. Die Vermehrung regelt sich etwa nach der Beute, und die zur Nahrung für andere Arten dienenden Organismen regeln durch ihre größere oder geringere Menge wieder den Bestand der feindlichen Art. Es wäre nichts irriger, als sich den Kampf ums Dasein wie etwas Chaotisches vorzustellen. Freilich schafft er nicht neue Arten, aber er bewährt oder vernichtet oder setzt ins Gleichgewicht. Darwin hat in seiner „Entstehung der Arten“, worin er die Abstammungslehre begründete, gerade diese Seite der Natur eindringlich und klassisch geschildert, und von diesem biologischen Standpunkt aus ist sein Werk auch besonders zu werten.

Man teilt die heutige Erdoberfläche nach gewissen charakteristischen biologischen Erscheinungen und der Verbreitung gewisser besonders bezeichnender Gattungen in tier- und pflanzengeographische Reiche, diese wieder in Provinzen oder noch engere Zonen ein, wobei natürlich eine gewisse Willkür und Schematisierung nicht zu vermeiden ist. Sowohl die Länder wie die Meere fallen unter solche Gliederung. Klimatische Bedingungen wie auch die vorausgegangenen erdgeschichtlichen Zustände sind der Grund für die oft weitgehenden, oft sich verwischenden Unterschiede. Auch aus der Vorwelt können wir solche Reiche und Provinzen namhaft machen, wenn auch infolge der fast zu allen Zeiten herrschenden, weniger großen Gegensätzlichkeit gerade der klimatischen Zustände, die seit der Quartärzeit offenbar ausnahmsweise schroff auf der Erde sind, solche Reiche weniger scharf hervortreten als heute.

So hebt sich mit ziemlich großer Dauerhaftigkeit, wenn auch in ihren Grenzen immerzu schwankend und bei den von Zeitstufe zu Zeitstufe vor sich gehenden Veränderungen immer wieder etwas anders sich darbietend, eine atlantische gegen eine pazifische marine Lebenszone heraus. Weniger im Unterkambrium, wo die Meerestierwelt noch viel universeller war, als vielmehr vom Mittelkambrium ab umfaßt die atlantische Provinz das westliche Nordamerika und Europa. Europa selbst ist wieder untergeteilt in eine nördliche, Großbritannien und Skandinavien umfassende und in eine südliche mediterrane Unterprovinz. Die pazifische Provinz umfaßt das westliche und innere Nordamerika, ging über den Pol nach Nowaja Semlja, Sibirien und Ostasien. Das hält auch im Untersilur noch an, einer übrigens ungeheuer langen Epoche. Zwischen die atlantische und pazifische Provinz legte sich von Kanada über Grönland und Island herüber bis Westnorwegen eine Landbarre (Abb. 380), welche die zwei Hauptmeeresbezirke getrennt hielt und so die Verschiedenheit der Tier-

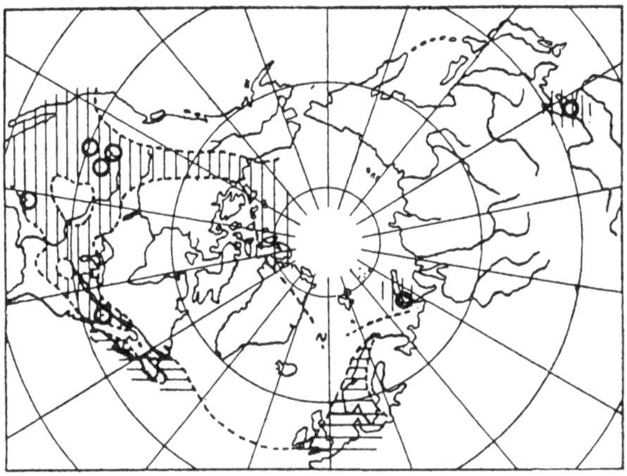

Abb. 380. Alte Landbarre zwischen dem atlantischen und pazifischen Gebiet im Spätkambrium, die marinen Faunenunterschiede erklärend. (Aus Holtedahl 1922.)

arten hüben und drüben mitbedingte und verstärkte. Auch im Silur ist in Europa selbst ein mariner tiergeographischer Unterschied zwischen einer nördlichen und einer südlichen Zone festzustellen. Erst im Obersilur macht sich über die ganze Welt hin eine größere Übereinstimmung der Meerestierwelt bemerkbar. Im Unterdevon hält diese Vermischung noch an, aber im Mitteldevon macht sich wieder das alte Schema geltend. Nur mit dem Unterschied, daß nun die pazifische Zone nach Europa einzieht, und das europäische Meer sich in seinem Faunencharakter vom nordamerikanischen stärker unterscheidet, während beide zuvor miteinander die atlantische Provinz bildeten. Nordamerika bleibt nun für sich ein tiergeographisches Meeresgebiet, während Westamerika, wie zuvor, in die pazifische Provinz wieder mit einbezogen wird. Es hebt sich dabei dann eine dritte, die südamerikanisch-australisch-antarktische Provinz heraus. Diese Unterschiede erstrecken sich meistens auf charakteristische Verteilungen von Trilobiten- und Brachiopodenarten in allen diesen Epochen. Auffallend ist die lange Konstanz solcher Provinzunterschiede, die vielleicht klimatisch und durch die besondere Anordnung von Meeresströmungen zu erklären sein wird. Aber klargestellt ist dies bei weitem nicht. Wir begegnen einer solchen Konstanz, wenn auch in anderer Anordnung wiederum im Erdmittelalter und im Tertiär.

Im Erdmittelalter, zur Trias- und Jurazeit, können wir nach den niederen Tieren, wie Muscheln und Ammoniten, ein boreales, ein mediterranes, ein himalayisches und andines Meeresreich unterscheiden. Jede dieser Zonen hat ihre eigenen Charakterformen unter der Masse der anderen, welche überall gleichartig sind. Man muß bedenken, daß eben die fossilen Tiere uns weder in solcher Mannigfaltigkeit und Menge, noch mit ihrem äußeren Habitus, wie die jetzigen Lebewesen bekannt sind. Das tut der Sicherheit solcher Darstellungen natürlich Eintrag. Daß aber trotzdem auch hier solche Unterschiede sich bemerkbar machen, zeigt, daß zu allen Zeiten, selbst dann, wenn die klimatischen Zustände und die Art der Land- und Meeresverteilung einem weitgehenden Austausch günstig waren, dennoch immer gewisse Zentren für einzelne Gattungen oder Typen der Tiere und Pflanzen bestanden. Zuweilen überwiegt eine einzige Charakterform derart, daß man für sie allein gewissermaßen ein Reich begründen kann, wenn auch hierbei immer wieder Ausstrahlungen in andere Gebiete stattfinden, so daß man nicht erwarten darf, jemals irgendwie scharf abgegrenzte biogeographische Gebiete zu sehen. Etwas Derartiges bietet die marine Muschelgattung Aucella (Abb. 381), für die Pompeckj ein nordisches, in einem Streifen bis Rußland herunterreichendes Wohngebiet feststellen konnte (Abb. 382), unbeschadet der Tatsache, daß diese Form auch gelegentlich anderwärts auftrat. Es handelt sich also bei solchen Einteilungen immer um gewisse Schwerpunkte der Verbreitung.

Abb. 381. Die Meeresmuschelgattung Aucella, ein wesentlich nordischer Typ des Jurameeres, der verschiedene Vorstöße südwärts machte. Rußland. (Orig. Mus. München.) Nat. Gr.

Zuweilen haben auch verschiedene Gebiete insofern einen übereinstimmenden Charakter, als der Habitus der Tier- oder Pflanzenwelt gleichartig, die Arten oder Gattungen aber verschieden sind. Solche formal verschiedenen, aber biologisch im selben Sinn auszuwertende Formen nennt man stellvertretende oder vikariierende Formen; sie können nicht immer daher als Marken für biogeographische Provinztrennung benützt werden. Ein derartiger Gestaltenunterschied ist für einen Trilobitenkrebs der kambrischen Epoche beistehend (Abb. 383) dargestellt; beide Formen vertreten sich gegenseitig in dem sonst gleichartigen Meeresgebiet Nordamerikas und Europas. Doch hindert die Tatsache des Vikariierens freilich nicht, daß einzelne Vertreter solcher Arten in beiden Gebieten erscheinen können.

Innerhalb solcher Reiche und Provinzen, wie überhaupt im Meer und auf dem Lande sind zu allen Zeiten die einzelnen Lebensräume von verschiedensten Organismentypen besiedelt gewesen, die, in einigen oder mehreren Arten vorhanden, miteinander denselben biologischen Bedingungen unterlagen und daher in ihrer Organisation im gleichen Sinne denselben Lebenserfordernissen angepaßt waren. Im Meere etwa gab es Bodenbewohner der Küste, der Flachsee, des Tiefenwassers; es gab Schwimmformen der Küste, der Flachsee, des Tiefenwassers. Die Bodenbewohner waren entweder beweglich oder träge, frei oder angeheftet und festgewachsen; die Schwimmformen schwebten entweder passiv oder schwammen langsam oder rasch und aktiv. Dabei konnten mehrere gleich-

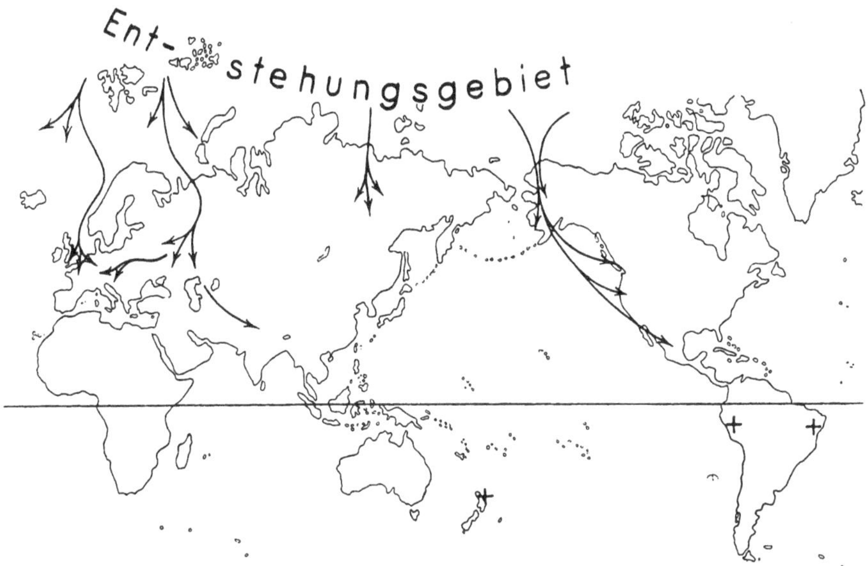

Abb. 382. Erdkarte mit der Verbreitung der Muschelgattung Aucella in der Jurazeit. Die damalige Meeresverbreitung ist nicht eingezeichnet. (Vereinfacht nach Pompecky 1901.)

artige Anpassungsformen von verschiedener Typenherkunft nebeneinander existieren; man denke an die Meersaurier und Fische im Mesozoikum. Auch können unterschiedliche Formen teilweise die Lebensgemeinschaft so weit treiben, daß sich Arten mit anderen, durchaus unterschiedlichen Arten räumlich-körperlich zusammenschlossen. So etwa, wenn heute der Einsiedlerkrebs ein leeres Schneckengehäuse bezieht, darin wohnt und gleichzeitig auf dem Schneckenhaus sich eine Weichkoralle, eine Aktinie, ansiedelt, und sie sich nun gegenseitig nützlich sind, indem die Aktinie mit ihren Nesselfäden den im Gehäuse sitzenden und meist etwas verkümmerten Krebs verteidigt, dieser sie aber mit herumschleppt und sie so an günstige Nahrungsplätze bringt. Oder größere Symbiosen gibt es, wie sie etwa die Korallenriffe bieten, die keineswegs nur aus Korallen aufgebaut sind, sondern an denen auch Hydrozoen mit ihren Kalkstöcken meistens ebenso zahlreich mitbauen, während dann zugleich in den Höhlungen andere, bewegliche Bodenbewohner leben. Die hier sich bietende Mannigfaltigkeit ist kaum zu übersehen. Auf dem Lande ist es ja nicht anders, wovon sich jeder Mensch wie von einer Selbstverständlichkeit täglich überzeugt. Immer wird man finden, daß die Lebewesen in solcher Art ihren Lebensräumen, ihren Lebensbedingungen angepaßt sind, und zu diesen Lebensbedingungen gehört nicht die anorganische Umwelt nur, wie etwa Wassertiefe, Temperatur, Sandboden, Felsboden, Klima, sondern für jede einzelne Art sind auch die anderen Arten, die Menge der übrigen Organismen eben „Umwelt“, Lebensbedingung, an die sie angepaßt, auf die sie eingestellt erscheinen.

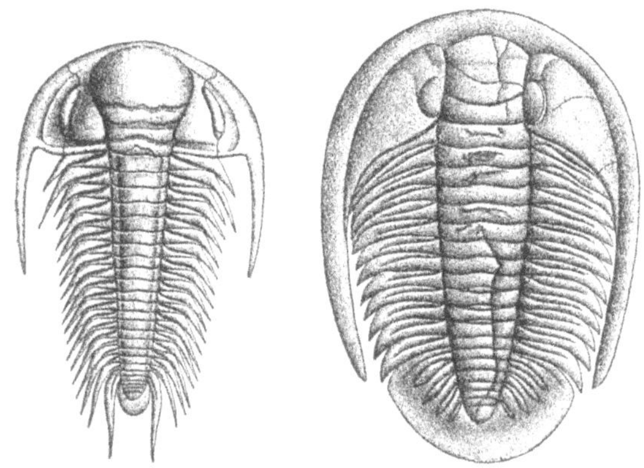

a b

Abb. 383. Zwei Tribolitenkrebse, die sich in ihrer Verbreitung gegenseitig ersetzen. a Paradoxides, Europa; b Dikellokephalus, Atlantisches Nordamerika. Mittelkambrisches Meer. (Aus Chamberlin-Salisbury 1906.) Etwas verkl.

Man kann daher, wie schon zuvor (Kap. II,2, S. 323) ausgeführt, aus den fossilen Tier- und Pflanzengemeinschaften auf die Gestaltung der Umwelt, der Lebensräume einen Schluß ziehen, wenn man aus der heutigen Lebewelt die Formbildungen, die Gestaltungen und Vergesellschaftungen kennt, die den einzelnen bestimmten Gebieten, sei es des Meeres, sei es der Länder, zukommen. Der biologische Charakter der fossilen Floren- und Faunenwelten, der Tiere und Pflanzen, ist ein untrügliches Mittel zur Erschließung der Bedingungen, die entweder in einzelnen engeren oder weiteren Gebieten oder über die ganze Erde hin während einzelner Epochen in den Zeiten der Vorwelt wechselnd herrschten.

Auf der heutigen Erdoberfläche, auf dem Lande, wie im Meere, können wir verschiedene Lebenszonen unterscheiden. Sie gliedern sich in horizontale und vertikale Räume von größerer oder geringerer Ausdehnung und sind physikalisch bedingt. Für uns Landbewohner sind die klimatischen Lebenszonen wohl am auffallendsten. Sie liegen vom Äquator polwärts aneinandergereiht und gehen um die ganze Erde herum. Aber innerhalb dieser Zonenringe sind nach Jahreszeiten und nach Höhenlagen und Landkonfiguration die Bedingungen wieder verschieden. Und wie wir aus der warmen in die gemäßigte und kalte Zone gelangen, so können wir auch in vertikaler Richtung aus dem warmen Tiefland, etwa von der Küste des Mittelländischen Meeres in die höhere Region und auf die Alpengipfel steigen und finden dabei dieselbe Folge von Warm zu Kalt.

Im Meere finden sich ähnliche Verhältnisse. Auch hier gibt es Temperaturunterschiede nach Breiten, wenn auch die Meeresströmungen und die für das Licht nicht erreichbaren tieferen Regionen (von 300 m ab) dafür sorgen, daß die Zonengliederung nicht ganz so ausgesprochen ist, wie auf dem Lande. Warme Ströme gehen aus der Äquatorialgegend nordwärts und südwärts (Abb. 160) und erlauben innerhalb ihres Streifens auch Tieren äquatorialer Gegenden, weit süd- oder nordwärts noch aufzutreten. Umgekehrt ebenso. Aber auch die vertikale Gliederung des Meeres bedeutet verschiedene Lebensbezirke. Im lichtdurchflossenen Wasser der Küstenzone und der Flachmeere gedeiht ein anderes Tierleben als in den tieferen, düsteren Zonen unterhalb der 250- bis 300-m-Grenze. Und vollends noch tiefer oder gar in Tausenden von Metern Tiefe, wo das Wasser unter dem ungeheuren Druck seines eigenen Gewichtes steht und wo ewige Nacht herrscht, finden sich ganz andere Lebensbedingungen als in den höheren Zonen, zumal auch das Wasser der Tiefsee am Boden gegen 0° kalt ist, weil von den beiden Polen her das schwerere Kaltwasser nachrückt und das wärmere zur Oberfläche aufsteigt.

Jedes derartige Gebiet hat seine ihm eigenartigen Tier- und Pflanzenformen, entweder so, daß ein gewisser Typus etwa nur im Meere, also nur im Salzwasser, hier aber in allen Zonen und Wärmeverhältnissen, oder nur in bestimmten enger umgrenzten leben kann; sei es, daß er zahllose Arten entwickelt, von denen aber jede einzelne nur einen ganz eng umschriebenen Wohnplatz mit ganz speziellen Lebensbedingungen innezuhalten vermag. Manche Tiere oder Pflanzen sind eurytherm, d. h. sie können innerhalb weiter Grenzen jedes Klima vertragen; andere stenotherm, d. h. sie sind nur auf einen bestimmten engen Temperaturkreis eingestellt. So auch die Meeresbewohner in bezug auf den Salzgehalt des Wassers. Die einen sind streng an den Salzgehalt gebunden; andere können auch in das Brack- und Süßwasser eindringen. Die einen können nur im lichtdurchflossenen Oberflächenwasser leben, die anderen nur in größerer Tiefe; die einen nur im bewegten Wasser, die anderen nur im Stillwasser.

Es gibt auch Tierformen, deren Larven ganz anders leben und andere Räume besiedeln als das erwachsene Tier. Die seßhaften Korallen und Schwämme, um nur diese zu nennen, senden Larven aus, die von Strömungen weithin herumgetragen werden und sich überall ansiedeln können, wo sie die dem späteren erwachsenen Tier günstigen Bedingungen finden. Auf diese Weise erweitert sich der Lebensraum einer Gattung auch über Regionen hinweg, die der Besiedelung selbst nicht günstig sind, und wo sie als erwachsenes Tier nicht leben könnte. Es gibt bodenbewohnende Krebse, deren Larven einen Wimperkranz haben und in der Hochsee, frei im Wasser schwimmend leben und so die bodenbewohnende Krebsart gewissermaßen über Räume hinwegtragen können, die sie selbst nie bewohnt.

Keine Tier- oder Pflanzenform bleibt auf den Lebensbezirk beschränkt, in dem sie gerade besteht. Die natürliche Vermehrung unter geeigneten

Lebensbedingungen bringt es notwendig mit sich, daß sie ihren Lebensraum von selbst ausdehnt, Schritt um Schritt, auch nicht bloß, wenn sie verschleppt wird, wie zuvor geschildert. Widerstände, die ihrer schrittweisen Verbreitung entgegenstehen, können sowohl rein physikalischer Natur sein, wie auch Konkurrenten im Kampf ums Dasein oder räuberische Feinde. Es hängt dann von der Überwindung dieser Umstände ab, ob eine Art oder Gattung auf ihren engeren Lebensbezirk beschränkt bleibt oder andere verdrängt und selbst sich ausdehnt. Es kann aber auch sein, daß sie durch Änderungen ihrer Lebensbedingungen im bisherigen Wohngebiet verdrängt wird, ausstirbt oder zum Wandern gezwungen wird.

Der Begriff „wandern" ist hier nicht eindeutig. Denn dieses Wandern kann ein aktives sein, wie etwa bei Tierherden oder Vogelschwärmen; es kann auch ein einfaches Sichverbreiten durch Vermehrung sein; es kann auch passiv vor sich gehen. Viele Tier- und Pflanzenformen haben auch auf anderem Wege als dem der bloßen Wanderung zu allen Zeiten der Erdgeschichte ihren Weg in neue Lebensbezirke gefunden: durch passive Verfrachtung. Wenn etwa von großen Strömen zuweilen Uferteile mitsamt ihrer Vegetation mitgenommen und wie natürliche Flösse ins Meer hinausgetrieben werden; oder wenn Treibholzmassen solcherart verfrachtet werden und dann in die Meeresströmungen gelangen, so können mit ihnen größere wie kleinere Tiere, Vierfüßler wie Schnecken oder Insekten und anderes Getier — von den Pflanzen ganz zu schweigen — über ganze Meeresarme hinübergebracht werden und so an ein neues Land gelangen. Die Möglichkeiten der Verbreitung von Pflanzen ist ja ohnehin unbegrenzt, da die Früchte und Samen schließlich auch im Meerwasser selbst keimfähig bleiben und überallhin gelangen können. Auch heftige Stürme können Pflanzensamen oder Insekten gelegentlich über Länder und Meeresarme wehen.

Es ist also selbstverständlich, daß Wanderungen von Tieren und Pflanzen immer nur vor sich gehen können, wenn entsprechend vermittelnde Möglichkeiten vorhanden sind, also bei Überwindung etwaiger Verbreitungshindernisse. Solche Hindernisse sind die natürlichen Gegebenheiten, also für Meerestiere etwa Landflächen, für Tiefwasserbewohner das Flachwasser; oder es sind klimatische Grenzen, der Wechsel von kalten und warmen Meeresströmungen (vgl. S. 254). Für die Landbewohner können es Berge und Flüsse, feuchte oder trockene Gebiete, die aneinandergrenzen, sein. Das sind ja alles Selbstverständlichkeiten, die jeder, der mit offenen Augen in die Natur blickt, sich leicht selbst ausdenken kann.

Nun sind aber in der Erdgeschichte, selbst innerhalb kürzester Zeitphasen, wie es etwa allein schon die eben ausklingende Quartärzeit zeigt, niemals die örtlichen oder regionalen Zustände dieselben geblieben. Stets wandelten sich die Lebensbedingungen, und mit ihnen mußte das Tier- und Pflanzenleben teils örtlich und regional sich verschieben, teils sich selbst umbilden und neue Formen, neue Arten hervortreiben, die nun den Wechsel zu überwinden fähig waren. Denn jedes Lebewesen, jede Art ist im engeren oder weiteren Sinn, wie beschrieben, an die Umwelt angepaßt, anatomisch, wie auch physiologisch. Dieses Angepaßtsein aber bedeutet zweierlei. Es ist entweder zu nehmen als eine vollendet vorliegende Tatsache. Es kann aber auch als Vorgang aufgefaßt werden und heißen: sobald sie die Bedingungen ändern, ändert sich die Körpergestalt, ändern sich die anatomisch-physiologischen Eigenschaften; die Form bildet sich um. Diese Umbildung muß aber sofort geschehen, Hand in Hand mit dem Wechsel der Lebensbedingungen. Ändern diese sich langsam, so ändern sich die Lebewesen ebenso langsam; ändern sie sich rasch, so müssen sich auch die Lebensformen rasch ändern, sonst sterben sie aus. Die Besiedelung von Lebensräumen und Lebenszonen als vollendete Tatsache hat also zur Voraussetzung, daß eine Anpassung stattgefunden hat; man müßte denn gerade annehmen, daß jede organische Form plötzlich ins Dasein trat und so erschien, wie es den äußeren Erfordernissen entsprach.

Sobald sich also die Bedingungen ändern, kommt es entweder zu einem Auswandern oder zu einem Aussterben oder zu einer Umwandlung in morphologischer und physiologischer Hinsicht. Alles dies kann sich bei verschiedenen Tier- oder Pflanzengruppen gleichzeitig bemerkbar machen. Ja dieselbe Gattung kann vielleicht mit einem Teil ihrer Bestände wandern und sich dabei unverändert erhalten; mit einem anderen Teil unter den neuen Bedingungen dableiben und sich umwandeln. Es kann auch sein, daß der eine Teil vom anderen nachher räumlich getrennt bleibt, indem sich unüberwindliche Hindernisse der Verbindung zwischen das alte und das neu erworbene Lebensgebiet schieben. Dadurch werden sich Vertreter derselben Art im Verlauf einer gewissen geologischen Zeitspanne unter Umständen so voneinander differenzieren, daß entweder überhaupt neue Arten entstehen, die nun als verwandt zu gelten haben, aber vielleicht weltweit getrennt leben; oder das mittlerweile gewonnene Verbreitungsgebiet ist so groß, reicht über so weite Räume der Kontinente bzw. Meere hinweg, daß durch eine Unterbrechung des Zusammenhanges infolge geologischer Veränderungen nun die gleiche Gattung in gleichen oder verwandten Arten womöglich an entgegengesetzten Stellen der Erde ohne Verbindung existiert.

Es kommt bei solchen Umstellungen sowohl in der Verbreitung, wie im körperlichen Habitus freilich darauf an, ob von Hause aus solche Lebewesen einem Typus zugehören, der fähig ist, in sehr wechselnden Lebensbedingungen zu gedeihen, oder der sehr empfindlich gegen eine Änderung der Umwelt ist. Es kommt weiter hinzu, ob ein solcher Typus erdgeschichtlich schon alt oder noch jung ist. Denn es ist ein Gesetz der Lebensentwicklung, daß die Tier- und Pflanzentypen im Verlaufe ihrer erdgeschichtlichen Existenz sich immer mehr und immer einseitiger (Kap. II,7, S. 472ff.) spezialisieren. Wenn dann diese Spezialisierung sehr weitgegangen ist, sowohl in der Formgestaltung, wie in der einseitigen Anpassung an ganz spezielle Lebensbedingungen, so erliegen sie meistens rasch den eintretenden geologischen Veränderungen. Es kommt dazu, daß sie auf diesem Höhepunkt ihrer Spezialisierung offenbar aus inneren Gründen ihrer Konstitution schon zum Aussterben bestimmt sind und auch dann ausklingen, wenn nicht gerade besonders nennenswerte Veränderungen in ihrer Umwelt vor sich gehen.

Für alle diese soeben besprochenen Möglichkeiten und Tatsächlichkeiten mögen nun Beispiele aus der vorweltlichen und heutigen Tier- oder Pflanzenverbreitung angeführt werden. Es ist klar, daß wir die heutigen Zustände nur als Ergebnis vorweltlicher verstehen können, und daß hier eine zeitliche Abgrenzung nicht möglich ist.

Einfache Fälle von mariner Tierwanderung bieten aus allerjüngster Zeit etwa die bodenbewohnende Schnecke Litorina litorea, die sich innerhalb 50 Jahren der amerikanischen Küste entlang über eine Strecke von 800 km verbreitete. Hier haben wir es zweifellos mit der Verschleppung der Larven durch weite Meeresräume zu tun. Durch den Bau des Suezkanals konnten einige Arten des Roten und des Mittelmeeres sich gegenseitig austauschen, wobei sich die gewöhnliche Herzmuschel beim Wechsel ihres Lebensraumes in eine neue Abart verwandelte.

Man kann gelegentlich auch ein Hin- und Herwandern, also ein zeitweises Verschwinden und dann Zurückkehren in den alten Lebensraum beobachten, wobei sich auch eine körperliche Umwandlung vollzog. Nach den Untersuchungen von Biese an Seelilien des germanischen Muschelkalkmeeres (S. 287) gediehen die einzelnen Arten an verschiedenen Plätzen verschieden, und auch für die Entwicklung der Gesamtheit der Formen waren einzelne Gebiete günstiger, andere ungünstiger. Als nun nach Ablagerung der untersten Muschelkalkzone sich eine andere Sedimentbildung, der Wellenkalk, einstellte, wich eine bestimmte Art, der diese neuen Zustände nicht zusagten, in bisher unbekanntes Meeresgebiet aus. Als eine neue Fazies, die des Schaumkalkes, sich herstellte, erlebte eine dagebliebene Art eine besondere Blütezeit, offenbar weil ihr die Lebensbedingungen nun besonders günstig wurden. Als aber danach ein hochsalziges Wasser eindrang, gingen zwei Arten (Encr. Carnalli und Brahli) wieder weg und kehrten abermals wieder, als sich die Verhältnisse zu ihren Gunsten noch einmal geändert hatten. Inzwischen aber hatte die eine der ausgewanderten Arten (E. Brahli) einen stärkeren Kelch erworben, hatte sich in eine neue Art umgestaltet und war zu jenen Encrinus liliiformis geworden, den wir oben abgebildet haben (Abb. 172). Er war durch die ihm günstigere Umorganisation nun befähigt, Sieger im Kampf ums Dasein gegenüber dem unverändert gebliebenen E. Carnalli zu werden und beherrschte alsbald allein den Lebensraum, während sich der ältere E. Carnalli nur noch kurze Zeit in wenigen Reliktenformen erhielt. Dieses Wegwandern war jeweils ein Aussterben, während weiter draußen die Art sich hielt. Wenn sie zurückkehrte, so war es nicht ein Wandern erwachsener Formen, denn die Seelilien sind ja festverankerte

Bodentiere; sondern es war ein immerwährendes Aussenden von Larven gewesen, die sich in dem mitteldeutschen Muschelkalkmeer zu Tieren auswachsen konnten, als ihnen die Umstände wieder günstig geworden waren; zuvor gingen sie eben zugrunde.

Wenn neue Inseln entstehen, etwa Vulkaninseln auftauchen oder verschüttete neu besiedelt werden, so wandert zunächst aus dem benachbarten Kontinent das Leben ein; Meeresströme bringen Larven von küstenbewohnenden Meerestieren herbei; durch die Luft kommen, sei es fliegend, sei es verweht, die Insekten; Samen werden beigeweht oder vom Meer ans Land gespült oder im Kot und Gefieder der Vögel mitgebracht; auf solche Weise werden sogar Landschnecken und anderes kleines Getier weit herumgetragen. Es ist nun bezeichnend, daß gerade die landfernsten Inseln die meisten ihnen eigentümlichen Tier- oder Pflanzenarten besitzen und zugleich solche Formen, die einen Transport zur See, etwa durch Treibholz, nur selten bestehen. Der Mangel an Nachschub bedingt die Spezialisierung der ersten Ankömmlinge in ihren nicht mehr mit der Stammart vermischten Nachkommen. So sollen die Landschnecken auf den mittelatlantischen Inseln besonders eigentümlich sein, weil gerade die das Land bewohnenden Lungenschnecken am seltensten über das Meer verfrachtet werden können.

Manche Inseln und Inselgebiete sind Reste alter Festländer. Deshalb können auf ihnen Formen einheimisch sein, die früher auch auf den gegenüberliegenden Festländern lebten, dann aber dort ausstarben und sich nun noch in den längst abgetrennten Inseln, frei von aller sie beeinträchtigenden Konkurrenz jüngerer Einwanderer zu halten vermochten. Heute ist allerdings viel von diesen Zuständen durch die Tätigkeit des Menschen verwischt, mit dem absichtlich und unabsichtlich auch höhere Tiere weltweit verbreitet worden sind. Es können aber umgekehrt auch Inseln, ja größere Gebiete von kontinentalem Ausmaß eben durch den Grad der Verschiedenheit und Eigentümlichkeit ihrer Tierwelt daraufhin beurteilt werden, wie lange schon ehemalige Kontinentalzusammenhänge etwa aufgelöst sind, denen sie sich ehemals eingliederten.

Auf den drei großen Sunda-Inseln Sumatra, Java, Borneo leben, wie auf dem gegenüberliegenden asiatischen Kontinent, verschiedene höhere Säugetiergattungen (Rhinozeros, Tapir, Hirsch, wilde Hunde, Katzen u. a.). Es sind dies lauter Formen, die sinngemäß dort vorhanden sein müssen, wenn man annimmt, daß diese großen Inseln einmal mit dem Festland verbunden waren, und zwar zu einer Zeit, wo sich diese Arten schon entwickelt hatten, also etwa zur späteren Tertiärzeit. Denn es ist wohl ausgeschlossen, daß der Mensch diese Tiere einst vom Kontinent dort hinübergebracht habe. Auch den Zufall zu Hilfe zu nehmen und zu sagen, sie seien vielleicht schwimmend über die Meeresstraßen gekommen, geht nicht an, weil es doch zu viele Arten sind, von denen allen man dies nicht annehmen kann. Wir müssen also folgern, daß sie einst zu Land sich auszubreiten Gelegenheit hatten.

Im vollen Gegensatz dazu steht Madagaskar, das keine Gattungen oder Arten aufweist, welche den gegenüberliegenden afrikanischen Kontinent bewohnen. Die wenigen, die den kontinentalen afrikanischen gleich sind, wurden eingeführt oder konnten, wie eine Fledermausart, durch die Luft hingelangt sein. Was nun an höheren Säugetieren dort vertreten ist, gleicht keineswegs den entsprechenden afrikanischen Arten; es sind Zibetkatzen, Insektenfresser und Nagetiere, besonders aber die merkwürdigen Halbaffen. Gehen wir in der Erdgeschichte weiter zurück, so gleichen sie alle auch keinen tertiärzeitlichen Formen des afrikanischen Gebietes; auch nicht denen Indiens. Dagegen sind einige Formen der sehr entfernten polynesischen Tierwelt vorhanden. Von ihnen muß man annehmen, daß sie durch natürliche Flössung, also auf abgedrifteten Waldpartien oder Schwemmholz durch Meeresströmungen hergebracht wurden. Denn hätte eine Landverbindung zwischen jenen Gebieten und Madagaskar existiert, so könnten es nicht nur vereinzelte Formen sein, die identisch sind, sondern es müßten viele sein, wie wir es oben an dem Beispiele der drei großen Sunda-Inseln sehen konnten. Madagaskar muß also ein seit unvordenklicher Zeit von Afrika abgetrenntes Inselgebiet sein, auf dem sich nicht nur eigentümliche alte Formen finden, sondern auf dem sich auch die Stämme dieser Formen in ganz besonderer Weise weiterspezialisieren konnten. Dies gilt u. a. auch für die sonderbaren Halbaffen, die zur Tertiärzeit, und zwar schon sehr früh, die Kontinente der Erde bewohnten, aber in ganz anderen Arten, während die madagassischen eine ganz spezifische Gattung dieses Hauptstammes bilden, die sonst nirgendsmehr auftritt. Es ist hier also auffallend früh eine Isolierung von altertümlichen Formen eingetreten. Vielleicht geht dies bis an das Ende des Erdmittelalters zurück, woraus man, wie aus vielem anderen, auch wird folgern dürfen, daß schon zu jener Zeit die im Alttertiär erscheinenden Säugetiertypen vollständig differenziert waren, und zwar in weltweiter Verbreitung. Noch rätselhafter wird die Sache durch das Vorkommen zweier Schlangengattungen auf Madagaskar, die ihresgleichen nur noch auf den Antillen und in Südamerika haben. Durch das Meer können sie nicht auf diese ungeheure Entfernung gekommen sein; vom Menschen sind sie auch nicht ausgetauscht worden. So bleibt nur die Annahme, daß sie gegen Ende der mesozoischen Zeit noch weltweit verbreitet waren, daß die damals bestehenden Kontinente nun unterbrochen und teilweise verschwunden sind und solche Formen als Reste noch leben. Es konnte also auch eine Verbindung Madagaskars mit Südamerika bestanden haben, die nicht über Afrika und auch nicht quer über die Südsee oder den Pazifik ging, sondern über das nähere, damals noch eisfreie, ja warme Südpolargebiet.

So baut sich Schluß auf Schluß auf, und man gewahrt, zu welchen ungeahnten Ausblicken die geographische Verfolgung der lebendigen Formen verhilft, weil eben Gestaltung der Erdoberfläche und Umwandlung der Lebewelt in einem unmittelbaren Verhältnis zueinander stehen. Die

Untersuchung der Erdrinde, ihres Baues und die Art und Verteilung der Formationen tut dann das ihre hinzu, um solche Schlüsse zu erweitern, zu stützen und so zur Rekonstruktion der ehemaligen Erdoberfläche und des Lebens zu gelangen.

Ebenso merkwürdig wie Madagaskar steht auch Neuseeland da. Es ist heute das isolierte Reststück einer früheren Kontinentalfläche, die zeitweise unter dem Meere lag, und ist alpin gefaltet, bedeutet also wahrscheinlich nur die Randzone jenes uralten, wohl in den pazifischen Ozean sich erstreckenden Gondwanakontinentes (Abb. 127), der auch wohl, wie Mada-

Abb. 384. Brückenechse (Sphenodon), ein Relikt aus dem Erdmittelalter, lebend in Neuseeland, vgl. Abb. 219, S. 346. (Aus Gray 1867.) $^1/_2$ nat. Gr.

gaskar, mit dem älteren Landkern des Südpolarlandes zusammenhing. Aber sie ist längst isoliert und auch des Stückes Land, um das sie sich wohl vor nicht allzulanger Zeit noch ausdehnte, beraubt. Daß viele Vögel dieser Insel denen des malayischen und sonstigen pazifischen Gebietes gemeinsam sind, ist leicht verständlich, für sie ist die Isolierung durch das Meer keine Grenze. Um so auffallender ist, daß die Hälfte aller Vögel dennoch auf Neuseeland durchaus eigenartig erscheint, was also eine lange Isolierung bedeutet, um so mehr, als die Spezialisierung sehr weit gediehen ist, so daß durchaus eigentümliche Gestalten erzeugt wurden (Papageien, Buschhühner). Dabei sind mehrere Formen flugunfähig geworden, ja noch vor kurzem lebten die großen Moas, Riesenlaufvögel von Straußcharakter, aber unvergleichlich viel größer. Das dort noch vorkommende Sphenodon, eine ganz altertümliche kleine Echse (Abb. 384), hatte ursprünglich wohl große Verbreitung, denn bei uns kommt sie in den landnahen Meeresschichten der oberen Jurazeit (S. 346) nicht selten vor. Nach neueren Untersuchungen konnte sie sich wohl im Meer selbst ihre Nahrung suchen, also schwimmen, wenn auch sich nicht dauernd im Meere selbst aufhalten. Wir haben es also wohl mit einem uralten Überbleibsel aus sehr, sehr früher Zeit zu tun.

Etwas ganz Ähnliches gilt für Australien. Schon seit der Tertiärzeit ist es abgetrennt gewesen vom asiatischen Kontinent und bewahrte dort die niederstehende Säugetierwelt der Beuteltiere, die zu mesozoischer Zeit wohl auf allen Kontinenten verbreitet war, dann aber durch das Aufkommen der plazentalen, höheren Säuger verdrängt wurde, die sich in Asien, Europa, Amerika und Afrika entwickelten und durch kreuz- und querweises Wandern alle diese Länder besiedelten. In Südamerika lebt noch ein letzter spärlicher Rest dieses Beuteltiertypus, was angesichts des Reichtums an jüngeren erdgeschichtlichen Säugertypen wie ein Wunder erscheint und uns andeutet, wie diese Altformen sich immer mehr vor dem nachdrängenden Neuen flüchten mußten. Und nur in Australien blieben sie die unbeschränkten Herren des Landes, weil in Australien niemals ein plazentaler Säugetiertypus autochthon entstanden ist und ein Nachwandern des Neuzeitlichen aus Asien oder Afrika herüber nicht stattfinden konnte. So traf der Europäer, als er dieses Land entdeckte, sozusagen eine noch erdmittelalterliche Säugetierwelt an, wenngleich es nicht mehr erdmittelalterliche Arten sind, die dort lebten, weil sich diese Tierwelt auch weiterentwickelt hat und mangels an Konkurrenten, die sie überflügelt und verdrängt hätte, uns nun ein Bild gibt, wie die Säugetierwelt auch auf den übrigen Kontinenten aussehen würde, wenn sich nicht während der Tertiärzeit jener übergroße Reichtum an plazentalen Säugetieren entwickelt hätte, der diesem Zeitalter seine biologische Signatur gab.

Man hat es also hier mit Relikten, Restbeständen früherer Epochen, zu tun, d. h. mit Formen, deren Lebensgebiet heute sehr beschränkt ist, während ihnen ehemals die Welt oder große Teile derselben als Wohnplatz angewiesen waren. Im Erdmittelalter waren die bezeichnendsten Pflanzen (S. 460ff.) u. a. die Zykadeen, den Nadelhölzern entfernt verwandte, meistens große baumartige Gewächse von palmenähnlichem Habitus, heute nur in den Tropen und Subtropen an ganz vereinzelten Plätzen lebend. Ehedem bedeckten sie in der Jura- und Kreidezeit die Länder. Der Molukkenkrebs (S. 179) lebt heute nur noch an schlammigen Küstenstreifen von Nord- und Mittelamerika sowie in Ostasien; im Erdmittelalter besiedelte er auch die Meere und teilweise die ästuarinen Flächen Europas, Syriens und Nordamerikas, war also vermutlich weitverbreitet, wenigstens auf der Nordhalbkugel; sein heutiges getrenntes Vorkommen ist also eine Art Reliktenzustand.

Oft läßt sich Schritt um Schritt ein solches Zusammenschwinden des einstigen Verbreitungsgebietes verfolgen. Im Alttertiär lebt eine bestimmte Nautilidenart mit stark gefalteten Innenwänden (Aturia) in den Meeren von Europa und Nordamerika; im Miozän ist sie nur noch in Indien und Madagaskar nachgewiesen; dann stirbt sie aus. Die Nummuliten, jene riesigen gesteinsbildenden Scheiben (Abb. 168, S. 284) sind im Alttertiär weltweit verbreitet; heute sind sie nur noch in den tropischen Südozeanen und mit einem verwandten Ausläufer im Roten Meer verbreitet.

Im kleinen kann man solches auch auf engstem Gebiet wahrnehmen. Manche Pflanzenarten des Hochgebirges und einige Tiere gleichen solchen, die heute in der nördlichen, ja polaren Zone leben. Ehedem, zur Eiszeit, besiedelten sie auch das Tiefland der gemäßigten Zone, weil damals die Durchschnittstemperatur auch im Tiefland so gering war, wie heute etwa auf den alpinen Höhen oder in nördlichem Gebiet. Als die klimatischen Bedingungen der Eiszeit vorüber waren und es unten wärmer wurde, zogen sie sich einerseits auf die Alpen, andererseits in die Polarregion zurück, und so kommt es, daß heute dieselben Tiere oder Pflanzen unter gleichen Verhältnissen, aber an so weit getrennten Plätzen der Erdoberfläche leben.

Eine noch nicht geklärte Merkwürdigkeit ist das Auftreten von Süßwasserschnecken im afrikanischen Tanganjikasee, die durchaus den Form-

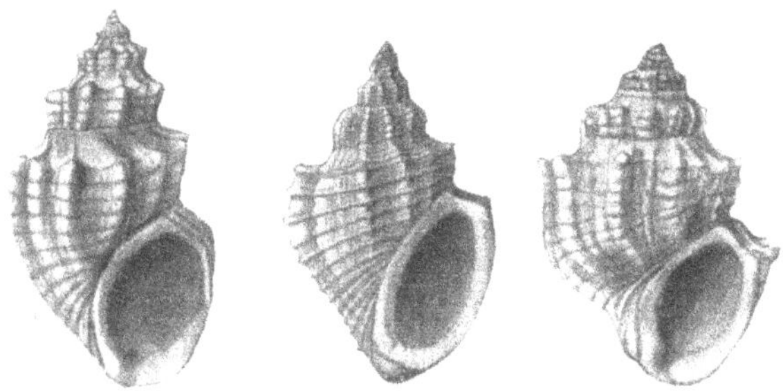

Abb. 385. Die lebende Tanganjikasee-Schnecke (Pyrgulifera) a, verglichen mit zwei kreidezeitlichen Marinformen derselben Gattung. (Aus Dacqué 1921.) Vergr.

charakter von kreidezeitlichen Meeresschnecken haben (Abb. 385). Zuerst meinte man, sie seien Relikten eines Meeresarmes, der sich ins Innere Ostafrikas erstreckte, dann abgeschnürt wurde und nun seine Konchylienfauna zurückließ, die sich im Lauf der Tertiärzeit an das Süßwasser angepaßt hätte und deshalb heute in der Gestalt kreidezeitlicher Meerestiere erscheine. Aber es ist nachgewiesenermaßen dieser Teil Afrikas niemals unter dem Meere gestanden. Zur Erklärung bleibt daher nur zweierlei übrig: entweder lagen ursprünglich am Ende der Kreidezeit abgeschnürte Meeresbuchten in Ostafrika und darin lebten die Kreidekonchylien; diese Meeresbuchten süßten sich aus und wurden als Landseen dann während der Tertiärzeit langsam verlegt, so daß der Tanganjika jetzt ein solcher verlegter Restsee wäre und seine Tierwelt teilweise aus jener Epoche noch mit sich geführt hätte; oder aber es ist möglich, daß sich Süßwasserkonchylien konvergent in derselben Weise spezialisierten, wie Meereskonchylien, und nun deren Form in späterer Zeit gewissermaßen nachahmten, also eine „unabhängige Entwicklungsgleichheit" zeigen, die man mehrfach, ja sogar häufig in der Geschichte des Lebens kennt (S. 380). Dies ist um so wahrscheinlicher, als nachgewiesenermaßen die Süßwassermuscheln und -schnecken sich überhaupt aus Marinmollusken entwickelt haben — ein Vorgang, der am Ende dieses Kapitels in seiner allgemeinen Bedeutung noch gewürdigt wird. Infolgedessen liegt es nicht so ferne, daß unter besonderen Lebensumständen in diesen Nachkommen späterer Zeit Formbildungen hervortreten können, welche als Erbpotenzen aus früherer Zeit latent da waren und dann unter geeigneten Umständen sichtbar wurden.

Eher wäre anzunehmen, daß die heute noch im Baikalsee in Sibirien lebenden Abarten zweifelloser Meerestiere durch einen ganz vorübergehenden Meereseinbruch zur späteren Tertiärzeit in dieses Becken hineingelangten, obwohl bisher keine Anhaltspunkte für einen solchen in irgendwelchen Ablagerungen aus der Umgebung vorliegen. Im Baikalsee kommen

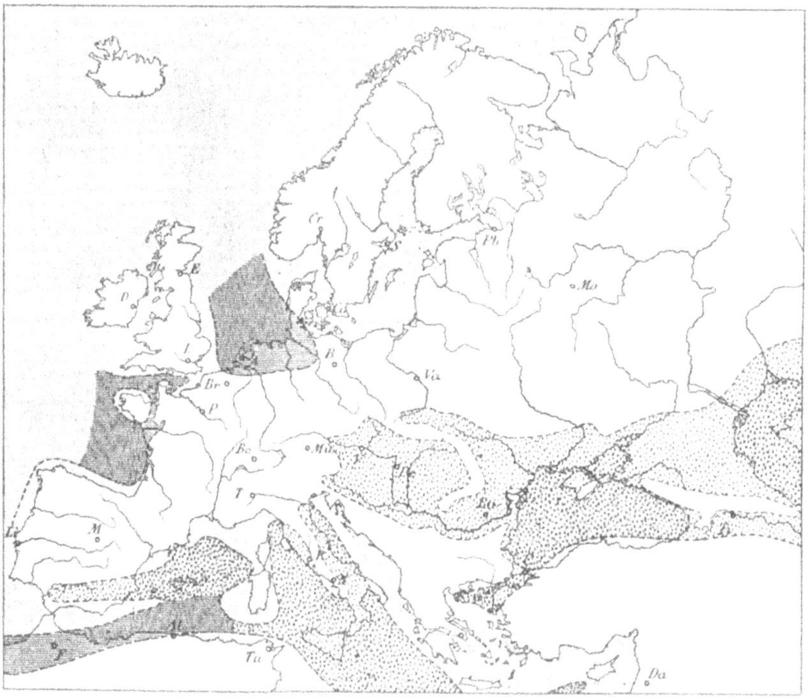

Abb. 386. Das sarmatische ausgesüßte Meer (getüpfelt) am Ende der Miozänzeit, aus dessen Resten der Kaspische See und das Schwarze Meer besteht. Schraffiert: freies Salzmeer. (Aus Lapparent 1906.) Vgl. Karte Abb. 139, S. 206.

Würmer, Schwämme, Bryozoen, Mollusken, Krebse und Fische vor, und was das überraschendste ist, auch eine Seehundsart — alles Formen, deren nächste Anverwandte im benachbarten pazifischen Meer noch leben. Sie sind vermischt mit echten Süßwasserformen.

Es gibt nur einen Fall, wo wir bestimmt die Herkunft von Süßwasserseen aus ehemaligen abgeschnürten Meeresarmen kennen: der Aral- und Kaspisee. Zur Jungtertiärzeit erstreckte sich aus dem Mediterrangebiet durch Slawonien in das Wiener Becken ein Meeresarm (Abb. 386), der zuvor auch durch Südbayern, Schwaben in die Schweiz reichte. Er wurde abgeschnürt und machte nun im Wiener Becken und ostwärts einem zuerst brackischen, dann ausgesüßten See Platz. Zahlreiche Arten starben aus, andere wandelten sich um und paßten sich den neuen Lebensverhältnissen an. Gerade bei solchen Umgestaltungen kann man zusehends die Variationsreihen, besonders der Konchylien, feststellen. So barg jener slawonische Teil des Sees eine Schneckenfauna, bei der man teilweise Stufe um Stufe die Wandlung der Skulptur verfolgen kann (Abb. 387), ganz ähnlich wie man es (Kap. II,2, S. 331) für die Kleinschnecken in dem Steinheimer Becken Württembergs nachgewiesen hat. Die in jenem „sarmatischen" Brackwasser-

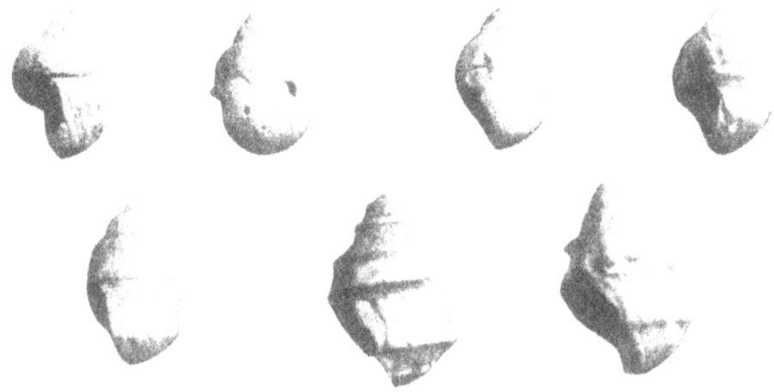

Abb. 387. Umwandlungsreihe der Süßwasserschnecke Paludina im pliozänen Süßwassersee von Slavonien unter dem Einfluß des wechselnden Salzgehaltes. (Orig. Mus. München.)

see lebende niedere Tierwelt, die solcherweise durch Umwandlung und Anpassung zustande kam, lebt heute noch im Kaspischen See. Während der das Schwarze Meer ehedem mitumfassende Teil durch geotektonische Einflüsse mit dem jetzigen Mittelmeer wieder vereinigt wurde und daher dort neuartige Verhältnisse Platz griffen, wurden Aral- und Kaspisee völlig abgeschnürt und konnten so jene frühere Tierwelt in sich erhalten. Hier steht also die Umwandlung ersichtlich Schritt um Schritt mit den Veränderungen der Erdoberfläche in Zusammenhang.

Durch die wachsende Kenntnis der ehemaligen Zusammenhänge der Tier- und Pflanzenwelten, wie der Verteilung von Land und Meer hat sich die auffallende Tatsache ergeben, daß die meisten gut bekannten und gut verfolgbaren alten paläozoischen und teilweise noch mesozoischen Formen sowohl des Landes wie des Meeres ursprünglich weltweit verbreitet waren, aber sich allmählich — und dies besonders rasch während der Tertiärzeit — immer mehr aus der Nordhalbkugel zurückzogen, also dort wohl ausstarben, und in die Äquatorialgegend, ja bis in die Südspitzen des gesamten Kontinentalgebietes zurückgingen bzw. in diesen Räumen allein noch erhalten blieben. Von der Brückenechse in Neuseeland wurde oben schon gesprochen; sie ist ein schon mit dem Beginn des Erdmittelalters weitverbreiteter Typus.

Wir erinnern uns des im Kap. II,2 (S. 335) erwähnten Lungenfisches, dem wir zum erstenmal in der Oldred-Formation des Nordatlantischen Gebietes zur Devonzeit begegneten. Seine Gestalt und seine physiologischen Eigentümlichkeiten wurden uns verständlich als Ausdruck für die Lebensbedingungen, welche dort herrschten: starke Trockenheit mit wechselnd eintretenden Überschwemmungen, Fluß- und Seenbildungen. Er konnte die Trockenperioden überdauern, weil seine Schwimmblase zu einer Art Lungensack umgebildet war. Der Typus tritt immer wieder in den zwischen heute und damals liegenden erdgeschichtlichen Epochen auf, aber Schritt um Schritt weiter südwärts, wenn man seine Verbreitung auf der Nordhalbkugel betrachtet. Die ältesten ihm sehr ähnlichen Fische sind weltweit verbreitet gewesen; man findet sie in Nordamerika, Nordeuropa und Australien. Es sind wohl Meeresbewohner gewesen, die etwas anders organisiert waren. Wahrscheinlich durch das damalige Aufkommen neuer Fischformen wurden sie ganz in die Landgebiete verdrängt und lebten von da ab so, wie es die Oldredformation zeigt, oder wenigstens in Deltabildungen, wo sie noch mit dem Meere in Berührung kamen. Im Erdmittelalter bis in die Jurazeit sind sie noch weltweit verbreitet. Dann setzte, wie im Kap. I,7 (S. 199) dargelegt, die klimatische Zonenbildung kräftiger ein, was sich in der Kreidezeit besonders deutlich bemerkbar machte, und nun finden wir sie nur noch in Nordafrika und Südamerika. Heute endlich lebt der in mehrere Gattungen zerfallende Typus nur noch in Südamerika, Südafrika und Australien. Ein anderes Beispiel sind die Riffkorallen. Auch sie sind in den paläozoischen Zeiten überall verbreitet gewesen und gingen bis in die Nordpolarzone hinauf. Schon in der Triaszeit sind sie nicht mehr so weit nordwärts ausgedehnt, wenn auch noch vereinzelt ein Riffbildner in Sibirien vorkommt. Zur Jurazeit ist ihre Nordgrenze etwa Norddeutschland, zur Kreidezeit ist diese Nordgrenze in Europa durch den Alpenrand bezeichnet. In der Tertiärzeit sind sie anfänglich noch am Nordalpenrand vorhanden, wo sie Riffe bilden, verschwinden dann aber nach dem Mittelmeergebiet und enden heute im südlichen Pazifik und Indik; im Atlantik gehen sie, dem warmen Golfstrom folgend, bis zu den Bermudas, deren Breitenlage etwa Nordafrika entspricht.

Hand in Hand mit dieser, dem Norden immer mehr ausweichenden Verengerung des zonaren Lebensbezirkes vieler Gruppen steht die Tatsache wohl in unmittelbarem Zusammenhang, daß heute gerade der südliche pazifische und der indische Ozean die Zufluchtsstätte für marine Tiere geworden ist, wo sich besonders erdmittelalterliche Meerestiere noch halten, die sonst auf der ganzen Welt verschwunden sind. Der Nautilus, jenes gekammerte, den Ammonshörnern so ähnliche Schalentier (Abb. 245b, S. 373), das schon in der Steinkohlenzeit fast mit gleichem Gehäuse existierte, ist in jener Epoche weltweit verbreitet; im Erdmittelalter zwar auch noch, aber nur sehr dürftig und gegen die Ammoniten auffallend zurücktretend; mit der Tertiärzeit geht er rasch nach Süden und lebt heute nur noch in dem bezeichneten Meeresgebiet. Die Nummuliten, jene im Kap. II,1 beschriebene, besondere kalkschalige Meerestierform, zur Tertiärzeit noch dem breiten äquatorialen Gürtel um die Erde folgende, aber auch noch im Polargebiet erkennbar, sind in der jüngeren Tertiärzeit nur noch in Niederländisch-

Indien und heute nur noch in jenem genannten Reliktengebiet. Man nennt diese Erscheinung **Polflucht**.

Auch die Tiefsee ist, wie schon S. 249 ausgeführt, die Zufluchtsstätte für verdrängte mesozoische Arten niederer Tiere, wie Seelilien, Seeigel, Dekapodenkrebse geworden. Eine ganze Anzahl Gestalten, die uns in den Meeren des Erdmittelalters als wohlbekannte Flachmeerbewohner entgegentreten und die man lange Zeit für erloschen hielt, weil sie in den Tertiärmeeren nicht mehr zu sehen waren, tauchten durch die Erforschung der Tiefsee plötzlich wieder als Relikten früherer Zeiten lebendig

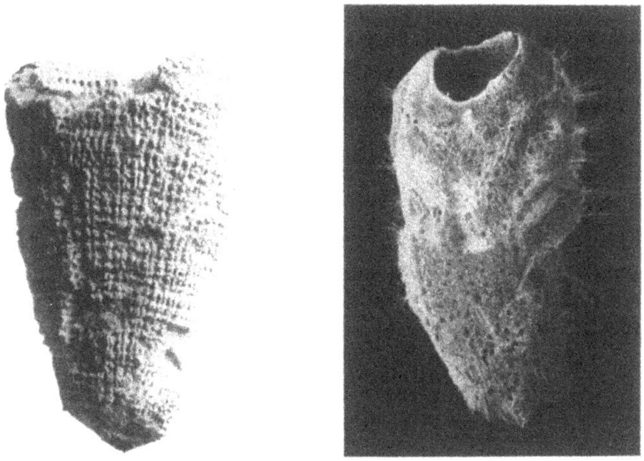

a b

Abb. 388. Schwammbecher von Kieselschwämmen mit dem feinen Glasnadelgewebe. a Mit Salzsäure aus dem Kalk herausgeätzter Becher (Pachyteichisma) der oberen Jurazeit, Württemberg. b Vergleichsbild eines heutigen Glasschwammes der Tiefsee. (a Orig. Mus. München; b nach Schulze 1887.) Verkl.

vor uns auf. So sind gewisse Glasschwämme, die in der Jurazeit noch ihre Riffe in der lichtdurchflossenen Flachmeerzone bauten (Abb. 388), mit dem Schleppnetz aus der Tiefsee heraufgeholt worden; die fünfstrahligen Seelilien der Jurameere (S. 490) ebenso; der beistehend abgebildete breitpanzerige Krebs (Abb. 389), ist ein häufiger Typus im Jurameer und auch er lebt heute nur noch am Boden der dunklen Tiefsee. Es gibt also nicht nur einen Rückzug früher weltweit verbreiteter Arten in horizontaler Richtung, sondern auch in vertikaler. So ist die Tiefsee also heute gewissermaßen noch ein erdmittelalterlicher Faunenbezirk, wenn auch nicht durchweg, da die Tiefseefische den tertiärzeitlichen gleichen und wohl auch noch jüngere Formen dahin eingewandert sind. In mancher Hinsicht läßt sich dies vergleichen mit dem Lebensbezirk des australischen Festlandes, wo wir gleichfalls eine Fauna und Flora aus erdmittelalterlichen Beständen finden, zu denen erst später neuere Formen hinzugewandert oder künstlich eingeführt worden sind.

Wenn wir von solchen Rückzügen der Formen in beschränktere Gebiete oder vom Ausweichen der primitivsten Formen in die Kontinentalspitzen sprechen, so kann diese Auffassung mehreres einschließen. Denkt man sich eine Form, einen Typus ursprünglich weltweit verbreitet; sein Lebensraum wird allmählich durch erdgeschichtliche Umwandlungen der Oberfläche, durch Klimawechsel u. dgl. eingeengt; der Typus selbst erlischt allmählich und kann sich nur noch in den ihm besonders zusagenden äußeren Verhältnissen halten, ohne mehr fähig zu sein, neue Mutationen, neue Anpassungsformen zu bilden — so wird er ganz von selbst schließlich übrig bleiben an wenigen ihm günstigen Fundpunkten, sei es, daß er dort die ihm allein zusagenden Lebensbedingungen noch findet, sei es, daß er keine Gegner im Kampf ums Dasein dort hat, die ihn verdrängen durch ihre besser angepaßten und lebenskräftigeren Formen. Es ist also nicht immer ein Wandern. Wenn heute die Brückenechse, wie erwähnt, nur noch auf Neuseeland lebt, so liegt es nahe anzunehmen, daß sie eben ehedem weltweit verbreitet war, weil wir sie in Trias und Jura auch im Norden finden und verwandte Formen auch schon auf dem großen Südkontinent ehedem lebten. Wenn der Lungenfischtypus heute die Südhälften der Kontinente bewohnt, so mag auch diese Beschränkung kein Abwandern sein, sondern ein Übrigbleiben, denn wir sehen den Typus in der Vorwelt ja auch auf dem nordatlantischen Kontinent. Von den Zykadeen, jenen charakteristischen mesozoischen Gewächsen, stehen die letzten Vertreter, soweit sie nicht durch den Menschen künstlich verpflanzt sind, heute nur an beschränkten Plätzen der warmen Zone. Die Beuteltiere, im Erdmittelalter der allgemeine Typus des Säugetieres in den verschiedensten Weltgegenden, sind ganz auf Australien beschränkt und haben nur eine Gattung noch in Südamerika hinterlassen.

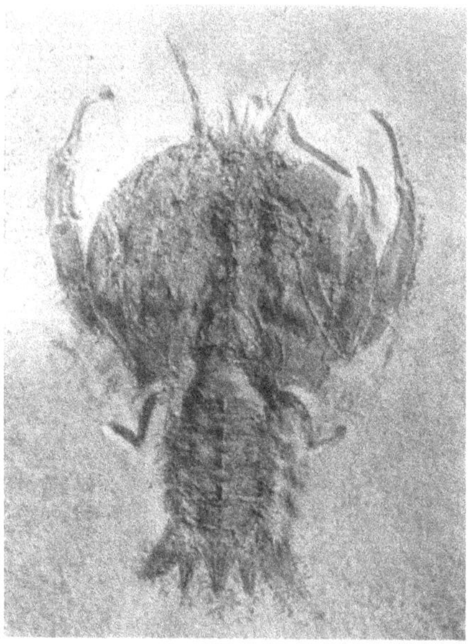

Abb. 389. Krebsgestalt des Erdmittelalters, damals im freien, erhellten Flachmeer lebend, heute in der dunkeln Tiefsee. Oberer Jura. Solnhofen. (Orig.) Verf.

Wieder ein anderer Fall wird durch die Entwicklung der Kameliden dargestellt. Sie treten erstmalig im Alttertiär von Nordamerika auf, entwickeln sich dort bis in die Miozänepoche sehr vielseitig. Von da dringen sie in die alte Welt herüber, gelangen nach Afrika, während in der Pliozänzeit ein Zweig von ihnen durch die damals entstandene Landbrücke über Mittelamerika nach dem Süden gelangt. Hier erscheinen sie in der Neuzeit als die Lamas, in Afrika als Kamele, während sie in Nordamerika damals völlig ausstarben, also in ihrem Ursprungsland verschwanden. Sie sind also nicht unmittelbar zwischen Afrika und Südamerika hin- und hergewandert.

Versteht man so die Verteilung oder das Übrigbleiben von Tier- und Pflanzenformen älterer Zeit auf der heutigen Erdoberfläche aus dem ehemaligen Wandern oder allmählichen Aussterben sowie aus der Gestaltung und Umgestaltung der Oberfläche selbst, so gelangt man schließlich auch zu der Frage, von wo denn jeweils die einzelnen Formen oder die Grundtypen der in verschiedenen Ländern und Meeren verschieden spezialisierten Gattungen ihren Ausgang nahmen, wo ihr Entstehungszentrum war? Denn man muß sich doch wohl vorstellen, daß jeder später auch weltweit verbreitete Typus irgendwo in einem engeren Gebiet seinen Ausgang nahm. Zur Illustration diene das Beispiel einiger tertiärzeitlicher Huftiere, woran zugleich klar werden mag, wie verwickelt diese so einfach erscheinende Frage in Wirklichkeit sich gestaltet.

Sehr gut bekannt sowohl in bezug auf die Menge der Gattungen wie auch auf das räumliche Vorkommen der Arten ist die Pferdegruppe. Wie schon im 7. Kapitel (S. 476) berührt, geht die heutige Pferdeform entwicklungsgeschichtlich von weniger spezialisierten Formen der Alttertiärzeit aus. Je weiter wir in der Tertiärzeit nach oben an die Jetztzeit herankommen, um so mehr erscheint hinter dem ursprünglichen kleinwüchsigen, vierzehigen Typus mit vollständigem Gebiß der großwüchsigere mit reduziertem Fuß und Gebiß, abgesehen von anderen Spezialisationsmerkmalen. Und zwar läßt sich dies sowohl in Nordamerika, wie bei uns in der Alten Welt verfolgen; nur mit dem Unterschied, daß hier diese aufeinanderfolgenden Stadien jeweils ein wenig später erscheinen als drüben. Dies verläuft so bis in die Miozänepoche, wo der schon sehr spezialisierte Pferdetyp nun auch in Indien auftritt, um schließlich in der Quartärzeit hier überall, wie auch außerdem noch in Afrika als letztes spezialisiertes Stadium der Gruppe zu erscheinen. Es wird dies alles nun so gedeutet, daß der Equidentypus ursprünglich sein Entstehungszentrum im damals warmen arktischen Gebiet hatte, und zwar näher bei Amerika als bei Europa. Daher kamen die mehr und mehr sich spezialisierenden Arten zuerst drüben an, bei uns etwas später. Allmählich breitete sich aber der Stamm durch Asien und nach Indien aus, um zuletzt auch noch Afrika im letzten Stadium der Entwicklung, nämlich als das einhufige quartärzeitliche Pferd zu erreichen.

Mit den Rüsseltieren, also den Elefantiden im weitesten Sinne, unter Einschluß mehrerer sehr verschiedener Gattungen und der ältesten, gleichfalls wenig spezialisierten Formen verhält es sich ähnlich. Nur gingen diese nicht vom Norden aus, sondern von der nordafrikanischen (äthiopischen)

Region. Dort finden sich die Urformen des Stammes (Abb. 390). Dies war zur Eozänzeit, also im ältesten Abschnitt der Tertiärepoche. In der nächsten Stufe, im Oligozän, sind sie im Osten in Indien gleichfalls vorhanden und besiedeln im Miozän bereits außer Afrika und der orientalischen Region schon Europa und Nordamerika; bis sie dann am Ende des Tertiärs bzw. mit der Quartärzeit auch Gelegenheit hatten, durch die inzwischen wieder aufgetauchte mittelamerikanische Landbrücke, die zuvor unterbrochen war, nun auch nach Südamerika herunterzuwandern (Abb. 391). Das ging freilich alles in vielen Einzelarten vor sich und nicht sämtliche

Abb. 390. Zwei Typen ältester, den Elefantiden verwandter Rüsseltiere aus der Alttertiärzeit Ägyptens. a Moeritherium, kleine Form, Sumpfbewohner. Rüssel und Stoßzähne kaum entwickelt; b Mastodontyp (Palaeomastodon) mit größeren oberen Stoßzähnen. Von dieser Form geht die in Abb. 391 dargestellte Entwicklung aus, wobei zugleich die auf der Karte Abb. 392 dargestellte Wanderung stattfindet. (Nach Andrews aus Zittel-Schlosser 1923.) Ca. $^1/_{10}$ nat. Gr.

Einzelarten erreichten jeweils alle die genannten Gebiete, sondern stets sind es wieder spezielle Formen gewesen, die sich als lokale Anpassungsrassen, wie man sagen will, ausbildeten; jedenfalls steht die in Abb. 391 dargestellte Umwandlung irgendwie in Zusammenhang mit jenen weltweiten Ortsveränderungen.

Bei solchen biogeographischen Studien durch die Zeitalter der Erdgeschichte fällt es nun auf, daß die zeitlich ältesten, also die in der Erdgeschichte schon sehr frühe aufgetretenen biologischen Typen keineswegs dort sitzen und heute dort zu finden sind, wo man ihr Entstehungszentrum vermuten darf oder dieses in früheren Epochen aufgefunden hat. Früher nahm man wohl an, daß irgendwo eine Grundform entstand, sitzen blieb und entweder durch das Aufkommen neuer Arten ihres Stammes ausstarb oder neben ihnen weiterbestand. Die Nachkommen aber sollten sich immer mehr verbreitet haben und dabei in neue Lebensverhältnisse geraten sein, um sich darin weiter durch neue Artenbildungen, also neue Spezialisationen den neu aufgefundenen Bedingungen anzupassen. Wo wir also heute sehr altertümliche Tierformen fänden, sollte auch ihr Entstehungszentrum gewesen sein. Aber dies ist keineswegs immer so. Denn noch nie in der Erdgeschichte blieb derselbe Lebensraum mit seinen Bedingungen und in seinem Umfang sehr lange Zeit gleichartig. Mithin mußten notwendig stets jene Formen auswandern, die sich neu eintretenden Bedingungen nicht anpassen konnten. Sie starben also entweder an ihrem Ursprungsort aus und räumten den Platz neuen, jüngeren, andersartig spezialisierten Gestalten, sei es fremden oder sei es ihren eigenen abgeänderten Nachkommen; oder sie wanderten mit den sich rasch oder langsam verschiebenden Lebensbedingungen weiter — falls diese nicht ganz und überall abgebrochen wurden — und gelangten dorthin, wo solche sich in der ihnen zusagenden Weise einstweilen stabilisierten. Ein Entstehungszentrum für eine primitive Gattung oder eine ganze Fauna und Flora darf man also nur dort annehmen, wo sie zeitlich zuerst in der Erdgeschichte erscheint, aber nicht dort, wo sie später lebt.

Die Entstehungszentren sind für die verschiedenen Typen stets auch verschieden gewesen; man kann nicht sagen, daß etwa die Säugetiere nur in der Nordregion entstanden seien. Noch weniger natürlich andere Formen. Auch für die Pflanzen lassen sich offenbar gewisse Ursprungsgegenden feststellen. So sind die Koniferen gewiß auf der Nordhalbkugel entstanden, während die Glossopterisflora auf der Südhalbkugel erschien und von da sich verbreitete, wobei sie mit einzelnen Vorstößen in nördliche Gebiete kein Glück gehabt zu haben scheint. Die älteste Landflora, die des Devon, ist nach unserem heutigen Wissen von Nordwesteuropa, also wohl vom nordatlantischen Kontinent, ausgegangen, während die jüngste, die bedecktsamige Blütenflora, zu uns von Nordamerika kam, aber vielleicht in Landkomplexen des Stillen Ozeans ihr Entstehungszentrum hatte.

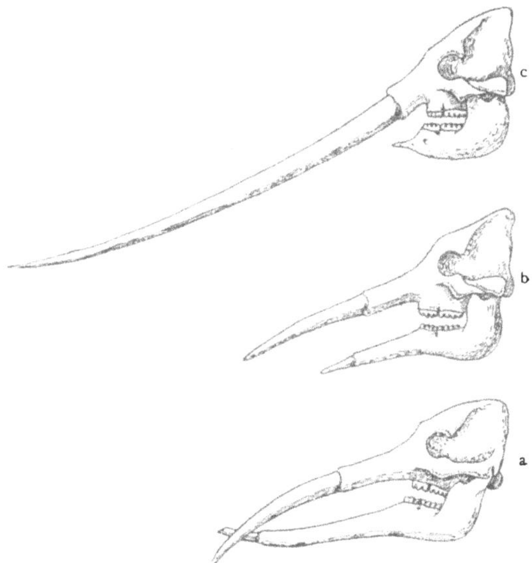

Abb. 391. Eine der Entwicklungsfolgen des Mastodontentypus während der tertiärzeitlichen Wanderungen. a Mittelmiozän; b Obermiozän und Unterpliozän; c Endstadium im Mittelpliozän. (Aus Abel 1912.)

Nach Gothan ist „die älteste Flora, jene des Unter- und Mitteldevon, vorwiegend in der Nordhälfte des gemäßigten Gürtels der nördlichen Hemisphäre (Schottland, Norwegen) verbreitet. Oberdevonische Floren liegen uns aus Irland, Belgien, dem Harz, Australien, Nordamerika und von der Bäreninsel vor. Die karbonischen Floren besitzen eine außerordentlich weite Verbreitung über den größten Teil der nördlichen Halbkugel und auf der südlichen bis nach Australien, Peru, Südbrasilien und Argentinien… Aber die Floren des hohen Nordens in Grönland unter dem 80. Grad n. Br.,

Spitzbergen und Sibirien gehören ausschließlich dem Unterkarbon an, so daß die polare Entstehung und die Abwanderung von dort sehr wahrscheinlich ist. Am Ende der karbonischen oder am Beginn der permischen Periode stellt sich eine neue Flora von antarktischer Herkunft auf der südlichen Hemisphäre ein. Ihr Ausgangspunkt ist das antarktische Festland... Von hier aus hat sich diese Glossopteris-Flora, vielleicht im Gefolge der permischen Eiszeit (S. 457), vielleicht schon etwas früher, über Südafrika bis zum Äquator, Madagaskar, Vorderindien, Afghanistan, Borneo, Australien, Tasmanien, die Falklands-Inseln, Patagonien, Uruguay

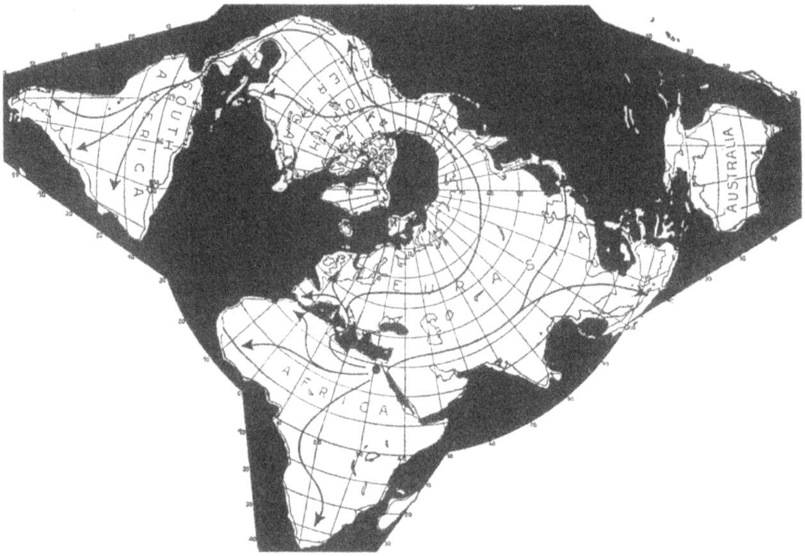

Abb. 392. Erdkarte mit der Darstellung der Wanderungswege und des Entstehungszentrums (schwarzer Punkt) der Mastodontenfamilie während der Tertiärzeit. Bei den Kontinenten sind die Schelfgrenzen eingetragen. (Aus Osborn 1925.)

und Südbrasilien ausgebreitet. Sie hat aber in Zentralasien und Nordrußland sogar einen Vorstoß bis nach Kusnetzky und an die Dwina in das ehemalige Verbreitungsgebiet der karbonischen Lepidodendron-Flora unternommen. So sehen wir während der permischen und auch noch während der Triasperiode zwei große Florenreiche uns entgegentreten. Erst während der rhätischen Epoche, in der die letzten Nachzügler von Glossopteris in Mexiko und Tonkin aussterben, erscheint die Einheitlichkeit des Florencharakters auf der ganzen Erde widerhergestellt, so daß diese während des Lias von der gleichförmigsten Flora, die jemals gelebt hat, besiedelt war."

Ein wundervolles Beispiel für die Entwicklung, die Wanderung und Anpassung einer bestimmten Tierwelt im Zusammenhang mit der Gestaltung ihres Lebensgebietes gibt Case für die karbonisch-permische Amphibien- und Reptilfauna von Nordamerika. Zur Steinkohlenzeit war es dort, wie überall auf der Erde, wo sich die Kohlen bildeten, feuchtwarm und der Lebensraum gleichmäßig und durch die Sumpfwälder monoton (S. 312). In dieser Zeit und unter diesen Bedingungen erschienen die Amphibien, die wohl im Devon schon entstanden waren, wo man sie an ihren Fußabdrücken (Abb. 256) bemerkt. Ihr Entwicklungsfortschritt war offenbar recht träge. Wo sie herkamen, von wo sie nach Nordamerika einwanderten, weiß man nicht. Zuerst zeigten sie wenig Artenbildung; denn sie lehnten ja, wie die lebenden Amphibien, das salzige Wasser, also das Meer und seine Küstenästuare ab, was sie räumlich sehr beschränkte und sie daher nicht in andersartige Lebensbezirke eindringen ließ. Zur Karbonzeit war also diese nordamerikanische Landtierwelt sozusagen noch jung, unverbraucht, individuenreich, aber in ihrer Weiterentwicklung zurückgehalten durch die einförmige Umgebung, der sie nicht zu entrinnen wußte.

Die Oberkarbonzeit war der Beginn des Endes dieser Umwelt. Es war eine Epoche der Gebirgsbildung, also der Heraushebung der Küsten und der Flachmeere in Nordamerika. Und nun entstanden neue, mannigfaltigere Bedingungen. Dem Gestein nach repräsentieren die Oberkarbon-Permschichten die größte Verschiedenheit. Im östlichen Nordamerika sind die Oberkarbonsedimente hauptsächlich Sandsteine, Schiefer, Konglomerate mit etwas dünnen Kalksteinlagen; im Westen aber sind diese letzteren um so stärker auf Kosten der übrigen entwickelt und Kohlen fehlen da fast ganz. Das heißt: im Osten lag Küste, Ästuarien, im Westen war das Meer. In den Profilen dieser Zeit zwischen Karbon und Dyas tritt dieser Unterschied durchweg hervor. Auf der Ostseite des Kontinents begann jene Änderung und ging zur Westseite hinüber. Die damit bezeugte Heraushebung ging Hand in Hand mit einem das warme feuchte Karbonklima verdrängenden kühleren, aber zugleich auch trockenen Klima. Die Tierwelt aber, noch voll Kraft und Jugend und lange zurückgehalten in ihrer Entfaltung, antwortete auf jede Änderung und neu entstehende Unterschiedlichkeit ihrer Umwelt mit neuen Formenbildungen. Rasch erschienen diese, strahlten aus und paßten sich in Spezialgestalten den nun neu zur Verfügung stehenden Trocken- und Wassergebieten des Landes an und antworteten so auf die neue Vielgestaltigkeit ihrer Umwelt, als die zuvor bestehende Eintönigkeit der Kohlenwälder beseitigt war. Nun wanderten sie auch rasch über den ganzen Kontinent und füllten alle Lebensplätze aus.

Die große Mehrzahl dieser nun vielgestaltig gewordenen Fauna blieb aber dennoch, ihrer Herkunft gemäß, dem Leben in sumpfigem Wasser treu, und zwar die Amphibien, während die meisten Reptilien zu anderer Lebensweise übergingen, indem sie einerseits das Meer aufsuchten, andererseits aber auch zu Tieren des trockenen Hochlandes wurden, wie Edaphosaurus (Abb. 393). Aber gerade von solchen Hochlandtieren wissen wir ja, wie im Kap. II, 2 (S. 328) ausgeführt, in der Erdgeschichte stets am wenigsten, weil sie in Abtragungsgebieten lebten und nicht in den rasch wieder mit Sediment sich einfüllenden Niederungen. Aber gerade solche Formen verbreiteten sich damals am weitesten. Edaphosaurus taucht in der Dyaszeit sogar in der Alten Welt, in Böhmen auf, und zugleich mit ihm ein anderer, extremer Typ, aber ein Amphib, nicht wie er ein Reptil. An ihnen haben wir also ein Beispiel, wie gerade nicht die ursprünglichsten und primitivsten Formen am weitesten ausstrahlen, sondern die einseitig spezialisierten.

Doch bestehen auch hier, wie bei allem solchen Fernauftreten derselben Spezialart, das man aus einer Wanderung erklären will, doch noch gewisse Dunkelheiten. Denn wie können gerade sie so weit gewandert sein? Der

Abb. 393. Edaphosaurus, ein extrem spezialisiertes Reptil (Pelykosaurier) aus dem Perm. Von Nordamerika bis Mitteleuropa verbreitet. (Aus Osborn 1907.) Ca. 1/10 nat. Gr.

eine mußte überall die ihm zusagenden Höhenlagen gefunden haben, der andere überall das Süßwasser. Warum aber folgten dann die anderen Formen nicht hinüber nach Europa? Damals stießen auch aus dem Südkontinent ähnliche Faunenelemente bis nach Rußland vor. Wenn wir eine ähnliche Gestalt wie Edaphosaurus sogar im französischen Departement Jura angedeutet finden, so liegt doch die Erklärung nahe, daß hier nicht Wanderungen stattfanden, sondern daß sich hier Ähnliches an verschiedenen Plätzen unabhängig, wenngleich auf vorausgegangener Grundform entwickelt hat.

Das Ende der Permokarbonzeit führte in Nordamerika nun immer mehr zu den Ablagerungen, die ähnlich bei uns auch in der Untertrias, der Buntsandsteinzeit, platzgriffen (Farbtafel) und die drüben durch die Formation der Red beds ähnlich vertreten sind. Die Schichten des Permokarbon zeigen kaum Gips oder Salz; die der Red beds aber um so mehr. Das bedeutet Trockenheit, und nun kommen auch andere Tierformen hervor: die Trockenluft atmenden Landreptilien des mesozoischen Zeitalters, da die feuchten und wässerigen Wohnplätze der vorigen Zeit verschwanden und die übrigbleibenden Pfannen salzig wurden oder austrockneten. Es bildete sich mit einer neuen Umwelt eine neue Tierwelt. Die Mitglieder der alten Fauna waren schon so an ihre Lebensbedingungen angepaßt, hatten damit einen so hohen Grad einseitiger Spezialisation erreicht, daß sie unter den neuen Bedingungen nicht mehr leben und sich nicht mehr wandeln konnten.

Es ist also kein Zweifel, daß man die Verbreitung der Pflanzen und Tiere nicht nach einem einzigen schematischen Gedanken beurteilen darf. Vielmehr besteht auch hier das Problem aus einer Verwebung vieler Faktoren. Es gibt örtliche Entstehungszentren, von denen Gruppen ausstrahlen. Die Ausstrahlungsformen differenzieren sich bei diesen Wanderungen und bei ihrem Eindringen und Ansässigwerden in fremden Regionen. Sie erobern sich dabei neue Lebensplätze, nicht nur horizontalräumlich, sondern auch unter Anpassung, also Artenbildung für neue Lebensweisen, indem z. B. ehemalige Landtiere sich dem Wasserleben nähern oder ganz anpassen; oder indem Pflanzen sich an andere Feuchtigkeitsverhältnisse anpassen usw. Es kann ebensogut sein — dafür gibt es ja auch Beispiele — daß die früheren Formen am Platze bleiben, wie umgekehrt, daß sie verdrängt werden und sich wirklich zurückziehen müssen oder dort übrig bleiben, wo ihre besser gestellten Nachkommen nicht bleiben. Es kann endlich sein, daß nach einer gewissen Verbreitung eines Organisationstypus sich an ihm nun an allen Plätzen der Erde, wo er lebt, gleichsinnige Umwandlungen vollziehen, die im Zusammenhang mit gleichartigen Umbildungen der Außenwelt nun überall, wo er existiert, naturgemäß dieselben neuen Anpassungsformen hervorrufen. Alles dies spricht bei der Verteilung des Lebens über die Erde hin mit, keineswegs schlägt die Natur alles über einen Leisten, und immer wieder erscheinen neue Möglichkeiten des Werdens.

So ist auch der alte Satz zu bewerten, daß jeder Kontinent und jeder Ozean seine ihm eigene Tierwelt habe. Das ist, in dieser Allgemeinheit ausgesprochen, sowohl richtig wie falsch. Die heutigen Kontinente etwa haben tatsächlich vielfach ihre ihnen eigene Tier- und Pflanzenwelt. So ist, wie gezeigt, Australien heute das Beuteltierland. Nimmt man die ältere Zeit hinzu, so ist etwa Südamerika ausgezeichnet gewesen durch den Typus der Faultiere und Gürteltiere, im Tertiär durch die Notoungulaten und Litopternen (Kap. II, 5 S. 439). Im Tertiär hat Nordamerika vielfach andere Formen als Europa. In der Kreidezeit unterscheiden sich die Dinosaurier Afrikas von denen Nordamerikas und diese wieder von denen Europas und Asiens. Aber trotzdem ist das alles nur richtig inbezug auf einzelne Formen. Immer gab es auch Wanderungen und Austausch, und alles, was wir an Tier- oder Pflanzenverbreitung heute oder in der Vorwelt, sei es auf den Ländern, sei es in den Meeren sehen, ist niemals Anfangszustand, niemals Ursprüngliches, sondern stets schon Ergebnis des Ineinanderspielens aller der genannten physikalischen und physiologischen Vorgänge und Notwendigkeiten.

Das Zusammenklingen von Umwelt und Tier- oder Pflanzenleben ist zu allen Zeiten der Erdgeschichte immer neuen Veränderungen ausgesetzt gewesen. Oftmals gab es, wie gezeigt, Zeiten mit gleichmäßigem Klima und ruhigem Erdrelief; dann wieder Zeiten mit schrofferen Klimaunterschieden und stark unterschiedlichem Relief. Dabei zeigt sich auch oftmals, daß Räume heute durchaus ungeeignet zur Entstehung und zum Aufenthalt für Tiere und Pflanzen, aber in der Urwelt stets günstige Lebensräume für Tiere und Pflanzen, seien es marine, seien es terrestrische, gewesen sind. So vor allem die Polarzonen. Es ist eigentümlich und gehört, wie schon einmal erwähnt, zu den noch völlig unenträtselten erdgeschichtlichen Problemen, daß es uns nirgends gelingen will, für das Erdaltertum und den größten Teil des Erdmittelalters bis in die obere Jurazeit hinein irgendwelche Anzeichen einer Zonengliederung im klimatischen Sinne zu finden, auch wenn es nur abgeschwächte Gegensätze im Vergleich zu den heutigen Gürteln wären. Teils macht es den Eindruck, als ob überhaupt klimatische Unterschiede nicht bestanden hätten, teils erscheinen solche höchst unregelmäßig verteilt, ohne daß wir ihre räumliche Anordnung irgendwie zu der Kugelfläche der Erde und ihrer etwaigen Stellung zur Sonne verstehen könnten. Hier steht die Erdgeschichtsforschung noch vor großen Rätseln, und man wird wohl annehmen müssen, daß doch ehemals ganz andere planetare und solare Zustände für die Erde gegeben waren, wie wir dies im Kapitel I, 10 besonders darzulegen versuchen.

Es ist im Laufe der jüngeren Erdgeschichte besonders für Säugetiere mehrmals möglich, ihr Ausgangsgebiet festzustellen und von da ihre Ausbreitung zu verfolgen, wenn man annimmt, daß der Ort ihres erstmaligen zeitlichen Auftretens auch der Entstehungsort ist, wenn zugleich diese ersten Formen auch die primitivsten, wenigst spezialisierten der ganzen späteren Gruppe und ihrer Verzweigungsäste sind. Dabei ist es dennoch auffallend, daß mit Sicherheit das Entstehungsgebiet auf solche Weise noch nie ermittelt worden ist, bisher von keiner einzigen Gruppe, weil jede wirkliche Form stets so spezialisiert war, auch wenn sie die zeitlich früheste war, daß nach unserem deszendenztheoretischen Denkschema immer wieder eine noch einfachere, noch weniger spezialisierte, noch „ursprünglichere“ denkbar ist. Nach dieser fragt man dann unwillkürlich, und da sie vielleicht nie existiert hat, weil das Lebendige nie Schema ist, so findet man mit dieser Methode auch niemals das wahre „Entstehungszentrum“. Es ist daher sehr wohl denkbar, wenn auch noch keineswegs klargestellt, daß es zwar Wanderungen gibt, daß aber Entstehungszentren keineswegs auf gewisse Gebiete beschränkt zu sein brauchen oder gewesen sind, sondern daß derselbe Typus an mehreren Stellen der Erde gleichzeitig entstand, und daß das, was wir Wanderungen nennen, oft keine waren, weil das Gleiche, das wir in bestimmten Epochen an weitgetrennten Stellen der Erde finden, eben auch gleichzeitig dort entstanden war.

Nehmen wir irgendeine willkürlich ausgewählte Zeitstufe der Erdgeschichte heraus. Die Verteilung der Tiertypen im Meere ist in einem solchen Zeitabschnitt bereits das Ergebnis früherer Meeresverlegungen, früherer Wanderungen, früherer Isolierungen, dementsprechender Umwandlungen. Es sind also Muscheln, Schnecken, Korallen, Krebse, Fische teils in verschiedenen, teils in gleichen Gattungen in den verschiedenen Meeresräumen verteilt. Nun schreitet die Zeit fort und die Entwicklung des Tierlebens schreitet fort, wie wir es von Zeitstufe zu Zeitstufe in der Erdgeschichte immer sehen. Es bilden sich neue Typen in bestimmten Entstehungszentren und beginnen von da ihre Wanderung; einer oder

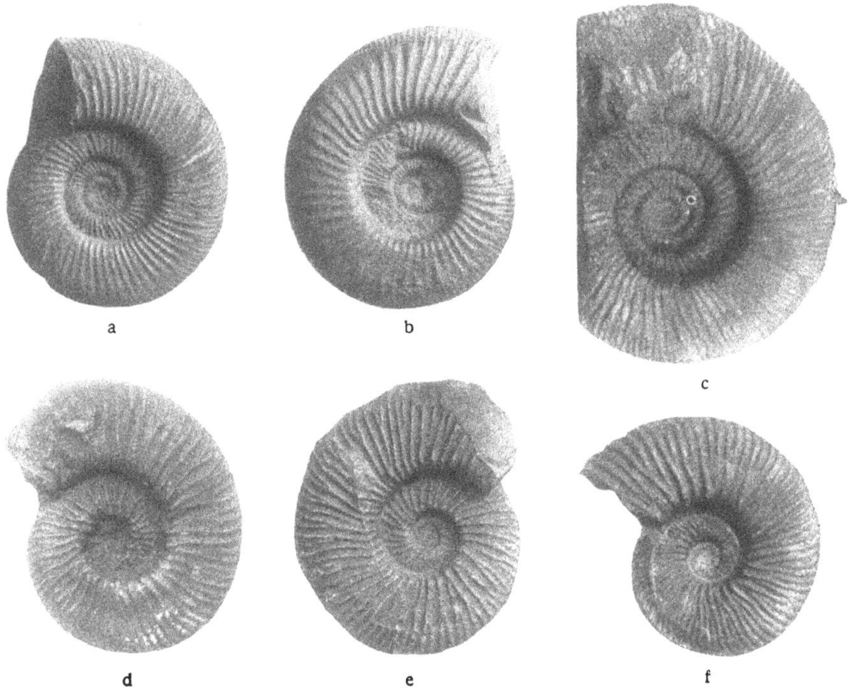

Abb. 394. Parallele Umwandlung des Ammonitentypus Perisphinctes (oben) in der Jurazeit, übergehend in den Typus Hoplites (unten) der Unterkreidezeit. Die übereinanderstehenden Formen aus demselben Gebiet. a Oberer Jura, Franken; b Oberer Malm, Tibet; c Oberer Jura, Südamerikan. Kordillere; d Unterkreide, Norddeutschland; e Unterkreide, Tibet; f Unterkreide, Südamerikan. Kordillere. (Nach Orig. u. Abgüssen im Mus. München.) Versch. verkl.

mehrere ältere sterben in den neuen Besiedelungsgebieten teilweise aus oder werden verdrängt. Aber zugleich wandeln sich auch in weltweit getrennten Meeresräumen die Arten früherer schon existierender Typen gleichsinnig um. Beispiele hierfür sind zuweilen deutlich erkennbar. So besteht eine auffallende Parallelität der ältesten Ammonoideen, der Klymenien, in den aufeinanderfolgenden Stufen der Devonzeit innerhalb Deutschlands. Auch die Juraformation zeigt in den so überaus rasch sich umwandelnden Ammoniten deutlich solche Beispiele, und gerade hier kann man die weltweite gleichsinnige Umprägung verfolgen. So bietet die beistehende Abb. 394 den Übergang aus dem oberjurassischen Perisphinktentypus in den mit Rückenfurche und schwachen Knoten versehenen Hoplitestyp in so getrennten Räumen wie Europa, Asien und Südamerika. Bei den Säugetieren haben wir ähnliche, wenn auch nicht so auffallend artgleiche Parallelentwicklungen. So gibt es im Jungtertiär in Südamerika eine Huftiergruppe, die Litopternen, bei denen vielfach dieselben Gestalten wie in der übrigen nordamerikanischen und altweltlichen Huftierentwicklung sich zeigen, (S. 439) ohne daß die Gattungen aber identisch wären. Vielleicht gehen sie nur auf denselben Stamm zurück. Es kommt darunter neben dreizehigen auch die einzehige, wenn man will pferdeartige Gestalt unabhängig von der

Abb. 395. Pferdeartiges Huftier (Thoatherium) des südamerikanischen Spezialstammes der Litopternen. Jungtertiäre Santa-Cruz-Formation. Südamerika. (Nach Knight aus Scott 1913.) Schafgröße.

übrigen Pferdeentwicklung vor (Abb. 395) und zeigt so die gleichsinnige Entwicklung in getrennten Lebensräumen. Merkwürdig ist jedoch, daß bei dieser Formgleichheit nicht das Gebiß mitmacht; dieses bleibt auf dem Vollzähligkeitsstadium der alttertiären Huftiere stehen, während der Fuß ein richtiger „Pferdefuß" ist (Abb. 396). Möglich ist es, daß solche Formen stammesgeschichtlich auf dieselben fünfzehigen alttertiärzeitlichen Huftiere (S. 434, Abb. 315, Phenacodus) zurückgehen, aber es ist auch möglich, daß hier Parallelgestaltungen ganz unabhängig von der gleichen genetischen Ausgangsform her vorliegen.

Man darf also aussprechen, daß die jeweilige Lebewelt der einzelnen geographischen Räume sich in jeder erdgeschichtlichen Zeitstufe zusammensetzt: 1. aus zuvor dort schon vorhandenen Formen, die sich nicht ändern; 2. aus vorher schon vorhandenen Formen, die abändern; 3. aus neu zuwandernden Arten oder Gattungen; 4. aus neu entstehenden Typen. Woher neue Typen kommen, wie sie entstehen, ist ein durchaus ungeklärtes

Rätsel der Entwicklungsgeschichte; aber neue Arten vorhandener Typen entstehen entweder durch Anpassung an sich ändernde Lebensbedingungen oder eigengesetzlich. Die ersteren bedeuten örtliche Spezialisationen, die sich von denen anderer Lebensräume stets unterscheiden; die aus inneren entwicklungsgeschichtlichen Ursachen entstehenden neuen Arten bereits vorhandener Typen können weltweit dieselben sein und können aus vorher schon weltweit verbreiteten Arten derselben Gattung gleichsinnig hervorgehen.

Man sieht also, welches Mosaik von Formbildungsmomenten eine gerade vorliegende Tier- oder Pflanzenwelt jeweils ist und gewesen ist. Man darf bei Erörterung dieser höchst verwickelten Dinge nicht irgendeines davon herausgreifen und nun die ganze Zusammensetzung einer Fauna oder Flora etwa nur aus Wanderungen oder nur aus einseitiger Spezialisierung oder nur aus gleichsinniger Umbildung weltweit verbreiteter früherer Formen erklären wollen; sondern erst alles dieses zusammengenommen ergibt die Mannigfaltigkeit der jeweiligen Tier- und Pflanzengesellschaften der einzelnen Meere oder Länder in den aufeinanderfolgenden geologischen Zeiten.

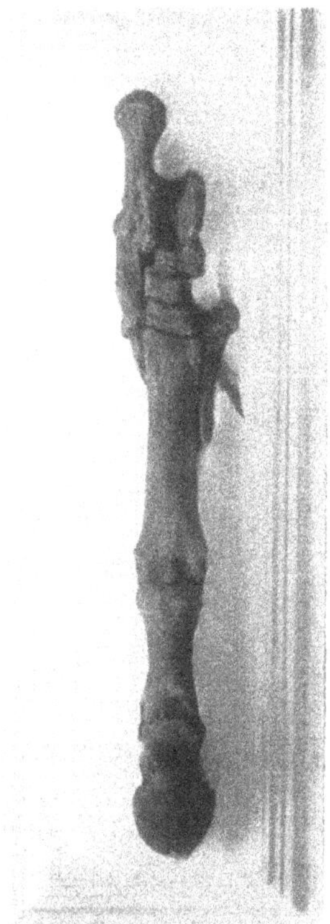

Abb. 396. Pferdeartiger Huf des in Abb. 395 dargestellten Litopternen Thoatherium. Jungtertiäre Santa-Cruz-Formation. Südamerika. (Orig. Mus. München.) Etwa 1/2 nat. Gr.

Eine große Frage endlich ist es von jeher gewesen, von wo das Leben überhaupt seinen Ausgang nahm. Welches Element, das Meer, das Süßwasser oder das trockene Land, hat die erste organische Formgestaltung gesehen, sei es an einer bestimmten Stelle, sei es gleichzeitig auf dem ganzen Erdball? Wir müßten, um dies erfahrungsgemäß zu entscheiden, die ältesten Lebensspuren fossil kennen. Daß dies nicht möglich ist, haben die Ausführungen im Kapitel I, 6 schon gezeigt. Es bleiben uns daher nur allgemeine biologische Erwägungen, um die Antwort einigermaßen zu umreißen. Eines wissen wir bestimmt: In der Tiefsee ist das Leben nicht entstanden. Denn die Tiefsee selbst ist sehr jung (S. 249) und spät besiedelt worden. Und was von Tierformen in ihrem Schoße lebt, das sind alles Gestalten, die wir in den mesozoisch-känozoischen Meeren oben in der Flachsee kennen. Es ist dort unten kein urständiges eingewurzeltes Leben, sondern es sind alles Einwanderer, die erst von oben her den spät sich bildenden Lebensraum besiedelt haben. Die darin wohnenden niederen Tiere sind hauptsächlich mesozoisch; die höheren Tiere, nur Fische, aber känozoisch. So scheidet also Tiefsee aus unserer Betrachtung schon aus, und es bleibt die Frage übrig, ob das Leben in den flachen oder halbtiefen Meeren, im Süßwasser oder auf dem trockenen Lande entstanden sei.

Lassen wir wieder, so weit es möglich ist, die erdgeschichtliche Erfahrung sprechen, so finden wir innerhalb der für uns durch klar erkannte Fossilien aufgehellten Lebenszeiten zunächst immer eine Besiedelung des Süßwassers und des Landes vom Meere her, nicht umgekehrt. Dies gilt zunächst für die niederen Tiere mit Einschluß der Fische. Und es gilt auch für die Pflanzen. Den ältesten Schichten, wo wir organische Reste finden, den alkonkischen mit den kalkalgenartigen Gebilden (Aticoconia, S. 364, Abb. 237) und dann der algonkischen Beltserie mit den vermutlich merostomenartigen Gestalten (Abb. 239, S. 366) werden wir vielleicht teilweise Süßwassercharakter zuschreiben müssen. Aber alles, was wir vom Kambrium ab wahrnehmen, spricht dafür, daß die Besiedelung des Süßwassers vom Meere aus erfolgte. Gerade die merostomen Krebse sind im Kambrium und Silur durchaus Meerestiere und erscheinen erst in der halb terrestrischen, halb marinen Oldred-Fazies (S. 334) in den brackischen oder Süßwasserschichten. Dort kommen auch die im Kapitel II, 3 beschriebenen Fische vor, denen aber schon zur Silurzeit echt marine Fischformen, und zwar in mehreren Typen, vorausgingen. In der Steinkohlenzeit kommt die erste Süßwasserschnecke zum Vorschein, während wir vorher nur Marinschnecken kennen, und zwar in höchst mannigfaltiger Vielheit der Formen. Niemals sind Trilobitenkrebse in paläozoischen Süßwasserschichten angetroffen worden. Die Schwämme und Korallen sind schon im Erdaltertum durchaus Meeresbewohner; von den ersteren treten erst seit der Erdneuzeit einige ganz wenige im Süßwasser auf, von den letzteren kommt nie ein Vertreter im Süßwasser vor. Mit den Stachelhäutern ist es ebenso, und auch mit den Brachiopoden: sie sind von alters her durchweg marin. Von den Einzelligen gibt es nur Spuren der Foraminiferen seit dem Känozoikum im Süßwasser, von den kieseligen Radiolarien keine. Beide gehören zu den ältesten marinen Fossilien. Dagegen sehen wir viele Schnecken und Muscheln im Süßwasser, teils schon seit der Steinkohlenzeit und dann später immer wieder. Sie alle sind ganz zweifellos aus dem Meere eingewandert und haben sich ihren neuen Lebensraum erst durch Neuanpassung erworben. Denn schon Epochen hindurch lebten sie im Meere, und die nächsten Verwandten der Süßwasserkonchylien lebten auch immer im Meere weiter. Tintenpolypen, Ammonshörner und Nautiliden sind niemals ins Süßwasser gelangt. Von den ältesten Landpflanzen (Kap. II, 6 S. 449) ist es wahrscheinlich, daß sie mindestens an Meeresnähe gebunden waren; und noch die Steinkohlenflora konnte nur in der Nähe der Meeres-Ästuare leben. Wenn wir hier auch nicht ganz sicher sind, ob höhere Pflanzen aus Meeresformen hervorgingen, so spricht doch die Wahrscheinlichkeit dafür, weil wir zuvor schon in rein marinen Schichten Algen haben, die also auch dort zuerst erscheinen. Das niedere Leben ist nach unserer Erfahrung also im Meere entstanden.

Etwas anderes ist es nun mit den Wirbeltieren. Vielleicht sind auch die Fische ursprünglich Süßwasserbewohner mit amphibischen Fähigkeiten — nicht Amphibien gewesen und von da ins Meer eingewandert, und zwar zu verschiedenen Zeiten des frühen Erdaltertums. Später fand teilweise das Umgekehrte statt: sie wanderten zu verschiedenen Zeiten in das Süßwasser des Landes, so am Ende des Erdmittelalters, wo sich die damals ziemlich aussterbenden Schmelzschupper (S. 415) in das Süßwasser zurückziehen, wo heute noch ihre letzten Gattungen (Stör, Sterlett) existieren. Die Vierfüßler erscheinen durchaus zuerst in Landschichten, in Sumpfgebieten, wo sie uns in Gestalt von Amphibien, etwas später auch von Reptilien entgegentreten. Der älteste Vierfüßlerrest ist, wie gezeigt (S. 384), ein Fußabdruck aus den terrestrischen Oberdevonschichten Nordamerikas (Abb. 256) und die ältesten Skelettreste sind im Süßwasser-Unterkarbon von Schottland zutage gekommen. Will man sich nicht auf unsichere Spekulationen über eine höchst unwahrscheinliche Entstehung der Amphibien aus Fischen einlassen und bei den Hinweisen bleiben, die uns die Erfahrung an die Hand gibt, so darf man wohl annehmen, daß die Vierfüßler „echte" Landtiere sind, d. h. hier auch entstanden sind. Dies entspricht auch ihrem Bau. Das vierfüßige Tier ist der auf dem Lande gehende Typus schlechthin. Die Wirbelsäule ist der Stützapparat des auf vier Beinen getragenen und mit seinen Füßen breit auftretenden ursprünglichen Wirbeltieres. Und wenn überhaupt ein stammesgeschichtlicher Entwicklungszusammenhang besteht zwischen Vierfüßlern und Fischen, so kann es, wie gesagt, eher so sein, daß dieser spezifische Wassertyp des Wirbeltieres, den wir recht summarisch „Fisch" nennen, von dem vierfüßigen Landtier herkommt, als umgekehrt dieses von jenem. Der Vierfüßler ist jedenfalls auf dem Lande entstanden. Ob das Landwirbeltier gleichfalls sich aus Wasserformen, vielleicht fischartigen, aber noch durchaus skelettlosen Formen entwickelt hat, muß noch ebenso durchaus dahingestellt bleiben. Es läßt sich auch der Standpunkt vertreten, daß sogar der Fisch ursprünglich nicht ein Wassertier war, sondern möglicherweise selbst von dem primären Landtier einmal seinen Ursprung genommen hat.

Dafür spricht nun etwas weiteres, das uns auch die Erfahrung an die Hand gibt. Wo wir nämlich durch die geologischen Epochen hindurch Wirbeltiere im Meere antreffen, sind es nachweislich stets Gestalten, die sich ursprünglich auf Landbewohner beziehen lassen. Niemals ist ein Wirbeltier von Vierfüßlercharakter urständig im Meere gewesen. Schon in der Permzeit zweigt sich von den sehr alten Reptilstämmen eine Form ab, die auf dem Südkontinent an dessen südafrikanisch-amerikanischem Ufer in den Flußdelten und Meeresästuaren lebte und eine, wenn auch noch geringe, so doch schon merkliche Umformung auf das schwimmende Wirbeltier hin verrät (S. 427 bis 28). Aufsteigend in die mesozoische Ära finden wir immer mehr Reptilgeschlechter, die vom Landtier zum mehr und mehr vollendet schwimmenden Wassertier hinweisen und alle Grade der „Anpassung" an die als Idealtyp des Wasserlebens zu nehmende Fischgestalt aufweisen. Derart sind besonders die Ichthyosaurier, Plesiosaurier und noch spätere kreidezeitliche Typen der reptilhaften Meeresbewohner, die wir schon im Kapitel 5 beschrieben haben. Endlich zur Alttertiärzeit tritt das Säugetier an Stelle der Reptilien, sowohl in der allgemeinen Entwicklung des Lebens auf dem Trockenland, wie auch im Meere. Nun erscheinen die Altgestalten der Walfische, der Delphine, der Robben und anderer ähnlicher Formen. Immer und immer wieder strebt ihre Natur die möglichste Angleichung an die Fischgestalt an, aber niemals sind „Fischgestalten" ursprünglich wasserbewohnende Tiere, sondern stets durch Übergangs- und Formenreihen gut und sicher auf Landtierabkunft zu beziehen.

Was die Besiedelung des Landes durch die Pflanzen betrifft, so scheint sich dies sehr langsam vollzogen zu haben, und das Pflanzenreich scheint erst eine lange Entwicklungszeit im Wasser hinter sich gehabt zu haben, ehe es das Land — aber noch lange nicht das trockene Land erobern konnte. Die ältesten, über dem Algenhabitus stehenden Pflanzen waren wohl sogar an das Meerwasser gebunden. Erst mit dem Ende des Paläozoikums eroberten die Pflanzen das trockene Land, waren aber auch dann immer noch mehr an das Wasser gebunden als die spätere und heutige Flora. Die ganze Pflanzenwelt der Steinkohlenzeit weist in drastischer Form darauf hin; sie besiedelte damals ausschließlich die Meeresästuare und Süßwassersümpfe, die dauernd unter starker Feuchtigkeit standen. So kommt es, daß ehemals Landgebiet Wüsten blieben, die später und heute leicht von Pflanzen besiedelt werden würden. So etwas Extremes, wie Sukkulenten und Kakteen mit ihren für lange Trockenzeiten wassergefüllten Blättern und Stämmen würde man in der vormesozoischen und teilweise in der mesozoischen Welt selbst noch vergeblich suchen. Den ersten Schritt, den die Pflanzenwelt zur Eroberung des festen und für sie noch allzu trockenen Landes tun konnte, war das Hervorbringen nadelholzartiger Gewächse, deren Blattform die Nadel oder die blattförmig verbreiterte Nadel mit ihrer dem Laubblatt fremden Konstitution eine starke Verdunstung aus dem Pflanzenkörper hintanhält.

Alles dieses spricht wohl dafür, daß das Leben, wenigstens das der niederen Tiere und der Pflanzen, im Meere entstand und von da den Weg auf das Festland gefunden hat. Ob die frühere Anschauung, daß zuerst sich über die Erde eine zusammenhängende Wasserfläche breitete, eine Panthalassa, und daß erst später durch die Umgestaltung der Kruste sich die Kontinente heraushoben, läßt sich mit Sicherheit jetzt noch nicht entscheiden. Man darf aber wohl mit Sicherheit aussprechen, daß die Zeit der ersten Lebensformen, die wir kennen, das Algonkium (Kap. 11, S. 365), schon weit entfernt ist von jener hypothetischen ältesten Epoche, wo wir die ersten Anzeichen von Land und auch die ersten von Leben finden. Ob einige von ihnen so geartet waren, daß sie die Stammeltern der neuen wurden oder nicht und woraus die neuen sonst entstanden und woher sie kamen, einwanderten — das ist die alte, bei jedem derartigen erdgeschichtlichen Faunen- und Florenwechsel immer wieder auftauchende Frage, deren Lösung stets dahin ausklingt, daß die älteren Typen zwar manches an sich haben, was den neuen ähnlich ist, daß sie aber alle so einseitig schon entwickelt sind, daß sie als die wahren Stammeltern der neuen nicht angesprochen werden können. Darum kommt das Neue stets anders woher, und dieses Andere sucht man bei noch nicht entdeckten Anfangsformen und sucht es im Raum. So nimmt man auch beim Auftauchen neuer Grundtypen an, daß sie aus noch unbekannten Regionen gekommen seien. Auch hier steckt ein noch unaufgehelltes entwicklungsgeschichtliches Problem.

Wenn wir in der Erdgeschichte einen ganz unverkennbaren Zusammenhang zwischen der Gestaltung der Erdoberfläche, des Klimas sowie überhaupt der natürlichen Lebensbedingungen einerseits, der Umwandlung und Verteilung des Lebensreiches andererseits sehen, so ist damit — das sei ausdrücklich hervorgehoben — doch noch keineswegs ersichtlich, inwiefern die Entstehung der Grundformen, der Grundorganisationen, des typenhaft Neuen und Eigenartigen mit den äußeren Bedingungen zusammenhängt. Denn es ist durchaus zweierlei, die äußere, die materielle Form als Anpassung zu verstehen und festzustellen, daß sich bereits vorhandene Gestaltungen weiter umwandeln und sich durch Spezialisierung an bestimmte neue oder wandelnde Lebensverhältnisse anpassen; oder den Formtyp zu erkennen und zu fragen, wie überhaupt ein neuer Grundtyp entsteht. Was wir im Vorhergehenden ausführten, bezieht sich durchaus nur auf den erstgenannten biologischen Vorgang, der Umwandlung des schon Vorhandenen. Immer, wo wir Wanderungen und in Beziehung damit die Bildung neuer Arten verfolgen können, macht es durchaus den Eindruck, als ob diese sich nach den äußeren Verhältnissen richten, also nach dem Klima und der geographischen Gestaltung der Erdoberfläche oder nach einer dem Organischen innewohnenden Spezialisationsbildung, auf Grund deren sich eben das Leben nach den äußeren Umständen mitgestaltet und neue Räume, neue Lebensmöglichkeiten von sich aus erobert.

Endlich kommen wir so noch zu der großen Frage: Wie ist denn das Leben auf der Erde überhaupt entstanden? Besser gefragt: In welcher organisch-körperlichen Gestalt mag es zuerst sich dargestellt haben? Denn alles Leben ist angepaßte Form. Man sprach zwar von Urformen und man sprach von Urzeugung. Aus dem anorganischen Stoff, unter den entsprechenden äußeren Bedingungen, in der geeigneten Umwelt sollte die erste Lebensform entstanden sein, nach den der Materie innewohnenden chemisch-physikalischen Gesetzen. Nach anderer Lehre sollte es in Keimen von anderen Weltkörpern durch den Raum herübergekommen und hier ausgestreut worden sein. Das ist eine wirklich naturphilosophische Grundfrage, und jeder ernstere, nicht äußerliche und oberflächliche Beantwortungsversuch muß in die Metaphysik führen.

SCHLUSSABSCHNITT

Das innere Verwobensein der erd- und lebensgeschichtlichen Erscheinungen

Wenn wir in einem vorhergehenden Kapitel Grund zu der Annahme fanden, daß bedeutende Umwandlungen der Erdoberfläche in irgendeinem Zusammenhang mit außerirdischen Vorgängen stehen müssen, so ist das nur die Andeutung gewesen zu einer viel umfassenderen Betrachtung in gleicher Richtung. Schon die Erörterung der Frage, ob das Planetensystem stabil sei, gab uns allgemeine Möglichkeiten an die Hand, wie wir uns allerlei Veränderungen der Erdoberfläche während geologischer Zeit etwa denken können, bei denen Gewalten im Spiele waren, die wir in unserer historischen Menschenzeit, die sich über wenige Jahrtausende erstreckt, nicht unmittelbar wahrgenommen haben. Alles das, was wir in dieser kurzen Epoche auf der Erde haben vorgehen sehen, scheint doch einer sehr beruhigten, nichts Neues, nichts Umwälzendes schaffenden Zeitphase anzugehören, so daß es nicht zweckmäßig ist, weitausgreifendere erdgeschichtliche Erscheinungen, die ihresgleichen heute nicht haben, nach dem gewohnten Prinzip der geologischen Forschung bloß aus gehäuften jetztzeitlichen Vorgängen erklären zu wollen. Dies letztere nennt man Aktualismus.

Wir haben in der Naturwissenschaft eine Epoche hinter uns, wo man meinte, mittels quantitativer Methode auch die Qualität der Naturerscheinungen packen und durchdringen zu können. Eine solche quantitative Denkrichtung war etwa die mechanistische Entwicklungslehre des Lebens. Man nahm an, daß durch kleinste Variationen der Form, Erblichwerden solcher kleinsten Veränderungen schließlich eine immer weiterreichende Abänderung der Organisationen und solcherart neue Lebewesen, neue Formen und Typen entstehen konnten. In der Erdgeschichtsforschung nahm man gleichzeitig an, daß durch endlose Häufung derselben kleinen Vorgänge, die wir an unserer geologisch „beruhigten" Erdoberfläche seit einigen Jahrtausenden wahrnehmen, alle die großen und eigenartigen Erscheinungen, wie die Bildung mächtiger Schichtsysteme, Bewegungen von Ozeanen, Auffaltung von Gebirgen, Auftreten von Eiszeiten sich würden erklären und verstehen lassen. Und so sollte auch der uns umgebende Kosmos, das Planetensystem und der Sonnenkörper zu allen überblickbaren erdgeschichtlichen Zeiten seit Beginn des Erdaltertums, ja auch im Algonkium und Archäikum, wesentlich dasselbe Bild, denselben stillen Mechanismus geboten haben.

Es ist aber eines der markantesten, wenn auch durchaus ungewollten und daher überraschendsten Ergebnisse der so verfahrenden Erd- und Lebensgeschichtsforschung, daß sie mit dieser, im einzelnen gewiß vieles klärenden Methode gerade den wichtigsten und größten Problemen gegenüber immer ratloser wurde, ja eben durch diese Methode selbst Probleme ausgestaltete, die voller Widersprüche und im stärksten Ausmaß in ihrer eigenen Fragestellung unverständlich wurden. Wir haben gelegentlich schon auf einiges Derartige hingewiesen, zuletzt auf die Frage nach dem Land- und Meereswechsel, nach den transozeanischen Landbrücken. Andere derartige große Fragen sind die Faltengebirgsbildung, der Klimawechsel und der Zusammenhang von Lebensentwicklung und Umgestaltung der Erdoberfläche. Alle Versuche — und sie ziehen sich ununterbrochen durch die wissenschaftliche Arbeit hindurch — diese großen Probleme insoweit erfolgreich anzupacken, daß man ihre Ursachenfrage wenigstens eindeutig formulieren könnte, haben genau zu dem Gegenteil geführt. Vor dreißig und vierzig Jahren war man über alle diese Dinge sozusagen im klaren. Man wußte, daß die Gebirge sich aufgefaltet, die Länder und Meere sich verlegt hatten, weil die Erde eine glühende Kugel sei, die sich abkühlt und zusammenzieht (S. 230). Man wußte, daß das Klima gewechselt hatte, weil Meere sich verlegten, Gebirge entstanden und wieder abgetragen wurden und die Wetterbahnen sich änderten infolge dieser Vorgänge. Man wußte, daß die Umwandlung dieser Umwelt die „Ursache" war zur Umwandlung des Lebens, und man stellte diese Umwandlung, sowohl der Erde wie des Lebens, als einen quantitativen Vorgang kleinster Verschiebungen und Häufungen des endlos Gleichen dar oder versuchte wenigstens es zu tun. Es war dies eine Methodik, die in ihrer Weise, wie jede Planmäßigkeit, ihre Erfolge unter dem so aufgestellten Gesichtspunkt hatte, aber wie jede unentwegt fortgesetzte Methodik an der Natur selbst ihre Grenzen fand.

Denn das Weltall, die Natur ist nicht Mechanismus schlechthin, ihre Gebilde sind also nicht Häufung schlechthin, selbst dann nicht, wenn sie äußerlich mechanisch als Häufung erscheinen. Losgelöst von aller Beziehung, kann man freilich etwa ein Konglomerat von Rollkieseln oder die Aufhäufung eines Sedimentes im Wasser so ansehen, als ob es einfach mechanisch zustandekäme. Aber im ganzen gesehen, als Äußerung eines den ganzen Kosmos umfassenden und in ihm sich eben darstellenden Getriebes gibt es überhaupt kein mechanisches, sondern nur beziehungsvolles Geschehen. Das aber heißt: lebendiges Geschehen. Dieses Wort will nicht so verstanden sein, als ob der Kosmos ein Lebewesen wäre, analog einem irdischen Lebewesen, einem Tier, einer Pflanze, und als ob er so wachse und sich wandle; sondern „lebendig" soll hier heißen: in sich geschlossen, in sich beziehungsvoll, in sich bestehend. Diese innere kosmische Lebendigkeit, die in allem, auch dem scheinbar mechanischen Geschehen zum Ausdruck kommt, ist *Rhythmus*. Wo aber Rhythmus ist, ist auch ein übergeordnetes Lebendiges, das in ihm lebt oder ihn setzt. Anders ist Rhythmus nicht denkbar.

Freilich kann man auch hier wieder, ganz losgelöst von umfassenderer Schau, wohl sagen, es gebe rein mechanische Rhythmen in der Natur, z. B. die Umläufe der Planeten. Aber wiederum ist dies zu sagen nur möglich, wenn man allein einen kurzfristigen und von allem Übrigen losgelösten Vorgang herausnimmt und nicht alles im Zusammenhang mit dem Ganzen überblicken und durchdringen kann. Und da unser Menschenverstand niemals imstande ist, eine Vorstellung vom Ganzen der Welt — nicht nur vom Räumlich-Ganzen, sondern auch vom Wesenhaft-Ganzen — zu gewinnen, so müssen wir immer wieder Vorgänge der Natur so sehen, als ob sie mechanisch und nur mechanisch wären, wie wir auch die größte Schwierigkeit haben werden, den lebendigen Rhythmus in den Naturvorgängen nachzuweisen.

Wenn man nun zu der Frage des Rhythmus vom erd- und lebensgeschichtlichen Standpunkt aus Stellung nehmen will, so muß man sich klarmachen, daß Rhythmus einerseits ein geordneter Ruhezustand, andererseits eine geordnete Bewegung, in seinem Wesen aber beziehungsvolle Einheit von beidem ist. Man kann aber auch den Ruhezustand — etwa bei einem Bauwerk — als bewegt darstellen und bekommt so als mechanisches Symbol für den Rhythmus die Welle. Welle aber besteht aus zwei konträren Elementen: den Wellenbergen und -tälern und dem neutralen Knoten. Die Knoten sind vergleichsweise die ruhigen Augenblicke, in denen und aus denen sich wieder der große Ausschlag ergibt. Der Ausschlag ist aber nicht verständlich, wenn man sozusagen nur Knotenpunkte häuft, um daraus den Ausschlag zu erklären; sondern beides zusammen erst muß als Ausdruck für einen Rhythmus erkannt und dargestellt werden. Legte sich also die Geologie am Ende des 18. und am Anfang des 19. Jahrhunderts einseitig auf die Katastrophenidee fest und wollte sie daraus die ganze Erdgeschichte und Lebensgeschichte erklären, so nahm sie sozusagen die Wellentäler und -berge vornehmlich heraus; ebenso wie umgekehrt die um die Mitte des 19. Jahrhunderts aufkommende aktualistische Lehre einseitig nur die Knotenpunkte betrachtete und aus ihnen nun das Ganze aufbauen wollte. Der Rhythmus des Geschehens aber umfaßt beides.

Die alte Katastrophentheorie stand der Idee des Rhythmischen in der Erdgeschichte innerlich näher als das jetzt herrschende aktualistische Prinzip. Denn dort lehrte man, daß immer wieder auf Perioden der normalen Umsetzungen kürzere heftige Paroxysmen kämen, durch welche alles von Grund aus umgestaltet würde. Wenn das auch in dieser extremen Form selbst wieder nicht richtig war, so war es doch im ganzen natürlicher und umfassender als die Idee, daß alle erdgeschichtlichen Veränderungen nur durch kleinste Häufung des Alltäglichen ins Riesengroße gewachsen wären. Neuerdings erwacht aber in der schulmäßigen Geologie das Bedürfnis, doch wieder von Revolution und Evolution im erdgeschichtlichen Geschehen zu sprechen. Dies geschieht im wesentlichen bei den Erscheinungen der Gebirgsbildung, wo man durch die neueren Erkenntnisse des Faltengebirgsbaues einsehen lernte, daß Bewegungen und Umsetzungen der Erdrinde statthatten, für die wir auch im kleinsten kein Analogon in den jetztzeitlichen Erdkrustenbewegungen finden können. Aber ernstlich, als Ausdruck rhythmischer, innerer Verbundenheit will man den Begriff Revolution noch nicht, sondern meint nur, daß die heute und sonstwo in der Erdgeschichte minimal vorhandenen Bewegungen zeitweise sich besonders häuften, steigerten und dann extreme Ausschläge ergaben. Und so wird in Wirklichkeit immer noch an dem aktualistischen Prinzip festgehalten, was um so merkwürdiger erscheint, als es bisher nicht gelang, auch nur ein einziges großes und einschneidendes erdgeschichtliches Phänomen der Vergangenheit, sowie den Zusammenhang des Geschehens mit dieser Methode ursächlich aufzuklären. Weder die epochale Faltengebirgsbildung, noch das Auftauchen und Verschwinden von Kontinenten, noch die wiederkehrenden Klimawechsel und Eiszeiten, noch die Polverlagerungen, noch die gesamte Schichtenbildung der Formationen konnten aktualistisch durch bloße Steigerung des heute Gegebenen erklärt werden, wenigstens nicht als Gesamterscheinung. Was man erreichte — es ist sehr viel, aber nunmehr doch zu wenig — war, daß man eben diese Probleme alle aufstellen konnte, um zu der Erkenntnis zu gelangen, sie würden sich mit dem bisher verfolgten Prinzip nicht lösen lassen.

Der Weg ins Freie führt so durch den Begriff des Rhythmus, und zwar in dem Sinne, daß alles erdgeschichtliche Geschehen in das kosmische Geschehen eingeordnet werden muß. Um dies methodisch zu erreichen, müssen zwei grundsätzliche Thesen aufgestellt werden:

1. Alle erdgeschichtlichen Vorgänge und ebenso die lebensgeschichtlichen Erscheinungen sind als Spezialauswirkungen des gesamten physisch-kosmischen Geschehens zu verstehen.
2. Es muß jeder Vorgang mit den übrigen in innerer Entsprechung stehen, und zwar durch den ganzen Kosmos hindurch.

Der Begriff der „inneren Entsprechungen“ ist in diesem Zusammenhang neu und für ein rein mechanistisches Denken unvollziehbar. Allerdings sind auch in der bisherigen mechanistischen Forschungsmethode solche inneren Entsprechungen, auch kosmischer Art, schon bekannt, wenn auch nicht als solche zugestanden. Beispielsweise wird der Zusammenklang der Bewegungen im Planetensystem durch die Wirkung der Schwerkraft erklärt und durch diese Schwerkraft sollten sich die Körper in bestimmtem proportionalen Verhältnis zu ihrer Masse bzw. Massendichtigkeit anziehen. Es ist aber unerfindlich, wie Jahrmillionen lang etwa ein Planet trotz der anfänglichen Zentrifugalkraft um die Sonne laufen könnte, ohne in sie hineinzustürzen, wenn die Schwerkraft einfach „Anziehung“ wäre. Man denkt sich, daß der Umlauf als abtreibende Zentrifugalkraft wirke und daß anziehende Schwerkraft und Zentrifugalkraft sich eben die Wage halten.

Aber im Grunde ist diese Vorstellung ein Notbehelf, ist wie ein Münchhausen, der sich am eigenen Zopf aus dem Wasser zieht. Denn wenn die Schwerkraft eben so wirkte, daß sie den zentrifugal abstrebenden Körper vom geradlinigen Hinausfliegen in den Weltraum zurückhalten könnte, so würde sie nur die Wirkung haben, ihn auf raschestem Wege anzuziehen, d. h. die Abstrebekraft sofort zu vernichten, worauf er in kürzester Parabel von nur einem Umlauf in die Sonne stürzen müßte. Auch ist gar nicht einzusehen, wodurch die Schwerkraft überhaupt mechanisch wirken sollte? Der Weltraum gilt als leer von Stoff. Die Anziehungskraft ist also eine „mystische" Fernkraft, die von Körper zu Körper durchs Leere hindurch wirken müßte. Nimmt man aber, um dem zu entgehen, an, daß der Weltraum mit feinstem Gas, etwa Wasserstoff in unendlicher Verdünnung, erfüllt und deshalb nicht leer ist, so müßte erst verstanden werden, wie sich durch diesen Stoff die Schwerkraft als Unkörperliches von Körper zu Körper fortzupflanzen vermöchte.

Man hat deshalb den Äther als das Weltraum- und Körpererfüllende angenommen. Der Äther sollte kontinuierlich sein und doch ein Stoff; er sollte keine Reibung mit den Körpern haben, also kein Stoff sein, und doch wieder durch seine Wellenbewegungen das Licht und so auch die Schwerkraft wohl fortpflanzen. Man wußte längst in der Physik, daß solche Vorstellungen Hilfsvorstellungen seien und verhehlte sich nicht, daß man darüber hinauskommen müsse. Nachdem nun die reine Ätherwellentheorie des Lichtes nicht mehr als entsprechend brauchbare These gelten kann und das Licht als materielle Bewegung geschleuderter Mengen, trotzdem aber als Wellenbewegung oder als rhythmische Folge anzusehen ist, steht man abermals vor der Frage des leeren Raumes bzw. des mit Lichtmaterie gefüllten Raumes, und muß sich weiter fragen, wie denn die Anziehung von Stern zu Stern geschehen könne?

Die Lösung der Frage liegt überhaupt nicht in der Mechanistik, sondern in dem Grundsatz „innerer Entsprechungen". Es ist denkbar, daß irgendein Zusammenhang existiert zwischen Körpern, der nicht einfach linear räumlich, auch nicht einfach dreidimensional-räumlich, sondern eben irgendwie anders ist. Aus dieser Verknüpfung der Körper in einem uns nicht unmittelbar sinnenhaft zugänglichen Raumzustand würde es sich ergeben, daß überall im Kosmos und durch den Kosmos hindurch alles natürlich zusammenhängt, so daß nirgends etwas geschieht, was nicht in allem anderen Seienden und Geschehenden sein Korrelat hätte und eben darum entsprechende Veränderungen und Gestaltungen mit sich brächte. Darin, nicht in dem durchaus unzureichenden Newtonschen Gravitationsgesetz, gründet auch eine beziehungsvolle Auffassung der Weltkörperbewegungen. Ist das auch zunächst nur eine Hypothese, so ist sie doch nahegelegt durch die Unmöglichkeit, den Kosmos überhaupt anders zu verstehen; die Hypothese ist nicht gewagter als die, einen Äther zu postulieren, der ein Stoff und doch kein Stoff ist und dem alles das als geheimnisvolles Tun zugeschrieben wird, was eben materiell im gewöhnlichen dreidimensional-räumlichen Sinn nicht verständlich ist. Die Physik selbst hat die Denknotwendigkeit einer solchen andersartigen Raumvorstellung selbst durch die Ätherhypothese und die immerwährenden Versuche, sie durch anderes zu ersetzen, bewiesen; denn sie greift damit ja weit über das ihr unmittelbar sinnenhaft Gegebene hinaus.

Nun dürfen wir auch sagen: die Schwerkraft ist eine Fernwirkungskraft. Denn unter Fernwirkung verstehen wir jetzt eine „innere Entsprechung" zwischen entfernten oder nahen und nächsten Körpern, welche sich in einer anderen Sphäre vollzieht als in der des uns allein im Wachzustand vorstellbaren dreidimensionalen Raumes. Wir haben ja ein Analogon in dem Hellsehen. Auch da werden räumlich entfernte Dinge erblickt, und es läßt sich kein dreidimensional-räumlicher Weg angeben, auf dem sie hätten erblickt werden können. Und doch treten sie in den dreidimensionalen Raum für das gewöhnliche Wachbewußtsein so ein, kommen so daher, wie sie vorher schon erblickt wurden. Dies alles ist aber nur denkbar, wenn „innere Entsprechungen" zwischen den Körpern bestehen; und was im Falle des Hellsehens vorliegt zwischen Person und Gegenstand, kann in anderer Weise auch von Körper zu Körper selbst wirksam und fühlbar sein.

Mit diesem „fühlbar" allerdings sind wir nun dort angelangt, wovon oben die Rede war: der Kosmos muß ein innerlich Lebendiges sein, wenn auch lebendig in einem anderen Sinn als ein physischer Organismus. Solche Lebendigkeitsäußerungen, solche gegenseitigen „Gefühle" und damit inneren Entsprechungen bestehen nachgewiesenermaßen. Der Philosoph Ed. Hartmann hat in seiner „Philosophie des Unbewußten" eine große Zahl solcher inneren Entsprechungen in der Natur aufgezählt. „Instinkte" etwa, die zwischen Pflanzen und Tier oder von Tieren zu kommenden Jahreserscheinungen im voraus herrschen, wodurch das für unseren Verstand so rätselhafte Übereinstimmen und zweckmäßige Geschehen der organischen Natur zustandekommt, können kaum anders aufgefaßt werden, als eine innere Beziehung zwischen den Dingen und Vorgängen der gesamten Natur, wenn man nicht sagen will, es sei ein Gott, der alles richtet. Denn hier es handelt sich um eine naturwissenschaftliche, nicht um eine religiöse Formulierung.

Aus solchen inneren Entsprechungen würde es auch erklärlich, warum der Kosmos ein Kosmos und kein Chaos ist. Wäre alles mechanisch bestimmt, so wäre es entweder ewig dasselbe, wäre ewig unveränderliche, also tote Wiederholung; oder es wäre längst alles zusammengestürzt, vorausgesetzt, daß es überhaupt so geworden wäre. Es bleibt also nichts übrig, als daß wir zu einer „lebendigen" Auffassung der Dinge um uns kommen und auch das, was wir mechanisch glauben verstehen zu können oder für mechanisch zustandegekommen halten, als Auswirkung innerer Gegenseitigkeitsbeziehungen der Natur verstehen lernen.

Dieses innere Lebendige nun muß notwendig Rhythmus haben. Denn es ist das Kennzeichen des Lebendigen schlechthin, daß es Rhythmus hat. Man lasse sich nicht täuschen durch den Einwand, daß auch die mechanistische Physik seit Newton oder die biologische Mechanistik den Rhythmus im Geschehen anerkenne und daß die ganze derzeitige Astronomie und ihre Berechnungen auf der Gewißheit des Rhythmus im Weltall beruhe. Diese Rhythmik ist nicht gemeint. Denn man faßt sie als eine uhrwerksmäßige auf. Aber der „Rhythmus" eines Uhrwerks — man vergleicht ja von astronomischer Seite den Lauf der Sterne gern mit einem Uhrwerk — ist nicht lebendiger, mithin nicht echter Rhythmus; sondern das wäre mechanisch erzeugter Takt. Er unterscheidet sich von wahrem, innerem Rhythmus ebenso, wie das Uhrwerk des Metronoms von dem lebendigen sinnvollen Rhythmus eines Musikstückes, das allenfalls nach diesem Metronom in Takte eingeteilt und gespielt werden kann. Es ist die durchaus „unmusikalische" Auffassung der Natur, die heute in der Naturwissenschaft, einschließlich der Biologie, herrscht. Aber die Natur ist nirgends, auch in dem mechanistischen Vorgang nicht, Uhrwerk. Sie ist es auch, aber nur wenn man die Geschehnisse ganz aus ihrem inneren Zusammenhang mit dem übrigen loslöst und sie so sieht und darstellt. So wenig wie der, der nur auf das Metronom hört und das Musikstück nur auf seine Takteinteilung hin ansieht, so wenig hört und sieht und erlebt der Naturforscher die wirkliche innere Musik der Natur. Vielleicht haben ältere Meister diese innere Lebendigkeit gesehen, unmittelbar verstanden und konnten deshalb von der Musik der Sphären und von der Harmonie des Weltalls sprechen, was mehr als ein schönes Wort war. Und gerade diese alten Meister wußten auch etwas von einer sinnvollen Astrologie, d. h. einer Erkenntnis der inneren Beziehungen und Entsprechungen im Weltall, welche es möglich machte, auch die Gestaltung des Organischen auf die Gestaltung des Planetensystems zu beziehen.

Also der auch von der derzeitigen Naturwissenschaft allenfalls anerkannte Rhythmus in der Natur ist, wie wir sagten, nicht echter, lebendiger Rhythmus von innen heraus, sondern doch immer wieder nur äußerlich, uhrwerksmäßig, als Stoß und Druck, als Ziehen und Schieben, Häufen und Auseinanderfallen in rein äußerlich dreidimensionaler Weise aufgefaßt und vorgestellt. Wir aber meinen die innere Rhythmik, welche auf inneren Entsprechungen, auf innerer Verwandtschaft und Wesenseinheit der äußeren Dinge, des äußeren Geschehens beruht und als solche eine zunächst nicht weiter auflösbare Grundursache, ein Urphänomen im Goethe-Schopenhauerschen Sinne ist. Sie läßt sich an ihren Äußerungen, an ihrer Wirksamkeit erkennen, sobald man nur einmal von der leer mechanistischen Forschungshypothese absieht und die Natur in diesem lebendigen Geschehen sich denkt und es so darzustellen sucht.

Eine mechanistisch-aktualistische Forschungsperiode, deren Gott nur von außen stößt, konnte freilich zu der Idee der inneren Korrelation des

Geschehens keine bejahende Stellung einnehmen. Selbst wenn sie erkannt hätte, daß etwa Gang und Konstellation von Himmelskörpern sich in biologischer Formgestaltung wiederspiegeln könnte — um nur dieses eine Drastischste herauszugreifen — so würde sie doch immer wieder nur einen äußerlich mechanistischen Zusammenhang gesucht haben. Selbstverständlich blieb sie damit auch von einer sinnvollen Kosmologie himmelweit entfernt. Sie konnte sich nicht klarmachen, daß es sich bei allen solchen Dingen eben um ein inneres Pulsieren des Kosmos handelt und daß jede „Astrologie" freilich Unsinn ist und bleiben muß, wenn man sie etwa mechanistisch auffassen wollte.

Es spielte also zweierlei ineinander, um die merkwürdige geistige Lage herbeizuführen, in der sich heute die erd- und lebensgeschichtliche Forschung befindet. Diese Lage kennzeichnet sich dadurch, daß mittels des aktualistisch-mechanistischen, aber durchaus unrhythmisch-unlebendig denkenden Prinzips ein ungeheures äußeres Tatsachenmaterial gefördert wurde, das so dargestellt wurde, als ob es mechanisch verständlich wäre oder sein könnte. Das Wissen, unendlich atomisiert, läßt jeden wirklichen Zusammenhang vermissen und stellt uns vor Probleme, vor denen es selbst versagt. Andererseits war die ursprüngliche Katastrophentheorie kosmisch umfassender und wohl aus dem unbestimmten Gefühl für ein rhythmisches Geschehen entsprungen, konnte aber, weil damals der philosophische Rationalismus des ausgehenden 18. Jahrhunderts ihr mitgegeben war, nicht zum eigentlichen Sinn und Kern ihres eigentlichen Grundgedankens vordringen. Es gilt also, allem Bisherigen gegenüber sich grundsätzlich anders einzustellen, auf den Boden der beiden obigen Thesen zu treten und sich zudem klarzumachen, daß ein äußerlich-mechanisches Sehen, ein atomisierendes Analysieren nicht ein innerliches rhythmisches Geschehen bei der Betrachtung ausschließen darf; ebensowenig wie umgekehrt. Vielmehr müssen beide Sehens- und Forschungsweisen stets miteinander verbunden sein, die eine sozusagen die Kontrolle über die andere behalten. Jeder Naturvorgang, mit Sinnen wahrgenommen, verläuft mechanisch, d. h. er läßt sich so sehen und so darstellen; aber damit ist der Naturvorgang nicht erschöpft, nicht wesentlich charakterisiert. Jeder Naturvorgang hat eine innere, echt ursächliche Seite, nicht nur das mechanische Neben- und Nacheinander im Ablauf des dreidimensionalen Raumes; er ist zugleich Äußerung und Darstellung eines inneren lebendigen Zusammenhanges in allem Naturgeschehen. Und da dieses innere Dasein, vermöge dessen überhaupt etwas äußerlich und mechanisch erscheinen kann, grundsätzlich ein lebendiges — im wohlverstandenen Sinn — ist, so ist es auch stets ein rhythmisches, weil Rhythmus das Atmen des Kosmos ist.

Eine solche Welt — und es ist die wirkliche — hat in allem und jedem, was wir wahrnehmen, innere Entsprechungen. Und so wird von selbst etwa jede mechanisch-äußerliche Einwirkung zweier Körper aufeinander, selbst das einfachste Anprallen zweier Steine aufeinander, jede einfachste geologische Konglomeratbildung zugleich Ausdruck des inneren Entsprechens; sie könnten gewissermaßen gar nicht zusammenkommen, wenn nicht der innere Gemeinsamkeitszug, oder wie man sagen will, vorhanden, lebendig wirksam wäre. Was wir also äußerlich und aktualistisch wahrnehmen und mechanisch darstellen, ist zugleich Ausdruck nnd Symbol innerer Entsprechungen.

An diesen Punkt der Überzeugung gelangt, wird uns das Weltall, wird uns selbst die anorganische geologische Geschichte innerlich lebendig. Nun wird die Voraussetzung rhythmisch-lebendigen Geschehens ebenso eine Selbstverständlichkeit des Denkens, wie in der bisherigen Forschungsepoche die Voraussetzung der mechanistischen Darstellung. Man darf nicht meinen, daß dies ein Verzicht auf eine bisher erfolgreiche Denkweise sei. Inwieweit sie erfolgreich war und weiterhin sein wird, ist vorhin gekennzeichnet worden. Aber richtig besehen, ohne dogmatische Verdunkelung, ist es doch so, daß bei jeder noch so mechanischen Erklärung und Aufhellung stets ein „Rest" bleibt, weil eben das andere Moment, die innere Entsprechung der Vorgänge, noch in der Betrachtung fehlt. Es ist also die mechanische Darstellung erst zu erfüllen, mit Wesenhaftem zu erfüllen, nicht abzuweisen. Spricht man also von der Überwindung des Mechanismus in der Naturbetrachtung, so soll und darf dies beim Einsichtigen nicht heißen, die mechanistische Methode schlechthin verwerfen; sondern es kann nur heißen: ihre Halbheit erkennen und ins Ganze überleiten.

So werden sich auch ganz andere Formulierungen der Probleme ergeben, und jede Formulierung bedeutet ja gewissermaßen auch eine vorläufige Lösung. Denn noch niemals ist im menschlichen Forschen ein Problem dadurch gelöst worden, daß man es restlos aufklären und nun sozusagen zum absoluten Verschwinden bringen konnte; sondern stets ist die Lösung derart, daß es entweder erweitert wird in mehrere neue, tiefergreifende, weitergreifende Fragen, die nun wiederum unbeantwortet sind; oder daß man überhaupt zu einer anderen Grundmaxime der Betrachtung kommt und die bisherige Art der Problemstellung als wesenlos erkennt und empfindet.

Eben dasselbe, was wir hier für die erdgeschichtlichen Vorgänge in der anorganischen Natur sagten, gilt nun auch für die organische Natur, insbesondere für die im vorigen Kapitel schon angebrochene Frage nach der Entstehungsart der Lebensformen auf der Erde, die man in rein mechanistischem Sinne auf eine aus anorganischem Stoff sich entwickelnde Urzeugung zurückzuführen versuchte. Auch dies lag durchaus im Geist jenes naturphilosophischen Materialismus, welcher jede Erscheinung, jede Gestaltung und Veränderung auch in der organischen Natur gleicherweise auf Veränderungen von Atomen und Atomgruppierungen zurückführen will.

Man denkt sich dabei das Stoffatom, auch das Uratom als etwas ein für allemal quantitativ und qualitativ Gegebenes. Aber man ist inzwischen gerade auf rein physikalischem Forschungsboden schon soweit vorgedrungen — und die Biologie hinkt hier gewaltig hinter der Physik nach —, daß man die Möglichkeit sieht, das Atom als ein in seiner innersten Wesenhaftigkeit Lebendiges aufzufassen. Wir begegnen dem Wort „lebendig“ hier von der anderen Seite her. Man wird es nicht im Sinne von „organisch“ nehmen dürfen, wie es wohl Fechner tat; sondern man wird darin eine Andeutung sehen jenes autonom treibenden, gestaltenden, erhaltenden Etwas, jenes ursprünglichen Naturzustandes, welcher sowohl zur Bildung mechanisch-chemischer, wie auch organischer Stoffzustände und Substanzenbildung führt. Und gerade im Hinblick auf diese „Lebendigkeit“ ist man — wiederum in der Physik und nicht in der Biologie — zu der bedeutsamen Erwägung gelangt, ob nicht fortwährend Materie im Weltall neu entstehen und vergehen könne? Ein anderer Stoffzustand, indem er aus seiner Latenz heraustritt und aus seiner unseren Sinnen unzugänglichen Potentialität zur Aktivität hervorbricht, spaltet seine innere Einheitlichkeit und Einheit auf und erscheint damit notwendig und zugleich einerseits als Anorganisches, andererseits als Organisches — diese Begriffe noch in denkbar primitivster, ungestalteter Form genommen.

Wir müssen auf einen verhüllten Innen- oder Urzustand schließen — dieses Wort keineswegs nur im Vergangenheitssinn, sondern durchaus gegenwärtig genommen — auf einen Urzustand, der sich aufspaltet und damit aus seiner, unseren Sinnen unzugänglichen Latenz in die gewöhnliche Sichtbarkeit, in gewöhnliche physische Stoffzustände übertritt und einerseits als anorganische Materie (im weitesten Begriff), andererseits als Organismisches, und sei es noch so primitiv, erscheint. Es ist das, was beidem zum Ursprung dient, in dem sie beide als ihrer höheren Einheit beschlossen sind. Wir wollen dieses Ursprungshafte das U r l e b e n d i g e nennen. Es ist grundsätzlich ein den ganzen Kosmos Umfassendes, das aller konkret physischen Erscheinung und Vielheit, organischer sowohl wie anorganischer, zugrundeliegt.

Das nun gibt uns einen Erkenntnisgrund für die eingangs erwähnte Möglichkeit einer gegenwärtig sich noch vollziehenden Neuentstehung von Materie im Weltall. Es gibt uns einen Erkenntnisgrund für die Denkmöglichkeit eines lebendigen Wesenskernes der Stoffatome, die ohnehin keine sichtbaren Realitäten, sondern Wirkungszustände und Wirkungssymbole sind. Es gibt uns auch Klarheit über einige andere Fragen der Naturgeschichte.

So war es bisher ein Grundproblem der biologischen Forschung, wie es komme, daß sich die Lebewesen als einzelne, wie als Gesamtheit den äußeren Bedingungen, der Umwelt anpassen bzw. angepaßt in ihr dastehen. Man konnte sich nur ganz einseitig vorstellen, daß das Organische geworden sei in äußerer zeitlicher Anlehnung an das Anorganische. Dieses selbst, die rein tote Umwelt, also die Berge und Flüsse, die Meere und das Klima, galten als unabhängig vom organischen Werden. Auch wo man etwa einen Wald, also eine organische Umgebung für die Einzelform als

Umwelt bezeichnete, an die sie sich anpasse, strebte man grundsätzlich danach, diese Anpassung als eine äußerlich, mechanisch sich vollziehende zu begreifen. Nicht einmal tauchte der Gedanke auf — meines Wissens hat ihn nur Schopenhauer gehabt — sich zu fragen, ob denn nicht die Beziehung ebensogut vom Organischen zum Anorganischen, wie umgekehrt gehe? Wie es denn komme, daß zu den doch nur innerhalb enger Wärme- und Kältegrenzen, nur innerhalb bestimmter Lichtverhältnisse, nur innerhalb bestimmter anorganischer Stoffzustände lebensfähigen Organismen gerade eben diese äußeren anorganischen Lebensverhältnisse passen? Die Vorstellung innerer Entsprechungen aber formuliert das Problem schon von Grund aus anders: die organischen Formen und Gestaltungen sind ebenso Ausdruck des Kosmos, wie es auch die anorganischen Gestaltungen sind. Da innerlich alles zusammenhängt, so kann nicht das eine ohne das andere sein. Es kann zwar unserem Auge und im dreidimensionalen Raum das eine erscheinen, das andere nicht, aber sie sind stets beide miteinander bedingt da; denn die inneren Entsprechungen verlaufen, wie wir uns oben schon überzeugten, unter anderen Naturbedingungen als den linear zeitlichen und dreidimensional räumlichen oder physisch sichtbaren.

Es ist ja eigentlich ein Wunder ohnegleichen, wieso etwa Jahrmillionen hindurch die klimatischen und sonstigen Zustände an der Erdoberfläche sich immer gerade in den dem Leben zuträglichen und sogar, physikalisch betrachtet, äußerst engen Grenzen hielten, innerhalb deren überhaupt Organismen existieren konnten. Nie ist die Lebenskette, der Lebensstrom, trotz aller der gewaltigen Umsetzungen von Land und Meer, Hochgebirgen und Tiefländern, Wärmezeiten und Eiszeiten jemals abgerissen. Warum ist, wenn wirklich die anorganische Umwelt innerlich unabhängig vom Organismenwerden wäre, denn nie der Wärmegrad von etwa 50° dauernd erreicht oder überschritten worden; warum ist das Klima nie dauernd unter den Gefrierpunkt abgesunken, jenseits dessen ein solches Leben überhaupt nicht mehr hätte existieren können? Wohl deshalb, weil sich auch die anorganische Natur nie anders gestaltet als nur in steter, von innen her bedingter Beziehung zum Organischen; genau wie umgekehrt. Nicht die anorganische Umwelt war etwa da und änderte sich allein für sich, und dann mußte sich danach das Leben rascher oder weniger rasch umwandeln, sich „anpassen", wie der entwicklungsgeschichtlich gedachte Fachausdruck der Biologie für diesen organischen Änderungsvorgang lautet; sondern beides wurde und wird in engster innerer Korrelation miteinander und zueinander aus dem Ursprünglichen heraus als dessen zweiseitig sich darbietende Spiegelung, aber von innen her als Eines gestaltet. Es mag sein, daß diese Harmonie des Geschehens aus inneren Ursachen auch gestört werden konnte; vielleicht ist dies der Grund für Erd- und Lebenskatastrophen, auch im Menschendasein.

Es soll nun gewiß nicht geleugnet werden, daß es Anpassungsvorgänge äußerlicher Art gibt, also über Generationen sich erstreckende Umwandlungen von Organismenarten infolge von äußerlich rasch oder allmählich sich ändernden Lebensbedingungen; dies kann man sowohl an den vorweltlichen fossilen Formenreihen wie an lebenden Arten sehen. Solche ersichtlichen Änderungen haben aber dazu verleitet, sie nun als Beweisstücke für einen durchgehenden Umwandlungsvorgang des Lebendigen während der Erdzeitalter von Typus zu Typus selbst anzusehen; womit man die Erscheinung weit, weit überspannt und auf etwas ganz anders Verlaufendes, das etwas anderes bedeutet, übertragen hat. Es besteht die Tatsache, daß alle Organismen an die Umwelt, an die Lebensnotwendigkeiten, in die sie natürlicherweise gehören, angepaßt sind. Aber dieses a limine typenhafte Angepaßtsein und der andere Vorgang, sich mit neuer Formwandlung auf Grund des gegebenen Typus an Änderungen anzupassen, ist durchaus zweierlei. Indem ein Typus entsteht und eben als solcher da ist, sozusagen immanent in den sichtbaren Arten bzw. Individuen — wie, das wissen wir heute noch nicht im geringsten — ist er auch in eine neue Umwelt im vollen Einklang mit ihr hineingetreten, hineingestellt, für die er zweckmäßig ist. Diese, in der Grundorganisation als solcher liegende gegenseitige Zweckmäßigkeit — ich nenne sie die „innere" — ist eben ein Urphänomen der organischen Entwicklungsgeschichte und nicht weiter auflösbar. Es ist der ungreifbare, unnennbare, nicht aus äußerlichen Anpassungsvorgängen zu verstehende, „innere Typus" in seiner zu ihm bestehenden Umwelt. Dem steht gegenüber die äußere Zweckmäßigkeit, die sich in physiologisch-morphologischen Anpassungsvorgängen innerhalb der sichtbaren Organisation bildet, ohne allzuweit zu gehen, stets in äußerem Zusammenhang mit der Umwelt. Die vorhandenen Arten passen sich an, wenn die Umwelt sich ändert, zeigen auch von innen her eigene organische Gestaltungsvorgänge, vermöge deren sie ihren Lebensraum erweitern, neue Plätze gewinnen (Kap. 8) oder sich für einen bestimmten auch einseitig spezialisieren können (S. 474). Solche Spezialisierung bleibt aber innerhalb des angelegten Typus, führt niemals zu neuer immanenter Typenhaftigkeit, zu neuer Grundorganisation. Sie ist äußerlich erkennbar, und sie bedingt die vielen feineren Formenreihen und Artwandlungen, wie wir sie heute und in jeder erdgeschichtlichen Zeitphase finden.

Treten nun die zuvor erwähnten, von innen her bedingten Veränderungen der Umwelt und des organischen Reiches in einzelnen Epochen stärker, in anderen schwächer, aber doch stets ununterbrochen ein, so erscheint das als Gesamtumwandlung des organischen Reichs und zugleich als „Anpassungsvorgang" desselben an die veränderte anorganische Umwelt. In Wirklichkeit aber verstehen wir es jetzt anders: die innere Natursphäre manifestiert sich in neuen Gestaltungen beider Reiche, des Organischen und des Anorganischen, gleichzeitig. Von innen her Vorhandenes, schon Daseiendes aber trat gleichmäßig in die neue Gestaltung notwendig mit ein, erschien nun in neuem Zeitgewand und machte verschieden weitgehende physiologische Wandlungen und Anpassungen durch. Das schon

Vorhandene hatte stets einen neuen Daseinskampf zu bestehen. Sowohl neue Konkurrenten im Tier- und Pflanzenreich begegneten ihm, wie auch neue Erfordernisse der Umwelt. Daraufhin starben die Arten entweder aus oder sie wurden dezimiert und fristeten in einem beschränkten Raum noch ihr Dasein; oder es vollzogen sich an ihnen neue Anpassungen, neue Spezialisationen, und sie erhielten sich in diesem Kampf unter veränderten Umweltzuständen. So kam immerfort neues Leben, neues Getriebe in die organische Formenwelt, zu allen Zeiten. Darum finden wir in den Schichtungen aller Erdzeiten stets Epochen neuer Virulenz, stets immer wieder neue Grundtypen und stets neue Anpassungsformen des schon Vorhandenen.

Wenn wir also jetzt mit dieser neuen Erkenntnis von einer Gleichzeitigkeit des Werdens im Organischen wie im Anorganischen reden, so ist es nicht mehr jene innerlich unhaltbare Vorstellung, daß etwa Organismen aus anorganischem Stoff hervorgingen, sondern es ist eine notwendige Zweiseitigkeit alles physischen Werdens und Seins im urlebendigem Untergrund. Wie ein Organismus als solcher niemals existiert ohne die gesamten psychischen Felder, die ihm vermöge seiner Organisation und als Ausdruck dafür, daß er eben Lebewesen ist, zukommen, ebensowenig kann und konnte jemals im Weltall etwa aus uratomhaften Zuständen weltnebelartig anorganischer Stoff von der Art unserer chemischen Elemente oder Verbindungen werden, ohne daß zugleich sein Korrelat, das Organische, mit entstand, mit gesetzt war. Es gibt da keine Bezugslosigkeit des einen vom anderen. Das eine ist ohne das andere nicht nur nicht denkbar, sondern auch nicht existent. Auch in der grauesten Urzeit muß im physischen Kosmos — wenn es je einen idealen Urzustand gab, was wir nicht sagen, sondern bloß zum Verständnis des zu Sagenden einmal setzen wollen — immer notwendig und von innen her Organisches hervorgetreten sein, sobald Anorganisches je hervortrat. Es muß stets ein schwesterlich-brüderliches Entstehen gewesen sein. Mithin kann auch das stoffliche Weltall, wie es unseren wachen Sinnen zugänglich ist, nie von unorganischer Materie als solcher allein erfüllt gewesen sein. Ehe unorganische Materie war, war nur vorphysischer Weltzustand. Und als anorganische Materie war, war auch Organisches da. Dies allein heißt: mit dem Begriff „Einheit des Weltalls, Einheit der Natur" wissenschaftlich, erkenntnistheoretisch Ernst machen.

Man spricht wohl zuweilen von „kosmisch", wenn man andeuten will, daß man zwar etwas um jenen inneren Zusammenhang im Weltall weiß, aber doch nicht recht weiß, was. Mit der gleichen Verlegenheit hat man bisher in der materialistischen Naturphilosophie von „monistisch" gesprochen. Nun, wahrer Monismus ist immer kosmischer Monismus. „Kosmisch" aber heißt: innere, lebendige Einheit der sichtbaren, der sinnenhaft wahrnehmbaren Natur, der anorganischen wie der organischen. Diese als Einheit im Sinne aufeinanderstoßender Atome zu denken, ist hohl und leer; es sagt nichts, was uns einem Verstehen der Natur näherbrächte. Und das

„kosmisch“ sich nun stofflich im gewöhnlichen Wachsinn vorzustellen, ist um kein Haar besser. Wir aber gebrauchen das Wort kosmisch und das Wort monistisch nun in voller Erkenntnis dessen, daß eine innere, eine lebendige Einheit besteht zwischen organischer und anorganischer Welt, im Sein und im Werden, ein ursprünglicher, ein urlebendiger Wirkungszustand, woraus dauernd notwendig und dauernd gleichzeitig beides quillt, und vermöge dessen allein es zutrifft, daß etwa der Sternhimmel auch die organische Natur spiegelt: der Makrokosmos den Mikrokosmos, und umgekehrt.

Fassen wir nun zusammen, was wir von der Vorweltgeschichte und ihrer Erforschung verlangen, von der wir am Anfang sagten, sie bleibe noch im aktualistisch-unrhythmischen Prinzip stecken und häufe deshalb äußerlich Tatsachen und Probleme, deren Erklärung immer weniger statt immer leichter möglich werde, so ist es Folgendes. Die rein physikalisch-mechanische Darstellung des Beobachteten behält ihren Platz. Sie wird in Zukunft auch das Außerirdische mit einbeziehen. Dadurch wird sie vom Aktualismus wieder zur Berücksichtigung des Katastrophalen kommen und nun beide Komplexe zu einem Wissen um das wellenförmige, um das rhythmische Geschehen vertiefen. Sie wird die Geschehnisse in kosmischer Verflechtung sehen und vermag damit zu erkennen, inwiefern alle die charakteristischen und rätselhaften geologischen Vorgänge — Land- und Meereswechsel, Klimawechsel, Faltengebirgsbildung, Massenschichtung gleicher Art auf oft Hunderte von Metern Mächtigkeit — die betonten Ausschläge von Wellen sind, deren flachere Züge oder Knotenpunkte aktualistisch betrachtet, die selbst aber katastrophal aufgefaßt werden sollen.

Zugleich aber soll der Begriff des Rhythmischen auch auf die innere Lebendigkeit, auf die innerlich wirksamen Zusammenhänge weisen. Hier wird nicht die nur für dreidimensionale Raum- und nur für lineare Zeitverhältnisse zureichende mechanistische Betrachtung Platz haben, sondern das „Gesetz der inneren Entsprechungen“. Es ist die innere Lebendigkeit des Kosmos zu gewinnen. Und das führt grundsätzlich zu der nun für die Entwicklungs- und Gestaltungsgeschichte des Lebens grundlegenden These: Die Entstehung und Verwandlung der organischen Welt, die durch Jahrmillionen sich auf der Erdoberfläche vollzog, hat sowohl als Gesamtes, wie in ihren Einzelerscheinungen ihre Korrelate im anorganischen und auch kosmischen Gesamtgeschehen. Alle die verschiedenen Zustände der Materie, welcher Art sie auch seien; alle ihre chemischen, physikalischen, organischen Gestaltungen und Wandlungen hängen innerlich zusammen — sie sind Ausdruck für ein innerlich übergeordnetes Ganzes und daher Lebendiges.

Mag man sich dann bei der Darstellung der äußeren Folge in dem linearen dreidimensionalen Zeit-Raum der mechanistischen Maxime weiterhin bedienen, so wird dies doch nicht das Wesentliche und Eigentliche der Forschung sein; sondern das Ziel wird sein die Darstellung der Erscheinungen als Ausdruck innerer Geschlossenheit, inneren Zusammenhanges, inneren

Rhythmus des Kosmos. Damit würde der Weg frei zu heute noch ganz undenkbaren Formulierungen. Es würde der erd- und lebensgeschichtliche Szenenwechsel aus der nur-mechanistischen Äußerlichkeit und Kleinigkeitskrämerei, es würde unser Wissen aus der Atomisierung und Mechanisierung herausgehoben und zu einer Synthese, zu innerer Lebendigkeit gelangen; wir würden in einem echt- und nicht pseudomonistischen Zusammenhang den Kosmos sehen und das Einzelne als Ausdruck, als Funktion des Ganzen kennenlernen. Dabei würden wir aber unter anderem sogar zu Fragestellungen und Erkenntnissen kommen, welche zu einer erkenntnistheoretisch wohlfundierten und daher wissenschaftlichen Astrologie gehören.

An anderer Stelle habe ich solches Forschen Urwissenschaft genannt. Das Wesen der Urwissenschaft ist die Erkenntnis des stets schöpferisch Neuen, der steten innerlich-lebendigen rhythmischen Beziehung in allem scheinbar nur quantitativen Verhältnis. Unsere Naturforschung erkennt dies in seiner grundsätzlichen Bedeutung nicht, selbst im Organischen nicht. Sie glaubt, sie habe etwas erschöpft und verstanden, wenn sie es quantitativ bestimmt. So nimmt man, im Anorganischen wie im Organischen, die Folge und die Wiederholung als Addition. Wir müßten sie als Rhythmus verstehen lernen. Nicht als quantitativ aufgefaßten Rhythmus, wie man etwa die Bewegung des Blutes im Körper oder die Bewegung der Himmelskörper oder die Bildung der Formationen auffaßt, sondern als Rhythmus, der in jedem Augenblick neues, wesenhaftes Dasein bedeutet und schöpferisch neuer Ausdruck aus dem Ganzen, dem innerlich Ganzen ist. Für diese „Tagesansicht“ gegenüber der „Nachtansicht“ gibt es im Organischen und im Anorganisch-Mineralischen bei aller scheinbaren Wiederholung doch nie dasselbe, nie kausal-mechanische Wiederholung. Es gibt keinen Atomismus in der Natur, keine mechanistische Zusammensetzung, kein äußeres Aneinanderstoßen allein als solches; sondern jedes Ding, jede Erscheinung, jede Veränderung ist wesenhaft zugleich Manifestierung eines innerlich Lebendigen und steht dadurch in polarer Verwandtschaft verschiedenen Grades zu allem anderen.

Dies grundsätzlich zu wissen, es in seiner lebensvollen Wirklichkeit zu erschauen — das wäre Urwissenschaft. Sie zu begründen ist Aufgabe einer neuen Zeit.

Literaturverzeichnis

In das nachstehende Verzeichnis wurden nur solche Arbeiten aufgenommen, die im Buchhandel unmittelbar zugänglich sind; Arbeiten aus Zeitschriften, auch wenn sie zusammenfassende Darstellungen einzelner Fragen oder Gebiete bringen, wurden nicht genannt. Der Raum erforderte eine Beschränkung. Natürlich konnte aus dem Vorhandenen nur eine kurze Auswahl getroffen werden; das Nichtgenanntsein anderer Werke schließt daher keine ablehnende Kritik in sich. Die Übersicht soll dazu dienen, dem Leser größere oder kleinere Werke zu nennen, worin er die im Text gebrachten Fragen und Tatsachen gründlicher studieren kann. Soweit aus dem Titel selbst der Inhalt nicht eindeutig hervorgeht, wurde eine Kennzeichnung kurz beigefügt.

O. Abel, Grundzüge der Paläobiologie der Wirbeltiere. Stuttgart 1912. (708 S., 470 Textabb.) Grundlegendes Werk über Gestalt und Funktion des fossilen Wirbeltierkörpers, Anpassungsvorgänge, Entwicklungsprobleme.

—, Die Eroberungszüge der Wirbeltiere in die Meere der Vorzeit. Jena 1924. (121 S., 52 Textabb., 1 Taf.) Stellt die Anpassungsform der verschiedenen Wirbeltiertypen an das Leben im Meere dar, auch der lebenden.

—, Geschichte und Methode der Rekonstruktion vorzeitlicher Wirbeltiere. Jena 1925. (327 S., 225 Textabb.)

—, Lebensbilder aus der Tierwelt der Vorzeit. 2. Aufl. Jena 1927. (714 S., 551 Textabb., 2 farb. Taf.) Hervorragende Darbietung vorweltlicher Lebensräume unter strenger Begründung der fossilen Formen und ihres Vorkommens. Aus allen Zeitaltern ein Beispiel aus Land oder Meer.

—, Methoden der paläobiologischen Forschung (Aus Handb. d. biolog. Arbeitsmethoden v. E. Abderhalden). Heft 35. Berlin 1927. (183 S., 100 Abb.)

K. Andrée, Geologie des Meeresbodens, Bd. II. Leipzig 1920. (689 S., 139 Textabb., 8 Taf.) Nur dieser II. Bd. erschienen. Gibt eine Darstellung des jetzigen Meeresbodens, Sedimentation, auch des Organischen darin, im Hinblick auf die Erfordernisse der historischen Geologie.

Th. Arldt, Handbuch der Paläogeographie, 2 Bde. Leipzig 1919—1922. Zus. 1647 S., viele Karten im Text. Gibt eine literaturmäßige Zusammenstellung der Gesichtspunkte für paläogeographische Rekonstruktionen aller Art. Riesiges Literaturverzeichnis.

S. Arrhenius, Das Werden der Welten. Übers. v. L. Bamberger. Leipzig 1908. (208 S., 60 Textfig.) Einführung in die Tatsachen der kosmischen Physik.

R. Bärtling, Geologisches Wanderbuch f. d. Niederrhein.-westfäl. Industriebezirk. 2. Aufl. Stuttgart 1925. (459 S., 123 Textabb.)

R. Beck u. G. Berg, Abriß der Lehre von den Erzlagerstätten. Berlin 1922. (408 S. u. 144 Textabb.)

F. Behrend u. G. Berg, Chemische Geologie. Stuttgart 1927. (595 S., 61 Textabb.) Bespricht eingehend den Chemismus der vulkanischen Vorgänge, der Verwitterung, der Sedimentation und der Metamorphose.

E. Blanck, Handbuch der Bodenlehre. Bisher 3 Bde. Berlin 1929-30. (Zus. 1199 S., 140 Textabb., 3 Taf.) Behandelt die gesamte Erdenbildung in ihren geographisch-petrographischen, klimatologischen usw. Zusammenhängen mit vielen Beziehungen zur Biologie und allgemeinen Geologie.

E. Blumer, Die Erdöllagerstätten. Stuttgart 1922. (441 S., 125 Textabb.) Trotz der Fortschritte, welche die Ölgeologie jährlich macht, noch der klarste Überblick.

K. Boden, Geolog. Wanderbuch f. d. Bayerischen Alpen. Stuttgart 1930. (458 S., 59 Textfig.)

C. P. Brooks, Climate through the Ages. London 1926. (439 S., m. 39 Abb.) Behandelt die vorweltlichen Klimate auf Grund der jetztweltlichen Bedingungen.

S. v. Bubnoff, Die Grundlagen der Deckentheorie in den Alpen. Stuttgart 1921. (149 S., 45 Abb.)

—, Geologie von Europa. Bd. I. Einführung, Osteuropa, baltischer Schild. (Aus: „Geologie der Erde".) Berlin 1926. (322 S., 8 Taf., 86 Textfig.) Bd. II noch nicht erschienen (Anfg. 1930).

Th. C. Chamberlin, The origin of the Earth. Chicago 1916. (271 S.) Eingehende Darstellung der Astrophysik der Erde unter dem Gesichtspunkt der Planetesimaltheorie.

Th. C. Chamberlin u. R. D. Salisbury, Geology. 3 Bde. New York 1904—1906. (Zus. 1970 S., 1153 Textabb.) Handbuch der gesamten Geologie und Stratigraphie. Eingangs Darlegung der Plantesimaletheorie. Wesentlich amerikanische Beispiele.

A. P. Coleman, Ice Ages, recent and ancient. London 1926. (296 S., Abb.) Zusammenstellung aller glazialen Erscheinungen in sämtlichen Formationen, Andeutung von Eiszeiterklärungen.

E. Dacqué, Grundlagen und Methoden der Paläogeographie. Jena 1915. (499 S., 79 Textabb., 1 farb. Karte d. Eiszeiten v. F. Levy.) Darstellung der geologischen und stratigraphisch-paläontologischen Grundlagen und ihre Anwendung auf paläogeographische Fragen.

—, Vergleichende biologische Formenkunde der fossilen niederen Tiere. Berlin 1921. (777 S., 345 Textfig.) Gibt Gestalt und Vorkommen fossiler Tiere in Zusammenhang mit ihrer Lebensweise. Entwicklungsfragen.

—, Paläogeographie. (Aus: Enzyklopädie der Erdkunde.) Mit Anhang: Theorie der Kontinentalverschiebung. Von A. Wegener. Wien-Leipzig 1926. (196 S., 21 Textabb.) Kurze Zusammenfassung der wichtigsten paläogeographischen Fragen, mit Beispielen belegt.

—, Das fossile Lebewesen. Einführung in die Versteinerungskunde. (Sammlung „Verständliche Wissenschaft".) Berlin 1928. (184 S., 93 Textabb.)

F. Dahl, Grundlagen einer ökologischen Tiergeographie. Jena 1921. (113 S., 11 Textabb., 2 Karten.) Verbreitung der Tiere, Bedingungen, Entstehungszentren. Nur Jetztwelt.

R. A. Daly, Our mobile Earth. New York 1926. (342 S., viele Karten, Diagramme usw.) Darstellung aller Bewegungen der Erdkruste, von den einfachsten bis zu den extremsten. Bewegungsbilder. Übersicht der Reliefentwicklung der Erde.

W. M. Davis u. G. Braun, Grundzüge der Physiogeographie. 2. Aufl. Leipzig-Berlin 1915—1917. 2 Bde. (438 S., 183 Textabb., 2 Taf.)

W. M. Davis, Die erklärende Beschreibung der Landformen. Deutsch bearb. v. A. Rühl. Leipzig 1912. (565 S., 212 Textabb., 13 Taf.) Kurzgefaßte Darstellung der im vorigen Werk gegebenen geographischen Anschauungsmethode.

W. M. Davis, The coral Reef Problem. New York 1928. (596 S., viele Abb.)

W. Deecke, Geologie von Baden. 3 Bde. Berlin 1916—1918. (1802 S., 303 Textabb.)

—, Phytopaläontologie und Geologie. Berlin 1922. (97 S.) Behandelt die aus den fossilen Pflanzenvorkommen sich ergebenden biogeographischen und klimatologischen Fragen.

—, Die Fossilisation. Berlin 1923. (216 S.)

E. Diener, Grundzüge der Biostratigraphie. Leipzig-Wien 1925. (304 S., 40 Textabb.) Grundlegende und zusammenfassende Behandlung aller Fragen, die sich aus dem Vorkommen der Versteinerungen für die historische Geologie ergeben.

P. Dorn, Geologischer Exkursionsführer durch die Frankenalb. 2 Teile. Nürnberg 1928/29. (Zus. 376 S., Abb., Prof. u. Tafeln.)

W. R. Eckardt, Die Paläoklimatologie, ihre Methoden und Anwendung auf die Paläobiologie. (Heft 3 d. Handb. d. biolog. Arbeitsmethoden v. E. Abderhalden.) Berlin 1921. (81 S.)

K. Ehrenberg, Erhaltungszustand und Vorkommen der Fossilreste und die Methoden ihrer Erforschung. (Heft 7 d. Handb. d. biolog. Arbeitsmethoden v. E. Abderhalden). Berlin 1929. (131 S., m. Abb.)

Th. Engel, Geognostischer Wegweiser durch Württemberg. 3. Aufl. Stuttgart 1908. (645 S., 6 Taf. mit prächtigen Fossilien, 261 Abb., 4 Landschaftsbildern, 5 Profiltaf., geol. Übers.-Karte.) Eingehendes praktisches Werk über die Schichtfolge Württembergs mit allen Zonenfossilien und Vorkommen.

Ph. Fauth, Hörbigers Glazialkosmogonie. Eine neue Entwicklungsgeschichte des Weltalls und Sonnensystems. Kaiserslautern 1913. Umfangreiches, schwer zu verarbeitendes Grundwerk dieser neuen umstrittenen Lehre (vgl. H. Voigt).

E. Fraas u. F. Berckhemer, Führer durch die Naturaliensammlung zu Stuttgart. 5. Aufl. Stuttgart 1926. (88 S., 14 Taf., 34 Abb.) Musterbeispiel eines belehrenden Museumskataloges. Leitfaden für die geologische Geschichte eines Landes und der charakteristischen Vorweltwesen.

H. Franke, Geologisches Wanderbuch für den Thüringer Wald. Stuttgart 1912. (23 Textabb.)

K. Glinka, Die Typen der Bodenbildung, ihre Klassifikation und geographische Verteilung. Berlin 1914. (365 S., 65 Textabb., 1 farb. Erdkarte.)

W. Gothan, Paläobiologische Betrachtungen über die fossile Pflanzenwelt. Berlin 1924. (178 S., 26 Textabb., 1 Taf.)

A. W. Grabau, Principles of Stratigraphy. New York 1913. 1185 S., viele Textabb.) Gibt eine Darstellung über alle die Schicht- und Formationsbildungen bedingenden Vorgänge, das Erscheinen der Gesteinsbildungen in den Schichtverbänden, die Lagerungsarten und die daraus sich ergebenden Einzeltatsachen der Paläogeographie.

B. Gutenberg, Der Aufbau der Erde. Berlin 1925. (168 S., 23 Textabb.)

—, Grundlagen der Erdbebenkunde. (Sammlung Borntraeger Bd. 12. Berlin 1927. 189 S., 84 Textabb., 1 Taf.)

Handbuch der Geologie und Bodenschätze Deutschlands. (Herausg. v. E. Krenkel. Berlin. Verl. Gebr. Bornträger.) Erscheint in zwangloser Folge seit einigen Jahren und enthält auch die geolog. Beschreibungen einzelner deutscher Gebiete (s. z. B. Hennig)

Handbuch der Regionalen Geologie. Herausg. G. Steinmann u. O. Wilckens. Erscheint seit 20 Jahren in zwanglosen Einzeldarstellungen aller Länder der Erde. Heidelberg. Winters Universitätsbuchhandlung.

A. Handlirsch, Die fossilen Insekten und die Phylogenie der lebenden Formen. Leipzig 1906—1908. (1430 S., 54 Taf., 21 Textabb.) Vollständige Monographie der bis 1906 bekannten Vorweltinsekten, alle Arten beschrieben, Schlußfolgerungen auf die natürliche Entwicklung.

E. Haug, Traité de Géologie. 4 Bde. Paris 1908—1911. (2020 S., zahllose Textfig., anschauliche Karten paläogeogr. Art, Photographien.) Das beste und umfassendste Lehr- und Handbuch der stratigraphischen Geologie mit Auswertung für Vorweltgeographie. Im I. Band: Allgem. Geologie. Höchst anschaulich geschrieben.

A. Heim, Geologie der Schweiz. 2 Bde. Leipzig 1919—1921. Ungeheuer umfangreiches, mit vielen Abbildungen, Profilen, Farbkarten versehenes Werk über den Bau der Schweizer Alpen. Standardwerk der extremen Deckentheorie.

E. Hennig, Geologie von Württemberg. (Handb. d. Geologie u. Bodenschätze Deutschlands. II. Abt.) Berlin 1923. (383 S., 9 Taf., 61 Textabb.)

F. Heritsch, Die Deckentheorie in den Alpen. (Bd. VI, Heft 17 der „Fortschritte d. Geologie u. Paläontologie.") Berlin 1927. (210 S., 16 Textabb.)

H. Heß, Die Gletscher. Braunschweig 1904. (426 S., 8 Bild., 4 Kart., viele Textabb.) Das eingehendste neuere Werk über die Jetztzeitgletscher.

R. Hesse, Tiergeographie auf ökologischer Grundlage. Jena 1924. (613 S., 135 Textabb.) Umfassende Darlegung aller für die Tierverbreitung in Betracht kommenden Faktoren. Schilderung des biolog. Charakters einzelner Lebensräume. Nur Jetztwelt.

A. Hettner, Die Oberflächenformen des Festlandes. (Bd. 4 der „Geogr. Schriften".) Leipzig 1928. 2. Aufl. (178 S.)

M. Hirmer, Handbuch der Paläobotanik. Bd. I. München 1927. (708 S., 817 Textfig.) Alle fossilen Gattungen und die wichtigsten Arten der Pflanzen aus den Gruppen der Algen, Moose und Farne mit genauer Anatomie, Vorkommen, Systematik.

H. Höfer-Heimhalt, Grundwasser und Quellen. Braunschweig 1920. 2. Aufl. (198 S., 66 Textabb.)

E. Jänecke, Entstehung der deutschen Kalisalzlager. (Sammlung „Die Wissenschaft", Bd. 59.) Braunschweig 1915. (109 S., 24 Abb.)

H. Jeffreys, The Earth, its origin, history and physical constitution. Cambridge 1924. (278 S.) Gibt in streng mathematischer Form die Theorien über Planetenentwicklung, Bewegungen, Mondfrage.

J. Joly, The surface-history of the Earth. Oxford 1925. (192 S., 11 Textabb., 13 Taf., 1 Karte.) Bedeutung der Radioaktivität und der Isostasie für die Erdgeschichte, besonders die Gebirgsbildung.

E. Kaiser, Die Diamantenwüste Südwestafrikas. 2 Bde. Berlin 1926. (Zus. ca. 850 S., viele Karten, Tafeln u. Textabb.) Grundlegende Darstellungen und Beobachtungen über Wüstenbildung, Sedimentation und Abtragung in Trockengebieten darin enthalten.

H. Kaufmann, Rhythmische Phänomene der Erdoberfläche. Braunschweig 1929. (347 S., 15 Abb.)

E. Kayser, Lehrbuch der Geologie. 2 Teile in 4 Bd. Allgemeine Geol. u. Formationskunde 6. u. 7. Aufl. Stuttgart 1921—1923. (2355 S., 1075 Abb., 76 Fossiltaf.) Ungeheuere Materialdarbietung der gesamten Geologie, aber geringe Durcharbeitung der Probleme und ohne durchgreifende Gesichtspunkte.

K. Keilhack, Lehrbuch der praktischen Geologie. 3. Aufl. Stuttgart 1916/17. (Zus. 1046 S., 418 Textabb., 2 Dopp.-Taf.) Behandelt fachmännisch-praktisch die geologische Untersuchung, Karten- und Profilaufnahmen in jeder erdenklichen Richtung und alle Arbeitsmethoden der Geologie.

—, Lehrbuch der Grundwasser- und Quellenkunde. 2. Aufl. Berlin 1917. (640 S., 267 Textabb., 1 Tafel.) Gibt eine umfassende Darstellung des Auftretens aller Wasser des Bodens, des Aufsuchens und Erschließens, des Wasserrechtes.

P. Keßler, Das eiszeitliche Klima und seine geologischen Wirkungen im nichtvereisten Gebiet. Stuttgart 1925. (210 S., 21 Textabb.) Nachweis der klimatologischen Zustände aus den Ablagerungen und Abtragungsformen.

G. Kirsch, Geologie und Radioaktivität. Berlin 1928. (214 S., 48 Textabb.) Darstellung der radioaktiven Meßmethoden und Hauptergebnisse zur Feststellung des Alters der Erde.

W. v. Knebel, Höhlenkunde mit Berücksichtigung der Karstphänomene. (Sammlung „Die Wissenschaft", Bd. 15.) Braunschweig 1906. (222 S., 42 Textabb., 4 Taf.)

L. Kober, Der Bau der Erde. Eine Einführung in die Geotektonik. 2. Aufl. Berlin 1928. 499 S., 138 Textfig., 2 Taf.) Behandelt in durchaus eigenartiger Weise die großen Züge im Antlitz der Erde und beantwortet ebenso die Frage nach deren Entstehung.

W. Koehne, Grundwasserkunde. Stuttgart 1928. (291 S., 100 Textabb.) Reichhaltiges neues Material über die jetzigen planmäßigen Beobachtungen am Grundwasser.

W. Köppen u. A. Wegener, Die Klimate der geologischen Vorzeit. Berlin 1924. (256 S., 41 Textabb., 1 Tafel.) Geben auf Grund der Kontinentalverschiebungslehre eine Darstellung der vorweltlichen Klimagürtel.

O. Krümmel, Handbuch der Ozeanographie. 2. Aufl. (ca. 800 S., viele Tabellen u. Abb.) Stuttgart 1907—1911. Immer noch grundlegendes Werk über das gesamte ozeanische Geschehen, Formbildung, Sedimentation usw.

K. Leuchs, Die Bayerischen Alpen. (Aus Handb. d. Geol. u. Bodenschätze Deutschlands.) Berlin 1927. (365 S., 67 Textabb., 20 Taf.)

B. Lindemann, Kettengebirge. Kontinentale Zerspaltung und Erdexpansion. Jena 1927. (186 S., 24 Textabb.) Sehr verständliche Einführung in die geologische Entstehungsgeschichte der Alpen und damit zusammenhängende Fragen.

G. Lundquist, Bodenablagerungen und Entwicklungstypen der Seen. (Bd. II: „Die Binnengewässer.“) Stuttgart 1927. (124 S., 60 Textabb., 14 Taf.)

W. D. Matthew, Dinosaurs. New York 1915. (Amer. Mus. Nat. Hist.) (142 S., viele Bilder.) Einführung in die Gestalten der mesozoischen amerikanischen Dinosaurier, als Führer durch obiges Museum gedacht.

H. B. Milner, Sedimentary Petrography. London 1929. (514 S., 39 Taf.) Alles was zur Entstehung der Sedimente führt, mechanischer und chemischer Aufbau derselben, Umwandlung.

A. Naef, Die fossilen Tintenfische. Jena 1922. (322 S., 102 Abb.) Gibt auf Grund der lebenden eine genaue Formdarstellung der fossilen.

M. Neumayr, Erdgeschichte. I. Band. 3. Aufl., herausgeg. von F. E. Sueß. Leipzig u. Wien 1920. 543 S., 132 Textabb., 30 Taf., 2 Karten. Altberühmtes Werk aus der Serie des Bibliograph. Instituts. Bis jetzt nur die Allgem. Geologie neu erschienen.

S. Newcomb, Astronomie für Jedermann. Übers. v. F. Gläser. 3. Aufl. Jena 1920. Rein formale, kurzgefaßte Himmelsdarstellung, die gerade vor allen wichtigen Fragen Halt macht, aber viel Einzelbeobachtung auf engem Raum bietet.

F. Nölke, Geotektonische Hypothesen. (Heft 2 d. Sammlg. geophysikal. Schriften v. C. Mainka.) Berlin 1924. (123 S.)

F. v. Nopcsa, Die Familien der Reptilien. (Heft 2 d. „Fortschritte d. Geol. u. Paläontol.“) Berlin 1923. (210 S., 6 Taf.) Kurze anatomische Charakterisierung des Skelettbaues aller fossilen Reptiltypen und ihrer überlebenden Restformen.

H. F. Osborn, The age of Mammals in Europa, Asia, N.-America. New York 1910. (635 S., 219 Textabb.) Zusammenfassendes Werk über die fossilen Säugetiere, Rekonstruktionen, Vorkommen, Wanderungen, Beschreibung der Fundorte.

W. Paeckelmann u. K. Hamacher, Geologisches Wanderbuch für den Bergischen Industriebezirk. Frankfurt a. M. 1924. (197 S., 12 Textfig., geol. Tafeln u. Profilen.)

A. Penck u. E. Brückner, Die Alpen im Eiszeitalter. 3 Bde. Leipzig 1909. (2308 S., 156 Textabb., 49 Kart. u. Taf.) Unerreicht grundlegendes Werk über die Eiszeit, an den Alpen durchgeführt.

W. Penck, Die morphologische Analyse. Stuttgart 1924. (283 S., 12 Taf., 21 Textabb.) Sehr klar abwägende Darstellung und Verfolgung der formgestaltenden physikalischen Vorgänge am Erdrelief.

H. Philipp u. W. Ule, Die Methoden der geologischen Aufnahme. Die Methoden der geographischen Forschung. (Aus Handb. d. biolog. Arbeitsmethoden v. E. Abderhalden, Abt. X, Heft 4.) Berlin 1923. (133 S., viele Abb., Farbtaf.) Ausgezeichnete Einführung, auch in die Darstellungsmethoden.

J. Pia, Pflanzen als Gesteinsbildner. Berlin 1926. (355 S., 166 Textabb.) Über die gesteinsbildende Tätigkeit auch vornehmlich der fossilen Pflanzen und deren Vorkommen.

K. Pietzsch, Die Braunkohlen Deutschlands. (Aus: Handbuch d. Bodenschätze u. Geologie Deutschlands.) Berlin 1925. (488 S., 20 Taf., 105 Textabb.) Gibt moderne Darstellung über die Braunkohle als Material, Vorkommen, Entstehung.

L. V. Pirsson u. Ch. Schuchert, Textbook of Geology. 2 Bde. New York 1924. (1195 S., 548 Textfig., 2 geol. Farbkart.) Geben unter besonderer Berücksichtigung Nordamerikas aus allgemeiner und historischer Geologie vieles, das in unseren Lehrbüchern nicht steht.

H. Potonié, Die Entstehung der Steinkohle und der Kaustobiolithe. Berlin 1910. 5. Aufl. (225 S., 75 Textabb.)

H. Potonié u. W. Gothan, Paläobotanisches Praktikum. (Bd. 6 d. Bibliothek f. naturw. Praxis.) Berlin 1913. (152 S., 14 Textabb.) Einführung in die Untersuchung und Präparation fossiler Pflanzen.

— —, Lehrbuch der Paläobotanik. 2. Aufl. Berlin 1921. (537 S., 326 Textabb.) Zusammenfassung des ganzen Wissens um die fossile Pflanzenwelt. Klimatische und biologische Fragen.

R. Potonié, Einführung in die allgemeine Kohlenpetrographie. Berlin 1924. (285 S., 80 Textabb.)

H. Reck, Die Hegau-Vulkane. Berlin 1923. (248 S., 18 Taf., 23 Textabb.)

F. Rinne, Gesteinskunde. 11. Aufl. Leipzig 1928. (428 S., 589 Textfig.) Gesteinskunde und Gesteinsuntersuchung im weitesten Sinn, also auch Lagerung, Vulkanismus usw.

L. Rüger, Geologischer Führer durch Heidelbergs Umgebung. Heidelberg 1928. (351 S., 108 Textabb., Tabelle u. geolog. Karte.)

W. Salomon, Grundzüge der Geologie. 2 Bde. Stuttgart 1924. I. Allg. Geol. II. Erdgeschichte. (Zus. 1493 S., 651 Textabb., 18 Taf.) Umfassendes neues Lehrbuch der gesamten Geologie. Einzelabschnitte von Spezialisten bearbeitet

Sammlung geologischer Führer. Verlag Borntraeger, Berlin. Bietet geologische Beschreibung vieler deutscher und einiger auswärtiger Gebiete.

C. G. Sandberg, Geodynamische Probleme. 2 Teile. Berlin 1924. (Zus. 120 S., 32 Textabb., 5 Taf.)

K. Sapper, Vulkankunde. Stuttgart 1927. (424 S., 32 Textabb., 30 Taf., 4 farb. Kart.) Von besonderer Anschaulichkeit, gegründet auf eigenen Studienreisen und Beobachtungen.

W. Saville-Kent, The great Barrier-Reef of Australia. London 1893. (387 S., vielen Tafeln.) Einzigartig schönes Bilderwerk mit Beschreibung und Darstellung eines Korallenriffes mitsamt seiner Lebewelt.

C. W. Schmidt. Wörterbuch der Geologie, Mineralogie und Paläontologie. (Aus Veit's Sammlg. wissenschaftl. Wörterbücher) Berlin 1928. (290 S., 296 Textabb.)

M. Schmidt, Die Lebewelt unserer Trias. Öhringen 1928. (461 S., über 2300 Textzeich.) Reines Fossilbestimmungsbuch für Sammler.

M. Schuster, Abriß der Geologie von Bayern und der angrenzenden Gebiete. München 1929. In mehreren Teilen. (785 S., viele Karten, Profile, Textabb.) Vollständige Übersicht der Schichtfolge, Fossilvorkommen, Morphologie und Tektonik mit Beschreibung der nutzbaren Gesteine. Große farbige geologische Übersichtskarte 1 : 250000.

W. B. Scott, History of Land Mammals in the Western Hemisphere. New York 1913. (693 S., 32 Taf., 100 Textabb.) Gibt alles Wissenswerte über Erforschung, Vorkommen, Entwicklung der amerikanischen fossilen Säugetierwelt mit zahlreichen ausgezeichneten Lebensbildern.

W. v. Seidlitz, Entstehen und Vergehen der Alpen. Stuttgart 1926. (267 S., 15 Taf., 122 Textabb.) Allgemein verständliche Einführung und großzügige Übersicht.

O. Seitz u. W. Gothan, Paläontologisches Praktikum. (Aus: Biolog. Studienbücher VIII.) Berlin 1928. (173 S., 48 Abb.) Alle auf Gewinnung des Fossils bezüglichen Gesichtspunkte.

A. **Sieberg**, Geolog.-physikal. und angewandte Erdbebenkunde. Jena 1923. (572 S., 178 Textabb., Weltkarte, vielen Tabellen.) In streng mathematischer Form das gesamte Wissen und wissenschaftliche Rüstzeug des Erdbebenforschers.

—, Geologische Einführung in die Geophysik. Jena 1927. (374 S., 260 Textabb., 1 Farbtaf.) Gibt in gedrängtester Kürze und modernster naturwissenschaftlicher Form den Inhalt und Zusammenhang aller allgemein-geologischen Probleme.

W. **Soergel**, Die Fährten der Chirotheria. Eine paläobiologische Studie. Jena 1925. (92 S., 62 Abb.) Zeigt höchst anschaulich, wie aus den Fährten im Buntsandstein das noch unbekannte Handtier mit einem hohen Grad von Wahrscheinlichkeit rekonstruiert werden kann.

—, Die Gliederung und absolute Zeitrechnung des Eiszeitalters. (Heft 13 d. Fortschritte d. Geol. u. Paläontol. v. W. Soergel.) Berlin 1925. (251 S., 3 Taf., 7 Textabb.) Versuch, zu einer absoluten Zeitrechnung für die letzte Stufe der Erdgeschichte zu gelangen

R. **Sokol**, Geologisches Praktikum. Berlin 1927. (248 S., 127 Abb.)

R. **Staub**, Der Bewegungsmechanismus der Erde. Berlin 1928. (270 S., 44 Textfig., 1 Erdkarte.) Darstellung des Gebirgsbaues und des Aufbaues der Erdrinde. Vortertiäre Gebirge.

H. **Stille**, Grundfragen der vergleichenden Tektonik. Berlin 1924. (443 S., 14 Textfig.) Grundlegendes und zusammenfassendes Werk aller geotektonischen Erscheinungen, besonders der Gebirgsbildung.

E. **Stromer v. Reichenbach**, Lehrbuch der Paläozoologie. Leipzig 1909 u. 1912. 2 Bde. (667 S., 632 Abb.) Es sei auf die im 2. Band enthaltenen Schlußbetrachtungen verwiesen, die reiches Tatsachenmaterial über Faunenfolgen, Entwicklungsgesetze, Aussterben der fossilen Tiere bieten.

—, Paläozoologisches Praktikum. Berlin 1920. (104 S., 6 Textabb.) Einführung in das Aufsammeln und die Präparation der tierischen Fossilien.

O. **Stutzer**, Geologisches Kartieren und Prospektieren. 2. Aufl. Berlin 1924. (187 S., 84 Textabb.)

A. **Supan** u. E. **Obst**, Grundzüge der Physischen Erdkunde. Bd. I. Berlin-Leipzig 1927. 7. Aufl. (495 S., 113 Abb., 5 Taf.) Bd. II noch nicht erschienen. Die gesamte Erdkunde (Geographie, Klimatologie, äußere Umwandlung und Reliefgestaltung usw.) der Erdoberfläche, mit Behandlung der geologischen Tatsachen, soweit diese einschlägig sind.

G. **Thoms**, Einführung in die Geologie Nordwestdeutschlands. Stuttgart 1922. (72 S., 25 Textabb.)

W. **Trabert**, Lehrbuch der kosmischen Physik. Leipzig 1911. (662 S., 149 Textfig., 1 Farbtaf.) Einheitlich durchgeführte Darlegung aller die Erde berührenden kosmischen Einflüsse. Erdmessung, Entstehung des Planetensystems.

W. H. **Twenhofel**, Treatise on Sedimentation. Baltimore 1926. (661 S., 60 Textabb.) Entstehung und Lagerung der Sedimente.

M. **Valier**, Der Sterne Bahn und Wesen. Leipzig 1924. (500 S., 90 Textabb., 6 Taf.) Ausgezeichnete Einführung in die Astronomie mit vielen Angaben von Tatsachen, die sonst dem Nichtfachmann nicht zugänglich sind, und Behandlung wichtiger Fragen.

E. **Voigt**, Die Lithogenese der Flach- und Tiefwassersedimente des jüngeren Oberkreidemeeres. (Dissert.) Dessau 1929. (136 S., 13 Taf.) Beispiel einer Untersuchung der Sedimentation in einem vorweltlichen Lebensraum.

H. **Voigt**, Eis, ein Weltbaustoff. 3. Aufl. Leipzig 1928. (316 S. m. Atlas.) Leichte Einführung in die Grundfragen der Welteislehre.

K. **Volk**, Geologisches Wanderbuch. Leipzig 1921. (Teubners Naturw. Bibliothek Nr 6.) (264 S., 201 Textabb., 1 Tafel.) 2. Aufl

J. **Walther**, Allgemeine Paläontologie. Geolog. Probleme in biolog. Betrachtung Berlin 1919. (819 S., ohne Abb.) Geht von dem Vorkommen der Fossilien auf

Grund der lebenden Formen aus, um daran die auf das Fossilvorkommen sich gründenden geologischen Erscheinungen darzulegen.

J. Walther, Das Gesetz der Wüstenbildung in Gegenwart und Vorzeit. 4. Aufl. Leipzig 1924. (421 S., 203 Abb.) Klassisches Werk über die heutigen Wüstenbildungen als Grundlage für die Erkennung der vorweltlichen Wüstengebiete.

—, Lehrbuch der Geologie Deutschlands. Leipzig 1912. 2. Aufl. (429 S., 242 Textabb., 1 farb. geol. Karte.) Führt sehr lesbar und leicht verständlich ein und erklärt die Geologie, auch historische Geologie Deutschlands.

K. Wanderer, Die wichtigsten Tierversteinerungen aus der Kreide Sachsens. Jena 1909. (80 S., 11 Textabb., 12 Fossiltafeln.)

A. Wegener, Physik der Erde. (Bd. 5/1 von Müller-Pouillet, Lehrbuch d. Physik. 11. Aufl. Braunschweig 1928. 840 S., 341 Textabb., 7 Taf.) Enthält die für den Erdgeschichtsforscher besonders wichtigen Tatsachen der Geophysik.

—, Die Entstehung der Kontinente und Ozeane. (Sammlung: „Die Wissenschaft", Bd. 66.) Braunschweig 1929. 4. Aufl. (231 S., 63 Abb.) Das grundlegende Werk über die Kontinentalverschiebungslehre.

J. Weigelt, Rezente Wirbeltierleichen und ihre paläobiologische Bedeutung. Leipzig 1927. (227 S., 38 Taf., 28 Fig.) Beobachtung jetziger Kadavereinbettung, Erhaltung oder Zerfall unter dem Gesichtspunkt der Aufklärung von Fossilvorkommen.

W. Wenz, Das Mainzer Becken und seine Randgebiete. Heidelberg 1921. (351 S., 518 Abb.) Geologischer Führer mit Profilen und Fossilangaben.

E. Wepfer, Der Buntsandstein des badischen Schwarzwaldes und seine Labyrinthodonten. (Monogr. z. Geol. u. Paläontol. v. W. Soergel.) Berlin 1923. (101 S., 44 Abb.) Darstellung des Fundes fossiler Wirbeltiere. Erschließung ihres Lebens- und Todesraumes.

O. Wilckens, Grundzüge der tektonischen Geologie. Jena 1912. (113 S., 118 Abb.) Darstellung der Bewegungsvorgänge der Sedimentgesteine und Schichten; Bruchbildung, Faltung.

P. Woldstedt, Das Eiszeitalter. Grundlinien einer Geologie des Diluviums. Stuttgart 1926. (406 S., 162 Textabb.)

F. v. Wolff, Der Vulkanismus. 2 Bände. Stuttgart 1914—1929. I. Allg. Teil; II. Spez. Teil. (1539 S., 293 Abb., 5 Taf.) Ausführliche Darstellung aller Tatsachen. Nicht der vorweltliche Vulkanismus mit inbegriffen. Noch nicht vollendet.

A. Wurm, Geologie von Bayern. I. Nordbayern, Fichtelgebirge, Frankenwald. (Aus: Handb. d. Geol. u. Bodenschätze Deutschlands.) Berlin 1925. (374 S., 8 Taf., 109 Textabb.)

K. A. Zittel, F. Broili, M. Schlosser, Grundzüge der Paläontologie. Bd. I Niedere Tiere. 6. Aufl. München 1924. Bd. II Wirbeltiere. 4. Aufl. Ebd. 1923. (Zus. 1439 S., 2267 Textabb.) Systematische Darstellung, Gattungsdiagnosen und allgemeine Anatomie aller fossilen Tiere und Tierreste.

K. A. Zittel, Geschichte der Geologie und Paläontologie. München 1899. (Geschichte d. Wissensch. in Deutschland Bd. 23.) Literaturmäßige Aufzählung der Entwicklung dieser Wissenschaft. Mehr literarisches Nachschlagebuch, keine Problementwicklung.

Register

Ein * bei den Seitenzahlen bedeutet Abbildung.

VON EDGAR DACQUÉ ERSCHIEN FERNER:

Urwelt, Sage und Menschheit

Eine naturhistorisch-metaphysische Studie

5. AUFL. 379 S. 1928, IN LEINEN GEB. M. 11.50

Inhalt. Einführung: Theorie und Wissenschaft. – Wirklichkeitswert der Sagen.

Naturhistorie: Typenkreise und biologischer Zeitcharakter – Das erdgeschichtliche Alter des Menschenstammes – Körpermerkmale des sagenhaften Urmenschen – Urmensch und Sagentiere – Die Atlantissage – Die geologische Erklärung der noachitischen Sintflut – Datierung und Raumbegrenzung der noachitischen Sintflut – Jüngere Fluten und Landuntergänge – Sagen von Mond und Sonne – Sternsagen – Gondwanaland.

Metaphysik: Das Metaphysische in Natur und Mythus – Natursichtigkeit als ältester Seelenzustand – Kulturseele und Urwelt – Naturdämonie und Paradies – Die Natur als Abbild des Menschen – Die Quelle der Weltentstehungs- und Weltuntergangssagen – Seelenwanderung, Tod und Erlösung.

Natur und Seele

Ein Beitrag zur magischen Weltlehre

3. AUFL. 201 S. 1928. IN LEINEN GEB. M. 6.50

Inhalt: Die Grundfrage – Mensch und Natur – Weltanschauung – Magische Weltsicht – Der Mensch als Maß – Außen und innen – Der magische Kreis – Das Leben – Magie und Naturwissenschaft – Magie und Psychologie – Hellsicht und Einsicht – Magie und Intellekt – Das Opfer – Das Wort – Körper und Kosmos – Kosmos und Leben – Aberglaube und Wirklichkeit – Gleich und gleich – Das organische Gestalten – Verwandlung – Abbild und Urbild – Natursichtigkeit – Magie im Märchen – Gefahr der Magie – Die Tat – Der Urmythus – Die Wende – Die Versenkung.

Leben als Symbol

Metaphysik einer Entwicklungslehre

2. AUFL. 259 S. 1929. IN LEINEN GEB. M. 8.50

Inhalt. Einführung: Symbol, Allegorie, Sinnbild – Das Symbolische in der Wissenschaft – Naturhistorie und Mythus.

Entwicklunglehre: Die organische Zweckmäßigkeit – Die Idee der Urzeugung – Die Idee der Vervollkommung – Vervollkommung und Stammbaum – Das Individium als Symbol – Die Entelechie der Art – Typus und Urform – Form und Verwandschaft – Sterben und Kommen der Typen.

Natur- und Menschenwesen: Natur und Kunstwerk – Der Tiermythus – Der Mensch als Urform – Totem als Symbol des Menschenwesens – Dämonie der Formentwicklung – Dämonie der Menschennatur – Naturgesetz und Menschenleben – Das astrologische Symbol – Urkunft und Urwissenschaft.

Urwelt, Sage und Menschheit

ist ein naturhistorisch begründeter Einblick in eine bisher nur sagenhaft erahnte Urmenschheit und erweist altes Sagenwissen als echtes Menschheitserlebnis. Die Ergebnisse exakter Forschung verbinden sich mit ernster philosophischer Forschung zu einem neuen Weltbild. Fragen nach dem Wahrheitsgehalt alter Sagen und Mythen (Atlantis, Sintflut usw.), nach dem Alter des Menschengeschlechts, nach der Möglichkeit einer naturwissenschaftlich wie metaphysisch befriedigenden Stellungnahme zur Abstammungslehre erhalten eine überraschend neue Beleuchtung.

Aber mit der Naturhistorie der Sagen, die hier enthüllt werden, um sie für die Erd- und Menschheitsgeschichte fruchtbar zu machen, ist es allein nicht getan. Wissenschaft als solche, und sei es auch die einfachste Beschreibung eines Gegenstandes, kann, als Wollen zu reiner Erkenntnis, doch nur metaphysischen Sinn haben — oder sie hat überhaupt keinen. Und gerade ein Problem wie das vorliegende ist in seinem ganzen Umfang, in seiner ganzen Tiefe ohne bewußte Metaphysik überhaupt nicht zu fassen. Deshalb zeigt der Verfasser im zweiten, tief religiösen Teil dieses Werkes, daß sich eine Brücke vom Äußerlich-Naturhistorischen zum Innerlich-Metaphysischen unschwer schlagen läßt, wenn man sich einer Betrachtungsweise anvertraut, die ihre großen Vorbilder auch unter den Naturforschern hat, die aber im allgemeinen in unseren Tagen nicht üblich ist und vielen unmöglich, wenn nicht verwerflich erscheint.

Eine Vertiefung dieses metaphysischen Teils stellt

Natur und Seele

dar. Was dort unmittelbarer Ausblick war, ist hier methodisch zusammengefaßt, begründet und zu einem geschlossenen Weltbild gestaltet. Dacqué nennt dieses das „Magische" im Gegensatz zur mechanistisch-intellektualen Weltanschauung der Naturwissenschaft. Ihr setzt der Verfasser in erlebnisstarken Gedankengängen gegenüber, was er als Naturforscher und seelisch Gläubiger zu den tiefsten Fragen der Naturphilosophie zu sagen hat. Und wiederum führt, wie im ersten Buch, ein Weg der inneren Befreiung aus allem Niedrig-Magischen, aus dem okkulten Treiben, mit dem hier eine Auseinandersetzung erfolgt, zum Ziele reiner Menschlichkeit.

Das zuletzt erschienene dritte Werk

Leben als Symbol

dient dem Ausbau und der Vertiefung früher ausgesprochener Gedanken. Im ersten Werk begann der Versuch, die Naturforschung am Mythus und diesen an der Naturforschung zu spiegeln. Doch blieb die Darstellung noch mehr zeitlich-historisch gebunden, d. h. es wurde gezeigt, wie das Mythische, ebenso wie der Ursprung der Sagen, in grauer Vorzeit festliegt.

Aber es war nicht nur dort allein lebendig, sondern das neue Werk will klarlegen, wie das Mythische im Dasein und im Erleben der Natur unabhängig von der Zeitbedingtheit erfaßt werden muß. Was ursprünglich nur als Wunsch durchschimmerte, wird jetzt unmittelbar gezeigt, nicht mehr nur programmatisch betont: durch die Wissenschaft unserer Tage zur Würdigung einer anderen Erkenntnisweise zu gelangen. Die innere Verbindung zwischen den beiden Weltanschauungen des Rationalen und des Mythischen liegt im Symbolischen.

Bei der Erweiterung und Klarlegung des Wesens der Naturseele kommt der Verfasser zu der Frage, ob nicht auch ein tieferes Verstehen der organischen Entwicklung im Symbolischen liege. Auch das wäre mythisches Erleben, wenn auch anders geartet und anders gewonnen, als es die alten Mythen bieten, und damit wäre auch die für unser heutiges Denken nicht mehr genügende realistische Entwicklungslehre ersetzbar durch eine Lehre über die innere Bedeutung der Formen.

So fügt sich in wunderbarer Architektur ein gewaltiges Weltbild zusammen, man möchte sagen, zum Weltbild des heutigen suchenden und forschenden Menschen, der ernstlich nach der Verbindung zwischen verstandes- und gefühlsmäßiger Naturerfassung strebt. Bilden auch die drei Werke eine innere Einheit, so ist doch jedes in sich abgeschlossen und verständlich. Greife daher jeder zunächst zu dem Band, in dem er Anklänge an eigene Gedanken findet. Dacqué selbst schreibt: „Da es nur darauf ankommen kann, für das Menschenleben, wie es wirklich ist, zu denken und zu schreiben, nicht für einen abstrakten wissenschaftlichen Menschen, der als solcher gar nicht existiert, so geht in meiner Darstellung naturhistorische Gegenständlichkeit und mythisches Schauen eng verbunden Hand in Hand. Meine Absicht liegt in der unmittelbaren Spiegelung des inneren und äußeren Lebens, das sich abstrakter Begriffsbildung völlig entzieht und nur im lebendigen Bild gezeigt werden kann."

Dr. Manfred Schröter in den „Münchner Neuesten Nachrichten"

Wie ein Markstein steht dieses naturphilosophische Werk eines fachwissenschaftlichen Paläontologen an dem geistesgeschichtlichen Wendepunkte der Gegenwart und zeigt, wie stark gerade in der Wissenschaft selbst wieder das Bedürfnis aufsteigt nach vollinhaltlich umfassender Bewältigung der ganzen Lebensfrage. Was dereinst der vorwegnehmenden Spekulation unserer deutschen Philosophie vorschwebte und seitdem als völlig mißverstandener und unzulänglicher Versuch in Vergessenheit sank, das taucht zum Teil hier abermals zunächst als Sehnsucht, als Problem und als Zielsetzung auf.

Naturwissenschaftliche Monatshefte

Das geistvolle und stets fesselnde Werk wird, gleichviel ob man dem Verfasser überall wird folgen können oder nicht, zweifellos die Forschung stark anregen, aber auch eine tiefe Wirkung ausüben bei all denen, die erfüllt vom Streben nach Verinnerlichung unbefriedigt sind von dem einseitigen Intellektualismus der letzten Jahrzehnte.

Der Bücherwurm

Seine geistesgeschichtliche Bedeutung scheint mir darin zu liegen, daß es seit Fechner zum ersten Male wieder den Beweis dafür erbringt, daß Wissenschaft und Glaube sich nicht ausschließen, sondern daß vielmehr die Wissenschaft den Glauben erst wahrhaft begründet.

R. OLDENBOURG, MÜNCHEN UND BERLIN

www.ingramcontent.com/pod-product-compliance
Lightning Source LLC
LaVergne TN
LVHW060619300926
849162LV00008B/1654